재개정판
제7판
해석역학
ANALYTICAL MECHANICS

***Analytical Mechanics,* Seventh Edition**

Grant R. Fowles
George L. Cassiday

Original edition © 2011 Brooks/Cole, a part of Cengage Learning.
Analytical Mechanics, Seventh Edition by Grant R. Fowles, George L. Gassiday
ISBN: 9780534494926

This edition is translated by license from Brooks Cole, a part of Cengage Learning, for sale in Korea only.

ISBN-13: 978-89-6218-470-9

Cengage Learning Korea Ltd.
14F YTN Newsquare 76 Sangamsan-ro
Mapo-gu Seoul 03926 Korea

Printed in Korea
Print Number: 05 Print Year: 2024

ANALYTICAL
MECHANICS

Grant R. **Fowles**
George L. **Cassiday**

제7판

진병문 • 최명선 | 옮김

Cengage

Australia • Brazil • Canada • Mexico • Singapore • United Kingdom • United States

옮긴이 소개

진병문

동의대학교 물리학과 교수
부산대학교 물리학과 이학박사
해석역학 외 20여 편의 저역서 출판

진병문 〈유학생 및 과학자를 위한 영어논문 작성법〉, 청범, 2011.2
진병문 〈과학을 활용하는 생활〉, 청범, 2010.
진병문, 연규황 〈양자정보이론〉, 청범, 2008.4.10
진병문, 김성철, 박재돈, 김중환, 유윤식, 이종환, 유일 〈일반물리학〉 2008.3.20
진병문, 김성철, 박재돈, 김중환, 유윤식, 이종환, 유일 〈일반물리학실험〉 2006.3.1
진병문 〈아름다운 물리이야기〉, 두양사, 2006.1.20
진병문 〈일반역학〉, 청범출판사, 2005.3.30
진병문, 김성철 〈자기공학의 기초와 응용〉, 두양사, 2004.2.25
진병문, 김성철 〈결정공학의 기초〉, 두양사, 2004.1.30
진병문, 김일원 〈고체물리학 입문〉, 두양사, 2003.5.15
진병문 외 16명 〈맛보기 물리학〉, 청문각, 2002.1.21
진병문 〈고체전자재료〉 다성출판사, 2001. 8.30
진병문, 김성철 〈초고속 광기술 입문〉, 대웅출판사, 2000.3
진병문 〈초음파 분광학〉, 대웅출판사, 2000.3
진병문, 김성철, 유윤식 〈강유전체 물리 입문〉, 대웅출판사, 1998.2.25
진병문, 김성철, 김중환, 박재돈, 유윤식, 황해선
〈결정물리공학〉, 대웅출판사, 1998.4.20
진병문, 김정남, 김성철, 김영철, 김일원, 김정배, 배세환, 유윤식, 차정원, 최병춘
〈결정성장학〉, 대웅출판사, 1998.12.21

최명선

영남대학교 물리학과 교수
미국 서남연구소 방문과학자
한국원자력연구소 선임연구원
한국과학기술원 물리학과 이학박사

해석역학 -제7판-

ANALYTICAL MECHANICS, 7th Edition

제7판 재개정 1쇄 발행 | 2019년 8월 30일
제7판 재개정 5쇄 발행 | 2024년 2월 13일

지은이 | Grant R. Fowles, Geore L. Cassiday
옮긴이 | 진병문, 최명선
발행인 | 송성헌
발행처 | 센게이지러닝코리아㈜
등록번호 | 제313-2007-000074호(2007.3.19.)
이메일 | asia.infokorea@cengage.com
홈페이지 | www.cengage.co.kr

ISBN-13: 978-89-6218-470-9

공급처 | ㈜도서출판 북스힐
주 소 | 서울시 강북구 한천로 153길 17
도서안내 및 주문 | Tel 02) 994-0071 Fax 02) 994-0073
홈페이지 | www.bookshill.com

정가 34,000원

옮긴이 머리말

본 번역서는 2004년 처음 번역되었고 7년 후 개정판으로 새로 번역되었습니다. 한국 여러 대학에서 교재로 사용하는 해석역학 7판을 번역하였지만 그 동안 역학 강의가 없어 오류를 잡을 본격적인 기회를 가지지 못하였습니다. 원서 자체에도 일부 틀린 부분이 있고 번역서에 대한 여러 문의에 대해 고심하던 중 마침 본서를 가지고 오랜 시간 강의를 한 영남대학교 최명선 교수의 문제 제기에 동감하게 되었고 재개정판을 함께 내게 되었습니다. 최명선 교수는 바쁘신 와중에도 긴 시간을 할애하여 아주 섬세한 부분까지 꼼꼼하게 살펴주었습니다.

이전 판에서도 강조했듯이 미적분과 벡터의 중요성은 아무리 강조해도 지나치지 않습니다. 이 책은 해석역학 관점으로 서술이 되어 있기 때문에 물리학의 기본 개념들이 잘 정립되어 있으면 훨씬 깊이 있는 이해를 할 수 있고 또 그렇게 하여야 이 책의 진가를 음미할 수 있을 것입니다. 그래도 난이도가 높다고 판단이 되는 섹션에는 별표(*)를 달아 두었으니 그 부분을 뛰어 넘고 공부를 하더라도 논리상으로는 아무런 문제가 없을 것입니다. 제 7판이 6판에 비해 향상된 부분은 보다 많은 예제를 다루어 봄으로써 물리학적 원리에 대한 이해도를 증가시키고자 한 점입니다. 예제뿐만 아니라 연습문제에 대한 풀이도 잘 나와 있으므로 많은 문제를 다루어 보시기 바랍니다. 학부 2학년 과정에서 전공으로 시작하기에는 다소 어려움이 있긴 하겠지만 숙련도를 높이는 것이 개념도를 성숙시키는 지름길이란 생각하시고 꾸준하게 보시기 바랍니다. 다만 고전역학의 대부격인 Newton 역학의 장단점을 라그랑(Lagrangian)이나 해밀토니안(Hamiltonian)을 통해 다른 각도에서 조명할 수 있도록 안배해 둔 점에 대해서는 다시 한번 강조해두지 않을 수 없습니다. 보통의 역학 교재에서는 다루지 않는 회전 좌표계와 기준 관성계상에서의 운동을 서로 비교해 둔 부분 등은 아주 눈에 띄는 사항입니다. 7차 개정판은 이전 판에 비해 많은 변화가 있으니 그 차이점을 잘 숙지하시어 학문적 성취에 큰 성과가 있으시길 바랍니다.

많은 종류의 역학 서적이 시중에 나와 있음에도 불구하고 본 번역서를 많이 애용해주신 독자분들께 감사의 말씀을 드립니다.

끝으로 이 책이 출간되는 데 많은 도움을 주신 동의대학교에 감사를 드립니다.

2019년 8월 진병문

머리말

이 책은 물리학 혹은 공학을 전공하는 학부 학생들을 위한 고전역학 교재이다. 이 책을 공부하고자 하는 학생은 미적분학에 기반을 둔 일반물리학을 1년 정도 배웠거나 미적분학을 적어도 1년 정도 배웠다고 가정한다. 미분방정식이나 행렬에 대한 과정을 이미 이수했거나 아니면 함께 이수하면서 이 고전역학을 공부하기를 권한다.

일곱 번째 개정판인 이 책 역시 이전 판에서 강조됐던 일반적인 철학을 지니고 있다. 즉, 이전 판의 마지막 두 장에서 소개한 라그랑지안(Lagrangian)과 해밀토니안(Hamiltonian)을 이용하여 뉴턴 역학을 자세하게 설명하고자 한다. 일부 장에서는 새로운 내용을 추가하기도 하고, 이전의 내용을 제외시키기도 했다. 오타를 찾아 고치려고 노력했으며, 예견하지 못했던 실수나 불명확한 표현을 찾아서 좀 더 분명하게 나타내고자 많은 노력을 했다. 어려운 개념들에 대한 설명을 쉽게 하고, 보다 명확한 설명을 하고자 많은 그림과 예제를 도입했다. 일부 절들을 대폭 수정했으며 새로운 개념의 절들을 추가했다. Mathcad나 Mathematica 같은 소프트웨어를 사용하여 새로운 개념을 풀이하고자 했으며 자세한 사용 과정을 부록에 실어두었다.

각 장의 개요는 다음과 같다.

- 1장: 차원 분석과 벡터 대수 소개. 속도와 가속도의 개념.
- 2장: 뉴턴의 운동법칙. 1차원 운동. 관성 좌표계 설명. 수직낙하 문제를 Mathcad를 이용하여 푸는 과정 소개.
- 3장: 조화 운동, 공명, 강제 진동. 비선형 진동자 문제의 수치적인 해법.
- 4장: 3차원에서 입자의 운동. 위치에너지와 보존력. 저항력을 갖는 매질 내에서 포사체의 운동에 대한 문제를 Mathmatica를 이용해 푸는 방법 소개.
- 5장: 가상적인 힘과 비관성 좌표계에서의 운동을 분석. 회전 좌표계에서의 포사체 운동의 수치적인 해법.
- 6장: 중력. 중심력에 대한 확장된 해석. 원뿔 곡선과 궤도 운동. 궤도 에너지에 대한 충분한 논의. 안정 궤도에 대한 판단기준. 러더퍼드 산란.
- 7장: 다체(many body) 문제. 3입자계의 운동과 그 해석. 라그랑주 극점. 보존법칙과 충돌. 로켓 운동의 심도 있는 분석.
- 8장: 고정축에 대한 강체 회전. 층운동의 심층 분석. 관성모멘트.

- 9장: 강체의 3차원 회전. 각기 다른 주관성모멘트를 갖는 회전 강체의 문제에 대한 수치적 해석. 자이로스코프와 팽이의 운동. 회전하는 자전거 바퀴의 안정성(왜 랜스는 넘어지지 않았을까).
- 10장: 라그랑지안과 해밀토니안 역학. 해밀턴과 달랑베르의 원리. 보존법칙.
- 11장: 연성(coupled) 진동자. 기준좌표와 운동의 기준모드. 고유값 문제. 하중이 걸린 현의 운동과 파동.

더 많은 예제를 이 교정판에 추가하였다. 대부분의 추가된 예제는 각 절의 끝부분에 모아두었다. 각 장의 끝부분에 나오는 연습문제는 해석적으로 풀 수 있다. 그 다음에 나오는 컴퓨터 응용 문제는 수치적인 해법을 필요로 하며 Mathcad나 Mathmatica 혹은 학생들이 선호하는 다른 종류의 소프트웨어를 통해 풀 수 있도록 준비해두었다.

부록에는 더 많은 공부를 하고자 하는 학생을 위해 시간을 절약할 수 있도록 여러 가지 유익한 정보나 참고자료의 목록을 비치해두었다. 몇몇 홀수 번호 연습문제의 정답을 끝부분에 실었다.

감사의 글

Mathcad 프로그램을 제공해준 Mathsoft사에 감사한다. 그리고 Mathmatica 4를 아주 저렴한 가격에 구입하도록 도와준 Wolfram Assoc.에게도 감사를 드리는 바이다. 이 개정판이 나오도록 많은 조언을 해주신 분들에게도 감사드리는 바이다. 일부 장들을 아주 세심하게 읽어준 Northpark Univ.의 Linda McDonald와 Embry-Riddle Univ.의 M. Anthony, 그리고 이 책에 대한 자신의 의견을 보내준 Millersville Univ.의 Zemaida Uy 등에게 감사드린다. 자신들이 배우고 있는 역학에 관한 온라인 설문서에 답변을 해준 Weleyan College의 Charles Benesh, Western Illinois Univ.의 Mark S. Boley, Univ. of Michigan의 Donald Bord, Swarthmore College의 Chris Burns, Mount Union College의 Steve Cederbloom, Univ. of Vermont의 Kelvin Chu, St. John's Univ./College of St. Benedict의 Jim Crumley, DePauw Univ.의 Vic DeCarlo, Randolph-Macon College의 William Franz, Auburn의 Junichiro Fukai, Christopher Newport Univ.의 John G. Hardie, Tarleton State Univ.의 Jim McCoy, U.S. Naval Academy의 Carl E. Mungan, Case Western Reserve Univ.의 Rolfe G. Petschek, Carthage College의 Brian P. Schwartz, Univ. of New Orleans의 C. Gregory Seab, Bard College의 Peter Skiff, Lock Haven Univ. of Pennsylvania의 James Wheeler, The Evergreen State College의 E. J. Zita 등에게 감사를 드리는 바이다.

나의 편집자인 Rebecca와 우리 아이들 Pat와 Katie, 그리고 아내 Nancy Cohn에게도 이 개정판을 준비하는 동안 많은 격려와 용기를 준 것에 대해 고마움을 전하는 바이다.

George L. Cassiday

차례

제1장 기본 개념: 벡터 1

1.1 서론 1
1.2 시간과 공간의 측정: 단위와 차원 2
1.3 벡터 10
1.4 스칼라 곱 16
1.5 벡터 곱 21
1.6 벡터 곱의 예: 힘의 모멘트 25
1.7 벡터의 삼중 곱 26
1.8 좌표계의 변경: 변환 행렬 27
1.9 벡터의 도함수 33
1.10 입자의 위치 벡터: 직선 직각 좌표계에서 속도와 가속도 34
1.11 평면 극좌표계에서 속도와 가속도 39
1.12 원통 좌표계와 구면 좌표계에서 속도와 가속도 42

제2장 뉴턴 역학: 입자의 직선운동 51

2.1 뉴턴의 운동법칙: 역사적 개론 51
2.2 직선운동: 일정한 힘으로 균일한 가속 65
2.3 위치에 연관된 힘: 운동에너지, 위치에너지의 개념 68
2.4 속도에 의존하는 힘: 유체 저항, 종단 속력 74
*2.5 유체 속의 수직 낙하: 수치적 해법 81

제3장 진동 89

3.1 서론 89
3.2 선형 복원력: 조화 운동 91
3.3 조화 운동에서 에너지 고찰 101
3.4 감쇠 조화 운동 105
*3.5 위상 공간 115
3.6 강제 조화 진동: 공명 123
*3.7 비선형 진동자: 연차근사법 135
*3.8 비선형 진동자: 혼돈 운동 141
*3.9 비사인형 외부 구동력: 푸리에 급수 146

제4장 입자의 3차원 운동 157

4.1 서론: 일반 원리 157
4.2 3차원 운동의 위치에너지 함수: 델 연산자 163
4.3 분리가능한 형태의 힘: 포사체 운동 169
4.4 2차원 및 3차원 조화 진동자 181
4.5 전자기장 내에서 하전입자의 운동 187
4.6 입자의 구속 운동 190

제5장 비관성기준계 199

5.1 가속 좌표계와 관성력 199
5.2 회전좌표계 205
5.3 회전좌표계에서 입자의 동력학 212
5.4 지구 회전의 효과 217
*5.5 회전하는 원통 내에서 포사체 운동 222
5.6 푸코 진자 228

제6장 중력과 중심력 233

6.1 서론 233
6.2 균일한 구와 입자 사이의 중력 238
6.3 행성 운동에 관한 케플러 법칙 240
6.4 케플러의 제2법칙: 등면적 법칙 241
6.5 케플러의 제1법칙: 타원 법칙 244
6.6 케플러의 제3법칙: 조화 법칙 254
6.7 중력장에서 위치에너지: 중력 퍼텐셜 260
6.8 중심력장에서 위치에너지 266
6.9 중심력장에서 궤도의 에너지 방정식 267
6.10 역제곱장에서 궤도 에너지 268
6.11 반경방향 운동의 극한: 유효 위치에너지 275
6.12 중심력장에서 거의 원형인 궤도: 안정성 278
6.13 거의 원형인 궤도의 극지점과 극지각 280
6.14 역제곱 척력장에서 운동: 알파 입자의 산란 282

제7장 입자계의 동력학 295

7.1 서론: 입자계의 질량중심과 선운동량 295
7.2 입자계의 각운동량과 운동에너지 298
7.3 상호작용하는 2입자의 운동: 환산질량 304
*7.4 제한된 3입자 문제 309
7.5 충돌 324
7.6 비스듬한 충돌과 산란: 실험실 좌표계와 질량중심 좌표계 327
7.7 가변질량 물체의 운동: 로켓 운동 334

제8장 강체 역학: 평면형 운동 347

8.1 강체의 질량중심 347
8.2 고정축에 대한 강체의 회전: 관성모멘트 352

8.3 관성모멘트의 계산 354
8.4 물리진자 364
8.5 강체의 층운동에서 각운동량 370
8.6 강체 층운동의 예 373
8.7 층운동에서 충격량과 충돌 380

제9장 강체의 3차원 운동 389

9.1 임의의 축에 대한 강체의 회전: 관성모멘트와 관성곱 (각운동량과 운동에너지) 389
9.2 강체의 주축 400
9.3 강체의 오일러 운동방정식 411
9.4 강체의 자유회전: 기하학적 기술 412
9.5 대칭축을 가진 강체의 자유회전: 해석적 방법 415
9.6 고정좌표계에 대한 강체의 회전: 오일러 각도 420
9.7 팽이의 운동 427
9.8 에너지방정식과 장동 431
9.9 자이로 나침반 437
9.10 왜 랜스는 넘어지지 않았을까! 440

제10장 라그랑주 역학 449

10.1 해밀턴의 변분원리: 예 451
10.2 일반화좌표 456
10.3 일반화좌표계를 이용한 운동에너지와 위치에너지 계산: 예 459
10.4 보존력계의 라그랑주 운동방정식 462
10.5 라그랑주 방정식의 응용 사례 463
10.6 일반화 운동량: 무시가능한 좌표 470
10.7 구속력: 라그랑주 승수 477
10.8 달랑베르의 원리: 일반화 힘 481
10.9 해밀토니안 함수: 해밀턴 방정식 488

제11장 진동계의 동력학 501

11.1 위치에너지와 평형: 안정성 502
11.2 안정 평형점 부근의 진동 506
11.3 연성 조화진동자: 기준좌표 509
11.4 진동계의 일반 이론 531
11.5 하중이 걸린 현의 진동 536
11.6 연속계의 진동: 파동방정식 543

부록 A 단위 553
부록 B 복소수와 항등식 556
부록 C 원뿔 곡선 559
부록 D 급수 전개 563
부록 E 특수 함수 566
부록 F 곡선 좌표계 568
부록 G 푸리에 급수 570
부록 H 행렬 572
부록 I 소프트웨어: Mathcad와 Mathematica 578

연습문제 해답 586
참고문헌 589
찾아보기 591

제 1 장

기본 개념: 벡터

"기하학에 밝지 못한 사람은 이 현관에 들어오지 말지어다."

– 플라톤의 아테네 학원 입구에 새겨진 문구

1.1 서론

고전역학(古典力學)은 뉴턴식 관점의 절대적 시간(時間, time)과 공간(空間, space)에서 물체의 움직임을 다루는 과학이다. 시공간(時空間)의 개념은 고전역학의 발전 과정에서 핵심 요소였지만 아이작 뉴턴(Isaac Newton)경이 1687년 『Philosophie Naturalis Principia Mathematica』를 출간한 이후 약 250년 동안 꾸준히 논란의 대상이 되어 왔다. 뉴턴은 책의 앞부분에서 이렇게 언급하고 있다. "절대적이고 진실로 수학적인 시간은 자연스럽게, 또 속성상 외부와 아무 관련 없이 잔잔히 흐른다. 그래서 다른 이름으로 지속시간이라고도 한다. 절대적 공간도 속성상 외부와 아무 관련 없이 항상 유사하고 또한 정지 상태로 있다."

알베르트 아인슈타인(Albert Einstein)에게 큰 영향을 준 에른스트 마흐(Ernst Mach, 1838~1916)는 그의 저서 『The Science of Mechanics: A Critical and Historical Account of its Development』(1907)에서 뉴턴의 시간과 공간 개념의 정당성에 대해 의문을 제기했다. '관측 가능한 현상'에서 직접 추론하거나 여기서 유도할 수 있는 결과 외에는 아무것도 과학 이론의 기본 전제로 받아들이지 않는다. 즉, "어떤 가정(假定)도 설정하지 않는다"고 뉴턴은 천명했는데 실제로는 정반대로 행동했다는 주장이었다. 뉴턴은 『Principia』 제3권에서 공공연히 이러한 의도를

'Regulae Philosophandi'(철학에서의 논증 규칙)의 다섯 번째이자 마지막 규칙이라고 했지만, 이 규칙을 활용하지 않는 것은 결과적으로 뜻깊은 일이었다.

물리학자로서 뉴턴은 일생을 통해서 많은 가정이 틀렸음을 지적했고 이들을 배제했다. 또 상당 부분은 무해하다고 생각해서 그대로 수용했다. 그리고 검증된 가정들은 활용했다. 그러나 몇 가지 가정은 '현상으로 설명하거나 귀납적으로 추론할 수 없어서' 도저히 다른 방도가 없었다. 시간과 공간에 대한 뉴턴의 개념은 바로 이러한 범주에 속한다. 이 같은 개념을 기본으로 받아들이는 것은 곤혹스럽지만 필요했었다. 그래서 그는 "어떤 가정도 설정하지 않는다"는 규칙을 채택하기에 주저했다. 물론 오늘날 우리는 뉴턴의 이러한 과오를 너그럽게 봐줄 수 있다. 결국 이러한 가정과 중력의 '힘' 같은 개념도 받아들임으로써 뉴턴 이전에는 상상도 할 수 없었을 만큼 인간은 우주를 정연하고도 자세히 이해하게 되었다.

18세기 말, 19세기 초에 이르러서 수행된 전기와 자기에 관한 실험으로 비로소 알게 된 관측 가능한 현상은 아인슈타인의 특수 상대론에서 제시하는 새로운 시공간의 패러다임 테두리 안에서만 이해가 가능했다. 헤르만 민코프스키(Hermann Minkowski)는 1908년 독일 쾰른의 한 강의에서 이 새로운 패러다임을 다음과 같이 소개했다.

> 여러분! 내가 여러분에게 말씀드리는 시간과 공간에 관한 견해는 실험물리학이라는 토양에서 싹튼 것이기에 강한 힘을 갖고 있습니다. 이것은 혁신적인 생각입니다. 지금부터 공간 그 자체, 시간 그 자체는 어둠 속으로 사라져야 합니다. 오직 시간과 공간 사이의 한 조합만이 독립적인 실제를 유지할 것입니다.

이렇게 뉴턴의 시공간 개념은 새로운 시공간으로 대치되었고 비록 뉴턴이 아직까지 살아 있다 해도 그는 새로운 패러다임에 대단히 흡족했을 것이다. 새로운 시공간의 개념은 관측된 '현상'에 근거를 두고 있으므로 어떤 가정도 설정하지 않는다는 그의 법칙이 옳았음을 입증해주기 때문이다.

1.2 시간과 공간의 측정: 단위[1]와 차원

이 책에서 시간과 공간은 엄격히 뉴턴의 개념으로 기술된다고 가정한다. 통상의 3차원 공간은 유클리드(Euclid) 공간이다. 이 공간에서 점의 위치는 직선 직각 좌표계의 원점 (0, 0, 0)에 대한 세 개의 수치들 (x, y, z)로 나타낸다. 길이란 두 점이 공간적으로 분리된 정도를 어떤 표준 길이와 비교하여 나타낸 것이다.

---

1) 단위 표준화 역사의 명쾌한 설명은 『The Science of Measurement–A Historical Survey』(Dover Publ., Mineola, 1988)에서 찾아볼 수 있다.

시간은 어떤 순환계(cyclic system)에 주어진 배위(configuration)의 반복출현 주기에 대해 상대적으로 측정한다. 이리저리 흔들리는 진자, 회전축을 중심으로 자전하는 지구, 금속 동공 안에서 진동하는 세슘 원자가 발생시키는 전자기파는 순환계의 대표적 예이다. 어떤 사건이 일어난 시각[2]은 t로 표시하는데 이것은 정해진 표준 주기의 반복횟수를 의미한다. 예를 들어 표준 진자의 한 진동을 1 s(초)로 정의한다면, 어떤 사건이 $t = 2.3$ s에 발생했다는 것은 시각 $t = 0$부터 이 사건이 일어날 때까지 표준 진자가 2.3회 진동했음을 의미한다.

이런 모든 얘기가 단순해 보이지만 그 이면에는 실질적인 어려움이 깔려 있다. 도대체 표준 단위란 무엇인가? 보통의 경우 표준은 과학적 근거보다는 흔히 정치적 동기에서 선정되었다. 예를 들어 어떤 사람의 키가 6피트라면 그의 머리끝에서 발끝까지의 길이가 1피트라는 표준 길이의 6배임을 뜻한다. 옛날에는 표준이란 것이 실제로 사람 발의 길이이거나 그에 가까운 사물이었을 수도 있다. 로마의 건축가 비트루비우스 폴리오(Vitruvius Pollio, 기원전 1세기)에 관하여 레오나르도 다빈치(Leonardo da Vinci)는 다음과 같이 기술했다.

> …비트루비우스는 조물주가 인간의 척도를 다음과 같이 만들었다고 선언했다. 4손가락의 폭이 1뼘이 되고 4뼘은 1피트이다. 6뼘은 1완척[3](腕尺, cubit)이고 4완척이 사람의 키와 같다. 4완척은 1걸음이 되고 24뼘이 사람의 키이다…

이러한 표준은 정확히 재생 가능한 척도가 될 수 없음이 분명하다. 옛날 주부들은 키가 작은 왕의 발에 규격화된 길이로 측정해서 옷감을 살 때 화가 났을지도 모른다.

길이 단위

프랑스 혁명은 1799년 나폴레옹의 쿠데타로 끝났으나 그동안에 도량형 제도의 개혁이 시작되었다. 결과는 미터법의 탄생이었는데 1960년에 더욱 확장되어 현재의 국제단위계(SI: Système International d'Unités)로 발전했다.

프랑스 혁명 제1차 국민의회 회기 말인 1791년 샤를 모리스 드 탈레랑(Charles Maurice de Talleyrand, 1754~1838)은 도량형 제도의 개혁을 주장하고 세부사항을 프랑스 과학한림원에서 선출된 특별 위원회에 위임하자고 제안했다. 이 문제는 사소한 일이 아니었다. 당시 프랑스는 도량형 면에서나 정치적인 면에서 아직도 분단되어 있었고, 혼란 상태였으며 상황이 복잡했다. 파

---

2) 'time'을 '시간'으로 번역하는 것이 통례인데, 실제로 국어에서는 시각(時刻)과 시간(時艱)을 구별한다. 시각은 어떤 시점을 기준으로 잰 순간을 의미하고, 시간은 두 시각 사이의 차이이다. 영어에서는 이를 혼용하는데 구태여 의미를 구별하려면 시간을 'time interval'이라 한다. — 옮긴이

3) '고대의 척도. 팔꿈치에서 가운데 손가락 끝까지. 46~56센티미터

리에서 길이의 단위는 보르도보다 4%가 길고, 마르세유보다는 2% 길며, 릴보다는 2% 짧았다. 과학한림원의 위원회는 이들을 모두 바꾸어야 했다. 프랑스는 단위 표준화 작업에 영국과 미국도 동참하라고 권유했으나 거절당했다. 영어 사용권 국가에서 미터법을 경시하는 풍조는 이렇게 해서 시작된 것이다.

우선 위원회는 모든 척도에 10진법을 쓰기로 결정했다. 길이의 단위는 적도에서 북극까지 거리의 1천만 분의 1로 정했다. 길이의 기본단위를 정확하게 결정하기 위하여 영국해협에 있는 뒹케르크부터 스페인의 지중해 연안에 있는 바르셀로나까지 실제 측량이 수행되었는데, 이는 위도상으로 10°, 즉 적도에서 북극까지 거리의 대략 1/9에 해당한다. 궁극적으로 1792년부터 1799년까지 실행된 엄청난 고행 끝에 표준 미터는 전보다 약 0.3 mm가 짧아졌다(3×10^{-4}의 정확도). 현재 알려진 바로는 이것 역시 비슷한 오차를 갖고 있다. 표준으로 택한 적도와 북극 간의 길이는 10,002,288.3 m로, 뒹케르크-바로셀로나 측정값보다 정확도에서 2×10^{-4} 정도 크다.

흥미롭게도 뒹케르크-바로셀로나 측량이 끝난 1799년에 프랑스 의회는 미터를 포함한 새로운 도량형 표준을 인준했다. 아래로 처져 휘는 것을 최소화하도록 X 글자 모양의 단면을 갖는 백금-이리듐 합금의 막대 위에 새긴 두 눈금 사이의 거리를 1 m로 정의했다. 미국은 미터 원기 21번과 27번 두 개를 받았으며, 이를 워싱턴 교외인 게이더스버그의 표준국에 보관하고 있다. 이 표준 원기에 근거해서 측정하면 10^{-6}의 정밀도로 길이를 잴 수 있다. 그러므로 개념이라기보다는 어떤 물체(백금 막대)가 표준 미터로 확립된 것이다. 지구의 둘레는 변할지 모르지만 프랑스 파리 교외인 세브르의 금고에 보존된 표준 미터는 영원하리라. 이 표준 원기는 1960년대까지 통용되었다.

1960년 제11차 국제 도량형 총회에서는 ^{86}Kr 원자에서 발생하는 등적색 빛을 길이의 새로운 표준으로 채택했다. 구체적으로 다음과 같이 정의했다.

> 미터(meter)는 진공에서 ^{86}Kr 원자의 두 준위 $2p^{10}$과 $5d^{5}$ 사이의 전이에 해당하는 복사 파동의 1,650,763.73 파장에 해당하는 길이이다.

크립톤은 우리 주위에 항상 존재한다. 대기 중에는 10^{-6} 정도로 포함되어 있다. 그러나 대기 중의 크립톤은 원자량이 83.8인데 원자량이 78부터 86까지인 6가지 동위원소로 구성되어 있다. 그중에서 ^{86}Kr은 약 60%를 차지하고 있다. 그러므로 미터는 대기 중에 가장 많이 포함된 크립톤으로 정의했다. 표준 램프는 다른 동위원소가 1% 이상 포함되어 있지 않도록 설계했다. 이 표준에 근거한 측정 정밀도는 10^{-8}이다.

1983년 이후부터 표준 미터는 빛의 속도로 명시되었다. 1 m는 진공 중에서 빛이 1/299,792,458 초 동안 진행하는 거리이다. 즉, 빛의 속도를 정확히 299,792,458 m/s로 정의한 것이다. 그 결과 길이의 표준은 시간의 표준에 의존하게 되었다.

시간 단위

천체 운동은 일(日), 월(月), 년(年)의 '자연스러운' 시간 단위 3개를 인간에게 제공하고 있다. 日은 지구의 자전 운동에, 月은 달의 지구 주위 궤도 운동에, 年은 지구가 태양 주위를 돌고 있는 공전 운동에 근거하고 있다. 일(日), 시(時), 분(分), 초(炒)를 연계하는 60:1과 24:1은 어떠한가? 이 관계식은 인류문명과 도시 국가가 지구상에 처음 생긴 메소포타미아 평원(현재의 이라크)에서 약 6천년 전에 생겨났다. 메소포타미아 사람들은 현재 우리가 사용하고 있는 10진법이 아닌 60진법을 사용하였다. 고대 메소포타미아 사람들은 손가락 수보다는 1년 360일, 한 달 30일, 그리고 1년 12달인 것에 영향을 받았던 것으로 보인다. 하늘을 관측하고 별의 위치를 측정하는 일이 최초로 정밀하고 연속적으로 이루어지는 환경이 형성된 것이다. 하늘에 존재하는 물체들이 우주를 지나가는 움직임을 보고 시각으로 환산했다.

SI 단위계에서 시간의 단위인 초(second)는 평균 태양일의 1/86,400로 임의로 정해졌다. 1일 = 24시 × 60분 × 60초 = 86,400초이기 때문이다. 하지만 천체 시계의 문제점은 운동 주기가 일정하지 않다는 것이다. 평균 태양일은 점점 길어지고, 보름과 보름 사이의 시간인 음력 달(月)은 점점 짧아지고 있다. 1956년에 '초'는 1900년이라는 특정 해에 특정한 방법으로 측정한 평균 태양년의 1/31,556,926로 새로이 정의했다. 그러나 이 정의도 오래 유지되지 못했다. 1967년 세슘 원자 시계의 특정한 진동 횟수로 다시 정의되었다.

세슘 원자 시계는 진공 상태의 금속 동공을 지나가는 ^{133}Cs 원자의 빔(beam)과 9,192,631,770 Hz 또는 약 10^{10}번/초의 특정한 공명 주파수를 방출-흡수하는 마이크로파 장치로 구성되어 있다. 이러한 방출과 흡수는 세슘의 원자 상태가 바뀔 때 일어나고, 이 과정에서 마이크로파 형태로 일정양의 에너지를 잃거나 얻는다. 두 개의 다른 에너지 상태는 세슘 핵의 스핀과 최외각 전자의 스핀이 반대 방향(가장 낮은 에너지 상태) 또는 같은 방향(가장 높은 에너지 상태)에 해당한다. 이러한 '스핀 뒤집기' 원자 전이를 **초미세 전이**(hyperfine transition)라고 한다. 에너지 차이와 공명 진동수는 세슘 원자 불변의 구조로서 정확히 결정된다. 세슘 원자라면 모두 같다. 잘 보정, 유지되는 세슘 원자 시계는 약 10^{-12}의 안정도로 시간을 유지할 수 있다. 그러므로 이 시계로 1년이 지나도 오차는 30 μs 정도에 불과하다. 두 세슘 원자 시계를 비교하면 10^{-10} 오차 범위 내에서 일치하는 것이 보통이다.

이러한 안전성과 재현 가능성 때문에 1967년 제13차 국제 도량형 총회에서는 천체로 정의된 시간 단위를 ^{133}Cs로 대체하게 되었다. 총회에서 다음과 같은 새로운 기준을 확립하였다.

> 초(秒)는 세슘-133 원자의 두 초미세 구조 사이의 전이에 대응하는 복사의 9,192,631,770 주기에 대한 시간이다.

그래서 **미터**(meter)가 지구 표면에서의 거리와 더 이상 관계가 없어진 것처럼 **초**(second)도 우주의 '똑딱'거리는 시계 현상과 별도로 정의되었다.

질량 단위

역학이라는 과학은 물체의 운동을 다루는 학문이라고 언급한 바 있다. 어떤 물리량을 완벽하게 기술하는 데 필요한 마지막 개념은 **질량**(質量, mass)이다.[4] 질량의 기본단위는 **킬로그램**(kilogram)이다. 질량의 국제 원기 또한 프랑스의 세브르에 있는 금고 안에 보관되어 있고 2차 원기는 세계 주요 각국에 국가 원기로 배포되어 있다. 그러나 길이와 시간의 단위는 현재 원자 표준에 근거하고 있음을 유의하라. 이 두 가지 단위는 보편적인 방법으로 항상 재생할 수 있고, 파괴한다는 것은 거의 불가능하다. 그러나 불행하게도 질량의 단위는 아직 그렇지 못한 상태이다.

이 책에서 자주 사용할 **입자**(粒子, particle)는 질량이 포함된 개념으로 질량을 가진 점이라는 뜻으로 **질점**(質點)이라고도 하는데 질량만 보유하고 공간적인 크기가 없는 **점**(point)이다. 입자란 실제로는 존재하지 않는 이상적인 개념이다. 그렇지만 물체의 크기가 주위 환경보다 상대적으로 작을 때, 어떤 의미에서 유한한 크기의 물리적인 물체를 입자라는 한 개의 점으로 근사시킬 수 있는 유용한 개념이다. 레코드판 위에서 움직이는 벌레나, 날아가는 야구공, 태양 주위를 돌고 있는 지구 등이 예이다.

킬로그램, **미터**, **초**의 세 단위는 SI 단위계의 기초가 된다.[5] SI 외에도 cgs(센티미터, 그램, 초), fps(푸트, 파운드, 초) 등의 단위계가 있는데 이들은 모두 SI 단위계에 대해 상대적으로 정의되어 있기 때문에 부차적이다.

차원

통상적으로 차원이란 물체가 움직일 수 있는 방향으로 공간상에 서로 수직인 3개의 방향을 설정하는 것으로 생각한다. 예컨대 비행기의 운동은 다음과 같은 방향을 따르는 운동으로 나타낼 수 있다: 동-서, 북-남, 위-아래. 그러나 물리학에서 이런 항목들은 그 의미는 유사하지만 훨씬 더 기본적인 뜻을 갖는다.

---

4) 질량의 개념은 2장에서 다룬다.

5) 그 외의 기본 단위나 유도된 단위는 부록 A에 실려 있다.

예제 1.2.1

단위 환산

광년(光年, light year; LY)의 길이는 몇 미터인가?

풀이

광속은 $c = 1$ LY/Y이다. 빛이 1년($T = 1$ Y) 동안 여행한 거리는

$$D = cT = (1\ \mathrm{LY}/\cancel{\mathrm{Y}}) \times 1\ \cancel{\mathrm{Y}} = 1\ \mathrm{LY}$$

이다. 광년을 미터로 나타내려면 우선 광속을 미터 단위로 표현해야 한다. 광속은 $c = 3.00 \times 10^8$ m/s이다. 문제에서 주어진 시간 간격 T는 1년 단위로 되어 있지만 광속은 초로 표현되어 있으므로

$$1\ \mathrm{LY} = (3.00 \times 10^8\ \mathrm{m/s}) \times (1\ \mathrm{Y}) = 3.00 \times 10^8\ \mathrm{m} \times (1\ \mathrm{Y}/1\ \mathrm{s})$$

위의 결과에서 서로 다른 시간 항들을 무차원 값으로 나타내려면 같은 단위로 나타내야 하고, 결과는 미터 단위로만 나타난다. 1년을 초로 바꾸면 다음과 같이 된다.

$$\begin{aligned} 1\ \mathrm{LY} &= (3.00 \times 10^8\ \mathrm{m}) \times (1\ \cancel{\mathrm{Y}}/1\ \mathrm{s}) \times (365\ \cancel{\mathrm{day}}/\cancel{\mathrm{Y}}) \times (24\ \cancel{\mathrm{hr}}/\cancel{\mathrm{day}}) \times (60\ \cancel{\mathrm{min}}/\cancel{\mathrm{hr}}) \times (60\ \mathrm{s}/\cancel{\mathrm{min}}) \\ &= (3.00 \times 10^8\ \mathrm{m}) \times (3.15 \times 10^7\ \cancel{\mathrm{s}}/1\ \cancel{\mathrm{s}}) = 9.46 \times 10^{15}\ \mathrm{m} \end{aligned}$$

본래 무차원이며 1과 같은 값을 갖는 비율(ratio)들을 연속적으로 곱해주어서 1년을 초로 바꾸어 준다. 예컨대 365일 = 1년, 그러므로 (365일/1년) = (1년/1년) = 1. 이런 비율 곱들은 단위만 변화시킬 뿐 본연의 값 그 자체는 변화시키지 않는다. 이 곱하기들은 단순히 1년을 그에 상응하는 초로 변환하여 초의 단위를 상쇄시키고, 그 결과가 미터 단위로 나타나게 한다.

우리가 고전역학을 공부하면서 만나게 되는 물리계의 거동이나 특성을 완전하게 기술하기 위해서는 이 세 가지 기본적인 **물리량**(미터, 킬로그램, 초)이면 충분하다(물체가 차지할 공간, 그 물체를 구성하는 물질, 이 물체들이 움직이는 데 걸린 시간을 나타내는 물리량들이다). 바꾸어 말하자면 고전역학은 **시공**(時空, time and space)에서의 물체 운동을 다룬다. 운동에 대한 모든 측정은 궁극적으로 질량, 길이, 시간을 종합적으로 측정하는 것이다. 낙하하는 사과의 가속도 a는 시간 변화당의 속력 변화로서 측정하고, 속력 변화는 시간 변화에 대한 위치(길이)의 변화를 측정한다. 그러므로 가속도 측정은 길이와 시간을 측정함으로써 완벽하게 그 특성을 파악할 수 있다. 질량, 길이, 시간의 개념은 이를 측정하는 척도로서 도입한 임의의 단위보다 더 근원적인 물리량이다. 질량, 길이, 시간은 모든 물리량의 가장 기본적인 세 가지 **차원**(次元, dimensions)이다. 이 세 가지 기본 차원을 나타내는 기호로서 $[M]$, $[L]$, $[T]$를 사용한다. 어떠한 물리량의 차원이라도 모두 $[M]$, $[L]$, $[T]$의 대수적 조합으로 정의하며, 그 물리량의 특성을 잘 나타낼 수 있다. 즉, 어떤 물리

량의 차원도 $[M]^{\alpha}[L]^{\beta}[T]^{\gamma}$와 같이 쓸 수 있다. 여기서 α, β, γ는 그 차원의 차수이다. 가속도 a의 차원을 예로 들면 다음과 같다.

$$[a] = \left[\frac{L/T}{T}\right] = [L][T]^{-2}$$

물리량의 차원을 그 물리량을 표현하기 위해 나타낸 단위(unit)와 혼동하지 마라. 가속도는 feet/s^2 혹은 km/h^{2}으로 표현된다. 만약 당신이 경사면을 굴러 내려오는 공을 설명하는 갈릴레오라면, 가속도는 펀티(punti)/beat^{2}이 될 것이다. 하지만 이들은 모두 $[L][T]^{-2}$인 차원을 갖는다.

차원 분석

서로 다른 물리량 사이의 관계를 나타내는 방정식의 **차원을 분석**한다는 것은 그 방정식의 계산 결과가 잘못될지 여부를 즉각적으로 결정할 수 있는 강력한 수단이다. 모든 물리량은 합당한 차원을 가져야 한다. 방정식에서 등식 좌변의 물리량이 갖는 차원은 반드시 등식 우변의 모든 물리량 조합이 갖는 차원과 동일해야 한다. 예컨대 나중에 예제 6.5.3에서 풀게 될 문제를 보면, 반지름이 R_e인 지구 주위를 돌고 있는 원형 궤도 반지름이 R_c인 위성의 속도는 다음과 같다.

$$v_c = \left(\frac{gR_e^2}{R_c}\right)^{1/2}$$

여기서 g는 2.2절에서 소개할 중력가속도이다. 만약 이 결과가 맞다면 이 방정식의 양변 차원은 일치해야 한다. 한번 알아보자. 우선, 우변의 복합 수식 차원을 가능한 한 줄여본다. 즉,

$$\left(\frac{([L][T]^{-2})[L]^2}{[L]}\right)^{1/2} = ([L]^2[T]^{-2})^{1/2} = [L][T]^{-1}$$

속력 v_c의 차원도 역시 $[L][T]^{-1}$이다. 따라서 양쪽의 차원이 일치하므로 답은 정확할 것이다. 답이 틀릴 수도 있다. 차원 분석이 반드시 그 답이 정확하다는 것을 말해주지는 못한다. 차원 분석이 우리에게 말해주는 것은, 만약 등식의 양쪽 차원이 일치하지 않는다면 그 답은 틀리다는 것뿐이다.

차원 분석에 의한 관계 결정

차원 분석은 물리학 법칙에 기인한 좀 더 상세한 분석을 위한 노력 없이도 물리량 사이의 관계를 얻는 방법으로도 사용된다. 예를 들어 예제 3.2.2에서 다루는 단진자를 생각하자. 단진자는 질량을 무시할 수 있고 길이 l인 단단한 줄과 그 끝에 붙어 있는 질량 m인 작은 공으로 이루어진다.

가장 낮은 위치인 평형 위치로부터 공을 들어 올렸다 놓으면 공은 가장 낮은 위치로 그 공을 돌려놓으려는 중력의 영향 때문에 이리저리 흔들린다. 마찰이나 공기 저항과 같은 **감쇠력**(dissipative force)이 없다면 이 진자는 영원히 진동할 것이다. 어떤 정해진 운동 상태와 방향으로 되돌아오는 데 걸리는 시간을 **주기**(週期, period) 또는 시간 τ라 하는데 이 시간은 한 번의 완전한 순환에 걸리는 시간이다. 이 문제에서 우리가 갖는 의문사항은 다음과 같다. 단진자와 그 주변 환경의 특성을 나타내는 물리 변수들이 τ에 어떤 영향을 미치는가?

우선, 이 상황에 상응하는 변수들을 열거해보자. 이 단진자는 질량이 없고 휘지 않는 이상적인 줄로 구성되어 있다고 가정했으므로 이 줄은 공기 저항이나 마찰의 영향을 받지 않는다. 따라서 마찰에 기인하는 어떠한 요인도 고려 대상에서 제외한다. 그러면 진자 공의 질량 m, 줄의 길이 l, 중력가속도 g라는 세 가지 요소만 남는다. 단진자의 주기는 차원이 $[T]$이므로 m, l, g를 포함하는 단진자 주기에 대한 방정식의 차원 역시 $[T]$로 줄일 수 있어야 한다. 즉, 단진자의 주기 τ는 m, l, g를 포함하는 다음과 같은 수학적인 형태를 갖는다.

$$\tau \propto m^{\alpha} l^{\beta} g^{\gamma}$$

이 식의 차원을 살펴보면 다음과 같다.

$$[T] = [M]^{\alpha} [L]^{\beta} ([L]^{\gamma}[T]^{-2\gamma})$$

위 식의 좌변에는 $[M]$에 대한 차원이 없으므로 $\alpha = 0$이고, 따라서 단진자 공의 질량과는 무관하다. 방정식 양변의 $[T]$에 대한 차원을 일치시키려면 $\gamma = -\frac{1}{2}$이어야 하고, $[L]$에 대한 차원을 일치시키려면 $\beta + \gamma = 0$ 혹은 $\beta = \frac{1}{2}$이어야 한다. 따라서 결론은

$$\tau \propto \sqrt{\frac{l}{g}}$$

이 된다. 차원 분석은 이것으로 충분하다. 차원 분석이 항등식의 계수에 대한 정보를 제시하지는 못하지만, 주기 τ가 l과 g에 어떻게 의존하고 또한 주기는 질량 m과는 무관함을 알려준다. 게다가 길이를 알고 있는 단진자의 주기를 측정하면 g가 상수이므로 비례 상수를 알 수 있다.

앞의 논의에서 단진자가 흔들리는 각도에 대한 논의는 남겨놓았다. 각도는 과연 주기에 영향을 미칠까? 그럴지도 모르지만 차원 분석 자체로는 알 수 없다. 단진자가 흔들리는 각도는 무차원이고 주기는 각도에 무수히 많은 경우의 수로 의존한다. 실제로 예제 3.7.1에서 볼 수 있듯이 각진폭이 충분히 크다면 각도는 주기에 영향을 미친다. 그러나, 차원 분석을 통해 배운 것은 놀랄 만 한 것이다. 물리 법칙에 근거하여 자세하게 분석한 결과가 단순히 차원 분석으로 얻은 결과와 일치할 수도 있지만, 만약 그렇지 않다면 그 원인을 알아내려고 노력해야 한다. 그런 딜레마에 빠졌을 때는 세부적인 분석 과정에서 뭔가를 잘못했을 가능성이 대단히 높다.

이런 방식으로 적용되는 차원 분석이 항상 그렇게 간단하진 않다. 적절한 변수에 노력을 집중하거나 적절한 함수 의존성을 추측하는 데는 경험이 필요하다. 특히 삼각함수가 포함되는 경우에는 차원 분석이 훨씬 더 어려워진다. 하지만 그대로 두어라. 모든 학생이 뭔가 의미 있는 공격용 무기를 무기고에 숨겨두어야 하듯이.

1.3 벡터

움직이는 계의 운동은 두 개의 기본량인 스칼라와 벡터를 이용하여 기술할 수 있다. **스칼라**(scalar)는 물체의 질량과 같이 크기만을 갖는 물리량이다. 스칼라는 적당한 단위(unit)를 갖는 상수로 주어진다. 스칼라는 운동 중인 계를 설명하기 위해 택한 좌표계와도 무관하다. 그 밖의 친숙한 스칼라 종류에는 밀도, 체적, 온도, 에너지 등이 있다. 스칼라는 수학적으로 실수로 취급된다. 이들은 덧셈, 뺄셈, 곱셈, 나눗셈 등 모든 대수적 규칙을 따른다.

그러나 **벡터**(vector)는 공간상의 한 점에서 다른 점까지의 **변위**(displacement)와 같이 방향과 크기를 동시에 갖는다. 스칼라와는 달리 벡터를 완벽하게 나타내기 위해서는 한 쌍의 수치가 필요하다. 이 수치는 일반적으로 좌표계에 의존한다. 공간의 변위 외에 또 다른 벡터의 예로는 속도와 가속도 그리고 힘이 있다. 수학적으로 벡터는 앞으로 논의할 평행사변형 법칙에 따라 서로를 더한다.[6] 벡터라는 개념은 고전역학의 논리를 개발하는 데 필수불가결한 수학의 한 분류임이 입증되었다. 벡터는 매우 복잡한 물리계라도 그 특성을 간단명료하게 설명하는 방법을 제공한다. 더군다나 물리 법칙을 응용할 때 벡터를 사용하여 얻은 결과는 좌표축의 선택에 무관하다.

벡터를 손으로 쓸 때에 화살표를 사용하여 $\vec{\mathbf{A}}$ 와 같이 표기하는 것이 관례이다. 그러나 이 책에서는 **A**와 같이 간단히 볼드체(진한 글씨)로 나타낸다. 스칼라는 보통의 이탤릭체 A로 쓴다.

벡터 **A**는 어떤 정해진 기준계에 대해 상대적으로 크기와 방향을 기술하여 나타낸다. 벡터는 그림 1.3.1과 같이 3차원 공간에서 방향을 가진 선분으로 표현한다.

벡터는 또 좌표축에 투영한 **성분**(component)의 집합으로 표현할 수도 있다. 예를 들어, 그림 1.3.1의 세 개의 스칼라 (A_x, A_y, A_z) 집합은 벡터 **A**의 성분들로**,** **A**와 같은 표현 방법이다. 따라서 다음

$$\mathbf{A} = (A_x, A_y, A_z) \tag{1.3.1}$$

방정식은 기호 **A**나 집합 (A_x, A_y, A_z)가 모두 벡터를 나타내는 데 사용될 수 있다는 것을 의미한

---

6) 이런 덧셈 규칙을 만족하지 않는 물리량의 예는 주어진 축에 대한 물체의 유한한 회전이다. 다른 축에 대해 연이어 두 번 회전시키면 평행사변형 규칙으로 결정된 한 번의 회전 결과와 다르다는 사실을 증명할 수 있다. 지금은 이러한 벡터적이지 않은 양에 대해서는 다루지 않기로 한다.

그림 1.3.1 직선 직각 좌표계에서 벡터 **A**와 그 성분

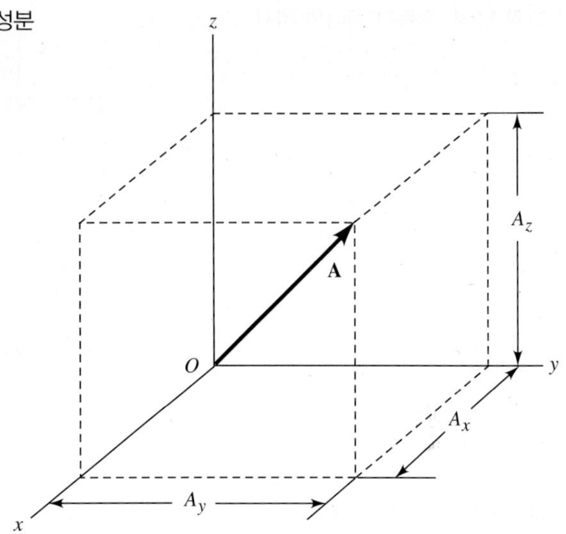

다. 가령 벡터 **A**가 한 점 $P_1(x_1, y_1, z_1)$부터 다른 점 $P_2(x_2, y_2, z_2)$까지의 변위를 나타낸다면 그 세 가지 성분은 $A_x = x_2 - x_1$, $A_y = y_2 - y_1$, $A_z = z_2 - z_1$이고 이에 상응하는 3개의 스칼라 성분을 포함하는 벡터 **A**의 표현법은 $(x_2 - x_1, y_2 - y_1, z_2 - z_1)$이다. 또 **A**가 힘이라면 A_x는 힘의 x 성분, A_y는 y 성분, A_z는 z 성분이 된다.

벡터가 평면상에서 논의되는 경우에는 단지 2개의 성분만이 필요하다. 일반적으로 차수가 n인 공간을 수학적으로 표현할 수 있는데, n개의 성분을 갖는 집합 $(A_1, A_2, A_3, \cdots, A_n)$이 n차원 공간을 나타내는 벡터이다.

벡터에 관한 몇 가지 이론적 성질에서 출발하여 벡터 대수학을 공부해보자.

I. 벡터의 등식

방정식

$$\mathbf{A} = \mathbf{B} \tag{1.3.2}$$

혹은

$$(A_x, A_y, A_z) = (B_x, B_y, B_z)$$

는 다음의 세 방정식과 동등하다.

$$A_x = B_x \qquad A_y = B_y \qquad A_z = B_z$$

즉, 두 벡터는 성분들이 각각 모두 같을 때만 동등하다. 동등한 벡터는 기하학적으로 서로 평행이고 길이가 같지만 공간에서 같은 위치에 있을 필요는 없다. 동등한 벡터를 그림 1.3.2에

그림 1.3.2 동등한 벡터의 예시

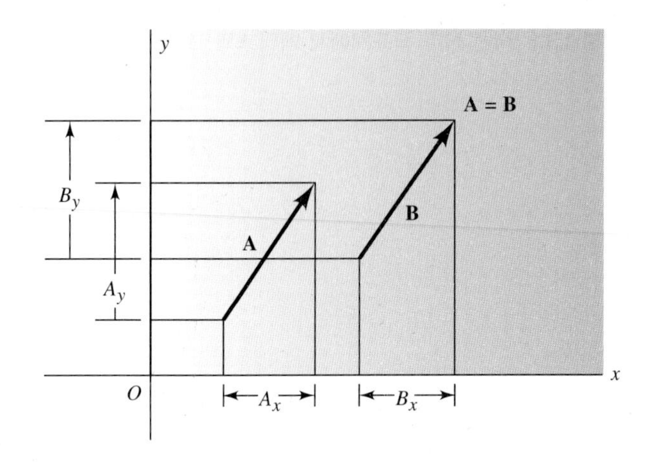

그림 1.3.3 두 벡터의 더하기

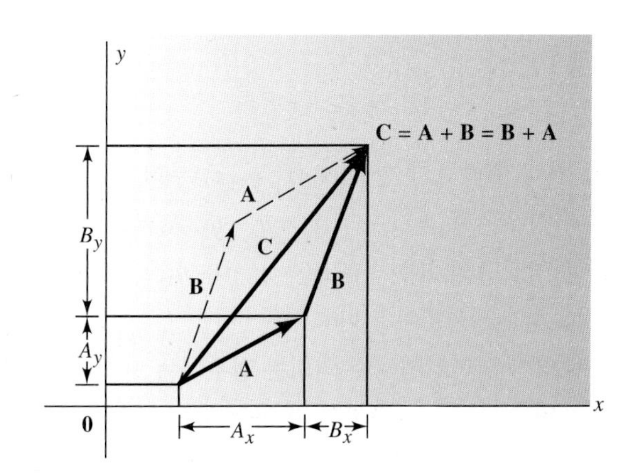

설명했다. 동등하다 해도 물리적효과는 다를 수 있다(동등한 벡터라도 모든 점들이 같을 필요는 없다. 벡터적으로 같은 두 힘이 물체의 다른 두 점에 작용할 때 각기 다른 역학적 효과가 생길 수도 있다).

II. 벡터의 더하기

벡터의 합은 다음 식으로 정의한다.

$$\mathbf{A} + \mathbf{B} = (A_x, A_y, A_z) + (B_x, B_y, B_z) = (A_x + B_x, A_y + B_y, A_z + B_z) \tag{1.3.3}$$

두 벡터의 더하기는 각 벡터 성분들의 합을 성분으로 하는 벡터이다. 평행하지 않은 두 벡터의 합을 기하학적으로 표현하면 이들 벡터를 두 변으로 하는 삼각형에서 세 번째 변이다. 구체적으로 그림 1.3.3에 설명되어 있다. 그림에서 보다시피 벡터의 합을 평행사변형 법칙으로도 나타낼 수 있다. 그러나 벡터들의 공통점이 없어도 이들의 합은 위의 방정식으로 정의된다.

그림 1.3.4 음의 벡터

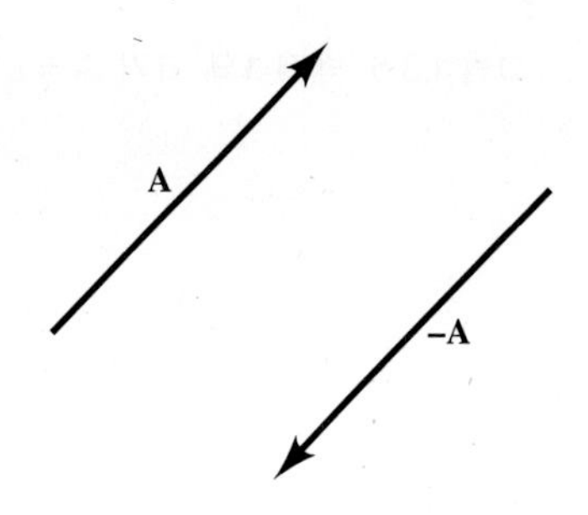

III. 벡터에 스칼라 곱하기

스칼라 c를 벡터 **A**에 곱하는 것은 다음과 같다.

$$c\mathbf{A} = c(A_x, A_y, A_z) = (cA_x, cA_y, cA_z) = \mathbf{A}c \tag{1.3.4}$$

곱 c**A**는 **A** 벡터의 각 성분에 c배 한 것을 성분으로 갖는 벡터이다. 기하학적으로 c**A**는 **A** 벡터에 평행하며 길이가 **A** 벡터의 c배이다. $c = -1$인 경우, 즉 −**A**는 그림 1.3.4에서 보듯이 **A**와 크기가 같고 반대 방향인 벡터이다.

IV. 벡터의 빼기

벡터의 빼기는 다음 식으로 정의한다.

$$\mathbf{A} - \mathbf{B} = \mathbf{A} + (-1)\mathbf{B} = (A_x - B_x, A_y - B_y, A_z - B_z) \tag{1.3.5}$$

즉, **A** 벡터에서 **B** 벡터를 빼는 것은 **A**에 −**B**를 더하는 것과 같다.

V. 영 벡터

벡터 $\mathbf{O} = (0, 0, 0)$은 영 벡터(null vector)라 한다. 영 벡터의 방향은 분명하지 않다. 벡터의 빼기에서 보듯이 $\mathbf{A} - \mathbf{A} = \mathbf{O}$이므로 영 벡터를 '영(0)'으로 표기해도 혼동이 생기지 않으므로 앞으로는 $\mathbf{O} = 0$으로 쓴다.

VI. 더하기의 교환 법칙

$A_x + B_x = B_x + A_x$가 y, z 성분에도 적용되므로 벡터에서도 다음 법칙이 성립한다.

$$\mathbf{A} + \mathbf{B} = \mathbf{B} + \mathbf{A} \tag{1.3.6}$$

VII. 결합 법칙

결합 법칙도 성립한다. 다음과 같기 때문이다.

$$\begin{aligned}\mathbf{A} + (\mathbf{B} + \mathbf{C}) &= (A_x + (B_x + C_x), A_y + (B_y + C_y), A_z + (B_z + C_z)) \\ &= ((A_x + B_x) + C_x, (A_y + B_y) + C_y, (A_z + B_z) + C_z) \\ &= (\mathbf{A} + \mathbf{B}) + \mathbf{C}\end{aligned} \tag{1.3.7}$$

그림 1.3.5 벡터 **A**의 크기: $A = (A_x^2 + A_y^2 + A_z^2)^{1/2}$

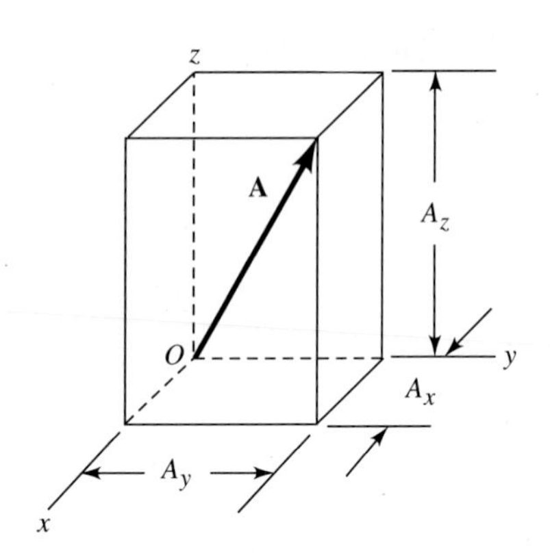

VIII. 분배 법칙

스칼라를 곱할 때 분배 법칙이 성립한다. 벡터 합의 정의(II)와 스칼라 곱하기 정의(III)에서 다음과 같기 때문이다.

$$\begin{aligned} c(\mathbf{A}+\mathbf{B}) &= c(A_x+B_x, A_y+B_y, A_z+B_z) \\ &= (c(A_x+B_x), c(A_y+B_y), c(A_z+B_z)) \\ &= (cA_x+cB_x, cA_y+cB_y, cA_z+cB_z) \\ &= c\mathbf{A}+c\mathbf{B} \end{aligned} \tag{1.3.8}$$

그러므로 위의 연산에 관한 한 벡터는 보통의 대수학 규칙을 따른다.

IX. 벡터의 크기

벡터 **A**의 크기는 $|\mathbf{A}|$ 또는 A로 나타내며, 각 성분의 제곱을 합한 후 그 제곱근으로 정의한다.

$$A = |\mathbf{A}| = \left(A_x^2 + A_y^2 + A_z^2\right)^{1/2} \tag{1.3.9}$$

여기서 양의 제곱근을 택한다. 기하학적으로는 그림 1.3.5과 같이 **A**의 길이는 A_x, A_y, A_z의 길이를 갖는 직육면체에서 대각선의 길이와 같다.

X. 좌표계의 단위 벡터

단위 벡터(unit vector)는 크기가 1인 벡터이다. 단위 벡터는 흔히 **e**로 표기하는데 독일어 'Einheit'에서 유래된 것이다. 다음과 같은 세 개의 단위 벡터

$$\mathbf{e}_x = (1,0,0) \qquad \mathbf{e}_y = (0,1,0) \qquad \mathbf{e}_z = (0,0,1) \tag{1.3.10}$$

을 좌표계의 단위 벡터 또는 기본 벡터(basis vector)라 부른다. 기본 벡터를 사용하여 어떤 벡터라도 각 성분의 합으로 나타낼 수 있다.

그림 1.3.6 단위 벡터 **ijk**

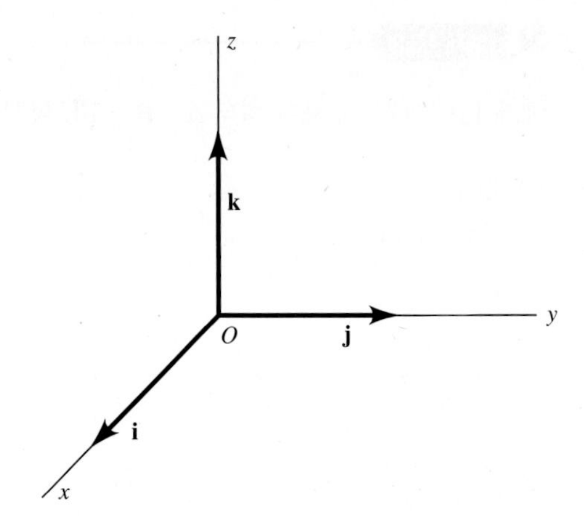

$$\begin{aligned}\mathbf{A} &= (A_x, A_y, A_z) = (A_x, 0, 0) + (0, A_y, 0) + (0, 0, A_z) \\ &= A_x(1,0,0) + A_y(0,1,0) + A_z(0,0,1) \\ &= \mathbf{e}_x A_x + \mathbf{e}_y A_y + \mathbf{e}_z A_z\end{aligned} \tag{1.3.11}$$

직선 직각 좌표계에서 많이 쓰는 표기법은 **i**, **j**, **k**이다.

$$\mathbf{i} = \mathbf{e}_x \qquad \mathbf{j} = \mathbf{e}_y \qquad \mathbf{k} = \mathbf{e}_z \tag{1.3.12}$$

우리도 앞으로 이 기호를 쓰도록 하겠다.

직각 좌표계 단위 벡터들의 방향은 그림 1.3.6에서 보듯이 서로 직교하는 좌표계 축들로 정의한다. 이들 단위 벡터는 사용된 좌표계에 따라 오른손 혹은 왼손 3개조(triad)를 구성하는데 **오른손 좌표계**를 쓰는 것이 관례이다. 그림 1.3.6에 나타난 좌표계는 오른손 좌표계이다(이 내용은 1.5절에서 다시 다룬다).

예제 1.3.1

두 벡터 $\mathbf{A} = (1, 0, 2)$, $\mathbf{B} = (0, 1, 1)$이 주어졌을 때 이들의 합 벡터와 그 크기를 구하라.

풀이

성분끼리 합하면 $\mathbf{A} + \mathbf{B} = (1, 0, 2) + (0, 1, 1) = (1, 1, 3)$이고 크기는 다음과 같다.

$$|\mathbf{A} + \mathbf{B}| = (1 + 1 + 9)^{1/2} = \sqrt{11}$$

예제 1.3.2

예제 1.3.1에서 그 차이 벡터 **A** − **B**를 **ijk** 형식으로 표현하라.

■ 풀이

성분끼리 빼면 다음과 같다.

$$\mathbf{A} - \mathbf{B} = (1, -1, 1) = \mathbf{i} - \mathbf{j} + \mathbf{k}$$

예제 1.3.3

헬리콥터가 수직으로 100 m 올라간 후, 동쪽 수평방향으로 500 m, 다음에는 북쪽 수평방향으로 1000 m를 날아갔다. 같은 점에서 출발하여 200 m 상승, 서쪽으로 100 m, 북쪽으로 500 m 날아간 헬리콥터까지의 거리는 얼마인가?

■ 풀이

수직 상방, 수평 동편, 북편을 기준 방향으로 정하면 첫 헬리콥터의 마지막 위치는 **A** = (100, 500, 1000) m이고, 그때 다른 헬리콥터의 위치는 **B** = (200, −100, 500) m으로 표현할 수 있다. 그러므로 이들의 최종 위치 사이의 거리는 다음과 같다.

$$\begin{aligned} |\mathbf{A} - \mathbf{B}| &= |((100 - 200), (500 + 100), (1000 - 500))|\ \mathrm{m} \\ &= (100^2 + 600^2 + 500^2)^{1/2}\ \mathrm{m} \\ &= 787.4\ \mathrm{m} \end{aligned}$$

1.4 스칼라 곱

두 벡터 **A**, **B**를 알고 있을 때 가운데 점(·)으로 스칼라 곱 **A·B**를 표기하고 다음 식으로 정의한다. 물론 **A·B**는 스칼라이다.

$$\mathbf{A} \cdot \mathbf{B} = A_x B_x + A_y B_y + A_z B_z \tag{1.4.1}$$

위의 정의에 의해 $A_x B_x = B_x A_x$이므로 스칼라 곱(scalar product)은 가환(可換, commutative)임을 알 수 있다.

$$\mathbf{A} \cdot \mathbf{B} = \mathbf{B} \cdot \mathbf{A} \tag{1.4.2}$$

또 스칼라 곱은 분배 법칙(distributive law)을 만족하는데

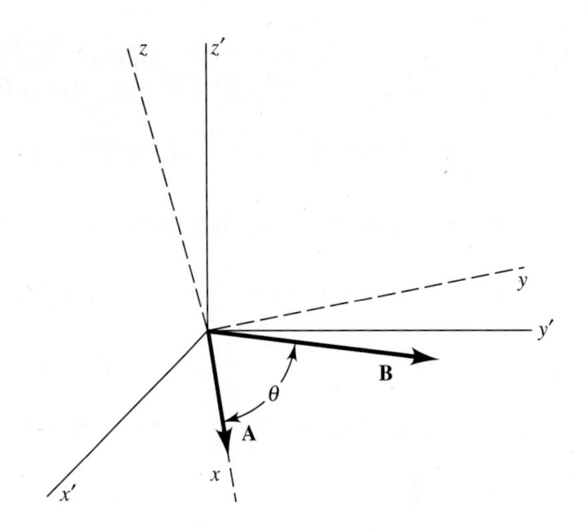

그림 1.4.1 두 벡터 사이의 스칼라 곱 계산

$$\mathbf{A} \cdot (\mathbf{B} + \mathbf{C}) = \mathbf{A} \cdot \mathbf{B} + \mathbf{A} \cdot \mathbf{C} \tag{1.4.3}$$

그 이유는 정의식 (1.4.1)을 적용하면 알 수 있다.

$$\begin{aligned} \mathbf{A} \cdot (\mathbf{B} + \mathbf{C}) &= A_x(B_x + C_x) + A_y(B_y + C_y) + A_z(B_z + C_z) \\ &= A_xB_x + A_yB_y + A_zB_z + A_xC_x + A_yC_y + A_zC_z \\ &= \mathbf{A} \cdot \mathbf{B} + \mathbf{A} \cdot \mathbf{C} \end{aligned} \tag{1.4.4}$$

도트곱(dot produt) 또는 내적(inner product)이라고도 하는 스칼라 곱 **A·B**는 기하학적으로 간단히 해석할 수 있으며 두 벡터 사이의 각도 θ를 계산하는 데 이용하기 편리하다. 예로 그림 1.4.1에 보이듯이 두 벡터 **A**, **B**가 각도 θ만큼 벌어져 놓여 있는 x', y', z' 좌표계를 임의의 기준좌표계로 정의하자. 그러나 **A·B**는 스칼라이므로 그 값은 좌표계 선택과 무관하다. 일반성을 잃어버리지 않고 x', y', z' 좌표계를 x, y, z 좌표계로 회전시켜서 x축은 벡터 **A**와 나란하고 z축은 두 벡터 **A**, **B**에 의해 형성되는 평면과 수직이 되도록 할 수 있다. 이렇게 만들어진 좌표계가 그림 1.4.1에도 나타나 있다. 벡터들의 각 성분과 이들의 스칼라 곱은 새로운 좌표계에서 훨씬 쉽게 계산할 수 있다. 벡터 **A**는 $(A, 0, 0)$이고 벡터 **B**는 $(B_x, B_y, 0)$ 또는 $(B \cos\theta, B \sin\theta, 0)$이므로 다음과 같음을 알 수 있다.

$$\mathbf{A} \cdot \mathbf{B} = A_xB_x = A(B \cos\theta) = |\mathbf{A}|\,|\mathbf{B}| \cos\theta \tag{1.4.5}$$

기하학적으로 $B \cos\theta$가 **B**를 **A** 벡터 쪽으로 투영한 것이다. 만일 x축을 **B** 벡터 방향으로 선정했다면 마찬가지 결과를 얻겠지만 이번에는 **A·B**가 **A**의 **B**에 대한 투영과 **B**의 길이의 곱이다. 그러므로 **A·B**는 **A**의 **B**에 대한 투영과 **B**의 길이의 곱이나, **B**의 **A**에 대한 투영과 **A**의 길이의 곱, 어느 쪽으로 해석해도 무방하다. 모두 옳기 때문이다. 중요한 것은 두 선분 사이의 각도의 코사인을 다음 식에서 구할 수 있게 되었다는 사실이다.

$$\cos\theta = \frac{\mathbf{A}\cdot\mathbf{B}}{|\mathbf{A}||\mathbf{B}|} = \frac{\mathbf{A}\cdot\mathbf{B}}{AB} \tag{1.4.6}$$

위의 방정식은 스칼라 곱을 다르게 정의하는 식으로 사용할 수 있다.

(주의: 만약 $\mathbf{A}\cdot\mathbf{B}=0$이고 $\mathbf{A}$도 $\mathbf{B}$도 영이 아닌 경우에는 $\cos\theta$가 영이고, 따라서 $\mathbf{A}$는 $\mathbf{B}$에 수직이다.)

벡터 $\mathbf{A}$의 제곱은 $\mathbf{A}$ 벡터와 자신의 스칼라 곱과 같다.

$$A^2 = |\mathbf{A}|^2 = \mathbf{A}\cdot\mathbf{A} \tag{1.4.7}$$

그러므로 좌표계의 단위벡터 정의에서 다음 식들이 성립함을 쉽게 알 수 있다.

$$\begin{aligned} \mathbf{i}\cdot\mathbf{i} = \mathbf{j}\cdot\mathbf{j} = \mathbf{k}\cdot\mathbf{k} = 1 \\ \mathbf{i}\cdot\mathbf{j} = \mathbf{i}\cdot\mathbf{k} = \mathbf{j}\cdot\mathbf{k} = 0 \end{aligned} \tag{1.4.8}$$

벡터를 크기와 단위벡터의 곱으로 표현하기: 투영

다음 식에서

$$\mathbf{A} = \mathbf{i}A_x + \mathbf{j}A_y + \mathbf{k}A_z \tag{1.4.9}$$

우변에 $\mathbf{A}$의 크기 A를 곱하고 A를 나누면 아래와 같다.

$$\mathbf{A} = A\left(\mathbf{i}\frac{A_x}{A} + \mathbf{j}\frac{A_y}{A} + \mathbf{k}\frac{A_z}{A}\right) \tag{1.4.10}$$

그런데 $A_x/A = \cos\alpha$, $A_y/A = \cos\beta$, $A_z/A = \cos\gamma$는 좌표축에 대한 벡터 $\mathbf{A}$의 방향 코사인(direction cosine)이고 α, β, γ는 방향각(direction angle)이다. 따라서 다음과 같이 쓸 수 있다.

$$\mathbf{A} = A(\mathbf{i}\cos\alpha + \mathbf{j}\cos\beta + \mathbf{k}\cos\gamma) = A(\cos\alpha, \cos\beta, \cos\gamma) \tag{1.4.11a}$$

또는

$$\mathbf{A} = A\mathbf{n} \tag{1.4.11b}$$

여기서 $\mathbf{n}$은 성분이 $\cos\alpha$, $\cos\beta$, $\cos\gamma$인 단위벡터이다. 그림 1.4.2를 참조하라. 임의의 벡터 $\mathbf{B}$를 고려하고 이 벡터가 $\mathbf{A}$에 대해 투영되면 다음과 같다.

$$B\cos\theta = \frac{\mathbf{B}\cdot\mathbf{A}}{A} = \mathbf{B}\cdot\mathbf{n} \tag{1.4.12}$$

그림 1.4.2 벡터의 방향각 α, β, γ

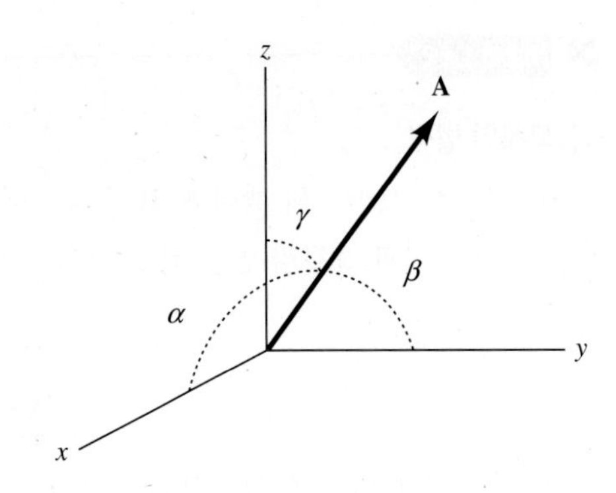

여기서 θ는 **A**와 **B** 사이의 각도이다.

예제 1.4.1

벡터의 성분: 일

스칼라 곱의 예로 그림 1.4.3에 보이는 바와 같이 물체에 일정한 힘[7]이 작용하여 직선 변위 $\Delta\mathbf{s}$만큼 움직인 경우를 생각해보자. 힘이 한 일(work) ΔW는 힘 **F**의 $\Delta\mathbf{s}$ 방향 성분과 변위의 크기 Δs의 곱으로 정의된다.

$$\Delta W = (F \cos\theta)\, \Delta s$$

여기서 θ는 **F**와 $\Delta\mathbf{s}$ 사이의 각도이다. 윗식의 우변은 **F**와 $\Delta\mathbf{s}$의 스칼라 곱이다.

$$\Delta W = \mathbf{F} \cdot \Delta\mathbf{s}$$

그림 1.4.3 한 물체에 힘이 작용하여 생긴 변위

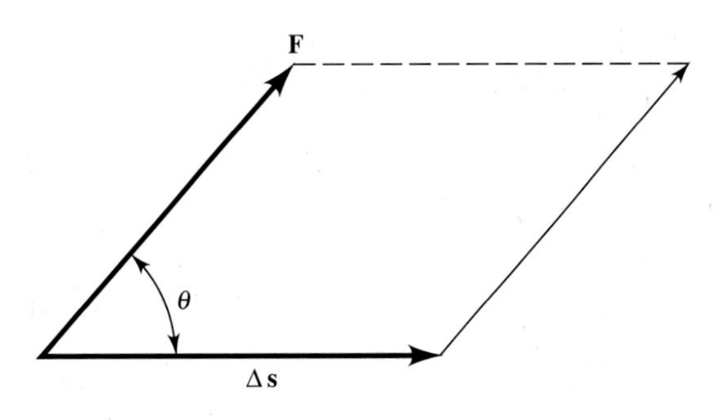

7) 힘의 개념은 2장에서 논의한다.

예제 1.4.2

코사인 법칙

그림 1.4.4에 보이는 세 벡터 **A**, **B**, **C**를 변으로 하는 삼각형을 고려해보자. 이때 $\mathbf{C} = \mathbf{A} + \mathbf{B}$이고, **C**를 자기 자신과 스칼라 곱을 하면 다음과 같다.

$$\begin{aligned}\mathbf{C} \cdot \mathbf{C} &= (\mathbf{A} + \mathbf{B}) \cdot (\mathbf{A} + \mathbf{B}) \\ &= \mathbf{A} \cdot \mathbf{A} + 2\mathbf{A} \cdot \mathbf{B} + \mathbf{B} \cdot \mathbf{B}\end{aligned}$$

위에서 두 번째 단계에서는 식 (1.4.2)와 식 (1.4.3)을 적용했다. $\mathbf{A} \cdot \mathbf{B}$를 $AB \cos \theta$로 바꿔놓으면 눈에 익은 코사인 법칙이 된다.

$$C^2 = A^2 + 2AB \cos \theta + B^2$$

그림 1.4.4 코사인 법칙

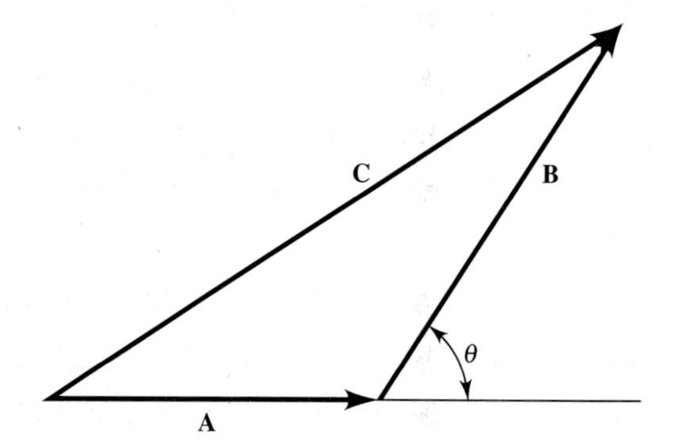

예제 1.4.3

정육면체에서 부피 대각선이 옆면에 있는 이웃 대각선과 이루는 각도의 코사인을 구하라.

풀이

부피 대각선은 $\mathbf{A} = (1, 1, 1)$, 한 옆면의 대각선은 $\mathbf{B} = (1, 1, 0)$으로 표현할 수 있다. 그러므로 식 (1.4.1)과 식 (1.4.6)으로부터 다음을 얻는다.

$$\cos \theta = \frac{\mathbf{A} \cdot \mathbf{B}}{AB} = \frac{1+1+0}{\sqrt{3}\sqrt{2}} = \sqrt{\frac{2}{3}} = 0.8165$$

예제 1.4.4

벡터 $a\mathbf{i}+\mathbf{j}-\mathbf{k}$는 벡터 $\mathbf{i}+2\mathbf{j}-3\mathbf{k}$에 수직이다. a의 값은 얼마인가?

■ 풀이

두 벡터가 수직이라면 $\cos 90° = 0$이므로 이들의 스칼라 곱은 영이 되어야 한다. 그러므로

$$(a\mathbf{i}+\mathbf{j}-\mathbf{k})\cdot(\mathbf{i}+2\mathbf{j}-3\mathbf{k}) = a+2+3 = a+5 = 0$$

이고, 답은 다음과 같다.

$$a = -5$$

1.5 벡터 곱

두 벡터 $\mathbf{A}$와 $\mathbf{B}$가 주어졌을 때 이들의 벡터 곱(vector product) $\mathbf{A}\times\mathbf{B}$는 다음과 같은 성분을 갖는 벡터로 정의한다.

$$\mathbf{A}\times\mathbf{B} = (A_yB_z - A_zB_y, A_zB_x - A_xB_z, A_xB_y - A_yB_x) \tag{1.5.1}$$

크로스곱(cross product) 또는 외적(outer product)이라고도 하는 벡터 곱에 대해서는 다음의 법칙이 성립함을 알 수 있다.

$$\mathbf{A}\times\mathbf{B} = -\mathbf{B}\times\mathbf{A} \tag{1.5.2}$$

$$\mathbf{A}\times(\mathbf{B}+\mathbf{C}) = \mathbf{A}\times\mathbf{B}+\mathbf{A}\times\mathbf{C} \tag{1.5.3}$$

$$n(\mathbf{A}\times\mathbf{B}) = (n\mathbf{A})\times\mathbf{B} = \mathbf{A}\times(n\mathbf{B}) \tag{1.5.4}$$

이에 대한 증명은 정의식에서 곧바로 이해할 수 있으며 연습문제로 남겨두겠다.

(주의: 식 (1.5.2)에서 벡터의 곱하는 순서를 바꾸면 전체 부호가 바뀌는 것을 알 수 있고 벡터 곱은 반대 가환적(anticommutative)이라고 한다.)

앞서 1.3절에서 배운 좌표계의 단위 벡터에 관한 정의에 따르면 다음을 쉽게 알 수 있다.

$$\begin{aligned} \mathbf{i}\times\mathbf{i} = \mathbf{j}\times\mathbf{j} = \mathbf{k}\times\mathbf{k} = 0 \\ \mathbf{j}\times\mathbf{k} = \mathbf{i} = -\mathbf{k}\times\mathbf{j} \\ \mathbf{i}\times\mathbf{j} = \mathbf{k} = -\mathbf{j}\times\mathbf{i} \\ \mathbf{k}\times\mathbf{i} = \mathbf{j} = -\mathbf{i}\times\mathbf{k} \end{aligned} \tag{1.5.5}$$

위의 뒤 세 관계식은 오른손 3개조를 정의한다. 예를 들어

$$\mathbf{i} \times \mathbf{j} = (0-0, 0-0, 1-0) = (0, 0, 1) = \mathbf{k} \tag{1.5.6}$$

등의 식이 성립한다. 나머지도 같은 방식으로 증명이 된다.

벡터 곱을 **ijk** 형식으로 표현하면 다음과 같다.

$$\mathbf{A} \times \mathbf{B} = \mathbf{i}(A_y B_z - A_z B_y) + \mathbf{j}(A_z B_x - A_x B_z) + \mathbf{k}(A_x B_y - A_y B_x) \tag{1.5.7}$$

괄호 안의 항들은 행렬식(行列式, determinant)의 형태로 쓸 수 있고

$$\mathbf{A} \times \mathbf{B} = \mathbf{i}\begin{vmatrix} A_y & A_z \\ B_y & B_z \end{vmatrix} + \mathbf{j}\begin{vmatrix} A_z & A_x \\ B_z & B_x \end{vmatrix} + \mathbf{k}\begin{vmatrix} A_x & A_y \\ B_x & B_y \end{vmatrix} \tag{1.5.8}$$

결국 $\mathbf{A} \times \mathbf{B}$는 다음의 3×3 행렬식을 전개해서 얻을 수 있다.

$$\mathbf{A} \times \mathbf{B} = \begin{vmatrix} \mathbf{i} & \mathbf{j} & \mathbf{k} \\ A_x & A_y & A_z \\ B_x & B_y & B_z \end{vmatrix} \tag{1.5.9}$$

행렬식의 형태로 쓰면 벡터 곱의 정의를 기억하기 쉽다. 행렬식의 성질에서 **A**가 **B**에 평행, 즉 $\mathbf{A} = c\mathbf{B}$이면 밑의 두 행이 서로 비례하므로 행렬식은 영이 된다. 따라서 평행한 두 벡터의 벡터 곱은 영이다.

이번에는 벡터 곱의 크기를 계산해보자. 우선 다음 식이 성립하므로

$$|\mathbf{A} \times \mathbf{B}|^2 = (A_y B_z - A_z B_y)^2 + (A_z B_x - A_x B_z)^2 + (A_x B_y - A_y B_x)^2 \tag{1.5.10}$$

이 식은 다음과 같이 고쳐 쓸 수 있다.

$$|\mathbf{A} \times \mathbf{B}|^2 = \left(A_x^2 + A_y^2 + A_z^2\right)\left(B_x^2 + B_y^2 + B_z^2\right) - (A_x B_x + A_y B_y + A_z B_z)^2 \tag{1.5.11}$$

스칼라 곱에 대한 정의를 이용하면 다음과 같다.

$$|\mathbf{A} \times \mathbf{B}|^2 = A^2 B^2 - (\mathbf{A} \cdot \mathbf{B})^2 \tag{1.5.12}$$

위 식 양변의 제곱근을 택하고 식 (1.4.6)을 이용하면 벡터 곱의 크기는

$$|\mathbf{A} \times \mathbf{B}| = AB(1 - \cos^2\theta)^{1/2} = AB \sin\theta \tag{1.5.13}$$

이고, θ는 **A**와 **B** 사이의 각도이다.

벡터 곱을 기하학적으로 해석해보면 $\mathbf{C} = \mathbf{A} \times \mathbf{B}$는 **A**와 **B** 모두에 수직임을 확인할 수 있다.

그림 1.5.1 두 벡터의 벡터 곱

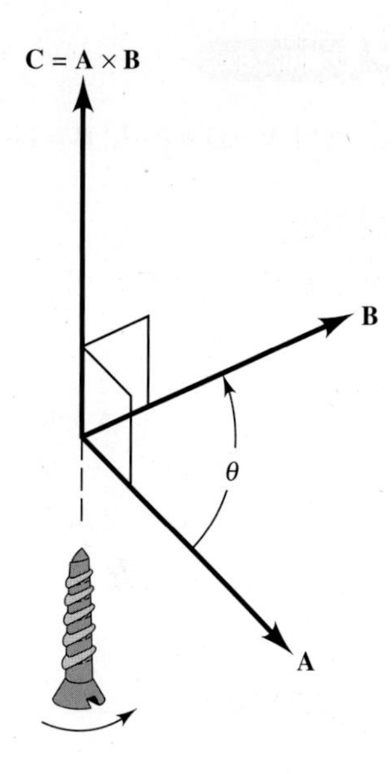

$$\begin{aligned}\mathbf{A} \cdot \mathbf{C} &= A_x C_x + A_y C_y + A_z C_z \\ &= A_x(A_y B_z - A_z B_y) + A_y(A_z B_x - A_x B_z) + A_z(A_x B_y - A_y B_x) \\ &= 0\end{aligned} \tag{1.5.14}$$

마찬가지로 $\mathbf{B} \cdot \mathbf{C} = 0$이 되어 벡터 $\mathbf{C}$는 $\mathbf{A}$와 $\mathbf{B}$를 포함하는 평면에 수직이다.

$\mathbf{C} = \mathbf{A} \times \mathbf{B}$의 방향은 그림 1.5.1에 보이듯이 세 벡터 $\mathbf{A}$, $\mathbf{B}$, $\mathbf{C}$가 오른손 3개조를 이루어야 한다는 조건으로 결정된다. 앞서 $\mathbf{i} \times \mathbf{j} = \mathbf{k}$ 등의 관계에서 $\mathbf{ijk}$가 오른손 3개조를 이룬다는 결과와 연관성이 있다. 그러므로 식 (1.5.13)에서 다음과 같이 쓸 수 있다.

$$\mathbf{A} \times \mathbf{B} = (AB \sin \theta)\mathbf{n} \tag{1.5.15}$$

여기서 $\mathbf{n}$은 두 벡터 $\mathbf{A}$, $\mathbf{B}$에 의해 이루어지는 평면에 수직인 단위벡터이다. 벡터 $\mathbf{n}$의 방향은 오른손 법칙에 의해 정해지는데, 그림 1.5.1에서 보는 바처럼 $\mathbf{A}$의 방향에서 $\mathbf{B}$의 방향으로 오른손 나사를 $\mathbf{A}$와 $\mathbf{B}$ 사이의 작은 각만큼 회전시킬 때 나사가 진행하는 방향으로 정한다. 식 (1.5.15)를 오른손 좌표계에서 벡터 곱의 정의로 볼 수 있다.

예제 1.5.1

두 벡터 $\mathbf{A} = 2\mathbf{i} + \mathbf{j} - \mathbf{k}$, $\mathbf{B} = \mathbf{i} - \mathbf{j} + 2\mathbf{k}$가 주어질 때 $\mathbf{A} \times \mathbf{B}$를 구하라.

풀이

이 경우에는 행렬식을 이용하면 편리하다.

$$\mathbf{A} \times \mathbf{B} = \begin{vmatrix} \mathbf{i} & \mathbf{j} & \mathbf{k} \\ 2 & 1 & -1 \\ 1 & -1 & 2 \end{vmatrix} = \mathbf{i}(2-1) + \mathbf{j}(-1-4) + \mathbf{k}(-2-1)$$
$$= \mathbf{i} - 5\mathbf{j} - 3\mathbf{k}$$

예제 1.5.2

위 예제의 두 벡터 $\mathbf{A}$, $\mathbf{B}$를 포함하는 평면에 수직인 단위벡터를 구하라.

풀이

$$\mathbf{n} = \frac{\mathbf{A} \times \mathbf{B}}{|\mathbf{A} \times \mathbf{B}|} = \frac{\mathbf{i} - 5\mathbf{j} - 3\mathbf{k}}{[1^2 + 5^2 + 3^2]^{1/2}}$$
$$= \frac{\mathbf{i}}{\sqrt{35}} - \frac{5\mathbf{j}}{\sqrt{35}} - \frac{3\mathbf{k}}{\sqrt{35}}$$

예제 1.5.3

$\mathbf{A} \times \mathbf{B}$를 직접 계산해서 결과가 $\mathbf{A}$와 $\mathbf{B}$에 수직이고 크기가 $AB \sin\theta$임을 증명하라.

풀이

$\mathbf{A}$, $\mathbf{B}$가 xy평면에 있도록 그림 1.4.1의 좌표계를 사용하자. 그러면 $\mathbf{A}$는 $(A, 0, 0)$, $\mathbf{B}$는 $(B\cos\theta, B\sin\theta, 0)$이 되어 다음을 얻는다.

$$\mathbf{A} \times \mathbf{B} = \begin{vmatrix} \mathbf{i} & \mathbf{j} & \mathbf{k} \\ A & 0 & 0 \\ B\cos\theta & B\sin\theta & 0 \end{vmatrix} = \mathbf{k}AB\sin\theta$$

1.6 벡터 곱의 예: 힘의 모멘트

힘의 모멘트인 **토크**(torque)는 벡터 곱으로 표현할 수 있다. 그림 1.6.1에 보이는 것처럼 점 $P(x, y, z)$에 힘 $\mathbf{F}$가 작용하고 벡터 $\mathbf{OP}$를 $\mathbf{r}$ 벡터로 표기하자.

$$\mathbf{OP} = \mathbf{r} = \mathbf{i}x + \mathbf{j}y + \mathbf{k}z \tag{1.6.1}$$

그러면 주어진 점 O에 대한 힘의 모멘트인 **토크** $\mathbf{N}$은 다음의 벡터 곱으로 정의한다.

$$\mathbf{N} = \mathbf{r} \times \mathbf{F} \tag{1.6.2}$$

그러므로 어떤 점에 대한 힘의 모멘트는 크기와 방향을 갖는 벡터이다. 정지상태에서 어떤 고정점 O 주위를 자유롭게 움직일 수 있는 물체의 다른 한 점 P에 힘이 작용하면 이 물체는 회전하려는 경향이 있다. 회전축은 힘 $\mathbf{F}$에도 수직이고 선분 OP에도 수직이다. 따라서 토크 벡터 $\mathbf{N}$의 방향은 회전축과 나란하다.

토크의 크기는 다음과 같다.

$$|\mathbf{N}| = |\mathbf{r} \times \mathbf{F}| = rF \sin\theta \tag{1.6.3}$$

두 벡터 $\mathbf{r}$과 $\mathbf{F}$ 사이의 각도는 θ이다. 그러므로 $|\mathbf{N}|$은 힘의 크기 F와 $r \sin\theta$의 곱이라 할 수 있는데, $r \sin\theta$는 고정점 O에서 힘의 작용선까지 수직거리이다.

한 물체의 다른 지점들에 여러 가지 힘이 작용할 때 모멘트는 벡터적으로 더하면 된다. 이것은 벡터 곱에 대한 분배 법칙에서 유도할 수 있다. 회전에 관해 평형이 되려면 모든 모멘트의 합 벡터가 영이 되어야 한다.

$$\sum_i (r_i \times \mathbf{F}_i) = \sum_i \mathbf{N}_i = 0 \tag{1.6.4}$$

8장과 9장에서 강체의 운동을 다룰 때 힘의 모멘트에 대해 더욱 자세히 살펴볼 것이다.

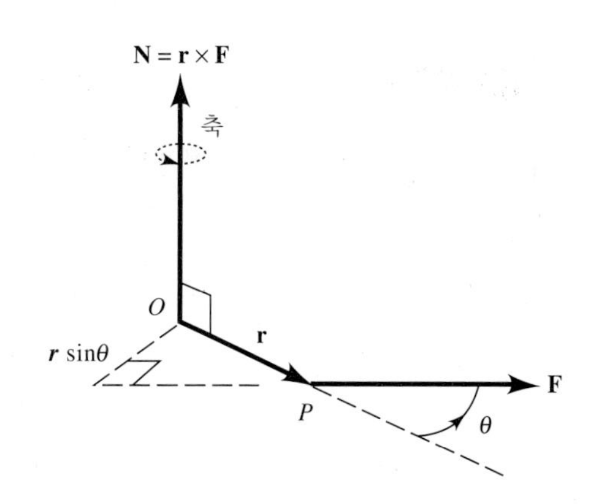

그림 1.6.1 점 O에 대한 힘의 모멘트의 도식도

1.7 벡터의 삼중 곱

다음은 벡터 **A**, **B**, **C**의 삼중 스칼라 곱(triple scalar product)이라 한다.

$$\mathbf{A}\cdot(\mathbf{B}\times\mathbf{C})$$

두 벡터의 스칼라 곱이므로 결과가 스칼라임은 분명하다. 벡터 곱에 대한 행렬식 형태인 식 (1.5.8)과 식 (1.5.9)를 사용하면 삼중 곱은 다음과 같이 쓸 수 있다.

$$\mathbf{A}\cdot(\mathbf{B}\times\mathbf{C}) = \begin{vmatrix} A_x & A_y & A_z \\ B_x & B_y & B_z \\ C_x & C_y & C_z \end{vmatrix} \tag{1.7.1}$$

행렬식에서 두 열이나 두 행을 서로 교환하면 부호만 바뀌고 절대값은 변하지 않으므로 다음과 같은 유용한 식을 유도할 수 있다.

$$\mathbf{A}\cdot(\mathbf{B}\times\mathbf{C}) = (\mathbf{A}\times\mathbf{B})\cdot\mathbf{C} \tag{1.7.2}$$

그러므로 삼중 스칼라 곱에서 '·'와 '×'는 서로 바꾸어 쓸 수 있다.

한편 다음은 **삼중 벡터 곱**(triple vector product)이라 한다.

$$\mathbf{A}\times(\mathbf{B}\times\mathbf{C})$$

삼중 벡터 곱에서 다음 관계식을 증명하는 일은 각자에게 숙제로 남겨두겠다.

$$\mathbf{A}\times(\mathbf{B}\times\mathbf{C}) = \mathbf{B}(\mathbf{A}\cdot\mathbf{C}) - \mathbf{C}(\mathbf{A}\cdot\mathbf{B}) \tag{1.7.3}$$

이 결과는 간단하게 'BACK minus CAB' 규칙이라고 기억하면 된다.

삼중 벡터 곱은 후에 배울 회전좌표계나 강체의 회전에서 특별히 유용하다. 기하학적 응용은 이 장 말미의 연습문제 1.12에 실려 있다.

예제 1.7.1

$\mathbf{A}=\mathbf{i}$, $\mathbf{B}=\mathbf{i}-\mathbf{j}$, $\mathbf{C}=\mathbf{k}$일 때 $\mathbf{A}\cdot(\mathbf{B}\times\mathbf{C})$를 구하라.

■ 풀이

행렬식에 관한 식 (1.7.1)을 사용하면 다음과 같다.

$$\mathbf{A}\cdot(\mathbf{B}\times\mathbf{C}) = \begin{vmatrix} 1 & 0 & 0 \\ 1 & -1 & 0 \\ 0 & 0 & 1 \end{vmatrix} = 1(-1+0) = -1$$

예제 1.7.2

예제 1.7.1에서 $\mathbf{A}\times(\mathbf{B}\times\mathbf{C})$를 구하라.

■ 풀이

식 (1.7.3)에서 다음과 같다.

$$\mathbf{A}\times(\mathbf{B}\times\mathbf{C}) = \mathbf{B}(\mathbf{A}\cdot\mathbf{C}) - \mathbf{C}(\mathbf{A}\cdot\mathbf{B}) = (\mathbf{i}-\mathbf{j})0 - \mathbf{k}(1-0) = -\mathbf{k}$$

예제 1.7.3

삼중 벡터 곱은 비결합적(nonassociative)임을 증명하라.

■ 풀이

$$(\mathbf{a}\times\mathbf{b})\times\mathbf{c} = -\mathbf{c}\times(\mathbf{a}\times\mathbf{b}) = -\mathbf{a}(\mathbf{c}\cdot\mathbf{b}) + \mathbf{b}(\mathbf{c}\cdot\mathbf{a})$$
$$\mathbf{a}\times(\mathbf{b}\times\mathbf{c}) - (\mathbf{a}\times\mathbf{b})\times\mathbf{c} = \mathbf{a}(\mathbf{c}\cdot\mathbf{b}) - \mathbf{c}(\mathbf{a}\cdot\mathbf{b})$$

이 식이 영일 필요는 없다.

1.8 좌표계의 변경: 변환 행렬

이 절에서는 동일한 벡터를 서로 다른 좌표계에서 어떻게 표현하는지를 공부하겠다. 벡터 $\mathbf{A}$는 **ijk** 좌표계에 대해 다음과 같이 쓸 수 있다.

$$\mathbf{A} = \mathbf{i}A_x + \mathbf{j}A_y + \mathbf{k}A_z \tag{1.8.1}$$

그러나 **ijk**와는 다른 방향을 갖는 **i′j′k′** 좌표계에 대해 동일한 벡터 $\mathbf{A}$는 다음과 같이 쓸 수도 있다.

$$\mathbf{A} = \mathbf{i}'A_{x'} + \mathbf{j}'A_{y'} + \mathbf{k}'A_{z'} \tag{1.8.2}$$

그런데 스칼라 곱 $\mathbf{A}\cdot\mathbf{i}'$은 $A_{x'}$이고 이것은 $\mathbf{A}$를 단위벡터 $\mathbf{i}'$에 투영한 것이다. 그러므로 다음과 같이

쓸 수 있다.

$$
\begin{aligned}
A_{x'} &= \mathbf{A}\cdot\mathbf{i}' = (\mathbf{i}\cdot\mathbf{i}')A_x + (\mathbf{j}\cdot\mathbf{i}')A_y + (\mathbf{k}\cdot\mathbf{i}')A_z \\
A_{y'} &= \mathbf{A}\cdot\mathbf{j}' = (\mathbf{i}\cdot\mathbf{j}')A_x + (\mathbf{j}\cdot\mathbf{j}')A_y + (\mathbf{k}\cdot\mathbf{j}')A_z \\
A_{z'} &= \mathbf{A}\cdot\mathbf{k}' = (\mathbf{i}\cdot\mathbf{k}')A_x + (\mathbf{j}\cdot\mathbf{k}')A_y + (\mathbf{k}\cdot\mathbf{k}')A_z
\end{aligned} \tag{1.8.3}
$$

스칼라 곱 $(\mathbf{i}\cdot\mathbf{i}')$, $(\mathbf{i}\cdot\mathbf{j}')$ 등을 **변환계수**(coefficient of transformation)라 한다. 이들은 xyz 좌표계의 축들에 대한 $x'y'z'$ 좌표계 축들의 방향 코사인이다. 마찬가지로 다음과 같이 쓸 수 있다.

$$
\begin{aligned}
A_x &= \mathbf{A}\cdot\mathbf{i} = (\mathbf{i}'\cdot\mathbf{i})A_{x'} + (\mathbf{j}'\cdot\mathbf{i})A_{y'} + (\mathbf{k}'\cdot\mathbf{i})A_{z'} \\
A_y &= \mathbf{A}\cdot\mathbf{j} = (\mathbf{i}'\cdot\mathbf{j})A_{x'} + (\mathbf{j}'\cdot\mathbf{j})A_{y'} + (\mathbf{k}'\cdot\mathbf{j})A_{z'} \\
A_z &= \mathbf{A}\cdot\mathbf{k} = (\mathbf{i}'\cdot\mathbf{k})A_{x'} + (\mathbf{j}'\cdot\mathbf{k})A_{y'} + (\mathbf{k}'\cdot\mathbf{k})A_{z'}
\end{aligned} \tag{1.8.4}
$$

위 식의 변환계수들은 식 (1.8.3)에도 나타나 있는데 이는 $\mathbf{i}\cdot\mathbf{i}' = \mathbf{i}'\cdot\mathbf{i}$ 등으로 주어지기 때문이다. 식 (1.8.4)의 행은 식 (1.8.3)의 열에 대응한다. 이 두 방정식에 나타난 변환 규칙은 벡터의 일반적 성질이다. 실제로 이들은 벡터를 정의하는 또 한 가지 방법이기도 하다.[8)]

변환 방정식은 행렬 기호를 사용해서 편리하게 표기할 수 있다.[9)] 따라서 식 (1.8.3)은 다음과 같이 쓸 수 있다.

$$
\begin{pmatrix} A_{x'} \\ A_{y'} \\ A_{z'} \end{pmatrix} = \begin{pmatrix} \mathbf{i}\cdot\mathbf{i}' & \mathbf{j}\cdot\mathbf{i}' & \mathbf{k}\cdot\mathbf{i}' \\ \mathbf{i}\cdot\mathbf{j}' & \mathbf{j}\cdot\mathbf{j}' & \mathbf{k}\cdot\mathbf{j}' \\ \mathbf{i}\cdot\mathbf{k}' & \mathbf{j}\cdot\mathbf{k}' & \mathbf{k}\cdot\mathbf{k}' \end{pmatrix} \begin{pmatrix} A_x \\ A_y \\ A_z \end{pmatrix} \tag{1.8.5}
$$

위 식의 3×3 행렬을 **변환행렬**(transformation matrix)이라 한다. 행렬 기호의 장점은 연속적인 변환을 행렬의 곱으로 다룰 수 있다는 것이다.

어떤 벡터 $\mathbf{A}$에 변환행렬을 적용하면 동일한 좌표계에서 벡터를 회전하는 것과 형식적으로 동등하다. 회전된 벡터의 성분은 식 (1.8.5)로 나타낸다. 그러므로 벡터의 유한한 회전도 행렬로 표현된다(그러나 이번에는 벡터의 회전방향이 먼저 고려한 좌표계의 회전방향과 반대임에 유의한다).

예제 1.8.2로부터 다른 좌표축 주변의 회전에 대한 변환행렬은, 즉 y축 주변으로 θ만큼 회전했다면 다음 행렬로 주어진다.

---

8) 예를 들어 다음을 참조하라. J. B. Marion & S. T. Thornton, *Classical Dynamics*, 5th ed., Brooks/Cole, Belmont, CA, 2004.

9) 행렬에 대한 개요는 부록 H에 나와 있다.

$$\begin{pmatrix} \cos\theta & 0 & -\sin\theta \\ 0 & 1 & 0 \\ \sin\theta & 0 & \cos\theta \end{pmatrix}$$

따라서 두 가지 회전, 즉 첫 번째는 z축에 대한 회전(각도 ϕ) 그리고 두 번째는 새로운 y'축에 대한 회전(각도 θ)의 조합에 대한 행렬은 두 행렬의 곱으로 주어진다.

$$\begin{pmatrix} \cos\theta & 0 & -\sin\theta \\ 0 & 1 & 0 \\ \sin\theta & 0 & \cos\theta \end{pmatrix}\begin{pmatrix} \cos\phi & \sin\phi & 0 \\ -\sin\phi & \cos\phi & 0 \\ 0 & 0 & 1 \end{pmatrix} = \begin{pmatrix} \cos\theta\cos\phi & \cos\theta\sin\phi & -\sin\theta \\ -\sin\phi & \cos\phi & 0 \\ \sin\theta\cos\phi & \sin\theta\sin\phi & \cos\theta \end{pmatrix} \tag{1.8.6}$$

일반적으로 행렬의 곱은 비가환적이므로 회전순서가 바뀌면 그 결과도 달라진다. 이 사실은 독자들도 규명할 수 있는 문제이다. 이미 앞에서 지적하였듯이, 비록 회전은 방향(축)과 크기(회전각)를 갖지만 유한한 회전은 벡터의 덧셈 법칙을 만족하지 않으므로 벡터가 아니다. 그러나 후에 극히 작은(즉, 무한소) 회전은 벡터 덧셈 법칙을 만족하여 벡터로 표현될 수 있다는 것을 볼 것이다. 따라서 각속도는 벡터로 표현할 수 있다.

예제 1.8.1

벡터 $\mathbf{A} = 3\mathbf{i} + 2\mathbf{j} + \mathbf{k}$를 $\mathbf{i'j'k'}$ 좌표계에서의 성분으로 나타내라. 그림 1.8.1에 나타나 있듯이 $x'y'$축은 z축에 대해 45° 회전된 것이고 z축은 z'축과 일치한다. 그림을 보고 변환계수 $\mathbf{i}\cdot\mathbf{i'} = \cos 45°$ 등으로 변환행렬의 요소들을 구할 수 있다. 그러므로

$$\begin{array}{lll} \mathbf{i}\cdot\mathbf{i'} = 1/\sqrt{2} & \mathbf{j}\cdot\mathbf{i'} = 1/\sqrt{2} & \mathbf{k}\cdot\mathbf{i'} = 0 \\ \mathbf{i}\cdot\mathbf{j'} = -1/\sqrt{2} & \mathbf{j}\cdot\mathbf{j'} = 1/\sqrt{2} & \mathbf{k}\cdot\mathbf{j'} = 0 \\ \mathbf{i}\cdot\mathbf{k'} = 0 & \mathbf{j}\cdot\mathbf{k'} = 0 & \mathbf{k}\cdot\mathbf{k'} = 1 \end{array}$$

이 식들로부터 다음 식이 주어진다.

그림 1.8.1 회전된 축들

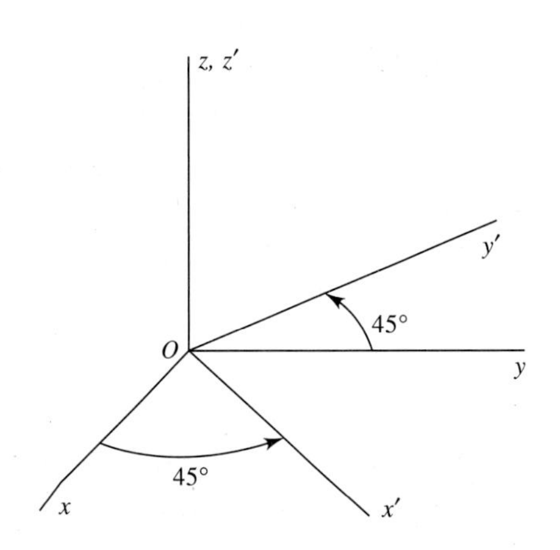

$$A_{x'} = \frac{3}{\sqrt{2}} + \frac{2}{\sqrt{2}} = \frac{5}{\sqrt{2}} \qquad A_{y'} = \frac{-3}{\sqrt{2}} + \frac{2}{\sqrt{2}} = \frac{-1}{\sqrt{2}} \qquad A_{z'} = 1$$

따라서 새 좌표계(′ 좌표계)에서 벡터 **A**는 다음과 같이 쓸 수 있다.

$$\mathbf{A} = \frac{5}{\sqrt{2}}\mathbf{i}' - \frac{1}{\sqrt{2}}\mathbf{j}' + \mathbf{k}'$$

예제 1.8.2

z축에 대해 각도 ϕ만큼 회전된 새 좌표계로 변환하는 행렬을 구하라. (예제 1.8.1은 이 문제의 특별한 예이다.)

$$\mathbf{i}\cdot\mathbf{i}' = \mathbf{j}\cdot\mathbf{j}' = \cos\phi$$
$$\mathbf{j}\cdot\mathbf{i}' = -\mathbf{i}\cdot\mathbf{j}' = \sin\phi$$
$$\mathbf{k}\cdot\mathbf{k}' = 1$$

이고, 그 외의 스칼라 곱은 모두 영이므로 변환행렬은 다음과 같다.

$$\begin{pmatrix} \cos\phi & \sin\phi & 0 \\ -\sin\phi & \cos\phi & 0 \\ 0 & 0 & 1 \end{pmatrix}$$

예제 1.8.3

직교 변환

수준이 좀 높은 교재를 보면 벡터는 **직교변환**(orthogonal transformations) 규칙에 따라 성분이 변하는 양이라 정의되어 있다. 이 주제는 이 책의 범위를 넘어선다. 하지만 벡터에 대한 훨씬 간결한 표현법인 이 변환에 경의를 느끼는 독자들이 있을지도 모른다는 생각에 간단한 예를 한 가지 들어 두고자 한다. 직교 변환의 한 예는 직선 직각 좌표계의 회전이다. 여기서 직각 좌표계를 어떤 각도 θ만큼 회전했다가 되돌아올 때 그 벡터의 성분이 어떻게 변환되는지를 설명하고자 한다.

공간에서 포물선 궤도를 따라 운동하는 질량이 m인 투사체의 속도 벡터 **v**를 예로 들어보자.[10] 그림 1.8.2는 어떤 시각 t에서 투사체의 속도와 위치를 나타낸다. 속도 **v**의 방향은 투사체 궤적의

10) 갈릴레오는 1609년에 이와 같은 투사체의 궤적이 포물선임을 검증했다. 예를 들어 다음을 참조하라. (1) Stillman Drake, *Galileo at Work—His Scientific Biography*, Dover Publications, New York 1978. (2) *Galileo Manuscripts*, Folio 116v, vol. 72, Biblioteca Nationale Centrale, Florence, Italy.

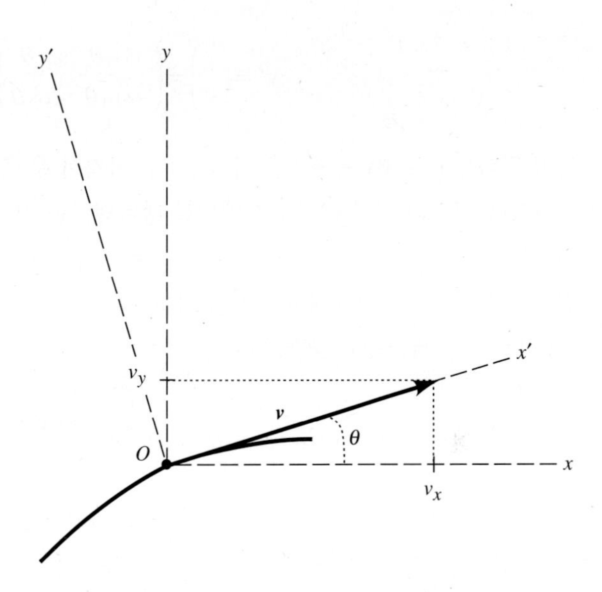

그림 1.8.2 두 개의 다른 2차원 좌표계로 나타낸 움직이는 입자의 속도

접선방향이며 운동의 순간적인 진행방향을 가리킨다. 이 운동은 2차원에서만 일어나므로 속도는 직각 좌표계의 2차원 평면상에서 x축과 y축 성분만으로 표현한다. 이 투사체의 속도성분을 $x'y'$ 좌표계에서도 나타낼 수 있는데, 이때 $x'y'$ 좌표계는 xy 좌표계를 θ만큼 회전한 것이다. x'축이 속도 벡터 방향과 나란하도록 회전각도 θ를 택한다.

식 (1.8.5)로 정의되는 변환행렬을 이용하여 좌표계 회전을 나타낸다. 모든 벡터는 열(column) 행렬로 표현한다. 그러므로 벡터 $\mathbf{v} = (v_x, v_y)$는 다음과 같다.

$$\mathbf{v} = \begin{pmatrix} v_x \\ v_y \end{pmatrix} = \begin{pmatrix} v\cos\theta \\ v\sin\theta \end{pmatrix}$$

한 좌표계에서 성분들이 주어지면 식 (1.8.5)의 변환행렬을 사용하여 다른 좌표계에서 그 성분들을 계산할 수 있다. 이 행렬을 기호 $\mathbf{R}$[11]로 표현한다.

$$\mathbf{R} = \begin{pmatrix} i\cdot i' & j\cdot i' \\ i\cdot j' & j\cdot j' \end{pmatrix} = \begin{pmatrix} \cos\theta & \sin\theta \\ -\sin\theta & \cos\theta \end{pmatrix}$$

$x'y'$ 좌표계에서 $\mathbf{v}'$의 성분은 다음과 같다.

11) 이 책에서는 행렬도 볼드체(bold face)로 표현하고 있다. 따라서 그 기호가 벡터인지 행렬인지는 각 부분마다 명시해둘 것이다.

$$\mathbf{v}' = \begin{pmatrix} v \\ 0 \end{pmatrix} = \begin{pmatrix} \cos\theta & \sin\theta \\ -\sin\theta & \cos\theta \end{pmatrix}\begin{pmatrix} v\cos\theta \\ v\sin\theta \end{pmatrix}$$

이 방정식은 $\mathbf{v}' = \mathbf{R}\mathbf{v}$로 표현할 수도 있다. 여기서 우리는 프라임 좌표계에서 속도 벡터를 $\mathbf{v}'$로 표시했다. 하지만 $\mathbf{v}'$과 $\mathbf{v}$는 같은 벡터를 나타낸다는 것을 염두에 두어라. 이 속도 벡터는 회전된 $x'y'$ 좌표계에서 x'축 방향을 향하므로, $v_{x'} = v$, $v_{y'} = 0$이다. 어떤 좌표계를 다른 좌표계에 대해 회전시키면 회전된 좌표계에서의 벡터 성분들은 그 값이 변한다.

$\mathbf{v}$의 크기의 제곱은 다음과 같다.

$$(\mathbf{v}\cdot\mathbf{v}) = \tilde{\mathbf{v}}\mathbf{v} = (v\cos\theta \quad v\sin\theta)\begin{pmatrix} v\cos\theta \\ v\sin\theta \end{pmatrix} = v^2\cos^2\theta + v^2\sin^2\theta = v^2$$

($\tilde{\mathbf{v}}$는 열 벡터 $\mathbf{v}$의 전치(transpose) 벡터, 즉 행 벡터이다. 행렬 $\mathbf{A}$의 전치 행렬 $\tilde{\mathbf{A}}$는 행렬 $\mathbf{A}$의 열과 행을 바꾸면 된다.)

유사하게 $\mathbf{v}'$의 크기의 제곱은 다음과 같다.

$$(\mathbf{v}'\cdot\mathbf{v}') = \tilde{\mathbf{v}}'\mathbf{v}' = (v \quad 0)\begin{pmatrix} v \\ 0 \end{pmatrix} = v^2 + 0^2 = v^2$$

두 경우 모두 그 벡터의 크기는 스칼라 v이며 이 값은 좌표계 선택과는 무관하다. 투사체의 질량도 스칼라이며 좌표계에 무관하다. 질량이 xy 좌표계에서 1킬로그램이라면 $x'y'$ 좌표계에서도 역시 1킬로그램이다. 스칼라는 좌표의 회전에 대해 불변인(invariant) 양이다.

xy 좌표계로 되돌아가는 변환을 가정하자. 그러면 우리는 $\mathbf{v}$의 원래 성분을 구할 수 있어야 한다. 되돌아가기 변환은 $x'y'$ 좌표계를 $-\theta$만큼 회전해서 얻어진다. 이 변환행렬은 행렬 $\mathbf{R}$에 나오는 θ의 부호를 바꾸어주면 구할 수 있다.

$$\mathbf{R}(-\theta) = \begin{pmatrix} \cos(-\theta) & \sin(-\theta) \\ -\sin(-\theta) & \cos(-\theta) \end{pmatrix} = \begin{pmatrix} \cos\theta & -\sin\theta \\ \sin\theta & \cos\theta \end{pmatrix} = \tilde{\mathbf{R}}$$

행렬 $\tilde{\mathbf{R}}$ 또는 $\mathbf{R}$의 전치행렬이 되돌아 가는 회전을 나타낸다.

$\mathbf{v}'$에 $\tilde{\mathbf{R}}$을 작용시키면 $\tilde{\mathbf{R}}\mathbf{v}' = \tilde{\mathbf{R}}\mathbf{R}\mathbf{v} = \mathbf{v}$로 되며, 또한 행렬 표현으로는 다음과 같이 된다.

$$\begin{pmatrix} \cos\theta & -\sin\theta \\ \sin\theta & \cos\theta \end{pmatrix}\begin{pmatrix} v \\ 0 \end{pmatrix} = \begin{pmatrix} \cos\theta & -\sin\theta \\ \sin\theta & \cos\theta \end{pmatrix}\begin{pmatrix} \cos\theta & \sin\theta \\ -\sin\theta & \cos\theta \end{pmatrix}\begin{pmatrix} v\cos\theta \\ v\sin\theta \end{pmatrix}$$
$$= \begin{pmatrix} 1 & 0 \\ 0 & 1 \end{pmatrix}\begin{pmatrix} v\cos\theta \\ v\sin\theta \end{pmatrix} = \begin{pmatrix} v\cos\theta \\ v\sin\theta \end{pmatrix}$$

그래서 $\tilde{\mathbf{R}}\mathbf{R} = \mathbf{I}$이고 $\tilde{\mathbf{R}} = \mathbf{R}^{-1}$이다. 여기서 $\mathbf{I}$는 단위행렬(unit matrix)이고 $\mathbf{R}^{-1}$은 $\mathbf{R}$의 역행렬이다.

이런 특징을 갖는 행렬을 직교 행렬이라 부른다. 좌표계의 회전은 이런 변환의 예이다.

1.9 벡터의 도함수

지금까지는 주로 벡터 대수에 관심을 기울였다. 이번에는 벡터의 미적분을 살펴보고 이를 입자의 운동을 기술하는 데 이용해보자.

어떤 벡터 **A**의 성분들이 한 개의 독립변수 u의 함수라 하자. 그런 벡터로는 위치, 속도 등을 생각할 수 있다. 변수 u는 보통 시간 t이지만 **A**의 성분을 결정할 수 있는 어떤 변수라도 괜찮다.

$$\mathbf{A}(u) = \mathbf{i}A_x(u) + \mathbf{j}A_y(u) + \mathbf{k}A_z(u) \tag{1.9.1}$$

벡터 **A**의 u에 대한 미분은 스칼라 함수의 보통 도함수처럼 다음의 극한으로 정의한다.

$$\frac{d\mathbf{A}}{du} = \lim_{\Delta u \to 0} \frac{\Delta \mathbf{A}}{\Delta u} = \lim_{\Delta u \to 0}\left(\mathbf{i}\frac{\Delta A_x}{\Delta u} + \mathbf{j}\frac{\Delta A_y}{\Delta u} + \mathbf{k}\frac{\Delta A_z}{\Delta u}\right)$$

여기서 $\Delta A_x = A_x(u + \Delta u) - A_x(u)$ 등이다. 그러므로 다음과 같이 벡터의 도함수는 그 성분들이 보통의 도함수와 같은 벡터이다.

$$\frac{d\mathbf{A}}{du} = \mathbf{i}\frac{dA_x}{du} + \mathbf{j}\frac{dA_y}{du} + \mathbf{k}\frac{dA_z}{du} \tag{1.9.2}$$

위 식으로부터 두 벡터의 합의 도함수는 각 도함수의 합과 같음을 알 수 있다.

$$\frac{d}{du}(\mathbf{A} + \mathbf{B}) = \frac{d\mathbf{A}}{du} + \frac{d\mathbf{B}}{du} \tag{1.9.3}$$

벡터 곱을 미분하는 규칙은 벡터 계산의 유사한 규칙을 따른다. 예를 들면 다음과 같다.

$$\frac{d(n\mathbf{A})}{du} = \frac{dn}{du}\mathbf{A} + n\frac{d\mathbf{A}}{du} \tag{1.9.4}$$

$$\frac{d(\mathbf{A} \cdot \mathbf{B})}{du} = \frac{d\mathbf{A}}{du} \cdot \mathbf{B} + \mathbf{A} \cdot \frac{d\mathbf{B}}{du} \tag{1.9.5}$$

$$\frac{d(\mathbf{A} \times \mathbf{B})}{du} = \frac{d\mathbf{A}}{du} \times \mathbf{B} + \mathbf{A} \times \frac{d\mathbf{B}}{du} \tag{1.9.6}$$

크로스 곱의 미분에서는 항들의 순서를 지켜야 한다. 이에 대한 증명은 각자에게 숙제로 남겨두겠다.

1.10 입자의 위치 벡터: 직선 직각 좌표계에서 속도와 가속도

주어진 기준계에서 입자의 위치는 하나의 벡터로 나타낼 수 있다. 즉, 좌표계의 원점에 대한 입자의 변위 벡터로 나타낼 수 있다. 이것을 그 입자의 위치 **벡터**(position vector)라고 한다. 그림 1.10.1의 직각 좌표계에서 위치 벡터는 다음과 같이 간단하게 쓸 수 있다.

$$\mathbf{r} = \mathbf{i}x + \mathbf{j}y + \mathbf{k}z \tag{1.10.1}$$

움직이는 입자에 대한 위치 벡터의 각 성분은 시간의 함수이다.

$$x = x(t) \qquad y = y(t) \qquad z = z(t) \tag{1.10.2}$$

식 (1.9.2)에서는 어떤 변수에 대한 벡터의 도함수를 정의했다. 특히 움직이는 입자의 위치 벡터 $\mathbf{r}$의 경우 변수는 시간 t이고 t에 대한 $\mathbf{r}$의 도함수를 **속도**(速度, velocity)라 부르고, $\mathbf{v}$로 쓴다.

$$\mathbf{v} = \frac{d\mathbf{r}}{dt} = \mathbf{i}\dot{x} + \mathbf{j}\dot{y} + \mathbf{k}\dot{z} \tag{1.10.3}$$

여기서 x, y, z 문자 위에 표기한 점 '·'은 시간에 대한 미분을 의미하는데, 이 규약은 역학에서 보편적으로 통용되므로 이 책에서도 사용할 것이다. 속도 벡터의 기하학적 의미를 조사해보자. 입자가 시간 t일 때 어떤 위치에 있다고 가정하자. 시간 Δt 이후에 그 입자는 $\mathbf{r}(t)$의 위치에서 $\mathbf{r}(t + \Delta t)$로 위치가 변할 것이다. 시간 간격 Δt 동안의 변위 벡터는

$$\Delta\mathbf{r} = \mathbf{r}(t + \Delta t) - \mathbf{r}(t) \tag{1.10.4}$$

이고, 그 비 $\Delta\mathbf{r}/\Delta t$는 변위 $\Delta\mathbf{r}$에 평행인 벡터가 된다. 시간 간격을 짧게 할수록 $\Delta\mathbf{r}/\Delta t$는 극한

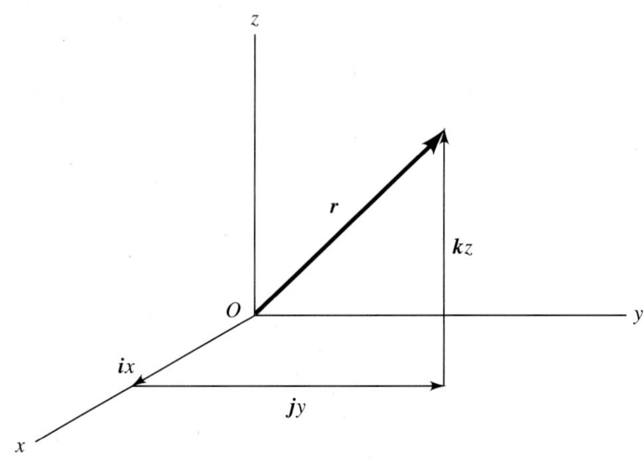

그림 1.10.1 직선 직각 좌표계에서 위치 벡터 $\mathbf{r}$과 그 성분들

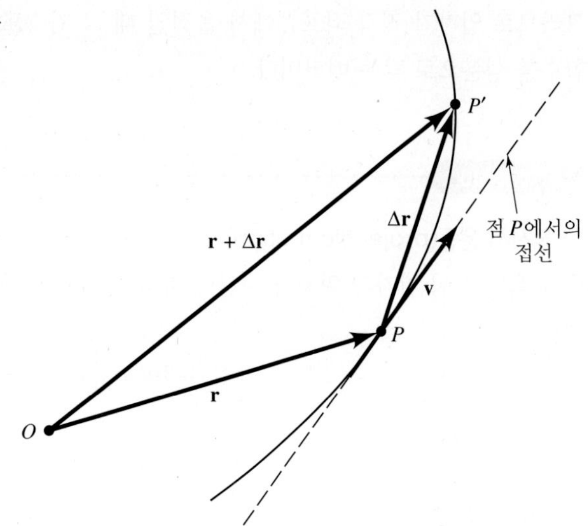

그림 1.10.2 비율 $\Delta\mathbf{r}/\Delta t$의 극한으로 정의되는 움직이는 입자의 순간 속도 벡터

$d\mathbf{r}/dt$에 근접하고 이것을 순간 속도라 부른다. 속도 벡터 $d\mathbf{r}/dt$는 운동방향과 운동변화율을 함께 나타낸다. 이 관계는 그림 1.10.2에 잘 나타나 있다. Δt시간 동안 입자는 P에서 P'으로 경로를 따라 움직인다. Δt가 영에 가까워질 때 P'은 P로 접근하고 벡터 $\Delta\mathbf{r}/\Delta t$의 방향은 P에서 경로의 접선에 가까워진다. 따라서 속도 벡터는 항상 운동경로에 접선인 방향을 갖는다.

속도의 크기는 **속력**(速力, speed)이라 하는데 직각 좌표계에서는 다음과 같다.

$$v = |\mathbf{v}| = (\dot{x}^2 + \dot{y}^2 + \dot{z}^2)^{1/2} \tag{1.10.5}$$

입자의 경로를 따라서 재는 거리를 s라 하면 속력은 다음과 같이 쓸 수 있다.

$$v = \frac{ds}{dt} = \lim_{\Delta t \to 0} \frac{\Delta s}{\Delta t} = \lim_{\Delta t \to 0} \frac{[(\Delta x)^2 + (\Delta y)^2 + (\Delta z)^2]^{1/2}}{\Delta t} \tag{1.10.6}$$

위 식은 식 (1.10.5)의 우변과 같다.

속도의 시간 도함수는 **가속도**(加速度, acceleration)라 하고, $\mathbf{a}$로 표시하며 다음과 같이 쓸 수 있다.

$$\mathbf{a} = \frac{d\mathbf{v}}{dt} = \frac{d^2\mathbf{r}}{dt^2} \tag{1.10.7}$$

직각 좌표계 성분으로 나타내면 다음과 같다.

$$\mathbf{a} = \mathbf{i}\ddot{x} + \mathbf{j}\ddot{y} + \mathbf{k}\ddot{z} \tag{1.10.8}$$

그러므로 입자가 직각 좌표계에서 움직일 때 그 가속도는 위치 벡터의 각 성분들의 2차 시간 도함수를 성분으로 갖는 벡터이다.

예제 1.10.1

포사체 운동(projectile motion)

다음 식과 같이 입자의 위치가 시간에 따라 변하는 운동을 생각해보자.

$$\mathbf{r}(t) = \mathbf{i}bt + \mathbf{j}\left(ct - \frac{gt^2}{2}\right) + \mathbf{k}0$$

이 식은 z 성분이 상수인 영이므로 xy평면에서 운동을 나타낸다. 시간 t로 미분하면 속도 $\mathbf{v}$를 얻는다.

$$\mathbf{v} = \frac{d\mathbf{r}}{dt} = \mathbf{i}b + \mathbf{j}(c - gt)$$

비슷하게 가속도는 다음과 같다.

$$\mathbf{a} = \frac{d\mathbf{v}}{dt} = -\mathbf{j}g$$

그러므로 가속도 $\mathbf{a}$는 음의 y축 방향이고 일정한 크기 g를 갖는다. 또한 입자의 운동경로는 그림 1.10.3과 같이 포물선이다. 속력 v는 시간에 따라 다음과 같이 변한다.

$$v = [b^2 + (c - gt)^2]^{1/2}$$

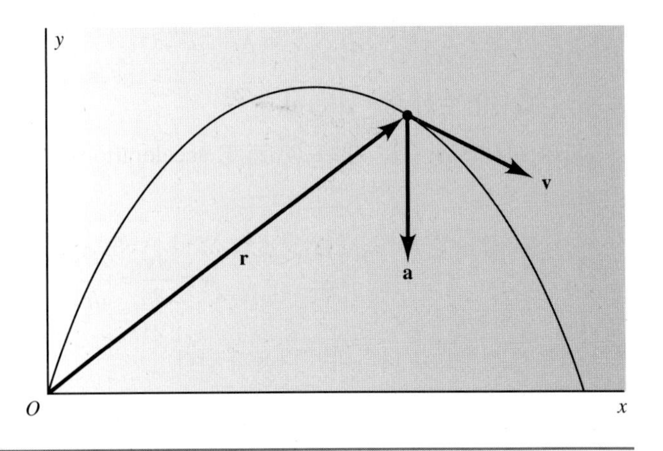

그림 1.10.3 포물선 경로를 따라서 움직이는 입자의 위치, 속도, 가속도 벡터

예제 1.10.2

원운동(circular motion)

입자의 위치 벡터가 다음과 같다고 하자.

$$\mathbf{r} = \mathbf{i}b \sin \omega t + \mathbf{j}b \cos \omega t$$

여기서 ω는 상수이다.

입자의 운동을 분석해보자. 원점으로부터 거리는 항상 일정하다:

$$|\mathbf{r}| = r = (b^2 \sin^2 \omega t + b^2 \cos^2 \omega t)^{1/2} = b$$

운동경로는 원점에 중심을 둔 반지름 b인 원(圓)이다. $\mathbf{r}$을 미분하면 속도 벡터를 얻는다.

$$\mathbf{v} = \frac{d\mathbf{r}}{dt} = \mathbf{i}b\omega \cos \omega t - \mathbf{j}b\omega \sin \omega t$$

따라서 입자는 원의 경로를 따라 일정한 속력으로 움직임을 알 수 있다:

$$v = |\mathbf{v}| = (b^2\omega^2 \cos^2 \omega t + b^2\omega^2 \sin^2 \omega t)^{1/2} = b\omega$$

한편 가속도는 다음과 같다.

$$\mathbf{a} = \frac{d\mathbf{v}}{dt} = -\mathbf{i}b\omega^2 \sin \omega t - \mathbf{j}b\omega^2 \cos \omega t$$

그림 1.10.4 원 궤도를 따라 일정한 속력으로 움직이는 입자

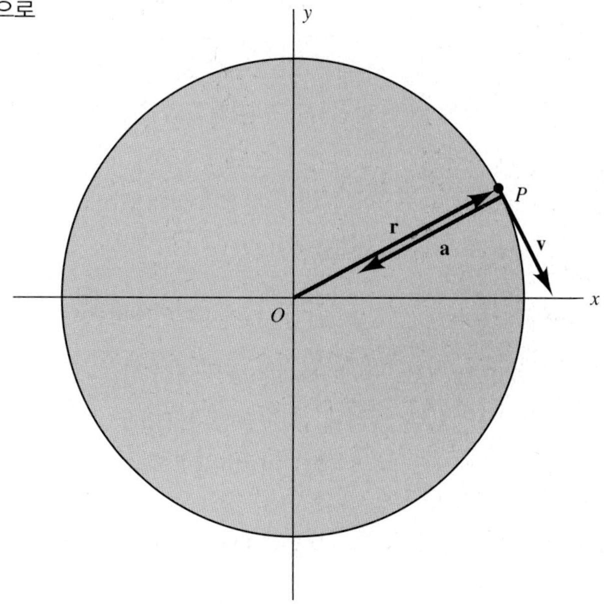

이 경우에 $\mathbf{v}$와 $\mathbf{a}$의 스칼라 곱은 영이므로 가속도는 항상 속도에 수직임을 알 수 있다:

$$\mathbf{v} \cdot \mathbf{a} = (b\omega \cos \omega t)(-b\omega^2 \sin \omega t) + (-b\omega \sin \omega t)(-b\omega^2 \cos \omega t) = 0$$

가속도 $\mathbf{a}$와 위치 벡터 $\mathbf{r}$을 비교하면 다음과 같이 쓸 수 있다.

$$\mathbf{a} = -\omega^2 \mathbf{r}$$

$\mathbf{a}$와 $\mathbf{r}$은 서로 반대 방향이고, $\mathbf{a}$는 언제나 원의 중심을 향한다. 그림 1.10.4를 참조하라.

예제 1.10.3

구르는 바퀴(rolling wheel)

입자 P의 위치 벡터가 다음과 같은 경우를 생각해보자.

$$\mathbf{r} = \mathbf{r}_1 + \mathbf{r}_2$$

여기서 $\mathbf{r}_1$, $\mathbf{r}_2$ 벡터는 아래와 같다.

$$\mathbf{r}_1 = \mathbf{i}b\omega t + \mathbf{j}b$$
$$\mathbf{r}_2 = \mathbf{i}b \sin \omega t + \mathbf{j}b \cos \omega t$$

ω가 일정할 때 $\mathbf{r}_1$ 그 자체는 직선 $y = b$를 따라 일정한 속도로 움직이는 한 점을 나타낸다.

$$\mathbf{v}_1 = \frac{d\mathbf{r}_1}{dt} = \mathbf{i}b\omega$$

$\mathbf{r}_2$는 예제 1.10.2에서 논의한 원운동의 위치 벡터이다. 따라서 벡터 합 $\mathbf{r}_1 + \mathbf{r}_2$는 일정한 속도로 움직이는 중심에 대해 회전하는 반지름 b인 원둘레상의 점을 나타낸다. 이것은 굴러가는 바퀴 위에 있는 한 입자에 대해 일어나는 바로 그것이다. 벡터 $\mathbf{r}_1$은 바퀴 중심을 표시하는 위치 벡터이고, $\mathbf{r}_2$는 움직이는 중심에 대한 입자 P의 **상대적**(relative) 위치 벡터이다. 실제 경로는 그림 1.10.5에서 파선으로 나타낸 **사이클로이드**(cycloid) 곡선이다. 입자의 속도는 다음과 같다.

$$\mathbf{v} = \mathbf{v}_1 + \mathbf{v}_2 = \mathbf{i}(b\omega + b\omega \cos \omega t) - \mathbf{j}b\omega \sin \omega t$$

특히 $\omega t = 0, 2\pi, 4\pi, \ldots$일 때 $\mathbf{v} = \mathbf{i}2b\omega$가 되어 이는 중심 C의 속도의 두 배이다. 이 경우 입자는 경로 중에서 가장 높은 위치에 있게 된다. 한편 $\omega t = \pi, 3\pi, 5\pi, \ldots$일 때는 $\mathbf{v} = 0$이 된다. 이때 입자는 경로 중에서 가장 낮은 위치에 있으며 지면과 순간적으로 접촉하고 있다. 그림 1.10.6을 참조하라.

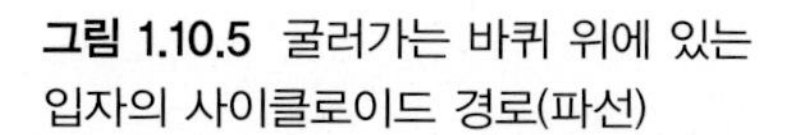

그림 1.10.5 굴러가는 바퀴 위에 있는 입자의 사이클로이드 경로(파선)

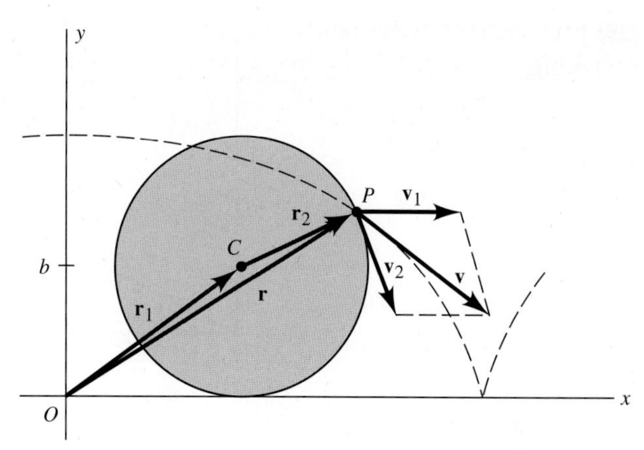

그림 1.10.6 굴러가는 바퀴 위의 여러 점에 대한 속도 벡터

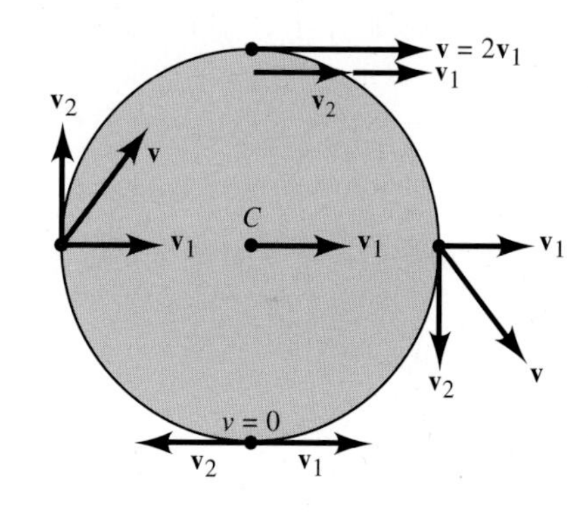

1.11 평면 극좌표계에서 속도와 가속도

평면 위에서 입자가 움직이는 경우, 위치를 표현하기 위해 극좌표(polar coordinate) r, θ를 이용하면 편리할 때가 많다. 이때 입자의 위치 벡터는 거리 r과 원심(radial) 방향의 단위벡터 $\mathbf{e}_r$의 곱으로 쓸 수 있다.

$$\mathbf{r} = r\mathbf{e}_r \tag{1.11.1}$$

입자가 움직이면 r과 $\mathbf{e}_r$이 계속하여 변하므로 이들은 모두 시간의 함수이다. 이 식들을 t에 대해 미분하면 다음 식을 얻는다.

$$\mathbf{v} = \frac{d\mathbf{r}}{dt} = \dot{r}\mathbf{e}_r + r\frac{d\mathbf{e}_r}{dt} \tag{1.11.2}$$

도함수 $d\mathbf{e}_r/dt$를 계산하기 위해서 그림 1.11.1에 있는 벡터 그림을 살펴보자. 그림을 자세히 보면

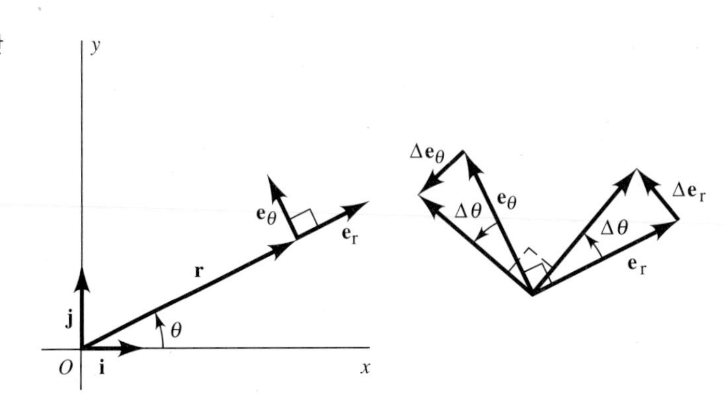

그림 1.11.1 평면 극좌표계에 대한 단위 벡터들

$\mathbf{r}$의 방향이 $\Delta\theta$만큼 변할 때 원심방향 단위벡터의 변화 $\Delta\mathbf{e}_r$의 크기 $|\Delta\mathbf{e}_r|$은 대략 $\Delta\theta$와 같고 $\Delta\mathbf{e}_r$의 방향은 $\mathbf{e}_r$에 거의 수직이다. 단위벡터 $\mathbf{e}_r$에 수직인 또 다른 단위벡터 $\mathbf{e}_\theta$를 도입하면 다음 식을 얻는다.

$$\Delta\mathbf{e}_r \simeq \mathbf{e}_\theta \Delta\theta \tag{1.11.3}$$

위 식을 Δt로 나누고 극한을 택하면 원심방향 단위벡터의 시간 도함수는 다음과 같다.

$$\frac{d\mathbf{e}_r}{dt} = \mathbf{e}_\theta \frac{d\theta}{dt} \tag{1.11.4}$$

비슷하게 단위벡터 $\mathbf{e}_\theta$의 변화는 근사적으로

$$\Delta\mathbf{e}_\theta \simeq -\mathbf{e}_r \Delta\theta \tag{1.11.5}$$

이고, 그림 1.11.1에서 보듯이 $\Delta\mathbf{e}_\theta$의 방향은 $\mathbf{e}_r$과 반대이므로 마이너스 부호를 붙였다. 이때 시간 도함수는 다음과 같다.

$$\frac{d\mathbf{e}_\theta}{dt} = -\mathbf{e}_r \frac{d\theta}{dt} \tag{1.11.6}$$

원심방향 단위벡터의 도함수인 식 (1.11.4)를 이용하면 속도에 대한 방정식을 다음과 같이 쓸 수 있다.

$$\mathbf{v} = \dot{r}\mathbf{e}_r + r\dot{\theta}\mathbf{e}_\theta \tag{1.11.7}$$

그러므로 $\dot{r}$은 속도 벡터의 원심방향(radial) 성분이고, $r\dot{\theta}$는 가로(transverse) 성분이다.

가속도 벡터는 속도를 시간으로 미분하면 된다.

$$\mathbf{a} = \frac{d\mathbf{v}}{dt} = \ddot{r}\mathbf{e}_r + \dot{r}\frac{d\mathbf{e}_r}{dt} + (\dot{r}\dot{\theta} + r\ddot{\theta})\mathbf{e}_\theta + r\dot{\theta}\frac{d\mathbf{e}_\theta}{dt} \tag{1.11.8}$$

$d\mathbf{e}_r/dt$와 $d\mathbf{e}_\theta/dt$의 값들은 식 (1.11.4)와 식 (1.11.6)으로 주어지고, 평면 극좌표계에서 가속도 벡터는 다음과 같다.

$$\mathbf{a} = (\ddot{r} - r\dot{\theta}^2)\mathbf{e}_r + (r\ddot{\theta} + 2\dot{r}\dot{\theta})\mathbf{e}_\theta \tag{1.11.9}$$

따라서 가속도 벡터의 원심방향 성분은

$$a_r = \ddot{r} - r\dot{\theta}^2 \tag{1.11.10}$$

이고, 가로 성분은 다음과 같다.

$$a_\theta = r\ddot{\theta} + 2\dot{r}\dot{\theta} = \frac{1}{r}\frac{d}{dt}(r^2\dot{\theta}) \tag{1.11.11}$$

일정한 반지름 b인 원 위에서 움직이는 입자의 경우에 위의 결과를 적용하면 $\dot{r} = 0$이 되고, 가속도의 원심방향 성분은 $b\dot{\theta}^2$의 크기를 갖고 원 궤도의 중심을 향하고 있다. 이때 가로 성분은 $b\ddot{\theta}$이다. 반면에 θ가 일정하여 입자가 고정된 원심방향 선에서 움직이면 원심방향 성분은 $\ddot{r}$이고 가로 성분은 영이다. r과 θ가 모두 변하면 가속도에 관한 일반식 (1.11.9)를 적용해야 한다.

예제 1.11.1

꿀벌이 이차원 나선 경로를 따라 벌집으로 돌아오는데 원심방향 거리가 $r = b - ct$와 같이 일정한 비율로 감소하지만, 각속력은 $\dot{\theta} = kt$와 같이 일정한 비율로 증가한다고 하자. 이 꿀벌의 속력을 시간의 함수로 표현하라.

풀이

$\dot{r} = -c$이고 $\ddot{r} = 0$이므로, 식 (1.11.7)에서 속도는 다음과 같다.

$$\mathbf{v} = -c\mathbf{e}_r + (b - ct)kt\mathbf{e}_\theta$$

그러므로

$$v = [c^2 + (b - ct)^2k^2t^2]^{1/2}$$

이 식은 $t \le b/c$일 때만 성립한다. $t = 0, r = b$일 때와 $t = b/c, r = 0$일 때 $v = c$임을 유의하라.

예제 1.11.2

일정한 각속도로 회전하고 있는 레코드 판 위에서 벌레가 한 원심방향 선을 따라서 바깥쪽으로 기어가는데 시간에 따른 그 위치는 다음과 같다. $r = bt^2$, $\theta = \omega t$(b와 ω는 상수). 이 벌레의 가속도를 구하라.

■ 풀이

$\dot{r} = 2bt$, $\ddot{r} = 2b$, $\dot{\theta} = \omega$, $\ddot{\theta} = 0$임을 알 수 있다. 이들을 식 (1.11.9)에 대입하면 다음 식을 얻는다.

$$\begin{aligned}\mathbf{a} &= \mathbf{e}_r(2b - bt^2\omega^2) + \mathbf{e}_\theta[0 + 2(2bt)\omega] \\ &= b(2 - t^2\omega^2)\mathbf{e}_r + 4b\omega t\mathbf{e}_\theta\end{aligned}$$

이 경우에 반지름이 시간에 따라서 계속 증가해도 t가 크면 가속도의 원심방향 성분은 음수가 된다.

1.12 원통 좌표계와 구면 좌표계에서 속도와 가속도

원통 좌표계

3차원 운동의 경우 입자의 위치는 원통 좌표(cylindrical coordinates) R, ϕ, z로 기술할 수 있다. 이때 입자의 위치 벡터는 다음과 같다.

$$\mathbf{r} = R\mathbf{e}_R + z\mathbf{e}_z \tag{1.12.1}$$

여기서 $\mathbf{e}_R$은 xy평면에서 원심방향의 단위벡터이고, $\mathbf{e}_z$는 z방향에 대한 단위벡터이다. 제3의 단위벡터 $\mathbf{e}_\phi$가 필요한데 그림 1.12.1에서 보듯이 $\mathbf{e}_R\mathbf{e}_\phi\mathbf{e}_z$가 오른손 3개조를 구성하도록 방향을 정한다. 물론 $\mathbf{k} = \mathbf{e}_z$이다.

이전처럼 속도와 가속도는 미분으로 얻을 수 있다. 이번에도 단위벡터의 도함수가 필요하다. 평면 극좌표에서와 마찬가지로 $d\mathbf{e}_R/dt = \mathbf{e}_\phi\dot{\phi}$, $d\mathbf{e}_\phi/dt = -\mathbf{e}_R\dot{\phi}$임을 알 수 있다. 단위벡터 $\mathbf{e}_z$는 방향이 변하지 않으므로 이것의 시간 도함수는 영이다.

이 식들을 적용하면 아래와 같이 속도와 가속도를 손쉽게 구할 수 있다.

$$\mathbf{v} = \dot{R}\mathbf{e}_R + R\dot{\phi}\mathbf{e}_\phi + \dot{z}\mathbf{e}_z \tag{1.12.2}$$

$$\mathbf{a} = (\ddot{R} - R\dot{\phi}^2)\mathbf{e}_R + (2\dot{R}\dot{\phi} + R\ddot{\phi})\mathbf{e}_\phi + \ddot{z}\mathbf{e}_z \tag{1.12.3}$$

이 식들은 $\mathbf{v}$와 $\mathbf{a}$를 회전된 3개조 $\mathbf{e}_R\mathbf{e}_\phi\mathbf{e}_z$의 성분으로 표현한 것이다.

고정된 $\mathbf{ijk}$ 좌표계와 회전된 $\mathbf{e}_R\mathbf{e}_\phi\mathbf{e}_z$ 좌표계 사이의 관계식들을 미분해서 단위벡터의 도함수를 구하는 방법도 있다.

그림 1.12.1 원통 좌표계에 대한 단위 벡터들

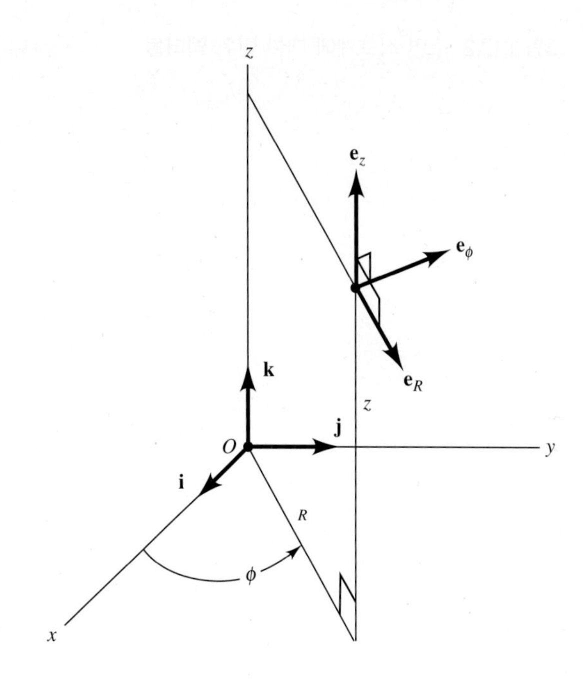

$$\mathbf{e}_R = \mathbf{i}\cos\phi + \mathbf{j}\sin\phi$$
$$\mathbf{e}_\phi = -\mathbf{i}\sin\phi + \mathbf{j}\cos\phi \qquad (1.12.4)$$
$$\mathbf{e}_z = \mathbf{k}$$

계산 과정은 연습과제로 남겨둔다. 결과는 예제 1.8.2에서 주어진 변환행렬을 이용해도 구할 수 있다.

구면 좌표계

구면 좌표(spherical coordinates) r, θ, ϕ를 사용하면 입자의 위치 벡터는 원심방향 거리 r과 원심방향의 단위벡터 $\mathbf{e}_r$의 곱으로 쓸 수 있다.

$$\mathbf{r} = r\mathbf{e}_r \qquad (1.12.5)$$

이번에는 $\mathbf{e}_r$의 방향이 두 각도 ϕ와 θ에 의해 명시된다. 그래서 그림 1.12.2에 보이는 것처럼 단위벡터 $\mathbf{e}_\phi$와 $\mathbf{e}_\theta$를 도입한다.

그러면 속도는 다음과 같다.

$$\mathbf{v} = \frac{d\mathbf{r}}{dt} = \dot{r}\mathbf{e}_r + r\frac{d\mathbf{e}_r}{dt} \qquad (1.12.6)$$

다음 단계는 도함수 $d\mathbf{e}_r/dt$를 회전된 좌표계의 단위 벡터들로 표현하는 방법에 대한 것이다.

그림 1.12.2 구면 좌표계에 대한 단위 벡터들

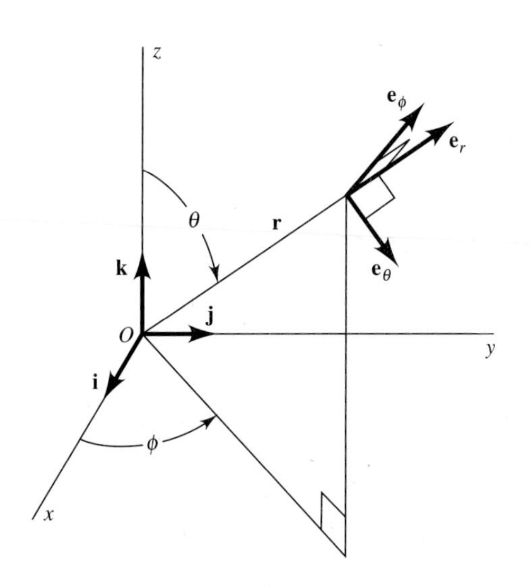

그림 1.12.2를 참고하면 **ijk**와 $\mathbf{e}_r\mathbf{e}_\theta\mathbf{e}_\phi$ 3개조들 사이의 관계식을 유도할 수 있다. 예를 들어 어떠한 벡터라도 xyz 좌표계 각 축에 대한 투영으로 나타낼 수 있으므로

$$\mathbf{e}_r = \mathbf{i}(\mathbf{e}_r \cdot \mathbf{i}) + \mathbf{j}(\mathbf{e}_r \cdot \mathbf{j}) + \mathbf{k}(\mathbf{e}_r \cdot \mathbf{k}) \tag{1.12.7}$$

여기서 $\mathbf{e}_r \cdot \mathbf{i}$는 $\mathbf{e}_r$의 $\mathbf{i}$에 대한 투영이다. 식 (1.4.11a)에 의하면 이것은 두 단위벡터 사이 각의 $\cos\alpha$이다. 이 스칼라 곱을 α가 아니라 θ와 ϕ로 표현해야 한다. 그러려면 x축으로의 투영을 위해서 두 단계로 나누어 연속하여 투영함으로써 원하는 관계식을 얻을 수 있다. 우선 $\mathbf{e}_r$을 xy평면에, 다음에는 x축에 투영해보자. 처음 투영에서는 $\sin\theta$, 다음 투영에서는 $\cos\phi$가 되어서 구하는 투영은 다음과 같다.

$$\mathbf{e}_r \cdot \mathbf{i} = \sin\theta\cos\phi \tag{1.12.8a}$$

나머지 스칼라 곱도 비슷한 방법으로 얻을 수 있다.

$$\mathbf{e}_r \cdot \mathbf{j} = \sin\theta\sin\phi \qquad \text{그리고} \qquad \mathbf{e}_r \cdot \mathbf{k} = \cos\theta \tag{1.12.8b}$$

그 밖의 단위벡터 $\mathbf{e}_\theta$, $\mathbf{e}_\phi$도 마찬가지로 방법으로 구할 수 있으며, 따라서 원하는 관계식인

$$\begin{aligned}\mathbf{e}_r &= \mathbf{i}\sin\theta\cos\phi + \mathbf{j}\sin\theta\sin\phi + \mathbf{k}\cos\theta \\ \mathbf{e}_\theta &= \mathbf{i}\cos\theta\cos\phi + \mathbf{j}\cos\theta\sin\phi - \mathbf{k}\sin\theta \\ \mathbf{e}_\phi &= -\mathbf{i}\sin\phi + \mathbf{j}\cos\phi\end{aligned} \tag{1.12.9}$$

를 얻을 수 있다. 이 식은 회전된 $\mathbf{e}_r\mathbf{e}_\theta\mathbf{e}_\phi$ 3개조의 단위벡터를 고정된 **ijk** 3개조를 이용하여 표현한 것이다. 이 변환과 식 (1.8.6)이 유사하다는 사실에 유의하기 바란다. 회전의 대응관계를 바르

게 잡아주면 이 두 가지는 동등하다. 위의 첫 식을 시간으로 미분하면 다음과 같다.

$$\frac{d\mathbf{e}_r}{dt} = \mathbf{i}(\dot{\theta}\cos\theta\cos\phi - \dot{\phi}\sin\theta\sin\phi) + \mathbf{j}(\dot{\theta}\cos\theta\sin\phi + \dot{\phi}\sin\theta\cos\phi) - \mathbf{k}\dot{\theta}\sin\theta \quad (1.12.10)$$

이번에는 식 (1.12.9)의 $\mathbf{e}_\theta$, $\mathbf{e}_\phi$에 대한 표현법을 이용하여 다음 관계식을 얻는다.

$$\frac{d\mathbf{e}_r}{dt} = \mathbf{e}_\phi\dot{\phi}\sin\theta + \mathbf{e}_\theta\dot{\theta} \quad (1.12.11a)$$

나머지 두 도함수도 비슷하게 구할 수 있는데 결과는 아래와 같다.

$$\frac{d\mathbf{e}_\theta}{dt} = -\mathbf{e}_r\dot{\theta} + \mathbf{e}_\phi\dot{\phi}\cos\theta \quad (1.12.11b)$$

$$\frac{d\mathbf{e}_\phi}{dt} = -\mathbf{e}_r\dot{\phi}\sin\theta - \mathbf{e}_\theta\dot{\phi}\cos\theta \quad (1.12.11c)$$

이 증명은 숙제로 남겨두겠다. 속도를 구하는 문제로 다시 돌아와서 $d\mathbf{e}_r/dt$에 관한 식 (1.12.11a)를 식 (1.12.6)에 대입하면 최종결과는 다음과 같다.

$$\mathbf{v} = \mathbf{e}_r\dot{r} + \mathbf{e}_\phi r\dot{\phi}\sin\theta + \mathbf{e}_\theta r\dot{\theta} \quad (1.12.12)$$

위 식은 회전한 좌표계 성분으로 속도 벡터를 표현한 식이다.

가속도는 위 식을 시간에 대해 한 번 더 미분하면 된다.

$$\begin{aligned}\mathbf{a} &= \frac{d\mathbf{v}}{dt} \\ &= \mathbf{e}_r\ddot{r} + \dot{r}\frac{d\mathbf{e}_r}{dt} + \mathbf{e}_\phi\frac{d(r\dot{\phi}\sin\theta)}{dt} + r\dot{\phi}\sin\theta\frac{d\mathbf{e}_\phi}{dt} + \mathbf{e}_\theta\frac{d(r\dot{\theta})}{dt} + r\dot{\theta}\frac{d\mathbf{e}_\theta}{dt}\end{aligned} \quad (1.12.13)$$

이미 얻은 단위벡터의 도함수에 관한 공식들을 대입하면 가속도는 다음과 같이 쓸 수 있다.

$$\begin{aligned}\mathbf{a} = (\ddot{r} - r\dot{\phi}^2\sin^2\theta - r\dot{\theta}^2)\mathbf{e}_r + (r\ddot{\theta} + 2\dot{r}\dot{\theta} - r\dot{\phi}^2\sin\theta\cos\theta)\mathbf{e}_\theta \\ + (r\ddot{\phi}\sin\theta + 2\dot{r}\dot{\phi}\sin\theta + 2r\dot{\theta}\dot{\phi}\cos\theta)\mathbf{e}_\phi\end{aligned} \quad (1.12.14)$$

예제 1.12.1

나선형의 철사를 따라 염주알이 미끄러지고 있다. 이 염주알의 운동은 원통 좌표계에서 $R = b$, $\phi = \omega t$, $z = ct$와 같이 주어진다. 속도와 가속도 벡터를 시간의 함수로 구하라.

■ 풀이

미분하면 $\dot{R} = \ddot{R} = 0$, $\dot{\phi} = \omega$, $\ddot{\phi} = 0$, $\dot{z} = c$, $\ddot{z} = 0$이므로 식 (1.12.2)와 식 (1.12.3)에서 다음을 얻는다.

$$\mathbf{v} = b\omega \mathbf{e}_\phi + c\mathbf{e}_z$$
$$\mathbf{a} = -b\omega^2 \mathbf{e}_R$$

그러므로 이 경우에 속도와 가속도의 크기는 모두 일정하지만 염주알이 움직이면서 $\mathbf{e}_\phi$, $\mathbf{e}_r$의 방향이 바뀌기 때문에 속도와 가속도의 방향도 변한다.

예제 1.12.2

반지름 b인 바퀴를 짐발(gimbal) 위에 올려놓고 다음과 같이 회전시켰다. 바퀴는 자체 축을 중심으로 일정한 각속도 ω_1으로 회전하고, 바퀴축 자체가 수직축을 중심으로 일정한 각속도 ω_2로 회전하여 바퀴의 회전축은 수평면상에, 바퀴의 중심은 정지상태가 되도록 한다. 구면 좌표를 사용하여 바퀴둘레 위 임의의 점에서 가속도를 구하라. 특히 가장 높은 지점에서의 가속도를 구하라.

■ 풀이

구면 좌표계를 그림 1.12.3처럼 $r = b$, $\theta = \omega_1 t$, $\phi = \omega_2 t$가 되게 택하면 $\dot{r} = \ddot{r} = 0$, $\dot{\theta} = \omega_1$, $\ddot{\theta} = 0$, $\dot{\phi} = \omega_2$, $\ddot{\phi} = 0$이다. 그러므로 식 (1.12.14)에서 곧바로 다음을 얻을 수 있다.

그림 1.12.3 회전하는 짐발 위에서 회전하는 바퀴

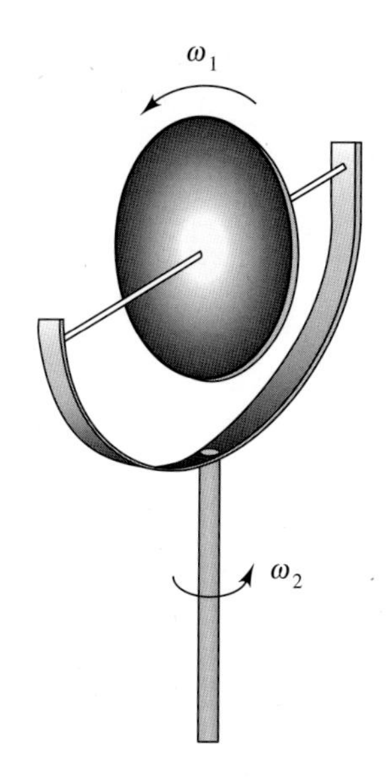

$$\mathbf{a} = (-b\omega_2^2 \sin^2\theta - b\omega_1^2)\mathbf{e}_r - b\omega_2^2 \sin\theta\cos\theta\,\mathbf{e}_\theta + 2b\omega_1\omega_2 \cos\theta\,\mathbf{e}_\phi$$

가장 높은 점에서는 $\theta = 0$이므로 가속도는 다음과 같다.

$$\mathbf{a} = -b\omega_1^2\mathbf{e}_r + 2b\omega_1\omega_2\mathbf{e}_\phi$$

우변의 첫째 항은 구심 가속도이고, 다른 항은 바퀴면에 수직인 가로 성분의 가속도이다.

연습문제

1.1 두 벡터가 $\mathbf{A} = \mathbf{i} + \mathbf{j}$, $\mathbf{B} = \mathbf{j} + \mathbf{k}$일 때 다음을 계산하라.

(a) $\mathbf{A} + \mathbf{B}$와 $|\mathbf{A} + \mathbf{B}|$

(b) $3\mathbf{A} - 2\mathbf{B}$

(c) $\mathbf{A} \cdot \mathbf{B}$

(d) $\mathbf{A} \times \mathbf{B}$와 $|\mathbf{A} \times \mathbf{B}|$

1.2 세 벡터가 $\mathbf{A} = 2\mathbf{i} + \mathbf{j}$, $\mathbf{B} = \mathbf{i} + \mathbf{k}$, $\mathbf{C} = 4\mathbf{j}$일 때 다음을 계산하라.

(a) $\mathbf{A} \cdot (\mathbf{B} + \mathbf{C})$와 $(\mathbf{A} + \mathbf{B}) \cdot \mathbf{C}$

(b) $\mathbf{A} \cdot (\mathbf{B} \times \mathbf{C})$와 $(\mathbf{A} \times \mathbf{B}) \cdot \mathbf{C}$

(c) $\mathbf{A} \times (\mathbf{B} \times \mathbf{C})$와 $(\mathbf{A} \times \mathbf{B}) \times \mathbf{C}$

1.3 두 벡터 $\mathbf{A} = a\mathbf{i} + 2a\mathbf{j}$와 $\mathbf{B} = a\mathbf{i} + 2a\mathbf{j} + 3a\mathbf{k}$ 사이의 각도를 구하라. 이 두 벡터는 세 변의 길이가 a, $2a$, $3a$인 직육면체의 한 옆면 대각선과 체적 대각선을 정의한다.

1.4 세 변이 각각 단위길이인 정육면체를 생각해보자. 한 꼭짓점은 xyz 좌표계의 원점에 놓여 있고 세 모서리는 각 좌표축의 양의 방향으로 향하고 있다. 원점에서 시작해서 다음 위치에 이르는 벡터를 구하라.

(a) 정육면체의 대각선 방향으로 다른 꼭짓점까지 이르는 벡터

(b) 정육면체 밑면의 대각선 방향으로 다른 꼭짓점에 이르는 벡터

(c) 이들을 각각 $\mathbf{A}$, $\mathbf{B}$라 할 때 $\mathbf{C} = \mathbf{A} \times \mathbf{B}$

(d) $\mathbf{A}$와 $\mathbf{B}$ 사이의 각도

1.5 두 벡터 $\mathbf{A}$와 $\mathbf{B}$가 주어졌다 하자. 제3의 벡터 $\mathbf{C}$에 관해 $\mathbf{A} \cdot \mathbf{C} = u$가 알려졌고 $\mathbf{A} \times \mathbf{C} = \mathbf{B}$라 하자. $\mathbf{C}$를 $\mathbf{A}$, $\mathbf{B}$, u, $|\mathbf{A}|$으로 표현하라.

1.6 시간에 따라 변하는 벡터

$$\mathbf{A} = \mathbf{i}\alpha t + \mathbf{j}\beta t^2 + \mathbf{k}\gamma t^3$$

이 주어졌다. α, β, γ는 상수이다. 1차 도함수 $d\mathbf{A}/dt$와 2차 도함수 $d^2\mathbf{A}/dt^2$을 구하라.

1.7 벡터 $\mathbf{A} = \mathbf{i}q + 3\mathbf{j} + \mathbf{k}$는 q가 어떤 값을 가질 때 벡터 $\mathbf{B} = \mathbf{i}q - q\mathbf{j} + 2\mathbf{k}$에 수직이겠는가?

1.8 다음 관계식들을 대수학적인 방법과 기하학적인 방법으로 증명하라.

$$|\mathbf{A} + \mathbf{B}| \leq |\mathbf{A}| + |\mathbf{B}|$$
$$|\mathbf{A} \cdot \mathbf{B}| \leq |\mathbf{A}||\mathbf{B}|$$

1.9 벡터 항등식 $\mathbf{A} \times (\mathbf{B} \times \mathbf{C}) = \mathbf{B}(\mathbf{A} \cdot \mathbf{C}) - \mathbf{C}(\mathbf{A} \cdot \mathbf{B})$를 증명하라.

1.10 두 벡터 $\mathbf{A}$와 $\mathbf{B}$는 평행사변형의 두 변을 나타낸다. 이 평행사변형의 넓이는 $|\mathbf{A} \times \mathbf{B}|$임을 증명하라.

1.11 $\mathbf{A} \cdot (\mathbf{B} \times \mathbf{C})$와 $\mathbf{B} \cdot (\mathbf{A} \times \mathbf{C})$는 서로 다름을 증명하라.

1.12 세 벡터 $\mathbf{A}, \mathbf{B}, \mathbf{C}$는 평행육면체의 세 변을 나타낸다. 이 평행육면체의 부피는 $|\mathbf{A} \cdot (\mathbf{B} \times \mathbf{C})|$임을 증명하라.

1.13 z축을 중심으로 각도 ϕ만큼 회전한 후, y'축을 중심으로 θ만큼 회전한 경우에 대한 변환행렬은 식 (1.8.6)에 있는 것과 같음을 증명하라.

1.14 벡터 $2\mathbf{i} + 3\mathbf{j} - \mathbf{k}$를 $\mathbf{i}'\mathbf{j}'\mathbf{k}'$ 좌표계에서 표현하라. $x'y'$축들은 z축(z'축과 일치)을 중심으로 30° 회전한 것이다.

1.15 초기에 원점과 좌표축이 일치하는 두 직선 직각 좌표계 xyz와 $x'y'z'$을 살펴보자. $x'y'z'$ 좌표계는 다음 세 축을 중심으로 반시계 방향으로 45°씩 잇달아 회전한다. 우선 고정된 z축, 다음에는 자체의 x'축(첫 단계 회전의 결과 원래의 위치에서 회전되었음), 마지막으로 자체의 z'축(이것도 이미 회전되었음). 회전된 $x'y'z'$ 좌표계에서 x'축을 향하는 단위벡터를 $\mathbf{X}$라 할 때 xyz 좌표계에서 그 성분을 구하라(힌트: 각 회전에 대한 변환행렬을 생각하면 유용하다. 최종 변환행렬은 이들을 단순히 곱한 것이다).

1.16 경주용 차가 일정한 반지름 b인 원 위에서 움직이고 있다. 차의 속력이 $v = ct$로 변한다면($c > 0$인 상수) 시간 $t = \sqrt{b/c}$일 때 속도 벡터와 가속도 벡터 사이의 각도는 45°임을 증명하라(힌트: 가속도의 접선성분과 법선성분은 크기가 같다).

1.17 작은 공을 긴 고무줄에 매달고 빙빙 돌릴 때 이 공의 궤적은 다음 식으로 기술되는 타원이다.

$$\mathbf{r}(t) = \mathbf{i}b \cos \omega t + \mathbf{j}2b \sin \omega t$$

여기서 b와 ω는 상수이다. 공의 속력을 t의 함수로 구하라. 특히 공이 원점으로부터 최소, 최대 거리에 있는 시각, 즉 $t = 0, t = \pi/2\omega$일 때 v를 구하라.

1.18 왱왱대는 파리가 다음 식과 같은 나선형 궤도를 따라 운동하고 있다.

$$\mathbf{r}(t) = \mathbf{i}b \sin \omega t + \mathbf{j}b \cos \omega t + \mathbf{k}ct^2$$

b, ω, c가 상수이면 파리의 가속도의 크기가 일정함을 증명하라.

1.19 벌이 평면극좌표에서 다음의 나선 경로를 따라 벌집에서 날아 나온다.

$$r = be^{kt} \qquad \theta = ct$$

여기서 b, k, c는 양의 상수이다. 벌이 바깥으로 움직이며 나갈 때 속도 벡터와 가속도 벡터는 항상 일정한 각도를 유지함을 증명하라(힌트: $\mathbf{v}\cdot\mathbf{a}/va$를 계산하라).

1.20 $R = b, \phi = \omega t, z = ct^2$일 때 원통좌표계를 사용하여 연습문제 1.18을 풀어라.

1.21 어떤 입자의 위치가 시간의 함수로 다음과 같다.

$$\mathbf{r}(t) = \mathbf{i}(1 - e^{-kt}) + \mathbf{j}e^{kt}$$

여기서 k는 양의 상수이다. 입자의 속도와 가속도를 구하고 그 운동 궤적을 그려라.

1.22 개미가 반지름 b인 구의 표면에서 기어갈 때 구면좌표계에서 운동은 다음 식으로 기술된다.

$$r = b \qquad \phi = \omega t \qquad \theta = \frac{\pi}{2}\left[1 + \frac{1}{4}\cos(4\omega t)\right]$$

개미의 속력을 시간 t의 함수로 구하라. 위의 방정식은 어떤 경로를 나타내는가?

1.23 $\mathbf{v}\cdot\mathbf{a} = v\dot{v}$임을 증명하라. 그러므로 속력 v가 일정하면 움직이는 입자의 $\mathbf{v}$와 $\mathbf{a}$는 서로 수직이다(힌트: $\mathbf{v}\cdot\mathbf{v} = v^2$의 양변을 t로 미분하라. 여기서 $\dot{v}$는 $|\mathbf{a}|$와 같지 않다는 것에 유의하자).

1.24 다음을 증명하라.

$$\frac{d}{dt}[\mathbf{r}\cdot(\mathbf{v}\times\mathbf{a})] = \mathbf{r}\cdot(\mathbf{v}\times\dot{\mathbf{a}})$$

1.25 움직이는 입자의 가속도의 접선성분은 다음과 같음을 증명하라.

$$a_\tau = \frac{\mathbf{v}\cdot\mathbf{a}}{v}$$

그러므로 법선성분은

$$a_n = \left(a^2 - a_\tau^2\right)^{1/2} = \left[a^2 - \frac{(\mathbf{v}\cdot\mathbf{a})^2}{v^2}\right]^{1/2}$$

1.26 위의 결과를 이용하여 연습문제 1.18과 1.19에서 가속도의 접선성분과 법선성분을 시간의 함수로 구하라.

1.27 $|\mathbf{v}\times\mathbf{a}| = v^3/\rho$를 증명하라. 여기서 ρ는 입자의 운동 경로의 곡률반경이다.

1.28 땅 위에서 반지름 b인 바퀴가 앞 방향으로 일정한 가속도 a_0로 굴러가고 있다. 바퀴 위의 어느 점이든지 바퀴 중심에 대한 가속도가 항상 $(a_0^2 + v^4/b^2)^{1/2}$임을 보이고, 또 지면에 대해서는 $a_0[2 + 2\cos\theta +$

$v^4/a_0^2b^2 - (2v^2/a_0b)\sin\theta]^{1/2}$임을 증명하라. 여기서 v는 순간적인 앞 방향의 속도이고, θ는 바퀴의 맨 윗점으로부터 측정한 각도이다. 지면에 대해 최대 가속도를 갖는 점은 어디인가?

1.29 다음의 변환행렬 **R**을 직교하게 만드는 x의 값은 무엇인가?

$$\mathbf{R} = \begin{pmatrix} x & x & 0 \\ -x & x & 0 \\ 0 & 0 & 1 \end{pmatrix}$$

어떤 변환을 이 **R**로 표현할 수 있을까?

1.30 벡터 대수를 이용하여 다음의 삼각함수 항등식을 유도하라.

(a) $\cos(\theta - \phi) = \cos\theta\cos\phi + \sin\theta\sin\phi$

(b) $\sin(\theta - \phi) = \sin\theta\cos\phi - \cos\theta\sin\phi$

제 2 장

뉴턴 역학: 입자의 직선운동

"살비아티(Salviati): 만일 이것이 사실이라면, 가령 큰 돌은 8의 빠르기로 움직이고 작은 돌은 4의 빠르기로 움직인다면, 두 돌을 하나로 묶었을 때 그 계는 8보다 느리게 움직일 것이다. 그런데 두 돌을 묶으면 이전의 큰 돌보다 커진다. 그러므로 무거운 물체는 가벼운 물체보다 느리게 움직인다. 이 결과는 당신의 가정에 어긋난다. 따라서 무거운 물체가 가벼운 물체보다 더 빨리 움직인다는 당신의 가정으로부터 나는 오히려 무거운 것이 더 느리게 움직인다고 추론한다."

– 갈릴레오, 『새로운 두 과학에 대한 대화(Dialoques Concerning Two New Sciences)』

2.1 뉴턴의 운동법칙: 역사적 개론

뉴턴은 1687년 『Principia』에서 운동에 관한 세 가지 법칙을 제시했는데 그 이후로 자연에 대한 인간의 인식은 완전히 바뀌었다.

I. 외부 힘을 받지 않는 물체는 정지상태를 유지하거나 직선 위에서 일정한 운동을 하고 있다.
II. 운동의 변화는 작용하는 힘에 비례하고 힘이 작용하는 직선 방향으로 일어난다.
III. 작용에는 반드시 반작용이 있다. 두 물체 사이의 상호작용은 항상 크기가 같고 방향은 반대이다.

운동에 관한 이 세 법칙을 하나로 묶어서 뉴턴의 운동법칙 또는 간단히 뉴턴 법칙이라고 한다. 뉴턴 자신이 정말로 만들어낸 법칙인지 아닌지는 논란의 대상이다. 그렇지만 뉴턴 이전에는 아무도 이렇게 분명하게 말하지 않았고 또 그 의미와 위력을 이해하지 못했다는 점은 확실하다. 이 법칙이 묘사하는 자연현상은 일상 경험에 비추어볼 때 놀랄 만하다. 물리학을 처음 배우는 학생들은 누구나 느끼겠지만 물리체계의 불분명한 부분을 열심히 공부해서 완전히 이해한 후에야 비로소 뉴턴 법칙은 '합리적'이고 산지식이 되는 것이다.

아리스토텔레스(Aristoteles, 기원전 384~322)는 자연현상에 관한 인간의 개념을 거의 2천 년 동안 고착시켰다. 그의 강력한 논리를 따르면 지상에서 움직이는 모든 물체는 힘이 작용하지 않는다면 결국 정지상태에 이르게 된다. 그의 관점에 의하면 비록 등속도라도 물체를 계속해서 움직이려면 힘이 필요하다는 것이다. 물론 이것은 뉴턴의 제1법칙과 제2법칙에 어긋난다. 반면에 더욱 완전한 영역인 하늘의 천체에게는 영구적인 원운동이 정상적인 운동이며 이러한 천체 시계가 계속해서 돌아가는 데 아무 힘도 필요하지 않다는 것이다.

아리스토텔레스가 분명한 결함이 있는 학설로 우리에게 혼동의 짐을 지웠다고 현대의 과학자들은 여러 가지 예를 들어 그를 비웃는다. 특히 간단한 실험만 해봤어도 자기 학설의 오류를 알았을 것이라고 비판한다. 하지만 당시에 자존심 강한 철학가에게는 실험이란 적절하지 못한 행위라는 풍조가 만연했고, 이러한 관습 속에서 자란 아리스토텔레스는 자연현상의 진면목을 파악하지 못한 것이다. 그러나 위의 비난은 다소 오도적인 성격을 띠고 있다. 자연철학에 관해 실험을 하지는 않았지만 아리스토텔레스는 자연을 열심히 관찰한 사람이었으며 실제로 이 방면에서도 그는 선구자였다. 그의 잘못이라면 자연을 관찰하지 않은 것이 아니라 관찰을 근거로 추상화하는 과정에 문제가 있었다는 점이다. 실제로 공기 중에서 낙하하는 물체는 처음에는 가속되지만 궁극에는 거의 일정한 낙하속도에 이른다. 일반적으로 무거운 물체는 가벼운 물체보다 더 빨리 떨어진다. 물에서 배를 예인하려면 상당한 힘이 필요한데 힘이 크면 클수록 배의 속력도 빨라진다. 전차(戰車)를 타고 가며 창을 수직의 위 방향으로 던지면 그 창은 전차 뒤쪽으로 떨어진다. 그리고 하늘의 천체를 보면 특별한 수단이 없어도 굽은 경로를 영원히 돌고 있다. 물론 오늘날에는 물체의 운동에 영향을 미치는 모든 변수를 고려하고 뉴턴 법칙을 올바로 적용하면 위의 사실을 제대로 이해할 수 있다.

이러한 현실세계의 관찰에서 아리스토텔레스가 뉴턴 법칙을 알아내지 못한 것은 그가 관찰한 세상을 피상적으로만 해석한 결과일 뿐이다. 그는 공기저항이나 마찰처럼 당시에는 미묘한 효과를 근본적으로 모르고 있었다. 정밀실험을 할 수 있는 동기와 능력이 생기고 그 결과를 추상화하는 과정이 있은 후에야 비로소 뉴턴식 패러다임으로 표현되는 자연에 대한 혁신적 견해가 가능해졌다. 오늘날에도 마찰, 공기저항 등 불완전한 요소가 전혀 없는 가상적인 영역에서 우리는 이 패러다임을 연상하고 있다. 초급물리 교재에서 흔히 볼 수 있는 '마찰은 무시하라'는 문구에서 쉽게 알 수 있다. 아리스토텔레스의 물리학은 뉴턴 물리학 이상의 의미를 포함하고 있으나 일반인이 흔히 잘못 생각할 수 있다는 사실을 보여준다.

관성의 법칙(慣性法則)이라 불리는 제1법칙이 뉴턴 이전에 이미 알려졌다는 사실은 의문의 여지가 없다. 흔히 갈릴레오(Galileo, 1564~1642)라고 말하지만 르네 데카르트(René Descartes, 1596~1650)가 처음으로 공식화했다. 그의 논리에 의하면 '관성'으로 인해 물체의 운동은 영원히 계속되는데 아리스토텔레스가 주장하는 완전한 원 위에서가 아니라 직선 위에서 유지된다는 것이다. 실제로 데카르트는 실험이 아니라 순전히 정신적 사고를 통해 이러한 결론에 도달했다. 당시 아리스토텔레스의 가르침을 믿는 전통적인 권위주의에서 탈피하여 데카르트는 인간의 사고만이 신뢰할 수 있는 것이라고 믿었다. "결과를 원인으로 설명하는 것이지, 원인을 결과로 설명하는 것은 아니다"가 그의 의도였다. 데카르트에게는 순수한 논증만이 확실성의 유일한 근거였다. 이러한 패러다임은 아리스토텔레스 자연관에서 뉴턴 자연관으로 바뀌는 데 도움이 되었으나 그 자체에 파멸의 요소를 담고 있었다.

데카르트가 행성 운동에 관한 자기의 관성 법칙이 의미하는 바를 깨닫지 못한 것은 놀랄 일이 아니다. 행성이 직선 위에서 움직이지 않는 것은 분명하다. 그 이전 사람들보다 더 철저히 사고를 믿었던 데카르트는 곡선경로를 따라서 행성을 움직이게 하는 물리적인 요소가 있다고 추론했다. 이 물리적인 힘이 눈에는 보이지 않고 허공을 가로질러 행성에 작용하여 그들의 궤도를 유지시킨다는 생각을 데카르트는 대단히 싫어했다. 더구나 제2법칙을 모르는 그로서는 필요한 힘이 행성을 앞으로 '몰고 가는' 힘이 아니라 태양을 향한 '안쪽 방향'의 힘이라는 사실을 조금도 깨닫지 못했다. 당시의 많은 사람이 그랬듯이 행성이 태양 주위의 경로를 따라서 밀리는 힘을 받고 있다고 확신했다. 그래서 우주공간에 만연한 수많은 보이지 않는 입자들이 에테르 같은 유체가 되어 소용돌이 같은 회전 운동을 하는 와중에 행성들이 밀려서 돌고 있다고 생각하게 되었다. 이러한 오류는 순수한 사고에만 젖은 환상에서 생겨난 것으로, 실험이나 관측 자료와는 무관했다.

반면에 갈릴레오는 주로 실제의 실험결과를 바탕으로 명백한 논리에 근거하여 후에 뉴턴의 제1, 제2법칙에 이르는 사실들을 점차로 분명히 이해하게 되었다. 올바른 역학 논리에 이르는 데 필요한 한 가지 중요한 전제는 진폭이 작은 진자의 운동에서 주기가 진폭에 무관하다는 사실을 관찰했다는 것이다. 이로 인해 짧은 시간 간격을 정확히 잴 수 있는 최초의 시계를 발명할 수 있었는데, 아리스토텔레스 시대에는 할 수 없던 일이었다. 곧이어 갈릴레오는 이 사실을 활용하여 자유롭게 낙하하거나 경사면을 따라서 굴러내리는 물체의 운동에 관해 전례 없는 정밀도로 실험을 수행했다. 그는 실험결과를 훌륭하게 일반화해서 뉴턴의 처음 두 법칙을 매우 근접하게 공식화했다.

제1법칙을 예로 들어보자. 갈릴레오도 아리스토텔레스처럼 평면에서 미끄러지는 물체가 정지하게 되는 점에 주목했다. 그러나 갈릴레오는 아리스토텔레스의 논증법을 훨씬 능가하여 기상천외의 논리적 도약을 했다. 그는 점점 더 미끄러운 평면을 가상했다. 이러한 평면에서 물체를 밀면 덜 미끄러운 평면에서보다 더 멀리 가서 정지하게 된다. 이러한 추리과정을 계속하여 갈릴레오는 '무한히 미끄러운', 즉 '마찰을 무시한' 또는 '마찰이 없는' 평면 위에서 물체를 밀면 영원히 움직일 것이며 정지하지 않을 것이라고 추론했다. 그러므로 아리스토텔레스의 물리학과는 반대로 물체를 운동시키기 위해 힘이 필요한 것은 아니라고 결론지었다. 실제로는 오히려 물체를 정지시키는

데 힘이 필요한 것이다! 이것은 뉴턴의 관성 법칙에 매우 가깝지만 놀랍게도 갈릴레오는 힘이 작용하지 않을 때 직선 위에서 운동이 영원히 계속된다고 주장하지는 않았다.

갈릴레오와 당대의 과학자들에 의하면 우주는 기계적 법칙에 의해 지배되는 비인간적인 세상이 아니었다. 그들에게 자연은 지능이 무한한 조물주의 음악에 발맞추어 행진하는 우주였다. 아리스토텔레스의 전통에 따라서 갈릴레오도 우주의 삼라만상은 완전한 형상인 원으로 질서를 갖추었다고 보았다. 직선운동은 무질서를 의미한다. 이런 무질서 상태에 있는 물체는 직선 위에서 무한히 움직이는 것이 아니라 궁극적으로 더 자연스러운 완전한 원운동으로 바뀌는 것이다. 직선상에서의 무한한 운동과 궁극적으로 순수한 원운동이 되는 직선운동을 분간하는 실험은 실제로 수행할 수 없고 오직 인간의 마음속에서만 가능하다. 그렇지만 수 세기에 걸쳐 내려온 아무 근거 없는 학설에서 벗어날 수 있는 마음의 자세가 필요했다. 갈릴레오는 물론 훌륭했지만 과거의 악령과의 갈등에서 완전히 벗어나지 못하고 올바로 인식할 마음의 자세에 이르지 못했다.

낙체에 관한 갈릴레오의 실험으로 그는 뉴턴의 제2법칙에 매우 근접했다. 이번에도 아리스토텔레스처럼 갈릴레오는 돌처럼 무거운 물체가 깃털처럼 가벼운 물체보다 빨리 떨어진다는 사실을 알았다. 그렇지만 무게가 다르고 모양이나 크기가 비슷한 물체의 낙하운동을 조심스럽게 측정해서 낙하하는 물체들이 가속되고 다소간의 차이는 있어도 모두 동시에 땅에 닿는다는 것을 발견했다! 실제로 어느 물체든지 무게에는 큰 차이가 있어도 모두 매초 10 m/s 정도씩 증가하는 속도로 동일하게 낙하한다(피사의 사탑에서 포환을 낙하시킨 유명한 실험은 갈릴레오가 아니라 아리스토텔레스의 학설을 믿는 조르조 코레쇼(Giorgio Coressio)가 수행했다. 동기는 큰 물체가 작은 물체보다 빨리 떨어진다는 아리스토텔레스 학설을 입증하기 위한 것이었지 반박하려는 의도가 아니었다[1]). 이번에도 갈릴레오는 훌륭한 추론과정을 통해서 공기의 저항을 무시할 때 모든 물체는 무게나 모양에 관계없이 똑같은 가속도로 낙하한다는 사실을 알아냈다. 그래서 아리스토텔레스의 학술 체계는 무너졌다. 무거운 것은 가벼운 것보다 빨리 떨어지지 않으며, 힘이 작용하면 물체가 가속되므로 일정한 속도로 움직이지 않게 된다.

지구상에서의 운동에 관한 갈릴레오의 역학 개념은 그 이전의 어떤 학설보다도 뉴턴 법칙에 가까웠다. 어떨 때는 코페르니쿠스(Copernicus)의 지동설을 옹호하는데도 활용하였다. 특히 그의 관성 법칙의 개념은 비록 약간의 흠이 있었지만 지상의 실험으로는 지구가 태양 주위를 돌고 있다는 사실을 설명할 수 없음을 옳게 지적했다. 그는 움직이는 배의 돛대 위에서 돌을 떨어뜨리면 돌의 수평속도는 배의 속도와 같으므로 떨어지면서 '뒤로 처지지' 않는다고 주장했다. 마찬가지로 아리스토텔레스의 논리와는 대조적으로 높은 탑에서 떨어지는 돌이 움직이는 지구 때문에 뒤로 처지지 않는다는 것이다. 이러한 강력한 논리는 지구가 돌고 있는지 아닌지를 지상의 관찰로 알아내는 일은 불가능함을 의미한다. 이 논리 자체에는 상대론의 씨앗이 담겨 있다.

---

1) *Aristotle, Galileo, and the Tower of Pisa*, L. Cooper, Cornell University Press, Ithaca, 1935.

불행하게도 앞서 기술했듯이 갈릴레오는 원운동에 관해 수천 년간 내려온 아리스토텔레스의 논리에서 완전히 벗어날 수 없었다. 관성 법칙과는 정면으로 모순되게, 아무 영향을 받지 않는 물체는 직선이 아니라 원 궤도 위에서 움직인다고 그는 가정했다. 그의 논리는 다음과 같다.

> …직선운동은 그 속성상 무한하므로(직선은 무한하고 한편 뚜렷하지 않으므로) 어떤 물체가 직선 위에서 움직인다는 것은 생각할 수 없다. 다시 말해, 직선운동이란 유한한 종점이 없는 도달 불가능한 곳으로의 운동이다.

이 논리는 원운동을 하는 물체가 원에 접하는 방향으로 날아가려는 경향이 있다는 원심력에 관한 자신의 논리와도 어긋난다. 지상에서 물체의 운동은 원심력이 이를 상쇄하는 힘과 균형을 이루거나 작을 때만 원운동을 할 수 있음을 그는 알고 있었다. 실제로 지구가 회전한다면 지구 표면에 있는 물체들이 밖으로 튀어 나가리라는 것이 아리스토텔레스의 반대 이론이었다. 갈릴레오의 논리는 원심력보다 지구의 '중력'이 크기 때문에 아리스토텔레스의 이론은 옳지 않다는 것이었다. 그렇지만 무슨 영문인지 마찬가지 이유로 행성이 태양 주위의 원 궤도 위에 있다는 논리로 도약을 하지 못했다!

그래서 뉴턴에 이르러서야 비로소 지상 물체의 운동에 관해 축적된 산발적 지식들을 멋지게 정리하여 세 법칙을 만들게 되었고 천체의 운동도 동일한 법칙을 따른다는 사실이 밝혀졌다.

주어진 순간 어떤 입자의 위치와 속도가 알려지면 그 이후 입자의 운동을 계산하거나 예견하는 한 가지 방법으로 뉴턴의 운동법칙을 생각할 수 있다. 이 법칙만으로는 어떤 물리 체계가 왜 그렇게 움직이는지에 관해서는 아무 대답도 제시하지 못한다. 뉴턴 자신도 이러한 결점을 명백하게 시인했다. 그는 적어도 글로는 물체의 운동이 왜 일어나는지 원인을 추측하려 하지 않았다. 어떤 '동작 원리'가 물리 체계의 운동 뒤에 깔려 있는지 뉴턴의 눈은 전혀 닿지 못했다. 단지 무슨 이유이든지 물리 체계가 운동을 시작하면 그의 계산방법으로 그 이후의 운동과정을 놀랄 정도로 정확하게 기술할 수 있다고 그는 주장했다. 뉴턴 시대 이후에 많은 것이 알려졌다. 그렇지만 물리 법칙의 기본적 사실은 그대로 여전한 상태이다. 운동법칙은 처방에 불과하여 어떻게 물체가 운동하는지를 기술할 뿐, 왜 운동하는지는 설명하지 못한다.

뉴턴의 제1법칙: 관성기준계

제1법칙은 물질의 공통적인 성질, 즉 **관성**(慣性, inertia)을 기술한다. 개략적으로 말하자면 관성은 모든 물체가 가지고 있는 특성으로 운동의 변화에 대한 저항이다. 입자가 정지해 있으면 움직이지 않으려 한다. 움직이려면 힘이 필요하다. 움직이는 입자는 서지 않으려 한다. 서게 하려면 이번에도 힘이 필요하다. 모든 물체는 가속을 피하려는 속성을 지니고 있는 것 같다. 무슨 이유에서든지 물체를 가속하려면 힘이 작용해야 한다는 것은 그럴 수 있다고 하자. 작용하는 힘이 없을 때, 물체는 현재의 속도를 단순히 유지한다 – 영원히.

입자의 운동을 수학적으로 기술하려면 **기준계**(基準系, frame of reference)가 필요하다. 기준계는 임의의 순간에 입자의 위치, 속도, 가속도를 명시하는 데 사용될 좌표계이다. 뉴턴의 제1법칙이 성립하는 기준계를 **관성기준계**(慣性系, inertial frame of reference)라고 한다. 이 법칙을 받아들이면 가속하는 좌표계는 관성기준계가 아니라고 규정하게 되는데, 가속하는 기준계에서 정지해 있거나 일정한 속도로 움직이는 것처럼 보이는 물체는 다른 기준계에서 볼 때 가속 운동으로 관찰되기 때문이다. 특히 가속계에서 정지해 있는 것으로 보이는 물체는 관성기준계에서는 가속 운동을 하는 것으로 보인다. 관성의 개념과 뉴턴 운동법칙의 유효성에 대한 우리의 신념은 매우 강해서 가속 기준계에서 정지한 물체가 외형상 가속도가 없다는 것을 설명할 목적으로 흔히 '가상적' 힘을 고안해내게 된다.

비관성기준계의 예를 들어서 개념을 분명히 이해해보자. 철도를 따라서 가속도 $\mathbf{a}$로 움직이는 화물차 안에 관측자가 앉아 있다고 하자. 이 화물차 천장에는 다림추가 매달려 있다. 관측자에게 이것이 어떻게 보이겠는가? 그림 2.1.1을 보라. 유의할 점은 화물차 내의 관측자는 비관성기준계에 있다는 것이다. 그는 화물차에 대해 상대적으로 정지해 있고 한편 정지 상태의 다림추는 수직선에 대해 어떤 각도 θ로 걸려 있다. 중력과 연추선의 장력 외에 다른 힘이 없다면 이 추는 수직 방향이어야 함을 그는 알고 있다. 실제로는 그렇지 않고 이 관측자는 다림추를 화물차의 후방으로 밀거나 끄는 미지의 힘이 있다는 결론에 이르게 된다(실제로 가속하는 차를 타본 사람은 모두 알고 있듯이 관측자 자신도 이러한 힘을 체감할 것이다).

그러면 우리가 정한 기준계가 관성기준계인지 아닌지를 어떻게 알 수 있느냐는 질문이 자연스럽게 제기된다. 이에 대한 대답은 간단하지 않다! 가령 화물차가 바깥 세상으로부터 차단되었다고 하자. 수직선상에서 다림추를 벗어나게 하는 외형적 힘이 화물차가 중력 방향에 '잘못 맞추어' 져 있기 때문인지 아닌지를, 즉 중력 방향이 실제로 θ 각도 방향인지를 관측자는 어떻게 알겠는

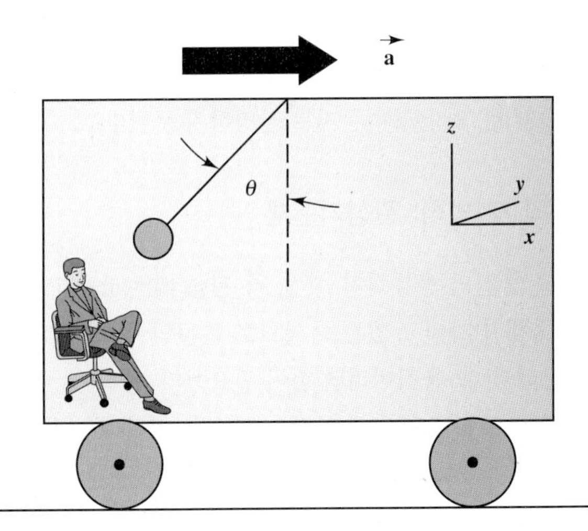

그림 2.1.1 가속하는 기준계에서 다림추가 θ의 각도로 매달려 있다.

가? 물체에 작용하는 모든 외부 작용력이 배제되었다는 사실을 알아야 관측자는 자신의 기준계가 뉴턴의 제1법칙을 따르는지 여부를 점검할 수 있다. 물체들을 서로 무한히 떼어놓지 않는 한 항상 중력이 작용하기 때문에 이것은 불가능하다.

완전한 관성기준계는 존재하는가? 실제로 대부분의 경우 지표면에 고착된 좌표계는 근사적으로 관성기준계라 할 수 있다. 예로 당구공을 보면 다른 공과 충돌하거나 당구대의 쿠션에 부딪히지 않는 한 직선상에서 일정한 속도로 움직이는 것 같다. 그렇지만 그 운동을 매우 정밀하게 측정한다면 경로가 약간 굽어져 움직이는 것을 알게 될 것이다. 이유는 지구가 자전하고 있어 지표면도 그 회전축을 향해 가속하고 있기 때문이다. 따라서 지표면에 고정된 좌표계는 관성기준계가 아니다. 좀 더 좋은 방법은 지구의 중심을 좌표계의 원점으로, 태양과 항성을 참조점들로 정하는 것이다. 그러나 태양 주위를 도는 지구의 공전운동 때문에 이것도 관성기준계는 아니다.

그렇다면 태양의 중심에 원점을 둔 좌표계를 생각해볼 수 있다. 엄밀한 의미에서는 이것도 관성기준계가 될 수 없다. 태양과 항성들은 은하계 내에서 전체적으로 회전하고 있기 때문이다. 그러므로 우리 은하의 중심을 찾고자 하지만 불행하게도 20개가 넘는 은하계들이 그들 전체의 공통된 질량중심 주위를 모두가 회전하고 있는 그룹의 일부분이므로 그것도 파악하기 힘들다. 이 은하계 무리도 더욱 큰 처녀자리 은하계 군의 일부인데 그 중심까지의 거리는 6천만 광년이나 된다. 이 은하계 군도 회전하고 있다! 이런 무의미한 무용담의 마지막 단계는 우주에 존재하는 모든 물질의 상대적인 운동을 모두 관측할 수 있는 관성기준계를 발견하는 것이다. 그러나 볼 가능성이 있는 물질의 일부는 너무 흐려서 보지 못하며 또 다른 일부는 볼 가능성 조차도 거의 없고 간접적 수단에 의해 추측된, 소위 말하는 **암흑물질**(dark matter) 상태이다. 게다가 우주는 또한 볼 수 없지만 그럼에도 불구하고 우주 팽창을 가속함으로써 그 존재가 알려진 수많은 **암흑 에너지**(dark energy) 공급처를 갖고 있는 것으로 보인다.

하지만 모든 가능성이 닫혀 있지는 않다. 우주는 137억 년 전에 빅뱅으로 시작했으며 지금까지도 팽창하고 있다. 이 사실에 대한 증거의 일부분은 '**우주 마이크로파 배경**(CMB: Cosmic Microwave Background) 복사'를 관측한 것이다. 이 CMB 복사란 고대 큰 불구덩이로부터 솟아나온 거대한 에너지란 의미이다.[2] 이것이 존재한다는 사실은 공간상에서 다른 은하나 인접한 은하를 기준계로 잡지 않더라도 지구의 진정한 속도를 실제로 측정할 수 있게 하는 새로운 수단을 제공한다. 만약 우주 팽창에 대해 우리가 엄밀하게 정지상태에 놓여 있다고 한다면[3] CMB가 완

---

2) CMB, 암흑물질, 암흑 에너지 등에 관한 최신 정보를 알고 싶다면 나사(NASA) 홈페이지 http://map.gsfc.nasa.gov를 방문하여 WMAP(Wilkinson Microwave Anisotropy Project) 계획에 관한 기사를 보라. CMB와 연관된 일반적인 토론은 대부분의 현존하는 천문학 교재에 나와 있으며 대표적인 예로 다음 책을 참고하기 바란다. *The Universe*, 6th ed., Kaufmann & Freedman, Wiley Publishing, Indianapolis, 2001.

벽하게 등방형으로 보일 것이다. 즉, 이 복사분포는 하늘상의 모든 방향에서 동일할 것이다. 그 이유는 초기에 우주는 매우 뜨거웠으며 빅뱅에 의해 붕괴되어 나온 복사와 물질들이 강하게 작용하여 결합했기 때문이다. 38만 년 후 팽창하던 우주는 3,000 K 정도로 냉각되면서 물질들은 주로 전하를 가진 중성자나 전자로 이루어지게 되었다. 그리고 이 물질들은 다시 중성 수소 원자를 만들기 위해 결합하면서 복사를 분리시켰다. 그 뒤 우주는 1,000배 정도 더 팽창을 했으며 2.73 K까지 냉각되었다. 따라서 CMB가 방출하는 스펙트럼 분포도 변했다. 실제로 그 복사는 비록 완벽하게 등방적이지는 않았지만 거대했다. 리오(Leo) 성운 방향에서 지구에 도달하는 복사는 우주의 좀 따뜻한 지역으로부터 오는 것으로서 반대 방향인 아쿠아리우스(Aquarius) 성운(그림 2.1.2) 쪽에서 도착하는 복사보다 파장이 더 짧고 더 푸르다. 이런 조그마한 스펙트럼 차이는 지구가 리오 성운 쪽으로 400 km/s의 속력으로 움직이기 때문에 생기는데 이 차이가 관측되는 스펙트럼 분포에 **도플러 이동**(Doppler shift)을 일으킨다.[4] 리오에서 아쿠아리우스 쪽으로 지구에 대해 400 km/s의 상대속도로 움직이는 기준계에 있는 관측자는 완벽하게 등방형 분포를 관측할 수 있다. 단, 물질 밀도가 약간 다른 공간상의 국소 영역에 존재하는 물질이 분리될 때 내놓는 복사에 의한 변위의 경우는 예외이다. 이 관측자는 우주의 전반적인 팽창에 대해 정지상태에 있는 것과 같을 것이다! 이런 기준계가 완벽한 관성기준계에 가깝다는 것은 일반적으로 인정된다.

하지만 '절대적인' 관성기준계가 존재한다고 생각하지는 말자. 부분적으로, 상대성 이론은 뉴턴의 제1법칙뿐만이 아니라 물리학 기본법칙 전체를 만족시키는 절대적인 관성기준계를 찾으려는

그림 2.1.2 우주 마이크로파 복사를 통한 지구의 움직임

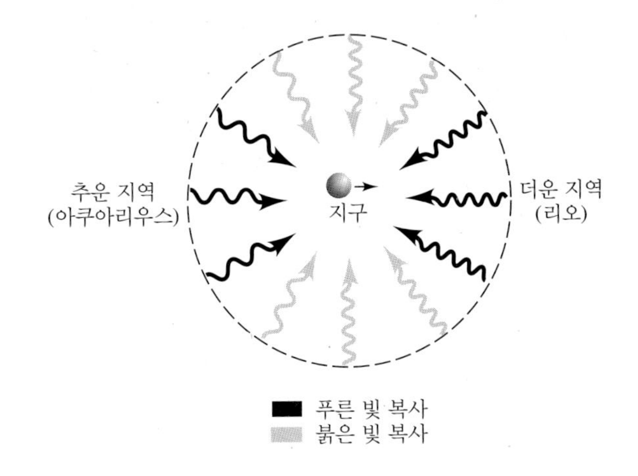

3) 이와 유사한 상황은 표면에 무작위로 단추가 달려 있는 풍선을 부는 것이다. 각 단추는 고정되어 있으며, 따라서 팽창되는 이차원 표면에 상대적으로 '정지'해 있다. 모든 단추에 존재하는 기준계는 타당한 관성기준계이다.

4) 광원 방향으로의 운동은 관측된 빛의 파장을 감소시킨다. 광원에서부터 멀어질수록 관측 파장은 증가한다. 관측 파장에 생기는 이런 차이를 도플러 효과라 한다. 파장 감소는 파란색 쪽으로 이동을 말하고 파장 증가는 빨간색 쪽으로 이동을 의미한다.

시도의 실패로부터 야기되었다. 이 사실로부터 아인슈타인은 존재하지 않는다는 간단한 이유 때문에 절대 관성기준계를 발견하지 못했다고 결론지었다. 따라서 그는 물리학의 기본 법칙은 모든 관성기준계에서 동일하다는 상대성 이론의 초석을 제안했으며 하나의 선호하는 관성기준계는 존재하지 않는다고 주장했다.

흥미롭게도 아인슈타인보다 300년이나 앞선 갈릴레오가 아주 근접한 결론에 도달했었다. 갈릴레이의 상대성 이론의 요점을 시적으로 표현한 『Dialogue Concerning the Two Chief World Systems』[5]에 나오는 문구를 참조하라.

> "커다란 선체의 갑판 아래에 있는 방 안에서 당신의 친구와 말하지 말고 파리, 나비를 비롯한 작은 나는(flying) 곤충들과 같이 있어라. 물고기가 들어 있는 큰 어항을 준비하라. 물통의 물이 그 아래에 놓인 넓은 그릇으로 한 방울씩 흘러내려 없어지도록 물통을 매달아라. 배가 조용하게 정지해 있을 때 조그만 곤충들이 어떻게 방 안의 모든 방향으로 동일한 속력으로 날아다니는가를 주의 깊게 관찰하라. 물고기들은 모든 방향으로 무관심하게 헤엄치고 물방울들은 아래로 계속 떨어진다. 당신이 친구에게 무엇인가를 던지고자 하면, 거리가 동일하다면, 어느 특정 방향으로 더 힘을 주어 던질 필요는 없다. 발을 모아 점프하여 모든 방향으로 동일한 거리를 뛸 수 있다. 비록 배는 정지해 있고 모든 사건이 위에서 묘사한 것과 같이 일어난다는 것에 추호도 의심하지 않는다는 가정하에 이 사실들을 매우 주의 깊게 관찰한다면, 배가 당신이 허락하는 어떠한 속력으로 나아가더라도 움직임이 일정하고 어떤 쪽으로도 요동치지 않는다면 당신은 어떤 변화도 느끼지 못할 것이며 배에서 일어나는 어떤 일을 보고서도 배가 움직이고 있는지 정지해 있는지 확답하지 못할 것이다. 배가 빨리 움직이는 상태에서 점프를 하면 이전과 같은 공간에서 뛰어도 배꼬리 방향보다 뱃머리 방향 쪽으로 더 멀리 뛰지 못한다. 그 이유는 당신이 공중에 떠 있는 동안 배의 바닥이 당신이 점프하는 반대방향으로 움직이기 때문이다. 친구에게 물건을 던질 경우 그 친구가 배꼬리 방향이나 뱃머리 방향 어느 쪽에 있든 동일한 힘으로 던질 수 있다. 물통에서 떨어지는 물도 배꼬리나 뱃머리 어느 쪽으로도 치우치지 않고 똑바로 떨어지는데 그 이유는 물방울이 공중에 있는 동안 배가 많이 진전하기 때문이다. 어항 속의 물고기가 어항의 앞쪽으로 헤엄칠 때나 뒤쪽으로 헤엄칠 때나 같은 힘이 드는데 어항 가장자리 어디에 먹이를 놓더라도 같은 노력으로 잡을 수 있다. 마지막으로 파리와 나비는 무관하게 비행을 계속할 수 있으며 공기 중에 너무 오랫동안 머물러 있어서 배가 진행하는 과정에 피곤을 느끼지 않는 한 배꼬리 쪽이나 뱃머리 쪽 어디로도 치우치지 않고 자유롭게 비행할 수 있다."

5) *Dialogue Concerning the Two Chief World Systems*, Galileo Galilei(1632), *The Second Day*, 2nd printing, p. 186, Stillman Drake 번역, University of California Press, Berkeley, 1970.

예제 2.1.1

지구는 훌륭한 관성기준계인가?

다음 위치에서 중력가속도에 대한 구심가속도의 비를 계산하라(예제 1.12.2 참조).

(a) 지구 적도 표면의 한 점. 단, 지구의 반지름은 $R_E = 6.4 \times 10^3$ km이다.

(b) 태양 주위의 원형 궤도상에 있는 지구. 단, 지구 궤도의 반지름은 $a_E = 150 \times 10^6$ km이다.

(c) 은하의 중심 주위로 돌고 있는 태양. 단, 은하 중심에 대한 태양 궤도의 반지름은 $R_G = 2.8 \times 10^4$ LY이고 궤도 속력은 $v_G = 220$ km/s이다.

풀이

반지름 R인 원주상에서 회전하고 있는 질점의 구심 가속도는 다음과 같다.

$$a_c = \omega^2 R = \left(\frac{2\pi}{T}\right)^2 R = \frac{4\pi^2 R}{T^2}$$

여기서 T는 한 바퀴 도는 주기이다. 그러므로 중력가속도와의 비율(ratio)은

$$\frac{a_c}{g} = \frac{4\pi^2 R}{gT^2}$$

와 같다.

(a) $\dfrac{a_c}{g} = \dfrac{4\pi^2(6.4 \times 10^6\ \text{m})}{9.8\ \text{m} \cdot \text{s}^{-2}(8.64 \times 10^4\ \text{s})^2} = 3.4 \times 10^{-3}$

(b) 6×10^{-4}

(c) 1.9×10^{-11}

토의사항

초고층 빌딩의 120층에서 고속 엘리베이터를 탔다고 하자. 엘리베이터가 하강하기 시작하는데 악몽과 같이 지지용 케이블이 끊어져서 갑자기 자유낙하를 시작한다고 하자. 이런 긴박한 상황에서 당신이 어떤 물리학 실험을 해보기로 결심했다고 하자. 우선, 호주머니 속 지갑에서 1달러짜리 지폐를 끄집어낸다. 그 지폐를 얼굴 바로 앞에서 살며시 놓는다. 놀라운 일이지만 그 지폐는 떨어지지 않고 당신의 얼굴 앞에 마치 뭔가에 걸려 있는 것처럼 정지해 있을 것이다(그림 2.1.3). 뉴턴의 제1법칙을 잘 이해하고 있는 교육받은 사람이라면 이 지폐에 작용하는 힘이 없기 때문에 그러하다는 결론을 내릴 것이다. 그러나 회의론자라면 이 결론을 다른 실험을 거쳐 다시 확인하고자 할 것이다. 호주머니에서 철사 줄을 꺼내어 한쪽 끝은 천장에 매달고 다른 쪽 끝에는 지갑을 묶어둔다. 그렇게 하면 다림추와 같이 될 것이다. 다림추는 중력 방향(현재로는 천장에 수직인 방향)으로 배열된다는 사실을 우리는 알고 있다. 그러나 처음에 다림추를 천장과 어떤 방향으로 배치하

그림 2.1.3 낙하하는 엘리베이터 내에 있는 사람

더라도 그 다림추는 그대로 매달려 있게 된다. 마치 이 다림추에는 중력이 전혀 작용하지 않고 있는 것처럼 보인다. 실제로 엘리베이터 내에 있는 어떤 물체에도 아무런 힘이 존재하지 않는다. 당신의 물리 교사가 완벽한 관성기준계를 설명하는 데 왜 그리 어려워하는지 의아해할 것이다. 단지 낙하하는 엘리베이터를 타기만 하면 아주 쉽게 해결이 되는 문제를 말이다. 불행하게도 잠시 후 당신은 그 발견의 기쁨을 다른 사람들과 공유할 수 없을 것이다. 왜냐하면 엘리베이터는 곧 바닥에 도달할 것이고 당신은 그 충격 때문에 아마도 온전하지 못할 것이기 때문이다.

따라서 자유낙하 중인 엘리베이터 내부는 완벽한 관성기준계인가 아닌가?

힌트: 아인슈타인의 아래 인용문을 생각해보자.
그것이 나에게 온 그 순간이 내 인생에서 가장 행복했던 순간이다. … 지붕에서 자유 낙하하는 관찰자는 낙하하는 동안 적어도 바로 그 사람에 인접한 곳에서는 느끼는 중력을 느끼지 못한다. 즉, 낙하하는 사람이 어떤 물체를 손에서 놓더라도 그 물체의 화학적 혹은 물리적인 특성과 무관하게 정지상태로 있거나 그 사람에 대해 상대적으로 일정한 운동을 유지한다. 그러므로 아무도 그것이 '정지' 상태라고는 말하지 못한다.

관성기준계와 중력과의 상관관계 등에 대한 더 자세한 논의는 『Spacetime Physics』[6]라는 아주 재미있는 책을 읽어보라.

6) *Spacetime Physics*, 2nd ed., Taylor & Wheeler, W. H. Freeman & Co., New York, 1992.

질량과 힘: 뉴턴의 제2법칙, 제3법칙

관성을 정량적으로 재는 척도를 **질량**(質量, mass)이라고 한다. 물체의 질량이 크면 클수록 가속시킬 때 속도가 변하지 않으려는 저항도 크다는 사실은 잘 알려져 있다. 자전거를 한번 밀어보고, 다음에는 자동차를 밀어보라. 자동차는 질량이 훨씬 더 크고 가속시키려면 자전거보다 매우 센 힘이 필요하다. 관성기준계에서 초기에 정지해 있고 용수철의 양 끝에 붙어 있는 두 질량(m_1, m_2)를 고려함으로써 좀 더 정량적으로 관성을 정의할 수 있다. 실험실의 부유선반(air track) 같은 마찰이 없는 평면 위에 놓인 이 두 질량을 상상해보자. 이제 두 질량을 양쪽에서 눌러 용수철을 압축했다가 갑자기 놓았을 때 두 질량이 각각 속력 v_1, v_2로 튕겨 나간다고 하자. 우리는 두 질량의 비를 다음과 같이 정의한다.

$$\frac{m_2}{m_1} = \frac{|\mathbf{v}_1|}{|\mathbf{v}_2|} \tag{2.1.1}$$

질량 m_1이 표준 질량이면 위의 방법으로 다른 질량들을 정의할 수 있다. 곧 알게 되겠지만 이러한 질량의 정의는 뉴턴의 제2법칙, 제3법칙과 잘 부합한다. 식 (2.1.1)은 다음 식과 동일하다.

$$\Delta(m_1\mathbf{v}_1) = -\Delta(m_2\mathbf{v}_2) \tag{2.1.2}$$

그 이유는 각 질량의 초기속도는 영이고, 최종속도 $\mathbf{v}_1$, $\mathbf{v}_2$는 서로 반대 방향이기 때문이다. 이 식을 Δt로 나누고 $\Delta t \to 0$의 극한을 취하면 다음 결과를 얻는다.

$$\frac{d}{dt}(m_1\mathbf{v}_1) = -\frac{d}{dt}(m_2\mathbf{v}_2) \tag{2.1.3}$$

질량과 속도의 곱 $m\mathbf{v}$를 **선운동량**(線運動量, linear momentum) 또는 간단히 **운동량**이라고 한다. 제2법칙에 기술된 '운동의 변화'를 뉴턴은 어떤 물체의 선운동량의 시간 변화율이라고 엄밀하게 정의했고, 제2법칙은 **물체의 선운동량의 시간 변화율은 가해진 힘 F에 비례한다**고 해석할 수 있다. 따라서 제2법칙은

$$\mathbf{F} = k\frac{d(m\mathbf{v})}{dt} \tag{2.1.4}$$

의 형태로 쓸 수 있으며, 이때 k는 비례상수이다. 질량이 속도와 무관한 상수임을 감안하면 다시 다음과 같이 표현할 수 있다(질량이 속도에 무관하다는 사실은 빛의 속도인 3×10^8 m/s에 근접하는 속도로 움직이는 물체에는 적용되지 않는다. 하지만 이런 상황은 이 책에서 다루지 않는다).

$$\mathbf{F} = km\frac{d\mathbf{v}}{dt} = km\mathbf{a} \tag{2.1.5}$$

여기서 $\mathbf{a}$는 질량 m인 물체에 힘 $\mathbf{F}$가 작용했을 때 결과로 생기는 가속도이다. SI 단위계에서는 1 kg의 질량에 1 m/s^{2}의 가속도를 주는 힘을 단위 힘으로 정의함으로써, $k = 1$이 된다. 힘의 단위는 N(newton, 뉴턴)이라고 한다.

결과적으로 뉴턴의 제2법칙은 눈에 익은 형태로 표현할 수 있다.

$$\mathbf{F} = \frac{d(m\mathbf{v})}{dt} = m\mathbf{a} \tag{2.1.6}$$

식 (2.1.6)의 좌변에 있는 힘 $\mathbf{F}$는 질량 m에 작용하는 **알짜 힘**(net force)이다. 즉, 물체에 작용하는 여러 힘의 벡터 합을 의미한다.

식 (2.1.3)은

$$\mathbf{F}_1 = -\mathbf{F}_2 \tag{2.1.7}$$

을 의미하는데, 이것은 뉴턴의 제3법칙이다. 상호작용하는 두 물체는 서로 크기가 같고 방향이 반대인 힘을 각각 상대 물체에 미치고 있다. 따라서 질량을 정의한 위의 과정은 뉴턴의 제2, 제3법칙과 일관성을 갖는다.

선운동량

운동량은 매우 유용한 개념이기 때문에 이를 표현하는 기호가 따로 있다.

$$\mathbf{p} = m\mathbf{v} \tag{2.1.8}$$

그러면 뉴턴의 제2법칙은 다음과 같이 쓸 수 있다.

$$\mathbf{F} = \frac{d\mathbf{p}}{dt} \tag{2.1.9}$$

상호작용하는 두 물체에 대해 식 (2.1.3)은 다음과 같다.

$$\frac{d}{dt}(\mathbf{p}_1 + \mathbf{p}_2) = 0 \tag{2.1.10}$$

혹은

$$\mathbf{p}_1 + \mathbf{p}_2 = \text{상수} \tag{2.1.11}$$

다시 말하자면 뉴턴 제3법칙의 의미는 상호작용하는 두 물체의 총 운동량이 변하지 않는다는 것이다. 이것은 외부에서 작용하는 알짜 힘이 없는 고립된 체계에서 총 운동량이 보존된다는 일반적 법칙의 특별한 경우이다. 운동량 보존 법칙은 물리학에서 가장 기본적인 법칙 중 하나이며, 뉴턴 역학이 적용되지 않는 상대론적 영역에서도 운동량 보존 법칙은 성립한다.

예제 2.1.2

질량이 M인 우주선이 태양에 대해 $v_i = 20$ km/s의 상대속도로 깊은 우주 공간을 여행하고 있다. 그림 2.1.4와 같이 이 우주선이 질량 $0.2M$인 뒷부분을 상대속력 $u = 5$ km/s로 분리했다. 이때 우주선의 속도는 얼마인가?

풀이

태양의 중력을 무시한다면 우주선과 뒷부분을 합한 계는 외력이 작용하지 않는 고립계이다. 따라서 총 선운동량은 보존되므로

$$\mathbf{p}_f = \mathbf{p}_i$$

여기서 아래첨자 i와 f는 각각 처음과 마지막을 나타낸다. 뒷부분을 분리하기 전 우주선이 여행하는 방향을 (+)로 잡으면

$$p_i = Mv_i$$

여기서 분리되는 뒷부분의 속력을 U, 그리고 분리된 이후의 우주선 속력을 v_f라 하자. 분리 이후 이 계의 총 운동량은 다음과 같다.

$$p_f = 0.20MU + 0.80Mv_f$$

우주선에 대한 분리된 뒷부분의 상대속력은 우주선과 뒷부분의 속력 차이와 같다.

$$u = v_f - U$$

혹은

$$U = v_f - u$$

그림 2.1.4 뒷부분을 분리하는 우주선

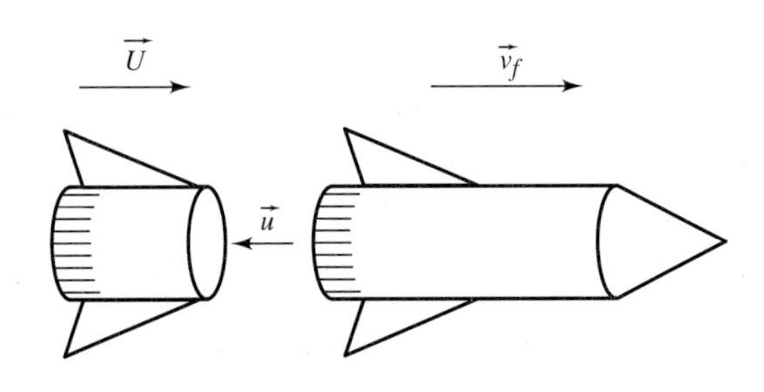

뒤 식을 앞 식에 대입하고 운동량 보존 법칙을 사용하면 다음 식이 구해진다.

$$0.20M(v_f - u) + 0.8Mv_f = Mv_i$$

그러므로 아래와 같은 결과가 주어진다.

$$v_f = v_i + 0.2u = 20 \text{ km/s} + 0.20\ (5 \text{ km/s}) = 21 \text{ km/s}$$

입자의 운동

식 (2.1.6)은 알짜 힘 $\mathbf{F}$의 영향을 받으며 움직이는 입자에 대한 기본 방정식이다. 힘이 알짜 힘이라는 사실을 강조하기 위해 입자에 작용하는 모든 힘의 벡터 합을 $\mathbf{F}_{net}$로 표기하자. 그러면

$$\mathbf{F}_{net} = \sum \mathbf{F}_i = m\frac{d^2\mathbf{r}}{dt^2} = m\mathbf{a} \tag{2.1.12}$$

동역학의 문제는 대체로 다음과 같다. 어떤 입자 또는 입자계에 작용하는 힘을 알고 있다면 가속도를 계산할 수 있다. 일단 가속도를 알면 속도와 위치를 시간의 함수로 계산한다. 이 과정에서 식 (2.1.12)의 2차 미분 방정식인 운동방정식을 풀게 된다. 해를 완전히 구하려면 $t = 0$일 때 입자의 위치와 속도 같은 초기조건(初期條件, initial condition)이 필요하다. 초기조건과 뉴턴의 제2법칙인 운동에 관한 미분 방정식으로 입자의 운동은 완전히 결정된다. 어떤 경우에는 완전히 해석적인 해를 얻지 못할 수도 있다. 일반적으로 복잡한 문제의 해는 컴퓨터를 써서 수치 해석 방법으로 해결한다.

2.2 직선운동: 일정한 힘으로 균일한 가속

어떤 입자가 한 직선 위에서만 국한되어 움직일 때 그 운동을 직선 운동(直線運動, rectilinear motion)이라 한다. 이 경우에는 일반성을 지키면서 그 운동방향을 x축으로 선택할 수 있다. 그러면 운동방정식은 다음과 같다.

$$F_x(x, \dot{x}, t) = m\ddot{x} \tag{2.2.1}$$

(주의: 이 장의 나머지 부분에서는 입자의 위치를 보통 x로 표기하겠다. 불필요한 아래첨자의 과다사용을 피하기 위해 v_x, a_x 대신에 $\dot{x}$, $\ddot{x}$를, 그리고 F_x 대신에 F를 사용하겠다.)

가장 간단한 상황은 힘이 일정한 경우이다. 이때 가속도는 일정하다.

$$\ddot{x} = \frac{dv}{dt} = \frac{F}{m} = \text{상수} = a \tag{2.2.2a}$$

이 식을 시간에 대해 직접 적분하면 해를 쉽게 구할 수 있다.

$$\dot{x} = v = at + v_0 \tag{2.2.2b}$$

$$x = \frac{1}{2}at^2 + v_0 t + x_0 \tag{2.2.2c}$$

여기서 v_0와 x_0는 $t = 0$일 때의 초기속도와 초기위치이다. 식 (2.2.2b)와 식 (2.2.2c)에서 시간 t를 소거하면 다음 식을 얻는다.

$$2a(x - x_0) = v^2 - v_0^2 \tag{2.2.2d}$$

등가속도 운동에 대한 위의 공식들은 학생들 눈에 이미 친숙할 것이다. 많은 종류의 기초적인 응용이 있을 수 있다. 예로 지표면에서 자유로이 낙하하는 물체를 다룰 때 공기의 저항을 무시하면 가속도는 대략 일정하다. 자유낙하하는 물체의 가속도는 $\mathbf{g}$로 표기한다. 그 크기는 대략 $g = 9.8$ m/s^{2}이다. 따라서 아래쪽을 향하는 중력은 항상 존재한다.[7] 이것을 앞으로 $m\mathbf{g}$로 쓰겠다.

예제 2.2.1

그림 2.2.1(a)에 보이는 것처럼 수평에 대해 각도 θ만큼 기울어진 마찰이 없는 평면을 따라 아래로 미끄러지는 블록의 운동을 고려하자. 높이가 h인 기운 면의 꼭대기에서 블록이 정지상태로 운동을 시작했다면 바닥에 도달했을 때 속력은 얼마나 되겠는가?

■ 풀이

그림처럼 경사면을 따라 아래 방향을 x축의 양의 방향으로 정하자. 알짜힘은 중력의 x축 방향의 성분 $mg \sin\theta$뿐이고 일정하다(그림 2.2.1(b) 참조). 이 값은 상수이다. 그러므로 식 (2.2.2a)는 운동방정식이 되며 그 해는 다음과 같다.

$$\ddot{x} = a = \frac{F_x}{m} = g \sin\theta$$

그리고

$$x - x_0 = \frac{h}{\sin\theta}$$

7) 지구 회전의 효과에 대해서는 5장에서 다룬다.

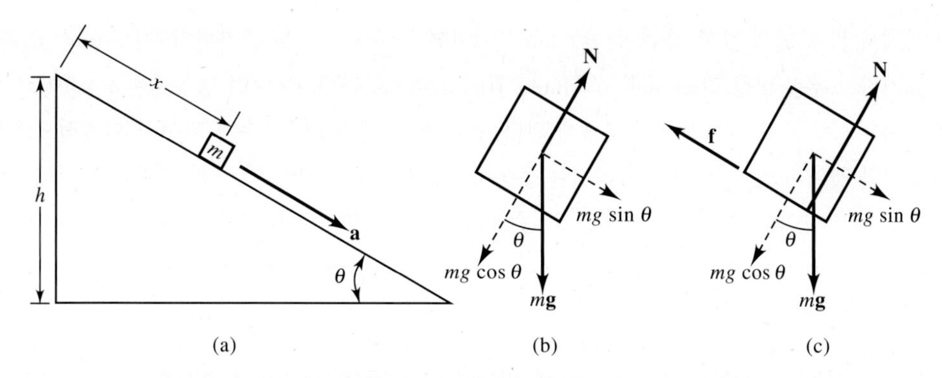

그림 2.2.1 (a) 경사면을 따라 아래로 미끄러지는 블록과 자유물체도(free body diagram): 마찰이 (b) 없는 경우, (c) 있는 경우

따라서

$$v^2 = 2(g \sin\theta)\left(\frac{h}{\sin\theta}\right) = 2gh$$

이번에는 평면이 거칠어서 블록에 마찰력 **f**가 작용한다고 가정하자. 그러면 그림 2.2.1(c)에서 보듯이 블록에 작용하는 알짜 힘은 $mg \sin\theta - f$이다. 접촉을 유지하면서 미끄러질 때 마찰력의 크기는 수직 항력 N의 크기에 비례한다고 알려져 있다.

$$f = \mu_\kappa N$$

여기서 비례상수 μ_κ는 **운동마찰계수**(運動摩擦係數, coefficient of kinetic friction)이다.[8] 이 문제에서 항력은 $mg \cos\theta$와 같으므로 마찰력은 다음과 같다.

$$f = \mu_\kappa mg \cos\theta$$

결과적으로 x축 방향의 알짜 힘은

$$mg \sin\theta - \mu_\kappa mg \cos\theta$$

이고, 이번에도 힘은 일정하다. 또 식 (2.2.2a)를 적용하면 다음과 같다.

$$\ddot{x} = \frac{F_x}{m} = g(\sin\theta - \mu_\kappa \cos\theta)$$

---

8) 다른 종류의 마찰계수가 또 존재하는데 이를 **정지마찰계수** μ_s라 부른다. 정지 마찰계수를 수직 항력과 곱한 값은 접촉한 상태에서 물체가 정지하기 위해 필요한 최대 마찰력을 의미한다. 즉, 정지상태에 있는 물체를 움직이려면 이 힘보다 약간 더 큰 힘이 필요하다. 일반적으로 $\mu_s > \mu_\kappa$이다.

앞의 식에서 괄호 안의 값이 양수, 즉 $\theta > \tan^{-1}\mu_\kappa$이면 블록의 속도는 증가한다. 각도 $\tan^{-1}\mu_\kappa$를 ϵ으로 표기하고 운동 마찰 각도(angle of kinetic friction)라 부른다. $\theta = \epsilon$인 경우에는 $a = 0$이고, 따라서 블록은 등속도로 미끄러져 내려오게 된다. 만약 $\theta < \epsilon$이면 a는 음수가 되어서 최종적으로 블록은 정지할 것이다. 평면을 따라 올라가는 운동에서는 마찰력의 방향이 바뀌는 것을 유의해야 한다. 즉, 양의 x방향이다. 그때의 가속도는 $\ddot{x} = g(\sin\theta + \mu_\kappa \cos\theta)$가 된다(실제로는 감속도 운동이다).

2.3 위치에 연관된 힘: 운동에너지, 위치에너지의 개념

입자에 작용하는 힘은 다른 물체에 대한 그 입자의 상대적인 위치에 관계되는 경우가 종종 있다. 정전기력이나 중력이 대표적인 경우이다. 탄성력에 의한 압축이나 팽창도 마찬가지이다. 만일 힘이 속도나 시간의 함수가 아니라면 직선운동에 대한 미분 방정식은 다음과 같다.

$$F(x) = m\ddot{x} \tag{2.3.1}$$

이런 형태의 미분 방정식은 보통 여러 가지 방법으로 풀 수 있다. 한 가지 중요한 방법은 연쇄 규칙(chain rule)을 사용하여 가속도를 다음과 같이 쓰는 것이다.

$$\ddot{x} = \frac{d\dot{x}}{dt} = \frac{dx}{dt}\frac{d\dot{x}}{dx} = v\frac{dv}{dx} \tag{2.3.2}$$

그러면 운동에 관한 미분 방정식은 아래와 같다.

$$F(x) = mv\frac{dv}{dx} = \frac{m}{2}\frac{d(v^2)}{dx} = \frac{dT}{dx} \tag{2.3.3}$$

물리량 $T = \frac{1}{2}mv^2$을 입자의 운동에너지(kinetic energy)로 정의한다. 위 식을 적분 형태로 나타내면 다음과 같이 된다.

$$W = \int_{x_0}^{x} F(x)\,dx = T - T_0 \tag{2.3.4}$$

그런데 적분 $\int F(x)dx$는 작용력 $F(x)$가 입자에 한 일(work) W이다. 그러므로 일은 입자의 운동에너지의 변화와 같다. 이번에는 함수 $V(x)$를 다음과 같이 정의하자.

$$-\frac{dV(x)}{dx} = F(x) \tag{2.3.5}$$

이런 함수 $V(x)$를 위치에너지(potential energy)라고 한다. 함수 $V(x)$에 임의의 상수를 더해도 식 (2.3.5)가 성립한다.

$V(x)$를 이용하면 일에 관한 적분은 다음과 같다.

$$W = \int_{x_0}^{x} F(x)\,dx = -\int_{x_0}^{x} dV = -V(x) + V(x_0) = T - T_0 \tag{2.3.6}$$

위 식에서 $V(x)$에 임의의 상수 C를 더해도 무방함에 유의하라. 왜냐하면 다음이 성립하기 때문이다.

$$-[V(x) + C] + [V(x_0) + C] = -V(x) + V(x_0) \tag{2.3.7}$$

이제 식 (2.3.6)에서 항들을 이항하면 다음과 같이 쓸 수 있다.

$$T_0 + V(x_0) = \text{상수} = T + V(x) \equiv E \tag{2.3.8}$$

이것은 **에너지 방정식**(energy equation)으로 알려져 있다. E는 입자의 **총 에너지**로 정의되긴 하지만 개념적으로 보면 총 **역학적 에너지**(mechanical energy)이다. E는 운동에너지와 위치에너지의 합으로, 운동이 진행되면서 항상 일정한 상수이다. 에너지가 일정한 이유는 작용력이 위치만의 함수이므로 작용력을 위치만의 함수인 위치 에너지 $V(x)$에서 유도해낼 수 있기 때문이다. 이러한 경우의 힘을 **보존력**(保存力, conservative force)이라 한다.[9] 대응하는 위치에너지 함수가 존재하지 않는 비보존력은 마찰력처럼 역학적 에너지가 소실되는 성질을 갖고 있다.

에너지 방정식 (2.3.8)을 v에 대해 풀어서 입자의 운동상태를 얻는다.

$$v = \frac{dx}{dt} = \pm\sqrt{\frac{2}{m}[E - V(x)]} \tag{2.3.9}$$

이것을 적분형태로 바꾸어 쓰면

$$\int_{x_0}^{x} \frac{dx}{\pm\sqrt{\frac{2}{m}[E - V(x)]}} = t - t_0 \tag{2.3.10}$$

가 되어 x를 t의 함수로 구할 수 있다.

식 (2.3.9)를 보면 $V(x)$의 값이 E와 같거나 그 이하인 x 값에 대해서만 v는 실수임을 알 수 있다. 물리학적으로 이는 $V(x) \le E$를 만족하는 영역(또는 영역들)으로 입자의 운동이 제한되어 있음을 의미한다. 또한 $V(x) = E$일 때는 $v = 0$이 된다. 이는 $V(x) = E$인 점에서 입자가 정지하고 운동방향이 바뀐다는 뜻이다. 운동방향이 바뀌는 이런 점들을 **전향점**(轉向点, turning point)이라 한다. 그림 2.3.1에 이들이 잘 설명되어 있다.

---

9) 보존력에 대해서는 4장에서 자세히 논의한다.

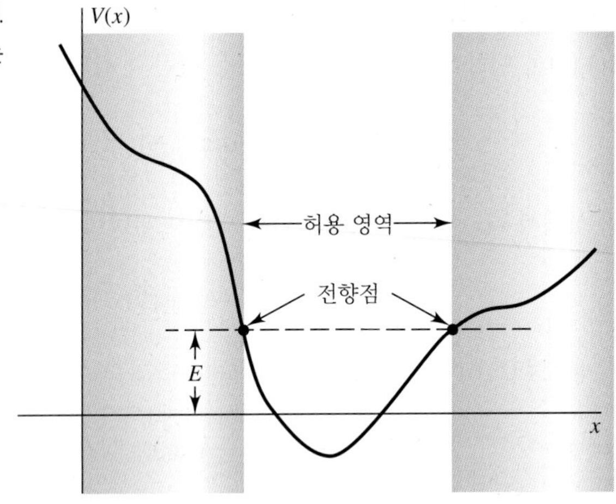

그림 2.3.1 1차원 위치에너지 $V(x)$의 그래프. 주어진 총 에너지 E에 대해 운동이 허용되는 영역과 전향점들이 나타나 있다.

예제 2.3.1

자유 낙하(free fall)

균일한 중력만의 작용에 의한 물체의 자유낙하 운동은 보존력 운동의 훌륭한 예이다. 수직 상방을 x축의 (+)방향으로 택하면 지구 중력은 $-mg$이다. 그러므로 $-dV/dx = -mg$이고 $V = mgx + C$이다. 적분 상수 C는 임의로 선택할 수 있지만 실제로는 V를 측정하는 기준점의 선택에 달려 있다. $x = 0$일 때 $V = 0$이라 하면 $C = 0$이 되고 에너지 방정식은 다음과 같다.

$$\frac{1}{2}mv^2 + mgx = E$$

에너지 상수 E는 초기조건에서 결정된다. 가령 원점 $x = 0$에서 수직 상방으로 초기속도 v_0로 쏘아 올렸다면 $E = mv_0^2/2 = mv^2/2 + mgx$이고 다음이 성립한다.

$$v^2 = v_0^2 - 2gx$$

이 경우에 운동의 전향점은 최대 높이인데 $v = 0$으로 풀 수 있다. 따라서 $0 = v_0^2 - 2gx_{max}$ 또는 다음과 같이 쓸 수 있다.

$$h = x_{max} = \frac{v_0^2}{2g}$$

예제 2.3.2

고도에 따른 중력의 변화

예제 2.3.1에서는 g가 상수라고 가정했다. 실제로 두 입자 간의 중력은 이들 사이의 거리의 제곱에 반비례한다(뉴턴의 중력 법칙).[10] 그러므로 질량 m인 물체에 지구가 작용하는 중력은

$$F = -\frac{GMm}{r^2}$$

이며, G는 뉴턴의 중력 상수, M은 지구의 질량, r은 지구 중심으로부터 물체까지의 거리이다. 그런데 물체가 지구표면에 있을 때는 정의에 따라서 그 힘은 $-mg$이므로 $mg = GMm/r_e^2$이다. 그러므로 $g = GM/r_e^2$은 지구표면에서의 중력가속도이다. 여기서 r_e는 지구의 반지름이다. 지표면에서 위로 거리 x만큼 떨어진 점을 생각해보자. 이 경우 $r = r_e + x$이고, 공기저항 등의 힘을 무시하면 중력의 변화를 고려할 때 수직으로 낙하 또는 상승하는 물체의 운동은 다음 미분 방정식을 만족한다.

$$F(x) = -mg\frac{r_e^2}{(r_e + x)^2} = m\ddot{x}$$

이를 적분하기 위해 $\ddot{x} = v dv/dx$로 놓으면 다음과 같다.

$$-mgr_e^2 \int_{x_0}^{x} \frac{dx}{(r_e + x)^2} = \int_{v_0}^{v} mv\, dv$$

$$mgr_e^2\left(\frac{1}{r_e + x} - \frac{1}{r_e + x_0}\right) = \tfrac{1}{2}mv^2 - \tfrac{1}{2}mv_0^2$$

실제로 이것은 식 (2.3.6)의 형태로 쓴 **에너지 방정식**이다. 단지 이번에는 위치에너지가 mgx 대신 $V(x) = -mg[r_e^2/(r_e + x)]$이다.

최대 높이: 탈출 속력

지구표면 $x_0 = 0$에서 초기속도 v_0로 수직 상방으로 쏘아 올린 물체를 생각해보자. 에너지 방정식을 v^2에 대해 풀면 다음과 같다.

$$v^2 = v_0^2 - 2gx\left(1 + \frac{x}{r_e}\right)^{-1}$$

위 식에서 x가 r_e에 비해 매우 작아서 x/r_e를 무시할 수 있다면 예제 2.2.1의 균일한 중력에 대해 얻

10) 뉴턴의 중력 법칙은 6장에서 살펴본다.

은 결과와 일치한다. 전향점(최대 높이)은 $v=0$으로 놓고 x에 대하여 풀면 된다.

$$x_{max}=h=\frac{v_0^2}{2g}\left(1-\frac{v_0^2}{2gr_e}\right)^{-1}$$

이번에도 v_0^2이 $2gr_e$보다 훨씬 작아서 괄호 안의 둘째 항을 무시할 수 있다면 예제 2.2.1의 공식과 일치한다.

마지막으로 정확한 공식을 써서 h가 무한히 크게 되는 v_0의 값을 구해보자. 이것을 **탈출 속력**(escape speed)이라고 하는데 다음과 같다.

$$v_e=(2gr_e)^{1/2}$$

이 식에 $g=9.8\ \mathrm{m/s^2}$, $r_e=6.4\times10^6\ \mathrm{m}$를 대입하면 지구표면에서의 탈출속력 $v_e\simeq 11\ \mathrm{km/s}$를 얻는다.

대기 중에서 공기 분자(O_2와 N_2)의 평균속력은 약 500 m/s인데 이는 탈출속력보다 상당히 느리다. 그래서 이들은 지구의 대기권에 남아 있다. 하지만 달에는 공기가 없다. 달의 질량은 지구보다 매우 작고 탈출속력도 작아서 산소와 질소가 있다 해도 사라져 버릴 것이기 때문이다. 반면에 수소는 우주 전체에 가장 많이 퍼져 있는 원소이지만 지구의 대기 중에는 거의 포함되어 있지 않다. 수소 분자의 질량은 매우 작기 때문에 그 분자 속력은 충분히 크고 수소 분자 중 상당수는 탈출속력을 초과하여 대기 중의 수소는 이미 오래전에 지구를 탈출했다.

예제 2.3.3

진동하는 이원자 분자의 위치에너지를 다음과 같이 원자 사이의 거리 x에 대한 **모스 함수**(Morse function) $V(x)$로 근사시킬 수 있다.

$$V(x)=V_0\left[1-e^{-(x-x_0)/\delta}\right]^2-V_0$$

여기서 V_0, x_0, δ는 특별한 한 쌍의 원자에서 관측된 성질을 기술하는 변수이다. 각 원자가 다른 원자에 작용하는 힘은 이 함수를 x로 미분하면 얻을 수 있다. 위치 에너지가 최저일 때의 두 원자 간의 거리는 x_0이고 그때 위치에너지 값은 $V(x_0)=-V_0$임을 증명하라. 분자가 이러한 상황에 있을 때 평형을 이루고 있다고 한다.

■ **풀이**

이원자 분자의 위치에너지는 원자 사이의 거리로 미분한 도함수가 영일 때 최저값을 갖는다. 그러므로 다음과 같다.

$$F(x) = -\frac{dV(x)}{dx} = 0$$

$$2\frac{V_0}{\delta}\left(1 - e^{-(x-x_0)/\delta}\right)\left(e^{-(x-x_0)/\delta}\right) = 0$$

$$1 - e^{-(x-x_0)/\delta} = 0$$

$$\ln(1) = -(x - x_0)/\delta = 0$$

$$\therefore x = x_0$$

그때의 최소 위치 에너지는 $V(x)$에 $x = x_0$를 대입해서 $V(x_0) = -V_0$임을 알 수 있다.

예제 2.3.4

그림 2.3.2에는 이원자 분자에 대한 위치에너지 함수가 나타나 있다. x_0 부근의 변위 x에 대해 위치에너지는 2차 함수이고 원자 사이의 힘은 변위에 비례하는 형태이며 항상 평형 위치를 향하고 있음을 증명하라.

풀이

이를 증명하기 위해서는 위치에너지 함수를 평형점 주위에서 급수 전개하면 된다.

$$V(x) \approx V_0\left[1 - \left(1 - \left(\frac{x - x_0}{\delta}\right)\right)\right]^2 - V_0$$

$$\approx \frac{V_0}{\delta^2}(x - x_0)^2 - V_0$$

$$F(x) = -\frac{dV(x)}{dx} = -\frac{2V_0}{\delta^2}(x - x_0)$$

(주의: 힘은 선형이며 이원자 분자가 평형 위치로 되돌아가려는 방향 쪽을 향하게 된다.)

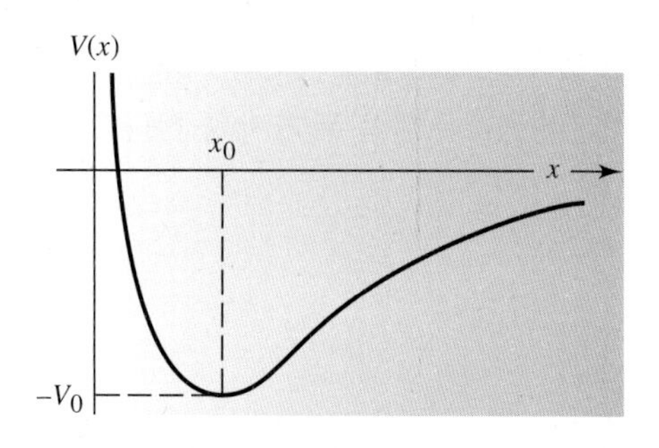

그림 2.3.2 이원자 분자의 위치에너지 함수

예제 2.3.5

이원자 분자인 수소 분자(H_2)의 결합에너지 $-V_0$는 -4.52 eV이다($1\ \text{eV} = 1.6\times10^{-19}$ J(joule)이고 1 J = 1 N · m이다). 또 상수 x_0, δ의 값은 각각 0.074, 0.036 nm이다. 실온에서 수소 분자의 총 에너지는 결합에너지보다 약 $\Delta E = 1/40$ eV 높다고 가정하자. 수소 분자의 두 원자 사이의 최장 거리를 계산하라.

■ 풀이

분자의 에너지가 최저값보다 약간 더 높으므로 두 원자는 운동에너지가 영이 되는 x의 두 값 사이에서 진동할 것이다. 전향점에서 에너지는 모두 위치에너지로만 존재한다. 그러므로 다음과 같다.

$$V(x) = -V_0 + \Delta E \approx \frac{V_0}{\delta^2}(x - x_0)^2 - V_0$$

$$x = x_0 \pm \delta\sqrt{\frac{\Delta E}{V_0}}$$

구체적인 수치를 대입하면 실온에서 수소 분자는 그 평형 상태의 ±4% 정도의 거리만큼 진동함을 알 수 있다.

진동의 폭이 작은 경우, 두 원자는 그 평형 위치에 대해 대칭으로 진동한다. 그 이유는 평형점 주위에서 위치에너지를 2차 함수로 근사시킬 수 있기 때문이다. 그림 2.3.2에서 볼 수 있듯이 평형점에서 멀어지면 위치에너지 함수는 대칭이 아니고 원점에 가까운 거리에서 더 가파름을 알 수 있다. 그러므로 이원자 분자가 '가열'될 때 두 원자 사이의 거리는 평형 상태의 거리보다 길어진다. 이것이 대부분의 물질은 가열하면 팽창하는 경향을 보이는 이유이다.

2.4 속도에 의존하는 힘: 유체 저항, 종단 속력

물체에 작용하는 힘이 그 자체 속도의 함수인 경우가 자주 생긴다. 이런 예로는 물체가 유체 내에서 움직일 때 점성에 기인한 저항을 들 수 있다. 만일 힘을 v의 함수로만 표현할 수 있다면 운동 미분 방정식은 다음 두 가지 중 하나로 쓸 수 있다.

$$F_0 + F(v) = m\frac{dv}{dt} \tag{2.4.1}$$

$$F_0 + F(v) = mv\frac{dv}{dx} \tag{2.4.2}$$

위에서 F_0는 상수로서 v와 무관하다. 변수를 분리해서 적분하면 t나 x를 v의 함수로 구할 수 있다.

한 번 더 적분하면 x와 t 사이의 관계식을 얻게 된다.

공기저항을 포함하여, 보통 유체 내에서의 저항 $F(v)$는 간단한 함수가 아니고 실험을 통해서 구하는 수밖에 없다. 그러나 많은 경우에 다음 근사식이 적용된다.

$$F(v) = -c_1 v - c_2 v\,|v| = -v\,(c_1 + c_2\,|v|) \tag{2.4.3}$$

상수 c_1, c_2는 물체의 크기와 모양에 관계된다(유체의 저항력은 항상 v의 방향과 반대 방향이므로 위 식에서 절대값 기호는 꼭 필요하다). 이 식을 써서 식 (2.4.1)이나 식 (2.4.2)를 풀면 적분결과가 상당히 복잡하다. 그러나 v가 느린 경우와 빠른 경우를 구분하여 별도로 고려하면 선형 저항이나 제곱형 저항 중 어느 한 형태가 주요 효과를 발휘하고 미분 방정식도 어느 정도 다루기 쉬워진다.

공기 중에서 구형의 물체에 대해 이 저항계수들은 SI 단위로 다음과 같다.

$$c_1 = 1.55 \times 10^{-4} D$$
$$c_2 = 0.22 D^2$$

여기서 D는 구의 지름을 미터로 나타낸 것이다. 그러므로 제곱형 저항과 선형 저항의 비는 다음과 같다.

$$\frac{0.22 v\,|v|\,D^2}{1.55 \times 10^{-4} v D} = 1.4 \times 10^3\,|v|\,D$$

가령 물체의 크기가 야구공(D ~ 7 cm) 정도라면 속도가 1 cm/s보다 매우 빠를 때는 제곱형 저항이 지배적이고 그보다 상당히 느린 속도에서는 선형 저항이 지배적이란 뜻이다. 속도가 1 cm/s인 부근에서는 두 항을 모두 고려해야 한다(연습문제 2.15 참조).

예제 2.4.1

선형 저항을 받는 물체의 수평운동

블록이 매끄러운 수평면에서 초기속도 v_0로 밀쳐졌고 공기의 저항은 선형이 지배적이라고 가정하자. 그러면 식 (2.4.1)과 식 (2.4.2)에 의해 운동방향으로 $F_0 = 0$이고 $F(v) = -c_1 v$이다. 운동에 관한 미분 방정식은

$$-c_1 v = m\frac{dv}{dt}$$

이고, 이를 적분하면 다음 결과를 얻는다.

$$t = \int_{v_0}^{v} -\frac{m\,dv}{c_1 v} = -\frac{m}{c_1}\ln\left(\frac{v}{v_0}\right)$$

■ 풀이

양변에 $-c_1/m$을 곱하고 지수를 택하면 v를 t의 함수로 풀 수 있다.

$$v = v_0 e^{-c_1 t/m}$$

따라서 속도는 시간이 지나면서 지수함수적으로 줄어든다. 이 식을 한 번 더 적분하면

$$\begin{aligned} x &= \int_0^t v_0 e^{-c_1 t/m} dt \\ &= \frac{mv_0}{c_1}(1 - e^{-c_1 t/m}) \end{aligned}$$

를 얻고 이는 시간이 증가함에 따라 물체는 $x_{lim} = mv_0/c_1$로 주어지는 극한 위치로 접근함을 보여준다.

예제 2.4.2

제곱형 저항을 받는 물체의 수평운동

만일 위의 예에서 제곱형 저항이 지배적인 경우라면 $v > 0$일 때 운동방정식은 다음과 같이 쓸 수 있다.

$$-c_2 v^2 = m\frac{dv}{dt}$$

위 식을 적분하면 다음과 같이 된다.

$$t = \int_{v_0}^{v} \frac{-m dv}{c_2 v^2} = \frac{m}{c_2}\left(\frac{1}{v} - \frac{1}{v_0}\right)$$

■ 풀이

이 식을 v에 대해 풀어주면

$$v = \frac{v_0}{1 + kt}$$

이 되는데, 여기서 $k = c_2 v_0/m$이다. 이 식을 한 번 더 적분하면 위치를 시간의 함수로 구할 수 있다.

$$x(t) = \int_0^t \frac{v_0 dt}{1 + kt} = \frac{v_0}{k}\ln(1 + kt)$$

그러므로 $t \to \infty$일 때 속도 v는 $1/t$ 형태로 줄어들지만 위치 x는 선형 저항의 경우처럼 어떤 극한

점에 이르지 않고 계속 멀어진다. 왜 그럴까? 선형 저항보다 제곱형 저항이 물체를 정지시키는 데 더 효과적이라고 독자는 추측할지 모른다. 속도가 빠를 때는 사실이다. 그러나 속도가 영에 가까워질 때는 제곱형 저항이 선형 저항보다 훨씬 더 빨리 영에 가까워지므로 비록 속도는 느리더라도 물체는 계속해서 천천히 움직이게 된다.

유체 속의 수직 낙하: 종단 속도

(a) 선형 저항의 경우: 저항이 있는 유체 내에서 물체가 수직으로 떨어질 때 식 (2.4.1)과 식 (2.4.2)의 F_0는 물체의 무게 $-mg$이다. 위 방향을 x축의 (+)방향으로 정했다. 그러면 유체의 저항이 선형일 때 운동에 관한 미분 방정식은 다음과 같다.

$$-mg - c_1 v = m\frac{dv}{dt} \tag{2.4.4}$$

변수를 분리해서 적분하면 다음 식을 얻는다.

$$t = \int_{v_0}^{v} \frac{m\,dv}{-mg - c_1 v} = -\frac{m}{c_1}\ln\frac{mg + c_1 v}{mg + c_1 v_0} \tag{2.4.5}$$

여기서 v_0는 $t = 0$일 때의 초기속도이다. 위 식에 $-c_1/m$을 곱한 다음 지수를 택하면 v에 대한 답을 얻는다.

$$v = -\frac{mg}{c_1} + \left(\frac{mg}{c_1} + v_0\right)e^{-c_1 t/m} \tag{2.4.6}$$

지수항은 충분한 시간($t \gg m/c_1$)이 지나면 무시할 정도로 작아지고 속도는 극한값 $-mg/c_1$에 가까워간다. 낙하하는 물체의 이 극한 속도를 **종단속도**(終端速度, terminal velocity)라고 한다. 이 속도에서 저항력은 물체의 중력과 크기가 같고 방향이 반대여서 전체적 힘은 영이고, 따라서 가속도도 영이 된다. 종단 속도의 크기는 **종단속력**이다.

종단속력 mg/c_1을 v_t로, 그리고 이 운동의 특성을 나타내는 시간 m/c_1을 τ(특성 시간(characteristic time)이라 함)로 표기하면 식 (2.4.6)은 좀 더 의미 있게 다음과 같이 쓸 수 있다.

$$v = -v_t(1 - e^{-t/\tau}) + v_0 e^{-t/\tau} \tag{2.4.7}$$

이 두 항은 두 가지 속도를 의미한다. 하나는 '점점 생겨나는' 종단속도 v_t이고, 다른 하나는 유체의 점성으로 인해 '점점 사라지는' 초기속도 v_0이다.

특히 $t = 0$일 때 정지상태 $v_0 = 0$에서 낙하하는 물체의 속도는

$$v = -v_t(1 - e^{-t/\tau}) \tag{2.4.8}$$

인데, 특성 시간 τ가 지난 후의 속도는 종단속도의 $1 - e^{-1}$배로 증가하고, 시간이 2τ가 지난 후에는 종단속도의 $1 - e^{-2}$배로 빨라진다. 5τ시간 경과 후에는 $1 - e^{-5}$, 즉 0.993이 되어 종단속도의 1% 이내로 접근한다.

(**b**) **제곱형 저항의 경우:** 이때는 $F(v)$가 v^2에 비례한다. 이 힘이 계속해서 저항력이 되려면 $F(v)$의 부호가 물체가 위로 올라갈 때와 아래로 내려갈 때 달라져야 한다. 저항력이 속도의 짝수 승(乘)일 경우에는 항상 이 점을 유의해야 한다. 일반해는 보통 윗방향의 운동과 아랫방향의 운동을 별도로 고려해야 한다. 여기서는 문제를 정지상태로부터 떨어뜨리거나 초기속도 v_0로 수직하방으로 떨어뜨린 경우에 대해서만 다루겠다. 위로 던져지는 물체의 경우는 숙제로 남겨두겠다. 아래쪽 방향을 양의 y축 방향으로 정하면 운동에 관한 미분 방정식은 다음과 같다.

$$\begin{aligned} m\frac{dv}{dt} &= mg - c_2 v^2 = mg\left(1 - \frac{c_2}{mg}v^2\right) \\ &= mg\left(1 - \frac{v^2}{v_t^2}\right) \\ \frac{dv}{dt} &= g\left(1 - \frac{v^2}{v_t^2}\right) \end{aligned} \tag{2.4.9}$$

여기서 v_t는 다음과 같다.

$$v_t = \sqrt{\frac{mg}{c_2}} \qquad \text{(종단속력)} \tag{2.4.10}$$

식 (2.4.9)를 적분하면 v의 함수로서 t를 구할 수 있다.

$$t - t_0 = \int_{v_0}^{v} \frac{dv}{g\left(1 - \frac{v^2}{v_t^2}\right)} = \tau\left(\tanh^{-1}\frac{v}{v_t} - \tanh^{-1}\frac{v_0}{v_t}\right) \tag{2.4.11}$$

여기서 τ는 다음과 같다.

$$\tau = \frac{v_t}{g} = \sqrt{\frac{m}{c_2 g}} \qquad \text{(특성시간)} \tag{2.4.12}$$

이 식을 v에 대해 풀면 다음과 같다.

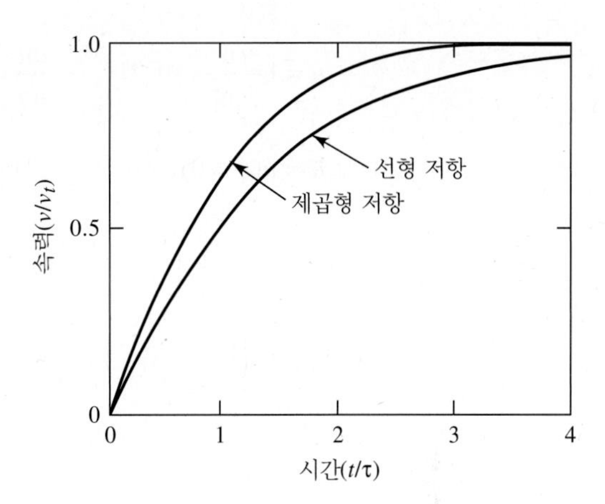

그림 2.4.1 자유 낙하하는 물체의 시간(특성 시간 단위)과 속력(종단속력 단위)의 관계를 나타내는 그래프

$$v = v_t \tanh\left(\frac{t - t_0}{\tau} - \tanh^{-1}\frac{v_0}{v_t}\right) \tag{2.4.13}$$

처음 순간 $t = 0$일 때 정지상태에서 물체를 떨어뜨렸다면 다음과 같다.

$$v = v_t \tanh\frac{t}{\tau} = v_t\left(\frac{e^{2t/\tau} - 1}{e^{2t/\tau} + 1}\right) \tag{2.4.14}$$

특성시간의 몇 배가 지나면 종단속력에 가까워진다. 예를 들면 $t = 5\tau$일 때의 속력은 $0.99991v_t$이다. 선형과 제곱형인 경우 낙하 시간과 속력의 관계가 그림 2.4.1에 나타나 있다.

많은 경우에 일정한 거리를 낙하한 후의 속력을 알고 싶을 때가 흔히 있다. 그러려면 식 (2.4.13)을 적분하여 y를 시간의 함수로 구한 다음 시간 변수를 소거하면 속력을 거리의 함수로 구할 수 있다. 보다 직접적인 해법은 운동에 관한 미분 방정식을 변형해서 시간 대신 거리가 독립 변수가 되게 하는 것이다. 예를 들어 다음 관계식

$$\frac{dv}{dt} = \frac{dv}{dy}\frac{dy}{dt} = \frac{1}{2}\frac{dv^2}{dy} \tag{2.4.15}$$

을 이용하면 식 (2.4.9)는 y를 독립변수로 하여 다음과 같이 쓸 수 있다.

$$\frac{dv^2}{dy} = 2g\left(1 - \frac{v^2}{v_t^2}\right) \tag{2.4.16}$$

이 미분 방정식을 풀면 다음과 같이 된다.

$$u = 1 - \frac{v^2}{v_t^2} \quad \text{이고} \qquad \frac{du}{dy} = -\frac{1}{v_t^2}\frac{dv^2}{dy} = -\left(\frac{2g}{v_t^2}\right)u$$

$$u = u(y=0)\,e^{-2gy/v_t^2} \qquad \text{그런데} \qquad u(y=0) = 1 - \frac{v_0^2}{v_t^2}$$

$$u = \left(1 - \frac{v_0^2}{v_t^2}\right)e^{-2gy/v_t^2} = 1 - \frac{v^2}{v_t^2}$$

$$\therefore v^2 = v_t^2\left(1 - e^{-2gy/v_t^2}\right) + v_0^2 e^{-2gy/v_t^2} \tag{2.4.17}$$

따라서 낙하거리가 증가함에 따라 초기속도와 종단속도는 $v_t^2/2g$를 특성거리로 하여 점점 사라지고 생겨나는 것을 알 수 있다.

예제 2.4.3

낙하하는 빗방울과 농구공

(a) 지름 0.1 mm = 10^{-4} m인 아주 작은 빗방울과, (b) 지름 0.25 m, 질량 0.6 kg인 농구공이 공기 중에서 떨어질 때 종단속력과 특성시간을 구하라.

풀이

선형과 제곱형 중 어느 것이 더욱 두드러진 효과가 있는지 알기 위해 공기 중에서 선형에 대한 제곱형 저항의 비, 즉 $1.4 \times 10^3|v|D$를 상기해보자. 이 비율은 빗방울의 경우 $0.14v$이고, 농구공의 경우 $350v$이다. v의 단위는 m/s이다. 그러므로 빗방울의 경우에 제곱형이 우세하려면 v가 $1/0.14 = 7.1$ m/s보다 빨라야 한다. 농구공의 경우에는 v가 $1/350 = 0.0029$ m/s보다 빨라야 한다. 따라서 빗방울의 경우는 선형이고 농구공은 제곱형이라고 판단할 수 있다(연습문제 2.15 참조).

빗방울의 부피는 $\pi D^3/6 = 0.52 \times 10^{-12}$ m^{3}이므로 물의 밀도인 10^3 kg/m^{3}을 곱하면 질량은 $m = 0.52 \times 10^{-9}$ kg이 된다. 제동계수(drag coefficient)는 $c_1 = 1.55 \times 10^{-4}D = 1.55 \times 10^{-8}$ N · s/m가 된다. 이때 종단속력은

$$v_t = \frac{mg}{c_1} = \frac{0.52 \times 10^{-9} \times 9.8}{1.55 \times 10^{-8}}\ \text{m/s} = 0.33\ \text{m/s}$$

이고, 특성시간은 다음과 같다.

$$\tau = \frac{v_t}{g} = \frac{0.33\ \text{m/s}}{9.8\ \text{m/s}^2} = 0.034\ \text{s}$$

농구공의 경우에는 제동계수가 $c_2 = 0.22D^2 = 0.22 \times (0.25)^2 = 0.0138$ N · s^2/m^{2}이어서 종단속력은

$$v_t = \left(\frac{mg}{c_2}\right)^{1/2} = \left(\frac{0.6 \times 9.8}{0.0138}\right)^{1/2} \text{ m/s} = 20.6 \text{ m/s}$$

이고, 특성시간은 다음과 같다.

$$\tau = \frac{v_t}{g} = \frac{20.6 \text{ m/s}}{9.8 \text{ m/s}^2} = 2.1 \text{ s}$$

따라서 빗방울은 정지상태에서 출발하여 1초 이내에 종단속력에 도달하지만 농구공은 수 초가 지나야 비로소 종단속력에 근접하게 됨을 알 수 있다.

공기 역학적 저항에 대한 더 자세한 정보는 C. 프롤리히(Frohlich)의 논문인 *Am. J. Phys.*, **52**, 325(1984)와 그 논문에 인용되어 있는 많은 참고문헌을 보기 바란다.

---

*2.5 유체 속의 수직 낙하: 수치적 해법[11)]

고전역학의 많은 문제는 상당히 복잡한 운동방정식으로 기술되어서 해석적인 방법으로 정확히 풀리지 않는다. 이런 경우에는 수치적으로 문제를 푸는 방법 외에는 별다른 방도가 없다. 일단 수치적 해를 구하기로 하면 여러 가지 방법이 있다. 요즈음은 대용량 하드 디스크와 메모리를 가진 개인용 컴퓨터가 널리 보편화되었기에 프로그램을 작성하는 번거로움 없이 고급 컴퓨터 언어를 써서 문제를 풀 수 있다. 물리학자들 사이에 널리 사용되는 소프트웨어는 Mathcad, Mathematica (부록 I 참조), Maple 등인데 이를 사용하여 수학 문제를 수치적으로나 기호 논리적으로 풀 수 있다.

이 책에서는 각 장의 말미에서 해석적으로 풀리지 않는 문제를 이러한 소프트웨어 도구들을 활용하여 풀도록 하고 있다. 여기서는 Mathcad 프로그램을 써서 유체 속을 수직 낙하하는 물체의 문제를 풀고자 한다. 이 문제는 앞 절에서 이미 해석적으로 풀었으나, 수치적 방법의 위력을 인식하고 앞서 얻은 결과를 확인하게 될 것이다.

선형, 제곱형 저항의 수치적 해 제동력이 선형인 유체 내에서 수직으로 낙하하는 물체의 운동방정식은 식 (2.4.4)의 1차 미분 방정식이다.

$$mg - c_1 v = m\frac{dv}{dt} \tag{2.5.1a}$$

물체가 정지상태에서 낙하하는 경우만 고려할 것이므로 (+)방향을 하향의 y방향으로 정하겠다.

---

11) 이 책에서 *로 표시된 절들은 생략해도 무방하다.

운동방정식은 특성시간 $\tau = m/c_1$과 종단속도 $v_t = mg/c_1$을 사용하여 훨씬 간편하게 표현할 수 있다.

$$\frac{dv/v_t}{dt/\tau} = 1 - \frac{v}{v_t} \tag{2.5.1b}$$

위 식은 속도 v와 낙하 시간 t를 v_t와 τ의 단위로 규격화한 것이다. 새 변수 $u = v/v_t$와 $T = t/\tau$를 도입하면 다음의 미분 방정식이 된다. 그러면 위 식은 다음과 같이 된다.

$$\text{선형:}\ \frac{du}{dT} = u' = 1 - u \tag{2.5.1c}$$

제동력이 제곱형일 때도 식 (2.4.9)를 비슷하게 규격화하면 다음의 1차 미분 방정식을 얻는다.

$$\text{제곱형:}\ \frac{du}{dT} = u' = 1 - u^2 \tag{2.5.2}$$

Mathcad 소프트웨어에는 *rkfixed*라는 함수 프로그램이 있는데, 이것은 초기조건이 주어진 n차 미분 방정식이나 연립 미분 방정식을 룽게-쿠타(Runge-Kutta) 방법으로 푸는 것이다. 이것이 바로 우리가 다루는 문제에 알맞은 방법이다. 즉, Mathcad의 *rkfixed* 프로그램을 적용하기만 하면 된다. 이 프로그램에서는 4차 룽게-쿠타 방법[12]을 이용하여 문제를 풀고 있다. Mathcad에서 이 프로그램을 호출하면 2열로 된 행렬이 나타난다.

- 왼쪽(또는 0차) 열은 미분 변수에 대한 데이터(이 경우 데이터는 시간 T_i)를 포함하고
- 오른쪽(또는 1차) 열은 미분 변수 데이터에 대응하는 함수값(u_i의 값)을 포함한다.

프로그램 호출 구문과 그 인수는 다음과 같다.

$rkfixed(\mathbf{y}, x_0, x_f, npoints, \mathbf{D})$

y = n개의 초기값을 갖는 벡터. 여기서 n은 미분 방정식의 차수이거나 풀어야 할 방정식이 포함되는 계의 차수이다. 1차 미분 방정식이라면 이 벡터는 하나의 초기값 $y(0) = y(x_0)$만 갖는다.

x_0, x_f = 미분 방정식을 풀 구간의 끝점들.

npoints = 풀이가 행해지는 시작점 외의 데이터 점의 수. 이 값은 *rkfixed* 행렬의 $(1 + npoints)$개의 행을 결정한다.

---

12) 예를 들어 다음을 참조하라. R. L. Burden & J. Douglas Faires, *Numerical Analysis*, 6th ed., Brooks/Cole, Pacific Grove, ITP, 1977.

$\mathbf{D}(x, \mathbf{y})$ = 미지의 함수 $\mathbf{y}$의 1차 도함수를 포함한 n개 요소의 벡터. 1차 미분 방정식의 경우 단 한 개의 함수 y의 1차 도함수가 된다.

우리가 풀려는 1차 미분 방정식인 식 (2.5.1c)와 식 (2.5.2)의 풀이에 대한 Mathcad 워크시트의 예를 다음 쪽에서 볼 수 있다. 이 워크시트는 Mathcad에서 바로 가져온 것이다. 여기에 보인 내용은 항목별로 설명이 되어 있긴 하지만 그 해가 어떤 식으로 주어지는지에 대해서는 자세하게 나와 있지 않다. 구체적인 사항은 부록 I에 수록했다. 여기서 강조할 중요한 점은 풀이의 간결함(워크시트에서 볼 수 있음)과 정확성(그림 2.5.1에 나타난 수치적 해를 그림 2.4.1의 해석적 해와 비교해보면 알 수 있음)이다. 수치적 해와 해석적 해의 차이를 퍼센트로 나타낸 그림 2.5.2를 보면 더 자세하게 정확도를 볼 수 있다. 가장 큰 오차인 5×10^{-8}이 제곱항 해에서 나타난다. 이 예에서는 100개의 데이터를 택했지만 시간 구간(0~4)을 훨씬 많은 데이터로 세분해준다면 더 좋은 정확도를 얻을 수 있다.

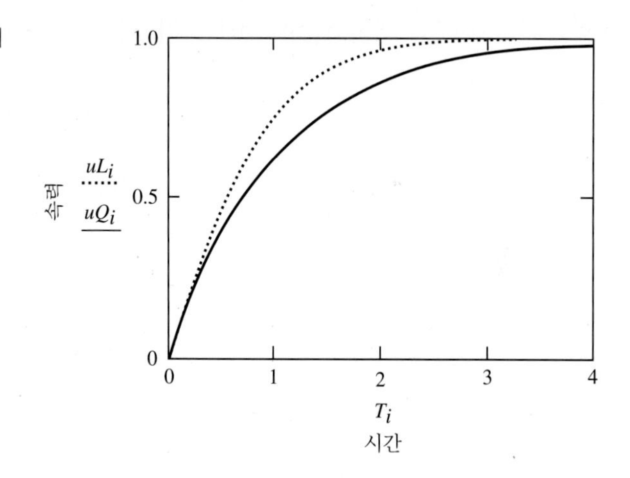

그림 2.5.1 낙하하는 물체의 속력–시간에 관한 수치적 해. uL: 선형, uQ: 제곱형

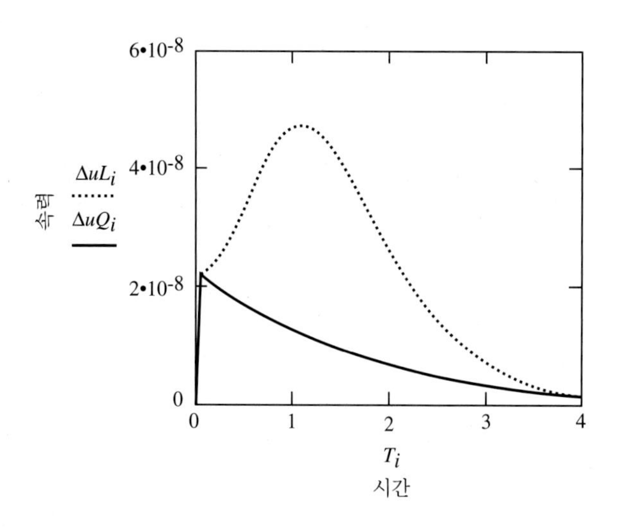

그림 2.5.2 낙하하는 물체의 속력에 대한 해석적 해와 수치적 해의 차이. ΔuL: 선형, ΔuQ: 제곱형

낙체의 속력에 대한 Mathcad 풀이: 선형 제동력

$u_0 := 0$	← Define initial value (use [to make the subscript)
$D(T, u) := 1 - u$	← Define function for first derivative u'
$Y := rkfixed(u, 0, 4, 100, D)$	← Evaluates solution at 100 points between 0 and 4 using fourth-order Runge-Kutta.
$i := 0 .. \text{rows}(Y) - 1$	← i denotes each element pair in the matrix Y(a 101×2 matrix). First column contains data points (time T) where solution (velocity u) is evaluated. Second column contains u values.
$uL_i := (Y^{\langle 1 \rangle})_i$	← Rename normalized velocity, linear case

낙체의 속력에 대한 Mathcad 풀이: 제곱형 제동력

$u_0 := 0$	← Define initial value (use [to make the subscript)
$D(T, u) := 1 - u^2$	← Define function for first derivative u'
$Z := rkfixed(u, 0, 4, 100, D)$	← Evaluates solution at 100 points between 0 and 4 using fourth-order Runge-Kutta.
$T_i := 0.04i$	← Define time in terms of array element
$uQ_i := (Z^{\langle 1 \rangle})_i$	← Rename normalized velocity, quadratic case

해석적 해와 수치적 해의 차이

$u_i := 1 - e^{-T_i}$	← Analytic solution for linear retarding force
$u_i := \dfrac{(e^{2 \cdot T_i} - 1)}{(e^{2 \cdot T_i} + 1)}$	← Analytic solution for quadratic retarding force
$\Delta uL_i := \dfrac{(v_i - uL_i)}{v_i}$	← Difference, linear case
$\Delta uQ_i := \dfrac{(u_i - uQ_i)}{u_i}$	← Difference, quadratic case

연습문제

2.1 시간 $t = 0$일 때 $x = 0$에서 정지상태로부터 출발하는 질량 m인 입자에 다음 힘이 작용하는 경우 속도 $\dot{x}$와 위치 x를 시간 t의 함수로 구하라. 여기서 F_0와 c는 양의 상수이다.

(a) $F_x = F_0 + ct$

(b) $F_x = F_0 \sin ct$

(c) $F_x = F_0 e^{ct}$

2.2 $x = 0$에서 정지상태로부터 출발하는 질량 m인 입자에 다음 힘이 작용하는 경우 속도 $\dot{x}$를 변위 x의 함수로 구하라. 여기서 F_0와 c는 양의 상수이다.

(a) $F_x = F_0 + cx$

(b) $F_x = F_0 e^{-cx}$

(c) $F_x = F_0 \cos cx$

2.3 연습문제 2.2에서 주어진 각 힘에 대해서 위치에너지 함수 $V(x)$를 구하라.

2.4 질량 m인 입자가 마찰이 없는 수평면 위에서 $F(x) = -kx$의 힘을 받고 놓여 있다. 처음에 원점 $x = 0$에서 양의 x방향인 오른쪽으로 $T_0 = 1/2\, kA^2$의 운동에너지를 갖도록 밀쳐졌다. 여기서 k와 A는 양의 상수이다. (a) 이 힘에 대한 위치에너지 함수 $V(x)$를 구하라. (b) 입자의 운동에너지와 (c) 전체 에너지를 위치의 함수로 구하라. (d) 운동의 방향이 바뀌는 전향점을 구하라. (e) 위치에너지, 운동에너지, 전체 에너지 함수를 그림으로 그려라.

2.5 위의 문제에서 입자가 최초의 운동에너지 T_0를 갖고 힘은 $F(x) = -kx + kx^3/A^2$의 형태인 상황에서 오른쪽으로 밀쳐졌다. 여기서 k와 A는 양의 상수이다. (a) 이 힘에 대한 위치에너지 함수 $V(x)$를 구하라. (b) 입자의 운동에너지와 (c) 전체 에너지를 위치의 함수로 구하라. (d) 운동의 전향점을 구하고, 이 계의 총 에너지가 만족하는 조건이 전향점에서도 성립됨을 보여라. (e) 위치에너지, 운동에너지 및 전체 에너지 함수를 그림으로 그려라.

2.6 질량 m인 입자가 마찰이 없는 수평면 위에서 속력이 $v(x) = \alpha/x$인 형태로 움직인다. 여기서 x는 원점으로부터의 거리, α는 양의 상수이다. 입자에 작용하는 힘 $F(x)$를 구하라.

2.7 질량 M인 물체에 질량 m인 끈이 매어져 있다. 끈에 힘 $\mathbf{F}$가 작용하여 수평과 θ의 각도를 이루는 마찰 없는 경사면을 따라 물체를 끌어올리고 있다. 끈이 물체에 작용하는 힘을 구하라.

2.8 직선운동에서 입자의 속도가 변위 x에 다음 식과 같이 의존할 때

$$\dot{x} = bx^{-3}$$

이 입자에 작용하는 힘을 x의 함수로 구하라. 여기서 b는 양의 상수이다(힌트: $F = m\ddot{x} = m\dot{x}\, d\dot{x}/dx$).

2.9 야구공(반지름 = 0.0366 m, 질량 = 0.145 kg)이 엠파이어스테이트 빌딩(높이 = 1250 ft) 꼭대기에서

정지상태로부터 낙하했다. (a) 야구공의 초기 위치에너지, (b) 마지막 운동에너지, (c) 공기 저항력을 전체 낙하거리에 따라 적분함으로써 낙하하는 야구공이 소모하는 전체 에너지를 구하라. (c)의 결과를 (a), (b) 결과의 차이와 비교하라(힌트: (c)를 계산할 때 선적분에서 생기는 쌍곡선 함수의 근사값을 택하라).

2.10 나무토막이 비스듬하게 기운 평면을 따라서 초기속도 v_0로 밀쳐 올려졌다. 경사각이 30°, 미끄럼 마찰계수가 $\mu_K = 0.1$이라면 나무토막이 제자리로 돌아올 때까지 걸리는 시간은 얼마인가?

2.11 질량 m인 금속 토막이 수평면을 따라서 미끄러진다. 이 수평면에는 끈끈한 기름이 발라져 있어서 점성 저항이 속도의 $\frac{3}{2}$승에 비례한다.

$$F(v) = -cv^{3/2}$$

$x = 0$에서의 초기속도를 v_0라 하면 금속 토막은 $2mv_0^{1/2}/c$ 이상 진행할 수 없음을 증명하라.

2.12 총알을 수직 상방으로 쏘아 올렸다. 총알에 대한 공기저항이 속력의 제곱에 비례한다고 가정하고 속력은 높이에 따라 다음과 같이 변함을 증명하라.

$$v^2 = Ae^{-2kx} - \frac{g}{k} \qquad \text{(위 방향)}$$

$$v^2 = \frac{g}{k} - Be^{2kx} \qquad \text{(아래 방향)}$$

여기서 A, B는 적분상수, g는 중력가속도, $k = c_2/m$, c_2는 제동계수, m은 총알의 질량이다(주의: x는 수직 상방을 양의 방향으로 택했고, 중력은 일정하다고 가정한다).

2.13 위의 결과를 이용하여 총알이 내려오면서 땅에 닿을 때의 속력은

$$\frac{v_0 v_t}{\left(v_0^2 + v_t^2\right)^{1/2}}$$

임을 증명하라. v_0는 초기속력, v_t는 종단속력이다.

$$v_t = (mg/c_2)^{1/2} = \text{종단속력} = (g/k)^{1/2}$$

(이 결과를 이용하여 공기저항으로 인한 초기 운동에너지의 손실을 구할 수 있다.)

2.14 입자를 끌어당기는 힘이 역제곱 법칙을 따른다.

$$F(x) = -kx^{-2}$$

힘의 중심으로부터 b만큼 떨어진 지점에서 정지상태로부터 어떤 입자가 운동을 시작했다. 이 입자가 원점에 도달하는 시간은 다음과 같음을 증명하라.

$$\pi\left(\frac{mb^3}{8k}\right)^{1/2}$$

2.15 제동력의 선형항과 제곱항을 모두 고려할 때 낙하하는 구형 물체의 종단속력은 다음과 같음을 증명하라.

$$v_t = [(mg/c_2) + (c_1/2c_2)^2]^{1/2} - (c_1/2c_2)$$

2.16 위의 결과를 이용하여 질량이 10^{-7} kg, 지름이 10^{-2} m인 빗방울의 종단속력을 계산하고 식 (2.4.10)에서 얻은 값과 비교하라.

2.17 입자에 작용하는 힘이 다음과 같이 거리의 함수와 속도의 함수의 곱으로 표현된다고 하자.

$$F(x, v) = f(x)g(v)$$

그러면 운동 미분 방정식은 적분법으로 얻을 수 있음을 증명하라. 만일 힘이 거리의 함수와 시간의 함수의 곱으로 주어졌다면 이번에도 간단히 적분법으로 풀 수 있겠는가? 시간의 함수와 속도의 함수의 곱으로 힘이 주어졌다면 어떠한가?

2.18 질량 m인 입자에 작용하는 힘이 다음과 같다.

$$F = kvx$$

여기서 k는 양의 상수이다. 시간 $t = 0$일 때 입자는 원점을 속력 v_0로 지나간다. 거리 x를 시간 t의 함수로 구하라.

2.19 바다에 정지한 군함에서 초기속력 v_0로 수면을 따라가는 포사체를 수평으로 발사했다. 추진 체계에 이상이 생겨서 제동력 $F(v) = -Ae^{\alpha v}$를 받으며 속력이 줄어든다고 가정하자. (a) 속력 $v(t)$를 시간의 함수로 구하라. (b) 포사체가 정지할 때까지 걸린 시간과 (c) 진행 거리를 계산하라. 여기서 A와 α는 양의 상수이다.

2.20 습한 대기 속에서 낙하하는 물방울이 그 단면적 A에 비례하여 질량이 늘어난다고 하자. 이 물방울은 정지상태에서 낙하하기 시작했으며 최초의 물방울 반지름 R_0는 충분히 작아서 처음에는 저항을 받지 않았다고 가정하자. (a) 물방울의 반지름과 (b) 속력은 시간에 비례하여 선형으로 증가함을 증명하라.

컴퓨터 응용 문제

C2.1 지표면으로부터 고도가 32 km인 비행기에서 질량 70 kg인 낙하산병이 뛰어내렸는데 불행하게도 낙하산이 펴지지 않았다(이 계산에서 수평운동은 무시하고 초기속도는 영이라고 가정하자).

(a) 공기저항이 없고 중력가속도 g가 일정하다고 가정할 때 지표면에 떨어질 때까지의 낙하 시간을

1초 범위 이내의 정확도로 계산하라.

(b) 중력가속도는 일정하고 공기의 저항은

$$F(v) = -c_2 v|v|$$

이라면(낙하하는 사람에 대해 SI 단위로 $c_2 = 0.5$) 지표면에 떨어질 때까지의 시간을 1초 범위 이내의 정확도로 계산하라.

(c) c_2가 지표면의 높이 y에 따라서

$$c_2 = 0.5e^{-y/H}$$

의 관계($H = 8$ km)로 주어질 때 지표면에 떨어질 때까지의 낙하 시간을 1초 범위 이내의 정확도로 계산하라. 이 경우에 g는 상수가 아니라

$$g = \frac{9.8}{\left(1 + \frac{y}{R_e}\right)^2} \text{ ms}^{-2}$$

로 주어진다. 여기서 R_e는 지구의 반지름으로 6,370 km이다.

(d) (c)의 경우에 낙하산병의 가속도, 속도, 고도를 시간의 함수로 그려라. 낙하산병이 떨어지면서 가속도가 왜 양수가 되는지를 설명하라.

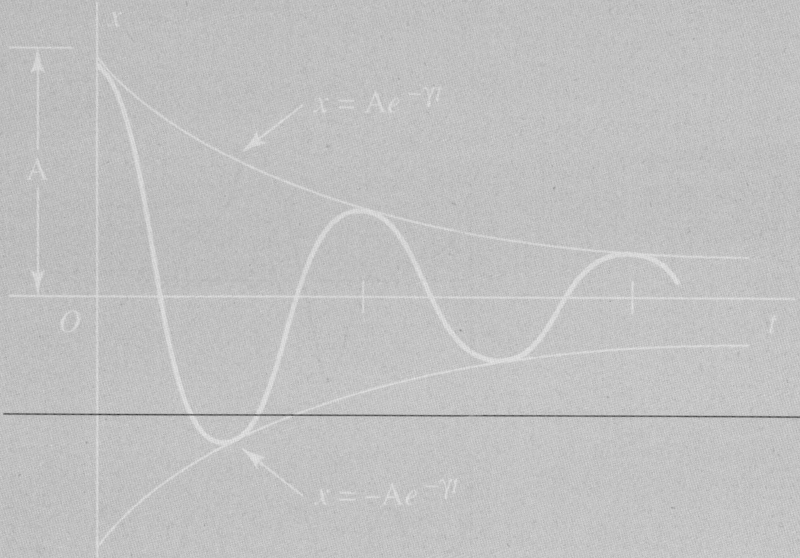

제 3 장

진동

"이것은 용수철과 탄성체에 관한 현상으로 내가 아는 한 아직까지 아무도 법칙을 만들지 않았다. 모든 탄성체에서 자연의 법칙으로 매우 분명한 것은 원래의 위치로 되돌아오게 하려는 힘은 원위치에서 변형시킨 거리에 비례한다는 사실이다."

– 로버트 훅, 『De Potentia Restitutiva』(1678)

3.1 서론

태양과 그 행성들은 초기 인류에 알려진 가장 매혹적이고 무엇보다도 심도 있게 탐구된 역학계였다. 태양계는 주기운동의 훌륭한 본보기이다. 이러한 주기성이 없다거나 또는 지구가 태양계의 정상적인 구성 멤버가 아니라면 인간이 얼마나 오랫동안 무지상태에서 헤매었을지 분명하지 않다. 우리의 주위를 살펴보면 도처에 주기적 율동을 갖는 체계를 볼 수 있다. 추시계의 작은 진동, 그네를 타고 노는 어린이, 바닷물결의 출렁거림, 바람에 흔들리는 나무, 바이올린 줄의 떨림 등은 그중 몇 가지 예이다. 심지어는 우리가 눈으로 관측하지는 못하지만 사물 중에서도 주기적 가락에 장단을 맞추는 것들이 많다. 목관악기 내에서 공기 분자의 진동, 현대문명의 산물인 전기 도선 내에서 전자의 흔들림, 인체를 구성하는 원자와 분자의 진동이 그 예이다. 우리가 혀를 진동시키지 않고는 '진동'이라는 발음조차 할 수 없음은 역설이라 할 수 있다.

이 모든 자연현상이 공통적으로 갖고 있는 필수적인 요소는 운동의 **주기성**(週期性, periodicity)으로 운동양상(pattern)이나 변위(displacement)가 자꾸 반복되는 형태이다. 그 양상은 단순할 수

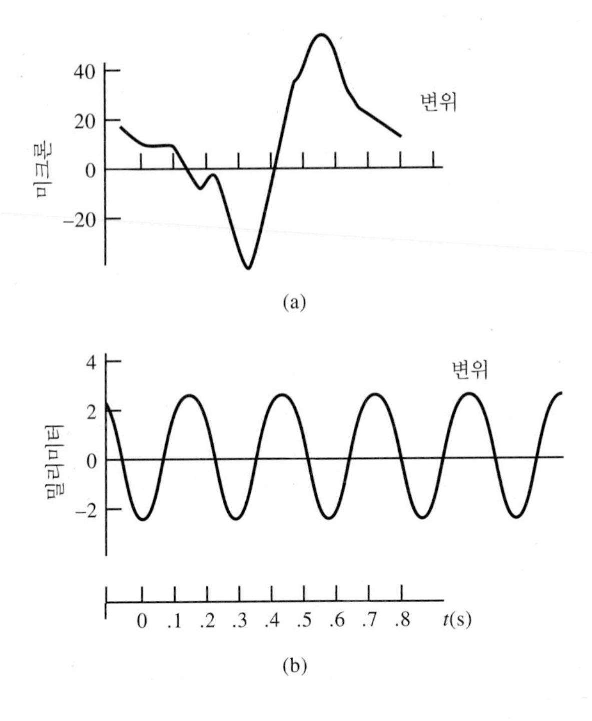

그림 3.1.1 (a) 마찰이 없는 평면에 누운 인체에서 심장박동의 반동으로 생기는 진동, (b) 단진자 평형점 부근에서의 수평 변위

도 있고 복잡할 수도 있다. 예로 그림 3.1.1(a)는 얇은 공기층 같은 거의 마찰이 없는 평평한 면에 반듯이 누워 휴식하고 있는 인체의 수평운동을 나타내고 있다. 심장이 대동맥에 혈액을 퍼 보내는 역학적 운동 때문에 그 반동으로 인체는 수평으로 진동한다. 이러한 기록을 **심전도**(心電圖, ballistocardiogram)[1]라 한다. 그림 3.1.1(b)는 단진자가 그 평형 위치 주위에서 작은 진동을 할 때 수평변위가 나타내는 거의 완전한 사인 곡선이다. 두 경우 모두 수평축은 시간의 진행방향을 표시한다. 운동의 주기는 운동의 한 순환 과정이 일어나는 데 걸리는 시간이다.

그림 3.1.1(a)의 예와 같은 자연계에 존재하는 복잡한 주기운동을 모두 기술할 수 있으리라는 기대하에 그림 3.1.1(b)에 보이는 가장 단순한 형태의 **단조화 운동**(單調和運動, simple harmonic motion)을 살펴보고자 한다.

단조화 운동은 근본적인 두 가지 특성이 있다. (1) 이 운동은 상수계수를 갖는 선형 2차 미분 방정식으로 기술된다. 그러므로 파동에서 보는 중첩 원리(重疊原理, superposition principle)가 적용된다. 즉, 두 개의 해를 알면 그들의 어떤 선형 조합도 해가 된다. 뒤에서 다룰 예에서 이 증거를 볼 수 있다. (2) 위치뿐만 아니라 속도까지를 포함한 특별한 배위(configuration)가 되풀이되는 데 필요한 시간인 주기는 운동의 진폭에 무관하다. 이미 언급했듯이 갈릴레오는 이 성질을 활용하여

1) George B. Benedek & Felix M. H. Villars, *Physics—with Illustrative Examples from Medicine and Biology*, Addison-Wesley, New York, 1974.

단진자를 시계로 사용했다. 이러한 양상은 평형점으로부터의 변위가 '작을' 때만 유효하다. 진폭이 '클' 때는 운동방정식에서 비선형항을 고려해야 하고 그 결과로 생기는 진동은 중첩 원리도 만족하지 않을 뿐만 아니라 진폭과 무관한 주기가 되지도 않는다. 이 장의 끝부분에서 이러한 상황을 간단히 다루겠다.

3.2 선형 복원력: 조화 운동

단조화 운동을 하는 가장 간단한 물리계는 마찰 없는 평면에 놓인 물체가 고정된 벽에 용수철로 연결된 것이다. 이런 예를 그림 3.2.1에 나타내었다. 용수철이 늘어나지 않은 상태에서 길이를 X_e라 하면 처음에 그 위치에 정지상태로 놓인 물체는 움직이지 않고 제자리에 가만히 있을 것이다. 이 위치는 물체의 평형 위치로서 위치에너지가 최소가 되고 작용력이 영이다. 평형 위치에서 물체를 끌거나 밀면 용수철은 늘어나거나 줄어들 것이다. 그러면 용수철의 복원력이 작용하여 물체는 항상 평형 위치로 돌아가려고 할 것이다.

물체의 운동을 계산하려면 복원력에 대한 공식을 알아야 한다. 이 계의 위치에너지가 갖는 특성에 근거한 논의를 함으로써 복원력의 수학적 형태를 추측할 수 있다. 예제 2.3.3에서 다룬 두 입자가 결합된 이원자 분자의 위치에너지 함수는 모스(Morse) 함수임을 기억할 것이다. 여기서는 스프링에 대한 위치에너지 함수로 계수 V_0는 1이고 영의 평형위치에서 영의 크기를 갖는, 즉 상수 V_0는 영인 모스 함수를 고려한다.

$$V(x) = (1 - \exp(-x/\delta))^2 \tag{3.2.1}$$

이 함수도 최소점 근방에서는 제곱형 거동을 보이며 대응하는 복원력은 선형이고 항상 물체를 평형 위치로 되돌아오게 하려 한다. 평형점으로부터의 변위 x가 $-\delta$보다 큰 경우 이 함수는 다항식으로 근사시킬 수 있다.

$$V(x) = a_0 + a_1 x + a_2 x^2 + a_3 x^3 + \cdots \tag{3.2.2a}$$

그리고 위치에너지의 '차이'만이 물리계의 기술에 필요하므로 위 식에서 상수항 a_0는 영으로 놓을

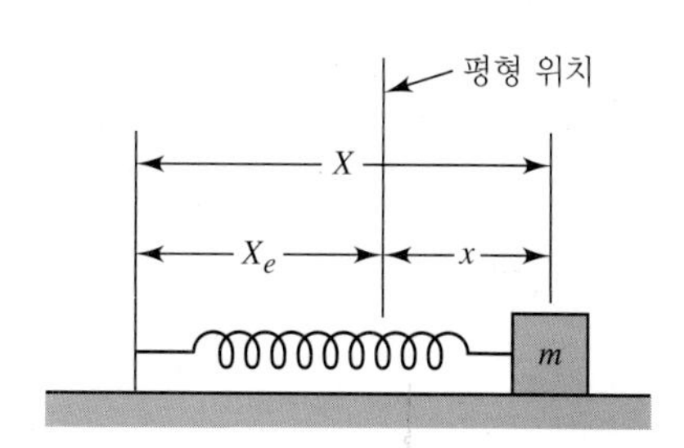

그림 3.2.1 단조화 진동의 모형

그림 3.2.2 (a) 모스 함수, 이 함수의 8차 다항식 근사, 그리고 그 제곱항의 그래프들. (b) $x = 0$ 근방으로 확대된 (a)와 동일한 그래프들

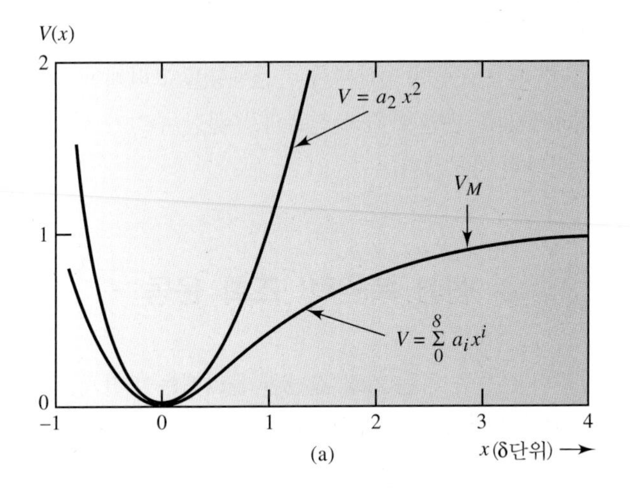

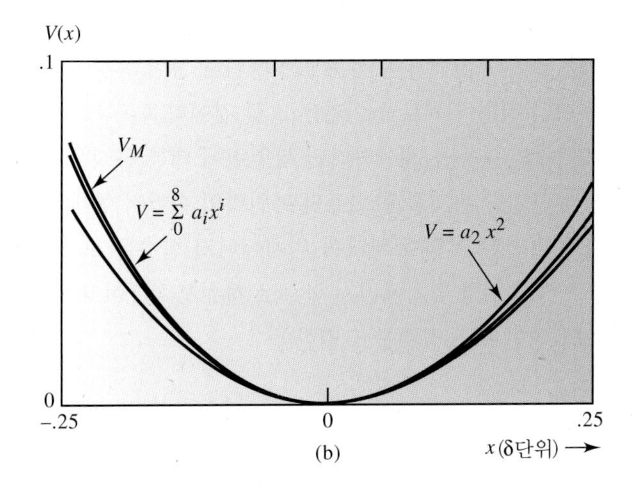

수 있다. 이는 평형점을 좌표의 기준으로 잡는 것과 같다. 한편 식 (3.2.2a)에서 1차 항도 영이 되어야 한다. 그 이유는 어느 함수든지 그 도함수들이 연속이라면 극소점에서 1차 도함수가 영이 되어야 하기 때문이다. 물론 우리는 실제의 물리계를 기술하고 있으므로 위치에너지와 그 도함수가 연속임을 가정하고 있다. 따라서 근사적인 다항식은 다음과 같이 나타낼 수 있다.

$$V(x) = a_2 x^2 + a_3 x^3 + \cdots \tag{3.2.2b}$$

그림 3.2.2(a)에는 모스 함수, 이 함수에 가장 잘 맞는 8차 다항식 근사 그리고 그 제곱항 그래프들이 함께 나타나 있다. 여기서 사용된 다항식 근사는 다음과 같다.

$$V(x) = \sum_{i=0}^{8} a_i x^i \tag{3.2.2c}$$

$$\begin{aligned} a_0 &= 1.015 \cdot 10^{-4} & a_1 &= 0.007 & a_2 &= 0.995 \\ a_3 &= -1.025 & a_4 &= 0.611 & a_5 &= -0.243 \\ a_6 &= 0.061 & a_7 &= -0.009 & a_8 &= 5.249 \cdot 10^{-4} \end{aligned}$$

선택된 꽤 넓은 전체 범위($-1 < x/\delta < 4$)에서 이 다항식은 모스 함수에 매우 잘 맞는다는 것을 알 수 있다. 8차 다항식 근사의 계수들을 살펴보면 당연히 그래야 하듯이 처음의 두 항은 거의 영이다. 언뜻 보기에 제곱항 그래프는 모스 함수 그래프와 상당히 다르다. 그러나 $x = 0$ 부근을 '확대' 해보면(그림 3.2.2(b) 참조) $-0.1 \le x/\delta \le +0.1$ 같이 작은 변위 내에서는 2차 항만 택하든 8차 다항식을 쓰든 아니면 모스 함수를 사용하든 거의 차이가 없음을 알 수 있다. 그런 작은 변위에 대한 모스 함수는 정말로 순수한 제곱형이다. 이러한 예는 의도적인 것 같지만 많은 물리계의 대표적인 현상이다.

용수철과 물체로 구성된 물리계의 위치에너지 함수는 평형 위치 X_e 부근에서 순수하게 제곱항만의 지배를 받는 형태이어야 한다. 따라서 용수철의 복원력은 친숙한 훅의 법칙(Hooke's law)으로 설명된다.

$$F(x) = -\frac{dV(x)}{dx} = -(2a_2)x = -kx \tag{3.2.3}$$

여기서 $k = 2a_2$는 **탄성계수**(彈性係數) 또는 **용수철 상수**(spring constant)라고 한다. 실제로 평형점으로부터 충분히 작은 변위란 훅의 법칙이 성립하여 복원력이 선형이 되게 하는 변위로 정의된 것이다. 복원력이어야 하는 이유는 위치에너지의 도함수로 얻은 힘의 방향이 변위의 역방향이 되기 때문이다. 이 물체에 대한 뉴턴의 제2법칙인 운동방정식은 다음과 같이 쓸 수 있다.

$$m\ddot{x} + kx = 0 \tag{3.2.4a}$$

$$\ddot{x} + \frac{k}{m}x = 0 \tag{3.2.4b}$$

미분 방정식 (3.2.4b)는 여러 가지 방법으로 풀 수 있다. 그것은 상수계수를 갖는 2차 미분 방정식이다. 그리고 앞에서 설명한 바와 같이 이 풀이에는 중첩의 원리가 적용된다. 방정식을 풀기 전에 풀이가 지녀야 할 특성을 알아보자. 우선 운동은 주기적이고 속박된 운동이다. 물체는 전향점 사이를 왕복하면서 진동한다. 가령 물체를 끌어서 위치 x_{m1}까지 당긴 후 정지상태에서 놓았다고 하자. 복원력은 초기에 $-kx_{m1}$이어서 그림 3.2.1에서 보듯이 왼쪽으로 물체를 잡아당기고 그 힘은 평형점에서 영이 된다. 그런데 평형점에 도달한 물체는 왼쪽으로 어떤 속도 v로 운동 중일 터이므로 평형점을 지나서 계속 움직일 것이다. 그러면 용수철이 압축되면서 또다시 복원력이 작용하기 시작하는데 이번에는 오른쪽으로 힘을 받는다. 그 결과 물체는 점점 속도가 줄어들고 어떤 위치 $-x_{m2}$에서 순간적으로 정지하게 된다. 이때 용수철은 완전히 압축되어 물체를 다시 오른쪽으로 밀기 시작할 것이다. 그리고 이번에도 관성 때문에 평형점을 지나서 용수철이 늘어나 원래 위치인 x_{m1}까지 움직일 것이다. 이렇게 운동의 순환과정이 한 번 끝나고 이 과정은 영원히 반복된다. 위치 x를 시간 t의 함수로 나타내면 이는 주기 함수이어야 하고 유일한 운동이어야 한다. 사인/코사인 같은 함수가 머리에 떠오를 것이다. 실제로 이들은 식 (3.2.4b)의 실수해이다. 나중에 허수의 지수함수도 사인/코사인 삼각함수와 동등함을 알게 될 것이며 더 복잡한 운동계를 다룰 때는 지수함수가 더욱 편리함을 느낄 것이다. 식 (3.2.4b)에 직접 대입하여 확인할 수 있듯이 해는 다음과 같다.

$$x = A\sin(\omega_0 t + \phi_0) \tag{3.2.5}$$

여기서

$$\omega_0 = \sqrt{\frac{k}{m}} \tag{3.2.6}$$

는 계의 **각진동수**(角振動數, angular frequency)이다. 식 (3.2.5)로 표현되는 운동은 평형 위치 주변의 사인 곡선형 진동이다. 위상 $\omega_0 t$에 대한 변위 x의 그래프가 그림 3.2.3에 나타나 있다. 이 운동은 다음과 같은 특징이 있다. (1) 하나의 각진동수 ω_0로 기술된다. 사인 함수의 위상각 $(\omega_0 t + \phi_0)$가 2π만큼 증가하여 순환 과정이 한 번 일어난 후 운동은 처음과 같이 되풀이된다(그래서 ω_0를 각진동수라 부른다). 위상이 2π 증가하는 데 걸리는 시간은 다음과 같다.

$$\begin{gathered}\omega_0(t + T_0) + \phi_0 = \omega_0 t + \phi_0 + 2\pi \\ \therefore T_0 = \frac{2\pi}{\omega_0}\end{gathered} \tag{3.2.7}$$

그림 3.2.3 단조화 진동자에서 변위와 $\omega_0 t$의 관계

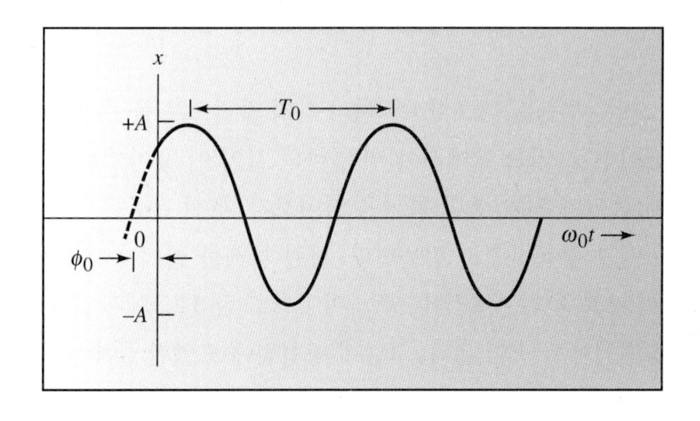

T_0를 운동의 **주기**(週期, period)라 한다. (2) 운동은 속박되어 있다. 즉, 물체의 운동은 $-A \le x \le +A$ 사이에 국한되어 있다. 평형 위치로부터의 최대 변위인 이 A를 운동의 **진폭**(振幅, amplitude)이라 한다. 진폭은 각진동수 ω_0와는 무관하다. (3) **위상각** ϕ_0는 사인 함수의 초기 각도로서 $t=0$일 때의 변위 x를 결정한다. 예를 들면 $t=0$일 때 다음과 같다.

$$x(t=0) = A\sin(\phi_0) \tag{3.2.8}$$

사인 함수의 각도가 $\pi/2$ 또는 아래 식에 의해 주어지는 시간 t_m일 때 평형 위치로부터의 최대 변위가 발생한다.

$$\omega_0 t_m = \frac{\pi}{2} - \phi_0 \tag{3.2.9}$$

진동 주기의 역수를 **진동수**(振動數, frequency)라 하며

$$f_0 = \frac{1}{T_0} \tag{3.2.10}$$

이 f_0는 단위 시간마다 진동 과정을 반복하는 횟수이다. 진동수와 각진동수 ω_0의 관계는 다음과 같다.

$$2\pi f_0 = \omega_0 \tag{3.2.11a}$$

$$f_0 = \frac{1}{T_0} = \frac{1}{2\pi}\sqrt{\frac{k}{m}} \tag{3.2.11b}$$

진동수의 단위는 s^{-1}인데, 전자기 파동을 처음으로 발견한 하인리히 헤르츠(Heinrich Hertz)의 이름을 따라서 **헤르츠**(hertz 또는 Hz)로 표기한다. 1 Hz = 1 s^{-1}이다. **진동수**라는 용어는 초당 진동한 횟수를 나타내지만 매초 변하는 라디안 각도인 각진동수를 나타낼 때도 혼용하여 쓰일 때가 많은데 보통은 전후 관계로 명확히 구분할 수 있다.

운동 상수와 초기 조건

단조화 운동의 해인 식 (3.2.5)는 두 개의 상수 A와 ϕ_0를 포함한다. 이 값들은 다루고자 하는 문제의 초기조건을 통해 결정할 수 있다. 가장 간단하고 가장 보편적인 예로서 초기에 평형 위치로부터 x_m인 위치에서 정지상태로부터 물체의 운동이 시작했다고 하자. 그러면 $t=0$일 때 변위는 최대가 된다. 따라서 $A = x_m$ 그리고 $\phi_0 = \pi/2$이다.

또 다른 간단한 예로서 $t=0$일 때 $x=0$에 있는 진동자가 갑자기 충격을 받아 $+v_0$의 속도로 밀쳐졌다고 하자. 이 경우에 초기 위상은 $\phi_0 = 0$이다. 그러면 자동적으로 $t=0$일 때 $x=0$이 된다. x

를 미분하면 시간의 함수로 속도를 구하고 $t = 0$일 때의 속도가 v_0인 점을 이용하여 진폭을 구할 수 있다.

$$v(t) = \dot{x}(t) = \omega_0 A\cos(\omega_0 t + \phi_0) \tag{3.2.12a}$$

$$v(0) = v_0 = \omega_0 A \tag{3.2.12b}$$

$$\therefore\ A = \frac{v_0}{\omega_0} \tag{3.2.12c}$$

좀 더 일반적인 경우로서 물체의 초기위치가 x_0이고 초기속도가 v_0라고 하자. 그러면 적분 상수는 다음과 같다.

$$x(0) = A\sin\phi_0 = x_0 \tag{3.2.13a}$$

$$\dot{x}(0) = \omega_0 A\cos\phi_0 = v_0 \tag{3.2.13b}$$

$$\therefore\ \tan\phi_0 = \frac{\omega_0 x_0}{v_0} \tag{3.2.13c}$$

$$A^2 = x_0^2 + \frac{v_0^2}{\omega_0^2} \tag{3.2.13d}$$

위 식에서 v_0 또는 x_0를 영으로 둠으로써 먼저 다룬 두 특별한 경우에 대한 해를 얻게 된다.

회전하는 진폭 벡터의 투영과 단조화 운동

일정한 각속도 ω_0로 회전하고 있는 벡터 **A**를 상상해보자. 이 벡터는 등속 원운동을 하는 원주 위의 점 P를 나타낸다고 하자. 원과 같은 평면 위에 있는 어떤 직선에 이 벡터를 투영하면 그 결과는 단조화 운동이 된다. 이 직선을 x축이라 한다. 그림 3.2.4와 같이 시간 t일 때 벡터 **A**가 x축과 θ의 각도를 만든다고 하자. 그러면 $\dot{\theta} = \omega_0$이므로 θ는 시간에 따라 1차식의 형태로 증가한다.

그림 3.2.4 등속 원운동의 투영으로 본 단조화 운동

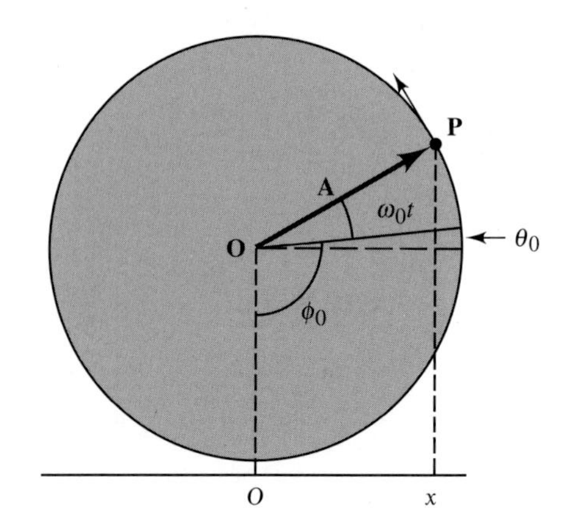

$$\theta = \omega_0 t + \theta_0 \tag{3.2.14}$$

여기서 θ_0는 $t = 0$일 때의 값이다. 점 P의 x축에 대한 투영은 다음과 같다.

$$x = A\cos\theta = A\cos(\omega_0 t + \theta_0) \tag{3.2.15}$$

점 P가 원 주위를 등속 원운동할 때 위 식으로 주어지는 점은 단조화 운동을 한다.

위에서는 x를 t의 코사인 함수로 나타냈다. 그림 3.2.4에 보인 것처럼 x축 대신에 y축으로부터의 각을 측정하면 식 (3.2.5)로 주어지는 동등한 표현식인 사인 함수를 구할 수 있다. 이 경우에 x축에 대한 $\mathbf{A}$의 투영은 다음과 같다.

$$x = A\sin(\omega_0 t + \phi_0) \tag{3.2.16}$$

식 (3.2.15)가 식 (3.2.16)과 동등하다는 사실을 다른 방법으로 확인할 수 있다. 초기 위상 ϕ_0와 θ_0의 차이를 $\pi/2$라 하고 위 식에 대입하여 다음을 얻는다.

$$\phi_0 - \theta_0 = \frac{\pi}{2} \tag{3.2.17a}$$

$$\begin{aligned}\cos(\omega_0 t + \theta_0) &= \cos\left(\omega_0 t + \phi_0 - \frac{\pi}{2}\right)\\ &= \sin(\omega_0 t + \phi_0)\end{aligned} \tag{3.2.17b}$$

그러므로 단조화 운동은 사인 함수나 코사인 함수 중 어느 방법으로든지 기술할 수 있다. 어느 것을 사용할지는 개인의 선호 문제이고 초기 위상각의 결정에 관계될 뿐이다.

위의 논의에서 조화 운동의 일반해를 나타내기 위해 사인 함수와 코사인 함수의 합을 쓸 수도 있다고 추측했을 것이다. 예를 들어, 식 (3.2.5)의 사인 함수의 해를 삼각함수의 항등식을 이용하면 다음과 같이 쓸 수 있다.

$$\begin{aligned}x(t) &= A\sin(\omega_0 t + \phi_0) = A\sin\phi_0 \cos\omega_0 t + A\cos\phi_0 \sin\omega_0 t\\ &= C\cos\omega_0 t + D\sin\omega_0 t\end{aligned} \tag{3.2.18}$$

여기서 A나 ϕ_0가 해에는 포함되어 있지 않지만 다음의 관계에 있다.

$$\tan\phi_0 = \frac{C}{D} \qquad A^2 = C^2 + D^2 \tag{3.2.19}$$

경우에 따라서는 이것이 편리할 때가 있다.

조화 진동자에 작용하는 일정한 외력

가령 그림 3.2.1에 있는 용수철이 그림 3.2.5처럼 수직으로 매달려 있다고 하자. 그러면 전체에 작

그림 3.2.5 조화 운동자를 수직으로 매달아놓은 경우

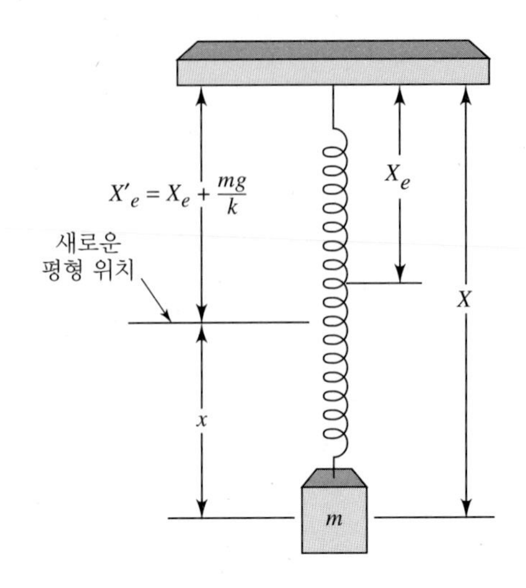

용하는 힘은 물체의 무게 mg에 아래의 복원력을 더한 것이 된다.

$$F = -k(X - X_e) + mg \tag{3.2.20}$$

여기서는 수직 하방이 (+)방향이다. $X - X_e$를 x라 하면 이 방정식은 이전과 같이 $F = -kx + mg$로 쓸 수 있다. 그렇지만 x를 다시 정의해서 새로운 평형점 X'_e으로부터의 변위로 정하는 것이 더 편리하다. X'_e은 식 (3.2.20)에서 $F = 0$으로 놓고 $0 = -k(X'_e - X_e) + mg$를 풀면 $X'_e = X_e + mg/k$가 된다. 이제 변위를

$$x = X - X'_e = X - X_e - \frac{mg}{k} \tag{3.2.21}$$

로 새롭게 정의하여 식 (3.2.20)에 대입하고 정리하면

$$F = -kx \tag{3.2.22}$$

가 되어서 운동에 관한 미분 방정식은 이전과 같다.

$$m\ddot{x} + kx = 0 \tag{3.2.23}$$

새로 정의된 x를 사용할 때 해는 수평으로 움직이는 조화 진동의 경우와 똑같다. 외부에서 작용하는 힘이 일정할 경우에는 평형 위치만 바뀔 뿐이다. 새 평형점으로부터 변위를 측정하면 운동방정식은 똑같기 때문이다.

예제 3.2.1

가벼운 용수철에 질량 m인 물체를 수직 방향으로 달아매면 D_1만큼 용수철이 늘어나면서 평형 위치를 이루고 정지할 것이다. 이 평형 위치에서 D_2만큼 더 아래로 잡아당겼다 놓으면 그때($t = 0$)부터 (a) 전개되는 물체의 운동을 기술하라. (b) 평형 위치를 위 방향으로 통과할 때의 속도를 구하라. (c) 진동 과정 중 물체가 제일 높은 위치에 있을 때의 가속도를 구하라.

■ 풀이

우선 평형 위치에서 수직 하방을 $+x$축으로 잡으면 다음과 같다.

$$F_x = 0 = -kD_1 + mg$$

그래서 탄성계수는

$$k = \frac{mg}{D_1}$$

이고, 이 진동의 각진동수는 다음과 같다.

$$\omega_0 = \sqrt{\frac{k}{m}} = \sqrt{\frac{g}{D_1}}$$

운동을 $x(t) = A\cos\omega_0 t + B\sin\omega_0 t$라 하면

$$\dot{x} = -A\omega_0 \sin\omega_0 t + B\omega_0 \cos\omega_0 t$$

가 되고, 초기조건에 의해서

$$x_0 = D_2 = A \qquad \dot{x}_0 = 0 = B\omega_0 \qquad B = 0$$

이 되므로, 물체의 운동은 다음 식으로 기술된다.

(a)
$$x(t) = D_2 \cos\left(\sqrt{\frac{g}{D_1}}t\right)$$

이 식은 주어진 변수들로만 이루어져 있다. 마지막 식에 질량 m이 포함되지 않았음에 유의하라. 그러면 속도는

$$\dot{x}(t) = -D_2\sqrt{\frac{g}{D_1}}\sin\left(\sqrt{\frac{g}{D_1}}t\right)$$

이고, 가속도는

$$\ddot{x}(t) = -D_2 \frac{g}{D_1} \cos\left(\sqrt{\frac{g}{D_1}}t\right)$$

이다. 물체가 평형 위치를 위로 통과할 때 사인항의 각도는 $\pi/2$(1/4 주기)이므로

(b) $$\dot{x} = -D_2 \sqrt{\frac{g}{D_1}} \quad \text{(가운데)}$$

가 되고, 물체가 제일 높은 위치에 있을 때는 코사인의 각도가 π(1/2 주기)이므로 다음을 얻는다.

(c) $$\ddot{x} = D_2 \frac{g}{D_1} \quad \text{(꼭대기)}$$

$D_1 = D_2$인 경우에는 꼭대기 점에서 아래쪽을 향한 이 가속도는 g와 똑같다는 점이 흥미롭다. 이 특별한 순간에 물체는 자유낙하 상태이고 용수철은 물체에 아무런 힘도 미치지 않는다.

예제 3.2.2

단진자

단진자(simple pendulum)는 그림 3.2.6과 같이 길이 l인 가볍고 늘어나지 않는 끈의 끝에 질량 m인 작은 추를 매달아 흔들리게 하는 장치이다. 운동은 원호상에서만 일어나므로 각도 θ로만 기술할 수 있다. 이때 복원력은 운동경로를 따라서 무게 $m\mathbf{g}$가 각도 θ가 증가하는 방향으로 작용하는 성분인 $F_s = -mg \sin\theta$이다. 작은 추를 입자로 간주하면 운동에 대한 미분 방정식은 다음과 같다.

$$m\ddot{s} = -mg \sin\theta$$

그런데 $s = l\theta$이고, θ가 작을 때는 $\sin\theta = \theta$로 근사시킬 수 있다. 따라서 양변의 m을 소거하고 항들을 다시 배치하여 이 미분 방정식을 θ만의 함수로 또는 s만의 함수로 표현할 수 있다.

$$\ddot{\theta} + \frac{g}{l}\theta = 0 \qquad \ddot{s} + \frac{g}{l}s = 0$$

비록 운동은 직선이 아니라 곡선 경로를 따라 일어나지만 운동방정식은 수학적으로 식 (3.2.4b)에서 k/m을 g/l로 대치한 것으로 볼 수 있다. 그러므로 $\sin\theta = \theta$ 근사식이 성립하는 범위 내에서 물체의 운동은 다음과 같은 각진동수

$$\omega_0 = \sqrt{\frac{g}{l}}$$

그림 3.2.6 단진자

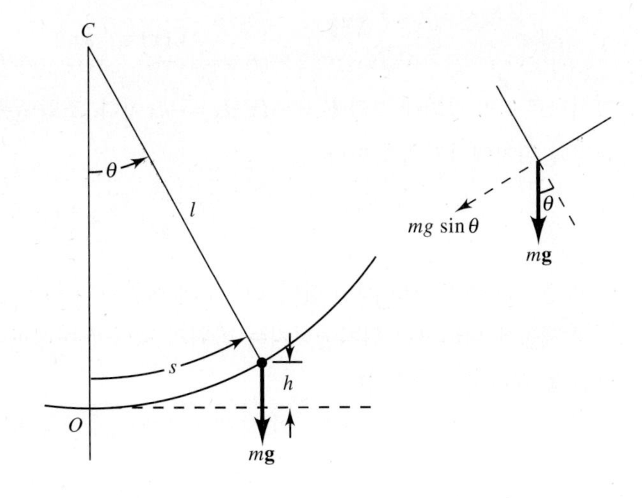

와 주기

$$T_0 = \frac{2\pi}{\omega_0} = 2\pi\sqrt{\frac{l}{g}}$$

을 갖는 단조화 진동이라 할 수 있다. 길이가 1 m인 경우 위의 공식으로 계산하면 주기는 거의 2초, 즉 반주기는 거의 1초라는 점이 흥미롭다. '초(秒) 진자'로 알려진 반주기가 1초인 단진자의 정확한 길이는 $T_0 = 2$초로 놓고 구하면 된다. 그러면 길이는 $l = g/\pi^2$으로 주어지는데, 여기서 g는 m/s^{2}으로 주어진다. 위도 45°에서 중력가속도 값은 $g = 9.8062$ m/s^{2}이므로 이 위도에서 단진자의 길이는 9.8062/9.8696 = 0.9936 m가 되어서 1 m에 매우 가깝다.

3.3 조화 운동에서 에너지 고찰

선형 복원력 $F_x = -kx$를 받고 움직이는 입자를 고려해보자. 그리고 평형 위치 $x = 0$으로부터 어떤 위치 x까지 입자를 움직일 때 외력 F_{ext}가 한 일을 계산해보자. 우선 입자를 아주 서서히 움직여서 입자가 운동에너지를 갖지 못하도록 한다. 즉, 작용하는 외력의 크기는 복원력 $-kx$보다 약간 크다고 하자. 그러면 $F_{ext} = -F_x = kx$이므로

$$W = \int_0^x F_{ext}\,dx = \int_0^x kx\,dx = \frac{k}{2}x^2 \tag{3.3.1}$$

훅의 법칙을 따르는 용수철의 경우 일 $W = V(x)$는 용수철에 위치 에너지로 저장된다.

$$V(x) = \tfrac{1}{2}kx^2 \tag{3.3.2}$$

그러므로 V의 정의에 따라 $F_x = -dV/dx = -kx$이다. 조화 운동을 하는 입자의 총 에너지는 운동에너지와 위치에너지의 합이다.

$$E = \tfrac{1}{2}m\dot{x}^2 + \tfrac{1}{2}kx^2 \tag{3.3.3}$$

이 방정식은 좀 더 기초적인 방법으로 조화 진동자의 특성을 강조하고 있다. 즉, 운동에너지는 속도의 제곱에 비례하고 위치에너지는 변위의 제곱에 비례한다. 입자에 작용하는 힘이 복원력뿐이라면 총 에너지는 상수이다.

입자의 운동은 에너지 방정식인 식 (3.3.3)에서도 알 수 있다. 속도에 대해 풀면

$$\dot{x} = \pm\left(\frac{2E}{m} - \frac{kx^2}{m}\right)^{1/2} \tag{3.3.4}$$

로 되고, 이 식을 적분하면 x의 함수로 주어지는 t에 관한 식을 얻게 된다.

$$t = \int \frac{dx}{\pm[(2E/m) - (k/m)x^2]^{1/2}} = \mp(m/k)^{1/2}\ \cos^{-1}(x/A) + C \tag{3.3.5}$$

여기서 C는 적분상수이고, A는 다음 식과 같이 주어지는 진폭이다.

$$A = \left(\frac{2E}{k}\right)^{1/2} \tag{3.3.6}$$

식 (3.3.5)의 적분을 t의 함수로 x에 대해 풀면 앞 절과 같은 결과를 얻는데 이번에는 진폭이 구체적으로 주어진다. 또한 진폭은 식 (3.3.3)에서 운동의 전향점인 $\dot{x} = 0$에서 직접 구할 수도 있다. $\dot{x}$가 실수이려면 x 값이 $\pm A$ 사이에 놓여 있어야 한다. 이는 그림 3.3.1에 잘 표현되어 있다.

에너지 방정식을 통해 $x = 0$에서 일어나는 속도의 최대값 v_{max}도 알 수 있다. 그러므로 다음과

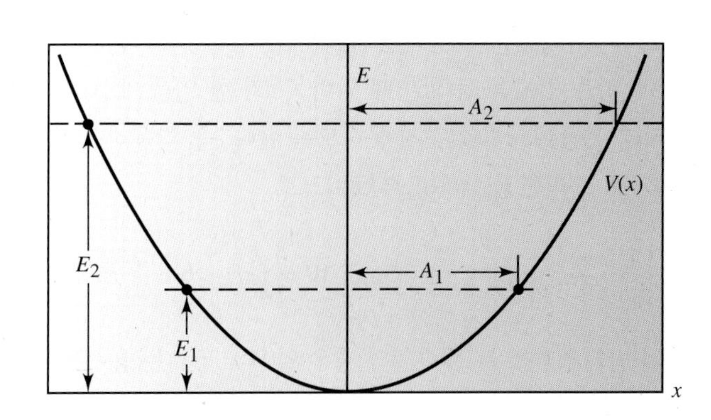

그림 3.3.1 조화 진동자의 포물선형 위치에너지 함수 그래프. 진폭을 결정하는 전향점들이 두 에너지 값에 대해 나타나 있다.

같이 쓸 수 있다.

$$E = \frac{1}{2}mv_{max}^2 = \frac{1}{2}kA^2 \tag{3.3.7}$$

입자가 진동할 때 운동에너지와 위치에너지는 끊임없이 변한다. 일정한 값인 총 에너지는 중심인 $x=0$ 그리고 $\dot{x}=\pm v_{max}$에서는 모두 운동에너지만 갖고, 꼭짓점인 $\dot{x}=0$과 $x=\pm A$에서는 모두 위치에너지만 갖는다.

예제 3.3.1

단진자의 에너지 함수

그림 3.2.6에 나타낸 것과 같은 단진자의 위치에너지는 다음과 같이 표현된다.

$$V = mgh$$

여기서 h는 기준점으로부터의 높이이다. 여기서는 평형점을 기준점으로 선택했다. 각도 θ만큼 변위가 생길 때 그림 3.2.6에서 보듯이 $h = l - l\cos\theta$이고

$$V(\theta) = mgl(1-\cos\theta)$$

가 된다. 코사인에 대한 급수전개는 $\cos\theta = 1 - \theta^2/2! + \theta^4/4! - \cdots$이므로 각도 θ가 작을 때는 $\cos\theta = 1 - \theta^2/2$로 근사시킬 수 있다. 그러면

$$V(\theta) = \frac{1}{2}mgl\,\theta^2$$

이 되고, $s = l\theta$이므로

$$V(s) = \frac{1}{2}\frac{mg}{l}s^2$$

이 되어, 1차 근사로 위치에너지는 변위의 제곱에 비례한다. 변수 s를 사용하면 총 에너지는

$$E = \frac{1}{2}m\dot{s}^2 + \frac{1}{2}\frac{mg}{l}s^2$$

이 되는데, 이는 앞에서 논의한 조화 진동자의 에너지와 관련된 일반적인 설명과 잘 일치한다.

예제 3.3.2

조화 진동자의 운동에너지, 위치에너지, 총 에너지의 평균값들을 계산하라. 여기서 운동에너지는

K로, 그리고 운동의 주기로는 T_0를 사용한다.

■ 풀이

$$\langle K \rangle = \frac{1}{T_0}\int_0^{T_0} K(t)\,dt = \frac{1}{T_0}\int_0^{T_0} \tfrac{1}{2} m\dot{x}^2\,dt$$

$$x = A\sin(\omega_0 t + \phi_0)$$

$$\dot{x} = \omega_0 A\cos(\omega_0 t + \phi_0)$$

이므로 $\phi_0 = 0$이라 놓고 $u = \omega_0 t = (2\pi/T_0)\cdot t$로 바꾸면 다음과 같다.

$$\langle K \rangle = \frac{1}{T_0}\left[\tfrac{1}{2} m\omega_0^2 A^2 \int_0^{T_0} \cos^2(\omega_0 t)\,dt\right]$$

$$= \frac{1}{2\pi}\left[\tfrac{1}{2} m\omega_0^2 A^2 \int_0^{2\pi} \cos^2 u\,du\right]$$

그런데 다음 등식과 한 사이클 동안 $\cos^2$항과 $\sin^2$항이 만드는 면적은 동일하다는 사실로부터

$$\frac{1}{2\pi}\int_0^{2\pi} (\sin^2 u + \cos^2 u)\,du = \frac{1}{2\pi}\int_0^{2\pi} du = 1$$

$$\frac{1}{2\pi}\int_0^{2\pi} \cos^2 u\,du = \tfrac{1}{2}$$

를 얻는다. 그래서

$$\langle K \rangle = \tfrac{1}{4} m\omega_0^2 A^2$$

위치에너지의 평균값 계산과정도 이와 비슷하다.

$$V = \tfrac{1}{2}kx^2 = \tfrac{1}{2}kA^2\ \sin^2\omega_0 t$$

$$\langle V \rangle = \tfrac{1}{2}kA^2 \frac{1}{T_0}\int_0^{T_0}\ \sin^2\omega_0 t\,dt$$

$$= \tfrac{1}{2}kA^2 \frac{1}{2\pi}\int_0^{2\pi}\ \sin^2 u\,du$$

$$= \tfrac{1}{4}kA^2$$

이때 $k/m = \omega_0^2$, 즉 $k = m\omega_0^2$이므로

$$\langle V \rangle = \tfrac{1}{4}kA^2 = \tfrac{1}{4}m\omega_0^2 A^2 = \langle K \rangle$$

$$\langle E \rangle = \langle K \rangle + \langle V \rangle = \tfrac{1}{2}m\omega_0^2 A^2 = \tfrac{1}{2}kA^2 = E$$

이다. 운동에너지와 위치에너지는 평균값이 똑같다. 따라서 진동자의 평균 에너지는 임의의 순간

에 진동자가 갖는 총 에너지와 같다.

3.4 감쇠 조화 운동

앞서 살펴본 조화 진동자는 마찰력을 고려하지 않았다는 면에서 현실과 동떨어진 이상적인 경우이다. 역학계에서 정도의 차이는 있을지라도 마찰은 항상 존재한다. 이는 전기회로에서 항상 전기 저항이 있는 것과 마찬가지이다. 구체적으로, 질량 m인 물체가 탄성계수 k인 가벼운 용수철로 지탱되고 있고 속도에 비례하여 작용하는 점성 마찰력이 있다고 가정하자. 속도가 느릴 때 공기 저항으로 생기는 마찰력이 대표적인 예이다.[2] 이러한 힘들은 그림 3.4.1에 나타나 있다.

평형점으로부터 변위를 x라 하면 복원력은 $-kx$이고 제동력(retarding force)은 $-c\dot{x}$이다. 여기서 c는 비례상수이다. 이때 운동에 관한 미분 방정식은 $m\ddot{x}=-kx-c\dot{x}$ 또는 다음과 같다.

$$m\ddot{x}+c\dot{x}+kx=0 \tag{3.4.1}$$

감쇠가 없을 때의 경우처럼 이번에도 위 식을 m으로 나누면 다음과 같다.

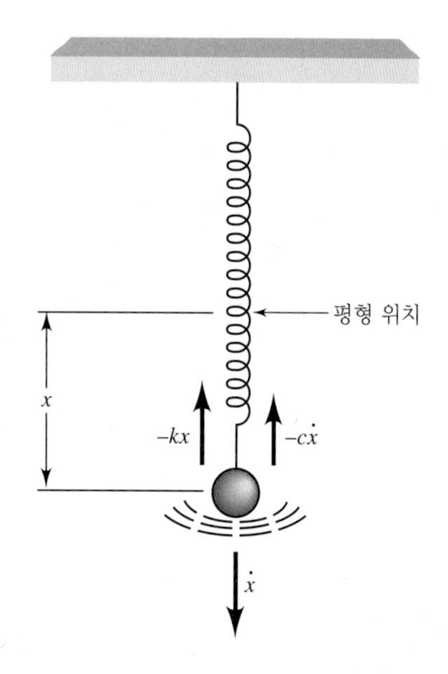

그림 3.4.1 감쇠 조화 진동자의 모형

2) 비선형 저항이 대부분의 경우 더 현실적이다. 그러나 그 운동방정식이 훨씬 복잡하므로 여기서는 다루지 않는다.

$$\ddot{x} + \frac{c}{m}\dot{x} + \frac{k}{m}x = 0 \tag{3.4.2}$$

감쇠 인자(減衰因子, damping factor) γ를 다음과 같이 정의하여

$$\gamma \equiv \frac{c}{2m} \tag{3.4.3}$$

이 인자와 $\omega_0^2(=k/m)$을 식 (3.4.2)에 대입하면 방정식은 다음과 같이 간단한 형태가 된다.

$$\ddot{x} + 2\gamma\dot{x} + \omega_0^2 x = 0 \tag{3.4.4}$$

속도에 의존하는 항인 $2\gamma\dot{x}$ 때문에 문제가 복잡해진다. 대입하면 곧 알 수 있지만 간단한 사인이나 코사인 형태의 해로는 안 된다. 이제 상수계수를 갖는 2차 미분 방정식에 일반적으로 적용할 수 있는 방법을 제시하겠다. 미분 연산자 d/dt를 D로 표기하자. 이 D와 D의 제곱항, 즉 2차 미분 연산자를 식 (3.4.4)를 구할 때와 같은 방법으로 x에 작용하면

$$\left[D^2 + 2\gamma D + \omega_0^2\right]x = 0 \tag{3.4.5a}$$

이 된다. 이것을 [ ] 내부의 연산(演算, operation)을 함수 x에 적용하는 방정식이라 한다. D^2이라는 연산은 x에 D를 먼저 연산한 후에, 그 결과에 다시 한 번 D를 연산함을 의미한다. 이 과정에서 식 (3.4.4)의 첫 항인 $\ddot{x}$가 생긴다. 그러므로 연산 방정식인 식 (3.4.5a)는 미분 방정식인 식 (3.4.4)와 대등하다. 이런 식으로 방정식을 간단하게 쓰면 연산자 항을 인수분해해서 다음을 얻는다.

$$\left[D + \gamma - \sqrt{\gamma^2 - \omega_0^2}\right]\left[D + \gamma + \sqrt{\gamma^2 - \omega_0^2}\right]x = 0 \tag{3.4.5b}$$

위 식에서 연산은 식 (3.4.5a)에서와 동일하지만 2차식의 연산을 두 개의 1차식 연산의 곱으로 대치했다. 연산의 순서는 바꾸어도 괜찮으므로 일반해는 각각의 1차 미분 방정식을 x에 적용한 것이 영이라 두고 푼 해들의 선형조합이다. 따라서 다음 결과를 얻게 된다.

$$x(t) = A_1 e^{-(\gamma - q)t} + A_2 e^{-(\gamma + q)t} \tag{3.4.6}$$

여기서

$$q = \sqrt{\gamma^2 - \omega_0^2} \tag{3.4.7}$$

식 (3.4.6)을 식 (3.4.4)에 직접 대입함으로써 해가 되는 것을 확인할 수 있다. 그러나 곧 알게 되겠지만 식 (3.4.7)의 q가 허수일 수 있기 때문에 위 식의 지수항은 실수나 복소수가 될 수 있다.

세 가지 경우가 가능한데 다음과 같이 분류할 수 있다.

I. q는 실수이고 > 0 **과다감쇠**

II. q는 실수이고 = 0 임계감쇠

III. q는 허수 미급감쇠

I. 과다감쇠(過多減衰, overdamping): 식 (3.4.6)의 두 지수 모두가 실수이고 상수 A_1, A_2는 초기 조건으로 결정된다. 이 운동은 $(\gamma - q)$와 $(\gamma + q)$의 두 감쇠 상수를 갖고 지수함수적으로 감쇠하는 운동이다. 초기에 적절하게 변위를 발생시킨 후 물체를 정지 상태에서 놓으면 서서히 평형 상태로 돌아오는데 강한 감쇠력 때문에 진동이 일어나지 않는다. 이런 상황은 그림 3.4.2에 표현되어 있다.

II. 임계감쇠(臨界減衰, critical damping): 이 경우에는 $q = 0$이고 식 (3.4.6)의 두 지수는 γ와 같아진다. 그리고 두 상수 A_1과 A_2는 더 이상 서로 독립적이지 않다. 합하면 하나의 상수 A가 되기 때문이다. 그래서 해에는 한 개의 지수 형태 감쇠 함수가 중복(degenerate)되어 나타난다. 그런데 초기 위치와 속도에 의해 명시되는 경계조건을 만족하려면 두 개의 서로 다른 함수와 독립적인 상수를 가진 일반해가 필요하다. 이러한 해를 구하기 위해 식 (3.4.5b)를 다시 고려해보자.

$$(D + \gamma)(D + \gamma)x = 0 \tag{3.4.8a}$$

연산순서를 바꾸는 것이 여기서는 무의미한데 이는 두 연산자가 동일하기 때문이다. 결과를 영이라 두기 전에 x에 대한 전체 연산을 먼저 수행해야 한다. 그러기 위해 $u = (D + \gamma)x$로 치환하면

$$\begin{aligned} (D + \gamma)u &= 0 \\ u &= Ae^{-\gamma t} \end{aligned} \tag{3.4.8b}$$

을 얻고, 이것을 다시 $(D + \gamma)x$로 놓고 풀어서 다음을 얻는다.

$$\begin{aligned} Ae^{-\gamma t} &= (D + \gamma)x \\ A &= e^{\gamma t}(D + \gamma)x = D(xe^{\gamma t}) \\ \therefore\ xe^{\gamma t} &= At + B \\ x(t) &= Ate^{-\gamma t} + Be^{-\gamma t} \end{aligned} \tag{3.4.9}$$

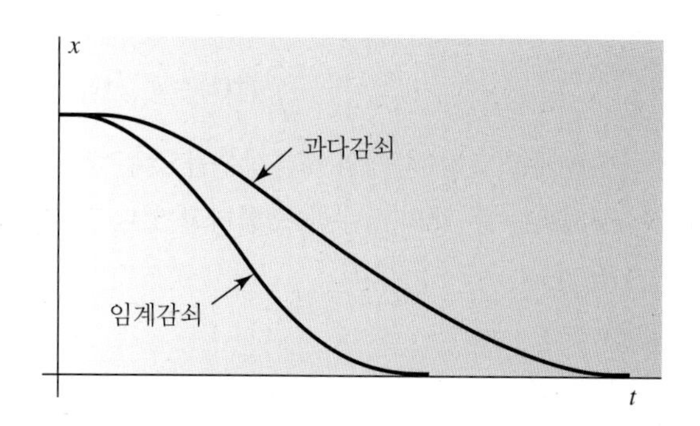

그림 3.4.2 초기 변위 후 정지상태에서 놓아진 임계감쇠 진동자와 과다감쇠 진동자에서 변위와 시간의 관계

이 해는 두 개의 서로 다른 함수 $te^{-\gamma t}$와 $e^{-\gamma t}$로 구성되어 있으며, 또 두 개의 적분상수 A, B를 포함하고 있다. 과다감쇠의 경우처럼 정지상태에서 놓아진 물체는 진동하지 않고 $x = 0$을 점근선으로 갖는 평형 상태로 되돌아온다. 그림 3.4.2에는 이 경우도 나타나 있다. 자동차 바퀴의 축을 지탱하는 완충장치(suspension) 등에서 임계감쇠는 매우 중요한 역할을 한다.

III. 미급감쇠(未及減衰, underdamping): 상수 γ가 충분히 작아서 판별식이 $\gamma^2 - \omega_0^2 < 0$이면 식 (3.4.7)의 q는 허수가 된다. 초기 변위를 일으킨 후 정지상태에서 놓아진 물체는 전혀 감쇠력이 없는 경우와 같지는 않겠지만 진동을 할 것이다. 차이점은 지수에 실수항 $-\gamma$가 있다는 것이고 이 때문에 진동은 결국 사라질 것이다. 식 (3.4.7)의 제곱근 안의 부호를 바꿔 쓰고 $q = i\omega_d$라 하면 다음과 같다.

$$\omega_d = \sqrt{\omega_0^2 - \gamma^2} = \sqrt{\frac{k}{m} - \frac{c^2}{4m^2}} \tag{3.4.10}$$

여기서 ω_0와 ω_d는 각각 비감쇠(undamped)와 미급감쇠(underdamped) 조화 진동자의 각진동수이다. 식 (3.4.6)의 일반해를 여기서 논의하는 요소를 이용하여 다시 쓰면

$$\begin{aligned} x(t) &= C_+ e^{-(\gamma - i\omega_d)t} + C_- e^{-(\gamma + i\omega_d)t} \\ &= e^{-\gamma t}(C_+ e^{i\omega_d t} + C_- e^{-i\omega_d t}) \end{aligned} \tag{3.4.11}$$

이 되는데, 여기서 C_+와 C_-는 적분상수이다. 이 해에는 허수를 지수로 하는 지수함수들의 합이 포함되어 있다. 하지만 해는 실수여야 한다. 왜냐하면 현실 세계를 기술해야 하기 때문이다. 이러한 실수여야 한다는 조건 때문에 C_+와 C_-는 서로 복소공액(complex conjugate)이 되어야 하며, 따라서 해는 사인/코사인 형태의 함수가 된다. 그러므로 식 (3.4.11)의 복소공액을 택하면

$$x^*(t) = e^{-\gamma t}(C_+^* e^{-i\omega_d t} + C_-^* e^{+i\omega_d t}) = x(t) \tag{3.4.12a}$$

가 되고, $x(t)$는 실수여서 $x^*(t) = x(t)$여야 하므로 다음이 성립한다.

$$\begin{aligned} \therefore\ & C_+^* = C_- = C \\ & C_-^* = C_+ = C^* \\ \therefore\ & x(t) = e^{-\gamma t}(C^* e^{+i\omega_d t} + C e^{-i\omega_d t}) \end{aligned} \tag{3.4.12b}$$

이번에는 단지 한 개의 적분상수를 갖는 해를 얻은 것처럼 보인다. 그러나 C는 복소수이므로 실제로는 두 개의 상수를 포함하고 있다. 두 개의 실수 A와 θ_0를 이용하여 C와 C^*를 나타내면

$$C_- = C = \frac{A}{2}e^{-i\theta_0}$$
$$C_+ = C^* = \frac{A}{2}e^{+i\theta_0} \tag{3.4.13}$$

A는 최대 변위이고 θ_0는 초기 위상각임을 곧 알게 될 것이다. 그러므로 식 (3.4.12b)는 다음과 같이 쓸 수 있다.

$$x(t) = e^{-\gamma t}\left(\frac{A}{2}e^{+i(\omega_d t+\theta_0)} + \frac{A}{2}e^{-i(\omega_d t+\theta_0)}\right) \tag{3.4.14}$$

이 식에 오일러(Euler)의 항등식[3]을 적용하면 다음을 얻는다.

$$\frac{A}{2}e^{+i(\omega_d t+\theta_0)} = \frac{A}{2}\cos(\omega_d t+\theta_0) + i\frac{A}{2}\sin(\omega_d t+\theta_0)$$
$$\frac{A}{2}e^{-i(\omega_d t+\theta_0)} = \frac{A}{2}\cos(\omega_d t+\theta_0) - i\frac{A}{2}\sin(\omega_d t+\theta_0) \tag{3.4.15}$$
$$\therefore x(t) = e^{-\gamma t}(A\cos(\omega_d t+\theta_0))$$

3.2절의 회전 벡터에 관한 논의를 따르면 다음과 같이 쓸 수도 있다.

$$x(t) = e^{-\gamma t}\,(A\sin(\omega_d t + \phi_0)) \tag{3.4.16}$$

상수 A, θ_0, ϕ_0는 3.2절과 같은 의미로 해석할 수 있다. 실제로 미급감쇠 진동자에 대한 풀이는 비감쇠 진동자와 거의 동일함을 알 수 있다. 두 가지 차이점은 (1) 실수의 지수함수 $e^{-\gamma t}$ 때문에 진동이 점점 줄어들어 소멸한다는 것과 (2) 미급감쇠 진동자의 각진동수는 제동력 때문에 ω_0가 아니라 ω_d가 된다는 것이다. 미급감쇠 진동자는 비감쇠의 경우보다 약간 느리게 진동한다. 그리고 그 미급감쇠 진동자의 주기는 다음과 같다.

$$T_d = \frac{2\pi}{\omega_d} = \frac{2\pi}{\left(\omega_0^2 - \gamma^2\right)^{1/2}} \tag{3.4.17}$$

미급감쇠 운동은 그림 3.4.3에 나타나 있다. 코사인이 +1과 −1 사이에 있기 때문에 식 (3.4.15a)에서 보듯이 $x = Ae^{-\gamma t}$와 $x = -Ae^{-\gamma t}$는 운동을 기술하는 곡선의 포락선(envelope)이 된다. 코사인 값이 +1과 −1일 때 포락선에 접하므로 인접한 두 접점 사이의 간격은 주기의 절반인 $T_d/2$가 될 것이다. 하지만 이 접점들이 정확하게 극대점이나 극소점이 되는 것은 아니다. 실제의 극대점과 극소점 사이의 시간 간격이 또한 $T_d/2$임을 증명할 수 있는데 학생들에게 숙제로 남겨두겠다. 한 주

---

3) 오일러의 항등식은 허수를 포함하는 지수항을 사인과 코사인 항의 합으로 바꾸어준다. 그 표현식은 $e^{iu} = \cos u + i\sin u$이다. 이 항등식은 부록 D에서 논의한다.

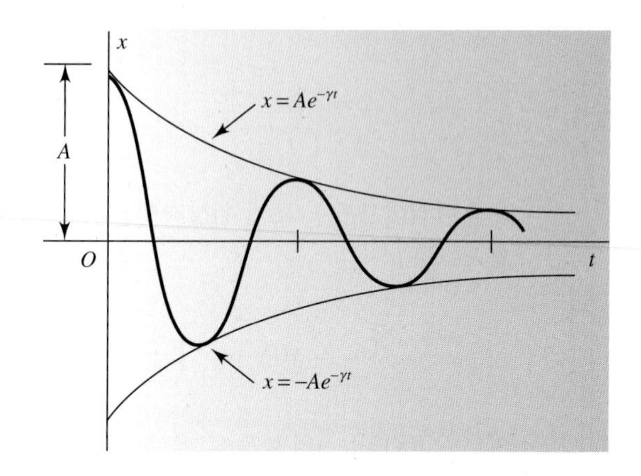

그림 3.4.3 미급감쇠 조화 진동자에서 시간에 대한 변위의 그래프

기의 시간이 지나면 진폭은 $e^{-\gamma T_d}$만큼 줄어들며 $\gamma^{-1} = 2m/c$의 시간 동안에 진폭이 $e^{-1} = 0.3679$배로 작아진다.

요약하자면, 조화 진동자의 경우 선형의 제동력이 있으면 진동자는 궁극적으로 평형 위치로 돌아와서 정지하게 된다. 평형 위치로 돌아오는 방법은 제동력의 크기에 따라서 진동의 형태가 될 수도 있고 아닐 수도 있다. 임계 조건 $\gamma = \omega_0$는 진동과 비진동의 분기점이 된다.

에너지 고찰

감쇠 조화 진동자에서 총 에너지는 운동에너지와 위치에너지의 합으로 주어진다.

$$E = \frac{1}{2}m\dot{x}^2 + \frac{1}{2}kx^2 \tag{3.4.18}$$

비감쇠 진동자의 경우 이것은 일정한 상수이다. 그러나 이 식을 시간 t로 미분하면

$$\frac{dE}{dt} = m\dot{x}\ddot{x} + kx\dot{x} = (m\ddot{x} + kx)\dot{x} \tag{3.4.19}$$

인데, 미분 운동방정식 $m\ddot{x} + c\dot{x} + kx = 0$ 혹은 $m\ddot{x} + kx = -c\dot{x}$을 이용하면 총 에너지의 시간 변화율은 다음과 같다.

$$\frac{dE}{dt} = -c\dot{x}^2 \tag{3.4.20}$$

이것은 제동력과 속도의 곱이다. 그리고 그 값은 항상 영이거나 음수여야 하므로 총 에너지는 점점 줄어들어 진폭처럼 결국은 무시할 정도로 작아진다. 운동에 기인한 점성 저항 때문에 마찰열의 형태로 역학적 에너지는 사라진다.

Q 인수

약하게 감쇠 진동하는 조화 진동자의 에너지 손실률은 진동자의 Q 인수(quality factor)로 기술된다. Q 인수는 한 진동 주기 T_d 동안 진동자의 전체 에너지를 손실된 에너지로 나눈 후 2π를 곱한 값으로 정의한다. 진동자가 약하게 감쇠한다면 한 주기 동안 에너지 손실은 작을 것이고, 따라서 Q 인수는 커진다. 이미 알려진 매개변수와 Q 인수의 관계를 계산해보자.

감쇠 진동자의 평균적인 에너지 감쇠율(dissipation rate)은 식 (3.4.20)인 $\dot{E} = -c\dot{x}^2$으로 주어지므로 $\dot{x}$를 계산할 필요가 있다. 식 (3.4.16)에서 $x(t)$는 다음과 같고

$$x = Ae^{-\gamma t}\sin(\omega_d t + \phi_0) \tag{3.4.21a}$$

이 식을 미분하면 다음을 얻는다.

$$\dot{x} = -Ae^{-\gamma t}(\gamma\sin(\omega_d t + \phi_0) - \omega_d\cos(\omega_d t + \phi_0)) \tag{3.4.21b}$$

한 주기인 $T_d = 2\pi/\omega_d$ 동안 진동자가 잃어버린 에너지는 다음과 같다.

$$\Delta E = \int_0^{T_d} \dot{E}\, dt \tag{3.4.22a}$$

이제 적분 변수를 $\theta = \omega_d t + \phi_0$로 치환하면 $dt = d\theta/\omega_d$이고 한 주기 T_d에 대한 적분은 ϕ_0부터 $\phi_0 + 2\pi$까지로 바뀐다. 한 주기에 대한 적분은 운동의 초기 위상 ϕ_0와는 무관하므로 간단히 하기 위해 $\phi_0 = 0$으로 택할 수 있다.

$$\begin{aligned}\Delta E &= \frac{1}{\omega_d}\int_0^{2\pi} \dot{E}\, d\theta \\ &= -\frac{cA^2}{\omega_d}\int_0^{2\pi} e^{-2\gamma t}\left[\gamma^2\sin^2\theta - 2\gamma\omega_d\sin\theta\cos\theta + \omega_d^2\cos^2\theta\right]d\theta\end{aligned} \tag{3.4.22b}$$

다음에 지수 인자 $e^{-2\gamma t}$를 적분 밖으로 끄집어낸다. 약한 감쇠($\gamma \ll \omega_d$)인 경우 한 주기 동안 이 값은 그리 많이 변하지 않아서 상수로 취급할 수 있기 때문이다.

$$\Delta E = \frac{-cA^2}{\omega_d}e^{-2\gamma t}\int_0^{2\pi}\left(\gamma^2\sin^2\theta - 2\gamma\omega_d\sin\theta\cos\theta + \omega_d^2\cos^2\theta\right)d\theta \tag{3.4.22c}$$

진동의 한 주기 동안 $\sin^2\theta$와 $\cos^2\theta$를 적분하면 π가 되지만 $\sin\theta\cos\theta$는 영이 된다. 따라서 다음을 얻는다.

$$\begin{aligned}\Delta E &= \frac{-cA^2}{\omega_d}\pi e^{-2\gamma t}\left(\gamma^2 + \omega_d^2\right) = -cA^2e^{-2\gamma t}\omega_0^2\left(\frac{\pi}{\omega_d}\right) \\ &= -\gamma m\omega_0^2A^2e^{-2\gamma t}T_d\end{aligned} \tag{3.4.22d}$$

여기서 $\omega_0^2 = \omega_d^2 + \gamma^2$과 $\gamma = c/2m$의 관계식을 활용했다. 감쇠 인자 γ와 시간 상수 τ를 $\gamma = (2\tau)^{-1}$로 연관시키면 한 주기 동안 잃어버린 에너지의 크기는 다음과 같다.

$$\Delta E = \left(\frac{1}{2} mA^2 \omega_0^2 e^{-t/\tau}\right)\frac{T_d}{\tau}$$
$$\frac{\Delta E}{E} = \frac{T_d}{\tau} \tag{3.4.22e}$$

한편 어느 순간 t일 때 진동자에 저장된 에너지는 다음과 같다(예제 3.3.2 참조).

$$E(t) = \frac{1}{2} m\omega_0^2 A^2 e^{-t/\tau} \tag{3.4.23}$$

이 식에서 분명한 점은 진동자에 남아 있는 에너지는 시간상수 τ를 특성시간으로 하는 지수형의 형태로 없어진다는 것이다. 그러므로 Q 인수는 위 식에서 주어지는 비의 역수에 2π를 곱한 것으로 주어지거나 또는 다음과 같다.

$$Q = \frac{2\pi}{(T_d/\tau)} = \frac{2\pi\tau}{(2\pi/\omega_d)} = \omega_d\tau = \frac{\omega_d}{2\gamma} \tag{3.4.24}$$

약한 감쇠 진동의 경우 진동주기 T_d는 시간상수 τ보다 훨씬 짧다. 이러한 경우 Q 값은 매우 크다. 몇몇 진동자에 대한 Q 인수가 표 3.4.1에 실려 있다.

표 3.4.1 몇 가지 물리계에 대한 Q 인수

지구(지진 시)	250~1400
피아노 줄	3000
손목시계의 수정 진동자	10^4
마이크로웨이브 공동(空洞)	10^4
들뜬 원자	10^7
중성자 별	10^{12}
들뜬 Fe^{57} 핵	3×10^{12}

예제 3.4.1

자동차의 완충장치는 임계감쇠하도록 설계되어 있으며 감쇠가 없을 때 자유진동의 주기는 1초이다. 이 역학계에서 초기에 x_0만큼 변위시켜 정지상태에서 놓는다면 $t = 1$초일 때의 변위를 구하라.

■ 풀이

임계감쇠의 경우에는 $\gamma = c/2m = (k/m)^{1/2} = \omega_0 = 2\pi/T_0$이다. 따라서 이 경우에 $T_0 = 1$초이므로 $\gamma = 2\pi s^{-1}$이다. 임계감쇠일 때 변위에 대한 식 (3.4.9)는 $x(t) = (At + B)e^{-\gamma t}$이므로 이는 $t = 0$과 $x_0 = B$

일 때의 경우이다. 이를 미분하면 $\dot{x}(t) = (A - \gamma B - \gamma At)e^{-\gamma t}$이므로 $\dot{x}_0 = A - \gamma B = 0$이 되고, 따라서 이 문제의 경우에는 $A = \gamma B = \gamma x_0$가 된다. 그러므로

$$x(t) = x_0(1 + \gamma t)e^{-\gamma t} = x_0(1 + 2\pi t)e^{-2\pi t}$$

이 식은 시간의 함수로 주어지는 변위이다. 그러면 $t = 1$초일 때 다음 식을 얻을 수 있다.

$$x_0(1 + 2\pi)e^{-2\pi} = x_0(7.28)e^{-6.28} = 0.0136\, x_0$$

따라서 이 진동자는 거의 평형 상태에 돌아와 있게 된다.

예제 3.4.2

어떤 감쇠 조화 진동자의 진동수가 감쇠가 없는 동일한 진동자 진동수의 절반과 같다. 연속된 두 최대 진폭의 비를 구하라.

■ 풀이

$\omega_d = \frac{1}{2}\omega_0 = (\omega_0^2 - \gamma^2)^{1/2}$이므로 $\omega_0^2/4 = \omega_0^2 - \gamma^2$, 즉 $\gamma = \omega_0(3/4)^{1/2}$이다. 따라서

$$\gamma T_d = \omega_0(3/4)^{1/2}\,[2\pi/(\omega_0/2)] = 10.88$$

이므로 진폭의 비는

$$e^{-\gamma T_d} = e^{-10.88} = 0.00002$$

로 되는데, 이것은 감쇠가 매우 심한 진동자이다.

예제 3.4.3

야구공이 자유낙하할 때의 종단속력은 30 m/s이다. 공기저항이 선형 제동력이라면 이 야구공을 추로 사용한 단진자에서 공기저항이 주는 효과를 계산하라.

■ 풀이

2장에서 선형 공기저항을 받을 때의 종단속력은 $v_t = mg/c_1$임을 알았다. 여기서 c_1은 선형 저항 계수이고, 지수의 감쇠상수는 다음과 같다.

$$\gamma = \frac{c_1}{2m} = \frac{(mg/v_t)}{2m} = \frac{g}{2v_t} = \frac{9.8\ \mathrm{ms^{-2}}}{60\ \mathrm{ms^{-1}}} = 0.163\ \mathrm{s^{-1}}$$

따라서 야구공으로 만든 단진자의 진폭은 $\gamma^{-1} = 6.13$초 후에 e^{-1}로 줄어든다. 이것은 진자의 길이와 무관함에 유의하라. 앞의 예제 3.2.2에서 변위가 작을 때 길이 l인 단진자의 각진동수는 $\omega_0 = (g/l)^{1/2}$임을 알 수 있었다. 그러므로 식 (3.4.17)로부터 이 진자의 주기는 다음과 같다.

$$T_d = 2\pi\left(\omega_0^2 - \gamma^2\right)^{-1/2} = 2\pi\left(\frac{g}{l} - 0.0265\ \mathrm{s}^{-2}\right)^{-1/2}$$

특히 감쇠가 없는 반주기가 1초인 '초 진자'의 경우 $g/l = \pi^2$이므로 감쇠가 있는 진자의 반주기는 다음과 같다.

$$\frac{T_d}{2} = \pi(\pi^2 - 0.0265)^{-1/2}\ \mathrm{s} = 1.00134\ \mathrm{s}$$

야구공에 대한 공기저항은 2.4절에서 논한 바와 같이 아주 속도가 느릴 때 외에는 선형이 아니라 오히려 제곱형에 가까우므로 여기서 우리가 구한 해는 공기저항을 약간 과장하여 취급한 것이다.

예제 3.4.4

반지름 0.00265 m, 질량 5×10^{-4} kg인 공이 물 속에서 탄성계수 $k = 0.05$ N/m인 용수철에 매달려 있다. 물에 대한 점성계수는 $\eta = 10^{-3}$ Ns/m^{2}이다. (a) 진폭이 처음의 1/2로 줄어드는 동안 이 공이 진동한 횟수를 계산하라. (b) 이 진동자의 Q 인수를 구하라.

■ 풀이

점성이 있는 매질 내에서 움직이는 물체에 대한 스토크스(Stokes) 법칙을 사용하여 감쇠 조화 진동자의 운동방정식인 식 (3.4.1)에 나오는 $\dot{x}$ 항의 계수 c를 구할 수 있다. 관계식은 다음과 같다.

$$c = 6\pi\eta r = 5 \cdot 10^{-5}\ \mathrm{Ns/m}$$

진동자의 에너지는 시간상수 τ를 가지고 지수함수 형태로 소멸되고, 진폭은 $A = A_0 e^{-t/2\tau}$의 형태로 줄어든다. 그러므로 다음을 얻는다.

$$\frac{A}{A_0} = \frac{1}{2} = e^{-t/2\tau}$$
$$\therefore t = 2\tau \ln 2$$

따라서 이 시간 동안 진동하는 횟수는 다음과 같다.

$$\begin{aligned} n &= \omega_d t/2\pi \\ &= \omega_d \tau (\ln 2)/\pi \\ &= Q(\ln 2)/\pi \end{aligned}$$

그런데 $\omega_0^2 = k/m = 100\ \mathrm{s}^{-2}$, $\tau = m/c = 10\ \mathrm{s}$, $\gamma = 1/2\ \tau = 0.05\ \mathrm{s}^{-1}$이므로 다음 결과를 얻는다.

$$\begin{aligned} Q &= \left(\omega_0^2 - \gamma^2\right)^{1/2} \tau = (100 - 0.0025)^{1/2}\ 10 = 100 \\ n &= Q(\ln 2)/\pi = 22 \end{aligned}$$

진폭이 초기값의 $e^{-1/2} = 0.606$배로 줄어들 때까지 진동하는 횟수를 물었다면 해답은 $Q/2\pi$가 될 것이다. Q 인수는 진동자가 에너지를 잃는 시간의 척도가 된다.

---

*3.5 위상 공간

에너지를 소비하지 않는 물리계는 계속하여 운동상태에 있다. 에너지를 소비하는 물리계는 결국 정지하게 된다. 에너지를 소비하지 않는 진동계나 회전계는 주기적으로 같은 상태를 반복한다. 에너지 소비가 존재하는 계는 결코 이런 과정을 반복할 수 없다. 실제의 공간보다 **위상 공간**(位相空間, phase space)이라 불리는 특별한 공간에서 이러한 물리계의 변화 과정은 도식적으로 기술할 수 있다. 직선상에서 움직이는 단일 입자의 위상 공간은 2차원 공간인데 수평축은 위치 x를 나타내고 수직축은 속도 $\dot{x}$를 나타낸다. 위상 공간에서 입자의 좌표는 $(x, \dot{x})$이다.[4] 이 입자의 초기조건 $x(t_0)$와 $\dot{x}(t_0)$가 동시에 주어지면 그 이후의 운동은 완전히 결정된다. 그러므로 입자 운동의 변화과정을 위상 공간에서 그 위치들을 그림으로써 도식화할 수 있다. 위상공간에서 이 좌표의 궤적은 입자가 시간에 따라 변화하는 과정을 완벽하게 표현한다.

단조화 진동자: 감쇠가 없는 경우

단조화 진동자는 1차원에서 단일 입자의 운동을 살펴볼 수 있는 좋은 예이다. 감쇠가 없는 단조화 진동을 위상공간에서 조사해보자. 시간의 함수로 주어지는 위치와 속도는 이미 식 (3.2.5)와 식 (3.2.12a)에서 구했다.

$$x(t) = A\sin(\omega_0 t + \phi_0) \tag{3.5.1a}$$

---

* 2장에서 언급했듯이 별표가 붙어 있는 절은 언제든지 생략 가능하다.

4) 엄밀하게 말하자면 위상 공간은 입자의 위치 x와 운동량 p의 집합 (x, p)로 정의된다. 운동량은 속력에 비례하기 때문에 여기에서 정의된 공간은 기본적으로는 위상 공간이다.

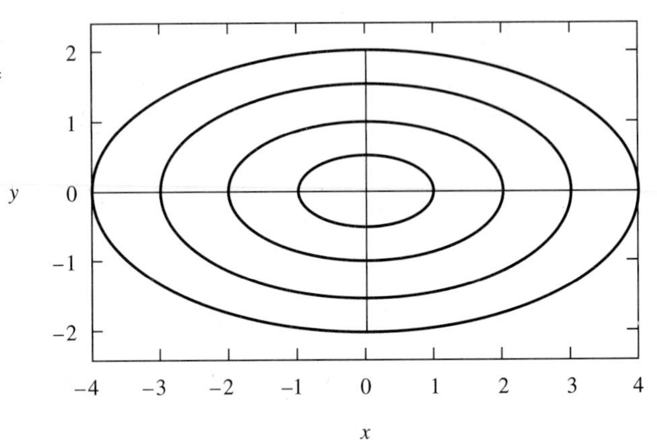

그림 3.5.1 단조화 진동자($\omega_0 = 0.5\ \mathrm{s}^{-1}$)에 대한 위상공간 궤적들. 감쇠 없음($\gamma = 0\ \mathrm{s}^{-1}$).

$$\dot{x}(t) = A\omega_0 \cos(\omega_0 t + \phi_0) \tag{3.5.1b}$$

위 두 식에서 $y = \dot{x}$라 두고 t를 소거하면 위상공간에서 진동자의 궤적을 알 수 있다.

$$\begin{aligned} x^2(t) + \frac{y^2(t)}{\omega_0^2} &= A^2(\sin^2(\omega_0 t + \phi_0) + \cos^2(\omega_0 t + \phi_0)) = A^2 \\ \therefore \frac{x^2}{A^2} + \frac{y^2}{A^2\omega_0^2} &= 1 \end{aligned} \tag{3.5.2}$$

이 식은 장축이 A이고 단축이 $\omega_0 A$인 타원의 방정식이다. 그림 3.5.1에는 조화 진동자의 위상 공간 궤적들이 그려져 있다. 이 궤적들에서는 진동의 진폭만이 다르다.

위상공간에서 궤적은 교차하는 일이 없다. 만일 교차한다면 그 시간 t_i에서 $(x(t_i), \dot{x}(t_i))$인 조건으로부터 이후의 운동이 두 가지로 가능해진다. 초기값 $x(t_i)$와 $\dot{x}(t_i)$를 갖는 운동은 뉴턴의 운동법칙에 의해 유일하게 결정되기에 그런 일은 있을 수 없다.

이 경우 궤적은 닫힌 경로(closed path)를 갖는다. 다시 말하면 운동은 반복되고 조화 진동자의 총 에너지는 보존된다는 것이다. 실제로 위상공간의 궤적인 식 (3.5.2)는 에너지 보존법칙에 관한 언급에 불과하다. 그러면 식 (3.5.2)에 $E = \frac{1}{2}kA^2$과 $\omega_0^2 = k/m$을 대입하여

$$\frac{x^2}{2E/k} + \frac{y^2}{2E/m} = 1 \tag{3.5.3a}$$

을 얻는데

$$\tfrac{1}{2}kx^2 + \tfrac{1}{2}m\dot{x}^2 = V + T = E \tag{3.5.3b}$$

이것이 바로 조화 진동자에 대한 에너지 방정식 (3.3.3)이다. 그러므로 각각의 닫힌 위상 공간 궤적은 한정되고 보존적인 총 에너지에 해당한다.

예제 3.5.1

질량이 m인 입자에 힘 $+kx$가 주어졌다. 이때 x는 이 입자가 평형 위치에서 벗어난 변위이다. 이 입자의 위상공간 궤적을 계산하라.

■ 풀이

이 입자의 운동방정식은 $m\ddot{x} = kx$이다. $\omega^2 = k/m$이라 두면 $\ddot{x} - \omega^2 x = 0$이 된다. 그리고 $y = \dot{x}$, $y' = dy/dx$라 하면 $\dot{y} = \dot{x}y' = yy' = \omega^2 x$ 또는 $ydy = \omega^2 xdx$가 된다. 따라서 해는 $y^2 - \omega^2 x^2 = C$이다. 여기서 C는 적분상수이다. 위상공간 궤적은 $y = \pm\omega x$를 점근선으로 갖는 쌍곡선의 지류가 된다. 결과적인 위상공간 궤적은 그림 3.5.2에 그려져 있다. 궤적은 양끝이 벌어져 있고 원점에서 뻗어나가는 모양을 가지므로 원점은 불안정한 평형점이다.

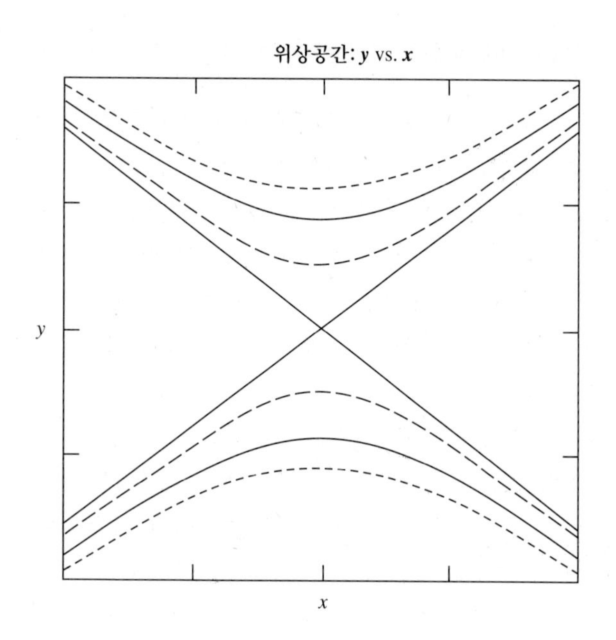

그림 3.5.2 $\ddot{x} - \omega^2 x = 0$의 위상공간 궤적들.

미급감쇠 조화 진동자

감쇠력이 약해서 미급감쇠하는 조화 진동자에 대한 위상공간 궤적도 마찬가지 방법으로 계산할 수 있다. 그렇지만 궤적이 닫힌 곡선이 아님을 예견할 수 있다. 진동자의 에너지가 꾸준히 소비되므로 이 운동은 스스로 반복해 일어나지는 않는다. 예를 들어 진동자가 위치 x_0에서 정지상태로부터 운동을 시작했다고 하자. x와 $\dot{x}$에 관한 해는 식 (3.4.21a)와 (3.4.21b)에 제시되어 있다.

$$x = Ae^{-\gamma t}\sin(\omega_d t + \phi_0) \tag{3.5.4a}$$

$$\dot{x} = -Ae^{-\gamma t}(\gamma \sin(\omega_d t + \phi_0) - \omega_d \cos(\omega_d t + \phi_0)) \tag{3.5.4b}$$

초기위상 ϕ_0는 $\dot{x}_0 = 0$인 조건에서 결정되므로 감쇠하는 진동자의 경우에는 $\pi/2$가 아니라 $\phi_0 = \tan^{-1}\omega_d/\gamma$이다. 시간을 매개변수로 하는 위의 방정식에서 t를 소거하기는 어렵다. 그러나 연속적인 치환과 위상공간 좌표의 선형 변환으로 위상공간에서의 운동을 간략하게 설명할 수 있다. 우선 $\rho = Ae^{-\gamma t}$과

$$\theta = \omega_d t + \phi_0$$

를 함께 위 식에 대입하면 아래 식을 얻는다.

$$x = \rho \sin\theta \tag{3.5.4c}$$

$$\dot{x} = -\rho(\gamma \sin\theta - \omega_d \cos\theta) \tag{3.5.4d}$$

식 (3.5.4d)에 선형 변환 $y = \dot{x} + \gamma x$를 적용하면 다음과 같다.

$$y = \omega_d \rho \cos\theta \tag{3.5.5}$$

이 식을 제곱하고 좀 더 계산하면 다음을 얻는다.

$$\begin{aligned} y^2 &= \omega_d^2 \rho^2 (1 - \sin^2\theta) \\ y^2 &= \omega_d^2 (\rho^2 - x^2) \\ \frac{x^2}{\rho^2} + \frac{y^2}{\omega_d^2 \rho^2} &= 1 \end{aligned} \tag{3.5.6}$$

위 식은 형태상으로 식 (3.5.2)와 동일하다. 변수 y는 x와 $\dot{x}$의 선형 조합이므로 점 (x, y)의 집합은 '수정된' 위상공간이다. 여기서 진동자의 궤적은 장축과 단축이 각각 ρ와 $\omega_d \rho$인 타원이고, 축들의 길이는 시간에 따라 지수함수 형태로 줄어든다. 궤적은 최대값 $x_0(= A \sin \phi_0)$에서 시작하여 원점을 향해 안쪽으로 나선형을 그린다. 그 결과는 그림 3.5.3(a)에 있는데, 이는 그림 3.5.3(b)에 나타낸 x-$\dot{x}$평면에서의 궤적의 거동과 유사하다. 강하고 약한 미급감쇠의 두 가지 경우에 대해 그려 보았는데 어느 것이 강이고 어느 것이 약인지는 자명하다.

이전처럼 식 (3.5.6)은 감쇠 진동자의 에너지 방정식에 불과하다. 이것을 3.4절에서 살펴본 약한 감쇠 진동자의 에너지 감쇠율 계산 결과와 비교할 수 있다. 약한 감쇠의 경우에 감쇠인자 γ는 식 (3.4.10)에 보인 감쇠 없는 진동자의 각진동수 ω_0보다 작으므로 다음과 같이 근사시킬 수 있고

$$\omega_d \approx \omega_0 \qquad y \approx \dot{x} \tag{3.5.7}$$

따라서 식 (3.5.6)은 다음과 같다.

그림 3.5.3 미급감쇠 조화 진동자에 대한 (a) 수정된 위상 공간과 (b) 원래의 위상공간 궤적(ω_0 = 0.5 s^{-1}): (1) 약한 감쇠(γ = 0.05 s^{-1}), (2) 강한 감쇠(γ = 0.25 s^{-1})

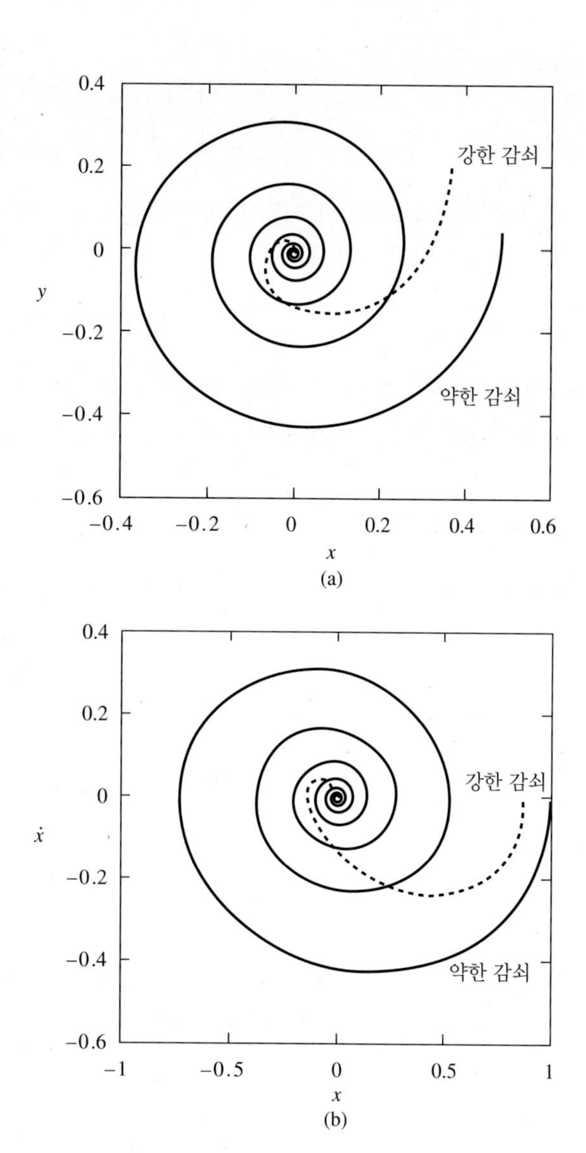

$$\frac{x^2}{\rho^2} + \frac{\dot{x}^2}{\rho^2 \omega_0^2} = 1 \tag{3.5.8}$$

이 식은 형태상으로 식 (3.5.6)과 동일하므로 약한 감쇠인 경우에는 그림 3.5.3(b)의 x-$\dot{x}$평면에서 보인 궤적은 그림 3.5.3(a)에 나타낸 수정된 위상공간 궤적과 본질적으로 동일하다. 마지막으로 ω_0^2 대신에 k/m을, 그리고 ρ^2 대신에 $A^2 e^{-2\gamma t}$을 대입하면 다음 식을 얻는다.

$$\frac{1}{2}kx^2 + \frac{1}{2}m\dot{x}^2 = \frac{1}{2}kA^2e^{-2\gamma t}$$
$$= \frac{1}{2}m\omega_0^2A^2e^{-2\gamma t} \tag{3.5.9}$$

이 식을 식 (3.4.23)과 비교해보면 임의의 순간 t일 때 진동자에 남아 있는 총 에너지를 나타냄을 알 수 있다.

$$V(t) + T(t) = E(t) \tag{3.5.10}$$

약하게 감쇠하는 조화 진동자의 에너지는 시간상수 $\tau = (2\gamma)^{-1}$를 가지고 지수함수 형태로 약해져서 없어진다. 위상 공간의 궤적이 안쪽으로 줄어드는 것은 이 사실을 반영할 뿐이다.

임계감쇠 진동자

식 (3.4.9)에서 임계감쇠하는 진동자의 해는 다음과 같았다.

$$x = (At + B)e^{-\gamma t} \tag{3.5.11}$$

이 식을 미분하면 다음을 얻는다.

$$\dot{x} = -\gamma(At + B)e^{-\gamma t} + Ae^{-\gamma t} \tag{3.5.12}$$

혹은

$$\dot{x} + \gamma x = Ae^{-\gamma t} \tag{3.5.13}$$

위 식을 보면 위상공간 궤적이 원점을 지나며 기울기가 $-\gamma$인 직선을 점근선으로 가짐을 알 수 있다. 초기조건 $(x_0, \dot{x}_0) = (1, 0)$에서 시작하는 위상공간에서의 곡선이 그림 3.5.4에 나타나 있다.

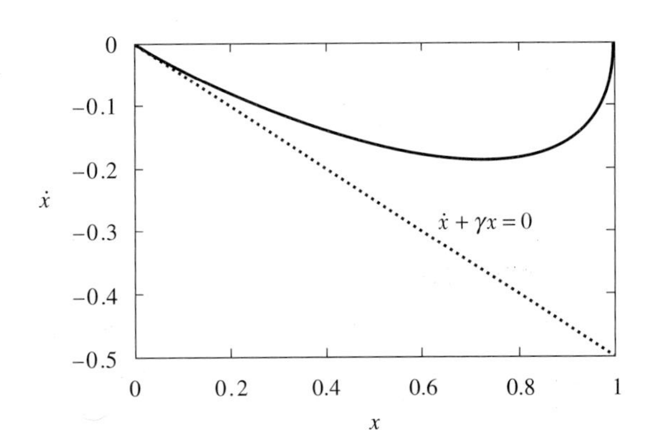

그림 3.5.4 임계감쇠(γ = 0.5 s^{-1}) 진동자의 위상공간 궤적(ω_0 = 0.5 s^{-1}).

과다감쇠 진동자

감쇠인자 γ가 각진동수 ω_0보다 클 때 과다감쇠가 일어난다. 그리고 식 (3.4.6)이 그 운동에 대한 해이다.

$$x(t) = A_1 e^{-(\gamma-q)t} + A_2 e^{-(\gamma+q)t} \tag{3.5.14}$$

여기서 모든 지수는 실수이다. 이 방정식을 t로 미분하면 $\dot{x}$를 얻을 수 있다.

$$\dot{x}(t) = -\gamma x + q e^{-\gamma t}(A_1 e^{qt} - A_2 e^{-qt}) \tag{3.5.15}$$

임계감쇠의 경우처럼 위상 공간 경로는 직선을 점근선으로 하여 원점에 접근한다. 그러나 차이점은 이번에는 두 개의 서로 다른 직선을 따라 원점에 접근할 수 있다는 것이다. 그 두 직선이 어떤 것인지 알아보기 위해 일정한 변위 x_0에서 정지상태로부터 운동이 시작되었다고 하자. 약간의 수학적인 계산을 하면 다음 결과를 얻는다.

$$A_1 = \frac{(\gamma+q)}{2q} x_0 \qquad A_2 = -\frac{(\gamma-q)}{2q} x_0 \tag{3.5.16}$$

좀 더 계산을 하면 x와 $\dot{x}$를 포함하는 두 가지 선형 조합을 얻게 된다.

$$\dot{x} + (\gamma - q)x = (\gamma - q)x_0 e^{-(\gamma+q)t} \tag{3.5.17a}$$

$$\dot{x} + (\gamma + q)x = (\gamma + q)x_0 e^{-(\gamma-q)t} \tag{3.5.17b}$$

위 두 식의 우변은 시간이 지나면서 영이 되므로 위상공간에서의 점근선은 두 개의 직선 쌍으로 주어진다.

$$\dot{x} = -(\gamma - q)x \tag{3.5.18a}$$

$$\dot{x} = -(\gamma + q)x \tag{3.5.18b}$$

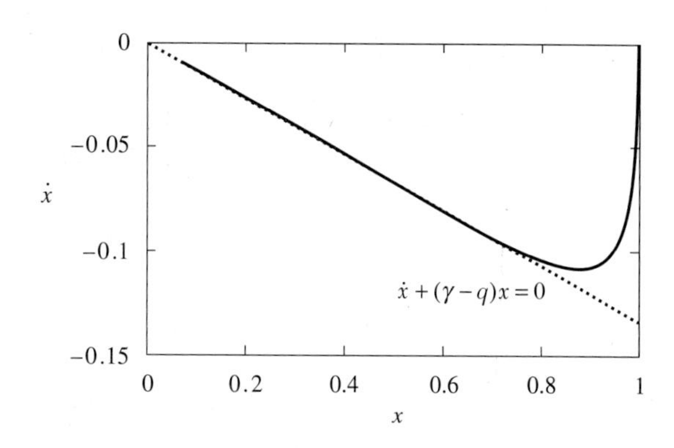

그림 3.5.5 과다감쇠($\gamma = 1\ \text{s}^{-1}$) 진동자의 위상공간 궤적($\omega_0 = 0.5\ \text{s}^{-1}$).

특별한 경우를 제외하면 위상공간에서의 운동경로는 기울기 $-(\gamma - q)$인 점근선을 따라서 원점에 가까워진다. 지수의 감쇠요소를 $(\gamma + q)$로 갖는 다른 점근선보다 이 식이 더 빨리 영에 접근하는데, 이는 식 (3.5.17)에서 알 수 있듯이 $(\gamma + q)$가 $(\gamma - q)$보다 2배 정도 더 지수항의 기여가 크기 때문이다.

그림 3.5.5에는 초기조건 $(x_0, \dot{x}_0) = (1, 0)$으로부터 운동을 시작한 과다감쇠 진동자의 위상공간 궤도가 실려 있다. 기울기가 $-(\gamma - q)$인 점근선도 보인다. 운동의 제일 마지막에 점근선에 접근하는 임계감쇠와 달리 그 궤적이 얼마나 빨리 점근선에 접근하는지를 알 수 있다. 진동 운동에서 진동을 못 하게 만드는 가장 효율적인 방법이 과다감쇠이다.

예제 3.5.2

단위 질량을 갖는 입자가 감쇠력 $-\dot{x}$와 $+x - x^3$에 따라 변하는 힘을 받고 있다. 여기서 x는 원점으로부터 변위이다. (a) 입자의 평형 위치를 찾고 그 위치가 안정한지 불안정한지 설명하라. (b) 세 가지 초기조건 $(x, y) =$ (i) $(-1, 1.40)$, (ii) $(-1, 1.45)$, (iii) $(0.01, 0)$을 가질 경우 입자의 위상공간 궤적을 Mathcad로 그려보라.

풀이

(a) 운동방정식은 다음과 같다.

$$\ddot{x} + \dot{x} - x + x^3 = 0$$

여기서 $y = \dot{x}$라 두면

$$\dot{y} = -y + x - x^3$$

이다. 평형 상태에서는 $y = 0$ 그리고 $\dot{y} = 0$이다. 이 조건은 다음 식이 성립하면 만족된다.

$$x - x^3 = x(1 - x^2) = x(1 - x)(1 + x) = 0$$

따라서 세 개의 평형점 $x = 0$과 $x = \pm 1$이 존재하게 된다.

이 세 가지 평형점의 안정 여부는 이들 점으로부터 약간 벗어나는 범위에 대해 운동방정식을 선형화하여 결정할 수 있다. u를 평형점 x_0로부터 입자가 미소 변위하는 양으로 둔다면 $x = x_0 + u$가 되어서 운동방정식은 다음과 같이 된다.

$$y = \dot{u} \qquad \text{그리고} \qquad \dot{y} = -y + (x_0 + u) - (x_0 + u)^3$$

급수 전개 후 u에 비선형인 항들을 제거하면

$$\dot{y} = -y + \left(1 - 3x_0^2\right)u + x_0\left(1 - x_0^2\right)$$

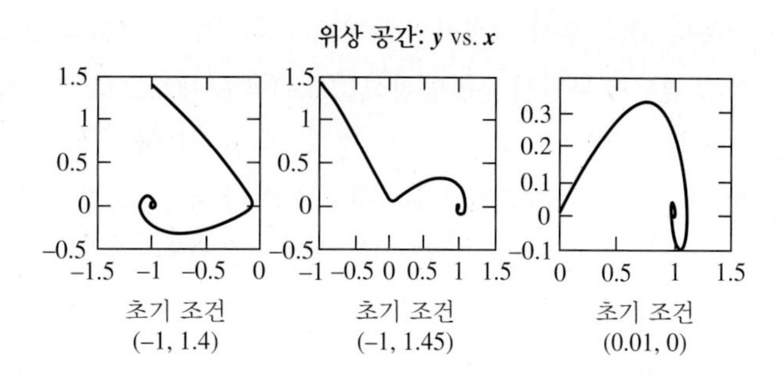

그림 3.5.6 $\ddot{x}+\dot{x}-x+x^3=0$에 대한 위상공간 궤적들

이고 다시 마지막 항이 영이 되므로 최종적으로 다음 식이 성립한다.

$$\dot{y}=-y+\left(1-3x_0^2\right)u$$

만약 $(1-3x_0^2)<0$이면 이 운동은 결국 $x=x_0$에서 멈추게 되는 안정된 감쇠 진동이다. 만약 $(1-3x_0^2)>0$이면 입자는 x_0 위치에서 떨어져나가 버리므로 이 평형점은 불안정하다. 따라서 $x=\pm1$은 안정된 평형점이고 $x=0$는 불안정 점이다.

(b) 그림 3.5.6에 나타낸 세 가지 그래프는 비선형 운동방정식을 수치적으로 완벽하게 풀어주는 Mathcad의 *rkfixed* 방정식을 사용하여 얻은 것이다. 모든 경우 운동이 어떻게 시작되더라도 입자들은 $x=0$에서 우선회하여 $x=\pm1$에서 끝이 난다. 세 번째 운동의 초기 조건이 눈에 띈다. 입자는 운동을 정확하게 $x=0$은 아니지만 그곳에 아주 가까운 위치에서 시작했다. 입자는 영점 근처에서 벗어나서 $x=1$ 부근에서 감쇠 진동을 하며 결국 그곳에서 정지하게 된다. $x=\pm1$인 위치를 **끌개점**(attractor)이라 하고 $x=0$을 **배척점**(repellor)이라 한다.

3.6 강제 조화 진동: 공명

이 절에서는 외부에서 주기적 형태인 힘을 받는 감쇠 조화 진동자를 살펴보고자 한다. 어떤 진동자에 $F_0\cos\omega t$의 **구동력**(驅動力, driving force)이 외부에서 작용한다면 운동방정식은 다음과 같다.

$$m\ddot{x}=-kx-c\dot{x}+F_0\cos\omega t \tag{3.6.1}$$

이러한 진동자의 가장 특이한 점은 외부 구동력의 진폭 F_0가 고정되어 있어도 그 진동수 ω에 따라서 진동자가 다르게 반응한다는 것이다. 구동 진동수가 진동자의 고유진동수 ω_0와 비슷할 때 특이한 현상이 일어나는데, 이것을 **공명**(共鳴, resonance)이라 한다. 그네에 앉은 아이를 밀어준 경험이 있는 사람이라면 조금씩 밀더라도 적당히 때를 맞추어서 밀면 진동 폭이 상당히 커짐을 알고 있을 것이다. 구동진동수가 고유진동수보다 상당히 높거나 낮을 때는 효과가 훨씬 작아서 진폭도 작다. 우선 정성적으로 강제 조화 진동자에서 예상되는 바를 살펴보고 다음으로 공명 현상을 염두에 두면서 운동방정식 (3.6.1)을 구체적으로 분석하기로 하자.

감쇠가 없는 조화 진동자는 평형 위치에서 어떤 종류의 힘으로 변형시키더라도 고유진동수 $\omega_0 = \sqrt{(k/m)}$으로 진동한다는 사실을 이미 잘 알고 있다. 실제 역학계에서는 저항력이 어떤 형태로든 존재하므로 이로 인해 진동자의 고유진동수는 ω_0에서 ω_d로 약간 변하며 결국 자유진동은 소멸하게 된다. 이 운동은 식 (3.6.1)에서 외력이 없을 때의 운동방정식인 식 (3.4.1)의 형태를 갖는 **동차**(homogeneous) 미분 방정식의 해로 표현된다. 주기적 외부 구동력은 진동자에 두 가지로 영향을 준다. 우선 (1) 진동자를 고유진동수 ω_d로 '자유롭게' 진동하게 하다가 (2) 결국 구동진동수인 ω로 진동하게 한다. 잠시 동안 실제 진동은 이 두 진동이 선형으로 중첩된 양상을 보이다가, 하나는 소멸되고 나머지 하나만이 지속된다. 소멸과정을 **과도상태**(過渡狀態, transient state)라 한다. 그리고 소멸 과정에서 살아 남아 구동진동수로 운동을 하는 것을 **정상상태**(定常狀態, steady state) 운동이라 하며, 이는 비동차(inhomogeneous) 방정식인 식 (3.6.1)의 해를 나타낸다. 여기서는 정상상태의 운동에만 초점을 맞추어 효과를 살펴보겠다. 그러한 목적으로 우선 감쇠항 $-c\dot{x}$가 무시할 정도로 작다고 하자. 난감하게도 너무 이렇게 근사시키면 과도 운동 상태가 시간이 지나도 소멸되지 않아서 '과도(transient)'라는 용어가 무색할 정도로 물리학적으로 어색한 상황이 발생한다. 이러한 문제점은 일단 접어두고 정상상태에만 관심을 둘 것이다. 이런 어려움을 일단 무시한 채 그런 근사를 함으로써 얻게 될 간단한 성질들이 강제 감쇠 진동자 문제를 구체적으로 풀었을 때 어떤 식견을 제공하리라는 희망을 갖기 때문이다.

감쇠가 없을 경우 식 (3.6.1)은 다음과 같이 쓸 수 있다.

$$m\ddot{x} + kx = F_0 \cos \omega t \tag{3.6.2}$$

이 강제 비감쇠 진동자의 운동에서 가장 두드러진 현상은 $\omega = \omega_0$일 때 진동자의 진폭이 엄청나게 크다는 것이다. 곧 알게 되겠지만 지극히 낮은 구동 진동수($\omega \ll \omega_0$)와 매우 높은 구동 진동수($\omega \gg \omega_0$)일 때 그 응답을 예상해보자. 아주 낮은 진동수에서는 관성항 $m\ddot{x}$가 탄성력 $-kx$에 비해 무시할 수 있을 정도로 작다. 이 경우 용수철은 매우 탄탄해 보이고 압축과 신장이 매우 느릴 것이므로 진동자는 구동력과 거의 같은 위상으로 움직인다. 그러므로 다음과 같이 추측할 수 있다.

$$x \approx A \cos \omega t$$

$$A = \frac{F_0}{k}$$

한편 높은 진동수에서는 가속도가 크므로 관성항 $m\ddot{x}$가 탄성력 $-kx$를 압도하고 관성질량에 따라 진동자의 반응이 변한다. 이 경우 변위는 작아야 하며 구동력과 180° 위상차가 나는데 그 이유는 조화진동자의 가속도가 변위와 180° 위상차를 갖기 때문이다. 이러한 경험적 고려사항이 옳다는 사실을 실제의 해를 구하는 과정에서 알게 될 것이다.

우선 감쇠가 없는 강제 진동자에 관한 식 (3.6.2)를 풀어보자. 조화진동자에 대해 이미 배운 대로 다음 형태의 해를 시도해보자.

$$x(t) = A\cos(\omega t - \phi)$$

정상상태의 운동을 조화운동이라 가정하면 이 정상상태에서 진동자는 외부 구동력의 진동수 ω에 반응해야 한다. 그렇지만 반응은 구동력과 위상차 ϕ를 갖고 있음에 유의해야 한다. ϕ는 초기조건으로 결정되는 것이 아니다(정상 상태인 경우에는 초기조건에 대해 말한다는 것은 의미가 없다). 정상상태 해가 옳은지를 알기 위해서 위의 수식을 식 (3.6.2)에 대입하면 다음과 같다.

$$-m\omega^2 A\cos(\omega t - \phi) + kA\cos(\omega t - \phi) = F_0 \cos\omega t$$

이 식이 성립하려면 ϕ가 0과 π의 두 값만 가져야 한다. 이 조건이 의미하는 바가 무엇인지 알아보자. 위 식을 $\phi = 0$과 $\phi = \pi$일 경우에 대해 각각 구해보면

$$A = \frac{F_0/m}{\omega_0^2 - \omega^2} \qquad \phi = 0 \quad \omega < \omega_0$$

$$A = \frac{F_0/m}{\omega^2 - \omega_0^2} \qquad \phi = \pi \quad \omega > \omega_0$$

이다. 그림 3.6.1에 진폭 A와 위상각 ϕ가 ω의 함수로 나타나 있다. 그림에서 보다시피 ω가 ω_0를 지나갈 때 진폭이 엄청나게 커지는데, 더욱 놀랄 만한 것은 변위가 외부 구동력과 동위상(同位相, in phase)에서 180° 변한 역위상(逆位相, out of phase) 상태로 갑자기 바뀐다는 사실이다. 하지만 실제로 이 결과는 물리적으로 가능하지 않다. 이는 실제 상황을 단지 이상화한 것이다. 곧 알게 되

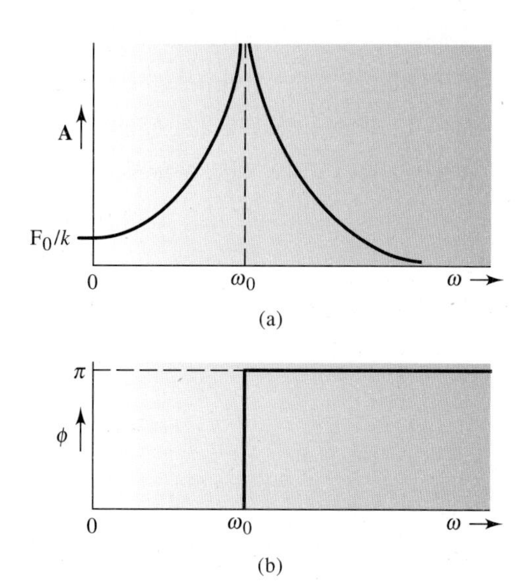

그림 3.6.1 감쇠가 없는 강제 진동자의 (a) 진폭과 (b) 구동력에 대한 변위의 위상차의 주파수 응답 특성

겠지만 감쇠가 조금만 있어도 ω_0 근처의 ω에서 진폭은 커지지만 유한해진다. 위상 변화도 비록 가파르기는 하지만 불연속은 아니고 완만해진다.

(주의: 계의 거동은 저주파수 및 고주파수 극한에 대한 우리의 설명을 흉내 낸다.)

변위와 구동력 사이의 위상차가 0°나 180°가 되는 것은 간단명료하게 시범을 보일 수 있다. 연필이나 가위 또는 숟가락의 가벼운 끝을 엄지와 검지 사이에서 떨어지지 않을 정도로 붙잡는다. 위상차 0°의 시범으로 두 손가락을 수평으로 천천히 흔들면 이 임시 진자의 끝은 손의 운동과 동위상이고 손 운동보다 더 큰 진폭으로 운동한다. 위상차 180°를 시범으로 보이려면 손가락을 빨리 흔들면 된다. 이때 진동자의 끝부분은 거의 움직이지 않고 손 운동과 180° 위상차를 갖는 운동이 된다.

강제 감쇠 조화 진동자

이제 구동력이 있는 감쇠 조화진동을 나타내는 식 (3.6.1)의 정상상태 해를 구해보자. 직접 푸는 것은 비교적 간단하지만, 사인/코사인 함수 대신 복소수 지수를 사용하는 편이 대수학적으로 더욱 간단하다. 우선 외부 구동력을 다음과 같이 나타내면

$$F = F_0 e^{i\omega t} \tag{3.6.3}$$

식 (3.6.1)은 다음과 같게 된다.

$$m\ddot{x} + c\dot{x} + kx = F_0 e^{i\omega t} \tag{3.6.4}$$

구동력 F처럼 변수 x는 복소수가 된다. 그렇지만 오일러 항등식에서 F의 실수부는 $F_0 \cos \omega t$임을 기억해야 한다.[5] 식 (3.6.4)를 x에 대해 풀면 그 실수부는 식 (3.6.1)의 해가 된다. 실제로 복소수인 식 (3.6.4)를 풀면 양변의 실수부는 같을 것이다. 이것은 허수부에 대해서도 마찬가지이다. 실수부는 식 (3.6.1)과 동등하고 따라서 실제의 물리학적 상황이 된다.

그러므로 정상상태의 해로 다음 복소수 지수함수를 살펴보자.

$$x(t) = Ae^{i(\omega t - \phi)} \tag{3.6.5}$$

여기서 진폭 A와 위상차 ϕ는 상수로 정해진다. 만일 이러한 '추측'이 옳다면 다음 식이 모든 t에 대해 성립해야 한다.

$$m\frac{d^2}{dt^2}Ae^{i(\omega t-\phi)} + c\frac{d}{dt}Ae^{i(\omega t-\phi)} + kAe^{i(\omega t-\phi)} = F_0 e^{i\omega t} \tag{3.6.6a}$$

5) 오일러의 항등식 증명은 부록 D를 참조하라.

미분 연산을 하고 공통 인자 $e^{i\omega t}$를 소거하면 다음 식을 얻는다.

$$-m\omega^2 A + i\omega cA + kA = F_0 e^{i\phi} = F_0(\cos\phi + i\sin\phi) \tag{3.6.6b}$$

이 식에서 실수부와 허수부를 분리하면 다음과 같다.

$$\begin{aligned} A(k - m\omega^2) &= F_0 \cos\phi \\ c\omega A &= F_0 \sin\phi \end{aligned} \tag{3.6.7a}$$

둘째 식을 첫째 식으로 나눈 후 $\tan\phi = \sin\phi/\cos\phi$의 공식을 이용하면 위상각에 대한 다음 관계식을 얻는다.

$$\tan\phi = \frac{c\omega}{k - m\omega^2} \tag{3.6.7b}$$

이번에는 식 (3.6.7a)의 두 식을 제곱해서 더하고 $\sin^2\phi + \cos^2\phi = 1$임을 감안하면 다음 식을 얻는다.

$$A^2(k - m\omega^2)^2 + c^2\omega^2 A^2 = F_0^2 \tag{3.6.7c}$$

그러면 정상상태 진동의 진폭 A를 구동진동수의 함수로 얻게 된다.

$$A(\omega) = \frac{F_0}{[(k - m\omega^2)^2 + c^2\omega^2]^{1/2}} \tag{3.6.7d}$$

앞에서 $\omega_0^2 = k/m$ 그리고 $\gamma = c/2m$으로 치환하여 사용했으므로 다음과 같이 표현할 수도 있다.

$$\tan\phi = \frac{2\gamma\omega}{\omega_0^2 - \omega^2} \tag{3.6.8}$$

$$A(\omega) = \frac{F_0/m}{\left[\left(\omega_0^2 - \omega^2\right)^2 + 4\gamma^2\omega^2\right]^{1/2}} \tag{3.6.9}$$

진폭 A와 위상각 ϕ를 구동진동수 ω의 함수로 그린 그래프(그림 3.6.2)는 비감쇠 진동자에 관한 그림 3.6.1과 아주 흡사하다. 그림에서 보다시피 감쇠항이 영에 가까워지면 공명 피크는 좁아지고 커지며 위상차는 점점 가파르게 변하여 ω_0에서 진폭은 무한대가 되고 위상차는 불연속이 된다. 이 그래프에서 분명하지 않은 것은 감쇠가 있을 때 공명진동수가 ω_0가 아니라는 점이다. 하지만 위상 변화는 ω_0에서 항상 $\pi/2$를 지난다. 진폭의 공명진동수는 $A(\omega)$를 미분해서 영으로 놓고 풀어서 다음 식으로 주어지는 ω_r임을 알 수 있다.

$$\omega_r^2 = \omega_0^2 - 2\gamma^2 \tag{3.6.10}$$

감쇠항인 γ가 영에 가까워질 때 ω_r은 ω_0에 접근한다. 강제 진동이 없는 자유 감쇠 진동자의 각진

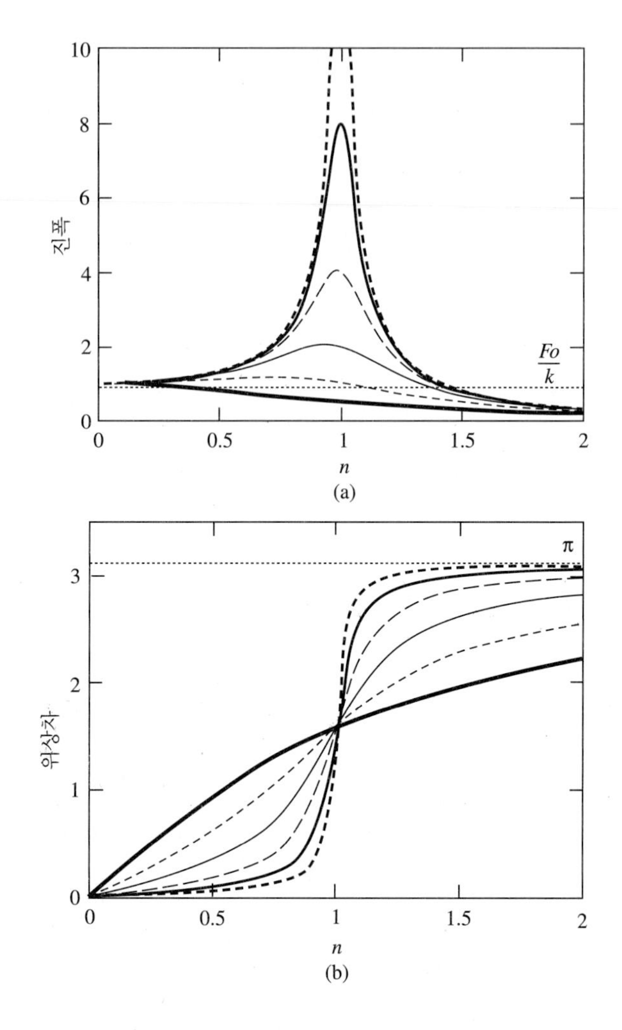

그림 3.6.2 여러 감쇠상수 $\gamma = 2^{-i}(i = 0, 1, \cdots, 5)$를 갖는 강제 감쇠 조화 진동자의 (a) 상대 진폭 $A/(F_0/k)$와 (b) 위상차 ϕ의 상대 진동수($n = \omega/\omega_0$) 응답 특성. 상대적으로 더 큰 A 값과 더 급한 위상이동은 감소하는 γ 값에 해당한다.

동수는 $\omega_d = (\omega_0^2 - \gamma^2)^{1/2}$으로 주어지므로 공명진동수는 다음과 같이 된다.

$$\omega_r^2 = \omega_d^2 - \gamma^2 \tag{3.6.11}$$

감쇠가 매우 약하고 단지 이 조건만 고려할 경우 공명진동수 ω_r, 자유 감쇠 진동수 ω_d, 고유진동수 ω_0는 근본적으로 같은 값을 갖는다.

감쇠가 아주 강할 때는 $\gamma > \omega_0/\sqrt{2}$이면 진폭 공명은 일어나지 않는데, 그 이유는 이때의 진폭이 ω의 단조감소 함수가 되기 때문이다. 이를 확인하기 위해 극한인 $\gamma^2 = \omega_0^2/2$의 경우를 고려하면 식 (3.6.9)는

$$A(\omega) = \frac{F_0/m}{\left[\left(\omega_0^2 - \omega^2\right)^2 + 2\omega_0^2\omega^2\right]^{1/2}} = \frac{F_0/m}{\left(\omega_0^4 + \omega^4\right)^{1/2}} \tag{3.6.12}$$

이 되어서, $\omega = 0$부터 시작해서 ω의 단조감소 함수가 된다.

예제 3.6.1

지진계(seismograph)는 종종 그림 3.6.3에 나타낸 것과 같이 지구에 부착된 플랫폼에 용수철과 완충장치로 매달린 질량의 운동 모형으로 간주된다. 지구의 진동은 플랫폼을 지나서 매달린 질량에 전달된다. 이 과정에서 질량 부위에 부착된 지시계가 플랫폼에 대한 질량의 상대변위를 기록하게 된다. 완충장치 때문에 감쇠력이 만들어진다. 플랫폼에 대한 질량의 상대 변위 A는 지구의 변위 D와 대단히 유사하다. 질량 m의 운동방정식을 만들고 $D-A$가 D의 10% 이내에 있도록 변수 ω_0와 γ를 선택하라. 지구의 기본진동은 단조화진동이라 하고 그 진동수는 $f = 10$ Hz라 가정한다.

■ 풀이

첫째 질량 m에 대한 운동방정식을 만들자. 플랫폼은 초기위치에 대해 상대거리 z만큼, 그리고 질량 m은 플랫폼에 대해 상대위치 y만큼 아래로 움직인다고 가정하자. 완충장치 내부의 감속용 유체는 $\dot{y} + \dot{z}$의 속력으로 움직이는 동안 내부의 실린더는 속력 $\dot{z}$로 아래로 움직인다. 즉, 저항력은 $c\dot{y}$이다. 만약 l이 자유상태일 때의 용수철 길이라면

$$F = mg - c\dot{y} - k(y - l) = m(\ddot{y} + \ddot{z})$$

$y = x + mg/k + l$이라 두면 x는 그림 3.2.5에서 보듯이 평형 위치로부터의 질량의 변위가 된다. 이 x를 사용하여 운동방정식을 만들면

그림 3.6.3 지진계 모형

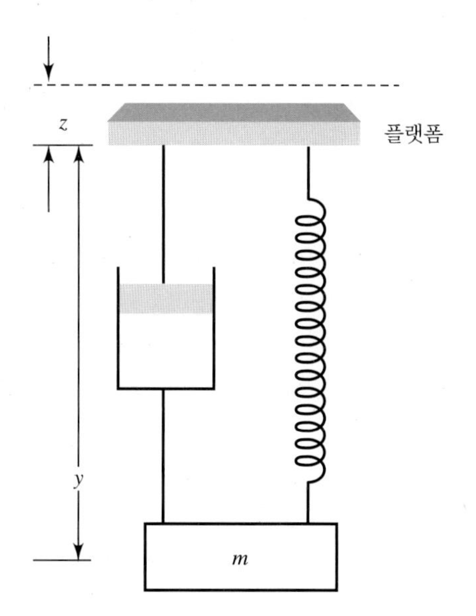

$$m\ddot{x} + c\dot{x} + kx = -m\ddot{z}$$

이 된다. 지진이 있는 동안 플랫폼은 단조화운동 각진동수 $\omega = 2\pi f$와 진폭 D로 진동한다. 그러므로 $z = De^{i\omega t}$이며 아래의 운동방정식이 구해진다.

$$m\ddot{x} + c\dot{x} + kx = mD\omega^2 e^{i\omega t}$$

이 식을 식 (3.6.4)와 비교하면 F_0/m이 $D\omega^2$에 해당함을 알 수 있고, 따라서 식 (3.6.9)로 주어지는 진동자의 진폭은

$$A = D\omega^2\left[\left(\omega_0^2 - \omega^2\right)^2 + 4\gamma^2\omega^2\right]^{-1/2}$$

으로 나타낼 수 있다. 분자와 분모를 ω^2로 나누면

$$A = D\left[\left(\frac{\omega_0^2}{\omega^2} - 1\right)^2 + 4\frac{\gamma^2}{\omega^2}\right]^{-1/2}$$

이 되고, 분모를 전개해주면

$$A = D\left[1 + \frac{\omega_0^4}{\omega^4} + \frac{2}{\omega^2}\left(2\gamma^2 - \omega_0^2\right)\right]^{-1/2}$$

이 된다. 적당한 ω에 대해 $2\gamma^2 - \omega_0^2 = 0$과 $\omega_0/\omega < 1$라 두면 $A \approx D$가 되는 것을 알 수 있다. 예를 들어 $D - A$가 D의 10% 미만이 되도록 하려면 아래의 조건이 만족되어야 한다. 즉,

$$\frac{D-A}{D} = 1 - \left(1 + \frac{\omega_0^4}{\omega^4}\right)^{-1/2} \approx \frac{1}{2}\frac{\omega_0^4}{\omega^4} < \frac{1}{10} \quad \text{또는} \quad \omega_0 < 0.84\omega$$

진동자의 고유진동수는

$$f_0 = \omega_0/2\pi \leq 8\,\text{Hz}$$

이라는 것이 이 식이 주는 의미이다. 그리고 감쇠상수는

$$\gamma = \omega_0/\sqrt{2} = 36$$

이어야 한다. 이런 조건이 만족되려면 무거운 질량과 '부드러운' 용수철을 가진 계여야 한다.

공명 피크에서의 최대 진폭

공명 진동수에서 정상상태 해가 갖는 진폭 A_{max}는 식 (3.6.9)와 식 (3.6.10)에서 얻을 수 있다.

$$A_{max} = \frac{F_0/m}{2\gamma\sqrt{\omega_0^2 - \gamma^2}} \tag{3.6.13a}$$

감쇠가 약할 경우에는 γ^2을 무시하여 다음과 같이 쓸 수 있다.

$$A_{max} \simeq \frac{F_0}{2\gamma m\omega_0} \tag{3.6.13b}$$

따라서 공명조건을 만족할 때 감쇠상수 γ가 매우 작으면 진폭은 아주 커진다. 역학계에서는 공명조건이 바람직할 수도 그렇지 않을 수도 있다. 전기 모터를 예로 들면, 기계가 떨리는 진동의 전달을 최소화하기 위해 고무와 용수철을 사용한다. 이들의 탄성은 결과적으로 생기는 공명진동수가 모터의 자체 진동수와 가급적 큰 차이가 나도록 설계된다.

공명 감도: Q 인수

공명 피크의 뾰족한 정도를 나타내는 감도(sharpness)는 흔히 관심의 대상이 된다. 약한 감쇠인 $\gamma \ll \omega_0$의 경우를 고려하자. 그러면 정상상태의 진폭에 대한 식 (3.6.9)에 대입할 다음 두 식을 얻을 수 있다.

$$\begin{aligned}\omega_0^2 - \omega^2 &= (\omega_0 + \omega)(\omega_0 - \omega) \\ &\simeq 2\omega_0(\omega_0 - \omega)\end{aligned} \tag{3.6.14a}$$

$$4\gamma^2\omega^2 \simeq 4\gamma^2\omega_0^2 \tag{3.6.14b}$$

이 식과 A_{max}에 대한 식 (3.6.13b)를 이용하면 진폭을 다음처럼 근사식으로 쓸 수 있다.

$$A(\omega) \simeq \frac{A_{max}\gamma}{\sqrt{(\omega_0 - \omega)^2 + \gamma^2}} \tag{3.6.15}$$

위 식에서 $|\omega_0 - \omega| = \gamma$ 혹은

$$\omega = \omega_0 \pm \gamma \tag{3.6.16}$$

일 때

$$A^2 = \tfrac{1}{2}A_{max}^2 \tag{3.6.17}$$

임을 알 수 있다. 그러므로 γ는 공명 곡선의 폭을 재는 척도가 된다. 그리고 에너지는 A^2에 비례하

므로 공명 주파수 에서의 에너지의 1/2에 대응하는 두 진동수의 차이 $\Delta\omega$가 2γ이다.

식 (3.4.24)에서 정의된 Q 인수는 자유 감쇠 진동자의 에너지 손실률을 나타내며 강제 감쇠 진동자의 공명 피크에서의 감도 특성을 나타내기도 한다. 약한 감쇠의 경우에 Q는 다음과 같이 쓸 수 있다.

$$Q = \frac{\omega_d}{2\gamma} \approx \frac{\omega_0}{2\gamma} \tag{3.6.18}$$

그러므로 공명 피크의 에너지 반치폭(FWHM: full width at half maximum) 혹은 선폭(line width)이라 부르는 $\Delta\omega$는 근사적으로 다음과 같다.

$$\Delta\omega = 2\gamma \simeq \frac{\omega_0}{Q} \tag{3.6.19a}$$

$\omega = 2\pi f$이므로 공명 진동수에 상대적인 공명 피크의 에너지 선폭은 다음과 같다.

$$\frac{\Delta\omega}{\omega_0} = \frac{\Delta f}{f_0} \simeq \frac{1}{Q} \tag{3.6.19b}$$

위 식은 전기회로에서 되먹임(feedback)과 제어 문제를 다루는 데 매우 중요하다. 수 많은 전기시스템은 잘 정의되고 정밀하게 유지되는 진동수의 전기 신호들을 요구한다. 공명진동수에서 진동하는 높은 Q 값(10^5 정도)을 갖는 수정 진동자는 주파수 안정용 되먹임 회로의 제어용 소자로 흔히 이용된다. Q가 높으면 공명 감도가 높아진다. 만일 수정 진동자로 제어되는 회로의 진동수가 공명 피크에서 δf만큼 벗어나면 공명 감도를 활용하는 되먹임 회로는 다시 공명진동수로 돌아오도록 조정해준다. 진동자의 Q 값이 높을수록 δf는 좁아지고 회로의 진동수 출력은 안정을 유지한다.

위상차 ϕ

외부 구동력과 정상상태 응답 사이의 위상각 차이 ϕ는 식 (3.6.8)로 주어진다.

$$\phi = \tan^{-1}\left[\frac{2\gamma\omega}{\left(\omega_0^2 - \omega^2\right)}\right] \tag{3.6.20}$$

그림 3.6.2(b)는 위상차 그래프이다. 감쇠가 없는 강제 진동자의 경우 $\omega < \omega_0$일 때는 $\phi = 0°$이지만 $\omega > \omega_0$일 때는 $\phi = 180°$이다. 이 값들은 각각 실제 운동의 낮은 진동수와 높은 진동수에서의 극한임을 알 수 있다. 더구나 $\omega = \omega_0$에서 ϕ는 불연속적으로 변한다. 이것도 실제 운동을 이상화한 것이다. 실제 위상차 ϕ는 연속적으로 변화하며 감쇠항이 작을 때만 ω가 $\omega_0 - \gamma$와 $\omega_0 + \gamma$ 구간의 영역을 지날 때 한 극한에서 다른 극한으로 급변한다.

낮은 구동진동수 $\omega \ll \omega_0$에서는 $\phi \to 0$이고 응답은 구동력과 동위상이다. 진동의 진폭에 관한 식 (3.6.9)를 살펴보면 이것이 합리적이라는 사실을 알 수 있다. 저주파수 극한에서는 아래와 같다.

$$A(\omega \to 0) \approx \frac{F_0/m}{\omega_0^2} = \frac{F_0/m}{k/m} = \frac{F_0}{k} \tag{3.6.21}$$

다시 말하자면 앞선 논의에서 언급했듯이 강제 진동자의 질량이나 저항력이 아니라 용수철이 응답을 좌우해서 물체는 용수철의 복원력을 받아 천천히 앞뒤로 움직인다.

공명상태에서 반응은 굉장히 클 수 있다. 물리학적으로 어떻게 이것이 가능할까? 그네에 앉은 어린이를 밀어주는 실험을 연상하면 이해할 수 있을 것이다. 경험해본 사람은 알겠지만 그네 뒤에 서서 그네가 자기 쪽으로 올 때 밀지는 않는다. 그네가 움직이는 방향으로 밀어서 위치와 관계없이 항상 속도와 동위상이 되게 한다. 작은 아이가 탄 그네를 밀 때는 보통 그네 옆에 서서 속도가 최대이고 변위가 영일 때 전방으로 약간씩 민다! 실제로 공명을 일으키는 최적화 조건이다. 약간의 힘이라도 적시에 적절하게 작용하면 큰 진폭의 진동을 만들 수 있다. 공명상태에서 최대 진폭은 식 (3.6.13a)에 주어져 있는데, 약한 감쇠의 경우에는 식 (3.6.13b)에 의해 $A_{max} \approx F_0/2\gamma m\omega_0$가 된다. 그렇지만 $\omega \to 0$인 경우의 진폭에 관한 식에서 $A(\omega \to 0) \approx F_0/m\omega_0^2$임을 알 수 있다. 그러므로 이들의 비(ratio)는 다음과 같다.

$$\frac{A_{max}}{A(\omega \to 0)} = \frac{F_0/(2\gamma m\omega_0)}{F_0/\left(m\omega_0^2\right)} = \frac{\omega_0}{2\gamma} = \omega_0\tau = Q \tag{3.6.22}$$

이것이 진동자의 Q 인수에 대한 또 다른 표현이다. 마찰력이 없을 경우 그네에 앉은 아이는 어떻게 되겠는가를 상상해보라. 매번 진동할 때마다 조금씩 그네에 에너지를 주입해주면 마찰로 인한 에너지 손실이 없으므로 진폭은 곧 엄청나게 커질 것이다.

이번에는 위상차를 생각해보자. $\omega = \omega_0$일 때 $\phi = \pi/2$이므로 변위는 구동력보다 위상이 90° '뒤진다'. 위의 논의에 따르면 이것도 그럴듯하다. 에너지를 진동자에 쏟아붓는 가장 적절한 시간은 최대 속도로 평형점을 지나갈 때이다. 즉, 입력되는 일률 $\mathbf{F} \cdot \mathbf{v}$가 최대로 되는 때이다. 가령 진동자의 변위가 식 (3.6.5)의 실수부라면

$$x(t) = A(\omega)Re(e^{i(\omega t - \phi)}) = A(\omega)\cos(\omega t - \phi) \tag{3.6.23}$$

감쇠가 작을 때 공명상태에서 다음과 같이 된다.

$$\begin{aligned} x(t) &= A(\omega_0)\cos(\omega_0 t - \pi/2) \\ &= A(\omega_0)\sin\omega_0 t \end{aligned} \tag{3.6.24}$$

일반적으로 속도는

$$\dot{x}(t) = -\omega A(\omega)\sin(\omega t - \phi) \tag{3.6.25}$$

인데, 공명상태에서는 다음과 같다.

$$\dot{x}(t) = \omega_0 A(\omega_0) \cos\omega_0 t \tag{3.6.26}$$

공명상태에서 구동력은

$$F = F_0 Re(e^{i\omega_0 t}) = F_0 \cos\omega_0 t \tag{3.6.27}$$

이므로, 구동력은 진동자의 속도와 동위상이 되고 변위보다 90° 위상이 앞선다는 사실을 알 수 있다.

구동진동수가 큰 경우인 $\omega \gg \omega_0$에서는 $\phi \to \pi$가 되어 변위는 구동력과 180° 역위상이 된다. 그리고 변위의 진폭은 다음과 같다.

$$A(\omega \gg \omega_0) \approx \frac{F_0}{m\omega^2} \tag{3.6.28}$$

이 경우에는 진폭이 $1/\omega^2$의 형태로 줄어든다. 물체는 근본적으로 자유로운 존재처럼 외력에 따라서 앞뒤로 빨리 움직인다. 이때 용수철의 역할은 구동력에 비해 위상이 180° 지연된 변위를 만드는 것이다.

전기회로와 역학계의 유사성

저항과 콘덴서 그리고 코일로 구성된 전기회로에 전류가 흐르는 것은 앞서 공부한 마찰력의 존재하에 물체가 용수철에 매달려 움직이는 것과 매우 유사하다. 전류 $i = dq/dt$(q는 전하)가 코일을 통해 흐를 때 그 양단의 전위차는 $L\ddot{q}$이고 저장되는 에너지는 $\frac{1}{2}L\dot{q}^2$이다. 여기서 L은 코일의 인덕턴스(inductance)이다. 그러므로 인덕턴스와 전하는 각각 질량과 변위에 해당한다. 유사하게 정전용량 C가 전하 q를 지니고 있으며 이곳의 전위차는 $C^{-1}q$이고 저장되는 에너지는 $\frac{1}{2}C^{-1}q^2$이다. 따라서 C의 역수는 탄성계수에 해당된다. 마지막으로 저항 R을 통해 전류 i가 흐를 때의 전위차는 $iR = \dot{q}R$이고 이 저항에 의한 에너지 손실률은 $i^2R = \dot{q}^2R$인데 이는 역학계의 $c\dot{x}^2$과 유사하다. 표 3.6.1에 이 내용이 잘 요약되어 있다.

표 3.6.1 전기회로와 역학계의 유사성

	역학계		전기계
x	변위	q	전하
$\dot{x}$	속도	$\dot{q} = i$	전류
m	질량	L	인덕턴스
k	탄성 상수	C^{-1}	정전용량 역수
c	감쇠 저항	R	저항
F	힘	V	전위차

예제 3.6.2

용수철 완충장치의 지수함수형 감쇠인자인 γ는 임계값의 1/10이다. 감쇠가 없을 때의 진동수를 ω_0라 할 때 (a) 공명진동수, (b) Q 인수, (c) $\omega = \omega_0/2$의 진동수로 강제 진동할 때 위상차 ϕ와 (d) 이 진동수에서 정상상태의 진폭을 구하라.

■ 풀이

(a) 식 (3.4.7)에서 $\gamma = \gamma_{crit}/10 = \omega_0/10$이므로 식 (3.6.10)에서 다음을 얻는다.

$$\omega_r = \left[\omega_0^2 - 2(\omega_0/10)^2\right]^{1/2} = \omega_0(0.98)^{1/2} = 0.99\,\omega_0$$

(b) 이 역학계는 약하게 감쇠한다고 볼 수 있다. 그러므로 식 (3.6.18)에서

$$Q \simeq \frac{\omega_0}{2\gamma} = \frac{\omega_0}{2(\omega_0/10)} = 5$$

(c) 식 (3.6.8)을 이용하면 된다.

$$\begin{aligned}\phi &= \tan^{-1}\left(\frac{2\gamma\omega}{\omega_0^2 - \omega^2}\right) = \tan^{-1}\left[\frac{2(\omega_0/10)(\omega_0/2)}{\omega_0^2 - (\omega_0/2)^2}\right] \\ &= \tan^{-1} 0.133 = 7.6°\end{aligned}$$

(d) 식 (3.6.9)에서 먼저 공명항의 분모를 계산한다.

$$\begin{aligned}D(\omega = \omega_0/2) &= \left[\left(\omega_0^2 - \omega_0^2/4\right)^2 + 4(\omega_0/10)^2(\omega_0/2)^2\right]^{1/2} \\ &= [(9/16) + (1/100)]^{1/2}\,\omega_0^2 = 0.7566\omega_0^2\end{aligned}$$

이 식으로부터 진폭을 구하면 다음과 같다.

$$A(\omega = \omega_0/2) = \frac{F_0/m}{0.7566\omega_0^2} = 1.322\frac{F_0}{m\omega_0^2}$$

$(F_0/m\omega_0^2) = F_0/k$는 영의 구동진동수에 대한 정상상태 진폭임에 유의하라.

*3.7 비선형 진동자: 연차근사법

어떤 역학계가 평형 위치에서 이동 했을 때 복원력이 변위에 정비례하지 않게 작용할 수도 있다. 예를 들어 용수철이 훅의 법칙을 정확히 따르지 않을 수 있다. 또 진폭이 큰 단진자의 경우처럼 어

떤 역학계에서는 근본적으로 비선형인 힘이 작용할 수도 있다.

비선형 진동자의 경우 복원력은 다음의 형태로 쓸 수 있는데

$$F(x) = -kx + \epsilon(x) \tag{3.7.1}$$

여기서 $\epsilon(x)$는 선형성에서 벗어나는 정도를 나타낸다. 이 항은 변위 x에 대해서 최소한 2차 이상의 항을 포함해야 한다. 다른 외부 구동력이 없을 때 운동에 관한 미분 방정식은

$$m\ddot{x} + kx = \epsilon(x) = \epsilon_2 x^2 + \epsilon_3 x^3 + \cdots \tag{3.7.2}$$

의 형태로 쓸 수 있는데, 여기서 $\epsilon(x)$를 멱급수(power series)로 전개했다.

위와 같은 형태의 방정식에서 해를 얻으려면 보통 어느 형태든지 근사법을 사용해야 한다. 그 중 한 가지 방법을 설명하기 위해서 $\epsilon(x)$ 중 오직 3차 항만이 중요한 특별한 경우를 고려해보자. 그러면 방정식은 다음과 같다.

$$m\ddot{x} + kx = \epsilon_3 x^3 \tag{3.7.3}$$

이 식을 m으로 나눈 후 $\omega_0^2 = k/m$, $\epsilon_3/m = \lambda$라 하면 다음과 같이 쓸 수 있다.

$$\ddot{x} + \omega_0^2 x = \lambda x^3 \tag{3.7.4}$$

이제 **연차근사법**(連次近似法, method of successive approximation)으로 이 식을 풀어보자.

우선 $\lambda = 0$이면 해가 $x = A\cos\omega_0 t$임을 알 수 있다. 우선 같은 형태를 갖는 1차 근사를 시도한다.

$$x = A\cos\omega t \tag{3.7.5}$$

여기서 알다시피 ω는 ω_0와 같지는 않다고 하자. 이러한 시험해(trial solution)를 미분 방정식에 대입하면 다음과 같다.

$$-A\omega^2 \cos\omega t + A\omega_0^2 \cos\omega t = \lambda A^3 \cos^3\omega t = \lambda A^3\left(\tfrac{3}{4}\cos\omega t + \tfrac{1}{4}\cos 3\omega t\right) \tag{3.7.6a}$$

마지막 단계에서 삼각함수의 항등식인 $\cos^3 u = \frac{3}{4}\cos u + \frac{1}{4}\cos 3u$를 이용했는데, 이 식은 관계식 $\cos^3 u = [(e^{iu} + e^{-iu})/2]^3$을 이용하면 쉽게 유도할 수 있다. 항들을 적당히 이항해서 정리하면 다음과 같다.

$$\left(-\omega^2 + \omega_0^2 - \tfrac{3}{4}\lambda A^2\right)A\cos\omega t - \tfrac{1}{4}\lambda A^3 \cos 3\omega t = 0 \tag{3.7.6b}$$

자명한 해인 $A = 0$을 제외하면 시험해는 미분 방정식을 정확히는 만족하지 않음을 확인할 수 있다. 그렇지만 λ가 작을 때 ω에 대한 근사값은 괄호 안의 값을 영으로 놓음으로써 구할 수 있다.

$$\omega^2 = \omega_0^2 - \tfrac{3}{4}\lambda A^2 \tag{3.7.7a}$$

$$\omega = \omega_0\left(1 - \frac{3\lambda A^2}{4\omega_0^2}\right)^{1/2} \tag{3.7.7b}$$

이것이 비선형 진동자의 고유진동수이다. 이 진동수는 진폭 A의 함수이다.

좀 더 자세한 해를 얻으려면 식 (3.7.6.b)에 들어 있는 제3조화파인 $\cos 3\omega t$를 고려해야 한다. 따라서 2차 시험해를 다음과 같이 택하자.

$$x = A\cos\omega t + B\cos 3\omega t \tag{3.7.8}$$

이를 미분 방정식에 대입하고 항들을 정리하면 다음과 같다.

$$\begin{aligned}&\left(-\omega^2 + \omega_0^2 - \tfrac{3}{4}\lambda A^2\right)A\cos\omega t + \left(-9B\omega^2 + \omega_0^2 B - \tfrac{1}{4}\lambda A^3\right)\cos 3\omega t\\ &\quad + (B\lambda\text{를 포함하는 항들과 }\omega t\text{의 고차항들}) = 0\end{aligned} \tag{3.7.9a}$$

첫 번째 괄호를 영으로 놓고 풀면 식 (3.7.7)에서 구한 ω와 같은 값을 얻는다. 두 번째 괄호를 영으로 놓고 풀면 B를 구할 수 있다. 즉,

$$B = \frac{\frac{1}{4}\lambda A^3}{-9\omega^2 + \omega_0^2} = \frac{\lambda A^3}{-32\omega_0^2 + 27\lambda A^2} \simeq -\frac{\lambda A^3}{32\omega_0^2} \tag{3.7.9b}$$

여기서 분모에 λA^2을 포함하는 항은 무시할 수 있을 정도로 작다고 가정했다. 그러므로 2차 근사해는 다음과 같이 쓸 수 있다.

$$x = A\cos\omega t - \frac{\lambda A^3}{32\omega_0^2}\cos 3\omega t \tag{3.7.10}$$

일단 여기서 계산은 그치겠지만 이 과정을 반복해서 연차적으로 수행하면 고차 근사해를 구할 수 있다.

위에서 분석한 방법은 매우 원시적인 방법 같지만 비선형 복원력을 갖는 진동자의 근본적인 두 가지 특성을 보여준다. 진동주기가 진폭의 함수라는 점과, 진동이 순수한 사인 형태가 아니라 여러 조화 진동모드의 중첩으로 볼 수 있다는 점이다. 순수한 사인 형태의 외부 구동력을 받는 비선형계의 진동도 변형될 수 있다. 이때도 조화진동 모드들이 포함된다. 예를 들어, 스테레오 음향기의 스피커에서 나오는 소리는 전기적 증폭회로가 제공하는 진동수보다 더 왜곡될 수 있다.

예제 3.7.1

비선형 진동자로서의 단진자

예제 3.2.2에서는 $\sin\theta \approx \theta$로 근사함으로써 단진자를 선형 조화진동자로 취급했다. 그러나 사인 함수는 실제로 다음과 같이 전개할 수 있다.

$$\sin\theta = \theta - \frac{\theta^3}{3!} + \frac{\theta^5}{5!} - \cdots$$

그러므로 미분 방정식 $\ddot{\theta} + (g/l)\sin\theta = 0$은 식 (3.7.2)의 형태로 쓸 수 있으므로 사인 함수의 전개에서 1차 항과 3차 항만을 고려하면 다음과 같다.

$$\ddot{\theta} + \omega_0^2\theta = \frac{\omega_0^2}{3!}\theta^3$$

여기서 $\omega_0^2 = g/l$이다. 이것은 식 (3.7.4)와 수학적으로 동등하고, 이때 상수 λ는 $\lambda = \omega_0^2/3! = \omega_0^2/6$이다. 그러면 식 (3.7.7b)를 이용한 좀 더 정확한 단진자의 진동수는

$$\omega = \omega_0\left[1 - \frac{3(\omega_0^2/6)A^2}{4\omega_0^2}\right]^{1/2} = \omega_0\left(1 - \frac{A^2}{8}\right)^{1/2}$$

이고, 주기는 다음과 같다.

$$T = \frac{2\pi}{\omega} = 2\pi\sqrt{\frac{l}{g}}\left(1 - \frac{A^2}{8}\right)^{-1/2} = T_0\left(1 - \frac{A^2}{8}\right)^{-1/2}$$

여기서 A는 각도(rad)로 표시한 진동 진폭이다. 영이 아닌 진폭에 대한 주기는 $\sin\theta = \theta$라 가정하고 앞에서 계산한 결과보다 $(1 - A^2/8)^{-1/2}$만큼 더 길어진다는 것을 이 근사법은 보여준다. 예를 들어 진자의 진폭이 상당히 커서 진폭이 $90° = \pi/2$ rad이라면 $(1 - \pi^2/32)^{-1/2} = 1.2025$가 되어 진폭이 작을 때보다 주기가 20% 정도 길어진다. 이 증가는 예제 3.4.3에서 다룬 감쇠에 기인한 주기 증가보다 상당히 더 길다.

---

*자체제한 진동자: 수치해

어떤 비선형 진동자는 어떤 종류의 선형 진동자도 만들 수 없는 효과, 즉 진동이 자체제한적(self-limiting)인 거동을 보인다. 이러한 거동을 보이는 비선형 진동자의 예는 반데르 폴(van der Pol)[6]이 진공관 회로를 조사하는 과정에서 발견한 반데르 폴 진동자와 컴퓨터 응용 문제 3.5에 나와 있는 로드 레일리(Lord Rayleigh)가 활로 바이올린 현을 진동시키는 실험에 사용했던 것과 같은 건조 마찰기에 달려 있는 단순역학 진동자이다.[7] 수치적이 아니라 명시적으로 계산할 수 있는 자체

---

6) B. van der Pol, *Phil. Mag.* 2, 978(1926). 또한 다음 책도 참조하라. T. L. Chow, *Classical Mechanics*, New York, NY Wiley, 1995.

7) P. Smith & R. Smith, *Mechanics*, Chichester, England Wiley, 1990.

제한적 거동을 보이는 비선형 진동자를 기술하는 운동방정식인 반데르 폴 변형에 대해 논의할 것이다. 다음과 같은 운동방정식을 따르는 비선형 감쇠력을 받고 있는 진동자를 생각하자.

$$\ddot{x}-\gamma\left(A^2-x^2-\frac{\dot{x}^2}{\beta^2}\right)\dot{x}+\omega_0^2 x=0 \tag{3.7.11}$$

반데르 폴의 방정식은 식 (3.7.11)의 괄호 내 세 번째 항인 속도 의존형 감쇠요소 $\dot{x}^2/\beta^2$만 제외한다면 이 식과 동일하다(컴퓨터 응용 문제 3.3 참조). $\dot{x}$ 대신에 위상공간 변수 y를 대입하여 항들을 적절하게 조절해주면 아래와 같이 된다.

$$\dot{y}-\gamma A^2\left[1-\left(\frac{x^2}{A^2}+\frac{y^2}{A^2\beta^2}\right)\right]y+\omega_0^2 x=0 \tag{3.7.12}$$

아래 식으로 주어지는 타원의 내부 모든 점 (x, y)에 대해 비선형 감쇠항은 음이 된다.

$$\frac{x^2}{A^2}+\frac{y^2}{A^2\beta^2}=1 \tag{3.7.13}$$

타원상의 점에 대해서는 영이고 바깥쪽의 모든 점에 대해서는 양수이다. 그러므로 비선형 감쇠항은 진동자의 상태가 어떻든 간에 위상공간상의 점들이 타원상에 놓이도록 유도한다. 바꾸어 말하자면 어떻게 운동이 시작되든 진동자는 결국 진폭이 A인 단조화 진동자로 변한다. 이런 거동을 '자체제한'이라 하고 위상공간에서 이런 타원을 제한순환(limit cycle)이라 부른다. 반데르 폴 진동자도 이런 방식으로 거동하지만 제한순환은 그렇게 명쾌하게 보이지 않는다.

완전한 해는 수치적으로만 얻어진다. Mathcad를 사용하여 계산하고자 한다. 계산을 쉽게 하기 위해서 인자 A, β, ω_0를 모두 1로 두었다. 이렇게 두는 이유는 제한순환 타원을 각진동수 ω_0를 갖는 단위원으로 변환해주기 위해서이다. 그러면 식 (3.7.12)는 다음과 같이 간단한 형태를 갖는다.

$$\dot{y}-\gamma(1-x^2-y^2)y+x=0 \tag{3.7.14}$$

하나의 2차 미분 방정식을 푸는 고전적인 방법은 등가의 1차 방정식들로 바꾼 뒤 룽게-쿠타 또는 다른 유사한 방법을 사용하는 것이다(부록 I 참조). $\dot{x}$를 y로 치환하여 다음과 같은 두 개의 1차 미분 방정식을 얻는다.

$$\begin{aligned}\dot{x}&=y\\ \dot{y}&=-x+\gamma(1-x^2-y^2)y\end{aligned} \tag{3.7.15}$$

사실 이 방정식들을 수치적으로만 풀이 해야하는 것은 아니다. 이 식이 해석적인 해 $x=\cos t$와 $y=-\sin t$를 갖는다는 사실을 쉽게 알 수는 있다. 이런 해를 갖는 운동 방정식은 단위 원인 $x^2+y^2=$

1의 원주상 운동을 설명하는 것이다. 하지만 제한순환 원의 내부나 외부에서 운동을 시작하여 최종적으로 그 운동이 제한순환 원상에 귀착됨을 지켜본다는 것은 대단히 매혹적이다. 그러므로 이런 행동을 보이려면 이 식을 수치적으로, 예를 들면 Mathcad를 이용하여 풀어야 한다.

앞 장에서 논의했듯이 1차 미분 방정식을 수치적으로 풀기 위해 4차 룽게-쿠타 방법을 적용하는 Mathcad 방정식 풀이법인 *rkfixed*를 사용할 것이다. 변수 x, y를 Mathcad에서는 2차원 벡터 $\mathbf{x} = (x_1, x_2)$의 성분인 x_1, x_2라 둔다.

Mathcad 절차

- 초기값 (x_0, y_0)를 포함하는 2차원 벡터 $\mathbf{x} = (x_1, x_2)$를 정의한다. 즉,

$$\mathbf{x} = \begin{pmatrix} -0.5 \\ 0 \end{pmatrix}$$

  (이 운동은 $(x_0, y_0) = (-0.5, 0)$에서 시작된다.)

- 식 (3.7.5)에서 보인 것과 같이 미지 함수 $x(t)$와 $y(t)$의 1차 도함수를 포함하는 벡터 함수 $D(t, \mathbf{x})$를 정의한다.

$$D(t,\mathbf{x}) = \begin{pmatrix} x_2 \\ -x_1 + \gamma\left(1 - x_1^2 - x_2^2\right)x_2 \end{pmatrix}$$

- 시간 간격 $[0, T]$를 결정하고 해가 평가되는 구간 내에 존재하는 점의 개수 *npts*를 정한다.
- 이 정보들을 *rkfixed* 함수에 전달한다(우리가 선택한 시간 간격 $[0, T]$ 이내의 작은 시간 내에 운동의 변화가 너무 빨리 변하는 경우에는 *Rkadapt* 함수를 대신 사용한다). 즉,

$$Z = rkfixed(\mathbf{x}, 0, T, npts, D)$$

  혹은

$$Z = Rkadapt(\mathbf{x}, 0, T, npts, D)$$

rkfixed 함수(혹은 *Rkadapt* 함수)는 행렬 Z를 만들어낸다. 이번의 경우에는 2행 3열의 행렬이 되는데, 첫 번째 열은 해를 평가할 수 있는 시간 t_i를 포함하고 나머지 두 열은 $x(t_i)$와 $y(t_i)$를 포함한다. $x(t_i)$의 함수로 2차원 $y(t_i)$ 위상공간 그래프를 그리는 데 Mathcad의 그래프 기능을 사용한다.

그림 3.7.1은 위 방정식의 수치적 해를 그려둔 것이다. 앞에서 언급했듯이 운동양상은 나선형으로 들어가거나 나오는 모양을 취하다가 결국은 제동력이 사라지는 제한순환 원상에 모여드는 것을 볼 수 있다. 일단 진동자의 운동이 제한순환 원상에 들어가면 계속해서 그리고 완벽하게 단조화진동자의 운동으로 국한된다.

그림 3.7.1 자체제한 진동자의 위상공간 궤적. 감쇠 인자 $\gamma = 0.1$이고 (x_0, y_0)의 초기값은 (a) (0.5, 0): 굵은 선, (b) (−1.5, 0): 점선

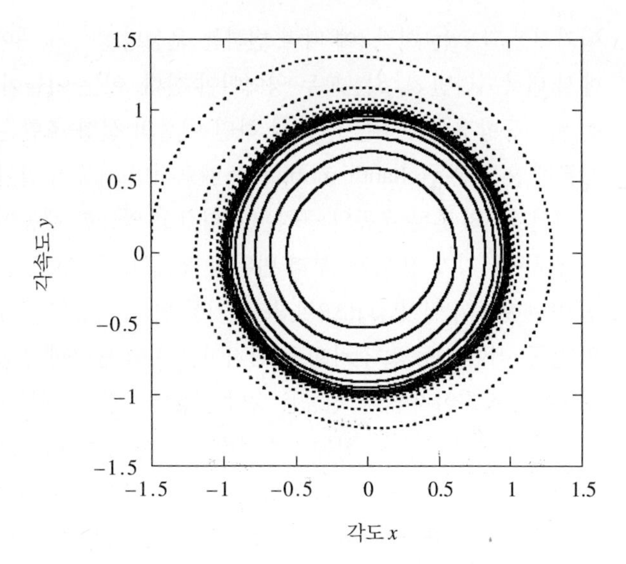

*3.8 비선형 진동자: 혼돈 운동

언제 자연계에서 비선형 진동이 일어나는가? 대답으로 동의 반복 표현법을 사용하겠다. 비선형 진동은 운동방정식이 비선형일 때 일어난다. 비선형 운동방정식의 두 가지 해 $x_1(t)$와 $x_2(t)$가 존재하면 그들의 임의의 선형 조합인 $\alpha x_1(t) + \beta x_2(t)$는 일반적으로 비선형이다. 간단한 예를 들어 설명하겠다. 3.7절에서 다룬 비선형 진동자는 식 (3.7.4)로 기술된다.

$$\ddot{x} + \omega_0^2 x = \lambda x^3 \tag{3.8.1}$$

이 방정식의 두 해를 x_1, x_2라 하자. 이들의 선형 조합인 $\alpha x_1 + \beta x_2$를 위 식의 좌변에 대입하면

$$\begin{aligned} \alpha\ddot{x}_1 + \beta\ddot{x}_2 + \omega_0^2(\alpha x_1 + \beta x_2) &= \alpha\left(\ddot{x}_1 + \omega_0^2 x_1\right) + \beta\left(\ddot{x}_2 + \omega_0^2 x_2\right) \\ &= \alpha\left(\lambda x_1^3\right) + \beta\left(\lambda x_2^3\right) \end{aligned} \tag{3.8.2}$$

가 된다. 마지막 단계에서 x_1, x_2는 식 (3.8.1)의 해라고 가정했다. 이번에는 식 (3.8.1)의 우변에 대입하여 좌변과 같다고 놓으면 다음과 같다.

$$(\alpha x_1 + \beta x_2)^3 = \left(\alpha x_1^3 + \beta x_2^3\right) \tag{3.8.3a}$$

이 식을 정리하면 다음처럼 쓸 수도 있다.

$$\alpha(\alpha^2 - 1)x_1^3 + 3\alpha^2\beta x_1^2 x_2 + 3\alpha\beta^2 x_1 x_2^2 + \beta(\beta^2 - 1)x_2^3 = 0 \tag{3.8.3b}$$

여기서 x_1과 x_2는 시간 t에 따라 변하는 운동방정식의 해이다. 그러므로 식 (3.8.3b)가 모든 시각에서 만족되려면 α, β는 모두 영이어야 한다. 이는 이들이 임의의 상수라는 전제에 위배된다. 비선형 운동방정식의 해를 x_1, x_2라 하면 이들의 선형 조합은 해가 될 수 없다. 이러한 비선형 특성 때문에 혼돈 운동(chaotic motion)의 매력적인 거동이 일어난다.

비선형계의 혼돈 운동의 근원은 색다르고 엉뚱한 행동이다. 진자나 진동체 같은 역학적 진동자를 위치에너지가 평형으로부터 변위의 제곱인, 즉 힘이 선형인 영역 이상으로 과도하게 동작시키면 이런 운동이 일어난다(3.2절 참조). 기상 변화, 가열한 유체의 대류 운동, 태양계에 묶여 있는 행성의 운동, 레이저 동공, 전자회로, 심지어는 화학 반응에서도 일어난다. 이런 계에서 발생하는 혼돈 운동은 반복적이지 않다. 진동은 속박 운동이지만 그 진동의 '개별 순환(cycle)'은 과거나 미래의 어떤 것과도 같지 않다. 이 진동은 순전히 무작위 운동(無作爲運動, random motion)의 변덕스러운 점을 모두 갖추고 있다. 그러나 혼동해서는 안 된다. 고전역학계의 혼돈(混沌, chaos) 형태가 정해진 자연의 법칙을 따르지 않는다는 뜻은 아니다. 작용하는 힘과 초기조건이 주어지면 고전역학계는 시간에 따른 변화가 완전히 정해진다. 다만 시간적 변화를 임의의 정밀도로 계산할 수 없을 뿐이다.

혼돈 운동을 상세히 다루지는 않을 것이다. 이 책의 범위를 벗어나기 때문이다. 관심 있는 독자는 다른 책을 참고하기 바란다.[8] 여기서는 혼돈 상태를 만들 수 있는 감쇠 진동자의 운동분석에 혼동 현상을 도입할 것이다. 구동력의 매개변수를 조금만 바꾸어도 결과로 생기는 운동에는 엄청나게 색다른 변화가 생긴다. 그래서 장기적 변화를 예측하는 일은 거의 불가능하다.

강제 감쇠 단진자

예제 3.2.2에서 단진자에 관한 운동방정식을 다루었다. 감쇠항과 외부 구동력을 추가하면 다음과 같다.

$$m\ddot{s} = -c\dot{s} - mg\ \sin\theta + F\ \cos\ \omega_f t \tag{3.8.4}$$

구동력 $F \cos \omega_f t$는 단진자의 경로의 접선방향으로 작용하고 평형 위치로부터의 거리는 호의 길이 s라 가정한다(그림 3.8.1 참조).[9]

이제 $s = l\theta$, $\gamma = c/m$, $\omega_0^2 = g/l$, $\alpha = F/ml$이라 하고 정리하면 다음 방정식을 얻는다.

$$\ddot{\theta} + \gamma\dot{\theta} + \omega_0^2\ \sin\theta = \alpha\ \cos\omega_f t \tag{3.8.5}$$

앞서 단진자를 논의할 때 진폭이 작은 영역에서의 운동을 분석하는 데 국한했으므로 $\sin\theta \approx \theta$의

---

8) J. B. Marion & S. T. Thornton, *Classical Dynamics*, 5th ed., Brooks/Cole, Belmont, CA, 2004.

9) 각도 θ를 이용한 단진자의 운동방정식은 외부 회전력을 이용하여 직접적으로 유도할 수 있으며, 따라서 각운동량의 변화량을 알아낼 수 있다.

그림 3.8.1 사인형 외부구동력 $F \cos \omega_f t$에 의해 저항 매질 내에서 움직이는 단진자. 외력은 단진자의 원호 경로의 접선방향으로 작용한다.

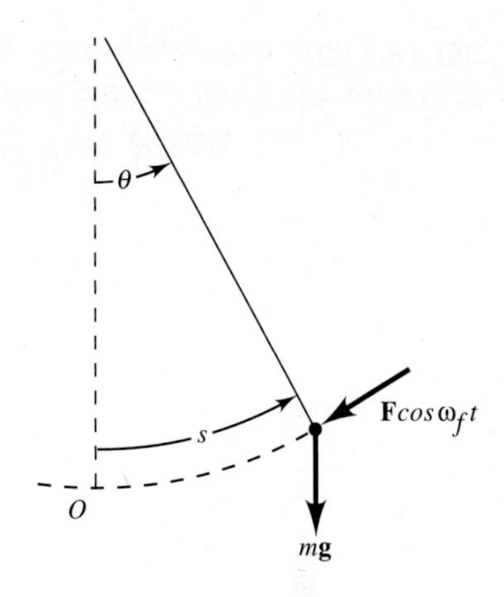

근사를 할 수 있었다. 이번에는 그렇게 하지 않는다. 진자가 작은 진폭 영역에서 벗어나도록 외력이 강해지면 $\sin\theta$의 비선형 효과가 표출되어 어떤 경우에는 혼돈 운동의 형태가 된다.

문제를 간단히 하기 위해 각진동수들을 ω_0의 단위로 하고($\omega_0 = 1$로 정하는 것과 같음), $x = \theta$ 그리고 $\omega = \omega_f$라 하면 위의 방정식은 다음과 같다.

$$\ddot{x} + \gamma\dot{x} + \sin x = \alpha \cos \omega t \tag{3.8.6}$$

이번에도 $y = \dot{x}$, $z = \omega t$라 두어서 2차 미분 방정식을 세 개의 1차 방정식으로 변환한다.

$$\begin{aligned} \dot{x} &= y \\ \dot{y} &= -\sin x - \gamma y + \alpha \cos z \\ \dot{z} &= \omega \end{aligned} \tag{3.8.7}$$

이 방정식들은 무차원이고 외부 구동력의 각진동수 ω는 ω_0의 배수임을 기억하라.

앞서 공부한 예제에서와 같이 Mathcad를 사용하여 다양한 조건하에 이 방정식을 푼다. 아래에서는 구동주파수 ω와 감쇠매개변수 γ를 각각 $\frac{2}{3}$와 $\frac{1}{2}$로 고정하고 외부구동력 α를 변화시킨다. 이 운동의 초기좌표 (x_0, y_0, z_0)는 별도로 언급하지 않는 한 $(0, 0, 0)$으로 정한다.

- 외력 매개변수: $\alpha = 0.9$

  이 경우에는 주기운동이 되어서 시간 변화에 따른 진동자의 자취를 완전히 예측할 수 있다. 10구동 사이클에 해당하는 시간 T 동안의 운동을 살펴보기로 하자.[10] 그림 3.8.2에는 3차원 위상공간에서 운동궤적을 나타내었다. 수직인 z축은 시간의 진행방향, 그리고 수평의 축들은 2차원 위상공간 x, y축을 표시한다. 궤적은 원점 $(0, 0, 0)$에서 시작해서 시간이 지나면서

10) 한 사이클에 해당하는 시간이란 $\tau = 2\pi/\omega$를 의미한다.

그림 3.8.2 강제 감쇠 단진자의 3차원 위상공간 궤도. 외력 매개변수 α는 0.9이다. 각속도 ω와 감쇠 매개변수 γ는 각각 $\frac{2}{3}$와 $\frac{1}{2}$이다. 좌표축은 각각 $x = \theta/2\pi$, $y = \dot{\theta}$, $z = \omega t/2\pi$이다.

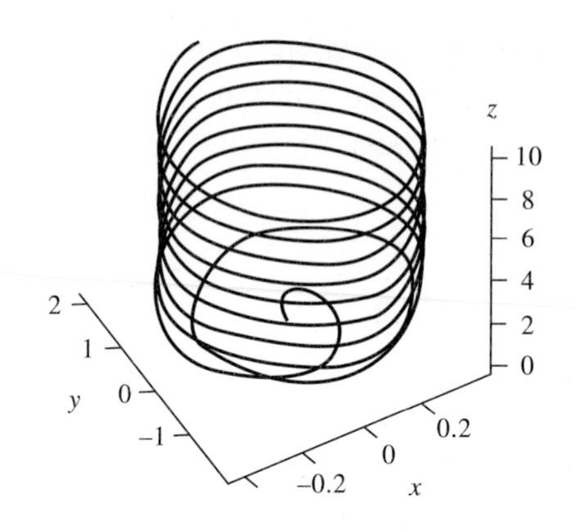

위상공간에서 시계방향으로 휘돌아 바깥 위쪽 방향으로 나아간다. 10구동 사이클 동안 일어난 운동에 해당하는 10 회전원이 존재한다. 처음 몇 사이클 후에 과도기는 소멸되고 진자는 안정된 정상상태 진동을 수행하게 된다. 이 사실은 그림 3.8.3의 첫 번째 열에 나와 있는 궤적들을 보면 알 수 있다. 총 10사이클 회전 중 마지막 5사이클에 대한 3차원 위상공간의 궤적을 2차원 평면에 투영한 것이 그림 3.8.3이다. 이때 닫힌 폐곡선은 5개의 사이클이 중첩된 것이고 정확히 똑같은 운동을 되풀이하며, 따라서 그 진행과정을 완전히 예측할 수 있음을 알 수 있다.

그림 3.8.3의 첫 번째 행의 두 번째 그래프는 단진자의 각위치를 마지막 5사이클동안 경과된 시간의 함수로 그린 그래프이다. 진자의 반복성은 여기서도 분명하게 보인다.

첫 번째 행의 세 번째 그래프는 **푸앵카레 단면**(Poincaré section)이다. 3차원 위상공간의 궤적을 수직하방으로 내려다 보면서 매 구동 사이클마다 한번씩 일정한 시간 간격으로 섬광사진을 찍었다고 생각해보라. 개별 섬광사진에는 사진이 찍히는 순간 궤도상의 한점, 즉 운동의 그 순간 상태를 의미하는 점이 나타날 것이다. 푸앙카레 단면은 모든 섬광 사진에 찍힌 점들의 집합을 나타낸 것이다. 이 그래프상의 한 점은 운동의 마지막 5사이클 동안 측정된 5개의 다른 점들의 중첩을 가리킨다. 초기 과도기 효과가 사라진 후 (x, y) 위상공간 좌표는 정확하게 이전 사이클을 재현해낸다. 그러므로 진자는 단일 진동수로 움직이는데, 예상대로 이것이 바로 외력의 구동진동수이다.

• 외력 매개변수: $\alpha = 1.07$

이 값을 사용하면 그림 3.8.3의 두 번째 행에 보이는 **주기 배가**(period doubling)라는 흥미로운 효과가 나타난다. 외력의 사이클이 두 번 지날 때마다 똑같은 운동이 반복된다. 이 위상 공간 그래프를 자세히 살펴보면 각 구동사이클의 운동이 바로 그 앞의 사이클과는 같지 않지만 한 번 걸러 동일해진다. 두 번째 그래프(각도 대 시간)에 나타나는 효과를 보려면 아마 확대경이 필요할지도 모른다. 그러나 자세히 살펴보면 인접한 사이클들 사이의 수직 변위에 약간의

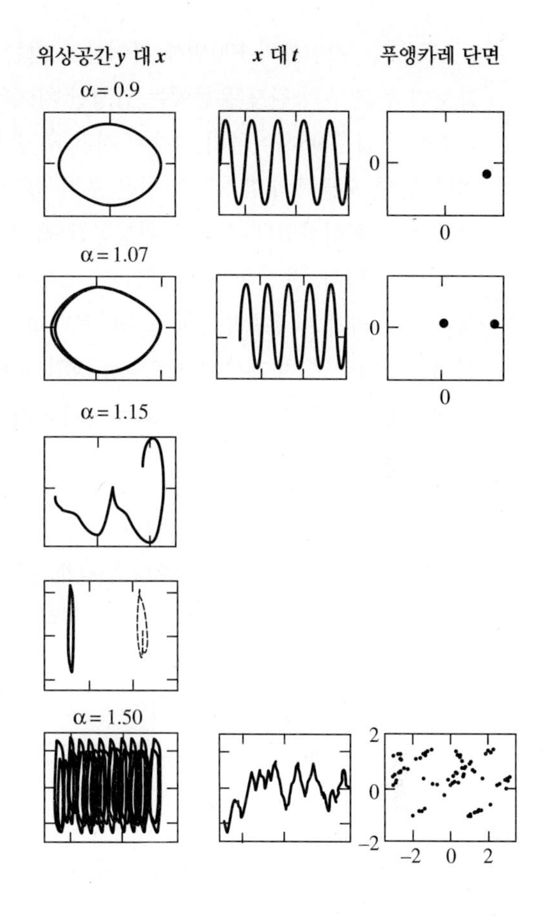

그림 3.8.3 여러 외력 매개변수 α에 대한 강제 감쇠 단진자의 (i) 위상공간 궤적(왼쪽), (ii) 각도 대 시간 그래프(중간), (iii) 푸앵카레 단면(오른쪽). $\alpha = 1.15$인 그래프에서는 처음 둘과 마지막 두 사이클의 위상공간 궤적만 보인다. 각 그래프는 각속도가 10^{-5}정도 차이 나는 초기조건에 대한 두 궤적을 포함한다.

차이가 있음을 알 수 있는데, 다른 사이클들에서도 이런 일이 되풀이된다. 그러므로 그림에 나타낸 푸앵카레 단면은 두 점으로 구성되어 있는데, 이는 진자의 운동이 두 개의 상이하지만 반복되는 진동으로 구성되어 있음을 의미한다.

- 외력 매개변수: $\alpha = 1.15$

  초기 조건 좌표: (−0.9, 0.54660, 0)과 (−0.9, 0.54661, 0)

  이 특별한 값을 갖는 구동 매개변수는 혼돈 운동을 야기하고 예측하기 어려운 이 운동의 특성 중의 하나를 그래프로 설명할 수 있게 해준다. 그림 3.8.3의 3번째와 4번째 행에 나타낸 두 개의 위상공간 그래프를 보자. 첫 번째 그래프는 약간 다른 초기조건으로 시작된 운동의 첫 두 사이클에 대한 것이다. 다시 말해, 진자는 $t = 0$인 순간 $x = -0.9$의 동일한 위치에서 출발하지만 각속도 y가 10^{-5} 정도 차이가 난다. 이 그림의 궤적은 실제로 두 개의 동일한 궤적이 겹쳐진 것이다. 두 가지 시도에서 초기조건이 거의 같아서 그 결과로 생기는 처음 두 사이클의 궤적을 구분하기 어려울 정도로 동일하다. 두 경우 모두 진자의 속도가 마이너스 쪽으로 최대가 되는 두 x 위치 사이의 거리가 위상공간에서 한 사이클에 해당한다.

그렇지만 99번째와 100번째 사이클에 대한 위상공간 궤적을 그려둔 두 번째 그래프에서 보듯이 두 경우의 진자 운동에는 엄청난 차이가 있다. 그래프의 왼편에 있는 첫 번째 경우의 궤적상의 점은 98사이클의 시간이 지난 후 반시계 방향보다 시계 방향으로 두 번 더 회전하였다. 반면 오른쪽의 궤적상의 점은 초기 속도가 미소하게 달라서 시계 방향보다 반시계 방향으로 더 회전하였다. 더욱이 위상공간 궤적 자체도 상당히 달라서 진자의 진동도 매우 다름을 알 수 있다. 변수 α, γ 그리고 ω가 모두 혼돈 운동을 위해 설정될 때 이런 효과가 항상 발생한다. 우리가 이 운동방정식을 10^{-5}보다 좋지 못한 정밀도로 풀려고 시도한다면 초라하게 실패할 것이다. 수치 계산에서는 항상 정밀도에 한계가 있으므로 고전역학에서처럼 완벽하게 정해진 물리계 조차도 궁극적으로는 예측하기 어려운, 즉 혼돈스러운 방식으로 거동한다.

- 외력 매개변수: $\alpha = 1.5$

  이 경우에는 혼돈 운동이 나타난다. 그림 3.8.3 마지막 행의 세 개 그래프는 혼돈 운동의 또 다른 특징인 비반복성을 보여준다. 200개의 구동 사이클을 그렸으나 한 번도 똑같은 운동이 반복되지 않았다. 혼돈 운동을 다루는 관례대로 각도 구간을 $[-\pi, \pi]$로 제한하기 위해 y대 x *modulo* 2π의 함수로 그려보면 위상공간 그래프에서 허용되는 전체 면적이 꽉 차게 되는데, 이것이 혼돈 운동의 명백한 증거이다. 그런 증거는 푸앵카레 단면에서도 여전히 나타나며 이 단면은 실제로 200개 이상의 뚜렷하게 구분되는 점들로 이루어져 있다. 이는 어떤 구동 사이클 동안이라도 운동은 결코 반복되지 않는다는 의미이다.

이 절에서 논의한 구동력이 가해진 감쇠 진동자의 운동에서 외력 매개변수를 [0.9, 1.5]의 범위에서 변화시키며 운동결과의 다양성을 알 수 있었다. 우리가 다룬 예 중 한 경우에서는 주기적 거동을 보였고, 다른 경우에서는 주기 배가 현상이 일어났으며, 또 다른 두 경우에서는 혼동 운동이 만들어졌다. 분명히, 외부 구동력이 가해지는 비선형 진동자에서는 혼돈 운동이 나타나는데 과거 수백 년간 무시되었던 물리현상이다. 관심 있는 학생들은 컴퓨터를 활용하여 직접 운동을 조사할 수도 있다. 놀랍게도 운동방정식의 매개변수를 약간만 변화시켜도 혼돈 운동이 생길 수도, 또 없어질 수도 있다.

*3.9 비사인형 외부 구동력: 푸리에 급수

'순수한' 사인 형태는 아니지만 주기적인 외부구동력을 받는 조화 운동을 공부하기 전에 이전보다 더 구체적인 방법을 알아둘 필요가 있다. 일반적인 형태의 구동력에는 **중첩 원리**(principle of superposition)를 사용하면 편리하다. 선형 미분 방정식으로 기술되는 어떤 물리계에도 적용되는 이 원리는 역학계에서 다음과 같이 말할 수 있다. 감쇠 진동자에 작용하는 외부구동력이 여러 함

수의 합이고

$$F_{ext} = \sum_n F_n(t) \tag{3.9.1}$$

외력의 각 항에 대한 미분 방정식의 해를 $x_n(t)$라 하면

$$m\ddot{x}_n + c\dot{x}_n + kx_n = F_n(t) \tag{3.9.2}$$

다음 미분 운동 방정식의

$$m\ddot{x} + c\dot{x} + kx = F_{ext} \tag{3.9.3}$$

해는 이들의 중첩으로 주어진다.

$$x(t) = \sum_n x_n(t) \tag{3.9.4}$$

이 원리가 옳다는 사실은 직접 대입해보면 쉽게 알 수 있다.

$$m\ddot{x} + c\dot{x} + kx = \sum_n (m\ddot{x}_n + c\dot{x}_n + kx_n) = \sum_n F_n(t) = F_{ext} \tag{3.9.5}$$

특히 구동력이 주기적이면, 즉 어떤 시간 t에 대해 다음과 같을 때

$$F_{ext}(t) = F_{ext}(t+T) \tag{3.9.6}$$

여기서 T는 주기이며, 힘의 함수는 **푸리에 정리**(Fourier's theorem)를 만족하는 조화항들의 중첩으로 표현할 수 있다. 이 정리에 따르면 임의의 주기함수 $f(t)$는 다음과 같이 표현된다.

$$f(t) = \tfrac{1}{2}a_0 + \sum^{\infty}[a_n \cos(n\omega t) + b_n \sin(n\omega t)] \tag{3.9.7}$$

계수들은 아래와 같이 주어지며 부록 G에 그 유도 방법이 제시되어 있다.

$$a_n = \frac{2}{T}\int_{-T/2}^{T/2} f(t)\cos(n\omega t)\,dt \qquad n = 0, 1, 2, \ldots \tag{3.9.8a}$$

$$b_n = \frac{2}{T}\int_{-T/2}^{T/2} f(t)\sin(n\omega t)\,dt \qquad n = 1, 2, \ldots \tag{3.9.8b}$$

여기서 $\omega = 2\pi/T$는 기본진동수이다. 만일 함수 $f(t)$가 짝함수라면, 즉 $f(t) = f(-t)$라면 b_n 계수들은 모든 n에 대해 영이다. 이런 급수 전개를 **푸리에 코사인 급수**(Fourier cosine series)라 한다. 마찬가지로 홀함수 $f(t) = -f(-t)$에 대해서는 a_n 계수들이 모두 영이 되고 **푸리에 사인 급수**(Fourier sine series)가 된다. 오일러의 지수함수에 관한 정리 $e^{iu} = \cos u + i \sin u$를 사용하면 식 (3.9.7), (3.9.8a), (3.9.8b)는 복소수 지수 형태로 다음과 같이 쓸 수 있다.

$$f(t)=\sum_n c_n e^{in\omega t} \qquad n=0,\pm1,\pm2,\ldots \tag{3.9.9}$$

$$c_n=\frac{1}{T}\int_{-T/2}^{T/2} f(t)e^{-in\omega t}\,dt \tag{3.9.10}$$

그러므로 시간의 주기함수인 외부구동력을 받는 진동자의 정상상태 운동을 알려면 먼저 힘을 식 (3.9.7)이나 식 (3.9.9) 형태의 푸리에 급수로 나타내고 그 계수 a_n, b_n, 혹은 c_n을 식 (3.9.8a), (3.9.8b), (3.9.10)에서 계산한다. 그리고 기본진동수 ω의 n배인 $n\omega$ 진동수의 조화모드에 대한 응답 함수 $x_n(t)$를 구한다. 이 함수는 3.6절에서 취급한 강제 진동자의 정상상태 해이다. 그러면 모든 $x_n(t)$의 중첩이 실제의 해가 된다. 강제 진동의 한 조화모드의 진동수가 공명진동수 ω_r과 완전히 일치하거나 거의 일치할 때 그 조화모드의 응답은 다른 모드들을 압도할 것이다. 감쇠 상수 γ가 매우 작을 때 사인형이 아닌 힘이 외부에서 작용하더라도 진동자의 진동은 사인형에 매우 가까워진다.

예제 3.9.1

주기적 펄스

위의 이론을 설명하기 위해 다음과 같이 직사각형 펄스가 외부에서 주기적으로 작용하는 조화진동자의 운동을 분석해보자.

$$F_{ext}(t)=F_0 \qquad NT-\tfrac{1}{2}\Delta T\le t\le NT+\tfrac{1}{2}\Delta T$$
$$F_{ext}(t)=0 \qquad \text{그 외의 경우}$$

여기서 $N=0, \pm1, \pm2, \ldots$이고 T는 한 펄스로부터 다음 펄스까지의 시간, ΔT는 그림 3.9.1에 나타낸 것과 같이 각 펄스의 폭이다. 이 경우 $F_{ext}(t)$는 시간 t의 짝함수이고, 따라서 푸리에 코사인 급수 전개로 표현된다. 식 (3.9.8a)를 써서 계수를 구하면

$$\begin{aligned} a_n &= \frac{2}{T}\int_{-\Delta T/2}^{+\Delta T/2} F_0\cos(n\omega t)\,dt \\ &= \frac{2}{T}F_0\left[\frac{\sin(n\omega t)}{n\omega}\right]_{-\Delta T/2}^{+\Delta T/2} \\ &= F_0\frac{2\sin(n\pi\Delta T/T)}{n\pi} \end{aligned} \tag{3.9.11a}$$

이 되는데, 마지막 단계에서는 $\omega=2\pi/T$를 인용했다. a_0 계수에 대해서는 다음과 같음을 알 수 있다.

$$a_0=\frac{2}{T}\int_{-\Delta T/2}^{+\Delta T/2} F_0\,dt = F_0\frac{2\Delta T}{T} \tag{3.9.11b}$$

그림 3.9.1 주기적인 직사각 펄스 형태의 구동력

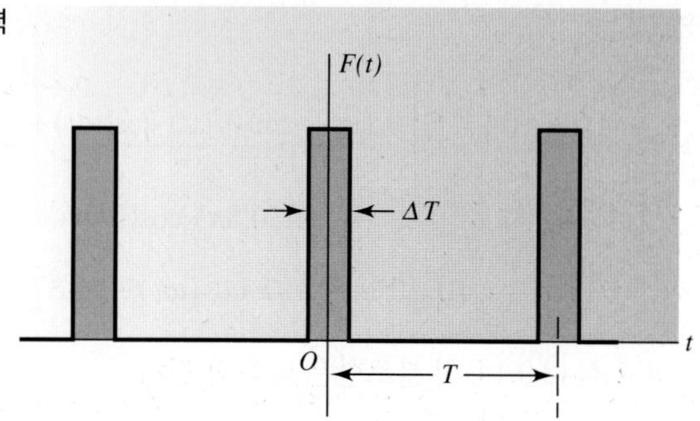

따라서 주기적 펄스 모양의 힘은 다음과 같이 쓸 수 있다.

$$F_{ext}(t) = F_0\left[\frac{\Delta T}{T} + \frac{2}{\pi}\sin\left(\pi\frac{\Delta T}{T}\right)\cos(\omega t) + \frac{2}{2\pi}\sin\left(2\pi\frac{\Delta T}{T}\right)\cos(2\omega t) + \frac{2}{3\pi}\sin\left(3\pi\frac{\Delta T}{T}\right)\cos(3\omega t) + \cdots\right] \quad (3.9.12)$$

위의 급수에서 첫째 항은 외부 구동력의 평균값 $F_{avg} = F_0(\Delta T/T)$이다. 그리고 둘째 항은 기본 진동수 ω를 갖는 푸리에 성분이다. 나머지 항들은 2ω, 3ω 등의 진동수를 갖는 고차 조화모드들이다.

식 (3.6.5)와 식 (3.9.4)를 사용하면 펄스 구동력을 받는 진동자 운동의 최종 표현은 중첩의 원리에 따라 다음과 같이 쓸 수 있는데

$$x(t) = \sum_n x_n(t) = \sum_n A_n \cos(n\omega t - \phi_n) \quad (3.9.13)$$

각 모드의 진폭은 식 (3.6.9)에 의해

$$A_n = \frac{a_n/m}{D_n(\omega)} = \frac{(F_0/m)(2/n\pi)\sin(n\pi\Delta T/T)}{\left[\left(\omega_0^2 - n^2\omega^2\right)^2 + 4\gamma^2 n^2\omega^2\right]^{1/2}} \quad (3.9.14)$$

이고, 각 위상각은 식 (3.6.8)에 의해 다음과 같다.

$$\phi_n = \tan^{-1}\left(\frac{2\gamma n\omega}{\omega_0^2 - n^2\omega^2}\right) \quad (3.9.15)$$

여기서 m은 질량이고 γ는 감쇠상수, 그리고 ω_0는 감쇠가 없는 자유진동자의 고유진동수이다.

구체적인 예로서 예제 3.6.2의 용수철 완충장치가 $\Delta T/T = 0.1$의 주기적 펄스를 받는다고 하자. 그리고 이전처럼 감쇠상수는 임계값의 10%인 $\gamma = 0.1\omega_0$이고 펄스 진동수는 고유진동수의 절반인 $\omega = \omega_0/2$라 하자. 그러면 식 (3.9.12)의 외부 구동력에 대한 푸리에 급수를 다음과 같이 나타낼

수 있다.

$$F_{ext}(t) = F_0\left[0.1 + \frac{2}{\pi}\sin(0.1\pi)\cos(\omega t) + \frac{2}{2\pi}\sin(0.2\pi)\cos(2\omega t) + \frac{2}{3\pi}\sin(0.3\pi)\cos(3\omega t) + \cdots\right]$$
$$= F_0[0.1 + 0.197\cos(\omega t) + 0.187\cos(2\omega t) + 0.172\cos(3\omega t) + \cdots]$$

그리고 식 (3.9.14)의 분모항은 다음과 같다.

$$D_n = \left[\left(\omega_0^2 - n^2\frac{\omega_0^2}{4}\right)^2 + 4(0.1)^2\omega_0^2 n^2\frac{\omega_0^2}{4}\right]^{1/2} = \left[\left(1 - \frac{n^2}{4}\right)^2 + 0.01n^2\right]^{1/2}\omega_0^2$$

그러므로 다음 결과를 얻는다.

$$D_0 = \omega_0^2 \qquad D_1 = 0.757\omega_0^2 \qquad D_2 = 0.2\omega_0^2 \qquad D_3 = 1.285\,\omega_0^2$$

위상각은 식 (3.9.15)에 의해

$$\phi_n = \tan^{-1}\left(\frac{0.2n\omega_0^2/2}{\omega_0^2 - n^2\omega_0^2/4}\right) = \tan^{-1}\left(\frac{0.4n}{4 - n^2}\right)$$

이고, 처음 몇 개의 위상각은 다음과 같다.

$$\phi_0 = 0 \qquad \phi_1 = \tan^{-1}(0.133) = 0.132$$
$$\phi_2 = \tan^{-1}\infty = \pi/2 \qquad \phi_3 = \tan^{-1}(-0.24) = -0.236$$

그러므로 이 역학계의 정상상태 운동은 다음 급수로 주어진다(식 (3.9.13) 참조).

$$x(t) = \frac{F_0}{m\omega_0^2}[0.1 + 0.26\cos(\omega t - 0.132) + 0.935\sin(2\omega t) + 0.134\cos(3\omega t + 0.236) + \cdots]$$

이 급수를 보면 제2 조화모드가 가장 우세하다는 것을 알 수 있다. 그 이유는 이 모드의 진동수가 공명진동수에 가깝기 때문이다: $2\omega = \omega_0$. 그리고 위상은 다음과 같다.

$$\cos(2\omega t - \pi/2) = \sin(2\omega t)$$

연습문제

3.1 기타의 줄이 512 Hz(음계에서 C보다 한 옥타브 높음)의 진동수로 조화진동을 하고 있다. 줄 중간 지점에서의 진동폭을 0.002 m(2 mm)라 할 때 이 점에서의 최대 속력과 가속도는 얼마인가?

3.2 피스톤이 진폭 0.1 m의 단조화진동을 하고 있다. 진동중심을 지날 때의 속력이 0.5 m/s라 하면 진동주기는 얼마인가?

3.3 진동수 10 Hz로 단조화진동을 하는 입자가 있다. 다음과 같이 초기조건이 주어졌을 때 변위 x를 시간 t의 함수로 구하라.

$$t = 0 \qquad x = 0.25\text{ m} \qquad \dot{x} = 0.1\text{ m/s}$$

3.4 식 (3.2.19)에서 주어진 4개의 물리량 C, D, ϕ_0, A 사이의 관계식을 증명하라.

3.5 단조화운동을 하는 입자의 변위가 x_1일 때 속도는 $\dot{x}_1$, 변위가 x_2일 때 속도는 $\dot{x}_2$라 하자. 이 주어진 변수들을 사용하여 진동의 각진동수와 진폭을 계산하라.

3.6 달 표면에서의 중력가속도는 지구 표면의 1/6 정도이다. 길이 1 m인 단진자를 달 표면에서 동작시키면 반주기는 얼마가 되겠는가?

3.7 탄성계수가 각각 k_1, k_2인 두 용수철을 수직으로 매달아서 질량 m인 한 개의 물체를 지탱하고 있다. 진동의 각진동수가 용수철들을 병렬로 연결할 때는 $[(k_1 + k_2)/m]^{1/2}$이고, 직렬로 연결할 때는 $[k_1k_2/(k_1 + k_2)m]^{1/2}$임을 증명하라.

3.8 탄성계수가 k인 용수철에 질량 M인 상자가 매달려 있고 그 안에는 질량 m인 물체가 놓여 있다. 용수철을 아래로 d만큼 잡아당긴 후 놓을 때 물체와 상자 밑면 사이의 작용력을 시간의 함수로 구하라. d가 어떤 값을 가지면 수직 진동의 맨 꼭대기에 있을 때 물체가 상자 바닥에서 떨어지려 하겠는가? 공기 저항은 무시하라.

3.9 감쇠 조화진동자의 변위에서 잇따른 두 최대값 사이의 비는 일정함을 증명하라(주의: 최대값은 변위 곡선이 곡선 $Ae^{-\gamma t}$과 접하는 점에서 일어나지 않는다).

3.10 $m = 10$ kg, $k = 250$ N/m, $c = 60$ kg/s의 조건을 갖는 감쇠 조화진동자에 $F_0 \cos \omega t$로 주어지는 구동력이 작용한다. 여기서 $F_0 = 48$ N이다.

(a) 각진동수 ω가 어떤 값일 때 정상상태의 진동이 최대 진폭을 갖겠는가?

(b) 위의 조건하에서 최대 진폭은?

(c) 그때 위상 변화는?

3.11 질량이 m인 입자가 축을 따라 움직이는데 $17\beta^2mx/2$의 인력과 $3\beta m\dot{x}$의 저항력을 받고 있다. x는 원점으로부터의 거리이고 β는 상수이다. 여기에 외부 구동력 $mA \cos \omega t$가 x축을 따라서 입자에 가해졌다. 여기서 A는 상수이다.

(a) 각진동수 ω가 어떤 값을 가질 때 원점 주위에서 최대 진폭을 가진 정상상태의 진동이 일어나겠는가?

(b) 그 진폭의 크기를 구하라.

3.12 감쇠 조화진동자의 진동수 f_d는 100 Hz이고 잇따른 최대 진폭 사이의 비는 0.5이다.

(a) 이 진동자의 고유진동수 f_0를 구하라.

(b) 공명진동수 f_r을 구하라.

3.13 감쇠 조화진동자의 진폭이 n번 진동한 후에 $1/e$배로 줄어들었다. 감쇠가 없는 경우와 비교하여 진동주기의 비는 다음과 같음을 증명하라.

$$\frac{T_d}{T_0} = \left(1 + \frac{1}{4\pi^2 n^2}\right)^{1/2} \simeq 1 + \frac{1}{8\pi^2 n^2}$$

마지막 근사식은 n이 매우 클 때 적용된다(부록 D의 근사 공식 참조).

3.14 지수형 감쇠계수 γ가 임계값의 절반이고 구동진동수가 $2\omega_0$일 때 예제 3.6.2의 문제들을 다시 풀어라.

3.15 감쇠가 작은 조화진동자($\gamma \ll \omega_0$)를 고려하자. 정상상태 진폭이 공명진동수에 대한 진폭의 절반이 되는 구동진동수는 $\omega \simeq \omega_0 \pm \gamma\sqrt{3}$임을 증명하라.

3.16 LCR 회로가 양단에 $V = V_0 e^{i\omega t}$만큼의 전압을 만들어내는 발전기와 직렬로 연결되어 있다고 하자. 회로를 지나가는 전하 q에 대한 2차 미분 방정식은 다음과 같다.

$$L\frac{d^2 q}{dt^2} + R\frac{dq}{dt} + \frac{1}{C}q = V_0 e^{i\omega t}$$

(a) 표 3.6.1에 보인 역학적 진동자로 구동될 때와 위의 전기적 진동자로 구동되는 변수들 사이의 대응관계를 확인하라.

(b) 위의 미분 방정식에서 주어진 계수를 사용하여 전기회로의 Q 인수를 계산하라.

(c) 감쇠가 약할 경우에는 $Q = R_0/R$(단, 여기서 $R_0 = \sqrt{L/C}$는 회로의 특성 임피던스임)로 나타낼 수 있음을 보여라.

3.17 감쇠 조화진동자에 다음과 같은 외부 구동력이 작용한다.

$$F_{ext} = F_0 \sin \omega t$$

정상상태의 해는 다음과 같음을 증명하라.

$$x(t) = A(\omega)\sin(\omega t - \phi)$$

여기서 $A(\omega)$와 ϕ는 식 (3.6.9)와 식 (3.6.8)에 주어진 식과 의미가 같다.

3.18 감쇠 진동자가 다음과 같이 감쇠하는 외부 구동력을 받을 때 운동방정식을 풀어라.

$$F_{ext}(t) = F_0 e^{-\alpha t} \cos \omega t$$

(힌트: $Ae^{\beta t - i\phi}$ 형태의 해를 가정하라. $e^{-\alpha t} \cos \omega t = Re(e^{-\alpha t + i\omega t}) = Re(e^{\beta t})$, 여기서 $\beta = -\alpha + i\omega$)

3.19 길이 l인 단진자가 진폭 45°인 진동을 하고 있다.

(a) 주기를 구하라.

(b) 이 진자를 실험실에서 g 측정용으로 사용한다면 단순한 공식 $T_0 = 2\pi(l/g)^{1/2}$을 사용할 때 오차가 얼마인가?

(c) 이 진자의 진동에서 제3조화 모드가 어느 정도인지 근사적으로 계산하라.

3.20 본문의 식 (3.9.9)와 식 (3.9.10)을 증명하라.

3.21 주기적인 직각파의 푸리에 급수는 다음과 같음을 증명하라.

$$f(t) = \frac{4}{\pi}\left[\sin(\omega t) + \tfrac{1}{3}\sin(3\omega t) + \tfrac{1}{5}\sin(5\omega t) + \cdots\right]$$

여기서

$f(t) = +1 \quad 0 < \omega t < \pi,\ 2\pi < \omega t < 3\pi,\ \cdots$인 경우

$f(t) = -1 \quad \pi < \omega t < 2\pi,\ 3\pi < \omega t < 4\pi,\ \cdots$인 경우

3.22 위의 결과를 이용하여 진폭 F_0인 직각파의 외부 힘을 받는 감쇠 조화진동자에 관한 문제를 풀어라. 특히 구동진동수의 제3고조파 진동수인 3ω가 비감쇠 진동자의 고유진동수 ω_0와 같을 때 응답 함수 $x(t)$의 처음 세 항의 진폭 A_1, A_3, A_5 사이의 비를 구하라. Q 인수는 100이라고 하자.

3.23 (a) 단조화진동자의 위상공간에서의 궤도를 기술하는 1차 미분 방정식 dy/dx를 유도하라.

(b) 이 방정식을 풀어서 궤도가 타원임을 증명하라.

3.24 단위질량을 가진 입자가 $x - x^3$의 힘을 받는다고 하자. 이때 x는 좌표계 원점으로부터의 변위이다.

(a) 평형점들을 구하고, 그것들이 안정 또는 불안정인지 설명하라.

(b) 입자의 전체 에너지를 구하고, 보존되는 양임을 보여라.

(c) 입자의 궤적을 위상공간에서 계산하라.

3.25 길이 $l = 9.8$ m인 단진자는 다음의 미분 방정식을 만족한다.

$$\ddot{\theta} + \sin\theta = 0$$

(a) θ_0가 진동 진폭이라면 주기 T는 다음과 같음을 증명하라.

$$T = 4\int_0^{\pi/2} \frac{d\phi}{(1 - \alpha \sin^2\phi)^{1/2}} \qquad \text{여기서 } \alpha = \sin^2 \tfrac{1}{2}\theta_0$$

(b) 피적분 함수를 α의 급수로 전개하고 항마다 적분하여 주기 T를 α의 멱급수로 구하라. $O(\alpha^2)$ 항

까지만 고려한다.

(c) α를 θ_0의 멱급수로 전개하고 그 결과를 (b)의 멱급수에 대입하여 주기 T를 θ_0의 급수로 계산하라. $O(\theta_0^2)$ 항까지만 고려하라.

컴퓨터 응용 문제

C3.1 길이 L인 단진자의 정확한 운동 방정식은 예제 3.2.2에서 본 바와 같다.

$$\ddot{\theta} + \omega_0^2 \sin\theta = 0$$

여기서 $\omega_0^2 = g/L$이다. 이 방정식을 수치 적분해서 $\theta(t)$를 구하라. $L = 1$ m, $t = 0$초일 때 $\theta_0 = \pi/2$ rad, $\dot{\theta}_0 = 0$ rad/s라 하자.

(a) $\theta(t)$를 $t = 0$부터 4초까지 그래프로 그려라. 그 위에 $\sin\theta \approx \theta$ 근사로 얻은 해를 추가해서 그려라.

(b) $\theta_0 = 3.10$ rad일 때 (a) 과정을 되풀이해서 그려라.

(c) θ_0가 0일 때부터 3.10 rad까지 변할 때 진자의 주기를 θ_0의 함수로 그려라. 진폭이 어느 정도일 때 주기가 $2\pi\sqrt{L/g}$ 공식에서 2% 이상 차이가 나겠는가?

C3.2 감쇠 조화 진동자의 제동력이 속도의 제곱에 비례하여 $-c_2\dot{x}|\dot{x}|$이라 하자. 이 진동자의 운동방정식은 다음과 같다.

$$\ddot{x} + 2\gamma\dot{x}\,|\dot{x}| + \omega_0^2 x = 0$$

여기서 $\gamma = c_2/2m$이고 $\omega_0^2 = k/m$이다. 위의 운동 방정식을 수치 적분하여 $x(t)$를 구하라. $\gamma = 0.20\ \text{m}^{-1}$, $\omega_0 = 2.00$ rad/s이고 초기조건은 $x(0) = 1.00$ m, $\dot{x}(0) = 0$ m/s라 하자.

(a) 시간 $t = 0$부터 20초까지 $x(t)$를 그래프로 그려라. 같은 그래프 위에 감쇠 제동력이 속도에 선형 비례하는, 즉 $-c_1\dot{x}$로 주어지는 감쇠 조화진동자의 해를 그려라. 이번에도 $\gamma = c_1/2m = 0.20\ \text{s}^{-1}$, $\omega_0 = 2.00$ rad/s이다.

(b) 선형 감쇠의 경우 연속된 극대점들의 절대값의 로그를 그 발생시간의 함수로서 그래프로 그려라. 이 그래프의 기울기를 구하고 그로부터 γ의 값을 계산하라(감쇠가 약할 경우 이 방법이 특히 좋다).

(c) 선형 감쇠의 경우 임계감쇠가 되는 γ를 구하라. 그리고 $t = 0$부터 5초까지 해를 그래프로 그려라. 제곱형 감쇠의 경우 임계감쇠가 되는 γ 값을 잘 정할 수 있는가? 그렇지 않다면 처음으로 초기값의 2%가 되는 γ의 값을 구하라.

C3.3 반데르 폴 진동자에 관한 운동방정식은 다음과 같다.

$$\ddot{x} - \gamma(A^2 - x^2)\dot{x} + \omega_0^2 x = 0$$

$A = 1$, $\omega_0 = 1$이라 하고 이 방정식을 수치적으로 풀어서 위상공간 궤도를 구하라. 10주기(1주기 = $2\pi/\omega_0$) 동안의 운동을 기술하라. 다음 조건을 가정하라.

(a) $\gamma = 0.05$, $(x_0, \dot{x}_0) = (-1.5, 0)$

(b) $\gamma = 0.05$, $(x_0, \dot{x}_0) = (0.5, 0)$

(c, d) $\gamma = 0.5$라 하고 (a), (b)를 풀어라. 이 운동이 제한순환을 보이는가? 설명해보라.

C3.4 외부 구동력을 받는 반데르 폴 진동자의 운동방정식은 다음과 같다.

$$\ddot{x} - \gamma(1 - x^2)\dot{x} + x = \alpha \cos\omega t$$

여기서 α는 구동력의 진폭, ω는 구동진동수이다. $x = x$, $y = \dot{x}$, $z = \omega t$라 하고 이 변수들을 이용하여 운동방정식을 풀어라. 진동자는 $(x_0, y_0, z_0) = (0, 0, 0)$에서 시작되었다고 하고, 100 구동사이클(1구동주기 $= 2\pi/\omega$) 동안 운동을 전개시켜라. (1) 이 운동의 위상공간 궤도를 구하라. (2) 구동사이클 횟수에 대한 위치를 그려라. (3) 처음부터 10 구동사이클에 대한 3차원 위상공간 궤도를 그려라. 다음 조건을 가정한다.

(a) $\alpha = 0.1$, $\gamma = 0.05$, $\omega = 1$

(b) $\alpha = 5$, $\gamma = 5$, $\omega = 2.466$

어느 것이 주기운동이고, 어느 것이 혼돈운동인가?

C3.5 그림 C3.5에 보이는 것처럼 회전 고무벨트 위에 정지상태로 놓여 있는 단조화진동자를 생각해보자. 벨트가 진동자에 작용하는 마찰력은 미끄럼 속도 $\dot{x} - u$에 다음처럼 관계된다고 가정하자. 단, u는 벨트의 속력이다.

$$\begin{array}{ll} \beta v & \dot{x} - u > v \\ \beta(\dot{x} - u) & |\dot{x} - u| = v \\ -\beta v & \dot{x} - u < v \end{array}$$

다시 말하면 미끄럼 속도가 상수 v로 결정되는 어떤 한계 밖에서는 마찰력이 상수이고, 한계 내에서는 미끄럼 속도에 비례한다.

(a) 이 진동자에 대한 운동방정식을 쓰고 $k = 1$, $m = 1$, $\beta = 5$, $v = 0.2$, $u = 0.1$인 경우 수치적으로 계산하여 위상공간 궤적을 구하라. 다음 조건들을 가정하라.

(b) $(x_0, \dot{x}_0) = (0, 0)$

(c) $(x_0, \dot{x}_0) = (2, 0)$

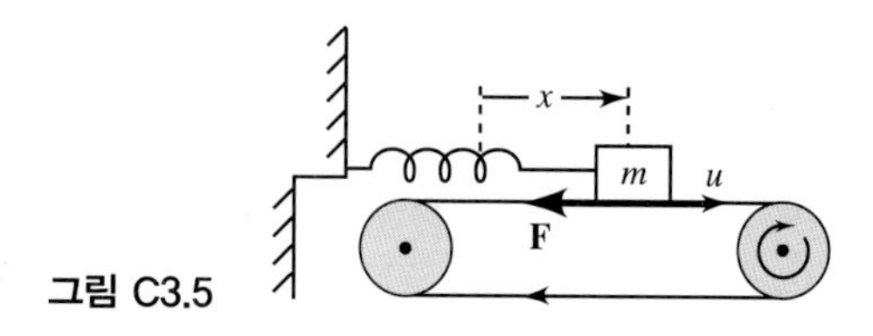

그림 C3.5

제 4 장

입자의 3차원 운동

아이작 뉴턴 경과 그를 따르는 사람들은 신의 조화에 대해서도 아주 이상한 생각을 하고 있다.
그들의 이론에 의하면 전지전능한 신은 이따금씩 자기 시계의 태엽을 감을 필요가 있다.
아니라면 멈추기 때문이다. 신은 영구적인 운동을 충분히 전망하지 못한 것 같다.
오히려 이 사람들에 의하면 신이 만든 기계는 너무 불완전하기 때문에 가끔씩 굉장한 군중을
동원하여 청소를 해야 하고, 시계 제조공이 수리하는 것처럼 신도 수리 작업을 해야 한다.
결과적으로 신은 숙련되지 못한 장인이어서 자기가 한 일을 계속 손보고 조정해야 한다.
그러나 나의 의견은 세상에는 똑같은 힘과 활성(에너지)이 항상 존재하고 한쪽에서 다른 쪽으로
이동만 할 뿐이며 이것은 자연의 법칙과 이미 잘 정리된 아름다운 질서를 따르고 있다는 것이다.

– 고트프리트 빌헬름 라이프니츠, 『웨일스 왕녀 카롤린에게 보낸 편지
(Letter to Caroline, Princess of Wales)』(1715)

4.1 서론: 일반 원리

이제 3차원 공간에서 움직이는 입자의 운동을 다루어보자. 입자의 운동방정식은 벡터 형태로 다음과 같다.

$$\mathbf{F} = \frac{d\mathbf{p}}{dt} \tag{4.1.1}$$

여기서 $\mathbf{p} = m\mathbf{v}$는 입자의 선운동량(線運動量, linear momentum)이다. 이 벡터 방정식을 직선 직각 좌표계에서 스칼라 형태로 쓰면 다음 세 개의 방정식과 같다.

$$\begin{aligned} F_x &= m\ddot{x} \\ F_y &= m\ddot{y} \\ F_z &= m\ddot{z} \end{aligned} \tag{4.1.2}$$

힘의 세 성분은 명시적(explicit)이든 암시적(implicit)이든 좌표, 좌표의 시간 및 공간 도함수, 시간 그 자체의 함수일 수 있다. 위의 운동방정식에서 해석적인 해를 얻는 일반적인 방법은 없다. 조금만 복잡하더라도 수치 해석 방법을 적용해야 할 경우가 대부분이다. 그렇지만 비교적 간단하게 해석적으로 풀리는 경우도 많다. 이러한 문제에서는 대부분 현실을 단순화하여 표현한다. 그러나 이들은 현실적인 물리계를 다루는 모형으로서 기본이 되는 것이므로 이상화된 문제를 푸는 데 필요한 해석적 기교를 여기서 배워둘 필요가 있다. 실제로는 이것조차 우리에게는 상당히 힘든 일이다.

힘 $\mathbf{F}$가 시간에 의존하는 관계를 명시적으로 알기는 힘들다. 그러므로 이러한 경우는 고려하지 않고 $\mathbf{F}$가 공간 좌표와 그 도함수의 함수인 일상적인 문제만 다루겠다. 가장 간단한 상황은 $\mathbf{F}$가 공간 좌표만의 함수인 경우이다. 우리는 이러한 문제의 풀이에 상당한 역점을 둘 것이다. $\mathbf{F}$가 좌표의 시간미분의 함수인 좀 더 복잡한 경우도 있다. 예를 들면 공기 저항이 있을 때의 포사체 운동, 전자기장에서 하전입자의 운동과 같은 경우도 다룰 것이다. 끝으로 좌표나 그 도함수 의존성이 정적(靜的, static)이 아니어서 $\mathbf{F}$가 시간의 명시적 함수일 수도 있다. 시간에 따라 변하는 전자기장 내에서 운동하는 하전입자가 좋은 예이다. 이러한 경우는 다루지 않겠다. 여기서는 3차원에서 $\mathbf{F}$가 $\mathbf{r}$과 $\dot{\mathbf{r}}$의 알려진 함수일 때 몇 가지 강력한 해석 방법을 공부하고자 한다.

일의 원리

입자에 힘이 가해지면 일을 하고 운동에너지는 증가하거나 감소한다. 2장에서 직선운동과 관련하여 일의 개념을 이미 도입했다. 그 결과를 3차원으로 확장해보자. 그러려면 우선 식 (4.1.1)의 양변에 $\mathbf{v}$의 스칼라 곱을 계산한다.

$$\mathbf{F} \cdot \mathbf{v} = \frac{d\mathbf{p}}{dt} \cdot \mathbf{v} = \frac{d(m\mathbf{v})}{dt} \cdot \mathbf{v} \tag{4.1.3}$$

질량 m은 입자의 속도와는 무관하다고 가정하고 $d(\mathbf{v} \cdot \mathbf{v})/dt = 2\mathbf{v} \cdot \dot{\mathbf{v}}$를 이용하면 위 식은 다음과 같이 쓸 수 있다.

$$\mathbf{F} \cdot \mathbf{v} = \frac{d}{dt}\left(\frac{1}{2} m\mathbf{v} \cdot \mathbf{v}\right) = \frac{dT}{dt} \tag{4.1.4}$$

여기서 $T = mv^2/2$는 운동에너지이다. 그런데 $\mathbf{v} = d\mathbf{r}/dt$이므로 식 (4.1.4)를 다시 쓰고 적분하면 다

그림 4.1.1 힘 $\mathbf{F}$가 한 일은 $\int_A^B \mathbf{F}\cdot d\mathbf{r}$ 선적분이다.

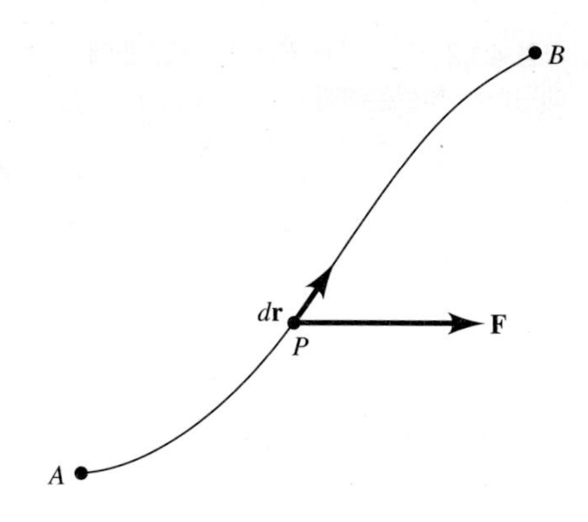

음 결과를 얻는다.

$$\mathbf{F}\cdot\frac{d\mathbf{r}}{dt}=\frac{dT}{dt} \tag{4.1.5a}$$

$$\therefore \int \mathbf{F}\cdot d\mathbf{r}=\int dT=T_f-T_i=\Delta T \tag{4.1.5b}$$

위 식의 좌변은 선적분(線積分, line integral)이거나 혹은 입자의 변위 벡터 $d\mathbf{r}$에 나란한 $\mathbf{F}$의 성분인 $F_r\,dr$의 적분이다. 적분은 공간상 시작점 A에서 마지막 점 B까지 입자의 궤도를 따라서 이루어진다. 그림 4.1.1에 과정이 나타나 있다. 이 선적분은 입자가 A로부터 B까지 궤적을 따라 움직일 때 힘 $\mathbf{F}$가 입자에 한 일을 나타낸다. 위 식의 우변은 입자의 알짜(net) 운동에너지 변화이다. $\mathbf{F}$는 입자에 작용하는 모든 힘들의 벡터 합이다. 그러므로 입자에 어떤 알짜힘이 작용하여 한 점에서 다른 점으로 움직이면서 이 힘이 한 일은 이 두 지점에서의 운동에너지의 차이와 같다.

보존력과 힘의 장

2장에서는 위치에너지의 개념을 도입했었다. 그때 입자에 작용하는 힘이 보존력(保存力, conservative force)일 경우 힘은 위치에너지 함수 $V(x)$의 도함수 $F_x=-dV(x)/dx$ 형태로 유도할 수 있었다. 그 결과 x축을 따라서 A에서 B까지 입자에 힘이 작용하여 한 일은 $\int F_x dx=-\Delta V=V(A)-V(B)$가 되어 입자의 위치에너지 차이에 마이너스 부호를 붙인 것과 같다. 따라서 보존력이 한 일을 계산할 때는 A부터 B까지 입자의 운동을 구체적으로 알 필요가 없다. 점 A에서 시작해서 점 B에서 끝났음을 아는 것만으로 충분하다. 힘이 한 일은 운동의 양 끝 지점에서의 위치 에너지에만 관계되기 때문이다. 한편 그것은 운동에너지의 변화 $\Delta T=T(B)-T(A)$와 같으므로 일반적인 에너지 보존법칙을 세울 수 있다. 즉, $E_{tot}=V(A)+T(A)=V(B)+T(B)$는 입자가 운동할 때 항상 일정하다.

이 원리가 성립하려면 입자에 작용하는 힘이 보존력이어야 한다. 용어가 의미하는 대로 이러한

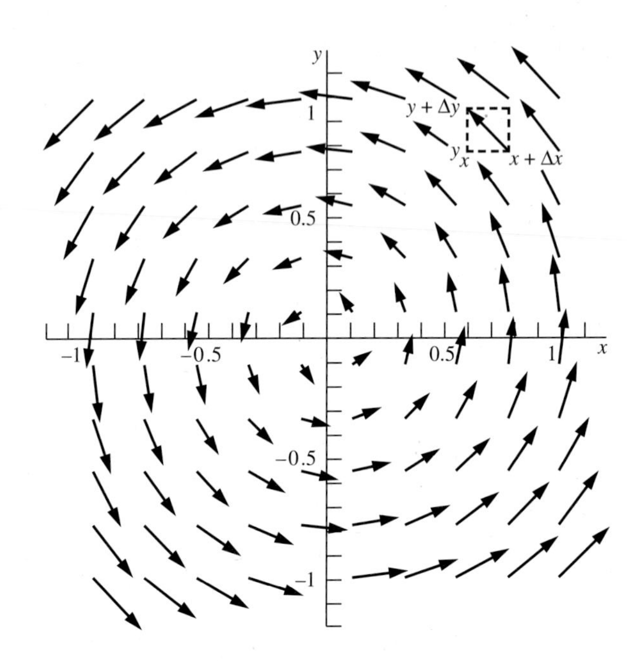

그림 4.1.2 $F_x = -by,\ F_y = +bx$ 인 힘에 대응하는 비보존력장

힘의 작용하에서 입자가 움직인다면 무엇인가가 보존된다. 이제 그 개념을 일반화하여 3차원으로 확장하고 **보존력**이라는 단어가 의미하는 바를 정확하게 정의하고자 한다. 어떤 특정한 힘이 보존력인지 아닌지 여부를 말해주는 처방을 알고 난 후 위치에너지가 이 입자에 존재하는지 여부를 알고자 한다. 그러면 입자의 운동을 조사할 때 에너지 보존법칙을 활용할 수 있다.

이러한 처방을 찾기 위해 우선 위치의 함수이지만 위치에너지에서 유도될 수 없는 비보존력을 설명하겠다. 그래야 어떤 힘이 보존력이라면 그 힘이 갖추어야 할 특성이 무엇인지에 관해 단서를 얻을 수 있다. 그림 4.1.2에 보이는 바와 같은 2차원 힘의 장을 고려해보자. **힘의 장**(force field)이란 용어는 xy평면에서 조그마한 시험 입자[1]를 어떠한 위치 (x_1, y_1)에 놓더라도 이 입자가 힘 $\mathbf{F}$를 경험하게 되는 범위를 뜻한다. 그러므로 이 xy평면은 시험 입자가 경험하는 힘의 지도(map)로 간주할 수 있다.

이런 상황은 수학적으로는 xy평면상의 모든 점에서 $\mathbf{F}$의 값을 지정하는 것이다. 그러므로 함수 $\mathbf{F}(x, y)$로 표현되는 벡터장이 된다. 힘의 성분은 $F_x = -by$와 $F_y = +bx$이고, 여기서 b는 상수이다. 그림에 나타난 화살들은 그 중심에서 $\mathbf{F} = -\mathbf{i}by + \mathbf{j}bx$를 계산하여 벡터로 표시한 것이다. 그림을 보

---

1) 입자의 질량이 너무 작아서 비록 존재하더라도 그 자체에 의해 주변 환경이 영향을 받지 않는 정도를 시험 입자라 한다. 개념적으로 볼 때 공간상에서 힘이 존재하는 것을 검증하기 위한 '시험용 탐침'과 같이 생각하면 된다. 이 시험 입자가 가속되는 결과를 보고 힘의 존재 유무를 '감지'하게 되는 것이다. 또한 이 입자의 존재로 인해 힘의 장의 근원이 영향을 받지 않는다고 가정한다.

면 원점 주위로 힘의 벡터가 반시계 방향으로 '회전(circulation)'하고 있는 것 같다. 벡터의 크기는 원점에서 멀어질수록 커진다. 이러한 장(場, field) 안에 작은 시험입자를 놓으면 이 입자는 반시계 방향으로 계속해서 돌면서 운동에너지가 한없이 증가할 것이다.

언뜻 보면 이러한 상황은 전혀 이상해 보이지 않는다. 중력장에서 공을 떨어뜨릴 경우에 운동에너지는 증가하면서 그만큼 위치에너지가 감소한다. 여기서 문제는 회전하고 있는 입자가 한 점에서 다른 점으로 이동할 때 얻은 운동에너지와 동일한 양만큼의 위치에너지를 이 입자가 잃어버리게 되어서 결국 총 에너지는 보존이 되는가 하는 것이다. 실제로는 그렇지 않다. 이 입자가 어떤 경로를 따라서 제자리로 돌아올 때 한 일은 영이 아니다(그림 4.1.2의 점선으로 된 사각형 경로를 생각할 수 있다). 이 경로를 따라 입자가 계속해서 돌면 입자의 운동에너지는 매번 닫힌 경로를 따라 한 일만큼 꾸준히 증가한다. 그러나 입자의 위치에너지가 위치 (x, y)에만 관계된다면 위치에너지 차이는 닫힌 경로를 한 번 돌 때 영이어야 한다. 그러므로 xy평면상의 어떤 특정 위치에서 이 입자의 위치에너지를 결정할 수 있는 방법은 없음이 분명하다. 어떤 값을 지정하려면 입자가 걸어온 내력이 필요해서 현재에 이를 때까지 이미 몇 번을 돌았는지 알아야 할 것이다.

힘이 위치에너지의 함수로 주어질 수 있는지 아닌지는 두 점 A, B 사이를 서로 다른 경로를 따라서 입자가 움직일 때 한 일을 비교함으로써 알 수도 있다. 처음에 입자를 $(x, y) \Rightarrow (x + \Delta x, y) \Rightarrow (x + \Delta x, y + \Delta y)$의 경로로 움직이고, 다음에는 $(x, y) \Rightarrow (x, y + \Delta y) \Rightarrow (x + \Delta x, y + \Delta y)$의 경로로 움직여서 한 일들을 계산한다. 만일 두 결과가 다르다면 힘이 한 일은 스칼라인 위치에너지 함수의 차이로 나타낼 수 없다. 그러려면 경로와 무관해야 하기 때문이다. 곧 계산하겠지만 두 경로를 따라서 한 일의 차이는 $2b\Delta x\Delta y$이고 직사각형의 폐곡선을 따라서 한 일과 같다(식 (4.1.6) 참조). 그러므로 한 점에서 다른 점으로 움직일 때 한 일이 경로에 관계된다는 것은 폐곡선을 따라서 한 일이 영이 아니라는 것과 똑같다. 그림 4.1.2에 보이는 힘의 장에서는 힘이 한 일과 운동에너지의 변화를 알기 위해 입자가 어떤 경로로 현재의 위치까지 왔는지를 알아야 한다. 힘을 유도할 수 있는 위치에너지의 개념은 이 경우에 의미가 없다.

위치에너지 값을 분명하게 정의할 수 있는 유일한 방법은 폐곡선의 적분이 영이 되는 경우뿐이다. 이때 A부터 B까지 어떤 경로를 따라 입자가 움직여도 한 일은 모두 똑같고, 이것은 위치에너지의 감소나 운동에너지의 증가가 된다. 이러한 힘의 장에서는 위치에 관계없이 입자의 전체 에너지는 항상 일정할 것이다! 그러므로 폐곡선 적분이 영이 되려면 힘이 만족해야 할 조건을 알 필요가 있다.

원하는 제한 조건을 알기 위해 그림 4.1.2에 보인 바와 같이 임의의 점 (x, y) 둘레로 면적 $\Delta x\Delta y$인 사각형 둘레를 따라 반시계 방향으로 적분을 하여 일을 계산해보면 다음과 같은 결과를 얻는다.

$$
\begin{aligned}
W &= \oint \mathbf{F} \cdot d\mathbf{r} \\
&= \int_{x}^{x+\Delta x} F_x(y)\,dx + \int_{y}^{y+\Delta y} F_y(x+\Delta x)\,dy \\
&\quad + \int_{x+\Delta x}^{x} F_x(y+\Delta y)\,dx + \int_{y+\Delta y}^{y} F_y(x)\,dy \\
&= \int_{y}^{y+\Delta y} (F_y(x+\Delta x) - F_y(x))\,dy \\
&\quad + \int_{x}^{x+\Delta x} (F_x(y) - F_x(y+\Delta y))\,dx \\
&= (b(x+\Delta x) - bx)\,\Delta y + (b(y+\Delta y) - by)\,\Delta x \\
&= 2b\Delta x\,\Delta y
\end{aligned}
\tag{4.1.6}
$$

여기서 행해진 일은 영이 아니고 임의의 방법으로 선택된 폐곡선의 넓이, 즉 $\Delta A = \Delta x \cdot \Delta y$에 비례한다. 일을 넓이로 나누고 $\Delta A \to 0$의 극한을 택하면 $2b$가 된다. 이 결과는 이런 특정 비보존력장의 엄밀한 특성에 의존한다.

만일 힘의 성분 중 한 방향을 바꾸어 $F_x = +by$로 한다면 힘의 크기는 변하지 않아도 힘의 장이 회전하는 것은 없어지고 폐곡선을 따라서 한 일은 영이 된다. 그러면 힘은 보존력이 되는데 결과를 그림 4.1.3에 표시해두었다. 여기서 분명한 것은 xy평면에서 폐곡선을 따라 입자가 움직일 때 한 일은 힘 벡터 $\mathbf{F}$의 크기와 방향에 전적으로 관계된다는 사실이다.

폐곡선에 대한 일 적분이 영이 되려면 $\mathbf{F}$가 만족해야 할 제한 조건이 반드시 존재한다. 이 제한 조건을 유도하기 위해 $x + \Delta x$, $y + \Delta y$에서 힘의 성분들을 테일러 급수 전개로 얻고 그 결과를 식

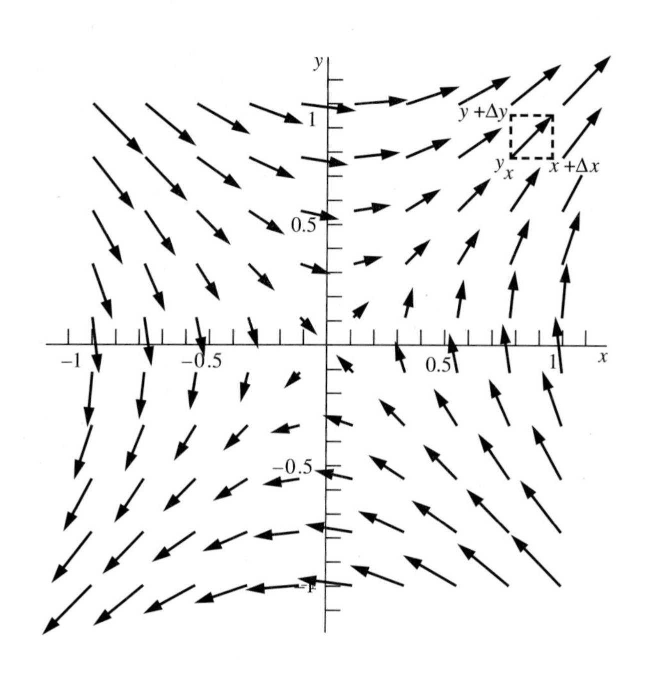

그림 4.1.3 $F_x = by$, $F_y = bx$인 힘에 대응하는 보존력장

(4.1.6)의 적분에 사용하면 결과는 다음과 같다.

$$F_x(y+\Delta y) = F_x(y) + \frac{\partial F_x}{\partial y}\Delta y$$
$$F_y(x+\Delta x) = F_y(x) + \frac{\partial F_y}{\partial x}\Delta x \tag{4.1.7}$$

$$\oint \mathbf{F}\cdot d\mathbf{r} = \int_y^{y+\Delta y}\left(\frac{\partial F_y}{\partial x}\Delta x\right)dy - \int_x^{x+\Delta x}\left(\frac{\partial F_x}{\partial y}\Delta y\right)dx$$
$$= \left(\frac{\partial F_y}{\partial x} - \frac{\partial F_x}{\partial y}\right)\Delta x\Delta y = 2b\Delta x\Delta y \tag{4.1.8}$$

마지막 식에 있는 $(\partial F_y/\partial x - \partial F_x/\partial y)$ 항이 영인지 아닌지가 우리가 찾는 조건이다. 만약 이 항이 $2b$가 아니라 영이라면 폐곡선에 대한 일 적분은 영이 되고, 따라서 위치에너지 함수가 존재하게 되고 이로부터 힘을 계산할 수 있다.

이 조건은 스토크스 정리(Stokes' theorem)로 알려진 수학 정리의 간단한 형태이다.[2)]

$$\oint \mathbf{F}\cdot d\mathbf{r} = \int_S \text{curl}\,\mathbf{F}\cdot\hat{\mathbf{n}}\,da$$
$$\text{curl}\,\mathbf{F} = \mathbf{i}\left(\frac{\partial F_z}{\partial y} - \frac{\partial F_y}{\partial z}\right) + \mathbf{j}\left(\frac{\partial F_x}{\partial z} - \frac{\partial F_z}{\partial x}\right) + \mathbf{k}\left(\frac{\partial F_y}{\partial x} - \frac{\partial F_x}{\partial y}\right) \tag{4.1.9}$$

이 정리에 따르면 임의의 벡터 함수 $\mathbf{F}$를 어떤 폐곡선을 따라 계산한 선적분은 이 폐곡선으로 둘러싸인 곡면 S에 대한 curl $\mathbf{F}\cdot\mathbf{n}\,da$의 면적분과 같다. 벡터 $\mathbf{n}$은 면적요소 da에 수직인 단위법선 벡터이다. 그 방향은 오른손 나사를 폐곡선의 진행방향으로 돌렸을 때 나사가 진행하는 방향이다. 그림 4.1.2에서 $\mathbf{n}$은 이 책의 지면 밖으로 향하고 있다. 곡면은 점선으로 된 직사각형의 폐곡선으로 둘러싸인 평면이다. 그러므로 curl $\mathbf{F}$가 영이면 폐곡선에 대한 $\mathbf{F}$의 선적분이 영이 되며, 따라서 $\mathbf{F}$는 보존력이다.

4.2 3차원 운동의 위치에너지 함수: 델 연산자

그 회전(curl)이 영인 어떤 힘을 받는 시험 입자를 고려하자. 그러면 식 (4.1.9)에서 curl $\mathbf{F}$의 모든 성분이 영이 된다. 만일 $\mathbf{F}$가 위치 에너지 $V(x, y, z)$로부터 다음과 같이 유도될 수 있다면 $\mathbf{F}$의 회전

---

2) 미적분학 교재(예: S. I. Grossman & W. R. Derrick, *Advanced Engineering Mathematics*, Harper Collins, New York, 1988) 혹은 전자기학 교재(예: J. R. Reitz, F. J. Milford, R. W. Christy, *Foundations of Electromagnetic Theory*, Addison-Wesley, New York, 1992)를 참조하라.

이 영인 것은 확실하다.

$$F_x = -\frac{\partial V}{\partial x} \qquad F_y = -\frac{\partial V}{\partial y} \qquad F_z = -\frac{\partial V}{\partial z} \tag{4.2.1}$$

예를 들면 curl **F**의 z 성분은 다음과 같다.

$$\frac{\partial F_x}{\partial y} = -\frac{\partial^2 V}{\partial y \partial x} \qquad \frac{\partial F_y}{\partial x} = -\frac{\partial^2 V}{\partial x \partial y} = -\frac{\partial^2 V}{\partial y \partial x} \qquad \therefore \frac{\partial F_y}{\partial x} - \frac{\partial F_x}{\partial y} = 0 \tag{4.2.2}$$

여기서 마지막 단계는 V가 연속 함수이고 미분 가능하다고 가정하여 구한 것이다. 그리고 curl **F**의 다른 성분들에 대해서도 마찬가지이다. **F**가 위치에너지 함수에서 유도될 수 있다는 것 외에 curl **F**가 영이 될 수 있는 다른 이유가 있는지 궁금하다. 실제로 curl **F** = 0은 식 (4.2.1)을 만족하는 위치에너지 $V(x, y, z)$가 존재할 필요충분조건이다.[3)]

이제는 보존력 **F**를 벡터로서 다음과 같이 쓸 수 있다.

$$\mathbf{F} = -\mathbf{i}\frac{\partial V}{\partial x} - \mathbf{j}\frac{\partial V}{\partial y} - \mathbf{k}\frac{\partial V}{\partial z} \tag{4.2.3}$$

이 방정식을 더욱 간단하게

$$\mathbf{F} = -\nabla V \tag{4.2.4}$$

의 형태로 쓸 수 있는데, 벡터 연산자 ∇('델'이라고 읽음)을 도입한다.

$$\nabla = \mathbf{i}\frac{\partial}{\partial x} + \mathbf{j}\frac{\partial}{\partial y} + \mathbf{k}\frac{\partial}{\partial z} \tag{4.2.5}$$

∇V는 V의 기울기(gradient)라고도 불리는데, grad V로 표기할 때도 있다. 수학적으로 어떤 함수의 기울기는 그 함수의 공간 도함수가 최대가 되는 방향과 크기를 갖는 벡터이다. 물리학적으로는 위치에너지 함수의 기울기에 마이너스를 붙인 것은 다른 입자들에 의해 형성된 장(field) 속에 위치한 시험 입자에 작용하는 힘의 크기와 방향을 제시한다. 마이너스 부호는, 반대 방향으로 움직이고자 한다는 의미보다는 위치에너지가 '감소'하려는 방향으로 시험 입자가 가속하려는 경향이 있음을 의미한다. 기울기에 관한 설명은 그림 4.2.1에 나타나 있다. 여기서 위치에너지 함수는 등고선 형태로 그려져 있다. 개별 등고선상의 모든 점에서 위치에너지는 동일한 값을 갖는다. 통상 인접한 두 등고선에 대응하는 위치에너지 값의 차이는 일정하다. 비슷하게 3차원의 경우 위치에너지 함수는 등고면으로 나타낼 수 있다. 임의의 한 점에서 힘은 등고선 혹은 등고면에 수직하고 높은 위치에너지에서 낮은 위치에너지를 향하는 방향을 갖는다.

델 연산자를 사용하여 curl **F**도 나타낼 수 있다. 식 (4.1.9)에 있는 curl **F**의 성분을 보라. 그들은

---

3) 예를 들어 S. I. Grossman, op cit를 참조하라. 또한 Feng, *Amer. J. Phys*. 37, 616(1969)에는 힘의 장이 특이점을 포함할 때의 보존법칙에 대한 흥미로운 논의가 실려 있다.

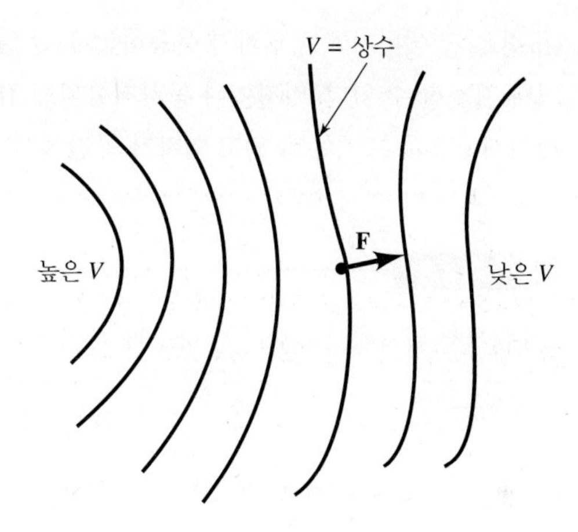

그림 4.2.1 등고선으로 나타낸 위치에너지와 대응하는 힘의 관계

벡터 $\nabla \times \mathbf{F}$의 성분이다. 그러면 보존력이 되기 위한 조건은 다음과 같이 간단한 형태로 쓸 수 있다.

$$\nabla \times \mathbf{F} = \mathbf{i}\left(\frac{\partial F_z}{\partial y} - \frac{\partial F_y}{\partial z}\right) + \mathbf{j}\left(\frac{\partial F_x}{\partial z} - \frac{\partial F_z}{\partial x}\right) + \mathbf{k}\left(\frac{\partial F_y}{\partial x} - \frac{\partial F_x}{\partial y}\right) = 0 \tag{4.2.6}$$

더구나 $\nabla \times \mathbf{F} = 0$이라면 $\mathbf{F}$는 스칼라 함수 V에서 $\mathbf{F} = -\nabla V$의 형태로 유도할 수 있다. 왜냐하면 어떤 스칼라 함수든지 그 기울기의 회전은 $\nabla \times \nabla V = 0$이어서 항상 영이기 때문이다.

이제 에너지 보존법칙을 3차원으로 확장할 수 있다. 입자를 점 A에서 점 B로 움직일 때 보존력이 한 일은 다음과 같이 쓸 수 있다.

$$\begin{aligned}\int_A^B \mathbf{F} \cdot d\mathbf{r} &= -\int_A^B \nabla\, V(\mathbf{r}) \cdot d\mathbf{r} = -\int_{A_x}^{B_x} \frac{\partial V}{\partial x} dx - \int_{A_y}^{B_y} \frac{\partial V}{\partial y} dy - \int_{A_z}^{B_z} \frac{\partial V}{\partial z} dz \\ &= -\int_A^B dV(\mathbf{r}) = -\Delta V = V(A) - V(B)\end{aligned} \tag{4.2.7}$$

위 식에서 $\nabla V \cdot d\mathbf{r}$은 완전미분(exact differential) dV임을 표현한다. 알짜 힘이 한 일은 항상 운동에너지의 변화와 같으므로 다음과 같이 우리가 원하던 총 에너지 보존법칙을 얻을 수 있다.

$$\begin{aligned}\int_A^B \mathbf{F} \cdot d\mathbf{r} &= \Delta T = -\Delta V \\ \therefore \Delta(T + V) &= 0 \\ \therefore T(A) + V(A) &= T(B) + V(B) = E = \text{상수}\end{aligned} \tag{4.2.8}$$

만일 $\mathbf{F}'$이 비보존력이라면 $-\nabla V$의 형태로 쓸 수 없다. 일의 미분 $\mathbf{F}' \cdot d\mathbf{r}$은 완전미분이 아니어서 $-dV$로 놓을 수 없기 때문이다. 보존력 $\mathbf{F}$와 비보존력 $\mathbf{F}'$이 섞여서 존재할 때 이들이 한 일의 증분(increment)은 $(\mathbf{F} + \mathbf{F}') \cdot d\mathbf{r} = -dV + \mathbf{F}' \cdot d\mathbf{r} = dT$가 되어 일반화된 일-에너지 정리는 다음과 같이 된다.

$$\int_A^B \mathbf{F}' \cdot d\mathbf{r} = \Delta(T + V) = \Delta E \tag{4.2.9}$$

이 경우 총 에너지 E는 입자가 운동하는 동안 일정하지 않고 비보존력 $\mathbf{F}'$의 성격에 따라서 증가하거나 감소할 수 있다. 마찰이나 공기저항처럼 감쇠력인 경우에는 $\mathbf{F}'$의 방향이 항상 운동방향과 반대여서 $\mathbf{F}' \cdot d\mathbf{r}$은 음수가 되고 입자가 공간에서 운동할 때 총 에너지는 감소하게 된다.

예제 4.2.1

2차원에서 위치에너지 함수가 다음과 같이 주어졌을 때 힘을 구하라.

$$V(\mathbf{r}) = V_0 - \frac{1}{2}k\delta^2 e^{-r^2/\delta^2}$$

여기서 $\mathbf{r} = \mathbf{i}x + \mathbf{j}y$이고, V_0, k, δ는 상수이다.

■ 풀이

우선 위치에너지 함수를 x, y의 함수로 쓴다.

$$V(x, y) = V_0 - \frac{1}{2}k\delta^2 e^{-(x^2+y^2)/\delta^2}$$

다음에 델 연산자를 적용한다.

$$\begin{aligned}\mathbf{F} = -\nabla V &= -\left(\mathbf{i}\frac{\partial}{\partial x} + \mathbf{j}\frac{\partial}{\partial y}\right)V(x, y) \\ &= -k(\mathbf{i}x + \mathbf{j}y)e^{-(x^2+y^2)/\delta^2} \\ &= -k\mathbf{r}e^{-r^2/\delta^2}\end{aligned}$$

상수 V_0는 임의의 값을 가지며 힘에 포함되지 않는다. 그 역할은 xy평면에서 위치에너지의 값을

그림 4.2.2(a) 위치에너지 함수 $V(x, y) = V_0 - \frac{1}{2}k\delta^2 e^{-(x^2+y^2)/\delta^2}$

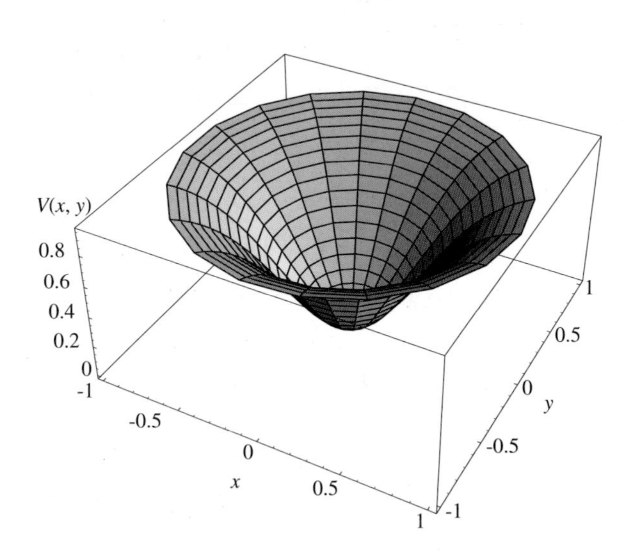

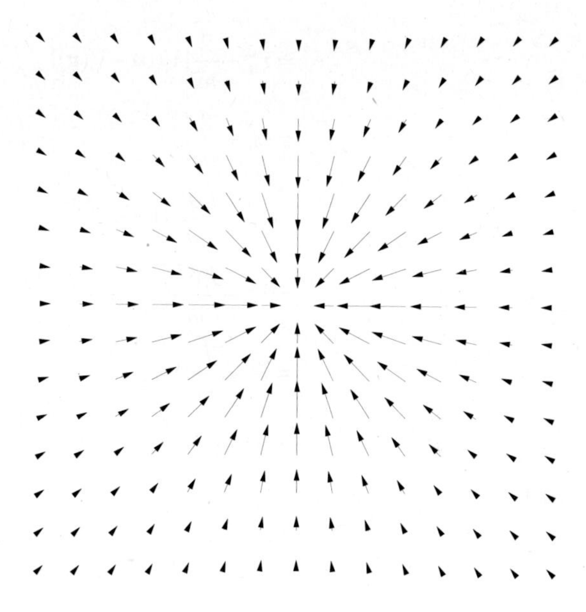

그림 4.2.2(b) 그림 4.2.2(a)에 있는 위치에너지 함수의 기울기인 $\mathbf{F} = -\boldsymbol{\nabla} V = k(\mathbf{i}x + \mathbf{j}y)e^{-(x^2+y^2)/\delta^2}$에 대응하는 보존력장

일정 분량만큼 올리거나 내리는 것뿐이므로 힘에는 아무 영향을 미치지 못한다.

위치에너지 함수는 그림 4.2.2(a)에, 그리고 힘의 장은 그림 4.2.2(b)에 잘 나타나 있다. 상수들은 $V_0 = 1$, $\delta = 1/3$, $k = 6$으로 택했다. 원점에서 위치에너지 곡면의 '구덩이'가 가장 깊은데 이는 명확히 인력의 원천의 위치이다. 그 주위의 동심원은 위치에너지의 등고선이다. 지름선은 위치에너지 곡면의 기울기, 즉 최대 경사를 나타내는 선들이다. 곡면상의 한 점에서 지름선의 기울기는 그곳에 놓인 시험 입자가 받는 힘에 비례한다. 그림 4.2.2(b)에서 힘의 장은 힘 벡터가 원점을 향하고 있음을 보여준다. 위치에너지 함수의 기울기가 영으로 줄어드는 원점 부근과 원점에서 멀리 떨어진 곳에서는 힘도 약해짐을 알 수 있다.

예제 4.2.2

질량 m인 입자가 앞의 예와 같은 힘을 받으며 $t = 0$일 때 원점을 v_0의 속력으로 통과한다고 하자. 원점에서 조금 떨어진 $\mathbf{r} = \mathbf{e}_r\Delta$인 곳에서 속력을 구하라(이때 $\Delta \ll \delta$이다).

■ 풀이

위치에너지가 존재하므로 힘은 보존력이다. 총 에너지 $E = T + V$는 일정하므로

$$E = \frac{1}{2}mv^2 + V(\mathbf{r}) = \frac{1}{2}mv_0^2 + V(0)$$

이 식을 v에 대해 풀면 다음과 같다.

$$
\begin{aligned}
v^2 &= v_0^2 + \frac{2}{m}[V(0) - V(\mathbf{r})] \\
&= v_0^2 + \frac{2}{m}\left[\left(V_0 - \tfrac{1}{2}k\delta^2\right) - \left(V_0 - \tfrac{1}{2}k\delta^2 e^{-\Delta^2/\delta^2}\right)\right] \\
&= v_0^2 - \frac{k\delta^2}{m}[1 - e^{-\Delta^2/\delta^2}] \\
&\approx v_0^2 - \frac{k\delta^2}{m}[1 - (1 - \Delta^2/\delta^2)] \\
&= v_0^2 - \frac{k}{m}\Delta^2
\end{aligned}
$$

원점으로부터 변위 Δ가 작을 때 위치에너지는 Δ의 제곱형 함수이고 풀이는 단조화 진동자의 에너지 보존법칙과 일치한다.

예제 4.2.3

힘 $\mathbf{F} = \mathbf{i}axy + \mathbf{j}bxz + \mathbf{k}cyz$는 보존력인가? 여기서 a, b, c는 상수이다. $\nabla \times \mathbf{F}$를 계산하면

$$
\nabla \times \mathbf{F} = \begin{vmatrix} \mathbf{i} & \mathbf{j} & \mathbf{k} \\ \partial/\partial x & \partial/\partial y & \partial/\partial z \\ axy & bxz & cyz \end{vmatrix} = \mathbf{i}(cz - bx) + \mathbf{j}0 + \mathbf{k}(bz - ax)
$$

가 되어, 모든 좌표값에서 영이 아니므로 이 힘은 보존력이 아니다.

예제 4.2.4

상수 a, b, c가 어떤 값을 가질 때 힘 $\mathbf{F} = \mathbf{i}(ax + by^2) + \mathbf{j}cxy$는 보존력인가? $\nabla \times \mathbf{F}$를 계산하면

$$
\nabla \times \mathbf{F} = \begin{vmatrix} \mathbf{i} & \mathbf{j} & \mathbf{k} \\ \partial/\partial x & \partial/\partial y & \partial/\partial z \\ ax + by^2 & cxy & 0 \end{vmatrix} = \mathbf{k}(c - 2b)y
$$

가 되어 $c = 2b$일 때 이 힘은 보존력이다. a의 값은 아무래도 괜찮다.

예제 4.2.5

Curl을 사용하여 3차원 공간에서 역제곱 법칙을 따르는 힘 $\mathbf{F} = (-k/r^2)\mathbf{e}_r$이 보존력임을 보여라. 부록 F에 주어진 공식에 따르면 구면 좌표계에서

$$\nabla \times \mathbf{F} = \frac{1}{r^2 \sin\theta} \begin{vmatrix} \mathbf{e}_r & \mathbf{e}_\theta r & \mathbf{e}_\phi r \sin\theta \\ \frac{\partial}{\partial r} & \frac{\partial}{\partial \theta} & \frac{\partial}{\partial \phi} \\ F_r & rF_\theta & rF_\phi \sin\theta \end{vmatrix}$$

인데 $F_r = -k/r^2$, $F_\theta = 0$, $F_\phi = 0$이므로

$$\nabla \times \mathbf{F} = \frac{\mathbf{e}_\theta}{r\sin\theta} \frac{\partial}{\partial \phi}\left(\frac{-k}{r^2}\right) - \frac{\mathbf{e}_\phi}{r} \frac{\partial}{\partial \theta}\left(\frac{-k}{r^2}\right) = 0$$

이다. 그러므로 이 힘은 보존력이다.

4.3 분리가능한 형태의 힘: 포사체 운동

흔히 직선 직각 좌표계를 택해서 힘의 각 성분이 x, y, z 각 방향 좌표만의 함수가 되게 할 수 있는 경우가 있다.

$$\mathbf{F} = \mathbf{i}F_x(x) + \mathbf{j}F_y(y) + \mathbf{k}F_z(z) \tag{4.3.1}$$

이러한 형태의 힘을 분리 가능(分離可能, separable)하다고 한다. 이때 힘의 회전이 항상 영임을 쉽게 알 수 있다.

$$\nabla \times \mathbf{F} = \begin{vmatrix} \mathbf{i} & \mathbf{j} & \mathbf{k} \\ \partial/\partial x & \partial/\partial y & \partial/\partial z \\ F_x(x) & F_y(y) & F_z(z) \end{vmatrix} = 0 \tag{4.3.2}$$

$\nabla \times \mathbf{F}$의 x 성분은 $\partial F_z(z)/\partial y - \partial F_y(y)/\partial z$이고, 그 밖의 성분도 마찬가지로 구할 수 있다. 편미분에서 x, y, z는 독립 변수이고 서로 다른 변수로 미분하면 항상 영이 되어 힘의 장은 보존력장이 된다. 그러면 각각의 성분은 $m\ddot{x} = F_x(x)$ 형태로 쓸 수 있어서 미분 운동방정식의 적분은 아주 간단해진다. 이런 경우 방정식은 2장의 직선운동에서 공부한 방법으로 풀 수 있다.

힘의 성분이 시간과 좌표의 시간 도함수를 포함하고 있는 경우에는 힘이 반드시 보존력이라고

는 할 수 없다. 그러나 힘이 분리가능한 형태라면 각 성분의 방정식은 $m\ddot{x} = F_x(x, \dot{x}, t)$의 형태가 되어 이번에도 2장의 방법으로 해를 구할 수 있다. 다음에서 보존력과 비보존력에 대한 분리 가능한 힘을 몇 가지 다루겠다.

균일한 중력장에서 포사체 운동

1602년부터 1608년까지 이탈리아의 파두아(Padua) 대학 교수였던 갈릴레오는 곡면의 전향판을 하단에 부착한 경사면을 따라 공을 아래로 굴림으로써 수평으로 투사하는 실험에 많은 노력을 기울이고 있었다. 물체의 수평운동은 마찰력이 없는 상황에서 지속된다는 사실을 시험해보고자 했다. 만약 이것이 사실이라면 무거운 포사체의 수평운동은 공기저항의 영향을 그다지 받지 않을 것이며 따라서 등속도를 유지할 것이다. 갈릴레오는 경사면을 굴러 내려오는 공이 구르는 시간에 비례하는 속력을 얻게 된다는 사실을 이미 확인했으므로 수평으로 투사한 공의 속력을 정밀하게 바꿀 수가 있었다. 포사체의 수평 도달 거리는 그 투사 속력에 정확하게 비례한다는 사실을 관찰했다. 이것은 그의 믿음을 실험적으로 증명한 것이었다. 그는 이 연구를 수행 하는 동안, 포사체의 경로가 포물선이라는 사실을 발견하고 대단히 놀랐다. 오늘날 물리학 문제를 푸는 모든 학생이 경험상 잘 알고 있는 사실과 마찬가지로 1609년에 이미 답을 알고 있었던 갈릴레오는 포사체의 포물선 운동은 수직방향 운동과는 완전하게 독립인 가속되지 않는 수평방향 운동의 당연한 결과라는 사실을 수학적으로 증명할 수 있었다. 실제로 그는 이 운동의 결과를 잘 이해하고 있었다. 1638년 『Discourse of Two New Science』에 그의 연구결과를 최종적으로 발표하기 전에 그의 많은 동료들 중의 한 명인 조반니 발리아니(Giovanni Baliani)에게 다음과 같은 편지를 보냈다.

> … 나는 포사체의 운동도 다루었는데 다양한 특성을 시험해봤다오. 곡사포에서 포탄이 발사되듯이 투척기에서 투사된 포사체는 45°로 발사될 때 가장 높이 올라간 뒤 가장 멀리 날아간다는 것을 증명했다네. 게다가 45°보다 더 작거나 큰 각도로 쏘아 올리면 그에 해당하는 동일한 양만큼의 높이로 올라갔소.[4)]

과학이나 기술이 오늘날 처한 상황과 다를 바 없이, 흥미있는 소수의 관심을 자극했던 갈릴레오 시대의 미완성 과학이 가진 근본적인 문제점은 군사적인 목적과 연관이 있다면 큰 기회를 잡을 수 있었다는 것이다. 실제로 포사체의 운동을 해석한다는 것은 고전역학에서 유명한 문제 중의 하나이다. 적으로부터 군사적 우위를 점하고자 노력했던 부호들로부터 제공되는 자금 지원을 갈릴레오가 부분적으로 받게 된 것은 결코 우연이 아니다.

---

4) 예를 들면 다음을 참조하라. S. Drake & J. MacLachlan, Galileo's Discovery of the Parabolic Trajectory, *Scienti. Amer.* 232, 102–110(March, 1975) 또는 S. Drake, *Galileo at Work*, Mineola, NY, Dover, 1978.

1597년 갈릴레오는 공구기술자인 마르크 안토니오 마쪼리니(Marc' antonio Mazzoleni)와 10년 협약을 맺었다. 갈릴레오 시대에 대포를 이용하여 성벽을 무너뜨리는 것은 과학이라기보다는 차라리 예술이었다. 갈릴레오와 일찍이 같이 작업을 했던 플로렌스의 몬테 후작과 파두아의 몬테 장군은 목표물에 이르는 높이와 거리를 측정할 수 있고 대포의 겨냥각도를 측정하고 포사체의 경로를 추적할 수 있는 가벼운 군사용 컴퍼스를 개발할 수 있을까 궁금해했다. 갈릴레오는 이 문제를 해결하여 군사용 컴퍼스를 개발했으며 같이 일했던 공구기술자는 대량생산을 하게 되었다. 이미 준비된 시장이 있어서 이들은 잘 팔려나갔다. 그러나 갈릴레오는 학생들을 가르칠 때 컴퍼스를 사용하는 특전을 주면서 120리라의 사용료를 징수하여 번 돈으로 운동을 연구하는 데 드는 비용의 대부분을 충당했다. 하지만 이 책을 읽고 있는 대부분의 독자들이 친숙하게 알고 있는 많은 교수와 마찬가지로 갈릴레오는 자신의 흥미를 추구하는 데 방해가 되는 어떠한 노동에 대해서도 못마땅해했다. "나는 항상 이 사람이나 저 사람에게 봉사하고 있다. 나는 하루 중 많은 시간(때로는 하루 중 제일 중요한 시간)을 다른 이들에게 봉사하는 일로 소비해야만 한다." 다행스럽게도 갈릴레오는 구르는 공으로 그 실험을 행할 정도의 시간은 확보할 수 있었으며 그리하여 포물선 운동에 대한 발견을 이루어내서 궁극적으로 뉴턴이 운동의 고전법칙을 발견하게끔 하는 데 공헌했다.

1611년 갈릴레오는 안토니오 메디치(Medici)에게 편지로 자신의 포사체 운동에 대해 알려주면서 이탈리아 플로렌스 지방의 명문가문인 메디치 가문의 위대함과 자신이 이 연구를 하도록 지원해준 데 대한 심심한 감사의 말을 전하고 이 연구가 무한한 후원의 덕택으로 이루어졌음을 언급했다.

갈릴레오와 그의 추종자들에게 무한한 감사를 드리며 여기서 우리는 뉴턴이 제시한 포사체 문제를 잠시 살펴보고자 한다.

공기저항이 없는 경우

우선 문제를 간단히 하기 위해 공기저항을 받지 않고 움직이는 포사체의 운동을 생각해보자. 단 하나의 힘인 중력만이 포사체에 작용하며, 갈릴레오의 관측을 통해 우리가 알고 있듯이 이 중력은 오로지 수직방향 운동에만 영향을 미친다. 수직방향을 z축으로 택하면 미분방정식은 다음과 같다.

$$m\frac{d^2\mathbf{r}}{dt^2} = -\mathbf{k}\,mg \tag{4.3.3}$$

너무 높이 올라가지 않고 너무 멀리 날아가지 않는 포사체의 운동을 고려한다면 중력가속도 g를 상수로 둘 수 있다. 그러면 힘 함수는 식 (4.3.1)의 특별한 경우가 되므로 분명히 분리 가능한 형태의 보존력이 된다. v_0를 포사체의 초기속도라 하고 좌표계의 원점에서 물체가 출발한다고 하자. 게다가 수평면에 투영된 초기속도 성분의 방향을 좌표계의 x축 방향으로 선택하더라도 일반성을 잃어버리지는 않을 것이다. 포사체에는 수평 방향으로 작용하는 힘은 없으므로 운동은 오로지 xz 수직면에서만 일어난다. 따라서 어떤 시간에 포사체의 위치는(그림 4.3.1 참조)

$$\mathbf{r} = \mathbf{i}x + \mathbf{k}z \tag{4.3.4}$$

가 되고, 에너지 방정식인 식 (4.2.8)을 사용하면 포사체의 속력은 높이 z의 함수로 계산할 수 있다.

$$\frac{1}{2}m(\dot{x}^2 + \dot{z}^2) + mgz = \frac{1}{2}mv_0^2 \tag{4.3.5a}$$

또는 다음과 같이 된다.

$$v^2 = v_0^2 - 2gz \tag{4.3.5b}$$

임의의 시간에 포사체 속도는 식 (4.3.3)을 적분하여 다음과 같이 주어진다.

$$\mathbf{v} = \frac{d\mathbf{r}}{dt} = -\mathbf{k}gt + \mathbf{v}_0 \tag{4.3.6a}$$

여기서 적분상수는 초기속도 $\mathbf{v}_0$이다. 단위벡터를 사용하여 속도를 나타내면 다음과 같다.

$$\mathbf{v} = \mathbf{i}v_0 \cos\alpha + \mathbf{k}(v_0 \sin\alpha - gt) \tag{4.3.6b}$$

다시 한 번 더 적분하면 위치벡터를 구할 수 있다.

$$\mathbf{r} = -\mathbf{k}\frac{1}{2}gt^2 + \mathbf{v}_0 t + \mathbf{r}_0 \tag{4.3.7a}$$

두 번째 적분상수 $\mathbf{r}_0$는 초기위치인데 원점으로 삼았으므로 이것은 영이 된다. 따라서 단위벡터로 나타내면 식 (4.3.7a)는 다음과 같다.

$$\mathbf{r} = \mathbf{i}(v_0 \cos\alpha)t + \mathbf{k}\left((v_0 \sin\alpha)t - \frac{1}{2}gt^2\right) \tag{4.3.7b}$$

임의의 시간에 포사체 위치를 성분별로 나타내면

$$\begin{aligned} x &= \dot{x}_0 t = (v_0 \cos\alpha)t \\ y &= \dot{y}_0 t \equiv 0 \\ z &= \dot{z}_0 t - \frac{1}{2}gt^2 = (v_0 \sin\alpha)t - \frac{1}{2}gt^2 \end{aligned} \tag{4.3.7c}$$

이다. $\dot{x}_0 = v_0 \cos\alpha$, $\dot{y}_0 = 0$, $\dot{z}_0 = v_0 \sin\alpha$는 초기속도 $\mathbf{v}_0$의 성분들이다.

갈릴레오가 1609년도에 했듯이 포사체의 경로가 포물선임을 보이자. 식 (4.3.7c)의 첫 번째 식을 x의 함수형으로 t에 대해 풀어서 식 (4.3.7c)의 세 번째 식에 대입하여 $z(x)$를 구한다.

$$t = \frac{x}{v_0 \cos\alpha} \tag{4.3.8}$$

그림 4.3.1 포사체의 포물선 경로

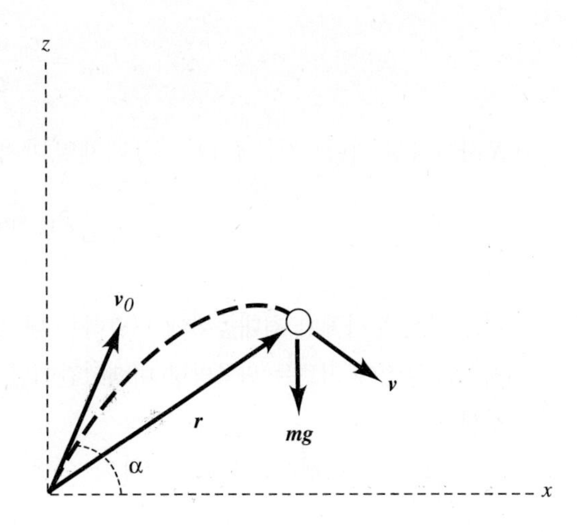

$$z = (\tan\alpha)x - \left(\frac{g}{2v_0^2\cos^2\alpha}\right)x^2 \tag{4.3.9}$$

식 (4.3.9)는 포물선 방정식이고 그 결과는 그림 4.3.1에 나와 있다.

갈릴레오가 그랬듯이 포사체 운동의 몇 가지 특성을 계산해보자. (1) 포사체의 최대높이 z_{max}, (2) 최대 높이에 도달하는 시간 t_{max}, (3) 포사체의 비행시간 T, (4) 포사체의 수평 도달 거리, 즉 사정 거리 R과 최대 사정 거리 R_{max}

- 우선, 식 (4.3.5b)를 이용하고 최대높이에서는 포사체 속도의 수직성분이 영이므로 속도는 수평성분만을 갖고 그 크기는 $v_0 \cos \alpha$라는 사실을 염두에 두고서 포사체가 도달하는 최대높이를 계산한다. 따라서

$$v_0^2\cos^2\alpha = v_0^2 - 2gz_{max} \tag{4.3.10}$$

이 식을 풀면 다음 식을 얻는다.

$$z_{max} = \frac{v_0^2\sin^2\alpha}{2g} \tag{4.3.11}$$

- 식 (4.3.6b)로부터 최대높이에 도달하는 시간이 구해지는데, 여기서 다시 한 번 최대높이에서는 속도의 수직성분이 영이 된다는 사실을 사용한다. 따라서

$$v_0\sin\alpha - gt_{max} = 0$$

혹은

$$t_{max} = \frac{v_0 \sin \alpha}{g} \tag{4.3.12}$$

- 포사체의 총 비행시간은 식 (4.3.7c)의 제일 마지막 식에서 $z = 0$이라 두면 구해진다. 그 결과는

$$T = \frac{2v_0 \sin \alpha}{g} \tag{4.3.13}$$

이 시간은 포사체가 최대높이에 도달하는 데 걸린 시간의 두 배이다. 이 식이 의미하는 바는 궤적의 정점에 이르는 위쪽방향 비행시간이나 아래방향 비행시간이 대칭적으로 동일하다는 것이다.

- 마지막으로 총 비행시간 T를 식 (4.3.7c)의 첫 번째 식에 대입하여 포사체의 사정 거리를 다음과 같이 구한다.

$$R = x = \frac{v_0^2 \sin 2\alpha}{g} \tag{4.3.14}$$

R은 α가 45°일 때 최대값 $R_{max} = v_0^2/g$를 갖는다.

선형 공기저항

좀 더 현실적으로 공기저항이 있을 때 포사체 운동을 고려해보자. 이 경우에 힘은 보존력이 아니고 전체 에너지는 저항력 때문에 계속해서 줄어든다. 문제를 해석적으로 풀기 위해서 공기저항이 선형으로 속도 $\mathbf{v}$에 비례한다고 가정하자. 운동방정식의 결과를 간략하게 나타내기 위해 비례상수가 $m\gamma$로 되도록 잡는다. 이때 m은 포사체의 질량이다. 그러면 운동방정식은

$$m\frac{d^2\mathbf{r}}{dt^2} = -m\gamma\mathbf{v} - \mathbf{k}mg \tag{4.3.15}$$

이고, 양변에서 m을 소거하면 다음과 같다.

$$\frac{d^2\mathbf{r}}{dt^2} = -\gamma\mathbf{v} - \mathbf{k}g \tag{4.3.16}$$

적분하기 전에 식 (4.3.16)을 성분별로 풀어보면

$$\begin{aligned} \ddot{x} &= -\gamma\dot{x} \\ \ddot{y} &= -\gamma\dot{y} \\ \ddot{z} &= -\gamma\dot{z} - g \end{aligned} \tag{4.3.17}$$

이 방정식들은 분리되어 있어서 2장에서의 방법을 사용하여 각각 따로 풀 수 있다. 예제 2.4.1의

결과를 이용하면 $\gamma = c_1/m$으로 놓고 즉시 해를 알 수 있다. 여기서 c_1은 선형 저항계수이다. 성분별 속도는

$$\begin{aligned}\dot{x} &= \dot{x}_0 e^{-\gamma t} \\ \dot{y} &= \dot{y}_0 e^{-\gamma t} \\ \dot{z} &= \dot{z}_0 e^{-\gamma t} - \frac{g}{\gamma}(1 - e^{-\gamma t})\end{aligned} \tag{4.3.18}$$

이다. 앞에서와 같이 x축이 수평면상에 투영된 초기속도 성분의 방향으로 되도록 좌표축을 선정했다. 따라서 $\dot{y} = \dot{y}_0 = 0$이고 운동은 xz 수직면상에서 이루어진다. 다시 한 번 더 적분하면 위치는 다음과 같다.

$$\begin{aligned}x &= \frac{\dot{x}_0}{\gamma}(1 - e^{-\gamma t}) \\ z &= \left(\frac{\dot{z}_0}{\gamma} + \frac{g}{\gamma^2}\right)(1 - e^{-\gamma t}) - \frac{g}{\gamma}t\end{aligned} \tag{4.3.19}$$

여기서도 포사체의 초기위치는 좌표의 원점에 두었다. 이 해를 벡터를 이용하여 나타내면 다음과 같다.

$$\mathbf{r} = \left(\frac{\mathbf{v}_0}{\gamma} + \frac{\mathbf{k}g}{\gamma^2}\right)(1 - e^{-\gamma t}) - \mathbf{k}\frac{gt}{\gamma} \tag{4.3.20}$$

이 식은 성분별로 미분해서 증명할 수 있다.

공기저항이 없을 때와는 달리 포사체의 경로는 포물선이 아니라 그보다 더 많이 휘어지는 곡선이 된다. 이 사실은 그림 4.3.2에 나와 있다. 성분 x에 대해 살펴보면 큰 t에 대해 x 값은 아래의 극한값에 도달하게 된다.

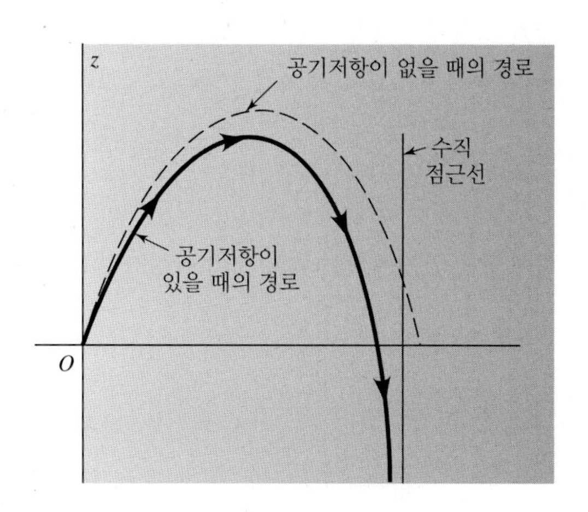

그림 4.3.2 공기저항의 유무에 따른 포사체 궤적의 비교

$$x \to \frac{\dot{x}_0}{\gamma} \tag{4.3.21}$$

이 식은 포사체가 어딘가에 부딪히지 않는다면 포사체의 궤도는 그림 4.3.2에 보이는 수직 점근선(asymptote)에 접근하게 된다는 것을 의미한다.

포사체가 대기 중을 진행하는 실제 상황의 저항에 관한 법칙은 선형이 아니라 속도의 매우 복잡한 함수가 된다. 궤도를 정확하게 계산하려면 수치적 적분방법을 활용해야 한다(예제 2.4.3의 참고문헌 참조).

사정거리

선형 공기저항력이 있는 경우 포사체의 수평 도달 거리는 식 (4.3.19)의 두 번째 식에서 $z = 0$으로 놓고 두 식에서 t를 소거하여 구해진다. 식 (4.3.19)의 첫 번째 식에서 $1 - \gamma x/\dot{x}_0 = e^{-\gamma t}$이므로 $t = -\gamma^{-1}\ln(1 - \gamma x/\dot{x}_0)$로 된다. 따라서 사정거리 R은 다음과 같이 주어진다.

$$\left(\frac{\dot{z}_0}{\gamma} + \frac{g}{\gamma^2}\right)\frac{\gamma R}{\dot{x}_0} + \frac{g}{\gamma^2}\ln\left(1 - \frac{\gamma R}{\dot{x}_0}\right) = 0 \tag{4.3.22}$$

초월함수가 포함된 이 방정식에서 적당한 근사법을 사용하여 R을 구할 수 있다. 로그항을 $|u| < 1$인 경우에 대해 급수 전개하면 다음과 같다.

$$\ln(1 - u) = -u - \frac{u^2}{2} - \frac{u^3}{3} - \cdots \tag{4.3.23}$$

$u = \gamma R/\dot{x}_0$이므로 사정거리에 관한 다음의 해를 얻는다.

$$R = \frac{2\dot{x}_0\dot{z}_0}{g} - \frac{8\dot{x}_0\dot{z}_0^2}{3g^2}\gamma + \cdots \tag{4.3.24a}$$

만일 포사체를 α의 각도로 초기속력 v_0로 쏘았다면 $\dot{x}_0 = v_0 \cos \alpha$, $\dot{z}_0 = v_0 \sin \alpha$, $2\dot{x}_0\dot{z}_0 = 2v_0^2 \sin \alpha \cos \alpha = v_0^2 \sin 2\alpha$이다. 이것을 아래와 같이 쓸 수도 있다.

$$R = \frac{v_0^2 \sin 2\alpha}{g} - \frac{4v_0^3 \sin 2\alpha \sin\alpha}{3g^2}\gamma + \cdots \tag{4.3.24b}$$

첫째 항은 공기저항이 없을 때의 사정거리이고, 나머지는 공기저항으로 인해 줄어든 거리이다.

예제 4.3.1

골프공의 수평 도달 거리

야구공이나 골프공 정도 크기의 물체가 보통 속력으로 진행할 때 공기저항은 2.4절에서 언급했듯이 v에 대해 선형이라기보다 제곱형에 가깝다. 그러나 앞에서 보여준 근사적인 표현법은 식 (2.4.3)으로 주어진, 3차원에서는 아래와 같이 표현되는 함수의 힘 함수를 '선형화'함으로써 수평 도달 거리를 알아내는 데 사용될 수 있다.

$$\mathbf{F}(\mathbf{v}) = -\mathbf{v}(c_1 + c_2|\mathbf{v}|)$$

이를 선형화하기 위해 $|\mathbf{v}|$을 초기속력 v_0와 같다고 두면 상수 γ는 다음과 같다.

$$\gamma = \frac{c_1 + c_2 v_0}{m}$$

(더욱 좋은 근사를 얻으려면 평균속력을 택하는 것이 좋겠지만 이는 문제의 초기조건으로 주어지지 않았다.) 이 방법에서 공기저항의 효과가 좀 과장되어 있기는 하지만 어림짐작을 통해 쉽게 구할 수 있게 해준다.

지름 $D = 0.042$ m, 질량 $m = 0.046$ kg인 골프공의 경우 c_1은 무시할 정도로 작으므로 γ는 수치적으로 다음과 같다.

$$\gamma = \frac{c_2 v_0}{m} = \frac{0.22D^2 v_0}{m}$$
$$= \frac{0.22(0.042)^2 v_0}{0.046} = 0.0084 v_0$$

v_0의 단위는 m/s이다. $v_0 = 20$ m/s라면 $\gamma = 0.0084 \times 20 = 0.17\ \mathrm{s}^{-1}$이 되고 $\alpha = 30°$일 때 수평 도달 거리는 다음과 같다.

$$R = \frac{(20)^2 \sin 60°}{9.8}\ \mathrm{m} - \frac{4(20)^3 \sin 60° \sin 30° \times 0.17}{3(9.8)^2}\ \mathrm{m}$$
$$= 35.3\ \mathrm{m} - 8.2\ \mathrm{m} = 27.1\ \mathrm{m}$$

공에 작용하는 공기저항 때문에 거리가 약 1/4 정도 짧아짐을 짐작할 수 있다.

예제 4.3.2

줄자 측정 홈런

타자가 '줄자 측정 홈런(tape measure home run)'을 치거나 또는 500피트 이상의 비거리를 갖는

홈런을 치려면 무엇이 필요한지 계산해보자. 2.4절에서 야구공에 대한 공기저항은 근본적으로 야구공의 속도에 비례하여 $\mathbf{F}_D(v) = -c_2|v|\mathbf{v}$로 주어짐을 보았다. 하지만 실질적인 공기 저항은 이것보다 훨씬 더 복잡하다. 예컨대 비례상수 c_2는 공의 속도에 따라 변하고, 공기저항은 무엇보다도 공의 회전 정도에 따라 우선적으로 변하며, 그 회전은 공 표면에 장식된 모양에 따라 좌우된다. 하지만 여기서는 이전에 사용하던 c_2 값 0.22 대신에 0.15를 사용하는 것만으로 이런 상황이 다 극복된다고 가정할 것이다. 이 값은 『The Physics of Baseball』[5]에서 로버트 어데어(Robert Adair)가 사용했던 100 mph에 가까운 속도로 야구공이 움직일 경우의 공기저항을 '규격화(normalization)'한 것이다.

속력의 제곱에 비례하는 공기 저항력을 받는 물체의 궤도를 해석적으로 풀이할 수는 없다. 그러므로 여기서는 이 야구공의 궤적이 갖는 수치적 해를 구하기 위해 Mathematica 프로그램을 사용하겠다(부록 I 참조). 야구공이 최대 도달 거리에 이르기 위해 필요한 최소속도와 타구각도를 구하는 것이 목표이다. 우리가 분석하고자 하는 상황은 미국 메이저리그 정규시즌에 발생한 가장 비거리가 긴 홈런이다. 기네스북의 스포츠 기록에 의하면 그 홈런은 1953년 워싱턴 D.C.의 옛 그리피스(Griffith) 스타디움에서 좌측 외야석으로 넘긴 비거리 565피트를 기록한 미키 맨틀(Mickey Mantle)이 쳤다. 아래 글은 단지 25센트의 입장료(얼마나 많은 시간이 지났는지 실감할 수 있다)를 내고 왼쪽 외야에 앉아서 경기를 관람하던 눈이 매우 밝은 젊은이가 이 역사적인 홈런을[6] 지켜본 결과를 설명한 것이다.

양키스는 워싱턴 D.C.에 위치한 그리피스 스타디움에서(워싱턴 야구위원회와 그리피스 스타디움은 더 이상 존재하지 않음) 경기 중이었다. 그 경기장은 모래바닥으로 구성된 조그만 구장이었지만 "그곳에서 홈런을 치는 것은 쉬운 일이 아니었다. 담장 중앙에는 90피트 높이의 담벼락이 설치되어 있었으며 미풍이 항상 내야 쪽으로 불고 있었기 때문"이라고 미키 맨틀이 말했다.

레프티 척 스톱스(Lefty Chuck Stobbs)가 마운드에 올라왔다. 가벼운 바람이 홈 플레이트로부터 바깥쪽으로 불고 있었다. 그날은 미키가 메이저리그에 나온 지 2년째 되는 날이었다. 미키가 타석에 들어섰다. 투수 스톱스가 빠른 공을 던지자 미키가 좋아하는 코스였기에 힘껏 스윙을 했다. 그 공을 받아쳐서 홈런 공은 좌측 중앙에 있는 391피트 표지판을 지나 높이 날아서 관람석을 넘어 옆 축구구장에 세워둔 Beer라 표시된 간판을 스치듯 쳤다(그림 4.3.3(a)와 (b)를 참조하라). 비록 약간 늦추어지기는 했지만 그 공은 이웃한 5번가를 거쳐 계속 날아가서 몇 블록을 지난 434 오크데일 거리의 뒤뜰 정원에 떨어졌다.

미키가 홈런을 칠 때 3루 베이스에 있었던 빌리 마틴(Billy Martin)은 그 홈런은 마치 멀리 나는 공과 같았다고 농담을 할 정도였다. 미키는 빌리의 농담("홈런을 친 후에 베이스를 돌 때 나는 항

---

5) R. K. Adair, *The Physics of Baseball*, 2nd ed., New York, Haper Collins.

6) 기네스북의 스포츠 기록의 홈런에 대한 설명은 http://www.themick.com/10homers.html에서 찾아볼 수 있다.

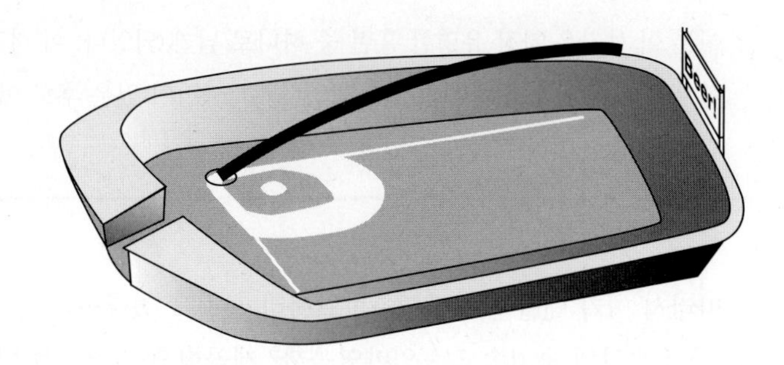

그림 4.3.3(a) 워싱턴 D.C. 그리피스 스타디움에서 1953년 4월 17일 미키 맨틀이 기록한 홈런 궤적

그림 4.3.3(b) 맨틀의 홈런 궤적을 타자의 입장에서 본 경우(스위치 타자인 맨틀은 왼손투수인 스톱스를 상대로 오른편 타석에서 타격했다. 이 그림에서 마치 왼손타자인 것 같이 그려진 이유는 설명의 편의성을 위해서이다.)

시 고개를 숙이고 달린다. 나는 피처에게 내 모습을 보이지 않으려고 애를 쓴다. 나는 피처가 이미 충분히 기분이 나쁠 것임을 알기 때문이다.")을 알아차리지 못하고 거의 빌리가 있는 곳까지 달려왔다. 3루 베이스 코치였던 프랭크 크로세티(Frank Crosetti)가 아니었다면 빌리를 지나쳤을 것이다. 그렇게 되었다면 아웃이 선언되었을 테고 우리는 투아웃을 당했을 것이다.

동시에 기자실 위쪽에 자리한 양키스 팀의 감독이었던 레드 패터슨(Red Patterson)이 소리를 질렀다. "저거 거리를 재봐야 해"라며 공원 쪽으로 달려갔다가 공원 구석에서 10살 난 아이인 도널드 더너웨이(Donald Dunaway)가 공을 들고 서 있는 모습을 발견했다. 더너웨이는 레드에게 공이 떨어진 위치를 보여주었고 레드는 그리피스 스타디움의 바깥벽으로부터의 거리를 재어보았다. 비록 레드가 미키와 함께 이 역사적이 순간 직후에 대형 줄자를 배경으로 기념사진 촬영을 했지만 레드는 보통 방법과 달리 거리측정에 줄자를 사용하지 않았다. 공원의 치수와 벽을 이용해 공이 떨어진 위치까지의 거리를 계산하여 공이 565피트를 날아왔다고 했다. 하지만 스포츠 기자인 조 트림블(Joe Trimble)은 거리를 계산할 때 구장의 거리와 공원에서의 비거리를 단순히 더함으로써 담의 두께 3피트를 빠뜨렸기 때문에 562피트라고 인용했다. 그렇지만 565피트가 정확했다.

이 홈런이 그리피스 스타디움의 왼쪽 담장을 넘어간 최초의 공이었다. 만약 그 공이 전광판을 맞추지 않았다면 훨씬 더 많이 날아갔으리라고 많은 사람들이 믿고 있다(그림 4.3.3(b) 참조). 하여튼 이 사건은 가장 유명한 홈런 중 하나로 남게 되었다. 이 사건이 여러 신문의 머리기사를 장식했으며 전국에 걸쳐 화젯거리가 되었다. 그 사건이 있은 후로 아주 멀리 날아간 홈런을 일컬어 '줄자 측정 홈런'이라 부르게 되었다.

따라서 미키 맨틀이 정말 565피트짜리 홈런을 쳤다면 그 공이 날아갈 때의 초기각도는 얼마이고 타격 순간의 초기속도는 얼마였을까? 제곱형 공기저항을 받으며 날아가는 야구공의 운동방정식은 다음과 같다.

$$m\ddot{\mathbf{r}} = -c_2\,|v|\,\mathbf{v} - mg\mathbf{k}$$

이것은 두 개의 성분에 대한 방정식으로 분리되며

$$m\ddot{x} = -c_2\,|v|\,\dot{x}$$
$$m\ddot{z} = -c_2\,|v|\,\dot{z} - mg$$

$\gamma = c_2/m$이라 하면 다음과 같다.

$$\ddot{x} = -\gamma(\dot{x}^2 + \dot{z}^2)^{1/2}\dot{x}$$
$$\ddot{z} = -\gamma(\dot{x}^2 + \dot{z}^2)^{1/2}\dot{z} - g$$

잘 알고 있듯이 야구는 미국의 아주 유명한 경기 중 하나이다. 따라서 야구공의 무게(5.125 oz)와 지름(2.86 in.)은 영국단위계로 주어지는데 이를 미터단위계로 바꾸어주면 $m = 0.145$ kg, $D = 0.0728$ m이다. 따라서

$$\gamma = \frac{c_2}{m} = \frac{0.15\,D^2}{m} = \frac{0.15(0.0728)^2}{0.145}\ \text{meters}^{-1} = 0.0055\ \text{meters}^{-1}$$

결합된 비선형 2차 미분 방정식의 수치적 해는 부록 I에서 논의하듯이 Mathematica을 이용해서 풀 수 있다. 여기서는 반복 과정(iteration)을 통해 해를 구하는 절차를 간략하게 설명하고자 한다.

- 우선, 적절하다고 여겨지는 야구공의 초기속도(v_0)와 각도(θ_0)를 추정하고 그 값을 이용하여 복합 미분방정식을 푼다.
- 궤적을 그려서 x축과 만나는 교점(범위), 즉 수평 도달 거리를 구한다.
- v_0를 고정한 채 θ_0 값을 바꾸면서 위의 과정을 되풀이하여 최대의 수평 도달 거리를 주는 각도를 정한다.
- 이렇게 정해진 θ_0를 고정한 채 미키 홈런의 줄자 측정치인 565피트(172.2 m)라는 값이 구해질 때까지 v_0를 바꾸면서 과정을 반복한다.

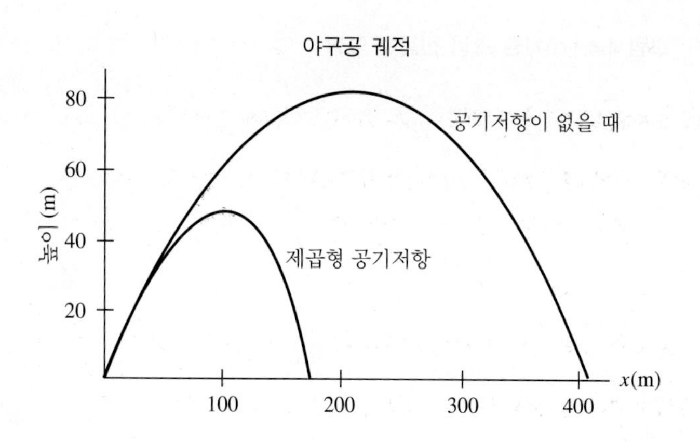

그림 4.3.4 공기저항이 있을 때와 없을 때로 나누어 계산한 야구공의 비행 경로. 초기속력이 143.2 mph이고 발사각이 39°일 때 수평 도달거리는 172.2 m(565 ft)이다.

그림 4.3.4는 이렇게 계산된 궤적이다. 비교하기 위해 공기저항이 없는 경우도 함께 그려두었다. 미키가 타격한 야구공은 초기속도 $v_0 = 143.2$ mph와 경사각 $\theta_0 = 39°$로 날아갔다. 이 값들이 상식적인가? 초기각도는 공기저항이 없을 때 날아간 각도인 45°보다 좀 작은 각도임을 알 수 있다. 공기저항이 있으면 이 저항 때문에 공중에 머무르는 시간이 더 짧아지도록 출발각도가 더 작아야했다. 초기속력은 어떠할까? 척 스톱스는 90 mph보다 빠르지 않은 속도로 공을 던졌다. 공의 반발계수(7장 참조)에 의한 속력이 타격된 공에 더해져서 결과적인 속도가 130 mph가 되었는데 이보다 우리가 평가한 값이 약간 크기는 하지만 그리 터무니없진 않다. 그리피스 스타디움에서 맨틀이 타격한 공이 순풍의 도움을 받았기 때문에 그렇게 어마어마한 홈런이 가능했던 것이다. 만약 맨틀이 진공 중에서 타격을 했다면 이런 일이 가능했을까?

4.4 2차원 및 3차원 조화 진동자

공간에서 한 고정점 방향으로만 선형 복원력을 받는 입자의 운동을 고려해보자. 이 고정점을 원점으로 택하면 힘은 다음과 같이 쓸 수 있다.

$$\mathbf{F} = -k\mathbf{r} \tag{4.4.1}$$

이때 운동에 관한 미분방정식은 간단히 다음과 같다.

$$m\frac{d^2\mathbf{r}}{dt^2} = -k\mathbf{r} \tag{4.4.2}$$

이러한 상황은 그림 4.4.1처럼 여러 개의 용수철에 매달려 있는 입자를 연상하면 된다. 이것은 이미 살펴본 조화 진동자를 3차원으로 일반화한 것이다. 식 (4.4.2)는 **등방성 선형 진동자**(linear isotropic oscillator)의 미분방정식이다.

그림 4.4.1 3차원 조화 진동자 모형

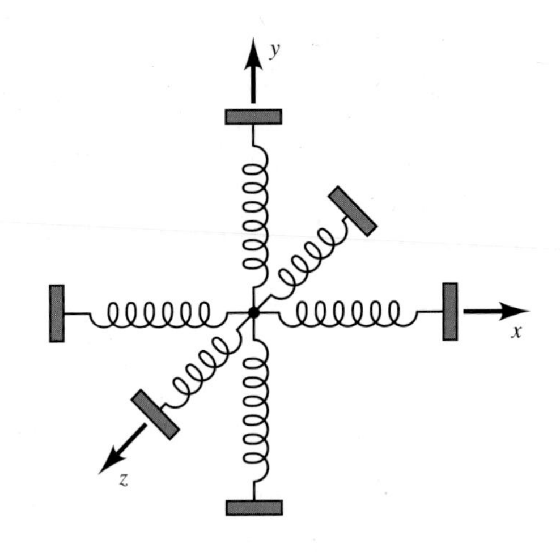

2차원 등방성 진동자

평면형 운동의 경우 식 (4.4.2)는 다음과 같은 두 성분 방정식으로 분리 가능하다.

$$\begin{aligned} m\ddot{x} &= -kx \\ m\ddot{y} &= -ky \end{aligned} \tag{4.4.3}$$

이 방정식은 분리되었으므로 해를 곧바로 얻을 수 있다.

$$x = A\cos(\omega t + \alpha) \qquad y = B\cos(\omega t + \beta) \tag{4.4.4}$$

여기서 ω는 다음과 같다.

$$\omega = \left(\frac{k}{m}\right)^{1/2} \tag{4.4.5}$$

적분상수 A, B, α, β는 초기조건에 의해 결정된다.

궤도 방정식을 구하려면 두 식에서 t를 소거해야 한다. 그렇게 하려면 두 번째 식을 다음과 같이 적어야 한다.

$$y = B\cos(\omega t + \alpha + \Delta) \tag{4.4.6}$$

여기서

$$\Delta = \beta - \alpha \tag{4.4.7}$$

그러면

$$y = B[\cos(\omega t + \alpha)\cos\Delta - \sin(\omega t + \alpha)\sin\Delta] \tag{4.4.8}$$

위 식을 식 (4.4.4)의 첫 번째 방정식과 결합하면

$$\frac{y}{B} = \frac{x}{A}\cos\Delta - \left(1 - \frac{x^2}{A^2}\right)^{1/2}\sin\Delta \tag{4.4.9}$$

가 되고, 이를 제곱한 후 이항하면

$$\frac{x^2}{A^2} - xy\frac{2\cos\Delta}{AB} + \frac{y^2}{B^2} = \sin^2\Delta \tag{4.4.10}$$

이 되는데, 이 식은 x, y에 관한 2차 방정식이 된다. 일반적으로 2차식

$$ax^2 + bxy + cy^2 + dx + ey = f \tag{4.4.11}$$

는 판별식

$$b^2 - 4ac \tag{4.4.12}$$

가 −, 0, +인가에 따라서 각각 타원, 포물선, 쌍곡선이 된다. 이 문제에서 판별식 $-(2\sin\Delta/AB)^2$이 음수이므로 그 경로는 그림 4.4.2에 보이는 바와 같이 타원 궤도이다.

특히 위상차가 $\Delta = \pi/2$일 때는 궤도 방정식이

$$\frac{x^2}{A^2} + \frac{y^2}{B^2} = 1 \tag{4.4.13}$$

로 되어서 타원의 축이 좌표축과 일치하는 타원이 된다. 반면에 위상차가 0 또는 π이면 궤도는 직선으로 바뀐다. 즉,

$$y = \pm\frac{B}{A}x \tag{4.4.14}$$

그림 4.4.2 2차원 등방성 진동자의 타원 궤도

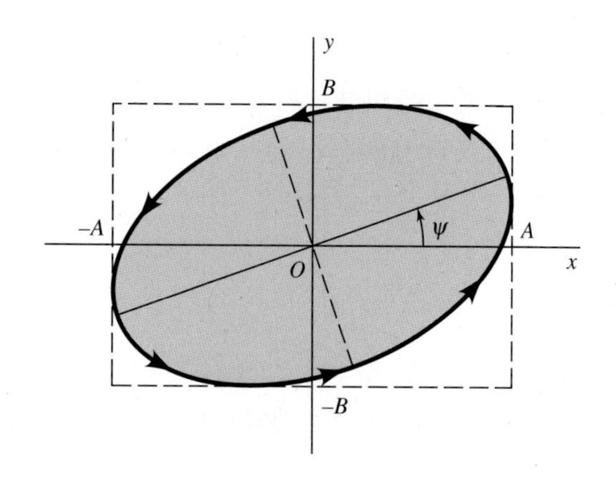

위에서 $\Delta = 0$일 때는 양의 부호, $\Delta = \pi$일 때는 음의 부호를 택하면 된다. 일반적으로 타원 궤도의 축은 x축과 각도 ψ를 이루는데 다음이 성립한다.

$$\tan 2\psi = \frac{2AB\cos\Delta}{A^2 - B^2} \tag{4.4.15}$$

이 식의 유도는 숙제로 남겨두겠다.

3차원 등방성 진동자

3차원의 운동은 다음과 같이 세 개의 분리된 미분방정식으로 쓸 수 있다.

$$m\ddot{x} = -kx \qquad m\ddot{y} = -ky \qquad m\ddot{z} = -kz \tag{4.4.16}$$

따라서 해는 식 (4.4.4)의 형태로 쓰거나 혹은 아래와 같이 쓸 수도 있다.

$$\begin{aligned} x &= A_1 \sin\omega t + B_1 \cos\omega t \\ y &= A_2 \sin\omega t + B_2 \cos\omega t \\ z &= A_3 \sin\omega t + B_3 \cos\omega t \end{aligned} \tag{4.4.17a}$$

6개의 적분상수는 입자의 초기 위치와 속도에서 결정된다. 이때 식 (4.4.16)은 다음과 같이 벡터 형태로 쓸 수 있다.

$$\mathbf{r} = \mathbf{A}\sin\omega t + \mathbf{B}\cos\omega t \tag{4.4.17b}$$

여기서 **A**의 성분들은 A_1, A_2, A_3이고 **B**도 마찬가지이다. 우선 분명히 알 수 있는 사실은 **A**, **B**로 결정되는 평면 위에서 입자가 움직이며 타원 궤도를 그리고 있다는 것이다. 따라서 2차원에서 공부한 타원형 궤도가 3차원 경우에도 적용된다.

비등방성 진동자

지금까지 복원력이 변위의 방향과 무관한 등방성 진동자를 다루었다. 만일 변위의 크기가 같아도 복원력이 방향에 따라 크기가 다르다면 비등방성 진동자(nonisotropic oscillator)가 된다. 축을 적절하게 잡으면 진동자의 미분방정식은 다음과 같이 쓸 수 있다.

$$\begin{aligned} m\ddot{x} &= -k_1 x \\ m\ddot{y} &= -k_2 y \\ m\ddot{z} &= -k_3 z \end{aligned} \tag{4.4.18}$$

이번에는 용수철 상수가 각기 다르므로 세 개의 서로 다른 진동수 $\omega_1 = \sqrt{k_1/m}$, $\omega_2 = \sqrt{k_2/m}$, $\omega_3 = \sqrt{k_3/m}$이 존재하고 해는 다음과 같다.

$$
\begin{aligned}
x &= A\cos(\omega_1 t + \alpha) \\
y &= B\cos(\omega_2 t + \beta) \\
z &= C\cos(\omega_3 t + \gamma)
\end{aligned}
\tag{4.4.19}
$$

위 식에 나오는 6개의 적분상수는 이번에도 초기조건에서 결정된다. 결과적으로 입자의 진동은 원점에 중심을 두고 세 변이 각각 $2A$, $2B$, $2C$인 직육면체 안에 국한된다. 특히 세 진동수 ω_1, ω_2, ω_3의 비율이 공약수가 있는 정수라면, 즉 정수인 n_1, n_2, n_3에 대해

$$
\frac{\omega_1}{n_1} = \frac{\omega_2}{n_2} = \frac{\omega_3}{n_3} \tag{4.4.20}
$$

의 조건을 만족하면 입자의 궤도는 **리사주**(Lissajous) 도형이라 불리는 폐곡선이 된다. 왜냐하면 시간이 $2\pi n_1/\omega_1 = 2\pi n_2/\omega_2 = 2\pi n_3/\omega_3$만큼 지나면 입자는 처음위치로 돌아오고 똑같은 운동이 되풀이되기 때문이다. 식 (4.4.20)에서 어떠한 공통된 적분상수도 상쇄된다고 가정했다. 반면에 ω가 공약수를 갖지 않는다면 궤도는 폐곡선이 될 수 없다. 그러나 충분한 시간이 지나면 입자의 위치가 임의의 점에 원하는 만큼 가까워질 수 있다는 의미에서 입자의 궤도는 위에서 언급한 직육면체를 꽉 채운다고 할 수 있다.

고체 형태인 결정체 원자에 작용하는 복원력은 많은 경우에 근사적으로 선형이라 할 수 있다. 그 결과로 생기는 진동은 $10^{12} \sim 10^{14}$ Hz 정도여서 보통 적외선 영역에 있다.

에너지에 대한 고찰

앞 장에서 1차원 조화 진동자의 위치에너지 $V(x) = \frac{1}{2}kx^2$은 변위의 제곱 함수임을 알았다. 3차원의 경우에는 다음과 같음을 쉽게 확인할 수 있다.

$$
V(x, y, z) = \tfrac{1}{2}k_1 x^2 + \tfrac{1}{2}k_2 y^2 + \tfrac{1}{2}k_3 z^2 \tag{4.4.21}
$$

힘은 $F_x = -\partial V/\partial x = -k_1 x$ 그리고 같은 방식으로 F_y와 F_z에 대해서도 구할 수 있다. 만약 $k_1 = k_2 = k_3 = k$이면 등방성 진동자 경우에 해당하므로 다음과 같다.

$$
V(x, y, z) = \tfrac{1}{2}k(x^2 + y^2 + z^2) = \tfrac{1}{2}kr^2 \tag{4.4.22}
$$

그러면 등방성 진동자인 경우 총 에너지는 아래와 같은 간단한 표현으로 주어진다.

$$
\tfrac{1}{2}mv^2 + \tfrac{1}{2}kr^2 = E \tag{4.4.23}
$$

이는 앞 장에서 공부한 1차원 진동자와 매우 흡사하다.

예제 4.4.1

질량 m인 입자가 2차원에서 다음과 같은 위치에너지를 갖고 움직이고 있다.

$$V(\mathbf{r}) = \frac{1}{2}k(x^2 + 4y^2)$$

이 운동을 기술하라. 초기조건은 $t = 0$일 때 $x = a,\ y = 0,\ \dot{x} = 0,\ \dot{y} = v_0$이다.

■ 풀이

이것은 비등방성 진동자의 위치에너지이다. 힘을 계산하면

$$\mathbf{F} = -\nabla V = -\mathbf{i}kx - \mathbf{j}4ky = m\ddot{\mathbf{r}}$$

이고, 성분별로 쓰면 다음과 같다.

$$m\ddot{x} + kx = 0 \qquad m\ddot{y} + 4ky = 0$$

x축 방향의 운동은 각진동수 $\omega = (k/m)^{1/2}$를 가진 진동이고, y축 방향으로는 2배의 진동수 $\omega_y = (4k/m)^{1/2} = 2\omega$를 갖는다. 일반해를 다음과 같이 쓰도록 하자.

$$x = A_1 \cos\omega t + B_1 \sin\omega t$$
$$y = A_2 \cos 2\omega t + B_2 \sin 2\omega t$$

초기조건을 적용하려면 우선 위의 식들을 t로 미분하여 속도 성분을 얻는다.

$$\dot{x} = -A_1\omega \sin\omega t + B_1\omega \cos\omega t$$
$$\dot{y} = -2A_2\omega \sin 2\omega t + 2B_2\omega \cos 2\omega t$$

시간 $t = 0$일 때 속도와 위치 성분에 대한 위의 방정식들은 다음과 같이 바뀐다.

$$a = A_1 \qquad 0 = A_2 \qquad 0 = B_1\omega \qquad v_0 = 2B_2\omega$$

그림 4.4.3 리사주 도형

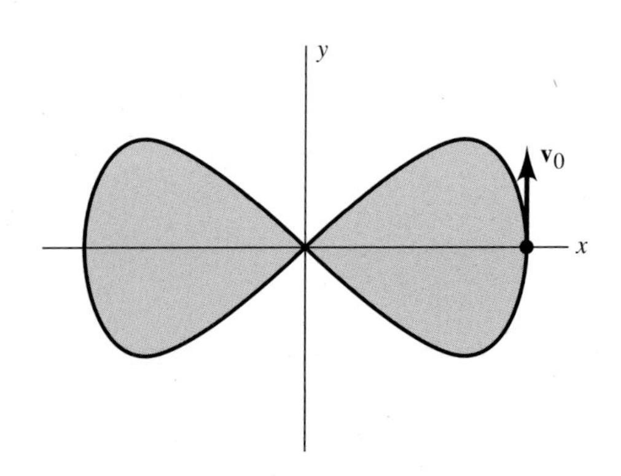

이 식들로부터 진폭 계수값 $A_1 = a$, $A_2 = B_1 = 0$, $B_2 = v_0/2\omega$를 구할 수 있으며, 따라서 최종적인 운동방정식은 다음과 같다.

$$x = a\cos\omega t$$

$$y = \frac{v_0}{2\omega}\sin 2\omega t$$

입자의 궤도는 그림 4.4.3에 보이는 바와 같은 8자 모양의 리사주 도형이다.

4.5 전자기장 내에서 하전입자의 운동

하전입자가 다른 전하 근처에 가면 힘을 받는다. 이 힘 $\mathbf{F}$는 다른 전하에 의해 발생되는 전기장 $\mathbf{E}$ 때문에 생기는 것이다. 즉,

$$\mathbf{F} = q\mathbf{E} \tag{4.5.1}$$

여기서 q는 하전입자의 전하량이다.[7] 그러면 운동방정식은

$$m\frac{d^2\mathbf{r}}{dt^2} = q\mathbf{E} \tag{4.5.2a}$$

이고, 성분별로는 다음과 같다.

$$\begin{aligned} m\ddot{x} &= qE_x \\ m\ddot{y} &= qE_y \\ m\ddot{z} &= qE_z \end{aligned} \tag{4.5.2b}$$

일반적으로 전기장의 성분들은 x, y, z의 함수이다. 물론 시간에 따라 변하는 전기장, 즉 $\mathbf{E}$를 만드는 전하가 움직이는 경우에는 t도 포함하여 다루어야 한다.

간단한 경우로서 균일한 전기장을 생각해보자. 전기장의 방향을 z축으로 택하면 $E_x = E_y = 0$ 그리고 $E = E_z$이다. 이 전기장 내에서 움직이는 전하 q인 입자의 운동방정식은 다음과 같다.

$$\ddot{x} = 0 \qquad \ddot{y} = 0 \qquad \ddot{z} = \frac{qE}{m} = \text{상수} \tag{4.5.3}$$

이것은 균일한 중력장 내에서 움직이는 포사체의 방정식과 완전히 똑같은 형태이다. 따라서 $\dot{x}, \dot{y}$가

7) SI 단위로 나타내면 F는 newtons, q는 coulombs, E는 volts/meter이다.

초기에 모두 영이 아닐 때 궤도는 포물선이 된다. 모두 영이라면 자유낙하하는 물체처럼 직선이 된다.

전자기학 교재[8)]에서 $\mathbf{E}$가 정전하 때문에 생긴다면 다음 식이 성립함을 배웠다.

$$\nabla \times \mathbf{E} = 0 \tag{4.5.4}$$

이 식에 따르면 전기장이 보존적이고, $\mathbf{E} = -\nabla\Phi$가 되는 전기퍼텐셜 함수 Φ가 존재하게 된다. 이러한 전기장 내에서 전하 q인 하전입자의 위치에너지는 $q\Phi$이며 총 에너지 $\frac{1}{2}mv^2 + q\Phi$는 일정하다.

정자기장 $\mathbf{B}$가 존재한다면 움직이는 전하에 작용하는 힘은 아래의 벡터 곱으로 편리하게 표현된다.

$$\mathbf{F} = q(\mathbf{v} \times \mathbf{B}) \tag{4.5.5}$$

여기서 $\mathbf{v}$는 속도이고 q는 전하량이다.[9)] 자기장만 있는 상태에서 움직이는 입자의 운동 방정식은 다음과 같다.

$$m\frac{d^2\mathbf{r}}{dt^2} = q(\mathbf{v} \times \mathbf{B}) \tag{4.5.6}$$

이 식을 보면 입자의 가속도는 항상 운동방향에 수직임을 알 수 있다. 그러면 가속도의 접선성분, 즉 $\dot{v}$는 영이고 따라서 입자는 등속력으로 움직인다. 이 사실은 $\mathbf{B}$가 시간에 따라 변하지 않는다면 위치 $\mathbf{r}$의 함수일 때도 적용된다.

예제 4.5.1

균일한 자기장 안에서 움직이는 하전입자의 운동을 조사해보자. 자기장의 방향을 z축으로 정하면

$$\mathbf{B} = \mathbf{k}B$$

이고, 미분방정식은

$$m\frac{d^2\mathbf{r}}{dt^2} = q(\mathbf{v} \times \mathbf{k}B) = qB\begin{vmatrix} \mathbf{i} & \mathbf{j} & \mathbf{k} \\ \dot{x} & \dot{y} & \dot{z} \\ 0 & 0 & 1 \end{vmatrix}$$

$$m(\mathbf{i}\ddot{x} + \mathbf{j}\ddot{y} + \mathbf{k}\ddot{z}) = qB(\mathbf{i}\dot{y} - \mathbf{j}\dot{x})$$

8) 예를 들면 Reitz, Milford & Christy, op cit.

9) 식 (4.5.5)는 SI 단위계로 표현한 것이다. F는 newtons, q는 coulombs, v는 meters/sec, B는 webers/m^2이다.

인데, 이것을 성분별로 쓰면 다음과 같다.

$$m\ddot{x} = qB\dot{y}$$
$$m\ddot{y} = -qB\dot{x} \tag{4.5.7}$$
$$\ddot{z} = 0$$

이 미분형 운동방정식은 분리된 형태가 아니다. 그러나 풀이는 비교적 간단하여 t에 대해 한 번 적분하면

$$m\dot{x} = qBy + c_1$$
$$m\dot{y} = -qBx + c_2$$
$$\dot{z} = \text{상수} = \dot{z}_0$$

혹은

$$\dot{x} = \omega y + C_1 \qquad \dot{y} = -\omega x + C_2 \qquad \dot{z} = \dot{z}_0 \tag{4.5.8}$$

여기서 $\omega = qB/m$으로 약칭해두었다. $C_1 = c_1/m$, $C_2 = c_2/m$은 적분상수이다. 식 (4.5.8)의 두 번째 식을 식 (4.5.7)의 첫 식에 대입하면 x에 대해 분리된 다음 방정식을 얻는다.

$$\ddot{x} + \omega^2 x = \omega^2 a \tag{4.5.9}$$

여기서 $a = C_2/\omega$이며, 이 식의 해는 다음과 같다.

$$x = a + A\cos(\omega t + \theta_0) \tag{4.5.10}$$

여기서 A, θ_0는 적분상수이다. 이번에는 이 식을 t에 대해 미분하여

$$\dot{x} = -A\omega\sin(\omega t + \theta_0) \tag{4.5.11}$$

을 얻고, 이것을 식 (4.5.8)의 첫 식의 좌변에 대입하여 y에 대해 풀면 다음 결과를 얻는다.

$$y = b - A\sin(\omega t + \theta_0) \tag{4.5.12}$$

여기서 $b = -C_1/\omega$이다. 운동 궤도를 알기 위해서 식 (4.5.10)과 식 (4.5.12)에서 t를 소거하면 다음과 같다.

$$(x-a)^2 + (y-b)^2 = A^2 \tag{4.5.13}$$

따라서 입자의 운동을 xy평면에 투영하면 점 (a, b)에 중심을 둔 반지름 A인 원이 된다. 식 (4.5.8)의 세 번째 식에서 z방향의 속력은 일정하므로 입자의 궤도는 나선(helix)이라고 결론 내릴 수 있다. 그림 4.5.1에서 알 수 있듯이 나선형 궤도의 진행 방향이 자기장의 방향이다. 식 (4.5.12)에서

$$\dot{y} = -A\omega\cos(\omega t + \theta_0) \tag{4.5.14}$$

그림 4.5.1 균일한 자기장 안에서 움직이는 입자의 나선형 궤도

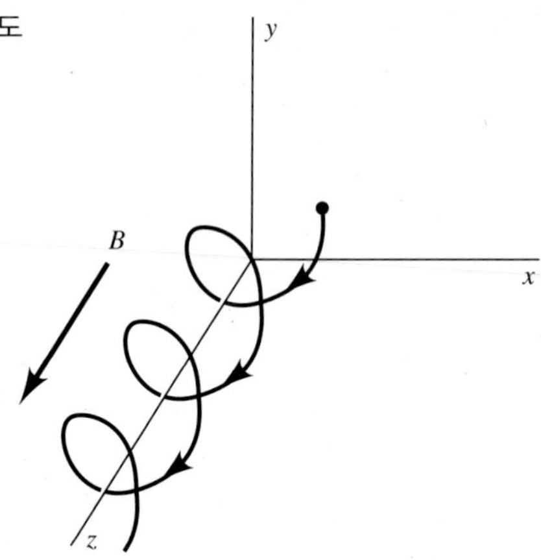

이므로, 식 (4.5.11)과 식 (4.5.14)에서 t를 소거하여 다음 식을 얻는다.

$$\dot{x}^2 + \dot{y}^2 = A^2\omega^2 = A^2\left(\frac{qB}{m}\right)^2 \tag{4.5.15}$$

입자의 속력을 $v_1 = (\dot{x}^2 + \dot{y}^2)^{1/2}$이라 하면 나선의 반지름 A는 다음과 같다.

$$A = \frac{v_1}{\omega} = v_1 \frac{m}{qB} \tag{4.5.16}$$

만일 z방향의 속도성분이 영이라면 입자의 궤도는 반지름 A인 원이다. 위 식에서 A는 v_1에 직접적으로 비례하지만 원형 궤도의 각진동수 ω는 속력과 무관하다. ω는 사이클로트론 진동수(cyclotron frequency)라 불린다. 사이클로트론은 어니스트 로런스(Ernest Lawrence)가 발명한 입자가속기로서 ω가 하전입자의 속력과 무관하다는 사실에 그 동작 원리가 숨어 있다.

4.6 입자의 구속 운동

입자가 기하학적으로 정해진 곡선이나 곡면에서만 운동할 때 이를 **구속 운동**(拘束運動, constrained motion)이라고 한다. 구속 운동의 예로는 그릇 안에서 움직이는 얼음덩어리나 줄을 따라 미끄러지는 염주알을 생각할 수 있다. 구속 조건은 염주알처럼 곡선일 수도 있고 그릇 속의 얼음처럼 곡면일 수도 있다. 구속하는 곡선이나 곡면은 공간에서 고정되어 있거나 움직일 수 있는데, 여기서는 고정된 경우만 다루겠다.

매끄러운 구속 운동의 에너지 방정식

구속 상태로 움직이는 입자에 작용하는 전체 힘은 외부 알짜 작용력 **F**와 구속력 **R**의 벡터 합이다. **R**은 구속하는 물체가 입자에 작용하는 반작용이다. 이때 운동방정식은 다음과 같이 쓸 수 있다.

$$m\frac{d\mathbf{v}}{dt} = \mathbf{F} + \mathbf{R} \tag{4.6.1}$$

이 식과 속도 **v**의 스칼라 곱을 택하면 다음과 같다.

$$m\frac{d\mathbf{v}}{dt}\cdot\mathbf{v} = \mathbf{F}\cdot\mathbf{v} + \mathbf{R}\cdot\mathbf{v} \tag{4.6.2}$$

마찰이 없는 평면처럼 '매끄러운' 운동의 경우 반작용 **R**은 곡선이나 곡면에 수직이고, **v**는 접선방향이다. 따라서 **R**은 **v**에 수직이고, **R** · **v**는 영이다. 그러면 식 (4.6.2)는 다음과 같이 간단해진다.

$$\frac{d}{dt}\left(\tfrac{1}{2}m\mathbf{v}\cdot\mathbf{v}\right) = \mathbf{F}\cdot\mathbf{v} \tag{4.6.3}$$

결과적으로 **F**가 보존력일 때 4.2절에서처럼 이 식을 적분하면 에너지 방정식을 얻는다.

$$\tfrac{1}{2}mv^2 + V(x,y,z) = \text{상수} = E \tag{4.6.4}$$

물론 입자는 비록 곡선이나 곡면에서 움직이더라도 전체 에너지는 항상 일정하다. 미끄러운 구속 운동의 경우에 예상했던 바이다.

예제 4.6.1

입자가 반지름 a인 매끄러운 구 위에 놓여 있다. 이 입자를 약간 움직이면 언제 구에서 벗어나게 되는가?

풀이

입자에 작용하는 힘은 수직 아래 방향의 중력과 구면이 작용하는 반작용 **R**이다. 운동방정식은 다음과 같다.

$$m\frac{d\mathbf{v}}{dt} = m\mathbf{g} + \mathbf{R}$$

그림 4.6.1처럼 좌표축을 택하면 위치에너지는 mgz이고, 에너지 방정식은 다음과 같다.

그림 4.6.1 매끄러운 구면에서 미끄러지는 입자

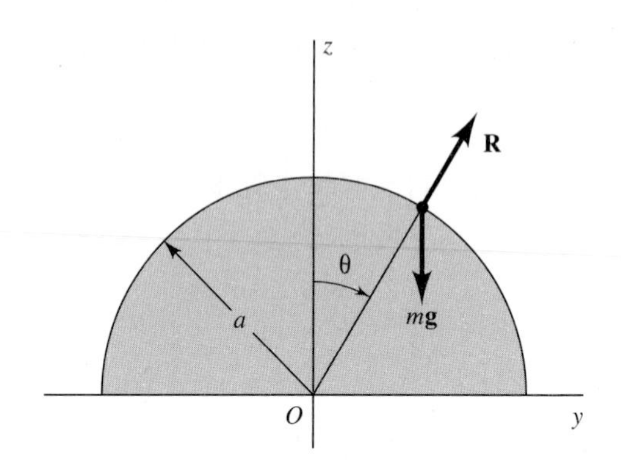

$$\frac{1}{2}mv^2 + mgz = E$$

초기조건($z = a$에서 $v = 0$)에서 $E = mga$이므로 입자가 미끄러지면서 속력은 다음 조건을 만족한다.

$$v^2 = 2g(a - z)$$

이번에는 운동방정식의 원심방향 성분을 택하면 다음과 같다.

$$-\frac{mv^2}{a} = -mg\cos\theta + R = -mg\frac{z}{a} + R$$

위의 식을 R에 관해 풀면

$$\begin{aligned} R &= mg\frac{z}{a} - \frac{mv^2}{a} = mg\frac{z}{a} - \frac{m}{a}2g(a - z) \\ &= \frac{mg}{a}(3z - 2a) \end{aligned}$$

가 되고, $z = \frac{2}{3}a$일 때 R은 영이 되며 입자는 구에서 벗어난다. 이때 R의 부호가 (+)에서 (−)로 바뀐다고 생각할 수도 있다.

예제 4.6.2

사이클로이드 곡선 위의 구속 운동

그림 4.6.2처럼 중력을 받으며 미끄러운 사이클로이드 도랑에서 움직이는 입자를 생각해보자. 사이클로이드의 방정식은 매개변수 ϕ를 도입하여 다음과 같이 쓸 수 있다.

$$\begin{aligned} x &= A(2\phi + \sin 2\phi) \\ z &= A(1 - \cos 2\phi) \end{aligned}$$

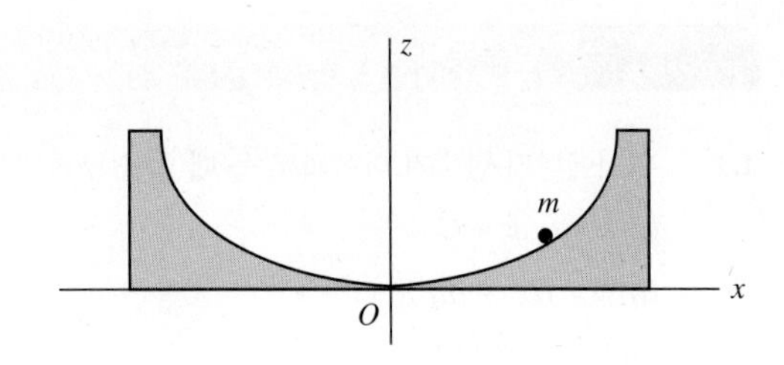

그림 4.6.2 매끈한 사이클로이드 도랑에서 미끄러지는 입자

y축 방향의 운동은 없다고 가정하면 운동에 관한 에너지 방정식은 다음과 같다.

$$E = \frac{m}{2}v^2 + V(z) = \frac{m}{2}(\dot{x}^2 + \dot{z}^2) + mgz$$

여기서 $\dot{x} = 2A\dot{\phi}(1 + \cos 2\phi)$, $\dot{z} = 2A\dot{\phi}\sin 2\phi$이므로 에너지는

$$E = 4mA^2\dot{\phi}^2(1 + \cos 2\phi) + mgA(1 - \cos 2\phi)$$

가 되고, 항등식 $1 + \cos 2\phi = 2\cos^2\phi$와 $1 - \cos 2\phi = 2\sin^2\phi$를 사용하여

$$E = 8mA^2\dot{\phi}^2 \cos^2\phi + 2mgA\sin^2\phi$$

를 얻는다. 변수 $s = 4A\sin\phi$를 도입하면 다음과 같다.

$$E = \frac{m}{2}\dot{s}^2 + \frac{1}{2}\left(\frac{mg}{4A}\right)s^2$$

이것은 하나의 변수 s에 대한 조화 진동자의 에너지 방정식이다. 따라서 진동수가 진폭에 관계되는 단진자와는 달리 이 경우에는 진동 주기가 진폭에 무관하다. 이러한 운동을 **등시간적**(等時間的, isochronous)이라 한다. 물론 정확히 훅의 법칙에 따라 움직이는 선형 조화 진동자는 등시간적이다.

네덜란드의 물리학자이자 수학자인 크리스티안 호이겐스(Christiaan Huygens)는 단진자의 정확도를 높이려는 연구 중에 그 사실을 발견했다. 또한 그는 축폐선 이론을 알아내었는데 사이클로이드의 포락선은 또한 사이클로이드가 된다는 사실을 발견했다. 기상천외의 착상임에도 불구하고 이 발명은 실제적으로 응용되지 못했다.

연습문제

4.1 위치에너지 함수가 다음과 같을 때 힘을 구하라.

(a) $V = cxyz + C$

(b) $V = \alpha x^2 + \beta y^2 + \gamma z^2 + C$

(c) $V = ce^{-(\alpha x+\beta y+\gamma z)}$

(d) $V = cr^n$(구면 좌표계에서 다룬다.)

4.2 다음 힘의 회전(curl)을 구하고 어느 것이 보존력인지 가려내어라.

(a) $\mathbf{F} = \mathbf{i}x + \mathbf{j}y + \mathbf{k}z$

(b) $\mathbf{F} = \mathbf{i}y - \mathbf{j}x + \mathbf{k}z^2$

(c) $\mathbf{F} = \mathbf{i}y + \mathbf{j}x + \mathbf{k}z^3$

(d) $\mathbf{F} = -kr^{-n}\mathbf{e}_r$(구면 좌표계에서 다룬다.)

4.3 다음 힘이 보존력이 되도록 상수 c를 결정하라.

(a) $\mathbf{F} = \mathbf{i}xy + \mathbf{j}cx^2 + \mathbf{k}z^3$

(b) $\mathbf{F} = \mathbf{i}(z/y) + c\mathbf{j}(xz/y^2) + \mathbf{k}(x/y)$

4.4 3차원에서 위치에너지 $V(x, y, z) = \alpha x + \beta y^2 + \gamma z^3$을 가진 질량 m인 입자가 원점을 지나갈 때의 속력을 v_0라 하자.

(a) 만약 이 입자가 점 (1, 1, 1)을 지난다면 그때 입자의 속력은 얼마인가?

(b) 만약 점 (1, 1, 1)이 운동의 전향점($v = 0$)이라면 v_0는 얼마인가?

(c) 입자의 운동에 관한 미분방정식을 써라(주의: 방정식을 풀 필요는 없다).

4.5 다음과 같은 두 힘이 주어져 있다.

(a) $\mathbf{F} = \mathbf{i}x + \mathbf{j}y$

(b) $\mathbf{F} = \mathbf{i}y - \mathbf{j}x$

원점 (0, 0)과 점 (1, 1)을 잇는 두 경로에 대해 선적분 $\int \mathbf{F} \cdot d\mathbf{r}$을 계산해서 (a)는 보존력, (b)는 비보존력임을 증명하라. 한 경로는 $y = x$ 직선을 택하고, 다른 경로는 우선 x축을 따라 점 (1, 0)까지 이동한 후, 다음에는 점 (1, 1)까지 직선 $x = 1$로 움직이는 것을 택하라.

4.6 고도의 차이에 따른 중력의 변화는 다음의 위치에너지 함수로 근사시킬 수 있음을 보여라.

$$V = mgz\left(1 - \frac{z}{r_e}\right)$$

여기서 r_e는 지구의 반지름이다. 위치에너지가 주는 힘을 계산하라. 이러한 힘을 받고 움직이는 포사체의 운동방정식 성분들을 구하라. 초기속도의 수직성분을 v_{0z}라 하면 포사체가 어디까지 올라가겠는가? (예제 2.3.2와 비교하라.)

4.7 굴러가는 바퀴 끝에서 진흙이 튀고 있다. 바퀴의 진행속력을 v_0 그리고 반지름을 b라 할 때 진흙이 튀어서 위로 올라가는 최대 수직거리는 지면으로부터 다음과 같다.

$$b+\frac{v_0^2}{2g}+\frac{gb^2}{2v_0^2}$$

굴러가는 바퀴의 어떤 점에서 진흙이 밖으로 튀어 나가겠는가? (주의: $v_0^2 \ge bg$를 가정할 필요가 있다.)

4.8 경사도 ϕ인 언덕 밑에 대포가 있다. 언덕을 따라서 잰 대포의 사정거리는 다음과 같음을 증명하라.

$$\frac{2v_0^2 \cos\alpha \sin(\alpha-\phi)}{g \cos^2\phi}$$

여기서 α는 대포의 조준 각도이다. 또 최대 사정거리는 다음과 같음을 증명하라.

$$\frac{v_0^2}{g(1+\sin\phi)}$$

4.9 포탄을 V_0의 속력으로 쏘아 올릴 수 있는 대포가 지표면보다 h만큼 높은 타워에 설치되어 있다.
(a) 포탄이 최대 사정 거리를 갖기 위한 조준 각도 α는 다음과 같음을 보여라.

$$\csc^2\alpha = 2\left(1+\frac{gh}{V_0^2}\right)$$

(b) 대포의 최대 사정거리 R_{max}는 얼마인가?

4.10 이동이 가능한 대포가 연습문제 4.9의 타워에 설치된 대포보다 더 낮은 면 어느 지점에 설치되어 있다. 타워에 설치된 대포를 맞추려면 아래에 설치된 대포는 타워와 얼마나 가까워야 하는가? 두 대포 모두 총구 속도는 V_0라 가정한다.

4.11 양키 스타디움에서 미키 맨틀이 친 야구공이 외야수에게 잡히지 않으려면 높이가 69피트이고 홈으로부터 328피트 떨어진 곳까지 날아가야 한다. 외야수가 그 공이 땅에 떨어지기 9.8피트 직전에 잡았다고 가정하자. 그리고 맨틀이 그 공이 3.28피트 지상에 떠서 날아오는 순간 가격했다고 하자. 공기 저항은 무시한다. 공이 얼마나 날아간 뒤 외야수가 그 공을 잡았는가?

4.12 야구 투수에게는 수직방향보다 수평방향으로 공을 던지는 것이 더 쉽다. 투구 속력은 $v_0 \cos \frac{1}{2}\theta_0$ m/s와 같이 투구각 θ_0와 수평 투구 속력 v_0에 따라 변한다. (a) 최고 높이, (b) 최장 거리에 도달할 수 있도록 던져야 할 각도 θ_0를 구하라. 또 공기저항을 무시하고 $v_0 = 25$ m/s라 할 때 (c) 최고 높이와 (d) 최장 도달 거리를 계산하라.

4.13 대포는 V_0의 속력으로 포탄을 어느 방향으로든지 발사할 수 있다. 다음 방정식으로 결정되는 곡면 내에서 어떤 지점이든지 포탄으로 맞출 수 있음을 증명하라.

$$g^2r^2 = V_0^4 - 2gV_0^2 z$$

여기서 z는 목표물의 높이, r은 대포로부터 수평거리이다. 공기저항은 무시하라.

4.14 공기저항이 속력의 제곱에 비례할 때 포사체 운동의 미분방정식을 성분별로 써라. 이들은 분리되어 있는가? 속도의 x 성분은 다음과 같음을 증명하라.

$$\dot{x} = \dot{x}_0 e^{-\gamma s}$$

여기서 s는 운동 궤도를 따라서 잰 거리이고 $\gamma = c_2/m$이다.

4.15 선형 공기저항을 받는 포사체의 수평 도달 거리에 관한 식 (4.3.24a) 및 식 (4.3.24b)에 이르는 과정을 조사하라.

4.16 2차원 등방성 진동자의 초기조건은 다음과 같다. $t = 0, x = A, y = 4A, \dot{x} = 0, \dot{y} = 3\omega A$ 그리고 ω는 각진동수이다. x와 y를 t의 함수로 구하라. 이 진동자의 운동은 크기 $2A$, $10A$인 직사각형 내부에 국한됨을 보여라. 또한 타원 궤도가 x축과 만드는 각도 ψ를 구하고 궤도를 그려라.

4.17 질량 m인 작은 납공이 그림 4.4.1에 보이는 것처럼 6개의 가벼운 용수철에 매달려 있다. 강성도의 비는 1:4:9가 되어 위치에너지 함수는 다음과 같이 쓸 수 있다.

$$V = \frac{k}{2}(x^2 + 4y^2 + 9z^2)$$

시간 $t = 0$일 때 공이 원점에서 초기속력 v_0로 (1, 1, 1) 방향으로 밀쳐졌다. $k = \pi^2 m$이라면 x, y, z를 t의 함수로 구하라. 이 공은 다시 제자리로 돌아오는 일이 있겠는가? 그렇다면 얼마만큼 시간이 지나야 처음과 똑같은 속도로 원점에 돌아오겠는가?

4.18 식 (4.4.15)를 끝까지 유도하라.

4.19 단순한 정육면체 결정격자 내에 원자가 있다. 두 원자 사이의 상호작용이 $cr^{-\alpha}$이라면(c, α는 상수, r은 원자 사이의 거리) 이 원자와 근접한 주위 원자 사이의 전체 상호작용 에너지는 근사적으로 3차원 조화 진동자의 위치에너지

$$V \simeq A + B(x^2 + y^2 + z^2)$$

임을 증명하라. A, B는 상수이다(주의: 서로 인접한 여섯 원자가 점 $(\pm d, 0, 0)$, $(0, \pm d, 0)$, $(0, 0, \pm d)$에 고정되어 있고 문제 원자의 평형점 (0, 0, 0)으로부터 변위 (x, y, z)까지의 거리는 d보다 작다고 가정하라. 그러면 $V = \Sigma c r_i^{-\alpha}$인데 $r_1 = [(d-x)^2 + y^2 + z^2]^{1/2}$이고 $r_2, r_3, \ldots, r_6$에 관해서도 비슷한 식이 성립한다. 부록 D의 근사 공식을 참조하라).

4.20 전자가 균일한 전기장 $\mathbf{E}$와 균일한 자기장 $\mathbf{B}$의 힘을 받으며 움직이고 있다. $\mathbf{E}$는 $\mathbf{B}$와 수직이고 $\mathbf{E} = \mathbf{j}E$, $\mathbf{B} = \mathbf{k}B$라 하자. 초기조건으로 $t = 0$일 때 전자는 원점에 있고 초기속도는 x축 방향으로 $\mathbf{v}_0 = \mathbf{i}v_0$라 하자. 이 입자의 운동을 기술하라. 입자의 궤도는 사이클로이드임을 증명하라.

$$x = a \sin\omega t + bt$$
$$y = a(1 - \cos\omega t)$$
$$z = 0$$

전자의 사이클로이드 운동은 마그네트론이라는 진공관 내에서 이용되는데 전자레인지에서 마이크로파를 발생시킨다.

4.21 반지름 b인 매끄러운 구면 위에 그 중심을 지나는 평면의 위로 높이 $b/2$ 되는 지점에 입자가 놓여 있다. 입자가 미끄러지면 언제 구면에서 벗어나겠는가?

4.22 반지름 b인 원형 루프로 된 매끄러운 철선을 따라서 염주알이 미끄러지고 있다. 만일 루프의 평면이 수직이고 염주알이 루프의 중심과 같은 높이의 지점에서 정지상태로 놓아진다면 이 염주알이 루프 하단에 이르렀을 때의 속력과 그때 철선이 염주알에 작용하는 반작용을 구하라.

4.23 예제 4.6.2에 제시한 사이클로드 도랑을 따라 미끄러지는 입자의 운동주기는 $2\pi(A/g)^{1/2}$임을 보여라.

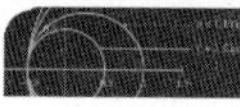

컴퓨터 응용 문제

C4.1 폭격기가 폭탄을 투하하려는 순간 자동 조정장치에 이상이 생겼다. 수평방향으로 강한 바람이 불지만 조종사는 가시 목표를 지나면서 폭탄을 투하하기로 결정했다. 그는 비행고도 50,000피트에서 요구되는 비행기의 지상 속력을 계산하고 그 속력 유지에 큰 문제가 없음을 확인했다. 조종사는 바람의 속력이 비행기 속력과 상쇄되어 폭탄이 조준 목표에 낙하할 것을 확신하고 비행기의 지상 속력을 조절하여 목표가 비행기 바로 아래에 있게 되는 정확한 시점을 폭격수에게 알린다. 바람의 속력을 60 mph, 폭탄의 질량은 100 kg이며 반지름 0.2 m의 구형이라고 하자. 또 고도에 따른 공기의 밀도는 변함이 없다고 하자.

(a) 폭탄이 목표물에 적중하기 위한 비행기의 지상 속력을 계산하라.

(b) 폭탄의 궤적을 그려라. 궤적의 마지막 부분이 '선형'인 이유를 설명하라.

(c) 폭탄이 목표물 100 m 이내에 떨어지려면 조종사는 비행기의 속력을 얼마나 정밀하게 조종해야 할까?

C4.2 초기속력 v_0, 발사각도 θ_0일 때의 종단속력 v_t인 물체를 가정하자. 공기저항은 선형이라 하자.

(a) 위의 매개변수들을 이용하여 포사체 궤적의 매개변수 해인 $x(t)$와 $z(t)$를 구하라. 이것을 무차원 방정식 $X(s)$, $Z(s)$로 바꾸어라. $X = (g/v_t^2)x$, $Z = (g/v_t^2)z$, $s = (g/v_t)t$이다.

(b) 이 식을 수치적으로 풀어서 최대 도달 거리를 갖기 위해 필요한 θ_0를 구하라.

(c) 최대 도달 거리에 해당하는 궤적을 그려라.

(d) 예제 4.3.2의 야구공의 질량과 크기를 적용하여 이 경우에 (i) 선형 제동력에 대한 야구공의 종단속도와 (ii) 최대 도달 거리를 계산하라.

제 5 장

비관성기준계

"내가 베른의 특허국 사무실 의자에 앉아 있을 때 갑자기 이런 생각이 났다.
어떤 사람이 자유낙하하고 있으면 그는 자신의 체중을 느끼지 못할 것이다. 나는 깜짝 놀랐다.
이러한 간단한 착상이 나에게 큰 감명을 주었는데 후에 중력 이론을 생각하게 되었다."
– 알베르트 아인슈타인, "The Happiest Thought of My Life"

5.1 가속 좌표계와 관성력

입자의 운동을 기술할 때 비관성좌표계를 사용하는 것이 편리할 때가 종종 있으며 때로는 필요하기도 하다. 예로 지구는 회전하면서 가속하지만 지구에 고정된 좌표계를 사용하면 포사체의 운동을 설명하는 데 매우 편리하다.

우선 좌표계의 순수한 병진운동만을 생각해보자. 그림 5.1.1에서 $Oxyz$는 고정된 것으로 가정하는 주(primary) 좌표계이고, $O'x'y'z'$은 운동(moving) 좌표계이다. 순수 병진인 경우에는 Ox와 $O'x'$ 등 축들이 계속 서로 평행 상태를 유지하고 있다. 입자 P의 위치 벡터를 고정 좌표계에서는 $\mathbf{r}$, 운동 좌표계에서는 $\mathbf{r}'$이라 하자. 움직이는 좌표 원점의 변위 OO'을 $\mathbf{R}_0$라 하면 삼각형 $OO'P$에서 다음과 같이 된다.

$$\mathbf{r} = \mathbf{R}_0 + \mathbf{r}' \tag{5.1.1}$$

이 식의 1차 및 2차 도함수를 구하면 다음과 같다.

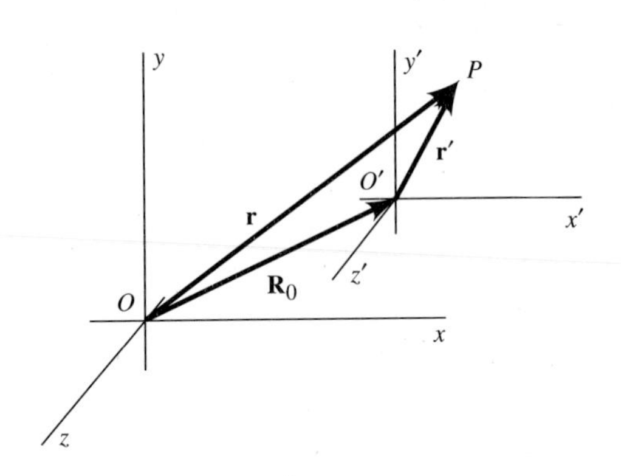

그림 5.1.1 상대적으로 병진운동을 하는 두 좌표계에서 위치 벡터 사이의 관계

$$\mathbf{v} = \mathbf{V}_0 + \mathbf{v}' \tag{5.1.2}$$

$$\mathbf{a} = \mathbf{A}_0 + \mathbf{a}' \tag{5.1.3}$$

벡터 $\mathbf{V}_0$와 $\mathbf{A}_0$는 각각 운동 좌표계의 속도와 가속도이고 $\mathbf{v}'$, $\mathbf{a}'$은 운동하는 좌표계에서 측정한 입자의 속도와 가속도이다.

특히 운동 좌표계가 가속하지 않는다면 $\mathbf{A}_0 = 0$이어서

$$\mathbf{a} = \mathbf{a}'$$

이 되고, 두 좌표계에서 가속도는 똑같다. 그러므로 고정계가 관성계이어서 뉴턴의 제2법칙 $\mathbf{F} = m\mathbf{a}$가 성립한다면 운동계에서도 $\mathbf{F} = m\mathbf{a}'$이 성립하고 운동계도 관성계(회전하지 않는다고 가정)이다. 그러므로 뉴턴 역학에 관한 한 특별히 절대적인 좌표계가 존재하지 않는다. 한 물리계에서 뉴턴의 법칙이 성립하면 이에 대해 등속도로 움직이는 어떤 좌표계에서도 이 법칙은 성립한다.

그러나 운동계가 가속한다면 뉴턴의 제2법칙은 가속계에서

$$\mathbf{F} = m\mathbf{A}_0 + m\mathbf{a}' \tag{5.1.4a}$$

또는

$$\mathbf{F} - m\mathbf{A}_0 = m\mathbf{a}' \tag{5.1.4b}$$

이 되고, 원한다면 이 식을

$$\mathbf{F}' = m\mathbf{a}' \tag{5.1.5}$$

의 형태로도 쓸 수 있는데, 여기서 $\mathbf{F}' = \mathbf{F} + (-m\mathbf{A}_0)$이다. 즉, 운동 기준계 자체의 가속도 $\mathbf{A}_0$는 힘 $\mathbf{F}$에 **관성항** $-m\mathbf{A}_0$를 추가하고 이 결과인 $\mathbf{F}'$을 운동계에서 질량과 가속도의 곱으로 택하게 된다. 운동방정식에서 관성항을 흔히 **관성력**(慣性力, inertial force) 또는 **가상력**(假像力, fictitious force)이라고 한다. 이러한 힘은 물체 사이의 상호작용에 기인하는 것이 아니라 기준계 자체의 가속에 의

한 것이다. 이것을 '힘'이라 불러야 할지 여부는 순전히 용어상의 문제이다. 어떻든지 비관성좌표계를 사용하면 입자의 운동을 기술할 때 관성항이 필요하다.

예제 5.1.1

거친 수평면에 나무토막이 놓여 있다. 만일 수평면을 수평방향으로 가속한다면 어떤 조건을 만족할 때 나무토막이 미끄러지겠는가?

■ 풀이

나무토막과 수평면 사이의 정지마찰계수를 μ_s라 하자. 그러면 마찰력 $\mathbf{F}$의 최대값은 $\mu_s mg$이다. 여기서 m은 나무토막의 질량이다. 미끄러질 조건은 수평면의 가속도를 $\mathbf{A}_0$라 할 때 관성력 $-m\mathbf{A}_0$가 최대 마찰력을 초과할 경우에 만족된다. 그러므로 미끄러질 조건은 다음과 같다.

$$|-m\mathbf{A}_0| > \mu_s m\mathbf{g}$$

혹은

$$A_0 > \mu_s g$$

예제 5.1.2

그림 5.1.2(a)에 보이는 것처럼 기차 객실의 천장에 진자가 달려 있다. 기차는 오른쪽 방향(+x방향)으로 등가속도 운동을 하고 있다고 가정하자. 비관성계의 관찰자인 객실 내에 있는 소년은 진자가 수직방향에서 왼쪽으로 θ의 각도로 매달려 있는 있음을 알게 될 것이다. 가속하는 기준계에서는 모든 물체에 관성력 $\mathbf{F}'_x$이 작용하기 때문에 그렇게 기운다고 소년은 생각하고 있다(그림 5.1.2(b) 참조). 기차 밖에 있는 소녀는 관성계의 관찰자로서 똑같은 현상을 관찰한다. 그러나 그녀는 진자에 $\mathbf{F}'_x$이라는 힘이 실제로 작용하지 않음을 알고 있다. 그녀는 $\mathbf{A}_0$의 가속도로 가속시키는 수평방향의 힘이 작용하기 때문에 진자가 기울어져 매달려 있다고 생각한다(그림 5.1.2(c) 참조). 관성계의 관점에서 가속도 $\mathbf{A}_0$를 계산하라. 비관성계의 관찰자에게는 $\mathbf{F}'_x = -m\mathbf{A}_0$가 진자를 θ의 각도로 기울게 하는 힘이라는 것을 보여라.

■ 풀이

관성계의 소녀 관찰자는 걸려 있는 진자에 대한 뉴턴의 제2법칙을 써서 다음과 같이 적는다.

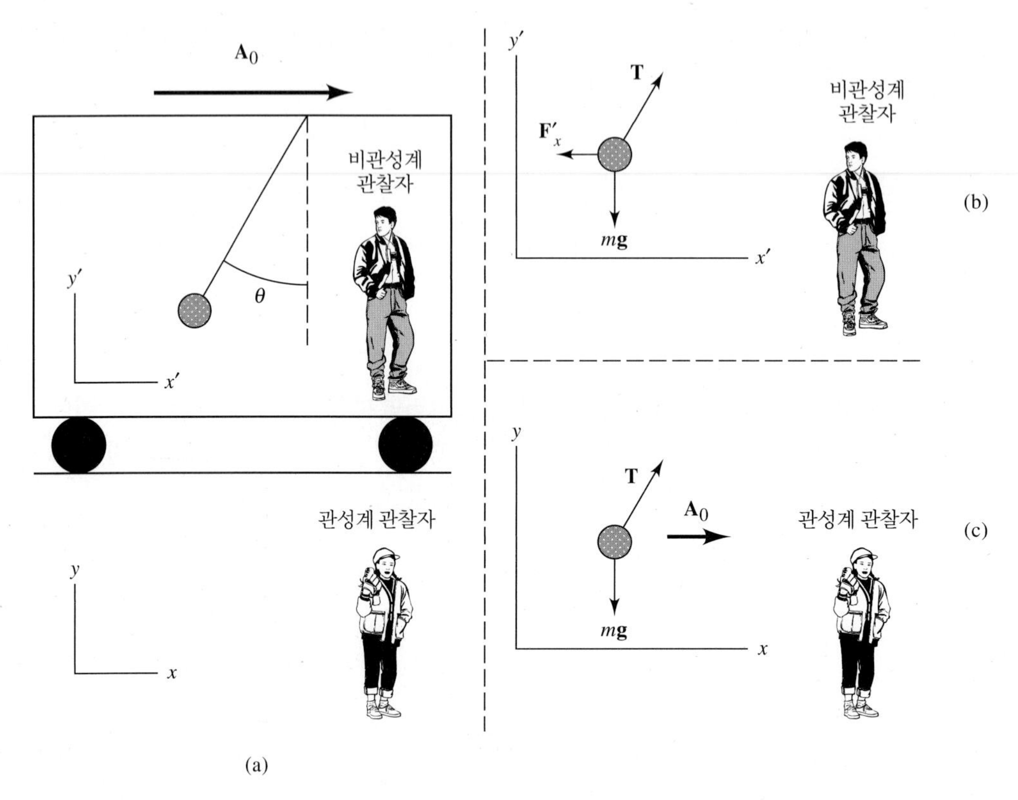

그림 5.1.2 (a) 가속 중인 기차 내에 걸려 있는 진자, (b) 비관성계 관찰자가 볼 때, (c) 관성계 관찰자가 볼 때

$$\sum \mathbf{F}_i = m\mathbf{a}$$

$$T\sin\theta = mA_0 \qquad T\cos\theta - mg = 0$$

$$\therefore A_0 = g\tan\theta$$

그녀의 결론은 기울어져 매달린 진자도 기차와 함께 같은 가속 운동을 수행하고 있기 때문에 이 가속에 필요한 힘은 줄에 작용하는 장력의 x 성분이라는 것이다. 기차의 가속도는 $\tan\theta$에 비례한다. 따라서 진자는 가속도 측정기의 역할을 할 수 있다.

반면에 비관성계의 소년 관찰자는 바깥세상을 전혀 알지 못하는 상태에서(기차는 진동이 없고 다른 기준점을 찾을 수 있는 창문이나 어떤 장치도 없다고 가정) 진자가 왼쪽으로 기울어져 있다고 관찰한다. 그의 결론은 다음과 같다.

$$\sum \mathbf{F}_i' = m\mathbf{a}' = 0$$

$$T\sin\theta - F_x' = 0 \qquad T\cos\theta - mg = 0$$

$$\therefore F_x' = mg\ \tan\theta$$

진자에 작용하는 모든 힘은 균형을 이루는데, 진자가 수직에서 왼쪽으로 기우는 것은 힘 $\mathbf{F}'_x(=-m\mathbf{A}_0)$ 때문이다. 실제로 이 관찰자가 차 안에서 공을 떨어뜨리는 실험을 한다면 역시 왼쪽으로 편향된다는 사실을 알게 될 것이다. 실험을 반복하면 편향 정도가 질량과 무관함도 알게 될 것이다. 다시 말하면 가속도 $\mathbf{g}$로 아래 방향으로 끌어내리는 힘과 함께 차의 왼쪽으로 가속도 $\mathbf{A}_0$를 갖도록 하는, 중력(6장에서 다룬다)과 매우 유사한 힘이 추가로 작용한다고 결론 내릴 것이다.

예제 5.1.3

그림 5.1.3에 보이는 것처럼 두 우주비행사가 가속도 $\mathbf{A}_0$로 가속하는 우주선 내에 서 있다. $\mathbf{A}_0$의 크기를 g와 같다고 하자. 비행사 #1이 10 m 떨어져 있는 비행사 #2에게 공을 던진다. 이 공이 비행사 #2 위치의 우주선 바닥에 도달하려면 초기속도는 얼마여야 하겠는가? 비행사 #1은 우주선 바닥의 높이 $h = 2$ m에서 공을 던진다고 가정하자. (a) 우주선 내의 비관성계와, (b) 우주선 밖의 관성계의 입장에서 문제를 풀어라.

풀이

(a) 비관성계의 관찰자는 우주선 내의 모든 물체에 $-m\mathbf{A}_0$의 힘이 작용한다고 믿는다. 그러므로 비관성계인 (x', y') 좌표계에서의 공의 궤도는 포물선이라고 결론 내린다.

$$x'(t) = \dot{x}'_0 t \qquad y'(t) = y'_0 - \tfrac{1}{2}A_0 t^2$$

$$\therefore\ y'(x') = y'_0 - \tfrac{1}{2}A_0\left(\frac{x'}{\dot{x}'_0}\right)^2$$

$x' = 10$ m에서 $y'(x') = 0$으로 놓고 $\dot{x}'_0$에 대해 풀면 다음 결과를 얻는다.

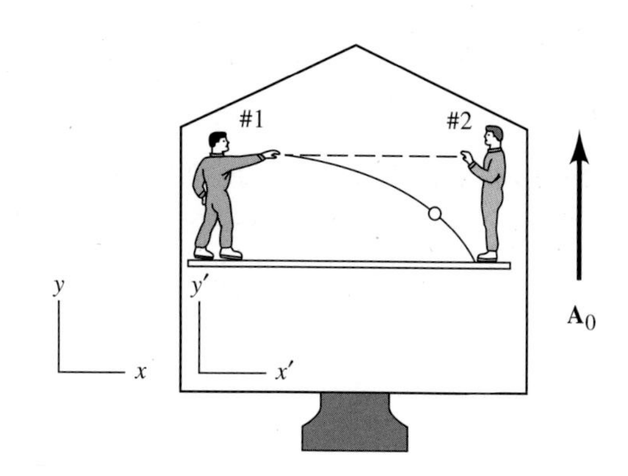

그림 5.1.3 가속도 $|\mathbf{A}_0| = |\mathbf{g}|$로 움직이는 우주선 안에서 공을 던지는 두 우주비행사

$$\dot{x}_0' = \left(\frac{A_0}{2y_0'}\right)^{1/2} x'$$
$$= \left(\frac{9.8\ \text{ms}^{-2}}{4\ \text{m}}\right)^{1/2} (10\ \text{m}) = 15.6\ \text{ms}^{-1}$$

(b) 관성계의 관찰자에게는 약간 다르게 보인다. 그에게는 공이 던져진 후 직선을 따라서 등속 운동을 하고 우주선의 바닥이 이를 가로채기 위해 위로 상승하는 것처럼 보일 것이다. 공과 우주선 바닥의 수직위치가 그림 5.1.4에 그려져 있다. 비행사 #1이 공을 던지는 순간의 수직속도 $\dot{y}_0$는 공과 우주선의 초기속도이다.

공과 우주선 바닥의 높이가 같아지는 시간 t는 공의 처음 높이에 관계된다.

$$y_0 + \dot{y}_0 t = \dot{y}_0 t + \tfrac{1}{2} A_0 t^2$$
$$y_0 = \tfrac{1}{2} A_0 t^2$$

이 시간 t 동안에 공은 수평거리 x를 움직인다.

$$x = \dot{x}_0 t \qquad \text{혹은} \qquad t = \frac{x}{\dot{x}_0}$$

이 시간을 위의 y_0 관계식에 대입하여 공의 수평속도를 구하면 다음과 같다.

$$y_0 = \tfrac{1}{2} A_0 \left(\frac{x}{\dot{x}_0}\right)^2$$
$$\dot{x}_0 = \left(\frac{A_0}{2y_0}\right)^{1/2} x$$

그러므로 관성계이든 비관성계이든 두 관찰자는 예상대로 똑같은 값의 초기속도를 얻는다.

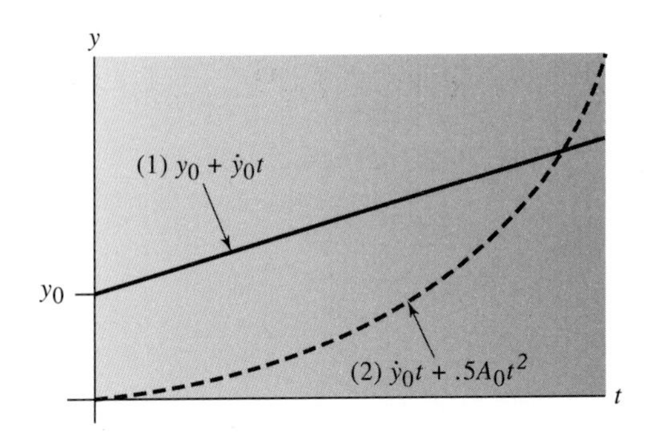

그림 5.1.4 관성계의 관찰자가 보는 가속하는 우주선 내에서 (1) 공과 (2) 우주선 바닥의 수직위치

비관성계의 입장에서 문제를 분석하는 것이 덜 복잡해 보인다. 실제로 비관성계의 관찰자는 관성력 $-m\mathbf{A}_0$를 몸으로 느낄 것이다. 이 힘은 우리가 지구상에서 느끼는 중력과 어느 면에서나 동일하다. 우주비행사들은 우주선 내에서 물체의 운동을 '설명'하기 위해 중력의 개념을 창안해낼 수도 있다.

5.2 회전좌표계

앞 절에서 속도, 가속도 그리고 힘이 관성계와 등가속도로 가속되는 비관성계 사이에서 어떻게 변환이 되는지를 살펴보았다. 이 절과 앞으로의 논의에서 이 물리량들이 관성계와 회전하는 비관성계 사이에서 어떻게 변환되는지를 보이겠다.

고정된 관성계(unprimed)에 대해 회전하는 좌표계(primed)의 경우를 먼저 다루고자 한다. 두 좌표계는 공통된 원점을 갖는다고 하자(그림 5.2.1 참조). 어느 순간 회전좌표계의 회전이 방향이 단위벡터 $\mathbf{n}$으로 표현되는 어떤 축을 중심으로 일어난다고 하자. 이 회전의 순간 각속력을 ω라 한다. 그러면 회전계의 각속도는 $\omega\mathbf{n}$으로 주어져서

$$\boldsymbol{\omega} = \omega\mathbf{n} \tag{5.2.1}$$

각속도의 방향은 벡터의 크로스 곱의 정의와 마찬가지로 오른손 법칙(그림 5.2.1 참조)으로 주어진다.

공간상의 어느 점 P의 위치는 고정된 관성계에서 벡터 $\mathbf{r}$로, 그리고 회전좌표계에서는 $\mathbf{r}'$으로 나타낼 수 있다(그림 5.2.2 참조). 두 좌표계는 공통된 원점을 갖고 있으므로 두 위치 벡터는 같으며, 따라서

그림 5.2.1 회전 좌표계의 각속도 벡터

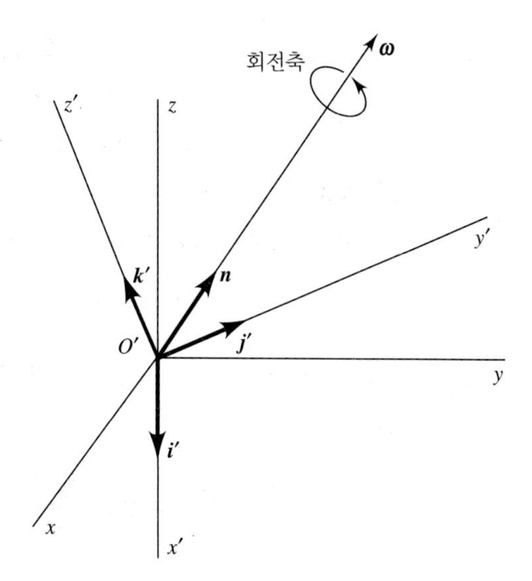

그림 5.2.2 회전좌표계

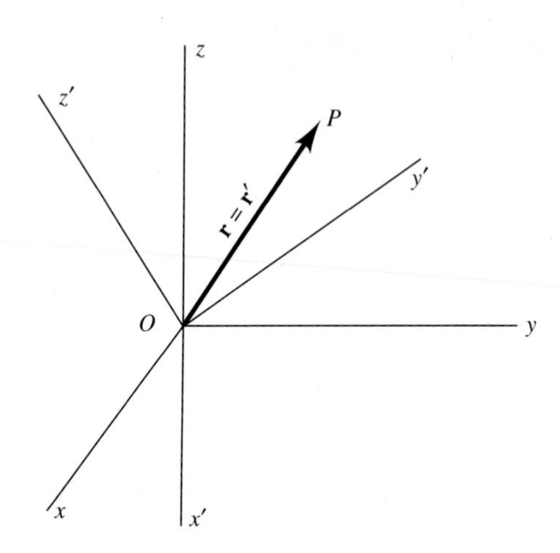

$$\mathbf{r} = \mathbf{i}x + \mathbf{j}y + \mathbf{k}z = \mathbf{r}' = \mathbf{i}'x' + \mathbf{j}'y' + \mathbf{k}'z' \tag{5.2.2}$$

속도를 구하려고 시간에 대해 미분할 때 원래 좌표계의 단위벡터 $\mathbf{i}, \mathbf{j}, \mathbf{k}$는 상수이지만 회전좌표계의 단위벡터 $\mathbf{i}', \mathbf{j}', \mathbf{k}'$은 상수가 아니라는 점을 유의해야 한다. 그러므로 다음과 같이 쓸 수 있다.

$$\mathbf{i}\frac{dx}{dt} + \mathbf{j}\frac{dy}{dt} + \mathbf{k}\frac{dz}{dt} = \mathbf{i}'\frac{dx'}{dt} + \mathbf{j}'\frac{dy'}{dt} + \mathbf{k}'\frac{dz'}{dt} + x'\frac{d\mathbf{i}'}{dt} + y'\frac{d\mathbf{j}'}{dt} + z'\frac{d\mathbf{k}'}{dt} \tag{5.2.3}$$

위에서 좌변은 고정좌표계에서의 속도 $\mathbf{v}$이고, 우변의 처음 세 항은 회전좌표계에서 관측하는 속도 $\mathbf{v}'$이므로 다음과 같이 쓸 수도 있다.

$$\mathbf{v} = \mathbf{v}' + x'\frac{d\mathbf{i}'}{dt} + y'\frac{d\mathbf{j}'}{dt} + z'\frac{d\mathbf{k}'}{dt} \tag{5.2.4}$$

우변의 마지막 세 항은 회전좌표계의 회전에 기인된 속도를 나타낸다. 이제 기본(basis) 벡터의 시간 도함수가 회전과 어떤 관계인지 결정해야 한다.

시간 도함수 $d\mathbf{i}'/dt$, $d\mathbf{j}'/dt$, $d\mathbf{k}'/dt$를 구하기 위해 그림 5.2.3을 살펴보자. 그림에는 회전축에 대한 미소 회전 $\Delta\theta$로 생기는 단위벡터 $\mathbf{i}'$의 변화 $\Delta\mathbf{i}'$이 나타나 있다(복잡성을 피하기 위해 $\mathbf{j}', \mathbf{k}'$은 나타내지 않았다). 그림에서 $\Delta\mathbf{i}'$의 크기는 다음으로 근사할 수 있다.

$$|\Delta\mathbf{i}'| \approx (|\mathbf{i}'|\sin\phi)\Delta\theta = (\sin\phi)\Delta\theta$$

여기서 ϕ는 $\mathbf{i}'$과 $\boldsymbol{\omega}$ 사이의 각도이다. 이러한 변화가 생기는 동안 걸리는 시간을 Δt라 하면 다음과 같이 쓸 수 있다.

$$\left|\frac{d\mathbf{i}'}{dt}\right| = \lim_{\Delta t\to 0}\left|\frac{\Delta\mathbf{i}'}{\Delta t}\right| = \sin\phi\frac{d\theta}{dt} = (\sin\phi)\omega \tag{5.2.5}$$

그림 5.2.3 미소회전 $\Delta\theta$로 생기는 단위벡터 $\mathbf{i}'$의 변화

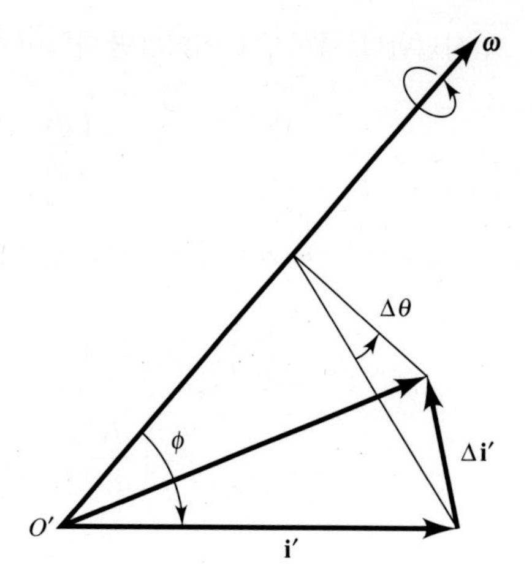

그런데 $\Delta\mathbf{i}'$의 방향은 $\boldsymbol{\omega}$와 $\mathbf{i}'$에 동시에 수직이다. 그러므로 벡터 곱의 정의를 이용하면 식 (5.2.5)는 벡터 형태로 다음과 같다.

$$\frac{d\mathbf{i}'}{dt} = \boldsymbol{\omega} \times \mathbf{i}' \tag{5.2.6}$$

마찬가지로 $d\mathbf{j}'/dt = \boldsymbol{\omega} \times \mathbf{j}'$, $d\mathbf{k}'/dt = \boldsymbol{\omega} \times \mathbf{k}'$을 알 수 있다.

이제 이 결과를 식 (5.2.4)의 마지막 세 항에 대입하면 다음과 같다.

$$\begin{aligned} x'\frac{d\mathbf{i}'}{dt} + y'\frac{d\mathbf{j}'}{dt} + z'\frac{d\mathbf{k}'}{dt} &= x'(\boldsymbol{\omega} \times \mathbf{i}') + y'(\boldsymbol{\omega} \times \mathbf{j}') + z'(\boldsymbol{\omega} \times \mathbf{k}') \\ &= \boldsymbol{\omega} \times (\mathbf{i}'x' + \mathbf{j}'y' + \mathbf{k}'z') \\ &= \boldsymbol{\omega} \times \mathbf{r}' \end{aligned} \tag{5.2.7}$$

이것은 회전좌표계의 회전에 의해 추가로 생기는 점 P의 속도이다. 결국 식 (5.2.4)는 간단하게

$$\mathbf{v} = \mathbf{v}' + \boldsymbol{\omega} \times \mathbf{r}' \tag{5.2.8}$$

으로 쓸 수 있고, 구체적으로

$$\left(\frac{d\mathbf{r}}{dt}\right)_{fixed} = \left(\frac{d\mathbf{r}'}{dt}\right)_{rot} + \boldsymbol{\omega} \times \mathbf{r}' = \left[\left(\frac{d}{dt}\right)_{rot} + \boldsymbol{\omega} \times \right]\mathbf{r}' \tag{5.2.9}$$

이 되어, 고정좌표계에서 위치벡터를 시간으로 미분하는 것은 회전좌표계에서 시간미분과 $\boldsymbol{\omega}\times$를 더하는 것과 동등하다. 좀 더 생각해보면 이것은 임의의 벡터에도 적용되어

$$\left(\frac{d\mathbf{Q}}{dt}\right)_{fixed} = \left(\frac{d\mathbf{Q}}{dt}\right)_{rot} + \boldsymbol{\omega} \times \mathbf{Q} \tag{5.2.10a}$$

가 성립한다. 특히 속도벡터라면 다음이 성립한다.

$$\left(\frac{d\mathbf{v}}{dt}\right)_{fixed} = \left(\frac{d\mathbf{v}}{dt}\right)_{rot} + \boldsymbol{\omega} \times \mathbf{v} \tag{5.2.10b}$$

그런데 $\mathbf{v} = \mathbf{v}' + \boldsymbol{\omega} \times \mathbf{r}'$이므로 다음 결과를 얻는다.

$$\begin{aligned}
\left(\frac{d\mathbf{v}}{dt}\right)_{fixed} &= \left(\frac{d}{dt}\right)_{rot}(\mathbf{v}' + \boldsymbol{\omega} \times \mathbf{r}') + \boldsymbol{\omega} \times (\mathbf{v}' + \boldsymbol{\omega} \times \mathbf{r}') \\
&= \left(\frac{d\mathbf{v}'}{dt}\right)_{rot} + \left[\frac{d(\boldsymbol{\omega} \times \mathbf{r}')}{dt}\right]_{rot} + \boldsymbol{\omega} \times \mathbf{v}' + \boldsymbol{\omega} \times (\boldsymbol{\omega} \times \mathbf{r}') \\
&= \left(\frac{d\mathbf{v}'}{dt}\right)_{rot} + \left(\frac{d\boldsymbol{\omega}}{dt}\right)_{rot} \times \mathbf{r}' + \boldsymbol{\omega} \times \left(\frac{d\mathbf{r}'}{dt}\right)_{rot} \\
&\quad + \boldsymbol{\omega} \times \mathbf{v}' + \boldsymbol{\omega} \times (\boldsymbol{\omega} \times \mathbf{r}')
\end{aligned} \tag{5.2.11}$$

이번에는 $\boldsymbol{\omega}$의 시간 도함수가 나오는데 $(d\boldsymbol{\omega}/dt)_{fixed} = (d\boldsymbol{\omega}/dt)_{rot} + \boldsymbol{\omega} \times \boldsymbol{\omega}$이다. 한편 어느 벡터든지 자신과 벡터 곱을 하면 영이므로 $(d\boldsymbol{\omega}/dt)_{fixed} = (d\boldsymbol{\omega}/dt)_{rot} = \dot{\boldsymbol{\omega}}$이다. 또 $\mathbf{v}' = (d\mathbf{r}'/dt)_{rot}$, $\mathbf{a}' = (d\mathbf{v}'/dt)_{rot}$이므로 마지막 결과는

$$\mathbf{a} = \mathbf{a}' + \dot{\boldsymbol{\omega}} \times \mathbf{r}' + 2\boldsymbol{\omega} \times \mathbf{v}' + \boldsymbol{\omega} \times (\boldsymbol{\omega} \times \mathbf{r}') \tag{5.2.12}$$

이 되어 고정좌표계에서 가속도를 회전좌표계에서 위치, 속도, 가속도로 표현할 수 있다.

일반적으로 회전좌표계가 병진운동도 할 경우에는 식 (5.2.8)의 우변에 병진속도 $\mathbf{V}_0$를 더하고 식 (5.2.12)의 우변에는 가속도 $\mathbf{A}_0$를 더해야 한다(그림 5.2.4). 그러므로 고정좌표계에 대해 병진과 회전을 동시에 하는 좌표계 사이에는 다음 관계식이 성립한다.

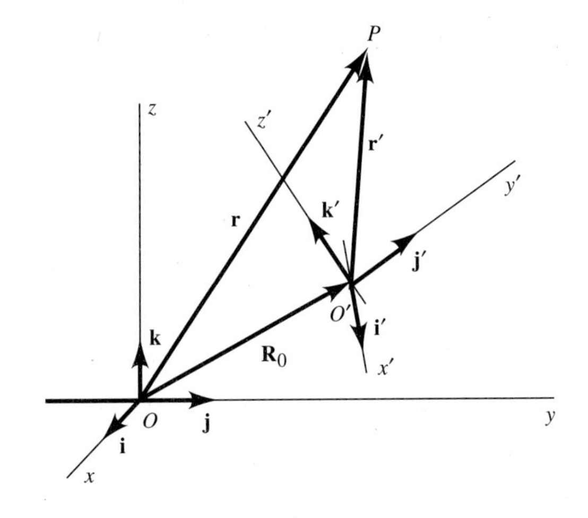

그림 5.2.4 움직이는 좌표계가 병진과 회전을 동시에 하는 일반적인 경우

그림 5.2.5 구심가속도에 대한 설명

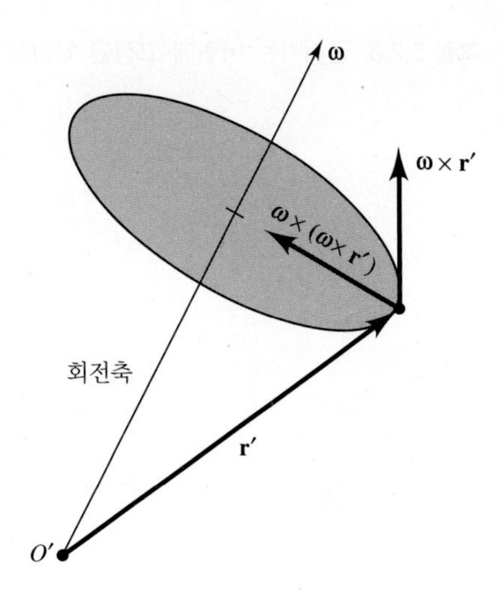

$$\mathbf{v} = \mathbf{v}' + \boldsymbol{\omega} \times \mathbf{r}' + \mathbf{V}_0 \tag{5.2.13}$$

$$\mathbf{a} = \mathbf{a}' + \dot{\boldsymbol{\omega}} \times \mathbf{r}' + 2\boldsymbol{\omega} \times \mathbf{v}' + \boldsymbol{\omega} \times (\boldsymbol{\omega} \times \mathbf{r}') + \mathbf{A}_0 \tag{5.2.14}$$

위 식에서 $2\boldsymbol{\omega} \times \mathbf{v}'$은 **코리올리 가속도**(Coriolis acceleration), $\boldsymbol{\omega} \times (\boldsymbol{\omega} \times \mathbf{r}')$은 **구심가속도**(求心加速度, centripetal acceleration)라고 한다. 코리올리 가속도는 회전좌표계에서 입자가 움직일 때 속도 $\mathbf{v}'$이 회전축에 평행하지 않는 한 항상 존재한다. 구심가속도는 회전좌표계에서 입자 경로의 곡률 때문에 생기는 것이다. 이 가속도는 그림 5.2.5에 보이는 바와 같이 항상 회전축 방향을 향하고 이에 수직이다. 한편 $\dot{\boldsymbol{\omega}} \times \mathbf{r}'$은 $\mathbf{r}'$에 수직이기 때문에 **가로 가속도**(transverse acceleration)라 한다. 이는 회전좌표계의 회전속도의 방향이나 크기가 변할 때 나타내는 결과이고, 등속 회전에서는 생기지 않는다.

예제 5.2.1

반지름 b인 바퀴가 지면상의 한 직선을 따라서 등속력 V_0로 전진한다. 바퀴둘레 위의 한 점의 지면에 대한 가속도를 구하라.

풀이

그림 5.2.6에 보이듯이 회전하는 바퀴의 중심에 원점을 두고 둘레 위의 한 점을 지나도록 x'축을 갖는 회전좌표계를 정하자. 그러면 다음과 같다.

$$\mathbf{r}' = \mathbf{i}'b \qquad \mathbf{a}' = \ddot{\mathbf{r}}' = 0 \qquad \mathbf{v}' = \dot{\mathbf{r}}' = 0$$

각속도 벡터는

그림 5.2.6 굴러가는 바퀴에 고정된 회전좌표계

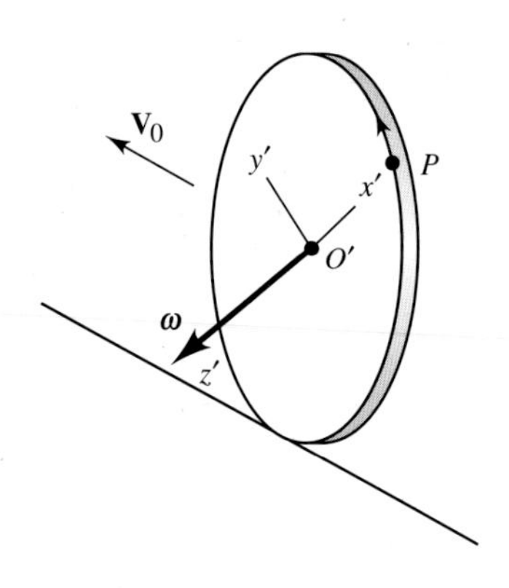

$$\boldsymbol{\omega} = \mathbf{k}'\omega = \mathbf{k}'\frac{V_0}{b}$$

이 되고, 가속도에 대해서는 구심력항 외에는 모두 영이다.

$$\begin{aligned}\mathbf{a} = \boldsymbol{\omega}\times(\boldsymbol{\omega}\times\mathbf{r}') &= \mathbf{k}'\omega\times(\mathbf{k}'\omega\times\mathbf{i}'b)\\ &= \frac{V_0^2}{b}\mathbf{k}'\times(\mathbf{k}'\times\mathbf{i}')\\ &= \frac{V_0^2}{b}\mathbf{k}'\times\mathbf{j}'\\ &= \frac{V_0^2}{b}(-\mathbf{i}')\end{aligned}$$

따라서 $\mathbf{a}$는 크기 V_0^2/b를 가지고 항상 바퀴의 중심을 향한다.

예제 5.2.2

자전거가 반지름 ρ인 트랙을 따라 등속운동을 하고 있다. 바퀴의 가장 꼭대기 점에서의 가속도를 구하라. 자전거의 속력은 V_0, 바퀴의 반지름은 b라 하자.

■ 풀이

그림 5.2.7에 보이는 것처럼 바퀴중심에 원점을 두고, 트랙의 곡률중심 C를 수평으로 향하도록 x'축을 갖는 좌표계를 택하자. 이 회전좌표계의 z'축은 바퀴에 고착되어 움직이게 하기 보다는 오히려 항상 수직상태를 유지하도록 하자. 이때 $O'x'y'z'$ 좌표계의 각속도 $\boldsymbol{\omega}$는

$$\boldsymbol{\omega} = \mathbf{k}'\frac{V_0}{\rho}$$

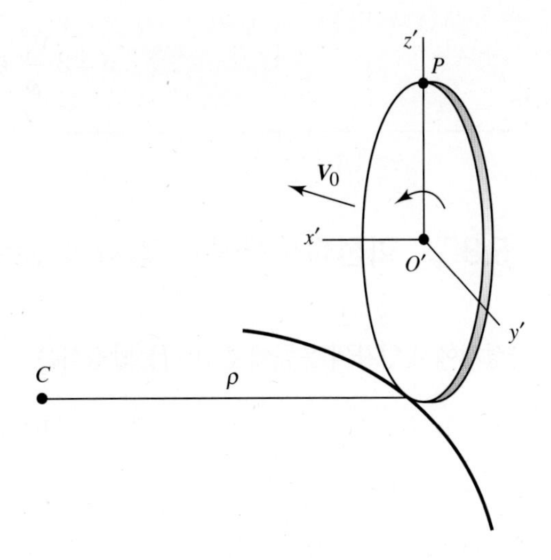

그림 5.2.7 굽은 트랙을 따라 굴러가는 바퀴. 바퀴가 굴러가면서 z'축은 수직상태를 유지한다.

로 쓸 수 있으며, 그 원점의 가속도는 다음과 같다.

$$\mathbf{A}_0 = \mathbf{i}' \frac{V_0^2}{\rho}$$

바퀴의 원주상의 모든 점은 움직이는 원점에 대해 반지름 b인 원주를 따라 움직이므로 $O'x'y'z'$ 좌표계에서 이 점들은 O'방향으로 V_0^2/b의 가속도를 갖는다. 그러므로 바퀴의 꼭대기 점에서 가속도는 다음과 같다.

$$\ddot{\mathbf{r}}' = -\mathbf{k}' \frac{V_0^2}{b}$$

또 움직이는 좌표계에서 이 점의 속도는

$$\mathbf{v}' = -\mathbf{j}' V_0$$

이므로, 코리올리 가속도는 다음과 같다.

$$2\boldsymbol{\omega} \times \mathbf{v}' = 2\left(\frac{V_0}{\rho}\mathbf{k}'\right) \times (-\mathbf{j}' V_0) = 2\frac{V_0^2}{\rho}\mathbf{i}'$$

각속도 $\boldsymbol{\omega}$는 일정하므로 가로가속도는 영이다. 구심가속도도 다음과 같은 이유로 영이다.

$$\boldsymbol{\omega} \times (\boldsymbol{\omega} \times \mathbf{r}') = \frac{V_0^2}{\rho^2}\mathbf{k}' \times (\mathbf{k}' \times b\mathbf{k}') = 0$$

그러므로 고려 대상인 점의 지면에 대한 가속도는 다음과 같다.

$$\mathbf{a} = 3\frac{V_0^2}{\rho}\mathbf{i}' - \frac{V_0^2}{b}\mathbf{k}'$$

5.3 회전좌표계에서 입자의 동력학

관성계에서 입자의 운동에 관한 기본방정식은

$$\mathbf{F} = m\mathbf{a} \tag{5.3.1}$$

이고, $\mathbf{F}$는 입자에 작용하는 모든 실제 물리적 힘들의 벡터 합이다. 식 (5.2.14)를 참고하면 비관성계에서의 운동방정식은 다음과 같이 쓸 수 있다.

$$\mathbf{F} - m\mathbf{A}_0 - 2m\boldsymbol{\omega}\times\mathbf{v}' - m\dot{\boldsymbol{\omega}}\times\mathbf{r}' - m\boldsymbol{\omega}\times(\boldsymbol{\omega}\times\mathbf{r}') = m\mathbf{a}' \tag{5.3.2}$$

식 (5.2.14)에서 $\mathbf{a}'$ 외의 모든 항을 이항하고 m을 곱해서 물리적인 실제의 힘에 추가하여 관성력으로 표현했다. $\mathbf{a}'$ 항도 우변에서 m을 곱했다. 그러므로 식 (5.3.2)는 비관성계에서 물리적 힘과 비관성계의 가속으로 인한 관성력을 동시에 받는 입자의 운동방정식이다. 관성력은 5.2절에서 논의했듯이 각각의 가속도에 해당하는 명칭이 있다. **코리올리 힘**(Coriolis force)은

$$\mathbf{F}'_{Cor} = -2m\boldsymbol{\omega}\times\mathbf{v}' \tag{5.3.3}$$

이고, **가로 힘**(transverse force)은

$$\mathbf{F}'_{trans} = -m\dot{\boldsymbol{\omega}}\times\mathbf{r}' \tag{5.3.4}$$

이며, **원심력**(centrifugal force)은 다음과 같다.

$$\mathbf{F}'_{centrif} = -m\boldsymbol{\omega}\times(\boldsymbol{\omega}\times\mathbf{r}') \tag{5.3.5}$$

나머지 관성력 $-m\mathbf{A}_0$는 5.1절에서 논의한 것처럼 $x'y'z'$ 좌표계가 병진 가속할 때 나타난다.

가속하는 비관성계의 관찰자는 입자의 운동을 올바로 기술하기 위해 실제의 힘 외에 이러한 관성력을 일부 또는 전부 포함해야 한다. 다시 말하자면 이 관찰자는 운동의 기본방정식을

$$\mathbf{F}' = m\mathbf{a}'$$

라고 쓰겠지만 $\mathbf{F}'$은 다음과 같다.

$$\mathbf{F}' = \mathbf{F}_{physical} + \mathbf{F}'_{Cor} + \mathbf{F}'_{trans} + \mathbf{F}'_{centrif} - m\mathbf{A}_0$$

식 (5.3.2)에 있는 실제적인 힘이라는 사실을 강조하기 위해 *physical*이라는 아래첨자를 붙였다. 비관성계의 관찰자가 주장하는 힘 중에서 $\mathbf{F}$ 또는 $\mathbf{F}_{physical}$만이 입자에 실제로 작용하는 힘이다. 나머지 4개의 관성력은 입자의 운동을 기술하기 위해 사용되는 비관성계의 상태에 크게 관계된다. 주위에 존재하는 물질이나 작용 때문이 아니라 대상 물체의 관성 때문에 생기는 것이다.

코리올리 힘은 특별히 관심의 대상이 된다. 이 힘은 회전좌표계에서 볼 때 입자가 '움직여야만' 존재한다. 그리고 그 방향은 움직이는 좌표계에서 속도벡터에 항상 수직이다. 그러므로 코리올리 힘은 움직이는 입자를 운동방향과 수직으로 휘게 하려 한다. 이 힘은 포사체의 궤적 계산에서도 중요하다. 또 코리올리 효과는 지표면에서 고기압 혹은 저기압 지역의 공기를 순환시키기도 한다. 고기압 지역의 경우에는[1] 공기가 고기압의 중심부에서 바깥으로 흘러나가면서 오른쪽으로 휘어 시계 방향으로 회전한다. 남반구에서는 반대로 회전한다.

가로 힘은 회전좌표계에 각가속도가 있을 때만 존재한다. 이 힘은 회전좌표계에서 반경벡터 $\mathbf{r}'$에 항상 수직이다.

원심력은 눈에 익은 것으로 축 주위 회전 때문에 생긴다. 그 방향은 회전축에 수직하며 그 축에서 멀어지는 방향이다. 줄어드는 각속도 ($\dot{\omega} < 0$)로 회전하는 원반의 중심에서 반경방향으로 이동하는 질량 m인 입자에 작용하는 세 가지 관성력이 그림 5.3.1에 설명되어 있다. z축은 회전축으로 지면에서 바깥으로 나오는 방향이다. 이것은 각속도 $\boldsymbol{\omega}$의 방향이기도 하다. 회전좌표계에서 입자의 위치를 나타내는 지름 벡터 $\mathbf{r}'$은 $\boldsymbol{\omega}$에 수직이므로 원심력의 크기는 $mr'\omega^2$이다. 일반적으로 $\boldsymbol{\omega}$와 $\mathbf{r}'$ 사이의 각도가 θ이면 원심력의 크기는 $mr'\omega^2 \sin\theta$이고 $r' \sin\theta$는 입자에서 회전축까지의 최단 거리이다.

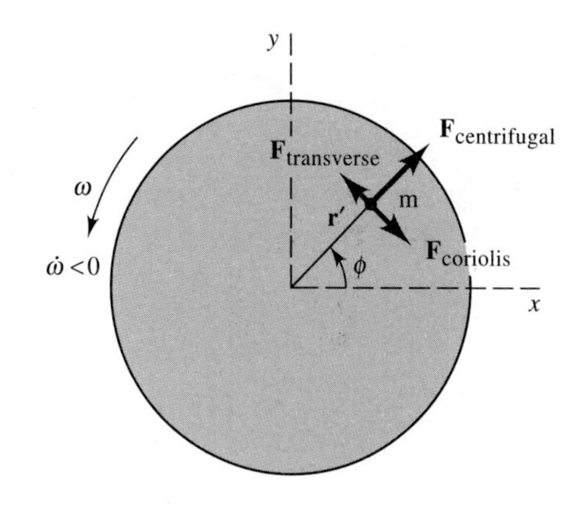

그림 5.3.1 각속도 $\boldsymbol{\omega}$와 각가속도 $\dot{\boldsymbol{\omega}} < 0$로 회전하는 원반에서 지름 바깥 방향으로 움직이는 질량 m인 입자에 작용하는 관성력. xy축은 고정되어 있고 $\boldsymbol{\omega}$의 방향은 지면에서 나오는 방향이다.

---

1) 고기압은 지표면의 어느 한 점에 주변보다 더 많은 공기가 모여 있어서 충돌하는 지역이다.

예제 5.3.1

벌레가 수직축에 대해 등각속도 $\boldsymbol{\omega}$로 회전하는 바퀴의 살을 따라 등속 v'으로 바깥 방향으로 기어가고 있다. 이 벌레에 작용하는 힘을 구하라.

■ 풀이

우선 바퀴에 고정된 좌표계를 선택하고 x'축을 벌레가 움직이는 바퀴살 방향이라고 하자. 그러면 회전좌표계에서 기술하는 속도와 가속도는

$$\dot{\mathbf{r}}' = \mathbf{i}'\dot{x}' = \mathbf{i}'v'$$
$$\ddot{\mathbf{r}}' = 0$$

이다. z'축을 수직으로 택하면 $\boldsymbol{\omega}$는 다음과 같다.

$$\boldsymbol{\omega} = \mathbf{k}'\omega$$

그러면 관성력들은 다음과 같다.

$$-2m\boldsymbol{\omega}\times\dot{\mathbf{r}}' = -2m\omega v'(\mathbf{k}'\times\mathbf{i}') = -2m\omega v'\mathbf{j}' \qquad \text{코리올리 힘}$$
$$-m\dot{\boldsymbol{\omega}}\times\mathbf{r}' = 0 \qquad (\boldsymbol{\omega} = \text{상수}) \qquad \text{가로 힘}$$
$$\begin{aligned}-m\boldsymbol{\omega}\times(\boldsymbol{\omega}\times\mathbf{r}') &= -m\omega^2[\mathbf{k}'\times(\mathbf{k}'\times\mathbf{i}'x')] \qquad \text{원심력}\\ &= -m\omega^2(\mathbf{k}'\times\mathbf{j}'x')\\ &= m\omega^2 x'\mathbf{i}'\end{aligned}$$

따라서 식 (5.3.2)는 아래와 같이 쓸 수 있는데

$$\mathbf{F} - 2m\omega v'\mathbf{j}' + m\omega^2 x'\mathbf{i}' = 0$$

여기서 $\mathbf{F}$는 바퀴살이 벌레에 작용하는 실제의 힘이다. 이 힘들은 그림 5.3.2에 나타나 있다.

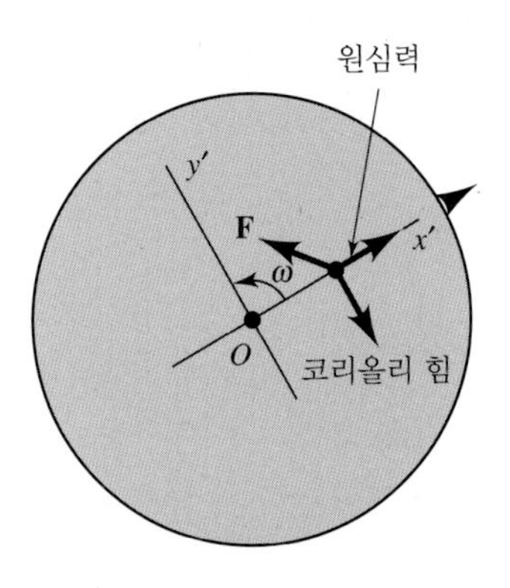

그림 5.3.2 회전하는 바퀴에서 지름 바깥 방향으로 기어가는 벌레에 작용하는 힘

예제 5.3.2

예제 5.3.1에서 벌레와 바퀴살 사이의 정지마찰계수를 μ_s라 할 때 벌레가 미끄러지기 시작할 때까지 얼마나 멀리 기어갈 수 있을까?

풀이

정지마찰력 $\mathbf{F}$의 최대값은 $\mu_s mg$이고 미끄러지기 시작할 때 다음 식이 성립한다.

$$|\mathbf{F}| = \mu_s mg$$

혹은

$$[(2m\omega v')^2 + (m\omega^2 x')^2]^{1/2} = \mu_s mg$$

x'에 대해 풀면 벌레가 미끄러질 때까지 진행하는 거리는 다음과 같다.

$$x' = \frac{\left[\mu_s^2 g^2 - 4\omega^2 (v')^2\right]^{1/2}}{\omega^2}$$

예제 5.3.3

평면상에 놓인 길이 l인 매끈한 막대가 그 한 끝을 지나는 고정된 수직축 주위를 일정한 각속도 $\boldsymbol{\omega}$로 회전하고 있다. 질량 m인 염주알이 처음에 막대의 고정된 끝에서 막대 바깥쪽으로 $\epsilon = \omega l$의 속도로 약하게 밀쳐졌다(그림 5.3.3 참조). 막대를 따라 미끄러지는 염주알이 막대의 다른 끝에 도달하는 시간을 계산하라.

풀이

이 문제를 풀려면 막대와 함께 회전하는 $x'y'$ 좌표계에서 생각하는 것이 편리하다. 그러면 x'축을 막대 방향으로 택하면 1차원 문제가 된다. 염주알에 작용하는 실제적인 힘 $\mathbf{F}$는 막대가 염주알에 작용하는 반작용뿐이다. 이 힘은 그림 5.3.3에서 보는 것처럼 막대에 수직인 y'축 방향이다. 마찰이 없기 때문에 $\mathbf{F}$의 x' 성분은 영이다. 그러므로 회전계에서 식 (5.3.2)를 염주알에 적용하면 다음과 같다.

$$F\mathbf{j}' - 2m\omega\mathbf{k}' \times \dot{x}'\mathbf{i}' - m\omega\mathbf{k}' \times (\omega\mathbf{k}' \times x'\mathbf{i}') = m\ddot{x}'\mathbf{i}'$$
$$F\mathbf{j}' - 2m\omega\dot{x}'\mathbf{j}' + m\omega^2 x'\mathbf{i}' = m\ddot{x}'\mathbf{i}'$$

위에서 첫 번째 관성력은 코리올리 힘으로, 회전계에서 염주알 속도의 x' 성분 $\dot{x}'\mathbf{i}'$ 때문에 먼저 나타난다. 이 힘은 막대가 염주알에 작용하는 반작용 $\mathbf{F}$와 균형을 이루는 것에 유의하라. 두 번째 관성력은 원심력 $m\omega^2 x'$이다. 염주알의 입장에서는 이 힘이 염주알을 막대 밖으로 밀어낸다. 이 개념을 내포하고 있는 위의 벡터식을 스칼라식으로 쓰면 다음과 같다.

그림 5.3.3 한쪽이 고정된 매끈한 막대가 등각속도 **ω**로 회전할 때 막대를 따라 미끄러지는 염주알

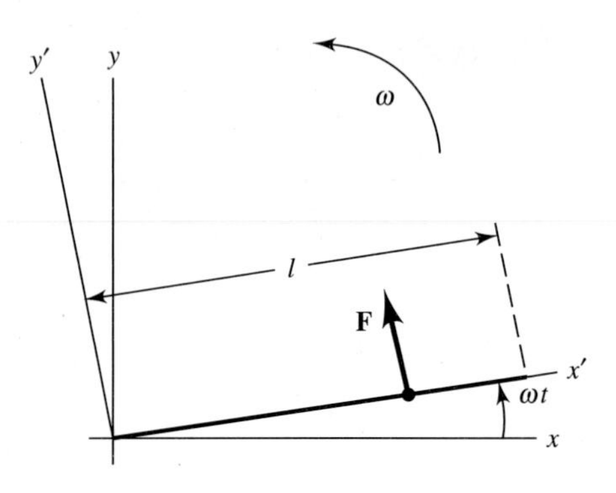

$$F = 2m\omega\dot{x}' \qquad m\omega^2 x' = m\ddot{x}'$$

두 번째 방정식을 풀면 막대 방향의 염주알의 위치 $x'(t)$는

$$x'(t) = Ae^{\omega t} + Be^{-\omega t}$$
$$\dot{x}'(t) = \omega Ae^{\omega t} - \omega Be^{-\omega t}$$

가 된다. 경계 조건인 $x'(t=0)=0$과 $\dot{x}'(t=0)=\epsilon$을 써서 상수 A, B를 구하면

$$x'(0) = 0 = A + B \qquad \dot{x}'(0) = \epsilon = \omega(A - B)$$
$$A = -B = \frac{\epsilon}{2\omega}$$

그러므로 구하는 해는 다음과 같다.

$$x'(t) = \frac{\epsilon}{2\omega}(e^{\omega t} - e^{-\omega t})$$
$$= \frac{\epsilon}{\omega}\sinh \omega t$$

염주알이 막대 끝에 이르는 시간 T는

$$x'(T) = \frac{\epsilon}{\omega}\sinh \omega T = l$$
$$T = \frac{1}{\omega}\sinh^{-1}\left(\frac{\omega l}{\epsilon}\right)$$

를 만족하는데, 염주알의 초기속도가 $\epsilon = \omega l$이므로 위의 식은 다음과 같이 된다.

$$T = \frac{1}{\omega}\sinh^{-1}(1) = \frac{0.88}{\omega}$$

5.4 지구 회전의 효과

앞 절들에서 공부한 이론을 지구와 함께 움직이는 좌표계에 적용해보자. 지구는 매일 360° 회전하므로 각속도는 7.27×10^{-5} rad/s이고 그 회전 효과는 상대적으로 작을 것으로 예상된다. 그렇지만 지구의 회전 때문에 적도 부분이 약간 부풀게 된다. 실제로 적도반경이 극반경보다 13마일 더 길다.

정적 효과: 연추선

지표면에서 일상적으로 '수직' 방향을 결정하는 연추선(鉛錘線, plumb line)을 생각해보자. 우리는 연추선이 수평면에 수직임을 알게 될 것이다. 그러나 적도나 북극, 남극 부근이 아니라면 지구의 회전 때문에 정확하게 지구중심을 향하지는 않는다. 이제 연추 부위에 원점을 두고 지표면에 대해 고정된 국소(local) 좌표계에서 연추의 운동을 기술해보자. 이 좌표계의 병진운동은 $\rho = r_e \cos \lambda$인 반지름을 갖는 원주를 따라서 일어난다. 여기서 r_e는 지구의 반지름, λ는 연추의 위도이다(그림 5.4.1 참조).

이 좌표계의 회전률 $\boldsymbol{\omega}$는 지축에 대한 지구의 회전률과 같다. 이제 식 (5.3.2)의 항들을 살펴보자. 연추는 국소 좌표계에서 정지해 있기 때문에 연추의 가속도 $\mathbf{a}'$은 영이다. 또 $\mathbf{r}'$이 영이므로 국소 좌표계에서 원심력도 영인데, 이는 좌표의 원점을 연추에 택했기 때문이다. $\dot{\boldsymbol{\omega}} = 0$이므로 가로 힘도 존재하지 않는다. 지구의 회전속도가 일정하기 때문이다. 연추의 속도 $\mathbf{v}'$은 영이므로 코리올리 힘도 영인데, 국소 좌표계에서 연추가 정지해 있기 때문이다. 결국 유일하게 식 (5.3.2)에서 남는 것은 실제의 힘 $\mathbf{F}$와 국소 좌표계가 가속하면서 생기는 관성력 $-m\mathbf{A}_0$뿐이다. 그러므로 다음이 성립한다.

$$\mathbf{F} - m\mathbf{A}_0 = 0 \tag{5.4.1}$$

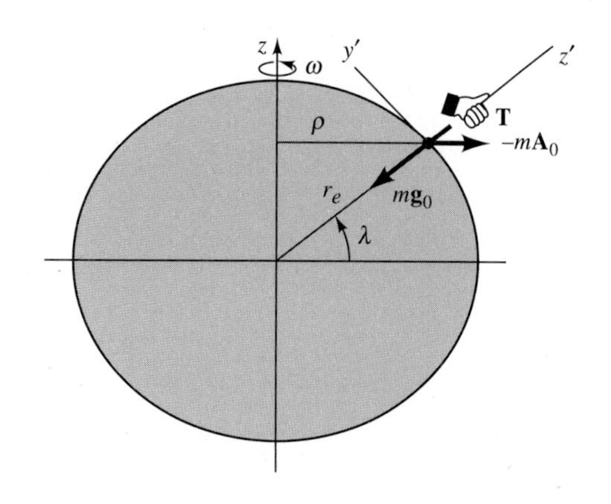

그림 5.4.1 위도 λ인 지표면에 걸려 있는 연추에 작용하는 중력 $m\mathbf{g}_0$, 관성력 $-m\mathbf{A}_0$, 장력 $\mathbf{T}$

지구의 회전으로 인해 국소 좌표계는 가속하게 된다. 실제로 이와 같은 상황은 예제 5.1.2의 선형 가속도 측정기의 경우와 유사하다. 예제 5.1.2에서는 기차의 가속 방향과 반대방향으로 관성력을 받기 때문에 연추선이 수직이 되지 않는다. 이 경우에는 관성력 $-m\mathbf{A}_0$가 연추를 지구 회전축에서 바깥 방향으로 밀어내기 때문에 연추선이 지구중심을 향하지 않는다. 그리고 예제 5.1.2처럼 관성력의 방향은 국소 좌표계의 가속 방향과 반대이다. 이것은 지구 지축에 대해 회전하는 좌표계의 구심 가속도에 생기며 크기는 $m\omega^2 r_e \cos\lambda$이다. 이 관성력은 적도 $\lambda = 0$에서 최대이고, 양극 $\lambda = \pm 90°$에서 최소이다. 이 힘에 의한 가속도 $A_0 = \omega^2 r_e \cos\lambda$와 중력가속도 성분 g를 비교하면 적도에서 $A_0 = 3.4 \times 10^{-3} g$가 되어 g 값의 보정은 1% 미만이다.

$\mathbf{F}$는 연추에 작용하는 물리학적인 모든 실제 힘의 벡터 합이다. 그림 5.4.2(a)에는 관성력 $-m\mathbf{A}_0$를 포함한 모든 힘의 벡터 그림을 보인다. 연추선에 작용하는 장력 $\mathbf{T}$는 실제의 중력 $m\mathbf{g}_0$, 관성력 $-m\mathbf{A}_0$와 균형을 이룬다. 즉,

$$(\mathbf{T} + m\mathbf{g}_0) - m\mathbf{A}_0 = 0 \tag{5.4.2}$$

이제 연추가 매달려 있을 때 장력 $\mathbf{T}$는 국소 중력인 $m\mathbf{g}$와 균형을 이루고 있다고 생각하는 것이 보통이다. 위의 방정식과 그림 5.4.2(b)에서 볼 수 있듯이 $m\mathbf{g}$는 실제의 중력 $m\mathbf{g}_0$와 관성력 $-m\mathbf{A}_0$의 벡터 합이다. 그러므로

$$m\mathbf{g}_0 - m\mathbf{g} - m\mathbf{A}_0 = 0 \qquad \therefore\ \mathbf{g} = \mathbf{g}_0 - \mathbf{A}_0 \tag{5.4.3}$$

그림 5.4.2(b)에서 중력가속도 $\mathbf{g}$는 지구회전에 의해 생기는 항인 $\mathbf{A}_0$를 포함한다. 실제 중력 $m\mathbf{g}_0$는 지구중심을 향하고 있고 관성력 $-m\mathbf{A}_0$는 지축에서 멀어지는 방향이어서 연추선의 방향은 지구중심을 향하는 방향에서 작은 각도 ϵ만큼 벌어진다. 연추선의 방향이 $\mathbf{g}$ 벡터의 국소 방향을 결정한다. 지구 자체의 모양도 $\mathbf{g}$의 방향 때문에 약간 변형되는데 완전한 구형이 아니라 그림 5.4.1처럼 양극

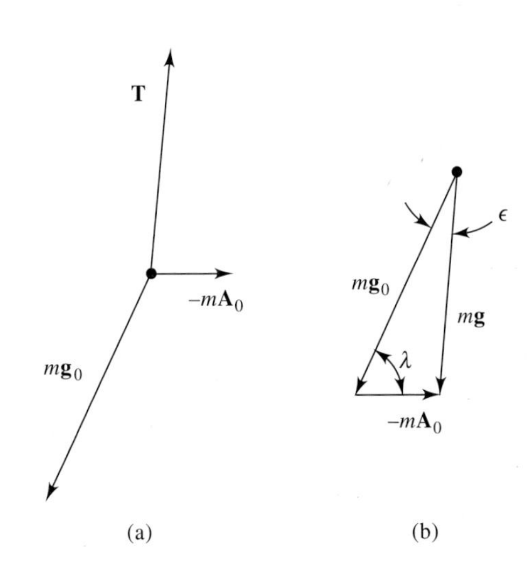

그림 5.4.2 (a) 위도 λ에서 연추에 작용하는 힘, (b) 연추의 무게를 결정하는 힘 $m\mathbf{g}$

에서는 눌리고 적도에서는 부푼 모양이 된다. 연추선은 항상 지표면에 수직이다.

각도 ϵ은 쉽게 계산할 수 있다. 이것은 연추 위도의 함수이다. 그림 5.4.2(b)에서 삼각함수의 사인 법칙을 적용하면

$$\frac{\sin\epsilon}{m\omega^2 r_e \cos\lambda} = \frac{\sin\lambda}{mg} \tag{5.4.4a}$$

임을 알 수 있고, ϵ은 작은 각도이므로 근사적으로 다음과 같다.

$$\sin\epsilon \approx \epsilon = \frac{\omega^2 r_e}{g}\cos\lambda\,\sin\lambda = \frac{\omega^2 r_e}{2g}\sin 2\lambda \tag{5.4.4b}$$

따라서 이미 언급한 대로 적도($\lambda = 0$)와 양극($\lambda = \pm 90°$)에서 ϵ은 영이 된다. 연추선이 지구중심 방향에서 최대로 벌어지는 위도는 $\lambda = 45°$인데 여기서는 다음과 같다.

$$\epsilon_{max} = \frac{\omega^2 r_e}{2g} \approx 1.7\times 10^{-3}\text{라디안} \approx 0.1° \tag{5.4.4c}$$

이 계산에서 실제의 중력 $m\mathbf{g}_0$는 일정하고 지구중심을 향한다고 가정했다. 그러나 지구는 완전한 구가 아니므로 위의 분석은 엄밀한 의미에서 옳지 않다. 그림 5.4.1에 표시된 것처럼 지구의 단면은 대략 타원형이다. 그러므로 $\mathbf{g}_0$는 위도에 따라 변한다. 더구나 지역적으로 매장된 광물이나 산 등으로 $\mathbf{g}_0$의 값이 변하기도 한다. 각도 ϵ을 λ의 함수로 계산하여 지구의 모양을 알아낸다는 것은 힘든 일임에 틀림없다. 좀 더 정확히 풀려면 수치적으로 계산해야 하는데 보정항은 매우 작다.

동적 효과: 포사체의 운동

지구표면 근방에서의 포사체 운동방정식인 식 (5.3.2)는 다음과 같이 쓸 수 있다.

$$m\ddot{\mathbf{r}}' = \mathbf{F} + m\mathbf{g}_0 - m\mathbf{A}_0 - 2m\boldsymbol{\omega}\times\dot{\mathbf{r}}' - m\boldsymbol{\omega}\times(\boldsymbol{\omega}\times\mathbf{r}') \tag{5.4.5}$$

여기서 $\mathbf{F}$는 중력 외에 작용하는 실제적인 모든 힘을 나타낸다. 그런데 앞에서 다룬 정적 효과를 보면 $m\mathbf{g}_0 - m\mathbf{A}_0$는 우리가 $m\mathbf{g}$라 부르는 것이다. 그러므로 운동방정식은

$$m\ddot{\mathbf{r}}' = \mathbf{F} + m\mathbf{g} - 2m\boldsymbol{\omega}\times\dot{\mathbf{r}}' - m\boldsymbol{\omega}\times(\boldsymbol{\omega}\times\mathbf{r}') \tag{5.4.6}$$

이 되는데, 이것으로부터 포사체의 운동을 살펴보자. 공기저항을 무시하면 $\mathbf{F} = 0$이다. 더구나 $-m\boldsymbol{\omega}\times(\boldsymbol{\omega}\times\mathbf{r}')$은 다른 항들보다 매우 작아서 이것도 무시하겠다. 그러면 운동방정식은 중력과 코리올리 항만 포함하게 된다.

$$m\ddot{\mathbf{r}}' = m\mathbf{g} - 2m\boldsymbol{\omega}\times\dot{\mathbf{r}}' \tag{5.4.7}$$

그림 5.4.3 포사체 운동의 분석을 위한 좌표축

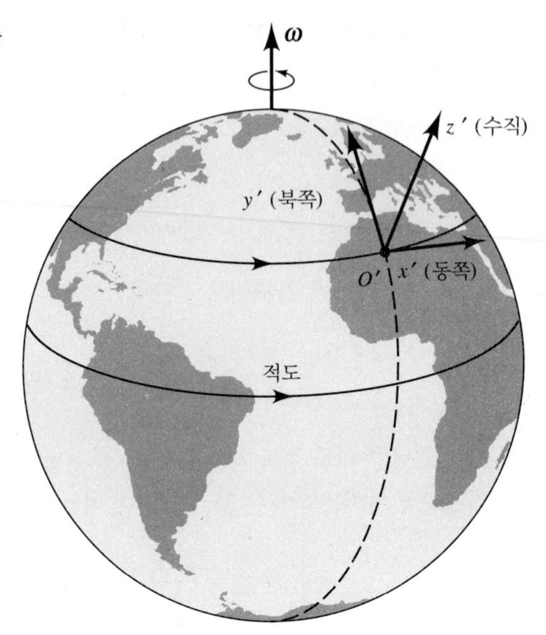

이 방정식을 풀기 위해서 그림 5.4.3에 보이는 것처럼 z'축은 수직(연추선 방향), x'축은 동쪽, y'축은 북쪽으로 향하도록 $O'x'y'z'$ 좌표계를 정한다. 그러면 중력가속도는

$$\mathbf{g} = -\mathbf{k}'g \tag{5.4.8}$$

이고, 회전좌표계의 $\boldsymbol{\omega}$의 성분은 다음과 같다.

$$\omega_{x'} = 0 \qquad \omega_{y'} = \omega\cos\lambda \qquad \omega_{z'} = \omega\sin\lambda \tag{5.4.9}$$

따라서 벡터 곱은 쉽게 계산된다.

$$\begin{aligned}\boldsymbol{\omega}\times\dot{\mathbf{r}}' &= \begin{vmatrix}\mathbf{i}' & \mathbf{j}' & \mathbf{k}'\\ \omega_{x'} & \omega_{y'} & \omega_{z'}\\ \dot{x}' & \dot{y}' & \dot{z}'\end{vmatrix}\\ &= \mathbf{i}'(\omega\dot{z}'\cos\lambda - \omega\dot{y}'\sin\lambda) + \mathbf{j}'(\omega\dot{x}'\sin\lambda) + \mathbf{k}'(-\omega\dot{x}'\cos\lambda)\end{aligned} \tag{5.4.10}$$

식 (5.4.10)의 $\boldsymbol{\omega}\times\dot{\mathbf{r}}'$ 결과를 이용하고 m을 소거하면 운동 미분 방정식은 성분별로 다음과 같다.

$$\ddot{x}' = -2\omega(\dot{z}'\cos\lambda - \dot{y}'\sin\lambda) \tag{5.4.11a}$$

$$\ddot{y}' = -2\omega(\dot{x}'\sin\lambda) \tag{5.4.11b}$$

$$\ddot{z}' = -g + 2\omega\dot{x}'\cos\lambda \tag{5.4.11c}$$

이 미분방정식들은 분리된 형태는 아니지만 시간에 대해 한 번 적분해서 다음을 얻는다.

$$\dot{x}' = -2\omega(z'\cos\lambda - y'\sin\lambda) + \dot{x}'_0 \tag{5.4.12a}$$

$$\dot{y}' = -2\omega x'\sin\lambda + \dot{y}'_0 \tag{5.4.12b}$$

$$\dot{z}' = -gt + 2\omega x'\cos\lambda + \dot{z}'_0 \tag{5.4.12c}$$

적분상수 $\dot{x}'_0, \dot{y}'_0, \dot{z}'_0$은 초기속도의 성분들이다. 식 (5.4.12b)와 식 (5.4.12c)의 $\dot{y}', \dot{z}'$을 식 (5.4.11a)에 대입하면 결과는

$$\ddot{x}' = 2\omega gt\cos\lambda - 2\omega(\dot{z}'_0\cos\lambda - \dot{y}'_0\sin\lambda) \tag{5.4.13}$$

이 되는데, 이때 ω^2이 포함되는 고차항은 무시했다. 이 식을 한 번 적분하면

$$\dot{x}' = \omega gt^2\cos\lambda - 2\omega t(\dot{z}'_0\cos\lambda - \dot{y}'_0\sin\lambda) + \dot{x}'_0 \tag{5.4.14}$$

이 되고, 마지막으로 한 번 더 적분해서 x'을 t의 함수로 구할 수 있다.

$$x'(t) = \frac{1}{3}\omega gt^3\cos\lambda - \omega t^2(\dot{z}'_0\cos\lambda - \dot{y}'_0\sin\lambda) + \dot{x}'_0 t + x'_0 \tag{5.4.15a}$$

위 식을 식 (5.4.12b)와 식 (5.4.12c)에 대입하여 적분하면 다음을 얻는다.

$$y'(t) = \dot{y}'_0 t - \omega\dot{x}'_0 t^2\sin\lambda + y'_0 \tag{5.4.15b}$$

$$z'(t) = -\frac{1}{2}gt^2 + \dot{z}'_0 t + \omega\dot{x}'_0 t^2\cos\lambda + z'_0 \tag{5.4.15c}$$

이번에도 ω^2이 포함된 고차항은 무시했다.

식 (5.4.15a)~(5.4.15c)에서 ω가 포함된 항들은 지구에 고정된 좌표계에서 볼 때 지구회전이 포사체의 운동에 미치는 영향이다.

예제 5.4.1

낙하 물체

어떤 물체가 지면에서 높이 h인 지점에서 정지상태로부터 낙하한다고 가정하자. 그러면 $t = 0$일 때 $\dot{x}'_0 = \dot{y}'_0 = \dot{z}'_0 = 0$이고, 초기 위치는 $x'_0 = y'_0 = 0$, $z'_0 = h$로 택하자. 그러면 식 (5.4.15a)~(5.4.15c)는 다음과 같게 된다.

$$x'(t) = \frac{1}{3}\omega gt^3\cos\lambda$$

$$y'(t) = 0$$

$$z'(t) = -\frac{1}{2}gt^2 + h$$

따라서 물체가 낙하하면서 동쪽으로 유동한다. 땅에 닿을 때($z' = 0$)에는 $t^2 = 2h/g$이므로 $x'(t)$에서

동쪽으로 유동하는 거리를 계산할 수 있다.

$$x'_h = \frac{1}{3}\omega\left(\frac{8h^3}{g}\right)^{1/2}\cos\lambda$$

예로 위도 45°, 높이 100 m 지점에서 물체를 떨어뜨렸다면 유동 거리는 다음과 같다.

$$\frac{1}{3}(7.27\times10^{-5}\ \text{s}^{-1})(8\times100^3\ \text{m}^3/9.8\ \text{m}\cdot\text{s}^{-2})^{1/2}\ \cos45° = 1.55\times10^{-2}\ \text{m} = 1.55\ \text{cm}$$

지구는 서쪽에서 동쪽으로 회전하므로 상식적으로 보면 서쪽으로 유동해야 할 것이다. 왜 반대인지 설명할 수 있겠는가?

예제 5.4.2

총알의 편향

거의 수평방향으로 빠른 초기속도 v_0로 동쪽방향을 향해 쏜 포사체를 생각해보자. 그러면 $\dot{x}'_0 = v_0$, $\dot{y}'_0 = \dot{z}'_0 = 0$이다. 발사지점을 원점으로 삼으면 $t = 0$일 때 $x'_0 = y'_0 = z'_0 = 0$이다. 그러면 식 (5.4.15b)는

$$y'(t) = -\omega v_0 t^2 \sin\lambda$$

이 되어서, 포사체는 북반구($\lambda > 0$)에서는 오른쪽(남쪽)으로 편향되고 남반구($\lambda < 0$)에서는 왼쪽(북쪽)으로 편향된다. 포사체의 수평 도달 거리를 H, 비행시간을 t_1이라 한다면 $H \approx v_0 t_1$의 관계가 있다. 편향거리는 위의 $y'(t)$ 식에서 $t = t_1 = H/v_0$를 대입하여 풀 수 있다.

$$\Delta \approx \frac{\omega H^2}{v_0}|\sin\lambda|$$

수평방향으로 발사하면 그 쏘는 방향과 무관하게 이와 같이 편향함을 알 수 있다. 그 이유는 지면에 평행으로 진행하는 물체에 작용하는 코리올리 힘의 수평성분은 크기가 운동방향과 무관하기 때문이다(연습문제 5.12 참조). 편향은 수평 도달 거리의 제곱에 비례하므로 장거리포에서는 상당히 중요한 요소가 된다.

---

*5.5 회전하는 원통 내에서 포사체 운동

회전좌표계에서 포사체의 운동에 관한 예를 마지막으로 한 가지 더 살펴보겠다. 이 예는 상당히 복잡해서 부분적으로 수치 해석이 필요한 경우이다. 이 예를 통해서 학생들은 힘을 받지 않는 경

우 관성계에서 직선운동 궤적과 비관성계에서 곡선운동 궤적 사이의 관계를 이해하게 될 것이다. 비관성계에서 관성력들에 기인된 이 곡선궤적을 관성계에서 직선 기하학적 고찰만으로 계산할 수 있음을 보인다. 이것은 뉴턴 운동 법칙의 유효성이 비관성계에서도 유지되는 경우에 해당하는 것이다. 이 사실을 깨달은 것은 이제 돌이켜보면 매우 자명하지만 예사롭게 봐서는 안 된다. 궁극적으로 이러한 자각을 통해 아인슈타인은 일반 상대성 이론을 만들어낼 수 있었던 것이다.

예제 5.5.1

몇몇 공상과학 소설들에서 세계의 전 인구를 지원할 수 있는 우주선은 대단히 큰 회전 토로이드나 원통형으로 묘사되고 있다. 반지름 $R = 1000$ km이고 편의상 무한히 긴 원통을 상상해보자. 이 원통은 2000초마다 한 바퀴씩 자전하고 있다. 회전의 결과로 원통의 내면에는 $\omega^2 R$이 1g인 원심력이 생긴다. 이 원통 내에 전쟁을 일삼는 군벌들이 있어서 서로 포를 쏘고 있다고 가정하자.

(a) 포사체를 낮은 '고도'(예: $\Delta r' \le R/10$)에서 작은 속도($v \ll \omega R$)로 쏜다면 이 포사체의 운동은 지구표면에서 같은 조건으로 쏜 포사체의 운동과 동등함을 증명하라.

(b) 회전하는 원통좌표계에서 임의의 초기속도로 발사한 포사체의 일반적인 운동방정식을 구하라.

(c) 비관성계에서 수직상방으로 $v' = \omega R$의 속도로 발사한 포사체의 고도 h를 각도 ϕ'의 함수로 구하라. $h = R - r'$은 포사체의 고도이고, ϕ'은 발사점에서 잰 방위각이다. 발사지점과 다시 원통면에 도달하는 지점 사이의 각도 Φ를 구하라. 또 포사체의 최대 고도 H를 계산하라.

(d) 마지막으로 비관성계의 관찰자가 보는 것을 관성계의 관찰자가 예상할 수 있는 기하학적 근거로부터 h와 ϕ'의 관계를 구하라. 이 결과를 비관성계의 관찰자 입장에서 본 (c)와 비교하라. 특히 Φ와 H가 일치함을 증명하라.

■ 풀이

(a) 처음에는 짧고 낮은 궤도를 다루므로 그림 5.5.1에 보이는 회전 원통에 부착된 단위벡터 $\mathbf{i}'$, $\mathbf{j}'$, $\mathbf{k}'$으로 표현되는 $x'y'z'$ 좌표계를 사용하자.

이 좌표계의 원점을 발사지점으로 정한다. 일단 포사체가 발사되면 실제적인 힘은 없었으므로 식 (5.3.2)의 모든 항에 있는 공통 인수인 질량 m은 소거되고 가속도만으로 나타낼 수 있다.

$$-\mathbf{A}_0 - 2\boldsymbol{\omega} \times \mathbf{v}' - \boldsymbol{\omega} \times (\boldsymbol{\omega} \times \mathbf{r}') = \mathbf{a}' \tag{5.5.1}$$

원통은 일정한 회전속도로 돌고 있으므로 가로 가속도는 영이다. 좌변의 첫째 항은 좌표계 원점의 가속도로 다음과 같다.

$$\mathbf{A}_0 = \omega^2 R \mathbf{k}' \tag{5.5.2}$$

둘째 항은 코리올리 가속도로서 다음과 같다.

그림 5.5.1 회전하는 원통의 내부 표면에 고정된 단위벡터 $\mathbf{i}'$, $\mathbf{j}'$, $\mathbf{k}'$으로 표현되는 좌표계. 단위벡터 $\mathbf{e}_{r'}$, $\mathbf{e}_{\phi'}$, $\mathbf{e}_{z'}$은 원통 좌표계를 나타낸다. 각 좌표는 원통과 함께 회전한다.

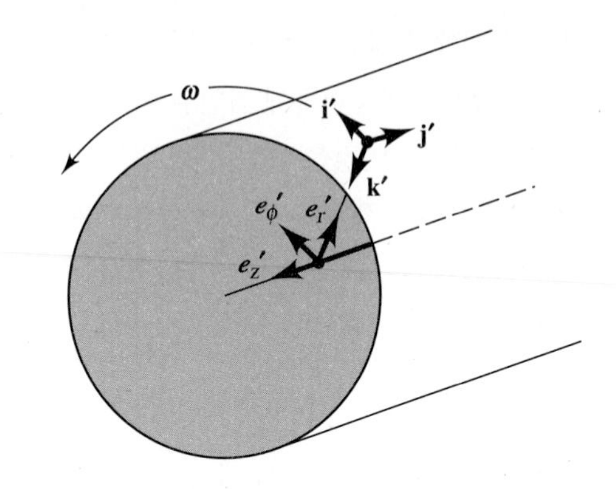

$$\begin{aligned}\mathbf{a}_{Cor} &= 2\boldsymbol{\omega} \times \mathbf{v}' = 2(-\mathbf{j}'\omega) \times (\mathbf{i}'\dot{x}' + \mathbf{j}'\dot{y}' + \mathbf{k}'\dot{z}') \\ &= 2\omega\dot{x}'\mathbf{k}' - 2\omega\dot{z}'\mathbf{i}'\end{aligned} \tag{5.5.3}$$

세 번째 항은 원심가속도이며 아래와 같이 주어진다.

$$\begin{aligned}\mathbf{a}_{centrif} &= -\mathbf{j}'\omega \times [(-\mathbf{j}'\omega) \times \mathbf{r}'] \\ &= \mathbf{j}'\omega \times [(\mathbf{j}'\omega) \times (\mathbf{i}'x' + \mathbf{j}'y' + \mathbf{k}'z')] \\ &= \mathbf{j}'\omega \times (-\mathbf{k}'\omega x' + \mathbf{i}'\omega z') \\ &= -\mathbf{i}'\omega^2 x' - \mathbf{k}'\omega^2 z'\end{aligned} \tag{5.5.4}$$

적절한 항들을 다 모으면 가속도의 x', y', z' 성분은 다음과 같이 된다.

$$\begin{aligned}\ddot{x}' &= 2\omega\dot{z}' + \omega^2 x' \\ \ddot{y}' &= 0 \\ \ddot{z}' &= -2\omega\dot{x}' + \omega^2 z' - \omega^2 R\end{aligned} \tag{5.5.5}$$

만일 포사체의 속도와 사정거리가 아래와 같이 제한되고

$$|\dot{x}'| \sim |\dot{z}'| \ll \omega R \qquad |x'| \sim |z'| \ll R \tag{5.5.6}$$

원통의 회전속도가 $\omega^2 R = g$가 되도록 조정되었다는 점을 감안하면 위의 가속도에 관한 식은 다음과 같다.

$$\ddot{x}' \approx 0 \qquad \ddot{y}' = 0 \qquad \ddot{z}' \approx -g \tag{5.5.7}$$

이것은 지구표면에서 일정한 범위 이내의 속도로 발사한 포사체의 운동방정식과 같다.

(b) 이 경우에는 포사체의 속도나 사정거리에 제한이 없다. 이번에는 그림 5.5.1에 표시된 바와 같이 원통의 축상에 원점을 두고 원통과 함께 회전하는 원통좌표계 (r', ϕ', z')으로 운동을 기술하고자 한다. r'은 원통축으로부터 잰 포사체까지의 거리, ϕ'은 방위각으로 발사지점을 향한 반경

벡터를 기준으로 잰 것이고, z'은 원통의 길이를 따라서 잰 위치를 나타낸다. $z'=0$은 발사지점에 해당한다. 포사체의 위치, 속도, 가속도에 관한 전체적인 식은 원통좌표계에서 식 (1.12.1)~(1.12.3)으로 주어진다. 이번에는 회전좌표계의 중심이 회전축 위에 있으므로 $\mathbf{A}_0=0$이며, 코리올리 가속도는 다음과 같다.

$$\begin{aligned}2\boldsymbol{\omega}\times\boldsymbol{v}' &= 2\omega\boldsymbol{e}_{z'}\times(\dot{r}'\boldsymbol{e}_{r'}+r'\dot{\phi}'\boldsymbol{e}_{\phi'}+\dot{z}'\boldsymbol{e}_{z'})\\ &= 2\omega\dot{r}'(\boldsymbol{e}_{z'}\times\boldsymbol{e}_{r'})+2\omega r'\dot{\phi}'(\boldsymbol{e}_{z'}\times\boldsymbol{e}_{\phi'})\\ &= 2\omega\dot{r}'\boldsymbol{e}_{\phi'}-2\omega r'\dot{\phi}'\boldsymbol{e}_{r'}\end{aligned} \tag{5.5.8}$$

한편 원심가속도는

$$\begin{aligned}\boldsymbol{\omega}\times(\boldsymbol{\omega}\times\mathbf{r}') &= \omega^2\boldsymbol{e}_{z'}\times[\boldsymbol{e}_{z'}\times(r'\boldsymbol{e}_{r'}+z'\boldsymbol{e}_{z'})]\\ &= \omega^2\boldsymbol{e}_{z'}\times r'\boldsymbol{e}_{\phi'}\\ &= -\omega^2 r'\boldsymbol{e}_{r'}\end{aligned} \tag{5.5.9}$$

이므로, 이들을 식 (1.12.3)에 대입하여 성분별로 모으면 식 (5.5.1)은 다음과 같다.

$$\begin{aligned}\ddot{r}'-r'\dot{\phi}'^2 &= 2\omega r'\dot{\phi}'+\omega^2 r'\\ 2\dot{r}'\dot{\phi}'+r'\ddot{\phi}' &= -2\omega\dot{r}'\\ \ddot{z}' &= 0\end{aligned} \tag{5.5.10}$$

z' 방정식은 그 방향의 가속도가 없으므로 포사체의 운동은 $r'\phi'$평면에서 운동이 원통축을 따라서 단순히 '이동'할 뿐이라는 것을 알려준다. 지름과 방위각에 대한 방정식은 가속도가 속도와 위치에 어떻게 관련되는지 더 알기 쉽도록 다음과 같이 정리할 수 있다.

$$\ddot{r}' = 2\omega r'\dot{\phi}'+(\omega^2+\dot{\phi}'^2)r' \tag{5.5.11a}$$

$$\ddot{\phi}' = -\frac{2\dot{r}'}{r'}(\omega+\dot{\phi}') \tag{5.5.11b}$$

(c) 회전 원통계의 입장에서 수직 위로 발사한 포사체의 운동방정식을 풀기 전에 우선 회전 원통계 밖에 있는 관성계의 관점에서 문제를 살펴보자. 원통의 회전속도는 ωR이고 비관성계에서 수직 위로 ωR의 속도로 발사되었다. 따라서 관성계에서 보면 수직방향에 대해 45°의 각도로 $v=\sqrt{2}\omega R$의 속도로 발사된 것이다. 더구나 관성계에서 보면 포사체에 작용하는 실제적인 힘이 존재하지 않으므로 직선운동을 하는 것으로 관측된다. 그 비행경로는 4분원의 현으로서 그림 5.5.2에 나타나 있다.

그림 5.5.2에서 보듯이 포사체가 벡터 $\mathbf{r}'$으로 나타낸 궤도상 지점에 이르렀을 때 원통은 회전하여 발사지점 a는 b로 움직인다. 그러므로 관성계의 관찰자는 발사지점 b에 있는 비관성계의 관찰자가 고도 $R-r'$, 방위각 ϕ'인 위치에 포사체가 있다고 생각할 것으로 결론 내린다. 그 물체가 다시 떨어졌을 때는 비관성계의 관찰자는 포사체가 $\Phi=\pi/2-\omega T$만큼 회전한 것으로

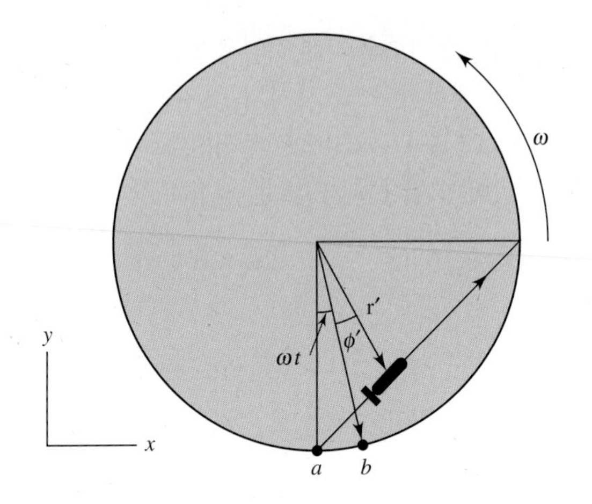

그림 5.5.2 관성계 관찰자가 볼 때 회전원통 내부표면에서 수직방향과 45°의 각도로 발사된 포사체의 궤적

알 것이다. T는 포사체의 비행시간이고 $T = L/v = \sqrt{2}R/(\sqrt{2}\omega R) = 1/\omega$이므로 $\omega T = 1$ rad이다. 그러므로 이때 겉보기 방위각 $\Phi = (\pi/2 - 1)$ rad $= 32.7°$이다. 포사체의 최대 높이는 궤적의 중간 지점에서 생기며 $\omega t + \phi' = \pi/4$일 때이다. 이 지점에서는 $r' = R/\sqrt{2}$, $H = R - R/\sqrt{2} = 290$ km가 된다. 관성계 관찰자는 최소한 이 정도는 비관성계 관찰자도 알것으로 믿는다. 이번에는 뉴턴의 운동법칙으로 비관성계 관찰자가 관측하는 것을 살펴보자.

미분방정식 (5.5.11a, b)를 수치적으로 예제 4.3.2와 같이 Mathematica를 이용하여 푼 결과가 그림 5.5.3에 나타나 있다.

회전하는 관찰자에게는 포사체가 수직 위로 발사되었다고 할 수 있다. 그러나 원심력과 코리올리 관성력이 포사체를 옆으로 밀어서 발사지점에서 동쪽 32.7° 지점에 떨어졌다고 결론지을 것이다. 그리고 원심력 때문에 고도는 최고 290 km까지밖에 못 올라간다고 할 것이다. 이 값들은 비관성계의 관찰자가 예측한 것과 일치한다. 이 원통 세계에서 포사체 운동방정식을 잘 이해하는 군사 전문가라면 유도탄의 발사속도만 조정하여 항상 수직으로 발사함으로써 원통상의 어느 점에도 명중시킬 수 있을 것이다. 원통축을 따라서 위 또는 아래에 있는 목표는 발

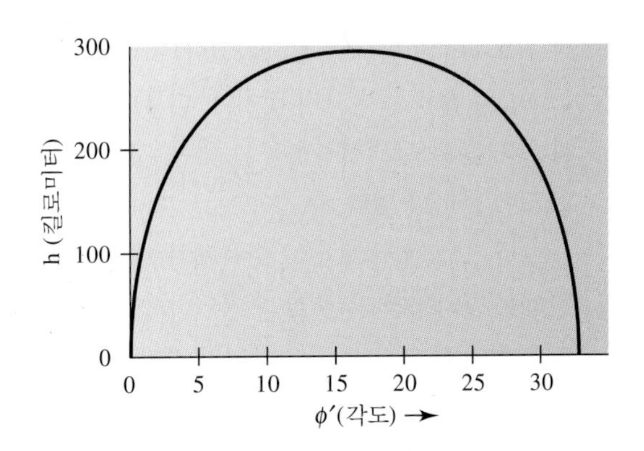

그림 5.5.3 $\omega^2 R = g$인 각속도 $\boldsymbol{\omega}$로 회전하는 거대한 원통 내부표면에서 수직(원통축을 향한 방향) 위로 발사한 포사체의 궤적.

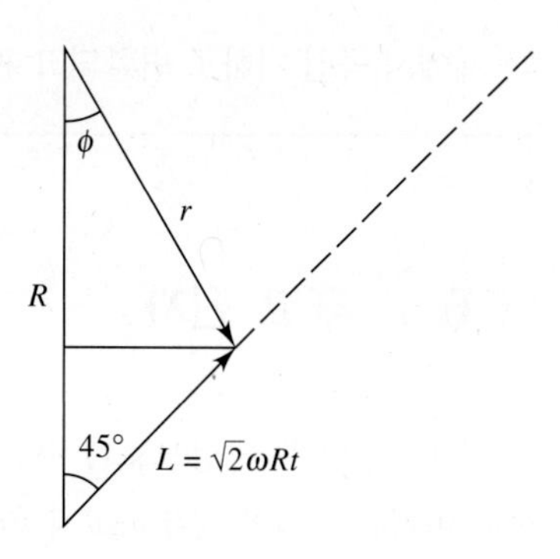

그림 5.5.4 관성계의 관찰자가 회전계 관찰자가 본 궤적을 계산하기 위해 사용한 기하

사대를 그 방향으로 기울여 적당한 초기속도로 유도탄을 발사하면 된다.

(d) 회전계 관찰자가 본 궤적을 관성계의 관찰자는 다음과 같이 계산한다. 우선 그림 5.5.4를 보면 그림 5.5.2를 확대한 것이다.

ϕ는 고정된 관성계에서 잰 포사체의 방위각이다. 비관성계에서 잰 방위각은 그림 5.5.2에서 보듯이 $\phi' = \phi - \omega t$이다. 그림 5.5.4를 참고하여 ϕ와 t의 관계를 계산할 수 있다.

$$\begin{aligned}\tan\phi(t) &= \frac{L(t)\ \sin 45°}{R - L(t)\ \cos 45°} = \frac{L(t)}{\sqrt{2}\,R - L(t)} \\ &= \frac{\sqrt{2}\ \omega Rt}{\sqrt{2}\,R - \sqrt{2}\ \omega Rt} = \frac{\omega t}{1 - \omega t}\end{aligned} \tag{5.5.12}$$

그러므로 비관성계에서의 방위각 ϕ'을 다음과 같이 시간의 함수로 나타낼 수 있다.

$$\phi'(t) = \phi(t) - \omega t = \tan^{-1}\left(\frac{\omega t}{1 - \omega t}\right) - \omega t \tag{5.5.13}$$

r'과 시간 t의 관계는 다음과 같다.

$$\begin{aligned}r'^2(t) &= [L(t)\ \sin 45°]^2 + [R - L(t)\ \cos 45°]^2 \\ &= L(t)^2 + R^2 - \sqrt{2}\,L(t)R \\ &= 2(\omega Rt)^2 + R^2 - \sqrt{2}\,(\sqrt{2}\,\omega Rt)R \\ &= R^2\,[1 - 2\omega t(1 - \omega t)] \\ \therefore r'(t) &= R\,[1 - 2\omega t(1 - \omega t)]^{1/2}\end{aligned} \tag{5.5.14}$$

위의 두 방정식 $r'(t)$, $\phi'(t)$는 시간 t를 매개변수로 하는 궤도 방정식으로, 비관성계 관찰자가 보리라고 계산한 관성계 관찰자의 예상이다. 시간을 변화시키면서 $h = R - r'$을 ϕ'의 함수로 그래프를 그리면 그림 5.5.3의 궤적과 완전히 똑같다. 이 그림에서 궤적은 회전좌표계에서 비관성계 관찰자가 보는 뉴턴 운동방정식의 해이다. 그러므로 관성좌표계에서 직선 기하가 가속좌표계에서 곡선 기하로 변환되고 관성력이 이러한 변환을 발생시킴을 알게 된다.

5.6 푸코 진자

이 절에서는 아무 방향으로나 자유롭게 흔들릴 수 있는 **구면진자**(spherical pendulum)에 지구 회전이 미치는 영향을 공부하고자 한다. 그림 5.6.1에 보이는 것처럼 진자의 추에 작용하는 힘은 무게 $m\mathbf{g}$와 줄의 장력 $\mathbf{S}$이다. 그러므로 운동방정식은 다음과 같다.

$$m\ddot{\mathbf{r}}' = m\mathbf{g} + \mathbf{S} - 2m\boldsymbol{\omega} \times \dot{\mathbf{r}}' \tag{5.6.1}$$

원심력 $-m\boldsymbol{\omega} \times (\boldsymbol{\omega} \times \mathbf{r}')$은 여기서 아주 작은 영향을 미치므로 무시했다. 앞서 식 (5.4.10)을 보면 벡터 곱 $\boldsymbol{\omega} \times \dot{\mathbf{r}}'$의 성분들을 알 수 있다. 줄 장력의 x', y' 성분은 벡터 $\mathbf{S}$의 방향 코사인 $-x'/l$, $-y'/l$, $-(l - z')/l$에서 얻을 수 있다. 따라서 $S_x = -x'S/l$, $S_y = -y'S/l$이므로 식 (5.6.1)을 성분별로 쓰면 다음과 같다.

$$m\ddot{x}' = \frac{-x'}{l}S - 2m\omega(\dot{z}' \cos\lambda - \dot{y}' \sin\lambda) \tag{5.6.2a}$$

$$m\ddot{y}' = \frac{-y'}{l}S - 2m\omega\dot{x}' \sin\lambda \tag{5.6.2b}$$

우리는 진자의 진폭이 매우 작아서 장력 S가 거의 일정하게 mg로 유지되는 경우를 다루겠다. 그리고 식 (5.6.2a)에서 $\dot{y}'$에 비해 작은 $\dot{z}'$도 무시하겠다. 그러면 $x'y'$ 운동은 다음의 미분방정식을 만족한다.

$$\ddot{x}' = -\frac{g}{l}x' + 2\omega'\dot{y}' \tag{5.6.3a}$$

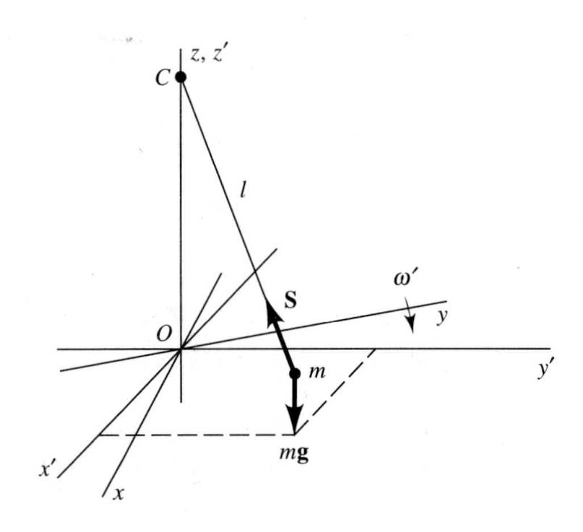

그림 5.6.1 푸코(Foucault) 진자

$$\ddot{y}' = -\frac{g}{l}y' - 2\omega'\dot{x}' \tag{5.6.3b}$$

이때 도입한 $\omega' = \omega \sin\lambda = \omega_{z'}$은 지구 각속도의 수직 성분이다.

이번에도 운동 미분방정식은 분리된 형태가 아니다. 문제를 푸는 직관적 방법은 그림 5.4.3에 나타낸 것처럼 수직축에 대해 $-\omega'$의 각속도로 회전하여 지구회전에 따른 수직성분을 상쇄하도록 $Oxyz$ 좌표계로 변환시키는 것이다. 따라서 수직축에 대한 회전이 없는 새 좌표계로의 변환 방정식은 다음과 같다.

$$x' = x\cos\omega' t + y\sin\omega' t \tag{5.6.4a}$$

$$y' = -x\sin\omega' t + y\cos\omega' t \tag{5.6.4b}$$

위 식과 그시간 도함수를 구하여 식 (5.6.3a, b)에 대입한 후 ω'^2이 들어 있는 항들을 제거하고 정리하면

$$\left(\ddot{x} + \frac{g}{l}x\right)\cos\omega' t + \left(\ddot{y} + \frac{g}{l}y\right)\sin\omega' t = 0 \tag{5.6.5}$$

이 되는데, 사인과 코사인이 다를 뿐 x와 y의 방정식은 똑같다. 이 식을 보면 사인과 코사인의 계수가 모두 영이어야 함이 분명하므로 다음식을 얻는다.

$$\ddot{x} + \frac{g}{l}x = 0 \tag{5.6.6a}$$

$$\ddot{y} + \frac{g}{l}y = 0 \tag{5.6.6b}$$

위의 식은 4.4절에서 다룬 2차원 조화진동자의 미분방정식과 같다. 그러므로 xy평면에 투영된 궤도는 $Oxyz$ 좌표계에서 '고정된' 방향을 가진 타원이 된다. 지구의 고정된 좌표계에서는 $\omega' = \omega \sin\lambda$의 각속도로 한결같은 세차운동(precession)을 수행하는 타원이다.[2)]

위에서 기술한 세차운동 외에도 구면진자의 다른 **고유 세차운동**(natural precession)이 있는데, 이는 우리가 논의하고 있는 회전 세차운동보다 보통 훨씬 더 크다. 그렇지만 추를 실에 매어서 조심스럽게 옆으로 움직인 후 실에 불을 붙여 끊어지게 함으로써 연장 운동을 시키면 고유 세차운동은 무시할 정도로 작게 할 수 있다.

세차운동의 방향은 북반구에서는 시계방향, 남반구에서는 반시계방향이다. 그리고 주기는 $2\pi/\omega' = 2\pi/(\omega \sin\lambda) = 24/\sin\lambda$ hr이다. 그러므로 위도 45°에서 주기는 (24/0.707) hr = 33.94 hr이다. 이 결과는 1851년 장 푸코(Jean Foucault)가 파리에서 최초로 시범을 보였는데, 푸코 진자는 세계적으로 큰 과학관에는 단골로 설치되어 있으며 일반인에게 보여주는 전형적인 작품이다.

---

2) 세차운동에 관해서는 10장에서 간략하게 다룬다.

연습문제

5.1 체중 120 lb인 사람이 승강기 내부에 설치된 체중계 위에 서 있다. (a) 위로, (b) 아래로 $g/4$의 가속도로 움직일 때 체중계에 나타나는 무게는 얼마인가?

5.2 초원심 분리기의 회전 속도는 500 rps(회전/초)이다. (a) 질량 1 μg인 시료가 회전축에서 5 cm 떨어져 회전할 때 원심력을 구하라. (b) 이 결과를 원심력과 시료 무게의 비율로 표현하라.

5.3 움직이는 기차 내에서 연추선이 드리워져 있다. 기차가 $g/10$의 가속도로 가속할 때 줄에 걸리는 장력과 편향각을 구하라. 연추의 질량은 m이라 하고 지구회전의 효과는 무시하라.

5.4 연습문제 5.3에서 연추선이 가만히 있지 않고 단진자로 진동을 한다면 진폭이 작을 때 진동의 주기를 계산하라.

5.5 견인차가 평지에서 움직이고 있다. 운전자가 제동을 걸어 $g/2$의 가속도로 감속을 하면 뒤에 싣고 오던 지지대 위의 짐은 앞으로 미끄러진다. 이 짐과 지지대의 마찰계수를 $\frac{1}{3}$이라 하고 (a) 견인차, (b) 도로에 대한 짐의 가속도를 구하라.

5.6 관성계에서 입자의 위치가 다음과 같다.

$$\mathbf{r} = \mathbf{i}(x_0 + R\cos\Omega t) + \mathbf{j}R\sin\Omega t$$

여기서 x_0, R, Ω는 상수이다.

(a) 입자는 등속 원운동을 함을 증명하라.

(b) 각속도 $\boldsymbol{\omega} = \mathbf{k}\omega$로 회전하는 기준계에서 본 입자의 위치 성분 x'과 y' 그리고 속도 성분 $\dot{x}'$, $\dot{y}'$을 연관시키는 두 개의 결합된 1차 미분 운동방정식을 구하라.

(c) 고정계와 회전계가 $t = 0$일 때 일치한다고 하고 $u' = x' + iy'$의 변수를 써서 $u'(t)$를 구하라($\Omega \neq -\omega$임을 유의하라).

5.7 태양 주위를 반지름 $4^{1/3}$ AU로 원운동하는 소행성이 발견되었다.[3] 그 공전주기는 2년이다. $t = 0$일 때 지구와의 거리가 가장 가깝다고 가정하자.

(a) 지구에 고정되어 있지만 태양에 대해 상대적인 그 두 축의 방향이 일정한 좌표계에서 이 소행성의 좌표 $[x(t), y(t)]$를 구하라. $t = 0$일 때 x축을 소행성 방향으로 택하라.

(b) $t = 0$일 때 지구에 대한 소행성의 상대속도를 계산하라.

(c) 이 좌표계에서 가속도의 x, y 성분을 구하고 이를 두 번 적분하여 결과를 (a)의 결과와 비교하라.

(d) 소행성의 한 공전주기(2년) 동안 지구 좌표계에서 본 소행성의 궤도를 그려라(힌트: Mathematica의 그래프 도구인 *ParametricPlot*를 사용하라).

---

3) 거의 원형인 지구궤도의 반지름은 1 AU(astronomical unit)이다. 지구와 이 소행성은 북극성에서 볼 때 태양 주위를 동일한 평면에서 반시계 방향으로 회전한다.

5.8 일정한 각속도 ω로 회전하는 레코드판 위에서 반지름 b인 원형 궤도를 벌레가 일정한 속력으로 기어가고 있다. 이 원형 궤도는 레코드판과 동심원이다. 벌레의 질량을 m, 레코드판과의 정지마찰계수를 μ_s라 한다면 레코드의 회전 방향과 (a) 같은 방향, (b) 반대 방향으로 움직일 때 레코드판에 대해 상대적으로 얼마나 빨리 움직이면 미끄러지기 시작하겠는가?

5.9 예제 5.2.2의 곡선을 따라 움직이는 자전거 문제에서 자전거 바퀴 가장 앞부분의 지면에 대한 가속도는 얼마인가?

5.10 예제 5.3.3의 회전하는 막대에서 미끄러지는 염주알이 처음에 막대의 중간에서 정지상태로 시작했다면 (a) 변위를 시간의 함수로 구하라. 막대 끝에 갔을 때 (b) 시간, (c) 속도를 계산하라.

5.11 1947년 영국의 자동차 경기선수 존 코브(John Cobb)는 유타 주 보너빌(위도 = 41°)에 있는 소금 암반을 인간으로는 지상에서 처음으로 400 mph(1 mph = 1.6 km/h)의 속도로 돌파했다. 이 속도로 북쪽으로 달렸다면 코리올리 힘과 경주차 무게의 비를 구하라. 코리올리 힘의 방향은 어느 쪽인가?

5.12 어떤 입자가 지표면에서 수평방향으로 움직이고 있다. 코리올리 힘의 수평성분은 입자의 운동 방향과 무관한 크기를 갖는다는 것을 증명하라.

5.13 뉴욕의 엠파이어스테이트 빌딩(h = 1250 ft, 위도 = 41°N) 꼭대기에서 조약돌을 떨어뜨린다면 지면에 닿을 때 코리올리 힘에 의한 수직궤도의 휘는 정도는 공기저항을 무시했을 때 얼마나 될까?

5.14 뉴욕의 양키 경기장에서 타자가 친 야구공이 거의 직선궤도로 200 ft 날아갔다. 그 상향각을 15°라 할 때 코리올리 힘에 의한 영향이 중요할 정도인가?

5.15 회전 좌표계에서 움직이는 어떤 입자의 위치 벡터의 시간에 대한 3차 도함수는 다음과 같음을 증명하라.

$$\dddot{\mathbf{r}} = \dddot{\mathbf{r}}' + 3\dot{\boldsymbol{\omega}} \times \ddot{\mathbf{r}}' + 3\boldsymbol{\omega} \times \dddot{\mathbf{r}}' + \ddot{\boldsymbol{\omega}} \times \mathbf{r}' + 3\boldsymbol{\omega} \times (\boldsymbol{\omega} \times \ddot{\mathbf{r}}')$$
$$+ \dot{\boldsymbol{\omega}} \times (\boldsymbol{\omega} \times \mathbf{r}') + 2\boldsymbol{\omega} \times (\dot{\boldsymbol{\omega}} \times \mathbf{r}') - \boldsymbol{\omega}^2 (\boldsymbol{\omega} \times \mathbf{r}')$$

5.16 수직 위의 방향으로 초기속도 v_0'으로 총알을 발사하였다. 공기저항은 무시하고 g는 일정하다고 가정하면 총알이 다시 땅에 떨어질 때 서쪽으로 $4\omega v_0'^3 \cos\lambda/3g^2$만큼 이동함을 증명하라. λ는 위도, ω는 지구의 자전속도이다.

5.17 연습문제 5.16에서 위도 $+\lambda$인 지구상에서 α의 각도로 동쪽을 향해 포탄을 쏘았다면 낙하할 때 위도 변화는 $4\omega v_0'^3 \sin\lambda \sin^2\alpha \cos\alpha/g^2$임을 증명하라.

5.18 인공위성이 반지름 R인 원운동을 하며 지구를 선회하고 있다. 각속도는 $\omega^2 = k/R^3$에 따라 변하고 있다(k는 상수). x축은 지구에서 인공위성 방향으로, y축은 인공위성의 진행방향으로 움직이는 좌표계에서 운동방정식은 다음과 같음을 증명하라.

$$\ddot{x} - 2\omega\dot{y} - 3\omega^2 x = 0$$
$$\ddot{y} + 2\omega\dot{x} = 0$$

5.19 전기장 $\mathbf{E}$와 자기장 $\mathbf{B}$ 속에서 움직이는 하전입자에 작용하는 힘은 관성계에서 다음과 같다.

$$\mathbf{F} = q(\mathbf{E} + \mathbf{v} \times \mathbf{B})$$

여기서 q는 전하량, $\mathbf{v}$는 관성계에서 입자의 속도이다. $\mathbf{B}$가 작을 때 각속도 $\boldsymbol{\omega} = -(q/2m)\mathbf{B}$로 회전하는 좌표계에서 운동방정식은

$$m\ddot{\mathbf{r}}' = q\mathbf{E}$$

가 되어 $\mathbf{B}$를 포함한 항이 없어짐을 증명하라. 이 결과는 라머 정리(Larmor's theorem)로 알려져 있다.

5.20 푸코 진자에 관한 운동 미분방정식 (5.6.5)에 이르는 과정들을 증명하라.

5.21 멕시코시티의 위도는 대략 북위 19°이다. 푸코 진자의 세차운동 주기는 얼마인가?

5.22 예제 5.2.1처럼 자전거 바퀴에 고정되어 함께 돌고 있는 좌표계를 사용하여 예제 5.2.2를 풀어라.

컴퓨터 응용 문제

C5.1 (a) 예제 5.5.1의 (c), (d)를 풀어라. 본문 설명대로 관성계와 비관성계의 관찰자 입장에서 본 h와 ϕ'의 관계를 그래프로 그려라. 결과는 그림 5.5.1과 동일해야 한다. (b) 유도탄을 $\mathbf{v}' = (2\omega R/\pi)\mathbf{e}_{r'} - \omega R\mathbf{e}_{\phi'}$의 초기 속도로 발사했을 때 문제 (a)의 과정을 되풀이해서 풀어라(그림 5.5.1 참조). 이 경우에 유도탄이 도달하는 최고 높이 H와, 발사지점에서 도달지점까지의 편향각 Φ가 얼마인가?

C5.2 미끄러운 수평면 위에 작은 입자가 자유로이 움직일 수 있도록 놓여 있다. 수평면은 반지름 $R = 1$ m인 원이라 하자. 이 원반은 일정한 각속도 $\omega = 1$ rad/s로 수직축을 중심으로 반시계방향으로 돌고 있다. 회전축에 원점을 두고 원반과 함께 도는 좌표계에서 입자의 좌표를 (x, y)라 하자. (a) 회전하는 xy 좌표계에서 입자의 운동 방정식을 구하라. (b) 입자의 처음위치가 $(-R, 0)$이라면 회전계에 대한 상대속도의 y 성분이 초기에 얼마가 되어야 바깥의 고정된 관성계의 관찰자가 볼 때 이 입자가 원반의 지름을 가로질러 튀어 나가겠는가? (c) 고정 좌표계에서 원반의 지름을 입자가 관통하고 회전계에서는 출발점 $(-R, 0)$에 다시 돌아오게 하는 속도의 초기 x 성분을 정수 1, 2, 3, ...으로 표현하라. (d) 초기 속도의 x 성분이 가장 큰 5개($n = 1, 2, 3, 4, 5$)에 대해 회전계에서 보는 궤적을 기술하라. (e) 속도의 x 성분이 영에 가까울 때($n \to \infty$) 회전계에서 본 궤적을 설명하라.

C5.3 연습문제 5.7의 소행성 문제에서 지구에 고정된 좌표계에 관한 운동방정식을 구하라. 그리고 Mathematica를 이용하여 수치적으로 풀어라. 초기조건으로 $t = 0$일 때 소행성은 지구에 대해 상대적으로 태양과 정반대편에 있다고 가정하라. 그리고 지구에 대한 소행성의 상대속도를 계산하기 위해 이 소행성이 태양 주위를 원운동하게 하는 초기속도를 이용하라. 한 공전주기 동안 이 소행성의 궤도를 그려라.

제 6 장

중력과 중심력

"우리는 하늘과 바다에서 일어나는 현상을 중력으로 설명했지만 아직 중력의 원인을 확인하지 못했다. 나는 현상에서 중력의 발생원인을 발견하지 못했고 아무 가정도 하지 않는다."

– 아이작 뉴턴, 『Principia』(1687)

"중력은 학문적으로 이해하기 어려운 양이거나 불가사의한 결과임이 분명하다."

– 고트프리트 빌헬름 라이프니츠

6.1 서론

고대의 인간들은 하늘에 고정된 황도 12궁의 별자리들을 따라 상당히 규칙적으로 천천히 움직이는 5개의 행성들을 매년 관측했었다. 그러나 신비스럽게도 때로는 이들의 운동이 멈추기도 하며 수 주일 동안은 반대방향으로 움직이다 다시 원래의 운동으로 되돌아 갔다. 행성의 이런 이상한 움직임을 **역행 운동**(逆行運動, retrograde motion)이라 한다. 그 원인을 규명하기 위해 수 세기 동안 고대 천문학자들은 정열을 쏟아 연구했다. 실제로 톨레미(Ptolemy, 125 C.E.)의 원일소원(圓一小圓) 이론처럼 철학적 독단과 물리학적 모호성을 지닌 복잡한 사상이 2천 년 이상 자연현상의 물리학 모형으로 다루어졌다. 궁극적으로 니콜라우스 코페르니쿠스(Nicolaus Copernicus, 1473~1543)에 이르러서야 역행 운동은 태양을 중심으로 궤도운동을 하는 지구와 행성 사이의 상대운동의 결과임을 깨닫게 되었다. 그러나 원운동에 근거를 둔 톨레미의 소원 개념에서 벗어나고 행성 운동에 관한 예측과 관찰이 일치해야 한다는 전제를 받아들이는 면에서는 코페르니쿠스도 어쩔 수 없었다.

요하네스 케플러(Johannes Kepler, 1571~1630)는 20년간 심혈을 기울였던 화성 궤도 문제 해결에서 지적 편견을 버렸고 과학자들은 역사상 처음으로 천체 운동의 정확한 수학 구조를 엿볼 수 있게 되었다. 케플러는 끊임없는 노력 끝에 세 개의 간결한 수학 공식으로 태양 주위를 돌고 있는 행성들의 궤도를 정확히 기술했다. 행성 운동에 관한 케플러 법칙은 곧이어 뉴턴에 의해서 만유인력과 자신이 발견한 운동법칙의 상호 작용의 결과에 불과하다는 사실이 알려졌다. 뉴턴은 운동법칙을 지상의 물체의 운동에 대한 갈릴레오의 연구결과에서 유도했다. 그러므로 뉴턴은 천체의 모든 운동을 지상의 자연법칙 테두리 안에서 설명했고, 그 후 물리학의 발전은 매우 눈부셨다.

뉴턴의 만유인력 법칙

뉴턴은 1687년에 그의 저서 『Principia』에서 공식적으로 만유인력을 발표했다. 그는 전염병이 런던을 휩쓰는 동안 케임브리지대학교가 휴교된 1665~1666년 중 6개월 동안 고향에서 칩거하면서 그의 이론 대부분을 알아내었다.

그 법칙은 다음과 같다.

> 우주의 모든 입자는 다른 입자를 끌어당기며 그 힘은 두 입자의 질량의 곱에 비례하고 거리의 제곱에 반비례한다. 힘의 방향은 입자를 연결하는 직선상에 있다.

이 법칙은 벡터 기호를 사용하여 다음과 같이 쓸 수 있다.

$$\mathbf{F}_{ij} = G\frac{m_i m_j}{r_{ij}^2}\left(\frac{\mathbf{r}_{ij}}{r_{ij}}\right) \tag{6.1.1}$$

여기서 $\mathbf{F}_{ij}$는 질량 m_i인 입자 i에 질량 m_j인 입자 j가 미치는 힘이다. 벡터 $\mathbf{r}_{ij}$는 그림 6.1.1에 보이듯이 입자 i에서 입자 j로 향하는 선분 벡터이다. 작용-반작용 법칙에 따르면 $\mathbf{F}_{ij} = -\mathbf{F}_{ji}$이다. 비례상수 G는 중력 상수(重力常數, gravitational constant)로 알려져 있다. 실험실에서 질량이 알려진 두 물

그림 6.1.1 뉴턴의 중력 법칙에서 작용과 반작용

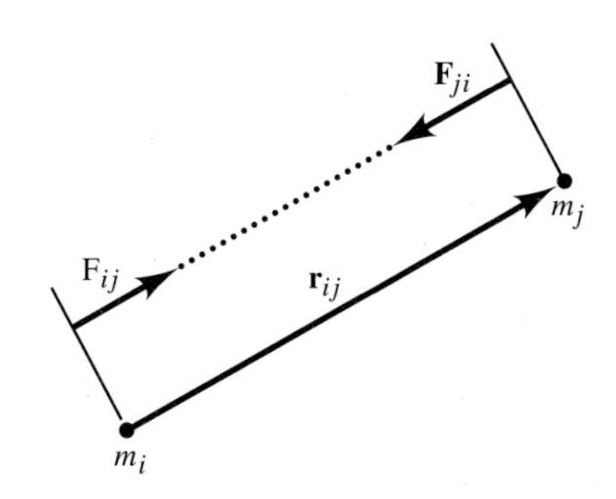

체 사이의 힘을 조심스럽게 측정하여 중력 상수의 값이 결정되는데 SI 단위로는 다음과 같다.

$$G = (6.67259 \pm 0.00085) \times 10^{-11}\ \mathrm{N m^2 kg^{-2}}$$

현재 지구를 포함해서 천체의 질량에 관한 모든 지식은 이 기본상수에 근거를 두고 있다.[1)]

중력은 **중심력**(中心力, central force)이라는 일반적 범주에 속하는 힘이다. 중심력은 힘의 작용선이 한 점에서 끝나거나 시작하는 성질이 있다. 그리고 중력의 크기는 방향과 무관하다. 즉, 중력은 등방성(等方性, isotropy)을 갖고 있다. 중심력은 다음과 같이 생각할 수 있다. 질량이 매우 큰 입자가 중력의 원천을 이루는 구면을 생각해보자. 이 구면 위에서 걷고 있으면 인력은 항상 구의 중심 방향을 향하고 크기는 구면상의 위치와 무관한 것이다. 이러한 힘으로는 구면상의 위치를 결정할 수 없다.

이 장의 학습목표는 중력에 역점을 두고 등방성 중심력을 받는 입자의 운동을 공부하는 것이다. 그 과정에서 중력 법칙을 알아내게 된 원래의 유도과정을 따라갈 것이다. 그럼으로써 뉴턴의 지적 성취에 대한 학문적 깊이를 체득하게 될 것이다.

중력: 역제곱 법칙

고향인 울즈소프(Woolsthorpe)에 머물던 1665년에 뉴턴은 그 후 한평생 집념하게 된 수학, 역학, 광학, 중력에 관한 연구를 시작했다. 아마도 뉴턴을 가장 적절하게 묘사하는 그림은 사과나무 밑에 앉아 있는 그의 위로 사과가 떨어지는 것이리라. 이는 뉴턴이 중력의 성격을 음미하면서 사과를 떨어지게 하는 힘과 달을 지구궤도에 묶어두는 힘이 서로 같은가를 깊이 생각하는 모습을 의미한다.

관성의 법칙을 거의 알아냈던 갈릴레오는 그 원리를 천체 운동에 적용할 생각을 미처 하지 못했다. 그는 원운동의 가장 기본 요소인 구심가속도가 중심방향이며 힘이 중심 쪽으로 작용해야 한다는 사실을 알지 못했다. 뉴턴 시대에 와서는 행성이 궤도 중심으로 가속하기 위해서가 아니라 '그저 궤도를 유지하기' 위해서라도 어떤 종류의 힘이 필요하다고 많은 자연 철학자가 생각하게 되었다. 1665년 이탈리아의 천문학자 조반니 보렐리(Giovanni Borelli)는 목성의 달 운동에 관한 이론에서 달의 원심력은 목성의 인력과 정확히 균형을 이룬다고 말했다.[2)]

---

1) 모든 기본 물리 상수 중에서 G는 정밀도가 제일 낮다. 실험실에서 두 물체 간의 중력은 너무 작기 때문이다. 이 방면 연구에 대한 최근 결과는 J. Maddox, *Nature*, **30**, 723(1984)를 참조하라. 또한 다음 글도 참조하라. H. de Boer, "Experiments Relating to the Newtonian Gravitational Constant"(B. N. Taylor and W. D. Phillips, eds., *Precision Measurements and Fundamental Constants*(Natl. Bur. Stand. U.S., Spec. Publ., 617, 1984)).

2) 원심력은 회전좌표계에서 물체에 작용하는 관성력임을 5장에서 배웠음을 기억할 것이다. 여기서는 목성 주위에서 원궤도를 도는 달의 구심가속도에서 생긴다. 뉴턴 이전의 대부분 철학자들에게는 행성에 작용하는 원심력은 실제의 힘이었다. 이들의 논리는 원심력과 '균형을 이루는 데 필요한 힘'의 성질에 주력했다. 그들은 관성계 관측자의 입장에서 보는 견해가 결핍되어 있었고 비관성계 관측자의 입장에서 논리를 전개했다. 이들은 두 기준계를 구분하지 못했다.

지구에 속한 달은 '궤도 자체가 균형'을 이루고 있는 것이 아니라 구심력에 의해 지구 쪽으로 가속 운동을 한다는 사실을 뉴턴이 처음으로 인식했다. 뉴턴은 이 힘이 지구표면에서 물체를 아래로 당기는 힘과 같다고 추측했다. 그 이유는 달의 운동이 지구를 향해 떨어지는 물체의 운동과 다르지 않기 때문이다. 달은 그 접선속도가 매우 크기 때문에 비록 떨어진다 해도 지구에 닿지는 않는다. 어떤 거리만큼 떨어질 때 달은 지표면에서 옆으로 충분히 움직이고 지구의 곡면 때문에 지표면으로부터의 거리가 일정하게 유지되는 것이다. 당시에는 달의 구심가속도와 지구표면에서 떨어지는 사과의 중력가속도 사이에 조금이라도 공통적인 뿌리가 있다고 생각한 사람이 아무도 없었다.

뉴턴은 사과의 경우에도 충분히 큰 접선속도를 갖는다면 궤도 운동을 하는 달과 동일하지만 단지 사과의 궤도가 지구에 더 가까울 뿐임을 보였으며 이를 통해 중력이 모두에게 공통적으로 적용된다고 확신했다. 지구 주위의 궤도에 올려진 사과의 구심가속도는 중력 내에서 자유낙하하는 물체가 갖는 중력가속도와 동일하다고 그는 추론했다. 강력한 대포를 이용해서 사과 한 개를 수평으로 던졌다고 상상하자. 공기의 저항은 없다고 가정하자. 사과를 수평으로 던지는 초기의 접선속도를 꼭 알맞게 조절하면 사과는 지면에 떨어지지 않는다. 궤도 운동을 하는 달처럼 사과가 떨어질 거리만큼 지표면도 아래로 굽기 때문이다. 다시 말하자면 사과는 원궤도 위에 있으며 그 원심가속도는 자유낙하하는 사과의 중력가속도 g와 완전히 같을 것이다. 뉴턴은 이러한 눈부신 사고의 도약을 통해 물리학에서 처음으로 가장 아름다운 통일 원리인 만유인력의 법칙을 발견한 것이다.

뉴턴이 풀어야 할 결정적 문제는 인력이 그 중심으로부터의 거리에 어떻게 관계되는가였다. 지구로부터의 거리에 상관없이 지구의 인력은 낙하물체의 가속도에 비례함을 뉴턴은 알고 있었다. 지구를 향한 달의 가속도는 $a = v^2/r$이며 이때 v는 달의 속력, r은 원형 궤도의 반지름이다. 궤도 주기의 제곱 τ^2은 궤도 반지름의 세제곱 r^3에 비례한다는 케플러 제3법칙의 도움을 받아서 뉴턴은 가속도가 $1/r^2$의 형태가 됨을 추론했다. 가령 달이 지구에서 실제보다 4배 더 멀리 있다면 케플러의 제3법칙에 의해서 회전 주기는 8배 길어지고 궤도 속력은 2배 느려진다. 결과적으로 구심가속도는 16배 작아지고 중력은 거리의 제곱에 반비례해서 약해진다.

그래서 모든 낙하물체의 국소적인 g 값, 즉 인력인 중력도 따라서 변해야 한다고 뉴턴은 가정했다. 이를 확인하기 위해서 뉴턴은 달의 구심가속도를 계산하고 이를 떨어지는 사과의 가속도 g와 비교해서 그 비가 지구중심으로부터 거리의 제곱에 반비례하는지를 알아보려 했다. 달까지의 거리는 지구 반지름의 60배이다. 그러므로 지구의 중력은 3600배 강해야 한다. 그러므로 지구에서는 달에서보다 3,600배 더 빨리 떨어져야 한다. 즉, 다시 말하자면 사과가 1초에 떨어지는 거리는 낙하 시간의 제곱에 비례하므로 달이 지구 쪽으로 1분 동안 떨어지는 거리와 같다. 불행하게도 뉴턴은 계산에서 오류를 범했다. 그는 지표면에서 60 mile의 거리를 각도 1°에 해당한다고 가정했는데, 이것은 당시 그가 알고 있는 유일한 항해용 참고서에서 인용한 것이었다(실제로 이 mile은 해리(海里, nautical mile)를 나타내는 단위이며 실제 마일로 변환하면 69마일에 해당한다). 뉴턴은 1해리 =

5280 ft로 해서 달이 1초에 낙하하는 거리가 0.0036 ft 또는 1분에 13 ft라 계산했다. 낙하물체에 관한 갈릴레오의 실험을 더욱 정밀하게 수행한 결과, 사과의 낙하 거리는 1초에 15 ft임이 측정되었다. 이 값들은 상대적으로 1/8 정도밖에 차이가 나지 않는 상당히 근접한 결과였으나 뉴턴은 차이가 너무 크다고 생각해서 이 기발한 착상을 포기했다. 후에 그는 올바른 값들을 사용해서 정확히 옳은 결과를 얻었고 중력의 역제곱 법칙을 입증했다.

질량에 비례하는가?

뉴턴은 또한 어떤 물체에 작용하는 중력은 그 질량에 비례해야 한다고 결론 내렸다. 이것은 그의 제2법칙과, 낙하물체의 가속도는 질량이나 그 내부 구성과 무관하다는 갈릴레오의 발견에서 유도할 수 있다. 예를 들어 관성질량 m인 어떤 물체에 작용하는 힘이 그 질량에 비례한다고 한자. 그러면 뉴턴의 제2법칙에 따라서 $F_{grav} = k \cdot m/r^2 = m \cdot a = m \cdot g$이므로 $g = k/r^2$이다. 여기서 질량은 서로 상쇄되고 가속도 g는 지구의 질량에만 관계되는 어떤 상수 k와 지구 중심까지의 거리 r에만 의존하는데, 여기서 k는 어떤 이유로 지구에 끌리는 모든 물체에 대해 명백하게 똑같다. 그러므로 모든 물체는 자신의 질량이나 성분과 무관하게 동일한 가속도로 낙하한다. 중력은 관성질량에 비례해야지 그렇지 않으면 질량이 서로 상쇄되지 않을 테고 모든 낙하 물체의 가속도는 질량에 따라 다를 것이다. 중력질량과 관성질량의 등가성(對等性, equivalence)은 실제로 아인슈타인의 일반상대성 이론의 초석이 되었다. 뉴턴은 죽을 때까지 이 등가성을 신비스럽게 생각했다.

질량의 곱, 만유인력?

중력이 뉴턴의 제3법칙을 따르고 중력에 끌리는 물체의 질량에 비례한다면 중력은 끄는 물체의 질량에도 비례해야 한다는 사실을 뉴턴은 또 깨닫게 되었다. 이러한 조건은 중력이 만유인력(萬有引力)이 되어서 대부분의 경우 세기는 매우 약하지만 우주의 모든 물체는 우주의 다른 모든 물체를 끌고 있다고 결론지을 수밖에 없다. 어떻게 이런 추론이 나오는지 살펴보자. 질량 m_1, m_2인 두 물체가 거리 r만큼 떨어져 있다고 가정하자. 그러면 물체 2가 물체 1에 작용하는 인력 F_{12}와, 물체 1이 물체 2에 작용하는 인력 F_{21}은 각각 $F_{12} = k_2 m_1/r^2$, $F_{21} = k_1 m_2/r^2$이다. k_1, k_2는 '상수'인데 끌어당기는 물체의 질량에 관계된다고 결론지을 수밖에 없다. 뉴턴의 제3법칙에 의하면 이 두 힘은 크기가 같고 방향이 다르므로 $k_2 m_1 = k_1 m_2$, 즉 $k_2/k_1 = m_2/m_1$이다. 이 관계가 항상 성립하려면 $k_i = Gm_i$가 되어 중력은 끄는 물체의 질량에도 비례해야 한다! 그러므로 두 입자 간의 중력은 중심력이고 등방성을 가져서 놀랄 만큼 대칭성을 지니고 있다. 입자 1은 입자 2를 끌고, 입자 2는 입자 1을 끌며 힘의 크기와 방향은 뉴턴의 제3법칙을 만족하고 두 입자의 질량의 곱에 비례하고 거리의 제곱에 반비례한다. 이 결과야말로 진정한 천재의 작품이라 할 수 있다!

6.2 균일한 구와 입자 사이의 중력

뉴턴은 『Principia』를 1687년에 이르러서 발표했다. 마음에 걸려서 발표를 주저한 특별한 문제가 한 가지 있었는데, 위에서 손쉽게 지나쳐버린 문제이다. 지구나 달 같은 두 물체 사이에 떨어진 거리는 기하학적 중심 사이의 거리라고 가정함으로써 뉴턴은 역제곱 법칙을 유도했다. 태양이나 행성, 지구나 달처럼 구형 물체이고 떨어진 거리가 반지름보다 대단히 멀 때는 이러한 가정이 불합리해 보이지 않는다. 그러나 지구와 사과 사이의 관계는 어떠한가? 우리가 만일 사과라면 지구를 구성하고 있는 우리 주위의 모든 물질을 돌아다볼 때 중력이 사방으로 작용함을 느낄 것이다. 동쪽에 있는 물체와 서쪽에 있는 물체는 180° 방향으로 서로 다르게 끌어당기고 있다. 이 벡터 힘들을 모두 합하면 결과적인 힘은 지구중심을 향하고, 크기는 지구의 질량에 비례하며 지구의 모든 질량이 마치 지구중심에 모여 있는 것처럼 지구중심까지 거리의 제곱에 반비례한다고 누가 말할 수 있을까?

그렇지만 이것은 사실이다. 이것은 까다로운 미적분 문제로서 무한히 많은 질량요소가 작용하는 무한소의 벡터 힘들을 합하면 유한한 결과가 된다는 것이다. 당시에는 아무도 미적분학을 몰랐다. 뉴턴은 바로 미적분학을 고안해냈고 그건 아마 이 문제를 풀기 위해서였을지도 모른다! 당시에 존재하지 않는 수학의 테두리에 숨어서 그 증명을 발표하기 꺼려했다는 것은 이해할 수 있다. 그러난 개화된 요즘 세상에 우리는 미적분학을 잘 알고 있으므로 이 문제를 풀어서 어떤 균일한 구형 물체나 구형 대칭 분포가 있는 물체에 대해 외부의 입자가 작용하는 중력은 전체의 질량 분포가 기하학적 중심에 집중되어 있다고 가정했을 때 계산한 결과와 같다는 사실을 증명하고자 한다. 이것은 역제곱 법칙에만 적용된다.

우선 질량 M, 반지름 R인 균일한 구 껍질을 생각해보자. 그림 6.2.1과 같이 중심 O로부터 질량 m인 시험입자 P까지의 거리를 r이라 하자. $r > R$이라고 가정하자. 그림처럼 폭 $R\Delta\theta$인 원형 고리로 구 껍질을 나누도록 한다. $\angle POQ$가 θ이고 Q는 원형 고리 위의 한 점이다. 그러면 이 고리의 원둘레는 $2\pi R \sin\theta$이고 질량 ΔM은 다음과 같다.

$$\Delta M \approx \rho 2\pi R^2 \sin\theta\,\Delta\theta \tag{6.2.1}$$

여기서 ρ는 구 껍질에서 단위 면적당 질량이다.

그런데 원형 고리 위의 작은 질량요소 Q(이것을 입자로 간주하자)가 P에 작용하는 중력은 PQ방향이다. 이 힘 $\Delta\mathbf{F}_Q$를 하나는 PO방향인 $\Delta F_Q \cos\phi$와 다른 하나는 PO에 수직 방향인 $\Delta F_Q \sin\phi$의 크기를 갖는 두 성분으로 분해하자. ϕ는 $\angle OPQ$로서 그림 6.2.1에 표시되어 있다. 대칭성 때문에 P에 작용하는 수직성분들의 벡터 합은 모두 상쇄됨을 쉽게 알 수 있었다. 따라서 원형 고리 전체가 작용하는 힘 $\Delta\mathbf{F}$는 PO방향이고, 크기 ΔF는 성분 $\Delta F_Q \cos\phi$를 더해서 얻을 수 있다. 결과는 다음과 같다.

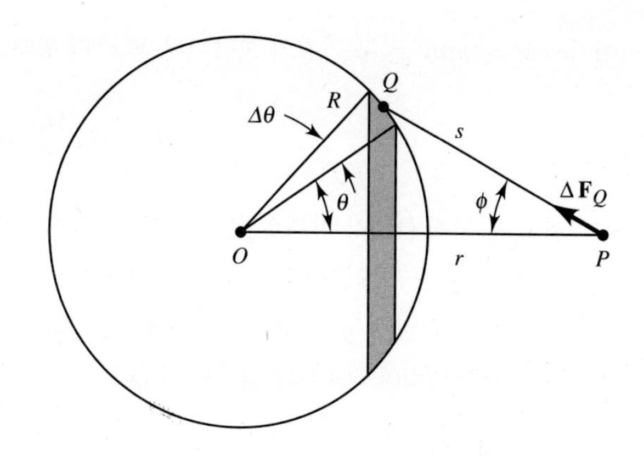

그림 6.2.1 구 껍질의 중력장 계산에 사용한 좌표

$$\Delta F = G\frac{m\,\Delta M}{s^2}\cos\phi = G\frac{m2\pi\rho R^2\sin\theta\,\cos\phi}{s^2}\Delta\theta \tag{6.2.2}$$

여기서 s는 PQ의 길이로서 입자 P에서 고리까지의 거리이다. 전체의 구 껍질이 작용하는 힘의 성분은 $\Delta\theta$의 무한소 극한을 택해 적분하면 된다.

$$F = Gm2\pi\rho R^2\int_0^{\pi}\frac{\sin\theta\,\cos\phi\,d\theta}{s^2} \tag{6.2.3}$$

피적분 함수를 s로 표현하면 적분 값을 쉽게 구할 수 있다. 삼각형 OPQ에 코사인 법칙을 적용하면

$$r^2 + R^2 - 2rR\cos\theta = s^2 \tag{6.2.4}$$

R, r이 상수라는 점을 염두에 두고 이를 미분하면 다음과 같다.

$$rR\sin\theta\ d\theta = s\ ds \tag{6.2.5}$$

한편 같은 삼각형 OPQ에서 ϕ에 대해서는 다음과 같이 쓸 수 있다.

$$\cos\phi = \frac{s^2 + r^2 - R^2}{2rs} \tag{6.2.6}$$

앞의 두 식에서 주어진 치환을 행하고 적분구간을 $[0, \pi]$에서 $[r-R, r+R]$로 바꾸어주면 다음과 같다.

$$\begin{aligned} F &= Gm2\pi\rho R^2\int_{r-R}^{r+R}\frac{s^2 + r^2 - R^2}{2Rr^2s^2}ds \\ &= \frac{GmM}{4Rr^2}\int_{r-R}^{r+R}\left(1 + \frac{r^2 - R^2}{s^2}\right)ds \\ &= \frac{GmM}{r^2} \end{aligned} \tag{6.2.7}$$

여기서 $M = 4\pi\rho R^2$은 구 껍질의 질량이다. 벡터의 형태로 다음과 같이 쓸 수 있다.

$$\mathbf{F} = -G\frac{Mm}{r^2}\mathbf{e}_r \tag{6.2.8}$$

여기서 $\mathbf{e}_r$은 원점 O에서 밖으로 향하는 단위 반경 벡터이다. 위의 결과는 균일한 구 껍질의 물체가 그 밖에 있는 입자를 끌어당길 때 마치 전체의 구 껍질이 그 중심에 모여 있는 것과 같음을 의미한다. 그러므로 **균일한 구형 물체가 그 밖에 있는 입자를 끌어당길 때 마치 구 전체 질량이 중심에 모여 있는 것처럼 인력이 작용한다.** 균일하지 않은 구형의 물체라도 밀도가 중심부터의 거리 r에만 관계되면 똑같은 결과가 성립한다.

균일한 구 껍질 내부에 있는 입자에 작용하는 중력은 영임을 알 수 있다. 이 증명은 연습문제로 남겨둔다(연습문제 6.2 참조).

6.3 행성 운동에 관한 케플러 법칙

행성 운동에 관한 케플러 법칙은 물리학사의 커다란 이정표이다. 그 법칙은 뉴턴의 중력 법칙 유도에 결정적 기여를 했기 때문이다. 케플러는 행성 중에서 지구에 가장 가까우면서도 금성과 달리 타원형 궤도를 갖는 화성의 운동을 상세히 분석함으로써 이 법칙을 유도해냈다. 화성은 매우 정밀하게 관측되었으며, 그 위치는 튀코 브라헤(Tycho Brahe, 1546~1601)가 자세하게 기록했다. 케플러는 또한 그리스 초기의 천문학자 히파르코스(Hipparchus, 기원전 190~125)가 발견한 사실을 이용하기도 했다. 케플러의 세 가지 법칙은 다음과 같다.

I. 타원 법칙(1609)

각 행성의 궤도는 태양을 초점으로 하는 타원이다.

II. 등면적 법칙(1609)

태양과 행성을 잇는 직선은 행성이 태양 주위에서 궤도 운동을 할 때 같은 시간 동안 같은 면적을 지나간다.

III. 조화 법칙(1618)

행성의 항성 주기(항성에서 볼 때 행성이 태양을 한 바퀴 도는 데 걸리는 시간)의 제곱은 행성 궤도 장반경의 세제곱에 비례한다.

뉴턴의 중력 법칙과 역학으로부터 케플러 법칙을 유도한 일은 과학사에서 가장 눈부신 성공 사례 중 하나이다. 당시 영국 왕립학회의 저명한 회원이자 뉴턴의 동료인 몇몇은 태양이 행성에 작용하는 중력이 존재하고, 크기는 거리의 제곱에 반비례하며, 이 사실을 이용해서 케플러의 법칙을 설명할 수 있다고 확신했다. 그러나 케플러의 제2법칙은 궤도상의 행성이 갖는 각운동량이 보존되며 중력이 중심력이라는 것일 뿐 역제곱 법칙과는 무관하다. 아무도 이 관계를 수학적으로 증명할 수 없었다는 사실을 1684년 1월 에드먼드 핼리(Edmond Halley, 1656~1742)는 로버트 훅(Robert Hooke)과 크리스토퍼 렌(Christopher Wren, 1632~1723)에게 지적했다. 실제 상황은 조용히 있었던 뉴턴 외에는 아무도 구형 물체의 중력이 마치 그 중심에 모여 있는 것처럼 보인다고 증명할 수 없었다는 것이다. 훅은 경솔하게도 행성이 타원 궤도를 돌고 있음을 증명할 수 있다고 공언했으나 그 증명 방법을 제시하지 못했다. 그리하여 많은 사람이 문제 해결을 시도함으로써 그 중요성이 부각되었다. 렌은 두 달 안에 이 문제를 푸는 사람에게 40실링(요즈음 비싼 책 한 권 정도의 금액)의 상금을 걸었다. 그러나 훅은 물론 아무도 상금을 타지 못했다!

1684년 8월 핼리가 케임브리지를 방문했을 때 뉴턴의 연구실에 들러서 행성이 역제곱 법칙의 인력을 태양으로부터 받는다면 그 궤도가 어떨 것인가 물었다. 뉴턴은 서슴없이 "타원!"이라고 대답했다. 물론 핼리는 어떻게 이것을 뉴턴이 알고 있는지 물었고 뉴턴은 자신이 이미 수년 전에 계산을 했었다고 답했다. 핼리는 깜짝 놀라 수천 편에 이르는 뉴턴의 연구논문을 모두 뒤져보았으나 계산한 결과를 찾아내지 못했다. 결국 뉴턴은 다시 계산해서 핼리에게 보내겠다고 말했다.

이보다 5년 전인 1679년에 역제곱 법칙을 주장한 훅이 보낸 편지에서 중력의 영향을 받고 떨어지는 물체의 궤도 문제를 문의받고 자극을 받아서 뉴턴은 실제로 이 문제를 풀었었다. 그러나 불행하게도 그가 훅에게 보낸 답장에는 오류가 있었다. 훅은 좋아라 하며 이 오류를 지적했고 화가 난 뉴턴은 다시 집중해서 오류를 바로잡았다. 그러나 두 번째 계산에도 오류가 있었고 아마도 이 때문에 핼리가 질문했을 때 계산한 연구 노트를 발견하지 못했을 수도 있다. 하여튼 뉴턴은 온 심력을 기울여 이 문제를 다시 풀었고 중력의 법칙과 역학 법칙에서 케플러의 세 법칙을 완전하게 유도하여 세 달 안에 핼리에게 논문을 보냈다. 『Principia』는 이렇게 태어난 것이다. 다음 절에서는 우리도 뉴턴의 기본원리에서 출발하여 케플러의 법칙을 유도해보겠다.

6.4 케플러의 제2법칙: 등면적 법칙

각운동량의 보존

케플러의 제2법칙은 태양 주위를 도는 행성의 각운동량이 보존된다는 것을 나타낸다. 이를 입증하기 위해 우선 각운동량을 정의하고 그 보존은 중력의 중심력 특성에 기인하는 일반적 결과임을 보이고자 한다.

정해진 원점으로부터 위치벡터 $\mathbf{r}$에 존재하는 입자의 운동량을 $\mathbf{p}$라 하면 입자의 각운동량(angular momentum)은 $\mathbf{L} = \mathbf{r} \times \mathbf{p}$로 정의된다. 각운동량의 시간 도함수는

$$\frac{d\mathbf{L}}{dt} = \frac{d(\mathbf{r} \times \mathbf{p})}{dt} = \mathbf{v} \times \mathbf{p} + \mathbf{r} \times \frac{d\mathbf{p}}{dt} \tag{6.4.1}$$

인데

$$\mathbf{v} \times \mathbf{p} = \mathbf{v} \times m\mathbf{v} = m\mathbf{v} \times \mathbf{v} = 0 \tag{6.4.2}$$

이므로, 뉴턴의 제2법칙 $\mathbf{F} = d\mathbf{p}/dt$를 써서 다음 결과를 얻었다.

$$\mathbf{r} \times \mathbf{F} = \mathbf{r} \times \frac{d\mathbf{p}}{dt} = \frac{d\mathbf{L}}{dt} \tag{6.4.3}$$

벡터 곱 $\mathbf{N} = \mathbf{r} \times \mathbf{F}$는 좌표계 원점에 대한 입자의 힘의 모멘트, 즉 토크(torque)이다. 만일 $\mathbf{r}$과 $\mathbf{F}$가 동일 직선상에 있다면 벡터 곱은 영이 되고 $d\mathbf{L}/dt$도 영이 된다. 따라서 이 경우 각운동량 $\mathbf{L}$은 운동 상수이다. 힘이 어떤 고정점에서 시작되거나 끝나고 작용선이 반경벡터 $\mathbf{r}$에 놓여 있는 **중심력** $\mathbf{F}$를 받고 움직이는 어떤 입자(또는 행성)라도 이런 각운동량이 보존되는 것은 분명한 사실이다.

한편 벡터 $\mathbf{r}$과 $\mathbf{v}$는 입자가 움직이는 '순간적인' 평면을 결정하고 각운동량 $\mathbf{L}$은 이 평면에 수직이며 크기와 방향이 일정하므로 이 평면의 방향은 공간에서 고정되어 있다. 그러므로 중심력장에서 입자의 운동은 실제로는 2차원 운동처럼 되므로 일반성을 잃지 않으면서 2차원 문제로 다룰 수 있다.

중심력장에서 움직이는 입자의 각운동량과 면적 속도

앞에서 언급했듯이 태양을 중심으로 도는 행성의 면적 속도(areal velocity) $\dot{A}$는 중력의 중심력 특성에만 의존하고, 태양으로부터의 반경방향 거리가 바뀜에 따라 그 힘의 강도가 어떻게 바뀌는지와는 무관하다. 여기서 우리는 이 법칙이 중심력장에서 움직이는 어떤 입자에 대해서도 그 각운동량이 보존된다는 좀 더 일반적인 결과와 동일함을 보일 것이다.

그러기 위해서 중심력장에서 움직이는 입자의 각운동량 크기를 먼저 계산할 것이다. 극좌표계를 사용하여 입자의 운동을 설명할 것이다. 입자의 속도는

$$\mathbf{v} = \mathbf{e}_r\dot{r} + \mathbf{e}_\theta r\dot{\theta} \tag{6.4.4}$$

이고, 여기서 $\mathbf{e}_r$은 원심방향의 단위벡터, $\mathbf{e}_\theta$는 가로방향의 단위벡터이다(그림 6.4.1(a) 참조).

그러면 각운동량의 크기는 다음과 같다.

$$L = |\mathbf{r} \times m\mathbf{v}| = |r\mathbf{e}_r \times m(\dot{r}\mathbf{e}_r + r\dot{\theta}\mathbf{e}_\theta)| \tag{6.4.5}$$

그런데 $|\mathbf{e}_r \times \mathbf{e}_r| = 0$, $|\mathbf{e}_r \times \mathbf{e}_\theta| = 1$이 성립하므로 태양의 중력장 내에서 움직이는 행성을 비롯하여 **중심력장**에서 움직이는 어떤 입자에 대해서도 다음 결과를 얻는다.

그림 6.4.1 중심력장에서 움직이는 입자의 (a) 각운동량 $L = |\mathbf{r} \times m\mathbf{v}|$와 (b) 반경벡터 $\mathbf{r}$에 의해 휩쓸린 넓이 $dA = \frac{1}{2}|\mathbf{r} \times d\mathbf{r}|$

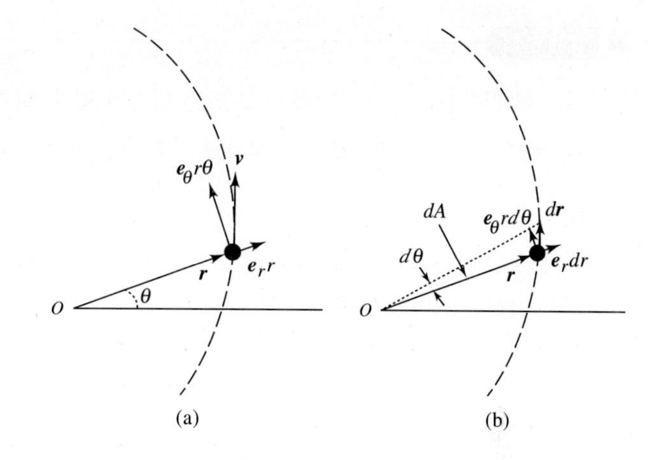

$$L = mr^2\dot{\theta} = \text{상수} \tag{6.4.6}$$

이제 입자의 '면적 속도' $\dot{A}$를 계산하고자 한다. 중심력장의 원점에 대해 상대적인 궤적을 따라서 시간 dt 동안 $d\mathbf{r}$만큼 움직이는 입자의 반경벡터 $\mathbf{r}$에 의해 만들어진 삼각형 면적을 그림 6.4.1(a)에 보이고 있다. 이 조그마한 삼각형의 면적은 다음과 같다.

$$dA = \tfrac{1}{2}|\mathbf{r} \times d\mathbf{r}| = \tfrac{1}{2}|r\mathbf{e}_r \times (\mathbf{e}_r dr + \mathbf{e}_\theta r d\theta)| = \tfrac{1}{2}r(rd\theta) \tag{6.4.7}$$

따라서 면적 속도 dA/dt 혹은 움직이는 입자를 향하는 반경벡터에 의해 '휩쓸리는 면적'의 비율은 다음과 같다.

$$\frac{dA}{dt} = \dot{A} = \tfrac{1}{2}r^2\dot{\theta} = \frac{L}{2m} = \text{상수} \tag{6.4.8}$$

이 관계식을 볼 수 있는 동등한 방법은 $d\mathbf{r} = \mathbf{v}dt$이므로 식 (6.4.7)이 아래와 같이 쓰일 수 있다는 것과 이 식은 다시 식 (6.4.8)로 귀결된다는 것이다.

$$dA = \tfrac{1}{2}|\mathbf{r} \times d\mathbf{r}| = \tfrac{1}{2}|\mathbf{r} \times \mathbf{v}dt| = \frac{L}{2m}dt \tag{6.4.9}$$

따라서 중심력장에서 움직이는 입자의 면적 속도 $\dot{A}$는 직접적으로 각운동량에 비례하고, 결국 이는 케플러가 태양의 중심력장 내에서 움직이는 행성에 대해 밝힌 것과 정확하게 같은 운동 상수이다.

예제 6.4.1

함수 $f(r)$ 형태의 인력인 중심력을 받고 있는 입자가 있다. 여기서 r은 입자와 힘의 중심 사이의 거리이다. 모든 원궤도가 같은 면적 속도 $\dot{A}$를 가질 때 $f(r)$을 구하라.

■ 풀이

중심력에 대한 가속도 $\ddot{\mathbf{r}}$는 가로성분을 갖지 않으므로 완전하게 반경방향을 향한다. 극좌표에서 이 가속도는 식 (1.11.10)에 의해 다음과 같다.

$$a_r = \ddot{r} - r\dot{\theta}^2$$

원궤도에 대해서는 $\ddot{r} = 0$이므로 다음 운동방정식을 얻을 수 있다.

$$-mr\dot{\theta}^2 = f(r)$$

개별 원궤도에 대해 보존되는 물리량인 각운동량의 크기 $L = mr^2\dot{\theta}$를 이용하면

$$-\frac{mr^4\dot{\theta}^2}{r^3} = -\frac{L^2}{mr^3} = f(r)$$

이 되고 개별 궤도에 대한 면적 속도 관계식 $\dot{A} = L/2m$을 사용하면

$$f(r) = -\frac{4m\dot{A}^2}{r^3}$$

이 된다. 그러므로 모든 원궤도가 동일한 면적 속도(각운동량)를 갖는 인력은 r^3에 반비례한다.

6.5 케플러의 제1법칙: 타원 법칙

케플러의 제1법칙을 증명하기 위해 우선 등방성 중심력장에서 움직이는 입자의 궤도에 관한 미분방정식을 유도하고자 한다. 그리고 역제곱 법칙을 적용해서 궤도 방정식을 풀면 된다.

중심력장에서 운동은 한 평면에 국한되며 일반성을 상실하지 않고도 2차원 운동으로 다룰 수 있다는 앞에서의 논의를 기억하고, 3차원 대신 2차원의 극좌표를 사용해서 뉴턴의 운동방정식을 구해보자. 극좌표계에서 미분방정식은

$$m\ddot{\mathbf{r}} = f(r)\mathbf{e}_r \tag{6.5.1}$$

인데, 여기서 $f(r)$은 질량 m인 입자에 작용하는 등방성 중심력이다. 그 힘은 오직 힘의 중심으로부

터 거리 r만의 함수일 뿐(등방성)이고 방향은 반경방향(중심력)임에 유의해야 한다. 식 (1.11.9)와 식 (1.11.10)에서 보였듯이 극좌표계에서 $\ddot{\mathbf{r}}$의 반경성분은 $\ddot{r} - r\dot{\theta}^2$이고 가로 성분은 $2\dot{r}\dot{\theta} + r\ddot{\theta}$이다. 그러므로 운동방정식을 성분별로 쓰면 다음과 같다.

$$m(\ddot{r} - r\dot{\theta}^2) = f(r) \tag{6.5.2a}$$

$$m(2\dot{r}\dot{\theta} + r\ddot{\theta}) = 0 \tag{6.5.2b}$$

위의 두 번째 식은 아래와 같이 되며(식 (1.11.11) 참조)

$$\frac{d}{dt}(r^2\dot{\theta}) = 0 \tag{6.5.3}$$

이것은 다음을 의미한다.

$$r^2\dot{\theta} = \text{상수} = l \tag{6.5.4}$$

한편 식 (6.4.6)에서

$$|\boldsymbol{l}| = \frac{L}{m} = |\mathbf{r} \times \mathbf{v}| \tag{6.5.5}$$

이므로, $\boldsymbol{l}$은 단위 질량당의 각운동량이다. 이 값이 상수라는 것은 입자가 중심력을 받으며 움직일 때 각운동량이 보존된다는 이미 알고 있는 결과를 되풀이하는 것에 불과하다.

일단 중심력 $f(r)$이 주어지면 원칙적으로 식 (6.5.2a, b)의 미분방정식을 풀어서 r과 θ를 t의 함수로 구할 수 있다. 그렇지만 우리는 흔히 시간 t와 무관한, 공간에서 입자의 경로인 **궤도**에만 관심을 두는 경우가 많다. 궤도방정식을 구하려면 다음과 같이 정의되는 새로운 변수 u를 사용한다.

$$r = \frac{1}{u} \tag{6.5.6}$$

그러면

$$\dot{r} = -\frac{1}{u^2}\dot{u} = -\frac{1}{u^2}\dot{\theta}\frac{du}{d\theta} = -l\frac{du}{d\theta} \tag{6.5.7}$$

가 되는데, 식 (6.5.4)와 식 (6.5.6)에서 다음 결과를 위 식에 이용했다.

$$\dot{\theta} = lu^2 \tag{6.5.8}$$

식 (6.5.7)을 한 번 더 미분하면 다음을 얻는데

$$\ddot{r} = -l\frac{d}{dt}\frac{du}{d\theta} = -l\frac{d\theta}{dt}\frac{d}{d\theta}\frac{du}{d\theta} = -l\dot{\theta}\frac{d^2u}{d\theta^2} = -l^2u^2\frac{d^2u}{d\theta^2} \tag{6.5.9}$$

$r, \dot{\theta}, \ddot{r}$에 대한 이 식들을 식 (6.5.2a)에 대입하면 다음을 얻는다.

$$m\left[-l^2u^2\frac{d^2u}{d\theta^2}-\frac{1}{u}(l^2u^4)\right]=f(u^{-1}) \tag{6.5.10a}$$

이 식을 간략화하면 다음과 같다.

$$\frac{d^2u}{d\theta^2}+u=-\frac{1}{ml^2u^2}f(u^{-1}) \tag{6.5.10b}$$

이 식은 중심력장에서 움직이는 입자의 궤도방정식(軌道方程式, equation of the orbit)이다. 그 해는 u(따라서 r)를 θ의 함수로 표현한다. 한편 반대로 궤도가 극좌표 $r=r(\theta)=u^{-1}$의 형태로 주어지면 이를 미분해서 $d^2u/d\theta^2$을 얻고 미분방정식에 대입해서 힘을 구할 수 있다.

예제 6.5.1

어떤 입자가 중심력장에서 다음과 같은 나선형 궤도로 움직일 때 힘을 구하라.

$$r=c\theta^2$$

■ 풀이

아래의 식

$$u=\frac{1}{c\theta^2}$$

그리고

$$\frac{du}{d\theta}=\frac{-2}{c}\theta^{-3} \qquad \frac{d^2u}{d\theta^2}=\frac{6}{c}\theta^{-4}=6cu^2$$

으로 됨을 알고 있으므로 식 (6.5.10b)에서 다음을 알 수 있다.

$$6cu^2+u=-\frac{1}{ml^2u^2}f(u^{-1})$$

그러므로

$$f(u^{-1})=-ml^2(6cu^4+u^3)$$

그리고

$$f(r) = -ml^2\left(\frac{6c}{r^4} + \frac{1}{r^3}\right)$$

따라서 힘은 역 세제곱과 역 네제곱 힘의 복합이다.

예제 6.5.2

예제 6.5.1에서 각도 θ를 시간 t의 함수로 구하라.

■ 풀이

$l = r^2\dot{\theta}$가 상수임을 이용하면

$$\dot{\theta} = lu^2 = l\frac{1}{c^2\theta^4}$$

또는

$$\theta^4 d\theta = \frac{l}{c^2}dt$$

가 되어 이를 적분하면 다음 결과를 얻는다.

$$\frac{\theta^5}{5} = lc^{-2}t$$

여기서 $t = 0$일 때 $\theta = 0$으로 하여 적분상수를 영으로 택했다. 이때 다음과 같이 쓸 수 있다.

$$\theta = \alpha t^{1/5}$$

여기서 α는 상수이며 크기는 $(5lc^{-2})^{1/5}$이다.

역제곱 법칙

이번에는 중력의 영향을 받는 입자의 궤도에 관한 식 (6.5.10b)를 풀어보자. 이 경우

$$f(r) = -\frac{k}{r^2} \tag{6.5.11}$$

이고, 상수는 $k = GMm$이다. 이 장에서는 항상 $M \gg m$이고 공간에서 고정되어 있다고 가정하겠다. 질량이 작은 입자의 궤도를 계산하려고 한다($M \approx m$인 경우나 M이 m보다 그리 크지 않을 경우에

는 수정이 필요하다. 상세한 사항은 7장에서 다룰 것이다). 이때 궤도방정식 (6.5.10b)는 다음과 같다.

$$\frac{d^2u}{d\theta^2} + u = \frac{k}{ml^2} \tag{6.5.12}$$

위 식은 단조화 진동자를 설명하는 방정식과 같은 형태이지만 상수항을 더 포함하고 있다. 그 일반해는

$$u = A\cos(\theta - \theta_0) + \frac{k}{ml^2} \tag{6.5.13}$$

또는

$$r = \frac{1}{k/ml^2 + A\cos(\theta - \theta_0)} \tag{6.5.14}$$

이다.

적분상수 A와 θ_0는 초기조건 혹은 어떤 특정 시간에서의 입자의 위치와 속도 값으로부터 구할 수 있다. 그러나 θ_0는 항상 입자의 극좌표 각도를 측정하는 데 사용되는 좌표축의 단순 회전에 의해 조정된다. 편의상 $\theta_0 = 0$이라 두는데 이 방향은 입자가 원점에 최대한 가까워질 수 있는 위치라는 의미이다. 따라서 식 (6.5.14)를 다음과 같이 다시 쓸 수 있다.

$$r = \frac{ml^2/k}{1 + (Aml^2/k)\cos\theta} \tag{6.5.15}$$

이 식은 초점에 원점을 두고 있는 타원 방정식이다. 이 경우 입자의 운동은 구속되어 있다(그림 6.5.1 참조).

타원은 두 **초점** f, f'으로부터 거리의 합이 일정한 점의 궤적으로 정의한다. 즉,

$$r + r' = 상수 = 2a \tag{6.5.16}$$

여기서 a는 타원의 장반경이고 두 초점은 중심에서 ϵa만큼 떨어져 있고, ϵ은 타원의 **이심률**(異心率, eccentricity)이라 한다. 식 (6.5.15)가 타원의 정의에 부합하는지를 알기 위해 코사인 법칙을 사용하여 r과 r' 사이의 관계식을 먼저 찾아보자(그림 6.5.1 참조).

$$\begin{aligned} r'^2 &= r^2\sin^2\theta + (2\epsilon a + r\cos\theta)^2 \\ &= r^2 + 4\epsilon a(\epsilon a + r\cos\theta) \end{aligned} \tag{6.5.17}$$

여기에 기본정의인 $r' = 2a - r$을 대입하면 다음을 얻는다.

$$r = \frac{a(1-\epsilon^2)}{1+\epsilon\cos\theta} \tag{6.5.18a}$$

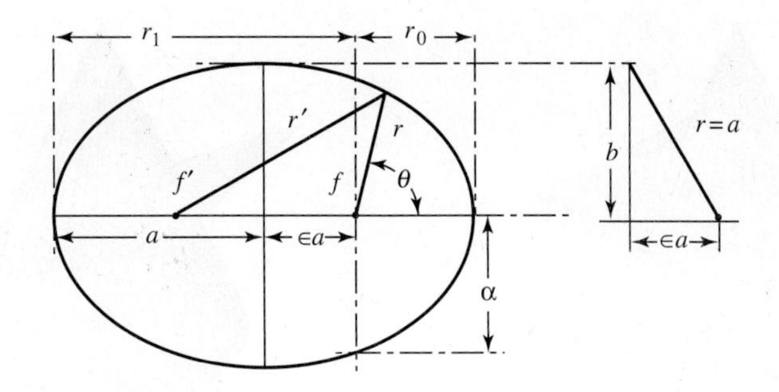

그림 6.5.1 타원

- f, f' 타원의 두 초점(焦點, focus)
- a 장반경(張半徑, semimajor axis)
- b 단반경(短半徑, semiminor axis): $b = (1 - \epsilon^2)^{1/2}a$
- ϵ 이심률(異心率, eccentricity): 초점은 중심에서 ϵa만큼 벗어나 있음
- α 통경(通徑, latus rectum): $\alpha = (1 - \epsilon^2)a$, 초점에서 장반경에 수직한 선이 타원과 만나는 점까지의 거리
- r_0 초점에서 근점(近点, pericenter)까지의 거리: $r_0 = (1 - \epsilon)a$
- r_1 초점에서 원점(遠点, apocenter)까지의 거리: $r_1 = (1 + \epsilon)a$

그림 6.5.1에서 보듯이 $\theta = \pi/2$일 때 $r = a(1 - \epsilon^2) = \alpha$가 되어서 타원의 통경(通徑, latus rectum)이 된다. 그러므로 식 (6.5.18a)는 다음과 같이 쓸 수 있다.

$$r = \frac{\alpha}{1 + \epsilon \cos\theta} \tag{6.5.18b}$$

이 식은 다음의 α와 ϵ을 가질 때 식 (6.5.15)와 대등하다.

$$\alpha = \frac{ml^2}{k} \tag{6.5.19}$$

$$\epsilon = \frac{Aml^2}{k} \tag{6.5.20}$$

비록 식 (6.5.18a, b)가 타원에 대해 유도되었지만 그 이상의 일반성을 지니고 있으며 타원 궤도 외의 원뿔 곡선(conic section)도 설명한다.

원뿔 곡선은 원뿔을 평면으로 자를 때 생긴다(그림 6.5.2(a)~(d) 참조). 원뿔의 축과 평면의 각도에 따라서 결과가 다른데 식 (6.5.18a, b)의 이심률 ϵ과 관계가 있다. 식 (6.5.18a, b)는 $0 < \epsilon < 1$일 때 타원이고 절단각은 원뿔의 생성각 β보다 크지만 $\pi/2$보다는 작다(그림 6.5.2(b) 참조). 원에 대한 방정식 $r = a$는 $\epsilon = 0$일 때 생기는데 그 절단면은 원뿔축에 수직이다(그림 6.5.2(a) 참조). $\epsilon \to 1$, $a \to \infty$이지만 $\alpha = a(1 - \epsilon^2)$은 유한하게 극한을 택하면 식 (6.5.18a)는 포물선이 되고 절단각은 β이다(그림 6.5.2(c) 참조). 마지막으로 $\epsilon > 1$일 때 식 (6.5.18a, b)는 쌍곡선이 되고 절단각은 0과 β 사

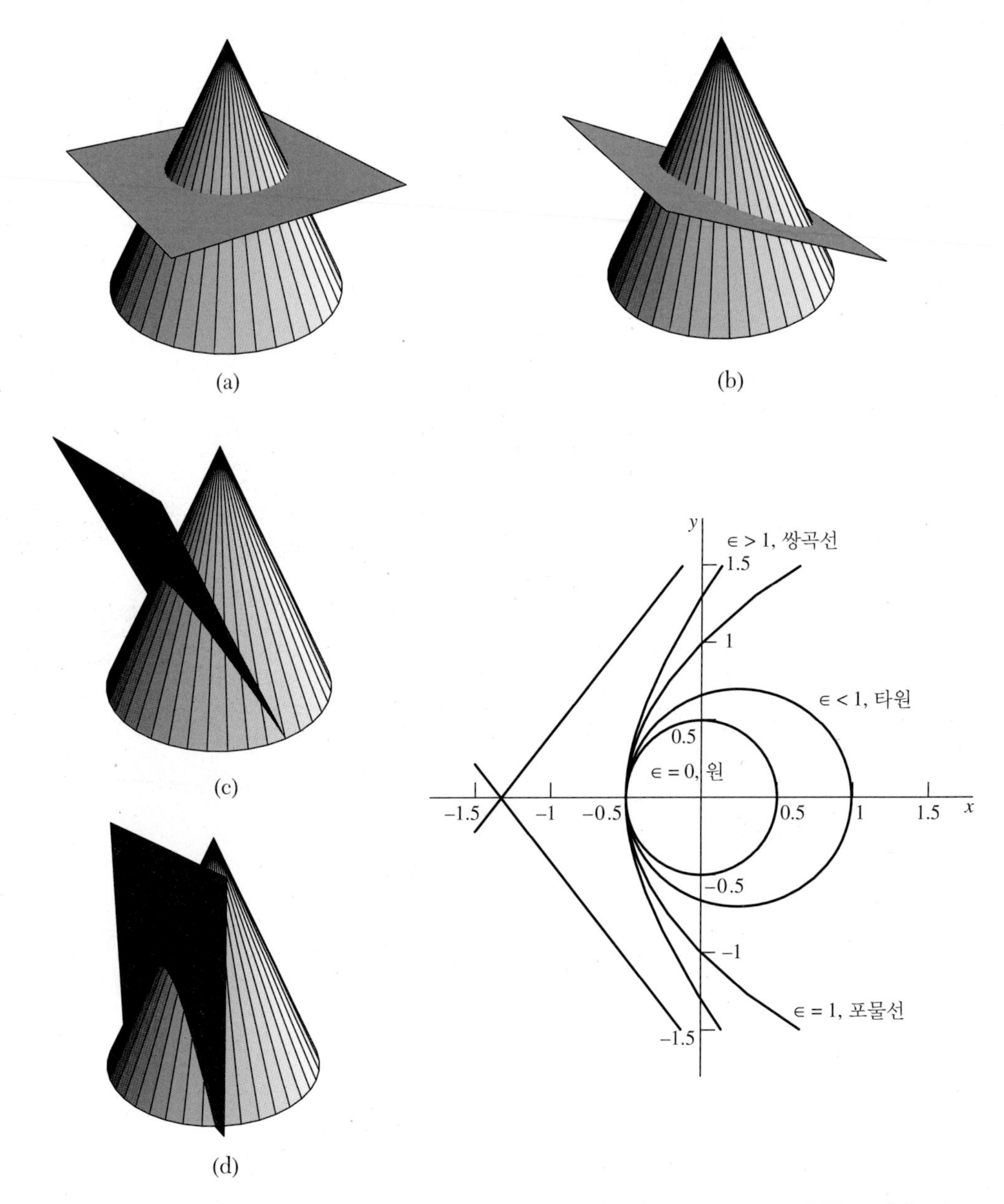

그림 6.5.2 (a) 원($\epsilon = 0$), (b) 타원($\epsilon < 1$), (c) 포물선($\epsilon = 1$), (d) 쌍곡선($\epsilon > 1$), (e) 모든 원뿔 곡선의 종류

이에 있다(그림 6.5.2(d) 참조) 그림 6.5.2(a)~(d)의 각 평면에 수직인 위치에 있는 관측자가 본 각기 다른 절단면이 그림 6.5.2(e)에 나타나 있다.

태양 주위 행성의 타원 궤도를 다룰 때(그림 6.5.1 참조) r_0는 **근일점**(近日点, perihelion), 즉 태양에 가장 가까워지는 점이고, r_1은 **원일점**(遠日点, aphelion), 즉 태양으로부터 가장 멀어지는 점이라 한다. 지구 주위의 달의 궤도나 인공위성의 궤도에 대해서는 각각 **근지점**(近地点, perigee) 또는 **원지점**(遠地点, apogee)이라 불린다. 식 (6.5.18b)에서 이들은 $\theta = 0$, $\theta = \pi$일 때의 r 값들이다.

$$r_0 = \frac{\alpha}{1+\epsilon} \tag{6.5.21a}$$

$$r_1 = \frac{\alpha}{1-\epsilon} \tag{6.5.21b}$$

행성들의 궤도이심률(orbital eccentricity)은 매우 작다(표 6.6.1 참조). 가령 지구 궤도의 경우에는 $\epsilon = 0.017$, $r_0 = 91{,}000{,}000$ mi, $r_1 = 95{,}000{,}000$ mi이다. 반면에 혜성들은 일반적으로 궤도이심률이 매우 크다. 예로 핼리혜성의 경우 궤도이심률은 0.967이고 근일점에서 태양까지의 거리는 55,000,000 mi이지만 원일점에서는 해왕성의 궤도 바깥까지 미친다. 포물선 또는 쌍곡선 궤도를 가진 혜성도 많다.

궤도가 가진 에너지는 열린 원뿔 곡선(포물선, 쌍곡선)인지 닫힌 원뿔 곡선(원, 타원)인지를 결정하는 주요 요소이다. '높은' 에너지의 물체는 열리고 속박되지 않은 궤도를 도는 한편, '낮은' 에너지의 물체는 닫히고 속박된 궤도를 따라서 돈다. 6.10절에서는 이것을 좀 더 상세히 다루겠다. 비관성계의 입장에서 보면 완전한 원형 궤도란 행성의 중력과 원심력이 정확하게 균형을 이루는 것을 말한다. 이런 면에서 행성의 궤도가 거의 원형이라는 사실은 놀랄 만하다.

초기조건에서 어떻게 이러한 상황이 일어날지를 상상하기는 힘들다. 어떤 행성이 태양 주위로 약간 더 돌진하면 원심력이 중력보다 약간 클 것이고 행성도 태양에서 약간 멀어질 것이다. 이러면서 중력이 원심력을 제압할 때까지 행성은 속도가 줄어든다. 그러면 행성은 다시 태양 가까이로 끌리면서 속도를 얻게 된다. 원심력이 다시 강해져서 중력을 이기게 되고 이 과정이 되풀이된다. 그러므로 균형에서 약간 벗어난 중력과 원심력 사이의 상호견제의 결과로 타원 궤도가 생긴다. 이 힘들은 궤도의 안정성을 유지하도록 커졌다 작아졌다 한다. 안정성의 판단 기준은 6.13절에서 논의할 것이다.

이 두 힘이 궤도상에서 항상 완전히 균형을 이루는 방법은 행성이 이에 꼭 맞는 속도로 운동을 시작한 경우일 것이다. 말하자면 태초에 딱 알맞은 특별한 초기조건을 만족해야 한다. 자연현상이 어떻게 되어서 이렇게 완전한 초기조건으로부터 시작되었는지는 이해하기 어렵다. 그러므로 행성이 태양에 속박되려면 케플러 말대로 타원 궤도를 도는 것이 가장 있음 직한 일이다. 물론 태양계가 진화하는 동안 무슨 변화가 있어서 행성이 원형 궤도를 돌게 되었다면 별개의 문제이다. 어떤 경우에 이런 일이 있을 수 있는지는 숙제로 남겨두겠다.

예제 6.5.3

지구 주위의 원형 궤도를 선회하는 인공위성의 속력을 계산하라.

■ 풀이

원운동의 경우 이심률 $\epsilon = 0$(식 (6.5.18a)와 식 (6.5.19))이므로 궤도 반지름은 $r_c = a = \alpha = ml^2/k$이다. 지구의 중력장 안에서 힘 상수는 $k = GM_e m$이고, 여기서 M_e는 지구 그리고 m은 인공위성의 질량이다. 단위 질량당 위성의 각운동량은 $l = v_c r_c$이고, 여기서 v_c는 위성의 속력이다. 그러므로 다음이 성립한다.

$$r_c = \frac{m(v_c r_c)^2}{GM_e m}$$

$$\therefore v_c^2 = \frac{GM_e}{r_c}$$

예제 2.3.2에서 배운 것처럼 지구표면에서 중력 문제를 고려하면 $mg = GM_e m/R_e^2$이므로 $GM_e = gR_e^2$으로 계산할 수 있다. 여기서 R_e는 지구의 반지름이다. 그러므로 인공위성의 속력은 다음과 같다.

$$v_c = \left(\frac{gR_e^2}{r_c}\right)^{1/2}$$

지구표면에 가까운 궤도를 도는 위성의 경우 $r_c \approx R_e$이므로 속력은 $v_c \approx (gR_e)^{1/2} = (9.8\ \mathrm{ms^{-1}} \times 6.4 \times 10^6\ \mathrm{m})^{1/2} = 7{,}920\ \mathrm{m/s}$가 되어 거의 8 km/s에 가깝다.

예제 6.5.4

우주선을 가장 효율적으로 달에 보내는 방법은 우선 지구 주위의 원궤도에 올려놓은 후 속도를 높여 타원 궤도가 되도록 하는 것이다. 그림 6.5.3에서 볼 수 있듯이 그 시작점은 근지점이 되고 달은 원지점이 된다. 이러한 궤도가 되려면 속력을 몇 % 올려야 할까? 우주선은 초기에 낮은 원형 궤도에 있다고 가정하라. R_e를 지구의 반지름이라 한다면 달까지의 거리는 대략 $60R_e$이다.

■ 풀이

원형 궤도에 존재하는 우주선의 궤도 반지름과 속도는 앞의 예제 6.5.3에서 계산했다. 새 궤도의 근지점까지의 거리는 $r_0 = R_e$이다. 원지점 $r_1 = 60R_e$가 되는 데 필요한 우주선의 속도를 v_0라 하자. 초기의 원형 궤도에서 이심률은 영이므로 다음을 얻는다(식 (6.5.19), (6.5.21a)).

$$r_0 = \frac{\alpha_c}{\epsilon + 1} = \alpha_c = \frac{ml_c^2}{k}$$

그림 6.5.3 원형 궤도에서 타원 궤도로 바꾸는 우주선

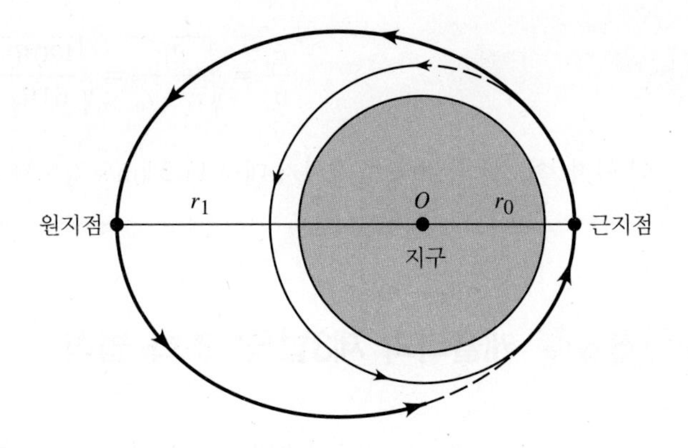

그러나 원형 궤도에서 단위 질량당 각운동량 l_c는 일정하므로(식 (6.5.4))

$$l_c = r^2\dot{\theta} = r_0^2\dot{\theta}_0 = r_0 v_c$$

이 식을 위의 첫 식에 대입하면 다음 결과를 얻는다.

$$r_0 = \frac{k}{mv_c^2}$$

근지점에서 v_c부터 v_0로 속력을 올린 후에는 이심률이 다음과 같은 타원 궤도로 된다.

$$\epsilon = \frac{\alpha}{r_0} - 1 = \frac{ml^2}{kr_0} - 1 = \frac{mv_0^2 r_0}{k} - 1$$

여기서 단위 질량당 새로운 각운동량 $l = v_0 r_0$를 사용했다. 앞서 계산한 r_0를 대입하면 타원 궤도가 되는 데 필요한 속도의 증가율을 알 수 있다.

$$\left(\frac{v_0}{v_c}\right)^2 = \epsilon + 1$$

타원의 기하학에서 이심률은 원지점에 대한 근지점의 거리 비로 구할 수 있다.

$$r_1 = (1+\epsilon)a = (1+\epsilon)\frac{(r_1 + r_0)}{2}$$

$$\therefore (1+\epsilon) = \left(\frac{v_0}{v_c}\right)^2 = \frac{2r_1}{r_1 + r_0}$$

숫자를 넣어 계산하면

$$\frac{v_0}{v_c} = \sqrt{\frac{2r_1}{r_1 + r_0}} = \sqrt{\frac{120R_e}{61R_e}} = 1.40$$

이 되어, 속도를 약 40% 증가시켜 대략 11.2 km/s 정도가 되어야 한다.

6.6 케플러의 제3법칙: 조화 법칙

태양으로부터의 거리와 공전주기의 관계를 설명하는 케플러의 제3법칙을 왜 조화 법칙이라 부를까? 행성 운동의 신비를 알아내려는 어떤 위대한 과학자만큼이나 케플러의 연구도 지식에 대한 탐구욕과 개인적 신념이 과학 발달에 심오한 영향을 미치는 좋은 자료이다. 세상은 때때로 그에게 모질게 대했지만 케플러는 세상이 근본적으로 아름다운 곳이라고 확신했다. 케플러는 천체의 조화에 관한 피타고라스(Pythagoras)의 학설을 믿었다. 세상이 시끄럽고 행성들이 부조화스러운 이유는 인간이 아직 세상의 진정한 조화가 무엇인지를 깨닫지 못했기 때문이라는 것이다. 그의 저서 『Harmonice Mundi(세상의 조화)』에서 케플러는 그보다 2000년 전 피타고라스처럼 행성 운동을 온갖 기하학적 모형, 숫자, 음악의 화음 같은 추상과 조화로 연결지으려 했지만 실패했다. 그러나 이 그 중에 그의 끈질긴 노력의 결과로 귀중한 진리를 알게 되었다. 바로 조화 법칙이라 불리는 케플러의 제3법칙이다. 이것이야말로 천구(天球)의 음악을 보여주는 악보인 것이다.

뉴턴의 운동법칙과 중력법칙에서 케플러의 제3법칙을 유도해보자. 식 (6.4.7b)에서 케플러의 제2법칙은 다음과 같다.

$$\dot{A} = \frac{L}{2m} \tag{6.6.1}$$

위 식을 전체 궤도에 대해 적분하면 궤도가 이루는 넓이는 주기와 단위 질량당 각운동량 $l = L/m$으로 표현할 수 있다.

$$\begin{gathered} \int_0^\tau \dot{A}dt = A = \frac{l}{2}\tau \\ \tau = \frac{2A}{l} \end{gathered} \tag{6.6.2}$$

잘 알다시피 타원의 넓이는 πab이다. 따라서 다음을 얻는다.

$$\tau = \frac{2\pi ab}{l} = \frac{2\pi a^2\sqrt{1-\epsilon^2}}{l} \tag{6.6.3}$$

혹은

표 6.6.1 행성에 관한 데이터

	주기		장반경		이심률
행성	τ(yr)	τ^2(yr^2)	a(AU)	a^3(AU^3)	ϵ
수성	0.241	**0.0581**	0.387	**0.0580**	0.206
금성	0.615	**0.378**	0.723	**0.378**	0.007
지구	1.000	**1.000**	1.000	**1.000**	0.017
화성	1.881	**3.538**	1.524	**3.540**	0.093
목성	11.86	**140.7**	5.203	**140.8**	0.048
토성	29.46	**867.9**	9.539	**868.0**	0.056
천왕성	84.01	**7058.**	19.18	**7056.**	0.047
해왕성	164.8	**27160.**	30.06	**27160.**	0.009
명왕성	247.7	**61360.**	39.440	**61350.**	0.249

$$\begin{aligned}\tau^2 &= \frac{4\pi^2 a^4}{l^2}(1-\epsilon^2) \\ &= \frac{4\pi^2 a^4}{l^2}\frac{\alpha}{a} = 4\pi^2 a^3 \frac{\alpha}{l^2}\end{aligned} \tag{6.6.4}$$

태양 주위의 행성 운동을 잘 나타내는 관계식 $\alpha = ml^2/k$(식 (6.5.19))과 힘 상수 $k = GM_{\odot}m$($M_{\odot}$은 태양의 질량)을 식 (6.6.4)에 대입하면 케플러의 제3법칙이 된다.

$$\tau^2 = \frac{4\pi^2}{GM_{\odot}}a^3 \tag{6.6.5}$$

행성의 공전주기의 제곱은 태양으로부터 '거리'의 세제곱에 비례한다. 이 '거리'는 타원 궤도에서는 장반경의 길이를 일컫지만 원형 궤도에서는 반지름과 같다.

상수 $4\pi^2/GM_{\odot}$은 태양 주위를 도는 모든 물체의 질량과 무관하게 동일하다.[3] 만약 거리는 천문단위(天文單位, astronomical unit, 1 AU = 1.50×10^8 km)로, 그리고 주기는 지구의 주기인 년(年)으로 측정한다면 $4\pi^2/GM_{\odot} = 1$이 된다. 그러면 케플러의 제3법칙은 간단히 $\tau^2 = a^3$이 된다. 표 6.6.1에는 태양 주위의 모든 행성에 대해서 주기와 그 제곱, 장반경의 길이와 그 세제곱, 이심률이 실려 있다.

(주의: 수성, 화성, 명왕성 외 대부분의 행성은 거의 원형 궤도를 유지하고 있다.)

3) 만약 어느 한 행성과 태양과의 관계만을 따진다면 두 물체는 그들의 공통된 질량중심에 대해 궤도 운동을 하게 된다. 좀 더 정확한 궤도 운동에 관한 설명은 7.3절에서 다룬다. 그곳에서는 더 정교하게 교정된 '상수' $4\pi^2/G(M_{\odot}+m)$을 사용하지만 그 차이는 그다지 크지 않다.

예제 6.6.1

장반경이 4 AU인 혜성의 주기를 구하라.

■ 풀이

주기 τ는 년(年)으로, a는 AU로 측정하면 다음과 같다.

$$\tau = 4^{3/2}\text{년} = 8\text{년}$$

태양계에는 이와 주기가 비슷한 혜성이 약 20개 있는데 그 원일점은 목성의 궤도에까지 이른다. 이들은 목성의 혜성 무리라 하는데 핼리혜성은 포함되지 않는다.

예제 6.6.2

거의 원형의 지구 저궤도(LEO: low earth orbit)를 갖는 위성의 고도는 대략 200마일이다.

(a) 이 위성의 주기를 계산하라.

(b) 지구를 궤도 운동하는 정지위성(geosynchronous satellite)은 적도면상으로 24시간의 주기로 돈다. 따라서 지상에서 보면 이것은 마치 정지된 점을 맴도는 것 같이 보인다(이는 여러분이 위성 TV 안테나를 공중의 정해진 한 점을 향하도록 설치하는 이유이기도 하다). 이 궤도의 반지름은 얼마인가?

■ 풀이

(a) 원형 궤도인 경우

$$\frac{GM_E m}{R^2} = m\frac{v^2}{R} = m\frac{4\pi^2 R^2/\tau^2}{R}$$

이 식을 τ에 대해 풀어보면

$$\tau^2 = \frac{4\pi^2}{GM_E}R^3$$

놀랄 만한 일은 아니지만 이 식은 지구 주위를 궤도 운동하는 케플러의 제3법칙이다. $R = R_E + h$라 두면

$$\tau^2 = \frac{4\pi^2}{GM_E}R_E^3\left(1 + \frac{h}{R_E}\right)^3$$

으로 되는데, 여기서 h는 지구상 위성의 고도이다. 그리고 $GM_E/R_E^2 = g$이므로

$$\tau = 2\pi\sqrt{\frac{R_E}{g}}\left(1+\frac{h}{R_E}\right)^{3/2} \approx 2\pi\sqrt{\frac{R_E}{g}}\left(1+\frac{3h}{2R_E}\right)$$

수치 $R_E = 6{,}371$ km, $h = 322$ km를 대입하면 $\tau \approx 90.8$분 ≈ 1.51시간이다.

케플러의 제3법칙이 뉴턴의 운동법칙과 중력법칙의 미분형이고 이는 또 서로 궤도 운동을 하고 있는 어떤 쌍의 물체에도 적용할 수 있음을 안다면 위의 결과를 다른 방식으로 구할 수도 있다. 달은 반지름 $60.3R_E$로 27.3일[4]에 한 번씩 지구 주위를 돌고 있다. 그러므로 케플러의 제3법칙에 이 값(1개월 = 27.3일 그리고 1달 단위(LU: lunar unit) = $60.3R_E$)을 적용하면

$$\tau^2\,(\text{개월}) = R^3\,(\text{LU})$$

이다. 따라서 LEO 위성의 $R = \frac{6693}{6371}\,R_E = 1.051R_E = \frac{1.051R_E}{60.3\,R_E/LU} = 0.01743$ LU, τ(개월) $= R^{3/2}[\text{LU}] = (0.01743)^{3/2}$개월 $= 0.002301$개월 $\equiv 1.51$시간이다.

(b) 케플러의 제3법칙을 다시 사용하면 다음 관계를 갖는다.

$$R_{geo} = \tau^{2/3} = \left(\frac{1}{27.3}\right)^{2/3} = 0.110\ LU \equiv 6.65R_E \approx 42{,}400\ \text{km}$$

중력의 일반성

뉴턴 물리학은 19세기 위르뱅 장 르베리에(Urbain Jean Leverrier, 1811~1877)의 해왕성 발견에 결정적 역할을 했다. 오랫동안 성서적 학설과의 갈등에 휩쓸려 있던 시대에 새로운 방법론이 세상의 모든 개념을 주도하게 되는 과학사의 일대 전환의 계기가 되었다. 이야기는 알프스의 한 농부의 아들로 태어난 알렉시스 부바르(Alexis Bouvard)에서 시작된다. 그는 파리에 유학 가서 과학을 공부했는데 다른 행성들의 인력으로는 설명할 수 없는 천왕성의 비규칙적인 운동을 알아내었다. 그 이후 비규칙성에 대해 더욱 자세히 알게 되면서 천왕성의 운동에 영향을 미치는 미지의 행성이 존재한다는 의견이 천문학자들 사이에 널리 퍼져 있었다.

1842~1843년에 케임브리지대학교의 수재 존 카우치 애덤스(John Couch Adams)는 이 문제를 연구하기 시작했고 1845년 9월 왕실 천문학자 조지 에어리(George Airy)와 케임브리지 천문대장 제임스 챌리스(James Challis)에게 미지 행성의 좌표에 관한 결과를 제출했다. 학생의 신분으로

---

4) 이를 **항성달**(sidereal month)이라 하며, 항성 주위를 완전하게 360° 회전하는 데 걸리는 시간이다. 현재 우리가 친숙해져 있는 달은 **합성달**(synodic month)인 29.5일의 주기를 갖는데, 이는 달이 모든 위상(보름달부터 다음 보름달까지)을 거치는 데 걸리는 시간이다.

연필과 종이만 가지고 천왕성에 관한 자료와 알려진 물리학 법칙을 활용해서 아직 발견 안 된 행성의 존재와 위치를 정확히 예측할 수 있다는 사실이 두 사람의 대가에게는 납득이 안 되었다. 더구나 에어리는 중력의 역제곱 성질에 큰 의문을 품고 있었다. 실제로 거리가 멀면 역제곱 법칙보다 빨리 영으로 된다고 그는 믿었다. 그래서 에어리와 챌리스는 이를 무시함으로써 해왕성을 발견하지 못한 천문학자로서의 운명의 길을 걷게 된 것이다.

이 무렵 르베리에도 같은 문제를 연구했다. 1846년 그는 미지 행성의 궤도를 계산했고 천구(天球)에서의 위치를 정확히 예측했다. 에어리와 챌리스는 놀랍게도 르베리에의 결과가 애덤스의 계산과 일치함을 깨달았다. 챌리스는 곧바로 미지의 행성을 찾으려 관측을 시작했다. 그러나 케임브리지에는 찾고자 하는 영역에 관한 자세한 별자리표가 부족해서 행성 탐색은 매우 공이 드는 작업이었고 얻는 데이터는 방대한 분량이었다. 챌리스가 열의와 강인한 의지를 가지고 계속해서 탐색했더라면 해왕성을 분명히 발견했을 것이다. 자기가 찍은 사진 건판에 나타나 있었기 때문이다. 불행하게도 그는 일을 지연시켰다. 이 무렵 견디다 못한 르베리에는 베를린 천문대의 천문학자인 요한 갈레(Johann Galle, 1812~1910)에게 편지를 보내서 독일 천문대의 대형 굴절 망원경으로 천구의 지정된 영역에 접시 모양의 물체가 있는지 확인해주기를 요청했다. 당시의 망원경으로는 접시 모양의 물체는 행성임에 틀림없기 때문이다. 르베리에의 편지가 도착하기 얼마 전에 베를린 천문대는 베를린 학술원으로부터 이 부분에 관한 자세한 별자리표를 제공받았다. 르베리에의 편지를 받은 1846년 9월 23일 찍은 사진과 별자리표를 비교한 결과 르베리에가 말하는 행성은 9등급의 새로운 물체임이 곧바로 확인되었다. 이것은 해왕성(Neptune)으로 이름 지어졌다. 뉴턴의 물리학은 그 이전 어느 때보다 승승장구했다. 물리학의 법칙으로 거대한 우주에 대해 확인 가능한 예측을 할 수 있다는 점에서 과학은 전혀 기대하지 못했던 위력을 보여준 것이다.

그 이후 더욱 멀리까지 관측된 천체는 뉴턴의 법칙과 일치한다는 사실이 계속 밝혀졌다. 중력장이 매우 크거나 아주 짧은 거리 등 일반 상대성 이론이 적용되는 특별한 경우를 제외하고는 문자 그대로 '만유인력'이다. 우리 은하계의 쌍성계(binary star system)는 좋은 예이다. 이 별들은 중력으로 결합되어 있으므로 뉴턴 역학으로 잘 설명된다. 이에 관해서는 다음 장에서 살펴볼 것이다. 결과적으로 중력의 일반 보편성과 운동법칙에 관한 신념이 확고해졌기 때문에 이를 어기는 천체의 운동은 해왕성의 발견으로 이어진 천왕성의 운동처럼 과학자들이 미지 존재의 탐색으로 대단히 반기는 현상이 되었다. 물리학의 법칙을 뒤엎는 일은 매우 드물다. 그러나 나중에 다룰 두 가지 유명한 예는 물리학을 뒤엎는 혁명적 계기가 되었다.

우주에 있는 암흑물질의 탐색에서 알 수 있듯이 눈에 안 보이는 소란(disturbance)을 찾아내는 바람직한 시나리오가 현대 천문학에서 많이 진행되고 있다. 눈에 보이는 물질보다 10배나 많은 엄청난 양의 암흑물질이 우주를 채우고 있다고 믿는 이유 중 하나는 1000억 개나 되는 항성들이 원판 모양으로 모여서 돌고 있는 나선형 은하계의 운동에서 찾을 수 있다. 은하계의 중심에서 반경 방향 거리의 함수로 항성들의 회전속도를 그려보면 은하계에 대한 그 곡선은 케플러의 법칙을 따

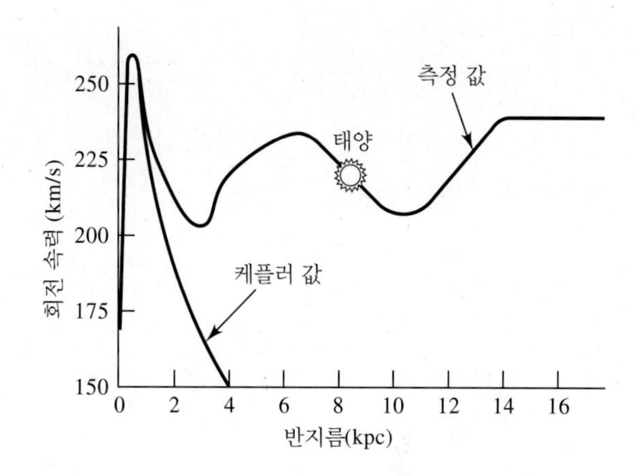

그림 6.6.1 은하계의 회전 속력. 태양의 속력은 약 220 km/s이고 은하계 중심으로부터의 거리는 약 8.5 kpc(≈ 28,000광년)이다.

르지 않는 것처럼 보인다. 이러한 예가 그림 6.6.1에 나타나 있다. 나선 은하계의 대부분의 발광 물질은 반지름이 수천 광년 되는 중심부에 모여 있다. 나머지 발광 물질은 반지름이 5만 광년이나 되는 나선형으로 바깥으로 뻗혀 있다. 이 별들은 전체적으로 항성, 가스, 먼지 등의 자체 중력에 인한 집합체처럼 그 질량중심 주위를 서서히 회전한다. 그림 6.6.1에서 보는 회전 곡선은 케플러형이 아님이 분명하다.

나선 은하계의 문제점은 간단한 예로 설명할 수 있다. 은하계의 전체 질량이 반지름 R인 핵 부위 내부에 집중되어 있고 이 안에 항성들이 균일한 밀도로 분포되어 있다고 가정하자. 이것은 실제 상황을 지나치게 단순화한 것이다. 그렇지만 이러한 간단한 모형에 근거한 계산은 회전 속도 곡선 어떤 모양인지 알아보는 데 도움이 될 것이다. 핵 부위 내부의 어떤 점 $r < R$에 있는 항성의 회전 속도는 반지름 r 내의 질량 M에 의해서만 결정된다. 그 밖에 있는 별들은 아무 영향을 못 미치기 때문이다. 핵 부위 전체에서 항성 밀도는 상수이므로 M은 다음과 같고

$$M = \tfrac{4}{3}\pi\rho r^3 \tag{6.6.6}$$

밀도는

$$\rho = \frac{M_{gal}}{\left(\frac{4}{3}\right)\pi R^3} \tag{6.6.7}$$

이다. 거리 r까지의 질량 M인 구가 핵 부위의 중심으로부터 r만큼 떨어진 질량 m인 항성에 작용하는 중력을 뉴턴의 제2법칙에 적용하면 다음을 얻는다.

$$\frac{GMm}{r^2} = \frac{mv^2}{r} \tag{6.6.8}$$

이 식을 v에 대해 풀면

$$v = \sqrt{GM_{gal}/R^3}\ r \tag{6.6.9}$$

을 얻는다. $r < R$인 점에 있는 항성의 회전속도는 r에 비례함을 알 수 있다. 한편 구 밖 나선의 팔인 $r > R$에 있는 항성에 대해서는

$$\frac{GM_{gal}m}{r^2} = \frac{mv^2}{r} \tag{6.6.10}$$

이므로, 회전속도는

$$v = \sqrt{\frac{GM_{gal}}{r}} \tag{6.6.11}$$

이 되어 $r > R$인 항성에 대해서는 $1/\sqrt{r}$에 비례함을 알 수 있다. 이것이 케플러식의 설명으로 행성의 속도가 태양으로부터의 거리에 의존하는 관계를 보여준다. 은하계의 전체 질량이 반지름 1 kpc (1 pc = 3.26광년) 내에 균일하게 분포되어 있다고 가정했을 때의 회전속력 곡선이 그림 6.6.1에 나타나 있다.

실제로 측정한 회전속력 곡선을 조사해보자. 처음에는 기대했던 대로 은하계 중심으로부터 1 kpc 거리에서 250 km/s의 속도까지는 회전속도가 급격히 증가한다. 그러나 놀랍게도 그 다음부터는 케플러식으로 감소하지 않고 나선의 팔 끝까지 대체로 완만한 곡선이 된다. 이것을 분명히 보이기 위해 수직축의 원점을 이동시켰다. 결론은 분명하다. 은하계 중심에서 멀어지면서 그 점까지 포함한 반지름을 갖는 구의 내부에 있는 질량은 점점 증가하여 은하계 아주 바깥쪽에 있는 물체까지도 중심부로 집중된 질량분포에 대해 예측된 속도보다 훨씬 빠르게 회전한다. 은하계의 밝은 빛은 대부분 핵 부위에 모여 있으므로 눈에 안 보이는 암흑물질이 나선 은하계 끝과 그 외부까지 퍼져서 분포되어 있다고 결론지을 수 있다. 실제로 완만한 회전속도 곡선이 되도록 암흑물질의 분포를 계산하는 것은 어렵지 않다. 물론 뉴턴의 법칙이 틀릴 수도 있지만 우리는 이번에도 그렇게 생각하지 않는다. 해왕성의 발견과정을 다시 한 번 되풀이하는 것 같다.

6.7 중력장에서 위치에너지: 중력 퍼텐셜

예제 2.3.2에서 역제곱 법칙을 따르는 힘에 대한 위치에너지가 거리에 반비례함을 증명했다. 이번에는 물리학적 개념을 추가하여 그 결과를 다시 유도하겠다.

질량 M인 입자의 중력장 내에서 정해진 경로를 따라서 질량 m인 시험입자를 움직이는 데 필요한 일을 W라 하자.

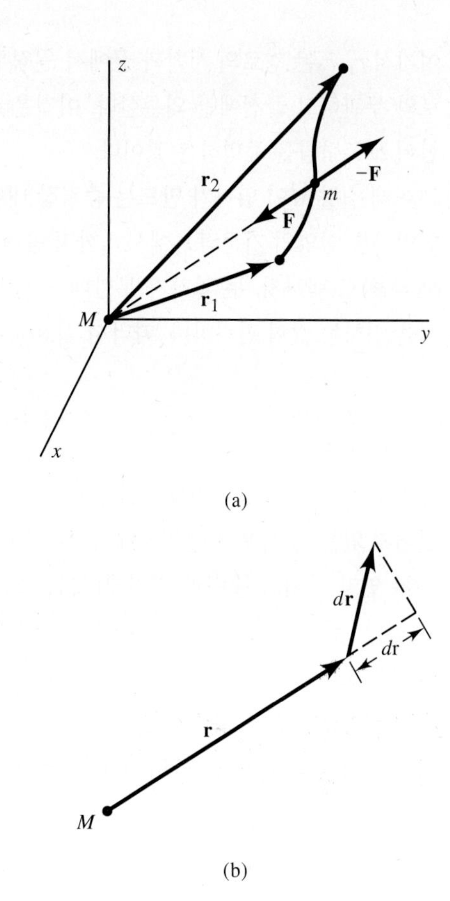

그림 6.7.1 중력장에서 시험입자를 움직이는 데 필요한 일에 관한 도식도

질량 M인 입자를 그림 6.7.1(a)에서처럼 좌표계의 원점에 놓자. 그러면 시험입자에 작용하는 힘은 $\mathbf{F} = -(GMm/r^2)\mathbf{e}_r$이므로 이 힘을 극복하려면 $-\mathbf{F}$의 힘이 작용되어야 한다. 따라서 시험입자를 변위 $d\mathbf{r}$만큼 움직이는 데 한 일 dW는 다음과 같다.

$$dW = -\mathbf{F} \cdot d\mathbf{r} = \frac{GMm}{r^2}\mathbf{e}_r \cdot d\mathbf{r} \tag{6.7.1}$$

그리고 $d\mathbf{r}$ 벡터를 $\mathbf{e}_r$에 평행인 반경성분의 $\mathbf{e}_r\ dr$과 $\mathbf{e}_r$에 수직인 성분으로 분해할 수 있다(그림 6.7.1(b) 참조). 따라서

$$\mathbf{e}_r \cdot d\mathbf{r} = dr \tag{6.7.2}$$

이므로 W는 다음과 같다.

$$W = GMm\int_{r_1}^{r_2} \frac{dr}{r^2} = -GMm\left(\frac{1}{r_2} - \frac{1}{r_1}\right) \tag{6.7.3}$$

여기서 r_1, r_2는 경로의 시작과 끝에서 원점부터 입자까지의 거리이다. 따라서 일은 입자가 택한 경로와 무관하고 끝점에만 의존한다. 이것은 우리가 이미 알고 있는 사실, 즉 역제곱 법칙을 따르는 힘이 보존력임을 증명하는 것이다.

이때 질량 M인 입자가 만드는 중력장 내에 놓여 있는 질량 m인 시험입자의 위치에너지는 그 시험입자를 임의의 기준점 r_1에서 r_2까지 움직이는 데 하는 일로 정의할 수 있다. 이 기준점을 무한대 $(r_1 = \infty)$로 택하자. 두 입자가 무한대 거리만큼 떨어져 있을 때는 중력이 없어지므로 이렇게 기준점을 정하는 것이 편리하다. 따라서 식 (6.7.3)에서 $r_1 = \infty$, $r_2 = r$로 대치하여 다음을 얻는다.

$$V(r) = GMm\int_{\infty}^{r} \frac{dr}{r^2} = -\frac{GMm}{r} \tag{6.7.4}$$

중력처럼 두 입자가 무한대만큼 분리되어 있을 때는 중력 위치에너지도 영이다. 한정된 거리만큼 떨어져 있을 때 작용하는 위치에너지는 음수임을 기억하기 바란다.

두 입자 사이의 중력과 위치에너지는 모두 원거리 작용(action at a distance)의 개념을 포함하고 있다. 뉴턴 자신은 어떻게 이러한 힘이 작용하는지를 설명할 수 없었다. 우리도 여기서 설명하려고 시도하지 않겠다. 그렇지만 장(field)의 개념을 도입하여 힘과 위치에너지는 원거리 작용에 의해 생기는 것이 아니라 기존의 장 내에서 물체의 국소적 작용으로 인해 일어난다고 생각하겠다. 이를 위해 **중력 퍼텐셜**(gravitational potential) Φ를 도입하자.

$$\Phi = \lim_{m \to 0}\left(\frac{V}{m}\right) \tag{6.7.5}$$

본질적으로 Φ는 아주 작은 시험입자가 주위의 다른 물체로부터 얻는 단위 질량당의 중력 위치에너지이다. 극한 $m \to 0$을 택한 이유는 시험입자의 존재가 다른 물질의 분포에 아무 영향을 미치지 않고 우리가 정의하고자 하는 물리량이 변하지 않기를 바라기 때문이다. 퍼텐셜은 다른 물체의 질량과 위치에만 관계될 뿐, 중력의 존재를 알려고 넣어두는 시험입자와는 분명하게 무관하다. 공간좌표의 스칼라 함수인 $\Phi(x, y, z)$는 주위의 본질이 만드는 장(field)이라고 생각할 수 있다. 장의 존재유무를 확인하려면 질량 m인 시험입자를 점 (x, y, z)에 놓는다. 그러면 그 시험입자의 위치에너지는 다음과 같이 된다.

$$V(x,y,z) = m\Phi(x,y,z) \tag{6.7.6}$$

위치에너지는 점 (x, y, z)에 존재하는 장 Φ와 질량 m인 입자의 국소적 상호작용으로 생긴다고 해석할 수 있다.

질량 M인 입자에서 r만큼 떨어진 지점의 중력 퍼텐셜은 다음과 같다.

$$\Phi = -\frac{GM}{r} \tag{6.7.7}$$

만일 질량 $M_1, M_2, \ldots, M_i, \ldots$인 입자가 각각 $\mathbf{r}_1, \mathbf{r}_2, \ldots, \mathbf{r}_i, \ldots$인 지점에 놓여 있다면 임의의 점 $\mathbf{r}(x, y, z)$에서의 중력 퍼텐셜은 각 입자가 만드는 퍼텐셜의 합과 같다.

$$\Phi(x, y, z) = \sum \Phi_i = -G \sum \frac{M_i}{s_i} \tag{6.7.8}$$

여기서 s_i는 점 $\mathbf{r}(x, y, z)$부터 i번째 입자의 위치 $\mathbf{r}_i(x_i, y_i, z_i)$까지의 거리이다.

$$s_i = |\mathbf{r} - \mathbf{r}_i| \tag{6.7.9}$$

이번에는 중력 퍼텐셜의 스칼라장처럼 벡터장인 **중력장**(gravitational field)을 정의해보자.

$$\mathbf{g} = \lim_{m \to 0} \left(\frac{\mathbf{F}}{m} \right) \tag{6.7.10}$$

따라서 중력장의 세기는 점 (x, y, z)에 놓여 있는 시험 입자에 작용하는 단위 질량당 중력이다. 만일 어떤 입자가

$$\mathbf{F} = m\mathbf{g} \tag{6.7.11}$$

의 중력을 받는다면 $\mathbf{g}$를 있게 하는 물질이 주위에 존재함을 알 수 있다.[5)]

장의 세기와 퍼텐셜의 관계는 힘 $\mathbf{F}$와 위치 에너지 V의 관계와 같다.

$$\mathbf{g} = -\nabla\Phi \tag{6.7.12a}$$

$$\mathbf{F} = -\nabla V \tag{6.7.12b}$$

중력장을 계산하려면 우선 식 (6.7.8)을 써서 퍼텐셜을 구하고 이를 미분하여 기울기를 찾아내면 된다. 보통의 경우 역제곱 법칙에서 중력장을 직접 계산하는 것보다 이 방법이 훨씬 간단하다. 그 이유는 위치에너지는 스칼라의 합인 반면에 중력장은 벡터의 합이기 때문이다. 이와 똑같은 현상은 정전기학에서도 일어난다. 실제로 음의 질량이 없다는 조건만 추가하면 정전기학의 결과를 이용해서 중력장과 퍼텐셜 문제를 쉽게 풀 수 있다.

5) $\mathbf{g}$는 질량 m이 받는 중력에 의해 생기는 국소적 가속도이다. 지구표면에서 그 값은 9.8 m/s^{2}이며 이는 근본적으로 지구의 질량에 기인한다.

예제 6.7.1

균일한 구 껍질의 퍼텐셜

균일한 질량 분포를 갖는 구 껍질의 중력 퍼텐셜을 구하라.

풀이

그림 6.2.1의 표기를 쓰면 다음과 같다.

$$\Phi = -G\int \frac{dM}{s} = -G\int \frac{2\pi\rho R^2 \ \sin\theta \ d\theta}{s}$$

식 (6.2.5)에서 사용한 s와 θ의 관계식으로부터 위 식은 다음과 같이 간단해진다.

$$\Phi = -G\frac{2\pi\rho R^2}{rR}\int_{r-R}^{r+R} ds = -\frac{GM}{r} \tag{6.7.13}$$

여기서 M은 구 껍질의 전체 질량이다. 이것은 질량 M인 입자 한 개가 원점 O에 놓여 있을 때의 퍼텐셜과 같다. 그러므로 구 껍질 외부에서 중력장은 전체 질량이 구의 중심에 모여 있을 때와 같다. 구 껍질 내부에서 퍼텐셜은 피적분 함수와 적분 상한과 하한을 제대로 잘 바꾸면 상수가 된다는 사실을 알 수 있는데 숙제로 남겨두겠다. 구 껍질 내부에서 퍼텐셜은 상수이므로 중력장은 영이다.

예제 6.7.2

가느다란 고리의 퍼텐셜과 중력장

가느다란 원형 고리가 있을 때 중력 퍼텐셜 함수와 중력장을 계산하라.

풀이

고리의 반지름을 R, 질량을 M이라 하자. 그러면 고리가 놓여 있는 평면 상의 고리 외부의 한 위치에서 퍼텐셜은 다음과 같다(그림 6.7.2 참조).

$$\Phi = -G\int \frac{dM}{s} = -G\int_0^{2\pi} \frac{\mu R \, d\theta}{s}$$

여기서 μ는 고리의 선형 질량밀도이다. 적분을 계산하기 위해 s를 θ의 함수로 쓰고 코사인 법칙

$$s^2 = R^2 + r^2 - 2Rr\cos\theta$$

를 이용하면 적분은 다음과 같게 된다.

그림 6.7.2 고리의 중력장 계산을 위한 좌표

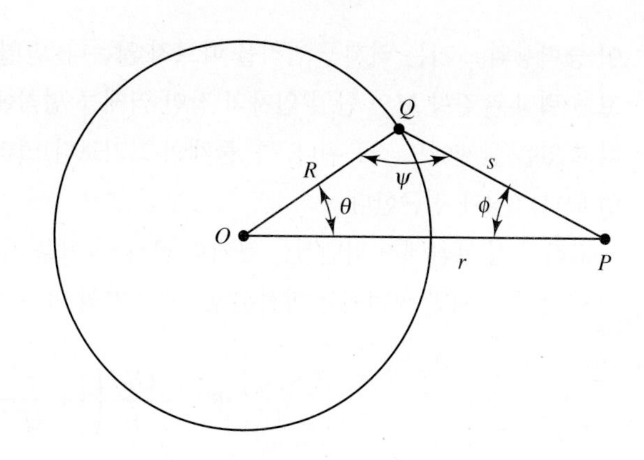

$$\Phi = -2R\mu G\int_0^{\pi}\frac{d\theta}{(r^2+R^2-2Rr\cos\theta)^{1/2}}$$
$$= -\frac{2R\mu G}{r}\int_0^{\pi}\frac{d\theta}{[1+(R^2/r^2)-2(R/r)\cos\theta)]^{1/2}}$$

먼저 원거리 근사($r>R$)인 경우에 대해 피적분 함수를 $x(=R/r)$의 멱급수로 전개하면

$$\Phi = -2x\mu G\int_0^{\pi}\left[\left(1-\tfrac{1}{2}x^2+x\cos\theta\right)+\tfrac{3}{8}(x^2-2x\cos\theta)^2+\cdots\right]d\theta$$
$$= -2x\mu G\int_0^{\pi}\left(1-\tfrac{1}{2}x^2+x\cos\theta+\tfrac{3}{2}x^2\cos^2\theta-\tfrac{3}{2}x^3\cos\theta+\tfrac{3}{8}x^4+\cdots\right)d\theta$$

이고 다음에 x^3 항 이상의 항은 모두 무시하고 $\cos\theta$를 포함하는 항은 반주기에 대해 적분했을 때 영이 됨에 유의하면 다음 결과를 얻는다.

$$\Phi = -2x\mu G\left(\pi+\pi\frac{x^2}{4}+\cdots\right.$$
$$= \frac{-2\pi R\mu G}{r}\left(1+\frac{R^2}{4r^2}+\cdots\right.$$
$$= -\frac{GM}{r}\left(1+\frac{R^2}{4r^2}+\cdots\right.$$

Φ는 θ의 함수가 아니므로 고리의 중심에서 r만큼 떨어진 점에서 중력장은 반경방향으로 다음과 같다.

$$\mathbf{g} = -\frac{\partial\Phi}{\partial r}\mathbf{e}_r = -\frac{GM}{r^2}\left(1+\tfrac{3}{4}\left(\frac{R}{r}\right)^2+\cdots\right)\mathbf{e}_r$$

이 중력장의 크기는 역제곱 법칙을 따르지 않는다. 만일 $r \gg R$이라면 괄호 안의 항은 1에 접근하고 중력장은 질량 M인 단일 입자의 장인 역제곱 법칙에 가까워진다. 이것은 어떤 유한한 모양을 갖고 있는 물체에도 적용된다. 즉, 물체의 크기보다 멀리 떨어진 점에서의 중력장은 질량 M인 단일 입자의 장에 접근한다.

고리 중심 부근에서 퍼텐셜은 근거리 근사 $r < R$을 사용하여 구할 수 있다. 해는 먼저 경우와 같이 구할 수 있지만 이번에는 피적분 함수를 r/R의 멱수로 전개하여

$$\Phi = -\frac{GM}{R}\left(1 + \frac{r^2}{4R^2} + \cdots\right.$$

이 되고, 이 식을 미분하면 $\mathbf{g}$를 얻게 된다.

$$\mathbf{g} = \left(\frac{GM}{2R^3}r\right)\mathbf{e}_r + \cdots$$

그러므로 고리 모양의 물질 분포는 그 고리 중심 부근에 놓여 있는 입자에 고리 중심으로부터 멀어지게 하려는 선형의 **척력**(repulsive force)을 작용한다. 이렇게 되어야 할 이유는 쉽게 알 수 있다. 원의 중심에서 앞뒤로 어떤 각도를 바라보고 있다고 하자. 중심에서 바깥쪽으로 천천히 r만큼 움직인다면 앞쪽에서 끌고 있는 물체는 r에 비례해서 줄어들 것이고 뒤쪽에서는 증가한다. 그러나 중력의 크기는 $1/r^2$에 비례하므로 앞뒤에 작용하는 인력은 $1/r$에 비례한다. 이 두 힘의 차이를 계산하면 $[1/(R-r) - 1/(R+r)]$이고 $r < R$일 때 r에 비례한다. 원형 고리의 중력은 그 중심에 있는 물체에 척력을 작용한다.

6.8 중심력장에서 위치에너지

앞서 우리는 역제곱 형태의 중심력은 보존력임을 보였다. 이번에는 일반적인 중심력이 보존력인지를 생각해보자. 등방성의 중심력은 일반적으로 다음과 같이 쓸 수 있다.

$$\mathbf{F} = f(r)\mathbf{e}_r \tag{6.8.1}$$

여기서 $\mathbf{e}_r$은 단위 반경벡터이다. 보존력 여부를 검사하기 위해 $\nabla \times \mathbf{F}$를 계산한다. 이 경우에는 구면좌표계를 사용하는 것이 편리하다(부록 F 참조). 그러면

$$\nabla \times \mathbf{F} = \frac{1}{r^2 \sin\theta}\begin{vmatrix} \mathbf{e}_r & \mathbf{e}_\theta r & \mathbf{e}_\phi r \sin\theta \\ \dfrac{\partial}{\partial r} & \dfrac{\partial}{\partial \theta} & \dfrac{\partial}{\partial \phi} \\ F_r & rF_\theta & rF_\phi \sin\theta \end{vmatrix} \tag{6.8.2}$$

이다. 중심력인 경우 $F_r = f(r)$, $F_\theta = 0$, $F_\phi = 0$이므로 $\nabla \times \mathbf{F}$는 다음과 같다.

$$\nabla \times \mathbf{F} = \frac{\mathbf{e}_\theta}{r \sin\theta}\frac{\partial f}{\partial \phi} - \frac{\mathbf{e}_\phi}{r}\frac{\partial f}{\partial \theta} = 0 \tag{6.8.3}$$

$f(r)$은 ϕ, θ의 함수가 아니므로 이들에 대한 편미분은 영이 되고, 따라서 $\nabla \times \mathbf{F} = 0$이다. 따라서 식 (6.8.1)로 정의되는 일반적인 중심력은 보존력이 된다. 예제 4.2.5에서 역제곱힘에 대해서 똑같은 검사 방법을 적용했음을 기억하기 바란다.

이제 위치에너지 함수는

$$V(r) = -\int_{r_{ref}}^{r} \mathbf{F} \cdot d\mathbf{r} = -\int_{r_{ref}}^{r} f(r)dr \tag{6.8.4}$$

로 정의할 수 있고, 적분의 하한 r_{ref}는 위치에너지가 영으로 정의되는 점에서의 r 값이다. 역제곱 형태의 힘에서는 종종 r_{ref}를 무한대로 잡는다. 이렇게 함으로써 힘 함수가 주어지면 위치에너지 함수를 계산할 수 있다. 반대로 위치에너지를 알면

$$f(r) = -\frac{dV(r)}{dr} \tag{6.8.5}$$

이 되어 중심력장에 대한 힘 함수가 된다.

6.9 중심력장에서 궤도의 에너지 방정식

극좌표계에서 속력의 제곱은 식 (1.11.7)로부터 다음과 같다.

$$\mathbf{v} \cdot \mathbf{v} = v^2 = \dot{r}^2 + r^2\dot{\theta}^2 \tag{6.9.1}$$

그런데 중심력은 보존력이므로 전체 에너지 $T + V$는 일정하게 보존되며 아래와 같이 주어진다.

$$\tfrac{1}{2} m(\dot{r}^2 + r^2\dot{\theta}^2) + V(r) = E = \text{상수} \tag{6.9.2}$$

위 식은 $u = 1/r$의 변수로 나타낼 수도 있다. 식 (6.5.7)과 식 (6.5.8)에서 다음과 같이 된다.

$$\frac{1}{2}ml^2\left[\left(\frac{du}{d\theta}\right)^2+u^2\right]+V(u^{-1})=E \tag{6.9.3}$$

이 방정식을 궤도의 에너지방정식(energy equation of the orbit)이라 한다.

예제 6.9.1

예제 6.5.1을 보면 나선형 궤도 $r=c\theta^2$에 대해서

$$\frac{du}{d\theta}=\frac{-2}{c}\theta^{-3}=-2c^{1/2}u^{3/2}$$

이므로 궤도의 에너지방정식은 다음과 같다.

$$\frac{1}{2}ml^2(4cu^3+u^2)+V=E$$

따라서

$$V(r)=E-\frac{1}{2}ml^2\left(\frac{4c}{r^3}+\frac{1}{r^2}\right)$$

로 된다. 이것은 $f(r)=-dV/dr$이므로 예제 6.5.1로 주어지는 힘 함수로 된다.

6.10 역제곱장에서 궤도 에너지

역제곱 힘에 대한 위치에너지 함수는

$$V(r)=-\frac{k}{r}=-ku \tag{6.10.1}$$

이므로 궤도의 에너지방정식 (6.9.3)은

$$\frac{1}{2}ml^2\left[\left(\frac{du}{d\theta}\right)^2+u^2\right]-ku=E \tag{6.10.2}$$

이다. 이 식을 $du/d\theta$에 대해 풀면 우선 다음 식을 얻는다.

$$\left(\frac{du}{d\theta}\right)^2+u^2=\frac{2E}{ml^2}+\frac{2ku}{ml^2} \tag{6.10.3a}$$

그리고

$$\frac{du}{d\theta} = \sqrt{\frac{2E}{ml^2} + \frac{2ku}{ml^2} - u^2} \tag{6.10.3b}$$

변수 분리를 해주면

$$d\theta = \frac{du}{\sqrt{\frac{2E}{ml^2} + \frac{2ku}{ml^2} - u^2}} \tag{6.10.3c}$$

여기서 새로운 상수 a, b, c를 다음처럼 도입하고

$$a = -1 \qquad b = \frac{2k}{ml^2} \qquad c = \frac{2E}{ml^2} \tag{6.10.4}$$

이를 식 (6.10.3c)에 대입하여 적분해주면

$$\theta - \theta_0 = \int \frac{du}{\sqrt{au^2 + bu + c}} = \frac{1}{\sqrt{-a}} \cos^{-1}\left(-\frac{b + 2au}{\sqrt{b^2 - 4ac}} \right) \tag{6.10.5}$$

로 되는데, 여기서 θ_0는 적분상수이다. 위 식을 다시 정리하면

$$-\frac{b + 2au}{\sqrt{b^2 - 4ac}} = \cos\left[\sqrt{-a}(\theta - \theta_0)\right] \tag{6.10.6a}$$

로 되고, 이를 u에 대해 풀면

$$u = \frac{\sqrt{b^2 - 4ac}}{-2a} \cos\left[\sqrt{-a}(\theta - \theta_0)\right] + \frac{b}{-2a} \tag{6.10.6b}$$

이다. 이제 u를 $1/r$로 대치하고 식 (6.10.4)의 a, b, c를 식 (6.10.6b)에 대입해주면 다음과 같이 바꿔쓸 수 있다.

$$\frac{1}{r} = \frac{1}{2}\sqrt{\frac{4k^2}{m^2 l^4} + \frac{8E}{ml^2}} \cos(\theta - \theta_0) + \frac{k}{ml^2} \tag{6.10.7a}$$

여기서 k/ml^2을 묶어내면

$$\frac{1}{r} = \frac{k}{ml^2}\left[\sqrt{1 + \frac{2Eml^2}{k^2}} \cos(\theta - \theta_0) + 1 \right] \tag{6.10.7b}$$

이를 간략화하면 식 (6.5.18a)와 유사한 궤도 극좌표 방정식을 얻는다.

$$r = \frac{ml^2/k}{1+\sqrt{1+2Eml^2/k^2}\cos(\theta-\theta_0)} \tag{6.10.7c}$$

앞에서와 같이 $\theta_0 = 0$이라 두면 극좌표에서 각도를 측정하기 위한 기준방향이 될 수 있는 궤도 근점을 정할 수 있게 된다. 이 식을 식 (6.5.18b)와 비교해보면 이 식이 다음과 같은 이심률을 갖는 원추형 단면임을 알 수 있다.

$$\epsilon = \sqrt{1+\frac{2E}{k}\frac{ml^2}{k}} \tag{6.10.8}$$

식 (6.5.18a, b)와 식 (6.5.19)에서 $\alpha = ml^2/k = (1-\epsilon^2)a$이므로 이 관계식을 식 (6.10.8)에 대입하면 다음을 얻는다.

$$-\frac{2E}{k} = \frac{1-\epsilon^2}{\alpha} = \frac{1}{a} \tag{6.10.9}$$

또는

$$E = -\frac{k}{2a} \tag{6.10.10}$$

따라서 입자의 전체 에너지는 궤도의 장반경을 결정한다. 6.5절에서 언급했듯이 식 (6.10.8)에서 입자의 전체 에너지 값에 따라 궤도를 분류할 수 있다.

$E<0$	$\epsilon<1$	닫힌 궤도(타원 또는 원)
$E=0$	$\epsilon=1$	포물선 궤도
$E>0$	$\epsilon>1$	쌍곡선 궤도

$E = T + V$는 일정하므로 닫힌 궤도의 경우 $T < |V|$이고 열린 궤도에서는 $T \geq |V|$이다.

태양의 중력장 내에서는 $k = GM_{\odot}m$이다. 여기서 $M_{\odot}$은 태양의 질량이고, m은 물체의 질량이다. 그러면 전체 에너지는

$$\frac{mv^2}{2} - \frac{GM_{\odot}m}{r} = E = \text{상수} \tag{6.10.11}$$

이 되어 v^2의 값이 $2GM_{\odot}/r$보다 작거나, 같거나, 클 때에 궤도는 타원이거나, 포물선이거나, 쌍곡선이 된다.

예제 6.10.1

어떤 혜성이 태양으로부터 r만큼 떨어졌을 때 속력이 v이고 태양으로부터의 반경벡터와 ϕ의 각도로 운동하는 것이 관측되었다. 이 혜성 궤도의 이심률을 구하라(그림 6.10.1 참조).

■ **풀이**

이심률에 대한 공식인 식 (6.10.8)을 사용하려면 각운동량 상수 l의 제곱을 알아야 하는데 이는 다음과 같이 주어진다.

$$l^2 = |\mathbf{r} \times \mathbf{v}|^2 = (rv \sin\phi)^2$$

이때 이심률은 다음 값을 갖는다.

$$\epsilon = \left[1 + \left(v^2 - \frac{2GM_\odot}{r}\right)\left(\frac{rv \sin\phi}{GM_\odot}\right)^2\right]^{1/2}$$

혜성의 질량 m은 상쇄됨을 유의하라. 그리고 곱 $GM_\odot$은 지구의 속력 v_e와 궤도 반지름 a_e(원형 궤도라 가정)로 나타낼 수 있다. 즉,

$$GM_\odot = a_e v_e^2$$

그러면 앞의 이심률에 대한 표현은

$$\epsilon = \left[1 + \left(\mathsf{V}^2 - \frac{2}{\mathsf{R}}\right)(\mathsf{RV}\sin\phi)^2\right]^{1/2}$$

이 되고, ϵ의 계산을 간단히 하기 위해 **무차원 변수**를 다음과 같이 도입했다.

그림 6.10.1 혜성의 궤도

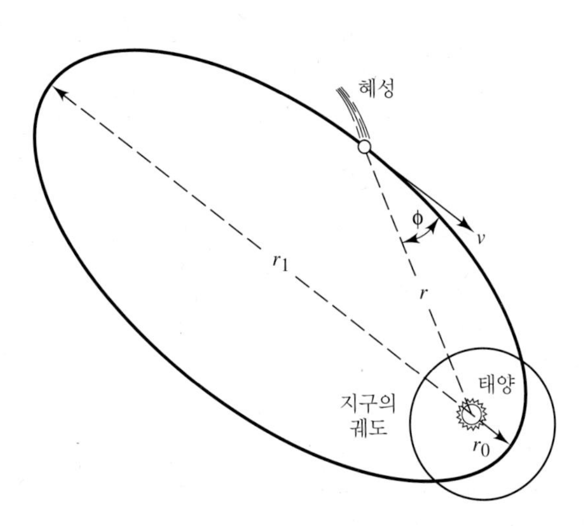

$$\mathsf{V} = \frac{v}{v_e} \qquad \mathsf{R} = \frac{r}{a_e}$$

수치 예를 들어보자. v는 지구 속력의 절반이고, r은 지구와 태양 사이의 거리의 4배 그리고 ϕ = 30°라 하자. 그러면 V = 0.5, R = 4가 되어 이심률은 다음과 같다.

$$\epsilon = [1 + (0.25 - 0.5)(4 \times 0.5 \times 0.5)^2]^{1/2} = (0.75)^{1/2} = 0.866$$

타원에서 $(1 - \epsilon^2)^{-1/2}$은 장반경과 단반경의 비이다. 이 예제의 혜성에 대해서 그 비는 $(1 - 0.75)^{-1/2} = 2$, 즉 2:1이 되어 그림 6.10.1에 나타난 바와 같다.

예제 6.10.2

예제 6.6.2와 같이 우주선이 정지궤도상에 놓여 있다고 하자. 이 우주선이 처음 발사될 때는 보조로켓의 도움으로 거의 원형인 지구 저궤도(LEO: low earth orbit)상으로 추진된다. 그런 다음에 추진로켓의 힘으로 타원 궤도를 그리며 그 원지점(apogee)에 이르도록 설계되어 있다. 원지점에 도달하면 2차 추진 로켓에 의해 다시 이 타원 궤도(변환 궤도)를 벗어나 원형의 지구 중심 궤도(geocentric orbit)에 이르게 만든다. 따라서 추진 로켓은 두 단계의 속도로 추진할 필요가 있다. 즉, (a) 원형 LEO 궤도로부터 타원 궤도로 추진하는 데 필요한 속도 Δv_1, (b) 정지 궤도상에 있는 우주선의 궤도를 원형으로 만드는 데 필요한 속도 Δv_2가 그것이다. 이 두 추진 속도 Δv_1과 Δv_2를 구하라.

■ 풀이

(a) 이 문제의 근본적인 부분은 이미 예제 6.5.4에서 풀었다. 여기서는 약간 다른 방법으로 풀어보자. 우선, 두 원형 궤도의 반지름과 타원 궤도의 단축은 아래와 같이 연관되어 있음을 염두에 두어야 한다(그림 6.10.2 참조).

$$R_{LEO} + R_{geo} = 2a$$

그림 6.10.2를 보면 $R_{LEO} = a(1 - \epsilon)$와 $R_{geo} = a(1 + \epsilon)$은 각각 변환 궤도의 근지점과 원지점의 거리를 나타냄을 알 수 있다.

이제 타원 궤도로 추진되어 근지점에 있는 우주선의 속도 v_p를 계산하기 위해 에너지 방정식 (6.10.11)을 사용하자. 타원 궤도의 에너지는

$$E = -\frac{GM_E m}{2a} = \tfrac{1}{2} m v_p^2 - \frac{GM_E m}{a(1-\epsilon)}$$

이므로, 이 식을 v_p에 대해 풀어주면

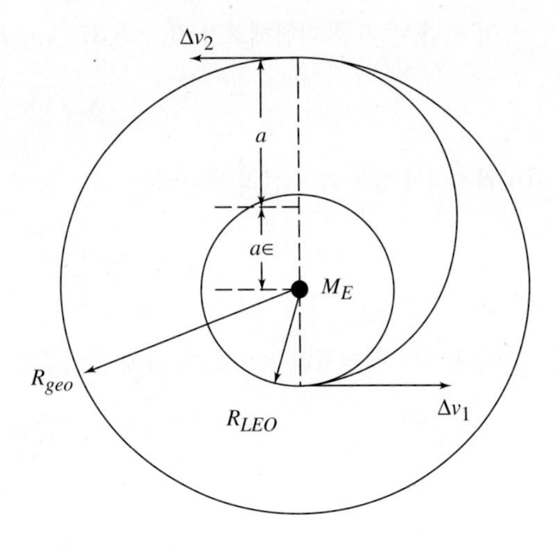

그림 6.10.2 지구 저궤도에서 정지궤도로 우주선을 추진하는 과정

$$v_p^2 = \frac{GM_E}{a}\left(\frac{1+\epsilon}{1-\epsilon}\right)$$

이 되고, a, $1+\epsilon$와 $1-\epsilon$의 값을 대입하면

$$v_p^2 = \frac{2GM_E}{R_{LEO}+R_{geo}}\left(\frac{R_{geo}}{R_{LEO}}\right)$$

이 된다. 이제 원형 LEO상에 있는 우주선의 속도를 아래의 조건에서 구한다.

$$\frac{mv_{LEO}^2}{R_{LEO}} = \frac{GM_E m}{R_{LEO}^2}$$

또는

$$v_{LEO}^2 = \frac{GM_E}{R_{LEO}}$$

약간의 계산을 거치면 우주선을 추진하는 데 필요한 속도를 아래와 같이 구할 수 있다.

$$\Delta v_1 = v_p - v_{LEO} = \sqrt{\frac{GM_E}{R_{LEO}}}\left[\sqrt{\frac{2R_{geo}}{R_{LEO}+R_{geo}}}-1\right]$$

여기서 $g = GM_E/R_E^2$임을 기억한다면

$$\Delta v_1 = R_E\sqrt{\frac{g}{R_{LEO}}}\left[\sqrt{\frac{2R_{geo}}{R_{LEO}+R_{geo}}}-1\right]$$

이 된다. 수치를 대입해보자. $R_E = 6{,}371$ km, $R_{LEO} = 6{,}693$ km, $R_{geo} = 42{,}400$ km라 하면

$$\Delta v_1 = 8{,}600 \text{ km/hr}$$

(b) 원지점에 있는 우주선의 에너지는

$$E = -\frac{GM_E m}{2a} = \frac{1}{2}mv_a^2 - \frac{GM_E m}{a(1+\epsilon)}$$

이다. 원지점에서의 속도 v_a에 대해 풀어주면

$$v_a^2 = \frac{GM_E}{a}\left(\frac{1-\epsilon}{1+\epsilon}\right)$$

이 되고, a, $1+\epsilon$와 $1-\epsilon$의 값을 대입하면

$$v_a^2 = \frac{GM_E}{R_{LEO} + R_{geo}}\left(\frac{R_{LEO}}{R_{geo}}\right)$$

이다. 앞에서와 유사하게 이 원형의 지구 정지궤도에 대한 조건은

$$\frac{mv_{geo}^2}{R_{geo}} = \frac{GM_E m}{R_{geo}^2}$$

이다. 즉,

$$v_{geo}^2 = \frac{GM_E}{R_{geo}}$$

$$\Delta v_2 = v_{geo} - v_a = \sqrt{\frac{GM_E}{R_{geo}}}\left[1 - \sqrt{\frac{2R_{LEO}}{R_{LEO} + R_{geo}}}\right] = R_E \sqrt{\frac{g}{R_{geo}}}\left[1 - \sqrt{\frac{2R_{LEO}}{R_{LEO} + R_{geo}}}\right]$$

수치를 대입해주면 아래와 같이 된다.

$$\Delta v_2 = 5{,}269 \text{ km/hr}$$

궤도 변경에 필요한 전체 추진 속도 $\Delta v_1 + \Delta v_2 = 8{,}600$ km/hr $+ 5{,}269$ km/hr $= 13{,}869$ km/hr는 지상에서 LEO 궤도에 올리는 데 필요한 추진 속도의 50% 정도이다.

6.11 반경방향 운동의 극한: 유효 위치에너지

식 (6.5.4)와 식 (6.5.5)에서 l을 정의했듯이 등방성 중심력장에서 움직이는 입자의 각운동량은 등속 운동임을 알았다. 이 사실을 사용하면 일반적인 에너지 방정식인 식 (6.9.2)는 다음과 같은 형태

$$\frac{m}{2}\left(\dot{r}^2 + \frac{l^2}{r^2}\right) + V(r) = E \tag{6.11.1a}$$

또는

$$\frac{m}{2}\dot{r}^2 + U(r) = E \tag{6.11.1b}$$

로 쓸 수 있는데, 위 식에서 다음의 관계가 있다.

$$U(r) = \frac{ml^2}{2r^2} + V(r) \tag{6.11.1c}$$

위에서 정의된 $U(r)$은 **유효 위치에너지**(effective potential energy)라고 한다. 그리고 $ml^2/2r^2$은 **원심 위치에너지**(centrifugal potential energy)라 한다. 식 (6.11.1b)를 보면 반경방향의 운동은 질량 m인 입자가 1차원에서 위치에너지 $U(r)$의 영향하에 운동하는 것과 똑같다. 조화운동을 다룬 3.3절에서 반경방향 운동의 극한점(전향점)은 식 (6.11.1b)에서 $\dot{r} = 0$으로 두어서 구할 수 있다. 따라서 이 극한은 다음 방정식

$$U(r) - E = 0 \tag{6.11.2a}$$

혹은

$$\frac{ml^2}{2r^2} + V(r) - E = 0 \tag{6.11.2b}$$

의 해가 된다. 더구나 $\dot{r}^2$이 영보다 같거나 커야 되므로 '허용되는' r값은 $U(r) \le E$의 조건을 만족해야 한다.

그러므로 궤도에 관해 상세히 알지 못해도 반경방향 운동의 범위를 구할 수 있다. $U(r)$의 한 예에 대한 그래프를 그림 6.11.1에 나타내었다. 두 축은 무차원 단위로 척도화 하였고 전체 에너지가 E일 때 반경방향의 극한 r_0, r_1도 표시하였다. 이 그래프는 역제곱 힘, 즉

$$U(r) = \frac{ml^2}{2r^2} - \frac{k}{r} \tag{6.11.3}$$

에 대해 그린 것이다. 그럴 경우 식 (6.11.2a)는 항들을 정리해서

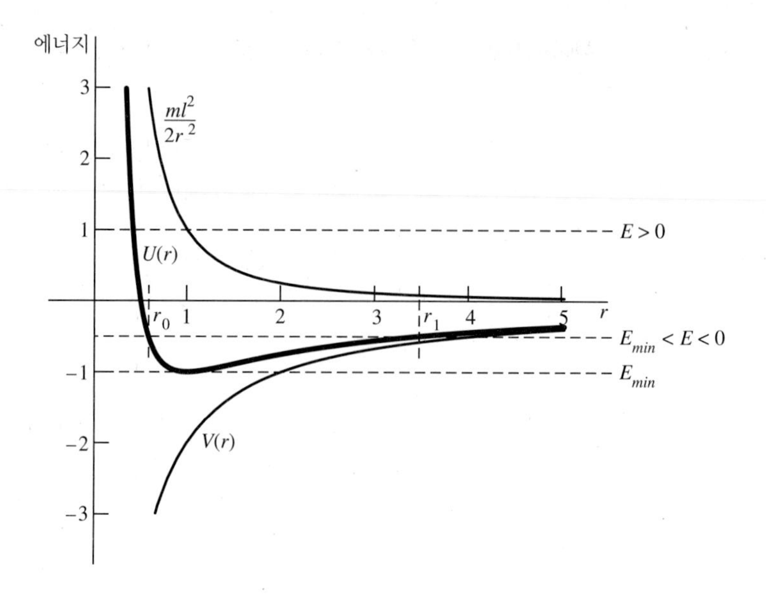

그림 6.11.1 역제곱 힘에 대한 반경방향의 운동의 극한과 유효 위치에너지

$$-2Er^2 - 2kr + ml^2 = 0 \tag{6.11.4}$$

로 되는데, 이는 r에 대한 2차 방정식이다. 두 근(root)은 다음과 같이 반경방향 거리의 최대(+ 부호), 최소(− 부호) 값이 된다.

$$r_{1,0} = \frac{k \pm (k^2 + 2Eml^2)^{1/2}}{-2E} \tag{6.11.5}$$

$E < 0$일 때 궤도는 속박되어 있으며 두 근은 모두 양수이다. 궤도는 근점, 원점이 각각 r_0, r_1인 타원이다. 그러나 에너지가 최저로 되어

$$E_{min} = -\frac{k^2}{2ml^2} \tag{6.11.6}$$

일 때 식 (6.11.5)는 한 개의 근을 가질 뿐이고

$$r_0 = -\frac{k}{2E_{min}} \tag{6.11.7}$$

그 궤도는 원이 된다. 이 결론은 식 (6.10.10)($a = -k/2E$)에서도 얻을 수 있는데 그 이유는 원형 궤도인 경우에는 $r_0 = a$이기 때문이다. $E \geq 0$일 때 식 (6.11.5)는 하나의 양의 실근만 갖는데 이는 포물선($E = 0$)이나 쌍곡선($E > 0$)에 해당한다.

입자의 유효 위치에너지는 각도와 무관하므로 그 2차원 모양은 그림 6.11.1에 있는 $U(r)$ 곡선을 수직축(에너지축)을 중심으로 회전시키면 얻을 수 있다(그림 6.11.2 (a) 참조). 그림 6.11.2(b)에는 그

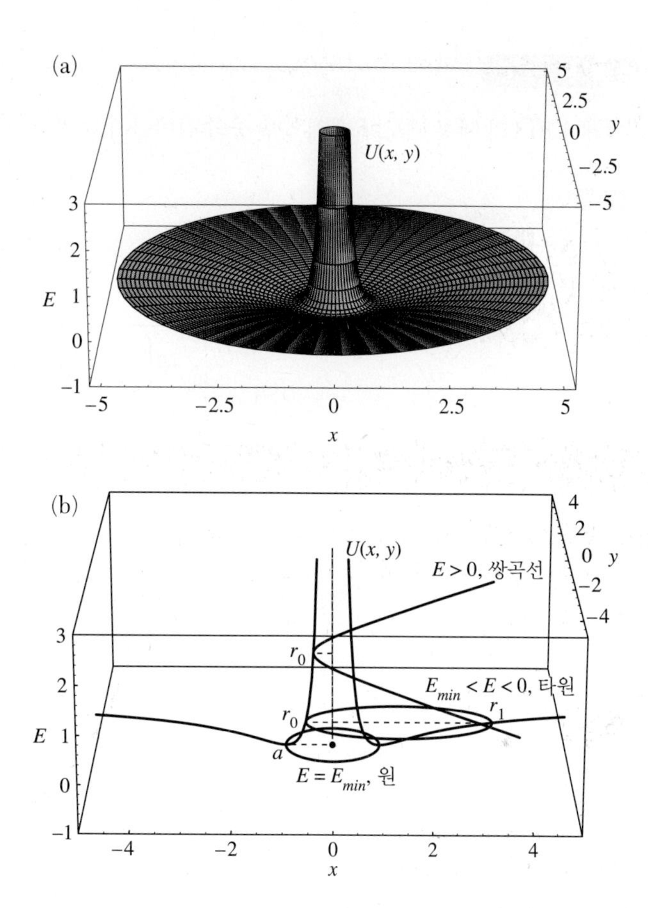

그림 6.11.2 (a) 역제곱 힘에 대한 2차원 유효 위치에너지, (b) 전체 에너지 E, 유효 위치에너지, 그리고 궤도 사이의 관계.

림 6.11.2(a)에 나타내었던 $\pm x$ 방향의 두 위치에너지 곡선과 함께 각각 $-1, -\frac{1}{2}, +1$ 단위의 총 에너지를 갖는 원형, 타원형, 쌍곡선 궤도를 나타내었다. 어떤 경우라도 입자는 일정한 총 에너지 평면에서만 움직이도록 제한된다. 입자의 궤도 운동은 $E=$ 상수인 평면에서 시각화 될 수 있다. 입자의 에너지가 $E<0$인 경우에는 이 평면과 유효 위치에너지 곡면의 교선은 반지름이 r_0인 안쪽 원호와 r_1인 바깥 원호를 형성한다. 이 안쪽 원호는 중심적이며 불투과성인 원심력 장벽을 나타내는 반면 바깥 원호는 인력의 중심으로부터 가장 멀리 벗어난 위치를 나타낸다. 입자의 운동은 이 두 지점 사이로 제한된다. 입자의 에너지가 가능한 최소값일 때, 즉 $E=E_{min}$이면 이 두 원호는 가장 낮은 유효 위치에너지를 추적하는 하나의 원으로 수렴한다. 이 경우 입자는 그 원 상으로 한정된 운동을 하게 된다. 입자의 에너지가 $E \geq 0$이면 교선은 원심력 장벽 주변에서 반지름 r_0의 원호를 형성하며 입자는 그 장벽 속으로 들어갈 수는 없지만 포물선이나 쌍곡선 궤도를 따라 무한대로 달아날 수는 있다.

예제 6.11.1

예제 6.10.1의 혜성 궤도에 대해 장반경의 길이를 구하라.

풀이

식 (6.10.10)에서 즉각적으로

$$a = \frac{k}{-2E} = \frac{GM_{\odot}m}{-2\left(\dfrac{mv^2}{2} - \dfrac{GM_{\odot}m}{r}\right)}$$

이 되고, m은 혜성의 질량인데 이번에도 상쇄된다. 또한 앞에서 언급했듯이 $GM_{\odot} = a_e v_e^2$이므로 마지막 결과는 간단히 다음과 같다.

$$a = \frac{a_e}{(2/\mathsf{R}) - \mathsf{V}^2}$$

여기서 R과 V는 예제 6.10.1에서 정의한 바와 같다.

앞에서 수치적으로 R = 4, V = 0.5였으므로 $a = a_e/[0.5 - (0.5)^2] = 4a_e$가 된다.

예제 6.10.1과 6.11.1에서 궤도에 관한 매개 변수들은 물체의 질량과 무관하다는 중요한 사실을 알 수 있다. 초기의 위치에너지와 속력, 방향이 정해지면 한 알의 모래이든, 우주선이든, 혜성이든 궤도는 똑같다. 물론 그 주위에 물체의 운동에 영향을 줄 물체가 없고, 물체의 질량도 태양보다 훨씬 작을 때만 성립한다는 전제가 필요하다.

6.12 중심력장에서 거의 원형인 궤도: 안정성

어떠한 인력형 중심력장에서도 원형 궤도는 가능하지만 모든 중심력장이 안정한 원형 궤도를 만드는 것은 아니다. 다음 문제를 생각해보자. 만일에 원형 궤도를 돌고 있는 입자에 약간의 훼방이 가해지면 그 다음의 궤도는 원래의 원형 궤도에 가깝게 유지되겠는가? 답을 하려면 반경방향에 대한 미분 운동방정식인 식 (6.5.2a)를 참고해야 한다. $\dot{\theta} = l/r^2$이므로 반경방향 방정식을 아래와 같이 쓸 수 있다.

$$m\ddot{r} = \frac{ml^2}{r^3} + f(r) \tag{6.12.1}$$

(이 식은 유효 에너지 $U(r) = (ml^2/2r^2) + V(r)$을 위치에너지로 갖는 1차원 미분방정식과 같다. 따라서 $m\ddot{r} =$

$-dU(r)/dr = (ml^2/r^3) - dV(r)/dr$이 된다.)

이때 원궤도에 대해 r은 상수이고 $\ddot{r} = 0$이므로 원궤도의 반지름을 a라 하면 $r = a$에서의 힘은 다음과 같다.

$$-\frac{ml^2}{a^3} = f(a) \tag{6.12.2}$$

반경방향의 운동을 기술할 때 다음과 같이 정의되는 x를 변수로 쓰는 것이 편리하다.

$$x = r - a \tag{6.12.3}$$

그러면 반경방향 운동 방정식은 다음과 같은 미분방정식이 된다.

$$m\ddot{x} = ml^2(x+a)^{-3} + f(x+a) \tag{6.12.4}$$

이 식을 급수 전개하여 $(x+a)$가 포함되는 두 항씩만 택하면 다음과 같다.

$$m\ddot{x} = ml^2a^{-3}\left(1 - 3\frac{x}{a} + \cdots\right) + [f(a) + f'(a)x + \cdots] \tag{6.12.5}$$

x^2 이상의 항을 무시하고 식 (6.12.2)에 보인 관계를 위 식에 사용하면 다음과 같이 간단해진다.

$$m\ddot{x} + \left[\frac{-3}{a}f(a) - f'(a)\right]x = 0 \tag{6.12.6}$$

그런데 x의 계수인 괄호 안의 항이 양수이면 위 식은 단조화진동자의 방식과 같다. 이 경우에 입자가 훼방을 받는다면 $r = a$인 원 주위에서 조화운동을 하며 진동할 것이고 원궤도는 안정하다. 반면에 x의 계수가 음수이면 반경방향으로 진동이 없고 시간이 지나면서 x는 결국 무한대가 될 것이다. 즉, 궤도는 불안정하다(만일 x의 계수가 영이라면 전개식에서 고차항을 고려해야 안정성을 논할 수 있다). 따라서 힘 함수 $f(r)$이 다음 조건을 만족할 때 원형 궤도는 안정하다고 말할 수 있다.

$$f(a) + \frac{a}{3}f'(a) < 0 \tag{6.12.7}$$

가령 지름 힘 함수가 멱함수여서

$$f(r) = -cr^n \tag{6.12.8}$$

이라면, 안정성의 조건은

$$-ca^n - \frac{a}{3}cna^{n-1} < 0 \tag{6.12.9}$$

이고 다음 결과를 얻는다.

$$n > -3 \tag{6.12.10}$$

따라서 $n = -2$인 역제곱 법칙의 힘이나 $n = 1$인 용수철 힘의 경우에는 안정된 원형 궤도가 가능하다. $n = 1$은 2차원 조화진동자의 경우이다. 거리의 4제곱에 반비례($n = -4$)할 때는 원궤도가 불안정하다. 거리의 세제곱에 반비례하는 경우($n = -3$)에도 원형궤도는 불안정함을 보일 수 있다. 이런 불안정성을 보여주려면 지름 방정식에서 고차항들을 포함해야 한다(연습문제 6.26 참조).

6.13 거의 원형인 궤도의 극지점과 극지각

극지점(apsis)이란 지름 크기가 극대나 극소처럼 극값을 갖는 궤도 위의 지점을 말한다. 원일점과 근일점은 행성 궤도의 극지점이다. 두 극지점 사이의 지름벡터가 만드는 각을 **극지각**(apsidal angle)이라 한다. 역제곱 법칙의 힘을 받으며 움직이는 타원 궤도에 대해서는 극지각이 π이다.

거의 원형인 궤도 운동을 하는 경우에 궤도가 안정하다면 r은 $r = a$ 주위에서 진동함을 알았다. 식 (6.12.6)에서 그 진동 주기는 다음과 같다.

$$\tau_r = 2\pi\left[\frac{m}{-(3/a)f(a) - f'(a)}\right]^{1/2} \tag{6.13.1}$$

이 경우의 극지각은 r이 극소에서 극대로 변할 때 θ가 변화하는 각도이다. 이때 걸리는 시간은 $\tau_r/2$이다. 그런데 $\dot{\theta} = l/r^2$이므로 $\dot{\theta}$는 근사적으로 상수로 간주할 수 있고 다음과 같이 쓸 수 있다.

$$\dot{\theta} \approx \frac{l}{a^2} = \left[-\frac{f(a)}{ma}\right]^{1/2} \tag{6.13.2}$$

여기서 식 (6.12.2)를 활용했다. 그러면 극지각은 다음과 같다.

$$\psi = \tfrac{1}{2}\tau_r\dot{\theta} = \pi\left[3 + a\frac{f'(a)}{f(a)}\right]^{-1/2} \tag{6.13.3}$$

멱함수 형태의 힘인 $f(r) = -cr^n$의 경우에는 다음과 같다.

$$\psi = \pi(3+n)^{-1/2} \tag{6.13.4}$$

이 경우에 극지각은 궤도의 크기와 무관하다. 역제곱 힘($n = -2$)에 대해서는 $\psi = \pi$이고 선형 힘($n = 1$)일 때는 $\psi = \pi/2$가 되어서 궤도는 재입(reentrant) 가능하고 똑같은 것이 반복된다. 그렇지만 $n = 2$인 경우에는 $\psi = \pi/\sqrt{5}$가 되어서 π의 무리수 배가 되어서 운동은 반복되지 않는다.

그림 6.13.1 극지각에 대한 설명

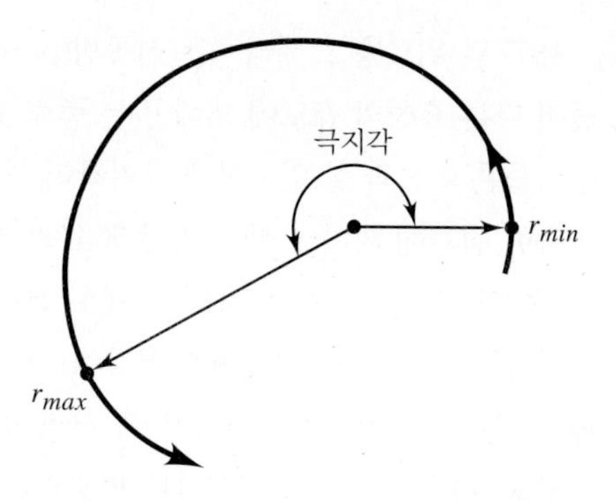

만일 힘이 역제곱 법칙에서 약간 벗어난다면 극지각이 π보다 약간 크거나 작고 극지각은 계속해서 약간씩 변한다(그림 6.13.1 참조).

예제 6.13.1

수성(Mercury)에 작용하는 중력장은 아래 식과 같이 된다고 가정하자.

$$f(r) = -\frac{k}{r^2} + \epsilon r$$

여기서 ϵ은 매우 작다. 첫째 항은 태양에 의한 중력장이고 둘째 항은 수성 주변을 둘러싸고 있는 고리형 물질 때문에 생기는 척력 섭동항이다. 이 물질 분포를 다른 혹성들 특히 목성의 중력 영향을 나타내는 간단한 모형으로 취급하겠다. 예제 6.7.2에서 설명한 것과 같이 이 섭동항은 태양 주변과 수성 주변의 고리형 물질 근방에서는 선형이다. 식 (6.13.3)으로부터 극지각 ψ는 아래와 같이 된다.

$$\begin{aligned}\psi &= \pi\left(3 + a\,\frac{2ka^{-3} + \epsilon}{-ka^{-2} + \epsilon a}\right)^{-1/2} \\ &= \pi\left(\frac{1 - 4k^{-1}\epsilon a^3}{1 - k^{-1}\epsilon a^3}\right)^{-1/2} = \pi\left(1 - \frac{\epsilon}{k}a^3\right)^{1/2}\left(1 - 4\frac{\epsilon}{k}a^3\right)^{-1/2} \\ &\approx \pi\left(1 - \tfrac{1}{2}\frac{\epsilon}{k}a^3\right)\left(1 + 2\frac{\epsilon}{k}a^3\right) \\ &\approx \pi\left(1 + \tfrac{3}{2}\frac{\epsilon}{k}a^3\right)\end{aligned}$$

마지막 단계에서 다항식 전개법을 사용하여 괄호 안의 항을 ϵ/k의 멱급수로 전개하고 1차 항만을 남겨두었다. 극지각은 ϵ이 양수이면 커지고 음이면 줄어든다.

1877년 위르뱅 르베리에는 섭동법(perturbation method)을 이용하여 모든 알려져 있는 혹성들이 다른 혹성의 궤도에 의해 받는 중력 효과를 계산하는 데 성공했다. 수성만 예외로 하고 다른 행성들은 이론과 잘 일치하게 극지각이 커지거나 줄어들었다. 1631년에 수성의 태양계 경류점을 관측한 결과에 의하면 한 세기당 565″씩 궤도가 근일점 쪽으로 전진한다는 사실을 알 수 있었다. 르베리에에 따르면 한 세기당 그 궤도 전진은 단지 527″라고 주장하는데 그러면 대략 38″ 정도의 차이가 생긴다. 미국 항해연감 청장이었던 사이먼 뉴컴(Simon Newcomb, 1835~1909)은 르베리에의 계산을 증명했다. 20세기 초 무렵이 되어 수성이 1세기 동안 전진하는 공인된 값은 각각 575″와 534″ 또는 불일치도 41″ ± 2″였다. 르베리에는 이 불일치는 실제로 존재하며 또 그 이유는 수성의 궤도 내에서 수성과 0.2 AU의 거리를 유지하고 태양을 중심으로 1,000마일의 지름을 갖고 돌고 있는 관측되지 않은 어떤 행성의 영향 때문이라고 스스로 믿었다. 여러분 스스로도 수성의 내부 혹성이 수성의 근일점 쪽으로의 진전을 δ/ka^2만큼 이끌 수 있음을 쉽게 증명할 수 있을 것이다. 르베리에는 이 미지의 행성을 벌컨(Vulcan)이라고 불렀지만 그런 행성은 발견되지 않았다.

1877년 화성의 위성을 발견한 아삽 홀(Asaph Hall, 1829~1907)이 가능성 있는 또 하나의 설명을 제시했다. 그는 뉴턴의 중력법칙에서 지수가 정확하게 2가 아니라 2.0000001612라고 가정하고 이 사실이 비법이 될 수 있다고 생각했다. 아인슈타인은 수성에 생기는 이런 불일치의 확률은 아주 작으며 오로지 이 목적으로만 고안이 되었다는 가설하에 고전역학을 사용하면 설명이 될 수도 있다고 제안한 바 있다. 이 불일치는 1915년에 아인슈타인이 베를린 학술원에 제출한 논문에 아주 잘 설명되어 있다. 이 논문은 그 당시에 완전히 완성되어 있지는 않았던 일반 상대성 이론에 근거하여 계산한 것이었다. 따라서 관측된 결과와 현존하는 이론 사이에 존재하는 커다란 차이를 어떻게 완전히 새로운 앞선 이론으로 해결해나가는지를 볼 수 있다.

만약 태양이 럭비공처럼 충분히 타원 형태라면 중력이 역제곱 법칙과는 약간 달라질 것이고 따라서 수성 궤도의 근일점은 전진하게 될 것이다. 현재까지의 측정에 의하면 이런 가정은 정당성을 갖기에 아직 부족하다. 그러나 유사한 효과가 지구를 돌고 있는 인공위성에서 관측되고 있다. 만약 인공위성이 적도면을 돌고 있지 않다면 이 위성의 궤도가 근일점 쪽으로 전진할 뿐 아니라 궤도면 자체도 전진한다. 인공위성의 궤도를 상세하게 조사한 바에 따르면 지구는 근본적으로 배 모양(pear-shaped)을 하고 있으며 그 표면이 울퉁불퉁하다.

6.14 역제곱 척력장에서 운동: 알파 입자의 산란

뉴턴 역학의 더할 나위 없는 업적 중 하나에 자멸의 씨가 담겨 있었다는 사실은 역설적이라 할 수 있다. 1911년 어니스트 러더퍼드(Ernest Rutherford, 1871~1937)는 He 원자의 핵인 알파 입자가 금속 박막에서 산란되는 문제를 풀기 위해 고전역학의 본산인 뉴턴의 『Principia』에서 도움을 얻으려 했다. 고전역학에 근거하여 문제를 푸는 과정에서 고전역학의 패러다임에서 도저히 상상할 수 없는 원자핵의 개념이 탄생했다. 여러 가지 뉴턴 역학의 개념으로 설명이 불가능해지고 양자역학이라는 놀랄 만한 개념으로 대체되었을 때에야 자체 모순이 없는 완전한 원자핵 이론이 생겨났다. 뉴턴 역학이 '틀렸다'는 뜻이 아니다. 낙하 물체와 행성 운동처럼 거시세계에서 잘 성립하는 개념은 원자나 핵 같은 미시세계에서는 적용되지 않을 뿐이라는 것이다. 실제로 양자 물리학의 기초를 다진 선구자들에 따르면, 계산결과가 거시세계에서는 뉴턴 역학이 '틀린 것'이 아니라 그 적용 범위가 제한되어 있을 뿐이다. 이 사실을 알고 난 이상 뉴턴 역학을 논할 때는 항상 그 한계를 잘 알고 있어야 한다.

1900년대 초기에는 원자를 양전기로 대전된 덩어리 속에 J. J. 톰슨(Thomson, 1856~1940)이 발견한 전자들이 박혀 있는 상태로 생각했다. 이 모형은 1902년 켈빈 경(Lord Kelvin)이 처음으로 제안했지만 1년 후 톰슨이 수학적으로 구체화했다. 톰슨은 물리계의 역학적, 전기적 안정성을 강조하여 이러한 모형을 제시했고, 그래서 이것을 **톰슨 원자**(Thomson atom)라고 부른다.

1907년 러더퍼드는 맨체스터대학교에 직장을 구했는데 톰슨의 원자 모형을 확인할 실험준비를 하는 독일의 젊은 물리학도 한스 가이거(Hans Geiger, 1882~1945)를 만났다. 가이거의 착상은 그 얼마 전 발견된 방사능 원자에서 발생하는 알파 입자를 얇은 금속막에 쬐어 보는 것이었다. 입자들의 산란 모습을 조사하면 원자의 구조에 대해 무엇인가 알 수 있을 것 같아서였다. 당시에 학부생인 어니스트 마르스덴(Ernest Marsden)의 도움으로 가이거는 이 연구를 수년간 계속했다. 결과는 대체로 예상했던 바와 같았으나 큰 각도로 산란하는 입자의 수가 톰슨 모형으로 기대했던 것보다 훨씬 많았다. 실제로 어떤 알파 입자는 180° 방향으로 산란하여 입사한 쪽으로 진행하기도 했다. 이 소식을 듣고 러더퍼드는 깜짝 놀랐다. 이것은 마치 빠른 총알이 얇은 종이에 맞았을 때 뒤로 튕기는 것과 같다.

빨리 움직이는 포물체에 작용하는 큰 힘을 설명할 구체적 모형을 찾던 중 러더퍼드는 알파 입자가 큰 각도로 산란하는 것을 혜성이 태양을 돌아서 다시 되돌아가는 것과 연관지어 생각했다. 그러면 음으로 대전된 핵에 끌리는 양으로 대전된 알파 입자의 쌍곡선 궤도를 생각할 수 있다. 이 문제 풀이에 중요한 유일한 성질은 궤도가 원뿔 곡선이 됨을 보여주는 역제곱 법칙뿐이라는 것이다. 그 힘이 인력이든 척력이든 상관없다. 러더퍼드는 기하학에서 배운 원뿔 곡선에서의 이심률과 점근선 사이 각도의 관계식을 기억했다. 이 식과 에너지, 각운동량 보존법칙을 사용하여 알파 입자 산란에 관한 완전한 풀이를 얻었는데 이는 가이거와 마르스덴의 실험결과와 잘 일치했다. 그래서 현재 우리가 알고 있는 원자핵 모형이 탄생한 것이다.

다음으로 이 문제를 풀어보자. 인력에 대해서도 똑같은 풀이를 얻을 수 있음에 유의해야 한다. 러더퍼드의 풀이는 핵의 전하가 갖는 부호에 대해서는 아무것도 알 수 없는데 다른 논리로 부호가 무엇일지는 분명하다.

전하량 q, 질량 m인 입자가 전하량 Q인 고정된 무거운 핵입자 주의를 빠른 속도로 지나갈 때 입사 입자는 쿨롱 법칙(Coulomb's law)에 따라 밀리는 힘을 받는다.

$$f(r) = \frac{Qq}{r^2} \tag{6.14.1}$$

Q의 위치를 원점으로 택했다(Q와 q의 단위로서 cgs 정전단위계를 사용하겠다. 따라서 r은 센티미터이고, 힘은 다인(dynes)이다). 그러면 궤도에 관한 미분방정식 (6.5.12)는

$$\frac{d^2u}{d\theta^2} + u = -\frac{Qq}{ml^2} \tag{6.14.2}$$

이고, 궤도방정식은 다음과 같다.

$$u^{-1} = r = \frac{1}{A\cos(\theta - \theta_0) - Qq/ml^2} \tag{6.14.3}$$

그런데 $k = -Qq$이므로 식 (6.10.7c)의 형태로 궤도방정식을 다음과 같이 쓸 수 있다. 즉,

$$r = \frac{ml^2Q^{-1}q^{-1}}{-1 + (1 + 2Eml^2Q^{-2}q^{-2})^{1/2}\cos(\theta - \theta_0)} \tag{6.14.4}$$

인데, 이 궤도는 쌍곡선이다. 척력의 경우 에너지 $E(= \frac{1}{2}mv^2 + Qq/r)$는 항상 영보다 커야 한다는 물리학적 사실에서 이 사실을 이해할 수 있다. 그러므로 $\cos(\theta - \theta_0)$의 계수인 이심률 ϵ은 1보다 크고 궤도는 쌍곡선이 되어야 한다.

입사 입자는 그림 6.14.1에서 보듯이 어떤 점근선을 따라서 들어오고 다른 점근선을 따라서 멀어져 간다. 입자의 처음위치가 $\theta = 0$, $r = \infty$가 되도록 극좌표의 축을 정한다. 어느 궤도 방정식을 이용하든지 $\cos(\theta - \theta_0) = 1$, 즉 $\theta = \theta_0$일 때 r은 최소가 된다. $\theta = 0$일 때 $r = \infty$이므로 $\theta = 2\theta_0$일 때도 r은 무한대이다. 이때 쌍곡선 궤도의 두 점근선 사이의 각도는 $2\theta_0$이고, 입사 입자가 휘는 각도 θ_s는 다음과 같다.

$$\theta_s = \pi - 2\theta_0 \tag{6.14.5}$$

한편 식 (6.14.4)의 우변 분모는 $\theta = 0$, $\theta = 2\theta_0$일 때 영이 됨을 알 수 있고

$$-1 + (1 + 2Eml^2Q^{-2}q^{-2})^{1/2}\cos\theta_0 = 0 \tag{6.14.6}$$

이 되어 다음 결과를 쉽게 얻는다.

$$\tan\theta_0 = (2Em)^{1/2}lQ^{-1}q^{-1} = \cot\frac{\theta_s}{2} \tag{6.14.7}$$

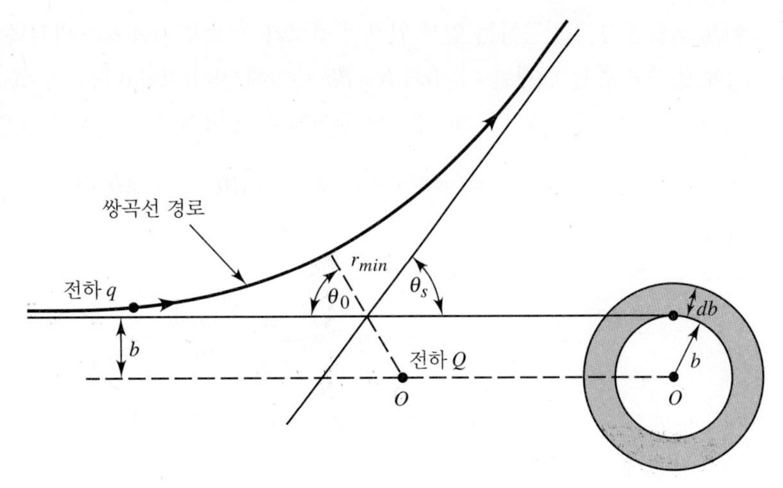

그림 6.14.1 하전 입자 Q의 역제곱 척력장에서 움직이는 다른 하전입자 q의 쌍곡선 경로(궤적)

마지막 단계는 위에서 주어진 각도 관계로부터 나온다.

식 (6.14.7)을 산란 문제에 적용하려면 상수 l을 **충돌 매개변수**(impact parameter)라 불리는 b로 표현하는 것이 편리하다. 충돌 매개변수는 그림 6.14.1에서 보듯이 산란을 일으키는 중심과 초기 입사 경로 사이의 수직거리이다. 그러면

$$|l| = |\mathbf{r} \times \mathbf{v}| = bv_0 \tag{6.14.8}$$

이고, 여기서 v_0는 입자의 초기 속력이다. 초기($r = \infty$)의 위치에너지는 영이므로 전체 에너지 E는 상수이고 초기의 운동에너지 $\frac{1}{2}mv_0^2$과 같다. 따라서 산란 공식인 식 (6.14.7)은 다음과 같이 쓸 수 있으며

$$\cot\frac{\theta_s}{2} = \frac{bmv_0^2}{Qq} = \frac{2bE}{Qq} \tag{6.14.9}$$

이것은 산란각과 충돌 매개변수 사이의 관계식이다.

전형적인 산란 실험에서는 입자의 빔이 박막 같은 표적에 입사한다. 그리고 표적원자의 핵이 산란중심이 된다. 어떤 각도 θ_s로 휘는 입사 입자의 개수는 **미분 산란 단면적**(differential scattering cross section) $\sigma(\theta_s)$로 표시하는데 다음과 같이 정의한다.

$$\frac{dN}{N} = n\sigma(\theta_s)\,d\Omega \tag{6.14.10}$$

여기서 dN은 θ_s와 $\theta_s + d\theta_s$ 사이로 산란하는 입사 입자의 수, N은 입사한 입자의 총 개수, n은 표적 박막의 단위 면적당 산란중심의 개수이고, $d\Omega$는 $d\theta_s$에 해당하는 입체각이다. 즉, $d\Omega = 2\pi \sin\theta_s\, d\theta_s$이다.

이때 산란중심에 접근하는 입사 입자의 경로가 안쪽 반지름 b와 바깥쪽 반지름 $b+bd$인 고리 사이에 있다면 충돌 매개변수는 b와 $b+db$ 사이에 있다(그림 6.14.1 참조). 이 고리의 넓이는 $2\pi b\, db$이고 이 안으로 들어온 입자의 개수는 주어진 각도 범위 내로 산란한 입자 수이어야 한다. 즉,

$$dN = Nn\sigma(\theta_s)2\pi \sin\theta_s\, d\theta_s = Nn2\pi b\, db \tag{6.14.11}$$

따라서

$$\sigma(\theta_s) = \frac{b}{\sin\theta_s}\left|\frac{db}{d\theta_s}\right| \tag{6.14.12}$$

여기서 도함수는 음의 값을 가지므로 절대값 기호를 썼다. 하전입자의 산란 단면적을 구하려면 식 (6.14.9)를 θ_s에 대하여 미분하면 된다.

$$\frac{1}{2\sin^2\left(\frac{\theta_s}{2}\right)} = \frac{2E}{Qq}\left|\frac{db}{d\theta_s}\right| \tag{6.14.13}$$

식 (6.14.9), (6.14.12), (6.14.13)에서 b와 $|db/d\theta_s|$을 소거하고

$$\sin\theta_s = 2\sin(\theta_s/2)\cos(\theta_s/2)$$

의 항등식을 사용하면 다음과 같은 결과를 얻는다.

$$\sigma(\theta_s) = \frac{Q^2q^2}{16E^2}\frac{1}{\sin^4(\theta_s/2)} \tag{6.14.14}$$

이것이 유명한 러더퍼드의 산란 공식이다. 미분 산란 단면적은 $\sin(\theta_s/2)$의 네제곱에 반비례함을 알 수 있다. 20세기 초에 이 사실이 실험적으로 확인되어 핵물리학 발전에 큰 이정표가 되었다.

예제 6.14.1

라듐 핵에서 방출된 알파 입자($E = 5\text{ MeV} = 5\times10^6\times1.6\times10^{-12}\text{ erg}$)가 금(gold)의 핵 부근을 통과한 후 경로가 90° 편향되었다. 이 알파 입자의 충돌 매개변수 b는 얼마인가?

■ 풀이

알파 입자는 $q = 2e$, 금 핵은 $Q = 79e$이며 이때 $e = 4.8\times10^{-10}$ esu이다. 그러므로 식 (6.14.9)에서 다음을 알 수 있다.

$$b=\frac{Qq}{2E}\cot 45°=\frac{2\times 79\times(4.8)^2\times 10^{-20}\ \text{cm}}{2\times 5\times 1.6\times 10^{-6}}$$
$$=2.1\times 10^{-12}\ \text{cm}$$

예제 6.14.2

예제 6.14.1에서 알파 입자의 최근접 거리를 계산하라.

■ 풀이

가장 근접하는 거리는 궤도방정식 (6.14.4)에서 $\theta=\theta_0$일 때 생긴다. 따라서

$$r_{min}=\frac{ml^2Q^{-1}q^{-1}}{-1+(1+2Eml^2Q^{-2}q^{-2})^{1/2}}$$

이고, 식 (6.14.9)와 약간의 수학적 계산을 거치면 다음과 같이 쓸 수 있다.

$$r_{min}=\frac{b\cot(\theta_s/2)}{-1+[1+\cot^2(\theta_s/2)]^{1/2}}=\frac{b\cos(\theta_s/2)}{1-\sin(\theta_s/2)}$$

따라서 $\theta_s=90°$일 때 $r_{min}=2.41b=5.1\times 10^{-12}$ cm이다.

$l=b=0$일 때 r_{min}에 대한 식은 부정형이 됨에 유의하라. 이 경우에 입자는 핵에 정면으로 입사하고 있다. 입자는 핵을 향해 일직선으로 접근하면서 쿨롱 힘에 의해 계속해서 척력을 받는다. 그리고 r_{min}인 점에 이를 때 속도가 영이 된 후에 직선을 따라서 다시 멀어져 간다. 산란각은 180°이다. 이 경우에 r_{min}은 에너지 E가 상수임을 이용하여 구할 수 있다. 전향점에서 위치에너지는 Qq/r_{min}이고 운동에너지는 영이다. 그러므로 $E=\frac{1}{2}mv^2=Qq/r_{min}$이고 다음 결과를 얻는다.

$$r_{min}=\frac{Qq}{E}$$

라듐에서 나오는 알파 입자와 금 핵이 충돌하는 경우 $\theta=180°$일 때 $r_{min}\approx 10^{-12}$ cm이다. 이렇게 산란되는 현상이 실제로 관측되었다는 것은 핵의 반지름이 최소한 10^{-12} cm 정도로 작다는 뜻이다.

연습문제

6.1 질량 1 kg인 두 개의 납으로 된 공이 거의 접촉 상태에 있을 때 이들 사이에 작용하는 중력을 계산하라. 답을 공의 무게에 대한 비로 환산하라(납의 밀도는 11.35 g/cm^{3}이다).

6.2 얇은 구 껍질 내의 시험입자에 작용하는 중력이 영임을 다음의 두 가지 방법으로 증명하라.

(a) 힘을 직접 계산

(b) 중력 위치 에너지가 상수라는 것을 계산

6.3 지구가 균일한 공이라고 가정하고 북극에서 남극까지 곧바로 구멍을 뚫었다고 상상하자. 이 구멍에 한 입자를 떨어뜨리면 단조화진동을 하게 됨을 증명하라. 그리고 그 진동주기는 지구의 밀도에만 관계될 뿐 크기와는 무관함을 보여라. 또 주기를 계산하라($R_{earth} = 6.4 \times 10^6$ m).

6.4 직선의 관을 지구표면에서 비스듬히 뚫어서 이 관을 따라 미끄러지는 입자의 경우에도 연습문제 6.3과 같은 주기를 갖는 단조화진동임을 증명하라. 회전효과와 마찰력은 무시하라.

6.5 원형 궤도에 대해서 케플러의 제3법칙은 뉴턴의 제2법칙과 중력의 법칙에서 직접 유도됨을 증명하라 ($GMm/r^2 = mv^2/r$).

6.6 (a) 원형 궤도를 돌고 있는 정지위성(주기가 24시간이어서 항상 제자리에 있는 것처럼 보이는 위성)의 반지름은 지구 반지름의 약 6.6배임을 증명하라.

(b) 달까지의 거리는 지구 반지름의 약 60.3배이다. 달의 주기를 계산하라.

6.7 지표면 바로 위로 원형 궤도를 돌고 있는 위성의 주기는 연습문제 6.3에서 얻은 주기와 같음을 증명하라.

6.8 지구 공전궤도의 단축과 나란하고 태양을 지나는 직선상의 궤도 점에서 지구가 태양에 접근하는 속도를 구하라. 지구궤도의 이심률은 1/60이며, 장반경 길이는 93,000,000마일이다(그림 6.5.1 참조).

6.9 태양계 전체가 균일한 밀도 ρ인 먼지 속에 있다면 태양에서 r만큼 떨어진 행성에 작용하는 힘은 다음과 같음을 증명하라.

$$F(r) = -\frac{GMm}{r^2} - \left(\frac{4}{3}\right)\pi \rho m G r$$

6.10 중심력장에서 어떤 입자가 나선형 궤도 $r = r_0 e^{k\theta}$을 그리고 있다. 그러면 힘은 거리의 세제곱에 반비례하며 θ는 시간 t에 따라서 로그 함수로 변함을 증명하라.

6.11 역 세제곱의 중심력장에서 어떤 입자가 움직이고 있다. 연습문제 6.10에 주어진 나선형 궤도 외에 두 가지 가능한 궤도가 더 있음을 밝히고 식을 구하라.

6.12 중심력장에서 움직이는 입자의 궤도는 원점을 지나는 원, 즉 $r = r_0 \cos\theta$이다. 힘의 법칙이 거리의 5제곱에 반비례함을 증명하라.

6.13 어떤 입자가 $r = a\theta$의 나선형 궤도로 움직이고 있다. 만일 θ가 t에 따라 선형으로 증가한다면 힘은 중심력이 되겠는가? 아니면 중심력이기 위해 θ는 t의 어떤 함수가 되어야 하는가?

6.14 다음과 같은 중심력을 받는 단위 질량의 입자가 원점에서 a만큼 떨어진 지점에서 반경벡터에 수직으로 v_0의 속도로 방출되었다.

$$f(r) = -k\left(\frac{4}{r^3} + \frac{a^2}{r^5}\right)$$

$v_0^2 = 9k/2a^2$이라면

(a) 극좌표로 궤도방정식을 구하라.

(b) 입자가 $3\pi/2$의 각도로 진행하려면 시간이 얼마나 걸리겠는가? 그때 입자의 위치는 어디인가?

(c) 그때 입자의 속도를 구하라.

6.15 (a) 예제 6.5.4에서 추진 속도 변화율 $\delta(v_0/v_c)/(v_0/v_c)$에 대해 원지점의 변화율 $\delta r_1/r_1$을 그래프로 그려라.

(b) 만일 속도에서 1% 오차가 발생하면 우주선은 달 착륙에 어느 정도 오차를 주겠는가? (이 문제는 달 궤도에 접근하는 비행을 하려면 얼마나 정밀한 조종이 필요한지를 보여주는 예이다.)

6.16 6.5절에 주어진 핼리혜성에 대한 데이터로부터 그 주기를 계산하라. 또 원일점과 근일점에서 이 혜성의 속력을 구하라.

6.17 어떤 혜성이 태양으로부터 d AU만큼 떨어진 거리에서 처음으로 관측되었다. 그때 혜성은 지구속력의 q배로 움직이고 있다. q^2d가 2보다 크거나, 같거나, 작거나에 따라서 혜성의 궤도는 쌍곡선이거나, 포물선이거나, 타원임을 증명하라.

6.18 역제곱 법칙의 힘을 받고 타원 궤도로 움직이는 입자가 있다. a를 장반경의 길이, τ를 주기라 할 때, 최고속력과 최저속력의 곱은 $(2\pi a/\tau)^2$임을 증명하라.

6.19 태양 주위 타원 궤도의 한 지점에서 행성이 접선 방향으로 작은 충격량을 받아 속도가 v에서 $v + \delta v$로 변했다. 장반경 a의 변화를 계산하라.

6.20 (a) 태양 주위의 타원 궤도를 돌고 있는 행성의 위치에너지의 시간 평균값은 $-k/a$임을 증명하라.

(b) 행성의 운동에너지의 시간 평균값을 구하라.

6.21 수직방향에서 θ_0만큼 기울여, 초기속력 v_0로 반사된 2단계 로켓에 실린 인공위성이 낮은 궤도에 진입했다. 궤도의 원지점에 이르렀을 때 2차 로켓이 점화되어 속도가 Δv_1만큼 증가하고 원궤도에 이르렀다(그림 P6.21 참조).

(a) 최종 궤도가 원이 되려면 Δv_1은 얼마이어야겠는가?

(b) 최종 궤도의 고도 h를 계산하라. 지구의 질량 $M_E = 5.98 \times 10^{24}$ kg, 반지름 $R_E = 6.4 \times 10^3$ km이고 $v_0 = 6$ km/s, $\theta_0 = 30°$로 가정하자.

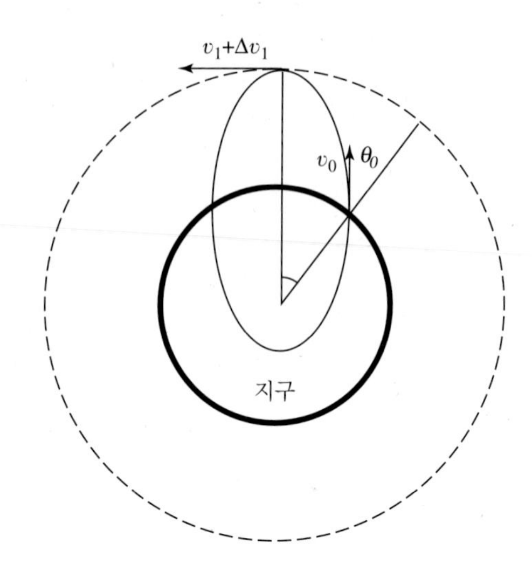

그림 P6.21 인공위성을 원궤도에 올리기 위한 2단계 발사

6.22 힘이 다음과 같이 작용할 때

$$f(r) = -k\frac{e^{-br}}{r^2}$$

거의 원형인 궤도의 극지각을 구하라.

6.23 태양계가 균일한 먼지 구름에 싸여 있을 때 거의 원형인 궤도운동을 하는 행성의 극지각을 구하라. 수성의 원일점 문제의 해결책으로 이것이 제안된 적이 있었다.

6.24 반지름 a인 원형 궤도의 안정조건은 $r = a$에서 $d^2U/dr^2 > 0$임과 대등함을 증명하라. $U(r)$은 6.11설에서 정의한 유효 위치에너지이다.

6.25 힘의 함수가

$$f(r) = -\frac{k}{r^2} - \frac{\epsilon}{r^4}$$

일 때, 원형 궤도가 안정할 조건을 구하라.

6.26 (a) 연습문제 6.22에서 $r < b^{-1}$이면 반지름 r인 원형 궤도는 안정함을 증명하라.
(b) 역 세제곱 힘에서 원형 궤도는 불안정함을 보여라.

6.27 지구의 궤도 평면에서 어떤 혜성이 포물선 궤도로 움직이고 있다. 지구의 궤도를 반지름 a인 원이라고 간주하고 혜성이 지구궤도와 교차하는 점은 다음 식으로 주어짐을 증명하라.

$$\cos\theta = -1 + \frac{2p}{a}$$

여기서 p는 $\theta = 0$일 때 정의된 혜성의 근지점까지의 거리이다.

6.28 위의 연습문제 결과를 이용하여 혜성의 지구 궤도 내부에 머무르는 시간은 년(年)을 단위로 할 때

$$\frac{2^{1/2}}{3\pi}\left(\frac{2p}{a}+1\right)\left(1-\frac{p}{a}\right)^{1/2}$$

이고, $p = a/2$일 때 그 최대값은 $2/3\pi$년, 즉 77.5일임을 증명하라. 또한 핼리혜성($p = 0.6a$)에 대해 최대 시간을 계산하라.

6.29 퍼텐셜 이론의 고등 교재를 보면 지구처럼 타원체의 중력장에서 질량 m인 입자가 갖는 위치에너지는 대략 다음과 같다.

$$V(r) = -\frac{k}{r}\left(1+\frac{\epsilon}{r^2}\right)$$

여기서 r은 적도 평면에서의 거리이고, $k = GMm$, $\epsilon = 2/5R\Delta R$인데 R은 적도에서의 반지름, ΔR은 적도와 양극에서의 반지름 차이이다(R = 4,000마일, ΔR = 13마일). 지구의 적도 평면에서 거의 원형인 궤도를 도는 위성의 극지각을 구하라.

6.30 특수 상대성 이론에 의하면 위치에너지 $V(r)$를 갖고 중심력장에서 움직이는 입자는 비상대론적 역학에서

$$V(r) - \frac{[E - V(r)]^2}{2m_0c^2}$$

의 위치에너지를 갖는 문제와 같은 궤도 운동을 한다. 여기서 E는 전체 에너지, m_0는 입자의 정지질량, c는 빛의 속도이다. 이것으로부터 역제곱 힘에 대응하는 위치에너지 $V(r) = -k/r$을 갖는 입자의 운동에 대한 극지각을 구하라.

6.31 태양에서 거리 r인 지점에 어떤 혜성이 속력 v로 태양으로부터의 반경벡터와 ϕ의 각도로 운동하는 모습이 관측되었다. 이 혜성의 타원 궤도의 장반경은 혜성의 초기 반경벡터와 다음의 각도를 이루는 것을 증명하라.

$$\theta = \cot^{-1}\left(\tan\phi - \frac{2}{\mathsf{V}^2\mathsf{R}}\csc 2\phi\right)$$

여기서 $\mathsf{V} = v/v_e$와 $\mathsf{R} = r/a_e$는 예제 6.10.1에서 정의한 무차원의 양이다. θ를 계산하기 위해 예제 6.10.1의 수치를 사용하라.

6.32 두 대의 우주선 A와 B가 지구 주위의 원형 궤도에 놓여 같은 면, 같은 방향으로 움직이고 있다. 즉, 예제 6.6.2에 설명했듯이 우주선 A는 LEO에 있고 우주선 B는 정지위성 궤도에 놓여 있다. 우주선 A에 타고 있는 선원이 우주선 B의 선원과 랑데부하고자 한다. 그렇게 하려면 동시에 두 우주선이 근일점에서 만날 수 있는 궤도에 이르도록 각 우주선을 추진로켓을 사용하여 추진시켜 주어야 한다. (a) 우주선 A가 근일점에 도달하는 데 걸리는 시간과, (b) 우주선 A가 추진로켓에 의해 추진된다면 우주선 B

는 A와 상대적으로 얼마만큼 앞선 각도를 갖고 있어야 하는지를 계산하라.

6.33 중심력장 $f(r) = k/r^3$ 속에서 운동하는 질량 m인 입자의 미분 산란 단면적은 다음과 같이 주어짐을 보여라.

$$\sigma(\theta_s)\,d\Omega = 2\pi\,|bdb| = \frac{k\pi^3}{E}\left[\frac{\pi-\theta_s}{(2\pi-\theta_s)^2\theta_s^2}\right]d\theta_s$$

여기서 θ_s는 산란각이고, E는 입자의 에너지이다.

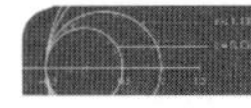

컴퓨터 응용 문제

C6.1 예제 6.7.2에서 반지름 R, 질량 M인 원형 고리 밖에 있는 점 P에서 중력 퍼텐셜을 계산했다. P는 원형 고리의 평면 내에 있고 $r > R$이다. 이번에는 P가 같은 평면에 있지만 $r < R$이라 하자.

(a) 고리의 질량에 의해 거리 r에 미치는 중력 퍼텐셜은 다음과 같음을 증명하라.

$$\Phi = -\frac{GM}{R}\left(1 + \frac{r^2}{4R^2} + \cdots\right.$$

$r = 1.496 \times 10^{11}$ m(지구의 궤도 반지름), $R = 7.784 \times 10^{11}$ m(목성의 궤도 반지름), $M = 1.90 \times 10^{27}$ kg(목성의 질량)으로 두라. 목성에 의해 지구에 만들어지는 평균 중력 퍼텐셜이 태양을 감싸는 균질한 고리 형태 물질의 그것과 같다고 가정한다. 이때 고리형 물질의 질량은 목성과 같고 이 물질과 태양 사이의 거리는 목성과 태양 사이의 거리와 같다고 가정한다.

(b) 이러한 가정과 (a)에서 주어진 데이터로부터 목성이 지구에 미치는 평균 중력 퍼텐셜의 값을 수치적으로 계산하라.

(c) 이 원형 고리를 N개의 질량 M_i인 입자로 대체하자. 그러면 $NM_i = M$이다. 1차적으로 $N = 2$, $M_i = M/2$로 하여 고리의 중심과 지구를 연결하는 반지름 R인 원의 양쪽에 놓는다. 그리고 이 두 입자의 중력 퍼텐셜을 계산하라. 다음에는 $N = 4$에 대해 되풀이한다. 두 입자의 위치는 전과 같고 추가 입자는 고리의 원을 4등분하는 지점에 각각 놓는다. N을 2로 나누고 M_i를 2로 나누는 과정을 되풀이해서 항상 먼저보다 2배로 늘리면서 r에서의 퍼텐셜을 계산한다. 연속근사의 차이가 10^{-4} 이하일 때까지 계속하고 그 값을 (b)에서 얻은 값과 비교한다. 이 정도의 정확도를 얻으려면 입자를 모두 몇 개로 택해야 할까?

(d) r의 값이 주어진 값의 0, 0.2, 0.4, 0.6, 0.8배일 때 (c)의 문제를 다시 풀어라. $|\Phi(r) - \Phi(0)|$을 r의 함수로 그래프를 그리고 (a)에서 예측했던 것과 같이 이 차이는 r의 제곱에 비례함을 보여라.

C6.2 지구 주위의 상당히 이심률이 큰 타원 궤도를 도는 인공위성을 생각해보자. 그림 C6.2에 보이는 것처럼 근지점이 지구 대기권을 스친다고 하자. 근지점에서 대기권을 지날 때마다 그 속도가 δ의 비율로 감속해서 근지점은 그대로 있어도 원지점은 점점 더 가까워진다고 가정하자. 그러면 최종적으로 원궤

도가 될 것이다. 초기 궤도의 이심률은 $\epsilon_0 = 0.9656$, 근지점까지의 거리는 $r_p = 6.6 \times 10^3$ km(약 200 km의 고도)라 가정하면 초기궤도의 원지점은 달까지 미친다.

(a) $\delta = 0.01$이라 하고 궤도가 원이 될 때까지 돌아야 할 공전 횟수 n에 대한 근사해를 해석적으로 구하라. $\epsilon_f = \frac{1}{7}$일 때 원궤도가 되었다고 가정하자. 이때 장축과 단축의 길이 비는 0.99이다. 답을 ϵ_0, ϵ_f, δ로 표현하라.

(b) 공전 횟수를 수치적으로 풀어라.

(c) 그때까지 걸리는 시간을 계산하라.

(d) 단반경과 장반경의 비를 n의 함수로 그려라.

(e) 마지막 궤도에 이르렀을 때 원지점에서 위성의 속력을 계산하고 처음속력과 비교하라. 공기의 저항으로 속력이 줄어야 할 텐데 원지점에서 속력이 증가하는 이유를 설명하라. (지구의 질량과 반지름은 연습문제 6.21에 주어져 있다.)

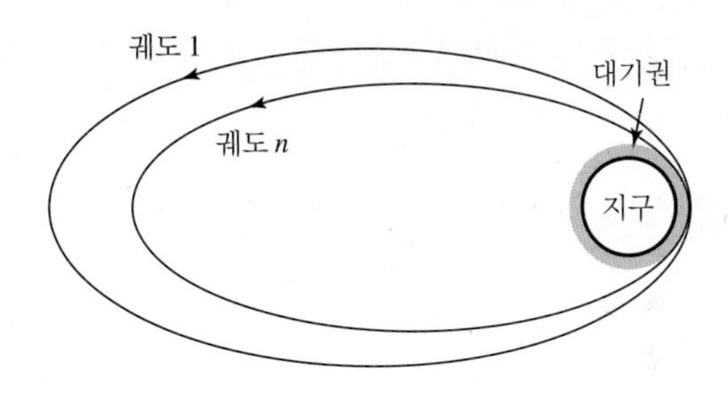

그림 C6.2 지구 대기권을 스쳐가는 인공위성의 타원 궤도

제 7 장

입자계의 동력학

"똑같은 물체 두 개가 충돌 전에 크기는 같고 방향이 반대인 속도로 움직이면서 서로 부딪히면 속도의 부호만 다를 뿐 같은 속력으로 되튀어 나간다."

"각 강체의 크기와 속도 제곱을 곱하여 모두 더한 것은 충돌 전후에 항상 동일하다."

– 크리스티안 호이겐스, 『De Motu Corporum ex mutuo impulsu Hypothesis』(1669)

7.1 서론: 입자계의 질량중심과 선운동량

지금부터는 두 개 이상의 입자들로 구성된 계의 동역학을 공부하기로 한다. 이 입자들은 서로 독립적으로 움직일 수도 있고 그렇지 않을 수도 있다. 입자 사이의 상대적 위치가 모두 고정된 특별한 입자계를 **강체**(剛體, rigid body)라 하는데 다음의 두 장에서 다룬다. 당분간은 모든 입자계에 적용할 일반 정리(theorem)를 기술할 것이다. 그리고 자유 입자계에 이를 적용할 것이다.

우리가 다루고자 하는 입자계는 질량이 $m_1, m_2, \cdots, m_n$인 입자가 각각 $\mathbf{r}_1, \mathbf{r}_2, \cdots, \mathbf{r}_n$에 위치한 n개의 입자로 구성되어 있다. 이 입자계의 **질량중심**(質量中心, center of mass) $\mathbf{r}_{cm}$은 다음과 같이 정의한다(그림 7.1.1 참조).

$$\mathbf{r}_{cm} = \frac{m_1\mathbf{r}_1 + m_2\mathbf{r}_2 + \cdots + m_n\mathbf{r}_n}{m_1 + m_2 + \cdots + m_n} = \frac{\sum_i m_i\mathbf{r}_i}{m} \tag{7.1.1}$$

여기서 $m = \Sigma m_i$는 입자계의 전체 질량이다. 이 정의는 다음의 세 가지 식으로 풀어 쓸 수 있다.

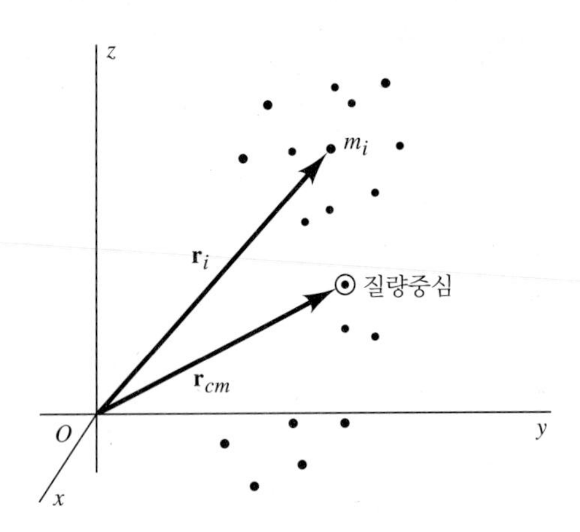

그림 7.1.1 입자계의 질량중심

$$x_{cm} = \frac{\sum_i m_i x_i}{m} \qquad y_{cm} = \frac{\sum_i m_i y_i}{m} \qquad z_{cm} = \frac{\sum_i m_i z_i}{m} \tag{7.1.2}$$

입자계의 **선운동량**(線運動量, linear momentum) $\mathbf{p}$는 개별 입자 운동량의 벡터 합으로 정의한다.

$$\mathbf{p} = \sum_i \mathbf{p}_i = \sum_i m_i \mathbf{v}_i \tag{7.1.3}$$

식 (7.1.1)에서 $\dot{\mathbf{r}}_{cm} = \mathbf{v}_{cm}$을 계산하고 식 (7.1.3)과 비교하면 다음을 쉽게 알 수 있다.

$$\mathbf{p} = m\mathbf{v}_{cm} \tag{7.1.4}$$

즉 입자계의 선운동량은 입자계의 전체 질량과 질량중심 속도의 곱과 같다.

이들 입자에 각각 외부에서 $\mathbf{F}_1, \mathbf{F}_2, \cdots, \mathbf{F}_i, \cdots, \mathbf{F}_n$의 힘이 작용한다고 하자. 그 외에도 입자계 내부 입자들 사이에 상호 작용력이 있을 수도 있다. 입자 j가 입자 i에 작용하는 힘을 $\mathbf{F}_{ij}$라 하자. 입자가 자기 자신에는 힘을 미치지 않으므로 $\mathbf{F}_{ii} = 0$이다. 그러면 입자 i의 운동방정식은

$$\mathbf{F}_i + \sum_{j=1}^{n} \mathbf{F}_{ij} = m_i \ddot{\mathbf{r}}_i = \dot{\mathbf{p}}_i \tag{7.1.5}$$

가 되는데, 여기서 $\mathbf{F}_i$는 입자 i에 작용하는 전체의 외부 작용력이다. 이 식에서 둘째 항은 입자계의 모든 입자가 입자 i에 작용하는 내부 작용력의 벡터 합이다. 식 (7.1.5)를 n개의 입자에 대해 모두 더하면 다음과 같다.

$$\sum_{i=1}^{n} \mathbf{F}_i + \sum_{i=1}^{n} \sum_{j=1}^{n} \mathbf{F}_{ij} = \sum_{i=1}^{n} \dot{\mathbf{p}}_i \tag{7.1.6}$$

위의 이중 합에서 $\mathbf{F}_{ij}$가 있으면 반드시 $\mathbf{F}_{ji}$가 있고 이들은 뉴턴의 제3법칙에 따라 작용, 반작용이

되어 크기는 같고 방향은 반대이다.

$$\mathbf{F}_{ij} = -\mathbf{F}_{ji} \tag{7.1.7}$$

결과적으로 내부 작용력은 서로 짝을 이루어서 상쇄되며 합은 영이 된다. 따라서 식 (7.1.6)은 다음과 같이 쓸 수 있다.

$$\sum_i \mathbf{F}_i = \dot{\mathbf{p}} = m\mathbf{a}_{cm} \tag{7.1.8}$$

입자계에서 질량중심의 가속도는 입자계의 전체 질량과 같은 질량을 갖는 단일 입자에 전체의 외력이 작용할 때의 가속도와 같다.

예를 들어 입자의 무리들이 균일한 중력장 안에서 움직인다고 하자. 그러면 각 입자에 대해서 $\mathbf{F}_i = m_i\mathbf{g}$이므로 다음이 성립한다.

$$\sum_i \mathbf{F}_i = \sum m_i\mathbf{g} = m\mathbf{g} \tag{7.1.9}$$

여기서 마지막 단계에서는 $\mathbf{g}$가 상수라는 사실을 이용했다. 따라서

$$\mathbf{a}_{cm} = \mathbf{g} \tag{7.1.10}$$

이것은 한 입자에 대한 방정식과 같다. 대포의 입구를 떠난 유산탄의 질량중심은 조각 중 어느 하나라도 다른 물체와 부딪히지 않는 한은 포탄이 파열되지 않고 한 덩어리로 날아갈 때의 포물선 경로와 똑같은 경로를 따라서 진행한다.

입자계에 작용하는 외력이 없거나 이들이 모두 상쇄되는 특별한 경우에는 $\Sigma\mathbf{F}_i = 0$이어서 $\mathbf{a}_{cm} = 0$이고 $\mathbf{v}_{cm}$은 상수이다. 따라서 입자계의 선운동량은 항상 일정하다.

$$\sum_i \mathbf{p}_i = \mathbf{p} = m\mathbf{v}_{cm} = \text{상수} \tag{7.1.11}$$

이것이 **선운동량 보존법칙**이다. 뉴턴 역학에서 고립된 입자계의 선운동량이 일정한 것은 제3법칙과 직접 관련되는 결과이다. 그러나 움직이는 전하들 사이의 자기력처럼 작용-반작용 법칙을 따르지 않는 경우에도 입자의 전체 선운동량과 전자기장을 잘 고려하면 선운동량 보존 법칙은 그대로 성립한다.[1)]

1) 예를 들어 다음을 참조하라. P. M. Fishbane, S. Gasiorowicz, S. T. Thornton, *Physics for Scientists and Engineers*. Prentice-Hall, Englewood Cliffs, NJ, 1993.

예제 7.1.1

질량 m인 유도탄이 궤도의 어느 지점에서 각각 질량이 $m/3$인 세 조각으로 파열한다. 이 중에서 한 개는 파열 직전 유도탄 속도 $\mathbf{v}_0$의 1/2로 진행하고, 나머지 두 개의 파편은 같은 속력으로 서로 직각을 이루며 날아간다. 두 조각의 파열 당시의 속력을 v_0를 이용하여 계산하라.

풀이

유도탄이 파열될 때 선운동량 보존법칙은 다음과 같이 쓸 수 있다.

$$m\mathbf{v}_{cm} = m\mathbf{v}_0 = \frac{m}{3}\mathbf{v}_1 + \frac{m}{3}\mathbf{v}_2 + \frac{m}{3}\mathbf{v}_3$$

주어진 조건은 $\mathbf{v}_1 = \mathbf{v}_0/2$, $\mathbf{v}_2 \cdot \mathbf{v}_3 = 0$, $v_2 = v_3$이다. 첫 번째 조건을 대입하고 m을 소거하면 $3\mathbf{v}_0 = (\mathbf{v}_0/2) + \mathbf{v}_2 + \mathbf{v}_3$가 되어 다음 식을 얻는다.

$$\tfrac{5}{2}\mathbf{v}_0 = \mathbf{v}_2 + \mathbf{v}_3$$

이 식에 자신과의 스칼라 곱을 취하면 다음 결과를 얻는다.

$$\tfrac{25}{4}v_0^2 = (\mathbf{v}_2 + \mathbf{v}_3)\cdot(\mathbf{v}_2 + \mathbf{v}_3) = v_2^2 + 2\mathbf{v}_2\cdot\mathbf{v}_3 + v_3^2 = 2v_2^2$$

즉

$$v_2 = v_3 = \frac{5}{2\sqrt{2}}v_0 = 1.77v_0$$

이다.

7.2 입자계의 각운동량과 운동에너지

한 입자의 각운동량은 이미 $\mathbf{r} \times m\mathbf{v}$로 정의한 바 있다. 따라서 어떤 입자계의 각운동량 $\mathbf{L}$은 개별 각운동량의 벡터 합으로 정의한다.

$$\mathbf{L} = \sum_{i=1}^{n}(\mathbf{r}_i \times m_i\mathbf{v}_i) \tag{7.2.1}$$

그러면 각운동량의 시간 도함수를 계산해보자. 벡터 곱에 대한 미분 공식을 이용하면 다음을 알 수 있다.

$$\frac{d\mathbf{L}}{dt} = \sum_{i=1}^{n}(\mathbf{v}_i \times m_i\mathbf{v}_i) + \sum_{i=1}^{n}(\mathbf{r}_i \times m_i\mathbf{a}_i) \tag{7.2.2}$$

우변의 첫째 항은 $\mathbf{v}_i \times \mathbf{v}_i = 0$이므로 영이 된다. 또한 $m_i\mathbf{a}_i$는 입자 i에 작용하는 모든 힘이므로 7.1절에서처럼 다음과 같이 쓸 수 있다.

$$\begin{aligned}\frac{d\mathbf{L}}{dt} &= \sum_{i=1}^{n}\left[\mathbf{r}_i \times \left(\mathbf{F}_i + \sum_{j=1}^{n}\mathbf{F}_{ij}\right)\right] \\ &= \sum_{i=1}^{n}\mathbf{r}_i \times \mathbf{F}_i + \sum_{i=1}^{n}\sum_{j=1}^{n}\mathbf{r}_i \times \mathbf{F}_{ij}\end{aligned} \tag{7.2.3}$$

이번에도 $\mathbf{F}_i$는 입자 i에 작용하는 모든 외력이고, $\mathbf{F}_{ij}$는 입자 j가 입자 i에 작용하는 내력이다. 우변의 이중 합에서는 다음과 같이 짝을 지을 수 있다.

$$(\mathbf{r}_i \times \mathbf{F}_{ij}) + (\mathbf{r}_j \times \mathbf{F}_{ji}) \tag{7.2.4}$$

입자 i에 대한 입자 j의 변위 벡터를 $\mathbf{r}_{ij}$라 하면 그림 7.2.1의 삼각형에서 보듯이 다음과 같다.

$$\mathbf{r}_{ij} = \mathbf{r}_j - \mathbf{r}_i \tag{7.2.5}$$

그런데 $\mathbf{F}_{ji} = -\mathbf{F}_{ij}$이므로 식 (7.2.4)는

$$-\mathbf{r}_{ij} \times \mathbf{F}_{ij} \tag{7.2.6}$$

가 되고, 내력이 중심력이고 입자들을 연결하는 선상에 있다면 위 식은 영이 된다. 따라서 식 (7.2.3)의 이중 합은 영이다. 이때 벡터 곱 $\mathbf{r}_i \times \mathbf{F}_i$는 외력 $\mathbf{F}_i$의 모멘트이다. 따라서 합 $\Sigma\mathbf{r}_i \times \mathbf{F}_i$는 외력이 입자계에 작용하는 전체 모멘트이다. 이 전체의 외부 모멘트, 즉 토크를 $\mathbf{N}$으로 표기하면 식 (7.2.3)은 다음 형태로 된다.

$$\frac{d\mathbf{L}}{dt} = \mathbf{N} \tag{7.2.7}$$

어떤 입자계의 각운동량의 시간 변화율은 모든 외력이 그 입자계에 작용하는 모멘트의 합과 같다.

그림 7.2.1 벡터 $\mathbf{r}_{ij}$의 정의

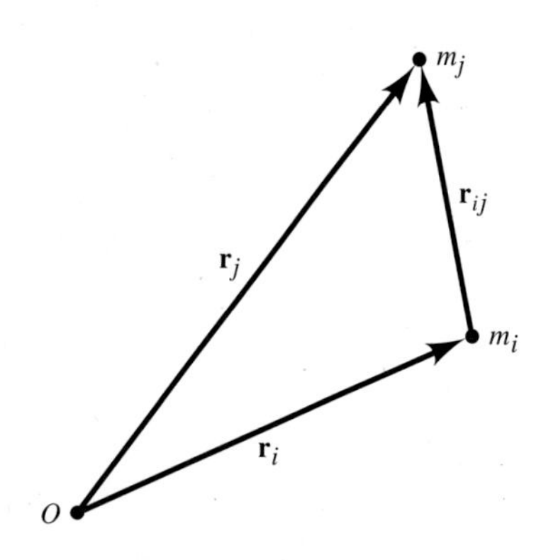

그림 7.2.2 벡터 $\bar{\mathbf{r}}_i$의 정의

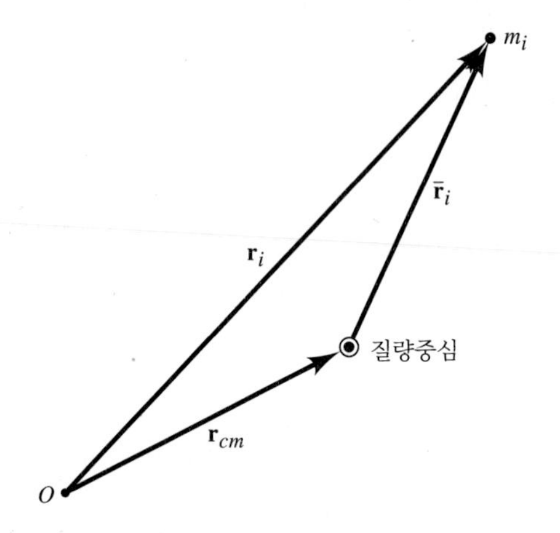

입자계가 고립되어 있다면 $\mathbf{N} = 0$이고 각운동량은 크기와 방향이 일정하다.

$$\mathbf{L} = \sum_i \mathbf{r}_i \times m_i \mathbf{v}_i = \text{상수 벡터} \tag{7.2.8}$$

이것이 **각운동량 보존법칙**이다. 중심력장에서 단일 입자에 적용되는 보존법칙을 일반화한 것이다. 앞 절에서 논의한 선운동량의 보존처럼 움직이는 전하가 있을 때는 전자기장의 각운동량을 염두에 두면 고립된 입자계의 각운동량이 보존된다.[2)]

각운동량을 질량중심의 운동으로 표현하는 것이 편리할 때가 있다. 그림 7.2.2에 보이는 위치 벡터 $\mathbf{r}_i$를

$$\mathbf{r}_i = \mathbf{r}_{cm} + \bar{\mathbf{r}}_i \tag{7.2.9}$$

로 나타내면, $\bar{\mathbf{r}}_i$는 질량중심에 대한 입자 i의 위치벡터이다. 시간 t에 대한 도함수를 택하면

$$\mathbf{v}_i = \mathbf{v}_{cm} + \bar{\mathbf{v}}_i \tag{7.2.10}$$

이 되는데 $\mathbf{v}_{cm}$은 질량중심의 속도, $\bar{\mathbf{v}}_i$는 질량중심에 대한 입자 i의 상대속도이다. 따라서 $\mathbf{L}$은 다음과 같이 쓸 수 있다.

$$\begin{aligned} \mathbf{L} &= \sum_i (\mathbf{r}_{cm} + \bar{\mathbf{r}}_i) \times m_i(\mathbf{v}_{cm} + \bar{\mathbf{v}}_i) \\ &= \sum_i (\mathbf{r}_{cm} \times m_i \mathbf{v}_{cm}) + \sum_i (\mathbf{r}_{cm} \times m_i \bar{\mathbf{v}}_i) \\ &\quad + \sum_i (\bar{\mathbf{r}}_i \times m_i \mathbf{v}_{cm}) + \sum_i (\bar{\mathbf{r}}_i \times m_i \bar{\mathbf{v}}_i) \end{aligned} \tag{7.2.11}$$

---

2) 각주 1)을 참조하라.

$$= \mathbf{r}_{cm} \times \left(\sum_i m_i\right)\mathbf{v}_{cm} + \mathbf{r}_{cm} \times \sum_i m_i \bar{\mathbf{v}}_i$$
$$+ \left(\sum_i m_i \bar{\mathbf{r}}_i\right) \times \mathbf{v}_{cm} + \sum_i (\bar{\mathbf{r}}_i \times m_i \bar{\mathbf{v}}_i)$$

이제 식 (7.2.9)에서

$$\sum_i m_i \bar{\mathbf{r}}_i = \sum_i m_i (\mathbf{r}_i - \mathbf{r}_{cm}) = \sum_i m_i \mathbf{r}_i - m\mathbf{r}_{cm} = 0 \qquad (7.2.12)$$

이다. 이 식을 t에 대해 미분하여 다음 식을 얻는다.

$$\sum_i m_i \bar{\mathbf{v}}_i = \sum_i m_i \mathbf{v}_i - m\mathbf{v}_{cm} = 0 \qquad (7.2.13)$$

두 식의 의미는 질량중심에서 본 질량중심의 위치와 속도는 모두 영이라는 것이다. 결국 **L**의 둘째, 셋째 합은 영이 되어서 다음과 같이 쓸 수 있다.

$$\mathbf{L} = \mathbf{r}_{cm} \times m\mathbf{v}_{cm} + \sum_i \bar{\mathbf{r}}_i \times m_i \bar{\mathbf{v}}_i \qquad (7.2.14)$$

입자계의 각운동량은 질량중심 자체의 운동인 '궤도' 운동 부분과 질량중심에 대한 상대운동인 '스핀' 운동 부분의 합으로 나타낼 수 있다.

예제 7.2.1

길이가 l이고 질량이 m인 길고 가는 막대가 단진자처럼 수직평면에서 막대 위의 한 점을 중심으로 자유로이 회전하도록 걸려 있다. 이 막대의 전체 각운동량을 각속도 ω의 함수로 계산하라. 식 (7.2.14)의 정리로 얻은 각운동량과 직접계산한 각운동량을 비교하여 이 정리가 옳음을 밝혀라.

■ 풀이

막대는 그림 7.2.3(a)에 나타나 있다. 우선 회전의 중심점(pivot point)에 대한 막대의 질량중심의 각운동량 $\mathbf{L}_{cm}$을 계산한다. 질량중심의 속도 $\mathbf{v}_{cm}$은 회전 중심점에 상대적인 위치를 의미하는 반경 벡터 $\mathbf{r}$에 항상 수직이므로 $\sin 90° = 1$이다. 따라서 $\mathbf{L}_{cm}$의 크기는 다음과 같다.

$$L_{cm} = \frac{l}{2} p_{cm} = m\frac{l}{2} v_{cm} = m\frac{l}{2}\left(\frac{l}{2}\omega\right) = \tfrac{1}{4} ml^2 \omega$$

그림 7.2.3(b)는 질량중심에서 본 막대의 운동이다. 막대의 질량중심 양쪽에 대칭으로 놓여 있는 크기 dm인 두 작은 질량요소의 각운동량 dL_{rel}은

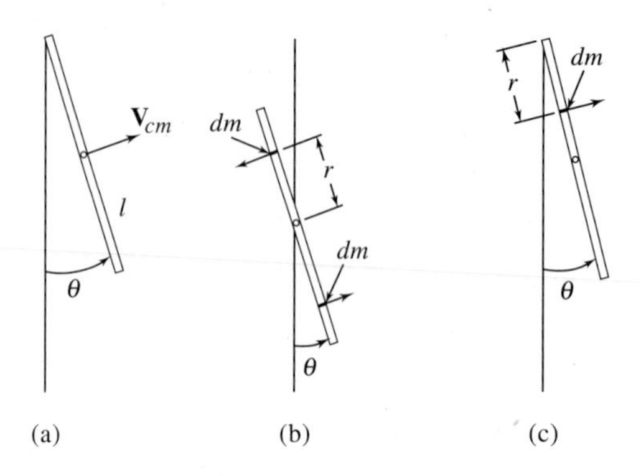

그림 7.2.3 수직평면에서 어떤 점을 중심으로 자유로이 회전하도록 걸려 있는, 질량이 m이고 길이가 l인 막대

$$dL_{rel} = 2rdp = 2rv\,dm = 2r(r\omega)\lambda\,dr$$

이고, 여기서 λ는 막대의 단위 길이당 질량인 선질량밀도이다. 전체 상대 각운동량은 이 식을 $r=0$에서 $r=l/2$까지 적분하면 된다.

$$L_{rel} = 2\lambda\omega\int_0^{l/2} r^2 dr = \tfrac{1}{12}(\lambda l)l^2\omega = \left(\tfrac{1}{12}ml^2\right)\omega$$

이 식에서 보듯이 막대의 질량중심에 대한 상대 각운동량은 막대의 각속도 ω에 비례한다. 비례상수 $ml^2/12$는 질량중심에 대한 막대의 **관성모멘트**(moment of inertia) I_{cm}이라 부른다. 다음 장에서 배우겠지만 병진운동에서 관성질량의 역할을 회전운동에서는 관성모멘트가 하고 있다.

마지막으로 막대의 전체 각운동량은

$$L_{tot} = L_{cm} + L_{rel} = \tfrac{1}{3}ml^2\omega$$

이고, 막대의 전체 각운동량은 막대의 각속도에 정비례한다. 그렇지만 이번에는 비례상수가 막대 끝의 회전 중심점에 대한 막대의 관성모멘트다. 이것이 큰 이유는 막대의 질량중심보다 막대 끝에서 볼 때 질량이 더 멀리 분포되어 있으므로 끝점을 중심으로 막대를 회전시키기가 더욱 어렵기 때문이다.

전체 각운동량은 회전 중심점으로부터 적분해서도 얻을 수 있다. 그림 7.2.3(c)에서처럼 각각의 질량요소 dm을 생각하면 된다.

$$dL_{tot} = r\,dp = r(v\,dm) = r(r\omega)\lambda\,dr$$
$$L_{tot} = \lambda\omega\int_0^{l} r^2 dr = \tfrac{1}{3}ml^2\omega$$

이와 같이 두 결과는 일치한다.

입자계의 운동에너지

입자계의 전체 운동에너지 T는 입자들 각각의 운동에너지의 합이다.

$$T = \sum_i \tfrac{1}{2} m_i v_i^2 = \sum_i \tfrac{1}{2} m_i (\mathbf{v}_i \cdot \mathbf{v}_i) \tag{7.2.15}$$

이번에도 전처럼 질량중심에 대한 상대속도로 쓸 수 있다.

$$\begin{aligned} T &= \sum_i \tfrac{1}{2} m_i (\mathbf{v}_{cm} + \bar{\mathbf{v}}_i)\cdot(\mathbf{v}_{cm} + \bar{\mathbf{v}}_i) \\ &= \sum_i \tfrac{1}{2} m_i v_{cm}^2 + \sum_i m_i (\mathbf{v}_{cm} \cdot \bar{\mathbf{v}}_i) + \sum_i \tfrac{1}{2} m_i \bar{v}_i^2 \\ &= \tfrac{1}{2} v_{cm}^2 \sum_i m_i + \mathbf{v}_{cm} \cdot \sum_i m_i \bar{\mathbf{v}}_i + \sum_i \tfrac{1}{2} m_i \bar{v}_i^2 \end{aligned} \tag{7.2.16}$$

두 번째 합 $\sum_i m_i \bar{\mathbf{v}}_i$는 영이므로 운동에너지는 다음과 같다.

$$T = \tfrac{1}{2} m v_{cm}^2 + \sum_i \tfrac{1}{2} m_i \bar{v}_i^2 \tag{7.2.17}$$

첫째 항은 전체 입자계가 병진운동을 할 때의 운동에너지이고, 둘째 항은 질량중심에 대한 상대 운동에너지이다.

각운동량과 운동에너지를 질량중심에 관한 부분과 질량중심에 대해 상대적인 부분으로 분리해서 생각하는 것은 원자물리학, 분자물리학 및 천체물리학에서 중요하게 응용되고 있다. 다음 장에서 위의 두 정리가 강체의 연구에도 유용함을 알게 될 것이다.

예제 7.2.2

예제 7.2.1에 있는 막대 문제의 전체 에너지를 식 (7.2.17)의 정리를 사용하여 계산하라. 그리고 이렇게 얻은 에너지가 직접 계산한 것과 같음을 보여라.

풀이

막대의 질량중심이 갖는 병진운동 에너지는 다음과 같다.

$$T_{cm} = \tfrac{1}{2} m \mathbf{v}_{cm} \cdot \mathbf{v}_{cm} = \tfrac{1}{2} m \left(\frac{l}{2}\omega\right)^2 = \tfrac{1}{8} m l^2 \omega^2$$

질량중심에 대해 대칭으로 놓인 두 질량요소 dm의 운동에너지는

$$dT_{rel} = \tfrac{1}{2}(2dm)\,\mathbf{v}\cdot\mathbf{v} = \lambda\, dr (r\omega)^2 = \lambda \omega^2 r^2 dr$$

이고, λ는 막대의 단위 길이당의 질량이다. 질량중심에 대한 전체 에너지는 위의 식을 $r=0$에서 $r=l/2$까지 적분하여 구한다.

$$T_{rel} = \lambda\omega^2 \int_0^{l/2} r^2 dr = \frac{1}{24}\lambda\omega^2 l^3 = \frac{1}{2}\left(\frac{1}{12}ml^2\right)\omega^2 = \frac{1}{2}I_{cm}\omega^2$$

(주의: 예제 7.2.1처럼 관성모멘트 I_{cm}은 질량중심 주위의 회전운동 에너지에 대한 식에서 ω^2의 비례상수로 나타난다. 이번에도 회전운동 에너지의 관성모멘트 항은 병진운동 에너지의 관성질량처럼 생각할 수 있다.)

그러면 막대의 전체 운동에너지는 다음과 같다.

$$T = T_{cm} + T_{rel} = \frac{1}{8}ml^2\omega^2 + \frac{1}{24}ml^2\omega^2 = \frac{1}{2}\left(\frac{1}{3}ml^2\right)\omega^2 = \frac{1}{2}I\omega^2$$

예제 7.2.1에서처럼 마지막 식은 막대의 한 끝점에 대한 관성모멘트로 표현했다.

운동에너지를 직접 계산하여 위의 결과와 일치함을 증명하는 일은 숙제로 남겨두겠다. 계산 과정은 똑같다.

7.3 상호작용하는 2입자의 운동: 환산질량

중심력으로 상호작용하는 2입자계(two-body system)의 운동을 다루고자 한다. 이 입자계는 고립되어 있다고 가정하자. 그러면 질량중심은 등속도로 움직인다. 문제를 간단히 하기 위해 질량중심을 원점으로 정하자. 우선 다음 식이 성립한다.

$$m_1\bar{\mathbf{r}}_1 + m_2\bar{\mathbf{r}}_2 = 0 \tag{7.3.1}$$

그림 7.3.1과 같이 $\bar{\mathbf{r}}_1$, $\bar{\mathbf{r}}_2$는 질량중심에 대한 입자 m_1, m_2의 위치벡터이다. $\mathbf{R}$을 입자 2에 대한 입자 1의 상대적인 위치벡터라 하면 다음과 같다.

$$\mathbf{R} = \bar{\mathbf{r}}_1 - \bar{\mathbf{r}}_2 = \bar{\mathbf{r}}_1\left(1 + \frac{m_1}{m_2}\right) \tag{7.3.2}$$

마지막 단계는 식 (7.3.1)에 근거한다.

질량중심에 대한 입자 1의 운동에 대한 미분방정식은

$$m_1\frac{d^2\bar{\mathbf{r}}_1}{dt^2} = \mathbf{F}_1 = f(R)\frac{\mathbf{R}}{R} \tag{7.3.3}$$

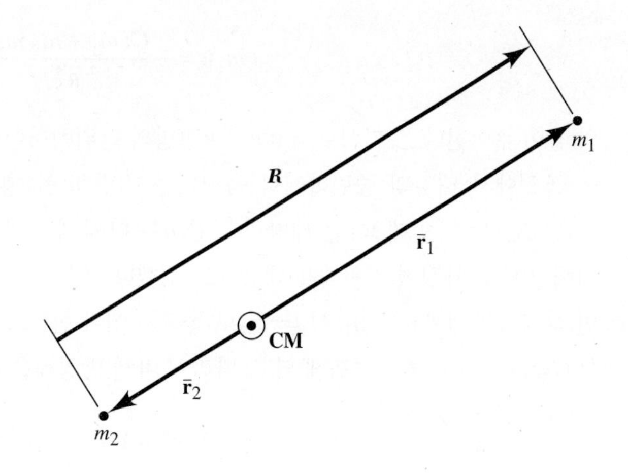

그림 7.3.1 2입자계에서 상대적인 위치 벡터 ***R***

이다. 여기서 $|f(R)|$은 두 입자 사이에 상호작용하는 힘의 크기이다. 식 (7.3.2)를 이용하면 다음과 같이 쓸 수 있다.

$$\mu \frac{d^2\mathbf{R}}{dt^2} = f(R)\frac{\mathbf{R}}{R} \tag{7.3.4}$$

여기서

$$\mu = \frac{m_1 m_2}{m_1 + m_2} \tag{7.3.5}$$

이 μ를 **환산질량**(換算質量, reduced mass)이라 부른다. 식 (7.3.4)는 입자 2에 대한 입자 1의 운동방정식이다. 입자 1에 대한 입자 2의 방정식도 비슷하다. 이 식은 힘이 $f(R)$인 중심력장에서 질량 μ인 단일 입자의 보통 운동방정식과 아주 똑같다. 그러므로 두 입자가 질량중심에 대해 상대적으로 움직이고 있다는 사실은 m_1을 환산질량 μ로 바꾸어놓음으로써 자동적으로 해결된다. 만일 이 두 입자의 질량이 m으로 똑같다면 $\mu = m/2$이다. 반면에 m_2가 m_1보다 훨씬 크다면 m_1/m_2는 매우 작으므로 μ는 m_1에 매우 가깝다.

중력으로 서로 당기는 두 입자에 대해서는

$$f(R) = -\frac{Gm_1 m_2}{R^2} \tag{7.3.6}$$

이고, 운동방정식은

$$\mu \ddot{\mathbf{R}} = -\frac{Gm_1 m_2}{R^2}\mathbf{e}_R \tag{7.3.7}$$

혹은

$$m_1\ddot{\mathbf{R}} = -\frac{G(m_1+m_2)m_1}{R^2}\mathbf{e}_R \tag{7.3.8}$$

와 같이 주어진다. 여기서 $\mathbf{e}_R = \mathbf{R}/R$은 $\mathbf{R}$방향의 단위벡터이다.

6.6절에서 태양의 중력하에서 움직이는 질량 m인 행성의 궤도운동의 주기를 유도했다. $\tau = 2\pi(GM_\odot)^{-1/2}a^{3/2}$인데 $M_\odot$은 태양의 질량, a는 타원 궤도의 장반경이다. 그 유도과정에서 태양은 정지해 있다고 가정했고 원점을 태양으로 정했다. 질량중심에 대한 태양의 운동을 바르게 나타내려면 식 (7.3.8)에서 $m = m_1$, $M_\odot = m_2$로 놓고 풀어야 한다. 그러므로 앞에서 $GM_\odot m$과 같다고 했던 k는 $G(M_\odot + m)m$으로 바뀌게 되고, 따라서 바뀐 방정식은 다음과 같다.

$$\tau = 2\pi[G(M_\odot + m)]^{-1/2}a^{3/2} \tag{7.3.9a}$$

또는 중력으로 결합되어 있는 임의의 2입자계에 대해 궤도 주기는 다음과 같다.

$$\tau = 2\pi[G(m_1+m_2)]^{-1/2}a^{3/2} \tag{7.3.9b}$$

두 질량 m_1, m_2는 태양의 질량을 단위로, a는 AU(astronomical unit, 지구에서 태양까지의 평균 거리)를 단위로 측정하고 궤도 주기는 년(年)을 단위로 할 때 다음 식으로 표현할 수 있다.

$$\tau = (m_1+m_2)^{-1/2}a^{3/2} \tag{7.3.9c}$$

태양계 대부분의 행성에 대해서 이 추가항은 주기에 거의 아무 영향을 미치지 않는다. 예를 들어 지구의 질량은 태양의 1/330,000이다. 가장 질량이 큰 행성인 목성도 태양 질량의 약 1/1000이므로 환산질량 효과는 $(1.001)^{-1/2} = 0.9995$가 되어 0.05%만큼 목성의 회전주기가 짧아지는 정도이다.

쌍성: 백색왜성, 블랙홀

우리 은하계에서 태양 부근에 있는 행성 중 약 절반은 쌍성(binary star)으로 알려져 있다. 이들은 쌍으로 존재하며 상호작용하는 중력 때문에 그 질량중심 주위에서 회전하고 있다. 앞서 분석한 결과에 의하면 쌍성계의 한 별은 다른 별 주위에 타원 궤도를 돌고 있는데 주기는 식 (7.3.9b, c)로 알 수 있다. a는 타원의 장반경 길이이고 m_1, m_2는 두 항성의 질량이다. 알려진 쌍성계의 a 값은 두 별이 접촉할 정도로 아주 가까운 경우부터 주기가 수백만 년이나 되는 경우까지 광범위하다. 전형적인 예는 밤하늘에서 볼 수 있는 시리우스(Sirius)라는 가장 밝은 별인데, 질량이 2.1 $M_\odot$인 아주 밝은 별과 너무 흐려서 대형 망원경으로나 관측 가능한 **백색왜성**(white dwarf)으로 구성되어 있다. 이 백색왜성의 질량은 1.05 $M_\odot$이지만 크기는 큰 행성 정도여서 물보다 3만 배나 되는 밀도를 갖고 있다. 시리우스계의 a 값은 태양으로부터 천왕성까지의 거리와 유사한 약 20 AU이며 식

(7.3.9c)에서 계산한 주기는 다음과 같다.

$$\tau = (2.1 + 1.05)^{-1/2}(20)^{3/2}\text{년} = 50\text{년}$$

이 값은 관측한 값과 유사하다.

한 구성요소인 블랙홀이 숨겨져 있다고 믿고 있는 쌍성계는 시그너스(Cygnus) X-1로 알려진 X선원(x-ray source)이다.[3] 이 쌍성계에서 보이는 별이 HDE 226868이라는 보통 별이다. 이 별에서 오는 가시광선을 분광기로 분석해보면 주기와 장반경 길이가 각각 5.6일과 30×10^6 km이다. 눈에 안 보이는 구성요소는 1 ms 정도의 빈도로 빠르게 요동치는 X선속의 원천(source)이고 그 크기는 300 km를 넘지 않으리라 보인다. 이 측정 값들과 다른 수많은 관측결과를 종합하면 HDE 226868의 질량은 최소한 20 $M_\odot$이 되고 X선 원천의 질량은 16 $M_\odot$까지 될 수도 있지만 분명히 7 $M_\odot$ 이상임을 알 수 있다. 이렇게 고밀도의 질량을 갖는 물체를 블랙홀(black hole) 외의 물체로 해석하기는 어렵다. 블랙홀이란 주어진 반지름 내에 엄청난 물질을 포함하기에 빛마저도 그 중력장을 벗어날 수 없는 물체이다.[4] 그러나 쌍성계에 블랙홀이 있다면 동반 별에서 질량이 '누출'되어 블

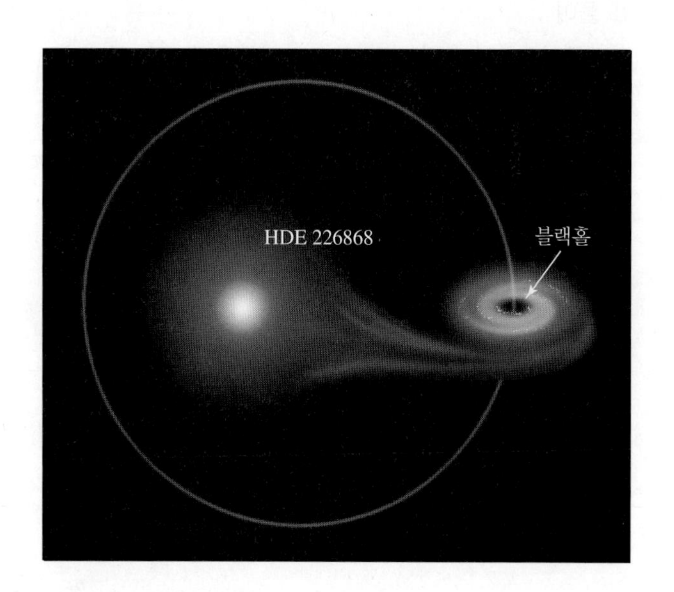

그림 7.3.2 시그너스 X-1 쌍성계

3) A. P. Cowley, *Ann. Rev. Astron. Astrophys*. 30, 287(1992).

4) 일반 상대성 이론에 따르면 질량이 m인 회전하지 않는 구형 대칭 물체가 슈바르츠실트(Schwarzschild) 반지름 r_s 정도로 수축하면 슈바르츠실트 블랙홀이 된다. 여기서 반지름 r_s는 다음과 같다.

$$r_s = \frac{2Gm}{c^2}$$

이때 c는 광속이다. 지구가 조그마한 공처럼 압축된다면 블랙홀이 될 수 있으며, 태양도 백색왜성인 시리우스보다도 훨씬 작은 3 km 정도로 압축이 된다면 블랙홀이 될 수 있다.

랙홀 주위에 증식접시(accretion disk)를 만들고 이것이 블랙홀 주위를 회전할 때 마찰열로 에너지를 잃고 블랙홀에 부딪히게 되어 궁극적으로 온도가 수천만 도 이상으로 가열된다. 증식접시의 물질이 완전히 블랙홀에 흡수되기 전에 강한 X선이 방출된다(그림 7.3.2 참조). 블랙홀은 일반 상대성 이론에서 수학적으로 예견되었으나 그 존재가 밝혀지면 천체물리학에서 큰 이정표가 될 것이다.

예제 7.3.1

어떤 쌍성계는 엄폐성(eclipse)과 분광성을 모두 지니고 있는 것으로 관측되었다. 즉, 이들의 궤도 평면에 지구가 있으며 스펙트럼선의 도플러 이동으로부터 두 별의 속도 v_1, v_2를 측정할 수 있다는 뜻이다. 이 말뜻을 자세히 이해할 필요는 없지만 요점은 우리가 이들의 궤도 속도를 알고 있다는 것이다. 그 값은 $v_1 = 1.257$ AU/yr, $v_2 = 5.027$ AU/yr이고 질량중심에 대한 주기는 $\tau = 5$년이다. 주기는 별의 엄폐로 일식이 일어나는 횟수로부터 쉽게 알 수 있다. 원형 궤도로 가정하고 이 별들의 질량을 태양 질량 $M_\odot$단위로 계산하라.

풀이

질량중심으로부터 각 별의 궤도 반지름은 속도와 주기에서 계산할 수 있다.

$$r_1 = \frac{1}{2\pi} v_1 \tau = 1 \text{ AU} \qquad r_2 = \frac{1}{2\pi} v_2 \tau = 4 \text{ AU}$$

그러므로 궤도의 장반경 a는 다음과 같다.

$$a = r_1 + r_2 = 5 \text{ AU}$$

이 두 별의 질량의 합은 식 (7.3.9c)에서 얻을 수 있고

$$m_1 + m_2 = \frac{a^3}{\tau^2} = 5\, M_\odot$$

그 비는 식 (7.3.1)을 미분해서 결정할 수 있다.

$$m_1 \bar{\mathbf{v}}_1 + m_2 \bar{\mathbf{v}}_2 = 0 \qquad \frac{m_2}{m_1} = \left| \frac{\bar{\mathbf{v}}_1}{\bar{\mathbf{v}}_2} \right| = \frac{1}{4}$$

이 두 식에서 $m_1 = 4\, M_\odot$, $m_2 = M_\odot$을 알 수 있다.

*7.4 제한된 3입자 문제[5]

6장에서는 중심력장에서 단일 입자의 운동을 공부했다. 태양의 중력장에서 움직이는 행성의 운동은 이 이론으로 잘 기술되는데 그 이유는 태양의 질량이 행성보다 훨씬 크므로 자체의 운동을 무시할 수 있기 때문이다. 앞 절에서는 이 조건을 완화하고 일반적인 2입자계로 다룰 경우에도 뉴턴의 분석방법을 적용하여 운동에 관한 해석적 해를 얻을 수 있음을 알았다. 그러나 입자를 하나 더 추가하여 3입자계(three-particle system)가 되면 문제는 완전히 다루기 어려운 상태가 된다. 질량, 초기 위치, 초기속도가 다른 3입자 사이에 중력이 작용할 때 이들의 운동을 계산하는 일반적인 3입자계 문제는 뉴턴 이후 상당수 석학들에게 큰 골칫거리였다. 감당하기 어려운 수학적 어려움 때문에 3입자 문제를 해석적으로 푸는 일은 불가능하다. 3입자가 3차원 공간에서 움직이므로 그 운동은 9개의 2차 미분방정식으로 기술된다. 좌표계를 잘 선정하고 보존법칙을 활용하여 운동상수를 알아내도 현대적 해석방법으로 해결 불능 상태가 지속되고 있다.

3입자계를 단순화한 경우에는 풀이가 가능한데 다행스럽게도 광범위한 현상을 설명하기에 적합하다. 이러한 특별한 경우를 **제한적 3입자계 문제**(restricted three-body problem)라 부른다. 단순화 과정은 물리학적 현상과 수학적 특성을 함께 내포하고 있다. 우선 3입자 중 두 개는 다른 것보다 훨씬 무겁고 이들은 모두 질량중심을 중심으로 동일 평면에서 원운동을 한다고 가정한다. 무거운 두 입자를 **주체입자**(主體, primary)[6], 다른 입자를 **제3입자**(tertiary)라 한다. 제3입자는 두 주체입자 중 어느 것보다도 질량이 무시할 정도로 작고, 주체입자들의 궤도 평면에서 움직이며, 주체입자에게 중력의 영향을 미치지 않는다고 가정한다.

이러한 조건을 정확히 충족하는 물리계는 물론 존재하지 않는다. 제3입자는 항상 주체입자의 궤도에 영향을 미친다. 혜성을 제외한 태양계의 대부분 행성 궤도가 원궤도에 가깝지만 완전한 원궤도는 불가능하다. 제3입자의 궤도가 주체입자의 궤도면과 같은 평면에 있는 일도 거의 없다. 그러나 동일 평면에서 벗어나는 정도가 상당히 작은 경우가 흔하다. 엄청나게 큰 중심질량을 가진 중력계는 놀랄 정도로 구성 물체들이 거의 동일한 평면에 있다. 혜성을 제외한 태양계의 구성체들은 동일 평면성이 강하다. 마찬가지로 목성과 그 주위의 달들도 동일 평면성이 강하다.

제한적 3입자계의 문제는 두 입자의 중력장 내에서 움직이는 작은 제3입자의 궤도운동을 계산하는 데 훌륭한 모형이 된다. 두 가지 극단적인 상황에 대한 풀이를 알아보는 것은 그리 어렵지 않

5) 여기서 다루는 제한적 3입자 문제는 다음 자료에 근거한다. P. Hellings, *Astrophysics with a PC, An Introduction to Computational Astrophysics*, Willman-Bell., Inc., Richmond, VA(1994). 좀 더 심도 깊은 논의는 다음을 참조하라. V. Szebehely, *Theory of Orbits*, Academic Press, New York(1967).

6) 보통 쌍에서 가장 무거운 질량을 주체라 부르지만 여기서는 둘 다를 그냥 주체라 부르는데, 그 이유는 단지 이 쌍이 세 번째 질량에 대해 갖는 상대적인 운동에만 관심이 있기 때문이다.

다. 하나는 제3입자가 다른 두 입자의 질량중심으로부터 먼 거리에서 궤도운동을 하므로 두 입자의 중력을 단일 원천(source)으로 간주할 수 있는 상황이다. 또 다른 상황은 제3입자가 한 주체입자 주위의 매우 가까이에서 케플러 운동을 하므로 다른 주체입자를 거의 인식하지 못하는 경우이다. 이러한 두 가지 가능성은 자연에 실제로 존재한다. 그러나 이 절에서는 그리 분명해 보이지 않는 또 다른 정상해를 구하고자 한다. 구체적으로 말하자면 제3입자는 다른 두 주체입자에 대해 상대적으로 고정되어 전체적인 회전운동에 참여하는 것이다. 즉, 공간에서 3입자계는 일정한 각속도로 회전하지만 세 입자 사이의 상대적 거리는 고정되어 있다. 18세기의 위대한 수학자 중 한 사람인 조제프 루이 라그랑주(Joseph-Louis Lagrange, 1736~1813)는 이 문제를 풀어서 실제로 이러한 궤도가 가능하다는 사실을 증명했다.

제한적 3입자계의 운동방정식

제한적 3입자계는 2차원 운동을 한다. 모든 궤도는 공간에서 고정된 동일 평면 위에 있다고 가정한다. 두 주체입자의 개별 궤도는 질량중심에 대해 ω의 공통 각속도를 갖는 원이다. 질량중심은 고정되어 있고 위에서 본 회전방향은 그림 7.4.1에서 보듯이 반시계 방향이라고 가정한다.

주체입자 중 더 무거운 입자, 덜 무거운 입자, 제3입자의 질량을 각각 M_1, M_2, m이라 하자. 목표는 제3입자의 궤도를 구하는 것이다. 두 주체입자의 질량중심에 원점을 두고 이들과 함께 회전하는 $x'y'$ 좌표계를 선정하자. 가장 무거운 M_1 주체입자 쪽을 $+x'$축으로 정하자. 그리고 M_1, M_2 두 입자의 궤도 반지름을 각각 a, b라 하자. 회전좌표계에서 이들은 x'축 위에 고정되어 있다.

제3입자의 좌표를 (x', y')이라 하면 이 입자와 주체입자 사이의 거리는 다음과 같다.

$$r_1' = \sqrt{(x'-a)^2 + y'^2} \tag{7.4.1a}$$

그림 7.4.1 제한적 3입자 문제에서의 좌표계

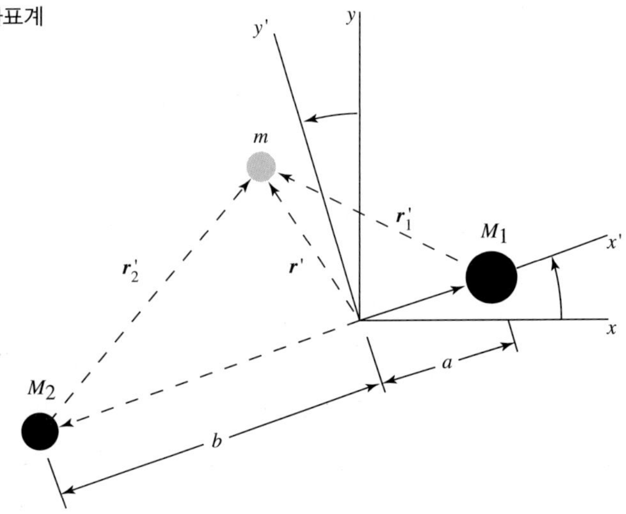

$$r_2' = \sqrt{(x'+b)^2 + y'^2} \tag{7.4.1b}$$

식 (6.1.1)을 참고하면 입자 m에 작용하는 중력은

$$\mathbf{F} = -m\frac{GM_1}{r_1'^2}\left(\frac{\mathbf{r}_1'}{r_1'}\right) - m\frac{GM_2}{r_2'^2}\left(\frac{\mathbf{r}_2'}{r_2'}\right) \tag{7.4.2}$$

인데 $\mathbf{r}_1'$, $\mathbf{r}_2'$은 M_1, M_2에 대한 m의 위치벡터이다. 이 힘만이 m에 작용하는 실제의 힘이다. 그러나 주체입자와 함께 회전하는 좌표계를 선택했기 때문에 그 결과로 생기는 비관성력 효과를 포함해야 한다.

회전좌표계에서 입자의 운동방정식은 식 (5.3.2)로 주어졌다. 이 좌표계의 원점은 공간에 고정되어 있으므로 $\mathbf{A}_0 = 0$이고, 회전속도는 일정하므로 $\dot{\boldsymbol{\omega}} = 0$이며 식 (5.3.2)는 다음의 형태를 갖는다.

$$\mathbf{F}' = m\mathbf{a}' = \mathbf{F} - 2m\boldsymbol{\omega}\times\mathbf{v}' - m\boldsymbol{\omega}\times(\boldsymbol{\omega}\times\mathbf{r}') \tag{7.4.3}$$

이 식에서 m은 모든 항에 공통이므로 다음과 같이 다시 쓸 수 있다.

$$\mathbf{a}' = \frac{\mathbf{F}}{m} - 2\boldsymbol{\omega}\times\mathbf{v}' - \boldsymbol{\omega}\times(\boldsymbol{\omega}\times\mathbf{r}') \tag{7.4.4}$$

이제 위 식에서 비관성계에 기인한 가속도(코리올리 가속도와 원심 가속도)를 계산할 차례이다.

$$2\boldsymbol{\omega}\times\mathbf{v}' = 2\omega\mathbf{k}'\times(\mathbf{i}'\dot{x}' + \mathbf{j}'\dot{y}') = -\mathbf{i}'2\omega\dot{y}' + \mathbf{j}'2\omega\dot{x}' \tag{7.4.5}$$

$$\begin{aligned}\boldsymbol{\omega}\times(\boldsymbol{\omega}\times\mathbf{r}') &= \omega\mathbf{k}'\times[\omega\mathbf{k}'\times(\mathbf{i}'x' + \mathbf{j}'y')] \\ &= -\mathbf{i}'\omega^2 x' - \mathbf{j}'\omega^2 y'\end{aligned} \tag{7.4.6}$$

식 (7.4.1a, b), (7.4.2), (7.4.5), (7.4.6)을 식 (7.4.4)에 대입하면 m 입자의 운동방정식을 $x'y'$평면에서 다음과 같이 얻는다.

$$\begin{aligned}\ddot{x}' = &-GM_1\frac{x'-a}{[(x'-a)^2 + y'^2]^{3/2}} - GM_2\frac{x'+b}{[(x'+b)^2 + y'^2]^{3/2}} \\ &+ \omega^2 x' + 2\omega\dot{y}'\end{aligned} \tag{7.4.7a}$$

$$\begin{aligned}\ddot{y}' = &-GM_1\frac{y'}{[(x'-a)^2 + y'^2]^{3/2}} - GM_2\frac{y'}{[(x'+b)^2 + y'^2]^{3/2}} \\ &+ \omega^2 y' - 2\omega\dot{x}'\end{aligned} \tag{7.4.7b}$$

유효 퍼텐셜: 5개의 라그랑주 극점

식 (7.4.7a, b)를 풀기 전에 우리가 얻을 수 있는 가능한 해를 추론해보자. 위 두 식의 처음 세 항은 유효 퍼텐셜 함수의 기울기로 표현할 수 있다. 극좌표계에서 유효 퍼텐셜은

$$\Phi(r') = -\frac{GM_1}{|\mathbf{r}' - \mathbf{a}|} - \frac{GM_2}{|\mathbf{r}' - \mathbf{b}|} - \frac{1}{2}\omega^2 \mathbf{r}'^2 \tag{7.4.8a}$$

이고, 직선 직각 좌표계에서 유효 퍼텐셜은

$$\Phi(x', y') = -\frac{GM_1}{\sqrt{(x'-a)^2 + y'^2}} - \frac{GM_2}{\sqrt{(x'+b)^2 + y'^2}} - \frac{1}{2}\omega^2 (x'^2 + y'^2) \tag{7.4.8b}$$

이다. 식 (7.4.7a, b)의 마지막 항은 속도 관련 항으로서 유효 퍼텐셜의 기울기로 나타낼 수 없다. 따라서 유효 퍼텐셜에서 힘을 유도하는 방정식에는 코리올리 항을 추가해야 한다. 가령 식 (7.4.3)은 다음과 같게 된다.

$$\boldsymbol{F}' = -m\boldsymbol{\nabla}\Phi(x', y') - 2m\boldsymbol{\omega} \times \mathbf{v} \tag{7.4.9}$$

더 많은 간략화 과정이 앞으로의 계산에서 이루어지는데 이는 질량, 길이, 시간의 단위를 적당히 선택하여 $\Phi(x', y')$이 똑같은 형태가 되게 하면 이들 변수에 관계없이 모든 제한적 3입자계에 적용된다. 우선 두 주체입자 사이의 거리 $a+b$를 길이 단위(length unit)로 정한다. 이것은 지구와 태양 사이의 평균거리인 천문단위 AU를 단위로 정해 태양계의 다른 행성까지의 거리를 재는 것과 비슷하다. 다음에는 $G(M_1 + M_2)$를 '중력'질량 단위(gravitational mass unit)로 정한다. 각 입자의 '중력'질량 GM_i는 이 단위에 대한 비율 α_i로 표현한다. 마지막으로 주체입자의 궤도운동 주기 τ를 2π 시간 단위(time unit)로 채택한다. 이것은 두 주체입자의 질량중심에 대한 회전속도, 즉 $x'y'$ 좌표계의 각속도가 $\omega = 1$, 즉 시간 단위의 역수임을 의미한다. 이렇게 단위의 척도를 다시 정의하면 운동방정식은 $0 < \alpha < 0.5$의 한 개의 매개변수 α로 그 특성을 나타낼 수 있다. 더욱이 이렇게 되면 귀찮은 중력 상수 G가 식에서 안 보이게 할 수 있다.

질량중심에서 주체입자까지의 거리는 α를 사용한다.

$$\alpha = \frac{a}{a+b} \qquad \beta = \frac{b}{a+b} = 1 - \alpha \tag{7.4.10}$$

첫 번째 주체입자의 좌표는 $(\alpha, 0)$이고 두 번째 주체입자의 좌표는 $(1-\alpha, 0)$이다. 좌표계의 원점이 질량중심이므로 식 (7.3.1)에서 다음을 얻는다.

$$M_1 a = M_2 b \tag{7.4.11}$$

그리고 주체입자의 '중력'질량도 α로 표시할 수 있다.

$$\alpha_1 = \frac{GM_1}{G(M_1 + M_2)} = \frac{b}{a+b} = 1 - \alpha \tag{7.4.12a}$$

$$\alpha_2 = \frac{GM_2}{G(M_1 + M_2)} = \frac{b}{a+b} = \alpha \tag{7.4.12b}$$

무거운 주체입자의 질량이 M_1, 덜 무거운 것의 질량은 M_2이므로 $0 < \alpha < 0.5$, $0.5 < 1 - \alpha < 1$이다.

예제 7.4.1

앞서 도입한 단위를 사용하여 예제 7.3.1에서 보인 쌍성계의 일반적 특성을 기술하라. 태양의 질량은 $M_\odot = 1.99 \times 10^{39}$ kg이고, $1\ \text{AU} = 1.496 \times 10^{11}$ m이다.

■ 풀이

두 주체입자의 질량: M_i	$4\,M_\odot$와 $1\,M_\odot$
매개변수 α:	$1/(1+4) = 0.2$
두 주체입자의 규격화된 질량 α_i:	$1-\alpha = 0.8$, $\alpha = 0.2$
두 주체입자의 좌표 (x_i', y_i'):	$(0.2, 0)$, $(-0.8, 0)$
'중력'질량 단위 $G(M_1 + M_2)$:	$6.6 \times 10^{28}\ \text{Nm}^2/\text{kg}$
궤도운동 주기: $\tau = 5$년 $= 2\pi$ 시간 단위	1.58×10^8 s
시간 단위: $\tau/2\pi$	2.51×10^7 s(= 0.796년)
각속력: $\omega = 2\pi/\tau$(=시간 단위의 역수)	$3.98 \times 10^{-8}\ \text{s}^{-1}$
길이 단위: $a + b = 5$ AU	7.48×10^{11} m

이 새로운 단위를 쓰면 식 (7.4.8b)의 유효 퍼텐셜 함수는 다음과 같다.

$$\Phi(x', y') = -\frac{1-\alpha}{\sqrt{(x'-\alpha)^2 + y'^2}} - \frac{\alpha}{\sqrt{(x'+1-\alpha)^2 + y'^2}} - \frac{x'^2 + y'^2}{2} \tag{7.4.13}$$

변수 $\alpha = 0.0121$을 갖는 지구-달이 주체입자인 계의 유효 퍼텐셜 $\Phi(x', y')$을 그림 7.4.2에 나타내었다. 쌍성계에서는 α가 0.2 이하인 경우가 상당히 드문데 $\alpha = 0.000953875$인 태양-목성계나 또는 다른 계의 유효 퍼텐셜 모양은 본질적으로 이 그림과 같은 형태이다.

퍼텐셜 곡면의 모양을 잘 살펴볼 필요가 있는데, 그 이유는 이것이 제3입자의 가능한 궤도를 밝힐 수 있는 몇 가지 양상을 보여주기 때문이다.

- 두 주체입자의 위치에서 $\Phi(x', y') \to -\infty$. 이 점들은 특이점(singularity)이다. 이는 각 주체입자를 질점으로 취급한 결과이다. 제3입자가 한 주체입자의 퍼텐셜 '구덩이'에 빠진다면 다른 주체입자에 아랑곳없이 첫째 주체입자만 있을 때처럼 궤도운동을 하리라 예상된다. 예로 태양-목성계를 들어보자(각 주체입자는 그것에 딸린 위성의 원천(source)이다). 목성은 달들을 갖고 있으며 태양은 목성 궤도 안쪽에 4개의 내부 행성을 갖고 있다. 한 주체입자는 다른 주체입자에 딸린 위성과는 간섭을 하지 않든가, 하더라도 아주 약하게 한다. 각기 자기 자신의 주체입자에 대한 위

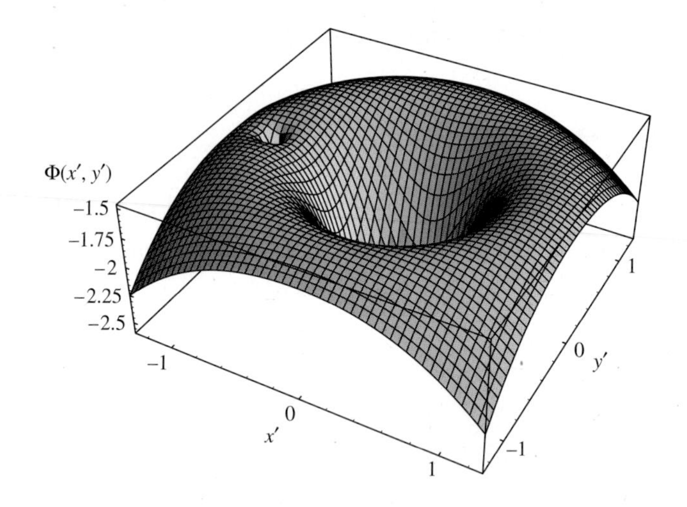

그림 7.4.2 지구-달 계의 유효 퍼텐셜 $\Phi(x', y')$

성의 각속력은 그 질량중심에 대한 주체입자의 각속력보다 훨씬 빠르다는 점을 유의하라. 또한 이런 궤도 상에 있는 제3입자는 그 자신의 궤도상에 있는 주체입자에 끌린다.

- x'이나 $y' \to \infty$일 때 $\Phi(x', y') \to -\infty$. 이것은 $x'y'$ 좌표계가 회전하기 때문이다. 초기에 회전좌표계에 대해 상대적으로 정지해 있던 제3입자가 두 주체입자의 질량중심에서 멀리 떨어졌을 때는 원심력이 크게 작용하여 원점에서 더욱 멀리 떨어지게 한다. 이러한 물체는 두 주체입자 주위에서 먼 거리($r' > (a+b)$)에 안정된 궤도를 찾을 수도 있다. 그러나 **회전좌표계에서 볼 때 정지한 궤도는 아니다.** 이때 제3입자의 각속력은 주체입자보다 훨씬 느려서 고정좌표계에서 안정되고 반시계방향인 **순행** 궤도는 회전좌표계에서는 안정된 시계방향의 **역행** 궤도를 보일 것이다. 예로는 태양에서 제일 가까운 α-켄타우리(Centauri) 3입자계인데 α-켄타우리 A, B의 두 주체입자와 프록시마 켄타우리(Proxima Centauri)의 제3입자로 구성되었다(그림 7.4.3 참조).
- $x'y'$계에서 정지한 입자에 작용하는 힘이 영이 되는 점, 즉 $\nabla\Phi(x', y') = 0$이 되는 위치가 다섯 군데 존재한다. 이들을 조제프 루이 라그랑주를 기리기 위해 **라그랑주 극점**(Lagrangian point) L_1~L_5로 표기한다. 이 중 세 개의 극점은 x'축과 일치하는 동일 직선 위에 있다. L_1은 두 주체입자 사이에, L_2는 덜 무거운 주체입자 바깥쪽에, L_3는 더 무거운 주체입자 바깥쪽에 위치한다. 실제로 이 세 위치는 $\Phi(x', y')$의 안장점(saddle point)이 되고, x'축 방향으로는 극대이지만 y'축 방향으로는 극소이다.
- 두 주체입자는 $\Phi(x', y')$의 최대값을 갖는 극점 L_4, L_5를 꼭짓점으로 하는 두 개의 이등변 삼각형의 밑변을 이룬다. 질량중심 주위에서 주체입자들이 회전할 때 L_4는 $+y'$방향으로 덜 무거운 주체입자보다 60° 앞서고, L_5는 $-y'$방향으로 60° 뒤진다. 이들 다섯 극점의 위치는 그림 7.4.4에서 보듯이 유효 퍼텐셜을 등고선도(contour plot)로 나타내면 좀 더 쉽게 연상할 수 있다.
- 개별 등고선상의 모든 점에서 유효 퍼텐셜은 동일한 값을 갖는다. 통상 임의의 인접한 두 등고

그림 7.4.3 α-켄타우리 계. 주체입자의 질량은 $1.1\,M_{\odot}$, $0.88\,M_{\odot}$이고 프록시마 켄타우리의 질량은 $0.1\,M_{\odot}$이다. A, B는 25 AU 떨어져 있고 프록시마 켄타우리는 5만 AU에서 A, B 주위의 궤도를 돌고 있다.

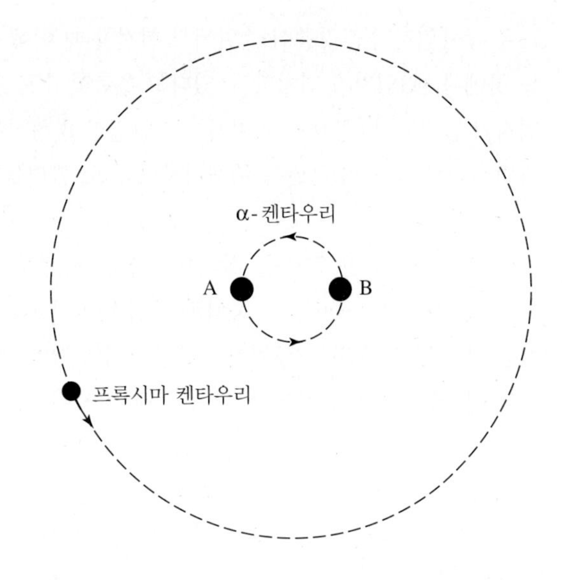

그림 7.4.4 지구–달 계에 대한 유효 퍼텐셜 $\Phi(x', y')$의 등고선도

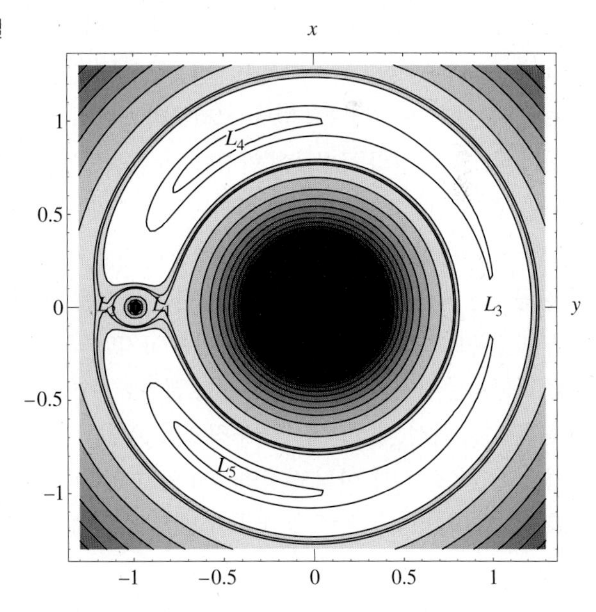

선에 대응하는 유효 퍼텐셜 값의 차이는 일정하다. 따라서 등고선들 사이의 간격이 좁을수록 기울기 $\nabla\Phi(x', y')$이 급하거나 혹은 힘이 크다는 것을 의미한다. 굉장히 간격이 넓은 지역은 기울기가 없는, 즉 가해진 힘이 영인 지역을 나타낸다. 이런 부분은 그림 7.4.4에 나타내지 않았다. 단지 5개의 라그랑주 극점 근방을 지나가는 등고선들 사이의 거리를 강조하기 위해 나타냈을 뿐이다.

두 주체입자가 질량중심 주위에서 회전할 때 이에 상대적으로 고정된 다섯 라그랑주 극점 중 어느 곳에나 제3입자가 위치할 수 있다고 추측할 수도 있다. 그러나 자연계에는 L_1~L_3에 위치한 제3입자가 발견되지 않았다. 세 위치는 불안정한 평형점이기 때문이다. 만일 어떤 입자가 여기에 놓인다면 조금만 건드려도 한쪽 주체입자 쪽으로 빨려들거나 두 주체입자에서 멀리 떨어지는 현상이 일어난다.

그림 7.4.3과 그림 7.4.4를 살펴보면 유효 퍼텐셜은 L_4, L_5 주위에서 상당히 완만하고 편평함을 알 수 있는데 이런 곳에서는 중력과 원심력이 반대방향으로 작용하여 균형을 이루고 힘이 매우 약한 상당히 넓은 공간에 제3입자가 존재할 수도 있다. 하지만 L_4, L_5는 모두 극대점이므로 안정한 궤도는 불가능하리라 짐작된다. 그러나 제3입자에 작용하는 힘이 모두 $\Phi(x', y')$의 기울기에서 유도되는 것은 아님을 기억해야 한다. 속도에 의존하는 코리올리 힘을 고려해야 하는데, 특히 이 힘이 두드러진 영역에서는 무시할 수 없는 효과가 있다. 적당한 조건에서는 L_4, L_5 부근이 될 수 있다. 코리올리 힘은 항상 입자의 속도에 수직으로 작용한다. 그래서 $\mathbf{F} \cdot \mathbf{v} = 0$이기에 운동에너지는 변하지 않는다. 제3입자가 $x'y'$ 좌표계에서 거의 정지 상태나 마찬가지인데 L_4혹은 L_5 부근에서 올바른 방향으로 천천히 움직인다면 코리올리 힘이 거의 이미 균형을 이룬 중력과 원심력을 압도하여 이 입자가 그 속도의 방향만 바꾸면서 L_4나 L_5 주위를 맴돌게 할 수도 있다. 실제로 우주에서는 이런 일이 생길 수 있고 또 일어나고 있다. 코리올리 힘은 L_4나 L_5 극점 주위에 타원 같은 유사한 장벽을 만들어서 유효 퍼텐셜의 극대값에 안정한 작은 '웅덩이'를 만들어준다. 조건이 적당하다면 제3입자가 L_4나 L_5 주위의 등고선을 따라 움직이며 운동에너지나 위치에너지는 거의 일정하게 유지된다.

방금 기술한 상황은 지구의 대기권에서 고기압 지역에 생기는 공기의 회전에 비유할 수 있다. 중력은 공기를 지구중심으로 잡아당기지만 원심력은 바깥 방향으로 내치려 한다. 높은 고도에서 공기가 아래쪽으로 흐르면서 코리올리 힘은 고기압 구렁 주위로 공기가 맴돌게 한다. 지구 주위의 이러한 순환계는 단지 잠정적으로 안정할 뿐이다. 이들은 생겼다가 곧 사라진다. 그러나 목성의 거대한 붉은 점은 목성 대기권에서 영구적으로 존재하는 고기압 태풍이다. 갈릴레오가 400여 년 전 망원경으로 관측한 이래 아직도 사라지지 않고 있다! 이러한 순환운동은 회전좌표계에 대해 상대적으로 '정지'한 형태임을 알아야 한다. L_4와 L_5 주위에 제3입자의 궤도에 관해서도 마찬가지이다.

트로이 소행성

트로이 소행성(Trojan asteroids)이란 목성과 1:1 궤도공명 상태에 있는 특별한 소행성 무리로서 목성 궤도의 앞뒤로 60° 되는 곳에 있다(그림 7.4.5 참조). 이것은 태양-목성계의 L_4, L_5 극점이다. 이 소행성들은 L_4와 L_5 부근에 약간 퍼져 있다. 이 무리의 각 소행성은 고정좌표계에서 보면 목성과 함께 태양 주위를 돌고 있는데, $x'y'$ 좌표계에서 관찰하면 L_4, L_5 주위를 시계방향으로 서서히 돌고 있다. 이 절에서는 이 소행성들의 궤도를 계산할 것이다.

우선 식 (7.4.7a, b)로 주어진 운동방정식을 조금 전에 소개한 것과 같이 척도화된 좌표계를 이

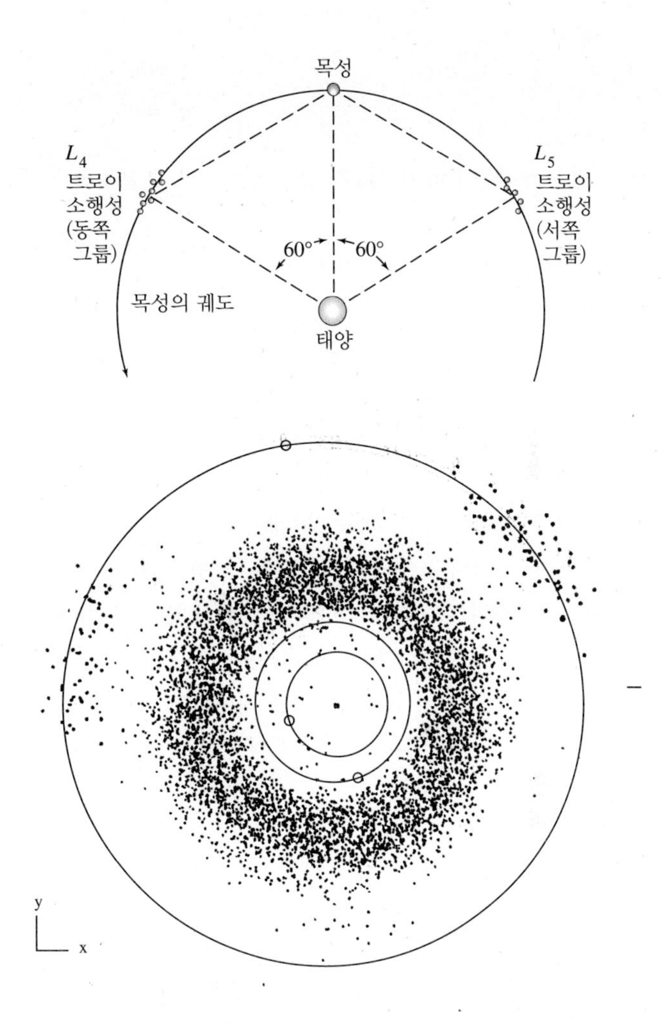

그림 7.4.5 (a) 트로이 소행성, (b) 목성과 화성 그리고 지구 궤도와 함께 나타낸 소행성 띠와 트로이 소행성

용하여 다시 나타내보자. 그러기 위해서 아래와 같이 치환해두면

$$r_1' = \sqrt{(x'-\alpha)^2 + y'^2} \qquad r_2' = \sqrt{(x'+1-\alpha)^2 + y'^2} \tag{7.4.14}$$

운동방정식 (7.4.7a, b)는 아래와 같다.

$$\ddot{x}' = -(1-\alpha)\frac{(x'-\alpha)}{r_1'^3} - \alpha\frac{(x'+1-\alpha)}{r_2'^3} + x' + 2\dot{y}' \tag{7.4.15a}$$

$$\ddot{y}' = -(1-\alpha)\frac{y'}{r_1'^3} - \alpha\frac{y'}{r_2'^3} + y' - 2\dot{x}' \tag{7.4.15b}$$

예제 4.3.2에서는 위 식과 같은 연립 2차 미분방정식을 푸는 데 Mathematica 프로그램의 *NDSolve* 라는 수치적 미분방정식 풀이 도구를 사용했다. 여기서도 같은 기법을 쓰는데 단지 차이는 다음과 같이 새로운 두 변수 u', v'를 도입한다는 것이다.

$$\dot{x}' = u' \tag{7.4.16a}$$
$$\dot{y}' = v' \tag{7.4.16b}$$

이 도입은 식 (7.4.15a, b)의 2차 방정식을 다음과 같은 1차 미분방정식으로 전환한다.

$$\dot{u}' = -(1-\alpha)\frac{(x'-\alpha)}{r_1'^3} - \alpha\frac{(x'+1-\alpha)}{r_2'^3} + x' + 2v' \tag{7.4.16c}$$

$$\dot{v}' = -(1-\alpha)\frac{y'}{r_1'^3} - \alpha\frac{y'}{r_2'^3} + y' - 2u' \tag{7.4.16d}$$

이것은 3.8절에서 사용한 기법이다. 기본요령은 n개의 2차 미분방정식을 $2n$개의 1차 미분방정식으로 바꾸어 룽게-쿠타 기법을 활용하는 것이다. 미분방정식을 수치적으로 풀 때 흔히 이 방법을 이용한다. Mathcad 프로그램은 $2n$개의 1차 방정식을 요구한다. Mathematica에서는 선택사항일 뿐 요구사항은 아니다. 다음에 *NDSolve*를 부르는 과정을 개괄적으로 설명하고자 한다. 예제 4.3.2에서 논의한 것과 비슷하다. 회전좌표계임을 밝히기 위해서 프라임(′)을 지금까지 사용했는데 계산에서는 안 쓰기로 한다. Mathmatica에서는 프라임을 미분으로 쓰기 때문이다. Mathematica 프로그램에서 x, y, u, v는 회전좌표계를 의미하고 프라임을 한 번 쓸 때마다 한 번씩 미분한 것을 나타낸다.

NDSolve [{방정식, 초기조건},{u, v, x, y}, {t, t_{min}, t_{max}}]

• {방정식, 초기조건}
  아래 형태로 4개의 미분방정식과 초기조건을 입력한다.

$$\begin{aligned}
&\{x'[t] == u[t],\\
&\ y'[t] == v[t],\\
&\ u'[t] == -(1-\alpha)(x[t]-\alpha)/r_1(x[t],\ y[t])^3 - \alpha(x[t]+1-\alpha)/r_2(x[t],\ y[t])^3\\
&\qquad\qquad + x[t] + 2v[t],\\
&\ v'[t] == -(1-\alpha)y[t]/r_1(x[t],\ y[t])^3\\
&\qquad\qquad - \alpha\, y[t]/r_2(x[t],\ y[t])^3 + y[t] - 2\,u[t],\\
&\ x[0] == x_0,\ y[0] == y_0,\ u[0] == u_0,\ v[0] == v_0\}
\end{aligned}$$

• {x, y, u, v}
  구하는 해에 대한 4개의 종속변수를 입력한다.

$$\{x, y, u, v\}$$

• {t, t_{min}, t_{max}}
  독립변수와 해를 얻는 데 필요한 변화의 범위 {$t, 0, t_{max}$}를 입력한다.

표 7.4.1 L_4 주위에 대한 초기조건과 궤도주기

지구	궤도 1	궤도 2	궤도 3	궤도 4	궤도 5
x_0	−0.509	−0.524	−0.524	−0.509	−0.532
y_0	0.883	0.909	0.920	0.883	0.920
u_0	0.0259	0.0647	0.0780	−0.0259	0.0780
v_0	0.0149	0.0367	0.0430	−0.049	0.0430
T (단위)	80.3	118	210.5	80.3*	—
T (년)	152	223	397	152*	—

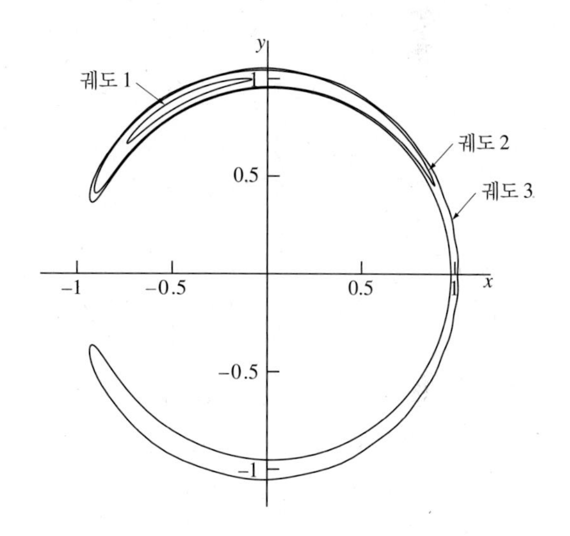

그림 7.4.6 표 7.4.1의 초기조건에 대한 트로이 소행성의 궤도 1, 2, 3

Mathematica에서는 *NDSolve*를 부르기 전에 $r_1[x, y]$, $r_2[x, y]$의 두 함수(식 (7.5.14) 참조)를 정의해야 한다. 초기조건 x_0, y_0, u_0, v_0와 α에 대해서도 마찬가지이다. 태양-목성계의 α 값은 0.000953875이다.

5가지 초기조건에 대해 궤도를 계산했는데 모든 경우 L_4 근방의 제3입자부터 시작했다. 표 7.4.1은 시작조건과 궤도주기이다. 단, 궤도주기는 안정적일 때를 기준으로 한다.

길이의 단위는 목성과 태양 사이의 평균거리로 $a + b = 5.203$ AU, 즉 약 7.80×10^{11} m이다. 주체입자의 회전주기는 목성의 궤도주기($T_J = 11.86$년)가 2π 시간 단위가 되도록 정했으므로 시간 단위는 $T_J/2\pi = 1.888$년이다. 궤도 1과 궤도 2를 따라 움직이는 제3입자는 L_4 주위에서 서서히 시계방향으로 회전한다. 이들의 주기를 계산하면 각각 80.3, 118 시간 단위이다. 환산 인자를 써서 표 7.4.1의 마지막 행에 궤도주기를 년(年)으로 계산했다. 궤도 3이 특별히 관심을 끈다. 제3입자는 다른 경우보다 목성 가까이 출발하여 L_4 위를 천천히 움직인다. 대체로 목성 궤도를 따라서 태양 주위를 돌게 된다. 다음에는 서서히 목성 쪽으로 다가가는데 이번에는 L_5 쪽으로 접근한다. L_5를

그림 7.4.7 트로이 소행성 궤도 4(표 7.4.1 참조)

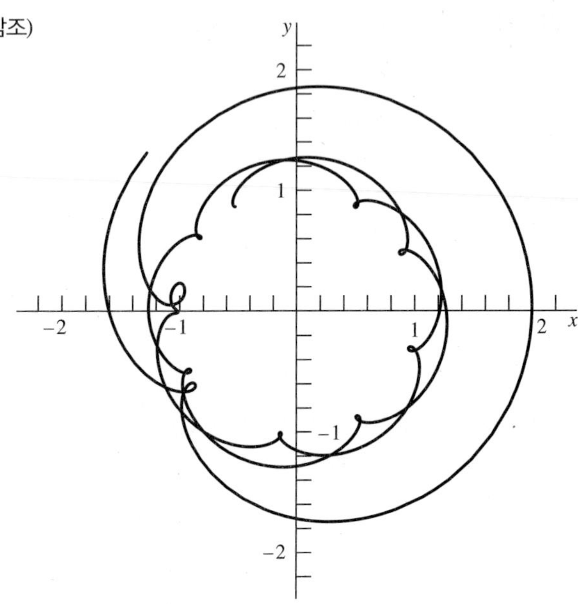

한 바퀴 돈 후 다시 태양 쪽으로 가고 이번에는 목성의 L_4로 오는 운동을 반복한다. 이 궤도의 주기는 397년이다.

궤도는 대체로 그림 7.4.4에 있는 유효 퍼텐셜 등고선을 따르는데 그리 놀랄 일은 아니다. 코리올리 힘은 제3입자의 운동에너지를 바꾸지 않는다. 따라서 중력과 원심력은 그런대로 균형을 이루기에 궤도가 이 등고선을 따라 움직이기 마련이다. 궤도 1, 궤도 2처럼 L_4, L_5 주위를 맴도는 운동도 있고 궤도 3처럼 L_4, L_5 두 극점 주위를 움직이는 것도 있다. 이 궤도들의 모양을 보면 그림 7.4.5에서 왜 트로이 소행성들이 퍼져 있는가를 이해할 수 있다.

모든 궤도는 마치 북반구의 고기압 근처의 공기처럼 시계방향으로 움직인다. 코리올리 힘은 $\boldsymbol{\omega} \times \mathbf{v}$의 부호 때문에 시계방향 회전일 경우에는 '안쪽 방향', 반시계방향 회전일 경우에는 '바깥 방향'이다. L_4 주위로 반시계방향으로 돌도록 초기조건을 준 결과로 생기는 궤도 4가 그림 7.4.7에 그려져 있다. 궤도 4는 궤도 1과 같은 초기조건에서 출발하는데 단지 초기속도의 방향만 다를 뿐이다. 제3입자는 몇 번 고리 모양으로 선회를 한 후 목성과 태양 사이의 공간에서 완전히 벗어난다. 단일 입자가 중력장 내에서 움직일 때 초기속도의 방향을 바꾸어도 케플러 궤도에는 아무 영향이 없는 것과 대조적이다. 따라서 안정된 궤도는 반대방향의 역행 궤도이다. 태양계의 대부분 궤도는 순행 궤도여서 황도면 위에서 볼 때 반시계방향이지만 트리톤(Triton)처럼 역행 궤도도 존재한다. L_4, L_5 주위에서는 반대 궤도가 불가능하다.

두 극점 L_4, L_5 주위의 시계방향 궤도의 안정성 조건은 여기서 다루는 것보다 훨씬 더 심도 있게 연구되었다(관심 있는 독자는 각주 5번에서 인용해둔 V. Szebehely의 책을 참고로 하기 바란다). 따라서

그림 7.4.8 트로이 소행성 궤도 5(표 7.4.1 참조)

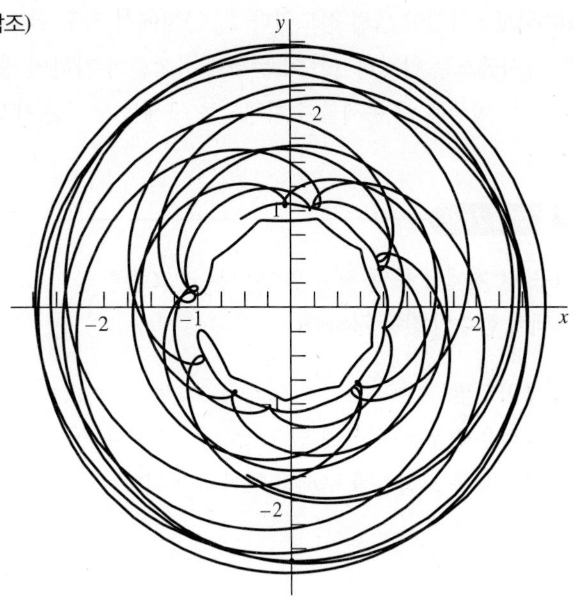

안정된 궤도는 질량 매개변수가 $\alpha_c = 0.03852$일 때만 가능하다. 목성-태양은 이 조건을 만족하지만 어떤 트로이 소행성에 대해서는 겨우 만족할 뿐이다. 궤도 3의 경우에는 특별하게 이것이 사실이다. 섭동이 충분히 크면 제3입자의 궤도에 굉장한 결과가 생긴다. 궤도 5의 초기조건은 궤도 3과 비슷하여 초기위치에 약 2%의 차이가 있을 뿐이다. 궤도 5는 그림 7.4.8에 그려져 있다. 제3입자의 궤도를 300 시간 단위(약 566년) 동안 추적했다. 궁극에 가서는 궤도 4처럼 L_4-L_5 영역에서 완전히 벗어나 두 주체입자에서 약 3 거리 단위(15 AU)되는 곳에 정착하게 된다. 실제로 태양계의 형성 단계에서 목성은 주위에 있는 소행성들에 이러한 효과를 미쳤다고 알려져 있다.

L_4, L_5 극점에서 주체입자 주위에서 궤도운동을 하는 예가 더 있을까? 대표적 예는 달이 여러 개인 토성이다. 우주 탐색선 보이저(Voyager)로 발견한 달인 텔레스토(Telesto), 칼립소(Calypso)는 테티스(Tethys)와 궤도를 공유한다. 토성과 테티스가 주체입자이고 텔레스토는 L_4에, 칼립소는 L_5에 위치한다. 테티스, 텔레스토, 칼립소가 차지하는 궤도보다 1.28배 멀리 있는 헬레네(Helene)는 L_4에 있고 디오네(Dione)는 주체입자이다. L_5에 해당하는 궤도에서는 달이 발견되지 않았다.

어떤 우주개척광들은 지구-달을 주체입자로 하는 물리계의 L_5 극점에 식민지를 크게 개척할 수 있다고 주장한다.[7] 지구-달 계에서 질량 매개변수는 $\alpha = 0.0121409$인데, 임계값 α_c보다 작아서 L_5 주위의 궤도는 안정하리라 추측할 수 있다. 그러나 태양이 궤도운동을 하는 새 개척지에 섭동을 미칠 것이므로 궤도가 오랫동안 안정할지 분명치 않다. 이렇게 특별히 제한적인 4입자 문제는

7) G. K. O'Neill, "The Colonization of Space", *Physics Today*, pp. 32–40(September, 1974).

1968년에 와서야 풀릴 정도였다. L_5 근처에서 지구-달 사이 거리의 수십 분의 일 정도로 한정된 타원 유사궤도는 안정하다.[8] 이 문제에 목성을 추가하면 장기적 안정성은 정말 큰 문제가 된다. 관심이 많은 학생은 이 문제를 수치적으로 구해볼 생각을 해보는 것도 좋으리라.

예제 7.4.2

지구-달 계에서 동일 직선 위에 있는 라그랑주 극점 L_1, L_2, L_3의 좌표를 계산하고 이곳에서 유효 퍼텐셜 함수의 값을 구하라.

■ 풀이

세 극점은 모두 x'축 위에 있으므로 $y' = 0$이다. 이 점들은 유효 퍼텐셜 함수 $\Phi(x', y')$의 극점이다. 그 해는 보통 도함수를 구해서 찾아내면 된다.

$$\frac{\partial}{\partial x'}\Phi(x', y')\bigg|_{y'=0} = 0$$

그러나 Mathematica에는 *FindMinimum*이라는 함수 프로그램이 있어서 도함수를 계산하지 않고도 직접 극소점을 알아낼 수 있다. Mathematica 자체에서 우리가 모르는 중에 극소점 찾기에 필요한 도함수를 계산하기 때문이다. L_1~L_3의 극점은 $\Phi(x', y' = 0)$의 극대점에 있다. 따라서 *FindMinimum*을 쓰려면 $f(x') = -\Phi(x', y' = 0)$을 불러 계산해야 한다.

$$f(x') = -\Phi(x', y')\bigg|_{y'=0} = \frac{1-\alpha}{|x'-\alpha|} + \frac{\alpha}{|x'-(\alpha-1)|} + \frac{x'^2}{2}$$

위 식에서 임계값 α와 $\alpha - 1$에 대한 상대적인 값인 x' 값에 관계없이 (+)임을 강조하기 위해 분모에 절대값 기호를 썼다. 함수 $f(x')$을 *FindMinimum*에 쓰기 전에 (1) *FindMinimum*이 $f(x')$의 도함수를 계산할 수 있는지, (2) *FindMinimum* $f(x')$에 적용할 때 분모가 (+)인지를 확인해야 한다. 따라서 도함수 계산에서 문제점을 제거하기 위해 분모의 절대값 기호를 없애야 한다. 이렇게 x'의 α, $\alpha - 1$에 대한 상대적 관계에 따라 ±1의 값을 갖는 '계단 함수(step function)'를 사용할 수 있다. 이 계단 함수를 sgn(x)라 하고 그 함수 값은 $x > 0$일 때는 +1, $x < 0$일 때는 −1로 정의한다.

그러면 $f(x')$은 다음과 같이 쓸 수 있다.

$$f(x') = \text{sgn}(x' - \alpha)\frac{1-\alpha}{x'-\alpha} + \text{sgn}(x' - (\alpha-1))\frac{\alpha}{x'-(\alpha-1)} + \frac{x'^2}{2}$$

---

8) R. Kolenkiewicz, L. Carpenter, "Stable Periodic Orbits About the Sun-Perturbed Earth-Moon Triangular Points", *AIAA J*. 6, 7, 1301(1968).

그림 7.4.9 sgn 함수의 적용구역

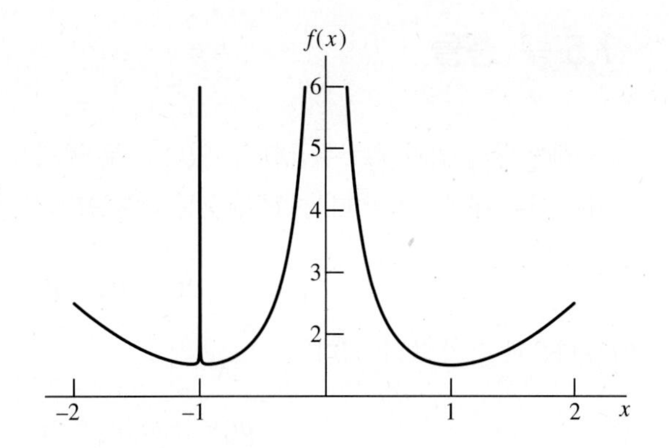

표 7.4.2

호출	라그랑주 극점	x_0	$\text{sgn}(x-\alpha)$	$\text{sgn}(x-(\alpha-1))$	x_{min}	$f(x_{min})$
1	L_2	−1.2	−1	−1	−1.06883	1.51874
2	L_1	−0.8	−1	+1	−0.932366	1.51938
3	L_3	1.0	+1	+1	1.0004	1.50048

그러면 이제 *FindMinimum* 이전까지 진행한 것이 된다. $f(x')$ 중 적어도 하나의 최소값을 찾는 x축을 따르는 영역 어디서나 (+)로 남아 있도록 sgn(x) 함수를 가동한다. *FindMinimum*이 탐색을 시작한 초기 x' 값도 주어야 한다. 그림 7.4.9에 극점을 찾기 위해 $f(x')$의 그래프를 그렸다. L_2는 목성의 위치를 나타내는 특이점인 $x' = -1$의 바깥쪽에 위치하는 최소점이고, $L_2 \approx -(1+\epsilon)$이 된다. L_1은 이 특이점 안쪽에 존재하게 된다. 따라서 $L_1 \approx -(1-\epsilon)$이고, L_3는 $x' = +1$ 자리인 목성의 특이점에서 태양과 반대방향 쪽으로 거울대칭인 자리 바로 아래에 위치하고, $L_3 \approx +(1+\epsilon)$이다. 여기서 ϵ은 단지 작은 미지수이다. 이제 단순히 세 개의 동일 직선상에 위치한 라그랑주 점들을 위치시키기 위해 *FindMinimum*을 세 번 호출하면 된다.

구체적으로 *FindMinimum*[함수, $\{x, x_0\}$]를 사용하는데, 여기서 '함수'는 앞에서 정의한 것을 사용한다. 이제 프라임 기호는 생략한다. x는 이 함수에서 독립변수이며 x_0는 함수 값을 찾기 위한 초기값이다. 표 7.4.2에 각 함수를 부르기 위한 입력 변수들을 열거해두었다. 각 함수를 불러낸 결과는 라그랑주 극점 위치 x_{min}과 그에 상응하는 값인 $f(x_{min})$이다. 초기값 x_0는 원하는 라그랑주 극점이 설정되었는가와 그 점에 아주 근접한 지역에서 탐색이 시작되는가를 확신할 수 있도록 설정한다.

7.5 충돌

두 물체를 단일 입자계로 취급할 수 있다면 두 물체가 충돌할 때마다 충돌과정 중 서로 상대에게 미치는 힘은 내부력이 된다. 전체 선운동량은 불변이므로

$$\mathbf{p}_1 + \mathbf{p}_2 = \mathbf{p}_1' + \mathbf{p}_2' \tag{7.5.1a}$$

또는 다음과 같이 쓸 수 있다.

$$m_1\mathbf{v}_1 + m_2\mathbf{v}_2 = m_1\mathbf{v}_1' + m_2\mathbf{v}_2' \tag{7.5.1b}$$

아래첨자 1, 2는 두 물체를 나타내고, 프라임 기호는 충돌 후의 운동량과 속도를 의미한다. 위의 두 방정식은 상당히 일반성이 있어서 물체의 모양이나 탄성 등과 무관하게 성립한다.

에너지가 균형을 이루려면 다음과 같이 쓸 수 있다.

$$\frac{p_1^2}{2m_1} + \frac{p_2^2}{2m_2} = \frac{p_1'^2}{2m_1} + \frac{p_2'^2}{2m_2} + Q \tag{7.5.2a}$$

또는

$$\tfrac{1}{2}m_1v_1^2 + \tfrac{1}{2}m_2v_2^2 = \tfrac{1}{2}m_1v_1'^2 + \tfrac{1}{2}m_2v_2'^2 + Q \tag{7.5.2b}$$

여기서 충돌의 결과로 잃어버리거나 얻게 되는 전체 운동에너지를 나타내기 위해 Q를 도입했다.

탄성 충돌(彈性衝突, elastic collision)의 경우에는 전체 운동에너지가 변하지 않으므로 $Q = 0$이다. 운동에너지 손실이 있을 때는 $Q > 0$이고 **발열 충돌**(exoergic collision)이라 부른다. 운동에너지를 얻는 일도 일어나는데, 예를 들면 두 물체가 접촉하는 순간 한 물체에서 폭발이 있는 경우이다. 이런 경우 Q는 음이 되며 이런 충돌을 **흡열 충돌**(endoergic collision)이라 한다.

충돌은 원자, 핵 그리고 고에너지 물리학에서 특별히 중요하다. 이때 대상이 되는 물체로는 원자, 핵, 그리고 전자나 쿼크(quark) 같은 소립자이다.

직접 충돌

두 물체가 정면으로 충돌하여 전체의 운동이 그림 7.5.1과 같이 1차원 x축 위에서 일어나는 특별한 경우를 고려해보자. 이 경우 운동량 보존법칙인 식 (7.5.1b)는

$$m_1\dot{x}_1 + m_2\dot{x}_2 = m_1\dot{x}_1' + m_2\dot{x}_2' \tag{7.5.3}$$

로 쓸 수 있고, 운동의 방향은 $\dot{x}$의 부호에 의해 결정된다.

충돌 전의 속도를 알고 Q 값을 안다면 충돌 후의 속도를 계산하기 위해서 운동량 보존법칙과 에

그림 7.5.1 두 입자의 정면충돌

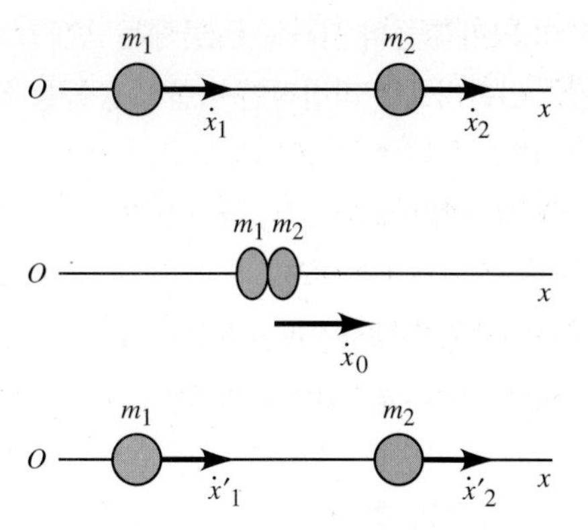

너지 균형식 (7.5.2b)를 사용할 수 있다. 그러나 이러한 문제에서는 **반발계수**(coefficient of restitution)라 불리는 매개변수 ϵ을 도입하는 것이 편리하다. 이 반발계수는 상대적인 분리속력 v'과 접근속력 v의 비로 정의되고, 다음과 같이 쓸 수 있다.

$$\epsilon = \frac{|\dot{x}_2' - \dot{x}_1'|}{|\dot{x}_2 - \dot{x}_1|} = \frac{v'}{v} \tag{7.5.4}$$

ϵ의 값은 주로 두 물체의 구성이나 형태와 관계된다. 탄성 충돌에서는 $\epsilon = 1$임이 쉽게 증명할 수 있다. 이를 확인하려면 식 (7.5.2b)에서 $Q = 0$으로 놓고 식 (7.5.3)과 함께 풀어서 충돌 후의 속도를 계산하면 된다. 실제계산은 연습문제로 남겨두었다.

완전 비탄성 충돌(totally inelastic collision)의 경우에는 충돌 후에 두 물체가 한 덩어리가 되고 $\epsilon = 0$이다. 실제로 대부분의 경우 ϵ은 0과 1 사이에 있다. 상아로 만들어진 당구공의 ϵ은 약 0.95이다. 반발계수는 또 접근속도에도 관계된다. 실리 퍼티(Silly Putty)라는 실리콘 복합제는 고속으로 단단한 면에 부딪힐 때는 튕겨 나오지만 느린 속도에서는 보통의 접착제처럼 달라붙는다.

식 (7.5.3)과 반발계수 정의식인 식 (7.5.4)에서 충돌 후의 속도들을 구할 수 있다.

$$\begin{aligned} \dot{x}_1' &= \frac{(m_1 - \epsilon m_2)\dot{x}_1 + (m_2 + \epsilon m_2)\dot{x}_2}{m_1 + m_2} \\ \dot{x}_2' &= \frac{(m_1 + \epsilon m_1)\dot{x}_1 + (m_2 - \epsilon m_1)\dot{x}_2}{m_1 + m_2} \end{aligned} \tag{7.5.5}$$

완전 비탄성 충돌의 경우 $\epsilon = 0$로 놓으면 당연히 $\dot{x}_1' = \dot{x}_2'$이다. 즉, 되튀기기는 없다. 반면에 특별한 경우로서 두 물체의 질량이 같고($m_1 = m_2$), 완전 탄성 충돌인 $\epsilon = 1$일 경우에는

$$\begin{aligned} \dot{x}_1' &= \dot{x}_2 \\ \dot{x}_2' &= \dot{x}_1 \end{aligned} \tag{7.5.6}$$

이 되어 충돌의 결과로 두 물체는 속도를 서로 맞바꿀 뿐이다.

일반적으로 직접적인 비탄성 충돌을 할 때 에너지 손실 Q와 반발계수 ϵ 사이에는 다음 관계가 있다.

$$Q = \frac{1}{2}\mu v^2(1-\epsilon^2) \tag{7.5.7}$$

여기서 μ는 환산질량 $\mu = m_1m_2/(m_1+m_2)$이고 $v = |\dot{x}_2 - \dot{x}_1|$은 충돌 전의 상대 속력이다. 이 식의 유도는 연습문제 7.9에 나와 있다.

충돌의 충격량

충돌할 때 물체 사이에 작용하는 힘처럼 매우 짧은 시간만 작용하는 힘을 **충격력**(衝擊力, impulsive force)이라 한다. 단일 입자의 운동방정식 $d(m\mathbf{v})/dt = \mathbf{F}$ 또는 미분 형태로 $d(m\mathbf{v}) = \mathbf{F}\,dt$를 사용하여 힘이 작용하는 동안인 $t = t_1$에서 $t = t_2$까지 시간 적분을 하면 다음을 얻는다.

$$\Delta(m\mathbf{v}) = \int_{t_1}^{t_2} \mathbf{F}\,dt \tag{7.5.8a}$$

힘의 시간 적분은 **충격량**(衝擊量, impulse)이다. 충격량은 보통 $\boldsymbol{P}$의 기호를 쓰는데 식 (7.5.8a)는 다음과 같이 쓸 수 있다.

$$\Delta(m\mathbf{v}) = \boldsymbol{P} \tag{7.5.8b}$$

이상적인 충격량(ideal impulse)은 엄청나게 큰 힘이 아주 짧은 시간 동안 작용하지만 시간 간격이 거의 0일 정도로 짧은 간격 동안에만 작용하므로 그 적분 $\int \mathbf{F}\,dt$는 유한한 경우라고 생각할 수 있다. 이러한 이상적 충격량이 작용하면 입자의 위치는 변하지 않고 운동량과 속도만 순간적으로 변하게 된다.

예제 7.5.1

총알 속력 구하기

수평면에 정지상태로 놓여 있는 나무토막 정면에서 수평방향으로 총알을 쏘았다. 총알은 나무토막에 박히고 그 결과 토막은 거리 s만큼 미끄러진 후 정지한다. 총알의 질량은 m, 나무토막의 질량은 M, 토막과 수평면 사이의 미끄럼 마찰계수는 μ_k라 할 때 총알의 초기속력을 구하라.

풀이

우선 선운동량 보존에서 다음을 알 수 있다.

$$m\dot{x}_0 = (M+m)\dot{x}_0'$$

여기서 $\dot{x}_0$는 총알의 초기속도이고, $\dot{x}_0'$은 충돌 직후 계(토막 + 총알)의 속도이다. 이 경우에 반발계수는 영이다. 다음으로 운동을 방해하는 마찰력의 크기는 $(M+m)\mu_k g = (M+m)a$이고 $a = -\ddot{x}$는 충돌 직후의 감속도여서 $a = \mu_k g$로 된다. 2장에서 배운 1차원 등가속도 운동에 관한 $s = v_0^2/2a$를 이 문제에 적용하면 다음을 얻는다.

$$s = \frac{\dot{x}_0'^2}{2\mu_k g} = \left(\frac{m\dot{x}_0}{M+m}\right)^2\left(\frac{1}{2\mu_k g}\right)$$

$\dot{x}_0$에 대해 풀면 총알의 초기속도를 구할 수 있다.

$$\dot{x}_0 = \left(\frac{M+m}{m}\right)(2\mu_k gs)^{1/2}$$

수치 예로서 나무토막의 질량은 4 kg, 총알의 질량은 10 g, 마찰계수는 $\mu_k = 0.4$라 하자. 나무토막이 15 cm 미끄러졌다면 총알의 속도는 다음과 같다.

$$\dot{x}_0 = \frac{4.01}{0.01}(2\times 0.4\times 9.8\ \mathrm{ms^{-2}}\times 0.15\ \mathrm{m})^{1/2} = 435\ \mathrm{m/s}$$

7.6 비스듬한 충돌과 산란: 실험실 좌표계와 질량중심 좌표계

이번에는 운동이 일직선 위에만 국한되지 않은 보다 일반적인 경우를 다루어보자. 그러려면 운동량에 관한 방정식을 벡터 형태로 써야 한다. 질량 m_1, 속도 $\mathbf{v}_1$인 입사 입자가 정지상태에 있는 질량 m_2의 표적입자에 충돌하는 경우를 생각해보자. 이것이 핵물리학에서 전형적으로 다루는 문제이다. 이 경우 운동량 보존법칙은 다음과 같고

$$\mathbf{p}_1 = \mathbf{p}_1' + \mathbf{p}_2' \tag{7.6.1a}$$

$$m_1\mathbf{v}_1 = m_1\mathbf{v}_1' + m_2\mathbf{v}_2' \tag{7.6.1b}$$

에너지 균형 조건은 다음과 같이 쓸 수 있다.

$$\frac{p_1^2}{2m_1} = \frac{p_1'^2}{2m_1} + \frac{p_2'^2}{2m_2} + Q \tag{7.6.2a}$$

혹은

$$\tfrac{1}{2}m_1v_1^2 = \tfrac{1}{2}m_1v_1'^2 + \tfrac{1}{2}m_2v_2'^2 + Q \tag{7.6.2b}$$

이번에도 전처럼 프라임은 충돌 후의 속도와 운동량이고, Q는 충돌의 결과 잃거나 얻는 에너지이다. Q는 원자나 핵충돌에서 방출되거나 흡수하는 에너지이기 때문에 원자물리학과 핵물리학에서 기본적인 중요한 의미를 지니고 있다. 많은 경우에 표적입자는 충돌 후에 깨지거나 상태가 변한다. 그러면 충돌 전의 입자와 충돌 후의 입자가 다르다. 이러한 경우는 충돌 후의 입자 질량을 m_3, m_4로 바꿈으로써 쉽게 다룰 수 있다. 어떤 경우이든지 선운동량 보존법칙은 항상 성립한다.

입사입자와 표적입자의 질량이 같은 특별한 경우를 고려해보자. 그러면 $m = m_1 = m_2$이므로 에너지 균형에 관한 식 (7.6.2a)는 다음과 같이 쓸 수 있다.

$$p_1^2 = p_1'^2 + p_2'^2 + 2mQ \tag{7.6.3}$$

다음에는 식 (7.6.1a)의 운동에 관한 식을 자신과 스칼라 곱을 하면 아래의 결과를 얻는다.

$$p_1^2 = (\mathbf{p}_1' + \mathbf{p}_2') \cdot (\mathbf{p}_1' + \mathbf{p}_2') = p_1'^2 + p_2'^2 + 2\mathbf{p}_1' \cdot \mathbf{p}_2' \tag{7.6.4}$$

위의 두 식을 비교하면

$$\mathbf{p}_1' \cdot \mathbf{p}_2' = mQ \tag{7.6.5}$$

임을 알 수 있고, 탄성 충돌일 때는($Q = 0$)

$$\mathbf{p}_1' \cdot \mathbf{p}_2' = 0 \tag{7.6.6}$$

이 되어 충돌 후에 두 입자는 서로 직각으로 진행한다.

질량중심 좌표계

핵물리학에서 이론적 계산은 흔히 충돌하는 입자들의 질량중심이 정지되어 있는 좌표계의 물리량으로 이루어진다. 반면에 입자의 산란에 관한 실험 관측은 통상 실험실 좌표계에서 이루어진다. 따라서 한 좌표계에서 다른 좌표계로 변환하는 문제를 고려해야 한다.

실험실 좌표계와 질량중심 좌표계에서 속도 벡터는 그림 7.6.1에 나타나 있다. 그림에서 ϕ_1은 표적입자에 부딪히는 입사입자가 충돌 후에 휘는 각도이고, ϕ_2는 표적입자의 튀는 방향과 입사방향 사이의 각도이다. ϕ_1과 ϕ_2는 모두 실험실 좌표계에서 측정한다. 질량중심은 두 입자를 연결하는 직선 위에 있으므로 질량중심 좌표계에서 보면 두 입자는 질량중심으로 접근하여 서로 충돌하고 그 다음에는 반대방향으로 멀어져 간다. 각도 θ는 질량중심 좌표계에서 본 입사입자의 휘는 각도이다.

질량중심의 정의로부터 충돌 전후의 질량중심 좌표계에서 측정한 전체 운동량은 영이므로 다음과 같이 쓸 수 있다.

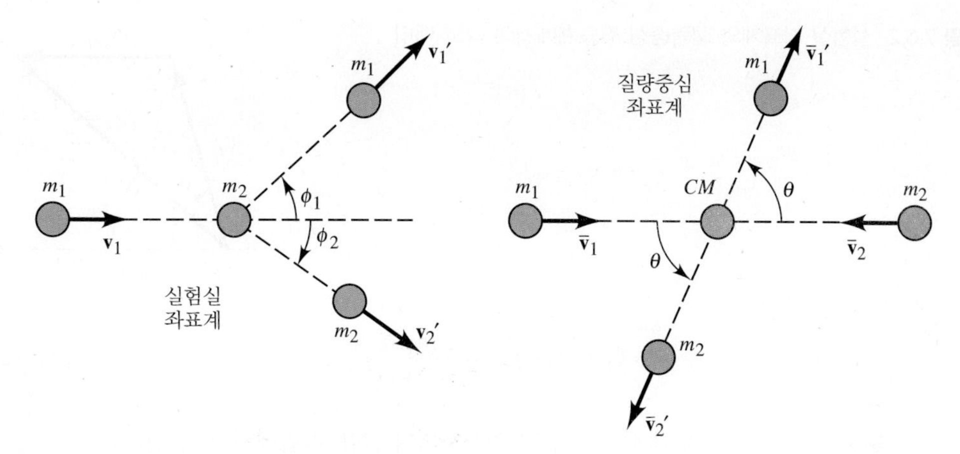

그림 7.6.1 실험실 좌표계와 질량중심 좌표계의 비교

$$\bar{\mathbf{p}}_1 + \bar{\mathbf{p}}_2 = 0 \tag{7.6.7a}$$

$$\bar{\mathbf{p}}_1' + \bar{\mathbf{p}}_2' = 0 \tag{7.6.7b}$$

기호 위에 막대(bar) 표시는 질량중심 좌표계에서의 물리량임을 의미한다. 에너지 균형 방정식에 의해 다음이 성립한다.

$$\frac{\bar{p}_1^2}{2m_1} + \frac{\bar{p}_2^2}{2m_2} = \frac{\bar{p}_1'^2}{2m_1} + \frac{\bar{p}_2'^2}{2m_2} + Q \tag{7.6.8}$$

식 (7.6.7a, b)의 운동량 관계식을 사용하면 위 식에서 $\bar{p}_2$와 $\bar{p}_2'$을 소거할 수 있고 결과는 환산질량으로 나타낼 수 있다.

$$\frac{\bar{p}_1^2}{2\mu} = \frac{\bar{p}_1'^2}{2\mu} + Q \tag{7.6.9}$$

운동량에 관한 식 (7.6.7a, b)를 속도로 나타내면 다음과 같다.

$$m_1\bar{\mathbf{v}}_1 + m_2\bar{\mathbf{v}}_2 = 0 \tag{7.6.10a}$$

$$m_1\bar{\mathbf{v}}_1' + m_2\bar{\mathbf{v}}_2' = 0 \tag{7.6.10b}$$

식 (7.1.3)과 식 (7.1.4)를 참조해서 볼 때 질량중심의 속도는

$$\mathbf{v}_{cm} = \frac{m_1\mathbf{v}_1}{m_1 + m_2} \tag{7.6.11}$$

이므로 다음을 얻는다.

그림 7.6.2 실험실 좌표계와 질량중심 좌표계에서의 속도 벡터

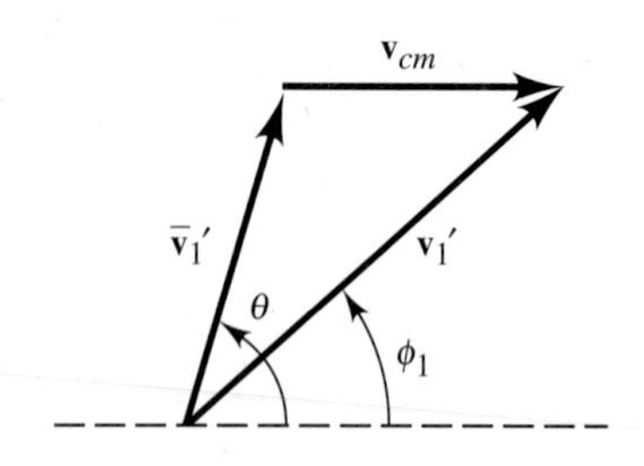

$$\bar{\mathbf{v}}_1 = \mathbf{v}_1 - \mathbf{v}_{cm} = \frac{m_2\mathbf{v}_1}{m_1 + m_2} \tag{7.6.12}$$

속도 벡터 $\mathbf{v}_{cm}$, $\mathbf{v}_1'$, $\bar{\mathbf{v}}_1'$ 사이의 관계는 그림 7.6.2에 나타나 있다. 그림에서

$$\begin{aligned} v_1' \sin\phi_1 &= \bar{v}_1' \sin\theta \\ v_1' \cos\phi_1 &= \bar{v}_1' \cos\theta + v_{cm} \end{aligned} \tag{7.6.13}$$

을 알 수 있고, 이 두 식을 서로 나누면 산란각 사이의 관계식

$$\tan\phi_1 = \frac{\sin\theta}{\gamma + \cos\theta} \tag{7.6.14}$$

를 얻고, 여기서 γ는 다음 식으로 정의되는 매개변수이다.

$$\gamma = \frac{v_{cm}}{\bar{v}_1'} = \frac{m_1 v_1}{\bar{v}_1'(m_1 + m_2)} \tag{7.6.15}$$

마지막 단계는 식 (7.6.11)에 따른다.

그러면 $\bar{v}_1'$은 에너지 식 (7.6.9)에서 입사입자의 에너지로 쉽게 계산할 수 있다. 따라서 γ를 계산할 수 있고 산란각 사이의 관계를 결정할 수 있다. 예를 들어 탄성 충돌의 경우 $Q = 0$이므로 $\bar{p}_1 = \bar{p}_1'$, $\bar{v}_1 = \bar{v}_1'$이고 식 (7.6.12)를 이용하여 다음 결과를 얻는다.

$$\gamma = \frac{m_1}{m_2} \tag{7.6.16}$$

탄성 충돌의 두 가지 특별한 경우를 음미해볼 필요가 있다. 우선 표적입자의 질량 m_2가 입사 입자의 질량 m_1보다 매우 클 때는 γ 값이 아주 작다. 따라서 $\tan\phi_1 \approx \tan\theta$, 즉 $\phi_1 \approx \theta$이다. 이때 실험실 좌표계에서 보는 산란각은 질량중심 좌표계에서와 거의 비슷하다.

두 번째로 특별한 경우는 입사입자와 표적입자의 질량이 같은 $m_1 = m_1$일 때이다. 이 경우 $\gamma = 1$이 되고 그러면 산란각 사이의 관계식은 다음과 같다.

$$\begin{aligned} \tan\phi_1 &= \frac{\sin\theta}{1+\cos\theta} = \tan\frac{\theta}{2} \\ \phi_1 &= \frac{\theta}{2} \end{aligned} \tag{7.6.17}$$

즉, 실험실 좌표계에서 산란각은 질량중심 좌표계에서 그것의 절반이다. 또 그림 7.6.1과 같이 질량중심 좌표계에서 표적입자의 휘는 각도는 $\pi - \theta$이므로 실험실 좌표계에서는 $(\pi - \theta)/2$가 된다. 따라서 실험실 좌표계에서 두 입자는 충돌 후에 서로 직각으로 진행하게 되며, 이는 이미 식 (7.6.6)에서 언급한 바와 같다.

일반적인 비탄성 충돌의 경우에 γ는 다음과 같다.

$$\gamma = \frac{m_1}{m_2}\left[1 - \frac{Q}{T}\left(1 + \frac{m_1}{m_2}\right)\right]^{-1/2} \tag{7.6.18}$$

위 식의 증명은 연습문제로 남겨둔다. 여기서 T는 실험실 좌표계에서 측정한 입사입자의 운동에너지이다.

예제 7.6.1

어떤 핵산란 실험에서 4 MeV의 α 입자(He 원자핵) 빔이 He 기체로 되어 있는 표적에 입사한다. 이 경우 입사입자와 표적입자의 질량은 거의 같다고 할 수 있다. 만일 입사한 α 입자가 실험실 좌표계에서 30°로 산란되었다면 그 운동에너지와 반동하는 표적입자의 운동에너지를 입사하는 α 입자의 운동에너지 T로 구하라(표적입자는 정지상태에 있고 탄성 충돌이라고 가정하자).

■ 풀이

질량이 같은 두 입자의 탄성 충돌의 경우 식 (7.6.6)에서 $\phi_1 + \phi_2 = 90°$임을 알 수 있다(그림 7.6.1 참조). 따라서 입사입자의 운동량 방향에 평행인 성분과 수직인 성분으로 나누면 운동량 균형 방정식인 식 (7.6.1a)는 다음과 같이 된다.

$$\begin{aligned} p_1 &= p_1' \cos\phi_1 + p_2' \sin\phi_1 \\ 0 &= p_1' \sin\phi_1 - p_2' \cos\phi_1 \end{aligned}$$

여기서 $\phi_1 = 30°$이다. 위의 식을 각각의 프라임 좌표에 대해 풀면 다음을 얻는다.

$$\begin{aligned} p_1' &= p_1 \cos\phi_1 = p_1 \cos 30° = \frac{\sqrt{3}}{2} p_1 \\ p_2' &= p_1 \sin\phi_1 = p_1 \sin 30° = \tfrac{1}{2} p_1 \end{aligned}$$

따라서 충돌 후의 운동에너지는 다음과 같다.

$$T_1' = \frac{p_1'^2}{2m_1} = \frac{3}{4}\frac{p_1^2}{2m_1} = \frac{3}{4}T = 3\text{ MeV}$$

$$T_2' = \frac{p_2'^2}{2m_2} = \frac{1}{4}\frac{p_1^2}{2m_1} = \frac{1}{4}T = 1\text{ MeV}$$

예제 7.6.2

예제 7.6.1에서 질량중심 좌표계에서 본 산란각은 얼마인가?

■ 풀이

식 (7.6.17)에서 곧바로 답을 알 수 있다.

$$\theta = 2\phi_1 = 60°$$

예제 7.6.3

(a) 질량 m_1인 입자 빔이 질량 m_2인 정지표적에 탄성 충돌하는 경우, 충돌 후 실험실 좌표계에서 두 입자의 진행방향 사이의 각도 ψ는 다음과 같음을 증명하라.

$$\psi = \phi_1 + \phi_2 = \frac{\pi}{2} + \frac{\phi_1}{2} - \frac{1}{2}\sin^{-1}\left(\frac{m_1}{m_2}\sin\phi_1\right)$$

(b) 입사입자는 양성자, 표적입자는 He 핵이라고 가정하자. 실험실 좌표계에서 $\phi_1 = 30°$로 탄성 산란하는 양성자에 대해, 충돌 후 두 입자 사이의 각도 ψ를 계산하라.

■ 풀이

(a) 입자 2는 실험실 좌표계에서 정지하고 있으므로 질량중심 좌표계에서 속도 $\bar{v}_2$는 v_{cm}과 크기가 같고 방향이 반대이다. 질량중심 좌표계에서 탄성 충돌할 때 운동량과 에너지 보존법칙은 다음과 같다.

$$\bar{\mathbf{p}}_1 + \bar{\mathbf{p}}_2 = \bar{\mathbf{p}}_1' + \bar{\mathbf{p}}_2' = 0$$

$$\frac{\bar{p}_1^2}{2m_1} + \frac{\bar{p}_2^2}{2m_2} = \frac{\bar{p}_1'^2}{2m_1} + \frac{\bar{p}_2'^2}{2m_2}$$

질량중심 좌표계에서 입자 1의 운동량의 크기를 입자 2의 운동량의 크기로 나타내면 다음과 같다.

$$\bar{p}_1 = \bar{p}_2 \qquad \bar{p}_1' = \bar{p}_2'$$

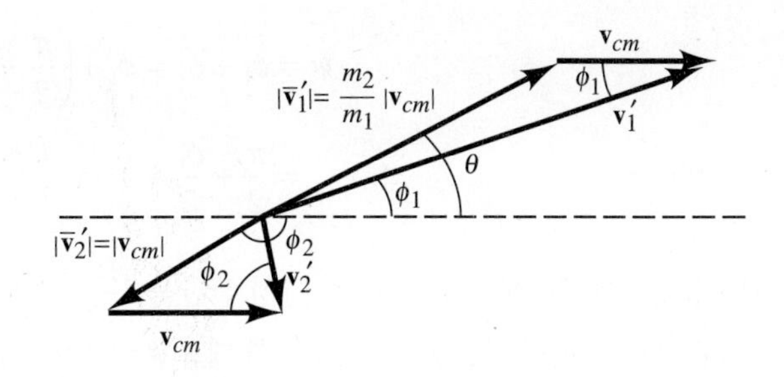

그림 7.6.3 탄성 충돌의 경우 실험실 좌표계와 질량중심 좌표계에서 속도벡터들 사이의 관계

이 식을 에너지 보존식에 대입하면 다음 결과를 얻는다.

$$\frac{\bar{p}_2^2}{2\mu} = \frac{\bar{p}_2'^2}{2\mu} \qquad \mu = \frac{m_1 m_2}{m_1 + m_2}$$

$$\therefore \bar{v}_2' = \bar{v}_2 = v_{cm}$$

따라서 탄성 충돌에서 입자 2의 질량중심 좌표계에서의 속력은 충돌 전후에 같고 이것은 또한 질량중심의 속력과도 같다. 또한 입자 1에 대해서도 질량중심 좌표계에서 충돌 전후에 속력이 같고 운동량 보존 법칙에서 다음 결과를 얻는다.

$$\bar{v}_1' = \bar{v}_1 = \frac{m_2}{m_1}\bar{v}_2' = \frac{m_2}{m_1}v_{cm}$$

탄성 충돌의 경우 실험실 좌표계와 질량중심 좌표계에서의 속도 벡터들 사이의 관계를 보여 주는 그림 7.6.3으로부터 다음을 알 수 있다.

$$\psi = \phi_1 + \phi_2$$
$$2\phi_2 = \pi - \theta$$
$$\phi_2 = \frac{\pi}{2} - \frac{\theta}{2}$$

그림 윗부분의 삼각형에 사인 법칙을 적용하면 다음과 같다.

$$\frac{(m_2/m_1)v_{cm}}{\sin\phi_1} = \frac{v_{cm}}{\sin(\theta - \phi_1)}$$
$$\sin(\theta - \phi_1) = \frac{m_1}{m_2}\sin\phi_1$$
$$\therefore \theta = \phi_1 + \sin^{-1}\left(\frac{m_1}{m_2}\sin\phi_1\right)$$

마지막으로 θ에 대한 식을 위의 ϕ_2에 대한 식에 대입하고 각도 ψ에 대해 풀면 다음 결과를 얻는다.

$$\psi = \phi_1 + \phi_2 = \phi_1 + \left(\frac{\pi}{2} - \frac{\theta}{2}\right)$$
$$= \frac{\pi}{2} + \frac{\phi_1}{2} - \tfrac{1}{2}\sin^{-1}\left(\frac{m_1}{m_2}\sin\phi_1\right)$$

(b) 양성자가 He 핵에 $\phi_1 = 30°$로 탄성 산란을 하는 경우에는 $m_1/m_2 = 0.25$이므로 $\psi \approx 101°$이다. (주의: $m_1 = m_2$인 경우에는 이미 유도한 대로 $\psi = 90°$이다.)

7.7 가변질량 물체의 운동: 로켓 운동

지금까지는 물체가 운동하는 동안 질량이 일정한, 즉 변하지 않는 상황만을 논의해왔다. 하지만 그렇지 않은 경우도 흔하다. 낙하하는 빗방울은 떨어지면서 대기 중에서 미립자의 물방울을 흡수하고 질량이 증가한다. 로켓은 연료를 폭발하다시피 태워서 발생하는 가스를 고속으로 분출함으로써 앞으로 진행한다. 따라서 가속하는 동안 로켓의 질량은 줄어든다. 하여간 다루는 물체의 질량이 계속해서 늘거나 줄어서 결과적으로 운동에 영향을 미친다. 이러한 물체의 운동을 기술하는 일반적인 미분방정식을 유도하고자 한다.

± 부호 때문에 너무 혼동되지 않도록 물체가 움직이면서 질량이 증가하는 경우를 고려하겠다. 이러한 운동방정식은 로켓에도 적응되는데 다만 이 경우에는 질량의 변화율이 음수가 된다. 상대적으로 매우 작은 질량을 갖는 입자가 큰 질량을 갖는 입자에 달라붙어 물체의 질량과 속도를 순간적으로 변화시키는 과정을 고려해보자. 그림 7.7.1에 나타낸 것처럼 충돌직전의 시간 t에서 물체의 질량을 $m(t)$, 속도는 $\mathbf{v}(t)$라 하고 입자의 질량을 Δm, 속도는 $\mathbf{u}(t)$라 하자. 그리고 충돌 후 시간 $t + \Delta t$에서 물체의 질량은 $m(t + \Delta t) = m(t) + \Delta m$이 되고 속도는 $\mathbf{v}(t + \Delta t)$로 바뀐다. 이 짧은 시간 Δt

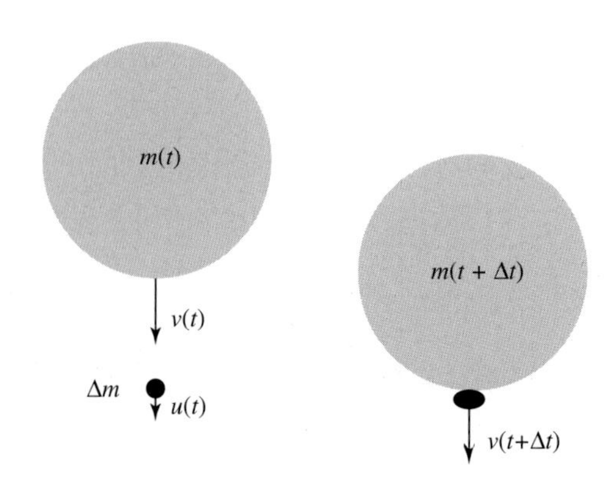

그림 7.7.1 질량 m인 물체가 상대적으로 매우 작은 질량 Δm인 입자와 충돌하여 그 속도와 질량이 변하는 과정

동안 물리계의 선운동량의 변화는 다음과 같다.

$$\Delta\mathbf{p} = \mathbf{p}_{t+\Delta t} - \mathbf{p}_t \tag{7.7.1}$$

이 변화는 충돌 전후의 질량과 속도로 표현할 수 있다.

$$\Delta\mathbf{p} = (m + \Delta m)(\mathbf{v} + \Delta\mathbf{v}) - (m\mathbf{v} + \mathbf{u}\,\Delta m) \tag{7.7.2}$$

m에 대한 Δm의 상대 속도를 $\mathbf{V} = \mathbf{u} - \mathbf{v}$로 나타내면 위의 식은 다음과 같이 쓸 수 있다.

$$\Delta\mathbf{p} = m\,\Delta\mathbf{v} + \Delta m\,\Delta\mathbf{v} - \mathbf{V}\,\Delta m \tag{7.7.3}$$

미분 관계식을 얻기 위해 Δt로 나누면 다음과 같이 된다.

$$\frac{\Delta\mathbf{p}}{\Delta t} = (m + \Delta m)\frac{\Delta\mathbf{v}}{\Delta t} - \mathbf{V}\frac{\Delta m}{\Delta t} \tag{7.7.4}$$

$\Delta t \to 0$의 극한일 때 다음 방정식을 얻는다.

$$\mathbf{F}_{ext} = \dot{\mathbf{p}} = m\dot{\mathbf{v}} - \mathbf{V}\dot{m} \tag{7.7.5}$$

여기서 $\mathbf{F}_{ext}$는 충돌 과정에서 계에 작용하는 전체 외력으로 중력, 공기저항 등일 수 있다. 만약 $\mathbf{F}_{ext} = 0$이면 계의 전체 운동량 $\mathbf{p}$는 변하지 않는다. 어떤 행성이나 별의 중력도 무시될 수 있는, 깊은 우주 속에 놓인 로켓이 이런 경우이다.

이 방정식을 두 가지 특별한 경우에 적용해보자. 첫 번째는 어떤 물체가 안개 속을 움직이면서 질량을 얻는 경우이다. 단, 안개 물방울은 매우 가볍고 대기 중에 그냥 떠 있어 충돌 전 그 속도를 영이라 가정한다. 일반적으로 이런 사실은 아주 훌륭한 근사법이다. 이때 $\mathbf{V} = -\mathbf{v}$이고 다음과 같은 운동방정식이 성립한다.

$$\mathbf{F}_{ext} = m\dot{\mathbf{v}} + \mathbf{v}\dot{m} = \frac{d}{dt}(m\mathbf{v}) \tag{7.7.6}$$

안개방울의 초기속도가 영일 때만 이 방정식은 적용되고 그렇지 않을 경우에는 식 (7.7.5)를 사용해야 한다.

두 번째는 로켓의 문제이다. 로켓은 연료를 분사하기 때문에 질량이 줄어들어서 $\dot{m}$의 부호는 (–)이다. 따라서 식 (7.5,5)에 나오는 $\mathbf{V}\dot{m}$ 항은 로켓의 추진력이라 불리며, 그 방향은 분사되는 연료의 상대 속도인 $\mathbf{V}$와 반대방향이다. 문제를 간단히 하기 위해 중력이나 공기저항 등의 외력이 없는 $\mathbf{F}_{ext} = 0$의 경우에 운동을 생각해보자. 그러면 다음 식을 얻는다.

$$m\dot{\mathbf{v}} = \mathbf{V}\dot{m} \tag{7.7.7}$$

변수를 분리하고 적분하여 **v**를 구하면 다음과 같다.

$$\int d\mathbf{v} = \int \frac{\mathbf{V}\,dm}{m} \tag{7.7.8}$$

V가 일정하다고 가정하면 정적분을 계산하여 질량 m의 함수로서 속력을 얻는다.

$$\begin{aligned} \int_{v_0}^{v} dv &= -V\int_{m_0}^{m} \frac{dm}{m} \\ v &= v_0 + V \ln \frac{m_0}{m} \end{aligned} \tag{7.7.9}$$

여기서 m_0는 연료를 포함한 초기 로켓의 총 질량이고, m은 임의의 순간 질량이며, V는 로켓에 대한 분사연료의 속력이다. 로그 형태로 속도가 증가하기 때문에 위성발사에서 큰 속도를 얻으려면 로켓 적재물에 대한 연료의 질량비가 커야 한다.

예제 7.7.1

케이프 커네버럴에서 인공위성 발사

예제 6.5.3에서 지표면에 가까운 원형 궤도를 도는 인공위성의 속력은 약 8 km/s임을 알았다. 지구의 회전을 유리하게 이용하기 위해 위성은 동쪽으로 발사된다. 적도 부근에서 지표면의 속력 $R_{Earth}\ \omega_{Earth}$는 대략 0.5 km/s이다. 대부분의 로켓연료에서 분사 속력은 2~4 km/s이다. $V = 3$ km/s로 하면 식 (7.7.9)에서 궤도 속력을 얻는 데 필요한 질량비를 구할 수 있다.

$$\frac{m_0}{m} = \exp\left(\frac{v - v_0}{V}\right) = \exp\left(\frac{8.0 - 0.5}{3}\right) = e^{2.5} = 12.2$$

따라서 초기 질량 m_0의 약 8%만이 로켓의 임무수행에 필요한 적재물이 된다.

다단계 로켓

예제 7.7.1에서 비록 중력의 효과나 공기저항 등을 무시하더라도 로켓을 지구 저궤도(LEO: low earth orbit)로 쏘아 올리는 데 아주 많은 연료가 들어간다는 사실을 알았다. 아주 정교하게 만들어진 로켓의 경우 공기 마찰을 상당히 줄일 수 있으므로 공기저항을 무시한다는 가정은 그리 나쁜 근사법은 아니다. 그러나 대부분이 느끼듯이 어떤 물체를 궤도에 올리는 데 중력의 영향은 무시할 수가 없다.

중력의 작용하에서 움직이는 로켓의 운동방정식은 식 (7.7.5)에 의해 다음과 같이 주어진다.

$$m\frac{d\mathbf{v}}{dt} - \mathbf{V}\frac{dm}{dt} = m\mathbf{g} \tag{7.7.10}$$

위쪽 방향을 (+)로 잡고 항을 다시 정리하면 아래와 같이 된다.

$$\frac{dv}{V} = -\frac{dm}{m} - \frac{g}{V}dt \tag{7.7.11}$$

로켓이 발사되려면 위 식의 오른편 첫 번째 항이 두 번째 항보다 커야 한다(여기서 dm은 음수임을 기억하라). 바꾸어 말하자면 로켓은 상당한 양의 물질 dm을 아주 큰 추진 속도 V로 배출해야 한다. 우변 두 번째 항에 나오는 g/V의 역수는 그 로켓의 '우수역량 매개변수(parameter of goodness)'이며, 이를 로켓 엔진의 **비충격량**(specific impulse)[9] τ_s라 한다.

$$\tau_s = \frac{V}{g} \tag{7.7.12}$$

이 양은 시간의 차원을 가지며 그 값은 로켓의 분사속도에 의존한다. 구체적으로 이야기하자면 이 값은 로켓의 연소탱크 내부에서 어떤 열역학이 형성되는가와 로켓연료 분사용 노즐의 생김새에 따라 달라진다. 연료의 빠른 산화작용으로 작동하는 아주 잘 설계된 화학적 로켓은 보통 3,000 m/s 정도의 분사 속도를 갖는데, 이때 연소되는 연료의 평균 분자량은 30 정도이고, $\tau_s = V/g \approx 300$초가 된다.

이제 식 (7.7.11)을 적분하여 로켓이 얻게 되는 최종 속도를 계산한다. 이때 시간 구간은 최종 속도에 이르는 데까지 걸리는 시간 τ_B로 잡는다.

$$\frac{1}{V}\int_0^{v_f} dv = -\int_{m_0}^{m_f}\frac{dm}{m} - \frac{1}{\tau_s}\int_0^{\tau_B} dt \tag{7.7.13a}$$

적분을 완료해주면 다음과 같이 된다.

$$\frac{v_f}{V} = \ln\left[\frac{m_R + m_p + m_F}{m_R + m_p}\right] - \frac{\tau_B}{\tau_s} \tag{7.7.13b}$$

위 식에 나오는 m_R은 로켓의 질량이고, m_p는 화물의 질량이며, m_F는 산화제를 포함한 연료의 질량이다.

식 (7.7.13b)를 풀어 질량비를 구해보면 아래와 같다.

$$\left[\frac{m_R + m_p + m_F}{m_R + m_p}\right] = e^{\left(\frac{\tau_B}{\tau_s} + \frac{v_f}{V}\right)} \tag{7.7.14}$$

9) 비충격량은 연료의 단위 무게당 추진 충격량을 의미한다.

여기서 관심을 가져야 할 부분은 로켓과 화물을 지구 저궤도(LEO)에 올리는 데 필요한 연료가 얼마인가 하는 것이다. 로켓의 최종 속도는 8 km/s이어야 한다. 로켓과 화물에 대한 연료의 질량비를 구해보면 다음과 같다.

$$\frac{m_F}{m_R + m_p} = e^{\left(\frac{v_f}{V} + \frac{\tau_B}{\tau_s}\right)} - 1 \tag{7.7.15}$$

화물을 LEO까지 끌어올리는 데 필요한 로켓 연료의 연소시간은 600초 정도이다. 이 시간을 식 (7.7.15)에 대입하면 그 결과는 다음과 같다.

$$\frac{m_F}{m_R + m_p} = e^{(2.67+2.00)} - 1 \approx 105$$

바꾸어 말하자면 1 kg의 화물을 LEO로 끌어올리는 데 필요한 연료량은 105 kg이라는 뜻이다. 이 비는 일반적으로 요구되는 것보다 훨씬 더 크다. 예를 들어 새턴(Saturn) V의 이륙 질량은 320만 kg인데 이것은 100,000 kg을 LEO로 쏘아 올릴 수 있다. 이것의 비를 구해보면 1 kg의 물체를 들어 올리는 데 32 kg의 연료가 필요하다는 계산이 나온다. 왜 우리 계산에서는 실제보다 3배나 더 많이 나왔을까?

새턴 V는 화물을 LEO로 쏘아 올리기 위해 훨씬 효율적인 2단계 로켓을 사용한다. 1단계용 연료통은 연소를 마치면 떨어져 나간다. 따라서 로켓의 질량이 상당히 감소하므로 전체 연료 소모가 훨씬 줄어드는 것이다. 식 (7.7.14)를 통해 이것이 어떤 역할을 하는지 살펴보자. 여기서 질량비를 μ라 두면

$$\left[\frac{m_R + m_p + m_F}{m_R + m_p}\right] = \mu \tag{7.7.16}$$

여기서 첫 번째 단계의 질량비 μ_1은 두 번째 단계의 질량비와 같고 연소시간 τ_{B1}과 τ_{B2}가 같다고 가정한다면, 각 단계에서 얻게 되는 최종 속도는 식 (7.7.13b)로부터

$$\frac{v_{f1}}{V} = \ln\mu - \frac{\tau_B}{\tau_s} \tag{7.7.17}$$

이고,

$$\frac{v_{f2} - v_{f1}}{V} = \ln\mu - \frac{\tau_B}{\tau_s} \tag{7.7.18}$$

이다. 이들을 v_{f2}에 대해 풀면 다음과 같다.

$$\frac{v_{f2}}{V} = 2\ln\mu - 2\frac{\tau_B}{\tau_s} \tag{7.7.19}$$

이전과 같이 로켓과 화물에 대한 연료의 질량비를 구해보면 아래와 같다.

$$\frac{m_F}{m_R + m_p} = e^{\left[\frac{v_{f2}}{2V} + \frac{\tau_B}{\tau_s}\right]} - 1 \tag{7.7.20}$$

이 식에 수치를 대입하면

$$\frac{m_F}{m_R + m_p} \approx 27 \tag{7.7.21}$$

따라서 2단계 로켓을 사용한다면 1 kg의 질량을 LEO로 올리는 데 단지 27 kg의 연료만이 필요하다. 이 외에도 새턴 V에서 사용한 다단계 로켓을 이용하면 여러 가지 이점이 있다.

이온 로켓

화학 로켓은 로켓의 모터챔버 내에서 연료를 연소시켜 생긴 열에너지를 후반부로 밀어내어 로켓을 앞으로 추진시킨다. 나사(NASA)의 딮 스페이스(Deep Space) I[10] 같은 이온 로켓에서는 제논 기체 원자들이 하나의 가전자를 내어놓고 남은 Xe^+ 이온이 로켓 모터 내부의 전기장에 의해 가속된다. 이렇게 가속된 전자들은 식 (7.7.7)에서 설명한 것과 같은 방법에 의해 로켓에게 앞으로 추진할 수 있는 운동량을 전해준다. 이온 로켓과 화학 로켓 사이에는 두 가지 분명한 차이점이 있다.

- 이온 로켓의 분사 속도는 화학 로켓의 그것보다 10배 정도 커서 식 (7.7.12)와 같이 아주 큰 비충격량을 로켓에서 전달한다.
- 단위 시간당 연소되는 질량 $\dot{m}$은 이온 로켓에서 훨씬 적은데 이 때문에 훨씬 적은 추진력을 사용하게 된다(식 (7.7.7)의 $V\dot{m}$ 항).

비록 이온의 정전기적인 가속이 화학적 폭발에 의한 열적인 가속보다 훨씬 더 효과적이긴 하지만 이런 차이가 생기는 더 근본적인 이유는 분사되는 기체의 밀도보다 이온의 밀도가 훨씬 더 작기 때문이다. 결과는 이온 로켓이 화학적인 로켓보다 훨씬 더 효율적이라는 것인데, 그 이유는 이온 로켓이 원하는 속도로 가속하는 데 훨씬 적은 연료질량을 필요로 하기 때문이다. 화학 로켓에 비해 같은 속도로 가속시키는 데 훨씬 더 많은 시간을 요구한다. 이런 이유 때문에 혜성이나 소행성,

10) 나사의 새천년 프로젝트인 딮 스페이스 I 미션을 보고자 하면 http://nmp.jpl.nasa.gov/dsl/tech/ionpropfaq.html 을 참조하기 바란다.

심지어는 별들을 조사하는 딮 스페이스 미션에는 이온 로켓이 훨씬 더 적당하다. 여기서는 단지 이런 새로운 기술에 의해 어떤 추진 체계가 이루어졌는지만 다루고자 한다.

Xe^+ 이온을 가속시키는 정전기 퍼텐셜 Φ_e는 1,280 V이다. 한 쌍의 몰리브덴 전극을 통과해 0.3 m짜리 추진기에서 이온이 튀어나온다. 정전기 퍼텐셜 에너지 $e\Phi_e$를 잃어버림으로써 대전된 전하는 운동에너지를 얻게 된다는 사실을 염두에 두고 이 이온들의 최대 탈출 속도를 계산해보자. 전기장 내에서 대전된 입자의 정전기 퍼텐셜 에너지는 중력장에 놓인 입자의 중력 퍼텐셜 에너지 $m\Phi$(식 (6.7.6) 참조)와 유사하다. 따라서 다음과 같이 된다.

$$\frac{1}{2}mV^2 = e\Phi_e \tag{7.7.22}$$

여기서 m은 Xe^+ 이온의 질량이다. 탈출 속도 V에 대해 풀면 다음과 같이 되고

$$V = \sqrt{\frac{2e\Phi_e}{m}} \tag{7.7.23}$$

수치 값을 대입하면[11] 다음과 같이 된다.

$$\begin{aligned} m &\approx 131 \text{ AMU} = 131 \times 1.66 \times 10^{-27} \text{ kg} = 2.17 \times 10^{-25} \text{ kg} \\ e &= 1.6 \times 10^{-19} \text{ C} \\ V &= 4.3 \times 10^4 \text{ m/s} \end{aligned} \tag{7.7.24}$$

따라서 이온 로켓의 가능한 최대 비충격량은 아래와 같다.

$$\tau = \frac{V}{g} = \frac{4.3 \times 10^4 \text{ m/s}}{9.8 \text{ m/s}^2} = 4.4 \times 10^3 \text{ s} \tag{7.7.25}$$

사실 딮 스페이스 I의 고유 충격량은 출력 조절에 따라서 1,900초부터 3,200초까지 가변적이다. 여기서 계산한 최대값이란 가능한 최대 출력을 주었을 경우를 말하며 이온을 완벽하게 뒤쪽 방향으로만 분출한다고 가정했을 경우이지만 실제로 이런 일은 불가능하다. 딮 스페이스 I의 비충격량은 새턴 V보다 10배 정도 더 크다.

이제 여전히 출력 효율은 100%라 가정하고 딮 스페이스 I의 추진력을 계산해보자. 딮 스페이스 I의 최대 가능 출력은 $P = 2.5$ kW이다. Xe^+ 이온이 방출되는 비율인 $\dot{N}$은 다음 식으로부터 계산할 수 있다.

$$P = \dot{E} = \dot{N}e\Phi_e \tag{7.7.26}$$

---

11) AMU는 원자 질량 단위(atomic mass unit)로서 1.66×10^{-27} kg이다. 전하의 단위는 쿨롱(C)이다. 전자의 전하량은 -1.6×10^{-19} C이고, 양성자 하나의 전하량은 $+1.6 \times 10^{-19}$ C이다.

$e\Phi_e$가 하나의 이온을 가속하는 데 필요한 퍼텐셜 에너지이므로 출력은 모든 이온을 가속하는 데 필요한 단위 시간당의 퍼텐셜 에너지 손실과 같다. 질량이 방출되는 비율인 $\dot{m}$은 각 이온의 질량에 $\dot{N}$을 곱한 것과 같다. 즉,

$$\dot{m} = m\dot{N} = \frac{mP}{e\Phi_e} = \frac{(2.17\times10^{-25}\ \text{kg})(2500\ \text{J/s})}{(1.6\times10^{-19}\ \text{C})(1280\ \text{V})} = 2.6\times10^{-6}\ \text{kg/s} \tag{7.7.27}$$

여기에 $1\ \text{C}\times1\ \text{V}=1\ \text{J}$의 관계를 이용했다. 이때 로켓의 최대 추진력은 다음과 같다.

$$\text{추진력} = V\dot{m} = (4.3\times10^4\ \text{m/s})(2.6\times10^{-6}\ \text{kg/s}) = 0.114\,\text{N}$$

사실 딥 스페이스 I에서 이루어진 최대 추진력은 0.092 N이다. 이 값을 새턴 V의 추진력과 비교해 볼 수 있을 것이다. 새턴 V는 11,700 kg/s의 비율로 질량을 방출한다. 즉,

$$\frac{\text{추진력(새턴 V)}}{\text{추진력(딥 스페이스 I)}} = \frac{V\dot{m}\text{(새턴 V)}}{V\dot{m}\text{(딥 스페이스 I)}} = \frac{(3000\ \text{m/s})(11{,}700\ \text{kg/s})}{0.092\,\text{N}} = 3.8\times10^8$$

결론적으로 이온 로켓은 화물을 LEO로 올려보내는 데는 적당하지 못하지만 지구로부터 외부 깊은 우주로 서서히 가속하여 항해를 하고자 할 경우에는 적절할 것이다.

연습문제

7.1 단위 질량을 갖는 세 입자로 구성된 물리계가 있다. 이 입자들의 위치와 속도는 다음과 같다.

$$\mathbf{r}_1 = \mathbf{i}+\mathbf{j} \qquad \mathbf{v}_1 = 2\mathbf{i}$$
$$\mathbf{r}_2 = \mathbf{j}+\mathbf{k} \qquad \mathbf{v}_2 = \mathbf{j}$$
$$\mathbf{r}_3 = \mathbf{k} \qquad \mathbf{v}_3 = \mathbf{i}+\mathbf{j}+\mathbf{k}$$

질량중심의 위치와 속도를 구하라. 이 입자계의 선운동량도 계산하라.

7.2 (a) 연습문제 7.1의 입자계에서 운동에너지를 구하라.

(b) $mv_{cm}^2/2$를 계산하라.

(c) 원점에 대한 각운동량을 구하라.

7.3 질량 M인 총에서 질량 m인 탄환이 발사된다. 총이 자유롭게 반동할 수 있고 총구에 대한 탄환의 상대 속도를 v_0라 하면, 지면에 대한 총알의 실제 속도는 $v_0/(1+\gamma)$이고 총의 반동 속도는 $-\gamma v_0/(1+\gamma)$임을 증명하라. 여기서 $\gamma = m/M$이다.

7.4 나무토막이 매끄러운 수평면에 놓여 있다. 수평방향으로 쏜 탄환이 나무토막을 뚫고 나가 원래 속력의 반으로 줄어든다. 마찰열로 잃은 탄환의 운동에너지는 원래 에너지의 $\frac{3}{4}-\frac{1}{4}\gamma$배임을 증명하라. γ

는 나무토막에 대한 탄환의 질량비이며 1보다 작다고 하자.

7.5 포탄이 60°의 각도로 v_0의 초기 속력으로 발사되었다. 포탄이 궤도의 최고지점에 이르렀을 때 포탄은 두 조각의 파편으로 분리되어서 한 조각은 수직 위로 $v_0/2$의 초기속력으로 올라간다. 폭파 직후 다른 조각의 속력과 방향은 어떠한가?

7.6 수평으로 포장된 면에서 높이 h 되는 지점에서 공을 떨어뜨린다. 만일 반발계수를 ϵ이라 한다면, 수평면에서 튕기는 공이 최고높이에 도달하는 거리는 $h(1+\epsilon^2)/(1-\epsilon^2)$임을 증명하라. 또 공이 계속 튕기고 있는 전체 시간을 구하라.

7.7 빙판도로에서 질량 m, 속력 v_0인 소형차가 질량 $4m$, 속력 $v_0/2$인 트럭과 정면충돌을 한다. 충돌에서의 반발계수를 0.25라 한다면 충돌 직후 두 차의 속력과 방향을 계산하라.

7.8 2입자계의 운동에너지는 $\frac{1}{2}mv_{cm}^2 + \frac{1}{2}\mu v^2$임을 증명하라. $m = m_1 + m_2$이고 v는 상대속력, μ는 환산질량이다.

7.9 두 물체가 정면충돌을 할 때 운동에너지의 손실은 다음과 같음을 증명하라.

$$\frac{1}{2}\mu v^2(1-\epsilon^2)$$

여기서 μ는 환산질량, v는 충돌 직전의 상대속력, ϵ은 반발계수이다.

7.10 질량 m_1인 움직이는 입자가 정지상태에 있는 질량 m_2의 표적입자와 탄성충돌을 한다. 정면충돌을 한다고 가정하면 입사입자는 원래 에너지의 $4\mu/m$배만큼 에너지를 잃음을 증명하라. 여기서 μ는 환산질량이고, $m = m_1 + m_2$이다.

7.11 2입자계의 각운동량은 다음과 같음을 증명하라.

$$\mathbf{r}_{cm} \times m\mathbf{v}_{cm} + \mathbf{R} \times \mu\mathbf{v}$$

여기서 $m = m_1 + m_2$, μ는 환산질량, 그리고 $\mathbf{R}$은 상대적인 위치벡터이고, $\mathbf{v}$는 두 입자 사이의 상대속도이다.

7.12 밝은 행성과 블랙홀로 구성되었다고 추측되는 시그너스 X-1 쌍성의 주기는 5.6일이다. 눈에 보이는 행성의 질량은 20 $M_\odot$, 블랙홀의 질량은 16 $M_\odot$이라 하면 보이는 행성에 대한 블랙홀 궤도의 장반경은 지구부터 태양까지 거리의 약 1/5임을 증명하라.

7.13 (a) 제한된 3입자계에 관한 7.4절의 좌표 규약을 사용하여 라그랑주 극점 L_4, L_5의 좌표 (x', y')을 구하라.

(b) 유효 퍼텐셜 함수 $\Phi(x', y')$의 기울기는 L_4과 L_5에서 영임을 증명하라.

7.14 질량 m_p, 초기속도 $\mathbf{v}_0$인 양성자가 정지상태에 있던 질량 $4m_p$인 He 원자와 충돌한다. 만일 양성자가 원래의 입사방향에서 45°의 방향으로 산란된다면 각 입자의 최종속도를 구하라. 완전 탄성충돌이라

가정한다.

7.15 연습문제 7.14에서 비탄성 충돌이고 Q가 양성자 초기 에너지의 1/4이라 가정하고 문제를 풀어라.

7.16 연습문제 7.14에서 질량중심 좌표계에서의 양성자 산란각을 구하라.

7.17 연습문제 7.15에서 질량중심 좌표계에서의 양성자 산란각을 구하라.

7.18 질량 m, 운동량 p_1인 입자가 같은 질량의 정지상태에 있는 입자와 충돌한다. 충돌 후 두 입자의 운동량을 각각 p_1', p_2'이라 한다면 충돌로 인한 에너지 손실은 다음과 같음을 증명하라.

$$Q = \frac{p_1' p_2'}{m} \cos\psi$$

여기서 ψ는 충돌 후 두 입자의 진행방향 사이의 각도이다.

7.19 질량 m_1, 초기 운동에너지 T_1인 입자가 정지해 있는 질량 m_2인 입자와 탄성충돌한다. m_1 입자는 그림 7.6.1과 같이 ϕ_1 각도 방향으로 T_1'의 운동에너지를 가지고 진행한다. $\alpha = m_2/m_1 \geq 1$, $\gamma = \cos\phi_1$이라 하면 m_1 입자가 잃은 운동에너지 비율 $\Delta T_1/T_1 = (T_1 - T_1')/T_1$은 다음과 같음을 증명하라.

$$\frac{\Delta T_1}{T_1} = \frac{2}{1+\alpha} - \frac{2\gamma}{(1+\alpha)^2}\left(\gamma + \sqrt{\alpha^2 + \gamma^2 - 1}\right)$$

7.20 식 (7.6.18)을 유도하라.

7.21 연습문제 7.19에서 설명한 것과 같이 질량이 m_1인 입자가 정지상태에 있던 질량 m_2와 탄성 산란을 한다. 산란하는 입자가 충돌 지점에서 곡선상의 어느 점까지든지 그 도달 시간이 일정한 함수 $r(\phi_1)$을 구하라.

7.22 균일한 체인이 책상 위에 늘어져 있다. 체인의 한 끝을 수직으로 등속도 v로 들어 올리면 체인의 다른 끝에서 위로 당기는 힘은 길이가 $z + (v^2/g)$인 체인의 무게와 같음을 증명하라. z는 직선 상태일 때 체인의 길이이다.

7.23 낙하하면서 습기를 흡수하는 물방울에 관한 운동방정식을 구하라. 물방울은 구형을 유지하고 첨가되는 습기의 질량 증가율은 물방울의 단면적과 낙하 속도의 곱에 비례한다고 가정하라. 만일 물방울이 정지상태에서 아주 작은 크기로 낙하하기 시작한다면 가속도는 일정하고 $g/7$임을 증명하라.

7.24 길이 a인 무거운 체인이 책상 끝에 길이 b인 부분만큼 아래로 늘어져 있다. 나머지 길이 $a-b$인 부분은 책상 끝에 돌돌 말려 있다. 체인을 놓으면 체인의 마지막 부분이 책상을 떠날 때의 속력은 $[2g(a^3 - b^3)/3a^2]^{1/2}$임을 증명하라.

7.25 질량 m_0인 모래주머니를 매달고 있는 질량이 M인 풍선에 더운 공기를 채워서 지면에서 살짝 뜰 정도의 부력이 생기게 했다. 그리고 모래를 일정한 비율로 방출하여 t_0시간 동안에 모두 내보낸다. 모래가 다 없어졌을 때 풍선의 (a) 높이와 (b) 속도를 구하라. 부력은 일정하고 공기저항은 없다고 가정한다. (c) $\epsilon = m_0/M$이 매우 작다고 가정하고 위의 (a), (b) 두 문제의 풀이를 ϵ의 멱급수로 전개하라. (d) $M =$

500 kg, $m_0 = 10$ kg, $t_0 = 100$초라 하고 문제 (c)에서의 급수 전개를 1차 항까지만 사용하여 모래가 다 없어진 순간 높이와 속도의 값을 계산하라.

7.26 전체 질량 m_0인 로켓의 연료 질량은 $\epsilon m_0 (0 < \epsilon < 1)$이다. 점화 당시 연료는 일정한 질량 비율 k로 로켓에 대한 상대속력 V로 분사한다고 하자. 로켓은 무중력 상태에 있다고 가정하자.

(a) 연료를 모두 태웠을 때 로켓이 진행한 거리를 계산하라.

(b) 로켓이 정지상태에서 출발했다고 가정하고 연료 분사 기간 동안 진행할 수 있는 최대거리는 얼마인가?

7.27 중력가속도 g가 일정하다고 가정하고 수직 위로 발사한 로켓의 운동방정식을 구하라. 분사기체의 속력을 kv_e(v_e는 지구로부터의 탈출 속도, k는 상수), 연료의 연소율은 $|\dot{m}|$이라 할 때 탈출 속력을 얻으려면 적재물에 대한 연료의 질량 비가 얼마나 되겠는가? $k = 0.25$, $|\dot{m}|$이 매 초당 연료 질량의 1%라 할 때 연료/적재물의 질량비를 수치적으로 계산하라.

7.28 대기 중을 진행하는 로켓은 선형 공기저항 $-k\mathbf{v}$를 받는다. 다른 외력을 무시할 때 이 로켓의 운동방정식을 구하라. 방정식을 적분한 뒤 로켓이 정지상태에서 출발했다면 최종속력은 $v = V\alpha[1 - (m/m_0)^{1/\alpha}]$임을 증명하라. 여기서 V는 분사연료의 상대속력, $\alpha = |\dot{m}/k| =$ 상수, m_0는 초기의 로켓 + 연료의 질량, m은 마지막에 남은 로켓의 질량이다.

7.29 알파 켄타우리(Alpha Centauri)는 지구로부터 4광년가량 떨어진 가장 가까운 성단이다. 이 알파 켄타우리로 여행하기 위해 이온 로켓을 설계한다고 가정하자. 이온 소모 속도는 광속의 1/10이라 가정하자. 연료의 초기 질량은 로켓 질량을 무시했을 때 화물의 두 배라 가정한다. 또한 로켓의 모든 연료를 연소하는 데 걸리는 시간은 100시간이라 하자. 알파 켄타우리에 로켓이 도달하는 데 걸리는 시간은 얼마인가? (속력은 충분히 작으므로 특수 상대성 이론의 효과는 무시할 수 있다고 한다.)

7.30 연습문제 7.29에서 다른 이온 로켓을 생각하자. 이 로켓을 연료 소모 속도가 3 km/s인 화학 로켓과 비교해보자. 이온 로켓의 경우 1 kg의 연료로 1 kg의 화물을 최종 속도 v_f에 도달하게 만든다. 화학 로켓을 이용하는 경우 얼마 정도의 연료가 있어야 이온 로켓과 같은 조건을 얻을 수 있는가? (모든 경우 로켓의 무게는 무시하라.)

컴퓨터 응용 문제

C7.1 질량이 같은($m_1 = m_2 = 1$ kg) 두 입자가 다음과 같이 크기가 같고 방향이 반대인 힘으로 서로 밀어낸다고 하자.

$$\mathbf{F}_{12} = k\frac{b^2}{r^2}\mathbf{r}_{12} = -\mathbf{F}_{21}$$

여기서 $b = 1$ m, $k = 1$ N이다. m_1, m_2 입자의 초기 위치는 각각 $(x_1, y_1)_0 = (-10, 0.5)$ m와 $(x_2, y_2)_0 = (0,$

-0.5) m이다. m_1 입자의 초기 속도는 $+x$방향으로 10 m/s이고, m_2 입자는 정지상태에 있다. 2차원 '충돌'을 하는 이들의 운동방정식을 적분해서 풀어라.

(a) 입자들 사이의 거리가 10 m 될 때까지 궤도를 그려라.

(b) 입사입자의 산란각과 표적입자의 반동각을 구하라. 이 두 각도의 합이 90°가 되는가?

(c) 입자들의 최종 운동량의 합은 얼마인가? 결과는 입사입자의 선운동량과 같은가?

C7.2 제한된 3입자계의 라그랑주 극점 L_4의 좌표 (x', y')을 Mathematica의 *FindMinimum* 함수 프로그램 등을 사용하여 찾아라. 연습문제 7.13에서는 가정했을지 모르지만 여기서는 두 개의 극점을 윗변의 양 끝으로 하는 이등변 삼각형의 한쪽 구석에 L_4가 있다고는 가정하지 마라. 그러나 짐작이 가는 위치 부근에서 L_4의 좌표 탐색을 시작해야 한다.

C7.3 새로 만든 실험용 로켓의 질량은 화물을 포함하여 2×10^6 kg이고 그중 90%가 연료이다. 연료는 18,000 kg/s의 일정한 비율로 연소하며 배출기체의 속력은 3000 m/s이다. 로켓은 수직 위로 발사되었다. 지구의 회전은 무시한다.

(a) 공기저항을 무시하고 중력가속도 g는 일정하다고 가정하여 로켓이 도달하는 최고높이를 계산하라.

(b) 이번에는 공기의 저항과 고도에 따른 g의 변화를 고려하여 최고높이를 계산하라. 로켓 표면의 공기저항은 지름 0.5 m의 구가 받는 공기저항과 같고 그 저항은 제곱형이라 가정하자.

$$F(v) = -c_2 v\,|v|$$

지표면에서 고도 y인 지점에서는 c_2가 다음과 같다고 가정하라.

$$c_2(y) = c_2(0)\ \exp^{-y/H}$$

여기서 $c_2(0) = 0.22\ \mathrm{D}^2$은 2장에서 언급한 바와 같다. $H(= 8\ \mathrm{km})$는 대기권의 고도이며 고도에 따른 g의 변화는 컴퓨터 응용 문제 C2.1에서처럼 다음과 같다.

$$g(y) = \frac{9.8}{(1 + y/R_E)^2}\ \mathrm{m/s^2}$$

제 8 장

강체 역학: 평면형 운동

"중력 중심은 무거운 고체의 좀 더 제한적인 개념인 반면 관성 중심은 고체가 받는 힘을 무시한 관성만으로 정의된다. 오일러도 관성 모멘트를 정의하고(호이겐스가 생각 못했던 개념이고 역학의 언어를 상당히 간략화함) 균일한 물체에 대해 모멘트를 계산한다."

– 르네 뒤가, 『A History of Mechanics』(1955)

강체(剛體, rigid body)는 상대적인 위치가 고정되거나 어느 두 입자 사이의 거리가 항상 일정한 입자계라고 생각할 수 있다. 이러한 강체의 정의는 이상적이다. 우선 입자의 정의에서 지적했듯이 진정한 의미의 입자는 자연계에 존재하지 않는다. 또 실제의 물체는 엄밀한 의미에서 강체라고 할 수도 없다. 잡아당기거나 압축하거나 굽히거나 외부에서 힘을 가하면 정도의 차이는 있더라도 모두 변형된다. 그렇지만 당분간 이러한 현상은 무시하겠다. 이 장에서는 회전축의 방향이 바뀌지 않는 강체 운동을 공부한다. 더 자세한 경우는 다음 장에서 다룰 것이다.

8.1 강체의 질량중심

우리는 이미 7.1절에서 입자계의 질량중심을 다음의 점 (x_{cm}, y_{cm}, z_{cm})으로 정의했다.

$$x_{cm} = \frac{\sum_i x_i m_i}{\sum m_i} \qquad y_{cm} = \frac{\sum_i y_i m_i}{\sum m_i} \qquad z_{cm} = \frac{\sum_i z_i m_i}{\sum m_i} \tag{8.1.1}$$

강체의 경우에는 합을 강체의 부피에 대한 적분으로 바꾸면 된다.

$$x_{cm} = \frac{\int_v \rho x\, dv}{\int_v \rho\, dv} \qquad y_{cm} = \frac{\int_v \rho y\, dv}{\int_v \rho\, dv} \qquad z_{cm} = \frac{\int_v \rho z\, dv}{\int_v \rho\, dv} \tag{8.1.2}$$

여기서 ρ는 질량이고, dv는 체적요소이다.

만일 강체가 얇은 껍질 모양을 하고 있다면 그 질량중심은 다음과 같다.

$$x_{cm} = \frac{\int_s \rho x\, ds}{\int_s \rho\, ds} \qquad y_{cm} = \frac{\int_s \rho y\, ds}{\int_s \rho\, ds} \qquad z_{cm} = \frac{\int_s \rho z\, ds}{\int_s \rho\, ds} \tag{8.1.3}$$

ds는 면적요소, ρ는 단위 면적당 질량이고, 적분은 강체의 전체 면적에 대해서 수행한다.

마찬가지로 강체가 가는 줄의 형태이면 질량중심은

$$x_{cm} = \frac{\int_l \rho x\, dl}{\int_l \rho\, dl} \qquad y_{cm} = \frac{\int_l \rho y\, dl}{\int_l \rho\, dl} \qquad z_{cm} = \frac{\int_l \rho z\, dl}{\int_l \rho\, dl} \tag{8.1.4}$$

와 같으며, 이때 ρ는 단위 길이당 질량이고 dl은 길이요소이다.

균일한 물질이 고르게 분포한 강체에서 밀도 ρ는 상수이므로 위의 공식에서 서로 상쇄된다.

만일 강체가 여러 강체의 복합체로 되어 있고 각 부분의 질량중심을 안다면 질량중심의 정의에서

$$x_{cm} = \frac{x_1 m_1 + x_2 m_2 + \cdots}{m_1 + m_2 + \cdots} \tag{8.1.5}$$

로 쓸 수 있으며 y_{cm}, z_{cm}에 대해서도 같은 방법으로 쓸 수 있다. 여기서 (x_1, y_1, z_1)은 질량이 m_1인 강체 부분의 질량중심이고, 나머지도 마찬가지 방법으로 구해진다.

대칭성 고려

강체에 대칭성이 있을 때는 대칭성을 이용해서 질량중심을 구할 수 있다. 따라서 강체가 대칭을 가진다면, 즉 어떤 평면에 대한 질량 m_i의 거울 대칭(mirror image) m_i'가 모든 입자에 대해 존재한다면 질량의 중심은 이 평면 안에 있다. 이를 증명하기 위해서 xy평면이 대칭 평면이라고 가정하면 다음과 같다.

$$z_{cm} = \frac{\sum_i (z_i m_i + z_i' m_i')}{\sum_i (m_i + m_i')} \tag{8.1.6}$$

그러나 $m_i = m_i'$이고 $z_i = -z_i'$이므로 분자의 합은 짝을 이루어서 서로 상쇄되어 $z_{cm} = 0$이다. 그러므로 질량중심은 xy 평면에 놓여 있다.

마찬가지로 강체가 선 대칭성을 가지면 질량중심은 그 직선상에 있다. 증명은 연습문제로 남겨 두겠다.

고체 반구

반지름 a인 균일한 고체 반구(半球, solid hemisphere)의 질량중심을 구하려면, 질량중심은 면에 수직인 반지름상에 놓여 있음을 대칭성에 의해 먼저 알아야 한다. 그림 8.1.1에 보이는 바와 같이 좌표축을 택하면 질량중심은 z축 위에 있다. z_{cm}을 계산하려면 반지름 $(a^2 - z^2)^{1/2}$이고 두께 dz인 원형 체적요소를 다음과 같이 두어야 한다.

$$dv = \pi(a^2 - z^2)dz \tag{8.1.7}$$

따라서 질량중심 z_{cm}은 다음과 같다.

$$z_{cm} = \frac{\int_0^a \rho\pi z(a^2 - z^2)dz}{\int_0^a \rho\pi(a^2 - z^2)dz} = \frac{3}{8}a \tag{8.1.8}$$

반구 껍질

반지름 a인 반구 껍질(hemispherical shell)에 대해서 그림 8.1.1의 축을 사용한다. 이번에도 대칭 논리에 의해 질량중심은 z축상에 있다. 두께가 $dl = ad\theta$인 원형 띠를 면적요소 ds로 택하면

$$ds = 2\pi r\,dl = 2\pi(a^2 - z^2)^{1/2}a\,d\theta$$
$$\theta = \sin^{-1}\left(\frac{z}{a}\right) \qquad d\theta = (a^2 - z^2)^{-1/2}dz \tag{8.1.9}$$
$$\therefore ds = 2\pi a\,dz$$

그림 8.1.1 반구의 질량중심 계산용 좌표계

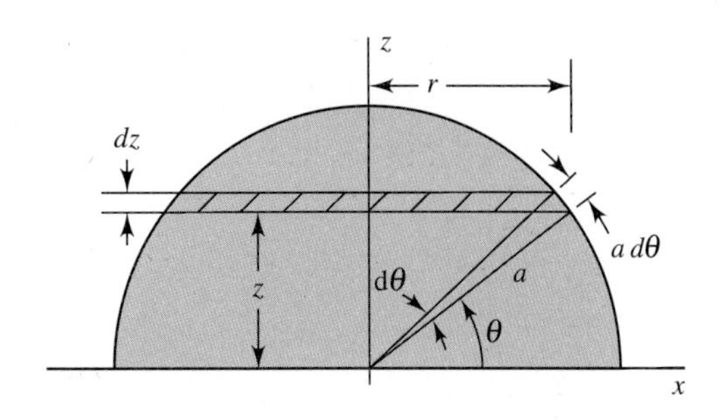

이 되고, 질량중심은 다음과 같다.

$$z_{cm} = \frac{\int_0^a \rho 2\pi az\, dz}{\int_0^a \rho 2\pi a\, dz} = \frac{1}{2}a \tag{8.1.10}$$

반원

반지름 a인 반원(半圓, semicircle) 모양으로 구부린 가는 줄의 질량중심을 찾기 위해서 그림 8.1.2에 보이는 축과 좌표를 사용한다. 그러면

$$dl = a\, d\theta \tag{8.1.11}$$

이고

$$z = a \sin\theta \tag{8.1.12}$$

이므로, 다음 값을 얻는다.

$$z_{cm} = \frac{\int_0^\pi \rho(a \sin\theta)a\, d\theta}{\int_0^\pi \rho a\, d\theta} = \frac{2a}{\pi} \tag{8.1.13}$$

반 원반

균일한 반 원반(半圓盤, semicircular lamina)의 경우에 질량중심은 z축상에 있으며 다음과 같은 값임을 유도하는 것은 연습문제로 남기겠다(그림 8.1.2 참조).

$$z_{cm} = \frac{4a}{3\pi} \tag{8.1.14}$$

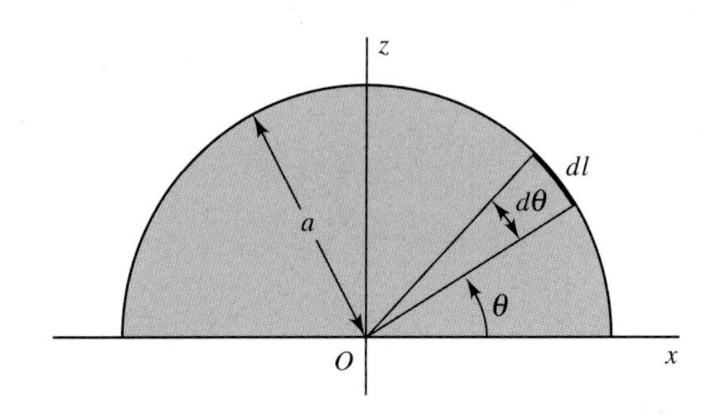

그림 8.1.2 반원 모양으로 구부린 가는 줄의 질량중심 계산

가변밀도를 갖는 원뿔: 수치 적분

물체의 밀도가 일정하지 않을 때 질량중심을 구해야 하는 경우도 있다. 이럴 때는 수치 적분에 의존해야 한다. 그 예로서 해석적으로도 풀 수 있고 수치적으로도 풀 수 있는 적당히 복잡한 경우를 다루고자 한다. Mathematica 같은 프로그램을 쓰면 얼마나 손쉽게 풀 수 있는지를 알게 될 것이다.

그림 8.1.3에 보이듯이 곡면 $z^2 = x^2 + y^2$과 평면 $z = 1$로 둘러싸인 원뿔을 생각하자. 질량밀도는 다음과 같다고 가정하자.

$$\rho(x, y, z) = \sqrt{x^2 + y^2} \tag{8.1.15}$$

질량중심은 식 (8.1.2)의 적분을 계산해서 얻을 수 있다. 우선 원뿔의 질량은 다음과 같다.

$$M = \int_{-1}^{1} \int_{-\sqrt{1-x^2}}^{\sqrt{1-x^2}} \int_{\sqrt{x^2+y^2}}^{1} \sqrt{x^2 + y^2}\; dz\, dy\, dx \tag{8.1.16}$$

적분할 때 y 적분의 한계는 x의 함수, z 적분의 한계는 x, y의 함수임에 유의하라. 그러나 적분이 x축과 y축에 대칭이므로 다음과 같이 간단해진다.

$$M = 4\int_{0}^{1} \int_{0}^{\sqrt{1-x^2}} \int_{\sqrt{x^2+y^2}}^{1} \sqrt{x^2 + y^2}\; dz\, dy\, dx \tag{8.1.17}$$

각 성분에 대한 모멘트를 계산하면 다음과 같다.

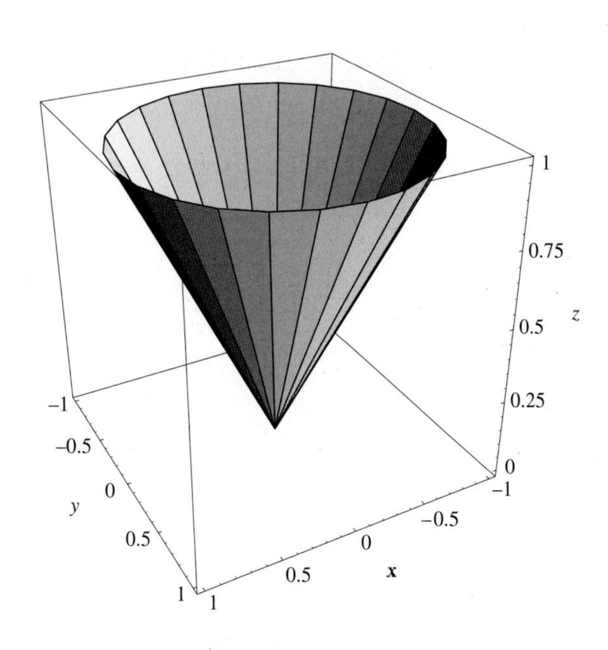

그림 8.1.3 곡면 $z^2 = x^2 + y^2$과 평면 $z = 1$로 둘러싸인 원뿔

$$M_{yz} = \int_{-1}^{1}\int_{-\sqrt{1-x^2}}^{\sqrt{1-x^2}}\int_{\sqrt{x^2+y^2}}^{1} x\sqrt{x^2+y^2}\; dz\,dy\,dx \tag{8.1.18a}$$

$$M_{xz} = \int_{-1}^{1}\int_{-\sqrt{1-x^2}}^{\sqrt{1-x^2}}\int_{\sqrt{x^2+y^2}}^{1} y\sqrt{x^2+y^2}\; dz\,dy\,dx \tag{8.1.18b}$$

$$M_{xy} = \int_{-1}^{1}\int_{-\sqrt{1-x^2}}^{\sqrt{1-x^2}}\int_{\sqrt{x^2+y^2}}^{1} z\sqrt{x^2+y^2}\; dz\,dy\,dx \tag{8.1.18c}$$

그러므로 질량중심의 좌표는 다음을 계산해서 얻을 수 있다.

$$(x_{cm}, y_{cm}, z_{cm}) = \left(\frac{M_{yz}}{M}, \frac{M_{xz}}{M}, \frac{M_{xy}}{M}\right) \tag{8.1.19}$$

질량 분포가 yz, xz평면에 대해 대칭이므로 x, y축에 대한 1차모멘트는 영이 되어야 한다. 식 (8.1.18a, b)는 기함수에 대한 적분이기에 이것이 성립한다는 것을 알 수 있다. 그러므로 남는 것은 식 (8.1.17)과 식 (8.1.18c)뿐이다.

수치 적분은 Mathematica의 *NIntegrate* 함수를 사용하면 된다. 3차원 적분을 위해 이 함수를 불러내는 방법은 다음과 같다.

$$M(M_{xy}) = NIntegrate\,[Integrand, \{x, x_{min}, x_{max}\}, \{y, y_{min}, y_{max}\}, \{z, z_{min}, z_{max}\}]$$

여기서 M이나 M_{xy}에 대한 개별 변수들의 수치 값은 적절하고 자명해야 한다. 계산을 수행하면 $M = 0.523599$, $M_{xy} = 0.418888$을 얻어 질량중심의 좌표를 다음과 같이 구할 수 있다.

$$(x_{cm}, y_{cm}, z_{cm}) = (0, 0, 0.800017) \tag{8.1.20}$$

이 문제는 해석적으로도 풀 수 있는데 학생들에게 도전 과제로 남기겠다.

8.2 고정축에 대한 강체의 회전: 관성모멘트

강체의 운동 중 병진운동 다음으로 가장 간단한 것은 강체가 고정축 주위로 회전하는 것이다. 그 회전축을 좌표계의 z축으로 택하면 (x_i, y_i, z_i)에 위치한 입자 m_i의 경로는 z축에 중심을 두고 반지름이 $(x_i^2 + y_i^2)^{1/2} = r_i$인 원주가 된다. 그림 8.2.1은 xy평면에 나타낸 강체의 단면을 보여준다.

회전 각속력을 ω라 하면 이는 모든 입자에 대해 동일하므로 입자 i의 속력 v_i는 다음과 같다.

$$v_i = r_i\omega = \left(x_i^2 + y_i^2\right)^{1/2}\omega \tag{8.2.1}$$

그림 8.2.1에서 속도의 성분은 다음과 같다.

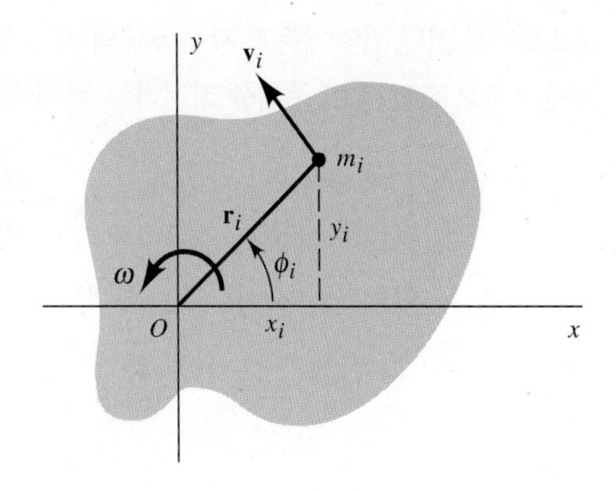

그림 8.2.1 z축 주위로 회전하는 강체의 xy평면도.

$$\begin{aligned}\dot{x}_i &= -v_i \sin\phi_i = -\omega y_i \\ \dot{y}_i &= v_i \cos\phi_i = \omega x_i \\ \dot{z}_i &= 0\end{aligned} \tag{8.2.2}$$

여기서 각도 ϕ_i는 그림 8.2.1에서 보이는 바와 같이 정의된다. 방정식 (8.2.2)는 $\boldsymbol{\omega} = \mathbf{k}\omega$로 놓고 다음 식의 성분들을 택해서도 구할 수 있다.

$$\mathbf{v}_i = \boldsymbol{\omega} \times \mathbf{r}_i \tag{8.2.3}$$

이번에는 강체의 회전 운동에너지를 계산하면 다음을 얻는데

$$T_{rot} = \sum_i \tfrac{1}{2} m_i v_i^2 = \tfrac{1}{2}\left(\sum_i m_i r_i^2\right)\omega^2 = \tfrac{1}{2} I_z \omega^2 \tag{8.2.4}$$

여기서 I_z는 아래와 같이 정의되는 z축에 관한 **관성 모멘트**(moment of inertia)이다.

$$I_z = \sum_i m_i r_i^2 = \sum_i m_i \left(x_i^2 + y_i^2\right) \tag{8.2.5}$$

관성모멘트의 역할을 알기 위해 회전축에 대한 각운동량을 계산해보자. 개별 입자의 각운동량은 $\mathbf{r}_i \times m_i \mathbf{v}_i$로 정의되므로 그 z 성분은 식 (8.2.2)를 참고하여 다음과 같다.

$$m_i(x_i \dot{y}_i - y_i \dot{x}_i) = m_i\left(x_i^2 + y_i^2\right)\omega = m_i r_i^2 \omega \tag{8.2.6}$$

전체 각운동량의 z 성분을 L_z라 하면 이는 개별 각운동량의 z 성분을 더해서 얻을 수 있다. 즉,

$$L_z = \sum_i m_i r_i^2 \omega = I_z \omega \tag{8.2.7}$$

7.2절에서 어떤 입자계든지 각운동량의 시간 변화율은 외력의 전체 모멘트와 같음을 배웠다. 고정축을 z축으로 잡고 이 주위를 회전하는 물체에 대해서는 다음이 성립한다.

$$N_z = \frac{dL_z}{dt} = \frac{d(I_z\omega)}{dt} \tag{8.2.8}$$

여기서 N_z는 $\mathbf{N}$의 z 성분이며, 이는 회전축에 작용하는 모든 작용력에 대한 총 모멘트이다. 강체의 경우 I_z는 상수이므로 다음과 같이 쓸 수 있다.

$$N_z = I_z \frac{d\omega}{dt} \tag{8.2.9}$$

순수한 병진운동과 고정축에 대한 회전운동을 비교해보면 아래 표와 같다.

x축 방향 병진운동		**z축 주위 회전운동**	
선운동량	$p_x = mv_x$	각운동량	$L_z = I_z\omega$
힘	$F_x = m\dot{v}_x$	토크	$N_z = I_z\dot{\omega}$
운동에너지	$T = \frac{1}{2}mv^2$	운동에너지	$T_{rot} = \frac{1}{2}I_z\omega^2$

따라서 관성모멘트는 질량과 비슷한 역할을 한다; 질량이 물체의 병진 관성의 척도인 것처럼 관성모멘트는 물체의 회전관성의 척도이다.

8.3 관성모멘트의 계산

강체의 관성모멘트 $\Sigma\, m_i r_i^2$을 실제로 계산할 때는 질량중심을 계산할 때 한 것처럼 합 기호를 적분으로 바꾸어서 다음과 같이 쓸 수 있다.

$$I = \int r^2 dm \tag{8.3.1}$$

여기서 질량요소 dm은 밀도와 체적요소, 면적요소, 길이요소 등 적당한 미분과의 곱이다. 이 적분에 나오는 r은 질량요소에서 회전축까지의 수직거리임을 유의해야 한다.[1)]

여러 부분으로 구성된 복합강체의 경우에는 관성모멘트의 정의에서 다음과 같이 쓸 수 있다.

$$I = I_1 + I_2 + \cdots \tag{8.3.2}$$

---

1) 9장에서 강체의 3차원 회전을 다룰 때, 즉 운동하면서 방향이 변하는 회전축에 대한 관성모멘트를 구할 때도 이 수직거리에 유의해야 한다.

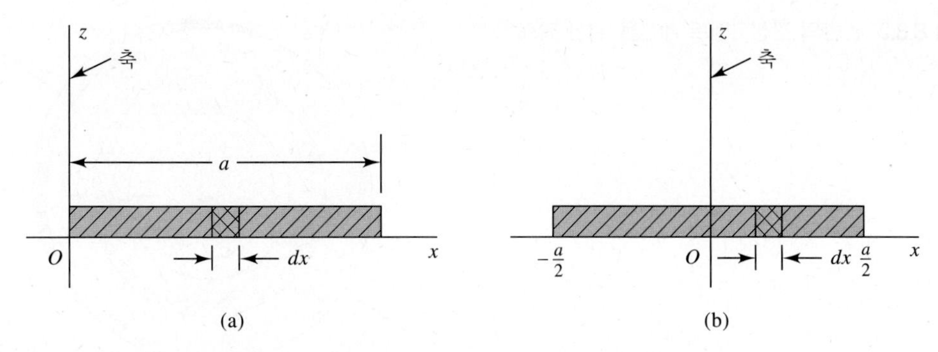

그림 8.3.1 막대의 (a) 한끝과 (b) 중심을 지나는 축에 대한 관성모멘트를 계산하기 위한 좌표

여기서 I_1, I_2 등은 고정축에 대한 강체의 개별 부분의 관성모멘트이다.

중요한 몇 가지 경우에 대한 관성모멘트를 계산해보자.

가느다란 막대

그림 8.3.1(a)에 나타낸 길이 a, 질량 m인 가늘고 균일한 막대 한끝에 수직인 축에 대한 관성모멘트는 다음과 같다.

$$I_z = \int_0^a x^2 \rho dx = \frac{1}{3}\rho a^3 = \frac{1}{3}ma^2 \tag{8.3.3}$$

마지막 식에서 $m = \rho a$를 사용했다.

그림 8.3.1(b)처럼 막대의 중심을 지나는 수직축에 대해서는 다음 결과를 얻는다.

$$I_z = \int_{-a/2}^{a/2} x^2 \rho\, dx = \frac{1}{12}\rho a^3 = \frac{1}{12}ma^2 \tag{8.3.4}$$

원형 고리, 원통형 껍질

가느다란 원형 고리 또는 얇은 원통형 껍질의 중심을 지나는 대칭축에 대해 모든 입자는 같은 거리에 놓여 있다. 이때 반지름을 a, 질량을 m이라 하면 관성모멘트는 다음과 같다.

$$I_{axis} = ma^2 \tag{8.3.5}$$

원반, 원통

반지름 a, 질량 m인 균질한 원반의 관성모멘트를 계산하기 위해서 극좌표를 사용한다. 반지름 r, 두께 dr인 가는 고리의 질량요소는 다음과 같다.

그림 8.3.2 원반의 관성모멘트 계산을 위한 좌표

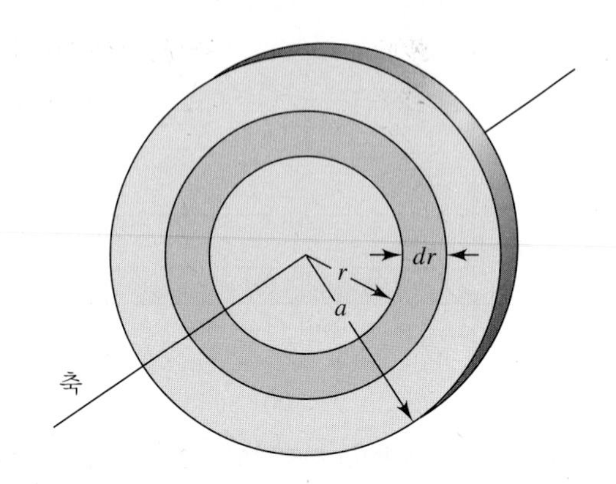

$$dm = \rho 2\pi r\, dr \tag{8.3.6}$$

여기서 ρ는 단위 면적당 질량이다. 원반의 중심을 지나고 이에 수직인 축에 대한 관성모멘트는 다음과 같다(그림 8.3.2 참조).

$$I_{axis} = \int_0^a r^2 \rho\, 2\pi r\, dr = 2\pi\rho \frac{a^4}{4} = \tfrac{1}{2} ma^2 \tag{8.3.7}$$

위 식의 마지막 단계에서는 $m = \rho\pi a^2$을 사용했다.

식 (8.3.7)은 반지름 a, 질량 m인 균일한 원통에도 적용된다.

구

이번에는 반지름 a, 질량 m인 속이 꽉찬 균일한 구의 중심을 지나는 축에 대한 관성모멘트를 구해보자. 그림 8.3.3에서처럼 구를 얇은 원반들로 나눈다.

반지름 y인 각 원반은 식 (8.3.7)에서 $\frac{1}{2}y^2 dm$의 관성모멘트를 갖고 있는데 $dm = \rho\pi y^2\, dz$이므로 다음을 얻는다.

$$I_z = \int_{-a}^{a} \tfrac{1}{2}\pi\rho y^4\, dz = \int_{-a}^{a} \tfrac{1}{2}\pi\rho(a^2 - z^2)^2\, dz = \tfrac{8}{15}\pi\rho a^5 \tag{8.3.8}$$

위 식의 마지막 단계 계산은 학생들에게 맡기겠다. 그런데 구의 질량은

$$m = \tfrac{4}{3}\pi a^3 \rho \tag{8.3.9}$$

이므로 균일한 구의 관성모멘트는 다음과 같다.

$$I_z = \tfrac{2}{5} ma^2 \tag{8.3.10}$$

구의 경우에는 $I_x = I_y = I_z$임이 분명하다.

그림 8.3.3 구의 관성모멘트 계산을 위한 좌표

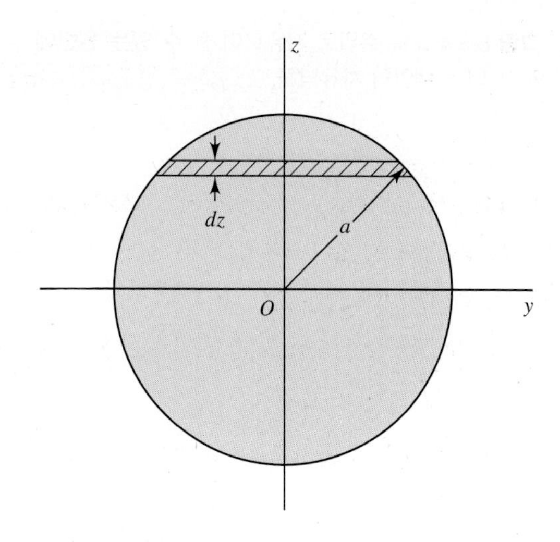

구 껍질

얇고 균일한 구 껍질의 관성모멘트는 식 (8.3.8)에서 쉽게 구할 수 있다. 그 식을 a에 대해 미분하면

$$dI_z = \tfrac{8}{3}\pi\rho a^4\, da \tag{8.3.11}$$

가 되는데 이 결과는 반지름 a, 두께 da인 껍질의 관성모멘트이다. 이 구 껍질의 질량은 $4\pi a^2\rho\, da$이므로 질량이 m이고 반지름이 a인 얇은 껍질의 관성모멘트는 다음과 같이 쓸 수 있다.

$$I_z = \tfrac{2}{3}ma^2 \tag{8.3.12}$$

직접 적분에 의한 공식의 유도는 숙제로 남겨두겠다.

예제 8.3.1

그림 8.3.4에 보이듯이 반지름 R, 질량 M인 얇고 균일한 원반 주위에 길이 $l = 2\pi R$, 질량 $m = M/2$인 균일한 체인이 감겨져 있다. 아주 작은 체인 조각이 그 끝에 매달려 있으며 체인은 풀리면서 낙하한다. 그리고 원반은 고정된 z축 주위로 마찰 없이 점점 빨리 돌기 시작한다. (a) 체인이 완전히 풀렸을 때 원반의 각속도를 구하라. (b) 원반의 질량과 같지만 둘레에 집중된 질량분포를 갖는 바퀴에 대해 같은 문제를 풀어라.

■ 풀이

(a) 그림 8.3.4는 체인이 모두 풀린 순간 체인과 원반을 보여준다. 원반의 마지막 각속력을 ω라 한다. 체인이 풀리는 동안 에너지는 보존된다. 처음에 체인의 질량중심은 원반과 일치하지만 마

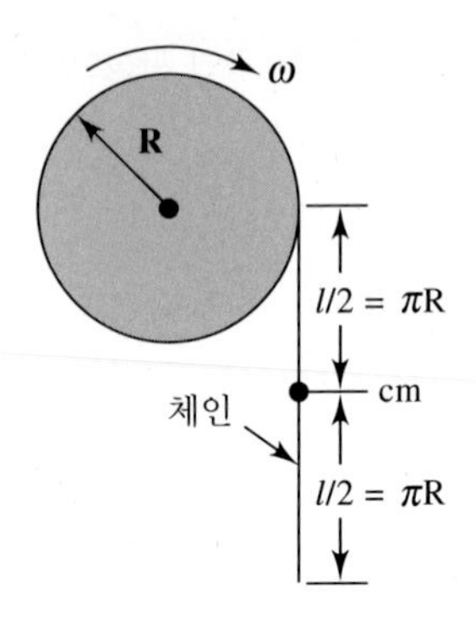

그림 8.3.4 z축 주위로 자유로이 돌 수 있는 원반에 감겨 있는 체인의 자유낙하

지막에는 $l/2 = \pi R$만큼 낙하했으므로

$$mg\frac{l}{2} = \tfrac{1}{2}I\omega^2 + \tfrac{1}{2}mv^2$$

$$\frac{l}{2} = \pi R \qquad v = \omega R \qquad I = \tfrac{1}{2}MR^2$$

이 성립하고, ω^2에 대해 풀면 해답은 다음과 같다.

$$\omega^2 = \frac{mg(l/2)}{\left[\left(\frac{1}{2}\right)(M/2) + \left(\frac{1}{2}\right)(m)\right]R^2} = \frac{mg\pi R}{\left[\left(\frac{1}{2}\right)m + \left(\frac{1}{2}\right)m\right]R^2}$$
$$= \pi\frac{g}{R}$$

(b) 바퀴의 관성모멘트는 $I = MR^2$이다. 이를 위 식에 대입하면 다음과 같다.

$$\omega^2 = \pi\frac{2g}{3R}$$

바퀴의 질량은 원반의 질량과 같지만 모든 질량이 바퀴 언저리에 모여 있으므로 관성모멘트는 더 크다. 그러므로 각가속도와 마지막 각속도는 원반의 경우보다 작아진다.

평면판의 수직축 정리

강체가 임의의 모양을 가진 평면판이라 하자. 이것을 xy평면에 그림 8.3.5처럼 놓으면 z축에 대한 관성모멘트는 다음과 같다.

$$I_z = \sum_i m_i\left(x_i^2 + y_i^2\right) = \sum_i m_i x_i^2 + \sum_i m_i y_i^2 \tag{8.3.13}$$

그림 8.3.5 평판에 대한 수직축 정리

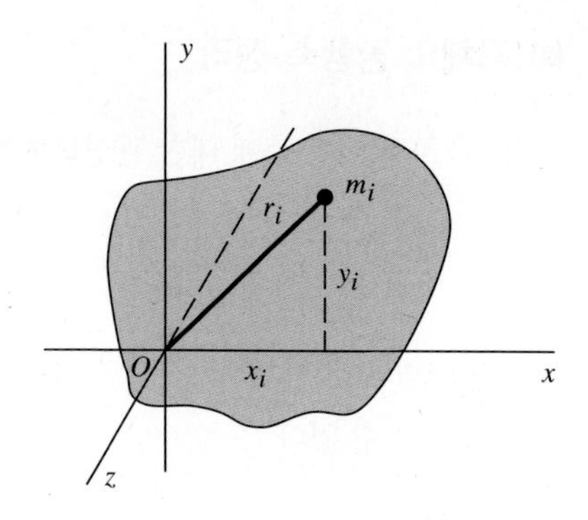

모든 입자에 대해 z는 영으로 근사될 수 있기에 $\Sigma_i\, m_i x_i^2$은 y축에 대한 관성모멘트 I_y이고, 마찬가지로 $\Sigma_i\, m_i y_i^2$은 x축에 대한 관성 모멘트 I_x이다. 그러므로 위 식은 다음과 같이 쓸 수 있다.

$$I_z = I_x + I_y \tag{8.3.14}$$

수직축 정리: 얇은 평면판의 한 수직축에 대한 관성모멘트는 이 평면판과 수직축의 교점을 지나고 평면판에서 서로 수직인 임의의 두 축에 대한 관성모멘트의 합과 같다.

이 정리의 응용 예로 그림 8.3.6의 xy평면에 놓여 있는 얇은 판을 생각해보자. 그러면 식 (8.3.7)에서

$$I_z = \tfrac{1}{2} ma^2 = I_x + I_y \tag{8.3.15}$$

인데, 대칭성을 고려하면 $I_x = I_y$임을 알 수 있으므로 원반 내에 있고 그 중심을 지나는 임의의 직선에 대한 관성모멘트는 다음과 같다.

$$I_x = I_y = \tfrac{1}{4} ma^2 \tag{8.3.16}$$

이 결과는 직접 적분으로도 구할 수 있다.

그림 8.3.6 원반

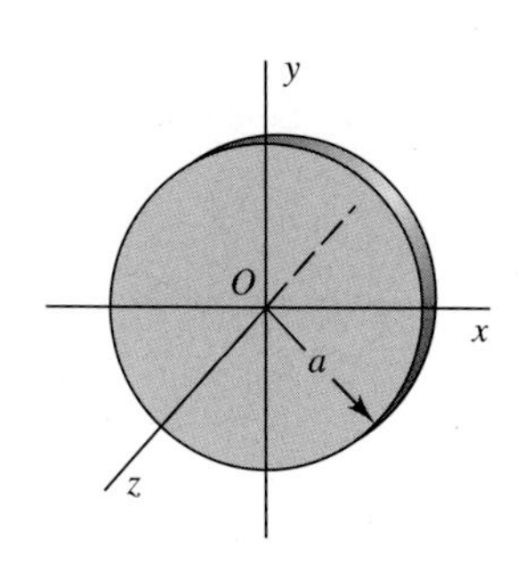

강체의 평행축 정리

가령 z축처럼 어떤 축에 대한 관성모멘트를 생각해보자.

$$I_z = \sum_i m_i\left(x_i^2 + y_i^2\right) \tag{8.3.17}$$

그러면 그림 8.3.7에서 보듯이 x_i, y_i는 질량중심의 좌표 (x_{cm}, y_{cm}, z_{cm})과 이에 대한 상대좌표 ($\bar{x}_i$, $\bar{y}_i$, $\bar{z}_i$)로 표현할 수 있다.

$$x_i = x_{cm} + \bar{x}_i \qquad y_i = y_{cm} + \bar{y}_i \tag{8.3.18}$$

이 식들을 대입하고 정리하면 관성모멘트는 다음과 같다.

$$I_z = \sum_i m_i\left(\bar{x}_i^2 + \bar{y}_i^2\right) + \sum_i m_i\left(x_{cm}^2 + y_{cm}^2\right) + 2x_{cm}\sum_i m_i\bar{x}_i + 2y_{cm}\sum_i m_i\bar{y}_i \tag{8.3.19}$$

우변의 첫째 항은 질량중심을 지나고 z축에 평행인 축에 대한 관성모멘트이다. 이것을 I_{cm}이라고 하자. 둘째 항은 물체의 질량과 질량중심에서 z축까지 수직거리의 제곱과의 곱이다. 이 거리를 l이라 하면 $l^2 = x_{cm}^2 + y_{cm}^2$이다.

질량중심의 정의로부터

$$\sum_i m_i\bar{x}_i = \sum_i m_i\bar{y}_i = 0 \tag{8.3.20}$$

이다. 따라서 식 (8.3.19)의 마지막 두 항은 영이 된다. 임의의 축에 대해 일반적인 형태로 결과를 정리하면 다음과 같다.

$$I = I_{cm} + ml^2 \tag{8.3.21}$$

이것이 **평행축 정리**(parallel-axis theorem)인데, 이 정리는 평행판이든 아니든 모든 강체에 적용 가능한 공식이다.

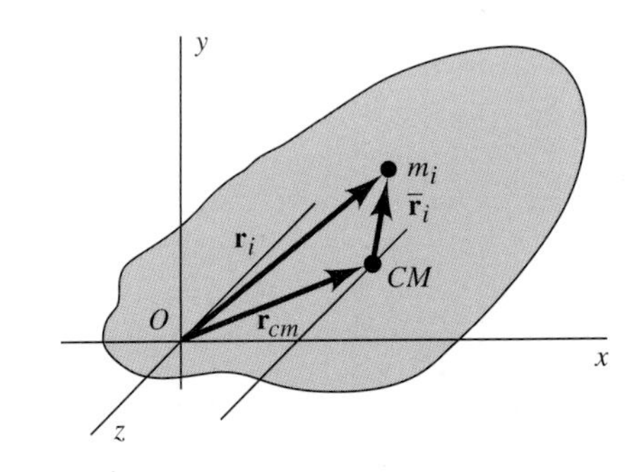

그림 8.3.7 강체에 대한 평행축 정리

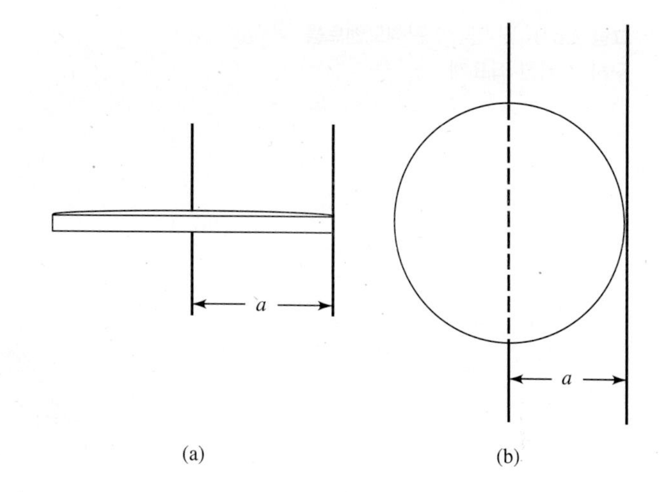

그림 8.3.8 균일하고 얇은 원반의 관성모멘트: (a) 원반면에 수직이면서 가장자리에 회전축이 있을 때, (b) 원반과 동일면에 있으면서 가장자리에 회전축이 있을 때

> **평행축 정리**: 임의의 축에 대한 강체의 관성모멘트는 질량중심을 지나면서 임의의 축과 평행인 축에 대한 관성모멘트와 물체의 질량에 두 축 사이 거리의 제곱을 곱한 것의 합과 같다.

균일한 원반의 가장자리를 지나며 원반에 수직인 축 주변의 관성모멘트를 계산할 때 평행축 정리를 사용할 수 있다(그림 8.3.8(a) 참조). 식 (8.3.7)과 식 (8.3.21)을 이용하면 이 관성모멘트는 다음과 같다.

$$I = \frac{1}{2}ma^2 + ma^2 = \frac{3}{2}ma^2 \tag{8.3.22}$$

또한 평행축 정리를 이용하여 원반면과 나란하면서 그 가장자리에 접하는 축에 대한 관성모멘트도 구할 수 있다(그림 8.3.8(b) 참조). 식 (8.3.16)과 식 (8.3.21)을 사용하면 관성모멘트는 다음과 같다.

$$I = \frac{1}{4}ma^2 + ma^2 = \frac{5}{4}ma^2 \tag{8.3.23}$$

또 다른 예로 반지름 a, 길이 b인 균질한 원기둥의 중심을 지나고 중심축에 수직인 회전축에 대한 관성모멘트, 즉 그림 8.3.9에서 I_x, I_y를 구해보자. 적분요소로서 xy평면에서 거리 z에 있는 두께 dz인 원반을 생각하자. 그러면 얇은 원반에 대한 앞의 결과와 평행축 정리에서 다음을 얻는다.

$$dI_x = \frac{1}{4}a^2dm + z^2dm \tag{8.3.24}$$

여기서 $dm = \rho\pi a^2\,dz$이다. 따라서

$$I_x = \rho\pi a^2\int_{-b/2}^{b/2}\left(\frac{1}{4}a^2 + z^2\right)dz = \rho\pi a^2\left(\frac{1}{4}a^2b + \frac{1}{12}b^3\right) \tag{8.3.25}$$

이 되는데, 여기서 원기둥의 질량이 $m = \rho\pi a^2 b$이므로 다음 결과를 얻는다.

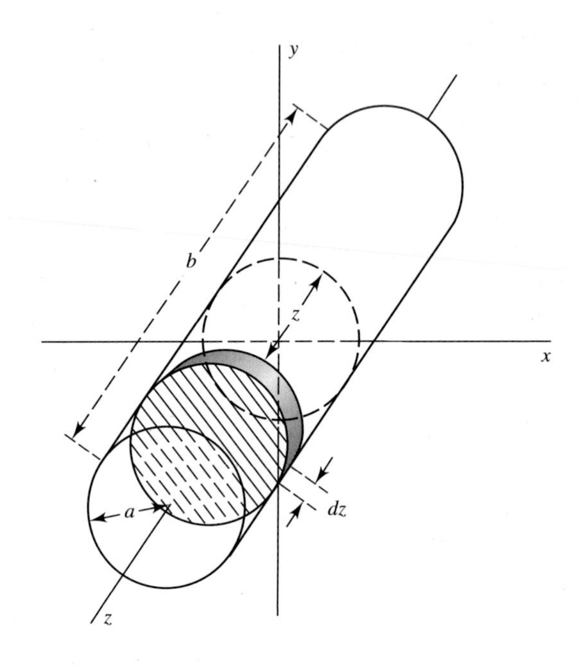

그림 3.8.9 원기둥의 관성모멘트를 구하기 위한 좌표계

$$I_x = I_y = m\left(\tfrac{1}{4}a^2 + \tfrac{1}{12}b^2\right) \tag{8.3.26}$$

선회반경

z축에 대한 관성모멘트 공식인 식 (8.2.5)와 8.1절에서 질량중심의 공식이 서로 유사함에 유의하라. 식 (8.2.5)를 강체의 전체 질량으로 나누면 z축으로부터 떨어져 있는 곳에 질량요소를 둔 모든 입자의 거리 제곱의 평균값을 얻는다. 그러므로 관성모멘트란 본질적으로 강체를 구성하는 모든 입자의 z축으로부터 거리의 제곱의 평균값이다. 관성모멘트가 왜 회전축으로부터 떨어진 거리의 제곱 또는 최소한 짝수승에 관계해야 하는지는 물리학적으로 이해할 수 있다. 단순히 1차 비례를 한다거나 홀수승에 관계될 수는 없다. 후자의 경우라면 자전거 바퀴처럼 회전축에 대해 대칭적으로 물질이 분포되어 있을 때 대칭 분포 때문에 (+) 및 (−)로 가중치를 갖는 질량요소 사이에 상쇄가 일어나서 관성모멘트는 영이 될 것이다. 그러면 약간의 토크만 주어도 자전거 바퀴는 걷잡을 수 없을 정도로 빨리 돌 것이며 자전거를 타 본 사람은 이것이 불가능함을 알 것이다.

위에서 논의한 평균값을 **선회반경**(旋回半徑, radius of gyration)이라 불리는 거리 k로 정의할 수 있다.

$$k^2 = \frac{I}{m} \qquad k = \sqrt{\frac{I}{m}} \tag{3.8.27}$$

강체에서 선회반경을 알면 관성모멘트를 쉽게 계산할 수 있다. 하지만 선회반경은 관성모멘트 개념의 근본인 평균화 과정을 더 잘 설명한다.

예를 들어, 가는 막대의 한끝을 지나는 축에 대한 선회반경은 다음과 같다(식 (8.3.3) 참조).

$$k = \sqrt{\frac{\left(\frac{1}{3}\right)ma^2}{m}} = \frac{a}{\sqrt{3}} \tag{8.3.28}$$

물체의 관성모멘트는 그 선회반경의 제곱으로 나타낼 수 있다(표 8.3.1 참조).

표 8.3.1 여러 가지 물체의 k^2 값(관성모멘트 = 질량 × k^2)

물체	축	k^2
길이 a인 가는 막대	중심에서 막대에 수직	$\frac{a^2}{12}$
	한쪽 끝에서 막대에 수직	$\frac{a^2}{3}$
변 길이가 a, b인 얇은 사각형 판	변 b에 나란하며 중심을 통과	$\frac{a^2}{12}$
	면에 수직이면서 중심을 통과	$\frac{a^2+b^2}{12}$
반지름 a인 얇은 원반	원반면에 있으면서 중심을 통과	$\frac{a^2}{4}$
	원반에 수직이면서 중심을 통과	$\frac{a^2}{2}$
반지름 a인 원형 고리(링)	고리면에 있으면서 중심을 통과	$\frac{a^2}{2}$
	고리에 수직이면서 중심을 통과	a^2
반지름이 a, 길이가 b인 가는 원통형 껍질	길이 방향으로 중심을 통과	a^2
반지름 a, 길이 b인 원통	길이 방향으로 중심을 통과	$\frac{a^2}{2}$
	길이 방향과 수직으로 중심을 통과	$\frac{a^2}{4}+\frac{b^2}{12}$
반지름 a인 구 껍질	모든 지름 방향	$\frac{2}{3}a^2$
반지름 a인 구	모든 지름 방향	$\frac{2}{5}a^2$
변 길이가 a, b, c인 평행사변형 육면체	변 c와 나란하면서 면 ab에 수직으로 중심을 통과	$\frac{a^2+b^2}{12}$

8.4 물리진자

어떤 강체가 고정된 수평축을 중심으로 자신의 중력 때문에 자유로이 흔들릴 때 이를 **물리진자**(物理振子, physical pendulum) 혹은 **복합체 진자**(compound pendulum)라 한다(그림 8.4.1 참조). CM은 질량중심, O는 질량중심이 원형으로 움직이는 평면상에서 회전축상의 점이다.

수직선 OA와 직선 OCM 사이의 각도를 θ라 하면 CM에 작용하는 지구 중력이 만드는 회전축에 대한 모멘트의 크기는 다음과 같다.

$$mgl\sin\theta$$

그러면 운동방정식인 $N = I\dot{\omega}$는 $-mgl\sin\theta = I\ddot{\theta}$ 형태로 바뀐다.

$$\ddot{\theta} + \frac{mgl}{I}\sin\theta = 0 \tag{8.4.1}$$

위 식은 단진자의 운동방정식과 같은 모양이다. 단진자의 경우처럼 진동폭이 좁을 때는 $\sin\theta$를 θ로 근사시킬 수 있으므로 다음이 성립한다.

$$\ddot{\theta} + \frac{mgl}{I}\theta = 0 \tag{8.4.2}$$

3장에서 배웠듯이 이 방정식의 해는 다음과 같다.

$$\theta = \theta_0\cos(2\pi f_0 t - \delta) \tag{8.4.3}$$

여기서 θ_0는 진폭, δ는 초기 위상각이다. 진동수는 다음과 같이 주어지며

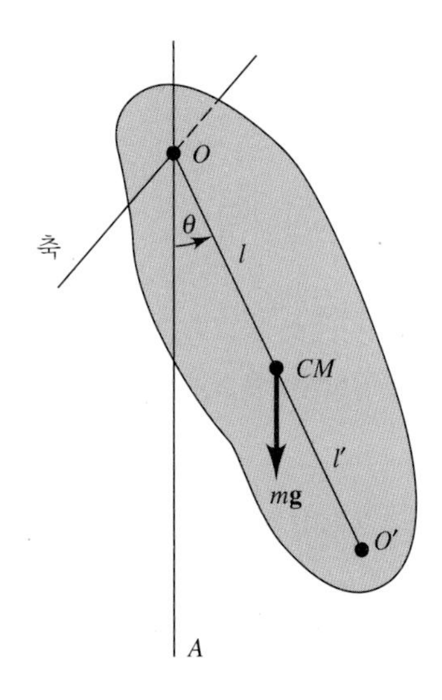

그림 8.4.1 물리진자

$$f_0 = \frac{1}{2\pi}\sqrt{\frac{mgl}{I}} \tag{8.4.4}$$

따라서 주기는 다음 식과 같이 계산된다.

$$T_0 = \frac{1}{f_0} = 2\pi\sqrt{\frac{I}{mgl}} \tag{8.4.5}$$

(혼동을 피하기 위해서 각진동수 ω_0 대신에 진동수 f_0를 쓰도록 하겠다.) 이 주기는 선회반경 k로 표시할 수 있는데

$$T_0 = 2\pi\sqrt{\frac{k^2}{gl}} \tag{8.4.6}$$

위 식의 주기는 길이 k^2/l인 단진자의 주기와 같음을 알 수 있다.

예로서 길이 a인 균질한 가는 막대의 한끝을 중심으로 진동하는 물리진자를 생각해보자. 그러면 $k^2 = a^2/3$, $l = a/2$이므로 주기는 아래와 같이 된다.

$$T_0 = 2\pi\sqrt{\frac{a^2/3}{ga/2}} = 2\pi\sqrt{\frac{2a}{3g}} \tag{8.4.7}$$

이 주기는 길이가 $\frac{2}{3}a$인 단진자의 주기와 동일하다.

진동중심

평행축 정리를 사용하면 선회반경 k를 질량중심에 대한 선회반경 k_{cm}으로 표시할 수 있다.

$$I = I_{cm} + ml^2 \tag{8.4.8}$$

또는

$$mk^2 = mk_{cm}^2 + ml^2 \tag{8.4.9a}$$

위 식에서 m을 소거하면

$$k^2 = k_{cm}^2 + l^2 \tag{8.4.9b}$$

이므로, 식 (8.4.6)은 다음과 같이 쓸 수 있다.

$$T_0 = 2\pi\sqrt{\frac{k_{cm}^2 + l^2}{gl}} \tag{8.4.10}$$

이번에는 물리 진자의 회전축이 그림 8.4.1처럼 질량중심에서 l'만큼 떨어진 O'으로 이동했다고 하자. 그러면 새 회전축에 대한 진동 주기 T_0'은 다음과 같다.

$$T_0' = 2\pi\sqrt{\frac{k_{cm}^2 + l'^2}{gl'}} \tag{8.4.11}$$

그러므로 다음 조건을 만족할 때

$$\frac{k_{cm}^2 + l^2}{l} = \frac{k_{cm}^2 + l'^2}{l'} \tag{8.4.12}$$

O와 O' 주위의 진동주기는 서로 같다. 위 식은 정리하면 다음과 같이 간단해진다.

$$ll' = k_{cm}^2 \tag{8.4.13}$$

위 식에 의해 관련되는 점 O'을 점 O에 대한 **진동중심**(振動中心, center of oscillation)이라 한다. 물론 점 O는 점 O'의 진동중심이 된다. 그러므로 한끝을 중심으로 회전하는 길이 a인 가는 막대의 경우에는 $k_{cm}^2 = a^2/12$, $l = a/2$라는 사실을 알고 있으므로 식 (8.4.13)에서 $l' = a/6$이 되어 질량중심에서 $a/6$만큼 떨어진 지점을 중심으로 진동할 때의 주기는 막대 끝에 대한 진동주기와 똑같다.

'거꾸로 매달린 진자': 타원 적분

진자의 진동폭이 너무 커서 $\sin\theta = \theta$의 근사가 성립하지 않을 때는 주기에 관한 공식 (8.4.5)는 더 이상 정확하지 않다. 예제 3.7.1에서 연속근사법(successive approximation method)을 사용하여 단진자의 주기에 관한 개선된 공식을 얻었었다. 이 공식은 길이 l을 I/ml로 바꿔놓으면 물리진자에도 적용 가능하지만 어디까지나 근사적이며, 그림 8.4.2처럼 진폭이 180°에 가까워질 때는 완전히 적용 불가능해진다.

진폭이 큰 경우에 주기를 구하려면 물리진자에 대한 에너지 방정식으로부터 출발해야 한다.

$$\tfrac{1}{2}I\dot{\theta}^2 + mgh = E \tag{8.4.14}$$

여기서 h는 평형위치로부터 수직으로 잰 질량중심의 높이로 $h = l(1 - \cos\theta)$이다. 여기서 진자의 진폭을 θ_0라 하면 $\theta = \theta_0$에서 $\dot{\theta} = 0$이고 $E = mgl(1 - \cos\theta_0)$가 된다. 그러면 에너지 방정식은

$$\tfrac{1}{2}I\dot{\theta}^2 + mgl(1 - \cos\theta) = mgl(1 - \cos\theta_0) \tag{8.4.15}$$

로 쓸 수 있고, $\dot{\theta}$에 대해 풀면 다음과 같다.

$$\frac{d\theta}{dt} = \pm\left[\frac{2mgl}{I}(\cos\theta - \cos\theta_0)\right]^{1/2} \tag{8.4.16}$$

그림 8.4.2 거꾸로 매달린 진자

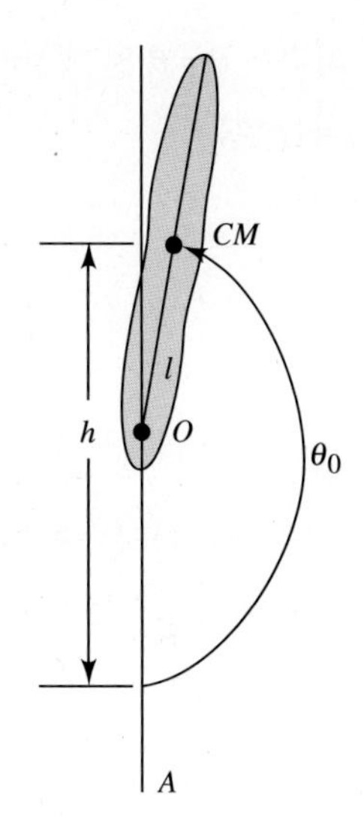

여기서 양의 근을 택하면

$$t = \sqrt{\frac{I}{2mgl}} \int_0^{\theta} \frac{d\theta}{(\cos\theta - \cos\theta_0)^{1/2}} \tag{8.4.17}$$

가 되고, 이 식을 적분하면 원칙적으로 t를 θ의 함수로 구할 수 있다. 1/4주기 동안 θ가 0에서 θ_0까지 증가함에 유의한다면 T는 다음과 같다.

$$T = 4\sqrt{\frac{I}{2mgl}} \int_0^{\theta_0} \frac{d\theta}{(\cos\theta - \cos\theta_0)^{1/2}} \tag{8.4.18}$$

불행하게도 식 (8.4.17), (8.4.18)의 적분은 초등 함수로 계산되지 않는다. 그렇지만 이들은 **타원 적분**(elliptic integral)이라는 특수 함수로 표현할 수 있다. 이를 위해 다음과 같이 새로운 변수 ϕ를 도입하는 것이 편리하다.

$$\sin\phi = \frac{\sin(\theta/2)}{\sin(\theta_0/2)} = \frac{1}{k}\sin\left(\frac{\theta}{2}\right) \tag{8.4.19}$$

여기서[2)]

$$k = \sin\left(\frac{\theta_0}{2}\right)$$

---

2) 여기서 정의하는 k는 타원 적분의 특징을 나타내는 매개변수이다. 이는 앞에서 정의한 선회반경과는 다르다.

따라서 $\theta = \theta_0$일 때 $\sin\phi = 1$, 즉 $\phi = \pi/2$가 된다. 이 치환을 식 (8.4.17), (8.4.18)에 대입하면 다음 식을 얻는다.

$$t = \sqrt{\frac{I}{mgl}} \int_0^{\phi} \frac{d\phi}{(1 - k^2 \sin^2 \phi)^{1/2}} \tag{8.4.20a}$$

$$T = 4\sqrt{\frac{I}{mgl}} \int_0^{\pi/2} \frac{d\phi}{(1 - k^2 \sin^2 \phi)^{1/2}} \tag{8.4.20b}$$

구체적인 유도는 숙제로 남기는데, 유도할 때 $\cos\theta = 1 - 2\sin^2(\theta/2)$의 항등식을 써야 한다.

위의 적분 값은 여러 가지 핸드북이나 수표(mathematical table)에 실려 있다. 처음의 적분

$$\int_0^{\phi} \frac{d\phi}{(1 - k^2 \sin^2 \phi)^{1/2}} = F(k, \phi) \tag{8.4.21}$$

는 **제1종 불완전 타원 적분**(incomplete elliptic integral of the first kind)이라 불린다. 물리진자 문제에서는 θ_0가 주어졌을 때 k와 ϕ의 정의를 이용하여 θ와 t의 관계를 알 수 있다. 우리의 관심은 두 번째 적분이 포함된 진자의 주기를 알아내는 데 더 쏠려 있으며

$$\int_0^{\pi/2} \frac{d\phi}{(1 - k^2 \sin^2 \phi)^{1/2}} = F\left(k, \frac{\pi}{2}\right) \tag{8.4.22}$$

이를 **제1종 완전 타원 적분**(complete elliptic integral of the first kind)이라 한다(수표에 따라서는 $F(k, \pi/2)$를 $K(k)$ 또는 $F(k)$로 표기하기도 한다). 그러면 주기는 다음과 같다.

표 8.4.1 완전 타원 적분의 몇 가지 선택된 값과 그에 상응하는 물리진자의 진동주기*

진폭 θ_0	$k = \sin\left(\frac{\theta_0}{2}\right)$	$F\left(k, \frac{\pi}{2}\right)$	주기 T
0°	0	$1.5708 = \pi/2$	T_0
10°	0.0872	1.5738	$1.0019\ T_0$
45°	0.3827	1.6336	$1.0400\ T_0$
90°	0.7071	1.8541	$1.1804\ T_0$
135°	0.9234	2.4003	$1.5281\ T_0$
178°	0.99985	5.4349	$3.5236\ T_0$
179°	0.99996	5.2660	$4.6002\ T_0$
180°	1	∞	∞

* 타원 적분에 관한 더 자세한 정보는 다음과 같은 서적을 참조하기 바란다. (1) H. B. Dwight, *Tables of Integrals and Other Mathematical Data*, The Macmillan Co., New York, 1961, (2) M. Abramowitz and A. Stegun, *Handbook of Mathematical Functions*, Dover Publishing, New York, 1972.

$$T = 4\sqrt{\frac{I}{mgl}}\,F\left(k, \frac{\pi}{2}\right) \tag{8.4.23}$$

표 8.4.1에는 $F(k, \pi/2)$의 값이 몇 가지 실려 있다. 이 표에는 주기 T를 작은 진폭에 대한 주기, $T_0 = 2\pi(I/mgl)^{1/2}$의 배수로 표시해두었다.

표 8.4.1을 보면 진폭이 180°에 접근할 때 주기가 어떻게 되는지 알 수 있다. 진폭이 180°라면 타원 적분은 발산하고 주기는 무한대이다. 이것은 '이론적으로는' 강체로 된 물리진자를 초기 각속도가 0이 되도록 수직인 상태로 거꾸로 매달아놓으면 그 불안정한 위치에 계속해서 머무르려고 한다는 뜻이다.

예제 8.4.1

그림 8.4.1에 나타나 있듯이 물리진자는 수직으로 정지상태에 있다. 이 진자에 갑자기 바람이 불어와서 총 에너지 $E = 2mgl$을 얻었다. 여기서 m은 진자의 질량이고, l은 회전축으로부터 질량까지의 거리이다. (a) 수직축으로부터 벗어난 변위각 θ를 시간의 함수로 구하라. (b) $\theta = \pi$가 되면 이 진자는 위아래가 바뀌겠는가? 만약 그렇다면 (a)의 결과를 이용하여 그렇게 되는 데까지 얼마의 시간이 걸리는지 계산하라.

풀이

(a) 식 (8.4.15)와 같이 진자의 총 에너지로부터 시작하자.

$$\tfrac{1}{2}I\dot{\theta}^2 + mgl(1 - \cos\theta) = 2mgl$$

$\dot{\theta}^2$에 대해 풀면

$$\dot{\theta}^2 = \frac{2mgl}{I}(1 + \cos\theta) = \frac{4mgl}{I}\cos^2\frac{\theta}{2}$$

삼각함수를 포함하는 적분을 없애고 좀 더 간단한 해석적인 해를 구하기 위해 $y = \sin\theta/2$로 치환한다.

θ가 0에서 π까지 변할 때 y는 0에서 1까지 변하므로, $\dot{y}$을 구해보면

$$\dot{y} = \tfrac{1}{2}\left(\cos\frac{\theta}{2}\right)\dot{\theta} = \tfrac{1}{2}(1 - y^2)^{1/2}\dot{\theta}$$

이때 $\cos\theta/2 = (1 - y^2)^{1/2}$로 치환했다.

이제 y와 $\dot{y}$를 이용하여 $\dot{\theta}$를 나타내보자.

$$\dot{\theta} = \frac{2\dot{y}}{(1-y^2)^{1/2}} = 2\left(\frac{mgl}{I}\right)^{1/2}(1-y^2)^{1/2}$$

이제 진자의 운동을 설명할 수 있는 1차 미분방정식을 y를 이용하여 나타낼 수 있다.

$$\dot{y} = \left(\frac{mgl}{I}\right)^{1/2}(1-y^2)$$

그러므로 해는 다음과 같다.

$$y = \tanh\left(\frac{mgl}{I}\right)^{1/2} t$$

(b) $t \to \infty$, $y \to 1$, $\theta \to \pi$가 되는 조건에서 진자의 위아래가 바뀐다. 이 결과를 표 8.4.1의 마지막 행과 비교해보라.

8.5 강체의 층운동에서 각운동량

강체를 이루고 있는 모든 입자가 임의로 고정된 평면과 나란하게 움직일 때 층운동이 이루어진다. 일반적으로 강체는 병진가속과 회전가속을 동시에 일으킨다. 층운동에서 회전은 공간상에 고정되어 있는 방향을 갖지만 그 위치는 고정되어 있을 필요가 없는 축 주위로 일어난다. 앞 절에서 다룬 물리진자와 같이 고정된 축에 대한 강체의 회전은 층운동의 특별한 경우에 해당된다. 경사면을 따라 아래로 구르는 원기둥은 또 다른 예이다. 이런 여러 가지에 대해서 앞으로 다루겠지만 우선 평면에서 움직이는 강체의 각운동량에 대한 정리를 유도하겠다.

7.2절에서 살펴봤듯이, 임의의 입자계에서 각운동량의 시간 변화율은 작용된 알짜 토크와 같다.

$$\frac{d\mathbf{L}}{dt} = \mathbf{N} \tag{8.5.1}$$

혹은

$$\frac{d}{dt}\sum_i \mathbf{r}_i \times m_i \mathbf{v}_i = \sum_i \mathbf{r}_i \times \mathbf{F}_i \tag{8.5.2}$$

이 식에서 모든 물리량은 관성좌표계에 대한 것이다.

그러나 마치 공이 경사면을 따라 굴러 내려올 때와 같이 어느 축 주위를 회전하면서 병진 가속하는 강체를 다루고자 한다면 무슨 일이 일어날 수 있을까? 이런 가능성을 조사하기 위해서는 8.2

그림 8.5.1 층운동을 하는 강체 내부의 점에 관한 위치 벡터

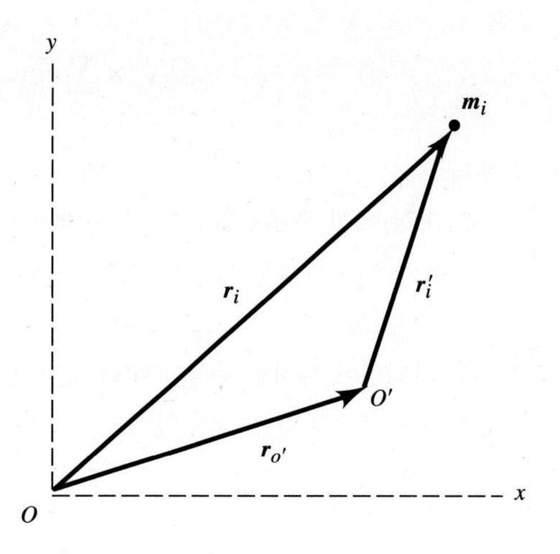

절에서 다루었듯이 방향이 공간상에서 고정되어 있는 축 주변을 회전하는 입자계를 다시 고려해 봐야 한다. 하지만 그 회전축이 가속될 수 있는 가능성을 열어두어야 한다. 그림 8.5.1에 보인 관성 기준 좌표계의 원점 O에 대해 질량이 m_i인 입자의 상대적인 위치를 먼저 살펴보자. 그리고 입자계의 회전에 대해 알고자 할 때 사용할 좌표계의 원점을 O'이라 하자. 점 O와 O'에 대한 i번째 입자의 위치를 각각 $\mathbf{r}_i$와 $\mathbf{r}_i'$이라 두자. 이제 O'축에 대한 총 토크 $\mathbf{N}'$을 계산해보자.

$$\mathbf{N}' = \sum_i \mathbf{r}_i' \times \mathbf{F}_i \tag{8.5.3}$$

그림 8.5.1에서 우리는 다음을 알 수 있다. 즉,

$$\mathbf{r}_i = \mathbf{r}_{o'} + \mathbf{r}'_i \tag{8.5.4}$$

그리고

$$\mathbf{v}_i = \mathbf{v}_{o'} + \mathbf{v}'_i \tag{8.5.5}$$

관성좌표계에서는

$$\mathbf{F}_i = \frac{d}{dt}(m_i \mathbf{v}_i) \tag{8.5.6}$$

이므로, 식 (8.5.4)는

$$\mathbf{N}' = \sum_i \mathbf{r}_i' \times \mathbf{F}_i = \sum_i \mathbf{r}_i' \times \frac{d}{dt} m_i (\mathbf{v}_{o'} + \mathbf{v}'_i) \tag{8.5.7a}$$

$$= -\dot{\mathbf{v}}_{o'} \times \sum_i m_i \mathbf{r}_i' + \sum_i \mathbf{r}_i' \times \frac{d}{dt} m_i \mathbf{v}_i' \tag{8.5.7b}$$

$$= \dot{\mathbf{v}}_{o'} \times \sum_i m_i \mathbf{r}'_i + \frac{d}{dt} \sum_i \mathbf{r}'_i \times m_i \mathbf{v}'_i \tag{8.5.7c}$$

로 된다.

식 (8.5.7a)에서 식 (8.5.7b)로 가는 단계에서 $\dot{\mathbf{v}}_0$는 합(Σ)과는 무관하므로 Σ 밖으로 나올 수 있다. 그리고 음의 부호가 나온 이유는 크로스 곱의 순서를 바꿨기 때문이다. 식 (8.5.7b)에서 식 (8.5.7c)로 넘어올 때 d/dt 항을 밖으로 끄집어내었는데 그 이유는 밖으로 나오려면 $\Sigma_i \mathbf{v}'_i \times m_i \mathbf{v}'_i$이 Σ 내부에 더 추가되어야 하지만 동일한 벡터 사이의 크로스 곱은 영이어서 추가되더라도 무관하므로 결국 d/dt 항은 밖으로 나올 수가 있다.

식 (8.5.7c)의 마지막 항은 O'축에 대한 각운동량 $\mathbf{L}'$의 변화율이다. 따라서 이 식을 다시 적어보면

$$\mathbf{N}' = -\ddot{\mathbf{r}}_{o'} \times \sum_i m_i \mathbf{r}'_i + \frac{d}{dt}\mathbf{L}' \tag{8.5.8}$$

이다. 여기서 $\dot{\mathbf{v}}_{o'}$를 $\ddot{\mathbf{r}}_{o'}$로 대치했다.

회전운동 방정식인 식 (8.5.1)은 병진 가속하는 축 주위를 회전하는 계에는 그대로 적용될 수 없다. 즉, 식 (8.5.1)과 비교하면 정확한 방정식인 식 (8.5.8)은 여분의 항을 더 포함하고 있다.

하지만 이 추가 항들은 그림 8.5.2(a), (b), (c)에 표시해두었듯이 다음의 세 가지 조건 중 어느 하나라도 만족된다면 영이 되어버린다.

1. 축 O'의 병진 가속도 $\ddot{\mathbf{r}}_{o'}$가 영이 된다(그림 8.5.2(a) 참조).

2. O'이 강체를 구성하는 입자계의 질량중심이 된다. 이렇게 되면 정의에 의해 $\Sigma_i m_i \mathbf{r}'_i = 0$이다(그림 8.5.2(b) 참조).

3. 축 O'이 원기둥과 경사면의 접촉부를 통과한다. 합으로 표현되는 $\Sigma_i m_i \mathbf{r}'_i$은 질량중심을 통과한다. 이는 $\Sigma_i m_i \mathbf{r}'_i = M\mathbf{r}'_{cm}$이라는 사실에 주목하면 쉽게 알 수 있다. 여기서 $M = \Sigma_i m_i$는 총 질량이고, $\mathbf{r}'_{cm}$은 O'에 대한 질량중심의 위치이다. 따라서 만약 $\ddot{\mathbf{r}}_{o'}$도 질량중심을 향한다면 이 두 벡터 사이의 크로스 곱은 영이 된다(그림 8.5.2(c) 참조).

다음 절에서 강체가 미끄러지지 않고 구르는 경우의 문제를 푸는 데 3번의 조건이 아주 유용함을 보일 것이다.

조건 2도 강조해두어야 할 것이다. 질량중심을 지나는 축 주변의 회전에 대한 토크를 알고 각운동량을 계산하고자 한다면 층운동을 하는 강체의 토크 방정식은 항상 식 (8.5.1)과 같이 표현된다. 이 식에서 토크와 각운동량은 강체의 질량중심을 통과하는 축에 대한 것들이라는 점이 강조될 수 있도록 적절한 기호를 사용하여 운동방정식을 다시 쓸 필요가 있다. 만약 의심스럽다면 다음 식을 이용해보라.

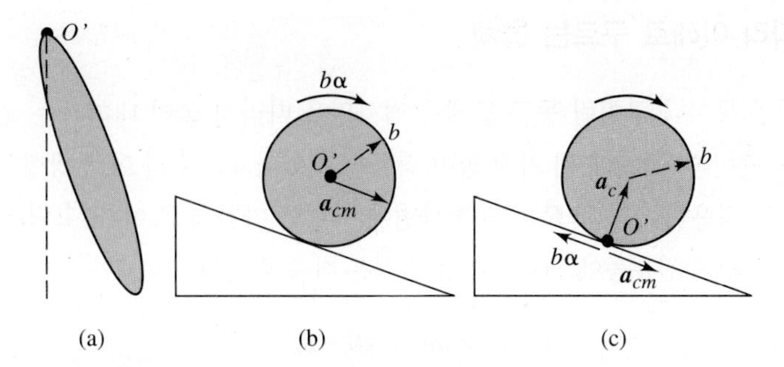

그림 8.5.2 (a) 고정축 O' 주위에서 흔들리는 물리진자. 축의 병진 가속도 $\ddot{\mathbf{r}}_{O'}$는 영이다. (b) 경사면을 따라 아래로 구르는 원기둥. 질량중심에 놓여 있는 축 O'은 병진 가속되지만 식 (8.5.9)를 사용해 그 운동을 기술할 수 있다. (c) 원기둥과 경사면이 접촉하는 부분에 놓여 있는 축 O'은 가속된다. 단, 미끄러짐은 없다고 하면 $\boldsymbol{a}_{cm} = b\alpha$이므로 축의 알짜 접선가속도는 영이다. 여기서 α는 원기둥의 각가속도이고 b는 반지름이다. 그러므로 축의 알짜 가속도는 질량중심을 향하는 구심가속도뿐이다.

$$\mathbf{N}_{cm} = \frac{d}{dt}\mathbf{L}_{cm} = I_{cm}\dot{\boldsymbol{\omega}} \tag{8.5.9}$$

8.6 강체 층운동의 예

요약하자면 만약 강체가 층운동(laminar motion)을 한다면 그 운동은 대부분 질량중심의 병진운동이거나 공간상에 고정된 질량중심을 통과하는 축 주변의 회전이다. 어떤 경우에는 다른 축을 선택하는 것이 더 적당할 수도 있다. 고정점을 중심으로 회전하는 물리진자 같은 경우가 분명한 예이다.

강체의 병진운동을 지배하는 기본방정식은 다음과 같다.

$$\mathbf{F} = m\ddot{\mathbf{r}}_{cm} = m\dot{\mathbf{v}}_{cm} = m\mathbf{a}_{cm} \tag{8.6.1}$$

여기서 $\mathbf{F}$는 물체에 작용하는 모든 외력의 합이고, m은 강체의 질량, $\mathbf{a}_{cm}$은 질량중심의 가속도이다.

8.5절에서 언급한 1에서 3까지의 조건 중 어느 하나라도 만족하는 축 O' 주변의 회전을 지배하는 기본방정식은 다음과 같다.

$$\mathbf{N}_{O'} = \frac{d}{dt}\mathbf{L}_{O'} = I_{O'}\dot{\boldsymbol{\omega}} \tag{8.6.2}$$

질량중심을 통과하는 축 대신에 다른 축을 택하여 회전운동을 다루고자 한다면 앞 절의 조건 1에서 3 중 어느 하나가 만족이 되는지를 주의 깊게 살펴보아야 한다. 만약 그렇지 않다면 식 (8.5.8)로 주어지는 훨씬 더 일반적인 토크 방정식을 대신 사용해야 한다.

경사면을 따라 아래로 구르는 물체

층운동의 예로서 원통이나 구처럼 둥근 물체가 경사면을 따라서 굴러 내려가는 운동을 살펴보자. 그림 8.6.1에서 보듯이 이 물체에 세 가지 힘이 작용하고 있다. (1) 수직 아래 방향의 중력, (2) 경사면의 법선방향으로 작용하는 항력 $\mathbf{F}_N$, (3) 경사면에 평행인 마찰력 $\mathbf{F}_P$이다. 그림에서처럼 좌표 축을 택하면 질량중심의 병진운동에 관한 미분방정식은 다음과 같다.

$$m\ddot{x}_{cm} = mg \sin\theta - F_P \tag{8.6.3}$$

$$m\ddot{y}_{cm} = -mg \cos\theta + F_N \tag{8.6.4}$$

여기서 θ는 수평면에 대한 경사면의 경사각이다. 이 물체는 경사면에 항상 접촉되어 있으므로

$$y_{cm} = \text{상수} \tag{8.6.5a}$$

가 되어 다음을 쉽게 알 수 있다.

$$\ddot{y}_{cm} = 0 \tag{8.6.5b}$$

따라서 식 (8.6.4)에서 다음 결과를 얻는다.

$$F_N = mg\cos\theta \tag{8.6.6}$$

질량중심에 대한 토크를 만드는 힘은 마찰력 $\mathbf{F}_P$뿐이다. 물체의 반지름을 a라 하면 토크의 크기는 $F_P a$이다. 이때 회전 운동방정식인 식 (8.6.2)는 다음과 같이 쓸 수 있다.

$$I_{cm}\dot{\omega} = F_P a \tag{8.6.7}$$

이 문제를 더 생각해보면 경사면과 물체 사이의 접촉에 관한 적당한 가정을 해야 한다. 다음의

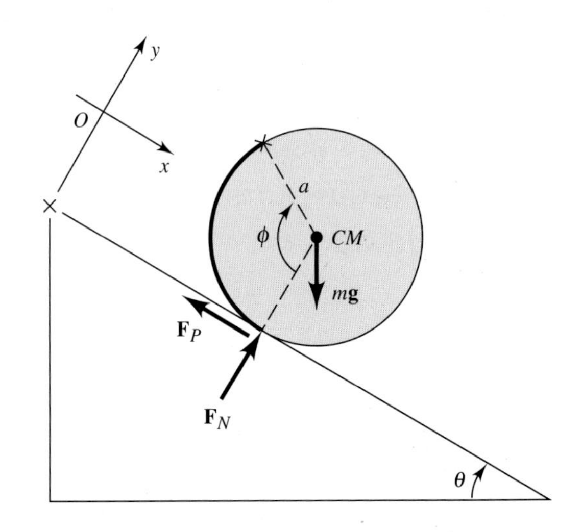

그림 8.6.1 경사면을 따라 아래로 구르는 물체

두 가지 경우를 다루고자 한다.

미끄러지지 않는 운동

접촉이 거칠어서 미끄럼이 없다면, 즉 $F_P \le \mu_s F_N$이라면 다음의 관계식을 얻는다. 여기서 μ_s는 정지 마찰계수이다.

$$\dot{x}_{cm} = a\dot{\phi} = a\omega \tag{8.6.8a}$$

$$\ddot{x}_{cm} = a\ddot{\phi} = a\dot{\omega} \tag{8.6.8b}$$

여기서 ϕ는 회전각이다. 그러면 식 (8.6.7)은 다음과 같이 쓸 수 있다.

$$\frac{I_{cm}}{a^2}\ddot{x}_{cm} = F_P \tag{8.6.9}$$

위의 F_P를 식 (8.6.3)에 대입하면 다음 결과를 얻고

$$m\ddot{x}_{cm} = mg\sin\theta - \frac{I_{cm}}{a^2}\ddot{x}_{cm} \tag{8.6.10}$$

이것을 $\ddot{x}_{cm}$에 대해 풀면 다음과 같다.

$$\ddot{x}_{cm} = \frac{mg\sin\theta}{m+(I_{cm}/a^2)} = \frac{g\sin\theta}{1+\left(k_{cm}^2/a^2\right)} \tag{8.6.11}$$

여기서 k_{cm}은 질량중심에 대한 선회반경이다. 이 식과 식 (8.6.8b)에서 물체가 등가속도 및 등각가속도 운동을 한다는 것을 알 수 있다.

예를 들어 균일한 원통($k_{cm}^2 = a^2/2$)의 가속도는

$$\ddot{x}_{cm} = \frac{g\sin\theta}{1+\left(\frac{1}{2}\right)} = \frac{2}{3}g\sin\theta \tag{8.6.12}$$

이고, 균일한 구($k_{cm}^2 = 2a^2/5$)의 가속도는 다음과 같다.

$$\ddot{x}_{cm} = \frac{g\sin\theta}{1+\left(\frac{2}{5}\right)} = \frac{5}{7}g\sin\theta \tag{8.6.13}$$

예제 8.6.1

그림 8.6.1에 보인 경사면을 따라 아래로 구르는 원기둥의 질량중심이 갖는 가속도를 계산하라. 그림 8.5.2(c)와 같이 경사면과의 접촉선을 회전축 O'으로 잡아라.

■ 풀이

앞에서 설명했듯이 이렇게 축을 잡으면 8.5절의 조건 3을 만족하게 되므로 식 (8.6.2)를 곧바로 쓸 수 있다. O'에 작용하는 토크는

$$N_{O'} = mg\,a\sin\theta$$

이고, 이 점에 대한 원기둥의 관성모멘트는 식 (8.3.22)에 의해

$$I_{O'} = \frac{3}{2}ma^2$$

이 된다. 미끄러짐이 없으므로 O'축에 대한 원통의 각속도와 질량중심의 속도 사이에는 다음의 관계가 존재한다.

$$\dot{x}_{cm} = a\dot{\phi}$$

(주의: 이 관계는 원기둥의 각속도가 질량중심에 대해 상대적인 원기둥 표면 위 임의의 점의 접선속도와 갖는 관계와 동일하다.)

따라서 회전 운동방정식은

$$mga\sin\theta = \frac{3}{2}ma^2\left(\frac{\ddot{x}_{cm}}{a}\right)$$

이므로 다음 관계식을 바로 구할 수 있다.

$$\ddot{x}_{cm} = \frac{2}{3}g\sin\theta$$

에너지 고찰

위의 결과는 에너지를 고려하여 얻을 수도 있다. 균일한 중력장 내에서 강체의 위치에너지 V는 각 입자의 위치에너지의 합이다. 즉,

$$V = \sum_i (m_i g h_i) = mgh_{cm} \tag{8.6.14}$$

이고, 여기서 h_{cm}은 어떤 기준면으로부터 질량중심까지의 거리이다. 이제 중력 외에는 물체에 작용하는 어떤 힘도 아무 일을 하지 않는다면 운동은 보존력이 되어

$$T + V = T + mgh_{cm} = E = \text{상수} \tag{8.6.15}$$

로 되며, 여기서 T는 운동에너지이다.

그림 8.6.1의 경사면을 따라 굴러 내려가는 물체의 경우 병진운동에 대해서는 $\frac{1}{2}m\dot{x}_{cm}^2$, 회전운동에 대해서는 $\frac{1}{2}I_{cm}\omega^2$의 운동에너지를 갖고 있으므로 에너지 관계식은 다음과 같다.

$$\frac{1}{2}m\dot{x}_{cm}^2 + \frac{1}{2}I_{cm}\omega^2 + mgh_{cm} = E \tag{8.6.16}$$

그런데 $\omega = \dot{x}_{cm}/a, h_{cm} = -x_{cm}\sin\theta$이므로

$$\frac{1}{2}m\dot{x}_{cm}^2 + \frac{1}{2}mk_{cm}^2\frac{\dot{x}_{cm}^2}{a^2} - mgx_{cm}\sin\theta = E \tag{8.6.17}$$

가 된다.

미끄러지지 않고 구르는 경우에는 어떤 역학적 에너지도 열로 전환되지 않으므로 마찰력이 에너지 관계식에 포함되지 않는다. 그러므로 전체 에너지 E는 상수이고, 이 식을 t로 미분하여 정리하면 다음을 얻는다.

$$m\dot{x}_{cm}\ddot{x}_{cm}\left(1+\frac{k_{cm}^2}{a^2}\right) - mg\dot{x}_{cm}\sin\theta = 0 \tag{8.6.18}$$

이 식에서 $\dot{x}_{cm}$이 영이 아니라는 가정하에 $\dot{x}_{cm}$을 소거하고 $\ddot{x}_{cm}$에 대해 풀면 힘과 모멘트를 사용한 식 (8.6.11)에서 얻는 결과와 같다.

미끄러지는 운동

이번에는 경사면의 접촉이 충분하게 거칠지 않아서 **운동마찰계수** μ_k인 상태로 미끄러지는 경우를 생각해보자. 미끄럼이 있을 때 마찰력 F_P는 다음과 같다.

$$F_P = \mu_k F_N = \mu_k mg\cos\theta \tag{8.6.19}$$

그러면 병진운동의 방정식인 식 (8.6.3)은 다음과 같고

$$m\ddot{x}_{cm} = mg\sin\theta - \mu_k mg\cos\theta \tag{8.6.20}$$

회전운동에 대한 방정식인 식 (8.6.7)은 다음과 같이 쓸 수 있다.

$$I_{cm}\dot{\omega} = \mu_k mga\cos\theta \tag{8.6.21}$$

식 (8.6.20)에서 이번에도 질량중심은 등가속도로 움직이므로

$$\ddot{x}_{cm} = g(\sin\theta - \mu_k\cos\theta) \tag{8.6.22}$$

이고, 동시에 각가속도 운동도 일정하다.

$$\dot{\omega} = \frac{\mu_k mga\cos\theta}{I_{cm}} = \frac{\mu_k ga\cos\theta}{k_{cm}^2} \tag{8.6.23}$$

그러면 물체가 정지상태에서 출발했다고 가정하고 t에 대해 두 식을 적분한다. 시간 $t = 0$일 때 $\dot{x}_{cm} = 0$, $\dot{\phi} = 0$이므로 다음 결과를 얻는다.

$$\dot{x}_{cm} = g(\sin\theta - \mu_k\cos\theta)t \tag{8.6.24}$$

$$\omega = \dot{\phi} = g\left(\frac{\mu_k a\cos\theta}{k_{cm}^2}\right)t \tag{8.6.25}$$

결과적으로 선속력과 각속력의 비는 일정해지며

$$\dot{x}_{cm} = \gamma a\omega \tag{8.6.26}$$

와 같이 쓸 수 있고, 여기서 γ는 다음과 같다.

$$\gamma = \frac{\sin\theta - \mu_k\cos\theta}{\mu_k a^2\cos\theta/k_{cm}^2} = \frac{k_{cm}^2}{a^2}\left(\frac{\tan\theta}{\mu_k} - 1\right) \tag{8.6.27}$$

이때 $a\omega$는 $\dot{x}_{cm}$보다 클 수 없으므로 γ는 1보다 작을 수 없다. 미끄럼이 없는 극한은 $\dot{x}_{cm} = a\omega$로 주어진다. 즉,

$$\gamma = 1$$

인데 식 (8.6.27)에서 $\gamma = 1$로 놓고 μ_k에 대해 풀면 마찰계수의 임계값은 다음과 같다.

$$\mu_{crit} = \frac{\tan\theta}{1 + (a/k_{cm})^2} \tag{8.6.28}$$

(실제로 이 값은 **정지마찰계수** μ_s의 임계값이다.) 만일 μ_s가 이 값보다 크면 물체는 미끄러지지 않고 굴러간다.

예를 들어 공이 45° 경사면에 놓여 있다면 μ_s가 tan 45°/(1 + 5/2) 또는 2/7보다 클 때 미끄러지지 않고 굴러간다.

예제 8.6.2

그림 8.6.2에서 보는 바와 같이 반지름 R인 작고 균일한 원기둥이 반지름 $r > R$인 고정된 원통 내면에서 미끄러지지 않고 굴러간다. 평형 위치에서 약간 벗어난 것으로 가정하고 작은 원기둥의 질량중심은 단진동을 하며 그 진동주기는 길이 $l = 3(r - R)/2$인 단진자의 주기와 같음을 증명하라.

■ 풀이

구르는 원기둥의 전체 에너지는 일정하다는 것이 이 문제를 푸는 열쇠이다. 미끄러지지 않기 때문에 두 표면 사이에 상대적인 운동은 없다. 즉, 작은 원기둥이 평형위치에 있을 때 O'과 O는 일치하고 호의 길이 $O'P$와 OP는 동일하다. 마찰력 $\mathbf{F}$ 때문에 에너지가 소비되지도 않으며 항력 $\mathbf{N}$이 일을 하는 것도 아니다. 이 항력은 항상 질량중심을 지나므로 토크도 없고 질량중심의 운동에 대해 항시 수직으로 작용하므로 병진 운동에너지에 영향을 끼치지도 않는다. 오직 보존력인 중력 $m\mathbf{g}$만 일을 한다. 따라서 원기둥의 에너지는 보존되고 그 시간 도함수를 영으로 두면 풀 수 있다. 원기둥의 전체 에너지는

$$E = T + V = \tfrac{1}{2} I_{cm}\omega^2 + \tfrac{1}{2} m v_{cm}^2 + mgh$$

이고, 여기서 h는 평형위치를 기준으로 잰 원기둥의 높이, v_{cm}은 질량중심의 속도, I_{cm}은 질량중심에 대한 관성모멘트이다(그림 8.6.2 참조).

그림에서 진동폭이 작을 때는 다음과 같고

$$h = (r - R)(1 - \cos\theta) \approx \tfrac{1}{2}(r - R)\theta^2$$

원통이 미끄러지지 않고 움직이므로 다음 조건을 만족해야 한다.

$$\omega = \frac{v_{cm}}{R} = \frac{(r - R)}{R}\dot{\theta}$$

이들 h와 ω를 에너지 식에 대입하면

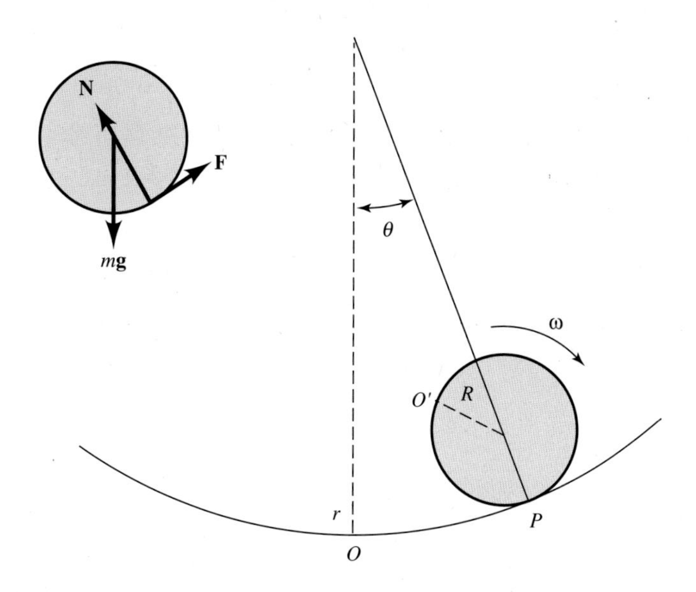

그림 8.6.2 고정된 큰 원통 내면에서 미끄러지지 않고 구르는 작은 원기둥

$$E = \frac{I_{cm}}{2R^2}(r-R)^2\dot{\theta}^2 + \frac{m}{2}(r-R)^2\dot{\theta}^2 + \frac{m}{2}g(r-R)\theta^2$$

이고, 이 식의 시간 도함수를 구하여 영으로 놓으면 다음을 얻는다.

$$\dot{E} = \frac{I_{cm}}{R^2}(r-R)^2\ddot{\theta}\dot{\theta} + m(r-R)^2\ddot{\theta}\dot{\theta} + mg(r-R)\theta\dot{\theta} = 0$$

같은 항들을 정리하면 다음과 같다.

$$\left(\frac{I_{cm}}{R^2} + m\right)(r-R)\ddot{\theta} + mg\theta = 0$$

질량중심에 대한 관성모멘트인 $I_{cm} = mR^2/2$를 앞의 식에 대입하면 진동폭이 작을 때 원기둥의 운동 방정식은 다음과 같이 된다.

$$\ddot{\theta} + \frac{g}{\left(\frac{3}{2}\right)(r-R)}\theta = 0$$

이것은 길이 $3(r-R)/2$인 단진자의 운동방정식과 똑같다. 그러므로 주기도 동일하다.

(학생들은 이 문제를 토크와 힘을 이용하여 풀고자 할 수도 있을 것이다. 이렇게 구르는 원기둥에 작용하는 힘들은 그림 8.6.2에 나타내었다.)

8.7 층운동에서 충격량과 충돌

앞 장에서는 입자에 작용하는 충격량을 다루었다. 이번에는 충격량의 개념을 강체의 층운동의 경우로 확장하고자 한다. 우선 질량이 일정하다고 할 때 물체의 병진운동은 일반식인 $\mathbf{F} = m\, d\mathbf{v}_{cm}/dt$에 의해 지배되며 만약 $\mathbf{F}$가 충격량이라면 선운동량의 변화량은 다음과 같이 주어진다.

$$\int \mathbf{F}\, dt = \boldsymbol{P} = m\Delta\mathbf{v}_{cm} \tag{8.7.1}$$

그러므로 충격량 $\boldsymbol{P}$ 때문에 질량중심의 속도는 갑자기 다음만큼 변한다.

$$\Delta\mathbf{v}_{cm} = \frac{\boldsymbol{P}}{m} \tag{8.7.2}$$

다음으로 물체의 회전운동은 $N = \dot{L} = Id\omega/dt$를 따라야 하므로 각운동량의 변화는 다음과 같다.

$$\int N dt = I\Delta\omega \tag{8.7.3}$$

여기서 $\int N\,dt$를 회전 충격량(rotational impulse)이라 부른다. 따라서 병진의 충격량 $\boldsymbol{P}$가 각운동량을 계산하고자 하는 기준축으로부터 l만큼 떨어져 있는 곳에 작용한다면 $N = Fl$이 되어서

$$\int N dt = Pl \tag{8.7.4}$$

결국 층운동을 하는 강체에 작용하는 충격량 $\boldsymbol{P}$에 의해 만들어지는 각속도의 변화는

$$\Delta\omega = \frac{Pl}{I} \tag{8.7.5}$$

로 주어진다. 일반적인 자유 층운동의 경우 기준축이 질량중심을 지나도록 택해야 하고 관성모멘트는 $I = I_{cm}$이어야 한다. 반면에 강체가 어떤 고정축 주위로만 회전하도록 제한되어 있으면 회전운동방정식만으로 운동을 기술하기에 충분하고 관성모멘트는 그 고정축에 대한 것으로만 택해도 된다.

강체를 포함하는 충돌에서 두 물체가 서로에게 작용하는 힘과 충격량은 항상 크기가 같고 방향이 반대이다. 그러므로 선운동량과 각운동량은 보존된다.

타격 중심: '야구방망이 정리'

위에서 다룬 이론의 응용 예로서 입자라고 간주할 수 있는 질량 m인 야구공이 질량 M인 강체(야구방망이)에 충돌하는 것을 생각해보자. 문제를 간단히 하기 위해 방망이는 매끄러운 수평면에 정지상태로 놓여 있고 자유로이 층운동을 할 수 있다고 하자. 야구공이 방망이에 전달한 충격량을 $\boldsymbol{P}$라 하자. 그러면 병진운동에 관한 방정식은 다음과 같다.

$$\boldsymbol{P} = M\mathbf{v}_{cm} \tag{8.7.6}$$

$$-\boldsymbol{P} = m\mathbf{v}_1 - m\mathbf{v}_0 \tag{8.7.7}$$

여기서 $\mathbf{v}_0$, $\mathbf{v}_1$은 각각 공의 충돌 전후의 속도, $\mathbf{v}_{cm}$은 충돌 후 방망이의 질량중심의 속도이다. 위의 두 식에서 선운동량이 보존된다는 것은 분명하다.

야구방망이는 처음에 정지상태였으므로 충격에 의한 질량중심의 회전은 다음 식으로 주어진다.

$$\omega = \frac{Pl'}{I_{cm}} \tag{8.7.8}$$

여기서 l'은 그림 8.7.1에서 보듯이 질량중심 C에서 $\boldsymbol{P}$의 작용선까지의 거리 $O'C$이다. 이번에는 그림에 있는 것처럼 $O'C$의 연장선상에서 질량중심에서 거리 l인 점 O를 생각해보자. O의 속력은 병진운동과 회전운동을 함께 고려해서 얻을 수 있다.

그림 8.7.1 야구방망이에 부딪히는 공

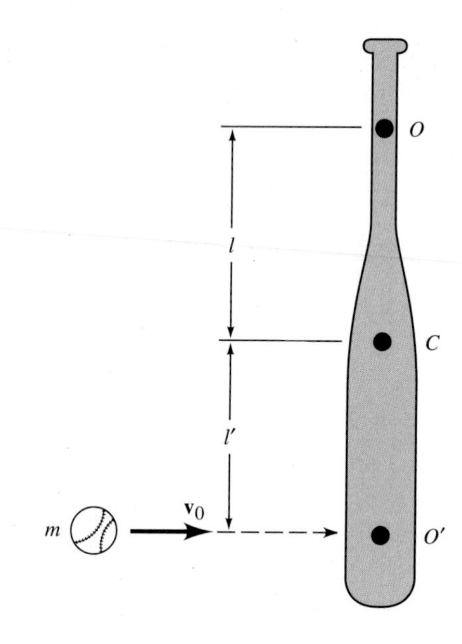

$$v_O = v_{cm} - \omega l = \frac{P}{M} - \frac{Pl'}{I_{cm}} l = P\left(\frac{1}{M} - \frac{ll'}{I_{cm}}\right) \tag{8.7.9}$$

특히 괄호 안이 영이 되면, 즉

$$ll' = \frac{I_{cm}}{M} = k_{cm}^2 \tag{8.7.10}$$

이면 O의 속력은 영이 될 것이다. 여기서 k_{cm}은 질량중심에 대한 물체의 선회반경이다. 이 경우에 점 O는 충격 직후에 순간적인 회전축이 된다. O'은 O에 대한 **타격중심**(打擊中心, center of percussion)이라 한다. 이 두 점은 식 (8.4.13)에서 다룬 물리진자의 분석에서 이미 정의한 진동중심과 관계를 갖고 있다.

야구를 해본 사람은 야구공이 방망이의 어떤 점에 맞으면 타자는 충격을 조금도 느끼지 않는지를 알고 있을 것이다. 이 점은 바로 야구방망이를 쥐고 있는 점의 타격중심이다.

예제 8.7.1

그림 8.7.2에 보이듯이 길이가 b이고 질량이 m인 가는 막대가 마찰력이 없는 회전축에 매달려 있다. 막대의 한쪽 끝에 충격이 가해져 수평방향으로 P'만큼의 충격량이 전해졌다. 막대에 의해 회전축에 전달되는 수평충격량 P를 구하라.

그림 8.7.2 마찰이 없는 회전축에 매달린 가는 막대

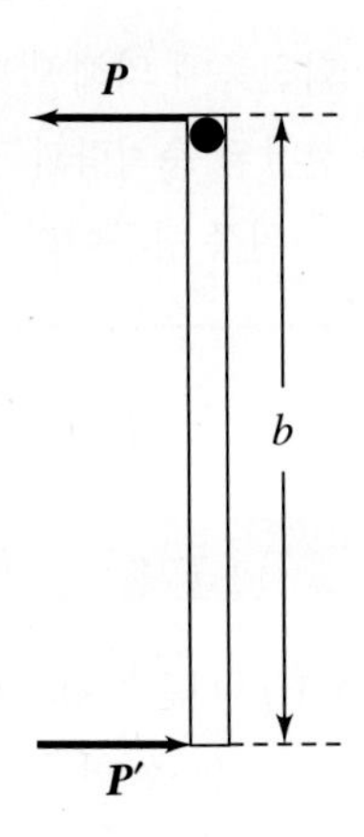

■ 풀이

우선 충격에 의한 질량중심의 속도를 먼저 계산해보자. 이때 막대에 전달되는 수평방향의 순수 충격량은 운동량 변화와 동일하다는 사실에 유념해야 한다.

$$P' - P = mv_{cm}$$

이제 회전축에 대한 막대의 회전을 고려해보자(이렇게 축을 잡으면 8.5절의 조건 1을 만족한다). 이 회전축에 대한 막대의 관성모멘트는 식 (8.3.3)에 의해 주어지며

$$I = \tfrac{1}{3}mb^2$$

이다. 식 (8.7.8)을 이용하여 회전축에 대한 막대의 각속도를 계산하자.

$$P'b = I\omega$$

그런데 질량중심의 속도는 각속도와 다음의 관계에 있으므로

$$v_{cm} = \frac{b}{2}\omega$$

다음과 같이 쓸 수 있다.

$$P' - P = m\frac{b}{2}\omega = m\frac{b}{2}\left[\frac{P'b}{I}\right] = \tfrac{3}{2}P'$$

따라서

$$P = -\tfrac{1}{2}P'$$

회전축에 의해 막대에 전달되는 충격량은 그림 8.7.2와 같이 수평방향의 충격에 의해 오른쪽으로 전달된 충격량과 같은 방향이다. 막대에 의해 회전축에 전달된 충격량은 그 반대 방향, 즉 그림에서 왼쪽 방향이다.

연습문제

8.1 다음의 경우에 질량중심을 구하라.

(a) 한 변이 b인 정사각형 모양에서 한 변이 없는 철사

(b) 반지름 b인 균일한 원판의 사분원

(c) 포물선 $y = x^2/b$와 직선 $y = b$로 둘러싸인 영역

(d) 회전 포물체 $z = (x^2 + y^2)/b$와 평면 $z = b$로 둘러싸인 체적

(e) 높이 b인 균일한 원뿔

8.2 가는 막대의 선밀도가 $\rho = cx$로 주어졌다. c는 상수이고, x는 막대의 한끝으로부터의 거리이다. 막대의 길이를 b라 할 때 질량중심을 구하라.

8.3 반지름 a인 균일한 구의 내부에 구의 중심으로부터 $a/2$만큼 떨어진 지점을 중심으로 반지름 $a/2$인 구가 공동 상태로 비워져 있다. 질량중심을 구하라.

8.4 연습문제 8.1에서 대칭축에 대한 각각의 관성모멘트를 구하라.

8.5 연습문제 8.3에서 구의 중심과 공동의 중심을 연결하는 축에 대한 관성 모멘트를 구하라.

8.6 반지름 a인 균일한 구의 팔분의에서 직선인 가장자리를 축으로 할 때 관성모멘트가 $(2/5)ma^2$임을 구하라. 이 값은 동일한 반지름을 갖는 구의 관성모멘트와 동일하다.

8.7 균일한 직육면체, 타원 실린더, 타원체에서 질량중심을 지나는 지름축에 대한 관성모멘트는 각각 $(m/3)(a^2 + b^2)$, $(m/4)(a^2 + b^2)$, $(m/5)(a^2 + b^2)$임을 증명하라. 여기서 m은 질량이고, 회전축에 수직인 두 지름은 각각 $2a$와 $2b$이다.

8.8 물리진자의 주기는 $2\pi(d/g)^{1/2}$임을 증명하라. 여기서 d는 진자가 걸려 있는 점 O와 진동중심 O' 사이의 거리이다.

8.9 (a) 이상적인 단진자는 질량 M인 입자가 길이 a인 질량이 없는 가는 막대에 연결되어 있는 것이다. 실제로는 질량 m인 가는 막대 끝에 질량 $M - m$인 구형 물체가 매달려 있는 것으로 간주할 수 있다. 구의 반지름을 b, 그리고 막대의 길이는 $a - b$라 할 때 실제의 단진자와 이상적 단진자의 주기의 비를 구하라.

(b) $m = 10$ g, $M = 1$ kg, $a = 1.27$ m, $b = 5$ cm일 때 그 값을 계산하라.

8.10 어떤 물리진자의 주기가 2초이다. 이런 진자를 초시계 진자라 한다. 진자의 질량은 M이고 질량중심은 진동중심보다 1 m 낮은 곳에 있다. 이제 질량 m인 입자를 질량중심 밑 1.3 m 되는 곳에 부착했다. 결과적으로 하루에 20초씩 느려진다는 사실을 알았다. m/M을 계산하라.

8.11 반지름 a인 원형 고리가 둘레의 한 점을 중심으로 물리진자가 되어 진동한다. 회전축이 다음과 같을 때 작은 진폭에 대한 진동주기를 구하라.

(a) 회전축이 원형 고리 평면에 수직일 때

(b) 회전축이 원형 고리 평면에 있을 때

8.12 균일한 구에 가벼운 줄이 몇 바퀴 감겨 있다. 줄의 한끝이 안정적으로 유지된 채로 구가 중력에 의해 낙하한다면 구 중심의 가속도는 얼마인가? 줄은 수직상태로 유지된다고 가정하라.

8.13 길이 l, 질량 m인 균일한 널판자를 두 사람이 들고 있다. 만일 한 사람이 갑자기 널판자를 놓으면 다음 사람이 감당하는 하중은 순간적으로 $mg/2$에서 $mg/4$가 됨을 증명하라. 또 널판자의 끝은 놓이는 순간에 $\frac{3}{2}g$의 가속도를 가짐을 증명하라.

8.14 균일한 구의 내부 중앙에 반지름의 1/2인 구형의 동공이 있다. 이것을 거친 경사면에서 굴러 내려오게 하면 가속도는 꽉 찬 구일 때의 가속도에 비해 98/101임을 증명하라. 참고로 이것이 비파괴 검사의 한 방법이다.

8.15 가볍지만 늘어나지 않는 줄의 양 끝에 질량 m_1, m_2인 두 물체가 매달려 있다. 이 줄은 반지름이 a이고 관성 모멘트가 I인 거친 도르래 위에 걸려 있다. $m_1 > m_2$라 가정하고 도르래와 축 간의 마찰력을 무시할 때 물체의 가속도를 구하라.

8.16 반지름 a인 균일한 원통이 반지름 $b(b > a)$인 거친 고정 원통 위에서 균형을 이루고 있다. 두 원통의 축은 서로 평행이다. 균형이 약간 깨지면 중심 사이의 직선이 수직축과 $\cos^{-1}(4/7)$의 각도를 이루게 될 때 구르는 원통이 큰 원통과 분리됨을 증명하라.

8.17 균일한 사다리가 미끄러운 수직벽에 걸쳐 있다. 만일 바닥도 미끄럽고 처음에 사다리가 바닥과 만드는 각도가 θ_0라 하면 사다리와 바닥 사이의 각도가 $\sin^{-1}(\frac{2}{3}\sin\theta_0)$일 때 미끄러지는 사다리는 벽에서 떨어져 나옴을 증명하라.

8.18 로켓이 발사를 목적으로 수직 상태에 놓여 있다. 불행하게도 발사 전 약간의 진동으로 로켓이 쓰러졌다. 발사대가 미치는 반작용의 수평 성분과 수직 성분을 로켓과 수직선 사이의 각도 θ의 함수로 구하라. 이 결과에서 $\theta < \cos^{-1}(2/3)$일 때는 뒤로, $\theta > \cos^{-1}(2/3)$일 때는 앞으로 미끄러지려는 경향이 있음을 증명하라. 로켓을 가늘고 균일한 막대로 가정하라.

8.19 경사각 θ, 운동 마찰계수 μ_k인 거친 경사면 위로 회전 없이 초기 속력 v_0로 공이 밀어 올려졌다. 공의 위치를 시간의 함수로 구하고, 구르기 시작할 때 공의 위치를 계산하라. $\mu_k > \frac{2}{7}\tan\theta$라고 가정한다.

8.20 반지름 a인 당구공이 전진하지 않고 수평축 주위에서 ω_0의 각속도로 돌고 있다. 당구공과 당구대 사이의 마찰계수를 μ_k라 하면 미끄럼이 안 일어날 때까지 공이 진행하는 거리를 구하라.

8.21 그림 P8.21에 나타낸 것처럼 고정된 반지름 c인 원형 트랙 안에 반지름 a, b인 두 개의 원반이 $c = a + 2b$가 되도록 들어 있다. 원반 A는 점 O를 지나는 수직축을 중심으로 회전할 수 있고, 원반 B는 원반 A와 트랙 C에 끼어서 미끄러지지 않고 움직일 수 있다. 초기에 계는 원반 A, B의 공간상 방향을 가리키는 두 점선이 그림에서 수평 점선에 놓이도록 정지해 있다. 일정한 토크 K가 t_0시간 동안 작용하여 원반 A의 방향을 가리키는 점선이 수평 점선과 각도 α를 이루도록 원반 A를 회전시킨다. 원반 B는 트랙과 원반 A사이에서 굴러 그 방향을 가리키는 점선이 점 O를 향하는 방향과 각도 β를 이룬다. 그때 두 원반의 각속도 ω_A, ω_B를 구하라.

그림 P8.21

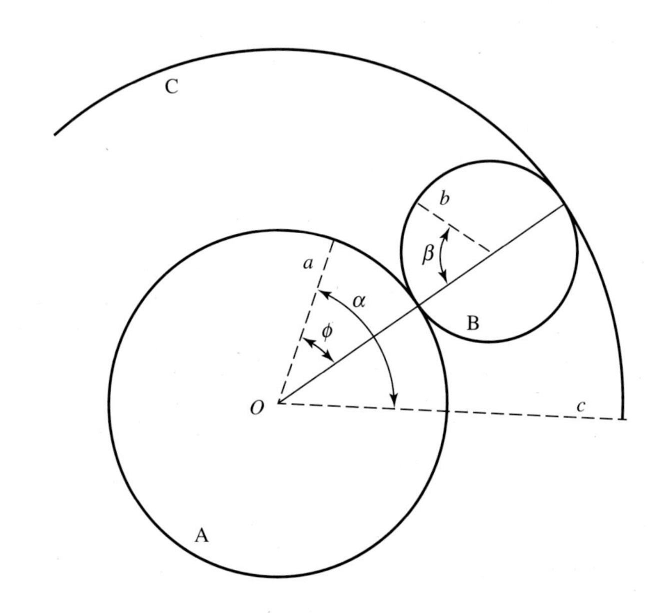

8.22 길이 l인 균일한 널판자가 수평으로 놓인 얼음조각 위에 정지 상태로 놓여 있다. 만일 널판자를 한끝에서 직각 방향으로 차면 널판자는 중심에서 1/6 떨어진 점을 중심으로 회전함을 증명하라.

8.23 당구공이 당구대의 쿠션에 부딪혔을 때 당구대 면과 공 사이에 반작용이 안 일어나려면 당구공 지름의 7/10 되는 높이에 쿠션이 있어야 함을 증명하라.

8.24 탄도 진자는 길이 l, 질량 m인 긴 나무토막으로 되어 있다. 이것은 어떤 점 O 주위에서 자유로이 흔들릴 수 있고 처음에는 정지 상태에 있다. 질량이 m'인 총알이 O로부터 아래로 l'만큼 떨어진 위치에서 수평으로 쏘아져서 나무토막에 박힌다. 그 결과 생기는 진자의 진폭을 θ_0라 하면 총알의 속력을 구하라.

8.25 질량 m이고 길이가 l인 두 균일한 막대 AB와 BC가 점 B에 매끄럽게 연결되어 있다. 이 계는 처음에 미끄러운 평면에 정지해 있고 A, B, C는 일직선 위에 있다. 충격 $\boldsymbol{P}$가 A에 막대에 직각으로 가해지면 이 계의 운동은 처음에 어떻겠는가? (힌트: 막대 두 개를 따로 생각하라.)

컴퓨터 응용 문제

C8.1 다음 표는 태양의 10배에 해당하는 질량을 갖는 별의 밀도를 그 중심으로부터 거리의 함수로 나타낸 것이다. 밀도는 $\log_{10} \rho/\rho_c$로 주어졌다. 여기서 ρ는 거리 r인 위치에서의 밀도이고 ρ_c는 별(star)의 코어 밀도이다. 거리는 별의 반지름과의 비율로 주어져서 $(r/R_\star)$이며, 여기서 $R_\star$는 태양 반지름의 4배이다.

거리$(r/R_\star)$	$\text{Log}_{10}\ (\rho/\rho_c)$
0.	0.
0.01130	−0.0007676
0.02373	−0.0032979
0.03740	−0.0081105
0.05244	−0.0159332
0.06898	−0.0275835
0.08718	−0.0440001
0.10720	−0.0666168
0.12921	−0.0966376
0.15343	−0.136117
0.18008	−0.187302
0.20938	−0.253082
0.24162	−0.338876
0.27708	−0.461671
0.31609	−0.607536
0.35900	−0.780852
0.40620	−0.949463
0.45812	−1.20746
0.51523	−1.46811
0.57805	−1.77071
0.64715	−2.12543
0.72316	−2.55734
0.80678	−3.11969
0.89876	−3.95562
1.00000	−6.28531

태양의 질량과 반지름은 각각 $M_\odot = 1.989 \times 10^{30}$ kg, $R_\odot = 6.96 \times 10^5$ km이다.

(a) 위의 데이터를 이용하여 수치 적분으로 이 별의 코어 밀도를 추정하라.

(b) 그 내부 질량이 $3\,M_\odot$가 되는 반지름 R_3을 구하라.

(c) R_3 내부 $3\,M_\odot$부분의 관성모멘트를 계산하라.

(d) 별이 강체로서 25일마다 한 번씩 회전한다고 가정하여 R_3 내부 부분의 각운동량을 추정하라.

(e) 가령 이 별이 '폭발'해서 초신성(supernova)이 되는데 그때 바깥의 $7\,M_\odot$는 날아가고 내부의 $3\,M_\odot$는 반지름이 10 km인 균일하고 단단한 구가 된다고 하자. 이렇게 생겨난 새로운 천체의 밀도와 회전 주기를 구하라.

제 9 장

강체의 3차원 운동

"물체는 더 이상 지구를 움직이게 하는 일주(日周) 운동에 참여할 수 없다.
실제로 비록 길이는 짧을지라도 그 축은 지상 물체에 대해 원래의 방향을 유지하는 것 같고,
현미경을 사용해서 전체 운동에 따른 이러한 운동을 충분히 확인할 수 있다.
이 축의 원래 방향은 수직축에 대해 임의의 방향을 가지므로 관측 편차는 천체의 편차와 위도의
사인으로 확산한 편차 사이의 모든 값을 가질 수 있다. 일거에 원하는 방향을 바꾸어서
지구가 회전한다는 것을 새롭게 증명할 수 있다. 소규모의 휴대용이면서도 지구 자체의
연속 운동을 반영할 수 있는 장치와 함께…"

– J. B. L. 푸코, 「Comptes rendus de I' Academie Sciences」(vol. 35, 1852/9/27)

고정축을 중심으로 회전하거나 고정 평면에 평행하게 움직이도록 제한된 강체의 운동에서는 회전축의 방향이 변하지 않는다. 이 장에서 살펴볼 강체의 일반 운동에서는 축의 방향도 변할 수 있다. 앞 장과 비교할 때 상당히 복잡해서 외력이 전혀 없이 자유롭게 회전하는 강체에서조차 문제가 그리 간단해지지는 않을 것이다.

9.1 임의의 축에 대한 강체의 회전: 관성모멘트와 관성곱(각운동량과 운동에너지)

강체의 일반 운동을 살펴보기 전에 수학적으로 배울 것이 있다. 우선 임의의 방향을 가진 축에 대

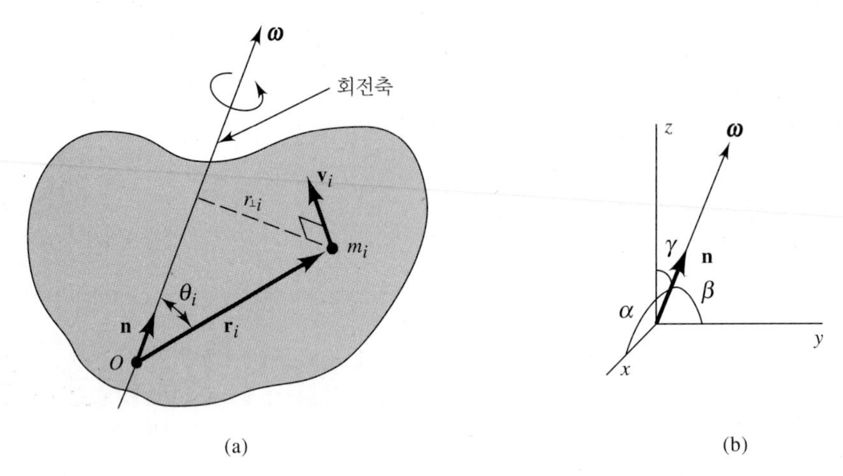

그림 9.1.1 (a) 회전하는 강체 내부 입자의 속도 벡터, (b) α, β, γ는 각속도 벡터 $\boldsymbol{\omega}$(또는 $\mathbf{n}$)가 x, y, z축과 만드는 각도

한 관성모멘트를 계산하고자 한다. 이 축은 그림 9.1.1(a)와 같이 우리가 잡은 좌표계의 원점 O를 지난다. 관성모멘트에 관한 기본식

$$I = \sum_i m_i r_{\perp i}^2 \tag{9.1.1}$$

을 적용한다. 여기서 $r_{\perp i}$는 질량 m_i인 입자로부터 회전축까지의 수직거리이다. 회전축의 방향을 단위벡터 $\mathbf{n}$으로 표기하자. 그러면

$$r_{\perp i} = |r_i \sin\theta_i| = |\mathbf{r}_i \times \mathbf{n}| \tag{9.1.2}$$

이고, 여기서 θ_i는 $\mathbf{r}_i$와 $\mathbf{n}$ 사이의 각도이고

$$\mathbf{r}_i = \mathbf{i}x_i + \mathbf{j}y_i + \mathbf{k}z_i \tag{9.1.3}$$

는 입자 i의 위치벡터이다. 이 축의 방향 코사인을 $\cos\alpha$, $\cos\beta$, $\cos\gamma$라 하면(그림 9.1.1(b) 참조)

$$\mathbf{n} = \mathbf{i}\cos\alpha + \mathbf{j}\cos\beta + \mathbf{k}\cos\gamma \tag{9.1.4}$$

이고, 따라서

$$\begin{aligned} r_{\perp i}^2 &= |\mathbf{r}_i \times \mathbf{n}|^2 \\ &= (y_i \cos\gamma - z_i \cos\beta)^2 + (z_i \cos\alpha - x_i \cos\gamma)^2 + (x_i \cos\beta - y_i \cos\alpha)^2 \end{aligned} \tag{9.1.5a}$$

항들을 정리하면 다음 식을 얻는다.

$$r_{\perp i}^2 = \left(y_i^2 + z_i^2\right)\cos^2\alpha + \left(z_i^2 + x_i^2\right)\cos^2\beta + \left(x_i^2 + y_i^2\right)\cos^2\gamma$$
$$- 2y_i z_i \cos\beta\cos\gamma - 2z_i x_i \cos\gamma\cos\alpha - 2x_i y_i \cos\alpha\cos\beta \tag{9.1.5b}$$

그러면 일반 회전축에 대한 관성모멘트는 상당히 복잡한 식으로 주어진다.

$$\begin{aligned} I = &\sum_i m_i\left(y_i^2 + z_i^2\right)\cos^2\alpha + \sum_i m_i\left(z_i^2 + x_i^2\right)\cos^2\beta \\ &+ \sum_i m_i\left(x_i^2 + y_i^2\right)\cos^2\gamma - 2\sum_i m_i y_i z_i \cos\beta\cos\gamma \\ &- 2\sum_i m_i z_i x_i \cos\gamma\cos\alpha - 2\sum_i m_i x_i y_i \cos\alpha\cos\beta \end{aligned} \tag{9.1.6}$$

나중에 알겠지만 이 공식은 간단하게 표현할 수 있다. 눈에 띄는 것은 좌표의 제곱이 포함된 합의 항들인데 이들은 축에 대한 관성모멘트이다. 다음과 같이 약간 다른 표기법을 쓰기로 하자.

$$\sum_i m_i\left(y_i^2 + z_i^2\right) = I_{xx} \qquad x\text{축에 대한 관성모멘트} \tag{9.1.7a}$$

$$\sum_i m_i\left(z_i^2 + x_i^2\right) = I_{yy} \qquad y\text{축에 대한 관성모멘트} \tag{9.1.7b}$$

$$\sum_i m_i\left(x_i^2 + y_i^2\right) = I_{zz} \qquad z\text{축에 대한 관성모멘트} \tag{9.1.7c}$$

좌표들 사이의 곱이 포함된 항은 우리에게 생소하다. 이를 관성곱(product of inertia)이라 부르며 다음과 같이 표기하기로 하자.

$$-\sum_i m_i x_i y_i = I_{xy} = I_{yx} \qquad xy\text{ 관성곱} \tag{9.1.8a}$$

$$-\sum_i m_i y_i z_i = I_{yz} y_i = I_{zy} \qquad yz\text{ 관성곱} \tag{9.1.8b}$$

$$-\sum_i m_i z_i x_i = I_{zx} = I_{xz} \qquad zx\text{ 관성곱} \tag{9.1.8c}$$

위의 정의에 마이너스 부호가 포함되어 있음에 유의하라. 교재에 따라서는 마이너스 부호가 없는 것도 있다. 관성곱은 관성모멘트와 마찬가지로 질량 × (길이)^{2}의 차원을 갖고 있고 그 값은 질량 분포와 좌표축에 대한 강체의 방향에 의해 결정된다. 이들이 식에 나타나는 이유는 여기서는 앞에서와 달리 임의의 방향을 가진 축을 고려하기 때문이다. 앞 장에서는 한 개의 좌표축을 회전축으로 고정했었다. 관성모멘트와 관성곱이 일정한 상수가 되도록 하려면 강체에 고정되어 강체와 함께 회전하는 좌표계를 선정할 필요가 있다.

실제 강체에서 관성모멘트와 관성곱을 계산할 때는 합(Σ)을 적분으로 대체한다. 예를 들어

$$I_{zz} = \int (x^2 + y^2)\,dm \tag{9.1.9a}$$

$$I_{xy} = -\int xy\,dm \tag{9.1.9b}$$

이고, 다른 관성모멘트 성분에 대해서도 마찬가지로 쓸 수 있다. 우리는 앞 장에서 여러 경우에 관한 관성모멘트를 구했다. 관성모멘트와 관성곱은 좌표계 선정에 의존한다는 점을 명심해야 한다.

위의 표기법을 쓰면 임의의 축에 대한 관성모멘트에 관한 일반식인 식 (9.1.6)은 다음과 같이 쓸 수 있다.

$$\begin{aligned} I = I_{xx}\cos^2\alpha + I_{yy}\cos^2\beta + I_{zz}\cos^2\gamma + 2I_{yz}\cos\beta\cos\gamma \\ + 2I_{zx}\cos\gamma\cos\alpha + 2I_{xy}\cos\alpha\cos\beta \end{aligned} \tag{9.1.10}$$

위 식은 관성모멘트를 구하는 데 좀 지루한 방법 같지만 응용 사례에 따라서는 편리하기도 하다. 더구나 이 식에서 관성곱이 강체 동력학의 일반적인 문제에 어떻게 개입하는지를 알 수 있다.

이 시점에서 강체의 관성모멘트를 텐서나 행렬 같이 간편한 표기로 나타내보기로 하자. 이러한 표기법은 단순히 경제성이나 미관상 이롭다는 이상의 의미를 지닌다. 운동 변수의 표현식을 쉽게 기억할 수 있게 하고 강체의 회전운동에 관한 복잡한 문제 풀이에서 강력한 도구가 될 수도 있기 때문이다.

임의의 축에 대한 강체의 관성모멘트 표현식을 시험해보고자 한다면 관성모멘트는 3×3 대칭 행렬의 요소 I_{ij}로 쓸 수 있어야만 한다. 식 (9.1.7a)~(9.1.8c)에서 주어진 값을 성분으로 갖는 $\mathbf{I}$를 정의하고 이를 **관성 모멘트 텐서**(moment of inertia tensor)라 한다.[1)]

$$\mathbf{I} = \begin{pmatrix} I_{xx} & I_{xy} & I_{xz} \\ I_{yx} & I_{yy} & I_{yz} \\ I_{zx} & I_{zy} & I_{zz} \end{pmatrix} \tag{9.1.11}$$

행렬은 대칭이라서 $I_{ij} = I_{ji}$ 임에 유의하라. 또한 벡터 $\mathbf{n}$은 행렬 표기법에서 다음과 같이 열 벡터로 나타낼 수 있다.

$$\mathbf{n} = \begin{pmatrix} \cos\alpha \\ \cos\beta \\ \cos\gamma \end{pmatrix} \tag{9.1.12}$$

1) 텐서용으로 사용된 표기법이 다소 혼돈스러울 것이다. 이 교재에서 텐서는 볼드체로 표기되어 있는데 벡터 표기 시에도 동일했다. 이 장에서 정의한 텐서는 2차(second rank)이다. 벡터는 차수가 1인 텐서이다. 본문 내에서 두 가지가 분명하게 구분되기를 바란다.

벡터 **n** 방향으로 정렬된 축에 대한 관성모멘트는 행렬 표기로 다음과 같이 쓸 수 있다.

$$I = \tilde{\mathbf{n}}\mathbf{I}\mathbf{n} = (\cos\alpha \quad \cos\beta \quad \cos\gamma)\begin{pmatrix} I_{xx} & I_{xy} & I_{xz} \\ I_{yx} & I_{yy} & I_{yz} \\ I_{zx} & I_{zy} & I_{zz} \end{pmatrix}\begin{pmatrix} \cos\alpha \\ \cos\beta \\ \cos\gamma \end{pmatrix} \tag{9.1.13}$$

여기서 $\tilde{\mathbf{n}}$는 전치행렬(transpose matrix)로서 행렬 **n**의 행과 열을 바꿔놓은 행렬이다. 위 식에서 $\tilde{\mathbf{n}}$는 행 벡터가 된다. 식 (9.1.13)은 식 (9.1.10)과 동일하지만 표기법상 간략하고 보기에 좋다.

각운동량 벡터

7장에서, 어떤 입자계에서 각운동량의 시간 변화율은 그 계에 작용하는 전체 외력의 모멘트와 같음을 배웠다. 즉, 회전 운동방정식은 식 (7.2.7)로 기술된다.

$$\frac{d\mathbf{L}}{dt} = \mathbf{N} \tag{9.1.14}$$

한편 좌표계 원점에 대한 입자계의 각운동량은 식 (7.2.8)로 표현한다.

$$\mathbf{L} = \sum_i \mathbf{r}_i \times m_i \mathbf{v}_i \tag{9.1.15}$$

이 식은 강체에도 적용되는데 강체란 단지 입자 사이의 상대적인 위치가 고정된 특별한 입자계이기 때문이다. 그렇지만 회전 운동방정식을 강체에 적용하기 전에 임의의 축에 대한 각운동량을 계산할 수 있어야 한다.

우선 강체 구성 입자의 회전속도는 다음의 벡터 곱으로 주어진다.

$$\mathbf{v}_i = \boldsymbol{\omega} \times \mathbf{r}_i \tag{9.1.16}$$

그리고 강체의 전체 각운동량은 좌표계 원점에 대해 각 입자가 갖는 각운동량의 합이다.

$$\mathbf{L} = \sum_i [m_i \mathbf{r}_i \times \mathbf{v}_i] = \sum_i [m_i \mathbf{r}_i \times (\boldsymbol{\omega} \times \mathbf{r}_i)] \tag{9.1.17}$$

이 식에 들어 있는 벡터 삼중 곱은 다음과 같이 정리할 수 있다.

$$[\mathbf{r}_i \times (\boldsymbol{\omega} \times \mathbf{r}_i)] = r_i^2 \boldsymbol{\omega} - \mathbf{r}_i(\mathbf{r}_i \cdot \boldsymbol{\omega}) \tag{9.1.18}$$

따라서 강체의 각운동량은

$$\mathbf{L} = \sum_i m_i r_i^2 \boldsymbol{\omega} - \sum_i m_i \mathbf{r}_i(\mathbf{r}_i \cdot \boldsymbol{\omega}) \tag{9.1.19a}$$

로 쓸 수 있고, 이 식에서 각운동량의 x, y, z 성분을 계산할 수 있다. 그러나 텐서의 개념을 살려서 이 식도 다음과 같이 텐서 형태로 쓸 수 있다.

$$\begin{aligned}\mathbf{L} &= \left(\sum_i m_i r_i^2\right)\boldsymbol{\omega} - \left(\sum_i m_i \mathbf{r}_i\mathbf{r}_i\right)\cdot\boldsymbol{\omega} \\ &= \left[\left(\sum_i m_i r_i^2 \mathbf{1}\right) - \left(\sum_i m_i \mathbf{r}_i\mathbf{r}_i\right)\right]\cdot\boldsymbol{\omega}\end{aligned} \tag{9.1.19b}$$

여기서 첫째 항의 벡터 $\boldsymbol{\omega}$는

$$\mathbf{1}\cdot\boldsymbol{\omega} = \boldsymbol{\omega} \tag{9.1.20}$$

로 표시했는데, 이것은 단위 텐서(unit tensor)의 정의로 간주할 수 있다.

$$\mathbf{1} = \mathbf{ii} + \mathbf{jj} + \mathbf{kk} \tag{9.1.21}$$

위의 항등식은 $\boldsymbol{\omega}$와 곱함으로써 쉽게 확인할 수 있다.

$$\begin{aligned}\mathbf{1}\cdot\boldsymbol{\omega} &= (\mathbf{ii} + \mathbf{jj} + \mathbf{kk})\cdot\boldsymbol{\omega} \\ &= \mathbf{i}(\mathbf{i}\cdot\boldsymbol{\omega}) + \mathbf{j}(\mathbf{j}\cdot\boldsymbol{\omega}) + \mathbf{k}(\mathbf{k}\cdot\boldsymbol{\omega}) \\ &= \mathbf{i}\omega_x + \mathbf{j}\omega_y + \mathbf{k}\omega_z \\ &= \boldsymbol{\omega}\end{aligned} \tag{9.1.22}$$

단위 텐서나 식 (9.1.19b)의 둘째 항은 전에 보지 못했던 벡터의 곱을 포함하고 있다. 이와 같은 **ab** 형태의 벡터 곱을 다이아드 곱(dyad product)이라 한다. 이것은 일종의 텐서로서 어떤 벡터 **c**에 작용할 때 식 (9.1.21)과 식 (9.1.22)에서 단위 텐서를 계산한 방법과 마찬가지로 다음과 같이 정의한다.

$$(\mathbf{ab})\cdot\mathbf{c} = \mathbf{a}(\mathbf{b}\cdot\mathbf{c}) \tag{9.1.23a}$$

이 곱의 결과는 벡터이다. 그 연산을 행렬 형태로 나타내면 다음과 같다.

$$\begin{aligned}(\mathbf{ab})\cdot\mathbf{c} &= \begin{pmatrix} a_x b_x & a_x b_y & a_x b_z \\ a_y b_x & a_y b_y & a_y b_z \\ a_z b_x & a_z b_y & a_z b_z \end{pmatrix}\begin{pmatrix} c_x \\ c_y \\ c_z \end{pmatrix} \\ &= \begin{pmatrix} a_x(b_x c_x + b_y c_y + b_z c_z) \\ a_y(b_x c_x + b_y c_y + b_z c_z) \\ a_z(b_x c_x + b_y c_y + b_z c_z) \end{pmatrix} = \mathbf{a}(\mathbf{b}\cdot\mathbf{c})\end{aligned} \tag{9.1.23b}$$

위 식의 왼쪽에 다른 벡터 **d**와 스칼라 곱을 하면 결과는 간단히 스칼라가 된다.

$$\mathbf{d}\cdot(\mathbf{ab})\cdot\mathbf{c}=(\mathbf{d}\cdot\mathbf{a})(\mathbf{b}\cdot\mathbf{c}) \tag{9.1.24}$$

행렬을 이용하여 이 결과를 구하는 일은 숙제로 남겨두겠다.

3차원에서 텐서의 성분은 9개로, 다음과 같이 만들어진다.

$$T_{ij}=\mathbf{i}\cdot\mathbf{T}\cdot\mathbf{j} \tag{9.1.25}$$

식 (9.1.23b)에 포함된 다이아드 곱 **ab**의 성분은 식 (9.1.25)의 연산으로 얻어낼 수 있음을 확신할 수 있어야 한다.

이러한 정의를 사용하면 식 (9.1.19b)의 중괄호 안에 있는 양

$$\mathbf{I}=\sum_i m_i r_i^2\mathbf{1}-\sum_i m_i\mathbf{r}_i\mathbf{r}_i \tag{9.1.26}$$

는 식 (9.1.6)에서 주어진 성분을 갖는 관성모멘트 텐서와 같다. 다음 식과 같이 성분을 계산해보면 위 식의 등가성을 확인할 수 있다.

$$\begin{aligned}\mathbf{i}\cdot\mathbf{I}\cdot\mathbf{i}&=\mathbf{i}\cdot\left\{\sum_i\left[m_i r_i^2(\mathbf{ii}+\mathbf{jj}+\mathbf{kk})-m_i\mathbf{r}_i\mathbf{r}_i\right]\right\}\cdot\mathbf{i}\\ I_{xx}&=\sum_i m_i r_i^2-m_i x_i^2=\sum_i m_i\left(y_i^2+z_i^2\right)\end{aligned} \tag{9.1.27a}$$

$$\begin{aligned}\mathbf{i}\cdot\mathbf{I}\cdot\mathbf{j}&=\mathbf{i}\cdot\left\{\sum_i\left[m_i r_i^2\left(\mathbf{ii}+\mathbf{jj}+\mathbf{kk}\right)-m_i\mathbf{r}_i\mathbf{r}_i\right]\right\}\cdot\mathbf{j}\\ I_{xy}&=-\sum_i m_i x_i y_i,\ \text{등등}\end{aligned} \tag{9.1.27b}$$

따라서 텐서 표기법으로 각운동량은 다음과 같이 쓸 수 있다.

$$\mathbf{L}=\mathbf{I}\cdot\boldsymbol{\omega} \tag{9.1.28}$$

한 가지 중요한 사실은 각운동량 벡터의 방향이 반드시 회전축 방향과 같다고 할 수는 없다는 것이다. 즉, **L**과 **ω**는 반드시 평행이라고는 할 수 없다. 예를 들어 **ω**가 x축을 향하고 있어서 $\omega_x=\omega$, $\omega_y=\omega_z=0$이라 하자. 그러면 위 식은

$$\begin{aligned}\mathbf{L}&=\mathbf{I}\cdot\boldsymbol{\omega}\\ &=\mathbf{i}(\omega_x I_{xx}+\omega_y I_{xy}+\omega_z I_{xz})+\mathbf{j}(\omega_x I_{yx}+\omega_y I_{yy}+\omega_z I_{yz})\\ &\quad+\mathbf{k}(\omega_x I_{zx}+\omega_y I_{zy}+\omega_z I_{zz})\\ &=\mathbf{i}\omega I_{xx}+\mathbf{j}\omega I_{xy}+\mathbf{k}\omega I_{xz}\end{aligned} \tag{9.1.29}$$

이 되어, **L**은 회전축인 x축에 수직인 성분도 포함한다. 그러나 각운동량의 회전축에 대한 성분은 $L_x=\omega I_{xx}$가 되어 8장에서 얻은 결과와 일치한다.

예제 9.1.1

질량이 m이고 한 변이 a인 균일한 정사각형 판의 대각선에 대한 관성모멘트를 구하라.

■ 풀이

그림 9.1.2와 같이 판을 xy평면에 놓고 한끝이 원점에 오도록 좌표축을 정하자. 그러면 앞 장에서 $I_{xx} = I_{yy} = ma^2/3$, $I_{zz} = I_{xx} + I_{yy} = 2ma^2/3$을 알 수 있다. 그런데 판 위의 모든 점에서는 $z = 0$이므로 xz와 yz 관성곱은 영이 된다($I_{xz} = I_{yz} = 0$). xy 관성곱은 다음과 같이 적분으로 구할 수 있다.

$$I_{xy} = I_{yx} = -\int_0^a \int_0^a xy\rho\, dx\, dy = -\rho\int_0^a \frac{a^2}{2} y\, dy = -\rho\frac{a^4}{4}$$

여기서 ρ는 단위 면적당 질량, 즉 $\rho = m/a^2$이다. 따라서 다음 결과를 얻는다.

$$I_{xy} = -\tfrac{1}{4} ma^2$$

이제 그림 9.1.2에 표시된 좌표계에 대해 정사각형 평판의 관성모멘트 계산에 필요한 것들을 모두 알아냈다.

$$\mathbf{I} = \begin{pmatrix} \frac{ma^2}{3} & \frac{-ma^2}{4} & 0 \\ \frac{-ma^2}{4} & \frac{ma^2}{3} & 0 \\ 0 & 0 & \frac{2ma^2}{3} \end{pmatrix} = ma^2 \begin{pmatrix} \frac{1}{3} & -\frac{1}{4} & 0 \\ -\frac{1}{4} & \frac{1}{3} & 0 \\ 0 & 0 & \frac{2}{3} \end{pmatrix}$$

그림 9.1.2 정사각형 평판

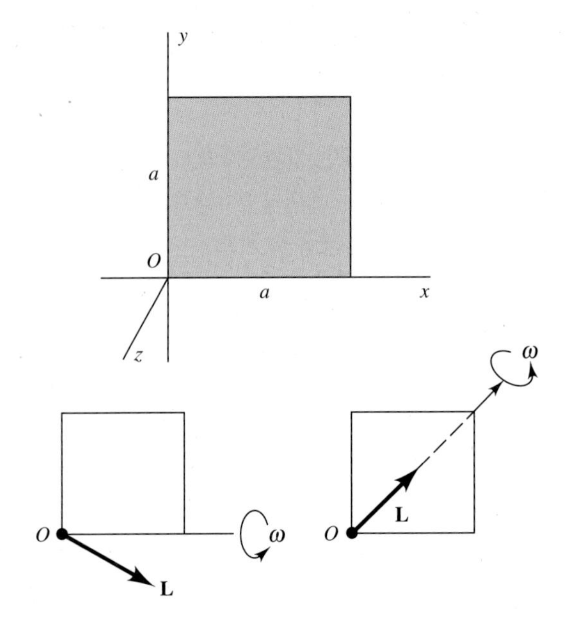

식 (9.1.13)을 이용해서 대각선에 대한 관성모멘트를 계산하려면 대각선 방향으로의 단위벡터 **n**의 성분을 알 필요가 있다. 이 벡터가 좌표축과 이루는 각도는 $\alpha = \beta = 45°$, $\gamma = 90°$이다. 이때 방향 코사인은 $\cos\alpha = \cos\beta = \frac{1}{\sqrt{2}}$, $\cos\gamma = 0$이고 대각선에 대한 관성모멘트는 다음과 같다.

$$I = \tilde{\mathbf{n}}\mathbf{I}\mathbf{n} = \begin{pmatrix} \frac{1}{\sqrt{2}} & \frac{1}{\sqrt{2}} & 0 \end{pmatrix} \begin{pmatrix} \frac{1}{3} & -\frac{1}{4} & 0 \\ -\frac{1}{4} & \frac{1}{3} & 0 \\ 0 & 0 & \frac{2}{3} \end{pmatrix} \begin{pmatrix} \frac{1}{\sqrt{2}} \\ \frac{1}{\sqrt{2}} \\ 0 \end{pmatrix} ma^2$$

$$= \begin{pmatrix} \frac{1}{\sqrt{2}} & \frac{1}{\sqrt{2}} & 0 \end{pmatrix} \begin{pmatrix} \frac{1}{12\sqrt{2}} \\ \frac{1}{12\sqrt{2}} \\ 0 \end{pmatrix} ma^2 = \frac{1}{12} ma^2$$

이 결과는 직접 적분으로도 얻을 수 있는데 숙제로 남겨두겠다. 연습문제 9.2(c)도 참조하라.

예제 9.1.2

예제 9.1.1에서 정사각형 판이 (a) x축 (b) 원점을 지나는 대각선 주위로 각속도 ω로 회전하고 있을 때 원점에 대한 각운동량을 계산하라.

■ 풀이

(a) x축에 대한 회전에서는 다음과 같다.

$$\omega_x = \omega \qquad \omega_y = 0 \qquad \omega_z = 0$$

전체의 각운동량은 $\mathbf{L} = \mathbf{I} \cdot \boldsymbol{\omega}$이므로 행렬 표기로 다음과 같이 쓸 수 있다.

$$\mathbf{L} = \mathbf{I}\boldsymbol{\omega} = ma^2 \begin{pmatrix} \frac{1}{3} & -\frac{1}{4} & 0 \\ -\frac{1}{4} & \frac{1}{3} & 0 \\ 0 & 0 & \frac{2}{3} \end{pmatrix} \begin{pmatrix} \omega \\ 0 \\ 0 \end{pmatrix} = ma^2\omega \begin{pmatrix} \frac{1}{2} \\ -\frac{1}{4} \\ 0 \end{pmatrix}$$

마지막 결과는 열 벡터로 표현한 것이다.

(b) 대각선에 대한 $\boldsymbol{\omega}$의 성분은 다음과 같다.

$$\omega_x = \omega_y = \omega \cos 45° = \frac{\omega}{\sqrt{2}} \qquad \omega_z = 0$$

따라서 다음 결과를 얻는다.

$$\mathbf{L} = ma^2 \begin{pmatrix} \frac{1}{3} & -\frac{1}{4} & 0 \\ -\frac{1}{4} & \frac{1}{3} & 0 \\ 0 & 0 & \frac{2}{3} \end{pmatrix} \begin{pmatrix} \frac{\omega}{\sqrt{2}} \\ \frac{\omega}{\sqrt{2}} \\ 0 \end{pmatrix} = \frac{ma^2\omega}{\sqrt{2}} \begin{pmatrix} \frac{1}{12} \\ \frac{1}{12} \\ 0 \end{pmatrix}$$

(a)의 경우에는 각운동량 $\mathbf{L}$이 각속도 $\boldsymbol{\omega}$의 방향으로 향하고 있는 것이 아니다. 그림 9.1.2와 같이 아래 방향을 향하고 있음에 유의하라. 그러나 (b)의 경우에는 그림 9.1.2에서 보듯이 두 벡터는 같은 방향을 향하고 있다.

(a)의 경우 각운동량 크기는 $(\mathbf{L} \cdot \mathbf{L})^{1/2}$로 주어진다. 행렬 표기로 다음 결과를 얻는다.

$$L^2 = \tilde{\mathbf{L}}\mathbf{L} = (ma^2\omega)^2 \begin{pmatrix} \frac{1}{3} & -\frac{1}{4} & 0 \end{pmatrix} \begin{pmatrix} \frac{1}{3} \\ -\frac{1}{4} \\ 0 \end{pmatrix} = (ma^2\omega)^2 \left[\frac{1}{9} + \frac{1}{16} \right]$$

$$= (ma^2\omega)^2 \frac{25}{144} \qquad \therefore L = ma^2\omega \frac{5}{12}$$

(b)의 경우에는 다음과 같다.

$$L = ma^2\omega \frac{1}{12}$$

강체의 회전 운동에너지

다음에는 그림 9.1.1에 보인 일반적인 강체의 회전 운동에너지를 계산해보자. 각운동량의 계산에서와 마찬가지로 개별 입자가 갖는 속도는 $\mathbf{v}_i = \boldsymbol{\omega} \times \mathbf{r}_i$라는 사실을 이용한다. 따라서 회전 운동에너지는 다음과 같은 합이 된다.

$$T_{rot} = \sum_i \frac{1}{2} m_i \mathbf{v}_i \cdot \mathbf{v}_i = \frac{1}{2} \sum_i (\boldsymbol{\omega} \times \mathbf{r}_i) \cdot m_i \mathbf{v}_i \tag{9.1.30}$$

삼중 스칼라 곱에서는 순서를 바꿀 수 있어서 $(\mathbf{A} \times \mathbf{B}) \cdot \mathbf{C} = \mathbf{A} \cdot (\mathbf{B} \times \mathbf{C})$를 이용하면 위의 식은 다음과 같이 쓸 수 있다(1.7절 참조).

$$T_{rot} = \frac{1}{2} \sum_i \boldsymbol{\omega} \cdot (\mathbf{r}_i \times m_i \mathbf{v}_i) = \frac{1}{2} \boldsymbol{\omega} \cdot \sum_i (\mathbf{r}_i \times m_i \mathbf{v}_i) \tag{9.1.31}$$

그런데 정의에 의해 벡터 합 $\Sigma_i (\mathbf{r}_i \times m_i \mathbf{v}_i)$는 각운동량 $\mathbf{L}$이므로 강체의 회전 운동에너지는 다음과 같이 쓸 수 있다.

$$T_{rot} = \frac{1}{2} \boldsymbol{\omega} \cdot \mathbf{L} \tag{9.1.32}$$

7장에서 질량중심의 속도가 $\mathbf{v}_{cm}$, 입자계의 운동량이 $\mathbf{p} = m\mathbf{v}_{cm}$인 입자계의 병진 운동에너지는 $\frac{1}{2}\mathbf{v}_{cm} \cdot \mathbf{p}$임을 기억할 것이다. 따라서 질량중심에 대한 각운동량을 $\mathbf{L}$이라 하면 강체의 전체 운동에너지는 다음과 같다.

$$T = T_{rot} + T_{trans} = \frac{1}{2}\boldsymbol{\omega} \cdot \mathbf{L} + \frac{1}{2}\mathbf{v}_{cm} \cdot \mathbf{p} \tag{9.1.33}$$

앞 절에서의 결과를 사용해서 강체의 회전 운동 에너지는 관성모멘트 텐서로 표현할 수 있다.

$$T_{rot} = \frac{1}{2}\boldsymbol{\omega} \cdot \mathbf{I} \cdot \boldsymbol{\omega} \tag{9.1.34}$$

행렬 표기를 써서 구체적으로 계산하면 다음을 얻는다.

$$\begin{aligned} T_{rot} &= \frac{1}{2}\tilde{\boldsymbol{\omega}}\mathbf{I}\boldsymbol{\omega} = \frac{1}{2}(\omega_x \quad \omega_y \quad \omega_z)\begin{pmatrix} I_{xx} & I_{xy} & I_{xz} \\ I_{yx} & I_{yy} & I_{yz} \\ I_{zx} & I_{zy} & I_{zz} \end{pmatrix}\begin{pmatrix} \omega_x \\ \omega_y \\ \omega_z \end{pmatrix} \\ &= \frac{1}{2}\left(I_{xx}\omega_x^2 + I_{yy}\omega_y^2 + I_{zz}\omega_z^2 + 2I_{xy}\omega_x\omega_y + 2I_{xz}\omega_x\omega_z + 2I_{yz}\omega_y\omega_z\right) \end{aligned} \tag{9.1.35}$$

예제 9.1.3

예제 9.1.2에서 정사각형 평판의 회전 운동에너지를 계산하라.

■ 풀이

x축에 대한 회전인 (a)의 경우에는 다음과 같고

$$T = \frac{1}{2}\tilde{\boldsymbol{\omega}}\mathbf{I}\boldsymbol{\omega} = \frac{1}{2}ma^2\omega^2(1 \quad 0 \quad 0)\begin{pmatrix} \frac{1}{3} & -\frac{1}{4} & 0 \\ -\frac{1}{4} & \frac{1}{3} & 0 \\ 0 & 0 & \frac{2}{3} \end{pmatrix}\begin{pmatrix} 1 \\ 0 \\ 0 \end{pmatrix} = \frac{1}{6}ma^2\omega^2$$

대각선에 대한 회전인 (b)의 경우에는 다음 결과를 얻는다.

$$\begin{aligned} T &= \frac{1}{2}ma^2\omega^2\left(\frac{1}{\sqrt{2}} \quad \frac{1}{\sqrt{2}} \quad 0\right)\begin{pmatrix} \frac{1}{3} & -\frac{1}{4} & 0 \\ -\frac{1}{4} & \frac{1}{3} & 0 \\ 0 & 0 & \frac{2}{3} \end{pmatrix}\begin{pmatrix} \frac{1}{\sqrt{2}} \\ \frac{1}{\sqrt{2}} \\ 0 \end{pmatrix} \\ &= \frac{1}{2}ma^2\omega^2\left(\frac{1}{\sqrt{2}} \quad \frac{1}{\sqrt{2}} \quad 0\right)\begin{pmatrix} \frac{1}{12\sqrt{2}} \\ \frac{1}{12\sqrt{2}} \\ 0 \end{pmatrix} = \frac{1}{24}ma^2\omega^2 \end{aligned}$$

9.2 강체의 주축

모든 관성곱이 영이 되도록 좌표축을 택하면 강체 운동에 관한 앞의 수학공식은 상당히 간단해진다. 실제로 어떤 강체에서든, 어떤 점을 원점으로 택하든 이러한 원점 O는 항상 존재한다. 이 축들을 좌표계의 원점 O에 대한 강체의 **주축**(主軸, principal axis)이라 한다. 흔히 O는 질량중심에 잡는다.

구체적으로 강체의 주축을 좌표계의 축으로 잡으면 $I_{xy} = I_{xz} = I_{yz} = 0$이 되고 이 경우 다음과 같은 표기법을 사용하기로 하자.

$$\begin{aligned} I_{xx} &= I_1 \qquad & \omega_x &= \omega_1 \qquad & \mathbf{i} &= \mathbf{e}_1 \\ I_{yy} &= I_2 & \omega_y &= \omega_2 & \mathbf{j} &= \mathbf{e}_2 \\ I_{zz} &= I_3 & \omega_z &= \omega_3 & \mathbf{k} &= \mathbf{e}_3 \end{aligned} \tag{9.2.1}$$

세 관성모멘트 I_1, I_2, I_3는 점 O에서의 강체의 **주관성모멘트**(principal moment of inertia)로 알려져 있다. 좌표축이 주축방향으로 향하고 있을 경우 관성모멘트 텐서는 특별히 간단한 대각 행렬이 된다.

$$\mathbf{I} = \begin{pmatrix} I_1 & 0 & 0 \\ 0 & I_2 & 0 \\ 0 & 0 & I_3 \end{pmatrix} \tag{9.2.2}$$

이때 강체의 주축을 구하는 문제는 수학적으로 3×3 대칭행렬을 대각화(diagonalization)하는 문제와 동일하다. 관성모멘트 텐서는 항상 정방대칭 행렬로 나타낼 수 있고 이러한 행렬은 항상 대각화할 수 있다. **따라서 어떤 강체에서도 공간상의 어느 점에 대해서든 주축은 항상 존재한다.**

좌표축이 주축과 일치하는 좌표계에서 임의의 회전축에 대한 강체의 관성모멘트, 각운동량, 회전 운동에너지는 상당히 간단한 형태가 된다. 회전축 방향의 단위벡터를 $\mathbf{n}$이라 하고 주축에 대한 이 벡터의 방향 코사인을 $\cos\alpha$, $\cos\beta$, $\cos\gamma$라 하면 그 회전축에 대한 관성모멘트는 다음과 같다.

$$\begin{aligned} I = \tilde{\mathbf{n}}\mathbf{I}\mathbf{n} &= (\cos\alpha \quad \cos\beta \quad \cos\gamma) \begin{pmatrix} I_1 & 0 & 0 \\ 0 & I_2 & 0 \\ 0 & 0 & I_3 \end{pmatrix} \begin{pmatrix} \cos\alpha \\ \cos\beta \\ \cos\gamma \end{pmatrix} \\ &= I_1 \cos^2\alpha + I_2 \cos^2\beta + I_3 \cos^2\gamma \end{aligned} \tag{9.2.3}$$

각속도 $\boldsymbol{\omega}$는 $\mathbf{n}$과 같은 방향이고 주축에 대한 성분은 $(\omega_1, \omega_2, \omega_3)$이다. 이 좌표계에서 전체 각운동량 $\mathbf{L} = \mathbf{I} \cdot \boldsymbol{\omega}$는 행렬 표기로 다음과 같이 쓸 수 있다.

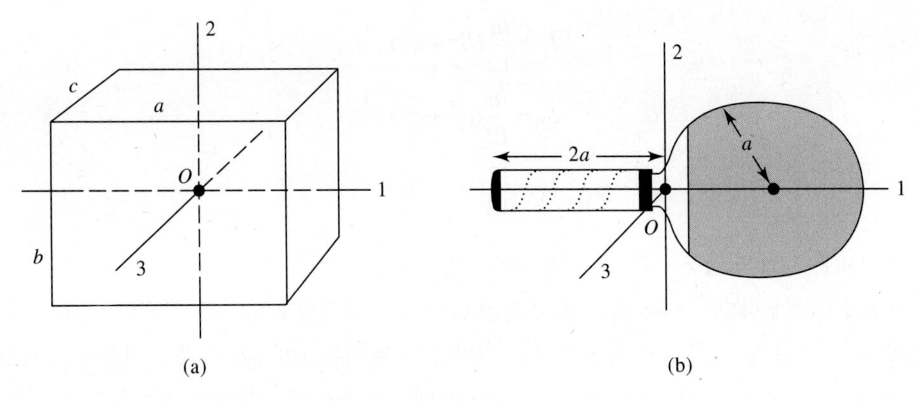

그림 9.2.1 (a) 균일한 직육면체와 (b) 탁구 라켓의 주축

$$
\begin{aligned}
\mathbf{L} = \mathbf{I}\boldsymbol{\omega} &= \begin{pmatrix} I_1 & 0 & 0 \\ 0 & I_2 & 0 \\ 0 & 0 & I_3 \end{pmatrix} \begin{pmatrix} \omega_1 \\ \omega_2 \\ \omega_3 \end{pmatrix} = \begin{pmatrix} I_1\omega_1 \\ I_2\omega_2 \\ I_3\omega_3 \end{pmatrix} \\
&= \mathbf{e}_1 I_1\omega_1 + \mathbf{e}_2 I_2\omega_2 + \mathbf{e}_3 I_3\omega_3
\end{aligned} \tag{9.2.4}
$$

마지막으로 회전 운동에너지 T_{rot}는 다음과 같다.

$$
\begin{aligned}
T_{rot} &= \tfrac{1}{2}\tilde{\boldsymbol{\omega}}\mathbf{I}\boldsymbol{\omega} = \tfrac{1}{2}(\omega_1 \quad \omega_2 \quad \omega_3) \begin{pmatrix} I_1 & 0 & 0 \\ 0 & I_2 & 0 \\ 0 & 0 & I_3 \end{pmatrix} \begin{pmatrix} \omega_1 \\ \omega_2 \\ \omega_3 \end{pmatrix} \\
&= \tfrac{1}{2}\left(I_1\omega_1^2 + I_2\omega_2^2 + I_3\omega_3^2\right)
\end{aligned} \tag{9.2.5}
$$

이번에는 주축을 구하는 문제를 생각해보자. 우선 강체가 어떤 대칭성을 갖고 있으면 통상 하나 이상의 관성곱이 같은 크기, 반대 부호의 요소들로 구성되어서 영이 되게 하는 좌표계를 선정하는 것이 가능하다. 가령 그림 9.2.1의 직육면체 토막이나 탁구 라켓은 대칭면에 수직한 축을 주축으로 하고 있다.

예제 9.2.1

(a) 그림 9.2.1(a)의 직육면체 토막에 대해서 질량중심 O에 대한 주관성모멘트는 표 8.3.1에 실린 것과 같다. 즉,

$$I_1 = \frac{m}{12}(b^2 + c^2)$$

$$I_2 = \frac{m}{12}(a^2 + c^2)$$

$$I_3 = \frac{m}{12}(a^2 + b^2)$$

여기서 m은 토막의 질량이고 a, b, c는 직육면체의 세 변의 길이이다.

(b) 그림 9.2.1(b)에 나타나 있는 탁구 라켓의 점 O에 대한 주관성모멘트를 계산하기 위해 라켓을 질량 $m/2$, 길이 $2a$인 가는 막대에 부착된 질량 $m/2$, 반지름 a인 원반이라고 단순하게 가정하자. 8.3절의 결과를 인용하여 각 부분의 주관성모멘트를 계산하고 합하면 다음과 같다.

$$I = I_{rod} + I_{disc}$$

$$I_1 = 0 + \tfrac{1}{4}\frac{m}{2}a^2 = \tfrac{1}{8}ma^2$$

$$I_2 = \tfrac{1}{3}\frac{m}{2}(2a)^2 + \tfrac{5}{4}\frac{m}{2}a^2 = \tfrac{31}{24}ma^2$$

$$I_3 = \tfrac{1}{3}\frac{m}{2}(2a)^2 + \tfrac{3}{2}\frac{m}{2}a^2 = \tfrac{17}{12}ma^2$$

탁구 라켓을 원반이라 가정했으므로 $I_3 = I_1 + I_2$이다.

예제 9.2.2

변의 길이가 a인 정육면체 대각선에 대한 관성모멘트를 구하라.

■ 풀이

균일한 직육면체의 질량중심을 통과하는 축에 관한 관성모멘트는 식 (9.2.3)으로 주어진다. 특히 정육면체($a = b = c$)라면 원점 O에 관한 주관성모멘트는 모두 같다. 따라서 식 (9.2.3)으로부터 다음을 알게 된다.

$$I = I_1\cos^2\alpha + I_2\cos^2\beta + I_3\cos^2\gamma = I_1(\cos^2\alpha + \cos^2\beta + \cos^2\gamma) = I_1 = \tfrac{1}{6}ma^2$$

$\cos^2\alpha + \cos^2\beta + \cos^2\gamma = 1$이므로 이것은 정육면체의 질량중심을 지나는 모든 축에 대한 관성 모멘트이다.

동력학적 균형

세 개의 주축 중 하나인 1축을 중심으로 물체가 회전하고 있다고 하자. 그러면 $\omega = \omega_1$, $\omega_2 = \omega_3 = 0$이고 각운동량에 관한 식인 식 (9.2.4)는 다음과 같은 하나의 식으로 줄어든다. 즉,

$$\mathbf{L} = \mathbf{e}_1 I_1 \omega_1 \tag{9.2.6a}$$

혹은 벡터 표현으로

$$\mathbf{L} = I_1 \boldsymbol{\omega} \tag{9.2.6b}$$

이다. 이것은 각속도 벡터나 회전축이 각운동량 백터와 같은 방향을 향하고 있는 상황과 동일하다. 따라서 다음과 같은 중요한 사실을 알 수 있다. **각운동량 벡터는 회전축이 주축과 같은 방향이냐 아니냐에 따라서 회전축과 같은 방향이냐 아니냐가 정해진다.**

예제 9.2.3

그림 9.2.1(b)의 탁구 라켓이 세 번째 축 주위로 각속도 $|\boldsymbol{\omega}| = \omega_3$로 회전한다고 가정하자. 그러면 각운동량 $\mathbf{L}$은 식 (9.2.6a)에서 첨자 1을 3으로 바꾸어놓아서

$$\mathbf{L} = \mathbf{e}_3 I_3 \omega_3 = \mathbf{e}_3 \tfrac{17}{12} ma^2 \omega_3$$

위에서 얻은 결과는 자동차 바퀴나 선풍기 날개에 적용할 수 있다. 이들이 **정역학적 균형**(static balance)을 이루고 있다면 질량중심은 회전축상에 있어야 한다. 그러나 **동력학적 균형**(dynamic balance)도 이루려면 회전축이 주축이 되어야 강체가 회전할 때 각운동량 $\mathbf{L}$이 회전축상에 있을 것이다. 그러나 만약 회전축이 주축이 아니라면 각운동량의 방향이 변해서 그림 9.2.2에서처럼 원뿔 모양의 운동을 한다. 그러면 $d\mathbf{L}/dt$는 작용하는 토크와 같으므로 강체에는 토크가 작용해야 한다. 이 토크의 방향은 축에 수직이다. 결과적으로 베어링에 반작용이 작용한다. 동력학적으로 균형

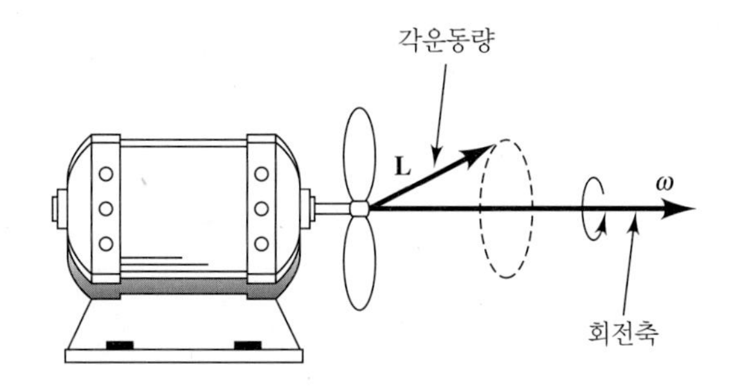

그림 9.2.2 회전하는 선풍기 날개. 날개가 동력학적으로 균형을 이루고 있지 못하면 각운동량 $\mathbf{L}$은 회전축 주위의 원뿔을 따라 움직인다.

을 이루지 못하는 바퀴나 회전자에서는 비록 정역학적으로는 균형을 이루고 있을지라도 전체적으로 강한 진동이 생기거나 흔들린다.

한 개의 주축이 알려진 경우 다른 두 주축을 구하는 방법

많은 경우에 강체는 다분히 대칭성이 있어서 최소 한 개의 주축을 쉽게 판별할 수 있다. 즉, 관성곱 두 개가 영이 되도록 축을 선정할 수가 있다. 이 경우에는 다른 두 주축은 다음과 같이 결정한다. 그림 9.2.3은 그림 9.2.2의 선풍기 날개를 정면에서 본 그림이다. 대칭축은 z축이고 선풍기 날개의 세 번째 주축이 된다. 이 경우에 다음이 성립한다.

$$I_{zx} = I_{zy} = 0 \qquad I_{zz} = I_3 \neq 0 \tag{9.2.7}$$

다른 두 주축은 z축에 수직이어야 하므로 xy평면상에 있어야 한다. 이 두 주축 중 한 축을 중심으로 물체가 회전하고 있다고 가정하자. 그렇다면 그림 9.2.3의 선풍기 날개처럼 동력학적 균형을 이루어야 한다. 각운동량 벡터 $\mathbf{L}$은 각속도 벡터 $\boldsymbol{\omega}$와 같은 방향이어야 하므로 다음이 성립한다.

$$\mathbf{L} = I_1\boldsymbol{\omega} = I_1\begin{pmatrix}\omega_x \\ \omega_y \\ 0\end{pmatrix} \tag{9.2.8}$$

여기서 I_1은 문제의 두 주축 중 한 축에 대한 관성모멘트이다. 행렬 표기로는 xyz 기준계에서 각운동량 $\mathbf{L}$은 다음과 같다.

$$\mathbf{L} = \mathbf{I}\boldsymbol{\omega} = \begin{pmatrix}I_{xx} & I_{xy} & 0 \\ I_{xy} & I_{yy} & 0 \\ 0 & 0 & I_3\end{pmatrix}\begin{pmatrix}\omega_x \\ \omega_y \\ 0\end{pmatrix} \tag{9.2.9}$$

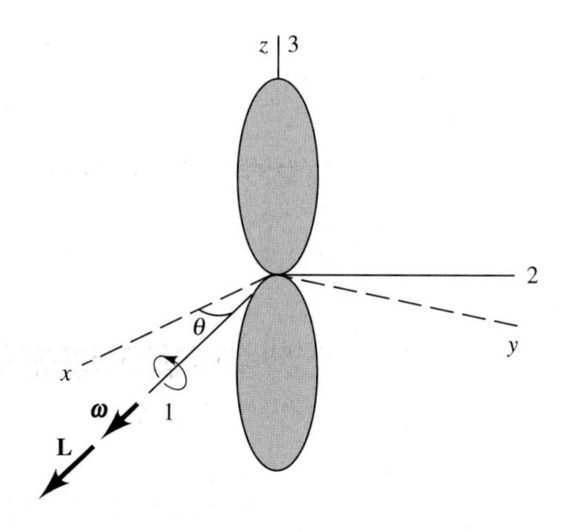

그림 9.2.3 세 번째 주축(z)을 알고 있을 때 주축 1과 2를 결정하는 방법

(z축에 대한 관성곱은 영임에 유의하라.) 따라서 위의 두 식에서 각운동량을 성분별로 같게 놓으면 다음 식을 얻는다.

$$I_{xx}\omega_x + I_{xy}\omega_y = I_1\omega_x \tag{9.2.10a}$$

$$I_{xy}\omega_x + I_{yy}\omega_y = I_1\omega_y \tag{9.2.10b}$$

x축과 물체의 회전축, 즉 주축 I_1 사이의 각도를 θ라 하면 $\omega_y/\omega_x = \tan\theta$이므로 위 식을 ω_x로 나누어서 다음 식을 얻는다(그림 9.2.3 참조).

$$I_{xx} + I_{xy}\tan\theta = I_1 \tag{9.2.11a}$$

$$I_{xy} + I_{yy}\tan\theta = I_1\tan\theta \tag{9.2.11b}$$

이 두 식에서 I_1을 소거하면

$$(I_{yy} - I_{xx})\tan\theta = I_{xy}(\tan^2\theta - 1) \tag{9.2.12}$$

이 되고, 여기서 θ를 구하면 된다. 항등식 $\tan 2\theta = 2\tan\theta/(1-\tan^2\theta)$를 이용하는 것이 편리하다. 그러면 다음 결과를 얻는다.

$$\tan 2\theta = \frac{2I_{xy}}{I_{xx} - I_{yy}} \tag{9.2.13}$$

위의 방정식에는 0°와 180° 사이에서 서로 90° 차이가 나는 두 개의 θ에 대한 해가 있다. 그래서 식 (9.2.13)을 만족하는 두 해는 xy평면에서 두 주축의 방향을 제시해준다.

$I_{xx} = I_{yy}$인 경우에는 $\tan 2\theta = \infty$가 되어 θ의 두 해는 45°와 135°임에 유의하라. 이것은 예제 9.1.1의 정사각형 평판 한쪽 끝에 원점이 있는 경우이다. 또한 $I_{xy} = 0$이면 $\theta = 0°$와 $\theta = 90°$일 때의 두 해를 얻게 되어 x, y축은 이미 두 주축이다.

예제 9.2.4

흰 바퀴의 균형잡기

가령 자동차의 바퀴에 무슨 하자가 있든지 사고가 나서 바퀴의 대칭축이 회전축에서 약간 벗어나 있다고 가정하자. 이러한 상황에서는 바퀴둘레에 적당한 균형추를 달아서 전체 계(바퀴 + 균형추)의 회전축이 주축이 되게 할 수 있다. 문제를 간단히 하기 위해 바퀴를 그림 9.2.4와 같이 반지름 a, 질량 m인 균일한 얇은 원반이라고 가정하자. 좌표계 $Oxyz$는 원반이 yz평면에 놓이고, x축은 원반의 대칭축이 되도록 택하자. 회전축인 1축은 x축과 θ의 각도를 이루며 xy평면에 놓여 있다고 하자. 각각 질량 m'인 두 개의 균형추가 길이 b인 지지대로 원반에 부착되었다고 하자. 이 두 추는 그림에서 보듯이 xy평면에 있다. 이때 123 좌표축이 전체 계의 주축이 되면 바퀴는 동력학적 균형을 이룰 것이다.

그러면 xy평면에 대한 대칭성으로부터 z축은 전체 계의 한 주축임을 알 수 있다. 평형축에 대해

그림 9.2.4 균형추가 달린 휘어진 바퀴의 주축

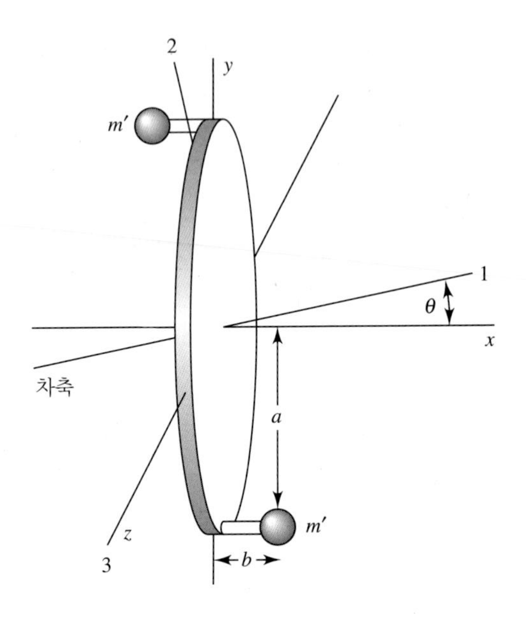

서 $z = 0$이고 xy평면은 전체 계를 두 부분으로 나누어서 곱 zx, zy가 서로 반대 부호를 갖도록 되어 있기 때문이다. 따라서 식 (9.2.13)을 써서 θ와 다른 매개변수 사이의 관계식을 구할 수 있다.

바퀴만 따로 생각하면 x축, y축에 대한 관성모멘트는 $\frac{1}{2}ma^2$과 $\frac{1}{4}ma^2$임을 앞 장에서 배웠다. 따라서 전체 계에 대해서는 다음과 같다.

$$I_{xx} = \tfrac{1}{2}ma^2 + 2m'a^2$$
$$I_{yy} = \tfrac{1}{4}ma^2 + 2m'b^2$$

그런데 바퀴 자체로 보면 xy 관성곱은 영이므로 이 계의 I_{xy}를 구하려면 균형추만 고려하면 된다.

$$I_{xy} = -\sum x_i y_i m_i' = -[(-b)am' + b(-a)m'] = 2abm'$$

우리가 선정한 좌표계에서 이 값은 양수임에 유의하라. 그러면 식 (9.2.13)에서 1축의 기울어진 각도는 다음과 같다.

$$\tan 2\theta = \frac{2I_{xy}}{I_{xx} - I_{yy}} = \frac{4abm'}{\frac{1}{4}ma^2 + 2m'(a^2 - b^2)}$$

전형적인 경우로 θ가 매우 작고 m'도 m보다 훨씬 가벼우면 위 식의 근사로서 분모의 둘째 항을 무시하고 $\tan u \approx u$를 사용하여 다음 결과를 얻는다.

$$\theta \approx 8\frac{bm'}{am}$$

수치 예로서 $\theta = 1° = 0.017$ rad, $a = 18$ cm, $b = 5$ cm, $m = 10$ kg이라면 m'에 대해 풀어서 평형추의 질량을 구할 수 있다.

$$m' = \theta\frac{am}{8b} = 0.017\frac{18\,\text{cm}\times 10\,\text{kg}}{8\times 5\,\text{cm}} = .076\text{ kg} = 76\,\text{g}$$

관성모멘트 행렬의 대각화로 주축을 구하는 방법

강체가 대칭성을 갖지 않는다고 가정하자. 그렇더라도 이런 물체의 관성모멘트를 나타내는 행렬은 식 (9.1.11)에서 보듯이 대각화가 가능한 실수값의 3×3 대칭행렬이다. 이를 대각화했을 때의 성분은 강체의 주관성모멘트 값이다. 행렬이 대각화되었을 때의 좌표축은 그 물체의 주축이 되는데 그 이유는 모든 관성곱이 영이 되기 때문이다. 따라서 어떤 강체의 주축을 알아내고 그에 상응하는 관성모멘트를 알아낸다는 것은 대칭성 여부에 무관하게 관성 행렬을 대각화한다는 의미를 지닌다.

실수의 대칭행렬을 대각화하는 방법은 여러 가지가 있다.[2)] 여기서는 아주 표준적인 방법에 대해 나타낼 것이다. 우선, 모든 관성곱이 영이되는 좌표계를 찾았고 그 결과로 관성모멘트 텐서를 대각 성분이 주관성모멘트가 되는 대각 행렬로 이제 표현할 수 있다고 가정하자. 이 좌표계의 단위벡터를 $\mathbf{e}_i$라 하고 이것이 강체의 세 주축 방향을 나타낸다고 하자. 만약 관성모멘트 텐서에 이들 단위벡터 중 하나와 스칼라 곱을 만든다면 그 결과는 단위벡터에 스칼라인 어떤 양을 곱하는 것과 동일하다.

$$\mathbf{I}\cdot\mathbf{e}_i = \lambda_i\mathbf{e}_i \tag{9.2.14}$$

스칼라 λ_i가 그 주축에 대한 주관성모멘트다. 주축을 구하는 문제는 다음 조건을 만족하는 벡터 $\mathbf{e}_i$를 구하는 것과 같다.

$$(\mathbf{I}-\lambda\mathbf{1})\cdot\mathbf{e}_i = 0 \tag{9.2.15}$$

일반적으로 임의의 직교 단위벡터 $\mathbf{e}_i$는 이 조건을 만족하지 않는다. 이는 단위벡터가 강체의 주축 방향을 향할 때만 만족한다. 임의의 xyz 좌표계는 언제든지 좌표축이 주축과 일치하게 회전시킬 수 있다. 그러면 이 좌표계를 명시하는 단위벡터들은 위의 조건을 만족할 것이다. 이 조건은 다음의 행렬식이 영이 되는 조건과 같다.[3)]

---

2) 예를 들면 다음을 참조하라. J. Mathews & R. L. Walker, *Mathematical Methods of Physics*, W. A. Benjamin, New York, 1970.

3) 각주 2)와 동일

$$|\mathbf{I}-\lambda\mathbf{1}|=0 \tag{9.2.16}$$

좀 더 구체적으로는

$$\begin{vmatrix} (I_{xx}-\lambda) & I_{xy} & I_{xz} \\ I_{yx} & (I_{yy}-\lambda) & I_{yz} \\ I_{zx} & I_{zy} & (I_{zz}-\lambda) \end{vmatrix}=0 \tag{9.2.17}$$

가 되어 λ의 3차식

$$-\lambda^3+A\lambda^2+B\lambda+C=0 \tag{9.2.18}$$

을 얻으며, 여기서 A, B, C는 I_{ij}들의 함수이다. 이 방정식의 세 실근 λ_1, λ_2, λ_3는 세 개의 주관성모멘트이다.

이제 우리는 주관성모멘트를 구했다. 그러나 아직도 초기 좌표계에 대한 주축방향 단위벡터의 성분을 구하는 문제가 남아 있다. 여기서 우리는 강체가 한 주축을 중심으로 회전할 때 각운동량 벡터는 각속도와 같은 방향이라는 사실을 이용할 수 있다. 처음 xyz 좌표축이 한 주축과 이루는 각도를 α_1, β_1, γ_1이라 하고 이 축을 중심으로 강체가 돌고 있다고 하자. 따라서 이 주축을 향하는 단위벡터는 $(\cos\alpha_1, \cos\beta_1, \cos\gamma_1)$의 성분을 갖고 있다. 그러면 각운동량은

$$\mathbf{L}=\mathbf{I}\cdot\boldsymbol{\omega}=\lambda_1\boldsymbol{\omega} \tag{9.2.19}$$

가 되는데, λ_1은 세 개의 주관성모멘트 중 하나이고 이것은 식 (9.2.18)을 풀어서 얻는다. 위 식을 행렬 표기로 나타내면

$$\begin{pmatrix} I_{xx} & I_{xy} & I_{xz} \\ I_{yx} & I_{yy} & I_{yz} \\ I_{zx} & I_{zy} & I_{zz} \end{pmatrix}\omega\begin{pmatrix}\cos\alpha_1\\ \cos\beta_1\\ \cos\gamma_1\end{pmatrix}=\lambda_1\omega\begin{pmatrix}\cos\alpha_1\\ \cos\beta_1\\ \cos\gamma_1\end{pmatrix} \tag{9.2.20}$$

이 된다. 위 식에서 공통인수 ω는 밖으로 빼내어 주축상의 단위벡터가 잘 나타나도록 했다. 결과식은 식 (9.2.14)의 조건과 같고, 즉 관성모멘트 텐서와 주축의 단위벡터의 곱은 그 벡터에 스칼라 λ_1을 곱한 것과 같아서

$$\mathbf{I}\cdot\mathbf{e}_1=\lambda_1\mathbf{e}_1 \tag{9.2.21}$$

이 된다. 이 벡터 방정식은 다음과 같이 행렬 형태로 쓸 수 있다.

$$\begin{pmatrix} (I_{xx}-\lambda_1) & I_{xy} & I_{xz} \\ I_{yx} & (I_{yy}-\lambda_1) & I_{yz} \\ I_{zx} & I_{zy} & (I_{zz}-\lambda_1) \end{pmatrix}\begin{pmatrix}\cos\alpha_1\\ \cos\beta_1\\ \cos\gamma_1\end{pmatrix}=0 \tag{9.2.22}$$

방향 코사인은 위의 방정식을 풀어서 구할 수 있다. 위의 해들은 서로 독립적이지 못하고 아래의 조건을 만족해야 한다.

$$\cos^2 \alpha_1 + \cos^2 \beta_1 + \cos^2 \lambda_1 = 1 \tag{9.2.23}$$

다시 말하면 결과적인 벡터 $\mathbf{e}_1$은 세 개의 성분으로 나타낼 수 있는 단위벡터이다. 다른 주관성모멘트 λ_2, λ_3에 대해 위의 과정을 되풀이함으로써 다른 두 벡터도 구할 수 있다.

예제 9.2.5

정사각형 판의 한 구석 점에 대한 주관성모멘트를 구하라.

■ 풀이

예제 9.1.1에서 처음에 정한 대로 xyz 좌표계를 선택하자. 그러면 우리는 이미 이 축들에 대한 관성모멘트를 알고 있는데 그들은 예제 9.1.1과 동일하다. 식 (9.2.17)로 표현한 행렬식이 영이 되는 조건은 다음과 같다.

$$\begin{vmatrix} \left(\frac{1}{3}-\lambda\right) & -\frac{1}{4} & 0 \\ -\frac{1}{4} & \left(\frac{1}{3}-\lambda\right) & 0 \\ 0 & 0 & \left(\frac{2}{3}-\lambda\right) \end{vmatrix} ma^2 = 0$$

(주의: 공통인수 ma^2은 밖으로 빼내어 λ에 대한 수치만 남게 했다. 그러면 주관성모멘트에 대한 마지막 값을 계산할 때 ma^2을 다시 넣으면 된다.)

위의 행렬식을 계산하면

$$\left[\left(\frac{1}{3}-\lambda\right)^2 - \left(\frac{1}{4}\right)^2\right]\left(\frac{2}{3}-\lambda\right) = 0$$

이 되고, 두 번째 인자에서

$$\lambda_3 = \frac{2}{3}(ma^2)$$

을 얻고 첫 번째 인자에서는 다음을 얻는다.

$$\frac{1}{3} - \lambda = \pm\frac{1}{4}$$

$$\lambda_1 = \frac{1}{12}(ma^2)$$

$$\lambda_2 = \frac{7}{12}(ma^2)$$

예제 9.2.6

정사각형 판의 한쪽 구석 점에 대한 주축방향을 구하라.

■ 풀이

식 (9.2.22)에 따르면 다음과 같다.

$$\left(\tfrac{1}{3}-\lambda\right)\cos\alpha-\tfrac{1}{4}\cos\beta=0$$
$$-\tfrac{1}{4}\cos\alpha+\left(\tfrac{1}{3}-\lambda\right)\cos\beta=0$$
$$\left(\tfrac{2}{3}-\lambda\right)\cos\gamma=0$$

최소한 주축 중의 하나(축 3이라고 가정하자)는 사각형 판에 수직이다. 즉, $\gamma_3=0°$, $\alpha_3=\beta_3=90°$라고 추측할 수 있다. 또 마지막 식을 보면 이 축에 대한 관성모멘트는 $\lambda_3=\frac{2}{3}(ma^2)$임도 추측할 수 있다. 이러한 경우 마지막 식처럼 두 식도 자동적으로 영이 되는데 그 이유는 $\cos\alpha_3$와 $\cos\beta_3$가 똑같이 영이기 때문이다. 나머지 두 축은 위 식에 다른 두 주관성모멘트를 대입해서 결정할 수 있다. 따라서 $\lambda_1=\frac{1}{12}(ma^2)$을 대입하면 다음 조건을 얻을 수 있는데

$$\cos\alpha_1-\cos\beta_1=0 \qquad \cos\gamma_1=0$$

이 식은 $\alpha_1=\beta_1=45°$, $\gamma_1=90°$일 때만 성립한다. 그리고 $\lambda_2=\frac{7}{12}(ma^2)$을 대입하면

$$\cos\alpha_2+\cos\beta_2=0 \qquad \cos\gamma_2=0$$

이 되어 $\alpha_2=135°$, $\beta_2=45°$, $\gamma_2=90°$일 때 만족한다. 따라서 주축 중 두 개는 사각형 판과 같은 평면에 있고 그중 하나는 대각선, 다른 하나는 이에 수직이다. 나머지 하나는 이 사각형 판에 수직이다. 따라서 이 주축좌표계에서 관성모멘트 행렬은 다음과 같고

$$\mathbf{I}=\begin{pmatrix}\frac{1}{12} & 0 & 0\\ 0 & \frac{7}{12} & 0\\ 0 & 0 & \frac{2}{3}\end{pmatrix}ma^2$$

초기 좌표계에서 본 주축은 다음 벡터들로 주어진다.

$$\mathbf{e}_1=\frac{1}{\sqrt{2}}\begin{pmatrix}1\\1\\0\end{pmatrix} \qquad \mathbf{e}_2=\frac{1}{\sqrt{2}}\begin{pmatrix}-1\\1\\0\end{pmatrix} \qquad \mathbf{e}_3=\begin{pmatrix}0\\0\\1\end{pmatrix}$$

이 주축들은 원래의 좌표축을 z축에 대해 반시계방향으로 45° 회전함으로써 얻을 수 있다.

9.3 강체의 오일러 운동방정식

이제는 본질적 핵심문제인 외력을 받을 때 강체가 3차원 회전을 어떻게 수행하는지를 살펴보자. 7장에서 공부한 것처럼 관성계에서 어떤 입자계의 회전운동을 지배하는 기본방정식은 다음과 같다.

$$\mathbf{N} = \frac{d\mathbf{L}}{dt} \tag{9.3.1}$$

여기서 $\mathbf{N}$은 외부에서 작용하는 토크이고, $\mathbf{L}$은 각운동량이다. 강체의 경우 주축을 좌표축으로 사용하면 $\mathbf{L}$이 매우 쉽게 표현된다는 사실을 알았다. 따라서 우리는 일반적으로 강체에 고정되어서 강체와 함께 회전하는 좌표계를 사용해야 한다. 즉, 강체의 각속도와 좌표계의 각속도는 똑같아야 한다. 예외가 있다. 주축 모멘트 I_1, I_2, I_3 중에서 둘이 같으면 좌표축은 주축이 되기 위해 강체에 고정시킬 필요는 없다. 이 경우는 나중에 다루기로 하고, 여기서 유의할 점은 비관성계를 다룬다는 것이다.

5장에서 살펴본 회전계의 이론에 따르면 고정된 관성계와 회전계에서 각운동량의 시간 변화율은 다음 공식으로 연결된다.

$$\left(\frac{d\mathbf{L}}{dt}\right)_{fixed} = \left(\frac{d\mathbf{L}}{dt}\right)_{rot} + \boldsymbol{\omega} \times \mathbf{L} \tag{9.3.2}$$

이때 회전계에서 운동방정식은 다음과 같고

$$\mathbf{N} = \left(\frac{d\mathbf{L}}{dt}\right)_{rot} + \boldsymbol{\omega} \times \mathbf{L} \tag{9.3.3}$$

여기서

$$\dot{\mathbf{L}} = \mathbf{I} \cdot \dot{\boldsymbol{\omega}} \tag{9.3.4a}$$

$$\boldsymbol{\omega} \times \mathbf{L} = \boldsymbol{\omega} \times (\mathbf{I} \cdot \boldsymbol{\omega}) \tag{9.3.4b}$$

위 식 (9.3.4b)에서 벡터 곱은 다음과 같이 쓸 수 있다.

$$\boldsymbol{\omega} \times (\mathbf{I} \cdot \boldsymbol{\omega}) = \begin{vmatrix} \mathbf{e}_1 & \mathbf{e}_2 & \mathbf{e}_3 \\ \omega_1 & \omega_2 & \omega_3 \\ I_1\omega_1 & I_2\omega_2 & I_3\omega_3 \end{vmatrix} \tag{9.3.4c}$$

여기서 $\boldsymbol{\omega}$의 성분들은 주축 방향으로 택했다. 따라서 식 (9.3.3)은 행렬 표기로 다음과 같다.

$$\begin{pmatrix} N_1 \\ N_2 \\ N_3 \end{pmatrix} = \begin{pmatrix} I_1\dot{\omega}_1 \\ I_2\dot{\omega}_2 \\ I_3\dot{\omega}_3 \end{pmatrix} + \begin{pmatrix} \omega_2\omega_3(I_3 - I_2) \\ \omega_3\omega_1(I_1 - I_3) \\ \omega_1\omega_2(I_2 - I_1) \end{pmatrix} \tag{9.3.5}$$

이 식들은 주축을 따라 성분별로 표현한 강체의 운동에 관한 오일러 방정식이다.

고정축 주위로 회전하는 강체

오일러 방정식의 첫 응용으로 일정한 각속도로 고정축 주위를 회전하는 강체를 생각해보자. 그러면

$$\dot{\omega}_1 = \dot{\omega}_2 = \dot{\omega}_3 = 0 \tag{9.3.6}$$

이고, 오일러 방정식은 다음과 같다.

$$\begin{aligned} N_1 &= \omega_2\omega_3(I_3 - I_2) \\ N_2 &= \omega_3\omega_1(I_1 - I_3) \\ N_3 &= \omega_1\omega_2(I_2 - I_1) \end{aligned} \tag{9.3.7}$$

이 식은 등속 회전운동을 하기 위해 강체에 작용해야 할 토크를 나타낸다.

특히 회전축이 주축이라면 가령 1축이라 하면 $\omega = \omega_1$, $\omega_2 = \omega_3 = 0$이 되고, 토크의 세 성분은 모두 영이다.

$$N_1 = N_2 = N_3 = 0 \tag{9.3.8}$$

즉, 토크가 전혀 없다. 이 결과는 앞서 동력학적 균형에 대해 논의했던 것과 일치한다.

9.4 강체의 자유회전: 기하학적 기술

점 O 주위에서 어느 방향으로나 자유롭게 회전할 수 있는 강체를 생각해보자. 이 물체에 작용하는 토크는 없다. 이런 것을 자유회전이라 하며 질량중심 주위를 자유로이 회전할 수 있는 경우가 그 전형적 예이다. 또 다른 예로는 균일한 중력장에서 자유낙하하면서 자유회전하는 강체의 경우이다. 이때 점 O는 질량중심이다.

토크가 없다면 각운동량 보존의 일반 법칙에 따라 외부에서 본 강체의 각운동량은 크기와 방향이 일정해야 한다. 그러나 강체에 고정된 회전축에 대해서는 각운동량의 크기는 일정해도 방향은 변할 수 있다. 이것은 다음 식

$$\mathbf{L} \cdot \mathbf{L} = 상수 \tag{9.4.1a}$$

에서 알 수 있는데, 이 식을 강체의 주축 성분으로 나타내면 다음과 같이 쓸 수 있다.

$$I_1^2\omega_1^2 + I_2^2\omega_2^2 + I_3^2\,\omega_3^2 = L^2 = \text{상수} \tag{9.4.1b}$$

강체가 회전하면서 ω의 성분은 변할 수 있어도 항상 위 식을 만족해야 한다.

또 다른 관계식은 회전 운동에너지를 고려해서 얻을 수 있다. 이번에도 토크는 영이어서 전체의 회전 운동에너지는 일정해야 하므로

$$\boldsymbol{\omega}\cdot\mathbf{L} = 2T_{rot} = \text{상수} \tag{9.4.2a}$$

이고, 이를 성분으로 쓰면 다음과 같다.

$$I_1\omega_1^2 + I_2\,\omega_2^2 + I_3\,\omega_3^2 = 2T_{rot} = \text{상수} \tag{9.4.2b}$$

운동에너지와 각운동량의 크기가 일정함을 나타내는 두 개의 다른 방정식을 $\boldsymbol{\omega}$의 성분들이 동시에 만족해야 한다. 이 두 방정식 역시 오일러 방정식을 사용하여 유도할 수 있다(연습문제 9.7 참조). 이들은 강체의 주축과 일치하는 주축을 가진 두 타원체의 방정식이다. 식 (9.4.1b)로 표현된 첫 번째 타원체의 주지름의 비는 $I_1^{-1} : I_2^{-1} : I_3^{-1}$이고, 식 (9.4.2b)로 표현된 두 번째 타원체의 주지름의 비는 $I_1^{-1/2} : I_2^{-1/2} : I_3^{-1/2}$이다. 이것은 **푸앵소 타원체**(Poinsot ellipsoid)로 알려져 있다. 강체가 회전할 때 각속도 벡터의 끝은 두 타원체의 교차선을 따라 움직인다. 그림 9.4.1에 설명되어 있다.

교차하는 두 타원체의 방정식에서 처음 회전축이 강체의 한 주축과 일치할 경우 교차 곡선은 한 개의 점으로 줄어듦을 알 수 있다. 다시 말하자면 두 타원체는 한 주지름에서 서로 만나 있으며 강체는 이 축을 중심으로 꾸준히 회전하고 있다. 그렇지만 이것은 초기의 회전이 관성모멘트가 최대이거나 최소인 축 주위이어야만 가능하다. 중간 값을 갖는 축에 대해서는(가령 $I_3 > I_2 > I_1$이고 2축

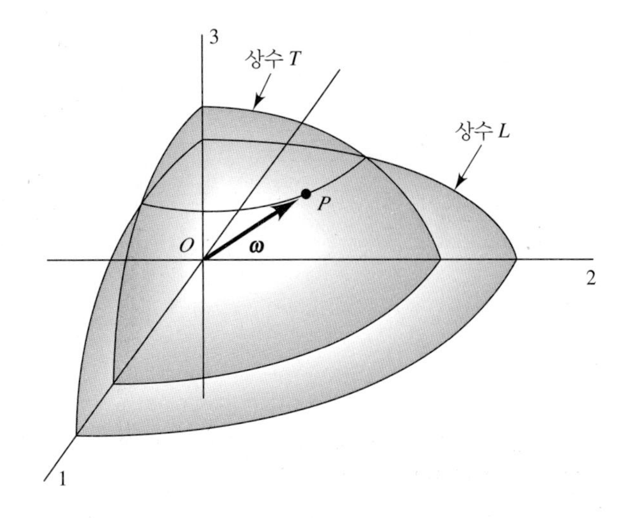

그림 9.4.1 자유회전을 하는 강체에 대한 L과 T가 상수인 푸앵소 타원체와 이들의 교차선. 편의상 1/8의 공간만 나타낸다.

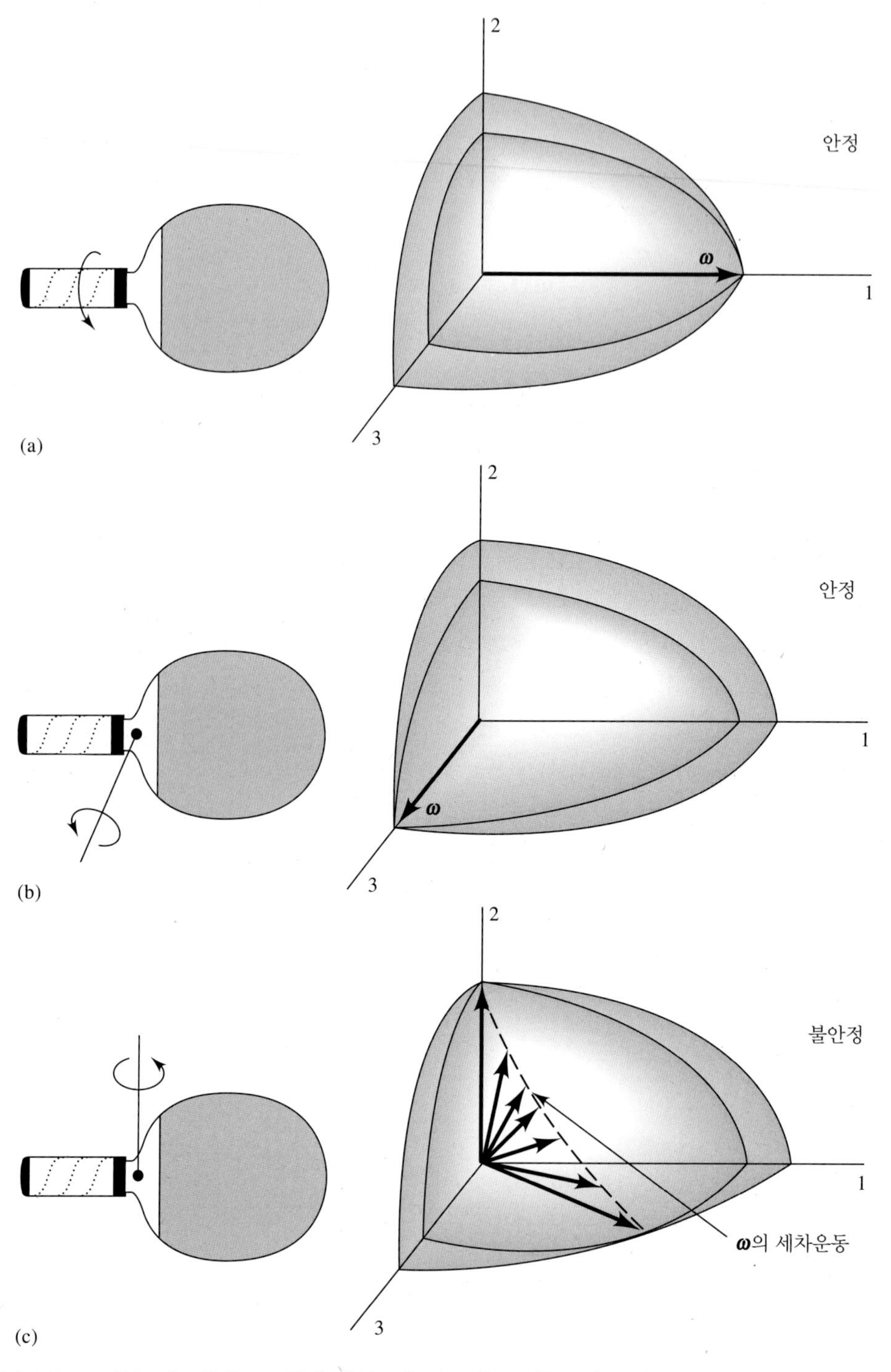

그림 9.4.2 (a) 최소, (b) 최대, (c) 중간 관성모멘트를 갖는 주축 주위로 자유로이 회전하는 강체에 대한 L과 T가 일정한 푸앵소 타원체

에 대한 회전) 두 타원체의 교차 곡선이 그림 9.4.2에서처럼 점이 아니라 두 타원체를 모두 한 바퀴 돌게 된다. 이 경우에 회전축이 강체 주위로 세차운동(歲差運動, precession)을 하므로 회전은 불안정하다(연습문제 9.19 참조). 초기의 회전축이 두 개의 안정축 중의 하나와 거의 같다면 각속도 벡터는 그에 상응하는 축에 딱 붙는 원뿔 모양의 형태를 만들게 된다. 이런 사실은 길쭉한 막대, 책 또는 탁구 라켓을 공중에 던지면 쉽게 볼 수 있다.

9.5 대칭축을 가진 강체의 자유회전: 해석적 방법

앞 절에서 제공한 강체 운동의 기하학적 기술은 토크가 없을 때 자유회전을 설명하는 데는 도움이 되지만 이 방법으로 수치적 결과를 바로 얻을 수는 없다. 이번에는 오일러 방정식을 직접 적분하는 해석적 방법으로 문제를 다루어보자.

여기서는 강체가 어떤 대칭축을 갖고 있어서 세 개의 주관성모멘트 중 두 개가 같은 특별한 경우에 한정하여 오일러 방정식을 풀고자 한다. 그런 예가 그림 9.5.1에 나타나 있다. 가을 주말이 되면 큰 경기장에서 미식축구를 할 때 이렇게 생긴 공을 던지는 선수들을 볼 수 있을 것이다. 럭비공 같은 이 타원체에서 긴 중심축이 대칭축이 된다.

3축을 대칭축으로 정하고 다음의 표기법을 사용하자.

$I_s = I_3$ 대칭축에 대한 관성모멘트

$I = I_1 = I_2$ 대칭축에 수직인 축에 대한 관성모멘트

토크가 영일 때 오일러 방정식 (9.3.5)는 다음과 같다.

$$I\dot{\omega}_1 + \omega_2\omega_3(I_s - I) = 0 \tag{9.5.1a}$$

$$I\dot{\omega}_2 + \omega_3\omega_1(I - I_s) = 0 \tag{9.5.1b}$$

$$I_s\dot{\omega}_3 = 0 \tag{9.5.1c}$$

위 식의 마지막 식에서

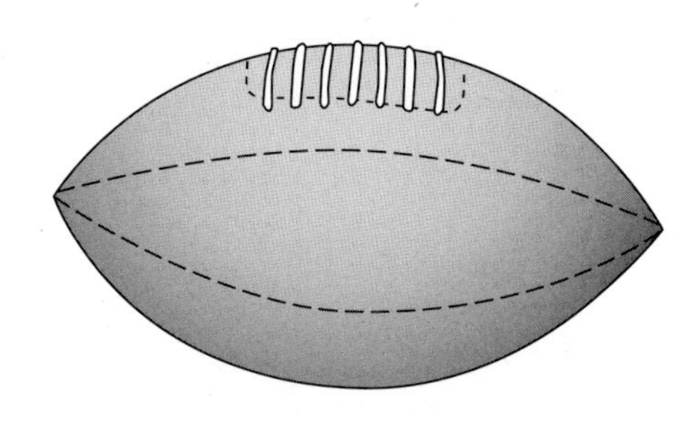

그림 9.5.1 럭비공 같은 타원체. 긴 중심축이 대칭축이다.

$$\omega_3 = \text{상수} \tag{9.5.2}$$

임을 알 수 있고, 상수 Ω를

$$\Omega = \omega_3 \frac{I_s - I}{I} \tag{9.5.3}$$

로 정의하면, 식 (9.5.1a)의 처음 두 식은 다음과 같다.

$$\dot{\omega}_1 + \Omega\omega_2 = 0 \tag{9.5.4a}$$

$$\dot{\omega}_2 - \Omega\omega_1 = 0 \tag{9.5.4b}$$

위 식에서 변수를 분리하기 위해 첫 번째 식을 t로 미분하여

$$\ddot{\omega}_1 + \Omega\dot{\omega}_2 = 0 \tag{9.5.5}$$

을 얻는다. 식 (9.5.4b)를 $\dot{\omega}_2$에 대해 푼 다음 그 결과를 위 식에 대입하면 다음 방정식이 된다.

$$\ddot{\omega}_1 + \Omega^2\omega_1 = 0 \tag{9.5.6}$$

이것은 단조화운동에 대한 방정식이며 그 해는 다음과 같이 된다.

$$\omega_1 = \omega_0 \cos \Omega t \tag{9.5.7a}$$

여기서 ω_0는 적분 상수이다. ω_2를 구하려면 위 식을 t에 대해 미분하고 그 결과를 식 (9.5.4a)에 대입해서 풀면 된다.

$$\omega_2 = \omega_0 \sin \Omega t \tag{9.5.7b}$$

따라서 ω_1, ω_2는 각진동수 Ω로 조화운동을 하고 있으며 위상이 서로 $\pi/2$만큼 다르다. $\boldsymbol{\omega}$를 1, 2평면에 투영하면 반지름이 ω_0이고 각진동수가 Ω인 원을 그린다(그림 9.5.2 참조).

위의 계산 결과를 다음과 같이 요약할 수 있다. 대칭축을 갖는 강체의 자유 회전에서 각운동량 벡터는 대칭축 주위의 원뿔을 따라서 세차운동을 한다. 따라서 회전 물체에 붙어 있는 기준계에 위치한 관측자는 $\boldsymbol{\omega}$가 물체의 대칭축 주변으로 원뿔 모양을 형성(세차운동)함을 볼 것이다. 이를 **강체 원뿔**(body cone)이라 한다(그림 9.6.4 참조). 이 세차운동의 각진동수 Ω는 식 (9.5.3)으로 정의된 상수이다. 그림 9.5.2와 같이 대칭축(3축)과 회전축($\boldsymbol{\omega}$의 방향) 사이의 각도를 α라 하면 $\omega_3 = \omega \cos \alpha$이고

$$\Omega = \left(\frac{I_s}{I} - 1\right)\omega \cos\alpha \tag{9.5.8}$$

가 되어, 각속도 벡터가 대칭축 주위로 세차운동하는 속도를 얻는다(특별한 예제 몇 개가 이 절의 마지막 부분에 제시되어 있다).

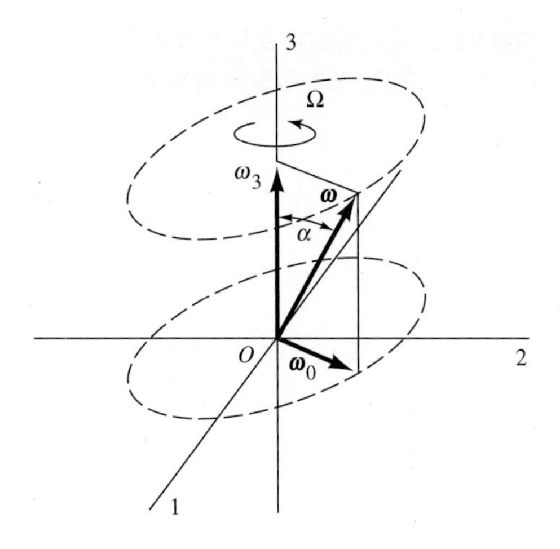

그림 9.5.2 대칭축을 갖는 물체의 자유 세차운동에 대한 각속도 벡터와 그 성분들

이제 토크가 없는 강체의 자유회전에 대한 해석과 앞 절에서 살펴본 기하학적 기술의 관계를 파악했다. 각속도 벡터의 끝점이 따라가는 반지름 ω_0인 원형 궤도는 그림 9.4.1에서 두 타원체의 교차 곡선이다.

*세 개의 다른 주관성모멘트를 가진 강체의 자유회전: 수치적 해

앞 절에서는 대칭축이 한 개만 있고 이에 수직인 두 주축에 대한 관성모멘트가 같은 강체의 자유회전을 논의했다. 이번에는 주관성모멘트가 모두 다른 강체의 자유회전을 생각해보자. $I_1 < I_2 < I_3$라 하자. 강체를 균일한 타원체로 가정하면 그 표면은 아래의 방정식으로 주어진다.

$$\frac{x^2}{a^2}+\frac{y^2}{b^2}+\frac{z^2}{c^2}=1 \tag{9.5.9}$$

그림 9.5.3과 같이 $a > b > c$이고 이는 세 축의 길이이다. 이 강체에 대한 오일러 방정식 (9.3.5)를 Mathematica를 이용해서 수치적으로 풀고자 한다. 타원체의 운동은 대칭축이 있는 강체의 운동보다 조금 더 복잡해도 공통점이 많은 것을 알게 될 것이다.

우선 식 (9.1.7a, b, c)로 주어진 주관성모멘트를 식 (9.1.9a)에 보이듯이 적분형태로 바꾸어서 풀이하면

$$I_3 = I_{zz} = 8\rho\int_0^a\int_0^{b(1-x^2/a^2)^{1/2}}\int_0^{c(1-x^2/a^2-y^2/b^2)^{1/2}}(x^2+y^2)\,dz\,dy\,dx \tag{9.5.10}$$

다른 두 주관성모멘트 I_1, I_2에 대해서도 비슷한 식을 쓸 수 있다. 식 (9.5.10)에 나오는 숫자 8은 세 주축에 대한 대칭성을 이용하여 적분영역을 절반씩으로 줄였기 때문이다($2^3 = 8$). 더욱이 일반성

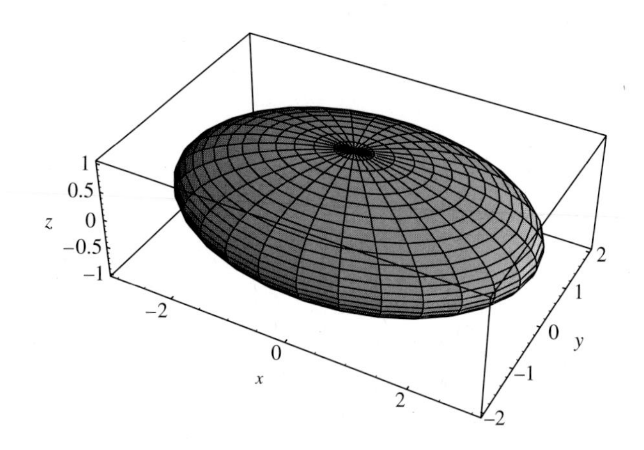

그림 9.5.3 축의 길이가 모두 다르고 ($a > b > c$) 질량분포가 균일한 타원체

을 지키면서 $8\rho = 1$로 놓을 수 있다. 외부의 토크가 없으면 오일러 방정식은 주관성모멘트의 비에만 의존하기 때문이다.

구체적으로 세 축이 각각 $a = 3$, $b = 2$ $c = 1$인 경우 Mathematica의 *NIntegrate* 함수를 불러서 타원체의 질량과 세 개의 주관성모멘트를 계산한다(8.1절 참조). 결과는 $M = \pi$, $I_1 = \pi$, $I_2 = 2\pi$, $I_3 = 8.168$이다($8\rho = 1$임을 유의하라).

그러면 타원체의 자유회전에 대한 오일러 방정식은 다음과 같다.

$$\begin{aligned} A_1\omega_2\omega_3 &= \dot{\omega}_1 \\ A_2\omega_3\omega_1 &= \dot{\omega}_2 \\ A_3\omega_1\omega_2 &= \dot{\omega}_3 \end{aligned} \tag{9.5.11}$$

여기서 $A_1 = (I_2 - I_3)/I_1 = -0.6$, $A_2 = (I_3 - I_1)/I_2 = 0.8$, $A_3 = (I_1 - I_2)/I_3 = -0.385$이다. 위의 세 개의 1차 연립 미분방정식은 Mathematica의 *NDSolve*로 푼다(7.4절의 트로이 행성 문제 참조). 관련된 프로그램은 다음과 같다.

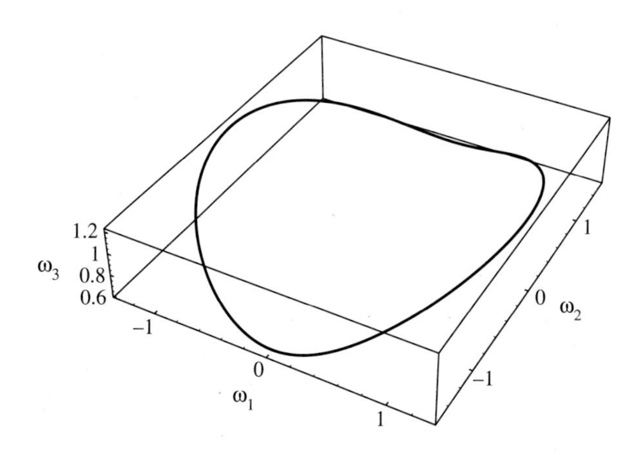

그림 9.5.4 그림 9.5.3의 타원체가 자유회전할 때 위상공간에서의 경로

그림 9.5.5 자유롭게 회전하는 그림 9.5.3의 실제 타원체에 대한 푸앵소 타원체들: (a) T가 상수, (b) L^2이 상수, (c) 교차선을 보여주기 위해 (a)와 (b)의 두 경우를 함께 나타낸 것.

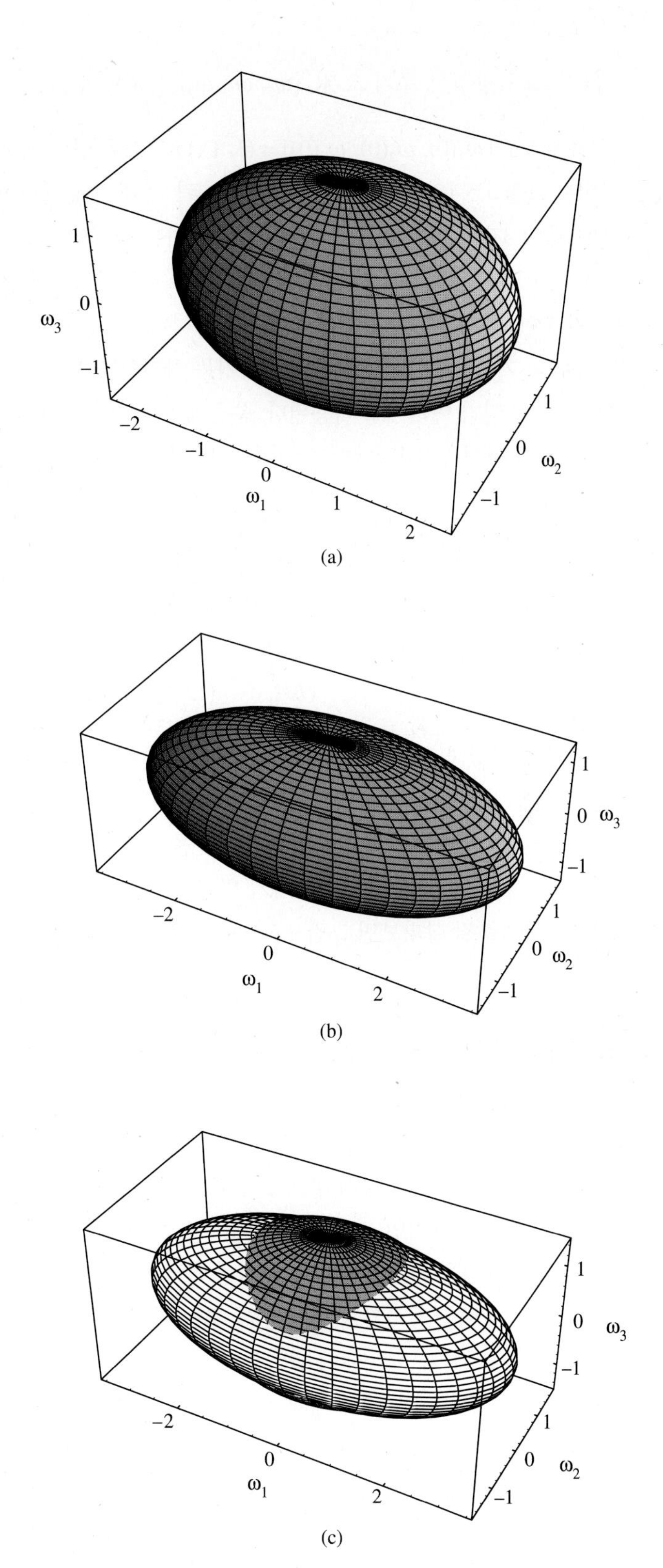

NDSolve [{방정식, 초기 조건}, $\{\omega_1, \omega_2, \omega_3\}, \{t, t_{min}, t_{max}\}$]

초기조건으로 $[\omega_1(0), \omega_2(0), \omega_3(0)] = (1, 1, 1)\mathrm{s}^{-1}$로 두었다. 시간 구간 $[0 - t_{max}]$에는 3.3π를 두었고, 이는 그림 9.5.4의 위상 공간 그림에서 대략 한 주기에 해당한다.

대칭축이 3축인 타원체의 세차운동을 설명하는 그림인 그림 9.5.2와 상당히 비슷하다는 사실을 알 수 있다. 그때는 ω_1, ω_2가 일정한 ω_3 주위로 세차운동을 했다. 이번에는 관성모멘트가 가장 큰 주축인 3축에 대한 각속도가 비록 상수는 아니더라도 ω_1, ω_2보다는 변화가 더 적다. 이번에도 결과는 ω_1, ω_2가 ω_3 주위로 세차운동을 하기는 하지만 ω_3도 약간씩 변하는 형태가 된다.

9.4절의 논리가 여기에도 적용된다. 운동에너지 T와 $\mathbf{L}\cdot\mathbf{L} = L^2$으로 표현되는 각운동량의 크기가 일정한 운동이다. 9.4절에서 설명했듯이 이들 값 각각이 아래 식으로 주어지는 두 타원체의 표면에서 끝이 나도록 각속도 벡터를 제한한다(식 (9.4.1b)와 식 (9.4.2b) 참조).

$$\frac{\omega_1^2}{(2T/I_1)} + \frac{\omega_2^2}{(2T/I_2)} + \frac{\omega_3^2}{(2T/I_3)} = 1 \tag{9.5.12}$$

$$\frac{\omega_1^2}{(L/I_1)^2} + \frac{\omega_2^2}{(L/I_2)^2} + \frac{\omega_3^2}{(L/I_3)^2} = 1 \tag{9.5.13}$$

운동에너지 값과 각운동량의 크기는 앞에서 주어진 초기값 ω_1, ω_2, ω_3에 의해 결정된다. 일정한 T와 L^2을 갖는 경우의 타원체가 그림 9.5.5(a)와 (b)에 나와 있다. 그림 9.5.5(c)는 T와 L^2이 일정한 타원체를 함께 그려서 그들의 교차점들을 나타내었다. 운동하는 동안 T와 L^2이 일정하게 유지되도록 하는 조건을 동시에 만족하기 위해 이 교차선상에 각속도 벡터가 놓여 있도록 제한을 받는다. 이 그림을 잘 살펴보면 그림 9.5.4에 보이는 오일러 방정식의 해와 같다. 당연한 일이다.

9.6 고정좌표계에 대한 강체의 회전: 오일러 각도

강체의 자유회전에 대한 앞의 해석에서 세차운동은 물체에 고정되어 물체와 함께 돌고 있는 주축좌표계에 대한 것이었다. 강체 밖에 있는 관찰자에 대한 상대적인 운동을 기술하려면 고정좌표계에 대한 강체의 상대적인 방향이 시간에 따라 어떻게 변화하는지를 규명해야 한다. 이것을 하기 위한 유일한 방법은 없지만 공간에 고정된 축의 방향에 대한 강체 주축의 상대적인 방향을 세 개의 각도 θ, ϕ, ψ로 연계시키는 것이 흔히 쓰는 방법이다. 이 방법은 레온하르트 오일러(Leonhard Euler, 1707~1783)가 1776년에 고안해냈는데 그림 9.6.1에 잘 나타나 있다. 숫자로 표시된 $O123$계는 앞서 정의된 주축으로 강체에 고정되어 함께 돌고 있는 좌표계이다. $Oxyz$ 좌표계는 공간에 고정된 방향을 갖고 있다. 강체에 붙어 있는 주축과 공간에 고정된 축들 사이의 관계를 제공하는 세 번째이자 회전좌표계인 $Ox'y'z'$계 또한 이 그림에 나와 있으며 다음과 같이 정의된다. z'축은 3

그림 9.6.1 고정 좌표계와 회전 좌표계에 대한 오일러 각도의 관계를 보여주는 그림

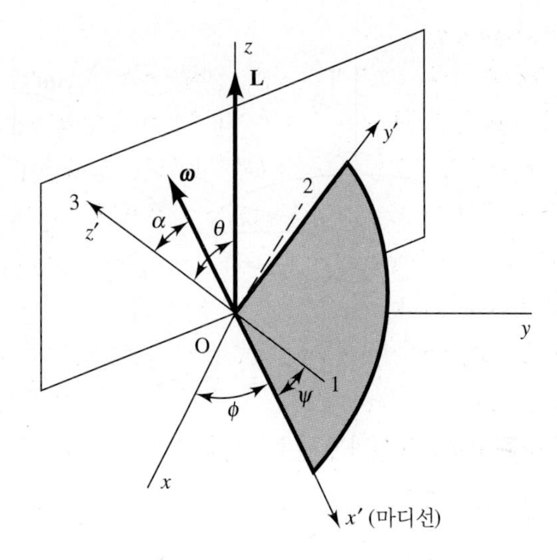

축, 즉 강체의 대칭축과 일치한다. x'축은 1-2평면과 xy평면의 교차선으로 정의된다. 이런 축을 마디선(line of nodes)이라 한다. x축과 x'축 사이의 각도는 z축과 z'축 또는 3축과의 각도는 θ로 표기한다. 3축에 대한 강체의 회전은 1축과 x'축 사이의 각도 ψ로 표현된다. 3개의 각도 θ, ϕ, ψ는 공간에서 강체의 방향을 완벽하게 결정하는데 이를 오일러 각도(Eulerian angle)라 한다.

물체의 각속도 $\boldsymbol{\omega}$는 3개의 오일러 각도의 변화율과 관련된 각속도 벡터의 합이다. 강체가 매우 작은 시간 간격 동안 회전하여 그 방향이 미세하게 변화하는 것을 고려함으로써 이 사실을 알 수 있다. 시각 $t = 0$일 때 강체 $O123$ 좌표계는 고정된 $Oxyz$ 좌표계와 일치한다고 하자. 미세 시간 dt가 지난 후에는 강체의 방향도 $\boldsymbol{\omega}\, dt = d\boldsymbol{\beta}$만큼 회전할 것이다. 미세 회전을 벡터 기호로 표시했음에 유의하라. 각속도 $\boldsymbol{\omega}$란 미세 시간 동안 미세 각도만큼 회전한 것으로서 이것은 벡터량이 된다.[4] 따라서 미세 회전도 그에 상응하는 각속도 벡터와 나란한 방향의 벡터이다. 그 방향은 관례에 따라 오른손법칙으로 결정한다. 각도 $d\boldsymbol{\beta}$만큼의 회전은 각도 $d\boldsymbol{\phi}$, $d\boldsymbol{\theta}$, $d\boldsymbol{\psi}$만큼의 연속적인 세 미세 회전으로 '분해' 할 수 있다. 우선 $t = 0$에서 $O123$축들을 고정되어 있는 z축을 중심으로 $d\boldsymbol{\phi}$만큼 회전시킨다. 결과는 그림 9.6.2(a)에 나타나 있다. 그림 9.6.2(b)와 같이 1축은 x'축과 일치하게 된다. $d\boldsymbol{\phi}$의 방향은 고정된 z축 방향인데 회전하면서 오른손 나사가 진행하는 방향이다. 다음에는 $O123$축들을 x'축 주위에 $d\boldsymbol{\theta}$만큼 반시계방향으로 회전시킨다. 이것은 그림 9.6.2(b)에 나타나 있다. 그 때 3축은 z'축과 일치하게 된다. $d\boldsymbol{\theta}$는 x'축 방향을 가리킨다. 마지막으로 $O123$축들을 z'축 주위에 $d\boldsymbol{\psi}$만큼 회전시킨다. 결과는 그림 9.6.2(c)에 나타나 있고 그 방향은 z'축을 가리킨다. 결국 $Oxyz$

4) 실제로 이것은 유사벡터(pseudo-vector)이다. 벡터는 방향을 180도 바꾸면 부호가 바뀐다. 하지만 유사벡터는 그렇지 않다. 이런 차이를 여기서 고려할 필요는 없다.

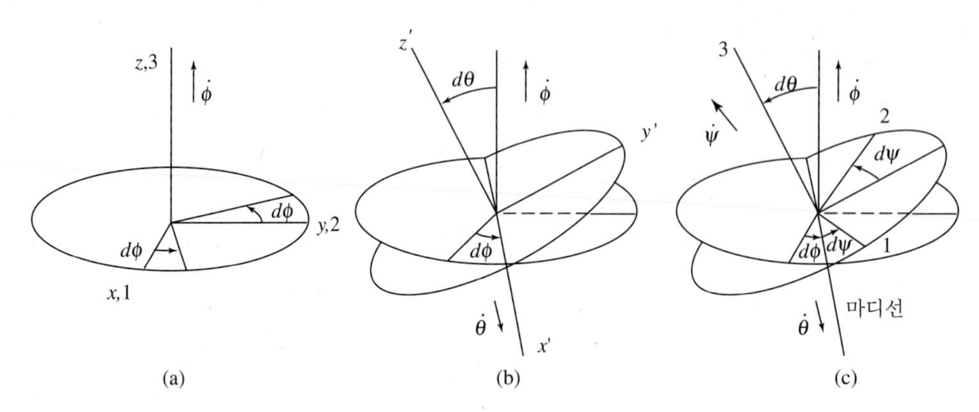

그림 9.6.2 임의의 미세 회전을 오일러 각도 (a) $d\boldsymbol{\phi}$, (b) $d\boldsymbol{\theta}$, (c) $d\boldsymbol{\psi}$ 미세 회전의 벡터 합으로 나타내는 일반화 과정

'고정' 좌표계에서 $O123$ '강체' 좌표계로 회전시킨 것인데 그림 9.6.1과 같다. 다만 차이가 있다면 이번에는 미세 회전을 했다는 것이다. 각속도 $\boldsymbol{\omega}$로 강체가 $d\boldsymbol{\beta}$만큼 회전한 것은 다음처럼 쓸 수 있다.

$$d\boldsymbol{\beta} = \boldsymbol{\omega}\ dt = d\boldsymbol{\phi} + d\boldsymbol{\theta} + d\boldsymbol{\psi} \qquad (9.6.1)$$
$$\therefore \boldsymbol{\omega} = \dot{\boldsymbol{\phi}} + \dot{\boldsymbol{\theta}} + \dot{\boldsymbol{\psi}}$$

많은 강체의 회전 문제에서는 운동방정식을 $O123$ 좌표계나 $Ox'y'z'$ 좌표계에서 다루는 것이 더욱 편리하다. 이러한 좌표계에서의 회전운동은 고정좌표계와 오일러 각도로 연계시킬 수 있다. 일단 병진운동은 무시하고 회전체의 운동방정식을 알기 위해 각속도 $\boldsymbol{\omega}$의 성분을 오일러 각도로 표현할 필요가 있다. 그림 9.6.1, 9.6.2를 살펴보면 $\boldsymbol{\omega}$는 3축에 대한 회전 $\dot{\boldsymbol{\psi}}$에 $Ox'y'z'$ 좌표계에서의 회전 $\boldsymbol{\omega}'$이 겹친 것이다(그림 9.6.3 참조). $\boldsymbol{\omega}'$은 $\dot{\boldsymbol{\phi}}$와 $\dot{\boldsymbol{\theta}}$의 벡터 합인 것이 분명하고, 다음과 같이 주어진다.

$$\boldsymbol{\omega}' = \dot{\boldsymbol{\phi}} + \dot{\boldsymbol{\theta}} \qquad (9.6.2)$$

이제 $Ox'y'z'$ 좌표계에서 $\boldsymbol{\omega}'$의 성분을 구할 수 있다. 우선 $\dot{\boldsymbol{\phi}}$, $\dot{\boldsymbol{\theta}}$, $\dot{\boldsymbol{\psi}}$를 성분별로 쓰면

$$\begin{array}{lll} \dot{\phi}_{x'} = 0 & \dot{\theta}_{x'} = \dot{\theta} & \dot{\psi}_{x'} = 0 \\ \dot{\phi}_{y'} = \dot{\phi}\sin\theta & \dot{\phi}_{y'} = 0 & \dot{\psi}_{y'} = 0 \\ \dot{\phi}_{z'} = \dot{\phi}\cos\theta & \dot{\phi}_{z'} = 0 & \dot{\psi}_{z'} = \dot{\psi} \end{array} \qquad (9.6.3)$$

이므로 $\boldsymbol{\omega}'$의 성분은 다음과 같다.

그림 9.6.3 각속도 $\dot{\boldsymbol{\phi}}$, $\dot{\boldsymbol{\theta}}$, $\dot{\boldsymbol{\psi}}$, $\boldsymbol{\omega}$, $\boldsymbol{\omega}'$ 사이의 관계

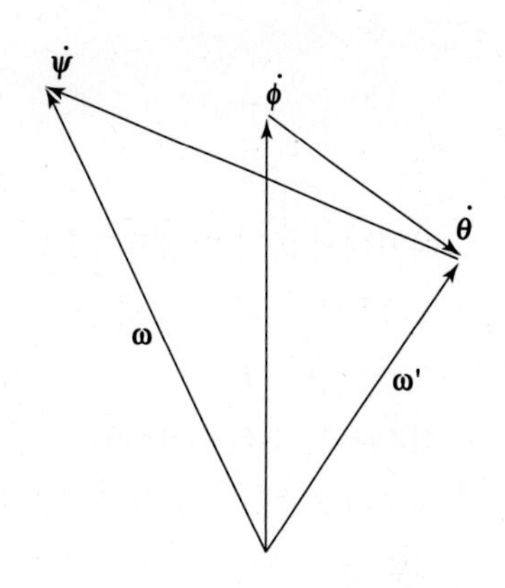

$$\begin{aligned} \omega'_{x'} &= \dot{\theta}_{x'} = \dot{\theta} \\ \omega'_{y'} &= \dot{\phi}_{y'} = \dot{\phi}\sin\theta \\ \omega'_{z'} &= \dot{\phi}_{z'} = \dot{\phi}\cos\theta \end{aligned} \tag{9.6.4}$$

$\boldsymbol{\omega}$와 $\boldsymbol{\omega}'$은 z'축에 대한 회전 $\dot{\boldsymbol{\psi}}$만 차이가 나므로 $Ox'y'z'$ 좌표계에서 $\boldsymbol{\omega}$의 성분은 다음과 같다.

$$\begin{aligned} \omega_{x'} &= \dot{\theta} \\ \omega_{y'} &= \dot{\phi}\sin\theta \\ \omega_{z'} &= \dot{\phi}\cos\theta + \dot{\psi} \end{aligned} \tag{9.6.5}$$

다음에는 $O123$ 좌표계에서 $\dot{\boldsymbol{\phi}}$, $\dot{\boldsymbol{\theta}}$, $\dot{\boldsymbol{\psi}}$의 성분을 구하고

$$\begin{aligned} &\dot{\phi}_1 = \dot{\phi}_{y'}\sin\psi = \dot{\phi}\sin\theta\sin\psi & &\dot{\theta}_1 = \dot{\theta}_{x'}\cos\psi = \dot{\theta}\cos\psi & &\dot{\psi}_1 = 0 \\ &\dot{\phi}_2 = \dot{\phi}_{y'}\cos\psi = \dot{\phi}\sin\theta\cos\psi & &\dot{\theta}_2 = -\dot{\theta}_{x'}\sin\psi = -\dot{\theta}\sin\psi & &\dot{\psi}_2 = 0 \\ &\dot{\phi}_3 = \dot{\phi}\cos\theta & &\dot{\theta}_3 = 0 & &\dot{\psi}_3 = \dot{\psi} \end{aligned} \tag{9.6.6}$$

이 식을 이용해서 $O123$ 좌표계에서 $\boldsymbol{\omega}$의 성분을 얻을 수 있다.

$$\begin{aligned} \omega_1 &= \dot{\phi}\sin\theta\sin\psi + \dot{\theta}\cos\psi \\ \omega_2 &= \dot{\phi}\sin\theta\cos\psi - \dot{\theta}\sin\psi \\ \omega_3 &= \dot{\phi}\cos\theta + \dot{\psi} \end{aligned} \tag{9.6.7}$$

(지금 당장은 위 식을 사용할 일이 없지만 나중에 참고할 것이다.)

강체에 작용하는 토크가 없을 때는 $Oxyz$ 좌표계에서 $\mathbf{L}$은 크기와 방향이 일정하다. z축을 $\mathbf{L}$의 방향으로 택하자. 이것을 **불변선**(invariable line)이라 한다. 그림 9.6.1에서 $Ox'y'z'$ 좌표계에서 $\mathbf{L}$의 성분은 다음과 같다.

$$\begin{aligned} L_{x'} &= 0 \\ L_{y'} &= L\sin\theta \\ L_{z'} &= L\cos\theta \end{aligned} \tag{9.6.8}$$

여기에서 다시 대칭축이 3축인 강체의 문제로 국한하자. x', y'축이 1, 2평면에 있고 z'축은 3축과 일치하므로 x', y', z'축들도 주축이 된다. 실제로 주관성모멘트도 같다. 즉, $I_1 = I_2 = I_{x'x'} = I_{y'y'} = I$ 그리고 $I_3 = I_{z'z'} = I_s$이다.

식 (9.6.5)와 식 (9.6.8)의 첫 번째 식과 $L_{x'} = I\omega_{x'}$의 관계식으로부터 $\dot{\theta} = 0$, 즉 $\theta =$ 상수이고 $\boldsymbol{\omega}$는 x' 성분이 없으므로 $y'z'$평면에 있게 된다는 것을 알 수 있다. 각속도 $\boldsymbol{\omega}$와 z'축 사이의 각도를 α라 하면 식 (9.6.5)와 식 (9.6.8) 외에도 다음이 성립한다.

$$\omega_{y'} = \omega \sin\alpha \qquad \omega_{z'} = \omega \cos\alpha \tag{9.6.9a}$$

$$L_{y'} = I\omega \sin\alpha \qquad L_{z'} = I_s\omega \cos\alpha \tag{9.6.9b}$$

따라서 각도 θ와 α 사이에는 다음 관계가 성립한다.

$$\frac{L_{y'}}{L_{z'}} = \tan\theta = \frac{I}{I_s}\tan\alpha \tag{9.6.10}$$

위의 결과를 살펴보면 $I < I_s$일 때는 $\theta < \alpha$이고 $I > I_s$일 때는 $\theta > \alpha$이다. 납작한 강체의 경우($I < I_s$)에는 각운동량 벡터가 대칭축과 회전축 사이에 있고, 길쭉한 경우($I > I_s$)에는 회전축이 대칭축과 각운동량 벡터 사이에 있다. 이 두 경우가 그림 9.6.4에 설명되어 있다. 두 경우에 모두 강체가 회전하면서 대칭축(z'축 또는 3축)은 각운동량 벡터 $\mathbf{L}$ 주위를 같은 빈도로 세차운동을 한다. 동시에 회전축($\boldsymbol{\omega}$ 벡터)도 $\mathbf{L}$ 주위를 같은 빈도로 세차운동을 한다. $\mathbf{L}$ 주위로 $\boldsymbol{\omega}$가 지나가는 곡면을 그림에 표시된 것처럼 **공간 원뿔**(space cone)이라 부른다. $\boldsymbol{\omega}$의 세차운동과 강체 대칭축은 공간 원뿔 주위를 도는 **강체 원뿔**(body cone)로 표현된다. 강체 원뿔의 중심축은 강체의 대칭축이며 두 개의 원뿔이 만나는 선이 $\boldsymbol{\omega}$의 방향으로 정의된다.

그림 9.6.1을 참고하면 $y'z'$평면의 z축에 대한 회전 각속도는 각도 ϕ의 시간 변화율과 같다. 따라서 $\dot{\phi}$는 대칭축이 세차운동할 때의 각도 변화율이고, 이것은 또 물체 밖에서 보았을 때 불변선($\mathbf{L}$ 벡터) 주위에 대한 회전축의 각도 변화율이기도 하다. 이러한 세차운동은 제대로 던지지 못한 럭비공이나 원반에서 보는 '흔들리는(wobble)' 모양을 하게 된다. 식 (9.6.5)의 둘째 식과 식 (9.6.9a)의 첫째 식에서 $\dot{\phi}\sin\theta = \omega\sin\alpha$ 또는 다음 식을 얻는다.

$$\dot{\phi} = \omega\frac{\sin\alpha}{\sin\theta} \tag{9.6.11}$$

위 식은 α와 θ에 관한 식 (9.6.10)을 이용하여 좀 더 유용한 형태로 쓸 수 있다. 계산을 정리하면 이 세차율을 회전축에 대한 물체의 각속도 ω와 회전축의 대칭축에 대한 경사 각도 α로 나타낼 수 있다.

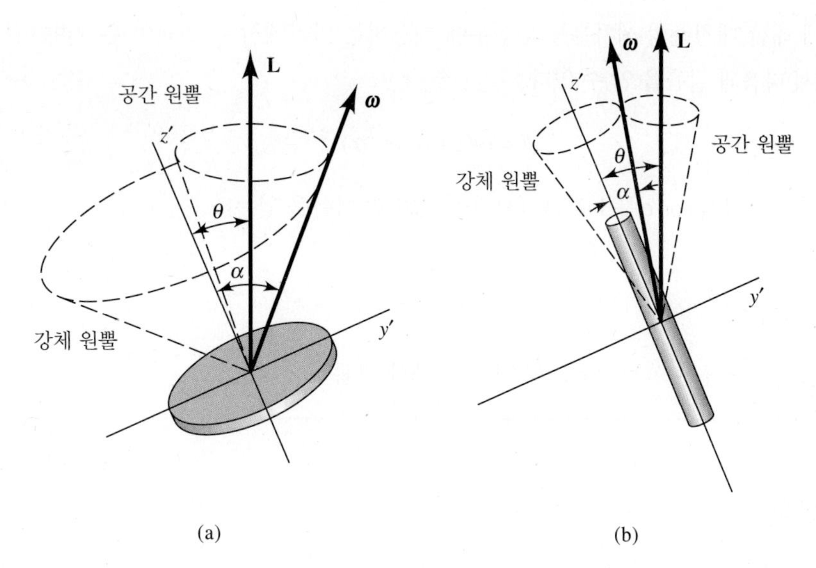

그림 9.6.4 (a) 원반과 (b) 막대의 자유회전. 공간 원뿔과 강체 원뿔은 점선으로 나타나 있다.

$$\dot{\phi} = \omega\left[1+\left(\frac{I_s^2}{I^2}-1\right)\cos^2\alpha\right]^{1/2} \tag{9.6.12}$$

대칭축을 갖는 강체의 자유회전을 요약하자면 기본적으로 세 개의 각도 변화율이 있다. 즉, 각속도의 크기 ω, 대칭축에 대한 회전축($\boldsymbol{\omega}$의 방향)의 세차율 Ω 및 불변선(일정한 각운동량 벡터)에 대한 대칭축의 세차율 $\dot{\phi}$이다.

예제 9.6.1

프리스비의 세차운동

응용 예로 접시나 프리스비(frisbee)처럼 '상당히' 평평하고 대칭인 얇은 원반을 생각해보자. 주축에 대한 수직축 정리에서 $I_1 + I_2 = I_3$이고 대칭성에서 $I_1 = I_2$이므로 $2I_1 = I_3$이다. 우리의 표기법으로는 $2I = I_s$이므로 그 비를

$$\frac{I_s}{I} = 2$$

로 근사시켜도 좋다. 이 물체를 각속도 $\boldsymbol{\omega}$가 대칭축과 각도 α를 이루도록 공중에 던진다면 대칭축에 대한 회전축의 세차율은 식 (9.5.8)에서 다음과 같다.

$$\Omega = \omega \cos \alpha$$

불변선에 대한 대칭축의 세차운동의 경우에 해당하는 바깥에서 본 원반이 흔들리는 비율은 식 (9.6.12)에서 다음과 같음을 알 수 있다.

$$\dot{\phi} = \omega(1 + 3\cos^2\alpha)^{1/2}$$

특히 α가 매우 작아서 $\cos\alpha$를 1로 근사시킬 수 있다면 다음을 얻는다.

$$\Omega \approx \omega$$
$$\dot{\phi} \approx 2\omega$$

따라서 흔들리는 비율은 회전 각속도의 거의 두 배에 가깝다.

예제 9.6.2

지구의 세차운동

지구의 운동에서 회전축은 대칭축을 결정하는 지질학적 극점에서 약간 벗어나 있고 그 각도 α는 약 0.2″이다(그림 9.6.5에 과장되어 그려져 있음). 지구의 둥근 정도를 보고 결정한 관성모멘트의 비가 $I_s/I \approx 1.00327$임도 잘 알려져 있다. 따라서 식 (9.5.8)에서 다음을 얻는다.

그림 9.6.5 지구의 대칭축과 회전축 (경사각 α는 매우 과장되었음)

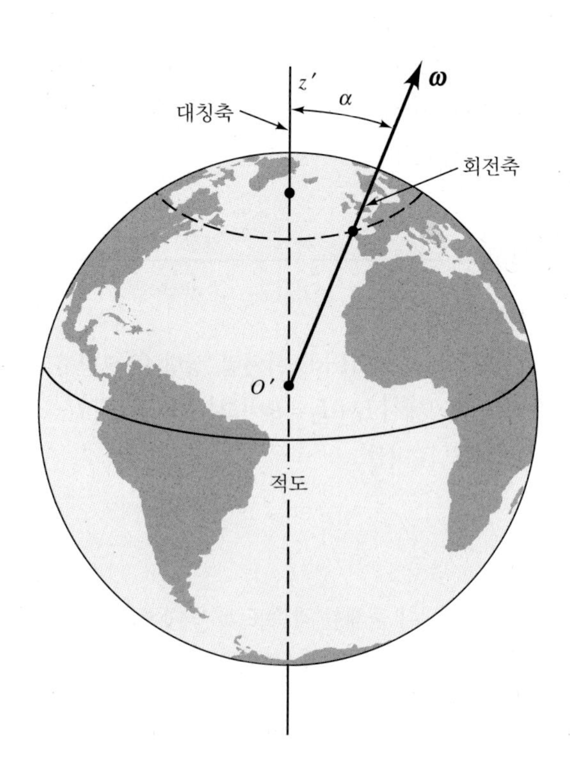

$$\Omega = 0.00327\omega$$

그런데 $\omega = 2\pi$/일(日)임을 유의하면 세차주기는 다음과 같다.

$$\frac{2\pi}{\Omega} = \frac{1}{0.00327}\text{일} = 305\text{일}$$

실제 관측된 극에 대한 지구 자전축의 세차주기는 약 440일이다. 관측 값과 계산 값의 차이는 지구가 완전히 강체가 아니라는 사실에 기인한다.

우주 공간에서 본 지구 대칭축의 세차에 대해서는 식 (9.6.12)에서

$$\dot{\phi} = 1.00327\omega$$

이고, 주기는 다음과 같다.

$$\frac{2\pi}{\dot{\phi}} = \frac{2\pi}{\omega}\frac{1}{1.00327} \approx 0.997\text{일}$$

이 지구축의 자유 세차운동은 26,000년의 훨씬 더 긴 주기를 갖는 자이로 세차운동과 겹쳐진다. 자이로 세차운동은 지구가 기울어진 구(sphere)이기 때문에 태양과 달이 지구에 토크를 작용하는 사실에 기인한다. 자이로 세차주기가 자유 세차주기보다 훨씬 길다는 사실은 자유 세차 계산에서 외부의 토크를 무시해도 좋다는 것을 합리화해준다.

9.7 팽이의 운동

이 절에서는 외부 토크가 존재하는 경우 고정점을 중심으로 자유로이 회전할 수 있는 강체의 운동을 살펴보겠다. 팽이와 같이 $I_1 = I_2 \neq I_3$인 강체가 좋은 예이다.

좌표축은 그림 9.7.1(a)에 보이는 것처럼 택하자. 간단하게 하기 위해 z', y', z축만 그림 9.7.1(b)에 나타내었고, 여기서 x'축은 이 교재 지면에 수직이다. 원점 O는 팽이가 그 주위를 회전하는 고정점이다.

무게 때문에 점 O 주위에 생기는 토크의 크기는 $mgl \sin\theta$이고, l은 점 O에서 질량중심 CM까지의 거리이다. 토크는 x'축에 관한 것이므로 다음과 같이 쓸 수 있다.

$$\begin{aligned} N_{x'} &= mgl \sin\theta \\ N_{y'} &= 0 \\ N_{z'} &= 0 \end{aligned} \tag{9.7.1}$$

그림 9.7.1 대칭형 팽이

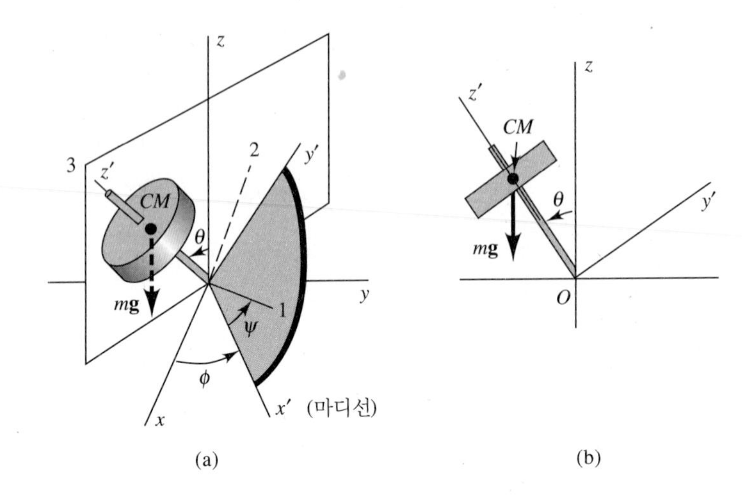

강체의 각속도 $\boldsymbol{\omega}$의 성분은 식 (9.6.5)로 주어진다. 따라서 팽이의 각운동량은 $x'y'z'$계에서 다음 성분을 갖는다.

$$\begin{aligned} L_{x'} &= I_{x'x'}\omega_{x'} = I\dot{\theta} \\ L_{y'} &= I_{y'y'}\omega_{y'} = I\dot{\phi}\sin\theta \\ L_{z'} &= I_{z'z'}\omega_{z'} = I_s(\dot{\phi}\cos\theta + \dot{\psi}) = I_s S \end{aligned} \tag{9.7.2}$$

여기서 관성 모멘트에 대한 표기는 앞 절과 같고, 위 식에서 $\omega_{z'} = \dot{\phi}\cos\theta + \dot{\psi}$를 S로 간략하게 표기했다. S는 스핀(spin)이라 부르며 팽이의 대칭축 주위의 각속도이다.

$x'y'z'$계에서 운동에 관한 기본방정식은 식 (5.2.10)이나 식 (9.3.3)을 참조하면

$$\mathbf{N} = \left(\frac{d\mathbf{L}}{dt}\right)_{rot} + \boldsymbol{\omega}' \times \mathbf{L} \tag{9.7.3}$$

이고, $\mathbf{N}$, $\mathbf{L}$, $\boldsymbol{\omega}'$의 성분은 각각 식 (9.7.1), (9.7.2), (9.6.4)로 표현된다. 결과적으로 방정식은 성분별로 다음과 같다.

$$mgl\sin\theta = I\ddot{\theta} + I_s S\dot{\phi}\sin\theta - I\dot{\phi}^2\cos\theta\sin\theta \tag{9.7.4a}$$

$$0 = I\frac{d}{dt}(\dot{\phi}\sin\theta) - I_s S\dot{\theta} + I\dot{\theta}\dot{\phi}\cos\theta \tag{9.7.4b}$$

$$0 = I_s\dot{S} \tag{9.7.4c}$$

마지막 식에서 대칭축에 대한 강체의 스핀인 S는 일정함을 알 수 있다. 물론 각운동량의 대칭축 방향 성분도 상수이다.

$$L_{z'} = I_s S = 상수 \tag{9.7.5}$$

그러면 두 번째 방정식은 다음 식과 대등하고

$$0 = \frac{d}{dt}(I\dot{\phi}\sin^2\theta + I_s S\cos\theta) \tag{9.7.6}$$

따라서 아래의 결과를 얻는다.

$$I\dot{\phi}\sin^2\theta + I_s S\cos\theta = L_z = \text{상수} \tag{9.7.7}$$

위 식에서 상수는 각운동량의 고정된 z축 방향의 성분이다(연습문제 9.23 참조). 각운동량의 성분 L_z, $L_{z'}$이 모두 일정함을 쉽게 알 수 있다. 중력이 작용하는 토크는 항상 x'축 방향, 즉 마디선 방향이다. 강체의 대칭축인 z'축과 고정계의 z축은 마디선에 늘 수직이므로 두 축 방향으로의 토크 성분은 영이다.

고른 세차운동

팽이가 수평면에서 고른 세차운동(steady precession)하는 특수한 경우를 다루겠다. 이것은 보통 '시범' 케이스로 회전축이 수평상태로 유지되면서 수직축, 즉 z축 주위에서 일정한 비율로 세차운동하는 것이다. 그러면 $\theta = 90° = $ 상수, $\dot{\theta} = \ddot{\theta} = 0$이므로 식 (9.7.4a)는 다음과 같이 간단해진다.

$$mgl = I_s S\dot{\phi} \tag{9.7.8}$$

그런데 mgl은 x'축 주위에 대한 토크이다. 더구나 각운동량의 수평성분은 $I_s S$의 크기를 갖고 있으며 수평면에서 원을 그린다. 이때 $\mathbf{L}$ 벡터의 끝은 $I_s S\dot{\phi}$의 속도를 갖고 있으며 방향은 x'축에 평행이다. 따라서 식 (9.7.8)은 회전 운동방정식 $\mathbf{N} = d\mathbf{L}/dt$를 이번 특수한 경우에 다시 언급한 것에 불과하다(그림 9.7.2 참조).

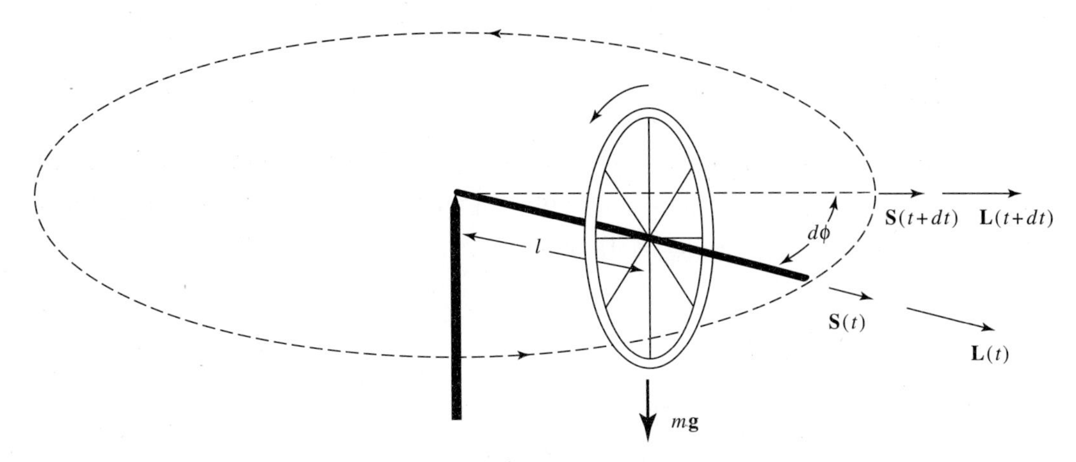

그림 9.7.2 스핀 각속도 **S**, 스핀 각운동량 **L**인 자전거 바퀴가 수평면에서 고른 세차운동을 하고 있는 상태

좀 더 일반적인 경우로서 θ가 일정하지만 90°가 아니면서 고른 세차운동하는 것은 식 (9.7.4a)를 써서 풀 수 있는데, 이 식에 $\ddot{\theta}=0$으로 놓고 공통 인수 $\sin\theta$를 소거하면 다음 식을 얻는다.

$$mgl = I_s S\dot{\phi} - S\dot{\phi}^2 \cos\theta \qquad (9.7.9)$$

이것은 미지수 $\dot{\phi}$에 대한 2차 방정식이므로 풀면 두 개의 해를 얻는다.

$$\dot{\phi} = \frac{I_s S \pm \left(I_s^2 S^2 - 4mglI\cos\theta\right)^{1/2}}{2I\cos\theta} \qquad (9.7.10)$$

따라서 θ가 주어졌을 때 팽이는 두 가지 속력으로 고른 세차운동을 한다. (+) 부호를 택하면 빠른 세차운동이고, (–) 부호를 택하면 느린 세차운동이 된다. 이 중에서 어느 것이 일어날지는 초기 조건에 달려 있다. 보통의 경우 팽이에서는 느린 것이 일어난다. 하여튼 물리적으로 가능한 해가 있으려면 괄호 안은 영이거나 양수여야 한다. 즉, 다음 조건을 만족해야 한다.

$$I_s^2 S^2 \geq 4mglI\cos\theta \qquad (9.7.11)$$

잠자는 팽이

팽이를 충분히 빨리 돌려서 수직 상태로 돌게 만들어주면 팽이의 축은 수직방향을 계속 유지하면서 '잠자는(sleeping)' 상태에 있게 된다. 이것은 위 식에서 θ가 상수로서 영이 될 때이다. 그런데 $\dot{\phi}$는 실수이어야 하므로 조용한 팽이가 안정할 조건은 다음과 같다.

$$I_s^2 S^2 \geq 4mglI \qquad (9.7.12)$$

마찰로 인해 팽이가 돌고 있는 속도가 줄어들면 위의 조건은 더 이상 성립하지 않고 밑으로 기울면서 결국은 쓰러질 것이다.

예제 9.7.1

질량 100 g인 장난감 자이로스코프는 반지름 $a = 2$ cm인 균일한 원반이 가벼운 회전축에 매여 있고 원반의 중심은 고정점에서 2 cm 되는 곳에 있다. 이 자이로스코프가 매초 20회의 속도로 돌고 있다면 정상 수평 세차운동의 주기를 계산하라.

■ 풀이

I_s를 계산하면 $I_s = \frac{1}{2}ma^2 = \frac{1}{2} \times 100\text{ g} \times (2\text{ cm})^2 = 200\text{ g}\cdot\text{cm}^2$이다. 스핀의 경우에는 회전수/초를 rad/s로 환산해야 하므로 $S = 20 \times 2\pi$ rad/s이다. 그러면 식 (9.7.8)에서 세차율은

$$\dot{\phi} = \frac{mgl}{I_s S} = \frac{100\ \text{g} \times 980\ \text{cm s}^{-2} \times 2\ \text{cm}}{200\ \text{g cm}^2 \times 40 \times 3.142\ \text{s}^{-1}} = 7.8\ \text{s}^{-1}$$

이고, 세차주기는 다음과 같다.

$$\frac{2\pi}{\dot{\phi}} = \frac{2 \times 3.142}{7.8\ \text{s}^{-1}} = 0.81\ \text{s}$$

예제 9.7.2

앞 예제의 자이로스코프가 수직을 유지하고 있으려면 최소 회전수는 얼마이어야 하는가?

■ 풀이

위에서 계산한 값 외에 x'축 또는 y'축 주위에 대한 관성 모멘트 I가 필요하다. 평행축 정리에서 $I = I_{x'x'} = I_{y'y'} = \frac{1}{4}ma^2 + ml^2 = \frac{1}{4}100\ \text{g} \times (2\ \text{cm})^2 + 100\text{g} \times (2\ \text{cm})^2 = 500\ \text{g} \cdot \text{cm}^2$이다. 식 (9.7.12)로부터 다음을 얻고

$$S \geq \frac{2}{I_s}(mglI)^{1/2} = \frac{2}{200}(200 \times 980 \times 2 \times 500)^{1/2}\ \text{s}^{-1} = 140\ \text{s}^{-1}$$

초당 회전수로 나타내면 최소 회전수는 다음과 같다.

$$S = \frac{140}{2\pi} = 22.3\ \text{rps}$$

9.8 에너지방정식과 장동

아주 오래되어 이제 더 이상 사용하지 않고 그냥 던져둔 실험장비들 중에 진정한 보물이 대부분의 대학 물리학과의 깊은 지하 보관소에 묻혀 있을 때가 종종 있다. 수년간 잠자고 있던 장비가 적당한 수리과정을 거쳐 강의용 시험장비로 되살아나곤 한다. 그중 일부는 그런대로 새 것 같아서 강의용으로 구입한 것일 수도 있다. 이런 것 중 아주 만족할 만한 것이 공기 자이로(air gyroscope)이다. 이 장치는 그림 9.8.1과 같이 세차운동을 설명하기 위해 역학 수업시간에 자주 등장하는 물건이다. 공기 자이로는 마찰이 없는 장치로서의 장점을 갖추고 있어서 회전운동과 관련된 신기한 현상을 관찰하기에 편리하다. 이 장치에서 회전체는 가늘고 긴 실린더형 막대가 그 중심을 향하여

그림 9.8.1 공기 자이로

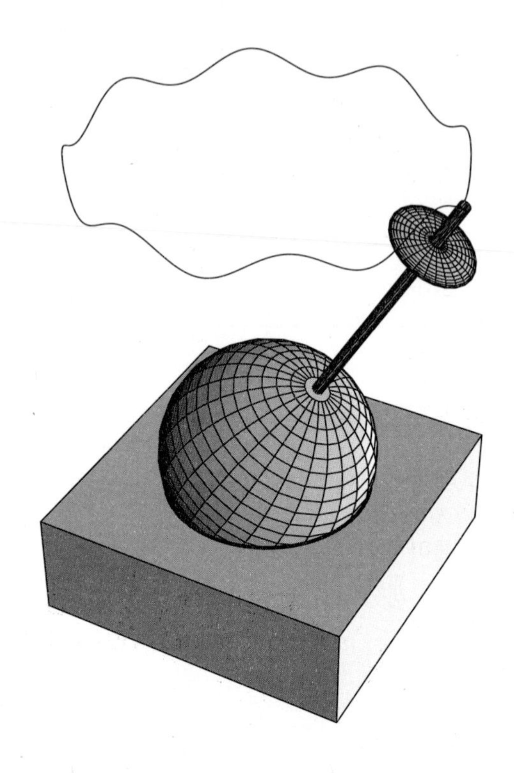

박혀있는 구형 물체이다. 이 막대가 강체의 대칭축이 된다. 구형 물체는 뒤집힌 반구형의 매끄러운 곡면 내에 놓여 있다. 그 곡면 밑에 작은 구멍이 있어서 공기를 불어냄으로써 마찰이 거의 없도록 공기층을 형성한다. 보통 이 자이로 운동은 대칭축을 회전시키고 나서 여러 방식으로 가만히 놓음으로써 시작된다.

공기 자이로로 보이는 가장 고전적인 시범은 그림 9.8.1과 같이 중앙에 작은 구멍이 있는 원반을 공기 자이로의 회전축 끝부분에 끼움으로써 자이로를 팽이로 변경시키는 것이다. 곧 이어질 신기한 현상의 사전 분위기 조성을 위해 팽이 축을 약간 기울인 후 정지상태로 놓는다. 회전축 끝 부분에 설치된 원반의 무게 때문에 팽이는 균형을 잃어버리고 흔들흔들하면서 바닥으로 쓰러지게 된다. 이를 지켜보고 있던 학생들이 기대했던 그대로이다. 중력이 균형을 잃어버린 팽이에게 토크를 만들어 넘어지게 만든 것이다. 그런 다음 이번에는 대칭축을 회전시킨 뒤 θ_1만큼 기울인 후 놓으면 팽이는 이번에도 흔들거리기는 하지만 먼저와는 달리 세차운동을 시작하고 일부 학생들의 큰 탄식에도 불구하고 그 대칭축은 바닥으로 쓰러지지 않는다. 그리고 어느 각도 θ_2에서 마치 벽을 치듯이 천천히 내려오던 대칭축이 기적처럼 다시 위로 올라가고 시작위치 θ_1에서 잠시 멈춘다. 그리고 다시 떨어지면서 세차운동을 다시 시작하고 다시 또 올라갔다가 내려오는 과정을 반복한다. 단지 회전축을 θ_1만큼 기울여 회전시킨 후 가만히 놓음으로써 이런 놀라운 운동을 재현할 수 있다. 대칭축이 θ_1, θ_2 사이에서 진동하는 이 현상을 **장동**(章動, nutation)이라고 한다. 계속해서 초기조건을 바꾸어가면서 실험을 해보면 이 운동은 여러 가지 장동 중 하나임을 알 수 있다.

팽이에 어떤 마찰력도 작용하지 않는다고 가정하면 전체 에너지 E는 불변이다.

$$E = \tfrac{1}{2}\left(I\omega_{x'}^2 + I\omega_{y'}^2 + I_s\omega_{z'}^2\right) + mgl\cos\theta = 상수 \tag{9.8.1}$$

또 오일러 각도로 표현하면 다음과 같다.

$$E = \tfrac{1}{2}(I\dot{\theta}^2 + I\dot{\phi}^2\sin^2\theta + I_s S^2) + mgl\cos\theta \tag{9.8.2}$$

식 (9.7.7)을 $\dot{\phi}$에 대해 풀면

$$\dot{\phi} = \frac{L_z - I_s S\cos\theta}{I\sin^2\theta} = \frac{L_z - L_{z'}\cos\theta}{I\sin^2\theta} \tag{9.8.3}$$

가 되고 이 값을 식 (9.8.2)에 대입하면 운동상수인 E를 θ의 함수로 구할 수 있다.

$$E = \tfrac{1}{2}I_s S^2 + \tfrac{1}{2}I\dot{\theta}^2 + \frac{(L_z - L_{z'}\cos\theta)^2}{2I\sin^2\theta} + mgl\cos\theta \tag{9.8.4}$$

우변의 첫째 항인 $I_s S^2/2$는 '스핀 에너지'로서 운동상수이므로 전체 에너지에서 빼버리고 나머지 운동상수

$$E' = E - \tfrac{1}{2}I_s S^2 \tag{9.8.5}$$

을 정의할 수 있는데, 이것은 θ 방향으로 운동하는 팽이의 잔여(residual) 총 에너지이다. 식 (9.8.4)를 다음과 같이 다시 쓸 수 있는데

$$E' = \tfrac{1}{2}I\dot{\theta}^2 + U(\theta) \tag{9.8.6}$$

여기서 $U(\theta)$는 유효 퍼텐셜 에너지이다.

$$U(\theta) = \frac{(L_z - L_{z'}\cos\theta)^2}{2I\sin^2\theta} + mgl\cos\theta \tag{9.8.7}$$

이제 1차원 에너지방정식 $E' = T + U$를 사용하여 팽이의 θ방향 운동을 자세히 분석할 수 있다. 이것은 6.11절에서 중심력장에서 움직이는 물체의 궤도운동을 살펴볼 때 도입한 $U(r)$과 같은 맥락이다. 그때 물체의 운동이 두 전향점(turning point) r_1, r_2 사이에서 $r_1 \le r \le r_2$로 국한되었음을 알았다. 이번의 θ 방향 운동에 대해서도 마찬가지이다. 물체는 유효 퍼텐셜 에너지 $U(\theta)$가 전체 에너지 E'보다 큰 영역으로 움직일 수 없다. 그림 9.8.2은 유효 퍼텐셜 에너지 함수 $U(\theta)$의 예를 보여

그림 9.8.2 유효 퍼텐셜 에너지 그래프

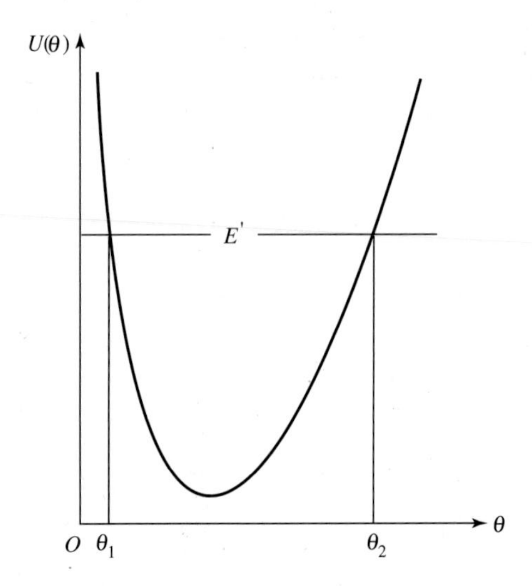

준다. θ_1과 θ_2는 상수 E'에 대한 두 전향점의 좌표를 가리킨다. E'의 값은 팽이의 θ방향 운동의 상하 제한구간을 제시한다. θ는 $[\theta_1, \theta_2]$ 구간을 벗어날 수 없다.

$U(\theta) = E'$일 때 팽이는 전향점에 이른다. 그 값은 식 (9.8.6)을 $\dot{\theta}$에 대해 풀어서

$$\dot{\theta}^2 = \frac{2}{I}[E' - U(\theta)] \tag{9.8.8}$$

을 구하고, 이것을 영으로 놓으면 된다. 위 식에서 $u = \cos\theta$로 놓고 $\dot{u}$에 대해 풀면

$$\dot{u} = -\dot{\theta}\sin\theta \tag{9.8.9a}$$

$$\dot{\theta} = -\frac{\dot{u}}{(1-u^2)^{1/2}} \tag{9.8.9b}$$

$$\dot{u}^2 = \frac{2}{I}(1-u^2)(E' - mglu) - \frac{1}{I^2}(L_z - L_{z'}u)^2 \tag{9.8.9c}$$

또는

$$\dot{u}^2 = f(u) \tag{9.8.10}$$

이 되어 전향점 θ_1, θ_2는 $f(u) = 0$의 근이 된다. 함수 $f(u)$는 3차 방정식이므로 세 개의 근이 있겠지만 그중 하나는 물리적 의미가 없다.

원리적으로 말하면, 위 식을 적분하여 u, 즉 θ를 시간의 함수로 얻을 수 있다.

$$t = \int \frac{du}{\sqrt{f(u)}} \tag{9.8.11}$$

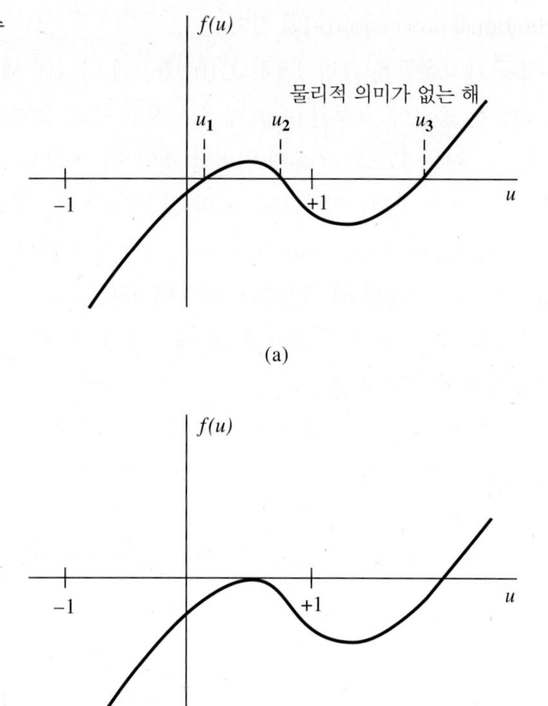

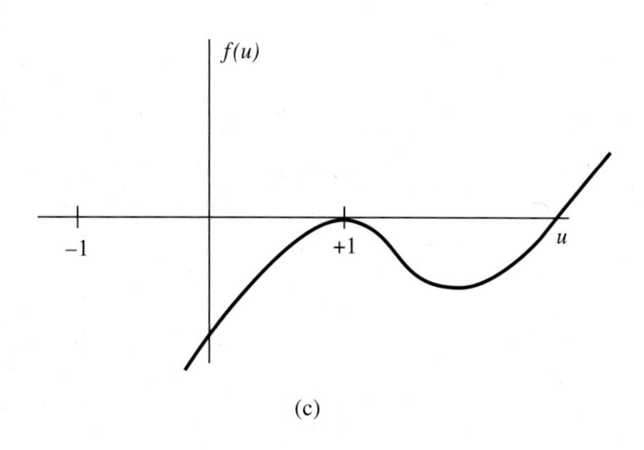

(c)

그림 9.8.3 팽이나 단순한 자이로에 대한 함수 $f(u)$ 의 그래프.
(a) 상이한 두 근: 장동,
(b) 이중근: 고른 세차운동,
(c) 잠자는 팽이의 경우.

그러나 단지 운동의 일반적 성질만 조사해보고자 한다면 그럴 필요는 없다. 물리적으로 운동이 가능한 두 전향점 사이에서 $f(u)$는 양수라야 한다. 각도 θ가 0과 π는 사이에 있는 경우에 u의 값이 -1과 $+1$ 사이의 값으로 한정된다. 0과 $+1$ 사이에 두 개의 근 u_1과 u_2가 존재하는 경우에 대한 $f(u)$의 그래프가 그림 9.8.3(a)에 나와 있다. 이것이 전형적인 경우인데 자이로가 쓰러질 때 $\theta = \pi/2$, 즉 $u = 0$이기 때문이다. 이 사이에서 $f(u)$는 양수이어야 하며 u_1, u_2에 해당하는 θ_1과 θ_2에서 팽이의 운동 방향이 바뀌고 그 대칭축은 이 사이에서 진동하면서 세차운동을 한다. 이것을 **장동 세차운동**

(nutational precession)이라 한다.

장동 세차운동은 그림 9.8.4(a), (b), (c) 에 나타낸 세 모드(mode)로 일어날 수 있다. 이 그림에서 경로는 공간에 고정된 $Oxyz$계에 부착된 구의 표면으로 투영된 대칭축의 궤적을 나타낸다. 구체적으로 어느 모드의 운동이 일어날 것인지는 θ가 두 전향점을 오갈 때 식 (9.8.3)에 주어진 각속력 $\dot{\phi}$의 부호가 바뀌는지 여부에 따라 결정된다. 그런데 $\dot{\phi}$는 각운동량의 z축 성분인 L_z와 스핀 각운동량(spin angular momentum) $L_{z'}(= I_s S)$에 관계되므로 $\dot{\phi}$의 부호가 바뀌지 않으면 대칭축이 $[\theta_1, \theta_2]$ 구간에서 진동할 때 세차운동 방향이 바뀌는 일이 없다. 이것이 그림 9.8.4(a)에서 묘사된 모드이다. 그러나 부호가 바뀌면 θ_1, θ_2에서 부호가 서로 반대이어야 하므로(식 (9.8.3) 참조) 그림 9.8.4(b)의 모드가 생긴다.

그림 9.8.4(c)는 앞에서 우리가 팽이의 회전축을 약간 기울여 회전시키면서 서서히 놓았을 때 일어났던 운동과 유사하다. 이는 운동상수 L_z와 $L_{z'}$을 초기화해주는 효과를 주어서

$$\frac{L_z}{L_{z'}} = \cos\theta_1 \tag{9.8.12}$$

와

$$\dot{\phi}|_{\theta=\theta_1} = 0 \qquad \dot{\theta}|_{\theta=\theta_1} = 0 \tag{9.8.13}$$

과 같이 되도록 해준다. 강체의 대칭축을 약간 앞으로 밀어서 $\dot{\phi}|_{\theta=\theta_1} > 0$이 되도록(그림 9.8.4(a) 참조) 하거나 약간 뒤쪽으로 밀어서 $\dot{\phi}|_{\theta=\theta_1} < 0$이 되도록(그림 9.8.4(b) 참조) 함으로써 장동 세차운동의 두 가지 양상을 만들어낼 수 있다.

다른 운동의 가능성도 살펴보아야 한다. 그림 9.8.3(b)에서처럼 $f(u)$의 이중근 $u_1 = u_2$가 있으면 장동은 없고 고른 세차운동이 된다. 이런 양상을 만들고자 한다면 팽이를 아주 빨리 돌린 후 각속

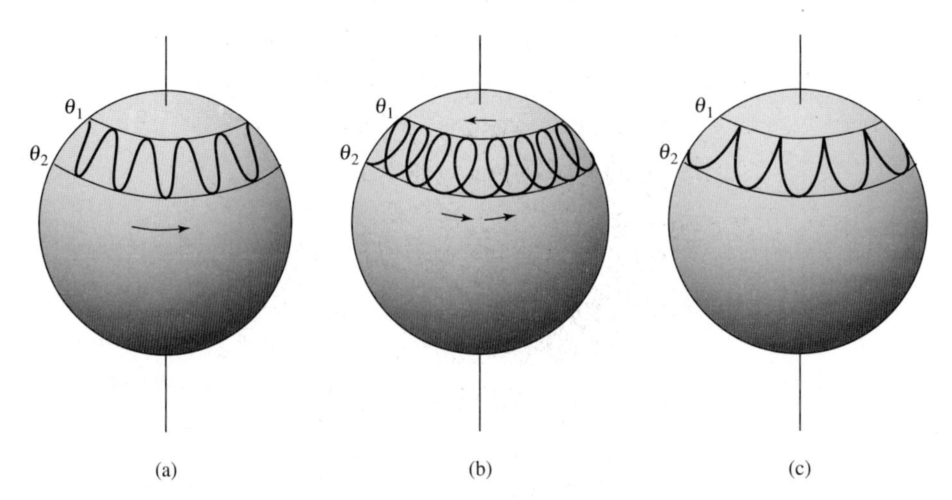

그림 9.8.4 팽이의 장동운동: (a) $\dot{\phi}$의 부호가 절대 바뀌지 않음, (b) $\dot{\phi}$의 부호가 바뀜, (c) 세차 운동을 하는 동안 $\theta = \theta_1$일 때 $\dot{\phi} = 0$임

도가 $\dot{\phi} \gtrsim 0$이 되도록 천천히 대칭축을 앞으로 밀어서 $\dot{\theta} = 0$이 되도록 놓으면 된다(연습문제 9.24 참조). 또 다른 가능성은 앞 절에서 공부한 잠자는 팽이로 그림 9.8.3(c)에 해당하며 물리적으로 의미 있는 근은 $u_1 = 1$인 경우뿐이다. 이 양상을 만들려면 팽이의 축을 수직으로 세운 후 식 (9.7.12)의 조건이 만족될 정도로 안정성을 갖게 빨리 돌린 후 놓는다. 만약 충분히 빠르게 돌리지 못한다면 불안해지고 결국 넘어질 것이다.

9.9 자이로 나침반

이번에는 짐발대(gimball support)에 설치되어 있어서 회전축이 수평면으로 한정되기는 하지만 자유롭게 방향을 바꿀 수 있는 자이로스코프를 생각해보자. 그림 9.9.1에 상황이 설명되어 있는데 이것은 그림 9.7.1에서 $\theta = 90°$인 경우이고 y 및 x축을 지표면에서의 동서남북으로 표기한 것이다. 자이로스코프는 앞에서 설명했던 예와는 달리 그 원점에 설치되어 있으므로 팽이에 작용하는 토크는 없다. 이런 경우 회전하는 팽이는 비록 완벽하게 토크가 없지는 않지만 거의 토크가 없는 자이로스코프와 같은 거동을 하게 된다.

5장에서 지구의 각속도 $\boldsymbol{\omega}_e$는 위도 λ인 지방에서 $\omega_e \cos\lambda$의 북쪽 성분과 $\omega_e \sin\lambda$의 수직 성분을 갖고 있음을 알았다. 그래서 $x'y'z'$계에서 그 각속도는 다음과 같다.

$$\boldsymbol{\omega}_e = \mathbf{i}'\omega_e \cos\lambda \cos\phi + \mathbf{j}'\omega_e \sin\lambda + \mathbf{k}'\omega_e \cos\lambda \sin\phi \tag{9.9.1}$$

이제 수직축 주위를 $\dot{\phi}$의 변화율로 회전하고 있는 $x'y'z'$계의 각속도는 다음과 같다.

$$\boldsymbol{\omega}' = \boldsymbol{\omega}_e + \mathbf{j}'\dot{\phi} = \mathbf{i}'\omega_e \cos\lambda \cos\phi + \mathbf{j}'(\dot{\phi} + \omega_e \sin\lambda) + \mathbf{k}'\omega_e \cos\lambda \sin\phi \tag{9.9.2}$$

비슷하게 자이로 나침반(gyrocompass) 자체도 z'축 주위로 $\dot{\psi}$의 비율로 돌고 있으므로 $x'y'z'$계에 대한 그 각속도는 다음과 같이 쓸 수 있다.

$$\boldsymbol{\omega} = \boldsymbol{\omega}' + \mathbf{k}'\dot{\psi} = \mathbf{i}'\omega_e \cos\lambda \cos\phi + \mathbf{j}'(\dot{\phi} + \omega_e \sin\lambda) + \mathbf{k}'(\dot{\psi} + \omega_e \cos\lambda \sin\phi) \tag{9.9.3}$$

자이로 나침반의 주관성모멘트는 전처럼 $I_1 = I_2 = I$, $I_3 = I_s$이다. 따라서 각운동량은 아래와 같이 쓸 수 있는데

$$\mathbf{L} = \mathbf{i}'I\omega_e \cos\lambda \cos\phi + \mathbf{j}'I(\dot{\phi} + \omega_e \sin\lambda) + \mathbf{k}'I_s S \tag{9.9.4}$$

마지막 항에서 전체 스핀 각속도 S는 다음과 같다.

$$S = \dot{\psi} + \omega_e \cos\lambda \sin\phi \tag{9.9.5}$$

그림 9.9.1 자이로 나침반

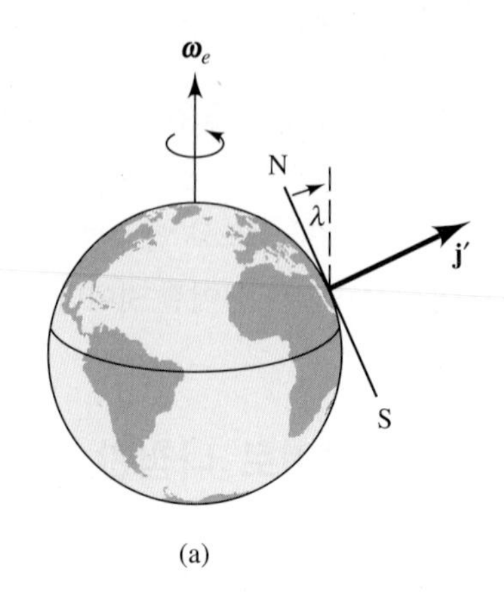

(a)

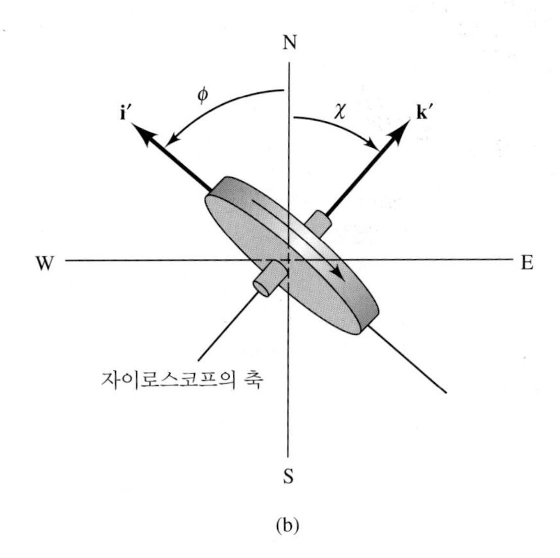

(b)

그런데 자이로 나침반은 수직축(y'축)과 스핀축(z'축) 주위로 자유롭게 돌 수 있으므로 스핀축이 수평면에 있게 하려면 작용되는 외부 토크는 x'축 방향을 향해야 한다: $\mathbf{N} = \mathbf{i}'N$ 회전좌표계에 대한 운동방정식

$$\mathbf{N} = \left(\frac{d\mathbf{L}}{dt}\right)_{rot} + \boldsymbol{\omega}' \times \mathbf{L} \tag{9.9.6}$$

은 다음과 같이 성분별로 쓸 수 있다.

$$N = I\frac{d}{dt}(\omega_e \cos\lambda \cos\phi) + (\boldsymbol{\omega}' \times \mathbf{L})_{x'} \tag{9.9.7a}$$

$$0 = I\frac{d}{dt}(\dot{\phi} + \omega_e \sin\lambda) + (\boldsymbol{\omega}' \times \mathbf{L})_{y'} \tag{9.9.7b}$$

$$= I_s\frac{dS}{dt} + (\boldsymbol{\omega}' \times \mathbf{L})_{z'} \tag{9.9.7c}$$

$\boldsymbol{\omega}'$과 $\mathbf{L}$에 대한 식 (9.9.2)와 식 (9.9.4)에서 $(\boldsymbol{\omega}' \times \mathbf{L})_{z'} = 0$임을 알 수 있으므로, 위의 마지막 식에서 $dS/dt = 0$이 되어서 S는 일정하다, 즉 운동상수이다 . 또한 위의 둘째 식은 다음과 같이 된다.

$$0 = I\ddot{\phi} + I\omega_e^2 \cos^2\lambda \cos\phi \sin\phi - I_s S\omega_e \cos\lambda \cos\phi \tag{9.9.8}$$

이제 각도 ϕ를 그 여각 $\chi = 90° - \phi$로 표현하는 것이 편리하며 $\cos\phi = \sin\chi$이고 $\ddot{\phi} = -\ddot{\chi}$이다. 자이로 나침반에서는 $S \gg \omega_e$이므로 위 식에서 ω_e^2이 들어 있는 항은 무시할 수 있고 결국 다음과 같이 된다.

$$\ddot{\chi} + \left(\frac{I_s S\omega_e \cos\lambda}{I}\right)\sin\chi = 0 \tag{9.9.9}$$

이 식은 진자의 운동 미분방정식과 비슷하다. 변수 χ는 $\chi = 0$ 주위로 진동하며 감쇠가 있다면 자이로스코프의 축이 남북 방향을 '찾아서' 그대로 방향을 유지하게 만들 것이다. 진폭이 작을 때 진동 주기는 다음과 같다.

$$T_0 = 2\pi\left(\frac{I}{I_s\omega_e S \cos\lambda}\right)^{1/2} \tag{9.9.10}$$

평평하고 대칭적인 물체의 I_s/I는 거의 2이므로 진동 주기는 본질적으로 자이로 나침반의 질량과 크기에 무관하다. 더구나 ω_e는 매우 작기 때문에 스핀 S는 상당히 커야 작은 주기를 유지할 수 있다. 예를 들어 $S = 60\ \text{Hz} = 2\pi \times 60\ \text{rad/s}$라 하자. 그러면 위도 45°에서 납작한 자이로 나침반의 주기는 다음과 같다.

$$T_0 = 2\pi\left(\frac{24 \times 60 \times 60}{2 \times 2\pi \times 60 \times 2\pi \times 0.707}\right)^{1/2} s = \left(\frac{12 \times 60}{0.707}\right)^{1/2} s = 31.9\ s$$

이 계산에서 $\omega_e = 2\pi/(24 \times 60 \times 60)$ rad/s를 사용했으므로 모든 2π는 서로 상쇄된다.

9.10 왜 랜스는 넘어지지 않았을까!

2003년 랜스 암스트롱(Lance Armstrong)은 투르 드 프랑스(Tour de France) 대회에서 5년 연속 우승을 거둔 두 번째 사람으로 역사에 남았다. 암스트롱이 거둔 5번째 우승은 쉽지 않았다. 보통 그 대회의 우승자는 이미 결승점 훨씬 이전에 판별이 나서 파리에 입성하여 샹젤리제(Champs-Elysees) 광장 주변을 몇 바퀴 돈 뒤 아무도 뒤쫓아 오는 사람 없이 유유히 동료들에 둘러싸여 골인하였다. 2003년 총 20단계 경주에서 19단계를 시작할 때도 랜스는 승리를 장담할 수 없었다. 그 날은 비가 내렸다. 도로는 젖고 미끄러웠기 때문에 상당한 기교를 요하는 상태였다. 암스트롱의 가장 강력한 경쟁자인 얀 울리히(Jan Ullrich)는 암스트롱에 1분 수초 정도 뒤진 2위였다. 이런 방식의 경기를 아주 잘하는 울리히는 12단계에서 암스트롱에게 1분 이상의 드문 패배를 건네 주었다. 19단계를 시작하면서 그는 또다른 좋은 기록으로 1위를 하고자하는 것을 느꼈다. 불행하게도 그는 도로가 많이 젖어 있는데 너무 무리하게 빨리 가다가 뒷바퀴가 미끄러져 바닥으로 넘어지면서 길가의 건초더미와 충돌하고 말았다. 선두 주자를 위한 노란 바지를 입고 있던 암스트롱은 울리히보다 3분 정도 뒤에 출발하는 이점을 누렸다. 울리히가 넘어졌다는 소식을 라디오로 전해 들은 시간에 그는 빠른 독일 선수와 앞서거니 뒤지거니 하면서 선두를 유지하고 있었다. 그러나 암스트롱은 이때부터 미끄러운 구간을 무사히 넘기기 위해 극도로 조심하면서 속도를 조금 줄일 수 있었다. 그는 이 단계를 3위로 통과했으며 율리히보다 1분 16초 앞섰다. 이제 5번째 연속 우승이 확실해졌다. 분명히 흔들렸지만 어느 정도 회복한 율리히는 이 단계를 4위로 통과했고 전체 경주에서 2위를 하였다.

이 절에서 아주 복잡하고 미끄러운 도로에서 자전거를 타는 사람의 안정성을 논의할 생각은 없

그림 9.10.1 굴러가는 바퀴의 운동 분석을 위한 좌표

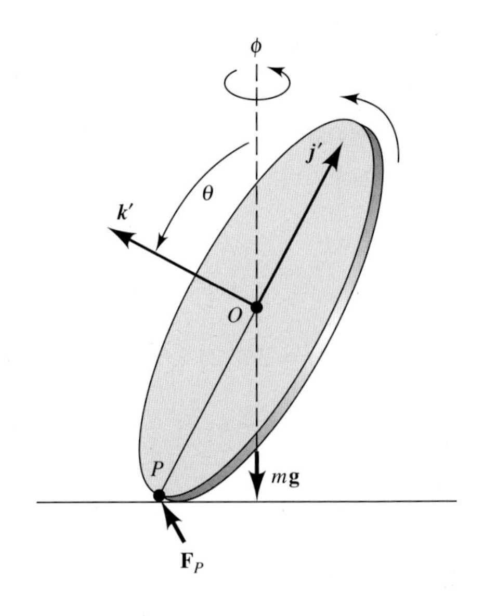

다. 대신에 완벽하게 거친 수평 도로에서 구르는 자전거 바퀴의 안정성에 대해 논의할 것이다.

일반적으로 바퀴의 운동은 두 부분으로 구분하여 생각할 수 있다. (1) 질량중심의 병진운동 (2) 질량중심 주위에 대한 회전운동. 바퀴의 운동을 설명하는 일반적인 방정식은 힘의 방정식인 식 (8.6.1)과 토크 방정식인 식 (8.6.2)로 주어진다. 바퀴에 작용하는 외력은 질량중심에 작용하는 $m\mathbf{g}$와 도로와 접하는 점에 작용하는 $\mathbf{F}_P$이다(그림 9.10.1 참조). 그러면 병진 운동방정식은

$$\mathbf{F}_P + m\mathbf{g} = m\frac{d\mathbf{v}_{cm}}{dt} \tag{9.10.1}$$

이다. 그리고 토크 방정식은

$$\mathbf{r}_{OP} \times \mathbf{F}_P = \frac{d\mathbf{L}}{dt} \tag{9.10.2}$$

이다. 여기서 $\mathbf{r}_{OP}$는 질량중심에 대한 접촉점의 위치벡터이다. 식 (9.10.1)을 $\mathbf{F}_P$에 대해 풀고 이를 식 (9.10.2)에 대입해주면 다음 방정식을 얻는다.

$$\mathbf{r}_{OP} \times \left(m\frac{d\mathbf{v}_{cm}}{dt} - m\mathbf{g} \right) = \frac{d\mathbf{L}}{dt} \tag{9.10.3}$$

바퀴의 각속도를 $\boldsymbol{\omega}$라 하면 질량중심의 속도는 다음과 같다.

$$\mathbf{v}_{cm} = \boldsymbol{\omega} \times \mathbf{r}_{PO} = \boldsymbol{\omega} \times (-\mathbf{r}_{OP}) \tag{9.10.4}$$

바퀴의 반지름을 a, 수직 방향에서 바퀴축이 기울어진 정도를 θ라 하면 바퀴에 고정된 $x'y'z'$계에서 다음과 같이 된다(그림 9.10.1 참조).

$$\mathbf{r}_{OP} = -\mathbf{j}'a \tag{9.10.5}$$

$$\mathbf{g} = -g(\mathbf{j}' \sin\theta + \mathbf{k}' \cos\theta) \tag{9.10.6}$$

이것을 식 (9.10.3)에 대입하면 다음을 얻는다.

$$-a\,\mathbf{j}' \times \left[m\frac{d}{dt}(\boldsymbol{\omega} \times a\,\mathbf{j}') + mg(\mathbf{j}' \sin\theta + \mathbf{k}' \cos\theta) \right] = \frac{d\mathbf{L}}{dt} \tag{9.10.7}$$

한편 $x'y'z'$계는 각속도 벡터 $\boldsymbol{\omega}'$으로 회전하고 있다. 따라서 다음 관계를 갖는다.

$$\frac{d}{dt} = \left(\frac{d}{dt}\right)_{rot} + \boldsymbol{\omega}' \times \tag{9.10.8}$$

이를 식 (9.10.7)에 대입하고 $(d\mathbf{j}'/dt)_{\rm rot} = 0$임을 이용하면 아래의 결과를 얻는다.

$$-ma^2\mathbf{j}'\times\left[\left(\frac{d\boldsymbol{\omega}}{dt}\right)_{rot}\times\mathbf{j}'+\boldsymbol{\omega}'\times(\boldsymbol{\omega}\times\mathbf{j}')\right]$$
$$-mga[\mathbf{j}'\times(\mathbf{j}'\sin\theta+\mathbf{k}'\cos\theta)]=\left(\frac{d\mathbf{L}}{dt}\right)_{rot}+\boldsymbol{\omega}'\times\mathbf{L} \tag{9.10.9}$$

이 방정식을 자세히 풀려고 시도하지는 않겠다. 특별한 경우로 바퀴가 거의 수직을 이루고 있으며 거의 일정한 방향으로 굴러가는 고른 구름(steady rolling)의 경우만을 고려하겠다. 그러면 θ는 90°로 거의 유지하고 $\chi=90°-\theta$와 ϕ는 아주 작아진다. 이런 가정하에 $\sin\chi=\chi$, $\sin\phi=\phi$로 근사시킬 수 있으므로 식 (9.6.4), (9.6.5), (9.7.2)의 $\boldsymbol{\omega}'$, $\boldsymbol{\omega}$, $\mathbf{L}$에 대한 식은 다음과 같다.

$$\boldsymbol{\omega}'=-\mathbf{i}'\dot{\chi}+\mathbf{j}'\dot{\phi} \tag{9.10.10a}$$
$$\boldsymbol{\omega}=-\mathbf{i}'\dot{\chi}+\mathbf{j}'\dot{\phi}+\mathbf{k}'S \tag{9.10.10b}$$
$$\mathbf{L}=-\mathbf{i}'I\dot{\chi}+\mathbf{j}'I\dot{\phi}+\mathbf{k}'I_sS \tag{9.10.10c}$$

이 식들을 식 (9.10.9)에 대입하고 필요한 연산을 수행한 후 작은 χ, ϕ의 고차항들을 무시하면 다음 결과를 얻는다.

$$ma^2(\mathbf{i}'\ddot{\chi}-\mathbf{k}'\dot{S}-\mathbf{i}'S\dot{\phi})-mga\mathbf{i}'\chi=\mathbf{i}'(-I\ddot{\chi}+I_sS\dot{\phi})$$
$$+\mathbf{j}'(I\ddot{\phi}+I_sS\dot{\chi})+\mathbf{k}'I_s\dot{S} \tag{9.10.11}$$

성분별로는 아래와 같다.

$$ma^2(\ddot{\chi}-S\dot{\phi})-mga\chi=-I\ddot{\chi}+I_sS\dot{\phi} \tag{9.10.12a}$$
$$0=I\ddot{\phi}+I_sS\dot{\chi} \tag{9.10.12b}$$
$$0=\dot{S}(I_s+ma^2) \tag{9.10.12c}$$

위의 마지막 식에서 $\dot{S}=0$이므로 S는 일정한 운동상수이다. 둘째 방정식은 초기조건을 $\chi=\dot{\phi}=0$으로 가정하면 적분해서 $I\dot{\phi}+I_sS\chi=0$이 되고 이것을 첫째 식에 대입하면 χ에 관한 분리된 미분방정식을 얻는다.

$$I(I+ma^2)\ddot{\chi}+[I_s(I_s+ma^2)S^2-Imga]\chi=0 \tag{9.10.13}$$

따라서 바퀴가 안정하게 굴러가려면 위 식에서 중괄호 안의 양이 (+)여야 하며 안정 기준은 아래와 같다.

$$S^2>\frac{Imga}{I_s(I_s+ma^2)} \tag{9.10.14}$$

예제 9.10.1

반지름 $a=0.35$ m이고 얇고 균일한 원반의 자전거 바퀴가 쓰러지지 않고 똑바로 서 있으려면 얼마나 빨리 굴러가야 하겠는가?

■ 풀이

균일하고 얇은 원반의 관성모멘트는 $I_s = 2I = \frac{1}{2}ma^2$이다. 굴러갈 때의 안정 기준은 식 (9.10.14)에 의해 다음과 같이 주어진다.

$$S^2 > \frac{mga}{2\left(\frac{1}{2}ma^2 + ma^2\right)} = \frac{g}{3a}$$

굴러가는 속력은 $v = v_{cm} = aS$이므로 위의 안정 기준은 다음과 같이 쓸 수 있다.

$$v^2 > \frac{ga}{3}$$

여기에 수치를 대입해주면 아래의 계산 결과를 얻는다.

$$v > \left(\frac{9.80\,\text{ms}^{-2} \times 0.35\,\text{m}}{3}\right)^{1/2} = 1.07\,\text{m/s} = 3.85\ \text{km/hr}$$

따라서 구경꾼이 자전거 핸들을 잡아 끌지 않는 한 랜스가 마른 도로를 꽤 곧추선 자세로 빨리 달린다면 그는 넘어지지 않을 것이다.

연습문제

9.1 질량이 m이고 변의 길이가 $2a$와 a인 균일한 얇은 직사각형 판이 있다. 이 판이 xy평면에 놓여 있고 원점이 판의 한구석에 있도록 $Oxyz$ 좌표계를 선정하자. 긴 변이 x축 방향이다. 다음을 구하라.

(a) 관성모멘트와 관성곱

(b) 원점을 지나는 대각선 주위에 대한 관성모멘트

(c) 직사각형 판이 원점을 지나는 대각선 주위로 각속력 ω로 회전할 때 원점 주위에 대한 각운동량

(d) (c)에서의 운동에너지

9.2 질량 m, 길이 $2a$인 가늘고 균일한 막대 세 개가 각각 그 중심에서 서로 수직으로 연결되어 있는 강체가 있다. 막대 방향으로 좌표축을 택하자.

(a) 이 물체가 원점과 점 (1, 1, 1)을 지나는 직선을 축으로 각속도 $\boldsymbol{\omega}$로 회전하고 있을 때 각운동량과 운동에너지를 구하라.

(b) 관성모멘트는 원점을 지나는 임의의 축에 대해서도 동일함을 증명하라.

(c) 균일한 정사각형 판의 관성모멘트는 판의 중심을 지나고 사각형 판의 평면상의 임의의 축에 대해 예제 9.1.1로 주어진 바와 같음을 증명하라.

9.3 원점이 다음과 같을 때 연습문제 9.1에서 직사각형 판의 주축을 구하라.

(a) 한구석

(b) 사각형 판의 중심

9.4 질량이 m이고 각 변의 길이가 a, $2a$, $3a$인 균일한 직육면체 나무토막이 긴 대각선 주위로 각속도 $\boldsymbol{\omega}$로 회전하고 있다. 토막의 중심에 원점이 있는 좌표계를 사용하여

(a) 운동에너지를 구하라.

(b) 각속도와 원점에 대한 각운동량 벡터 사이의 각도를 계산하라.

9.5 질량 m, 길이 l인 가늘고 균일한 막대가 막대의 중심 O를 지나 막대와 α의 각도를 이루는 축 주위로 일정한 각속도 $\boldsymbol{\omega}$로 회전하고 있다.

(a) 점 O에 대한 각운동량 $\mathbf{L}$은 막대에 수직이고 크기는 $(ml^2\omega/12)\sin\alpha$임을 증명하라.

(b) 토크 벡터 $\mathbf{N}$은 막대와 $\mathbf{L}$에 수직이고 크기는 $(ml^2\omega^2/12)\sin\alpha\cos\alpha$임을 증명하라.

9.6 연습문제 9.4에서 각속도 $\boldsymbol{\omega}$가 일정하다고 가정하고 토막에 작용하는 토크의 크기를 구하라.

9.7 임의의 모양을 가진 강체가 토크를 받지 않고 자유롭게 회전하고 있다. 9.4절에서 언급한 대로 오일러의 방정식을 써서 회전 운동에너지와 각운동량의 크기는 일정함을 증명하라(힌트: $\mathbf{N} = 0$일 때 오일러의 방정식에 각각 ω_1, ω_2, ω_3를 곱해서 더하면 운동에너지가 일정함을 알 수 있고, 또 각각 $I_1\omega_1$, $I_2\omega_2$, $I_3\omega_3$를 곱해서 더하면 L^2이 일정함을 알 수 있을 것이다).

9.8 임의의 모양을 가진 판이 토크를 받지 않고 자유롭게 회전하고 있다. 1, 2평면이 판의 면과 일치한다면 오일러의 방정식을 사용하여 $\omega_1^2 + \omega_2^2$은 일정함을 증명하라. 이것은 판에 수직인 성분 ω_3는 일정하지 않을지라도 그 평면판에 내린 $\boldsymbol{\omega}$의 투영은 일정함을 의미한다. 판이 어떤 경우에 ω_3도 상수가 되는가? (힌트: 수직축 정리를 사용하라.)

9.9 질량 m이고 한 변의 길이가 a인 정사각형 판을 공중으로 던져서 토크가 없는 상태에서 자유 회전을 시켰다. 회전 주기 $2\pi/\omega$는 1초이다. 회전축이 판의 대칭축과 45°의 각도를 이룬다면 대칭축 주위로 세차운동하는 회전축의 주기와 불변선 주위로 대칭축이 흔들리는 주기를 다음 두 경우에 계산하라.

(a) 얇은 판

(b) 두께 $a/4$인 두꺼운 판

9.10 대칭축을 갖고 있는 강체가 토크를 받지 않는 상태에서 어떤 고정점 주위로 자유롭게 회전하고 있다. 대칭축과 순간 회전축 사이의 각도를 α라 하면 회전축과 불변선($\mathbf{L}$ 벡터) 사이의 각도는 다음과 같음을 증명하라.

$$\tan^{-1}\left[\frac{(I_s - I)\tan\alpha}{I_s + I\tan^2\alpha}\right]$$

대칭축에 대한 관성 모멘트 I_s는 대칭축에 수직인 축에 대한 관성모멘트 I보다 크다.

9.11 대칭판에 대한 최대값은 $I_s/I = 2$이므로 연습문제 9.10에서 $\boldsymbol{\omega}$와 $\mathbf{L}$ 사이의 각도는 $\tan^{-1}\left(\frac{1}{\sqrt{8}}\right) \approx 19.5°$를 넘을 수 없고, α 값은 $\tan^{-1}\sqrt{2} \approx 54.7°$를 넘을 수 없음을 증명하라.

9.12 연습문제 9.9의 두 경우에서 $\boldsymbol{\omega}$와 $\mathbf{L}$ 사이의 각도를 구하라.

9.13 지구에 대해서 $\boldsymbol{\omega}$와 $\mathbf{L}$ 사이의 각도를 구하라.

9.14 반지름 a, 질량 m인 비행접시 같이 얇은 원반 형태의 우주선이 처음에 그 대칭축을 중심으로 각속도 $\boldsymbol{\omega}$로 고르게 회전하고 있다. 운석이 우주선 가장자리에 맞아서 우주선에 $\boldsymbol{P}$의 충격량을 주었다. $\boldsymbol{P}$의 방향은 우주선 축에 평행이며 크기는 $ma\omega/4$이다. 이 결과로 생기는 세차율 Ω, 흔들리는 비율 $\dot{\phi}$, 대칭축과 새 회전축 사이의 각도 α를 구하라.

9.15 프리스비가 공중을 날아가면서 흔들리도록 던져졌다. 공기 저항이 토크 $-c\boldsymbol{\omega}$를 작용한다면 $\boldsymbol{\omega}$의 대칭축 방향 성분은 시간에 따라 지수적으로 감소함을 보여라. 또한 대칭축과 각속도 $\boldsymbol{\omega}$ 사이의 각도 α도 평평한 물체에서 $I_s > I$인 경우 시간에 따라 감소함도 증명하라. 따라서 공기 저항이 있을 때는 흔들리는 정도가 점점 줄어든다.

9.16 질량 m, 반지름 a인 원반과 그 중심을 지나는 길이 a, 질량 $m/2$인 가는 막대로 구성된 간단한 팽이가 있다. 수직축과 45°의 각도를 이루도록 그 대칭축을 기울여 S의 비율로 돌리면 이 팽이는 $\theta = 45°$인 고른 세차운동할 수 있는데 그 세차율 $\dot{\phi}$ 에 가능한 두 값이 있다.

(a) $S = 900$ rpm, $a = 10$ cm일 때 $\dot{\phi}$의 두 값을 계산하라.

(b) 수직방향으로 팽이가 잠자게 하려면 얼마나 빨리 돌아야 하겠는가? 결과를 분당 회전수 rpm으로 나타내어라.

9.17 연필을 수직 방향에서 회전시키고 있다. 얼마나 빨리 돌려야 연필이 거꾸로 서 있겠는가? 연필은 길이 a, 지름 b인 균일한 원기둥이라고 가정하라. $a = 20$ cm, $b = 1$ cm일 때 회전수를 계산하라.

9.18 반지름 $a = 0.95$ cm인 동전이 곧게 서 구르게 하려면 얼마나 빨리 돌아야 하는가?

9.19 강체가 아무 토크를 받지 않으면서 회전하고 있다. 오일러 방정식 중 첫째 식을 t로 미분하고 다른 두 방정식을 이용하여 $\dot{\omega}_2$, $\dot{\omega}_3$를 소거하면 다음 결과를 얻게 됨을 증명하라.

$$\ddot{\omega}_1 + K_1\omega_1 = 0$$

여기서 K_1은 아래와 같다.

$$K_1 = -\omega_2^2\left[\frac{(I_3 - I_2)(I_2 - I_1)}{I_1 I_3}\right] + \omega_3^2\left[\frac{(I_3 - I_2)(I_3 - I_1)}{I_1 I_2}\right]$$

다른 두 방정식은 순환 치환 $1 \to 2$, $2 \to 3$, $3 \to 1$로 얻을 수 있다. K_1에 관한 위의 식에서 $I_1 < I_2 < I_3$이거나 $I_1 > I_2 > I_3$이면 각괄호 안의 양은 모두 양(+)의 상수가 된다. 초기에 ω_1이 매우 작다면 그 안정성 문제를 논하라. (a) $\omega_2 = 0$이고 ω_3는 큼: 초기의 회전은 3축 주위에 가까움. (b) $\omega_3 = 0$이고 ω_2는 큼: 초기의 회전은 2축에 가까움(주의: 이것은 그림 9.4.2에 설명된 안정 기준을 해석적으로 유도하는 방법이다).

9.20 길이 $2a$, $2b$, $2c$인 가벼운 막대 3개가 그 중심에서 서로 수직이 되도록 연결되어있고 각각의 끝에 질

량 m인 동일한 입자가 놓여 있는 강체가 있다.

(a) 막대로 정의되는 좌표축이 주축임을 증명하고 이 축에 대한 관성 모멘트 텐서를 구하라.

(b) 이 강체가 원점과 점 (a, b, c)를 연결하는 직선 주위로 각속도 $\boldsymbol{\omega}$로 회전할 때 행렬 표기를 사용하여 각운동량과 운동에너지를 구하라.

9.21 행렬 방법으로 연습문제 9.1과 연습문제 9.4를 풀어라.

9.22 질량이 m이고 각 변의 길이가 각각 $2a$, $2b$, $2c$인 균일한 직육면체 토막이 긴 대각선 주위로 회전하고 있다. 토막의 중심에 원점을 두고 토막면에 수직이 되도록 축을 택한 좌표계에서 관성 모멘트 텐서를 구하라. 각운동량과 운동에너지도 구하라. 또 한쪽 모퉁이에 원점을 둔 좌표계에서의 관성모멘트 텐서도 구하라.

9.23 9.7절에서 다룬 팽이에서 각운동량의 z 성분 L_z는 식 (9.7.7)로 표현됨을 증명하라.

9.24 9.7절과 9.8절에서 다룬 팽이를 아주 빨리 돌린다면($\dot{\psi} \gg 0$) 세차율은 느려지고($\dot{\phi} \approx 0$), 장동의 한계값 사이의 각 차이인 $\theta_2 - \theta_1$도 작을 것이다. 이러한 상황에서 $\dot{\theta}|_{\theta=\theta_1} = 0$, $\dot{\phi}|_{\theta=\theta_1} = mgl/L_{z'}$의 초기 조건에서 운동이 시작되었다면 장동이 없음을 증명하라. 여기서 $L_{z'} = I_s S$이다.

9.25 포름알데히드(CH_2O)는 우주에서 그들이 회전할 때 방출하는 전파로 감지할 수 있다. 이 분자를 강체라 하고 면이 정삼각형인 사면체로 이루어졌다고 가정하자. 산소, 탄소, 수소의 질량은 각각 16, 12, 1 AMU이다.

(a) 그림 P9.25에 나타낸 것처럼 3축이 산소를 통과하고 그 투영이 수소 두 개와 탄소가 이루는 면에 만들어지고, 1축은 탄소를 지나가며 2축은 수소 두 개를 지나가는 방향과 나란하게 잡으면 그들이 이 분자의 주축이 됨을 보여라.

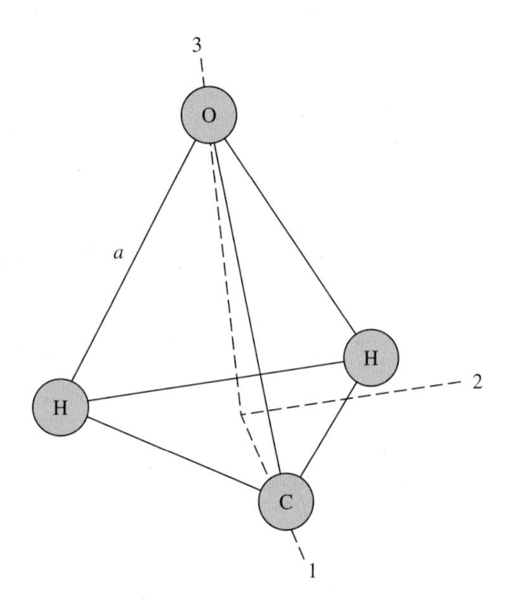

그림 P9.25

(b) 이 세 축에 대한 분자의 관성 텐서를 구하라.

(c) 아래와 같이 주어지는 각속도로 분자가 회전한다고 하자.

$$\boldsymbol{\omega} = \omega_1\,\mathbf{e}_1 + \omega_2\,\mathbf{e}_2 + \omega_3\,\mathbf{e}_3$$

분자가 3축이나 2축 주변으로 회전할 때 안정함을 보여라. 즉, 만약 ω_1과 ω_2가 ω_3에 비해 작거나 ω_1과 ω_3가 ω_2에 비해 작다고 하자. 하지만 1축 주변으로 회전하게 되면 불안정함을 보여라.

컴퓨터 응용 문제

C9.1 예제 9.7.1과 예제 9.7.2에서 논의한 회전하는 팽이를 생각해보자. 처음에 회전축이 $\theta_0 = 60°$에서 35 회/초로 돌고 있다고 가정하자. 이제 회전축을 놓으면 팽이는 쓰러지기 시작한다. 쓰러지면서 회전축은 세차운동을 하고 두 극한값 θ_1과 θ_2 사이에서 장동운동을 한다.

(a) 두 극한값 θ_1, θ_2를 계산하라.

(b) 장동주기를 해석적으로 추정하라(힌트: 본문에 주어진 식에서 필요할 때마다 $\dot{u}$에 대한 근사를 택하고 적분할 것).

(c) 평균적 세차운동 주기를 해석적으로 추정하라(힌트: 본문의 $\dot{\phi}$에 대한 식에서 근사를 택할 것).

(d) 운동에 대한 근사식을 한 장동주기보다 약간 긴 시간 구간에서 수치적으로 적분하여 $\cos\theta(t)$, $\phi(t)$를 구하라.

(e) $x(t) = \cos\theta_1 - \cos\theta(t)$로 놓고($\theta_1$은 장동운동의 두 극한 중 작은 값) 문제 (d)에서 계산한 시간 구간에서 $x(t)$와 $\phi(t)$의 관계를 그래프로 그려라. 이 그래프에서 장동주기와 평균 세차주기를 계산하고 문제 (a), (b), (c)에서 얻은 결과와 비교하라.

C9.2 (a) 9.5절에서 주어진 서로 다른 관성모멘트를 갖는 타원체의 자유회전에 관한 결과를 수치 계산하라. 특히 관성 모멘트 값을 검증하고 그 위상공간 그래프도 확인하라.

(b) T, L^2을 상수로 하는 두 타원체의 교차선을 구하여 위상 공간에서 부피를 구하라.

(c) 3축 외의 축에 대한 회전이 되도록 초기 조건 $[\omega_1(0), \omega_2(0), \omega_3(0)]$을 구하라. 3축과 1 혹은 2축(둘 다는 아니고) 방향의 각속도는 반드시 한 주기 운동 동안 원점을 지난다.

제 10 장

라그랑주 역학

"… 역학 이론을 간략화하고 그와 연관된 문제를 예술적으로 풀기 위해서,
각 문제의 해를 구하는 데 필요한 모든 방정식을 제공하는 가장 일반화된 공식을 위해서…
지금까지 역학 문제 풀이에 도움이 된 것으로 알려진 각기 다른 원리들을 통합해서
한 가지 견해를 제시하여 이들 간의 상호 의존관계와 적용 범위를 보임으로써…
이 논문에는 그림이 하나도 없다. 내가 설명하고자 하는 방법에는 기하학이나 역학적 논의가 없고
보통 과정에 나오는 대수학 연산만이 있을 뿐이다. 해석학을 좋아하는 사람은 역학이
새로운 학문 분야가 되고 그렇도록 영역을 넓힌 나에게 고마울 것이다."

– 조제프 루이 라그랑주, 『Avertissment for Mechanique Analytique』(1788)

뉴턴의 시각이 아닌 다른 관점에서 역학을 보는 방법이 뉴턴과 거의 같은 시기에 유럽대륙에서 개발되었다. 이 분야에서는 빌헬름 폰 라이프니츠(Wilhelm von Leibniz, 1646~1716)가 선봉이었는데 그는 누가 먼저 미적분학을 개척했는지를 두고 뉴턴과 심한 논쟁에 휘말렸었다. 라이프니츠의 방법은 힘, 가속도 같은 벡터가 아니라 에너지 같은 스칼라를 다루는 수학적 연산에 근거하고 있다. 이 개발이 완성되기까지는 한 세기 이상이 걸렸고 많은 석학이 심혈을 기울였다. 라이프니츠 이후에는 주로 요한 베르누이(Johann Bernoulli, 1667~1748)가 새로운 역학으로 발전시켰다. 1717년 베르누이는 정적 평형을 기술하기 위해 '가상 일(virtual work)'의 원리를 확립했다. 장 르롱 달랑베르(Jean LeRond D'Alembert, 1717~1783)는 이 원리를 동역학 운동으로 확장했다. 조제프 루이 라그랑주(Joseph Louis Lagrange, 1736~1813)는 가상 일의 원리와 달랑베르의 확장

을 역학 방정식 유도의 기초로 삼았고 이렇게 함으로써 라그랑주의 이름이 붙게 된 것이다.[1)]

일단 여기서는 라그랑주의 운동방정식을 유도함에 있어서 그의 접근 방식을 따르지 않겠다. 대신 처음에 추구했던 대로 고전역학의 영역에만 국한되지 않고 물리학 전반에 걸친 문제 해결을 목표로 논리를 전개하겠다. 이 방법은 물리적 우주가 경제 원리에 근거한 자연법칙에 따른다는 깊은 철학적 신념에서 유래하는 것이다. 자연계의 법칙은 간단하고 형태가 정연해야 한다. 이러한 신조는 역사적으로 가장 훌륭한 물리학자와 수학자들이 견지해온 것으로 그중 몇 사람만 열거해도 오일러, 가우스, 아인슈타인, 베르누이, 레일리 등을 들 수 있다. 기본 착상은 주어진 '대자연'은 물리학적 우주를 구성하는 물체들이 항상 극대-극소 원리에 근거해서 시간과 공간을 따라 움직이게 한다는 것이다. 예를 들어, 움직이는 물체는 주어진 기하학적 평면에서 두 지점 간의 측지선인 최단거리를 '찾는' 궤도운동을 한다. 광선은 경과시간을 최소로 하는 경로로 진행한다. 또 입자의 집합체는 그 에너지를 최소화하는 평형 배치를 택한다.

이러한 가정은 삼라만상을 설명하는 심오한 의미를 지닐 수도 있고 아닐 수도 있다. 이 문제는 철학자와 신학자 사이에 좋은 논쟁거리가 된다. 그러나 물리학자의 입장에서는 사실인지 아닌지 증명하려면 '해보아야' 알겠다는 것이다. 자연에 대한 법칙이 아무리 이론적으로 정연하더라도 궁극적으로는 실험적 확인이 있어야 한다. 자연의 현실을 기술하려고 우리가 선택한 법칙은 과학적 검사를 통과해야만 한다. 이러한 요구 조건을 만족하지 못한 많은 가정이 쓰레기통에 버려졌다.

그렇지만 우리가 지금 도입할 포괄적인 가정은 지금까지의 모든 공격을 성공적으로 이겨냈으며 실제로 뉴턴의 운동방정식을 유도할 수 있는 계기를 마련한 것이다. 이 원리는 1834년에 명석한 영국 수학자였던 윌리엄 로언 해밀턴(William Rowan Hamilton, 1805~1865)이 제창했다. 그 원리는 현대의 이론물리학 발전에 큰 기여를 했기에 많은 물리학자는 뉴턴의 법칙 이상으로 기본적인 의미를 지니고 있다고 믿는다. 그래서 이 장 앞부분에서는 해밀턴의 원리를 역학의 기본 전제로 삼겠다.

이어지는 각 절에서는

- 해밀터의 변분원리(Hamilton's variational principle)라는 가정을 이용하여 균일한 중력장에서 낙하하는 물체의 경우에 이 원리로 예측하는 운동은 뉴턴의 제2법칙에서 결정되는 것과 똑같음을 증명하겠다.
- 보존력계에 대한 라그랑주 운동방정식을 해밀터의 변분원리로 유도하고 몇 가지 예제를 다루겠다.

---

1) 가상 일에 대한 논의는 다음을 참조하라. N. G. Chataeu, *Theoretical Mechanics*, Springer-Verlag, Berlin, 1989. 달랑베르 원리에 근거한 라그랑주 방정식의 유도는 다음을 참조하라. (1) H. Goldstein, *Classical Mechanics*, Addision-Wesley, Reading, MA, 1965, (2) F. A. Scheck, *Mechanics-From Newton's Law to Deterministic Chaos*, Springer-Verlag, Berlin, 1990.

- 구속 조건에 대한 일반화 힘을 고려할 때는 라그랑주 운동방정식을 어떻게 수정해야 할지를 보이겠다.
- 달랑베르 원리(D'Alembert's principle)에서 비보존력을 포함한 일반화 힘이 관계하는 임의의 물리계에 관한 라그랑주 방정식을 유도하여 역학에 관한 뉴턴 방식과 라그랑주 방식이 동등함을 보이겠다.
- 역학에서 사용되는 해밀토니안 공식화를 소개하고 몇 가지 예를 들어 이를 시험해볼 것이다.

10.1 해밀턴의 변분원리: 예

해밀턴의 변분원리에 의하면, 어떤 물리계에서 가능한 모든 운동 경로 중 실제로 운동이 일어난 경로를 따른 다음의 적분

$$J = \int_{t_1}^{t_2} L\, dt$$

는 극대 또는 극소 등의 극값(extremum)을 갖는다. 여기서 $L = T - V$는 계의 **라그랑지안**(Lagrangian)이라 하며, 이는 운동에너지와 위치에너지의 차이이고 t_1과 t_2는 운동과정의 임의의 두 시각을 의미한다. 다시 말하자면 시간 구간 $[t_1, t_2]$ 동안 계에 속한 모든 요소들의 가능한 위치와 속도 등을 나타내기 위한 좌표들로 구성되는 공간, 소위 말하는 배위공간에서 계가 택하는 실제의 운동경로는 위의 적분이 극값을 갖게하는 경로라는 것이다. 이것은 수학적으로 다음과 같이 나타낼 수 있는데

$$\delta J = \delta \int_{t_1}^{t_2} L\, dt = 0 \tag{10.1.1}$$

δ는 함수의 함수, 즉 범함수의 전미분을 나타내는 연산자이다. 예를 들어 식 (10.1.1)에서 L은 시간의 함수인 위치와 속도의 함수이므로 범함수이고 그 시간 적분인 J도 범함수이다. δJ는 J의 전미분, 즉 변수의 미소 변화에 따른 J함수 값의 변화인 변분(變分, variation)이다. 시각 t_1에서 t_2까지의 모든 가능한 운동경로는 배위공간에서 한점에서 시작하고 한점에서 끝난다. 그러므로 이 두 시각에서 위치와 속도의 변분은 모두 영이어야 한다.

균일한 중력장에서 정지상태로부터 자유낙하시킨 입자에 해밀턴 원리를 적용해보자. 입자가 뉴턴의 제2법칙으로 결정되는 경로를 따라갈 때 식 (10.1.1)의 적분은 극값을 가짐을 알게 될 것이다. 임의의 순간에 지면으로부터 입자의 높이를 y, 속력을 $\dot{y}$라 하자. 그러면 δy와 $\delta \dot{y}$는 위치와 속력의 변분을 나타낸다. 그림 10.1.1을 참고하라. 입자의 위치에너지는 mgy이고 운동에너지는 $m\dot{y}^2/2$이다. 따라서 라그랑지안은 $L = m\dot{y}^2/2 - mgy$이고 그 시간 적분의 변분은 다음과 같다.

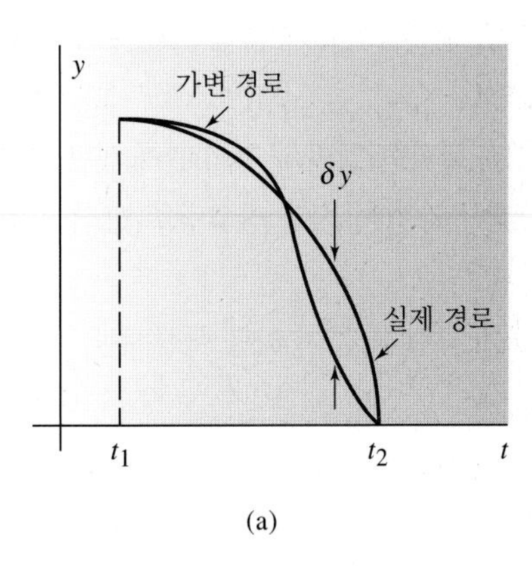

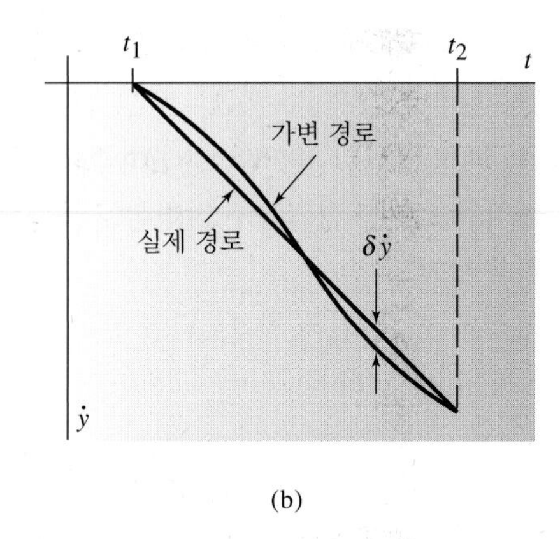

그림 10.1.1 자유낙하의 경우 (a) 실제 경로에서 벗어난 위치의 변분과 (b) 속력의 변분

$$\delta J = \delta \int_{t_1}^{t_2} L\, dt = \delta \int_{t_1}^{t_2} \left[\frac{m\dot{y}^2}{2} - mgy \right] dt = \int_{t_1}^{t_2} (m\dot{y}\, \delta\dot{y} - mg\, \delta y)\, dt \tag{10.1.2}$$

속력의 변분은 다음 관계식을 써서 위치의 변분으로 바꿀 수 있다.

$$\delta\dot{y} = \frac{d}{dt}\,\delta y \tag{10.1.3a}$$

식 (10.1.2)의 첫 항을 부분적분하면 다음을 얻는다.

$$\int_{t_1}^{t_2} m\dot{y}\, \delta\dot{y}\, dt = \int_{t_1}^{t_2} m\dot{y} \frac{d}{dt}\delta y\, dt = m\dot{y}\, \delta y \Big|_{t_1}^{t_2} - \int_{t_1}^{t_2} m\ddot{y}\, \delta y\, dt \tag{10.1.3b}$$

운동경로는 여러 가지로 가능하겠지만 운동의 양 끝점에서는 변할 수 없으므로 위의 식에서 우변의 첫 항은 영이다. 따라서 다음 식을 얻는다.

$$\delta J = \delta \int_{t_1}^{t_2} L\, dt = \int_{t_1}^{t_2} (-m\ddot{y} - mg)\, \delta y\, dt = 0 \tag{10.1.4}$$

그런데 δy는 양 끝점에서는 영이지만 입자의 운동과정 중에서는 완전히 임의의 값을 가질 수 있으므로 식 (10.1.4)가 항상 성립할 수 있는 유일한 방법은 괄호 안의 식이 영이 되는 것이다. 따라서

$$-mg - m\ddot{y} = 0 \tag{10.1.5}$$

이 되어 앞서 언급한 대로 균일한 중력장 내에서 낙하하는 입자의 운동에 관한 뉴턴의 제2법칙과 같다.

물체가 정지상태에서 $y_0 = 0$으로부터 낙하했다면 이 운동방정식의 해는 $y(t) = -\frac{1}{2}gt^2$이다. 이번에는 이 해와는 다른 어떤 함수에 대해서도 $J = \int L\,dt$의 적분은 극값을 갖지 않는다는 것을 증명하고자 한다. 이제 매개변수 α를 도입하여 참된 경로 y에서 벗어난 임의의 가변경로 $y(\alpha, t)$를 다음처럼 나타내자.

$$y(\alpha,t) = y(0,t) + \alpha\eta(t) \tag{10.1.6}$$

매개변수가 $\alpha = 0$일 때 $y = y(0, t) = y(t)$가 되어서 참된 해가 된다. 시간에 대한 임의의 함수 $\eta(t)$는 구간 $[t_1, t_2]$에서 1차 도함수가 연속이며 이 구간의 시작 및 끝 시각에서 그 값이 영이다. $\eta(t_1) = \eta(t_2) = 0$이다. 따라서 두 시각 t_1및 t_2에서 $y(\alpha, t)$는 α 값에 관계없이 참값을 갖게 된다. 이러한 구속 조건을 만족하는 함수 $\eta(t)$를 임의로 선택할 수 있으므로 $\alpha\eta(t)$는 진짜 경로에서 벗어난 임의의 변분 $\delta y(t)$가 될 수 있다. 하나의 가능한 변분이 그림 10.1.1에 나타나 있다.

이제는 적분 J가 매개변수 α의 함수임이 분명하다.

$$J(\alpha) = \int_{t_1}^{t_2} L[y(\alpha,t), \dot{y}(\alpha,t); t]\,dt \tag{10.1.7}$$

낙하 물체에 대해 이 적분을 계산해보자. $\dot{y}$는 매개변수 α를 사용하여 다음과 같이 쓸 수 있고

$$\dot{y}(\alpha,t) = \dot{y}(0,t) + \alpha\dot{\eta}(t) \tag{10.1.8}$$

여기서 $\dot{y}(0, t) = -gt$이다. 그러면 낙하 물체의 운동에너지와 위치에너지는 다음과 같다.

$$T = \frac{1}{2}m\dot{y}^2 = \frac{1}{2}m[-gt + \alpha\dot{\eta}(t)]^2 \tag{10.1.9a}$$

$$V = mgy = mg\left[-\frac{1}{2}gt^2 + \alpha\eta(t)\right] \tag{10.1.9b}$$

이때 적분 $J(\alpha)$는 아래와 같다.

$$\begin{aligned} J(\alpha) &= \int_{t_1}^{t_2} m\left(\frac{\dot{y}^2}{2} - gy\right)dt \\ &= \int_{t_1}^{t_2} m\left\{g^2t^2 - \alpha g[t\dot{\eta}(t) + \eta(t)] + \frac{1}{2}\alpha^2\dot{\eta}^2(t)\right\}dt \end{aligned} \tag{10.1.10}$$

위 식의 중괄호 내에서 α에 비례하는 항은

$$\int_{t_1}^{t_2} [t\dot{\eta}(t) + \eta(t)]\,dt = t\eta(t)\Big|_{t_2}^{t_1} - \int_{t_1}^{t_2} \eta(t)\,dt + \int_{t_1}^{t_2} \eta(t)\,dt = 0 \tag{10.1.11}$$

$\eta(t_1) = \eta(t_2) = 0$이므로 이 식에서 중앙의 첫 항은 영이 된다는 사실을 이용했다. 따라서 α에 비례하는 항은 없어지고 다음을 얻는다.

그림 10.1.2 $J(\alpha) = a + b\alpha^2$은 $\alpha = 0$일 때 최소임.

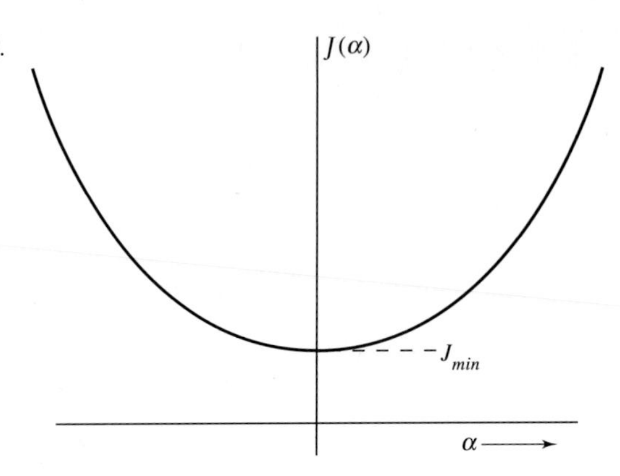

$$J(\alpha) = \tfrac{1}{3}g^2\left(t_2^3 - t_1^3\right) + \tfrac{1}{2}\alpha^2\int_{t_1}^{t_2}\dot{\eta}^2(t)\,dt \tag{10.1.12}$$

위 식에서 마지막 항은 매개변수 α의 제곱형이다. 그런데 $\dot{\eta}^2(t)$는 어떠한 $\dot{\eta}(t)$에 대해서도 항상 양수이므로 $J(\alpha)$는 그림 10.1.2와 같은 모양을 갖는다. 이 적분은

$$\left.\frac{\partial J(\alpha)}{\partial \alpha}\right|_{\alpha=0} = 0 \tag{10.1.13}$$

즉 $\alpha = 0$일 때 최소가 된다.

이 결과는 특수한 예에 의해 입증되었지만 식 (10.1.6)으로 표현된 '함수 y(그리고 y의 1차 도함수)의 함수'인 어떤 적분 J에도 적용된다. 이때 $J(\alpha)$가 1차 항까지 α에 무관하면 $\alpha = 0$일 때 그 도함수가 영이 되어 y가 뉴턴의 제2법칙으로 얻은 해와 같을 때만 적분이 극값을 갖는다.

예제 10.1.1

힘이 작용하지 않는 자유공간(보존력장)상에서 입자가 Δt시간 동안에 $x = 0$에서 $x = x_1$까지를 사인 함수로 표현되는 곡선 경로를 따라 움직인다. 해밀턴 원리를 이용하여 사인 함수 경로의 진폭이 영이라는 사실을 보여라. 즉, 입자가 실제로 택한 경로는 직선이라는 의미이다.

■ 풀이

그림 10.1.3에는 0에서 x_1까지 직선 경로상을 진행할 수 있는 몇 가지 가능한 경로를 보여준다.

이 보존력장에서 입자가 실제로 실행할 수 있는 운동은 $x = v_x t$라는 식으로 주어진다. 그래서 이 운동은 다음 식으로 주어지는 시간 간격 동안 완성되도록 제한된다.

$$\Delta t = x_1/v_x$$

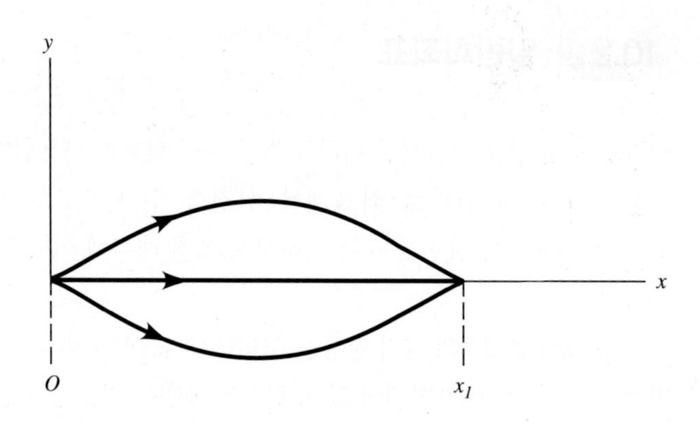

그림 10.1.3 자유공간에서 가능한 입자의 경로들

이때 가능한 사인 함수로 표현된 가변 경로를 아래와 같이 잡을 수 있다.

$$x = v_x t \qquad \text{그리고} \qquad y = \pm\alpha \sin \pi v_x t / x_1$$

여기서 α는 입자의 사인 함수 경로의 진폭을 변화시키기 위해 도입한 변수이다. 이 변수는 어떤 경로를 택하는가에는 무관하게 시간 Δt일 때 경로가 x_1에 도달하게 만들기만 하면 된다. 가변 경로를 따른 라그랑지안은

$$L = T - V = \frac{1}{2} m \left[v_x^2 + \left(\frac{\alpha \pi v_x}{x_1} \right)^2 \cos^2 \frac{\pi v_x t}{x_1} \right] - V$$

이다. 여기서 V는 입자의 위치에너지이며 이 경우는 일정하다. 따라서 적분 J는

$$J = \int_0^{x_1/v_x} L dt = \frac{m v_x x_1}{2} + \frac{m v_x \alpha^2 \pi^2}{4 x_1} - V \frac{x_1}{v_x}$$

와 같이 된다. 이제 α를 바꿈으로써 경로를 변경할 수 있으며,

$$\delta J = \left(\frac{\pi^2 m v_x}{2 x_1} \right) \alpha \delta \alpha = 0$$

와 같이 둘 수 있다. $\delta\alpha$는 영이 아니므로 해밀턴 원리를 만족하기 위해서는 α가 영이어야 한다. 즉, 식 $x = v_x t$, $y = 0$로 표현되는 경로가 실제 경로임을 의미한다. 이 결론이 명백함을 보이려면, 여기서는 주어지지 않았지만 가능한 모든 경로를 통해 얻은 결과가 동일함을 보여야 한다.

10.2 일반화좌표

입자가 모여 있는 공간에서 위치를 정하는 데 좌표가 사용된다. 일반적으로 어떤 물리계의 운동을 기술하기 위해 임의로 좌표계를 선정할 수 있다. 그렇지만 물리계의 허용가능한 배위(configuration)에 제한을 주는 기하학적 조건 때문에 어떤 좌표계가 다른 것보다 더욱 편리한 경우가 있다.

가령 그림 10.2.1의 진자 운동을 고려해보자. 이 진자의 운동은 반지름 r인 원호를 따라서 xy평면에서 움직이도록 제한되어 있다. 진자의 배위를 기술하기 위해 우리는 위치벡터

$$\mathbf{r} = x\mathbf{i} + y\mathbf{j} + z\mathbf{k} \tag{10.2.1}$$

를 선정할 수 있다. 그러나 이러한 선택은 어리석은 짓임에 틀림이 없는데 그 이유는 이것이 진자가 반드시 가져야 할 다음과 같은 두 가지 구속조건을 무시했기 때문이다. 즉,

$$z = 0 \qquad r^2 - (x^2 + y^2) = 0 \tag{10.2.2}$$

진자의 위치를 명시하려면 한 개의 스칼라 좌표로 충분하다. 언뜻 보기에는 x나 y로 될 것 같다. 그러나 좌우의 모호성을 해결하려면 x 좌표를 택하는 것이 좋으리라. 그러면 y의 값은 항상 음수이다. 진자의 x 값이 주어지면 y와 z 값은 구속조건에 의해 결정된다. 하지만 이러한 선택도 진자 운동을 기술하기에 어색하다는 사실은 곧 알게 될 것이다.

더 좋은 방법은 원호 길이의 변위 $s(= r\theta)$나 수직축에서 벌어진 진자의 각도 θ를 선택하는 것이다. 어느 것도 괜찮은데 숫자 하나로 진자의 위치를 결정할 수 있기 때문이다. 여기서 중요한 것은 진자 운동의 **자유도**(自由度, degree of freedom)가 1이라는 것이다. 즉, 한 방향으로만 움직일 수 있고 그 방향이 오직 반지름 r인 원호를 따르는 것이다. 이 계의 배위를 기술하려면 오직 한 개의 독립된 좌표만 있으면 된다. 어떤 입자계의 배위를 구속 조건에 관계없이 분명하게 명시하는데 필

그림 10.2.1 xy 평면에서 흔들리고 있는 진자

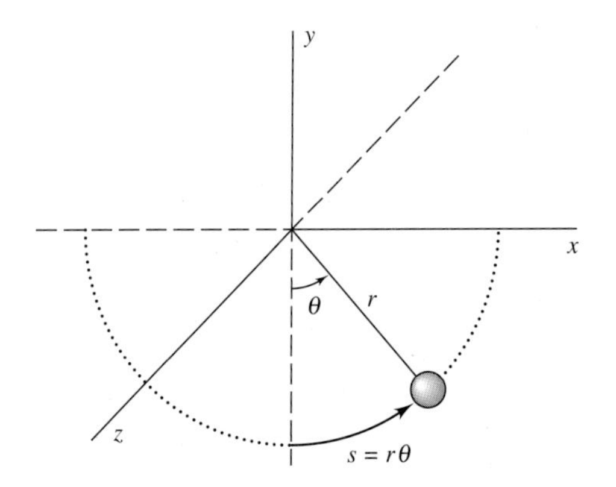

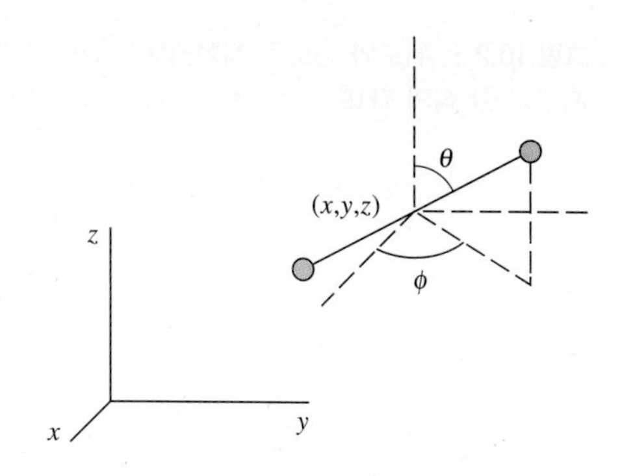

그림 10.2.2 무한히 가는 강체 막대로 연결된 두 입자의 일반화 좌표

요하고 충분한 독립좌표 q_i의 집합을 **일반화좌표**(一般化座標, generalized coordinate)라 한다. 일반화좌표의 개수는 그 계의 자유도와 같다. 이보다 작은 수로 계를 기술하려면 결과는 부정(indeterminate)이라 할 수 있고, 많은 경우 그중 몇 개의 좌표는 종속좌표가 되어 구속조건에 의해 다른 좌표로 결정할 수 있다.

예를 들어 한 개의 입자는 3차원 공간에서 자유로이 움직일 수 있으며 그 자유도는 3이어서 입자의 배위를 결정하려면 세 개의 좌표가 필요하다. 이 자유입자의 좌표와 관련된 구속조건식은 없다. 두 자유입자의 배위를 완전히 결정하려면 6개의 좌표가 필요할 것이다. 그러나 그림 10.2.2에서 보듯이 아령처럼 가는 막대로 연결된 두 입자라면 5개의 좌표만 있으면 된다. 왜 그런지 살펴보자. 자유입자에서처럼 입자 1의 위치는 (x_1, y_1, z_1)으로 표시하고 입자 2의 위치는 (x_2, y_2, z_2)로 표시한다. 그러나 이 좌표들을 연관시켜주는 아래와 같은 구속방정식(equation of constraint)이 한 개 존재한다.

$$d^2 - [(x_1 - x_2)^2 + (y_1 - y_2)^2 + (z_1 - z_2)^2] = 0 \tag{10.2.3}$$

이 조건은 두 입자 사이의 거리가 d로 고정되어 있다는 것이다.

2입자계의 위치를 명시하기 위해 위의 6개 좌표를 하나씩 고르기 시작했다고 가정하자. 처음 5개의 좌표가 정해지면 나머지 6번째 좌표는 구속조건으로 결정되므로 이 과정에서 6개의 좌표를 마음대로 선정할 수 없다. 따라서 처음부터 아무 연관이 없는 5개의 독립좌표를 가령 (X, Y, Z, θ, ϕ)처럼 선정하는 것이 더 의미 있는 일이다. (X, Y, Z)는 질량중심의 좌표, (θ, ϕ)는 아령의 방향을 수직방향에 대해 상대적으로 기술하는 천정각과 방위각이다. 입자 1이 입자 2의 바로 위에 있을 때 $\theta = 0°$이고 입자 2에서 입자 1까지의 선분을 xy평면에 투영했을 때 x축과 평행이면 $\phi = 0°$이다.

또 다른 예로 구의 표면 위에서만 운동하도록 한정된 입자의 경우를 생각해보자. 이번에도 좌표 (x, y, z)는 독립된 좌표가 될 수 없다. 구의 반지름을 R이라 할 때 다음의 구속조건을 갖기 때문이다.

$$R^2 - (x^2 + y^2 + z^2) = 0 \tag{10.2.4}$$

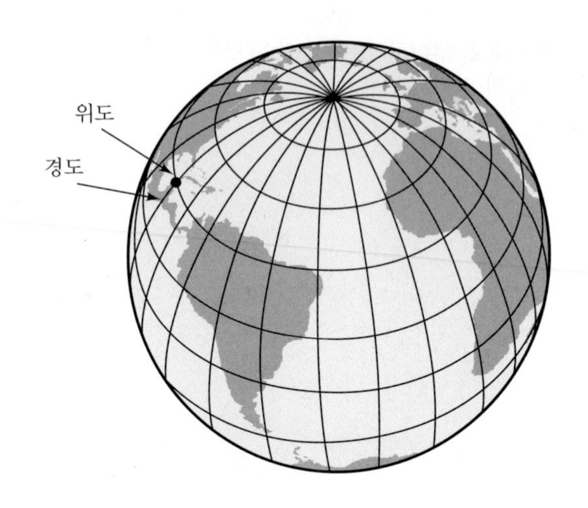

그림 10.2.3 위도와 경도로 지정되는 지구상 한 점의 좌표

따라서 입자운동에 관련해서는 두 개의 자유도만 필요하다. 그리고 이 두 개의 독립된 좌표만이 구면상에서 입자의 운동을 기술하는 데 필요하다.

이 좌표들은 지구 표면상의 좌표를 위도와 경도로 나타내는 것과 같이 택하든지(그림 10.2.3 참조) 혹은 방위각 θ와 천정각 ϕ로 택하든지 할 수 있다.

일반적으로 N개의 입자가 3차원 공간에서 자유로이 움직이는 경우 이들의 자유도 $3N$은 m개의 구속조건과 결부되어 있다. 즉, $n = 3N - m$개의 독립된 일반화좌표가 N 입자의 위치를 분명하게 기술하기에 충분하다. 이 n을 운동에 필요한 독립된 자유도라 한다. 구속조건이 위의 예와 같은 형태일 때 입자계는 **홀로노믹**(holonomic)하다고 하며 다음 형태의 식으로 표현할 수 있어야 한다.

$$f_j(x_i, y_i, z_i, t) = 0 \qquad i = 1, 2, \ldots, N \qquad j = 1, 2, \ldots, m \tag{10.2.5}$$

이 구속조건은 등호를 갖고 있고 적분이 가능하며, 시간의 함수일 수도 아닐 수도 있다.

부등호가 있는 방정식이나 적분가능하지 않은 형태의 구속조건은 **비홀로노믹**(nonholonomic)하다고 하며 이 경우에는 계의 배위를 기술하는 종속좌표 계산에 사용할 수 없다. 이러한 구속조건의 예로서 구면 바깥에서만 움직일 수 있는 입자를 생각해보자(인간은 지구 밖으로는 달까지도 갈 수 있지만 지하로는 불과 몇 km 정도밖에 들어가지 못하므로 근사적으로 이 예에 부합된다). 그러면 구속조건은 다음의 부등식으로 주어진다.

$$(x^2 + y^2 + z^2) - R^2 \geq 0 \tag{10.2.6}$$

입자가 구 바깥에 있을 때는 이 식을 써서 독립좌표의 수를 세 개 이하로 줄일 수 없음은 분명하다. 구 내부에 있을 때는 또 다른 문제가 되어 구속조건은 하나이지만 자유도는 영으로 줄어든다. 이러한 경우는 라그랑주 역학에서 다루기 힘들다.

적분가능하지 않은 비홀로노믹한 구속조건의 전형적 예는 공이 평면에서 미끄러지지 않고 굴러가는 경우에서 볼 수 있다. '구른다'는 조건이 좌표 사이의 관계를 설정한다. 평면상에서 위치 변동을 동반하지 않는 구의 방향 변화는 일어날 수 없다. 그러나 구속조건 식은 위치에 관한 것이 아니라 속도에 관한 것이다. 구가 평면과 접촉하는 점은 순간적으로 정지한다. 속도의 제한을 나타내는 식을 적분하지 않고서는 좌표 r에 관한 구속조건을 얻을 수 없다. 하지만 구의 궤도가 알려지지 않은 한 알 수 없고 불행하게도 이것이 바로 우리가 풀고자 하는 핵심이다. 그러므로 구속조건은 적분가능하지 않고 중복좌표 개수의 제거에 사용할 수 없다. 그렇지만 좌표에 대한 부등식으로 주어진 비홀로노믹 구속조건과는 대조적으로 이와 같은 비홀로노믹한 구속조건은 라그랑주 승수의 방법으로 취급할 수 있다.[2] 여기서는 이러한 경우도 무시하겠다.

10.3 일반화좌표계를 이용한 운동에너지와 위치에너지 계산: 예

물리계가 주어지면 라그랑지안 $L = T - V$는 일반화좌표와 그 시간 도함수(일반화 속도)의 함수로 표현해야 한다(경우에 따라서는 라그랑지안이 시간의 함수가 될 수도 있지만 여기서는 다루지 않겠다). 해밀턴의 변분원리에서 라그랑주의 운동방정식을 유도하기 전에 우선 라그랑지안을 구할 필요가 있다. 어떻게 구하는지 처음에는 분명하지 않다. 대부분의 경우에 입자계의 운동에너지는 직교 좌표계에서 개별 입자의 속도의 제곱형으로 쓸 수 있다.

직교 좌표계에서는 운동에너지에 두 축 방향의 속도 성분이 서로 곱해진 항이 없다. 그러나 운동에너지를 일반화좌표로 쓸 때는 경우가 다르다. 즉, 선정한 좌표에 따라서 $\alpha \dot{q}_i \dot{q}_j$ 같은 엇갈린항이 있을 수 있다. 물리계의 위치에너지에 대해서는 운동에너지처럼 일반화하는 방법이 없다. 어떤 경우에는 직교 좌표계에서도 엇갈린 항이 있을 수 있다. 그러나 보통의 경우 위치에너지는 한 개의 일반화좌표의 함수로 표시할 수 있고 그 좌표의 어떤 함수인지는 쉽게 알 수 있다. 통상 우리는 문제의 성격에 따라서 그에 편리하도록 일반화좌표를 선정한다. 그러나 불행하게도 대부분의 경우에는 운동에너지에 엇갈린 항들이 나타난다.

구체적인 예로 그림 10.3.1과 같이 마찰이 없는 수평면에서 직선운동을 하는 질량 M인 지지대에 질량 m인 진자가 연결된 좀 까다로운 경우를 생각해보자. 우선 이 계의 배위를 분명히 표현하려면 몇 개의 일반화좌표가 필요한지 알아보자. 각 입자는 세 개씩 직교 좌표가 필요하지만 홀로노믹한 구속조건은 4개가 있다.

$$\begin{aligned} Z &= 0 \qquad Y = 0 \\ z &= 0 \qquad [(x - X)^2 + y^2] - r^2 = 0 \end{aligned} \tag{10.3.1}$$

2) H. Goldstein, *Classical Mechanics*(Addision-Wesley, Reading, MA, 1965), p. 38~44

그림 10.3.1 움직이는 지지대에 매달려 있는 단진자

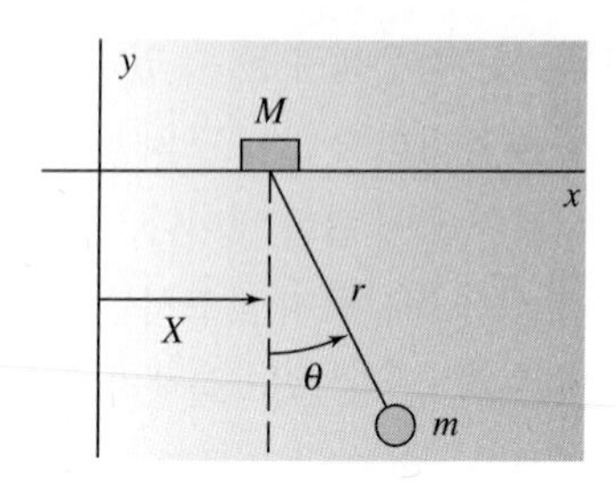

처음 두 조건은 질량 M인 지지대가 x축에서만 움직이도록 하고, 다음 두 조건은 진자가 xy평면에서 질량 M인 움직이는 지지대 중심으로 반지름 r인 원호상에서 흔들리게 한다. 이 계를 기술하려면 자유도가 2이므로 두 개의 일반화좌표가 필요하다. 이들을 질량 M인 지지대의 수평위치 X와 진자가 수직선과 만드는 각도 θ로 선정하자.

이 계의 운동에너지와 위치에너지는 직교 좌표계에서

$$T = \tfrac{1}{2}M\dot{X}^2 + \tfrac{1}{2}m(\dot{x}^2 + \dot{y}^2) \qquad (10.3.2a)$$

$$V = mgy \qquad (10.3.2b)$$

로 표현되는데, 위치에너지를 일반화좌표로 나타내려면 다음의 좌표변환이 필요하다.

$$x = X + r\sin\theta \qquad y = -r\cos\theta \qquad X = X \qquad (10.3.3a)$$

운동에너지는 위 식을 미분하여 구한 다음 식들을 이용해야 한다.

$$\dot{x} = \dot{X} + r\dot{\theta}\cos\theta \qquad \dot{y} = r\dot{\theta}\sin\theta \qquad \dot{X} = \dot{X} \qquad (10.3.3b)$$

이 변환을 식 (10.3.2a)에 대입하면 다음을 얻는다.

$$\begin{aligned} T &= \frac{M}{2}\dot{X}^2 + \frac{m}{2}[(\dot{X} + r\dot{\theta}\cos\theta)^2 + (r\dot{\theta}\sin\theta)^2] \\ &= \frac{M}{2}\dot{X}^2 + \frac{m}{2}[\dot{X}^2 + (r\dot{\theta})^2 + 2\dot{X}r\dot{\theta}\cos\theta] \end{aligned} \qquad (10.3.4a)$$

$$V = -mgr\cos\theta \qquad (10.3.4b)$$

이 식은 앞서 언급한 몇 가지 사항을 설명해주고 있다.

1. 운동에너지는 일반화속도의 제곱형 뿐아니라 엇갈린 항도 포함한다.

2. 위치에너지는 한 개의 일반화좌표에만 관계된다. 지금의 경우에는 $\cos\theta$이다.

위치에너지를 한 개의 일반화좌표로 직접 구하는 것은 비교적 쉽지만 운동에너지는 그리 간단하지 않고 좀 생각을 해보아야 할 것이다. 한 번은 계산해볼 필요가 있으므로 시도해보자.

고정된 관성계에 대해 질량 M인 지지대의 속도는

$$\mathbf{V}_M = \mathbf{i}\dot{X} \tag{10.3.5}$$

이고, 질량 m인 입자의 속도는 M의 속도와 M에 대한 m의 상대속도의 합으로 쓸 수 있다.

$$\mathbf{v}_m = \mathbf{V}_M + \mathbf{v}_{m(rel)} \tag{10.3.6a}$$

여기서

$$\mathbf{v}_{m(rel)} = \mathbf{e}_\theta r\dot{\theta} \tag{10.3.6b}$$

이고, $\mathbf{e}_\theta$는 진자가 흔들릴 때 원호의 접선방향의 단위벡터이다. 따라서 m의 속도성분을 일반화좌표 X와 θ로 표현하면 다음과 같다.

$$\dot{x} = \dot{X} + r\dot{\theta}\cos\theta \qquad \dot{y} = r\dot{\theta}\sin\theta \tag{10.3.7}$$

직교 좌표계에서의 속도 성분을 일반화 좌표로 나타낸 위 식들을 식 (10.3.2a)에 대입하면 식 (10.3.4a)에 있는 일반화좌표로 나타낸 운동에너지를 얻는다.

아래의 사실을 안다면 운동에너지를 직접 얻을 수도 있다. 즉,

$$T = \frac{1}{2}M\mathbf{V}_M \cdot \mathbf{V}_M + \frac{1}{2}m\mathbf{v}_m \cdot \mathbf{v}_m \tag{10.3.8}$$

여기서 속도는 다음과 같다.

$$\mathbf{V}_m = \mathbf{i}\dot{X} \qquad \mathbf{v}_m = \mathbf{i}\dot{X} + \mathbf{e}_\theta r\dot{\theta} \tag{10.3.9a}$$

$$\mathbf{V}_M \cdot \mathbf{V}_M = \dot{X}^2 \qquad \mathbf{v}_m \cdot \mathbf{v}_m = \dot{X}^2 + r^2\dot{\theta}^2 + 2\dot{X}r\dot{\theta}\cos\theta \tag{10.3.9b}$$

어떤 입자계의 운동에너지를 얻는 데 식 (10.3.2a)~(10.3.4b)에 기술한 과정을 따르면 틀릴 염려가 거의 없다. 즉, 운동에너지를 직교 좌표계에 대한 상대적인 항들로 나타내고, 다음에 직교 좌표계에서 일반화좌표계로 변환을 하고 미분하면 된다. 그렇지만 많은 경우에는 조금 전에 기술한 방식인 식 (10.3.8)~(10.3.9b)가 더 쉽다.

문제가 단지 홀로노믹한 구속조건만을 포함할 경우 항상 직교 좌표를 일반화 좌표로 변환할 수 있고, 필요한 일반화 속도는 이를 미분해서 얻을 수 있다. 예를 들면 한 개의 입자에 대해 다음과 같다.

자유도 3(공간에서 제한 없는 운동)

$$\begin{aligned} x &= x(q_1, q_2, q_3) \\ y &= y(q_1, q_2, q_3) \\ z &= z(q_1, q_2, q_3) \end{aligned} \tag{10.3.10}$$

자유도 2(곡면에 국한된 운동)

$$\begin{aligned} x &= x(q_1, q_2) \\ y &= y(q_1, q_2) \\ z &= z(q_1, q_2) \end{aligned} \tag{10.3.11}$$

자유도 1(곡선에 국한된 운동)

$$\begin{aligned} x &= x(q) \\ y &= y(q) \\ z &= z(q) \end{aligned} \tag{10.3.12}$$

그리고 식 (10.3.3a, b)에서 한 것처럼 좌표변환을 미분하여 속도변환을 구할 수 있다.

$$\begin{aligned} \dot{x} &= \sum_{i=1}^{n} \frac{\partial x}{\partial q_i} \dot{q}_i \\ \dot{y} &= \sum_{i=1}^{n} \frac{\partial y}{\partial q_i} \dot{q}_i \\ \dot{z} &= \sum_{i=1}^{n} \frac{\partial z}{\partial q_i} \dot{q}_i \end{aligned} \tag{10.3.13}$$

이때 n은 자유도의 개수이다.

10.4 보존력계의 라그랑주 운동방정식

이제 해밀턴의 변분원리에서 라그랑주 방정식을 유도할 준비가 되었다. 우선 지금까지의 예들이 모두 보존력계에 관한 것임을 알아야 한다. 좌표에 아무 제한이 없는 운동이거나 기껏해야 시간에 무관한 홀로노믹 구속조건을 만족하는 경우들이었다. 여기서는 이러한 보존력계에 국한하기로 하겠다. 비보존력계나 비홀로노믹한 구속조건이 있는 경우에 관심이 있는 독자는 고급 교재를 참고하기 바란다.[3)]

해밀턴의 원리는 식 (10.1.1)로 표현된다. 중력장에서 자유낙하 물체를 다룬 10.1절에서와 같은 과정을 따르고자 한다. 단지 이번에는 일반적인 보존력계를 고려할 뿐이다. 우선 라그랑지안은 일반화 좌표 q_i와 일반화 속도 $\dot{q}_i$의 알려진 함수라고 가정하자. 그러면 시간 적분 J의 변분은 다음과 같다.

$$\delta J = \delta \int_{t_1}^{t_2} L\, dt = \int_{t_1}^{t_2} \delta L\, dt = \int_{t_1}^{t_2} \sum_i \left(\frac{\partial L}{\partial q_i} \delta q_i + \frac{\partial L}{\partial \dot{q}_i} \delta \dot{q}_i \right) dt \tag{10.4.1}$$

3) 각주 1) 참조

q_i는 시간의 함수로서 입자계가 t_1에서 t_2로 '진행'하면서 변한다. 전미분과 시간에 대한 미분은 그 적용순서를 서로 바꿀 수 있으므로 일반화 속도의 변분 $\delta\dot{q}_i$는 다음과 같이 쓸 수 있다.

$$\delta\dot{q}_i = \frac{d}{dt}\delta q_i \tag{10.4.2}$$

이 결과를 식 (10.4.1)의 우변의 둘째 항에 적용하고 부분 적분하면

$$\int_{t_1}^{t_2}\sum_i \frac{\partial L}{\partial \dot{q}_i}\frac{d}{dt}(\delta q_i)\,dt = \sum_i \frac{\partial L}{\partial \dot{q}_i}\delta q_i\Bigg|_{t_1}^{t_2} - \int_{t_1}^{t_2}\sum_i \frac{d}{dt}\left(\frac{\partial L}{\partial \dot{q}_i}\right)\delta q_i\,dt \tag{10.4.3}$$

를 얻는다. 양 끝점 t_1, t_2에서 변분은 $\delta q_i = 0$이므로 우변의 첫 항은 영이 된다. 이 결과를 식 (10.4.1)에 대입하고 해밀턴 원리를 적용하면 다음 식을 얻는다.

$$\delta\int_{t_1}^{t_2} L\,dt = \int_{t_1}^{t_2}\sum_i\left[\frac{\partial L}{\partial q_i} - \frac{d}{dt}\left(\frac{\partial L}{\partial \dot{q}_i}\right)\right]\delta q_i\,dt = 0 \tag{10.4.4}$$

일반화좌표 q_i는 서로 독립적이므로 그 변분 δq_i도 독립적이다. 더구나 이 변분은 임의의 값을 가질 수 있다. 보다 자세히 말하자면 양 끝점에서 그 값이 영이 되기만 하면 그 중간에서는 어떤 값도 가질 수 있다. 결과적으로 무한히 많은 변분 가능성에 대해서 위의 적분이 항상 영이 되려면 식 (10.4.4)의 피적분 함수의 중괄호 안에 있는 뺄셈의 결과는 개별적으로 영이 되어야만 한다.

$$\frac{\partial L}{\partial q_i} - \frac{d}{dt}\left(\frac{\partial L}{\partial \dot{q}_i}\right) = 0 \qquad (i = 1, 2, \ldots, n) \tag{10.4.5}$$

이것이 시간에 무관하고 홀로노믹한 구속조건하에 있는 보존력계의 운동에 관한 라그랑주 방정식이다.

10.5 라그랑주 방정식의 응용 사례

몇 가지 물리계에서 운동에 관한 미분방정식을 얻는 데 라그랑주 방정식이 얼마나 유용한지를 살펴보자. 일반적으로 문제 풀이의 과정은 다음과 같다.

1. 입자계의 배치를 분명히 결정할 수 있는 적당한 일반화 좌표를 선정한다.
2. 직교 좌표계의 종속 좌표와 독립된 일반화 좌표 사이의 변환식을 구한다.
3. 운동 에너지를 일반화 좌표와 일반화 속도의 함수로 구한다. 가능하면 $T = m\mathbf{v}\cdot\mathbf{v}/2$를 쓰고 $\mathbf{v}$를 일반화 좌표에 적합한 단위 벡터로 나타낸다. 필요하면 운동 에너지를 직교 좌표로 쓰고 좌표 변환식을 미분해서 속도 변환 관계식을 운동 에너지에 대입한다.

4. 필요하면 좌표 변환식을 이용하여 위치에너지를 일반화좌표의 함수로 구한다.

예제 10.5.1

조화 진동자

1차원 조화진동자의 경우를 생각해보자. 변위 좌표를 x로 택하면 위의 단계 2는 불필요하다. 하나의 직교 좌표로 일반화좌표가 되는 것은 자명하다. 그러면 라그랑지안은 다음과 같다.

$$L(x, \dot{x}) = T - V = \tfrac{1}{2} m\dot{x}^2 - \tfrac{1}{2} kx^2$$

다른 두 좌표 y, z는 모두 영이 되도록 제한되어 있으므로 무시했다. 이제 식 (10.4.5)의 라그랑주 방정식에 관한 연산을 하면 다음과 같다.

$$\frac{\partial L}{\partial \dot{x}} = m\dot{x} \quad \frac{\partial L}{\partial x} = -kx$$
$$\frac{d}{dt}\left(\frac{\partial L}{\partial \dot{x}}\right) - \frac{\partial L}{\partial x} = m\ddot{x} + kx = 0$$

이는 3장에서 다룬 비감쇠 조화진동자의 운동방정식이다.

예제 10.5.2

중심력장에 있는 입자

중심력장 안에서 평면 운동만 할 수 있는 입자의 운동에 관한 미분방정식을 라그랑주 방법으로 구해보자. 구속조건은 $z = 0$ 하나뿐이고 두 개의 일반화좌표가 필요하다. 극좌표 $q_1 = r, q_2 = \theta$를 사용하면 위치와 속도에 대한 변환식은 다음과 같고

$$x = r\cos\theta \qquad y = r\sin\theta$$
$$\dot{x} = \dot{r}\cos\theta - r\dot{\theta}\sin\theta \qquad \dot{y} = \dot{r}\sin\theta + r\dot{\theta}\cos\theta$$

라그랑지안은 아래와 같이 쓸 수 있다.

$$T = \tfrac{1}{2} m(\dot{x}^2 + \dot{y}^2) = \tfrac{1}{2} m(\dot{r}^2 + r^2\dot{\theta}^2) \qquad V = V(r)$$
$$L = \tfrac{1}{2} m(\dot{r}^2 + r^2\dot{\theta}^2) - V(r)$$

속도벡터를 반경방향과 접선방향의 단위벡터로 나타내면 운동에너지를 직접 구할 수 있다.

$$\mathbf{v} = \mathbf{e}_r\dot{r} + \mathbf{e}_\theta r\dot{\theta}$$

이고, 입자 속력의 제곱은

$$\mathbf{v}\cdot\mathbf{v} = \dot{r}^2 + r^2\dot{\theta}^2$$

이다. 이는 좌표 변환을 이용하여 얻은 결과와 동일하다.

라그랑주 방정식에 필요한 편도함수는

$$\frac{\partial L}{\partial \dot{r}} = m\dot{r} \qquad \frac{\partial L}{\partial r} = mr\dot{\theta}^2 - \frac{\partial V}{\partial r} = mr\dot{\theta}^2 + f(r)$$

$$\frac{\partial L}{\partial \theta} = 0 \qquad \frac{\partial L}{\partial \dot{\theta}} = mr^2\dot{\theta}$$

이고, 운동방정식은 다음과 같다.

$$\frac{d}{dt}\frac{\partial L}{\partial \dot{r}} = \frac{\partial L}{\partial r} \qquad \frac{d}{dt}\frac{\partial L}{\partial \dot{\theta}} = \frac{\partial L}{\partial \theta} = 0$$

$$m\ddot{r} = mr\dot{\theta}^2 + f(r) \qquad \frac{d}{dt}(mr^2\dot{\theta}) \quad = 0$$

마지막 식에서 $mr^2\dot{\theta}$의 시간 도함수는 영이므로 이 물리량은 운동상수라는 사실을 기억하기 바란다. 이것은 입자의 각운동량이다. 라그랑지안 함수에 θ 좌표가 포함되지 않아서 각운동량이 상수라는 결과가 자연스럽게 도출된다는 것을 쉽게 알 수 있다.

예제 10.5.3

애트우드 기계

애트우드(Atwood) 기계는 그림 10.5.1과 같이 질량 m_1, m_2인 두 물체가 반지름 a, 관성모멘트 I인 도르래 위를 지나는 길이 l의 질량도 없고 늘어나지도 않는 끈으로 연결되어 있는 장치이다. 이 계는 자유도가 1이다. 한쪽 물체는 위아래로만 움직이고, 다른 물체는 처음 물체와 항상 일정한 길이의 끈으로 연결되어 반대 방향으로 움직인다. 도르래는 끈과 함께 돌아간다. 홀로노믹한 구속조건은 모두 5개인

그림 10.5.1 애트우드 기계

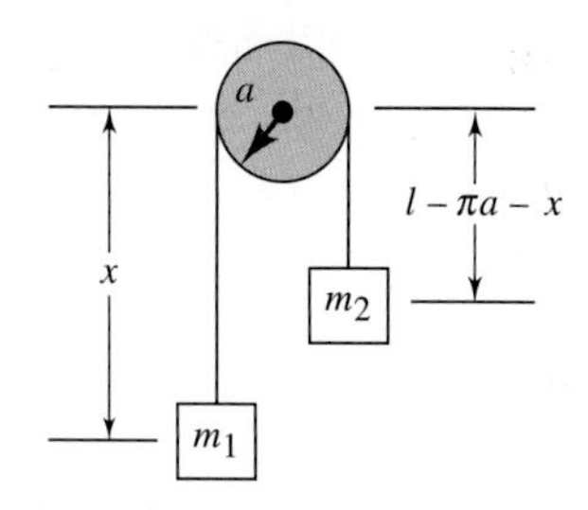

데 그중 4개는 물체가 y 혹은 z 방향으로 움직이지 못하게 하고 나머지는 끈의 길이에 관한 것이다.

$$(x_1 + \pi a + x_2) - l = 0$$

도르래의 중심에서 물체까지의 상대적 거리는 각각 x_1, x_2이다. 한 개뿐인 일반화좌표를 x로 택하면 라그랑지안은 다음과 같다.

$$T = \tfrac{1}{2}m_1\dot{x}^2 + \tfrac{1}{2}m_2\dot{x}^2 + \tfrac{1}{2}I\frac{\dot{x}^2}{a^2}$$

$$V = -m_1gx - m_2g(l - \pi a - x)$$

$$L = \tfrac{1}{2}\left(m_1 + m_2 + \frac{I}{a^2}\right)\dot{x}^2 + (m_1 - m_2)gx + m_2g(l - \pi a)$$

따라서 운동에 관한 라그랑주 방정식은 아래와 같다.

$$\frac{d}{dt}\frac{\partial L}{\partial \dot{x}} = \frac{\partial L}{\partial x}$$

$$\left(m_1 + m_2 + \frac{I}{a^2}\right)\ddot{x} = (m_1 - m_2)g$$

$$\ddot{x} = \frac{(m_1 - m_2)g}{[m_1 + m_2 + I/a^2]}$$

이로부터 물체들의 가속도를 알 수 있다. $m_1 > m_2$인 경우에는 m_1이 등가속도로 낙하하고 m_2는 같은 가속도로 상승한다. $m_1 < m_2$인 경우에는 반대이다. $m_1 = m_2$인 경우에는 물체들은 정지해 있거나 등속으로 움직인다. 도르래의 관성모멘트는 계의 가속도를 줄이는 역할을 한다. 학생들은 아마도 일반물리학에서 배운 것을 기억할 것이다.

예제 10.5.4

이중 애트우드 기계

그림 10.5.2와 같이 애트우드 기계에서 한 개의 물체를 또 다른 애트우드 기계로 대체한 계를 생각해보자. 그러면 운동의 자유도는 2이다. 하나는 고정된 도르래에 대하여 위아래로 움직이는 물체 1(혹은 길이 l인 끈에 의해 여기에 붙어 있는 움직이는 도르래)에 대한 자유도이고, 다른 하나는 움직이는 도르래에 대하여 위아래로 운동하는 물체 2(혹은 길이 l'인 끈에 의해 여기에 붙어 있는 물체 3)에 대한 자유도이다. 그 외의 운동은 허용되지 않는다. 그러므로 홀로노믹한 구속조건은 모두 10개이다. 그중 8개는 3개의 물체와 움직이는 도르래의 운동이 1차원에 국한되게 하고 나머지 2개는 x 좌표 사이의 관계를 정한다.

$$(x_p + x_1) - l = 0 \qquad (2x_1 + x_2 + x_3) - (2l + l') = 0$$

그림 10.5.2 이중 애트우드 기계

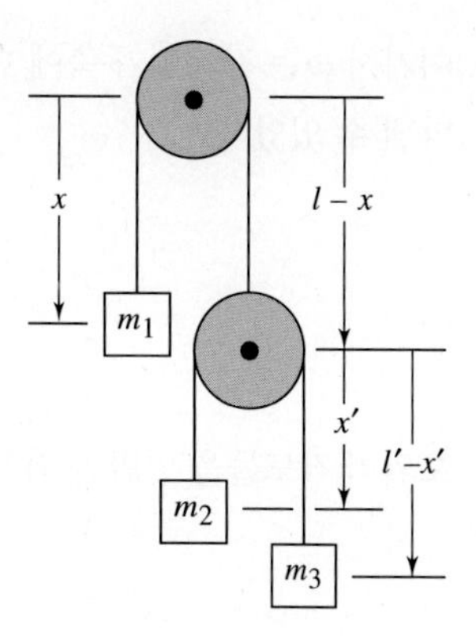

고정된 도르래에 대한 물체의 위치가 x_i이고 움직이는 도르래의 위치는 x_p이다. 2개의 일반화좌표 x, x'의 선정 방법은 그림 10.5.2에 표시되어 있다. 이번에는 도르래의 질량이 없다고 가정하자. 따라서 관성모멘트에 의한 효과는 무시할 수 있다. 또 도르래의 반지름이 영이거나 끈의 길이 l, l'보다는 아주 작다고 가정하자. 이렇게 가정함으로써 앞의 예제와는 달리 도르래에 걸치는 끈 부분의 길이를 무시할 수 있어 구속조건 식이 단순해진다. 그러면 운동에너지, 위치에너지, 라그랑지안은 다음과 같다.

$$\begin{aligned}
T &= \tfrac{1}{2}m_1\dot{x}^2 + \tfrac{1}{2}m_2(-\dot{x}+\dot{x}')^2 + \tfrac{1}{2}m_3(-\dot{x}-\dot{x}')^2 \\
V &= -m_1gx - m_2g(l-x+x') - m_3g(l-x+l'-x') \\
L &= \tfrac{1}{2}m_1\dot{x}^2 + \tfrac{1}{2}m_2(-\dot{x}+\dot{x}')^2 + \tfrac{1}{2}m_3(\dot{x}+\dot{x}')^2 \\
&\quad + (m_1-m_2-m_3)gx + (m_2-m_3)gx' + \text{상수}
\end{aligned}$$

이때 운동방정식은 아래와 같고

$$\frac{d}{dt}\frac{\partial L}{\partial \dot{x}} = \frac{\partial L}{\partial x} \qquad \frac{d}{dt}\frac{\partial L}{\partial \dot{x}'} = \frac{\partial L}{\partial x'}$$

$$m_1\ddot{x} + m_2(\ddot{x}-\ddot{x}') + m_3(\ddot{x}+\ddot{x}') = (m_1-m_2-m_3)g$$
$$m_2(-\ddot{x}+\ddot{x}') + m_3(\ddot{x}+\ddot{x}') = (m_2-m_3)g$$

위의 연립 방정식을 풀어서 가속도를 구할 수 있다.

예제 10.5.5

강체의 자유 회전에 관한 오일러 방정식

이번에는 라그랑주 방법을 이용해서 강체의 회전운동에 관한 오일러 방정식을 유도해 보자. 토크가 없는 경우를 고려한다. 그러면 위치에너지가 영이므로 라그랑지안은 운동에너지와 같다.

$$L = T = \tfrac{1}{2}\left(I_1\omega_1^2 + I_2\omega_2^2 + I_3\omega_3^2\right)$$

여기서 ω는 강체의 주축에 대한 값이다. 식 (9.6.7)에서 ω를 다음과 같이 오일러 각도 θ, ϕ, ψ로 나타낼 수 있었다.

$$\begin{aligned}\omega_1 &= \dot{\theta}\cos\psi + \dot{\phi}\sin\theta\sin\psi \\ \omega_2 &= -\dot{\theta}\sin\psi + \dot{\phi}\sin\theta\cos\psi \\ \omega_3 &= \dot{\psi} + \dot{\phi}\cos\theta\end{aligned}$$

오일러 각도들을 일반화 좌표로 택하면 운동방정식은 다음과 같다.

$$\begin{aligned}\frac{d}{dt}\frac{\partial L}{\partial\dot{\theta}} &= \frac{\partial L}{\partial\theta} \\ \frac{d}{dt}\frac{\partial L}{\partial\dot{\phi}} &= \frac{\partial L}{\partial\phi} \\ \frac{d}{dt}\frac{\partial L}{\partial\dot{\psi}} &= \frac{\partial L}{\partial\psi}\end{aligned}$$

그런데 연쇄 공식(chain rule)을 이용하면

$$\frac{\partial L}{\partial\dot{\psi}} = \frac{\partial L}{\partial\omega_3}\frac{\partial\omega_3}{\partial\dot{\psi}} = I_3\omega_3$$

이므로 다음이 성립한다.

$$\frac{d}{dt}\frac{\partial L}{\partial\dot{\psi}} = I_3\dot{\omega}_3$$

연쇄 공식을 한 번 더 사용하면 다음과 같으므로

$$\begin{aligned}\frac{\partial L}{\partial\psi} &= I_1\omega_1\frac{\partial\omega_1}{\partial\psi} + I_2\omega_2\frac{\partial\omega_2}{\partial\psi} \\ &= I_1\omega_1(-\dot{\theta}\ \sin\psi + \dot{\phi}\ \sin\theta\ \cos\psi) + I_2\omega_2(-\dot{\theta}\ \cos\psi - \dot{\phi}\ \sin\theta\ \sin\psi) \\ &= I_1\omega_1\omega_2 - I_2\omega_2\omega_1\end{aligned}$$

ψ 좌표에 관한 라그랑주 운동방정식은

$$I_3\dot{\omega}_3 = \omega_1\omega_2(I_1 - I_2)$$

가 되어, 9.3절에서 보였듯이 토크가 없는 경우 강체의 회전운동에 관한 오일러 방정식의 셋째 식과 같다. 다른 두 개의 오일러 방정식은 $1 \to 2$, $2 \to 3$, $3 \to 1$의 순환 치환으로 얻을 수 있다. 우리가 어느 특정한 주축을 선정하지 않았으므로 이것은 가능하다.

예제 10.5.6

움직이는 경사면을 따라 아래로 미끄러지는 입자

질량 m인 입자가 질량 M인 미끄러운 경사면을 따라서 내려오고 있다. 그런데 경사면은 정지해 있는 것이 아니라 그림 10.5.3과 같이 역시 미끄러운 수평면에서 일정한 방향으로 움직이고 있다. 두 물체는 1차원 운동을 하므로 자유도는 2이다. 경사면의 경우는 외부의 고정 기준점에 대한 수평면 상에서의 변위 x를 일반화좌표로 택하면 된다. 경사면에서 미끄러지는 입자의 위치는 경사면 정점부터의 거리 x'으로 나타낼 수 있다.

일반화 속도를 선정한 일반화좌표 방향의 단위벡터로 표시한 후 자신과의 스칼라 곱을 취하면 운동에너지를 구할 수 있다.

$$\mathbf{V} = \mathbf{i}\dot{x} \qquad \mathbf{v} = \mathbf{i}\dot{x} + \mathbf{e}_{\theta}\dot{x}'$$

단위벡터 $\mathbf{e}_{\theta}$는 수평면과 경사각 θ를 이루는 경사면을 따라서 아래로 향하는 단위벡터이다(그림 10.5.3 참조).

따라서 운동에너지는 다음과 같다.

$$\begin{aligned} T_M &= \tfrac{1}{2} M\mathbf{V}\cdot\mathbf{V} = \tfrac{1}{2}M\dot{x}^2 \\ T_m &= \tfrac{1}{2} m\mathbf{v}\cdot\mathbf{v} = \tfrac{1}{2}m(\mathbf{i}\dot{x} + \mathbf{e}_{\theta}\dot{x}')\cdot(\mathbf{i}\dot{x} + \mathbf{e}_{\theta}\dot{x}') \\ &= \tfrac{1}{2}m(\dot{x}^2 + \dot{x}'^2 + 2\dot{x}\dot{x}'\cos\theta) \\ T &= T_M + T_m \end{aligned}$$

이 계의 위치에너지는 질량 m인 입자의 수직 위치에만 관계된다. 그 기준점을 경사면의 꼭대기 점에 정하면 다음과 같다.

$$V = -mgx'\sin\theta$$

이때 라그랑지안은

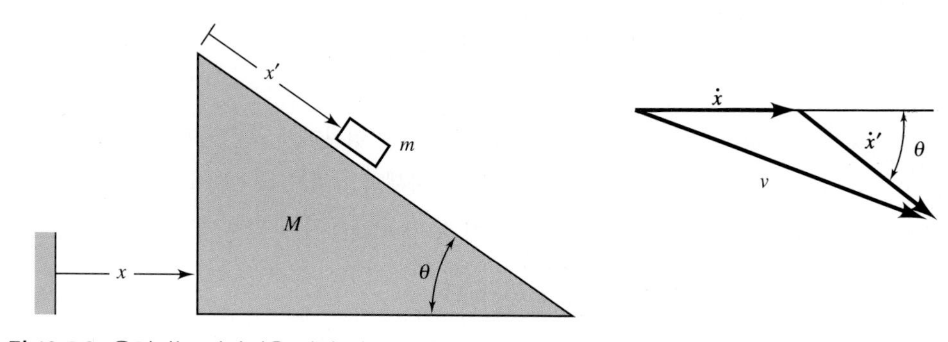

그림 10.5.3 움직이는 경사면을 따라 미끄러지는 나무토막

$$L = \frac{1}{2}M\dot{x}^2 + \frac{1}{2}m(\dot{x}^2 + \dot{x}'^2 + 2\dot{x}\dot{x}'\cos\theta) + mgx'\sin\theta$$

이고 운동방정식은 아래와 같다.

$$\frac{d}{dt}\frac{\partial L}{\partial \dot{x}} = \frac{\partial L}{\partial x} = 0 \qquad \frac{d}{dt}\frac{\partial L}{\partial \dot{x}'} = \frac{\partial L}{\partial x'}$$

$$\frac{d}{dt}[m(\dot{x} + \dot{x}'\cos\theta) + M\dot{x}] = 0 \qquad \frac{d}{dt}(\dot{x}' + \dot{x}\cos\theta) = g\sin\theta$$

(주의: 첫째 식의 시간 도함수는 영이므로 첫째 식의 중괄호 안에 있는 양은 운동상수이다. 예제 10.5.2에서처럼 라그랑지안에 x 좌표가 없기 때문에 일어나는 것이다. 자세히 들여다보면 이것은 x방향의 전체 선운동량임을 알 수 있다.)

괄호 항 $[m(\dot{x} + \dot{x}' \cos \theta) + M\dot{x}]$가 운동상수라는 것은 뉴턴의 관점에서 보면 계에 x방향으로 작용하는 힘의 성분이 없음을 반영할 뿐이다. 라그랑주 방식에서는 자연스럽게 같은 결과를 얻을 수 있음을 알 수 있다. 이에 관해서는 다음 절에서 더욱 자세히 살펴볼 것이다.

위 식에서 시간 도함수를 계산하여 다음을 얻는데

$$m(\ddot{x} + \ddot{x}'\cos\theta) + M\ddot{x} = 0 \qquad \ddot{x}' + \ddot{x}\cos\theta = g\sin\theta$$

이 식을 $\ddot{x}, \ddot{x}'$에 대해 풀면 가속도를 얻게 된다.

$$\ddot{x} = \frac{-g\sin\theta\,\cos\theta}{(m+M)/m - \cos^2\theta} \qquad \ddot{x}' = \frac{g\sin\theta}{1 - m\cos^2\theta/(m+M)}$$

여기서 복잡한 문제를 라그랑주 방식으로 얼마나 쉽게 다룰 수 있는지를 알 수 있다. 물론 뉴턴 방식으로도 풀 수 있지만 그러려면 라그랑주의 '돌리기만 하면 되는' 방식보다 더 생각해야 하고 물리학적 통찰이 요구된다.

10.6 일반화 운동량: 무시가능한 좌표

예제 10.5.2와 예제 10.5.5의 특징은 입자계의 라그랑지안에 명확하게 포함되지 않은 일반화 좌표 방향으로 보존되는 운동량이 존재한다는 것이다. 좀 더 자세히 살펴보자. 아마도 x축 같은 직선상에서 자유로이 움직이는 단일 입자가 가장 간단한 예일 것이다. 이 입자의 운동 에너지는 다음과 같다.

$$T = \frac{1}{2}m\dot{x}^2 \tag{10.6.1}$$

여기서 입자의 질량은 m이고, 속도는 $\dot{x}$이다. 라그랑지안은 특별히 간단한 형태로 $L = T$가 되고 라그랑주의 운동 방정식은 다음과 같다.

$$\frac{d}{dt}\frac{\partial L}{\partial \dot{x}} = \frac{d}{dt}\frac{\partial T}{\partial \dot{x}} = 0 \qquad \frac{d}{dt}(m\dot{x}) = 0 \tag{10.6.2}$$
$$\therefore m\dot{x} = \text{상수}$$

예제 10.5.2와 예제 10.5.5에서처럼 라그랑지안이 어떤 좌표를 포함하지 않으면, 그 좌표에 대한 운동방정식의 해는 없는 좌표에 대한 운동량이 상수라는 결론에 이르게 한다. 이 예에서 상수 값은 $m\dot{x}$이고 '뉴턴'의 의미로 본 자유입자의 선운동량은 p_x이다. 따라서 우리는 공식적으로

$$p_x = \frac{\partial L}{\partial \dot{x}} = m\dot{x} \tag{10.6.3}$$

를 입자의 운동량이라고 정의할 수 있다. 일반화좌표 $q_1, q_2, \ldots, q_k, \ldots, q_n$으로 기술되는 입자계에서

$$p_k = \frac{\partial L}{\partial \dot{q}_k} \tag{10.6.4}$$

로 정의되는 p_k는 **일반화좌표 q_k와 공액인 일반화 운동량**(generalized momenta conjugate to the generalized coordinate q_k)이라 한다. 그러면 보존계에서 라그랑주의 방정식은 다음과 같이 단순해진다.

$$\dot{p}_k = \frac{\partial L}{\partial q_k} \tag{10.6.5}$$

라그랑지안이 좌표 q_k를 명확하게 포함하고 있지 않으면 다음은 명백하다.

$$\dot{p}_k = \frac{\partial L}{\partial q_k} = 0 \tag{10.6.6}$$

$$\therefore p_k = \text{상수} \tag{10.6.7}$$

라그랑지안에 없는 좌표는 무시가능한(ignorable) 좌표라 하며 그것의 공액 운동량은 운동상수이다.

예제 10.6.1

움직이는 지지대에 매달린 진자

이번에는 10.3절에서 다룬 움직이는 지지대에 매달려 있는 진자를 분석해보자(그림 10.3.1 참조). 우리는 이미 운동에너지와 위치에너지를 움직이는 지지대의 위치 X와 진자가 수직선과 만드는 각도 θ의 일반화 좌표로 계산했다. 식 (10.3.4a)에서 라그랑지안은 다음과 같고

$$L = \tfrac{1}{2}(M+m)\dot{X}^2 + \tfrac{1}{2}m(r^2\dot{\theta}^2 + 2\dot{X}r\dot{\theta}\cos\theta) + mgr\cos\theta$$

운동방정식은 아래와 같다.

$$\dot{p}_X = \frac{d}{dt}\frac{\partial L}{\partial \dot{X}} = \frac{\partial L}{\partial X} = 0 \qquad \dot{p}_\theta = \frac{d}{dt}\frac{\partial L}{\partial \dot{\theta}} = \frac{\partial L}{\partial \theta}$$

$$\frac{d}{dt}[(M+m)\dot{X} + mr\dot{\theta}\cos\theta] = 0$$

$$\frac{d}{dt}[m(r^2\dot{\theta} + \dot{X}r\cos\theta)] = -m(\dot{X}r\dot{\theta} + gr)\sin\theta$$

$$\ddot{\theta} + \frac{\ddot{X}}{r}\cos\theta + \frac{g}{r}\sin\theta = 0$$

(주의: 라그랑지안은 일반화 좌표 X를 포함하지 않아 X는 무시가능한 좌표이다. 그에 대한 공액 운동량은 위의 식에서 각괄호 안에 있는 첫 번째 항으로 X방향에 대한 전체 선운동량이다. 이것은 운동상수이다. 위치에너지가 X 좌표와 무관하므로 라그랑지안에 이 좌표가 나타나지 않고, 따라서 그 방향으로 작용하는 힘이 없고 운동량은 보존된다.)

어떤 때에는 운동에 관한 미분방정식이 복잡해 보인다. 그래서 어떤 오류가 있지 않았는가 하는 의문이 들 수도 있다. 위에서 두 번째 방정식이 이런 경우일 수 있다. 이 방정식의 합당성을 검사하려면 입자계에 어떤 제한 조건을 가하고 그 조건하에 유도된 방정식의 의미를 자세히 살펴보아야 한다. 예를 들어, 위의 문제에서 지지대가 일정한 속도로 움직인다면 위의 예제는 단진자의 문제로 환원되고 운동방정식에 이것이 반영되어야 한다. 가속도 $\ddot{X}$가 포함된 중간 항은 영이므로 운동방정식은 단진자의 식이 된다.

$$\ddot{\theta} + \frac{g}{r}\sin\theta = 0$$

여기까지는 좋다. 그러나 아직도 $\ddot{X}$ 항에 신경이 쓰인다. 앞에서는 제한 조건으로 X에 대한 운동을 제거했다. X방향이 어떤 의미가 있는지를 알기 위해서는 좋은 방법이라 할 수 없다. 이번에 각속도 $\dot{\theta}$와 각가속도 $\ddot{\theta}$를 가지고 비슷한 상황을 생각해보자. 이들이 모두 영이 되는 경우를 상상할 수 있는가? 그렇다면 그때 계는 어떤 운동을 하겠는가? 만일 이들이 모두 영이라면 운동방정식은 θ를 $\ddot{X}$와 g의 함수로 표현할 수 있게 한다.

$$\tan\theta = \frac{-\ddot{X}}{g}$$

다시 말하면 지지대가 오른쪽으로 등가속도로 움직일 때 진자는 지지대의 수직방향에 대해 '왼쪽'으로 θ 각도 상태에서 아무 '운동 없이' 걸려 있다. 즉, 간단한 '등가속도 측정계'가 된 셈이다. 실제로 이것은 이 계의 운동에 대한 가능한 시나리오의 하나이다. 이러한 분석은 5장에서 다루었으며 기초 물리학 책에도 나온다.[4] 지금까지 보다시피 앞뒤가 잘 맞는다.

예제 10.6.2

구면진자 또는 그릇 속의 비누

역학에서 다루는 전형적 문제 중의 하나는 중력을 받으며 미끄러운 구면에서 움직이는 입자의 운동이다. 작은 비누조각이 구면의 그릇 속에서 미끄러지는 운동을 생각할 수 있다. 또 그림 10.6.1과 같이 어느 쪽으로도 흔들릴 수 있는 단진자로 생각할 수 있다. 이것이 5.6절에서 언급한 소위 구면진자(球面振子, spherical pendulum)이다.

이 경우에 자유도는 2이고 그림에서 보듯이 일반화 좌표를 θ와 ϕ로 택한다. 이것은 실제로 $r=l$ (l은 진자의 길이)인 구면 좌표이다. 속도의 두 성분은 $v_\theta = l\dot{\theta}$, $v_\phi = l\dot{\phi}\sin\theta$이고 $\theta = 0$일 때 추의 높이에 대한 그 상대 높이는 $l - l\cos\theta$이므로 라그랑지안 함수는 다음과 같다.

$$L = \frac{1}{2}ml^2(\dot{\theta}^2 + \dot{\phi}^2\sin^2\theta) - mgl(1 - \cos\theta)$$

그런데 ϕ 좌표는 무시가능하므로 곧 다음을 알 수 있다.

그림 10.6.1 구면진자

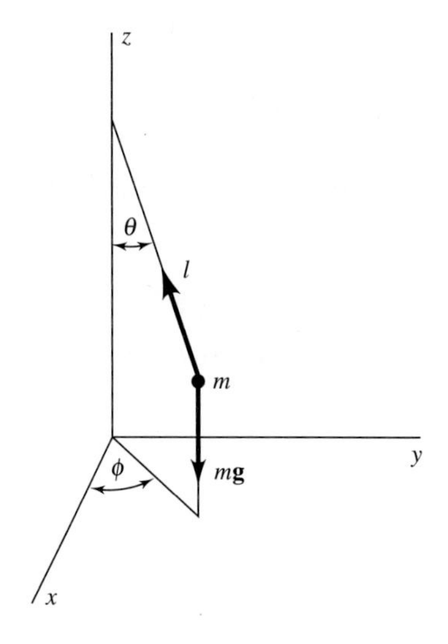

4) 예를 들면 Serway and Jewett, *Physics for Scientists and Engineers*(6th ed, Brooks/Cole, Belmont, CA, 2004)의 예제 6.8을 참조하라.

$$p_\phi = \frac{\partial L}{\partial \dot{\phi}} = ml^2 \dot{\phi} \sin^2\theta = \text{상수}$$

이것은 z축(수직축)에 대한 각운동량이다. 이제 θ에 관한 운동방정식만 남는다.

$$\frac{d}{dt}\frac{\partial L}{\partial \dot{\theta}} = \frac{\partial L}{\partial \theta}$$

이로부터 다음과 같이 쓸 수 있다.

$$ml^2\ddot{\theta} = ml^2\,\dot{\phi}^2 \sin\theta\cos\theta - mgl\sin\theta$$

아래 식과 같이 정의되는 상수 S를 도입한다(이는 각운동량을 ml^2으로 나눈 양이다).

$$S = \dot{\phi}\sin^2\theta = \frac{p_\phi}{ml^2} \tag{10.6.8}$$

θ에 관한 운동 미분방정식은 다음과 같다.

$$\ddot{\theta} + \frac{g}{l}\sin\theta - S^2\frac{\cos\theta}{\sin^3\theta} = 0 \tag{10.6.9}$$

이제 몇 가지 특별한 경우를 고려하는 것이 도움이 된다. 우선 각도 ϕ가 일정한, 즉 $\dot{\phi} = 0$ 즉, $S = 0$인 경우이다. 그러면 식 (10.6.9)는

$$\ddot{\theta} + \frac{g}{l}\sin\theta = 0$$

으로 간단해지고 물론 기대했던 대로 단진자의 미분방정식이다. 이때 운동은 $\phi = \phi_0 =$ '상수'인 평면에서 일어난다.

두 번째 경우는 **원뿔진자**(conical pendulum)이다. 이때 추는 수평의 원을 그리며 $\theta = \theta_0 =$ '상수'이다. 이 경우 $\dot{\theta} = 0$, $\ddot{\theta} = 0$이므로 식 (10.6.9)는

$$\frac{g}{l}\sin\theta_0 - S^2\frac{\cos\theta_0}{\sin^3\theta_0} = 0$$

또는

$$S^2 = \frac{g}{l}\sin^4\theta_0\,\sec\theta_0 \tag{10.6.10}$$

식 (10.6.8)에서 주어진 S 값을 식 (10.6.10)에 대입하면 원뿔진자가 되기 위한 조건을 구할 수 있다.

$$\dot{\phi}_0^2 = \frac{g}{l}\sec\theta_0 \tag{10.6.11}$$

이번에는 운동이 거의 원뿔운동에 가까워서 θ가 θ_0 부근에 있는 경우를 생각해보자. 식 (10.6.10)으로 주어진 S^2에 대한 식을 식 (10.6.9)에 대입하면 그 결과는 다음과 같다.

$$\ddot{\theta} + \frac{g}{l}\left(\sin\theta - \frac{\sin^4\theta_0}{\cos\theta_0}\frac{\cos\theta}{\sin^3\theta}\right) = 0$$

아래 식으로 정의되는 새로운 변수 ξ를 도입하는 것이 편리하다.

$$\xi = \theta - \theta_0$$

위 식의 괄호 안의 항을 $f(\xi)$라 두고 이를 ξ에 대해 멱급수 전개해주면 다음과 같다.

$$f(\xi) = f(0) + f'(0)\xi + f''(0)\frac{\xi^2}{2!} + \cdots$$

각각의 도함수를 구해보면 $f(0) = 0, f'(0) = 3\cos\theta_0 + \sec\theta_0$임을 알게 된다. 우리는 ξ가 작은 경우에 관심이 있으므로 고차항들을 무시하면 다음을 얻는다.

$$\ddot{\xi} + \frac{g}{l}(3\cos\theta_0 + \sec\theta_0)\xi = 0$$

따라서 ξ는 $\xi = 0$ 주위로 조화진동을 한다. 즉, θ는 θ_0 주위로 다음의 주기를 가진 조화진동을 한다.

$$T_1 = 2\pi\sqrt{\frac{l}{g(3\cos\theta_0 + \sec\theta_0)}}$$

이때 $\dot{\phi}$의 값은 완전한 원뿔운동일 때의 값 $\dot{\phi}_0$에서 크게 벗어나지 않는다. 그러므로 θ가 θ_0 주위로 진동하는 동안 ϕ는 꾸준히 증가한다. θ가 한 번 진동하는 동안 방위각 ϕ의 증가는 다음과 같다.

$$\phi_1 \approx \dot{\phi}_0 T_1$$

위에서 계산한 $\dot{\phi}_0$, T_1의 값에서 다음을 쉽게 알 수 있다.

$$\phi_1 = 2\pi(3\cos^2\theta_0 + 1)^{-1/2}$$

괄호 안의 값은 θ_0가 영이 아닌 한 4보다 작고, 따라서 ϕ_1은 π보다 크다. 그림 10.6.2는 추의 경로를 xy평면에 투영한 그래프로 초과분 $\Delta\phi$가 나타나 있다. 진자는 흔들리면서 ϕ가 증가하는 방향으로 세차운동을 한다.

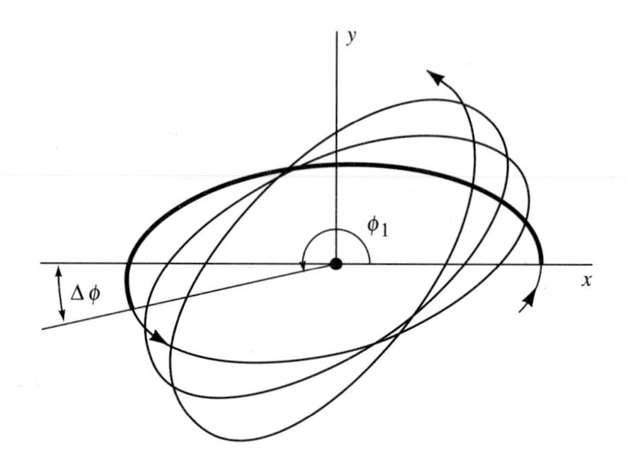

그림 10.6.2 구면진자의 운동경로를 xy 평면에 투영한 것

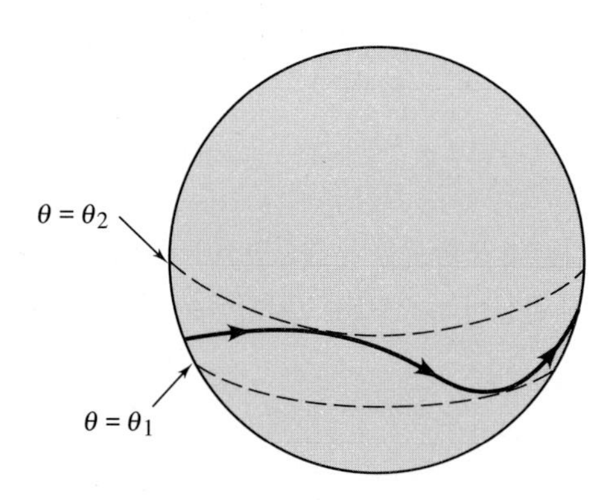

그림 10.6.3 구면진자의 운동 한계

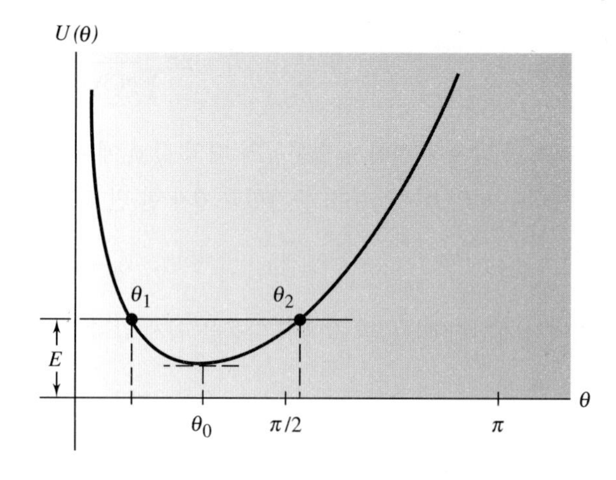

그림 10.6.4 구면진자의 유효 퍼텐셜 에너지 그래프

마지막으로, 일반적인 경우에 대해서는 미분 운동방정식인 식 (10.6.9)로 돌아가서 공식 $\ddot{\theta} = \dot{\theta}\, d\dot{\theta}/d\theta = \frac{1}{2}d\dot{\theta}^2/d\theta$를 이용하여 θ에 관해 적분한 후 양변에 상수 ml^2을 곱하면.

$$\frac{1}{2}ml^2\dot{\theta}^2 = mgl\cos\theta - \frac{ml^2S^2}{2\sin^2\theta} + ml^2C = -U(\theta) + E$$

여기서 C는 적분상수이고 $E = ml^2C$는 전체 에너지이며 $U(\theta)$는 유효 퍼텐셜 에너지이다. 그래서 단위 질량당 유효 퍼텐셜 에너지로 정의되는 유효 퍼텐셜은 다음과 같다.

$$\frac{U(\theta)}{m} = -gl\cos\theta + \frac{l^2S^2}{2\sin^2\theta}$$

여기서 우변의 첫째 항은 중력 위치에너지에 대한 퍼텐셜이고 둘째 항은 ϕ방향 운동에너지에 대한 퍼텐셜이다. 초기조건이 주어지면 추의 운동은 두 개의 수평인 원 사이에서 왕복하는 진동이 된다. 이 원들은 $\dot{\theta} = 0$ 또는 $U(\theta) = E$를 만족하는 θ 방향 운동의 전향점을 정의한다. 이들을 그림 10.6.3, 10.6.4에 도식적으로 나타내었다.

10.7 구속력: 라그랑주 승수

앞에서 다룬 몇 가지 예제에서 물리계는 홀로노믹 구속 조건이 있지만 계산할 때는 구속 조건으로 생기는 힘을 특별히 고려할 필요가 없었다. 이것이야말로 라그랑주 방법의 큰 이점이라 할 수 있다. 물체의 운동에서 구속조건에 기인한 힘을 포함시킬 필요가 없어서 무시했다. 그렇지만 이런저런 이유로 구속력의 크기를 알아야 할 때가 많다. 교량 설계에서는 교통량이 증가할 때 야기되는 다리에 작용하는 힘을 알 필요가 있고, 악어가 들끓는 강을 건너가는 타잔은 줄의 장력을 알아야 할 것이다. 물론 이런 경우에는 무시한다고 해결되진 않는다.

원한다면 라그랑주 공식에 구속력을 명확하게 포함시킬 수 있다. 자유도를 줄이기 위해 구속조건을 사용했는데 처음부터 모든 일반화좌표를 이용하여 운동에너지와 위치에너지를 계산한다. 그러면 똑같은 역학 문제인데도 방정식의 숫자가 많아진다. 왜냐하면 구속조건을 사용하지 않아서 그만큼 자유도가 많아지기 때문이다. 그런 경우 일반화좌표는 모두 독립적이 아니기에 앞서 유도한 라그랑주 방정식도 독립일 수 없다. 하지만 **라그랑주 승수**(Lagrange multiplier)의 기법을 사용하여 독립적인 방정식이 되도록 할 수 있다.

설명을 간단히 하기 위해 일반화좌표는 q_1, q_2의 두 개라 하고 이들은 다음의 구속조건을 갖는다고 하자.

$$f(q_1, q_2, t) = 0 \tag{10.7.1}$$

식 (10.4.4)의 해밀턴 변분원리를 쓰면 다음을 얻는다.

$$\delta\int_{t_1}^{t_2} L\,dt = \int_{t_1}^{t_2}\sum_i\left[\frac{\partial L}{\partial q_i} - \frac{d}{dt}\left(\frac{\partial L}{\partial \dot{q}_i}\right)\right]\delta q_i\,dt = 0 \tag{10.7.2}$$

이번에는 단지 δq_i가 독립적이 아니라는 점이 다르다. 식 (10.7.1)의 구속조건 때문에 q_1의 변분은 q_2의 변분에 영향을 미치는데 모든 변분은 어떤 순간의 시간 t에 대한 것이므로 함수 f에 대한 변분은 다음 식을 만족한다.

$$\delta f = \left(\frac{\partial f}{\partial q_1} \delta q_1 + \frac{\partial f}{\partial q_2} \delta q_2 \right) = 0 \tag{10.7.3}$$

δq_2를 δq_1의 함수로 풀면

$$\delta q_2 = -\left(\frac{\partial f / \partial q_1}{\partial f / \partial q_2} \right) \delta q_1 \tag{10.7.4}$$

이 되고, 이것을 식 (10.7.2)에 대입하면 다음 결과를 얻는다.

$$\int_{t_1}^{t_2} \left[\left(\frac{\partial L}{\partial q_1} - \frac{d}{dt} \frac{\partial L}{\partial \dot{q}_1} \right) - \left(\frac{\partial L}{\partial q_2} - \frac{d}{dt} \frac{\partial L}{\partial \dot{q}_2} \right) \left(\frac{\partial f / \partial q_1}{\partial f / \partial q_2} \right) \right] \delta q_1 \, dt = 0 \tag{10.7.5}$$

이 식을 보면 단지 q_1만이 마음대로 변할 수 있으므로 각괄호 안의 식은 영이 되어야 한다. 그러므로

$$\frac{(\partial L / \partial q_1) - (d/dt)(\partial L / \partial \dot{q}_1)}{(\partial f / \partial q_1)} = \frac{(\partial L / \partial q_2) - (d/dt)(\partial L / \partial \dot{q}_2)}{(\partial f / \partial q_2)} \tag{10.7.6}$$

위 식의 좌변은 일반화 좌표 q_1과 그 도함수만의 함수인 한편, 우변은 q_2와 그 도함수만의 함수이다. 또한 양변은 일반화 좌표를 통해서 명확한 시간의 함수가 되거나 그렇지 않을 수도 있다. 하여튼 운동 기간 내에 항상 이 관계가 성립하려면 위 식의 양변은 시간의 어떤 함수와 같아야 한다. 그 함수를 $-\lambda(t)$라 하자. 그러면 다음 식이 성립한다.

$$\frac{\partial L}{\partial q_i} - \frac{d}{dt} \frac{\partial L}{\partial \dot{q}_i} + \lambda(t) \frac{\partial f}{\partial q_i} = 0 \qquad \{i = 1, 2\} \tag{10.7.7}$$

결국 3개의 미지 함수 $q_1(t)$, $q_2(t)$, $\lambda(t)$를 구하기 위한 방정식 세 개가 생겼다. 두 개는 라그랑주의 운동방정식인 (10.7.7)이고 다른 하나는 구속조건인 식 (10.7.1)이다. 두 좌표가 구속조건으로 연결되어 있어서 조건식을 곧바로 이용하여 자유도를 줄일 수 있었는데도 그렇게 하지 않았다. 그 이유는 라그랑주 운동방정식인 식 (10.7.7)에 나오는 라그랑주 승수 λ를 포함하는 항이 우리가 원하는 구속력이기 때문이다.

$$Q_i' = \lambda(t) \frac{\partial f}{\partial q_i} \qquad \{i = 1, 2\} \tag{10.7.8}$$

처음에 자유도를 줄이려고 구속조건을 사용하지 않았기에 생기는 현상이다. **일반화 구속력**

(generalized force of constraint)이라 부르는 Q_i'은 해당 일반화좌표 q_i가 거리를 나타내는 경우에는 힘과 동일하다. 곧 알게 되겠지만 해당 좌표 q_i가 각도일 경우에는 토크가 일반화구속력이 된다.

이를 일반화하여 n개의 일반화 좌표와 m개의 구속 조건을 생각할 수 있다. 따라서 구속력을 알려면 물리계를 n개의 라그랑주 운동방정식으로 기술한다.

$$\frac{\partial L}{\partial q_i} - \frac{d}{dt}\frac{\partial L}{\partial \dot{q}_i} + \sum_j \lambda_j(t)\frac{\partial f_j}{\partial q_i} = 0 \qquad \begin{cases} i = 1, 2, \ldots n \\ j = 1, 2, \ldots m \end{cases} \tag{10.7.9}$$

그래서 미지수는 $m+n$개이다. n개의 $q_i(t)$와 m개의 $\lambda_j(t)$가 풀어야 할 미지수의 개수이다. 문제 풀이에 필요한 추가 정보는 보통 다음 형태의 구속 조건 m개로 보완된다.

$$f_j(q_i, t) = 0 \tag{10.7.10a}$$

$$\sum_i \frac{\partial f_j}{\partial q_i} dq_i + \frac{\partial f_j}{\partial t} dt = 0 \qquad \begin{cases} i = 1,2, \ldots n \\ j = 1,2, \ldots m \end{cases} \tag{10.7.10b}$$

식 (10.7.10b)는 식 (10.7.10a)의 전체 미분으로서 두 식은 대등하다. 많은 경우에 구속 조건은 아래처럼 미분 형태로 표현되며 시간 도함수를 명확하게 포함하지 않는다.

$$\sum_i \frac{\partial f_j}{\partial q_i} dq_i = 0 \qquad \begin{cases} i = 1,2, \ldots n \\ j = 1,2, \ldots m \end{cases} \tag{10.7.10c}$$

라그랑주 방정식의 유도를 위해 해밀턴의 변분원리를 사용할 때 구속조건의 이 형태는 식 (10.7.3)에서 설명한 변분과 대등하고 곧바로 라그랑주 운동방정식 (10.7.9)를 얻을 수 있게 한다. 가령 식 (10.7.10a, b)에서 구속조건이 명확하게 시간에 의존하더라도 라그랑주 운동방정식에는 아무 영향이 없다. 왜냐하면 변분은 특정한 시간에 대한 것이기 때문이다. 따라서 우리가 구속력을 알고 싶고 구속 조건이 식 (10.7.10a, b, c)의 여러 형태일 때 사용될 라그랑주 운동방정식은 식 (10.7.9)이다.

예제 10.7.1

그림 10.7.1과 같이 원반에 끈이 감겨 있고 끈의 한끝은 고정된 지지대에 붙어 있으며 원반이 낙하하면서 끈이 풀리게 되어 있다. 이것은 어린이 장난감 요요(yo-yo)와 같다. 단지 끈을 묶은 손가락을 움직이지 않을 뿐이다. 낙하하는 원반의 운동방정식과 구속력을 구하라.

■ 풀이

낙하하는 원반의 운동에너지는 다음과 같이 주어진다.

그림 10.7.1 감긴 끈에서 풀려 내려오는 원반

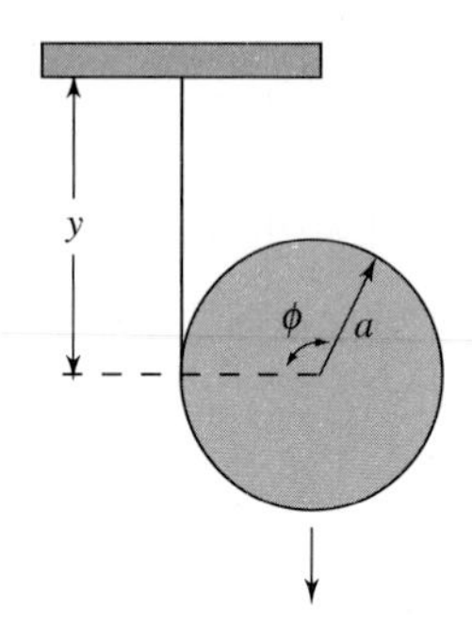

$$T = \frac{1}{2}m\dot{y}^2 + \frac{1}{2}I_{cm}\dot{\phi}^2$$
$$= \frac{1}{2}m\dot{y}^2 + \frac{1}{4}ma^2\dot{\phi}^2$$

여기서 m은 원반의 질량, a는 반지름, $I_{cm} = \frac{1}{2}ma^2$은 중심축에 대한 관성모멘트이다. 한편 원반의 위치에너지는

$$V = -mgy$$

인데 기준점을 $y = 0$, 즉 끈이 고정된 곳에 정했다. 따라서 라그랑지안은

$$L = T - V = \frac{1}{2}m\dot{y}^2 + \frac{1}{4}ma^2\dot{\phi}^2 + mgy$$

이고, 구속조건에 관한 방정식은 다음과 같다.

$$f(y, \phi) = y - a\phi = 0$$

이 물리계는 자유도가 1이므로 y나 ϕ를 일반화좌표로 정하고 구속조건을 이용함으로써 다른 좌표를 고려대상에서 제외시킬 수 있다. 그리고 라그랑지안을 한 개의 일반화좌표로 구해서 라그랑주 승수를 쓰지 않고 라그랑주 방정식 (10.4.5)를 곧바로 적용하여 낙하하는 원반 문제를 풀 수 있다. 그렇지만 이 방법으로는 구속력을 구하지 못할 것이다. 구속력을 계산하려면 결정되지 않은 승수 λ_j를 가진 라그랑주 방정식 (10.7.9)를 써야 한다. 그러면 방정식 (10.7.9)는 다음과 같고

$$\frac{\partial L}{\partial y} - \frac{d}{dt}\frac{\partial L}{\partial \dot{y}} + \lambda\frac{\partial f}{\partial y} = 0$$
$$\frac{\partial L}{\partial \phi} - \frac{d}{dt}\frac{\partial L}{\partial \dot{\phi}} + \lambda\frac{\partial f}{\partial \phi} = 0$$

앞서 기술한 방식을 따르면 다음 운동방정식을 얻는다.

$$mg - m\ddot{y} + \lambda = 0$$
$$-\tfrac{1}{2}ma^2\ddot{\phi} - \lambda a = 0$$

구속조건 식을 미분하면

$$\ddot{\phi} = \frac{\ddot{y}}{a}$$

바로 위의 두 번째 운동방정식에 이 값을 대입하여 λ의 값을 구하면

$$\lambda = -\tfrac{1}{3}mg$$

이고, 이것을 바로 위의 첫 번째 운동방정식에 대입한 후 구속조건 식의 미분을 활용하면

$$\ddot{y} = \tfrac{2}{3}g \qquad \ddot{\phi} = \tfrac{2}{3}\frac{g}{a}$$

를 얻는데, 이는 두 개의 일반화 좌표에 관한 운동 방정식이다.

만일 원반이 끈과 관계없이 자유 낙하한다면 가속도는 아래 방향으로 g일 것이다. 위로 작용하는 끈의 장력이 구속력이 되어 가속도가 $\frac{1}{3}g$로 줄어든다. 그러므로 λ는 일반화 구속력 중의 하나인 이 끈의 장력과 같아야 한다. 두 개의 일반화 '힘'을 계산해보면 이를 알 수 있다.

$$Q_y' = \lambda\frac{\partial f}{\partial y} = \lambda = -\tfrac{1}{3}mg$$
$$Q_\phi' = \lambda\frac{\partial f}{\partial \phi} = -\lambda a = \tfrac{1}{3}mga$$

일반화 구속력 Q_y'은 원반의 낙하를 느리게 하는 끈의 장력이고, Q_ϕ'은 원반을 질량중심 주변으로 회전시키는 토크이다.

10.8 달랑베르의 원리: 일반화 힘

10.1절에서는 균일한 중력장 안에서 자유낙하하는 물체를 구체적 예로 들어 해밀턴의 변분원리에서 뉴턴의 운동법칙을 유도할 수 있었다. 또 10.4절에서는 해밀턴의 변분원리를 이용하여 보존계에 대한 라그랑주 운동방정식을 유도했고 보존계에서 이 두 방법은 대등함을 알았다. 한편 10.7절에서는 위치에너지에서 유도할 수 없는 구속력이 포함될 때 어떻게 라그랑주 방식을 보완해야 하는지를 살펴보았다. 이제는 최소한의 수정을 통해 비보존력이 있을 경우로 라그랑주 방식을 확장

하고자 한다. 이 과정에서 뉴턴과 라그랑주 역학 공식의 등가성에 대한 학생들의 혼돈이 사라지기를 바라는 바이다.

이를 위해 베르누이가 처음으로 제안했고 달랑베르가 공식화한 원리를 채택하기로 하겠다. 그것은 평형에 관한 기본 조건을 확장한 것이다. 즉, 물리계가 평형 상태에 있을 때 이 계에 작용하는 모든 힘은 상쇄되어야 한다.

$$\sum_{i=1}^{N} \mathbf{F}_i = 0 \tag{10.8.1}$$

여기서 $\mathbf{F}_i$는 i번째 입자에 작용하는 모든 힘이고, N개의 입자가 물리계를 형성한다. 이 방정식은 벡터 관계식이다. 17세기 후반부터 18세기 초반까지 주로 유럽대륙에서 개발된 역학은 에너지, 일 같은 스칼라의 관계에 치중했다. 베르누이와 달랑베르는 평형 상태에 있는 물체들에 매우 작은 변위가 있더라도 이 물체들에 한 일은 영이라는 점을 주목했다. 물체들에 양(+)의 일을 하는 힘이 있다면 이를 상쇄할 음(−)의 일을 하는 힘이 있어야 한다는 것이 핵심이다.

이 아이디어를 이용하여 평형을 이루기 위한 필요조건을 알아내는 방법은 다음과 같이 이루어졌다. 즉, 주어진 배위에서 작은 변위를 수행하는 계를 상상하여 그 계에 한 일을 구하고 그 일들의 합이 영이어야 한다는 논리를 사용한다. 물체는 실제로는 어떠한 변위도 일으키지 않은 채 평형 위치에 있지만 단지 아주 미소한 변위가 있었다고 가정을 해보는 것이다. 이 변위는 가상적으로, 순간적($\delta t = 0$)으로 단지 구속조건에 부합하게만 일어난다고 가정할 뿐이다. 이러한 변위를 전처럼 δ로 나타내고 **가상 변위**(virtual displacement)라 부른다. 이렇게 문제를 바라보는 관점의 요점은 만일 가상 변위를 수행하는 물리계에 한 일이 영이라면 그 계는 평형 상태에 있다는 것이다. 그러므로 일이라는 스칼라를 다룸으로써 평형에 필요한 조건을 얻을 수 있다. 이것이 서두에 언급한 **가상 일**(virtual work)의 원리이고 수식으로는 다음과 같다.

$$\delta W = \sum_{i=1}^{N} \mathbf{F}_i \cdot \delta \mathbf{r}_i = 0 \tag{10.8.2}$$

하지만 일반적인 **동역학**(dynamics) 문제는 평형 상태에 있지 않은 물체를 다룬다. 즉, 뉴턴의 제2법칙으로 풀어야 한다.

$$\mathbf{F}_i = \dot{\mathbf{p}}_i \qquad \{i = 1, 2, \ldots N\} \tag{10.8.3}$$

달랑베르의 통찰력은 식 (10.8.2)에서의 모든 힘으로부터 실제 힘 $\dot{\mathbf{p}}$를 제거함으로써 가상 일의 원리를 동역학에 적용할 수 있다는 것이었다. 즉,

$$\sum_{i=1}^{N} (\mathbf{F}_i - \dot{\mathbf{p}}_i) \cdot \delta \mathbf{r}_i = 0 \tag{10.8.4}$$

이렇게 표현한 평형 조건이 **달랑베르의 원리**(D'Alembert's principle)이고 뉴턴의 제2법칙과 대등하다. 단지 뉴턴의 법칙에 따르면 관성계에서 모든 힘은 실제의 힘이어야 한다.

$$\mathbf{F}_i - \dot{\mathbf{p}}_i = 0 \qquad \{i = 1, 2, \ldots N\} \tag{10.8.5}$$

결과적으로 달랑베르는 **동역학** 문제를 **정역학** 문제로 환원시켰다. 이제 달랑베르 원리에서 라그랑주 운동방정식을 유도하고자 한다(실제로 이는 라그랑주 자신이 행한 일이다).

여기서는 두 개나 세 개의 합이 한꺼번에 나오며 수많은 첨자까지 나오는 복잡한 유도 과정 때문에 이 과정이 전해주는 의미를 잃어버리기를 원하지 않는다. 그러므로 우리는 단일 입자가 여러 가지 힘을 받고 있는 간단한 경우에 대한 라그랑주 방정식을 유도할 것이다. 아마 열성적인 학생이라면 이를 기반으로 하여 많은 입자가 여러 가지 힘을 받으면서 운동하는 경우에 대한 라그랑주 운동방정식을 이끌어낼 수 있을 것이다.

단일 입자가 3차원 직선 직각 좌표로 기술될 때의 달랑베르 원리인 식 (10.8.4)에서부터 시작하자.

$$\sum_{i=1}^{3} (F_i - \dot{p}_i)\,\delta x_i = 0 \tag{10.8.6}$$

지표 i는 세 개의 좌표 중 하나를 나타내고, F_i는 물체에 작용하는 모든 힘의 i 방향 성분이다.

또한 입자의 운동은 구속조건 식이 있거나 없을 수도 있는 상황에서 일반화좌표 q_j로 기술된다고 가정하자. 일단 구속조건이 없어서 세 개의 직교 좌표와 세 개의 일반화좌표는 식 (10.3.10)으로 연관되었다고 하자.

식 (10.8.6)의 첫 항은 모든 힘이 물리계에 한 가상 일이다.

$$\delta W = \sum_i F_i\,\delta x_i = \sum_j \left[\sum_i \left(F_i \frac{\partial x_i}{\partial q_j} \right) \right] \delta q_j = \sum_j Q_j\,\delta q_j \tag{10.8.7}$$

그런데 이것은 영이 아니다! 여기서

$$Q_j = \sum_i F_i \frac{\partial x_i}{\partial q_j} \tag{10.8.8}$$

로 주어지는 Q_j는 일반화 좌표 q_j에 대응하는 **일반화 힘**(generalized force)이다. 10.7절에서 논의한 일반화 구속력과 같이 일반화좌표 q_j가 거리이면 일반화 힘 Q_j는 힘이 된다. 그리고 일반화좌표 q_j가 각도이면 이것은 토크가 된다. 어떤 경우나 $Q_j\delta q_j$는 항상 일(work)이다.

이제 식 (10.8.6)에서 실제의 힘이 한 일을 계산하면

$$\sum_i \dot{p}_i \, \delta x_i = \sum_i m\ddot{x}_i \, \delta x_i = \sum_j \left[\sum_i m\ddot{x}_i \frac{\partial x_i}{\partial q_j} \right] \delta q_j$$
$$= \sum_j \delta q_j \sum_i m \left[\frac{d}{dt}\left(\dot{x}_i \frac{\partial x_i}{\partial q_j} \right) - \dot{x}_i \frac{d}{dt}\left(\frac{\partial x_i}{\partial q_j} \right) \right] \tag{10.8.9}$$

이다. 식 (10.3.13)을 미분하면

$$\frac{\partial \dot{x}_i}{\partial \dot{q}_j} = \frac{\partial x_i}{\partial q_j} \tag{10.8.10}$$

를 알 수 있고, 이것을 식 (10.8.9)의 각괄호 안의 첫 항에 대입하면 다음을 얻는다.

$$\sum_i m \frac{d}{dt}\left(\dot{x}_i \frac{\partial x_i}{\partial q_j} \right) = \sum_i m \frac{d}{dt}\left(\dot{x}_i \frac{\partial \dot{x}_i}{\partial \dot{q}_j} \right)$$
$$= \frac{d}{dt}\left[\frac{\partial}{\partial \dot{q}_j} \left(\sum \tfrac{1}{2} m \dot{x}_i^2 \right) \right] = \frac{d}{dt}\left(\frac{\partial T}{\partial \dot{q}_j} \right) \tag{10.8.11}$$

식 (10.8.9)의 각괄호 안의 두 번째 항을 계산하려면 $\partial x_i/\partial q_j$의 시간 도함수를 알아야 한다. q_j와 t에 대한 임의의 함수의 시간 도함수는 다음과 같으므로

$$\frac{d}{dt} f(q_j, t) = \sum_k \frac{\partial f}{\partial q_k} \dot{q}_k + \frac{\partial f}{\partial t} \tag{10.8.12}$$

구하는 식은 다음과 같다.

$$\sum_i m\dot{x}_i \frac{d}{dt}\left(\frac{\partial x_i}{\partial q_j} \right) = \sum_i m\dot{x}_i \left[\sum_k \frac{\partial^2 x_i}{\partial q_k \, \partial q_j} \dot{q}_k + \frac{\partial^2 x_i}{\partial q_j \, \partial t} \right] = \sum_i m\dot{x}_i \frac{\partial \dot{x}_i}{\partial q_j} \tag{10.8.13a}$$

이것은 미분의 순서를 바꾸는 것과 똑같다.

$$\frac{d}{dt} \frac{\partial x_i}{\partial q_j} = \frac{\partial}{\partial q_j} \frac{dx_i}{dt} = \frac{\partial \dot{x}_i}{\partial q_j} \tag{10.8.13b}$$

따라서 두 번째 항은

$$\sum_i m\dot{x}_i \frac{d}{dt}\left(\frac{\partial x_i}{\partial q_j} \right) = \frac{\partial}{\partial q_j}\left[\sum_i \tfrac{1}{2} m \dot{x}_i^2 \right] = \frac{\partial T}{\partial q_j} \tag{10.8.13c}$$

가 되고, 실제의 힘이 한 일인 식 (10.8.9)는 다음과 같이 쓸 수 있다.

$$\sum_i \dot{p}_i\,\delta x_i = \sum_j \left[\frac{d}{dt}\left(\frac{\partial T}{\partial \dot{q}_j}\right) - \frac{\partial T}{\partial q_j}\right]\delta q_j \tag{10.8.14}$$

식 (10.8.7)과 식 (10.8.14)를 종합하면 달랑베르 원리는 아래와 같다.

$$\sum_i (F_i - \dot{p}_i)\,\delta x_i = \sum_j \left\{Q_j - \left[\frac{d}{dt}\left(\frac{\partial T}{\partial \dot{q}_j}\right) - \frac{\partial T}{\partial q_j}\right]\right\}\delta q_j = 0 \tag{10.8.15}$$

지금까지 구속조건이 없다고 가정했다. 따라서 q_j는 독립적으로 변할 수 있고 각괄호 안은 영이 되어야 하고, 다음 식들이 구해진다.

$$\frac{d}{dt}\left(\frac{\partial T}{\partial \dot{q}_j}\right) - \frac{\partial T}{\partial q_j} = Q_j \tag{10.8.16}$$

외력이 보존력이라면 그 힘은 위치에너지 함수로부터 $F_i = -\nabla_i V$의 형태로 유도할 수 있으므로 식 (10.8.16)은 더욱 간단해져서 다음과 같이 쓸 수 있다.

$$Q_j = \sum_i F_i \frac{\partial x_i}{\partial q_j} = -\sum_i \nabla_i V \frac{\partial x_i}{\partial q_j} \tag{10.8.17a}$$

그런데 $\nabla_i V = \partial V/\partial x_i$ 이므로

$$Q_j = -\frac{\partial V}{\partial q_j} \tag{10.8.17b}$$

이고, 이를 식 (10.8.16)에 대입하면 다음 식이 된다.

$$\frac{d}{dt}\left(\frac{\partial T}{\partial \dot{q}_j}\right) - \frac{\partial (T-V)}{\partial q_j} = 0 \tag{10.8.18}$$

만일 위치에너지 V가 일반화 속도 $\dot{q}_j$와 무관하다면 이를 식 (10.8.18)의 첫째 항에도 포함시킬 수 있다.

$$\frac{d}{dt}\left[\frac{\partial (T-V)}{\partial \dot{q}_j}\right] - \frac{\partial (T-V)}{\partial q_j} = \frac{d}{dt}\left(\frac{\partial L}{\partial \dot{q}_j}\right) - \frac{\partial L}{\partial q_j} = 0 \tag{10.8.19}$$

여기서 라그랑지안 함수 $L = T - V$는 10.1절에서 도입한 바 있다. 식 (10.8.19)는 이미 해밀턴 원리로 얻은 보존력계의 라그랑주 운동방정식이다. 그렇지만 여기서는 표준적인 공식화 과정이 적

용되면 일반화 힘과 위치에너지에 어떤 제한이 있는지를 강조했다. 한 걸음 나아가서 식 (10.8.19)에 사용된 라그랑지안 함수는 명시적으로 시간의 함수일 수도 있음을 강조하고 있다.[5)]

$$L(q_j, \dot{q}_j, t) = T(q_j, \dot{q}_j, t) - V(q_j) \qquad (10.8.20)$$

일반적으로 비보존적인 일반화 힘과 구속력을 Q_j'이라 하면 이 물리계의 라그랑주 운동방정식은 다음처럼 쓸 수 있다.

$$\frac{d}{dt}\left[\frac{\partial L}{\partial \dot{q}_j}\right] - \frac{\partial L}{\partial q_j} = Q_j' \qquad \{j = 1, 2, \ldots n\} \qquad (10.8.21)$$

위의 유도 과정에서는 단일 입자를 고려했기 때문에 세 개의 일반화좌표만 필요했지만 N개의 입자라면 $n = 3N$개의 일반화좌표가 필요하다. 라그랑지안은 이 계에 작용하는 모든 위치에너지, 즉 이 계에 미치는 모든 보존력의 효과를 포함한다. 구속력은 Q_j'의 일부인데 앞서 논의한 라그랑주 승수 방법으로 얻을 수 있다. 마찰력이나 시간에 관계되는 비보존력 Q_j'은 식 (10.8.21)에서 구별하여 포함시켜야 한다. 비보존력 $\mathbf{F}_i$를 알면 Q_j'은 식 (10.8.8)을 사용하여 바로 계산될 것이다. 만약 $\mathbf{F}_i$를 모른다면 Q_j'은 라그랑주 방정식을 푸는 과정에서 알게 된다. 따라서 식 (10.8.21)의 라그랑주 운동방정식이 가장 일반적이다. 이 방정식은 달랑베르의 원리를 사용하여 뉴턴의 운동법칙에서 유도되었기에 이 원리나 법칙은 대등하다.

앞에서는 보존계의 경우에 대해서만 해밀턴 원리로부터 라그랑주 방정식을 유도했었다. 하지만 우리가 방금 달랑베르 원리로부터 유도했듯이 좀 더 일반적인 상황에 대해서도 라그랑주 방정식을 유도할 수 있다. 여러분은 이제 역학 법칙을 만드는 데 있어서 이 두 방법이 과연 동등한지 궁금해할 것이다. 그렇다. 그 둘은 같다. 보존계에 대해서 해밀턴 원리를 일반화한 것은 달랑베르 원리를 적분한 것에 불과하다.

왜 라그랑지안 방식인가?

해밀턴 원리와 달랑베르 원리가 라그랑주 방정식 유도에서 동등한 위치에 있다면 역학에서 문제풀이에 왜 이 방법부터 써보지 않는가? 충분히 그렇게 할 수 있다. 그리고 이 방법은 복잡한 역학

5) 어떤 경우에는 일반화 힘이 $V = V(q_j, \dot{q}_j, t)$와 같이 속도에 의존하는 위치에너지로부터 유도될 수도 있다.

$$Q_j = \frac{d}{dt}\left(\frac{\partial V}{\partial \dot{q}_j}\right) - \frac{\partial V}{\partial q_j}$$

그리고 표준적인 라그랑지안 공식화는 여전히 유효하다.

문제를 푸는 데 있어 아주 유용한 근사적인 방법임이 증명되어 있다. 그러나 이런 방법에 대한 논의는 이 책의 범주를 넘어선다.[6] 반면에 라그랑주 방식은 놀랄 정도로 일관성이 있으며 문제 풀이 과정이 맹목적일 정도로 기계적이다. 이러한 특성 때문에 만능의 뉴턴 방식보다 더욱 우위에 있는 것 같다. 그렇다면 "라그랑주 방식이 훨씬 간단하고 기계적이고 강력한 도구이면 뉴턴 방식을 더 이상 쓸 필요가 있을까?" 라는 의문이 제기될 수도 있다. 이는 마치 이제 갓 개업한 신참의사가 모든 일을 다 할 수 있으리라 생각하는 것과 같다. 즉, 그가 한 번 만에 아주 높은 빌딩을 뛰어넘을 수 있으리라 생각하는 것과 같다는 뜻이다. 다시 말해, 그렇게 단순한 이유만은 아니다.

역학 문제 풀이에서 라그랑주 방식의 강점은 스칼라량을 다룬다는 것이다. 반면 뉴턴 방식은 힘, 운동량 같은 벡터량을 다룬다. 문제의 성격이 그리 복잡하지 않을 경우에는 뉴턴 방식을 비교적 용이하게 적용할 수 있으나 문제가 복잡해지면 라그랑주 방식이 열기를 뿜기 시작한다. 극히 간단한 문제를 제외하고는 일반화좌표를 사용하여 복잡한 구속조건이나 다입자계의 운동을 상당히 쉽게 기술할 수 있다. 뉴턴 방식이 딱딱한 직교 좌표계에서 벡터 연산을 다루는 반면에, 라그랑주 방식은 **배위 공간**(configuration space)에서 스칼라를 다루는 것이다.

보존계에서 운동방정식을 유도하고 싶을 때 라그랑주 방식이 특히 강력하다. 구속력은 문제가 안 된다. 실제로 통상적인 라그랑주 방식에서는 구속조건을 무시한다. 구속력에 관심이 있으면 라그랑주 승수를 도입하면 된다. 이 경우에는 뉴턴 방식이 더 좋을 수도 있다. 비보존력이나 속도와 관련이 있는 힘이 등장하면 뉴턴 방식을 선택하는 것이 바람직하다.

마지막으로 두 방식은 철학관이 다르다는 사실을 지적하고자 한다. 뉴턴 방식은 미분을 즐긴다. 따라서 **원인**과 **결과**가 내포되어 있다. 물체에 힘이 작용하면 가속한다. 라그랑주 방식도 마찬가지로 미분을 애용하지만 물체의 외적인 요소보다는 내적인 운동에너지, 위치에너지 등 근본적으로 스칼라에 의존한다. 보존계에서는 그 특징이 더욱 두드러진다. 왜냐하면 라그랑주 방식에서는 아무 데도 힘이 나타나지 않기 때문이다. 해밀턴의 변분원리는 힘의 개념보다 에너지 개념의 중요성을 극도로 강조한다. 실제로 미시세계에서는 힘, 원인, 결과 등의 개념이 고전적 의미를 상실한다. 이때는 에너지의 개념이 군림하며 **양자역학**에서 **해밀토니안**, **라그랑지안** 함수가 기본 역할을 하는 것은 우연이 아니다.

해밀턴의 변분원리를 역학의 기본원리로 받아들이면 철학적 차이는 더욱 고조된다. 뉴턴 방식이 미분이라면 해밀턴 방식은 적분이다. 공간에서 운동에너지와 위치에너지의 차이를 시간에 대해 적분할 때 그 결과가 최소화되도록 물체의 운동이 일어난다. 뉴턴 방식은 국소적이고 해밀턴 방식은 포괄적이다. 이러한 양분법적 구별은 양자역학에서도 나타나는데, 예를 들면 에르빈 슈뢰딩거(Erwin Schrödinger, 1887~1961)의 미분 방식과 리처드 파인먼(Richard Feynman,

6) 예를 들면 다음을 참조하라. C. G. Gray, G. Karl, V. A. Novikov, Direct Use of Viriational Principles as an Approximation Technique in Classical Mechanics, *Am. J. Phys*. **64**(9), 1177, 1996.

1918~1988)의 경로 적분(path integral) 방식[7]이 양립한다. 이 법칙들은 자연의 원리를 잘 설명하는 것처럼 보이며 이해하기도 그리 어렵지 않고, 이 장의 서두에서 강조했듯이 왜 많은 철학자가 자연의 법칙을 설명하는 데 이 원리를 적용했는지를 이해할 수 있을 것이다. 모페르튀이(Maupertuis)에 의하면, 만약 자연이 완벽한 운동법칙을 보여주지 않는다면 **작용**(action)[8]이라 불리는 수학적인 양은 최소값을 갖지 않을 수도 있다는 것이다.

10.9 해밀토니안 함수: 해밀턴 방정식

일반화 좌표인 다음 함수를 생각해보자.

$$H = \sum_i \dot{q}_i p_i - L \tag{10.9.1}$$

간단한 역학계에서 운동에너지 T는 $\dot{q}$의 등차 제곱형 함수(homogeneous quadratic function)이고, 위치에너지 V는 q만의 함수이다.

$$L = T(q_i, \dot{q}_i) - V(q_i) \tag{10.9.2}$$

그러면 등차 함수에 대한 오일러의 정리에서 다음을 알 수 있다.[9]

$$\sum_i \dot{q}_i p_i = \sum_i \dot{q}_i \frac{\partial L}{\partial \dot{q}_i} = \sum_i \dot{q}_i \frac{\partial T}{\partial \dot{q}_i} = 2T \tag{10.9.3}$$

따라서 함수 H는

$$H = \sum_i \dot{q}_i p_i - L = 2T - (T - V) = T + V \tag{10.9.4}$$

가 되어서 이는 고려대상인 입자계의 전체 에너지와 같다.

이제 n개의 방정식

---

7) R. P. Feynman & A. R. Hibbs, *Quantum Mechanics and Path Integrals*, McGraw-Hill, New York, 1965.

8) 다음을 참조하라. Pierre-Louis-Moreau de Maupertuis, *Essai de Cosmologie*(1751), in *Oeuvres*, Vol. 4, p. 3, Lyon, 1768 또는 Henry Margenau, *The Nature of Physical Reality*, 2nd Ed., McGraw-Hill, New York, 1977. 1747년에 모페르튀이가 발표한 뒤, 최초의 최소화 원리인 **최소 작용 원리**(principle of least action)는 해밀턴 원리의 전초가 되었다.

9) 오일러의 정리에 의하면, 차수가 n이고 변수가 $x_1, x_2, \ldots, x_r$인 등차 함수 f에 대해서는 다음이 성립한다.

$$x_1 \frac{\partial f}{\partial x_1} + x_2 \frac{\partial f}{\partial x_2} + \cdots + x_r \frac{\partial f}{\partial x_r} = nf$$

$$p_i = \frac{\partial L}{\partial \dot{q}_i} \qquad (i = 1, 2, \ldots, n) \tag{10.9.5}$$

에서 $\dot{q}$를 p와 q의 함수로 만들고

$$\dot{q}_i = \dot{q}_i(p_i, q_i) \tag{10.9.6}$$

이를 H에 대입하면 H는 p와 q의 함수가 된다.

$$H(p_i, q_i) = \sum_i p_i \dot{q}_i(p_i, q_i) - L \tag{10.9.7}$$

이번에는 변분 δp_i, δq_i에 대한 H 함수의 변분을 계산한다.

$$\delta H = \sum_i \left[p_i \, \delta \dot{q}_i + \dot{q}_i \, \delta p_i - \frac{\partial L}{\partial \dot{q}_i} \delta \dot{q}_i - \frac{\partial L}{\partial q_i} \delta q_i \right] \tag{10.9.8a}$$

$p_i = \partial L / \partial \dot{q}_i$로 정의했으므로 각괄호 안에서 첫째 항과 셋째 항은 상쇄된다. 또한 라그랑주 방정식은 $\dot{p}_i = \partial L / \partial q_i$로 쓸 수 있으므로 δH는 다음과 같다.

$$\delta H = \sum_i [\dot{q}_i \, \delta p_i - \dot{p}_i \, \delta q_i] \tag{10.9.8b}$$

이때 H의 변분은

$$\delta H = \sum_i \left[\frac{\partial H}{\partial p_i} \delta p_i + \frac{\partial H}{\partial q_i} \delta q_i \right] \tag{10.9.8c}$$

이어야 하므로 다음 방정식을 얻는다.

$$\begin{aligned} \frac{\partial H}{\partial p_i} &= \dot{q}_i \\ \frac{\partial H}{\partial q_i} &= -\dot{p}_i \end{aligned} \tag{10.9.9}$$

이것은 **해밀턴의 정준 운동 방정식**(Hamilton's canonical equations of motion)으로 알려져 있다. 해밀턴 방정식은 $2n$개의 1차 미분방정식으로 되어 있고, 라그랑주 방정식은 n개의 2차 미분방정식으로 구성되어 있다. 지금까지 우리는 간단한 보존계에 대해 해밀턴 방정식을 유도했다. 식 (10.9.9)는 좀 더 일반적인, 예를 들면 위치에너지 함수가 $\dot{q}$를 포함하거나 L이 시간을 명확하게 포함하는 비보존력에도 적용된다. 그러나 이러한 경우 H를 반드시 전체 에너지라고 할 수는 없다.

학생들은 미시세계의 기본이론인 양자역학을 공부할 때 해밀턴 방정식을 다시 만날 것이다. 해

밀턴 방정식은 또 천체 역학에도 응용된다. 관심 있는 학생들은 교재 뒤에 있는 참고문헌 중 'Advanced Mechanics' 부문에 있는 참고서를 찾아보기 바란다.

예제 10.9.1

1차원 조화진동자에 대한 해밀턴의 운동방정식을 구하라.

풀이

운동에너지와 위치에너지는

$$T = \tfrac{1}{2}m\dot{x}^2 \qquad V = \tfrac{1}{2}kx^2 \qquad L = T - V$$

$$p = \frac{\partial L}{\partial \dot{x}} = m\dot{x} \qquad \dot{x} = \frac{p}{m}$$

이므로 H는 다음과 같고

$$H = T + V = \frac{1}{2m}p^2 + \frac{k}{2}x^2$$

운동방정식은

$$\frac{\partial H}{\partial p} = \dot{x} \qquad \frac{\partial H}{\partial x} = -\dot{p}$$

이고, 다음 식을 얻는다.

$$\frac{p}{m} = \dot{x} \qquad kx = -\dot{p}$$

첫 번째 식은 운동량-속도 사이의 관계식을 다시 언급한 것에 불과하다. 이 식을 쓰면 두 번째 식은 다음과 같고

$$kx = -\frac{d}{dt}(m\dot{x})$$

항들을 정리하면 눈에 익은 조화진동자의 방정식이 된다.

$$m\ddot{x} + kx = 0$$

예제 10.9.2

중심력장에서 움직이는 입자의 운동에 관한 해밀턴 방정식을 구하라.

■ 풀이

이 경우 극좌표를 사용하면

$$T = \frac{m}{2}(\dot{r}^2 + r^2\dot{\theta}^2)$$
$$V = V(r)$$
$$L = T - V$$

이므로 다음을 얻고

$$p_r = \frac{\partial L}{\partial \dot{r}} = m\dot{r} \qquad \dot{r} = \frac{p_r}{m}$$
$$p_\theta = \frac{\partial L}{\partial \dot{\theta}} = mr^2\dot{\theta} \qquad \dot{\theta} = \frac{p_\theta}{mr^2}$$

따라서 H는 아래와 같다.

$$H = \frac{1}{2m}\left(p_r^2 + \frac{p_\theta^2}{r^2}\right) + V(r)$$

그러면 해밀턴 방정식은

$$\frac{\partial H}{\partial p_r} = \dot{r} \qquad \frac{\partial H}{\partial r} = -\dot{p}_r \qquad \frac{\partial H}{\partial p_\theta} = \dot{\theta} \qquad \frac{\partial H}{\partial \theta} = -\dot{p}_\theta$$

이 되어 다음을 얻는다.

$$\frac{p_r}{m} = \dot{r}$$
$$\frac{\partial V(r)}{\partial r} - \frac{p_\theta^2}{mr^3} = -\dot{p}_r$$
$$\frac{p_\theta}{mr^2} = \dot{\theta}$$
$$0 = -\dot{p}_\theta$$

마지막 두 식은 각운동량이 일정함을 보이며

$$p_\theta = \text{상수} \qquad \text{그리고} \qquad mr^2\dot{\theta} = ml$$

이것을 처음 두 식에 적용하면 운동에 관한 반경 방향 방정식을 얻는다.

$$m\ddot{r} = \dot{p}_r = \frac{ml^2}{r^3} - \frac{\partial V(r)}{\partial r}$$

이것은 물론 예제 10.5.2에서 얻은 결과와 동일하다.

예제 10.9.3

6.14절에서 다루었던 러더퍼드의 산란 문제를 상기해보자. 여기서 전하량이 q이고 질량이 m인 입자가 움직이지 않는다고 가정한 아주 무거운 그리고 전하량이 Q인 핵의 산란중심을 향해 운동한다. 초기에 입사입자는 산란중심으로부터 충분하게 멀리 떨어져 있고 등속력 v_0로 산란중심과 b만큼의 수직거리(충돌 매개변수)를 갖는 직선상으로 가까워져 온다. 해밀턴의 방정식을 이용하여 산란각 θ_S에 관한 적분 표현법을 유도하라.

■ **풀이**

평면상에서 운동하도록 제한된 입자의 운동을 기술하기 위해서 두 개의 좌표가 필요하다. 이를 위해 극좌표 θ와 r을 택하자. 입사입자의 출발위치를 $\theta = 0$에서 $r = \infty$가 되도록 설정한다. 이 경우의 해밀토니안은 앞의 예제 10.9.2에서 주어진 것과 동일하다. 즉,

$$H = \frac{1}{2m}\left(p_r^2 + \frac{p_\theta^2}{r^2}\right) + V(r) = E\left(= \tfrac{1}{2}mv_0^2\right)$$

이 해밀토니안은 입사입자의 전체 에너지와 동일하며 운동상수이다. 게다가 θ는 무시가능한 좌표이므로 각운동량

$$p_\theta = mr^2\dot{\theta} = L\ (= mv_0 b)$$

도 역시 운동상수이다.

관련 해밀턴 방정식은

$$\frac{\partial H}{\partial p_\theta} = \dot{\theta} \qquad \frac{\partial H}{\partial r} = -\dot{p}_r$$

이고, 이 식의 첫 번째 항을 r에 대해 미분하면 아래 식을 얻는다.

$$\frac{\partial}{\partial r}\dot{\theta} = \frac{\partial}{\partial r}\frac{\partial H}{\partial p_\theta} = \frac{\partial}{\partial p_\theta}\frac{\partial H}{\partial r} = -\frac{\partial \dot{p}_r}{\partial p_\theta}$$

위 식을 적분해주면 $\dot{\theta}$에 관한 표현식을 얻을 수 있다.

$$\dot{\theta} = -\int \frac{\partial \dot{p}_r}{\partial p_\theta} dr = -\frac{d}{dt}\int \frac{\partial p_r}{\partial p_\theta} dr \qquad \text{또는} \qquad d\theta = -d\left[\int \frac{\partial p_r}{\partial p_\theta} dr\right]$$

여기서 당분간 적분 형태를 계속 유지한다. 그림 6.14.1을 보면 알 수 있지만 θ_0는 입자가 $r = \infty$로부터 핵에 가장 가까워지는 거리인 $r = r_{min}$까지 움직이는 동안의 각도 변화이다. 즉,

$$r = \infty, \theta = 0 \text{일 때} \qquad \frac{\partial p_r}{\partial p_\theta} = 0$$

이므로

$$\theta_0 = -\int_\infty^{r_{min}} \frac{\partial p_r}{\partial p_\theta} dr$$

이 된다. 해밀토니안을 이용하여 p_r에 대해 풀면

$$p_r = \left[2m(E - V(r)) - \frac{p_\theta^2}{r^2}\right]^{1/2}$$

이다. 산란각은 그림 6.14.1에서 알 수 있듯이 $\theta_s = \pi - 2\theta_0$이므로 다음을 얻는다.

$$\theta_s = \pi + 2\int_\infty^{r_{min}} \frac{\partial}{\partial p_\theta}\left[2m(E - V(r)) - \frac{p_\theta^2}{r^2}\right]^{1/2} dr$$

적분항 내부의 미분항을 계산해주면

$$\theta_s = \pi - 2\int_\infty^{r_{min}} \frac{\frac{L}{r^2}}{\left[2m\left(E - \frac{qQ}{r}\right) - \frac{L^2}{r^2}\right]^{1/2}} dr$$

로 되는데, 여기서 우리는 p_θ를 각운동량 L로 치환했다. 그리고 핵의 영향 아래 놓여 있는 입자의 위치에너지를 $V(r) = qQ/r$로 대입했다. 열성적인 학생이라면 이 적분을 계산하여 식 (6.14.9)에서 주어진 θ_s와 그 결과가 같음을 보일 수 있을 것이다.

연습문제

다음 문제들에서 특별히 언급하지 않으면 라그랑주 방식을 사용할 것

10.1 조화진동자에 대해 다음의 적분을 계산하라.

$$J(\alpha)=\int_{t_1}^{t_2} L[x(\alpha,t),\dot{x}(\alpha,t),t]\,dt$$

10.1절의 논리를 따라서 $J(\alpha)$는 $\alpha=0$에서 극값을 가짐을 증명하라.

10.2 공기의 저항이 없는 균일한 중력장 내에서 포물체의 운동에 관한 미분방정식을 구하라.

10.3 완전히 거친 경사면을 굴러 내려오는 균일한 구의 가속도를 구하고 8.6절에서 유도한 결과와 비교하라.

10.4 질량이 둘 다 m인 토막이 끈으로 연결되어 있다. 토막 한 개는 미끄러운 수평 탁자에 놓여 있고 다른 한 개는 탁자 끝에 매달려 있다. (a) 끈의 질량을 무시할 때와, (b) 끈의 질량이 m'일 때 이 계의 가속도를 구하라.

10.5 질량 m_1, m_2인 한 애트우드 기계와 질량 m_3, m_4인 다른 애트우드 기계가 도르래 위를 지나는 가벼운 끈으로 연결되어 있는 '복합' 애트우드 기계의 운동 방정식을 세우라. 도르래의 질량은 무시하라. $m_1 = m$, $m_2 = 4m$, $m_3 = 2m$, $m_4 = m$인 경우에 실제의 가속도를 구하라.

10.6 질량 m인 공이 질량 M인 움직일 수 있는 경사면에서 굴러 내려오고 있다. 경사면의 각도는 θ이고 이것은 미끄러운 수평면에서 자유로이 미끄러질 수 있다. 공과 경사면 사이의 접촉은 완전히 거친 상태이다. 경사면의 가속도를 구하라.

10.7 ω의 각속도로 가파르게 증가하는 경사각 θ의 경사면을 따라서 입자가 미끄러지고 있다. 시각 $t=0$일 때 $\theta=0$이고 입자는 정지상태였다면 그 이후의 입자 운동을 기술하라.

10.8 회전 좌표계 Oxy에서 평면 운동하는 입자에 대해 라그랑주 방식을 쓰면 운동방정식은 자동적으로 얻을 수 있음을 증명하라(힌트: $T=\frac{1}{2}m\mathbf{v}\cdot\mathbf{v}$, 여기서 $\mathbf{v}=\mathbf{i}(\dot{x}-\omega y)+\mathbf{j}(\dot{y}+\omega x)$이고 $F_x=-\partial V/\partial x$, $F_y=-\partial V/\partial y$이다).

10.9 연습문제 10.8을 3차원에서 증명하라.

10.10 질량 m인 입자가 길이 l_0, 탄성계수 K인 탄력 있는 끈에 묶여 있는 '탄성 진자'의 운동에 관한 미분 방정식을 구하라. 운동은 수직 평면에서 일어난다고 가정하라.

10.11 다음의 매개 방정식으로 주어진 사이클로이드 고랑을 한 입자가 자유롭게 미끄러지고 있다.

$$x=\frac{a}{4}(2\theta+\sin 2\theta)$$

$$y=\frac{a}{4}(1-\cos 2\theta)$$

여기서 $0 \le \theta \le \pi$이고, a는 상수이다. 라그랑지안과 입자의 운동방정식을 구하라.

10.12 길이 l, 질량 m인 단진자가 반지름 a인 질량이 없는 원반의 둘레 위 한 점에 고정되어 있다. 이 원반은 그림 P10.12와 같이 중심축 주위로 일정한 각속도 ω로 회전하고 있다. 이 입자의 운동방정식을 구하라.

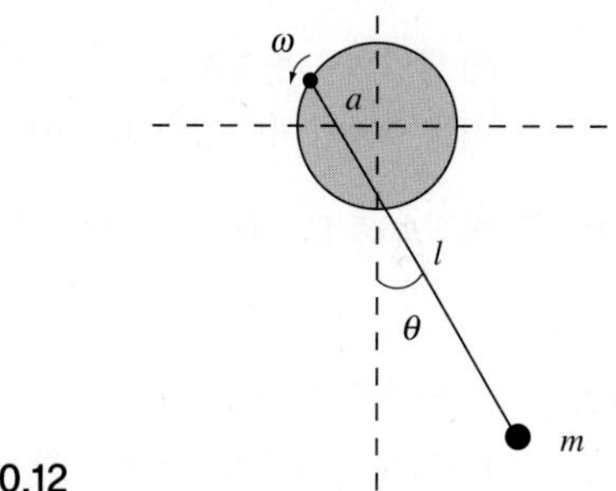

그림 P10.12

10.13 질량 m인 염주알이 반지름 l인 얇은 원형 고리를 따라서 미끄러지고 있다. 원형 고리는 그림 P10.13에서 보듯이 그 둘레 위의 한 점을 중심으로 수평면에서 일정한 각속도 ω로 회전하고 있다.

(a) 염주알의 라그랑주 운동방정식을 구하라.

(b) 염주알은 원형 고리의 회전 중심과 마주보는 원주상의 점을 중심으로 흔들리는 진자처럼 운동함을 증명하라.

(c) 염주알의 운동을 단진자 운동으로 보았을 때 그 길이를 구하라.

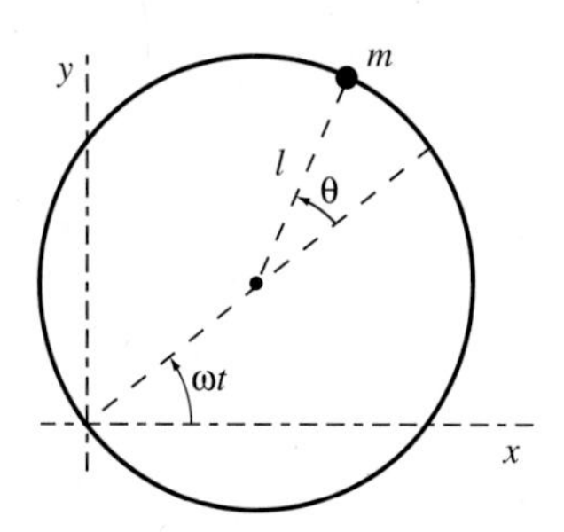

그림 P10.13

10.14 단진자의 지지점이 등가속도 a로 올라가고 있어서 시간 t일 때 지지점의 높이는 $\frac{1}{2}at^2$, 속도는 at이다. 라그랑주 방법으로 진자의 진동이 작을 때 운동 미분방정식을 구하라. 이 진자의 주기는 $2\pi[l/(g+a)]^{1/2}$임을 증명하라. 여기서 l은 진자의 길이이다.

10.15 연습문제 8.12를 라그랑주 승수 방법으로 풀어라.

(a) 공의 가속도는 $\frac{5}{7}g$임을 증명하라.

(b) 줄의 장력을 구하라.

10.16 강성도와 밀도가 균일한 무거운 용수철이 질량 m인 토막을 지탱하고 있다. 용수철의 탄성계수를 k, 질량을 m'이라 하면 수직방향의 진동주기는 다음과 같음을 증명하라.

$$2\pi\sqrt{\frac{m+(m'/3)}{k}}$$

이 방법으로 용수철 질량이 진동주기에 미치는 영향을 알 수 있다(힌트: 계의 라그랑지안을 알기 위해서 용수철의 어떤 점에서의 속도는 용수철의 지탱점으로부터의 거리에 비례한다고 가정하자).

10.17 예제 10.5.4의 이중 애트우드 기계에서 두 끈의 장력을 라그랑주 승수 방법으로 구하라.

10.18 길이 l인 매끈한 막대가 평면에서 막대 한끝을 중심으로 일정한 각속도 ω로 회전하고 있다. 질량 m인 염주알이 처음에 막대의 회전중심에 놓인 상태에서 초기속력 ωl로 밀쳐졌다고 하자.

(a) 막대의 다른 끝에 도달할 때까지의 시간을 계산하라.

(b) 라그랑주 승수 방법을 써서 막대가 염주알에 미치는 반작용 $\mathbf{F}$를 구하라.

10.19 반지름 a인 매끈한 반구 위에 질량 m인 입자가 놓여 있는데 약간 움직여서 미끄러지기 시작했다. 반구가 입자에 미치는 반작용력의 법선 성분을 구하라. 또한 입자가 반구에서 떨어져 나올 때의 각도를 구하라(힌트: 라그랑주 승수 방법을 사용하라).

10.20 그림 P10.20과 같이 질량 m_2인 토막이 매끄러운 수평면 위에 놓여 있어서 수평 방향으로 자유롭게 움직일 수 있다. 질량 m_1인 입자는 곡률 반경이 a인 원형의 매끈한 토막면을 따라 아래로 미끄러지고 있다.

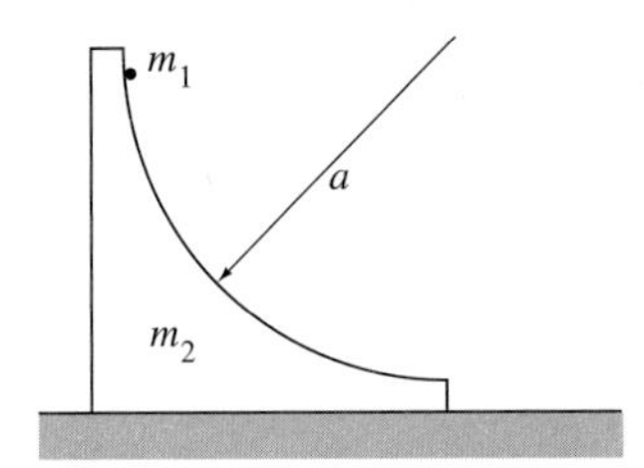

그림 P10.20

(a) 두 물체에 관한 운동방정식을 구하라.

(b) 라그랑주 승수 방법을 사용하여 토막이 입자에 미치는 구속력의 법선성분을 구하라.

10.21 (a) 원통좌표계 R, ϕ, z에서 입자의 운동방정식을 구하라. 다음 관계를 이용하라.

$$\begin{aligned} v^2 &= v_R^2 + v_\phi^2 + v_z^2 \\ &= \dot{R}^2 + R^2\dot{\phi}^2 + \dot{z}^2 \end{aligned}$$

(b) 구면좌표계 r, θ, ϕ에서 입자의 운동방정식을 구하라. 다음 관계를 이용하라.

$$v^2 = v_r^2 + v_\theta^2 + v_\phi^2$$
$$= \dot{r}^2 + r^2\dot{\theta}^2 + r^2\dot{\phi}^2 \sin^2\theta$$

(주의: 이 결과와 1장에서 $\mathbf{F} = m\mathbf{a}$를 성분별로 분해하여 얻은 식 (1.12.3), (1.12.14)와 비교하라.)

10.22 구면좌표를 사용하여 중심력장에서 움직이는 입자의 3차원 운동방정식을 구하라.

10.23 벌어진 각도가 2α인 직각 원뿔을 거꾸로 세운 모양의 미끄러운 용기 안에서 작은 비누가 미끄러지고 있다. 원뿔의 축은 수직방향이다. 비누를 질량 m인 입자로 간주하고 $\theta = \alpha =$ 상수인 구면좌표계를 써서 운동방정식을 구하라. 예제 10.6.2의 구면진자의 경우처럼 $\dot{\phi}_0 \neq 0$인 초기조건을 가진 입자의 운동은 원뿔 위의 두 수평원 사이에 국한됨을 증명하라. 이 문제에 대한 유효 퍼텐셜은 무엇인가? (힌트: $\dot{r}^2 = f(r)$이고 $f(r) = 0$은 r방향 운동의 두 전향점을 계산하게 해준다.)

10.24 연습문제 10.23에서 입자가 한 수평원 $r = r_0$에만 국한되기 위한 $\dot{\phi}_0$를 구하라. 또 $\dot{\phi}_0$가 이 값과 비슷할 때 이 수평원 주위에서 진동하는 주기를 계산하라.

10.25 4.5절에서 설명한 것과 같이 질량 m, 전하 q인 입자가 자기장 $\mathbf{B}$ 내에서 속도 $\mathbf{v}$로 움직일 때 운동 방정식은 다음과 같다.

$$m\ddot{\mathbf{r}} = q(\mathbf{v} \times \mathbf{B})$$

다음의 라그랑지안

$$L = \tfrac{1}{2}mv^2 + q\mathbf{v} \cdot \mathbf{A}$$

는 올바른 운동방정식을 제공함을 증명하라. $\mathbf{B} = \nabla \times \mathbf{A}$로서 $\mathbf{A}$는 벡터 퍼텐셜(vector potential)이라 불린다(힌트: $df(x, y, z)/dt = \dot{x}\,\partial f/\partial x + \dot{y}\,\partial f/dy + \dot{z}\,\partial f/\partial z$의 공식을 $\mathbf{v} \cdot \mathbf{A}$에 적용하면

$$\frac{d}{dt}\left[\frac{\partial(\mathbf{v}\cdot\mathbf{A})}{\partial \dot{x}}\right] = \frac{d}{dt}\left[\frac{\partial}{\partial \dot{x}}(\dot{x}A_x + \dot{y}A_y + \dot{z}A_z)\right] = \frac{d}{dt}(A_x)$$
$$= \dot{x}\frac{\partial A_x}{\partial x} + \dot{y}\frac{\partial A_x}{\partial y} + \dot{z}\frac{\partial A_x}{\partial z}$$

이고 다른 미분들에 대해서도 유사하다).

10.26 균일한 중력장에서 공기의 저항을 받지 않고 움직이는 포사체의 3차원 운동에 대한 해밀토니안 함수와 해밀턴의 정준 방정식을 써라. 또 이들은 4.3절에서 얻은 운동방정식과 동일함을 증명하라.

10.27 다음 물체에 대한 해밀턴의 정준 방정식을 구하라.

(a) 단진자

(b) 간단한 애트우드 기계

(c) 매끄러운 경사면에서 미끄러지는 입자

10.28 질량 m인 입자가 중심력이면서 인력인 힘을 다음과 같이 받는다.

$$\mathbf{F}(r, t) = -\mathbf{e}_r \frac{k}{r^2} \exp^{-\beta t}$$

여기서 k, β는 양의 상수이고 t는 시간, r은 힘의 중심으로부터 거리이다.

(a) 입자의 해밀토니안 함수를 구하라.

(b) 해밀토니안과 입자의 전체 에너지를 비교하라.

(c) 입자의 에너지가 보존되는지를 논의하라.

10.29 질량 m_1, m_2인 두 입자가 늘어나지 않았을때의 길이 l, 탄성계수 k인 질량이 없는 용수철로 연결되어 있다. 이 계는 매끈한 수평면 위에서 자유로이 회전하거나 진동할 수 있다.

(a) 해밀토니안을 구하라.

(b) 해밀턴의 운동방정식을 구하라.

(c) 일반화 운동량이 있다면 그중 어느 것이 보존되겠는가?

10.30 잘 알다시피 1차원에서 입자의 운동에너지는 $\frac{1}{2}m\dot{x}^2$이다. 위치에너지가 x^2에 비례해서 $\frac{1}{2}kx^2$이라 하면 해밀턴의 변분원리, $\delta\int L\,dt = 0$을 직접 적용해서 단진자의 운동방정식을 구할 수 있음을 증명하라.

10.31 움직이는 입자의 상대적인 질량은 다음과 같이 주어진다.

$$m' = \frac{m_0}{\sqrt{1 - v^2/c^2}}$$

여기서 m_0는 정지질량이고, v는 속력이며, c는 광속이다.

(a) 아래 라그랑지안이 이 입자의 정확한 운동방정식을 제공한다는 것을 보여라.

$$L = -m_0 c^2 \sqrt{1 - v^2/c^2} - V$$

여기서 위치에너지 V는 속도에 의존하지 않는다.

(b) 입자의 일반화 운동량과 해밀토니안을 구하라.

(c) 입자의 상대 운동에너지가 다음과 같을 때

$$T = \frac{m_0 c^2}{\sqrt{1 - v^2/c^2}}$$

$H = T + V$임을 보여라.

(d) 추가적인 상수를 제외하면 운동에너지에 대한 상대론적 표현식이 천천히 움직이는 입자의 경우에는 고전적인 뉴턴의 표현식으로 돌아감을 보여라.

컴퓨터 응용 문제

C10.1 본문 10.6절의 구면진자가 다음의 초기조건으로 운동을 시작했다고 하자.

$$\phi_0 = 0 \text{ rad},\ \dot{\phi}_0 = 10.57 \text{ rad/s},\ \theta_0 = \pi/4 \text{ rad},\ \dot{\theta}_0 = 0 \text{ rad/s},\ l = 0.284 \text{ m},\ m = 1 \text{ kg}$$

(a) θ 방향 운동의 전향점 θ_1과 θ_2를 계산하라.

$$\frac{1}{2} ml^2\, \dot{\theta}^2 = -U(\theta) + E = 0$$

(힌트: $\dot{\theta}_0 = 0$인 조건에 대해 위의 방정식을 수치적으로 풀어라.)

(b) 진자의 운동방정식을 수치적으로 풀고 θ 운동의 주기를 구하라.

(c) 방위각 ϕ의 함수로 두 주기 동안의 θ를 그래프로 그려라.

(d) θ가 한 번 순환되어 제자리에 올 때 세차각도 변화 $\Delta\phi$를 계산하라.

C10.2 xy평면에서 점 $(0, 2)$부터 점 $(\pi, 0)$까지 미끄러운 곡선 S를 따라서 염주알이 정지상태로부터 미끄러지고 있다.

(a) 여행시간이 최소가 되는 곡선은 사이클로이드임을 증명하라. 그 매개 방정식은 $x = \theta - \sin\theta$, $y = 1 + \cos\theta$이고 θ는 0부터 π까지 변한다(힌트: 여행시간은 $T = \int ds/v$이고, ds는 변위요소, v는 S를 따라서 잰 염주알의 속력이다. ds를 $y' = dy/dx$와 dx로 표현하고 피적분 함수를 y, y', x의 명확한 함수로 나타내어라. 피적분 함수가 라그랑주 방정식을 만족할 때 적분은 최소가 된다. 라그랑주 방정식을 적용해서 곡선에 대한 미분방정식을 구하고 이를 풀어라).

(b) 곡선 S를 2차 함수 $y(x) = a_0 + a_1 x + a_2 x^2$으로 근사시킨다고 가정하자. 이 함수는 곡선 S에 대한 경계조건을 만족해야 한다. 이 함수와 도함수를 염주알의 여행시간에 관한 적분에 대입하고 적분을 최소화하는 계수 a_i를 구하라.

(c) 여행하는 데 걸리는 최소 시간을 추정하라.

(d) (b)에서 얻은 $y(x)$와 위에서 주어진 정확한 해인 사이클로이드를 같은 그래프로 그려라. 이 둘은 얼마나 잘 일치하는가?

제 11 장

진동계의 동력학

현대물리학의 발전은 끊임없이 해밀턴의 이름을 빛내준다.
역학과 광학에 대한 그의 유명한 비유는 파동역학을 예상했었다.
파동역학은 그의 착상에 별로 더 보탤 것이 없이 한 세기 전에 알려진 실험적 지식을 살려서
그가 생각했던 바를 조금만 더 진지하게 추구하면 가능했었다.
물리학의 모든 현대 이론에서 중심 개념은 '해밀토니안'이다.
현대물리학의 이론을 어떤 문제에 적용하고 싶으면 우선 문제를 '해밀토니안 형태'로 시작해야 한다.
그러므로 해밀턴은 이 세상이 낳은 가장 위대한 사람 중의 하나이다.
– 에르빈 슈뢰딩거, 『A Collection of Papers in Memory of Sir William Rowan Hamilton』

지금까지 우리는 평형위치 부근에서 진동을 하는 물리계를 많이 공부했다. 그중에는 단진자, 용수철에 매달린 입자, 물리진자 등이 있는데 이들은 모두 자유도가 1로서 한 개의 진동수로 표현되는 특징이 있다. 여기서는 여러 개의 진동수를 갖는, 즉 자유도가 여러 개인 좀 더 복잡한 계를 다룬다. 진동계를 분석할 때 일반화좌표를 사용하여 라그랑주 방식으로 운동방정식을 구하는 것이 매우 편리함을 알게 될 것이다.

11.1 위치에너지와 평형: 안정성

평형위치 부근에서 여러 자유도를 갖는 물리계의 운동을 공부하기 전에 우선 **평형**(平衡, equilibrium)의 의미를 조사해보자. 용수철 끝에 매달린 입자가 그 평형위치 부근에서 진동하는 것을 연상해보자. 이것은 보존계이며 복원력은 위치에너지 함수에서 유도할 수 있다.

$$V(x) = \tfrac{1}{2}kx^2 \tag{11.1.1}$$

$$F(x) = -\frac{dV(x)}{dx} = -kx \tag{11.1.2}$$

이 진동자의 평형위치는 $x = 0$이며 이곳에서 복원력은 영이 되고 위치에너지의 도함수도 영이다. 진동자가 $x = 0$에 정지상태라면 계속해서 정지상태로 머물러 있을 것이다.

수직 평면에서만 흔들리게 제한된 길이 r인 단진자 운동을 생각해보자(그림 10.2.1 참조). 10.2절에서 논의한 것처럼 진자의 위치를 정하는데 수직선과의 각도 θ를 일반화좌표로 택하자. $\theta = 0$일 때 위치에너지를 영이라 하면 위치에너지 함수와 여기서 유도한 '복원력(restoring force)'은 다음과 같다.

$$V = mgr(1 - \cos\theta) \tag{11.1.3}$$

$$N_\theta = -\frac{\partial V}{\partial \theta} = -mg(r\sin\theta) = -mgx \tag{11.1.4}$$

여기서 x는 진자 추로부터 수직선까지의 수평거리이다. 진자의 일반화 좌표는 각도이고 복원력은 평형위치로 복원하려는 토크 N_θ이다. 평형상태에 있을 때 토크는 영이다. 위의 두 예에서 위치에너지가 거리의 함수이든 각도의 함수이든 평형은 위치에너지의 도함수가 영이 되는 배위에 해당된다.

이제 일반화좌표 $q_1, q_2, \ldots, q_n$으로 기술되는 자유도 n인 입자계로 논의를 확장해보자. 각각의 q는 거리나 각도가 될 수 있다. 입자계가 보존력장에 있어서 위치에너지는 q들만의 함수

$$V = V(q_1, q_2, \ldots, q_n) \tag{11.1.5}$$

이라고 가정하면 다음 조건이 만족될 때 모든 힘과 토크가 영이 된다.

$$\frac{\partial V}{\partial q_k} = 0 \qquad (k = 1, 2, \ldots, n) \tag{11.1.6}$$

입자계는 위 식이 성립할 때 평형상태에 있다고 한다. 이 식들은 계가 처음에 정지상태의 배위를 갖고 있을 때 계속해서 정지상태에 있기 위한 필요조건이다. 그러나 이 계에 약간의 변위가 가해지면 평형배위로 다시 돌아올 수도 그렇지 않을 수도 있다. 변위가 충분히 작을 때 항상 평형으로

돌아오려 하면 평형상태는 **안정**(安定, stable)하다고 한다. 그렇지 않은 경우에는 **불안정**(不安定, unstable)하다. 만일 계가 평형위치로 돌아오지도, 멀어지지도 않고 새로운 변위 위치에 그대로 있으려 하면 평형은 **중성**(中性, neutral)이라고 한다.

구면 형태의 그릇 속 바닥에, 구면 모양의 모자 위 정점에, 수평면 위에 놓여 있는 공은 각각 안정, 불안정, 중성인 평형을 이룬다.

직감적으로 안정한 평형의 경우 위치에너지는 **극소**(minimum)가 되리라는 것을 짐작할 수 있다. 이는 에너지를 고려해도 이해할 수 있다. 보존력계에서 전체 에너지 $T+V$는 상수이고 평형배위 근처에서 $\Delta T = -\Delta V$이다. 즉, V가 증가하면 T는 감소할 것이다. 그리고 변위가 작다면 운동은 느려지고 평형위치로 돌아오려 할 것이다. 위치에너지가 **극대**(maximum)일 때는 반대 현상이 일어난다. 즉, V가 감소하면 T는 증가하고 계는 평형위치에서 더욱 멀어진다.

안정 평형의 판단기준

자유도가 1인 입자계를 생각하자. 우선 위치에너지 $V(q)$를 $q=0$에 대해 테일러 급수 전개하면

$$V(q) = V_0 + qV_0' + \frac{q^2}{2!}V_0'' + \frac{q^3}{3!}V_0''' + \cdots + \frac{q_n}{n!}V_0^{(n)} + \cdots \tag{11.1.7a}$$

이다. 여기서 $V_0' = (dV/dq)_{q=0}$ 등이다. 이제 $q=0$이 평형위치라면 $V_0' = 0$이다. 이 사실로부터 위의 전개에서 1차 항이 사라진다. 게다가 V_0는 상수로서 위치에너지의 기준점과 관련되므로 일반성을 지키면서 $V_0 = 0$으로 놓을 수 있다. 따라서 $V(q)$는 다음과 같이 간단해진다.

$$V(q) = \frac{q^2}{2}V_0'' + \cdots \tag{11.1.7b}$$

만일 V_0''이 영이 아니라면 평형상태부터의 변위 q가 작을 때 힘은 근사적으로 변위에 정비례한다.

$$F(q) = -\frac{dV}{dq} = -qV_0'' \tag{11.1.7c}$$

만일 $V_0'' > 0$이면 힘은 복원력이 되어 안정한 평형을 만들고, $V_0'' < 0$이면 반대여서 불안정한 평형을 만든다. $V_0'' = 0$인 경우에는 전개식에서 처음으로 영이 되지 않는 고차항을 골라야 한다. 그 항이 짝수항이라면 $V_0^{(n)} = (d^nV/dq^n)_{q=0}$이 영보다 크거나 작음에 따라 안정하거나 불안정하다. 하지만 처음으로 영이 아닌 항이 홀수항이라면 그 도함수의 부호에 관계없이 평형상태는 늘 불안정하다. 이것은 그림 11.1.1에서 점 C의 변곡점에 해당한다. 만일 모든 도함수가 영이면 위치에너지는 상수이고 평형은 중성이다.

일반적으로 여러 자유도를 갖는 물리계에서 평형배위가 존재한다면 선형 변환으로 좌표계를

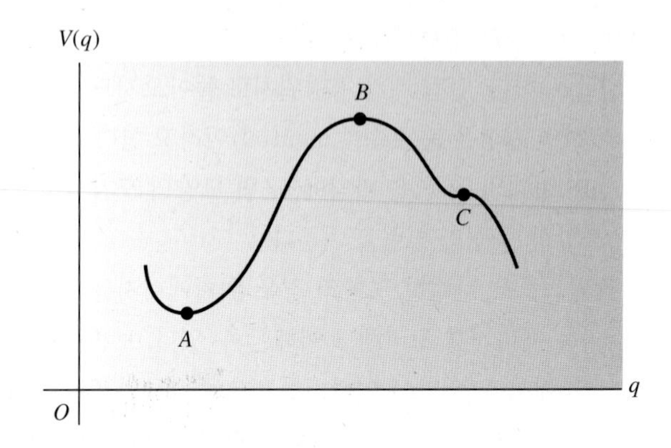

그림 11.1.1 1차원 위치에너지 그래프. 점 A는 안정하고 점 B, C는 불안정한 평형이다.

이동하여 $q_1 = q_2 = \cdots = q_n = 0$이 되도록 한다. 그러면 위치에너지는 다음 형태로 전개할 수 있고

$$V(q_1, q_2, \ldots, q_n) = \tfrac{1}{2}\left(K_{11}\, q_1^2 + 2K_{12}\, q_1 q_2 + K_{22}\, q_2^2 + \cdots\right) \tag{11.1.8a}$$

여기서 계수들은 다음과 같다.

$$K_{11} = \left(\frac{\partial^2 V}{\partial q_1^2}\right)_{q_1 = q_2 = \cdots = q_n = 0}$$
$$K_{12} = \left(\frac{\partial^2 V}{\partial q_1\, \partial q_2}\right)_{q_1 = q_2 = \cdots = q_n = 0} \tag{11.1.8b}$$

우리는 임의로 $V(0, 0, \ldots, 0) = 0$으로 놓았다. 전개식에서 선형항이 없는 이유는 평형배위 주변에 대해 그 항이 모두 영이기 때문이다.

식 (11.1.8a)의 괄호 안에 있는 형태의 식은 **제곱형**(quadratic form)으로 알려져 있다. 이 제곱형이 한정적 양수(positive definite)라면,[1] 즉 모든 q에 대해 영이거나 양수이면 $q_1 = q_2 = \cdots = q_n = 0$의 평형배위는 안정하다.

---

1) 제곱형인 식 (11.1.8a)가 한정적 양수일 필요충분조건은 다음과 같다.

$$K_{11} > 0 \qquad \begin{vmatrix} K_{11} & K_{12} \\ K_{21} & K_{22} \end{vmatrix} > 0 \qquad \begin{vmatrix} K_{11} & K_{12} & K_{13} \\ K_{21} & K_{22} & K_{23} \\ K_{31} & K_{32} & K_{33} \end{vmatrix} > 0 \qquad \text{등등}$$

예제 11.1.1

흔들의자와 곧바로 세운 연필의 안정성

밑이 구형이든 원통형이든 좌우간 둥근 물체가 수평면에서 균형을 이루고 있을 때 평형 문제를 고려해보자. 이 밑면의 곡률반경을 a라 하고 질량중심 CM은 그림 11.1.2(a)와 같이 접촉점으로부터 거리 b인 위치에 있다. 그림 11.1.2(b)는 약간의 변위를 갖는 물체를 나타낸 것으로 θ는 수직선과 직선 OCM(O는 곡률중심) 사이의 각도이다. 평면에서 질량중심까지의 거리를 h라 하자. 그러면 위치에너지는 다음과 같다.

$$V = mgh = mg[a - (a - b)\cos\theta]$$

여기서 m은 물체의 질량이다. 도함수는

$$V' = \frac{dV}{d\theta} = mg(a-b)\sin\theta$$

이고 $\theta = 0$인 경우

$$V_0' = 0$$

이다. 따라서 $\theta = 0$은 평형 위치가 된다. 또한 2차 도함수는

$$V'' = mg(a-b)\cos\theta$$

이므로 $\theta = 0$일 때 다음과 같다.

$$V_0'' = mg(a-b)$$

따라서 $a > b$이면 평형은 안정하다. 즉, 질량중심이 곡률중심 O보다 아래에 있으면 안정하다. 그러나 $a < b$이면 2차 도함수는 음수이고 연필을 곧바로 세운 것처럼 평형은 불안정하다. 만일 $a = b$이면 위치에너지는 상수여서 평형은 중성이다. 이 경우에 질량중심은 곡률중심과 일치한다.

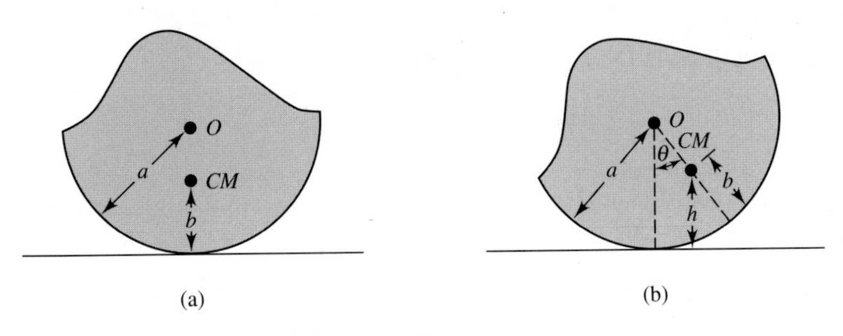

그림 11.1.2 밑이 둥근 물체의 평형 안정성 분석용 좌표

11.2 안정 평형점 부근의 진동

입자계의 자유도가 1이라면 운동에너지는 다음과 같이 쓸 수 있다.

$$T = \frac{1}{2} M\dot{q}^2 \tag{11.2.1}$$

계수 M은 상수이거나 일반화 좌표 q의 함수이다. 어떠한 경우라도 $q = 0$이 평형위치라면 q를 아주 작다고 둘 수 있으므로 $M = M(0) =$ 상수로 근사할 수 있다. 위치에너지에 대한 식 (11.1.7b)에서 라그랑지안 함수는 다음과 같다.

$$L = T - V = \frac{1}{2} M\dot{q}^2 - \frac{1}{2} V_0'' q^2 \tag{11.2.2}$$

그러면 라그랑주 운동방정식

$$\frac{d}{dt}\frac{\partial L}{\partial \dot{q}} - \frac{\partial L}{\partial q} = 0 \tag{11.2.3}$$

은 다음과 같이 된다.

$$M\ddot{q} + V_0'' q = 0 \tag{11.2.4}$$

따라서 $q = 0$이 안정 평형의 위치, 즉 $V_0'' > 0$이라면 이 계는 다음의 각진동수로 평형점 주위에서 조화진동을 하게 된다.

$$\omega = \sqrt{\frac{V_0''}{M}} \tag{11.2.5}$$

예제 11.2.1

예제 11.1.1에서 다룬 밑이 둥근 물체의 운동을 생각해보자(그림 11.1.2 참조). 수평면과의 접촉이 충분히 거칠다면 오직 구르는 운동만 있을 뿐이고 작은 θ에 대해서 질량중심의 속력은 $b\dot{\theta}$로 근사시킬 수 있다. 따라서 운동에너지 T는 다음과 같다.

$$T = \frac{1}{2} m (b\dot{\theta})^2 + \frac{1}{2} I_{cm}\dot{\theta}^2$$

여기서 I_{cm}은 질량중심에 대한 관성모멘트이다. 또 위치에너지는 다음과 같이 나타낼 수 있다.

$$V(\theta) = mg[a-(a-b)\cos\theta]$$
$$= mg\left[a-(a-b)\left(1-\frac{\theta^2}{2!}+\frac{\theta^4}{2!}-\cdots\right)\right]$$
$$= \tfrac{1}{2}mg(a-b)\theta^2 + \text{상수} + \text{고차항}$$

상수와 고차항을 무시하면 라그랑지안은 다음과 같다.

$$L = \tfrac{1}{2}(mb^2 + I_{cm})\dot{\theta}^2 - \tfrac{1}{2}mg(a-b)\theta^2$$

이 식을 식 (11.2.2)와 비교하면

$$M = mb^2 + I_{cm}$$
$$V_0'' = mg(a-b)$$

이 되어, 평형 위치 $\theta = 0$ 주위에 대한 운동은 근사적으로 다음 각진동수를 갖는 단조화진동이 된다.

$$\omega = \sqrt{\frac{mg(a-b)}{mb^2 + I_{cm}}}$$

예제 11.2.2

궤도위성 비행자세의 안정성과 진동

이번에는 원형 궤도를 일정한 속력으로 돌고 있는 구형이 아닌 모양을 가진 인공위성의 진동을 분석해보자. 문제를 간단히 하기 위해서 위성은 질량 $m/2$인 두 개의 작은 공이 길이 $2a$인 가느다란 강제 막대로 아령처럼 연결되어 있다고 가정하자(그림 11.2.1 참조). 극좌표 r과 θ는 질량중심을 표시하고 각도 ϕ는 지구 중심에서 위성 중심을 잇는 지름 벡터의 '비행자세(attitude)'를 나타낸다. 위성의 원형 궤도에 대해서 $r = r_0 =$ 상수, $\dot{\theta} = \omega_0 = v_{cm}/r_0 =$ 상수이다.

계산해야 할 가장 중요한 양은 위성의 위치에너지이다.

$$V = -\frac{GM_e m}{2}\left(\frac{1}{r_1}+\frac{1}{r_2}\right)$$

여기서 M_e는 지구의 질량이고, r_1과 r_2는 그림에서 보듯이 지구 중심 O로부터 아령의 두 구까지의 거리이다. 코사인 법칙에서 다음을 알 수 있다.

$$r_{1,2} = \left(r_0^2 + a^2 \pm 2r_0 a\cos\phi\right)^{1/2} = \left(r_0^2 + a^2\right)^{1/2}(1 \pm \epsilon\cos\phi)^{1/2}$$

여기서 $\epsilon = 2r_0\, a/(r_0^2 + a^2)$이다. 이때 $a \ll r_0$이므로 ϵ은 매우 작아서 이항 전개식 $(1+x)^{-1/2} =$

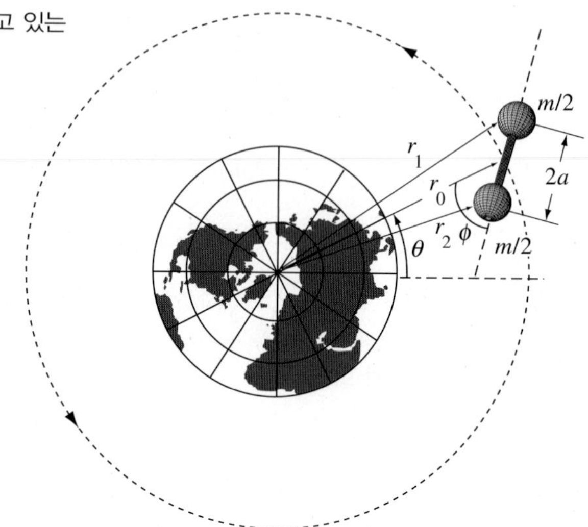

그림 11.2.1 원형 궤도를 일정한 속력으로 돌고 있는 아령 모양의 인공위성

$1-\frac{1}{2}x+\frac{3}{8}x^2+\cdots$에서 $x=\pm\epsilon\cos\phi$를 감안하여 위치에너지를 근사시킬 수 있다. 항들을 정리하면 위치에너지는 다음과 같다.

$$V(\phi)=-\frac{GM_e m}{r_0}\left(1+\frac{3a^2}{2r_0^2}\cos^2\phi+\cdots\right)$$

그 과정에서는 $r_0^2+a^2$이 들어 있는 항들에서 a^2을 무시하고 r_0^2으로 대체했다.

위치에너지의 ϕ에 대한 1차 및 2차 도함수는 다음과 같다.

$$V'(\phi)=\frac{GM_e m}{r_0^3}3a^2\sin\phi\cos\phi$$
$$V''(\phi)=\frac{GM_e m}{r_0^3}3a^2\cos(2\phi)$$

따라서 $\phi=0$, $\phi=\pi/2$가 두 평형위치가 되는데 $V'(0)=V'(\pi/2)=0$이기 때문이다. 첫 번째 평형위치에서는 $V''(0)>0$이므로 안정하고 위성축은 반경벡터 $\mathbf{r}_0$와 같은 방향이다. 두 번째 평형위치에서는 $V''(\pi/2)<0$이므로 불안정하고 이때는 위성축이 반경방향 벡터에 수직이다.

안정한 평형 근처에서 위성의 진동에 대한 운동방정식은 식 (11.2.4)에서 $q=\phi$, $M=I_{cm}=ma^2$, $V_0''=3a^2GM_e m/r_0^3$을 대입하여 얻을 수 있다. 진동의 각진동수는 다음과 같다.

$$\omega=\sqrt{\frac{V_0''}{I_{cm}}}=\sqrt{\frac{3GM_e}{r_0^3}}$$

(이 결과는 m과 a에 무관함에 유의하라.) 위성이 궤도를 돌고 있는 각진동수는 $\omega_0^2=v_{cm}^2/r_0^2=$

$GM_e m/r_0^3$이다(예제 6.5.3 참조). 따라서 다음과 같이 쓸 수 있다.

$$\omega = \omega_0\sqrt{3}$$

지구와 같은 각속도로 돌고 있는 정지위성의 궤도주기 T_0는 $2\pi/\omega_0 = 23.934$시간이다.[2] 따라서 이 궤도에 있는 아령 모양의 위성이 흔들리는 주기는 다음과 같다.

$$\frac{2\pi}{\omega} = \frac{T_0}{\sqrt{3}}\ \mathrm{h} = 13.818\ \mathrm{h}$$

11.3 연성 조화진동자: 기준좌표

자유도가 많은 진동계의 일반 이론을 개발하기 전에 두 조화진동자가 결합된 간단하면서도 구체적인 예부터 살펴보기로 하자.

어떤 형태의 진동자를 생각해도 무방하지만 문제의 성격을 분명히 하기 위해서 용수철에 연결된 입자로 구성된 모형을 사용한다. 간편하게 두 진동자는 동일하고 한 직선상에서만 움직일 수 있도록 제한을 받는다고 하자(그림 11.3.1 참조). 두 진동자는 탄성계수 K'인 용수철로 연결되어 있다. 이 진동계의 자유도는 2인데, 계의 배위를 표현하기 위하여 각 평형점으로부터의 변위 x_1, x_2를 일반화좌표로 선정하자.

운동을 기술하는 수학에 몰두하기 전에 어떤 형태의 운동을 기대할 수 있는지 살펴보자. 실제 운동은 계의 초기 조건에 관계되지만 진동수는 그렇지 않으리라고 추측할 수 있다. 가령 한 입자는 $x_1 = 0$에 놓아둔 채로 다른 입자를 $x_2 = 1$로 끌어당긴 후 두 입자가 모두 정지상태에서 운동이 시작되었다고 하자. 이 순간 m_2는 오른쪽 용수철의 압축과 중간 용수철의 팽창 때문에 힘을 받는다. 따라서 m_1은 $x_1 = 0$에서 m_2쪽으로, m_2는 $x_2 = 1$에서 m_1쪽으로 움직이기 시작할 것이다. 결과적

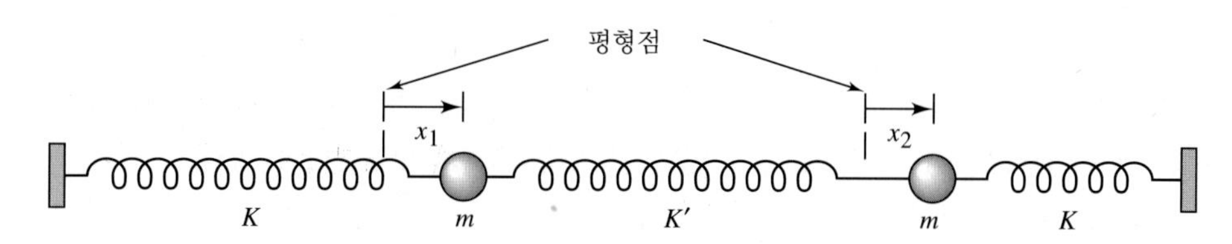

그림 11.3.1 결합된 두 조화진동자의 모형

---

2) 별에 대해 지구가 360° 완전히 회전한 것에 해당하는 별자리로 본 하루는 23시간 56분 3.44초로 평균 태양일보다 4분 정도 짧다.

으로 생기는 운동은 매우 복잡해 보이지만 여기서 분명한 것은 전체 에너지가 보존된다는 것이다. 그래서 처음에 $x_1 = 0$에 있는 m_1은 에너지를 얻고 m_2는 잃는다. 시간이 지나면 m_1이 $x_1 = -1$, m_2가 $x_2 = 0$에 순간적으로 정지하는 것도 예상할 수 있다. 이러한 배위는 시작할 때와 완전히 대칭적이며 m_1과 m_2는 서로 에너지를 교환한 것이다. 이렇게 결합된 용수철을 통하여 m_1, m_2 사이에서 에너지를 상호교환하는 운동을 되풀이할 것이다. 여기서 중요한 점은 x_1, x_2가 동시에 영이 되는 배위는 절대로 있을 수 없다는 것이다. 따라서 두 입자는 끊임없이 에너지를 교환한다.

이 운동에서 두 번째로 중요한 현상은 두 입자가 여러 진동수로 진동한다는 것이다. 단일 진동수 운동의 요인을 분석하면 쉽게 알 수 있다. 이것은 단위 질량당 힘인 가속도가 변위의 마이너스에 비례할 때 생긴다. 그런데 이 경우 각 입자는 연결된 두 용수철에서 힘을 받는다. 가운데 용수철은 각 입자에 변위들의 차이에 비례하는 힘을 미친다. 따라서 각 입자의 일반 운동은 두 개의 상이한 진동수의 복합일 것으로 예상되고 사실임을 곧 알게 될 것이다.

그림 11.3.2는 위에서 기술한 두 입자의 운동을 나타낸다. 탄성계수는 임의 단위를 써서 $K = 4$, $K' = 1$로 했고, 따라서 결합은 상당히 약한 편이다. m_1의 진동폭은 천천히 커졌다가 다시 줄어드는데, 이때 m_2는 점점 줄어든 후 다시 커진다. 한 주기 동안의 운동에 관한 그래프를 보인 것이다. 운동은 각각 같은 진폭을 갖는 상이한 두 진동수의 '맥놀이(beat)' 같아 보이는데 바로 그것이다.

맥놀이 현상은 상이한 두 진동수의 파동(또는 진동)이 겹칠 때 일어난다. 가령 x_1, x_2가 진폭이 같고 진동수가 다른 두 조화진동자의 합 또는 차이라고 가정하자. 합한 결과는 진동수의 합과 차의 사인 또는 코사인의 곱과 같다.

예로 Q_1, Q_2를 다음과 같이 정의하자.

$$Q_1 = \frac{1}{\sqrt{2}} \cos\omega_1 t \qquad Q_2 = \frac{1}{\sqrt{2}} \cos\omega_2 t \tag{11.3.1}$$

(위 식에서 규격화 목적으로 $\frac{1}{\sqrt{2}}$을 포함시켰다.) 그러면 Q_1과 Q_2를 더해서 다음을 얻는다.

$$\begin{aligned}\frac{1}{\sqrt{2}}(Q_1 + Q_2) &= \frac{1}{2}(\cos\omega_1 t + \cos\omega_2 t)\\ &= \cos\left[\frac{1}{2}(\omega_1 + \omega_2)t\right]\cos\left[\frac{1}{2}(\omega_1 - \omega_2)t\right]\\ &= x_2\end{aligned} \tag{11.3.2a}$$

(이번에도 규격화 목적으로 $\frac{1}{\sqrt{2}}$를 넣었다.) 그 합의 결과는 x_2와 같으며 이것은 그림 11.3.2(b)에 나타낸 것과 사실상 같다. $x_2(0) = 1$이란 조건을 만족하도록 적절하게 규격화할 수 있다.

이번에는 Q_1에서 Q_2를 빼보자.

$$\begin{aligned}\frac{1}{\sqrt{2}}(Q_1 - Q_2) &= \frac{1}{2}(\cos\omega_1 t - \cos\omega_2 t)\\ &= \sin\left[\frac{1}{2}(\omega_1 + \omega_2)t\right]\sin\left[\frac{1}{2}(\omega_1 - \omega_2)t\right]\\ &= x_1\end{aligned} \tag{11.3.2b}$$

그림 11.3.2 결합된 두 조화진동자의 변위

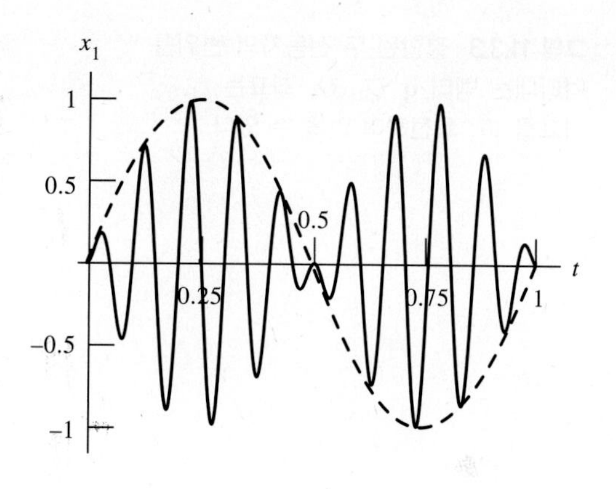

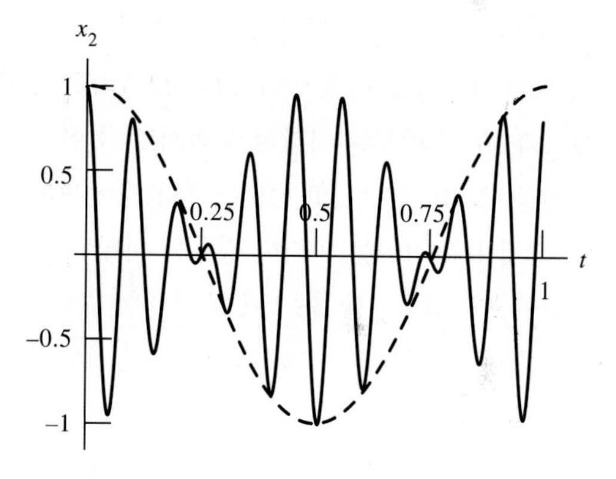

결과는 x_1과 같으며 이 함수를 그림 11.3.2(a)에 나타내었다. 이것은 조건 $x_1(0) = 0$을 만족한다.

여기서 신기하게도 x_1, x_2가 에너지를 교환하면서 여러 진동수로 운동하지만 Q_1, Q_2는 그렇지 않다. Q_1, Q_2는 단일 진동수 ω_1과 ω_2의 함수이다. x_1, x_2는 Q_1, Q_2의 차와 합으로 표현할 수 있으므로 행렬 기호를 사용하여 다음처럼 쓸 수 있다.

$$\mathbf{x} = \begin{pmatrix} x_1 \\ x_2 \end{pmatrix} = \frac{1}{\sqrt{2}}\begin{pmatrix} 1 & -1 \\ 1 & 1 \end{pmatrix}\begin{pmatrix} Q_1 \\ Q_2 \end{pmatrix} = \mathbf{AQ} \tag{11.3.3a}$$

이것을 역변환해주면 Q_1, Q_2를 x_1, x_2로 표현할 수 있다.

$$\mathbf{Q} = \begin{pmatrix} Q_1 \\ Q_2 \end{pmatrix} = \frac{1}{\sqrt{2}}\begin{pmatrix} 1 & 1 \\ -1 & 1 \end{pmatrix}\begin{pmatrix} x_1 \\ x_2 \end{pmatrix} = \mathbf{A}^{-1}\mathbf{x} \tag{11.3.3b}$$

위 식은 2차원 좌표계에서 ±45° 회전에 해당한다. 이로부터 연성 진동자의 상태를 나타내는 벡터 $\mathbf{q}$를 두 개의 서로 다른 좌표계에서 본 성분인 (x_1, x_2)나 (Q_1, Q_2)로 기술할 수 있다. 이 Q_i 좌표를 기준좌표(normal coordinate)라 부른다. 그림 11.3.3에 벡터 $\mathbf{q}$가 표시되어 있다.

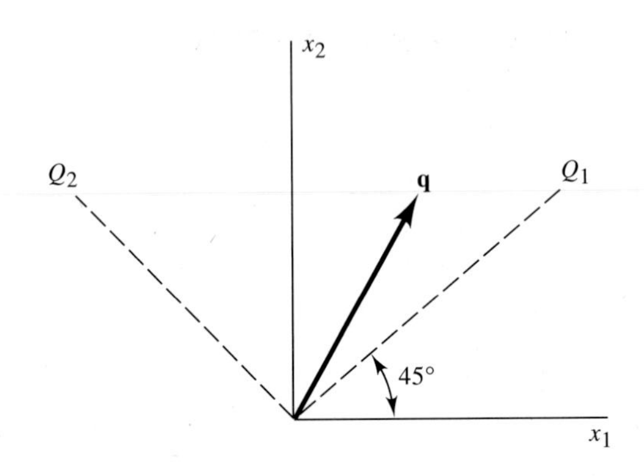

그림 11.3.3 결합된 두 진동자의 변위를 나타내는 벡터 **q**. Q_1, Q_2 좌표는 x_1, x_2 좌표를 45° 회전하여 얻을 수 있다.

벡터 **q**의 끝점은 운동방정식의 해인 $x_1(t)$, $x_2(t)$를 성분으로 하는데 시간이 지나면서 **배위공간**에서 어떤 경로를 그리고 있다. 그림 11.3.4(a)에 연성 진동자의 운동 경로를 나타내었다. 궤적은 좌표축과 45°를 이루는 사각형을 경계로 그 안에 국한되어 있음에 유의하라. Q_i 좌표계는 단지 x_i 좌표계를 45° 회전시킨 것이며 Q_i 좌표계에서의 궤적은 좌표축에 나란한 사각형 내에 국한되어 있다. 그림 11.3.4(b)는 이러한 경우를 나타낸 것이다. 경계가 Q_i 좌표축에 평행이라는 것은 아마도 이것이 운동방정식을 푸는 데 더 편리한 방도가 아닌가 하는 생각이 들게 할 것이다.

물리계가 단일 진동수로 진동하면서 에너지 교환이 없을 수 있는가를 조사할 때 (Q_1, Q_2) 좌표계의 중요성이 돋보인다. 이는 두 가지 방법으로 가능하다. 첫 번째는 두 입자를 각각의 평형위치에서 똑같은 양만큼 이동시킨 후 운동하게 하는 것이다. 이때의 초기조건은 다음과 같다.

$$x_1(0) = x_2(0) = 1 \qquad \dot{x}_1(0) = \dot{x}_2(0) = 0 \tag{11.3.4}$$

식 (11.3.3a, b)를 참고하면 $Q_2(0) = 0$이지만 $Q_1(0) = \sqrt{2}$이다. 가운데 용수철은 초기에 압축이나 팽창이 없으므로 두 입자를 서로 끌리게 하거나 밀리게 하지 않는다. 두 입자에 작용하는 복원력은 같으므로 이들은 동시에 같은 방향, 같은 속도로 평형 위치로 돌아오게 된다. 그런데 가운데 용수철은 탄성이 없는 상태이므로 두 입자 간에 에너지를 주고받는 일이 없다. 따라서 시간이 지나면서 운동은 다음과 같다.

$$\begin{aligned} x_1(t) &= x_2(t) = \cos\omega_1 t \\ Q_1(t) &= \sqrt{2}\cos\omega_1 t \\ Q_2(t) &= 0 \end{aligned} \tag{11.3.5}$$

두 입자는 완전히 독립된 단조화진동자처럼 동일한 진동수 $\omega_1 = \sqrt{K/m}$으로 진동한다. 일단 물리계가 이러한 진동 모드에 있게 되면 항상 그런 상태를 유지하게 된다. 이 경우 물리계는 **대칭 모드**(symmetric mode)라 불리는 **기준 모드**(normal mode)의 진동을 하고 있는 것으로 이것을 그림 11.3.5(a)~(d)에 나타내었다.

그림 11.3.4 배위공간에서 연성 진동자의 운동 궤적. 좌표축은 (a) 개별 입자의 변위인 x_1, x_2 (b) 그 선형 조합인 $Q_1 = (x_1 + x_2)/\sqrt{2}$, $Q_2 = (x_2 - x_1)/\sqrt{2}$임.

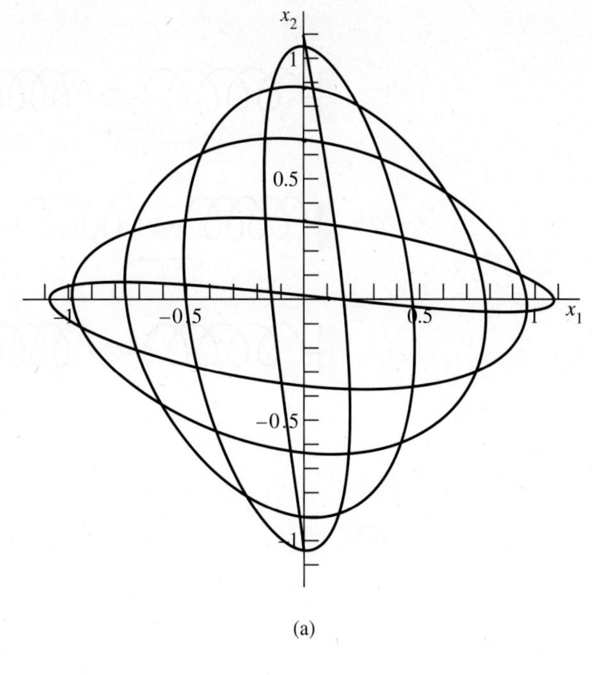

(a)

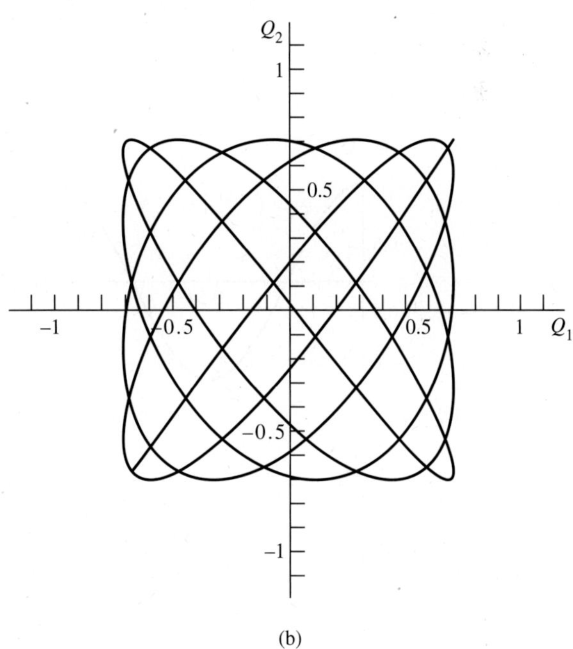

(b)

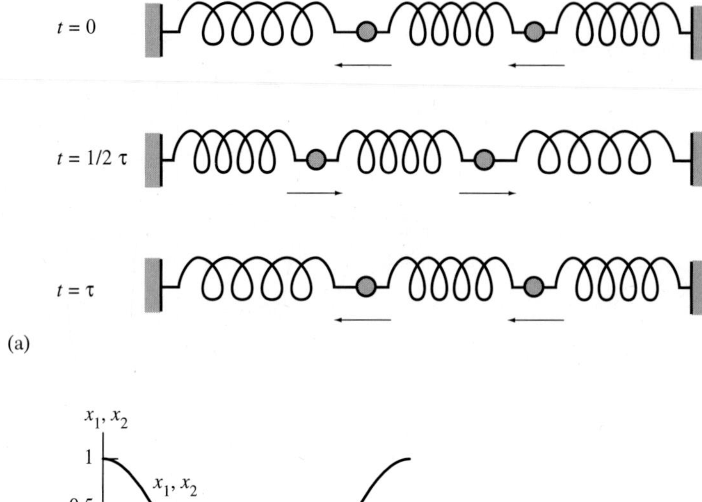

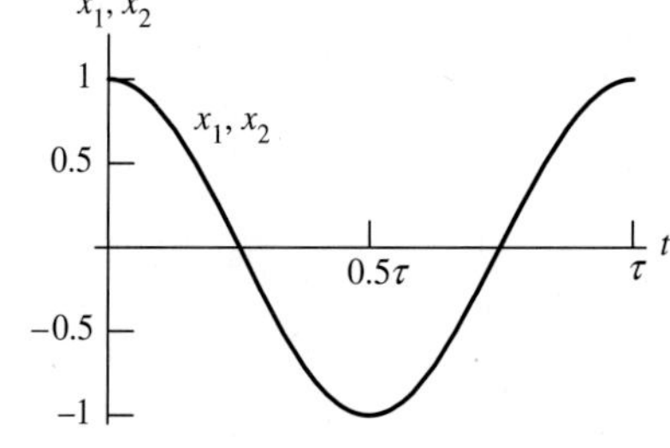

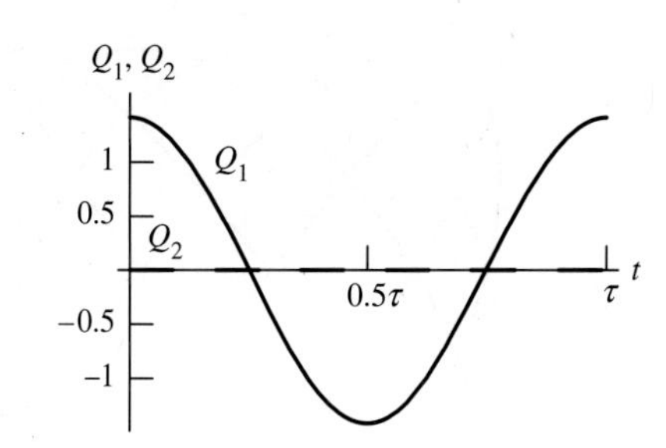

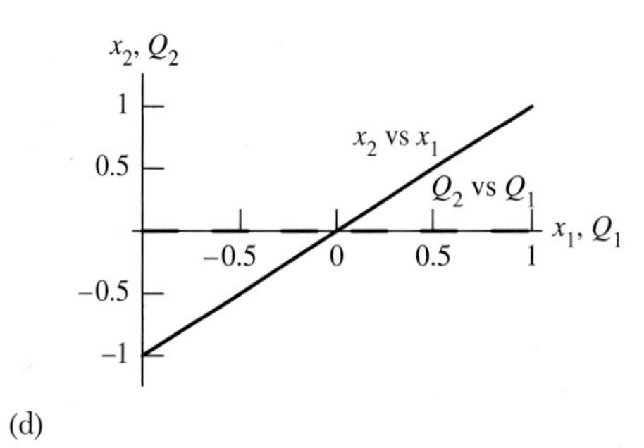

그림 11.3.5 (a) 대칭 모드에서 연성 진동의 도식도, 시간에 따른 (b) 일반화 좌표계에서의 변위와 (c) 기준 좌표계에서의 변위, 그리고, (d) 두 좌표계에 대한 배위공간에서의 운동궤적

두 입자가 같은 진동수로 움직이게 하는 또 다른 방법은 두 입자를 각각의 평형위치에서 반대방향으로 동일한 양만큼 이동시킨 후 운동하게 하는 것이다. 즉, 다음의 초기조건을 갖는다.

$$x_2(0) = -x_1(0) = 1 \qquad \dot{x}_1(0) = \dot{x}_2(0) = 0 \tag{11.3.6}$$

식 (11.3.3a, b)를 보면 이번에는 $Q_1(0) = 0$, $Q_2(0) = \sqrt{2}$ 임을 알 수 있다. 이때 가운데 용수철은 처음에는 팽창되어 있지만 그 가운데 점은 움직이지 않는다. 두 입자가 운동할 때도 중간점은 움직이지 않고 그대로 있다. 이번에는 거리는 같지만 반대방향으로 당겨진다. 한 입자가 다른 입자에 비해 중심점에 더 가까이 오지 않는 한 중심점은 움직이지 않는다. 대칭성 때문에 이런 일은 발생하지 않는다. 당겨진 용수철을 놓으면 복원력은 서로 반대방향이므로 중심을 향하게 된다. 이때 중심점은 **마디점**(nodal point)이 되고 개별입자의 에너지는 이 점을 통과하여 다른 입자에 전달되지 않는다. 각 입자에 관한 한 가운데 용수철을 반으로 잘라서 고정시켜도 무방하다. 결과적으로 개별입자는 탄성계수 $K + 2K'$의 용수철에 각각 연결된 것이나 다를 바 없다. 두 입자 사이의 에너지 교환이 없을 뿐만 아니라 두 입자는 동일 진동수 $\omega_2 = \sqrt{(K+2K')/m}$ 으로 180° 위상차가 나는 진동을 하게 된다. 이런 기준 모드를 **반대칭 모드**(antisymmetric mode)라 부르며, 때로는 '숨쉬기 모드(breathing mode)'라고도 한다. 일단 이 상태로 시작되면 계의 운동은 항상 그 모드로 유지된다. 이 운동은 다음 식으로 나타낼 수 있다(그림 11.3.6(a)~(d) 참조).

$$\begin{aligned} x_2(t) &= -x_1(t) = \cos\omega_2 t \\ Q_1(t) &= 0 \\ Q_2(t) &= \sqrt{2}\,\cos\omega_2 t \end{aligned} \tag{11.3.7}$$

연성 진동자의 배위공간 상태 벡터 $\mathbf{q}$가 아래처럼 (Q_1, Q_2) 성분으로 주어지거나

$$\mathbf{q} = \begin{pmatrix} Q_1 \\ Q_2 \end{pmatrix} = \begin{pmatrix} 1 \\ 0 \end{pmatrix} B_1 \cos(\omega_1 t - \delta_1) \quad \text{혹은} \quad \mathbf{q} = \begin{pmatrix} Q_1 \\ Q_2 \end{pmatrix} = \begin{pmatrix} 0 \\ 1 \end{pmatrix} B_2 \cos(\omega_2 t - \delta_2) \tag{11.3.8a}$$

또는 다음처럼 (x_1, x_2) 성분으로

$$\mathbf{q} = \begin{pmatrix} x_1 \\ x_2 \end{pmatrix} = \begin{pmatrix} 1 \\ 1 \end{pmatrix} A_1 \cos(\omega_1 t - \delta_1) \quad \text{혹은} \quad \mathbf{q} = \begin{pmatrix} x_1 \\ x_2 \end{pmatrix} = \begin{pmatrix} -1 \\ 1 \end{pmatrix} A_2 \cos(\omega_2 t - \delta_2) \tag{11.3.8b}$$

주어지면, $\mathbf{q}$는 $\mathbf{Q}_1$ 또는 $\mathbf{Q}_2$가 되어 계는 가능한 한 기준모드로 계속 진동한다. A_i, B_i는 진폭, δ_i는 초기 위상각으로 모두 초기조건에 의해 결정된다(그림 11.3.5(c), 11.3.6(c) 참조).

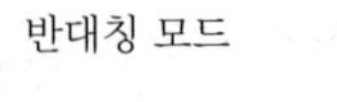

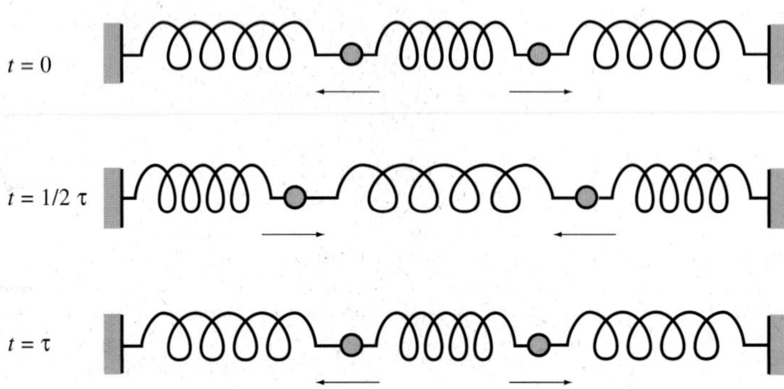

(a)

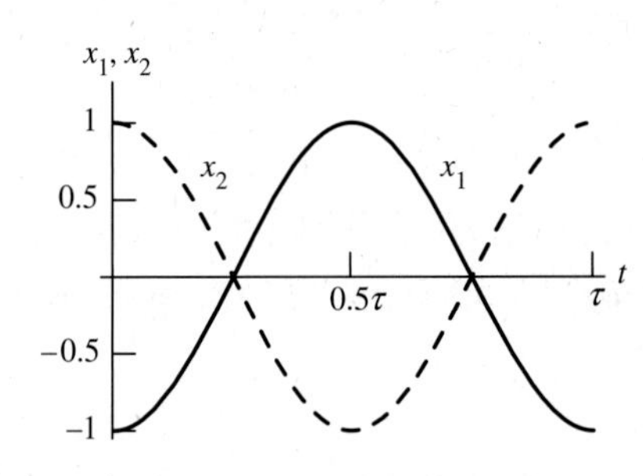

(b)

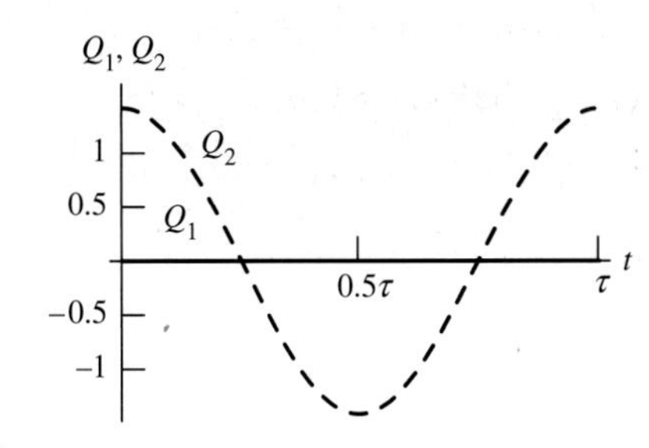

(c)

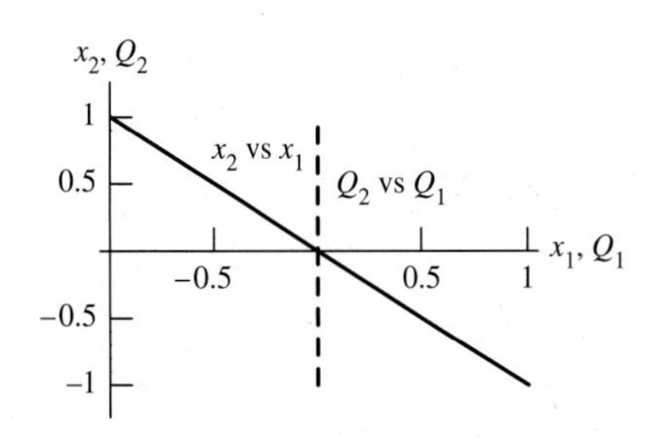

(d)

그림 11.3.6 (a) 반대칭 모드에서 연성 진동의 도식도, 시간에 따른 (a) 일반화 좌표계에서의 변위와 (c) 기준좌표계에서의 변위, 그리고 (d) 두 좌표계에 대한 배위공간에서의 운동궤적

해를 얻는 방법

그림 11.3.1의 연성 진동자에 대한 지식을 가지고 이제는 운동방정식을 풀어보자. 물리계의 라그랑지안은 다음과 같다.

$$L = T - V = \frac{1}{2}m\dot{x}_1^2 + \frac{1}{2}m\dot{x}_2^2 - \frac{1}{2}Kx_1^2 - \frac{1}{2}K'(x_2 - x_1)^2 - \frac{1}{2}Kx_2^2 \tag{11.3.9}$$

그러면 곧바로 라그랑주의 운동방정식을 얻을 수 있고

$$\begin{aligned} m\ddot{x}_1 + (K+K')x_1 - \quad K'x_2 \quad &= 0 \\ m\ddot{x}_2 - \quad K'x_1 \quad + (K+K')x_2 &= 0 \end{aligned} \tag{11.3.10a}$$

행렬 표기를 써서 표현하면 다음과 같다.

$$\mathbf{M}\ddot{\mathbf{q}} + \mathbf{K}\mathbf{q} = 0 \tag{11.3.10b}$$

여기서 $\mathbf{q}$는 그것의 (x_1, x_2) 성분이 계의 배위(configuration) 혹은 상태(state)를 나타내는 벡터이다.

$$\begin{pmatrix} m & 0 \\ 0 & m \end{pmatrix}\begin{pmatrix} \ddot{x}_1 \\ \ddot{x}_2 \end{pmatrix} + \begin{pmatrix} K+K' & -K' \\ -K' & K+K' \end{pmatrix}\begin{pmatrix} x_1 \\ x_2 \end{pmatrix} = 0 \tag{11.3.10c}$$

예상대로 식 (11.3.10a)에서는 엇갈린 항 때문에 또는 식 (11.3.10c)의 **K** 행렬에서는 영이 아닌 비대각요소 때문에 운동방정식은 결합된 형태이다.

이 방정식의 일반해는 상태 벡터 $\mathbf{q}$의 (x_1, x_2) 성분을 두 진동수 ω_1, ω_2의 함수로 찾는 것이다. 물론 기준 모드에 대한 단일 진동수 해를 얻을 수도 있다. 그러려면 $\mathbf{q}$가 기준 모드 벡터 $\mathbf{Q}_i$ 중의 하나이어야 하며 이들은 (Q_1, Q_2) 좌표계의 좌표축 방향이다. 기준 모드에 관한 해를 알게 되면 이들의 선형 조합으로 일반해를 얻을 수 있다. 그래서 다음 같은 형태의 풀이를 시도해보자.

$$\mathbf{q} = \mathbf{a}\cos(\omega t - \delta) \tag{11.3.11a}$$

성분별로는 다음과 같다.

$$x_1 = a_1 \cos(\omega t - \delta) \qquad x_2 = a_2 \cos(\omega t - \delta) \tag{11.3.11b}$$

따라서 각 성분은 진폭만 다를 뿐 진동수와 위상은 같다. 이것을 식 (11.3.10b)에 대입하면 다음을 얻는다.

$$\mathbf{K}\mathbf{a} = \omega^2\mathbf{M}\mathbf{a}$$
$$\begin{pmatrix} K+K' & -K' \\ -K' & K+K' \end{pmatrix}\begin{pmatrix} a_1 \\ a_2 \end{pmatrix} = \omega^2\begin{pmatrix} m & 0 \\ 0 & m \end{pmatrix}\begin{pmatrix} a_1 \\ a_2 \end{pmatrix} \tag{11.3.12a}$$

x_i 좌표에 관한 진동의 진폭인 a_i는 시간 독립인 벡터 $\mathbf{a}$의 성분이며 이는 식 (11.13.12a)를 만족해

야 한다. 이러한 벡터를 **고유벡터**(eigenvector), ω^2은 **고유값**(eigenvalue)이라 한다. 여기서 이들 고유값을 구하는 방법은 식 (11.3.12a)에서 행렬 $\mathbf{K}$와 $\mathbf{M}$을 동시에 대각화하는 것이다.[3] 이 방법은 나중에 논의할 것이다. 여기서는 좀 더 직접적이며 물리학적 통찰은 부족하더라도 일반적으로 적용할 수 있는 방법을 택하겠다.

식 (11.3.12a)는 다음의 선형 등차 연립방정식과 같다.

$$\begin{pmatrix} K+K'-\omega^2 m & -K' \\ -K' & K+K'-\omega^2 m \end{pmatrix}\begin{pmatrix} a_1 \\ a_2 \end{pmatrix} = 0 \tag{11.3.12b}$$

이 방정식은 다음의 조건을 만족할 경우에만 사소하지 않은, 즉 $a_1 = a_2 = 0$이 아닌 해를 갖는다.

$$\det|\mathbf{K} - \omega^2\mathbf{M}| = 0 \tag{11.3.13a}$$

혹은

$$\begin{vmatrix} K+K'-\omega^2 m & -K' \\ -K' & K+K'-\omega^2 m \end{vmatrix} = 0 \tag{11.3.13b}$$

이다. 행렬식을 전개하면

$$(K+K'-\omega^2 m)^2 - K'^2 = 0 \tag{11.3.13c}$$

이 되고, 항들을 재정리하면 다음과 같고

$$(\omega^2 m - K)[\omega^2 m - (K+2K')] = 0 \tag{11.3.13d}$$

이 방정식에서 고유진동수를 얻을 수 있다.[4] 이들은 식 (11.3.13d)의 해이며 다음과 같이 주어진다.

$$\omega_1^2 = \frac{K}{m} \qquad \omega_2^2 = \frac{K+2K'}{m} \tag{11.3.14}$$

이것은 물리학적 고려만으로 이미 얻었던 기준모드의 진동수이다.

다음에는 각각의 고유진동수 값을 식 (11.3.12a) 또는 식 (11.3.12b)에 대입하여 고유벡터의 성

---

3) 이 문제는 9.2절에서 논의했던 관성 행렬을 대각화하는 것과 유사하다. 이에 관한 자세한 내용은 다음을 참고하기 바란다. (1) J. Matthews & R. L. Walker, *Mathematical Methods of Physics*, W. A. Benjamin, New York(1970), (2) S. I. Grossman & W. R. Derrick, *Advanced Engineering Mathematics*, HarperCollins Publ., New York(1988).

4) 여기서 ω와 ω^2 모두를 고유 진동수라 부를 텐데 그 구분은 본문에서 가능할 것이다.

분인 a_1, a_2를 구할 수 있다. 고유벡터는 두 개가 있고 각각 성분도 둘이므로 이들을 a_{ij}라 하겠다. j번째 고유 벡터의 i번째 성분이란 뜻이다.[5] 우선 $\omega = \omega_1$이라 하고 식 (11.3.12a)에 대입하면 다음을 얻는다.

$$\mathbf{Ka}_1 = \omega_1^2 \mathbf{Ma}_1$$
$$\begin{pmatrix} K+K' & -K' \\ -K' & K+K' \end{pmatrix}\begin{pmatrix} a_{11} \\ a_{21} \end{pmatrix} = \omega_1^2 \begin{pmatrix} m & 0 \\ 0 & m \end{pmatrix}\begin{pmatrix} a_{11} \\ a_{21} \end{pmatrix} \tag{11.3.15}$$

위 행렬 방정식 식의 두 식 중 처음 것을 이용하면

$$[(K+K') - \omega_1^2 m]a_{11} - K'a_{21} = 0 \tag{11.3.16}$$

이고, 식 (11.3.14)에 있는 $\omega_1^2 = K/m$을 위 식에 대입하면 $a_{11} = a_{21}$이라는 해를 얻는다.

또한 두 번째 고유진동수 ω_2에 대해서도 똑같은 과정을 거치면 고유벡터 $\mathbf{a}_2$에 대한 해 $a_{12} = -a_{22}$를 얻게 된다. 이때 두 기준모드의 (x_1, x_2) 성분은 다음과 같다.

$$\mathbf{Q}_1 = \begin{pmatrix} 1 \\ 1 \end{pmatrix} a_{11} \cos(\omega_1 t - \delta_1) \qquad \mathbf{Q}_2 = \begin{pmatrix} -1 \\ 1 \end{pmatrix} a_{12} \cos(\omega_2 t - \delta_2) \tag{11.3.17}$$

이 결과를 식 (11.3.8b)에서 얻는 것과 비교해보라.

물리계의 운동 상태를 나타내는 벡터 $\mathbf{q}$의 $[x_1(t), x_2(t)]$ 성분은 기준모드 벡터 $\mathbf{Q}_1$, $\mathbf{Q}_2$의 (x_1, x_2) 성분들의 선형 조합이다. 다음의 표를 참고하면

	$\mathbf{Q}_1$	$\mathbf{Q}_2$
x_1	$a_{11}\cos(\omega_1 t - \delta_1)$	$-a_{12}\cos(\omega_2 t - \delta_2)$
x_2	$a_{11}\cos(\omega_1 t - \delta_1)$	$a_{12}\cos(\omega_2 t - \delta_2)$

일반해 $x_1(t), x_2(t)$를 쉽게 구할 수 있다.

$$\begin{aligned} x_1(t) &= A_1 \cos(\omega_1 t - \delta_1) - A_2 \cos(\omega_2 t - \delta_2) \\ x_2(t) &= A_1 \cos(\omega_1 t - \delta_1) + A_2 \cos(\omega_2 t - \delta_2) \end{aligned} \tag{11.3.18}$$

표기를 간단히 하기 위해 새로운 두 상수 A_1과 A_2를 정의했는데 그 관계는 $A_1/A_2 = a_{11}/a_{12}$이다. 4개의 미지수 $A_1, A_2, \delta_1, \delta_2$는 각 입자의 초기위치와 초기속도에서 알 수 있다.

---

5) 일반적인 n차원의 고유벡터 $\mathbf{a}$를 나타낼 때 그 성분을 $a_1, a_2, \ldots, a_n$으로 표기한다. 그러나 n개의 일반화좌표로 나타내는 연성 진동자의 운동방정식 해는 n개의 고유벡터 $\mathbf{a}_1, \mathbf{a}_2, \ldots, \mathbf{a}_n$이다. 따라서 이들 고유벡터 $\mathbf{a}_k$의 성분은 $a_{1k}, a_{2k}, \ldots, a_{nk}$로 표시한다. 고유벡터 $\mathbf{a}_k$를 일반 고유벡터 $\mathbf{a}$나 그것의 스칼라 성분 a_k와 혼동하지 말기를 바란다.

초기 조건

처음으로 돌아가서 입자 m_1은 $x_1 = 0$에, 입자 m_2는 $x_2 = +1$에서 정지 상태로부터 시작되는 운동을 살펴보자. 이것이 주어진 초기조건이다. 우선 식 (11.3.18)의 상수들을 초기조건에서 구해야 한다. 그리고 이미 이 상황을 위한 초기조건은 앞에서 주어졌음을 상기해야 한다. 식 (11.3.18)은 $t = 0$일 때 다음과 같다.

$$\begin{aligned} x_1(0) &= A_1 \cos\delta_1 - A_2 \cos\delta_2 \\ x_2(0) &= A_1 \cos\delta_1 + A_2 \cos\delta_2 \end{aligned} \tag{11.3.19a}$$

한편 식 (11.3.18)을 미분해서 $t = 0$을 대입하면 다음과 같다.

$$\begin{aligned} \dot{x}_1(0) &= \omega_1 A_1 \sin\delta_1 - \omega_2 A_2 \sin\delta_2 \\ \dot{x}_2(0) &= \omega_1 A_1 \sin\delta_1 + \omega_2 A_2 \sin\delta_2 \end{aligned} \tag{11.3.19b}$$

네 식을 풀면 진폭에 관해

$$\begin{aligned} A_1^2 &= \tfrac{1}{4}[x_1(0) + x_2(0)]^2 + \frac{1}{4\omega_1^2}[\dot{x}_1(0) + \dot{x}_2(0)]^2 \\ A_2^2 &= \tfrac{1}{4}[x_2(0) - x_1(0)]^2 + \frac{1}{4\omega_2^2}[\dot{x}_2(0) - \dot{x}_1(0)]^2 \end{aligned} \tag{11.3.20a}$$

를 얻고, 위상 상수는 다음과 같다.

$$\tan\delta_1 = \frac{\dot{x}_1(0) + \dot{x}_2(0)}{\omega_1[x_1(0) + x_2(0)]} \qquad \tan\delta_2 = \frac{\dot{x}_2(0) - \dot{x}_1(0)}{\omega_2[x_2(0) - x_1(0)]} \tag{11.3.20b}$$

그러면 초기조건

$$x_1(0) = 0 \qquad x_2(0) = 1 \qquad \dot{x}_1(0) = \dot{x}_2(0) = 0 \tag{11.3.21}$$

을 식 (11.3.20a, b)에 대입하고 식 (11.3.19a)를 이용하여 A_1, A_2의 부호를 결정해주면

$$\delta_1 = \delta_2 = 0 \qquad A_1 = A_2 = \tfrac{1}{2} \tag{11.3.22}$$

이 된다. 이것을 식 (11.3.18)에 대입하면 구하는 해는 다음과 같다.

$$\begin{aligned} x_1(t) &= \tfrac{1}{2}(\cos\omega_1 t - \cos\omega_2 t) \\ x_2(t) &= \tfrac{1}{2}\cos(\omega_1 t + \cos\omega_2 t) \end{aligned} \tag{11.3.23}$$

이 결과를 동일한 연성 진동자에 대해 예상했던 운동을 설명하는 과정에서 사용했던 식 (11.3.2a, b)와 비교해보라.

기준 좌표계에서 운동방정식

이제 라그랑지안에 엇갈린 항이 나타나지 않게 하는 어떤 좌표계가 있는지를 조사할 필요가 있다. 이러한 좌표계가 있다면 거기서는 운동방정식이 결합되지 않아서 두 개의 독립적인 선형 2차 미분방정식으로 분리될 것이다. 이것이 바로 기준모드의 특징이다. 따라서 라그랑지안을 Q_1, Q_2 좌표의 함수로 표현하는 것이 바람직하다는 짐작이 간다.

지금부터 행렬 변환을 사용하여 문제를 풀고자 한다. 우선 연성 진동자의 운동에너지와 위치에너지를 (x_1, x_2) 좌표계에서 행렬 형태로 쓴다.

$$\begin{aligned} T &= \frac{1}{2}\tilde{\dot{\mathbf{x}}}\mathbf{M}\dot{\mathbf{x}} = \frac{1}{2}(\dot{x}_1\ \dot{x}_2)\begin{pmatrix} m & 0 \\ 0 & m \end{pmatrix}\begin{pmatrix} \dot{x}_1 \\ \dot{x}_2 \end{pmatrix} \\ &= \frac{1}{2}m\dot{x}_1^2 + \frac{1}{2}m\dot{x}_2^2 \end{aligned} \tag{11.3.24}$$

위치에너지는 다음과 같다.

$$\begin{aligned} V &= \frac{1}{2}\tilde{\mathbf{x}}\mathbf{K}\mathbf{x} = \frac{1}{2}(x_1\ x_2)\begin{pmatrix} K+K' & -K' \\ -K' & K+K' \end{pmatrix}\begin{pmatrix} x_1 \\ x_2 \end{pmatrix} \\ &= \frac{1}{2}(K+K')x_1^2 + \frac{1}{2}(K+K')x_2^2 - K'x_1x_2 \end{aligned} \tag{11.3.25}$$

다음에 식 (11.3.3a)의 x_i 좌표계와 Q_i 좌표계 사이의 변환을 적용하면 다음을 얻는다.

$$\begin{aligned} T &= \frac{1}{2}\tilde{\dot{\mathbf{Q}}}\tilde{\mathbf{A}}\mathbf{M}\mathbf{A}\dot{\mathbf{Q}} \\ &= \frac{1}{4}(\dot{Q}_1\ \dot{Q}_2)\begin{pmatrix} 1 & 1 \\ -1 & 1 \end{pmatrix}\begin{pmatrix} m & 0 \\ 0 & m \end{pmatrix}\begin{pmatrix} 1 & -1 \\ 1 & 1 \end{pmatrix}\begin{pmatrix} \dot{Q}_1 \\ \dot{Q}_2 \end{pmatrix} \\ &= \frac{1}{2}(\dot{Q}_1\ \dot{Q}_2)\begin{pmatrix} m & 0 \\ 0 & m \end{pmatrix}\begin{pmatrix} \dot{Q}_1 \\ \dot{Q}_2 \end{pmatrix} \\ &= \frac{1}{2}m\dot{Q}_1^2 + \frac{1}{2}m\dot{Q}_2^2 \end{aligned} \tag{11.3.26}$$

여기서 행렬에 관한 공식 $\widetilde{\mathbf{AQ}} = \tilde{\mathbf{Q}}\tilde{\mathbf{A}}$을 사용했다.

위치에너지는 다음과 같다.

$$\begin{aligned} V &= \frac{1}{2}\tilde{\mathbf{Q}}\tilde{\mathbf{A}}\mathbf{K}\mathbf{A}\mathbf{Q} \\ &= \frac{1}{4}(Q_1\ Q_2)\begin{pmatrix} 1 & 1 \\ -1 & 1 \end{pmatrix}\begin{pmatrix} K+K' & -K' \\ -K' & K+K' \end{pmatrix}\begin{pmatrix} 1 & -1 \\ 1 & 1 \end{pmatrix}\begin{pmatrix} Q_1 \\ Q_2 \end{pmatrix} \\ &= \frac{1}{2}(Q_1\ Q_2)\begin{pmatrix} K & 0 \\ 0 & K+2K' \end{pmatrix}\begin{pmatrix} Q_1 \\ Q_2 \end{pmatrix} \\ &= \frac{1}{2}KQ_1^2 + \frac{1}{2}(K+2K')Q_2^2 \end{aligned} \tag{11.3.27}$$

따라서 라그랑지안은

$$L = \tfrac{1}{2}m\dot{Q}_1^2 + \tfrac{1}{2}m\dot{Q}_2^2 - \tfrac{1}{2}KQ_1^2 - \tfrac{1}{2}(K+2K')Q_2^2 \tag{11.3.28}$$

이 되어 예상대로 엇갈린 항이 없으므로 결과적인 운동방정식은 다음과 같다.

$$m\ddot{Q}_1 + KQ_1 = 0 \qquad m\ddot{Q}_2 + (K+2K')Q_2 = 0 \tag{11.3.29a}$$

행렬 형태로는 다음과 같다.

$$\begin{pmatrix} m & 0 \\ 0 & m \end{pmatrix}\begin{pmatrix} \ddot{Q}_1 \\ \ddot{Q}_2 \end{pmatrix} + \begin{pmatrix} K & 0 \\ 0 & K+2K' \end{pmatrix}\begin{pmatrix} Q_1 \\ Q_2 \end{pmatrix} = 0 \tag{11.3.29b}$$

이것은 독립된 두 개의 단조화진동자에 관한 방정식이고 그 해는 다음과 같다.

$$Q_1 = b_1\cos(\omega_1 t - \epsilon_1) \qquad Q_2 = b_2\cos(\omega_2 t - \epsilon_2) \tag{11.3.30a}$$

여기서

$$\omega_1^2 = \frac{K}{m} \qquad \omega_2^2 = \frac{K+2K'}{m} \tag{11.3.30b}$$

이고, $b_1, b_2, \epsilon_1, \epsilon_2$는 적분상수이다. Q_i 좌표계에서 기준모드 벡터는

$$\mathbf{Q}_1 = \begin{pmatrix} 1 \\ 0 \end{pmatrix} b_1\cos(\omega_1 t - \epsilon_1) \qquad \mathbf{Q}_2 = \begin{pmatrix} 0 \\ 1 \end{pmatrix} b_2\cos(\omega_2 t - \epsilon_2) \tag{11.3.31}$$

이다. 이것을 식 (11.3.8a)와 비교해보라.

한편 (x_1, x_2) 좌표계에서의 해는 식 (11.3.3a)의 역좌표 변환을 사용하면 된다.

$$\begin{aligned} x_1 &= \tfrac{1}{\sqrt{2}}(Q_1 - Q_2) \\ &= B_1\cos(\omega_1 t - \epsilon_1) - B_2\cos(\omega_2 t - \epsilon_2) \\ x_2 &= \tfrac{1}{\sqrt{2}}(Q_1 + Q_2) \\ &= B_1(\cos\omega_1 t - \epsilon_1) + B_2(\cos\omega_2 t - \epsilon_2) \end{aligned} \tag{11.3.32}$$

여기서 $B_1, B_2, \epsilon_1, \epsilon_2$가 적분상수이다. $\frac{1}{\sqrt{2}}$은 B_1, B_2에 포함되어 있다. 위의 결과는 처음에 풀었던 식 (11.3.18)과 일치한다.

라그랑지안의 대각화

식 (11.3.29a)는 결합되지 않은 두 단조화진동자의 운동방정식이고, 식 (11.3.29b)는 그것을 행렬

형태로 표현한 것이다. 이 식에서 두 행렬 **K**, **M**은 모두 대각 행렬이다. 즉, 대각선 외의 항은 모두 영이다. 이들을 합동 변환(congruent transformation)으로 대각화한 것이다.

$$\mathbf{K}_{diag} = \tilde{\mathbf{A}}\mathbf{K}\mathbf{A} \qquad \mathbf{M}_{diag} = \tilde{\mathbf{A}}\mathbf{M}\mathbf{A} \tag{11.3.33}$$

어떤 연성 진동자에서든지 행렬 **A**를 구해서 **K**와 **M**을 동시에 대각화함으로써 독립적인 진동자 문제로 바꾼다면 좋을 것이다. 문제는 **A**를 어떻게 구하는가이다. 식 (11.3.3a)를 잘 살펴보면 **A**의 열은 고유벡터 $\mathbf{a}_i$의 (x_1, x_2) 성분임을 알 수 있다.

$$\mathbf{A} = (\mathbf{a}_1\ \mathbf{a}_2) = \begin{pmatrix} a_{11} & a_{12} \\ a_{21} & a_{22} \end{pmatrix} \tag{11.3.34}$$

행렬 $\mathbf{a}_i$의 열 벡터는 운동방정식의 해로서 다음처럼 쓸 수 있다.

$$\begin{gathered} \mathbf{K}\mathbf{a}_i = \omega_i^2 \mathbf{M}\mathbf{a}_i \\ \begin{pmatrix} K+K' & -K' \\ -K' & K+K' \end{pmatrix}\begin{pmatrix} a_{1i} \\ a_{2i} \end{pmatrix} = \omega_i^2 \begin{pmatrix} m & 0 \\ 0 & m \end{pmatrix}\begin{pmatrix} a_{1i} \\ a_{2i} \end{pmatrix} \end{gathered} \tag{11.3.35}$$

여기서 a_{ji}는 고유벡터 $\mathbf{a}_i$의 j번째 성분이고, ω_i^2은 고유진동수이다. 이때 다음을 알 수 있다.

$$\tilde{\mathbf{a}}_i \mathbf{K}\mathbf{a}_i = \omega_i^2 \tilde{\mathbf{a}}_i \mathbf{M}\mathbf{a}_i \tag{11.3.36a}$$

혹은

$$\frac{\tilde{\mathbf{a}}_i \mathbf{K}\mathbf{a}_i}{\tilde{\mathbf{a}}_i \mathbf{M}\mathbf{a}_i} = \omega_i^2 \tag{11.3.36b}$$

따라서 우리가 구하는 **A** 행렬은 고유벡터를 열 벡터로 하는 행렬로서 이를 찾으면 일반화좌표를 기준좌표로 바꿔주며 라그랑지안의 **K**, **M** 행렬을 동시에 대각화해준다. 더욱이 기준모드의 고유진동수 ω_1^2, ω_2^2은 대각화된 두 행렬 $\mathbf{K}_{diag}$, $\mathbf{M}_{diag}$에서 대응하는 대각요소의 비이다. 식 (11.3.26)과 식 (11.3.27)의 $\mathbf{K}_{diag}$, $\mathbf{M}_{diag}$를 보면 이 비가 ω_1^2, ω_2^2임을 알 수 있다.

그렇지만 **K**, **M**을 대각화하는 행렬 **A**를 찾는다는 것, 즉 문제를 푼다는 것은 우선 식 (11.3.10b)의 연립방정식 또는 그에 해당하는 ω_1, ω_2에 대한 식 (11.3.12a)를 풀고, 다음에 기준모드의 고유벡터 $\mathbf{a}_1$, $\mathbf{a}_2$를 풀어야 한다는 것을 의미한다. 다시 말하면, 운동방정식들의 결합을 푸는 데 필요한 기준모드들을 구하기 전에 결합된 운동방정식의 해를 먼저 구해야 하는 모순된 상황에 처하게 된다. 경험에서 우러나오는 추측 말고 어떻게 기준모드들을 먼저 구할 수 있을까? 일반적인 방도는 없지만 많은 경우에 잘 통하는 길이 있다. 요점은 라그랑지안이 어떤 대칭 연산에 대해 불변이고 이 대칭 연산을 활용하여 기준모드에 관한 좌표를 구할 수 있다는 사실이다. 구체적으로 설명하고자 한다.

식 (11.3.9)와 유사하게 임의의 두 가지 성분을 가진 연성 진동자에 대한 라그랑지안은 일반적인 행렬 형태로 나타내면 다음과 같다.

$$L = T - V = \frac{1}{2}\tilde{\mathbf{x}}\mathbf{M}\dot{\mathbf{x}} - \frac{1}{2}\tilde{\mathbf{x}}\mathbf{K}\mathbf{x}$$
$$= \frac{1}{2}(\dot{x}_1\, \dot{x}_2)\begin{pmatrix} M_{11} & M_{12} \\ M_{12} & M_{22} \end{pmatrix}\begin{pmatrix} \dot{x}_1 \\ \dot{x}_2 \end{pmatrix} - \frac{1}{2}(x_1\, x_2)\begin{pmatrix} K_{11} & K_{12} \\ K_{12} & K_{22} \end{pmatrix}\begin{pmatrix} x_1 \\ x_2 \end{pmatrix} \tag{11.3.37a}$$

두 행렬 **K**, **M**은 항상 실수의 대칭행렬이어서 $K_{21} = K_{12}$, $M_{21} = M_{12}$이다. 행렬 곱을 계산하면 다음과 같다.

$$L = \frac{1}{2}M_{11}\dot{x}_1^2 + \frac{1}{2}M_{22}\dot{x}_2^2 + M_{12}\dot{x}_1\dot{x}_2 - \frac{1}{2}K_{11}x_1^2 - \frac{1}{2}K_{22}x_2^2 - K_{12}x_1x_2 \tag{11.3.37b}$$

이 라그랑지안에서 $x_1 \to \pm x_2/\alpha$, $x_2 \to \pm\alpha x_1$으로 대체한다고 하자. 매개변수 α를 적당히 택하면 라그랑지안은 불변일 것이다. 이 교환 연산(exchange operation)을 적용하면 라그랑지안은 다음과 같다.

$$L' = \frac{1}{2}(\dot{x}_2/\alpha\;\; \alpha\dot{x}_1)\begin{pmatrix} M_{11} & M_{12} \\ M_{12} & M_{22} \end{pmatrix}\begin{pmatrix} \dot{x}_2/\alpha \\ \alpha\dot{x}_1 \end{pmatrix} - \frac{1}{2}(x_2/\alpha\;\; \alpha x_1)\begin{pmatrix} K_{11} & K_{12} \\ K_{12} & K_{22} \end{pmatrix}\begin{pmatrix} x_2/\alpha \\ \alpha x_1 \end{pmatrix}$$
$$= \frac{1}{2}(\dot{x}_1\, \dot{x}_2)\begin{pmatrix} \alpha^2 M_{22} & M_{12} \\ M_{12} & M_{11}/\alpha^2 \end{pmatrix}\begin{pmatrix} \dot{x}_1 \\ \dot{x}_2 \end{pmatrix} - \frac{1}{2}(x_1\, x_2)\begin{pmatrix} \alpha^2 K_{22} & K_{12} \\ K_{12} & K_{11}/\alpha^2 \end{pmatrix}\begin{pmatrix} x_1 \\ x_2 \end{pmatrix} \tag{11.3.38a}$$

행렬 곱을 계산하면 다음의 결과가 된다.

$$L' = \frac{1}{2}M_{11}\frac{\dot{x}_2^2}{\alpha^2} + \frac{1}{2}M_{22}\alpha^2\dot{x}_1^2 + M_{12}\dot{x}_2\dot{x}_1 - \frac{1}{2}K_{11}\frac{x_2^2}{\alpha^2} + \frac{1}{2}K_{22}\alpha^2 x_1^2 - K_{12}x_2x_1 \tag{11.3.38b}$$

L'의 엇갈린 항은 L에서와 똑같다. 그리고 다음의 조건이 만족되면 $L' = L$이 될 것이다.

$$\frac{M_{11}}{M_{22}} = \frac{K_{11}}{K_{22}} \tag{11.3.39a}$$

$$\alpha^2 = \frac{M_{11}}{M_{22}}\left(= \frac{K_{11}}{K_{22}}\right) \tag{11.3.39b}$$

첫 번째 조건은 다루는 물리계의 라그랑지안이 만족해야 할 특성이다. 두 번째 조건은 라그랑지안이 이 교환 연산에 대해 불변일 경우 사용되어야 하는 x 성분 사이의 비를 결정한다. 이 조건은 α^2에 관한 것이므로 $-\alpha$를 사용해도 조건을 만족한다.

이 논의에서 행렬 **A**의 두 고유벡터 $\mathbf{a}_1$, $\mathbf{a}_2$의 (x_1, x_2) 성분은 한 벡터에 $\pm\alpha$를 곱함으로써 다른 벡터를 얻을 수 있다는 착상을 하게 한다.

$$\mathbf{a}_1 = \begin{pmatrix} 1 \\ \alpha \end{pmatrix} \qquad \mathbf{a}_2 = \begin{pmatrix} -1 \\ \alpha \end{pmatrix} \tag{11.3.40a}$$

따라서 일반화좌표를 기준좌표로 변환하는 행렬 **A**는 다음과 같다.

$$\mathbf{A} = (\mathbf{a}_1\ \mathbf{a}_2) = \begin{pmatrix} 1 & -1 \\ \alpha & \alpha \end{pmatrix} \tag{11.3.40b}$$

새 라그랑지안 $L' = \tilde{\mathbf{A}}L\mathbf{A}$가 앞서 기술한 교환연산에 대해 불변이면 엇갈린 항이 없어질 수 있다. 이 과정에서 두 고유벡터 $\mathbf{a}_i$는 어떻게 되는지 살펴보자. 우선 $x_1 \to x_2/\alpha$, $x_2 \to \alpha x_1$에 대해 $\mathbf{a}_1 \to +\mathbf{a}_1$이지만 $\mathbf{a}_2 \to -\mathbf{a}_2$이다. 그러나 $x_1 \to -x_2/\alpha$, $x_2 \to -\alpha x_1$에 대해서는 $\mathbf{a}_2 \to +\mathbf{a}_2$이지만 $\mathbf{a}_1 \to -\mathbf{a}_1$이다. 각각의 경우 기준 모드의 한 벡터는 그대로이고 다른 것은 부호가 바뀐다. 변환시킨 라그랑지안에서 엇갈린 항은 부호가 바뀌고 제곱항은 그대로이다. 엇갈린 항 때문에 L'은 교환연산에 대해 불변일 수 없다. 따라서 만약 $\mathbf{a}_i$가 진정한 원하던 고유벡터이고 **A**가 그에 상응하는 변환행렬이라면 L'은 기준좌표로 표현했을 때 엇갈린 항이 없어야 한다는 결론에 이르게 된다.

우리가 다룬 연성 진동자를 이런 시각에서 살펴볼 수 있다. 식 (11.3.10c)의 **K**와 **M** 행렬은 그 대각요소들에 대한 식 (11.3.39a)의 조건을 만족한다. 식 (11.3.39b)는 $\alpha = 1$일 때 만족한다. 이때 **K**와 **M**을 대각화하는 행렬 **A**는 식 (11.3.40b)에 의해 다음과 같이 주어진다.

$$\mathbf{A} = (\mathbf{a}_1\ \mathbf{a}_2) = \begin{pmatrix} 1 & -1 \\ 1 & 1 \end{pmatrix} \tag{11.3.41}$$

K, **M** 행렬은 식 (11.3.33)의 변환을 통해서 대각화된다. 즉,

$$\begin{aligned} \mathbf{K}_{diag} = \tilde{\mathbf{A}}\mathbf{K}\mathbf{A} &= \begin{pmatrix} 1 & 1 \\ -1 & 1 \end{pmatrix} \begin{pmatrix} K+K' & -K' \\ -K' & K+K' \end{pmatrix} \begin{pmatrix} 1 & -1 \\ 1 & 1 \end{pmatrix} \\ &= 2\begin{pmatrix} K & 0 \\ 0 & K+2K' \end{pmatrix} \end{aligned} \tag{11.3.42a}$$

그리고

$$\begin{aligned} \mathbf{M}_{diag} = \tilde{\mathbf{A}}\mathbf{M}\mathbf{A} &= \begin{pmatrix} 1 & 1 \\ -1 & 1 \end{pmatrix} \begin{pmatrix} m & 0 \\ 0 & m \end{pmatrix} \begin{pmatrix} 1 & -1 \\ 1 & 1 \end{pmatrix} \\ &= 2\begin{pmatrix} m & 0 \\ 0 & m \end{pmatrix} \end{aligned} \tag{11.3.42b}$$

이다. 대각행렬 $\mathbf{K}_{diag}$, $\mathbf{M}_{diag}$에서 서로 대응하는 대각요소들의 비가 식 (11.3.14)에서 얻었던 고유진동수 ω_1^2, ω_2^2과 같다는 것을 알 수 있다(위 식에 나오는 상수 2는 서로 상쇄되므로 필요가 없고 이는 $\mathbf{a}_1$과 $\mathbf{a}_2$를 규격화하여 $1/\sqrt{2}$로 만들 수도 있다).

예제 11.3.1

이중 진자(한 밧줄에 매달린 두 암벽 등반가)

질량 m, 길이 l인 두 단진자가 서로 연결된 이중 전자를 생각해보자. 그림 11.3.7(a)와 같이 한 진자는 고정점에 연결되어 있고, 다른 진자는 이전 진자 끝에 연결되어 있다. 두 진자는 한 평면에서 진폭이 작은 진동을 한다고 가정하고 기준모드와 기준진동수를 구하라.

풀이 1: 기준모드 예측

그림에서 보듯이 두 개의 각도 θ, ϕ로 배치를 규정해보자. 그러면 이중 진자의 운동에너지는 다음과 같다.

$$T = \frac{1}{2}m\mathbf{v}_1 \cdot \mathbf{v}_1 + \frac{1}{2}m\mathbf{v}_2 \cdot \mathbf{v}_2 \tag{11.3.43}$$

각 입자의 속도 $\mathbf{v}_1$, $\mathbf{v}_2$는 각속도 $\dot{\theta}$와 $\dot{\phi}$로 표현할 수 있다.

$$\mathbf{v}_1 = \mathbf{e}_\theta l\dot{\theta} \qquad \mathbf{v}_2 = \mathbf{v}_1 + \mathbf{e}_\phi l\dot{\phi} \tag{11.3.44}$$

$\mathbf{v}_2$의 둘째 항은 첫째 입자에 대한 둘째 입자의 상대속도이다.

따라서 운동에너지는 다음과 같다.

$$\begin{aligned} T &= \frac{1}{2}ml^2\dot{\theta}^2 + \frac{1}{2}m(\mathbf{e}_\theta l\dot{\theta} + \mathbf{e}_\phi l\dot{\phi})\cdot(\mathbf{e}_\theta l\dot{\theta} + \mathbf{e}_\phi l\dot{\phi}) \\ &\approx \frac{1}{2}ml^2\dot{\theta}^2 + \frac{1}{2}ml^2(\dot{\theta}+\dot{\phi})^2 \\ &= \frac{1}{2}ml^2(2\dot{\theta}^2 + \dot{\phi}^2 + 2\dot{\theta}\dot{\phi}) \end{aligned} \tag{11.3.45}$$

두 진자의 진폭이 작으므로 $\mathbf{e}_\theta$, $\mathbf{e}_\phi$는 거의 평행이어서 $\mathbf{e}_\theta \cdot \mathbf{e}_\phi \approx 1$로 간주할 수 있다. 식 (11.3.45)와

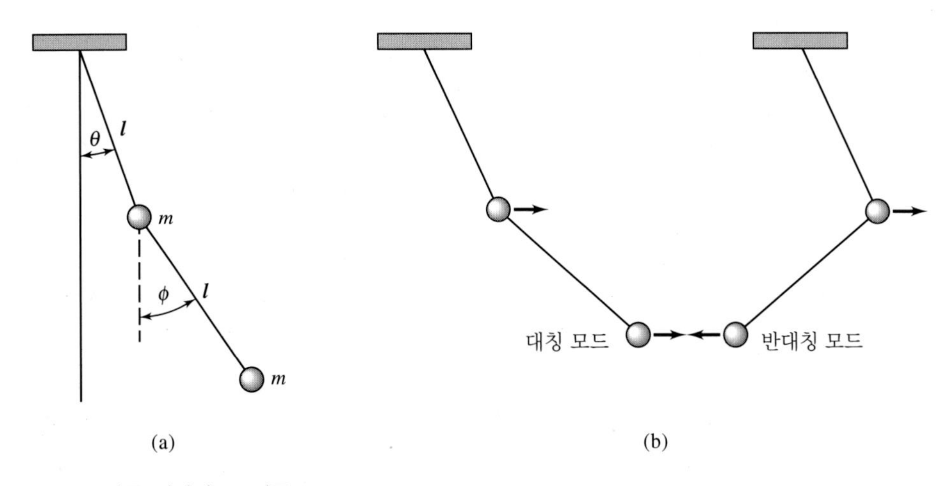

그림 11.3.7 이중 진자와 그 기준모드

식 (11.3.37a, b)를 비교하면 행렬 **M**은 다음과 같다.

$$\mathbf{M} = ml^2\begin{pmatrix} 2 & 1 \\ 1 & 1 \end{pmatrix} \tag{11.3.46}$$

두 입자의 평형위치를 기준으로 나타내면 위치에너지는

$$\begin{aligned} V &= mgl(1-\cos\theta) + mgl[2-(\cos\theta+\cos\phi)] \\ &\approx \tfrac{1}{2}mgl(2\theta^2+\phi^2) \end{aligned} \tag{11.3.47}$$

이다. 그 과정에서 코사인 함수의 근사식을 이용했다. 식 (11.3.47)과 식 (11.3.37a, b)를 비교하면 행렬 **K**는 다음과 같다.

$$\mathbf{K} = mgl\begin{pmatrix} 2 & 0 \\ 0 & 1 \end{pmatrix} \tag{11.3.48}$$

식 (11.3.39a)의 첫째 조건은 자동적으로 만족되고, 식 (11.3.39b)의 둘째 조건은 $\alpha^2 = 2$일 때 충족된다. 그러므로 식 (11.3.40a)에 따라서 고유 벡터는 다음과 같을 것이라 '예측'할 수 있다.

$$\mathbf{a}_1 = \begin{pmatrix} 1 \\ \sqrt{2} \end{pmatrix} \qquad \mathbf{a}_2 = \begin{pmatrix} -1 \\ \sqrt{2} \end{pmatrix} \tag{11.3.49a}$$

그러면 행렬 **A**는

$$\mathbf{A} = \begin{pmatrix} 1 & -1 \\ \sqrt{2} & \sqrt{2} \end{pmatrix} \tag{11.3.49b}$$

이고, **M**을 대각화하기 위해 다음과 같이 실행하면

$$\begin{aligned} \mathbf{M}_{diag} = \tilde{\mathbf{A}}\mathbf{M}\mathbf{A} &= ml^2\begin{pmatrix} 1 & \sqrt{2} \\ -1 & \sqrt{2} \end{pmatrix}\begin{pmatrix} 2 & 1 \\ 1 & 1 \end{pmatrix}\begin{pmatrix} 1 & -1 \\ \sqrt{2} & \sqrt{2} \end{pmatrix} \\ &= 2ml^2\begin{pmatrix} 2+\sqrt{2} & 0 \\ 0 & 2-\sqrt{2} \end{pmatrix} \end{aligned} \tag{11.3.50a}$$

가 되고, 비슷하게 **K**는 다음과 같다.

$$\begin{aligned} \mathbf{K}_{diag} = \tilde{\mathbf{A}}\mathbf{K}\mathbf{A} &= mgl\begin{pmatrix} 1 & \sqrt{2} \\ -1 & \sqrt{2} \end{pmatrix}\begin{pmatrix} 2 & 0 \\ 0 & 1 \end{pmatrix}\begin{pmatrix} 1 & -1 \\ \sqrt{2} & \sqrt{2} \end{pmatrix} \\ &= 4mgl\begin{pmatrix} 1 & 0 \\ 0 & 1 \end{pmatrix} \end{aligned} \tag{11.3.50b}$$

기준좌표계에서 라그랑지안은 엇갈린 항이 없게 된다.

$$
\begin{aligned}
L = T - V &= \tfrac{1}{2}\tilde{\dot{\mathbf{Q}}}\mathbf{M}_{diag}\dot{\mathbf{Q}} - \tfrac{1}{2}\tilde{\mathbf{Q}}\mathbf{K}_{diag}\mathbf{Q} \\
&= ml^2(\dot{Q}_1 \dot{Q}_2)\begin{pmatrix} 2+\sqrt{2} & 0 \\ 0 & 2-\sqrt{2} \end{pmatrix}\begin{pmatrix} \dot{Q}_1 \\ \dot{Q}_2 \end{pmatrix} - 2mgl(Q_1\ Q_2)\begin{pmatrix} 1 & 0 \\ 0 & 1 \end{pmatrix}\begin{pmatrix} Q_1 \\ Q_2 \end{pmatrix} \\
&= ml^2\left[(2+\sqrt{2})\dot{Q}_1^2 + (2-\sqrt{2})\dot{Q}_2^2\right] - 2mgl\left(Q_1^2 + Q_2^2\right)
\end{aligned}
\tag{11.3.51}
$$

$\mathbf{K}_{diag}$와 $\mathbf{M}_{diag}$의 대응하는 두 대각요소의 비가 고유진동수이므로

$$
\begin{aligned}
\omega_1^2 &= \frac{2mgl}{ml^2}\left(\frac{1}{2+\sqrt{2}}\right) = (2-\sqrt{2})\frac{g}{l} \qquad \text{대칭 모드} \\
\omega_2^2 &= \frac{2mgl}{ml^2}\left(\frac{1}{2-\sqrt{2}}\right) = (2+\sqrt{2})\frac{g}{l} \qquad \text{반대칭 모드}
\end{aligned}
\tag{11.3.52a}
$$

를 얻는다. 진동수들의 비는 m, l, g와 무관함을 알 수 있다. 즉,

$$
\frac{\omega_2}{\omega_1} = \left[\frac{(2+\sqrt{2})}{(2-\sqrt{2})}\right]^{1/2} = 2.414 \tag{11.3.52b}
$$

반대칭 모드는 대칭 모드보다 2.5배 정도 빠르게 진동함을 알 수 있다.

■ 풀이 2: 일반 방법

식 (11.3.46)과 식 (11.3.48)에서 주어진 **M**과 **K** 행렬을 사용하여 운동방정식을 행렬형태로 쓰면 다음과 같다.

$$
\begin{gathered}
\mathbf{M}\ddot{\mathbf{q}} + \mathbf{K}\mathbf{q} = 0 \\
ml^2\begin{pmatrix} 2 & 1 \\ 1 & 1 \end{pmatrix}\begin{pmatrix} \ddot{\theta} \\ \ddot{\phi} \end{pmatrix} + mgl\begin{pmatrix} 2 & 0 \\ 0 & 1 \end{pmatrix}\begin{pmatrix} \theta \\ \phi \end{pmatrix} = 0
\end{gathered}
\tag{11.3.53}
$$

여기서 일반화좌표 $(\theta,\ \phi)$는 상태 벡터 $\mathbf{q}$의 성분들이다. 이번에도 기준모드에 대한 해가 식 (11.3.11a, b)에서처럼 다음의 형태를 갖는다고 가정한다(문제를 간단히 하기 위해 코사인만 택했고 위상각을 영으로 했다).

$$
\begin{aligned}
\mathbf{q} &= \mathbf{a}\cos\omega t \\
&= \begin{pmatrix} a_1 \\ a_2 \end{pmatrix}\cos\omega t
\end{aligned}
\tag{11.3.54}
$$

기준모드에 대해 미리 가정한 이 해를 운동방정식에 대입하면

$$\begin{pmatrix} -2\omega^2+2 & -\omega^2 \\ -\omega^2 & -\omega^2+1 \end{pmatrix} \begin{pmatrix} a_1 \\ a_2 \end{pmatrix} = 0 \tag{11.3.55}$$

문제를 간단히 하기 위해 g, l을 생략했다. 영이 아닌 해는 식 (11.3.55)에 있는 행렬의 행렬식이 영일 때만 존재한다. 즉,

$$\begin{vmatrix} -2\omega^2+2 & -\omega^2 \\ -\omega^2 & -\omega^2+1 \end{vmatrix} = 0 \tag{11.3.56a}$$

혹은

$$\omega^4 - 4\omega^2 + 2 = 0 \tag{11.3.56b}$$

이 방정식을 풀면 이미 식 (11.3.52a)에서 얻은 것과 같은 두 고유진동수 ω_1^2, ω_2^2을 얻게 된다. 그러면 이들을 차례로 행렬방정식 (11.3.55)에 대입하여 a_1/a_2의 비를 계산할 수 있다. 가령 첫째 식은 다음과 같다.

$$\begin{aligned} (-2\omega^2+2)a_1 &= \omega^2 a_2 \\ \frac{a_1}{a_2} &= \frac{\omega^2}{-2\omega^2+2} \end{aligned} \tag{11.3.57a}$$

식 (11.3.52a)의 두 고유진동수 ω_1^2, ω_2^2을 식 (11.3.57)에 대입하면 고유벡터의 두 성분의 진폭비를 알 수 있다.

$$\frac{a_1}{a_2} = +\tfrac{1}{\sqrt{2}}\ (\omega = \omega_1) \qquad \frac{a_1}{a_2} = -\tfrac{1}{\sqrt{2}}\ (\omega = \omega_2) \tag{11.3.57b}$$

이 해는 a_1/a_2의 비만을 제공함으로 $a_1 = \pm 1$로 택하면 처음에 예측했던 대로 기준모드에 대한 다음의 해를 얻는다.

$$\begin{aligned} &\theta = \cos\omega_1 t \qquad \phi = +\sqrt{2}\cos\omega_1 t \qquad \mathbf{a}_1 = \begin{pmatrix} 1 \\ \sqrt{2} \end{pmatrix} \qquad \text{대칭 모드} \\ &\theta = -\cos\omega_2 t \qquad \phi = +\sqrt{2}\cos\omega_2 t \qquad \mathbf{a}_2 = \begin{pmatrix} -1 \\ \sqrt{2} \end{pmatrix} \qquad \text{반대칭 모드} \end{aligned} \tag{11.3.58}$$

예제 11.3.2

질량 m, 길이 r인 진자가 역시 질량이 m이고 마찰이 없는 수평면 위를 움직일 수 있는 지지대에 매달려 있다. 강성도가 k인 용수철이 벽과 지지대를 그림 11.3.8과 같이 연결하고 있다. 질량 m과 용수철 상수 k, 그리고 진자 길이 r 사이에는 $2mg = kr$의 관계가 존재한다. 즉, 용수철이 두 질량을 지지하도록 하면 이 용수철은 진자의 길이만큼 늘어난다는 것이다. 기준 모드의 진동수를 구하라.

풀이

이 계의 운동에너지와 위치에너지를 10.3절에서 했던 것처럼 구할 수 있다. 운동에너지는 전과 같아서

$$T = \frac{1}{2}m\dot{X}^2 + \frac{1}{2}m[\dot{X}^2 + (r\dot{\theta})^2 + 2\dot{X}(r\dot{\theta})\cos\theta]$$

이고, 평형 배위에서 영이 된다고 정의되는 위치에너지는

$$V = mgr(1 - \cos\theta) + \frac{1}{2}kX^2$$

이다. θ, $\dot{\theta}$가 작다고 가정하면 위 식을 근사하여 다음과 같이 표현할 수 있다.

$$T \approx \frac{1}{2}m\dot{X}^2 + \frac{1}{2}m[\dot{X}^2 + (r\dot{\theta})^2 + 2\dot{X}(r\dot{\theta})]$$
$$V \approx mgr\frac{\theta^2}{2} + k\frac{X^2}{2}$$

$q_1 = X$, $q_2 = \mathrm{r}\theta$라 둠으로써 위의 표현들을 더 간단하게 나타낼 수 있으며 문제에서 주어진 조건을 이용하면 $\omega_0^2 \equiv g/r = k/2m$이라 둘 수 있다. 그러면

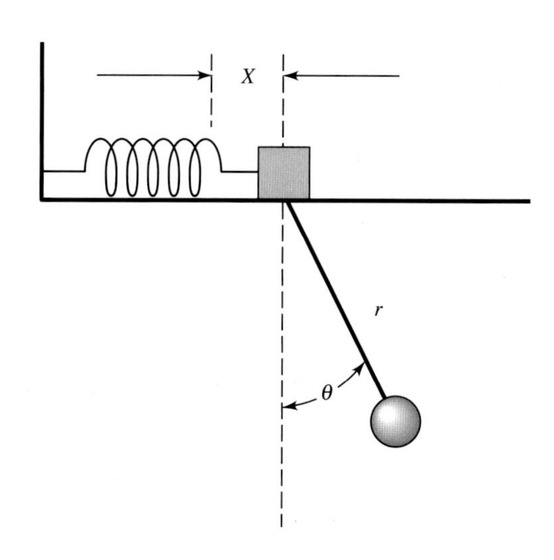

그림 11.3.8 벽과 용수철로 연결된 움직이는 지지대에 매달린 진자

$$T = \frac{1}{2} m \left[2\dot{q}_1^2 + \dot{q}_2^2 + 2\dot{q}_1\dot{q}_2 \right]$$
$$V \approx \frac{1}{2} m\omega_0^2 \left[2q_1^2 + q_2^2 \right]$$

이 마지막 두 식은 예제 11.3.1에서 주어진 식 (11.3.45) 및 식 (11.3.47)과 유사하다. 따라서 해 또한 그곳에서 구한 해와 유사할 것이다. 결과적인 기준모드 진동수는

$$\omega_1^2 = (2 - \sqrt{2})\omega_0^2 \qquad \text{그리고} \qquad \omega_2^2 = (2 + \sqrt{2})\omega_0^2$$

으로 주어지는데 이 식이 합리적이라는 생각이 드는가?

11.4 진동계의 일반 이론

이제 자유도가 n인 일반계를 다루기로 하자. 10.3절에서 운동에너지 T는 일반화 속도의 등차 제곱형임을 알았다. 움직임에 대한 구속 조건이 없다면 T는 다음과 같이 행렬로 나타낼 수 있다.

$$T = \frac{1}{2}\tilde{\dot{\mathbf{q}}}\mathbf{M}\dot{\mathbf{q}} = \frac{1}{2}\sum_{j,k}^{n} M_{jk}\dot{q}_j\dot{q}_k \tag{11.4.1}$$

M_{jk}는 실수의 $n \times n$ 대칭행렬 $\mathbf{M}$의 요소이고, $\dot{q}_j$는 일반화 속도 $\dot{\mathbf{q}}$의 성분이다. 우리의 관심은 평형배위 부근의 운동이므로 11.2절에서 가정한 것처럼 상수 M_{jk}들은 평형배위에서 계산한 값들이다. 여기서는 n차원 좌표계 $(q_1, q_2, \ldots, q_n)$의 원점이 다음과 같은 평형배위 지점이 되도록 선택한다면

$$q_1 = q_2 = \cdots = q_n = 0 \tag{11.4.2}$$

따라서 식 (11.1.8a)로 주어지는 위치에너지는 다음과 같고

$$V = \frac{1}{2}\tilde{\mathbf{q}}\mathbf{K}\mathbf{q} = \frac{1}{2}\sum_{j,k} K_{jk}q_jq_k \tag{11.4.3}$$

K_{jk}는 실수의 $n \times n$ 대칭행렬 $\mathbf{K}$의 요소이고, q_j는 상태 벡터 $\mathbf{q}$의 성분이다.

이때 라그랑지안은 아래와 같다.

$$\begin{aligned} L &= \frac{1}{2}\tilde{\dot{\mathbf{q}}}\mathbf{M}\dot{\mathbf{q}} - \frac{1}{2}\tilde{\mathbf{q}}\mathbf{K}\mathbf{q} \\ &= \frac{1}{2}\sum_{j,k}^{n}(M_{jk}\dot{q}_j\dot{q}_k - K_{jk}q_jq_k) \end{aligned} \tag{11.4.4}$$

라그랑주 운동방정식

$$\frac{d}{dt}\left(\frac{\partial L}{\partial \dot{q}_k}\right) - \frac{\partial L}{\partial q_k} = 0 \qquad (k = 1, 2, \ldots, n) \tag{11.4.5}$$

을 이용하면, 다음과 같은 지배 방정식을 얻는다.

$$\sum_j^n (M_{jk}\ddot{q}_j + K_{jk}q_j) \qquad (k = 1, 2, \ldots, n) \tag{11.4.6}$$

또는 행렬 형식으로

$$\mathbf{M}\ddot{\mathbf{q}} + \mathbf{K}\mathbf{q} = 0 \tag{11.4.7}$$

이다. 만약 해가 다음과 같다고 가정하면

$$\mathbf{q} = \mathbf{a}\cos\omega t \tag{11.4.8}$$

아래의 방정식이 성립해야 한다. 이때 $\mathbf{a}$는 n개의 성분 a_j를 갖고 있다.

$$(\mathbf{K} - \omega^2\mathbf{M})\mathbf{a} = 0 \tag{11.4.9}$$

이 식은 고유벡터 $\mathbf{a}$의 n개 성분에 대한 등차 선형 방정식을 나타내는 행렬이다. 즉,

$$\begin{pmatrix} K_{11} - \omega^2 M_{11} & K_{12} - \omega^2 M_{12} & \cdots \\ K_{21} - \omega^2 M_{21} & K_{22} - \omega^2 M_{22} & \cdots \\ \cdots & \cdots & \cdots \end{pmatrix} \begin{pmatrix} a_1 \\ a_2 \\ \cdots \end{pmatrix} = \begin{pmatrix} 0 \\ 0 \\ \cdots \end{pmatrix} \tag{11.4.10}$$

영이 아닌 해를 가지려면 $\mathbf{a}$의 계수 행렬식이 영이어야 하므로

$$\det(\mathbf{K} - \omega^2\mathbf{M}) = 0 \tag{11.4.11}$$

혹은

$$\begin{vmatrix} K_{11} - \omega^2 M_{11} & K_{12} - \omega^2 M_{12} & \cdots \\ K_{21} - \omega^2 M_{21} & K_{22} - \omega^2 M_{22} & \cdots \\ \cdots & \cdots & \cdots \end{vmatrix} = 0 \tag{11.4.12}$$

이다. 이 영년방정식(secular equation)은 ω^2에 대한 n차 다항식이고, n개의 근은 이 계의 고유값이나 고유진동수이다.

따라서 자유도 n인 계의 평형 배위 근처에서의 진동에 대해서는 일반적으로 n개의 각기 다른 고유진동수가 존재하고 그 각각의 진동수는 기준모드에 대응하는 고유 진폭 벡터에 의해 특성화된다. 이 기준진동수를 구하는 문제는 흔히 고차 대수 방정식을 풀어야 하는 귀찮은 일이 될 수 있다. 예를 들어 $n = 3$인 경우에는 3차 방정식, $n = 4$일 때는 4차 방정식의 근을 구해야 한다. 그러나

어떤 특별한 경우에는 영년방정식이 중근을 갖거나 $\omega = 0$이 근이 될 수도 있다. 이 경우에는 기준 진동수를 구하는 수학적 문제가 보다 간단해질 수 있다. 이 절의 마지막에 그러한 예제를 다룬다. 다음 절에서는 임의로 많은 개수의 조화 진동자가 일직선상에서 결합되어 있을 때 기준 진동수를 구하는 방법을 제시하겠다.

결합된 두 진동자의 경우처럼 식 (11.4.12)를 끝까지 풀면 n개의 고유진동수 ω_k^2을 얻고 이것을 식 (11.4.9)나 식 (11.4.10)에 활용하여 n개의 고유벡터 $\mathbf{a}_k$와 그 성분 a_{ik}를 계산할 수 있다. 이렇게 얻은 고유벡터와 고유진동수로 n개의 기준모드 벡터 $\mathbf{Q}_k$를 알아낼 수 있다.

$$\mathbf{Q}_k(t) = \mathbf{a}_k \cos(\omega_k t - \delta_k) \qquad \mathbf{a}_k = \begin{pmatrix} a_{1k} \\ a_{2k} \\ \cdots \\ \cdots \\ a_{nk} \end{pmatrix} \qquad (k = 1, 2, \ldots, n) \qquad (11.4.13)$$

진폭 a_{ik}는 독립적이 아니라 각각의 고유진동수 ω_k에 대해서 식 (11.4.9) 혹은 식 (11.4.10) 형태의 등차 고유 벡터 방정식을 만족해야 하기에 서로 관련된다. 그래서 진폭의 비 $a_{1k}: a_{2k}: \ldots : a_{nk}$만을 알 수 있고 이들 진폭을 정규화할 수 있는 자유도를 갖는다. 간단하게 하기 위해 이는 첫 번째 진폭 성분을 1로 둠으로써 이룰 수 있다.

개별 진동자가 평형 위치에서 이동한 정도는 일반화좌표 q_k로 표현하는데 이들은 물리계에 대한 위치 벡터 $\mathbf{q}$의 성분이다. 이것이 바로 우리가 바라는 일반해이다. 일반화좌표는 기준모드 벡터 $\mathbf{Q}_k$의 선형 조합이고, 기준모드 Q_k는 고유 진동수 ω_k로 진동한다. 기준모드 벡터의 성분이 식 (11.4.13)에 있으며 이를 이용해서 연성 진동자에 대한 해를 얻게 하는 표를 만들 수 있다. 이 표는 원하는 해 q_k를 구성하는 선형 조합을 보여준다.

	$\mathbf{Q}_1$	$\mathbf{Q}_2$	$\cdots\ \cdots$	$\mathbf{Q}_n$
q_1	$a_{11}\cos(\omega_1 t - \delta_1)$	$a_{12}\cos(\omega_2 t - \delta_2)$	$\cdots\ \cdots$	$a_{1n}\cos(\omega_n t - \delta_n)$
q_2	$a_{21}\cos(\omega_1 t - \delta_1)$	$a_{22}\cos(\omega_2 t - \delta_2)$	$\cdots\ \cdots$	$a_{2n}\cos(\omega_n t - \delta_n)$
$\cdots$	$\cdots$	$\cdots$	$\cdots\ \cdots$	$\cdots$
$\cdots$	$\cdots$	$\cdots$	$\cdots\ \cdots$	$\cdots$
q_n	$a_{n1}\cos(\omega_1 t - \delta_1)$	$a_{n2}\cos(\omega_2 t - \delta_2)$	$\cdots\ \cdots$	$a_{nn}\cos(\omega_n t - \delta_n)$

따라서 일반화좌표 q_k에 대한 일반해는 다음과 같다.

$$q_k = \sum_{i=1}^{n} a_{ki} \cos(\omega_i t - \delta_i) \qquad (k = 1, 2, \ldots, n) \qquad (11.4.14)$$

이와 관련하여 강조하고 싶은 것은 $n > 2$인 경우에는 기준모드를 예측함으로써 시작하는 것이 좋다. 그러면 변환행렬 $\mathbf{A}$는 비교적 쉽게 알 수 있고 일반해를 수월하게 얻을 수 있기 때문이다.

예제 11.4.1

3원자 분자의 직선 운동

세 입자가 일직선 위에서 운동할 때를 생각해보자. 예로 구조가 O–C–O인 이산화탄소 CO_2를 들 수 있다. 그림 11.4.1에 보이는 것처럼 x축상에서의 1차원 운동만을 고려하자. 각각 질량 m인 끝에 있는 두 입자는 그림에서 보듯이 질량 M인 중간입자에 탄성상수 K인 용수철로 연결되어 있다. 각 입자의 변위를 x_1, x_2, x_3라 하자.

풀이

이 문제에서는 기준 모드를 쉽게 추측할 수 있다. 그림 11.4.1(a)~(c)에 나타나 있다. 조금만 생각해보면 분자의 질량중심은 가속하지 않는다는 사실을 알 수 있을 것이다. 모드 (c)에서 중간입자는 끝의 두 입자와 180° 위상차를 가지고 진동한다. 진동하는 진폭의 비는 질량중심이 정지하도록 유지된다. 모드 (b)도 같은 조건을 만족한다. 중간 입자는 정지해 있고 끝의 두 입자는 진폭이 같고 180° 위상차로 움직이며 이번에도 질량중심은 정지하고 있다. 모드 (a)는 질량중심이 일정한 속도로 움직이는 상황을 묘사한다.

이 정도의 추측을 하고 진행할 수 있지만 이번에는 그렇게 하지 않겠다. 기준모드가 알려지지 않을 때 사용한 일반적 방법으로 문제를 풀 것이다. 결국은 영년방정식으로 ω^2의 3차 방정식을 얻게 될 것이다(좌표가 셋이므로 해의 기준모드와 진동수도 셋이 있기 때문이다). 이 경우는 3차 방정식이 쉽게 풀리는 경우이다. 각 기준모드에 대한 진동수를 구한 다음 하나씩 변위 진폭을 연계하는 방정식(영년 방정식에 해당하는 행렬식)에 대입하여 기준모드를 구한다.

이러한 3원자 분자의 라그랑지안은

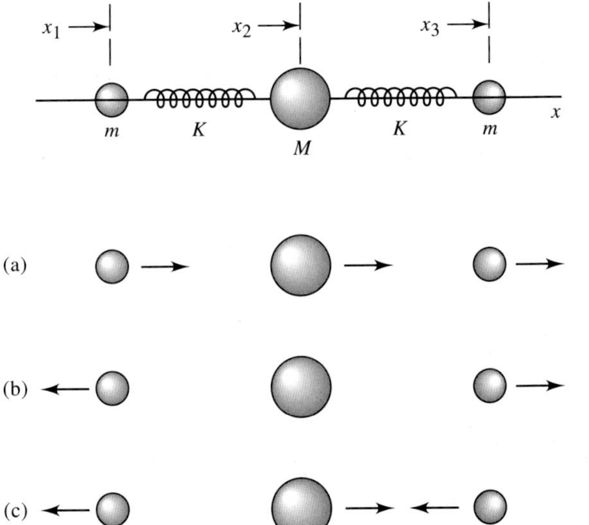

그림 11.4.1 3원자 분자의 모형과 일직선상의 운동에 대한 세 개의 기준모드

$$\begin{aligned} L &= T - V \\ &= \left(\frac{m}{2}\dot{x}_1^2 + \frac{M}{2}\dot{x}_2^2 + \frac{m}{2}\dot{x}_3^2\right) - \left[\frac{K}{2}(x_2 - x_1)^2 + \frac{K}{2}(x_3 - x_2)^2\right] \end{aligned} \tag{11.4.15}$$

이고, 세 개의 라그랑주 운동 방정식은 다음과 같다.

$$\begin{aligned} m\ddot{x}_1 + Kx_1 \quad -Kx_2 \qquad\qquad &= 0 \\ -Kx_1 \quad +M\ddot{x}_2 + 2Kx_2 \quad -Kx_3 &= 0 \\ -Kx_2 \quad +m\ddot{x}_3 + Kx_3 &= 0 \end{aligned} \tag{11.4.16}$$

만일 $x_1 = a_1 \cos \omega t$, $x_2 = a_2 \cos \omega t$, $x_3 = a_3 \cos \omega t$의 형태로 해가 존재한다면

$$\begin{pmatrix} K - m\omega^2 & -K & 0 \\ -K & 2K - M\omega^2 & -K \\ 0 & -K & K - m\omega^2 \end{pmatrix} \begin{pmatrix} a_1 \\ a_2 \\ a_3 \end{pmatrix} = 0 \tag{11.4.17}$$

이 되어 영년 방정식은

$$\begin{vmatrix} K - m\omega^2 & -K & 0 \\ -K & 2K - M\omega^2 & -K \\ 0 & -K & K - m\omega^2 \end{vmatrix} = 0 \tag{11.4.18a}$$

이 되고, 행렬식을 전개하여 항들을 정리하면 다행히 다음과 같이 인수분해가 가능하다.

$$\omega^2(-m\omega^2 + K)(-mM\omega^2 + KM + 2Km) = 0 \tag{11.4.18b}$$

따라서 세 개의 기준 진동수는 다음과 같다.

$$\omega_1 = 0 \qquad \omega_2 = \left(\frac{K}{m}\right)^{1/2} \qquad \omega_3 = \left(\frac{K}{m} + 2\frac{K}{M}\right)^{1/2} \tag{11.4.19}$$

이 세 개의 근에 대해 하나씩 기준모드를 논의해보자.

1. 첫째 모드에서는 진동이 전혀 없고 계 전체가 병진운동만 하는 경우이다. 식 (11.4.17)에 $\omega = 0$을 대입하면 $a_1 = a_2 = a_3$가 된다.

2. 식 (11.4.17)에 $\omega = \omega_2$를 대입하면 $a_2 = 0$, $a_1 = -a_3$가 된다. 이 경우에 중간입자는 정지해 있으나 양 끝의 입자는 같은 진폭을 가지고 반대방향으로(반대칭적으로) 진동한다.

3. 식 (11.4.17)에 $\omega = \omega_3$를 대입하면 $a_1 = a_3$, $a_2 = -2a_1(m/M) = -2a_3(m/M)$을 얻는다. 따라서 이 모드에서는 양 끝의 입자가 같은 진폭을 가지고 같은 방향으로 진동하고 중간입자는 다른 진폭을 가지고 반대방향으로 진동한다. 이 세 모드는 그림 11.4.1에 나타나 있다.

기준 진동수의 비 ω_3/ω_2가 탄성 상수 K와 무관함은 흥미로운 일이다.

$$\frac{\omega_3}{\omega_2} = \left(1 + 2\frac{m}{M}\right)^{1/2}$$

이산화탄소가 ^{12}C와 ^{16}O 원자로 구성된 보통의 CO_2라면 질량비 m/M은 16/12 = 4/3에 매우 가깝다. 이때 진동수의 비는 다음과 같다.

$$\frac{\omega_3}{\omega_2} = \left(1 + 2 \times \tfrac{16}{12}\right)^{1/2} = \left(\tfrac{11}{3}\right)^{1/2} = 1.915$$

11.5 하중이 걸린 현의 진동

실제의 고체 계는 용수철로 연결된 두세 개의 입자가 아니라 주변 원자들의 퍼텐셜에 의해 개별적인 작은 영역으로 속박된 많은 수의 입자들을 포함한다. 그렇지만 각 입자가 '느끼는' 위치에너지는 그 입자의 평형위치로부터 변위와 순간적으로 인접한 입자의 평형위치부터 변위와의 차이의 제곱형 함수로 잘 표현할 수 있다. 따라서 이러한 계는 본질적으로 조화진동자가 여러 개 결합된 것이다. 이에 대한 분석을 통해 연속계의 진동, 연속계에서의 파동전파, 결정체 격자의 진동을 잘 설명할 수 있다. 이 절에서는 문제 해결을 위한 이론적 무장이 목표이다. 양 끝이 고정되어있고 질량 m인 n개의 입자가 일정한 간격으로 매달려 있는 가느다란 탄성 현(string)의 진동을 고찰한다. 그러나 분석을 시작하기 전에 이 주제에 대한 역사적 사실들을 간략하게 기술한다.[6)]

직선적으로 연결된 입자에 관한 동역학은 뉴턴 자신이 제일 먼저 시도했다. 그 이후 베르누이 부자(존과 그의 아들 다니엘)가 이 문제를 푼 사람들이다. 이들은 n개의 입자로 구성된 계는 (1차원 운동에 국한하여) 정확히 n개의 독립적 모드를 갖는다는 것을 설명했다. 1753년 아들인 다니엘 베르누이(Daniel Bernoulli, 1700~1782)는 이 진동계의 일반적 운동은 기준모드의 중첩으로 기술할 수 있음을 보였다. 결정체 격자의 진동 이론에 큰 기여를 한 레온 브릴루앙(Leon Brillouin)은 다음과 같이 언급했다.[7)]

> 베르누이 부자의 연구결과는 단일 입자가 아닌 입자계의 운동법칙을 공식화하려는 최초의 시도라는 면에서 역학과 구별하여 이론물리학의 효시라 할 수 있다. 중첩 원리는 푸리에 급수의 한 특수한 경우로써 중요하고 시간이 지나면서 푸리에 정리로 확대되었다.

6) 예를 들면 다음을 참조하라. A. P. French, *Vibrations and Waves*, The MIT Introductory Physics Series, Norton, New York(1971).

7) L. Brillouin, *Wave Propagation in Periodic Structures*, Dover, New York(1953).

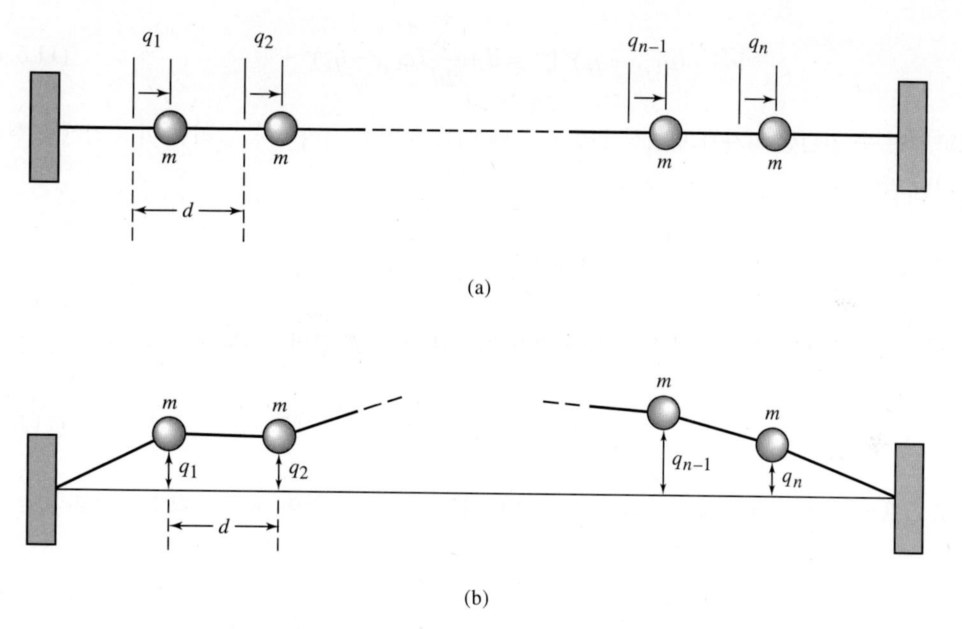

그림 11.5.1 진동하는 입자의 선형 배열 혹은 하중이 걸린 현(string): (a) 세로 운동, (b) 가로 운동

참으로 강력한 논평이다! 그러면 분석을 시작해보자.

평형위치로부터 입자들의 변위를 $q_1, q_2, \ldots, q_n$이라 하자. 실제로 두 형태의 변위가 있다. 입자들이 현의 방향으로 움직이는 세로 변위와 현의 방향과 수직으로 움직이는 가로 변위이다. 이러한 상황이 그림 11.5.1에 나타나 있다. 문제를 간단히 하기 위해서 입자의 운동은 모두 가로 방향이거나 세로 방향이라고 가정하자. 실제의 물리적 상황에서는 이들이 복합적으로 일어날 수 있다. 그러면 계의 운동에너지는 다음과 같다.

$$T = \frac{m}{2}\left(\dot{q}_1^2 + \dot{q}_2^2 + \cdots + \dot{q}_n^2\right) \tag{11.5.1}$$

각 입자를 k로 표기하면 세로 운동의 경우 입자 k와 입자 $(k+1)$ 사이의 현이 늘어나는 정도는

$$q_{k+1} - q_k \tag{11.5.2}$$

이므로 이 부분의 현이 갖는 위치에너지는 다음과 같다.

$$\tfrac{1}{2}K(q_{k+1} - q_k)^2 \tag{11.5.3}$$

여기서 K는 현의 강성도 탄성계수(elastic stiffness coefficient)이다.

가로 운동의 경우 입자 k와 입자 $(k+1)$ 사이의 거리는

$$[d^2 + (q_{k+1} - q_k)^2]^{1/2} = d + \frac{1}{2d}(q_{k+1} - q_k)^2 + \cdots \tag{11.5.4}$$

이고, d는 두 인접한 입자가 평형상태에 있을 때 이들 사이의 거리이다. 그러면 이 구간에서 현이 늘어난 길이는

$$\Delta l = \frac{1}{2d}(q_{k+1} - q_k)^2 \tag{11.5.5}$$

이 되고, 현의 장력을 F라 하면 이 구간의 위치에너지는 다음과 같다.

$$F\Delta l = \frac{F}{2d}(q_{k+1} - q_k)^2 \tag{11.5.6}$$

세로 운동이든 가로 운동이든 계의 전체 위치에너지는 다음과 같이 제곱형 함수로 표현할 수 있다.

$$V = \frac{K}{2}\left[q_1^2 + (q_2 - q_1)^2 + \cdots + (q_n - q_{n-1})^2 + q_n^2\right] \tag{11.5.7}$$

여기서 K는 다음과 같다.

$$K = \frac{F}{d} = \frac{\text{장력}}{\text{간격}} \qquad \text{가로 진동}$$

혹은

$$K = \text{탄성 계수} \qquad \text{세로 진동}$$

따라서 두 경우 모두 라그랑지안 함수는

$$L = \tfrac{1}{2}\sum_k \left[m\dot{q}_k^2 - K(q_{k+1} - q_k)^2\right] \tag{11.5.8}$$

으로 쓸 수 있다. 그러면 라그랑주의 운동방정식

$$\frac{d}{dt}\frac{\partial L}{\partial \dot{q}_k} = \frac{\partial L}{\partial q_k} \tag{11.5.9}$$

은 아래와 같이 된다.

$$m\ddot{q}_k = -K(q_k - q_{k-1}) + K(q_{k+1} - q_k) \tag{11.5.10}$$

여기서 $k = 1, 2, \ldots, n$이다.

위의 n개의 결합된 미분방정식을 풀기 위해서 다음과 같이 t에 관한 조화 함수 q를 시도한다.

$$q_k = a_k \cos \omega t \tag{11.5.11a}$$

여기서 a_k는 입자 k의 진폭이다. 이 시험해(trial solution)를 식 (11.5.11a)에 대입하면 진폭에 대한 다음의 회귀 공식(recursion formula)을 얻는다.

$$-m\omega^2 a_k = K(a_{k-1} - 2a_k + a_{k+1}) \tag{11.5.11b}$$

위 식은 다음의 조건을 설정하면 현의 양 끝점을 포함하게 된다.

$$a_0 = a_{n+1} = 0 \tag{11.5.11c}$$

따라서 영년 행렬식은 다음과 같다.

$$\begin{vmatrix} 2K - m\omega^2 & -K & 0 & \cdots & 0 \\ -K & 2K - m\omega^2 & -K & \cdots & 0 \\ 0 & -K & 2K - m\omega^2 & \cdots & 0 \\ \cdots & \cdots & \cdots & \cdots & \cdots \\ 0 & 0 & 0 & \cdots & 2K - m\omega^2 \end{vmatrix} = 0 \tag{11.5.12}$$

이 행렬식은 n차 방정식이고 이를 만족하는 n개의 ω가 존재한다. 그러나 n개의 근을 대수적으로 구하기보다 식 (11.5.11b)의 회귀 공식을 이용하는 방법을 택하겠다.

이 목적으로 진폭 a_k와 다음과 같은 함수관계인 ϕ를 정의한다.

$$a_k = A \sin k\phi \tag{11.5.13}$$

이것을 회귀 공식인 식 (11.5.11b)에 대입하면

$$-m\omega^2 A \sin(k\phi) = KA[\sin(k\phi - \phi) - 2\sin(k\phi) + \sin(k\phi + \phi)] \tag{11.5.14a}$$

가 되고, 이를 간단히 하면

$$m\omega^2 = K(2 - 2\cos\phi) = 4K \sin^2 \frac{\phi}{2} \tag{11.5.14b}$$

또는

$$\omega = 2\omega_0 \sin \frac{\phi}{2} \tag{11.5.14c}$$

가 되는데, 여기서 ω_0는 다음과 같다.

$$\omega_0 = \left(\frac{K}{m}\right)^{1/2} \tag{11.5.14d}$$

식 (11.5.14c)는 기준진동수를 ϕ로 나타내는데 ϕ는 아직 무엇인지 결정이 되지 않았다. 실제로 a_k

대신 $A\cos k\phi$, $Ae^{ik\phi}$, $Ae^{-ik\phi}$ 또는 이들의 어떤 선형 조합을 대입해도 똑같은 관계식을 얻는다. 그러나 $a_k = A\sin k\phi$만이 경계 조건 $a_0 = 0$을 만족한다. 매개변수 ϕ의 실제 값을 알아서 진동하는 현의 기준진동수를 구하려면 다른 경계 조건 $a_{n+1} = 0$을 사용한다. 이 조건은

$$(n+1)\phi = N\pi \tag{11.5.15}$$

일 때 만족하는데 N은 정수이다. 왜냐하면 다음과 같기 때문이다.

$$a_{n+1} = A\sin N\pi = 0 \tag{11.5.16}$$

일단 ϕ를 구했으면 기준진동수를 계산할 수 있고 다음과 같다.

$$\omega_N = 2\omega_0 \sin\left(\frac{N\pi}{2n+2}\right) \tag{11.5.17}$$

또한 식 (11.5.13), (11.5.15)에서 기준모드의 진폭은 다음과 같다.

$$a_k = A\sin\left(\frac{N\pi k}{n+1}\right) \tag{11.5.18}$$

$k = 1, 2, \ldots, n$은 직선 위에 있는 입자를 가리키며 $N = 1, 2, \ldots, n$은 진동계의 기준 모드를 표시한다.

식 (11.5.18)의 진폭을 그래프로 그려서 각기 다른 기준 모드를 설명할 수 있다. 그림 11.5.2는 $n = 3$일 때 세입자들의 진폭이 사인 곡선상에 나타난다는 것을 보여준다. 한 모드에서만 진동할 때 계의 실제 운동은 다음 식으로 표현된다.

$$q_k = a_k \cos\omega_N t = A\sin\left(\frac{\pi N k}{n+1}\right)\cos\omega_N t \tag{11.5.19}$$

그리고 일반적 운동은 모든 기준모드의 선형 조합이다.

$$q_k = \sum_{N=1}^{n} A_N \sin\left(\frac{N\pi k}{n+1}\right)\cos(\omega_N t - \epsilon_N) \tag{11.5.20}$$

상수 A_N, ϵ_N은 초기조건에서 결정된다.

가령 현에 있는 입자의 수 n이 매우 크다고 하자. 실제의 현은 아주 많은 수의 원자들이 빽빽이 모여 있는 것이다. 입자의 수 n은 증가하지만 인접 입자들 사이의 간격 d는 줄어들면서 현의 길이 $L = (n+1)d$는 일정하게 유지한다. 따라서 $N \ll n$일 때 식 (11.5.17)의 사인항의 $N\pi/(2n+2)$는 매우 작아서 다음과 같이 근사시킬 수 있다.

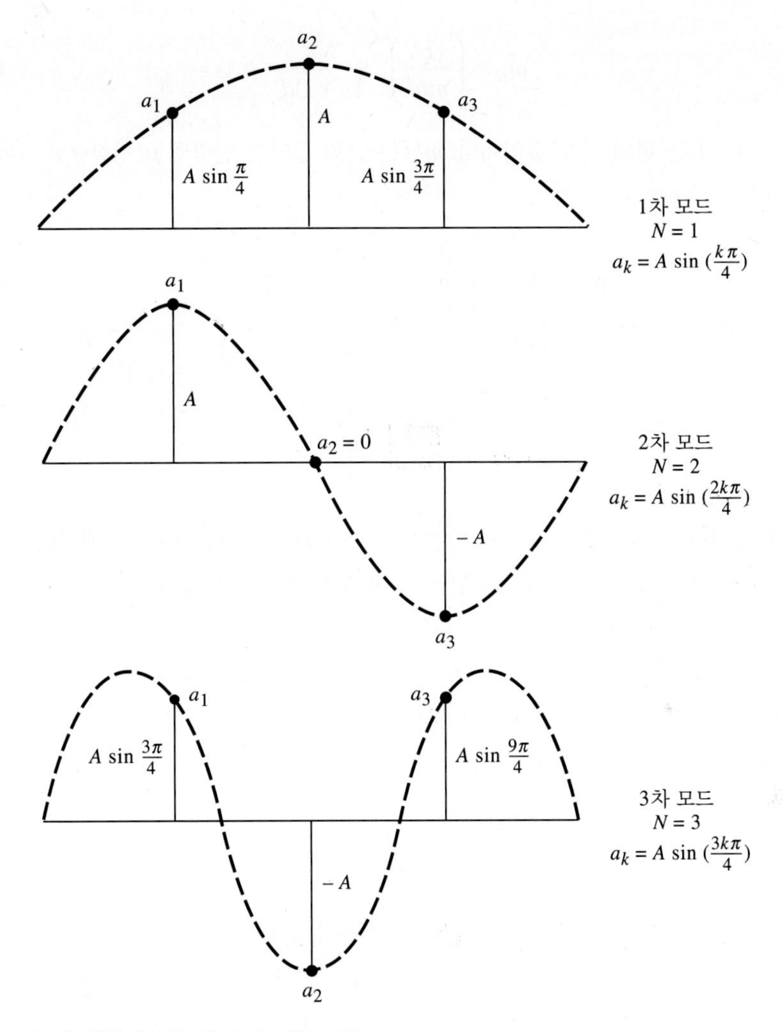

그림 11.5.2 3입자 배열에서의 세 가지 기준 모드

$$\omega_N = \omega_0\left(\frac{N\pi}{n+1}\right) \tag{11.5.21}$$

그런데 가로 진동에 대해서는

$$\omega_0 = \left(\frac{K}{m}\right)^{1/2} = \left(\frac{F}{md}\right)^{1/2} \tag{11.5.22}$$

이므로, 이것을 식 (11.5.21)에 대입하여 다음 결과를 얻는다.

$$\omega_N \approx \left(\frac{F}{m/d}\right)^{1/2} \frac{N\pi}{(n+1)d} \tag{11.5.23a}$$

여기서 $(n+1)d = L$은 현의 전체 길이이다. m/d는 단위 길이당 질량인 μ(선질량밀도)이므로 다음 결과를 얻는다.

$$\omega_N = N\frac{\pi}{L}\left(\frac{F}{\mu}\right)^{1/2} \qquad (N = 1, 2, \ldots) \tag{11.5.23b}$$

특히 ω_1은

$$\omega_1 = \frac{\pi}{L}\left(\frac{F}{\mu}\right)^{1/2} \tag{11.5.23c}$$

이고 $\omega_N = N\omega_1$이다. 기준진동수는 가장 낮은 진동수(기본진동수) ω_1의 정수배이다. 이것은 근사식임에 불과함을 기억하라. 그러나 $N \ll n$일 때는 아주 잘 맞는 근사식이다.

이번에는 이러한 조건을 만족하는 상황에서 입자의 변위를 조사해보자. 무엇을 추측할 수 있을까? 실제의 현이 진동하는 것을 상당히 근사적으로 기술해야 할 것이다. 모드 N에 대해 입자 k의 변위는 식 (11.5.19)로 주어진다. 그러나 입자를 k로 표기하지 말고 고정된 끝에서 현을 따라 잰 거리 $x = kd$를 사용하자. 그러면 다음과 같다.

$$\frac{kN\pi}{(n+1)} = \frac{N\pi(kd)}{(n+1)d} = \frac{N\pi x}{L} \tag{11.5.24}$$

식 (11.5.19)의 사인항에 적용하면 다음과 같이 바꿔 쓸 수 있다.

$$\begin{aligned} q_N(x,t) &= A\sin\left(\frac{N\pi x}{L}\right)\cos\omega_N t \quad (N = 1, 2, \ldots) \\ &= A\sin\left(\frac{2\pi x}{\lambda_N}\right)\cos 2\pi f_N t \end{aligned} \tag{11.5.25a}$$

여기서 파장 λ_N과 주파수 f_N을 다음과 같이 정의한다.

$$\lambda_N = \frac{2L}{N} \qquad f_N = \frac{\omega_N}{2\pi} \tag{11.5.25b}$$

다음 절에서 연속계를 따라 진행하는 파동을 다룰 때 이 물리량들의 의미를 좀 더 자세하게 설명할 것이다. 식 (11.5.25a)는 N번째 모드로 진동하는 연속인 현 위의 한점의 변위를 나타낸다. 이는 파장이 λ_N인 정상파(standing wave)에 해당한다. 각각의 진동 모드에서 현의 양 끝은 그 진폭이 영인 마디점이 되고 현의 길이는 그 반파장의 정수배가 된다: $L = N\lambda_N/2$. 바이올린 현과 같은 무언가의 제1, 제2, 제3 등의 고조파와 함께 기본진동수라는 용어의 의미가 분명해진다. 초기 피타고라스 학파가 정수(integer)에 큰 존경심을 가졌던 것을 이해할 만하다.

다음 절에서는 분리된 많은 수의 질점으로 구성된 것이 아니라 연속계로써 이 문제를 직접 다루어보겠다. 연속계의 운동을 지배하는 '파동' 방정식을 유도하고 위에서 본 정상파 해도 구해보고자 한다.

11.6 연속계의 진동: 파동방정식

입자의 수가 무한히 많고 인접한 입자 사이의 간격이 무한히 짧은 상태로 일직선상에 놓여 있는 상황을 생각해보자. 다시 말하면 연속체인 단단한 줄이나 막대를 생각해보자. 이러한 형태의 계를 분석하려면 유한계의 운동방정식인 식 (11.5.10)을 다음 형식으로 바꿔 쓰는 것이 편리하다.

$$m\ddot{q} = Kd\left[\left(\frac{q_{k+1} - q_k}{d}\right) - \left(\frac{q_k - q_{k-1}}{d}\right)\right] \tag{11.6.1}$$

평형상태에 있을 때 두 인접한 입자 사이의 거리는 d이다. 줄을 따라서 잰 거리를 x라 할 때 입자 수 n이 매우 크고 입자 간격 d가 전체 거리에 비해 매우 짧다면 다음과 같이 쓸 수 있다.

$$\begin{aligned} \frac{q_{k+1} - q_k}{d} &\approx \left(\frac{\partial q}{\partial x}\right)_{x=kd+d/2} \\ \frac{q_k - q_{k-1}}{d} &\approx \left(\frac{\partial q}{\partial x}\right)_{x=kd-d/2} \end{aligned} \tag{11.6.2}$$

결국 위의 두 식의 차이는 2차 도함수에 d를 곱한 것과 같다.

$$\frac{q_{k+1} - q_k}{d} - \frac{q_k - q_{k-1}}{d} \approx d\left(\frac{\partial^2 q}{\partial x^2}\right)_{x=kd} \tag{11.6.3}$$

따라서 운동방정식은

$$\frac{\partial^2 q}{\partial t^2} = \frac{Kd^2}{m}\frac{\partial^2 q}{\partial x^2} \tag{11.6.4a}$$

또는

$$\frac{\partial^2 q}{\partial t^2} = v^2\frac{\partial^2 q}{\partial x^2} \tag{11.6.4b}$$

의 형태로 쓸 수 있고, 여기서 다음과 같이 요약 기호를 도입했다.

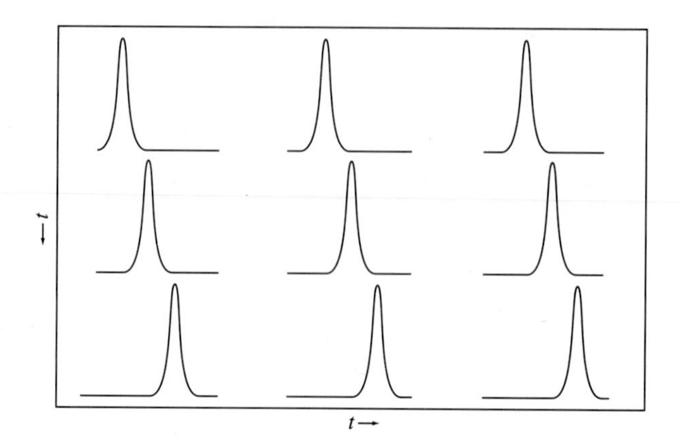

그림 11.6.1 오른쪽으로 진행하는 파동의 연속 그래프. 이 그래프는 Mathematica의 *Animate* 함수를 이용하여 그린 것이다.

$$v^2 = \frac{Kd^2}{m} \tag{11.6.4c}$$

식 (11.6.4b)는 수리물리학에서 유명한 편미분방정식으로, **1차원 파동방정식**(one-dimensional wave equation)이라 한다. 우리는 여러 분야의 문제에서 이 방정식을 만나게 된다. 파동방정식의 해는 어떤 종류의 교란(disturbance)이 일직선으로 진행하는 것을 나타낸다. 미분가능한 임의의 함수를 f라 하면 파동방정식의 일반해는

$$q = f(x + vt) \tag{11.6.5a}$$

또는

$$q = f(x - vt) \tag{11.6.5b}$$

로 나타낼 수 있음을 쉽게 증명할 수 있다. 함수 f는 변수 $x \pm vt$에 대해 미분가능한 함수이다. 첫 번째 해는 음의 x축 방향으로 v의 속력으로 진행하는 교란이다. 그리고 두 번째 방정식은 양의 x축 방향으로 v의 속력으로 진행하는 교란이다. 우리가 다루는 문제에서 교란 q는 평형상태에서 벗어난 계의 작은 부분의 변위이다(그림 11.6.1 참조). 줄을 따라 진행하는 굽은 부분(kink)일 수 있고, 막대의 길이 방향으로 진행하는 압축된 또는 팽창된 영역일 수도 있다.

파동 속력의 계산

앞 절에서 하중이 걸린 현의 가로 운동에 대해 $K = F/d$(F는 끈의 장력)임을 보았다. 연속적인 현의 경우 d가 영으로 갈 때 이 비는 물론 무한대가 된다. 그런데 단위 길이당의 질량인 선밀도 μ를 도입하면 아래와 같다.

$$\mu = \frac{m}{d} \tag{11.6.6}$$

따라서 속력 v^2에 대한 식 (11.6.4c)는 다음과 같이 쓸 수 있어서

$$v^2 = \frac{(F/d)d^2}{\mu d} = \frac{F}{\mu} \tag{11.6.7a}$$

간격 d는 서로 상쇄된다. 결국 연속체의 현에서 가로 파동의 진행속력은 다음과 같다.

$$v = \left(\frac{F}{\mu}\right)^{1/2} \tag{11.6.7b}$$

세로 진동의 경우 막대 양단에 동일한 인장력을 가할때 막대의 단위 길이당 늘어난 길이에 대한 인장력의 비로 정의되는 영(Young)의 탄성률(elastic modulus) Y를 도입하면 길이 d인 작은 부분의 강성도 탄성계수(stiffness)는 다음과 같이 주어진다.[8)]

$$K = \frac{Y}{d} \tag{11.6.8}$$

결국 식 (11.6.4c)는 아래와 같이 쓸 수 있고

$$v^2 = \frac{(Y/d)d^2}{\mu d} = \frac{Y}{\mu} \tag{11.6.9a}$$

이번에도 d는 서로 상쇄된다. 따라서 탄성 막대에서 종파의 진행속력은 다음과 같다.

$$v = \left(\frac{F}{\mu}\right)^{1/2} \tag{11.6.9b}$$

사인 곡선형 파동

파동방정식

$$\frac{\partial^2 q}{\partial t^2} = v^2 \frac{\partial^2 q}{\partial x^2} \tag{11.6.10}$$

의 특별한 해로서 다음과 같이 q가 x와 t의 사인 곡선형 함수인 경우들을 고찰해 보자.

$$q = A \begin{matrix}\sin\\ \cos\end{matrix}\left[\frac{2\pi}{\lambda}(x+vt)\right] \tag{11.6.11a}$$

$$q = A \begin{matrix}\sin\\ \cos\end{matrix}\left[\frac{2\pi}{\lambda}(x-vt)\right] \tag{11.6.11b}$$

기본적인 중요성을 지니고 있는 이 해들은 진행하는 교란을, 즉 파동을 나타낸다. 어떤 점 x에서의 교란이 시간에 따라 조화운동을 하며 진행하는 것이다. 이 운동의 진폭은 상수 A이고 진동수 f는

---

8) $Y = F/(\Delta d/d)$와 $F = K\Delta d$를 이용하면 식(11.6.8)을 얻을 수 있다.

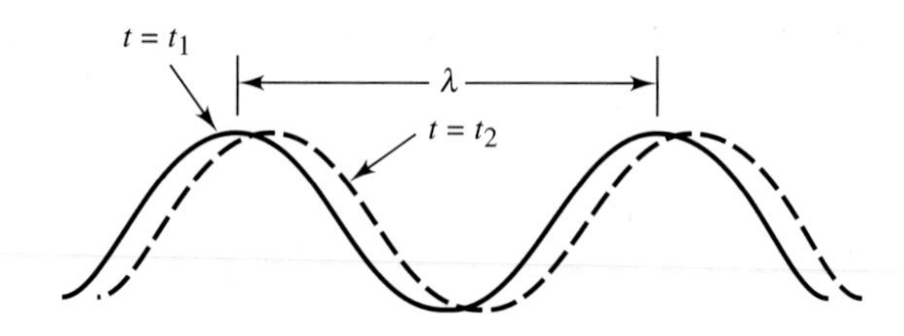

그림 11.6.2 진행하는 사인형 파동

다음과 같다.

$$f = \frac{\omega}{2\pi} = \frac{v}{\lambda} \tag{11.6.12}$$

한편 이번에는 시간을 가령 $t = 0$에 고정시키면 변위는 거리 x의 사인 곡선형 함수가 된다. 변위의 두 인접한 극대 또는 극소 사이의 거리는 **파장**(wavelength)이라고 불린다. 식 (11.6.11a)로 표현되는 파동은 음의 방향으로, 식 (11.6.11b)로 표현되는 파동은 그림 11.6.2에서와 같이 양의 방향으로 진행한다. 이들은 앞서 언급한 일반해의 특별한 경우이다.

정상파

파동방정식 (11.6.4b)는 선형이므로 알려진 해들의 선형 조합을 택해서 새로운 해를 얼마든지 만들어낼 수 있다. 특별한 의미를 갖는 선형 조합은 진폭은 같고 서로 반대방향으로 진행하는 두 파동을 합할 때이다. 우리의 표기법을 사용하면 이 해는 다음과 같다.

$$q = A\sin\left[\frac{2\pi}{\lambda}(x + vt)\right] + A\sin\left[\frac{2\pi}{\lambda}(x - vt)\right] \tag{11.6.13}$$

적당한 삼각함수의 항등식을 사용하고 정리하면 해는 다음처럼 간단해진다.

$$q = 2A\sin\left(\frac{2\pi}{\lambda}x\right)\cos\omega t \tag{11.6.14}$$

여기서 $\omega = 2\pi v/\lambda$이다. 결과적인 교란의 최대 진폭은 $2A$가 된다. 이 식은 매달린 입자의 수가 무한히 많아지면서 인접한 두 입자 사이의 간격이 영이 되지만 전체 길이는 일정하게 유지되는 현의 운동을 나타내는 식 (11.5.25a)와 동일하다. 이번에도 식 (11.6.14)는 **정상파**(standing wave)를 나타낸다. 변위의 진폭은 x에 따라서 연속적으로 변한다. 거리 $x = 0, \lambda/2, \lambda, 3\lambda/2, \ldots$에서는 사인항이 영이 되기 때문에 변위는 항상 영이 된다. 영의 진폭을 갖는 이 점들을 **마디**(node)라고 한다. 거리 $x = \lambda/4, 3\lambda/4, 5\lambda/4, \ldots$에서는 줄의 진폭이 최대가 된다. 이 점들을 **배**(antinode)라고 하다. 인접한 두 마디 또는 배 사이의 거리는 $\lambda/2$이다. 이들은 그림 11.6.3에 나타나 있다. 이번에도 허용되는 파장 λ에 명확한 제한조건이 있다. 줄의 양 끝은 고정되어 있으므로 식 (11.6.14)가 만족해야 할

그림 11.6.3 정상파

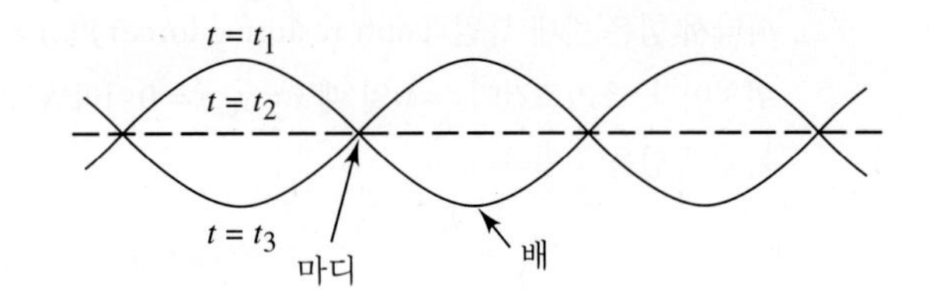

경계조건은 다음과 같다.

$$q = 0 \qquad (x = 0, L) \tag{11.6.15}$$

처음의 조건, $x = 0$에서 $q = 0$은 자동적으로 만족된다. 두 번째 조건 $x = L$에서 $q = 0$이 만족되려면 다음이 성립해야 한다.

$$L = N\left(\frac{\lambda}{2}\right) \qquad \lambda = \frac{2L}{N} \tag{11.6.16}$$

양 끝점이 마디가 되려면 반파장의 정수배가 길이 L에 맞아야 한다. 이것은 입자들이 매달린 현에서 기준모드에 대해 얻은 결과와 그대로 일치한다.

연습문제

11.1 질량 m인 입자가 다음의 위치에너지를 가지고 1차원 운동을 한다.

(a) $V(x) = \frac{k}{2}x^2 + \frac{k^2}{x}$

(b) $V(x) = kxe^{-bx}$

(c) $V(x) = k(x^4 - b^2x^2)$

여기서 모든 상수는 양의 실수이다. 각 경우에 평형 위치를 구하고 안정성을 조사하라.

(d) (a), (b), (c)에서 안정한 평형점 주위의 작은 진동을 할 때 각진동수를 구하고 $m = 1$ g이고 k, b는 cgs 단위로 1일 때 주기를 계산하라.

11.2 어떤 입자가 2차원 공간에서 다음의 위치에너지를 가지고 운동한다.

$$V(x, y) = k(x^2 + y^2 - 2bx - 4by)$$

여기서 k는 양의 상수이다. 평형점은 하나뿐임을 증명하라. 또한 그 안정성을 조사하라.

11.3 1차원에서 움직이는 어떤 입자의 위치에너지가 다음과 같다.

$$V(x) = -\frac{k}{2}x^2$$

따라서 힘은 반대 복원력(anti-restoring force) $F(x) = kx$이다. k는 양의 상수, $x = 0$은 불안정한 평형 위치이다. 초기조건이 $t = 0$일 때 $x = x_0$, $\dot{x} = 0$이라면 그 후의 운동은 지수적으로 '줄달음(runaway)'하는 운동임을 증명하라.

$$x(t) = x_0(e^{\alpha t} + e^{-\alpha t})/2$$

여기서 상수는 $\alpha = \sqrt{k/m}$이다.

11.4 길이 $2l$, 탄성계수 k인 줄의 양 끝을 $2l$만큼 떨어진 수평위치의 두 고정점에 연결했다. 그리고 질량 m인 토막을 줄의 중간 지점에 매달았다. 이 줄의 중심이 축 늘어진 수직거리를 y라 하면 이 계의 위치에너지는 다음과 같음을 증명하라.

$$V(y) = 2k[y^2 - 2l(y^2 + l^2)^{1/2}] - mgy$$

그리고 평형위치는 다음 방정식의 근임을 증명하라.

$$u^4 - 2au^3 + a^2u^2 - 2au + a^2 = 0$$

여기서 $u = y/l$, $a = mg/4kl$이다.

11.5 한 변이 $2a$, 질량이 m인 정육면체 토막이 반지름 b인 거친 구의 정점에서 균형을 이루고 있다. 토막이 기우는 각도를 θ라 하면 위치에너지는 다음과 같음을 증명하라.

$$V(\theta) = mg[(a + b)\cos\theta + b\theta\sin\theta]$$

그리고 $\theta = 0$에서의 평형은 a가 b보다 작거나 크거나에 따라서 안정하거나 불안정함을 증명하라.

11.6 연습문제 11.5의 위치 에너지 함수를 급수 전개하여 $a = b$일 때의 안정 조건을 조사하라.

11.7 반지름 a인 균일한 반구가 반지름 b인 거친 반구의 정점에 곡면이 접촉한 상태로 가만히 놓여 있다. 이 평형상태는 $a < 3b/5$일 때 안정함을 증명하라.

11.8 연습문제 11.4에서 평형위치 주위의 수직진동의 진동수를 수하라.

11.9 연습문제 11.5에서 토막의 진동주기를 구하라.

11.10 연습문제 11.7에서 반구의 진동주기를 구하라.

11.11 작은 쇠공이 거친 구형의 그릇 안에서 평형점 주위를 진동하고 있다. 그 진동주기는 $2\pi[7(b - a)/5g]^{1/2}$임을 증명하라. a는 쇠공의 반지름, b는 그릇의 반지름이다. $a = 1$ cm, $b = 1$ m일 때 주기를 계산하라.

11.12 가느다란 막대 모양의 궤도위성에 대해서 안정한 평형에서의 비행자세와 진동주기는 예제 11.2.2에 나오는 아령위성의 경우와 똑같음을 증명하라.

11.13 그림 11.3.1에 나타낸 연성 진동자에서 한 진동자는 A_0의 초기진폭으로, 다른 진동자는 평형위치에서 정지상태로 운동이 시작된다. 즉, 초기조건은 다음과 같다.

$$t = 0 \qquad x_1(0) = A_0 \qquad x_2(0) = 0 \qquad \dot{x}_1(0) = \dot{x}_2(0) = 0$$

대칭 모드와 반대칭 모드의 진폭은 같고 완전한 해는 다음과 같음을 증명하라.

$$x_1(t) = \frac{1}{2}A_0(\cos\omega_a t + \cos\omega_b t) = A_0 \cos\overline{\omega} t \cos\Delta t$$
$$x_2(t) = \frac{1}{2}A_0(\cos\omega_a t - \cos\omega_b t) = A_0 \sin\overline{\omega} t \sin\Delta t$$

여기서 $\overline{\omega} = (\omega_a + \omega_b)/2$, $\Delta = (\omega_b - \omega_a)/2$이다. 따라서 진동자 사이의 결합이 매우 약해서 $K' \ll K$라면 $\overline{\omega}$는 $\omega_a = (K/m)^{1/2}$에 매우 가깝고 Δ는 매우 작다. 결과적으로 이러한 초기조건하에서 첫째 진동자는 결국 정지상태가 되고, 둘째 진동자는 진폭 A_0로 진동하게 된다. 또 시간이 지나면 초기상태로 돌아오고 이 운동은 반복된다. 따라서 에너지는 두 진동자 사이에서 계속해서 왔다 갔다 이동한다.

11.14 연습문제 11.13에서 두 진동자의 결합이 약할 때 에너지가 왕복하는 주기는 대략 $T_a(2K/K')$임을 증명하라. 여기서 $T_a = 2\pi/\omega_a = 2\pi/(m/K)^{1/2}$은 대칭 모드의 진동주기이다.

11.15 두 개의 동일한 단진자가 입자 사이의 거리의 제곱에 반비례하는 약한 인력으로 결합되어 있다. 예로 두 입자 사이의 중력을 생각할 수 있다. 평형배위에서 약간 벗어났을 때 라그랑지안은 수학적으로 11.3절, 연습문제 11.13에서 다룬 연성 진동자와 같음을 증명하라(힌트: 식 (11.3.9)를 참조하라).

11.16 그림 11.3.1의 연성 조화진동자에서 두 입자의 질량도 다르고 탄성계수도 다른 일반적 경우에서 기준진동수를 구하라. 특히 $m_1 = m$, $m_2 = 2m$, $K_1 = K$, $K_2 = 2K$, $K' = 2K$인 경우에 진동수를 구하라. 결과를 $\omega_0 = (K/m)^{1/2}$으로 표현하라.

11.17 탄성계수 K인 가벼운 용수철의 위쪽 끝이 고정되어 있고 그 밑에 질량 m인 입자가 매달려 있다. 같은 탄성계수 K를 가진 다른 용수철의 한쪽 끝이 이 입자에 연결되고 그 다른 쪽 끝에는 질량 $2m$인 입자가 매달려 있다. 평형위치 부근에서 수직진동에 대한 기준진동수와 기준좌표를 구하라.

11.18 그림 11.3.7(a)의 이중 진자에서 두 부분의 길이가 달라서 윗부분은 l_1, 아랫부분은 l_2라 하자. 입자들의 질량은 둘 다 m이다. 이 계의 기준진동수와 기준좌표를 구하라.

11.19 결합된 세 입자의 선형배열의 경우에 영년 방정식을 유도하라. 그리고 기준진동수는 식 (11.5.17)과 같음을 증명하라.

11.20 그림 P11.20과 같이 질량 m, 길이 a인 단진자가 질량 M인 나무토막에 고정되어 있으며 이 토막은 마찰이 없는 수평선상에서 움직일 수 있다. 진동에 대한 기준진동수와 기준모드를 구하라.

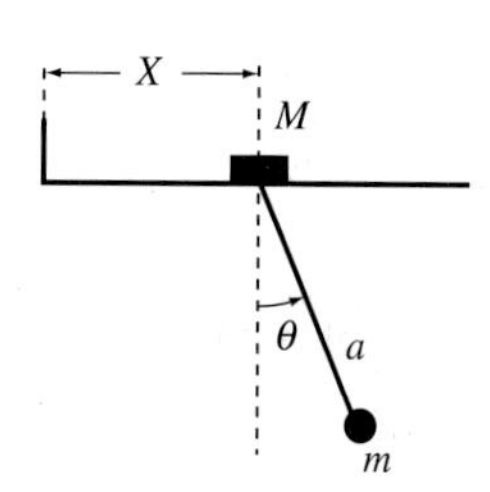

그림 P11.20

11.21 예제 11.3.2에서

(a) 진동의 기준모드를 구하라.

(b) $2mg = kr$이라는 가정을 무시하고 대신에 지지대의 질량을 M 그리고 진자의 질량을 m이라 할 때 $\alpha = m/(m+M) \ll 1$이라 가정하라. 이제 진동의 기준모드와 기준진동수를 구하라.

11.22 질량이 각각 m, m, $2m$인 세 개의 염주알이 마찰이 없는 원형 고리를 따라 미끄러지고 있다. 가벼운 입자 두 개는 무거운 입자에, 또 가벼운 입자끼리는 길이 a, 탄성계수 k, k'인 용수철로 연결되어 있다. 이들은 그림 P11.22와 같이 120°씩 떨어져 평형위치에 있다. 가벼운 입자는 움직이지 않도록 하고 무거운 것만 시계 방향으로 10° 이동시킨 후 세 입자의 운동이 시작되게 했다.

(a) 진동의 기준모드와 기준진동수를 구하라.

(b) 각 입자에 대한 운동을 해석하라.

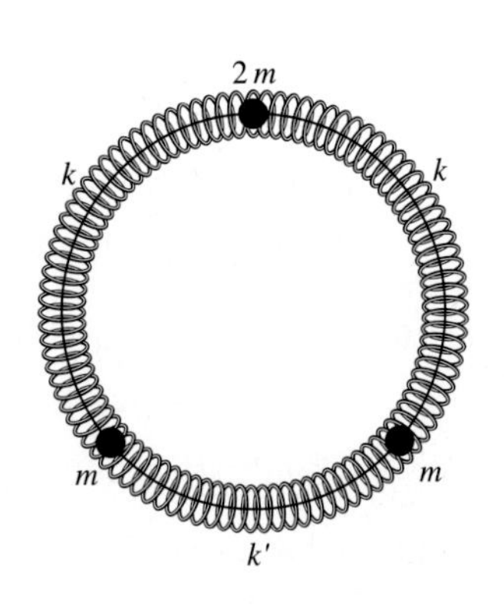

그림 P11.22

11.23 예제 11.4.1에 나오는 선형 3원자 분자의 경우 **K**와 **M** 행렬을 대각화하는 행렬 **A**를 구하라. 대각요소의 비는 진동의 기준모드의 고유진동수와 같음을 보여라.

11.24 황화수소(H_2S) 같은 3원자 분자는 질량 m인 수소 원자 두 개와 질량 M인 유황 원자 한 개로 구성되었는데, 그림 P11.24처럼 삼각형 구조를 갖고 있다. 결합력은 탄성 상수 k인 용수철로 근사될 수 있고 평형상태에서 HS 사이 거리는 $a = 1.67 \times 10^{-10}$ m, H—S—H 꼭지각은 $2\alpha = 90°$라 하자. 수소 원자끼리는 상호작용이 없다고 가정하고 진동에 대한 기준모드와 기준진동수를 구하라.

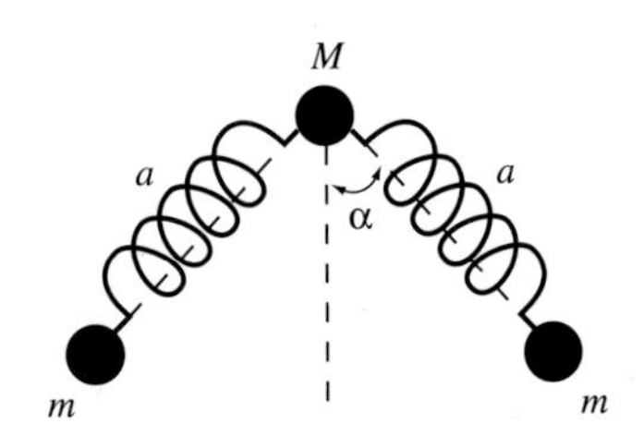

그림 P11.24

11.25 두 개의 파가 매질 속을 전파해간다. 매질 내에서 두 입자가 갖는 평형위치로부터의 변위를 다음과 같이 가정하자.

$$q_1(x, t) = Ae^{i(\omega t - kx)}$$
$$q_2(x, t) = Ae^{i(\Omega t - Kx)}$$

이 함수의 실수부는 물리적인 파동을 나타낸다.

(a) 이 함수들은 파동방정식의 해가 됨을 보여라.

(b) 진동수와 파수(wave number)가 각각 다음과 같이 미소하게 변할 경우

$$\Omega = \omega + \Delta\omega \qquad K = k + \Delta k$$

2차 항의 작은 차이점을 무시하면 결과적인 파동 함수의 실수부는 근사적으로 다음과 같이 주어짐을 보여라.

$$Q(x,t) = q_1 + q_2 \approx 2\cos\left[\frac{(\Delta\omega)t - (\Delta k)x}{2}\right]\cos(\omega t - kx)$$

위 식으로 주어진 파동은 원래의 파동과 같은 진동수와 파수를 가짐을 보여라. 그러나 약간 줄어든 진폭(파수 $k = 2\pi/\lambda$)을 갖는다.

(c) 변조된 진폭의 진행 속력을 구하라. 이것을 파동의 그룹 속력 v_g라 한다.

11.26 결합된 네 입자의 선형배열의 경우에 기준모드를 설명하라. 첫째, 즉 제일 낮은 기준 진동수에 대한 둘째, 셋째, 넷째 기준진동수의 비를 계산하라.

11.27 길이 l, 탄성계수 K인 가벼운 탄성 현을 $l + \Delta l$로 늘인 후 등 간격으로 n개의 입자를 매달자. 이 n개의 입자 모두의 질량을 m이라 하면 이 현을 따라 진행하는 횡파와 종파의 속력을 구하라.

11.28 연습문제 11.27에서 현의 선밀도를 μ라고 가정하고 문제를 풀어라.

11.29 3.9절에서 주기 함수를 나타내기 위해서 푸리에 함수가 어떻게 사용되는가를 보였다. 여기서는 그것을 현의 진동에 적용하고자 한다. 길이 l인 현의 선밀도는 μ이고 장력 F_0를 받으면서 수평으로 매달려 있다. 그림 P11.29에 나타낸 것과 같이 이 현의 중간 지점을 수직으로 a만큼 들어 올렸다고 하자. 물론 $a \ll l$이다. 들어 올렸던 것을 놓으면 현은 정상파 모양으로 진동할 것이다. 푸리에 분석을 이용하여 이 진동의 양상을 시간의 함수로 구하라. 즉, 이 운동을 묘사하는 데 필요한 푸리에 급수의 각 계수들을 정하라.

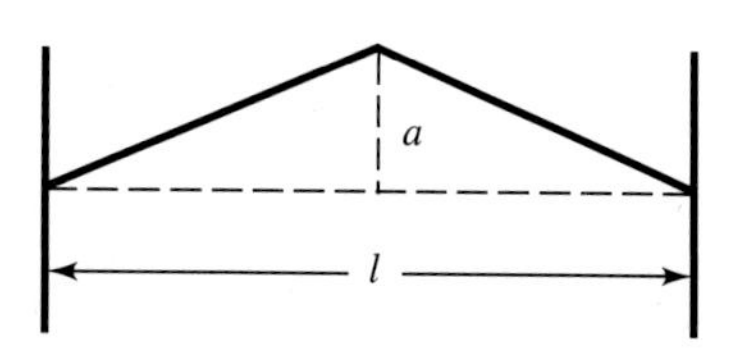

그림 P11.29

11.30 연습문제 11.29의 해를 진행파 형태로 구하라.

컴퓨터 응용 문제

C11.1 무한히 긴 줄을 따라서 펄스가 진행한다고 가정하자. 시간 $t = 0$일 때 펄스의 모양이 다음과 같다고 하자.

$$y(x) = \frac{1}{1+x^2} \tag{1}$$

3.9절의 푸리에 급수 논의에서처럼 이 펄스는 여러 파수 k를 가진 조화파동의 중첩으로 생각할 수 있다. 그러나 반복되는 함수를 근사시키는 3.9절의 무한 합은 무한히 많은 조화파동의 적분으로 바꾸어야 한다. 각 조화운동이 기여하는 가중치는 다음과 같다.

$$y(x) = \int_0^\infty a(k)\cos(kx)\,dk \tag{2}$$

$y(x)$는 짝함수이기 때문에 코사인 함수를 사용했다. 진폭 함수 $a(k)$는 다음과 같다.

$$a(k) = \frac{2}{\pi}\int_0^\infty y(x)\cos(kx)\,dx \tag{3}$$

(a) 식 (3)을 써서 $a(k)$를 계산하라.

(b) $a(k)$를 식 (2)에 대입하여 $y(x)$가 나옴을 보여라.

(c) 식 (2)를 $x = 0$부터 $x = 3$까지 수치 적분을 해서 $y(x)$의 정확한 값과 일치함을 보여라(펄스의 속도는 $v = \omega/k = 1$로 가정하라). 이 경우에 펄스는 모양이 변하지 않고 줄을 따라서 진행한다.

(d) 시각 $t = 0$일 때 $y(x, 0)$이 식 (1)이라 가정하고 $y(x, t)$에 대한 정확한 식을 써라.

(e) 식 (2)를 써서 $y(x, t)$에 대한 적분식을 써라.

(f) 이번에는 펄스가 '분산적'인 줄을 따라 진행한다고 가정하자. 이때 파동속도는 상수가 아니라 파수에 관계된다. $\omega/k = 1 + 0.25k^2$이라 가정하자. 중첩해서 진행하는 펄스가 될 여러 k의 많은 파동은 줄을 따라 진행하면서 위상 관계가 변할 것이다. 따라서 펄스의 모양도 변할 것이다. 이 효과를 알기 위해 ω/k에 대한 '분산적' 값을 사용하여 (e)에서 얻은 $y(x, t)$에 대한 적분식을 수정하라. 이 식을 $t = 2.5, 5.0, 10.0$초에서 $y(x, t)$를 수치 적분으로 계산하라. 각 시간에서 x를 충분히 넓게 잡아서 펄스의 피크를 보도록 하라.

(g) 결과적으로 생기는 파동의 형태를 그려서 $y(x, 0)$과 비교하라. 결과를 토의하라.

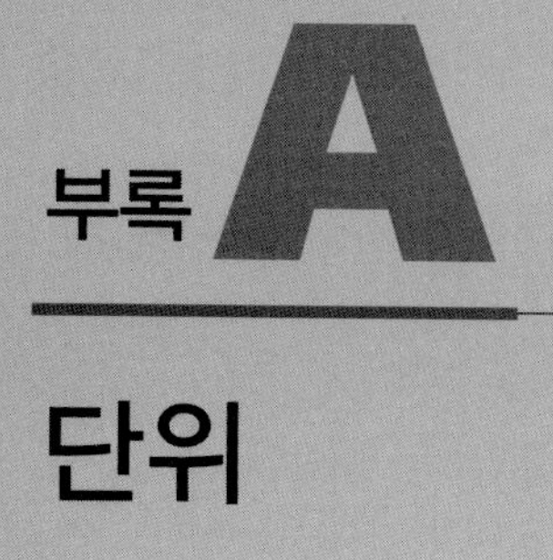

단위

기본 SI 단위

단위	기호	물리량
미터(meter)	m	길이
킬로그램(kilogram)	kg	질량
초(second)	s	시간
암페어(ampere)	A	전류
켈빈(Kelvin)	K	온도
몰(mole)	mol	물질의 양
칸델라(candela)	cd	광도

유도 단위(전체를 다 포함하지는 않음)

단위	기호	물리량	등가 단위
뉴턴(newton)	N	힘	$kg \cdot m/s^2$
줄(joule)	J	일 혹은 에너지	$N \cdot m$
와트(watt)	W	전력	J/s
파스칼(pascal)	Pa	압력	N/m^2
볼트(volt)	V	전위차	W/A
쿨롱(couloumb)	C	전하	$A \cdot s$
헤르츠(hertz)	Hz	주파수	s^{-1}

다른 물리량의 SI 단위

물리량	SI 단위
속력(speed)	m/s
가속도(acceleration)	m/s^2
각속력(angular speed)	(rad) s^{-1}
각가속도(angular acceleration)	(rad) s^{-2}
토크(torque)	kg m^2/s^2

단위 환산

물리량	SI 단위
에너지(energy)	
1 eV (electron volt)	1.6022×10^{-19} J
1 erg	10^{-7} J
1 BTU (British Thermal Unit)	1055 J
1 cal (calorie)	4.186 J
1 KWH (kilowatt-hour)	3.6×10^{6} J
질량(mass)	
1 g (gram)	10^{-3} kg
1 u (atomic mass unit)	1.661×10^{-27} kg
1 eV/c^2	1.783×10^{-36} kg
1 lb (pound mass)	0.4536 kg
힘(force)	
1 dyne	10^{-5} kg m/s^2
1 lb (pound force)	4.448 kg m/s^2
길이(length)	
1 cm (centimeter)	10^{-2} m
1 km (kilometer)	10^{3} m
1 in (inch)	0.0254 m
1 ft (foot)	0.3048 m
1 yd (yard)	0.9144 m
1 mi (mile)	1609.3 m
1 AU (astronomical unit)	1.496×10^{11} m
1 ly (light-year)	9.46×10^{15} m
1 pc (parsec)	3.09×10^{16} m

(계속)

단위 환산

물리량	SI 단위
부피(volume)	
1 L (liter)	10^{-3} m^3
1 qt (quart)	0.9463×10^{-3} m^3
1 gal (gallon)	3.785×10^{-3} m^3
1 ft^3 (cubic foot)	0.02832 m^3
각도(angle)	
1° (degree)	1.745×10^{-2} rad
1′ (arcminute)	2.909×10^{-4} rad
1″ (arcsecond)	4.848×10^{-6} rad
시간(time)	
1 yr (year)	3.156×10^{7} s
1 d (day)	8.640×10^{4} s
1 hr (hour)	3600 s
1 min (minute)	60 s
일률(power)	
1 KW (kilowatt)	10^3 W
1 hp (horsepower)	745.7 W
속력(speed)	
1 ft/s (foot per second)	0.3048 m/s
1 mph (mile per hour)	0.447 m/s

10의 거듭제곱에 대한 접두어

이름	기호	요소	이름	기호	요소
hecto	h	10^{2}	centi	c	10^{-2}
kilo	k	10^{3}	milli	m	10^{-3}
mega	M	10^{6}	micro	μ	10^{-6}
giga	G	10^{9}	nano	n	10^{-9}
tera	T	10^{12}	pico	p	10^{-12}
peta	P	10^{15}	femto	f	10^{-15}
exa	E	10^{18}	atto	a	10^{-18}
zetta	Z	10^{21}	zepto	z	10^{-21}

부록 B

복소수와 항등식

복소수

x와 y가 실수이고 i가 허수일 때

$$z = x + iy$$

를 복소수(complex number)라 한다. 공액복소수(complex conjugate)는

$$z^* = x - iy$$

로 정의된다. 절대값(absolute value) $|z|$은

$$|z|^2 = zz^* = x^2 + y^2$$

으로 주어진다. 다음 식이 성립한다.

$$z + z^* = 2x = 2 \text{ Re } z$$
$$z - z^* = 2y = 2 \text{ Im } z$$

지수 표기법

$$z = x + iy = |z|\, e^{i\theta} = |z|\,(\cos\theta + i \sin\theta)$$
$$z^* = x - iy = |z|\, e^{-i\theta} = |z|\,(\cos\theta - i \sin\theta)$$

여기서

$$\tan\theta = \frac{y}{x}$$

($e^{i\theta} = \cos\theta + i\sin\theta$의 증명은 부록 D의 급수 전개 아랫부분을 참조하라.)

삼각함수 및 쌍곡선 함수

다음 관계식은 종종 유용하다.

$$\cos\theta = \frac{e^{i\theta} + e^{-i\theta}}{2}$$

$$\sin\theta = \frac{e^{i\theta} - e^{-i\theta}}{2i}$$

$$\cosh\theta = \frac{e^{\theta} + e^{-\theta}}{2} \qquad \text{(쌍곡선 코사인)}$$

$$\sinh\theta = \frac{e^{\theta} - e^{-\theta}}{2} \qquad \text{(쌍곡선 사인)}$$

$$\tanh\theta = \frac{\sinh\theta}{\cosh\theta} = \frac{e^{\theta} - e^{-\theta}}{e^{\theta} + e^{-\theta}} \qquad \text{(쌍곡선 탄젠트)}$$

삼각함수와 쌍곡선 함수 사이의 관계식

$$\sin i\theta = i\sinh\theta$$

$$\cos i\theta = \cosh\theta$$

$$\sinh i\theta = i\sin\theta$$

$$\cosh i\theta = \cos\theta$$

도함수

$$\frac{d}{d\theta}\sin\theta = \cos\theta \qquad \frac{d}{d\theta}\sinh\theta = \cosh\theta$$

$$\frac{d}{d\theta}\cos\theta = -\sin\theta \qquad \frac{d}{d\theta}\cosh\theta = \sinh\theta$$

삼각함수 항등식

$\cos^2\theta + \sin^2\theta = 1$

$1 + \tan^2\theta = \sec^2\theta$

$1 + \cot^2\theta = \csc^2\theta$

$\sin(\theta \pm \phi) = \sin\theta\cos\phi \pm \cos\theta\sin\phi$

$\cos(\theta \pm \phi) = \cos\theta\cos\phi \mp \sin\theta\sin\phi$

$$\tan(\theta \pm \phi) = \frac{\tan\theta \pm \tan\phi}{1 \mp \tan\theta\tan\phi}$$

$\sin 2\theta = 2\sin\theta\cos\theta$

$\cos 2\theta = \cos^2\theta - \sin^2\theta$

$$\tan 2\theta = \frac{2\tan\theta}{1 - \tan^2\theta}$$

$$\sin^2\frac{\theta}{2} = \tfrac{1}{2}(1 - \cos\theta)$$

$$\cos^2\frac{\theta}{2} = \tfrac{1}{2}(1 + \cos\theta)$$

$$\tan^2\frac{\theta}{2} = \frac{1 - \cos\theta}{1 + \cos\theta}$$

$$\sin\theta + \sin\phi = 2\sin\left(\frac{\theta+\phi}{2}\right)\cos\left(\frac{\theta-\phi}{2}\right)$$

$$\cos\theta + \cos\phi = 2\cos\left(\frac{\theta+\phi}{2}\right)\cos\left(\frac{\theta-\phi}{2}\right)$$

$$\tan\theta \pm \tan\phi = \frac{\sin(\theta \pm \phi)}{\cos\theta\cos\phi}$$

쌍곡선 함수 항등식

$\cosh^2\theta - \sinh^2\theta = 1$

$\tanh^2\theta + \operatorname{sech}^2\theta = 1$

$\coth^2\theta - \operatorname{csch}^2\theta = 1$

$\sinh(\theta \pm \phi) = \sin\theta\cos\phi \pm \cosh\theta\sinh\phi$

$\cosh(\theta \pm \phi) = \cosh\theta\cos\phi \pm \sinh\theta\sinh\phi$

$$\tanh(\theta \pm \phi) = \frac{\tanh\theta \pm \tanh\phi}{1 \pm \tanh\theta\tanh\phi}$$

$\sinh 2\theta = 2\sinh\theta\cosh\theta$

$\cosh 2\theta = \cosh^2\theta + \sinh^2\theta$

$$\tanh 2\theta = \frac{2\tanh\theta}{1 + \tanh^2\theta}$$

$$\sinh^2\frac{\theta}{2} = \tfrac{1}{2}(\cosh\theta - 1)$$

$$\cosh^2\frac{\theta}{2} = \tfrac{1}{2}(\cosh\theta + 1)$$

$$\tanh^2\frac{\theta}{2} = \frac{\cosh\theta - 1}{\cosh\theta + 1}$$

$$\sinh\theta + \sinh\phi = 2\sinh\left(\frac{\theta+\phi}{2}\right)\cosh\left(\frac{\theta-\phi}{2}\right)$$

$$\cosh\theta + \cos h\phi = 2\cosh\left(\frac{\theta+\phi}{2}\right)\cosh\left(\frac{\theta-\phi}{2}\right)$$

$$\tanh\theta + \tanh\phi = \frac{\sinh(\theta + \phi)}{\cosh\theta\cosh\phi}$$

부록 C

원뿔 곡선

고정선으로부터의 거리에 대한 고정점으로부터의 거리의 비율이 일정한 점들의 궤적을 **원뿔 곡선**(conic section)이라 한다. 원뿔 곡선의 이 비율을 **이심률**(eccentricity)이라 하고 고정점을 **초점**(focus) 그리고 고정선을 **준선**(directrix)이라 한다. 원뿔 곡선의 예는 그림 C.1a에, 이심률을 매개변수로 한 네 가지 원뿔 곡선의 종류는 그림 C.1b에 나타내었다.

그림 C.1a 원뿔 곡선

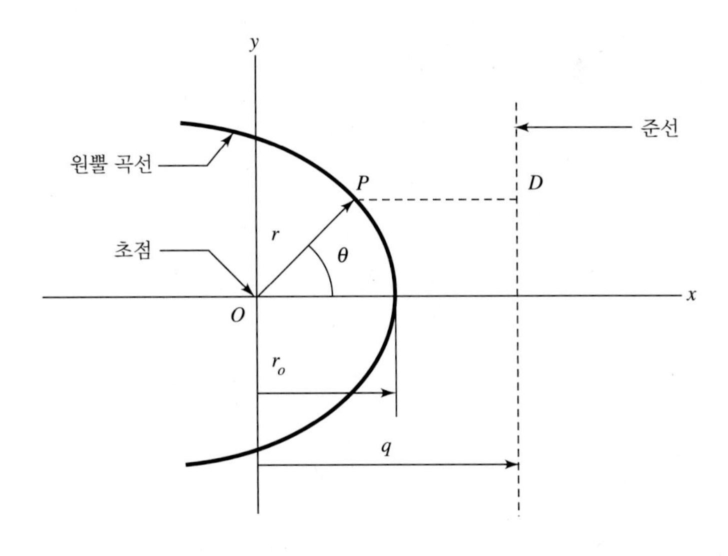

초점이 원점 O인 원뿔 곡선의 일반 방정식은 다음과 같다(그림 C.1a).

직교 좌표계: $(1-\varepsilon^2)\,x^2 + 2\varepsilon^2 qx + y^2 = \varepsilon^2 q^2$

극좌표계: $r = \dfrac{\varepsilon q}{1+\varepsilon\cos\theta}$ 또는 $\dfrac{1}{r} = \dfrac{1+\varepsilon\cos\theta}{r_0(1+\varepsilon)}$

여기서 $\varepsilon = \dfrac{\overline{OP}}{\overline{PD}}$ 그리고 $r_0 = \dfrac{\varepsilon q}{1+\varepsilon}$

그림 C.1b 네 가지 원뿔 곡선

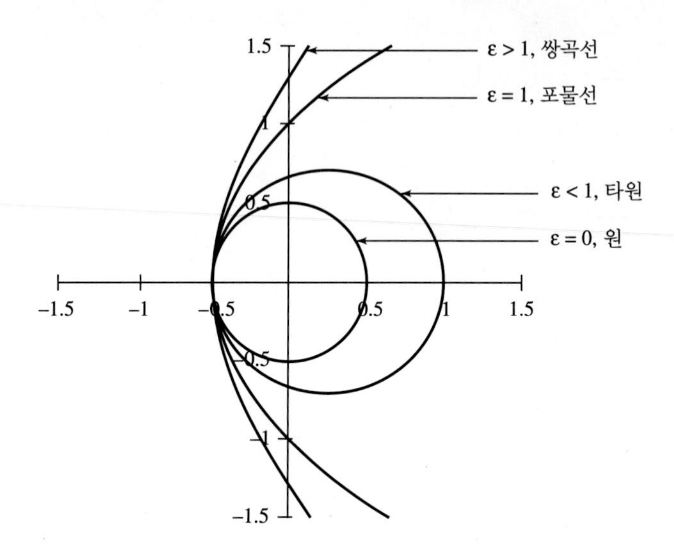

(주의: 타원, 포물선, 쌍곡선의 원점은 초점과 일치하지 않는다. 위에서 극좌표계로 주어진 방정식은 초점과 좌표계의 원점이 일치하는 경우에만 적용된다.)

원의 방정식

원에서는 $\varepsilon = 0, q = \infty$이고 $\varepsilon q = R$이다.

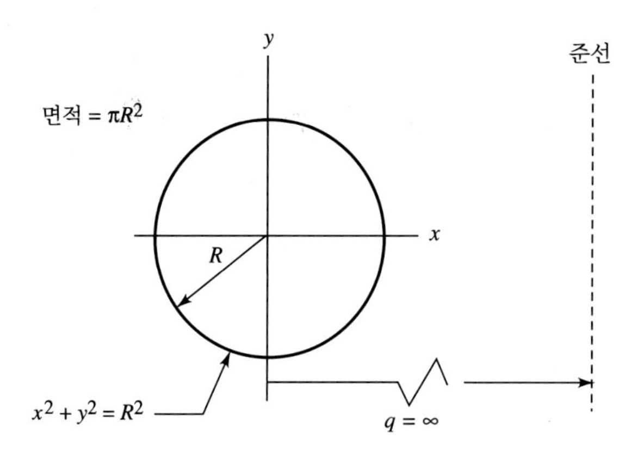

타원 방정식

타원에서는 $a^2 - b^2 = c^2, \varepsilon = c/a, b = a\sqrt{1-\varepsilon^2}, q = \pm b^2/c$이다.

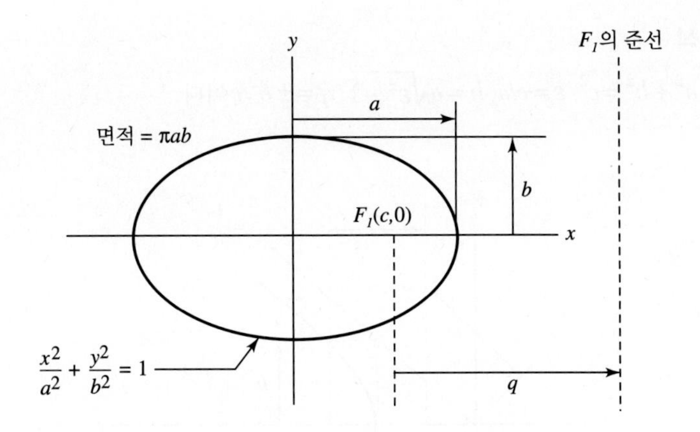

(주의:

(a) $(c, 0)$ 위치에 있는 초점 F_1만 나타냈다. $(-c, 0)$ 위치에 있는 대칭적으로 배치되는 다른 초점 F_2도 존재하는데, F_2는 F_1이 갖는 준선과 대칭되는 위치에 자신의 준선을 갖는다.

(b) 좌표계의 원점이 F_1과 일치한다면 타원의 극좌표 방정식은 이심률 ε 및 장축 a와 관계된 식으로 주어진다.

$a = \dfrac{r_0}{1-\varepsilon}$ 여기서 r_0는 r의 최소거리이다(그림 C.1a 참조)).

포물선의 방정식

포물선에서는 $\varepsilon = 1, q = -2c$이다.

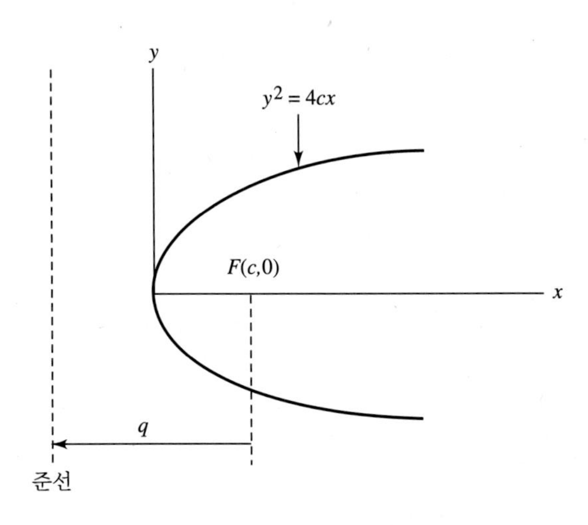

쌍곡선의 방정식

쌍곡선에서는 $a^2 + b^2 = c^2$, $\varepsilon = c/a$, $b = a\sqrt{\varepsilon^2 - 1}$, $q = \pm b^2/c$이다.

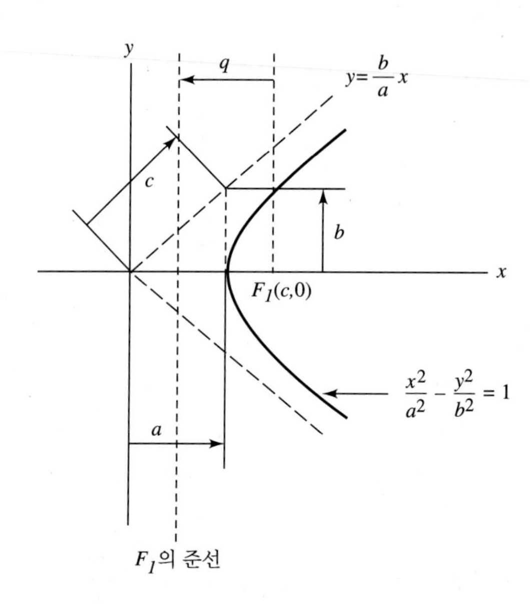

(주의: $(c, 0)$에 위치한 F_1만 나타냈다. $(-c, 0)$ 위치에 있는 대칭적으로 배치되는 다른 초점 F_2도 존재하는데, F_2는 F_1이 갖는 준선과 대칭되는 위치에 자신의 준선을 갖는다.)

부록 D

급수 전개

테일러 급수

$$f(x+a) = f(a) + xf'(a) + \frac{x^2}{2!}f''(a) + \cdots + \frac{x^n}{n!}f^n(a) + \cdots$$

$$f(x) = f(0) + xf'(0) + \frac{x^2}{2!}f''(0) + \cdots + \frac{x^n}{n!}f^n(0) + \cdots$$

여기서

$$f^n(a) = \frac{d^n}{dx^n}f(x)\bigg|_{x=a}$$

자주 사용되는 급수

$$e^x = 1 + x + \frac{x^2}{2!} + \cdots + \frac{x^n}{n!} + \cdots$$

$$\sin x = x - \frac{x^3}{3!} + \frac{x^5}{5!} - \cdots$$

$$\cos x = 1 - \frac{x^2}{2!} + \frac{x^4}{4!} - \cdots$$

$$\sinh x = x + \frac{x^3}{3!} + \frac{x^5}{5!} + \cdots$$

$$\cosh x = 1 + \frac{x^2}{2!} + \frac{x^4}{4!} + \cdots$$

$$\ln(1+x) = x - \frac{x^2}{2} + \frac{x^3}{3} - \cdots \qquad |x| < 1$$

$$\tan x = x + \frac{x^3}{3} + \frac{2}{15}x^5 + \cdots \qquad |x| < \frac{\pi}{2}$$

복소 지수 함수

e^x에 대한 급수 전개에서 $x = i\theta$라 두면

$$e^{i\theta} = 1 + i\theta + \frac{i^2\theta^2}{2!} + \frac{i^3\theta^3}{3!} + \cdots + \frac{i^n\theta^n}{n!} + \cdots$$

$i = \sqrt{-1}$이므로

$$i^n = \begin{matrix} +1: n = 0, 4, \ldots \\ -1: n = 2, 6, \ldots \\ +i: n = 1, 5, \ldots \\ -i: n = 3, 7, \ldots \end{matrix}$$

따라서 코사인과 사인에 대한 멱급수로부터

$$\begin{aligned} e^{i\theta} &= \left(1 - \frac{\theta^2}{2!} + \frac{\theta^4}{4!} - \cdots\right) + i\left(\theta - \frac{\theta^3}{3!} + \frac{\theta^5}{5!} - \cdots\right) \\ &= \cos\theta + \mathrm{i}\sin\theta \end{aligned}$$

이항 급수

$$(a+x)^n = a^n + na^{n-1}x + \frac{n(n-1)}{2!}a^{n-2}x^2 + \cdots + \binom{n}{m}a^{n-m}x^m + \cdots$$

여기서 이항계수는

$$\binom{n}{m} = \frac{n!}{(n-m)!m!}$$

이다. 이 급수는 $|x/a| < 1$의 경우 수렴한다.

유용한 근사식

작은 x에 대해 아래 근사식들이 종종 사용된다.

$$\begin{aligned} e^x &\approx 1 + x \\ \sin x &\approx x \\ \cos x &\approx 1 - \tfrac{1}{2}x^2 \\ \sqrt{1+x} &\approx 1 + \tfrac{1}{2}x \\ \frac{1}{1+x} &\approx 1 - x \end{aligned}$$

$$\frac{1}{1-x} \approx 1+x$$

마지막 세 식은 이항 급수에 근거한다. 그리고 이 식들은 다른 지수에 대한 급수 전개에도 사용 가능하다.

$$(1+x)^n = 1 + nx + \frac{1}{2}n(n-1)x^2 + \cdots$$

부록 E

특수 함수

타원 적분

제1종 타원 적분(elliptic integral)은 다음과 같이 표현되고

$$F(k, \phi) = \int_0^\phi \frac{d\phi}{(1-k^2 \sin^2\phi)^{1/2}}$$
$$= \int_0^x \frac{dx}{(1-x^2)^{1/2}(1-k^2x^2)^{1/2}}$$

제2종 타원 적분은 다음과 같이 표현된다.

$$E(k, \phi) = \int_0^\phi (1-k^2 \sin^2\phi)^{1/2}\, d\phi$$
$$= \int_0^x \frac{(1-k^2x^2)^{1/2}}{(1-x^2)^{1/2}}\, dx$$

두 식은 모두 $|k| < 1$일 때 수렴한다. $x = \sin\phi < 1$이면 **불완전**(incomplete) 적분이고 $x = \sin\phi = 1$이면 **완전**(complete) 적분이다. 완전 적분은 다음과 같은 급수로 전개할 수 있다.

$$F(k) = F\left(k, \frac{\pi}{2}\right) = \frac{\pi}{2}\left(1 + \frac{k^2}{4} + \frac{9}{64}k^4 + \cdots\right)$$
$$E(k) = E\left(k, \frac{\pi}{2}\right) = \frac{\pi}{2}\left(1 - \frac{k^2}{4} - \frac{9}{64}k^4 - \cdots\right)$$

감마 함수

감마 함수(gamma function)는 다음과 같이 정의한다.

$$\Gamma(n) = \int_0^\infty x^{n-1}e^{-x}\, dx$$

모든 n 값에 대해

$$n\Gamma(n) = \Gamma(n+1)$$

이다. 만약 n이 양의 정수이면

$$\Gamma(n) = (n-1)!$$

이다. 감마 함수의 특별한 값은 다음과 같다.

$$\Gamma\left(\frac{1}{2}\right) = \sqrt{\pi}$$
$$\Gamma(1) = 1$$
$$\Gamma\left(\frac{3}{2}\right) = \frac{1}{2}\sqrt{\pi}$$
$$\Gamma(2) = 1$$

감마 함수로 표현 가능한 적분들

$$\int_0^1 \frac{dx}{\sqrt{1-x^n}} = \frac{\sqrt{\pi}}{n}\frac{\Gamma(1/n)}{\Gamma\left[\left(\frac{1}{2}\right)+(1/n)\right]}$$
$$\int_0^1 (1-x^2)^n x^m\, dx = \frac{\Gamma(n+1)\Gamma[(m+1)/2]}{2\Gamma[(2n+m+3)/2]}$$

부록 F

곡선 좌표계

단위벡터 $\mathbf{e}_1, \mathbf{e}_2, \mathbf{e}_3$를 갖는 일반 직교 좌표계 u, v, w를 고려하자. 그 부피요소(volume element)는

$$dV = h_1 h_2 h_3 \, du \, dv \, dw$$

이고, 선분요소(line element)는

$$d\mathbf{r} = \mathbf{e}_1 h_1 \, du + \mathbf{e}_2 h_2 \, dv + \mathbf{e}_3 h_3 \, dw$$

이다. 기울기(gradient), 발산(divergence) 그리고 회전(curl)은 다음과 같다.

$$\nabla f = \text{grad } f = \frac{\mathbf{e}_1}{h_1}\frac{\partial f}{\partial u} + \frac{\mathbf{e}_2}{h_2}\frac{\partial f}{\partial v} + \frac{\mathbf{e}_3}{h_3}\frac{\partial f}{dw}$$

$$\nabla \cdot \mathbf{Q} = \text{div } \mathbf{Q} = \frac{1}{h_1 h_2 h_3}\left[\frac{\partial}{\partial u}(h_2 h_3 Q_1) + \frac{\partial}{\partial v}(h_3 h_1 Q_2) + \frac{\partial}{\partial w}(h_1 h_2 Q_3)\right]$$

$$\nabla \times \mathbf{Q} = \text{curl } \mathbf{Q} = \frac{1}{h_1 h_2 h_3}\begin{vmatrix} h_1\mathbf{e}_1 & h_2\mathbf{e}_2 & h_3\mathbf{e}_3 \\ \dfrac{\partial}{\partial u} & \dfrac{\partial}{\partial v} & \dfrac{\partial}{\partial w} \\ h_1 Q_1 & h_2 Q_2 & h_3 Q_3 \end{vmatrix}$$

몇몇 좌표계에서 각각의 h에 해당하는 함수는 다음과 같다.

직각좌표계: x, y, z

$$h_x = 1 \qquad h_y = 1 \qquad h_z = 1$$

원통좌표계: R, ϕ, z

$$x = R\cos\phi \qquad y = R\sin\phi$$

$$h_R = 1 \qquad h_\phi = R \qquad h_z = 1$$

구면좌표계: $r,\ \theta,\ \phi$

$$x = r\sin\theta\cos\phi \qquad y = r\sin\theta\sin\phi \qquad z = r\cos\theta$$

$$h_r = 1 \qquad h_\theta = r \qquad h_\phi = r\sin\theta$$

포물선좌표계: $u,\ v,\ \theta$

$$x = uv\cos\theta \qquad y = uv\sin\theta \qquad z = \frac{1}{2}(u^2 - v^2)$$

$$h_u = h_v = \sqrt{u^2 + v^2} \qquad h_\theta = uv$$

예제: 구면좌표계의 회전(curl)은 다음과 같다.

$$\text{curl}\,\mathbf{Q} = \frac{1}{r^2\sin\theta}\begin{vmatrix} \mathbf{e}_r & r\mathbf{e}_\theta & r\sin\theta\,\mathbf{e}_\phi \\ \dfrac{\partial}{\partial r} & \dfrac{\partial}{\partial\theta} & \dfrac{\partial}{\partial\phi} \\ Q_r & rQ_\theta & r\sin\theta\,Q_\phi \end{vmatrix}$$

부록 G

푸리에 급수

삼각함수로 급수 전개할 때 그 계수를 구하려면

$$f(t) = \frac{a_0}{2} + \sum_{n=1}^{\infty}[a_n \cos(n\omega t) + b_n \sin(n\omega t)]$$

의 양변에 $\cos(n'\omega t)$를 곱한 다음 $-\pi/\omega$로부터 $+\pi/\omega$의 구간에 걸쳐 적분한다. 즉,

$$\int_{-\pi/\omega}^{\pi/\omega} f(t)\cos(n'\omega t)\,dt = \frac{a_0}{2}\int_{-\pi/\omega}^{\pi/\omega}\cos(n'\omega t)\,dt + \sum_{n=1}^{\infty}\left[a_n\int_{-\pi/\omega}^{\pi/\omega}\cos(n'\omega t)\cos(n\omega t)\,dt + \right.$$
$$\left. + b_n\int_{-\pi/\omega}^{\pi/\omega}\cos(n'\omega t)\sin(n\omega t)\,dt\right]$$

이제 n과 n'이 모두 정수이면 다음과 같은 일반식을 얻을 수 있다.

$$\int_{-\pi/\omega}^{\pi/\omega}\cos(n'\omega t)\,dt = 2\pi/\omega \qquad n' = 0$$
$$= 0 \qquad n' \neq 0$$
$$\int_{-\pi/\omega}^{\pi/\omega}\cos(n'\omega t)\cos(n\omega t)\,dt = \pi/\omega \qquad n' = n$$
$$= 0 \qquad n' \neq n$$
$$\int_{-\pi/\omega}^{\pi/\omega}\cos(n'\omega t)\sin(n\omega t)\,dt = 0 \qquad (\text{모든 } n\text{과 } n'\text{에 대해})$$

따라서 주어진 n'에 대해 위의 모든 정적분은 $n = n'$인 경우를 제외하고는 영이 된다. 결과적으로 다음과 같이 쓸 수 있다.

$$a_n = \frac{\omega}{\pi}\int_{-\pi/\omega}^{\pi/\omega} f(t)\cos(n\omega t)\,dt \qquad n = 0, 1, 2, \ldots$$

이번에는 함수 $f(t)$ 양변에 $\sin(n'\omega t)$로 곱한 다음 항별로 적분하고 이미 사용한 식들과 함께 다

음 식

$$\int_{-\pi/\omega}^{\pi/\omega} \sin(n'\omega t)\sin(n\omega t)\,dt = \pi/\omega \qquad n' = n$$
$$= 0 \qquad n' \neq n$$

을 이용하면 앞에서와 마찬가지로 $n = n'$인 경우를 제외하고는 모든 정적분이 영이 되어서 다음 식을 얻게 된다.

$$b_n = \frac{\omega}{\pi}\int_{-\pi/\omega}^{\pi/\omega} f(t)\sin(n\omega t)\,dt \qquad n = 1, 2, \ldots$$

주기가 $T = 2\pi/\omega$이므로 적분 한계 역시 $-T/2$에서 $T/2$로 바뀐다. 연속 조건이나 적분 가능성 등에 대한 더 자세한 정보는 R. V. 처칠(Churchill)의 『Fourier Series and Boundary Value Problems』(McGraw-Hill, New York, 1963) 등과 같은 푸리에 급수에 대한 교재를 참조하기 바란다.

부록 H

행렬

행렬 **A**란 행렬요소 a_{ij}가 다음과 같이 배열된 것을 말한다.

$$\mathbf{A} = \begin{pmatrix} a_{11} & a_{12} & \cdots & a_{1j} & \cdots & a_{1m} \\ a_{21} & a_{22} & \cdots & a_{2j} & \cdots & a_{2m} \\ \vdots & \vdots & & \vdots & & \vdots \\ a_{i1} & a_{i2} & \cdots & a_{ij} & \cdots & a_{im} \\ \vdots & \vdots & & \vdots & & \vdots \\ a_{n1} & a_{n2} & \cdots & a_{nj} & \cdots & a_{nm} \end{pmatrix}$$

만약 $n = m$이면 정방행렬(square matrix)이라 하는데, 별다른 언급이 없는 한 부록에 나오는 모든 행렬은 정방행렬이다. $a_{ij} = a_{ji}$이면 대칭행렬(symmetric matrix)이다. 만약 $a_{ij} = -a_{ji}$이면 반대칭행렬(antisymmetric matrix)이다.

두 행렬의 합은 다음과 같이 정의되고,

$$(\mathbf{A} + \mathbf{B})_{ij} = a_{ij} + b_{ij}$$

두 행렬의 곱은 다음과 같이 정의된다.

$$(\mathbf{A}\,\mathbf{B})_{ij} = a_{i1}b_{1j} + a_{i2}b_{2j} + \cdots = \sum_k a_{ik}b_{kj}$$

일반적으로 **AB**는 **BA**와 다르다. 만약 **AB** = **BA**이면 두 행렬은 서로 가환(commute) 관계라 한다. 대각행렬(diagonal matrix)은 비대각 요소들이 영인 행렬, 즉 $i \neq j$일 때 $a_{ij} = 0$인 행렬이다. 단위행렬(identity matrix)[1]은 값이 1인 대각요소 외에는 모두 영인 행렬을 말한다.

1) 9장에서 정의한 관성 텐서(inertia tensor)와 혼동해서는 안 된다.

$$\mathbf{1} = \begin{pmatrix} 1 & 0 & 0 & \cdots & 0 \\ 0 & 1 & 0 & \cdots & 0 \\ 0 & 0 & 1 & \cdots & 0 \\ \cdot & \cdot & \cdot & \cdots & \\ 0 & 0 & 0 & \cdots & 1 \end{pmatrix}$$

행렬 곱의 정의에 의해

$$\mathbf{A1} = \mathbf{1A}$$

임을 보이는 것은 쉽다. 행렬 $\mathbf{A}$의 역행렬(inverse matrix) $\mathbf{A}^{-1}$는 다음과 같이 정의된다.

$$\mathbf{AA}^{-1} = \mathbf{1} = \mathbf{A}^{-1}\mathbf{A}$$

행렬 $\mathbf{A}$의 전치행렬(transpose matrix) $\tilde{\mathbf{A}}$는 다음과 같이 정의된다.

$$(\tilde{\mathbf{A}})_{ij} = (\mathbf{A})_{ji}$$

두 행렬 $\mathbf{A}$와 $\mathbf{B}$에는 $(\widetilde{\mathbf{AB}}) = \tilde{\mathbf{B}}\tilde{\mathbf{A}}$의 관계가 성립한다.

행렬의 행렬식(determinant)은 행렬요소들의 행렬식이다.

$$\det \mathbf{A} = \begin{vmatrix} a_{11} & a_{12} & \cdots \\ a_{21} & a_{22} & \cdots \\ \cdot & \cdot & \cdots \end{vmatrix}$$

두 행렬 곱의 행렬식은 각 행렬식의 곱과 같다.

$$\det \mathbf{AB} = \det \mathbf{A} \det \mathbf{B}$$

행렬 $\mathbf{A}$의 역행렬은 다음 식과 같이 나타낼 수 있다.

$$\mathbf{A}^{-1} = \frac{1}{\det \mathbf{A}} \begin{pmatrix} +\det \mathbf{A}_{11} & -\det \mathbf{A}_{12} & \cdots \\ -\det \mathbf{A}_{21} & +\det \mathbf{A}_{22} & \cdots \\ \cdots & \cdots & \cdots \end{pmatrix}$$

여기서 $\mathbf{A}_{ij}$는 행렬 $\mathbf{A}$에서 i번째 행과 j번째 열을 제외한 후 남은 행렬을 의미한다.

벡터의 행렬 표현법

하나의 행 혹은 열을 갖는 행렬을 각각 행 벡터(row vector) 혹은 열 벡터(column vector)라 부른다. 만약 **a**를 열 벡터라 하면 $\tilde{\mathbf{a}}$는 그에 상응하는 다음과 같은 행 벡터가 된다.

$$\mathbf{a} = \begin{pmatrix} a_1 \\ a_2 \\ \vdots \\ a_n \end{pmatrix} \qquad \tilde{\mathbf{a}} = (a_1, a_2, \ldots, a_n)$$

요소 개수가 동일한 두 열 벡터의 곱인 $\tilde{\mathbf{a}}\mathbf{b}$는 벡터의 도트 곱과 마찬가지로 스칼라가 된다.

$$\tilde{\mathbf{a}}\mathbf{b} = (a_1, a_2, \ldots)\begin{pmatrix} b_1 \\ b_2 \\ \vdots \end{pmatrix} = a_1 b_1 + a_2 b_2 + \cdots$$

만약 $\tilde{\mathbf{a}}\mathbf{b} = 0$이면 두 벡터는 서로 **직교**(orthogonal) 관계에 있다.

행렬 변환

다음 규칙을 따르면 행렬 **Q**는 벡터 **a**를 또 다른 벡터인 **a′**으로 **변환**(transform)한다고 말한다.

$$\mathbf{a}' = \mathbf{Q}\mathbf{a} = \begin{pmatrix} q_{11} & q_{12} & \cdots \\ q_{21} & q_{22} & \cdots \\ \cdot & \cdot & \cdots \\ \cdot & \cdot & \cdots \\ \cdot & \cdot & \end{pmatrix}\begin{pmatrix} a_1 \\ a_2 \\ \cdot \\ \cdot \\ \cdot \end{pmatrix} = \begin{pmatrix} q_{11}a_1 & + & q_{12}a_2 & + & \cdots \\ q_{21}a_1 & + & q_{22}a_2 & + & \cdots \\ \cdot & & \cdot & & \cdots \\ \cdot & & \cdot & & \cdots \\ \cdot & & \cdot & & \end{pmatrix}$$

그러면 **a′**의 전치행렬은 다음과 같다.

$$\tilde{\mathbf{a}}' = \tilde{\mathbf{a}}\tilde{\mathbf{Q}} = (a_1, a_2, \ldots)\begin{pmatrix} q_{11} & q_{21} & \cdots \\ q_{12} & q_{22} & \cdots \\ \cdot & \cdot & \cdots \end{pmatrix}$$
$$= (q_{11}a_1 + q_{12}a_2 + \cdots, q_{21}a_1 + q_{22}a_2 + \cdots, \cdots)$$

그리고 $\tilde{\mathbf{Q}} = \mathbf{Q}^{-1}$이면 행렬 **Q**를 **직교행렬**(orthogonal matrix)이라 한다. 이런 행렬은 **직교변환**(orthogonal transformation)을 정의한다. $\tilde{\mathbf{a}}'\mathbf{b}' = \tilde{\mathbf{a}}\tilde{\mathbf{Q}}\mathbf{Q}\mathbf{b} = \tilde{\mathbf{a}}\mathbf{Q}^{-1}\mathbf{Q}\mathbf{b} = \tilde{\mathbf{a}}\mathbf{b}$이므로 $\tilde{\mathbf{a}}\mathbf{b}$는 이 변환에 대해 불변이다.

행렬 곱 $\mathbf{Q}^{-1}\mathbf{A}\mathbf{Q}$로 정의되는 변환을 **유사변환**(similarity transformation)이라 한다. $\tilde{\mathbf{Q}}\mathbf{A}\mathbf{Q}$로 정의되는 변환을 **합동변환**(congruent transformation)이라 한다.

행렬 **Q**의 요소들이 복소수이고 $q_{ij}^* = q_{ji}$의 관계를 만족한다면 이런 **Q**를 에르미트 행렬(Hermitian matrix)이라 한다. 즉, $\tilde{\mathbf{Q}}^* = \mathbf{Q}$이다. 만약 $\tilde{\mathbf{Q}}^* = \mathbf{Q}^{-1}$이면 이를 일원성 혹은 유니타리 행렬(unitary matrix)이라 부르고, 변환 $\mathbf{Q}^{-1}\mathbf{A}\mathbf{Q}$를 일원성 혹은 유니타리 변환(unitary transformation)이라 한다.

행렬의 고유값

행렬 $\mathbf{Q}$의 고유벡터(eigenvector) $\mathbf{a}$가 다음 관계식을 만족할 때

$$\mathbf{Qa} = \lambda\mathbf{a}$$

또는

$$(\mathbf{Q} - \mathbf{1}\lambda)\mathbf{a} = 0$$

여기에 나오는 λ는 스칼라이며, 이를 **고유값**(eigenvalue)이라 한다. 이 고유값은 다음의 **영년방정식**(secular equation)을 풀어서 얻는다.

$$\det(\mathbf{Q} - \mathbf{1}\lambda) = \begin{vmatrix} q_{11} - \lambda & q_{12} & \cdots \\ q_{21} & q_{22} - \lambda & \cdots \\ \cdot & \cdot & \cdots \end{vmatrix} = 0$$

이 식은 n차 다항식의 근을 구하는 것과 같다. 이때 차(degree)란 열이나 행의 개수 혹은 행렬의 차수(order)를 의미한다.

행렬 $\mathbf{Q}$가 대각행렬이면 그 요소들이 고유값이 된다.

대칭행렬 $\mathbf{Q}$의 두 고유벡터 $\mathbf{a}_\alpha$와 $\mathbf{a}_\beta$를 생각해보자. 그러면 다음과 같다.

$$\mathbf{Qa}_\alpha = \lambda_\alpha \mathbf{a}_\alpha$$
$$\mathbf{Qa}_\beta = \lambda_\beta \mathbf{a}_\beta$$

여기서 λ_α와 λ_β는 고유값이다. 위 식의 첫 번째 식에 $\tilde{\mathbf{a}}_\beta$를 왼편으로부터 곱하고, 두 번째 식에는 오른편에서부터 $\mathbf{a}_\alpha$를 곱해주면서 전치행렬을 취하면

$$\tilde{\mathbf{a}}_\beta \mathbf{Qa}_\alpha = \lambda_\alpha \tilde{\mathbf{a}}_\beta \mathbf{a}_\alpha$$
$$\tilde{\mathbf{a}}_\beta \tilde{\mathbf{Q}}\mathbf{a}_\alpha = \lambda_\beta \tilde{\mathbf{a}}_\beta \mathbf{a}_\alpha$$

가 된다. 그런데 만약 $\mathbf{Q}$가 대칭행렬이면, 즉 $\tilde{\mathbf{Q}} = \mathbf{Q}$라면 위 두 식의 왼편은 서로 같다. 즉,

$$(\lambda_\beta - \lambda_\alpha)\tilde{\mathbf{a}}_\beta \mathbf{a}_\alpha = 0$$

이 식의 두 고유값이 서로 다르다면 두 고유벡터는 직교 관계여야만 한다.

대각행렬로 환원

주어진 행렬 $\mathbf{Q}$에 대해 다음 관계가 성립하는 행렬 $\mathbf{A}$를 찾자.

$$\mathbf{A}^{-1}\mathbf{QA} = \mathbf{D}$$

이때 행렬 $\mathbf{D}$는 대각행렬이다. 그러면

$$\mathbf{D} - \lambda\mathbf{1} = \mathbf{A}^{-1}\mathbf{QA} - \lambda\mathbf{1} = \mathbf{A}^{-1}(\mathbf{Q} - \lambda\mathbf{1})\mathbf{A}$$

이므로 $\mathbf{Q}$의 고유값은 $\mathbf{D}$의 고유값과 같다. 즉, $\mathbf{D}$의 요소이다. λ_k를 $\det(\mathbf{Q} - \lambda\mathbf{1}) = 0$의 영년 방정식을 풀어서 얻은 특정 고유값이라 하자. 그러면 그에 해당하는 고유 벡터 $\mathbf{a}_k$는 다음 방정식을 만족하게 된다.

$$\mathbf{Qa}_k = \lambda_k\mathbf{a}_k$$

이는 다음과 같은 n개의 선형 등차 연립방정식과 같다.

$$\sum_j q_{ij}a_{jk} = \lambda_k a_{ik} \qquad (i = 1, 2, \ldots, n)$$

위 식을 풀면 고유벡터 $\mathbf{a}_k$의 성분에 해당되는 각 a들의 비를 구할 수 있다. 동일한 작업을 다른 고유값에 대해 반복한다. 그러면 고유벡터 $\mathbf{a}_k$가 열이 되는 행렬, 즉 $(\mathbf{A})_{ik} = a_{ik}$인 행렬 $\mathbf{A}$를 만들 수 있다. 따라서 행렬 $\mathbf{A}$는 아래의 관계를 만족해야만 한다.

$$\mathbf{QA} = \mathbf{A}\begin{pmatrix} \lambda_1 & 0 & \cdots \\ 0 & \lambda_2 & \cdots \\ \cdot & \cdot & \cdots \\ 0 & 0 & ..\lambda_n \end{pmatrix} = \mathbf{AD}$$

그래서 요구된 대로 $\mathbf{A}^{-1}\mathbf{QA} = \mathbf{D}$이다. 이 방법은 $\mathbf{Q}$가 대칭행렬이고 모든 고유값이 모두 다른 경우 항상 성립된다.

진동계에 응용

n개의 자유도를 갖는 계의 일반 변위벡터는

$$\mathbf{q} = \begin{pmatrix} q_1 \\ q_2 \\ \vdots \\ q_n \end{pmatrix}$$

이다. 운동에너지와 위치에너지(11.3절과 11.4절 참조)를 행렬형태로 나타내면

$$T = \frac{1}{2}\tilde{\mathbf{q}}\mathbf{M}\dot{\mathbf{q}} \qquad V = \frac{1}{2}\tilde{\mathbf{q}}\mathbf{K}\mathbf{q}$$

이며, 여기서

$$\mathbf{M} = \begin{pmatrix} M_{11} & M_{12} & \cdots \\ M_{21} & M_{22} & \cdots \\ \cdot & \cdot & \cdots \end{pmatrix}$$

$$\mathbf{K} = \begin{pmatrix} \kappa_{11} & \kappa_{12} & \cdots \\ \kappa_{21} & \kappa_{22} & \cdots \\ \cdot & \cdot & \cdots \end{pmatrix}$$

이다. 이때 행렬 **M**과 **K**는 대칭행렬이다. 식 (11.4.6)에서 주어진 계의 미분 운동방정식을 행렬로 나타내면 식 (11.4.7)인

$$\mathbf{M}\ddot{\mathbf{q}} + \mathbf{K}\mathbf{q} = 0$$

과 같이 된다. 이 식은 다음과 같은 조화진동 해를 가질 수 있다.

$$\mathbf{q} = \mathbf{a}\cos\omega t$$

그러므로

$$\ddot{\mathbf{q}} = -\omega^2\mathbf{q}$$

이어서

$$(-\mathbf{M}\omega^2 + \mathbf{K})\mathbf{a} = 0$$

이다. 이 식이 영이 아닌 해를 가지려면 영년행렬식이 영이 되어야 한다. 즉,

$$\det(-\mathbf{M}\omega^2 + \mathbf{K}) = 0$$

혹은

$$|-M_{ij}\omega^2 + \kappa_{ij}| = 0$$

이 방정식의 해는 기준모드의 진동수를 의미하고 그 해에 상응하는 고유벡터는 기준모드의 형태를 규정짓는다. 더 자세한 내용을 알고자 한다면 참고문헌의 'Advanced Mechanics' 항목에 있는 처음 7권의 책을 참조하기 바란다.

부록

소프트웨어: Mathcad와 Mathematica[1)]

물리학에서 흔히 발생하는 수학적 문제를 Mathcad와 Mathematica의 도움으로 이 교재에서 여러 번 풀이해두었는데 그런 문제는 이런 프로그램의 도움 없이는 풀기가 거의 불가능하다. Maple이라는 잘 알려진 소프트웨어를 사용하기도 한다. Mathcad와 Mathematica를 주로 사용한 이유는 이런 제품을 홍보하기 위해서라기보다는 저자가 이 프로그램을 자주 사용하기 때문이다. 수학적 도구를 사용하여 과학문제를 연습할 수 있는 길은 무궁무진한데 우리는 단지 그중 몇 가지만을 한정적으로 시험해본 것이다. 이번 수정판에서는 문제를 수치적으로 푸는 데 도움을 준 그리 비싸지도 않고 쉽게 구할 수 있는 보조도구로서 이런 프로그램을 사용했다.

또한 엑셀이나 Quattro Pro, Lotus 1-2-3 같은 업무용 스프레드시트를 과학적인 분석도구로 사용하는 방법도 제안하는 바이다. 사실 이런 업무용 스프레드시트는 앞에서 언급한 수학 분석 전문 프로그램에 비해서는 상당히 귀찮은 부분이 없지 않다. 따라서 스프레드시트가 과학적 응용에 어떻게 사용될 것인가에 대해서는 설명하지 않겠다. 대신에 물리학을 집중적으로 공부하길 원하는 학생에게는 설명하고자 하는 물리학적 원리에 따라서 그에 적합하게 문제를 해결할 수 있는 도구를 활용할 것을 추천하는 바이다. 어떤 종류의 도구를 사용할지는 전적으로 물리학자 자신이 분석하고자 하는 대상에 달렸다고 할 수 있다.

어떤 도구를 사용할 것인가에 대한 자세한 논의를 하기에는 지면이 너무 제한적이다. 프로그램을 만든 회사들은 자기 프로그램의 당위성을 엄청나게 홍보하고 있다. 대부분의 프로그램 설명서는 많은 도움을 주며 때로는 아주 뛰어난 참고사항이 되기도 하지만 기술적 측면에서는 부족한 점이 많다. 대부분은 이 부분에 있어 조직성도 매우 떨어지고 설명도 부족하다. 대부분 잘 알지 못하는 용어들로 정의되어 있거나 매우 중요한 정보가 부적절한 장소에 위치하여 쓸모없이 되어 있기까지 하다. 그래서 초보자에게는 때로는 학습서로 소용이 없는 경우도 있다. Mathcad

1) 관심 있는 독자는 (1) http://www.mathsoft.com/과 (2) http://www.store.wolfram.com/에서 프로그램을 주문할 수 있다.

는 이런 단점을 거의 보완했다. 아주 조직적이며 사용하기 전에 용어들을 미리 정의해두었다. 유용한 정보를 찾기도 쉽고 초보자라도 큰 불편 없이 시작하여 숙련 단계에 이를 수 있다. 반면에 Mathematica의 경우는 앞에서 언급한 단점들이 많다. 설명서는 자칫하면 그 프로그램을 만드는 데 들인 많은 공로를 물거품으로 만들 뻔했다. 설명서가 좀 부족하긴 하더라도 Mathematica 자체는 계산 능력이 매우 뛰어난 프로그램이므로 사용법을 배우는 동안의 고통을 감수할 만하다. 사실 시장에 나와 있는 가장 강력한 프로그램이며 계산 능력은 그 제품의 가격을 능가한다.

다행스럽게도 대부분의 기술 설명서의 부족분을 보충해주기 위해 많은 회사가 '…를 어떻게(How to…)' 하는 책들을 시장에 많이 내어놓는다. 이런 책의 주 내용은 적절한 도구를 선택하는 방법이나 특정 문제를 푸는 데 이런 도구를 어떻게 이용할 것인가를 강조해둔다. 각 예제에서 저자는 문제 풀이 과정의 애로사항을 상세하게 설명하고자 애를 쓴다. 이런 보조 책들을 책장에 꽂아두면 해당 수학 프로그램을 공부할 때 아주 유용할 것이다. 이 책에서는 이런 부분에 대해서는 상당히 미숙한데 이는 이 책의 주제에서 벗어나기 때문이다. 그렇지만 문제를 푸는 데 있어서 Mathcad나 Mathematica를 사용할 때 필요한 두 종류의 작업용지(worksheet)를 제공한다. 열성적인 학생이라면 해당 프로그램을 구입하고 다른 저자들이 작성한 참고문헌까지 같이 구입하여 실제로 각 장의 끝부분에 제공된 문제를 풀어보길 바란다.

Mathcad를 이용해 빨리 그래프 그려보기

때로는 변수들 사이의 관계를 가시화하기 위해 함수나 그에 해당하는 값을 이용하여 그래프를 그려봐야 할 때가 있다. 이런 목적에는 Mathcad가 제격이다. 쉬운 그래프 생성 방법이 이 프로그램의 강점이다. 그리고 이런 장점 하나만으로도 그 값어치를 하는 셈이다.

Mathcad에서 그래프를 그리려면 단순히

- 변수 x와 y를 정의한다.
- 그래프 영역을 열기 위해 @ 키를 입력한다.
- x축과 y축 근방에 위치하는 이름 입력란에 변수 x 및 y의 이름을 입력한다.
- 그래프 영역 바깥으로 마우스를 옮기면 Mathcad는 그래프를 그려준다.

다음에 나오는 예제에서 이런 과정을 보여줄 텐데 이 예는 단조화 진동자(3.5절 참조)의 위상 공간 그래프를 만드는 것이다. 각 단계에는 간단한 설명이 부연되어 있다. 이런 문장 영역은 작업용지 어느 부분에서나 가능하다. '←' 키를 입력한 후 설명을 추가하면 된다. 각 단계마다 이런 설명을 부연해두면 아주 유용하다. 나중에 다시 이 부분을 볼 때 예전 기억이 나지 않으면 마치 이집트의 상형문자를 보는 듯한 느낌을 받을 수도 있기 때문이다.

단조화진동자에 대한 위상공간 그래프

$T := 4 \cdot \pi$	$\omega := \frac{2 \cdot \pi}{T}$	← Define period, angular frequency
$j := 1 \ ... \ 4$	$A_j := j$	← Define 4 amplitudes, 1-4
$i := 0 \ ... \ 1000$	$t_1 := \frac{i . T}{1000}$	← Divide period into 1000 time intervals
$x_{j,i} := A_j \cdot \sin(\omega \ . \ t_i)$		← Calculate x-coordinate of point
$v_{j,i} := \omega \cdot A_j \ . \ \cos(\omega \cdot t_i)$		← Calculate y-coordinate of point

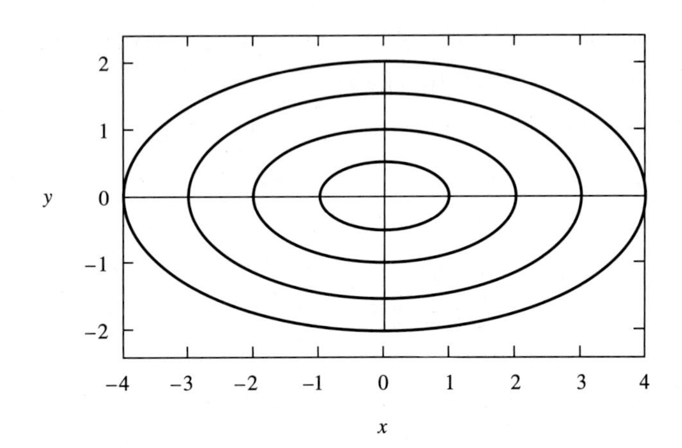

그림 3.5.1 단조화진동자에 대한 위상 공간 그래프($\omega_0 = 0.5 \text{ s}^{-1}$). 감쇠 없음($\gamma = 0 \text{ s}^{-1}$).

결합된 미분방정식

입자의 운동을 설명하는 미분 운동방정식을 각 성분별로 표현해보면 변수들이 서로 결합되어 있어서 해석적 해를 구하기가 아주 어렵거나 거의 불가능해 보일 때도 있다. 이런 결합항은 1차원 운동이지만 다른 방향에 영향을 미치는 힘 때문에 발생한다. 이런 경우는 아주 제한된 몇 가지 경우에 한정하여 그 해가 알려져 있다. 따라서 이런 방정식은 수치적인 해법에 의해서만 그 해가 구해진다. 예제 4.3.2에서 논의했던 야구공의 궤적을 지배하는 결합된 운동방정식도 이런 수치적 방법으로만 풀 수 있다.

예제 4.3.2를 푸는 데 Mathematica를 사용했다. 이 예제는 결합된 미분방정식의 해를 구하는 방법뿐만 아니라 다음과 같은 일을 어떻게 하는지도 설명한다.

- 그래프 만들기
- 데이터 테이블 만들기
- 데이터들 사이의 값을 예측할 수 있는 외삽 함수 만들기
- 두 선의 교점 위치와 방정식의 근 구하기
- 함수의 극값 찾기

Mathematica 작업용지는 이 부록의 맨 마지막에 실어두었다. 각 단계에는 별다른 설명이 필요 없을 정도로 상세한 주석이 달려 있다. 예제 4.3.2를 본문에서 풀 때 발생한 한 가지 특이한 점을 여기서 다시 한번 언급해둘 필요가 있다. 해를 구하는 방법이 반복과정(iteration)이라는 점이다. 매번의 반복과정 동안 θ_0와 $vMph_0$는 고정되어 있다. 이들의 초기값은 θ_0 = 40° 그리고 $vMph_0$ = 130 mph였다. 작업용지에 보인 실제 값은 반복과정의 마지막 단계에서 결정된 값이다.

이 문제를 푸는 데 수행된 모든 반복 작업 과정은 다음에 나오는 단계에 다 포함되어 있다.

- 제곱형 공기저항에 대한 운동 궤적의 수치적 해법
- 야구공의 수평 도달 거리 찾기

첫 수순은 $vMph_0$를 130 mph로 고정하여 시작한다. 그리고 θ_0 값은 1° 간격으로 35°부터 42°까지 변화시키면서 반복과정을 시행한다. 야구공의 수평도달거리는 이런 시도의 각 과정에서 밝혀진다. 각각의 θ_0에 대한 수평도달거리 값이 *thetaData*라 명명된 테이블에 로드(load)된다. 이 데이터를 이용하여 최대 수평도달거리에 대응하는 θ_0를 구하는 것이다. 이 과정이 다음 단계에 나와 있다.

- 야구공을 쏘아 올리는 최적 각도 계산

다음으로 위의 두 단계를 반복하는데, 이때 θ_0를 위에서 최종적으로 결정된 값인 39°에 고정하고 $vMph_0$ 값을 130 mph에서부터 155 mph까지 5 mph 간격으로 증가시켜준다. 야구공의 수평도달거리는 각 계산 과정에서 결정되고 각각의 $vMph_0$에 대한 수평도달거리 값은 *RvsTheta*에 로드된다. 이 값들에 내삽(interpolation)을 적용하여 565 ft(172.16 m)에 도달하는 데 필요한 $vMph_0$ 값을 찾아낸다. 이 계산이 다음 단계에 나온다.

- R_{Mick} = 172.16 m인 초기속도 계산하기

예제 4.3.2

속도의 제곱에 비례하는 공기저항 속에서 날아가는 야구공의 궤적 계산

변수들

$vMph_0$; 초기속도(mph)

v_0; 초기속도(ms^{-1})

u_0, w_0; 초기속도 (x, z) 성분

θ_0; 초기상승각(라디안)

R_{mick}; 미키 맨틀의 수평도달거리(565 ft = 172.16 m)

TofF; 비행시간(s)

g: 중력가속도(9.8 ms^{-2})

γ: 공기저항 인자(0.0055 m^{-1})

```
vMph0 = 143.23;
v0 = 0.447 vMph0;
u0 = v0 Cos[θ0]; w0 = v0 Sin[θ0];
θ0 = 39 (pi/180);
Rmick = 172.16;
TofF = 9;
g = 9.8;
γ = 0.0055;
```

비행 궤적의 해석적 해(공기저항 무시)

```
z1[t_] = w0t - g/2 t^2; x1[t_] = u0t;
```

제곱형 공기저항에 대한 운동 궤적의 수치적 해법

수치적 미분방정식 풀이 NDSolve를 호출한다.

ParametricPlot inhibit display를 이용하여 결과 그래프를 그린다.

각 곡선에 조건을 나타내는 이름을 첨가하여 그래프를 보여준다.

```
sol = NDSolve[
   {z''[t] == -g - γ(z'[t]^2 + x'[t]^2)^0.5 z'[t], x''[t] == -γ(z'[t]^2 + x'[t]^2)^0.5 x'[t],
   z[0] == 0, z'[0] == w0, x[0] == 0, x'[0] == u0}, {z, x}, {t, 0, TofF}]

trajectory = ParametricPlot[{{x1[t], z1 [t]}, {Evaluate[{x[t], z[t]}/.sol]}},
   {t, 0, TofF}, Compiled -> False, PlotRange -> {{0, 420}, {0, 90}},
   PlotStyle -> {Thickness[0.005]}, AxesLable ->{"x(m)", "Height(m)"},
   PlotLabel -> " Baseball trajectories", DisplayFunction → Identity];

trajectory = Show[trajectory, Graphics[Text["no drag", {310, 80}]],
   Graphics[Text["Quadratic drag", {200, 50}]]];

show[trajectory, DisplayFunction → $DisplayFunction]

{{z → InterpolatingFunction[{{0., 9.}}, <>], x → InterpolatingFunction [{{0., 9.}}, <>]}}
```

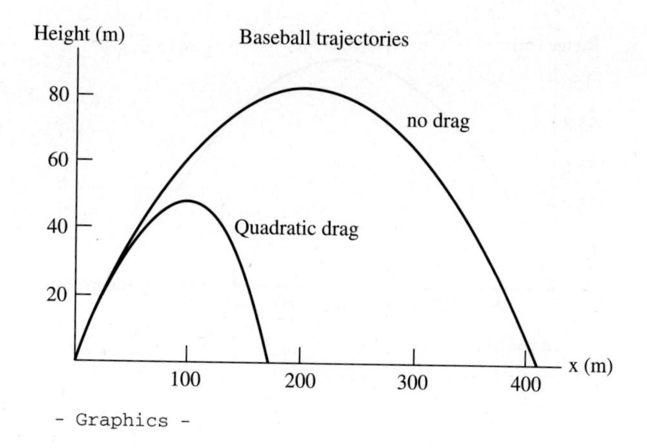


```
- Graphics -
```

야구공의 수평도달거리 구하기

야구공이 땅에 떨어지는 시간을 계산한다. 즉, $z[t]=0$의 근인 t_0를 구한다.
수평도달거리를 미터 단위로 계산한다. xDistance $=x[t_0]$
수평도달거리를 피트 단위로 계산한다. xFeet

```
Tzero = FindRoot[Evaluate[z[t] == 0/. sol], {t, 7.0}]
xDistance = x[t/. Tzero]/. sol
xFeet = xDistance 3.2808
{t → 6.23961}

{172.155}

{564.807}
```

야구공을 발사하는 최적 각도 구하기

최대 수평도달거리에 대응하는 발사각도를 예상할 수 있는 그래프를 그린다(초기속도는 추측으로 $vMph_0$: 130 mph로 둔다).
데이터 테이블 {θ_0, 수평도달거리(Range)}와 내삽 함수 RvsTheta를 정의한다.
내삽 함수를 함수의 변수로 두고 Plot를 호출한다.
수평도달거리가 최대로 되는 발사각 θ_0를 찾는다(FindMinimum을 호출한다).

```
thetaData = {{35, 154.974}, {36, 155.467}, {37, 155.816}, {38, 156.022},
   {39, 156.087}, {40, 156.014}, {41, 155.802}, {42, 155.455}};

RvsTheta = Interpolation[thetaData];

Plot[RvsTheta[x], {x, 35, 42}, PlotStyle -> {Thickness[0.005]}, AxesOrigin->
   {35, 155}, AxesLabel -> {"θ0(degrees)", "Range(m)"}, PlotLabel->" Range vs θ0"]
FindMinimum[-RvsTheta[x], {x, 39}]
```

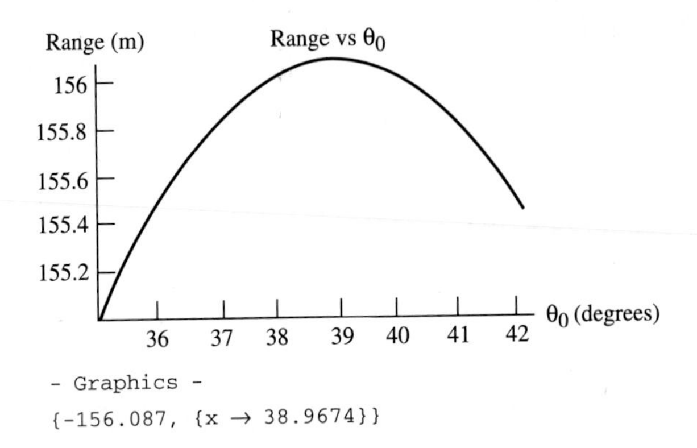

야구공의 초기속도 대 수평도달거리 그래프 그리기

θ_0를 최적값 39°로 두고 구한 초기속도에 따른 수평도달거리 데이터를 포함하는 테이블(rangeData)을 로드한다.

이 데이터 테이블을 변수로 두고 ListPlot를 호출한다.

```
rangeData = {{156.087, 130}, {162.284, 135},
   {168.331, 140}, {174.23, 145}, {179.983, 150}, {185.595, 155}};
VvsR = ListPlot[rangeData, PlotJoined->True, AxesOrigin->{156.1, 130},
   AxesLabel->{"Range(m)", "v0(mph)"}, PlotStyle->{Thickness[0.005]}]
```

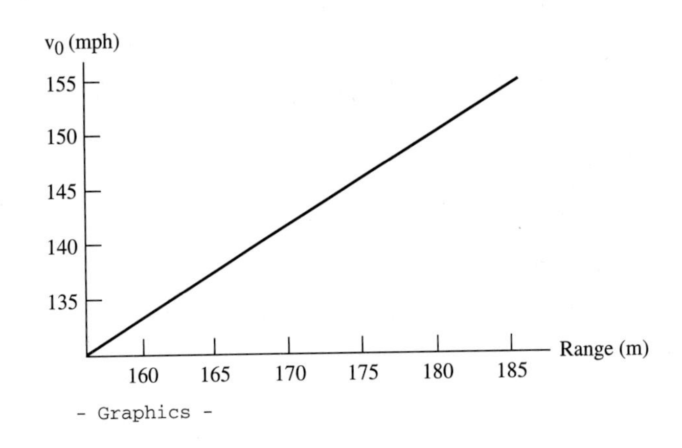

R_{mick} = 172.16 m일 때의 초기속도 구하기

초기속도 대 수평도달거리 데이터 테이블에 대한 내삽 함수를 호출하여 최적의 초기속도를 구한다.

수직 및 수평선과 만나는 점을 정의하기 위해 Line 함수를 호출한다.

```
initSpeed = Interpolation[rangeData];
```

```
speed = initSpeed[Rmick]
```

```
143.231
```

```
rangeIntercept = Line[{{Rmick, 130}, {Rmick, 145}}];
speedIntercept = Line[{{156, speed}, {174.0, speed}}];
```

주어진 수평도달거리에 대응하는 초기속도를 보여주는 그래프 다시 그리기

그래프를 다시 그리기 위해 Show 함수를 호출한다.

```
Show[VvsR, Graphics[{Dashing[{0.025, 0.025}], speedIntercept}],
 Graphics[{Dashing[{0.025, 0.025}], rangeIntercept}], AxesOrigin-> {156, 130},
 AxesLabel->{"Range(m)", "v0(mph)"}, PlotLabel->" v0 vs Range"]
```

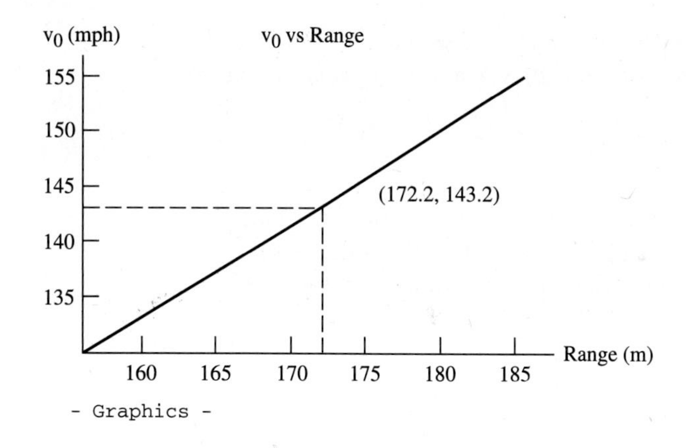


```
- Graphics -
```

연습문제 해답

CHAPTER 1

1.1 (**a**) $\sqrt{6}$, (**b**) $3\mathbf{i} + \mathbf{j} - 2\mathbf{k}$, (**c**) 1, (**d**) $\mathbf{i} - \mathbf{j} + \mathbf{k}$
1.3 $\cos^{-1}\sqrt{5/14} = 53.3°$
1.7 $q = 1$ 또는 2
1.17 $b\omega(\sin^2 \omega t + 4\cos^2 \omega t)^{1/2}$, $2b\omega$, $b\omega$
1.27 $\mathbf{v} = v\hat{\boldsymbol{\tau}}$, $a = \dot{v}\hat{\boldsymbol{\tau}} + \hat{\mathbf{n}}v^2/\rho$, $|\mathbf{v} \times \mathbf{a}| = \mathbf{v} \cdot \mathbf{a}_n = vv^2/\rho = v^3/\rho$

CHAPTER 2

2.1 (**a**) $\dot{x} = (F_0/m)t + (c/2m)t^2$, $x = (F_0/2m)t^2 + (c/6m)t^3$
(**b**) $\dot{x} = (F_0/cm)(1 - \cos ct)$, $x = (F_0/c^2m)(ct - \sin ct)$
(**c**) $\dot{x} = -(F_0/cm)(1 - e^{ct})$, $x = -(F_0/c^2m)(ct - e^{ct} + 1)$
2.3 (**a**) $V = -F_0x - (c/2)x^2 + C$, (**b**) $V = (F_0/c)e^{-cx} + C$
(**c**) $V = -(F_0/c)\sin cx + C$
2.9 (**a**) 541, (**b**) 87, (**c**) 454

CHAPTER 3

3.1 6.43 m/s, $2.07 \times 10^4 \text{m/s}^2$
3.3 $x(t) = 0.25\cos(20\pi t) + 0.00159\sin(20\pi t)$ 미터 단위로
3.5 $[(\dot{x}_2^2 - \dot{x}_1^2)/(x_1^2 - x_2^2)]^{1/2}$, $[(x_1^2\dot{x}_2^2 - x_2^2\dot{x}_1^2)/(\dot{x}_2^2 - \dot{x}_1^2)]^{1/2}$
3.19 (**a**) $T = 2\pi(l/g)^{1/2} \times 1.041$, (**b**) g는 약 8% 작게 나온다.
(**c**) $B/A = 0.0032$

CHAPTER 4

4.1 (**a**) $\mathbf{F} = -c(yz\mathbf{i} + xz\mathbf{j} + xy\mathbf{k})$, (**b**) $\mathbf{F} = -2(\alpha x\mathbf{i} + \beta y\mathbf{j} + \gamma z\mathbf{k})$
(**c**) $\mathbf{F} = ce^{-(\alpha x + \beta y + \gamma z)}(\alpha\mathbf{i} + \beta\mathbf{j} + \gamma\mathbf{k})$, (**d**) $\mathbf{F} = -cnr^{n-1}\mathbf{e}_r$
4.3 (**a**) $c = \frac{1}{2}$, (**b**) $c = -1$
4.7 $\theta = \sin^{-1}\left(-\frac{gb}{v_0^2}\right)$
4.21 입자는 $h = b/3$ 높이에서 벗어난다.

CHAPTER 5

5.1 Up: 150 lb, Down: 90 lb
5.3 1.005 mg, about 5.7°
5.5 **(a)** $g/6$ 앞쪽으로, **(b)** $g/3$ 뒤쪽으로
5.9 $(V_0^2/\rho)\mathbf{i}' + [(V_0^2/b) + (V_0^2 b/\rho^2)]\mathbf{j}'$

CHAPTER 6

6.1 약 2×10^{-9}
6.3 약 1.4 시간
6.23 $\psi = \pi[(1+c)/(1+4c)]^{1/2}$, 여기서 $c = \rho 4\pi a^3/3M_{sun}$
6.25 $a > (\epsilon/k)^{1/2}$
6.29 $\psi = 180.7°$ 지구 근처 궤도의 경우
6.31 $\theta = -30°$

CHAPTER 7

7.1 $\mathbf{r}_{cm} = (\mathbf{i} + 2\mathbf{j} + 2\mathbf{k})/3$, $\mathbf{v}_{cm} = (3\mathbf{i} + 2\mathbf{j} + \mathbf{k})/3$, $\mathbf{p} = 3\mathbf{i} + 2\mathbf{j} + \mathbf{k}$
7.5 방향: 수평과 26.6°의 각으로 아래쪽, 속력: 1.118 v_0
7.7 자동차: $v_0/2$, 트럭: $v_0/8$. 모두 최종 속도는 트럭의 초기 속도 방향이다.
7.15 양성자: $v_x' = v_y' = 0.558\, v_0$, 헬륨: $v_x' = 0.110\, v_0$, $v_y' = -0.140\, v_0$
7.17 대략 57.3°
7.27 $-mg = m\dot{v} + V\dot{m}, m_f/m_p = \exp(1/k - g/(kv_c) \cdot m_0/\dot{m}) - 1, m_f/m_p = 77$

CHAPTER 8

8.1 **(a)** $x_{cm} = 0, y_{cm} = b/3$, **(b)** $x_{cm} = y_{cm} = 4b/3\pi$, 이때 원판은 xy-평면에 있다, **(c)** $x_{cm} = 0, y_{cm} = 3b/5$, **(d)** $x_{cm} = y_{cm} = 0, z_{cm} = 2b/3$, **(e)** $b/4$ 밑면으로부터
8.3 $a/14$ 큰 구의 중심으로부터
8.5 $(31/70)ma^2$
8.11 $2\pi(2a/g)^{1/2}$, $2\pi(3a/2g)^{1/2}$
8.15 $g(m_1 - m_2)/(m_1 + m_2 + I/a^2)$
8.19 $v_0 t - \frac{1}{2} g t^2 (\sin\theta + \mu\cos\theta)$
$(2v_0^2/g)(\sin\theta + 6\mu\cos\theta)/(2\sin\theta + 7\mu\cos\theta)^2$

CHAPTER 9

9.1 **(a)** $I_{xx} = \dfrac{m}{3}a^2, I_{yy} = \dfrac{4m}{3}a^2, I_{zz} = \dfrac{5m}{3}a^2$

$I_{xz} = I_{yz} = 0, I_{xy} = -\dfrac{m}{2}a^2$

(b) $\frac{2}{15}ma^2$, **(c)** $\mathbf{L} = (ma^2\omega/6\sqrt{5})(\mathbf{i} + 2\mathbf{j})$, **(d)** $T = \frac{1}{15}ma^2\omega^2$

9.3 (**a**) 1-축의 기울기는 $\frac{1}{2}\tan^{-1}1 = 22.5°$ 이다.
(**b**) xy-평면에서 주축은 사각형 판의 테두리들과 평행이다.
9.9 (**a**) 1.414 s, 0.632 s; (**b**) 1.603 s, 0.663 s
9.13 $\alpha - \tan^{-1}[(I/I_s)\tan\alpha] \approx \alpha(I_s - I)/I_s = 0.00065$ arc sec
9.17 $S > \left[\frac{128ga}{b^4}\left(\frac{a^2}{3} + \frac{b^2}{16}\right)\right]^{1/2} \approx 2910$ rps

CHAPTER 10

10.3 $\ddot{x} = (\frac{5}{7})g\sin\theta$
10.5 $m_1 : -(\frac{5}{11})g$, m_2: $(\frac{7}{11})g$, m_3: $(\frac{3}{11})g$, m_4: $-(\frac{5}{11})g$
10.7 $x = x_0\cosh\omega t - (g/2\omega^2)\sin\omega t + (g/2\omega^2)\sin\omega t$
10.9 $F_x = m(\ddot{x} - 2\omega\dot{y} - \omega^2 x)$, $F_y = m(\ddot{y} + 2\omega\dot{x} - \omega^2 y)$, $F_z = m\ddot{z}$
10.23 $\frac{U(r)}{m} = \frac{l_z^2}{2r^2} + gr\cos\alpha$, 여기서 $l_z = r^2\dot{\phi}\sin\alpha =$ 상수
10.27 (**a**) $\dot{\theta} = p_\theta/ml^2$, $\dot{p}_\theta = -mgl\sin\theta$
(**b**) $\dot{x} = p_x/(m_1 + m_2)$, $\dot{p}_x = g(m_1 - m_2)$
(**c**) $\dot{x} = p_x/m$, $\dot{p}_x = mg\sin\theta$

CHAPTER 11

11.1 (**a**) $x = k^{1/3}$ 안정
(**b**) $x = 1/b$ 불안정
(**c**) $x = 0$ 불안정, $x = \pm b/\sqrt{2}$ 안정
(**d**) (a)의 경우 $(3k/m)^{1/2}$, 3.628 s; (c)의 경우 $2b(k/m)^{1/2}$, 3.14 s
11.9 $2\pi[g(b-a)]^{-1/2}$
11.11 2.363 s
11.17 $\omega = (k/m)^{1/2}\,\frac{(5\pm\sqrt{17})^{1/2}}{2}$
11.27 $v_{long} = \sqrt{\frac{k}{m}(l + \Delta l)}$

$v_{tran} = \sqrt{\frac{k}{m}(l + \Delta l)\Delta l}$

참고문헌

Mechanics

Barger, V., and Olsson, M., *Classical Mechanics*, McGraw-Hill, New York, 1973.

Becker, R. A., *Introduction to Theoretical Mechanics*, McGraw-Hill, New York, 1954.

Lindsay, R. B., *Physical Mechanics*, Van Nostrand, Princeton, NJ., 1961.

Rossberg, K., *A First Course in Analytical Mechanics*, Wiley, New York, 1983.

Rutherford, D. E., *Classical Mechanics*, Interscience, New York, 1951.

Slater, J. C., and Frank, N. H., *Mechanics*, McGraw-Hill, New York, 1947.

Smith, P., and Smith, R. C., *Mechanics*, John Wiley & Sons, New York, 1990.

Symon, K., *Mechanics*, 3rd ed., Addison-Wesley, Reading, Mass., 1971.

Synge, J. L., and Griffith, B. A., *Principles of Mechanics*, McGraw-Hill, New York, 1959.

Advanced Mechanics

Chow, T. L., *Classical Mechanics*, John Wiley & Sons, New York, 1995.

Corbin, H. C., and Stehle, P., *Classical Mechanics*, Wiley, New York, 1950.

Desloge, E., *Classical Mechanics* (two volumes), Wiley-Interscience, New York, 1982.

Goldstein, H., *Classical Mechanics*, 2nd ed., Addison-Wesley, Reading, Mass., 1980.

Hauser, W., *Introduction to the Principles of Mechanics*, Addison-Wesley, Reading, Mass., 1965.

Landau, L. D., and Lifshitz, E. M., *Mechanics*, Pergamon, New York, 1976.

Marion, J. B., and Thornton, S. T., *Classical Dynamics*, 5th ed., Brooks/Cole—Thomson Learning, Belmont, CA, 2004.

Moore, E. N., *Theoretical Mechanics*, Wiley, New York, 1983.

Wells, D. A., *Lagrangian Dynamics*, Shaum, New York, 1967.

Whittaker, E. T., *Advanced Dynamics*, Cambridge University Press, London and New York, 1937.

Mathematical Methods

Burden, R. L., and Faires, J. D., *Numerical Analysis*, Brooks Cole Publ., Pacific Grove, CA, 1997.

Churchill, R. V., *Fourier Series and Boundary Value Problems*, McGraw-Hill, New York, 1963.

Grossman, S. I., and Derrick, W. R., *Advanced Engineering Mathematics*, Harper Collins Publ., New York, 1988.

Jeffreys, H., and Jeffreys, B. S., *Methods of Mathematical Physics*, Cambridge University Press, London and New York, 1946.

Kaplan, W., *Advanced Calculus*, Addison-Wesley, Reading, Mass., 1952.

Margenau, J., and Murphy, G. M., *The Mathematics of Physics and Chemistry*, 2nd ed., Van Nostrand, New York, 1956.

Mathews, J., and Walker, R. L., *Methods of Mathematical Physics*, W. A. Benjamin, New York, 1964.

Press, W. H., Teukolsky, S. A., Vetterling, W. T., and Flannery, B. T., *Numerical Recipes*, Cambridge University Press, New York, 1992.

Wylie, C. R., Jr., *Advanced Engineering Mathematics*, McGraw-Hill, New York, 1951.

Chaos

Baker, G. L., and Gollub, J. P., *Chaotic Dynamics*, Cambridge University Press, New York, 1990.

Hilborn, R. C., *Chaos and Nonlinear Dynamics*, Oxford University Press, New York, 1994.

Tables

Dwight, H. B., *Mathematical Tables*, Dover, New York, 1958.

Handbook of Chemistry and Physics, Mathematical Tables, Chemical Rubber Co., Cleveland, Ohio, 1962 or after.

Pierce, B. O., A *Short Table of Integrals*, Ginn, Boston, 1929.

찾아보기

• ㄱ •

가로 가속도(transverse acceleration) 209
가로 힘(transverse force) 212
가상력(fictitious force) 200
가상 변위(virtual displacement) 482
가상 일(virtual work) 482
가속도(acceleration) 35
가속 좌표계 199
가환 법칙 13
각운동량(angular momentum) 241, 298
각운동량 벡터 393
각운동량 보존 241
각운동량 보존법칙 300
각진동수(angular frequency) 94, 100
갈레(Johann Galle) 258
갈릴레오(Galileo) 53
감마 함수 566
감쇠율(dissipation rate) 111
감쇠 인자(damping factor) 106
감쇠 조화운동 105
감쇠 조화진동자 110, 142
강체(rigid body) 295, 347
강체 원뿔(body cone) 416
거울 대칭(mirror image) 348
결합 법칙 13
연성 조화진동자 509
고유값(eigenvalue) 518
고유벡터(eigenvector) 518
고유진동수 124, 137
비충격량(specific impulse) 337
공명(resonance) 123
공명 감도 131
공명 피크 131
공액복소수(complex conjugate) 556
과다감쇠(overdamping) 106, 107, 121
과도상태(transient state) 124
관성(inertia) 55
관성곱(product of inertia) 389, 391
관성모멘트(moment of inertia) 302, 353, 389
관성모멘트 텐서(moment of inertia tensor) 392
관성계의 관측자 202
관성기준계(inertial frame of reference) 55, 56
관성력(inertial force) 199, 200
교환 연산(exchange operation) 524
구동력(driving force) 123
구르는 바퀴(rolling wheel) 38
구면좌표(spherical coordinates) 43
구면진자(spherical pendulum) 228, 473
구속방정식(equation of constraint) 457
구속운동(constrained motion) 190, 192
구심가속도(centripetal acceleration) 209

궤도이심률 251
극좌표(polar coordinate) 39
근일점(perihelion) 250
근지점(perigee) 251
기본 단위 553
기울기(gradient) 164
기준계(frame of reference) 56
기준모드(normal mode) 512
길이 3

• ㄴ •

나선(helix) 190
뉴컴(Simon Newcomb) 282
뉴턴 1, 63
뉴턴 법칙 51
뉴턴의 운동법칙 51
뉴턴의 제1법칙 55
뉴턴의 제2법칙 62
뉴턴의 제3법칙 63

• ㄷ •

다이아드 곱(dyad product) 394
다입자계(systems of many particle) 295
단위벡터 14
단위텐서(unit tensor) 394
단조화운동(simple harmonic motion) 90, 96
단조화진동 101, 115
단진자 100
단진자 운동 502
단진자의 위치에너지 103
달랑베르(Jean LeRond D'Alembert) 449
달랑베르의 원리(D'Alembert's principle) 481, 483
대각행렬(diagonal matrix) 572
대각화(diagonalization) 400, 522
하전입자의 운동 187
대칭모드(symmetric mode) 512
대칭행렬(symmetric matrix) 572
데카르트(Descartes) 53
델 연산자 163
도플러 이동(Doppler shift) 58
도함수 557
동역학적 균형(dynamic balance) 403
동위상(in phase) 125
동차(homogeneous) 미분방정식 124
되먹임(feedback) 132
등고선 167
등면적 법칙 241
등방성(isotropy) 235
등방성 선형 진동자(linear isotropic oscillator) 182
등방성 진동자 182, 184
등시간적(isochronous) 193

• ㄹ •

라그랑주(Joseph Louis Lagrange) 449
라그랑주 승수(Lagrange multiplier) 477
라그랑주 극점(Lagrangian point) 314
라그랑주의 운동방정식 538
라이프니츠(Wilhelm von Leibniz) 449
러더퍼드(Ernest Rutherford) 282
렌(Christopher Wren) 241
로런스(Ernest Lawrence) 190
로켓 운동 334
르베리에(Urbain Jean Leverrier) 257
리사주(Lissajous) 도형 185

• ㅁ •

마디점(nodal point) 515
마르스덴(Ernest Marsden) 283
만유인력 법칙 234
매끄러운 구면 192
맥놀이 현상 510
면적 속도(areal velocity) 242
모멘트 364
모스 함수(Morse function) 72
무작위 운동(random motion) 142
물리진자(physical pendulum) 364
미급감쇠(underdamping) 107, 108, 117
미끄러지는 운동 377
미끄러지지 않는 운동 375
미분 산란 단면적(differential scattering cross section) 285

• ㅂ •

반구(hemisphere) 349
반구 껍질(hemispherical shell) 349
반대칭모드(antisymmetric mode) 515
반발계수(coefficient of restitution) 325
반원(semicircle) 350
반 원반(semicircular lamina) 350
반치폭(FWHM: full width at half maximum) 132
발열 충돌(exoergic collision) 324
방향 코사인(direction cosine) 18
백색왜성(white dwarf) 306
법선 벡터 23
베르누이(Johann Bernoulli) 449
벡터(vector) 10
벡터 곱(vector product) 21
벡터의 더하기 12
벡터의 도함수 33
벡터의 빼기 13
벡터에 스칼라 곱하기 12
벡터의 크기 14
변분원리(variational principle) 450
변위(displacement) 10
변환계수(coefficient of transformation) 28
변환행렬(transformation matrix) 27, 28
보렐리(Giovanni Borelli) 235
보존력(conservative force) 159, 160
보존력계 462
복소수(complex number) 556
복합체 진자(compound pendulum) 364
부바르(Alexis Bouvard) 257
분리가능(separable) 169
분배 법칙 14
불변선(invariable line) 423
브라헤(Tycho Brahe) 240
블랙홀(black hole) 307
비관성계 관측자 202
비동차(inhomogeneous) 방정식 124
비등방성 진동자 184
비보존력 160
비사인형 외부 구동력 146
비선형 진동자 137
강성도 탄성계수(elastic stiffness coefficient) 537

• ㅅ •

사이클로이드(cycloid) 38
사이클로트론 진동수(cyclotron frequency) 190
산란각 332

삼각함수 557
삼중 곱 26
삼중 벡터 곱(triple vector product) 26
삼중 스칼라 곱(triple scalar product) 26
선운동량(linear momentum) 62, 63, 158, 296
선적분(line integral) 159
선형 공기저항 174
선형 복원력 91
선형 저항 75
선회반경(radius of gyration) 362, 365
섭동법(perturbation method) 282
세차운동(precession) 229, 415, 425
소란(disturbance) 258
속도(velocity) 34
속력(speed) 35
수직항력 67
수직축 정리 358
숨쉬기 모드(breathing mode) 515
슈뢰딩거(Erwin Schrödinger) 487
스칼라(scalar) 10
스칼라 곱(scalar product) 16
스토크스 정리(Stokes' theorem) 163
시간 2, 5
시리우스(Sirius) 306
시범해(trial solution) 136
시험입자 160
실험실 좌표계 329
쌍곡선 557
쌍성(binary star) 306
쌍성계(binary star system) 258

• ㅇ •

아리스토텔레스(Aristoteles) 52
아인슈타인 1
안정 평형 503
알짜 힘(net force) 63
알파 입자의 산란 282
암흑물질(dark matter) 57
암흑 에너지(dark energy) 57
애덤스(John Couch Adams) 257
애트우드 기계 465
에너지방정식 191, 193, 267
에너지 보존법칙 165
에어리(George Airy) 257
역위상(out of phase) 125
역행렬 32
역행 운동(retrograde motion) 233
연쇄 공식(chain rule) 68, 468
연차근사법(method of successive approximation) 136
연추선(plumb line) 217
영 벡터 13
오른손 법칙 23
오른손 좌표계 15
오일러 각도(Eulerian angle) 421
오일러 방정식 467
오일러(Euler)의 항등식 109
완전미분(exact differential) 165
완전 비탄성 충돌(totally inelastic collision) 325
용수철 상수 93
우주 마이크로파 배경(CMB: Cosmic Microwave Background) 복사 57
우수역량 매개변수(parameter of goodness) 337
운동량 62
운동 마찰 각도(angle of kinetic friction) 68

운동마찰계수(coefficient of kinetic friction) 67
운동에너지(kinetic energy) 68, 298, 460
원뿔 곡선(conic section) 249, 559
원뿔 진자(conical pendulum) 474
원심력(centrifugal force) 212
원운동(circular motion) 37
원의 방정식 560
원일점(aphelion) 250
원지점(apogee) 251
원통좌표(cylindrical coordinates) 42
원통좌표계 568
원형 궤도 508
위상각 95
위상공간 144
위상차 132
위치벡터(position vector) 34
위치에너지(potential energy) 68, 266, 460
유도 단위 553
유체 저항 74
유효 퍼텐셜 316, 433
영이 아닌 해 518
이심률(eccentricity) 248
이원자 분자 73
탈출 속도(escape velocity) 71, 72
인공위성 508
인덕턴스(inductance) 134
일(work) 19, 68
일반화 운동량 470
일반화좌표(generalized coordinate) 457, 460
일반화 힘(generalized force) 483
일-에너지 정리 165
임계감쇠(critical damping) 107, 120
입자의 동력학 212

• ㅈ •

자체제한 진동자 138
자유낙하(free fall) 70
자유도(degree of freedom) 456
자이로 나침반 437
장(field) 161
장 푸코(Jean Foucault) 229
장동(章動, nutation) 432
장동 세차운동(nutational precession) 435
전기회로 134
전자기장 187
전치행렬(transpose matrix) 393
정면충돌 324
정방행렬(square matrix) 572
정상상태(steady state) 124
정역학적 균형(static balance) 403
정전용량 134
정지마찰계수 67, 215
정지위성(geosynchronous satellite) 256
제곱형 저항 76
제동계수(drag coefficient) 80
제동력(retarding force) 105
제한적 3입자계 문제(restricted three-body problem) 309
제1종 불완전 타원 적분(incomplete elliptic integral of the first kind) 368
제1종 완전 타원 적분(complete elliptic integral of the first kind) 368
제3조화파 137
조화 법칙 254
조화운동 91, 101
조화운동자 193
조화진동자 117, 181, 464

종단 속도(terminal velocity) 74, 77
주기(period) 95, 101, 365
주기 배가(period doubling) 144
주기성(periodicity) 89
주기적 펄스 148
주축(principal axis) 400
주관성모멘트(principal moment of inertia) 400
중력 상수(gravitational constant) 234
중력장 내에서 포사체 운동 170
중력장의 세기(gravitational field intensity) 263
중력질량 단위(gravitational mass unit) 312
중력 퍼텐셜(gravitational potential) 260, 262
중심력(central force) 235
중심력장 266, 464
중첩 원리(principle of superposition) 90, 146
증식접시(accretion disk) 308
지구의 세차운동 426
지구 회전의 효과 217
지수 표기법 556
지진계 129
지진계 모형 129
직각 좌표계 568
직교 변환(orthogonal transformations) 30
진동 진폭 131
진동수(frequency) 95
진동중심(center of oscillation) 365, 366
진폭(amplitude) 95
질량(mass) 6, 62
질량중심(center of mass) 295, 347
질량중심 좌표계 328, 329

• ㅊ •

차원 6
차원 분석 8
챌리스(James Challis) 257
척력(repulsive force) 266
천문 단위(astronomical unit) 255
초점 248
총 에너지 102
충격량(impulse) 326
충격력(impulsive force) 326
충돌 매개변수(impact parameter) 285
층운동 373

• ㅋ •

케플러(Johannes Kepler) 234
케플러 법칙 240
케플러의 제1법칙 244
케플러의 제2법칙 241
케플러의 제3법칙 254
코리올리 가속도(Coriolis acceleration) 209, 225
코리올리 힘(Coriolis force) 212, 222, 316
코사인 법칙 20
코일 134
코페르니쿠스(Nicolaus Copernicus) 233
쿨롱 법칙(Coulomb's law) 284

• ㅌ •

타격중심(center of percussion) 381, 382
타원 방정식 560
타원 법칙 244
타원 적분(elliptic integral) 367, 566
탄성계수 93, 99
탄성률(elastic modulus) 545
탄성 충돌(elastic collision) 324
토크(torque) 25, 370

톨레미(Ptolemy) 233
톰슨(Thomson) 283
톰슨 원자(Thomson atom) 283
투영 18
트로이 소행성 316
특성 시간(characteristic time) 77, 78
특이점(singularity) 313

• ㅍ •

파인먼(Richard Feynman) 487
팽이의 운동 427
편향 222
평행축 정리(parallel-axis theorem) 360
평형(equilibrium) 502
포락선(envelope) 109
포사체 운동(projectile motion) 36, 219, 222
푸리에 급수 146, 570
푸리에 사인 급수(Fourier sine series) 147
푸리에 정리(Fourier's theorem) 147
푸리에 코사인 급수(Fourier cosine series) 147
푸앵소 타원체(Poinsot ellipsoid) 413
푸앵카레 단면(Poincaré section) 144
푸코(Foucault) 진자 228

• ㅎ •

합동변환(congruent transformation) 523
해밀턴(William Rowan Hamilton) 450
해밀턴 방정식 488
해밀턴의 정준 방정식(Hamilton's canonical equations of motion) 489
해왕성(Neptune) 258
핼리(Edmond Halley) 241
행렬식(determinant) 22
헤르츠(hertz) 95
호이겐스(Christiaan Huygens) 193
혼돈 운동(chaotic motion) 142
홀(Asaph Hall) 282
홀로노믹(holonomic) 458
환산질량(reduced mass) 304, 305
회전 운동에너지 398
회전좌표계 205, 212
회전 충격량(rotational impulse) 381
훅(Robert Hooke) 241
훅의 법칙(Hooke's law) 93, 101
흡열 충돌(endoergic collision) 324
히파르코스(Hipparchus) 240
힘의 장(force field) 160

• 기타 •

3입자계(three-particle system) 309
BACK minus CAB 규칙 26
Q 인수(quality factor) 111, 131